经典实例学设计——CATIA V5 从入门到精通

黄　威　谢龙汉　等编著

机 械 工 业 出 版 社

本书基于 CATIA V5R22 中文版编写，共 9 章，分别介绍了 CATIA 软件的基本知识、草图设计、零部件设计、曲线曲面的编辑、装配设计、工程制图等内容。

本书中的章节以“实例▪知识点→要点▪应用→能力▪提高→习题▪巩固”的形式，首先通过若干个实例操作引出知识点，然后对 CATIA 的基础知识、功能及命令进行全面的讲解。在讲解中结合大量的工程实例，力求紧扣操作、语言简洁、形象直观，避免冗长的解释说明，使读者能够快速了解 CATIA 软件的使用方法和进行三维设计的具体操作步骤。

本书实例翔实、语言简洁、知识点讲解全面且功能层次递进。随书光盘配有全程操作动画，包括详细的功能操作讲解和实例操作过程讲解，读者可以通过观看动画来学习。

本书可作为 CATIA 软件初学者的入门和提高的学习教程，或者作为各大中专院校教育、培训机构的 CATIA 教材，也可供从事产品造型设计等领域的人员参考。

图书在版编目（CIP）数据

经典实例学设计：CATIA V5 从入门到精通 / 黄威等编著. —北京：机械工业出版社，2016.8

ISBN 978-7-111-54698-6

Ⅰ. ①经… Ⅱ. ①黄… Ⅲ. ①机械设计－计算机辅助设计－应用软件 Ⅳ. ①TH122

中国版本图书馆 CIP 数据核字（2016）第 203026 号

机械工业出版社（北京市百万庄大街 22 号 邮政编码 100037）

责任编辑：李馨馨 责任校对：张艳霞

责任印制：李 洋

三河市国英印务有限公司印刷

2016 年 9 月第 1 版・第 1 次印刷

184mm×260mm・28.25 印张・694 千字

0001－3000 册

标准书号：ISBN 978-7-111-54698-6

定价：79.00 元（含 1DVD）

凡购本书，如有缺页、倒页、脱页，由本社发行部调换

电话服务	网络服务
服务咨询热线：（010）88361066	机 工 官 网：www.cmpbook.com
读者购书热线：（010）68326294	机 工 官 博：weibo.com/cmp1952
（010）88379203	教育服务网：www.cmpedu.com
封面无防伪标均为盗版	金 书 网：www.golden-book.com

前　　言

CATIA 是法国 Dassault System 公司开发的 CAD/CAE/CAM 一体化软件，目前居世界 CAD/CAE/CAM 领域的领导地位，广泛应用于航空航天、汽车制造、造船、机械制造、电子/电器、消费品行业当中，它的集成解决方案覆盖了大量的产品设计与制造领域，其特有的 DMU 电子样机模块功能及混合建模技术更是推动着企业竞争力和生产力的不断提高。CATIA 提供了方便的解决方案，满足工业领域的大、中、小型企业需要。

本书作者结合实际设计经验，内容编排由浅入深，详细地介绍了 CATIA 软件的基本命令及操作。并在每章节中结合工程应用中的典型案例，详细讲解了产品设计的思路、方法、流程及操作过程。

● **本书特色**

本书除了第 1 章外，其余章节均按照“实例▪知识点→要点▪应用→能力▪提高→习题▪巩固”的叙述方式进行讲解。在讲解每个知识点之前，先用一个实例引申出后面知识点的讲解，然后再详细介绍各个知识点。在“要点▪应用”和“能力▪提高”环节，选用若干个实例来进行详细讲解，以对前面所介绍到的知识点进行演练，实例的难度逐渐提高。在最后的“习题▪巩固”环节，则提供若干的习题供读者进行练习。

● **本书内容**

本书共包括 9 章，主要内容编排如下：

第 1 章为 CATIA 操作基础，主要内容包括了软件界面及功能介绍、基本操作技巧、图形文件操作、环境设置和工作界面的定制。

第 2 章为草图设计，主要内容包括草图设计环境介绍、基础图形绘制、图形编辑与修改和草图的约束。并在每章最后提供 6 个实例讲解与 3 道习题，使读者能更好掌握草图设计的方法与技巧。

第 3 章为零部件设计，主要内容包括零部件设计环境介绍、基础零部件的创建、零部件的特征修饰与变换和零部件的布尔运算。并在章节最后提供了 6 个实例讲解与 3 道习题，使读者能更好掌握零部件设计的方法与技巧。

第 4 章为线框设计，主要内容包括空间点的创建与编辑、参考平面的创建与编辑、空间曲线的创建与编辑。并在章节最后提供了 6 个实例讲解与 3 道习题，使读者能更好掌握线框设计的方法与技巧。

第 5 章为曲面设计，主要内容包括规则曲面的绘制、曲面的连接和圆角操作。并在章节最后提供了 6 个实例讲解与 3 个习题，使读者能更好掌握曲面设计的方法与技巧。

第 6 章为曲线曲面的编辑，主要内容包括元素的编辑与修改、元素的变换操作和曲线曲面的分析。并在章节最后提供了 6 个实例讲解与 3 道习题，使读者能更好掌握曲线曲面编辑的方法与技巧。

第 7 章为装配设计，主要内容包括装配设计模块介绍、装配操作和装配分析。并在章节最后提供了 2 个实例讲解与 1 道习题，使读者能更好掌握装配设计的方法与技巧。

第 8 章为工程制图，主要内容包括工程制图设计环境介绍、投影视图创建、工程图标注和工程图信息创建。并在章节最后提供了 2 个实例讲解与 1 道习题，使读者能更好掌握工程制图的方法与技巧。

第 9 章为典型工程案例，介绍了齿轮轴从零件设计到装配生成部件的过程，有利于读者掌握 CATIA 在工程设计中的流程和方法。

● **本书读者对象**

本书适合 CATIA 的初级、中级用户使用，可作为各理工科院校相关专业的学生用书及 CAD 培训机构的案例教材，也可供从事相关领域的技术人员参考。

● **学习建议**

在学习过程中，对于“实例▪知识点→要点▪应用→能力▪提高”部分，建议用户根据书中的建模步骤动手操作，遇到操作困难的地方再观看视频学习操作，纠正遇到的问题；对于“习题▪巩固”部分，建议读者自行练习，遇到不懂的地方再观看视频学习操作。

本书主要由黄威、谢龙汉等编著，参与本书编写和光盘开发的人员还有林伟、魏艳光、林木议、王悦阳、林伟洁、林树财、郑晓、吴苗、庄依杰、苏杰汶、徐振华、蔡明京、卢彩元等。感谢您选用本书进行学习，恳请您对本书的意见和建议告诉我们，电子邮件：tenlongbook@163.com，祝您学习愉快。

编者

目　　录

第 1 章　CATIA 操作基础

CATIA 是法国 Dassault System 公司开发的 CAD/CAE/CAM 一体化软件，学习前读者需要先了解 CATIA 软件的一些基础操作和环境设置。本章的主要内容包括了软件界面及功能介绍、基本操作技巧、图形文件操作、环境设置和工作界面的定制。

本讲内容

- CATIA 简介
- 软件启动与退出
- 软件界面及功能介绍
- 基本操作技巧
- 图形文件操作
- 环境设置
- 工作界面定制

1.1　CATIA 简介

本书主要介绍 CATIA 软件中关于零部件设计、装配设计和工程制图的相关内容，因此涉及的模块有零件设计、装配设计、草图编辑器、工程制图、线框和曲面设计以及创成式曲面设计。CATIA 设计模块如图 1-1 和图 1-2 所示。

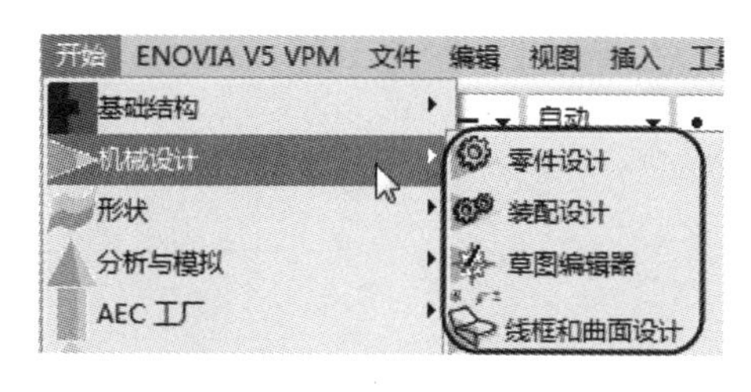

图 1-1　CATIA 设计模块 1

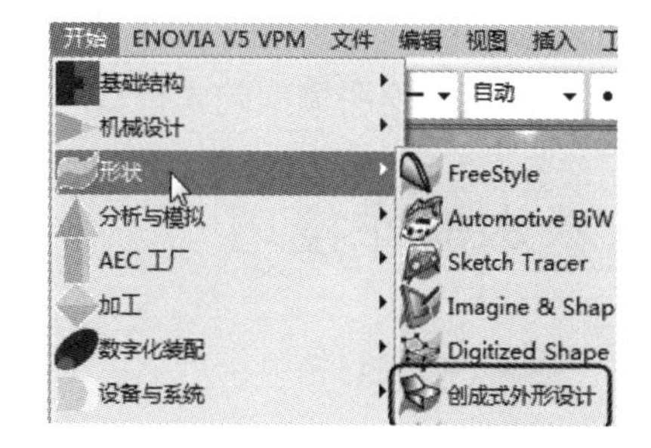

图 1-2　CATIA 设计模块 2

1.2　启动与退出

启动 CATIA：用户可通过 Windows 按钮，从【开始】菜单中寻找到 CATIA 的路径单击相应图标打开，也可以双击桌面上的 CATIA 快捷方式打开。

退出 CATIA：可从 CATIA 软件菜单栏中单击【开始】→【退出】；也可以通过单击软件右上方的关闭按钮退出。

1.3 软件界面及功能介绍

CATIA 的界面非常友好，界面中有许多关键的操作元素，通过了解这些元素，可以在后续的学习中更快速掌握 CATIA 的功能。软件界面如图 1-3 所示。

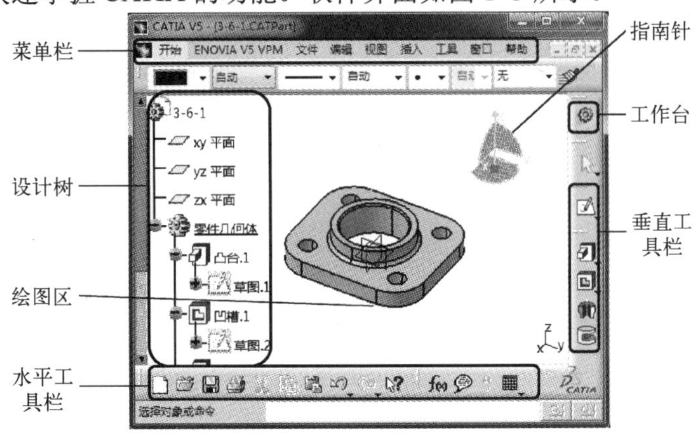

图 1-3 软件界面

菜单栏：为软件的大多数功能提供功能入口。单击菜单栏中的命令菜单图标，即可显示出相应的菜单项；

设计树：用于存放所有的几何元素和设计参数信息；

绘图区：用于显示绘图命令的效果；

工作台：用于显示当前所用的设计模块；

水平/垂直工具栏：用于存放当前设计模块的操作工具。在不同模块下，工具栏中会显示不同的图标按钮；

指南针：用于绘图模型的定位。

1.4 基本操作技巧

1.4.1 鼠标的操作

CATIA 中鼠标的操作方式主要有：单击鼠标左键、双击鼠标左键、按下鼠标左键拖动、鼠标滚轮前后滚动、按下鼠标滚轮拖动、单击鼠标右键。鼠标的对应图如图 1-4 所示，鼠标操作所对应的功能见表 1-1。

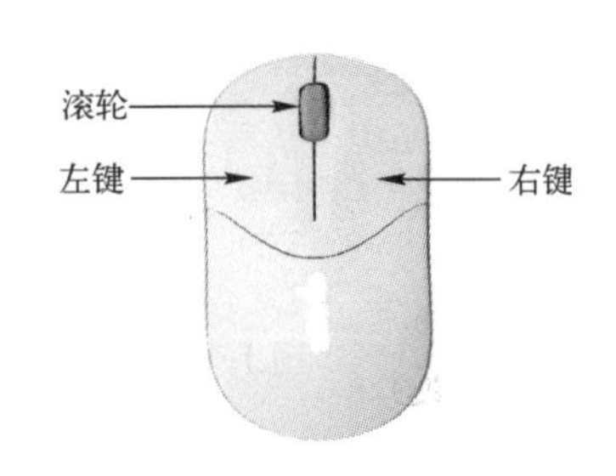

图 1-4 鼠标按键的对应图

表 1-1　鼠标操作所对应的功能

按键	使用方法	作用
	单击对象或命令	选择对象或使用命令
	双击对象或命令	编辑对象或重复使用命令
	单击图形	确定图形旋转中心
	按下并拖动	画面移动
	按下滚轮，单击右键后移动鼠标	缩放图形
	按下滚轮，再单击右键并移动鼠标	旋转图形

1.4.2　指南针的操作

在 CATIA 软件界面右上方有一个指南针，指南针指示了模型的三维坐标系，其主要作用是用于定位，它既可以操控模型，也可以移动或旋转对象。通过选择菜单栏中的【视图】→【指南针】，可以隐藏/显示指南针和重置指南针，如图 1-5 所示。

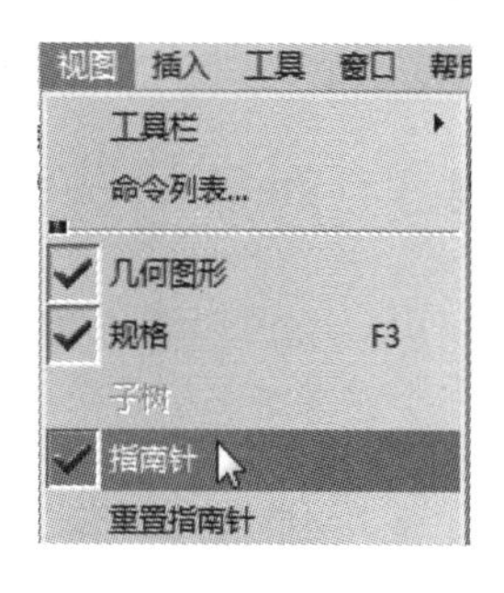

图 1-5　指南针的显示

当指南针与模型分离时，指南针主要用于平移、旋转缩放图形，如图 1-6～图 1-9 所示。

图 1-6　绕 y 轴旋转

图 1-7　在 xz 平面内移动

图 1-8　沿 z 轴移动

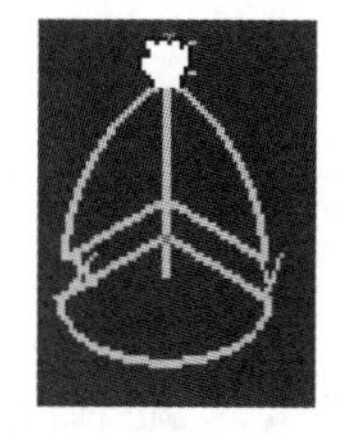

图 1-9　绕系统原点旋转

当指南针依附在模型上时，可以改变模型与坐标原点的相对位置。将鼠标光标放在指南针的红点上，然后按住左键拖动至模型上，如图 1-10 所示，即可通过操作指南针改变模型的相对位置，如图 1-11 所示。

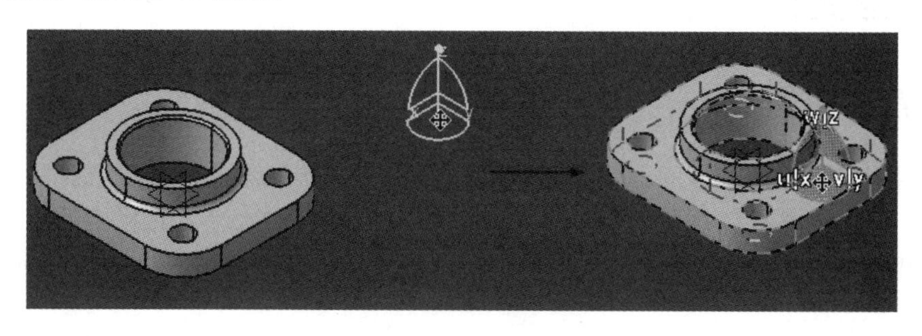

图 1-10　拖动指南针

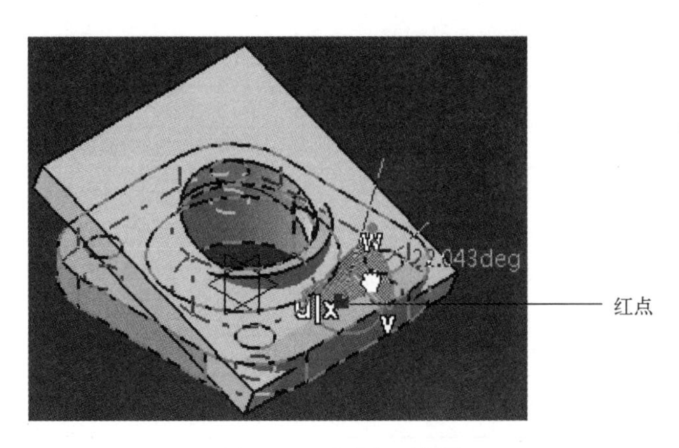

图 1-11　改变相对位置

1.4.3　对象的选择

用户既可以通过单击鼠标左键来选择对象，也可以按住<Ctrl>键的同时单击鼠标左键选中多个对象。

1.4.4　视图在屏幕上的显示

显示/隐藏对象：用户可以单击视图工具栏中的【显示/隐藏】按钮，然后选择对象让其在屏幕上显示/隐藏；

交换可视空间：用户可以单击视图工具栏中的【交换可视空间】按钮，切换界面中隐藏与显示的元素；

渲染方式：软件中提供了 7 种图形的显示方式，用户可分别选择以体验其不同之处。

1.4.5　视图的平移和缩放

视图的平移和缩放可以如之前章节介绍的方法通过鼠标操作实现，也可以通过单击【平移】按钮和【旋转】按钮来实现。

1.5　图形文件操作

1.5.1　新建图形

新建图形有以下两种方法：用户可以通过单击【开始】菜单，然后选择需要进入的设计模块来新建图形文件，如图 1-12 所示；还可以通过单击水平工具栏中的【新建】按钮，在弹出的对话框中选择需要的文档类型后单击【确定】按钮，如图 1-13 所示。

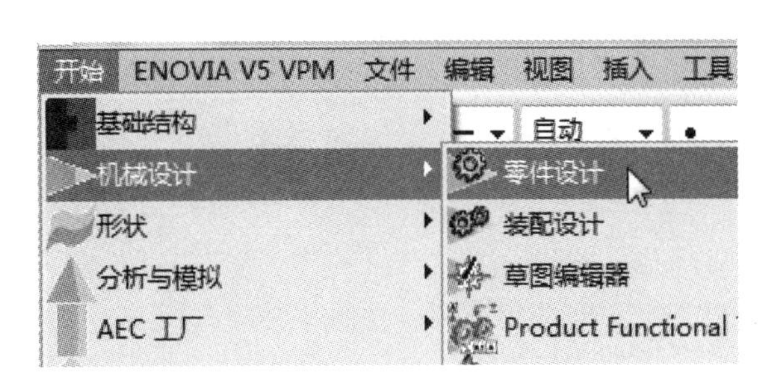

图 1-12　通过菜单栏新建图形

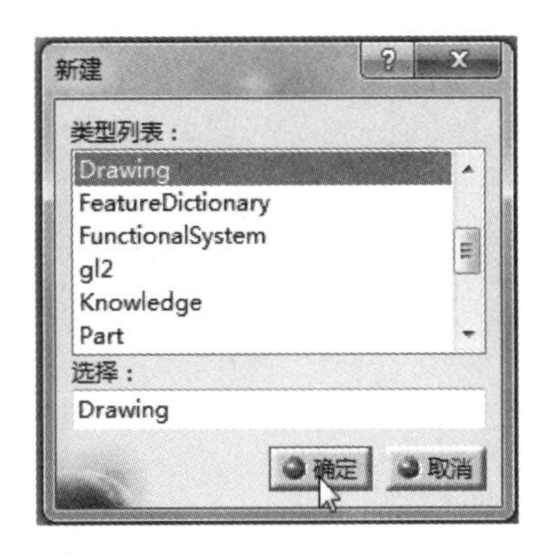

图 1-13　通过新建按钮创建图形

1.5.2　保存图形

保存图形有以下两种方法：用户可通过菜单栏中的【文件】→【保存】，设置好保存路径后保存图形，如图 1-14 所示；也可以通过单击水平工具栏中的【保存】按钮，确定文件保存路径后保存图形。

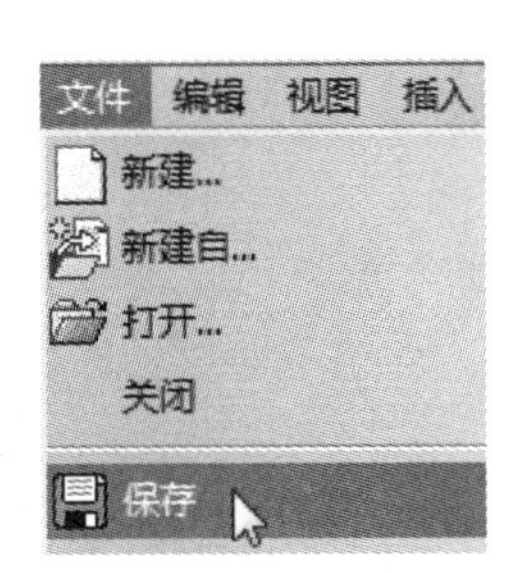

图 1-14　通过菜单来保存图形

1.5.3　打开图形

打开图形有以下两种方法：用户可通过菜单栏【文件】→【打开】，在弹出的对话框中选择要打开的图形文件即可，如图 1-15 所示，还可以直接鼠标双击图形文件打开。

图 1-15　通过菜单栏打开文件

1.5.4　关闭图形

关闭图形有以下两种方法：用户可通过菜单栏【文件】→【关闭】来关闭图形文件，如图 1-16 所示；还可以通过鼠标单击软件界面右上方的关闭按钮关闭图形文件。

图 1-16　通过菜单栏关闭文件

1.6　环境设置

用户可通过 CATIA 的环境设置，合理的优化工作界面，这对提高工作效率、实现软件个性化有着重要意义。

1.6.1　进入管理模式

用户可从【Windows 界面】→【开始】→【CATIA P3 V5R21】→【Tools】→【Environment Editor V5R21】进入管理模式，如图 1-17 所示。打开后弹出【环境编辑器】窗口，里面存放了 CATIA 各个模块或命令调用值的路径，如图 1-18 所示。

图 1-17　进入管理模式

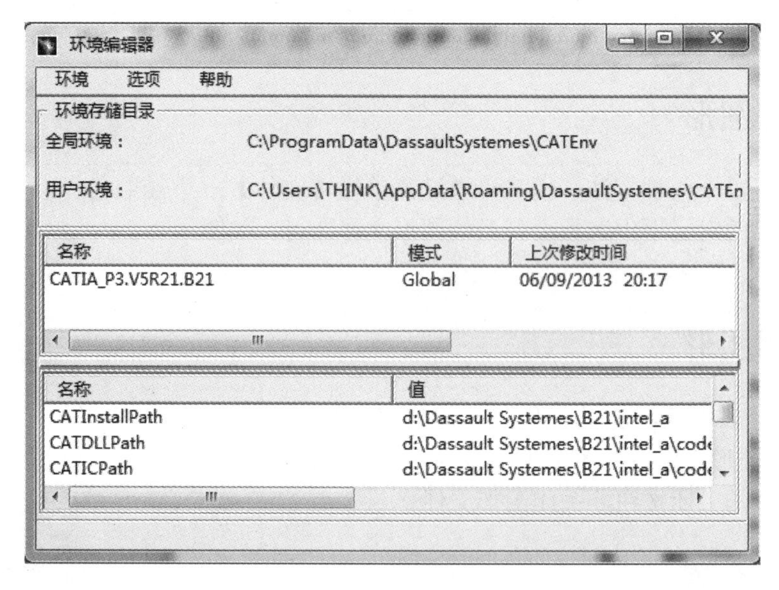

图 1-18 【环境编辑器】窗口

1.6.2　环境设置

用户可以单击 CATIA 软件界面菜单栏中的【工具】→【选项】进入环境设置，如图 1-19 所示。在弹出的【选项】对话框中针对需要的模块进行个性化设置，如图 1-20 所示。

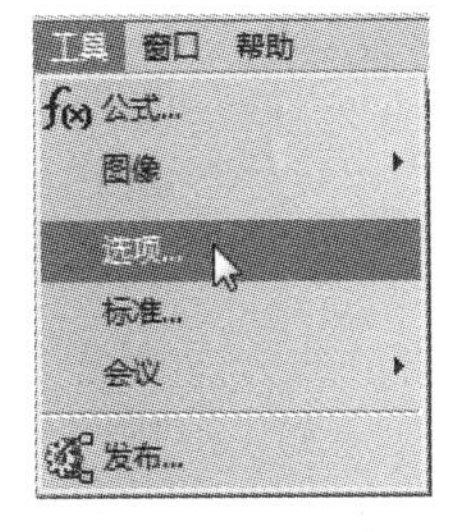

图 1-19 进入环境设置

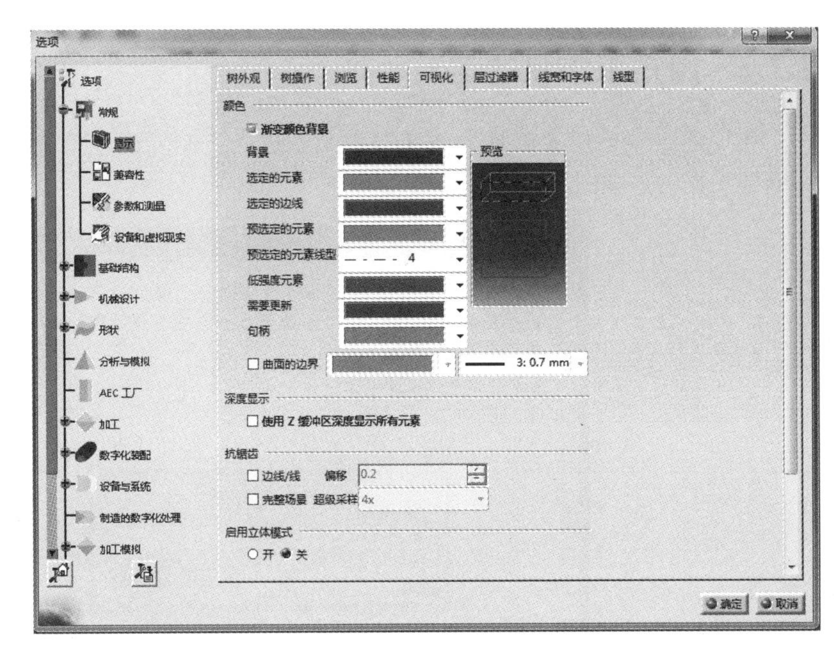

图 1-20 环境设置

1.7 工作界面定制

用户通过定制工作界面，可以将常用的命令或菜单放置在显著的位置，以实现个性化并提高工作效率。

1.7.1 【开始】菜单的定制

图 1-21 进入定制界面

用户通过菜单栏【工具】→【自定义】进入定制界面，如图 1-21 所示。在【自定义】对话框中，左边选项框里的内容通过单击⟹按钮添加到【开始】选项框中；右边选项框里的内容通过单击⟸按钮从【开始】菜单栏中移除，如图 1-22 所示。

图 1-22 【开始】菜单栏定制

1.7.2　用户工作台的定制

用户通过菜单栏【工具】→【自定义】进入定制界面，单击【用户工作台】选项卡后可新建工作台，如图 1-23 所示。

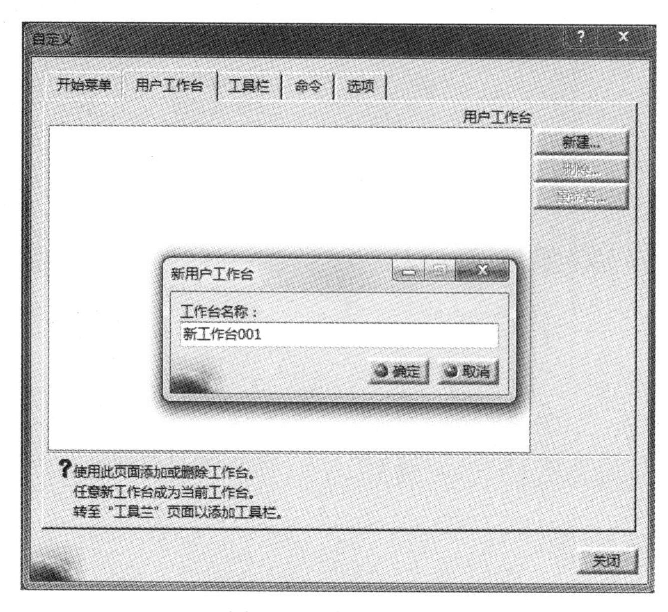

图 1-23　定制工作台

1.7.3　工作栏的定制

用户通过菜单栏【工具】→【自定义】进入定制界面，单击【工具栏】选项卡后即可对工具栏上的命令进行添加或移除，如图 1-24 所示。

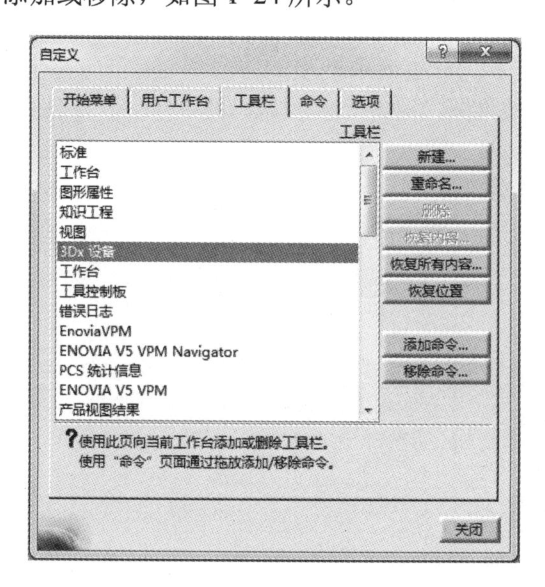

图 1-24　定制工具栏

1.7.4 命令的定制

用户通过菜单栏【工具】→【自定义】进入定制界面。单击【命令】选项卡后，用户将需要添加的命令拖放至工具栏即可添加命令，如图 1-25 所示。

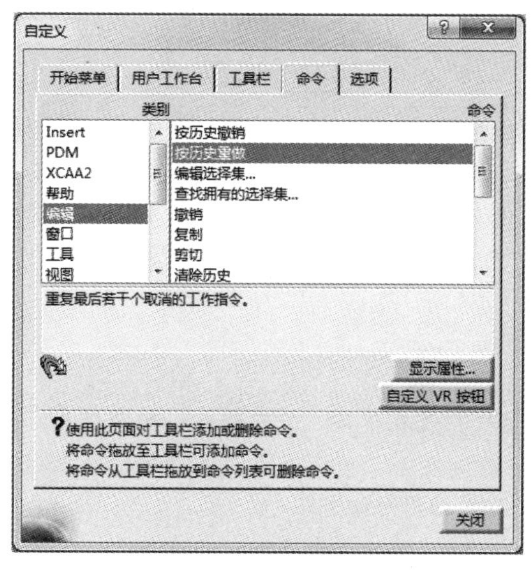

图 1-25　定制命令

1.7.5 选项的定制

用户通过菜单栏【工具】→【自定义】进入定制界面。单击【选项】选项卡后，即可进行个性化定制，如图 1-26 所示。

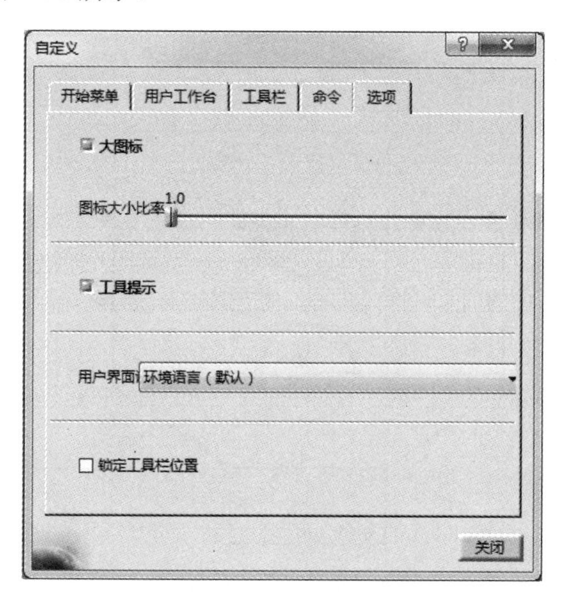

图 1-26　定制选项

第 2 章 草 图 设 计

CATIA V5R21 的实体建模一般都是从草图设计开始的。草图设计就是指在二维平面上通过基本的几何图形组成闭合或开放的轮廓，本章将以典型实例引出常用的草图绘制命令，然后重点介绍二维图形的创建方法和步骤，并结合机械制图实例进一步讲解常用命令的使用方法和技巧。

本讲内容

- 实例▪知识点——垫板、长孔垫片、长孔旋钮、椭圆锁片、连杆、椭圆孔垫片、多孔板、蝴蝶形状、三角板
- 草图设计环境介绍及基础图形绘制
- 图形的编辑与修改
- 草图的约束
- 要点▪应用——隔板、弧形板、折弯钣金
- 能力▪提高——棘轮、三角连杆、钣金支架
- 习题▪巩固——轮毂、法兰盖板、安装座

2.1 实例▪知识点——垫板

垫板属于非标准件，其结构和尺寸如图 2-1 所示：

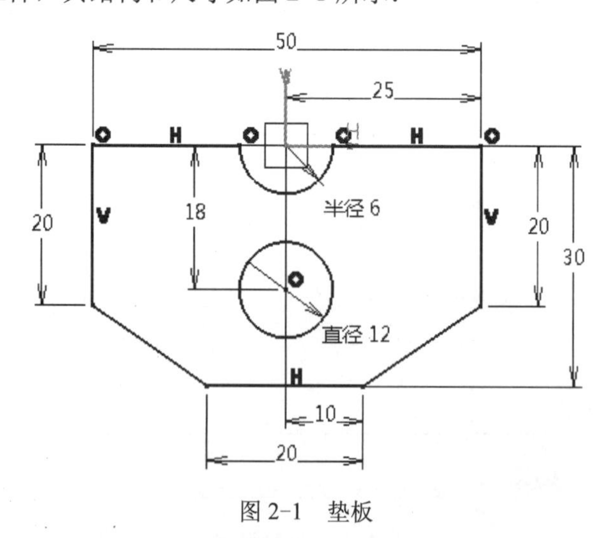

图 2-1 垫板

【思路分析】

该零件图由圆、圆弧、直线组成。绘制此图的方法是：先绘制出直线轮廓，然后绘制圆弧部分，最后绘制内部圆形即可完成全图。步骤如图 2-2、图 2-3 和图 2-4 所示。

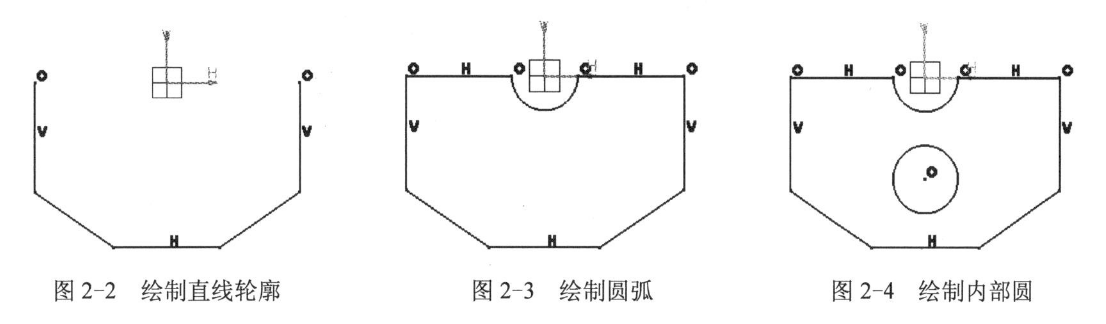

图 2-2　绘制直线轮廓　　图 2-3　绘制圆弧　　图 2-4　绘制内部圆

【光盘文件】

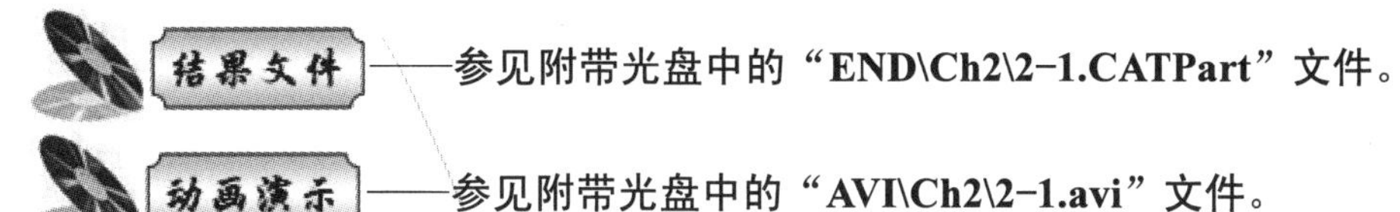

结果文件——参见附带光盘中的“**END\Ch2\2-1.CATPart**”文件。

动画演示——参见附带光盘中的“**AVI\Ch2\2-1.avi**”文件。

【操作步骤】

[1]. 从菜单栏中选择【开始】→【机械设计】→【草图编辑器】，如图 2-5 所示。

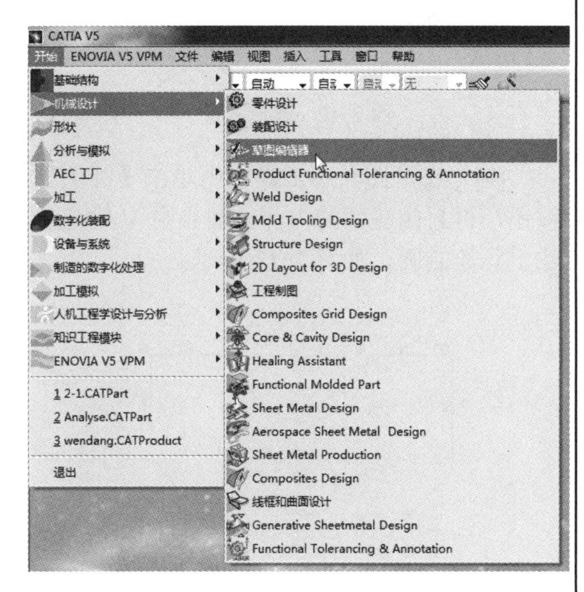

图 2-5　新建草图

[2]. 输入新建草图文件的文件名“2-1”，如图 2-6 所示。

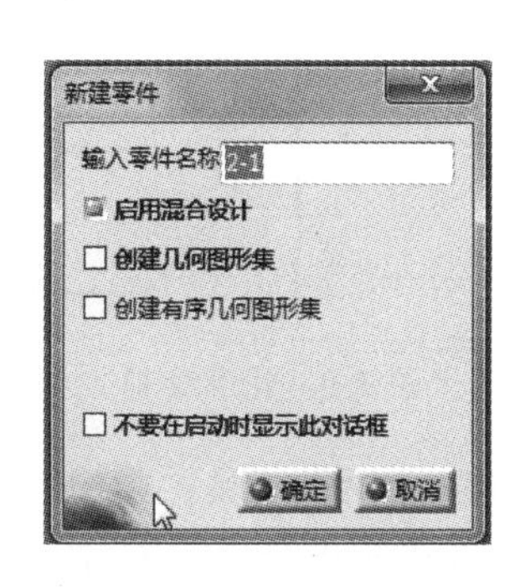

图 2-6　新建文件命名

[3]. 在垂直工具栏中的【草图】图标显示工作的情况下，单击选择【yz 平面】，如图 2-7 所示。

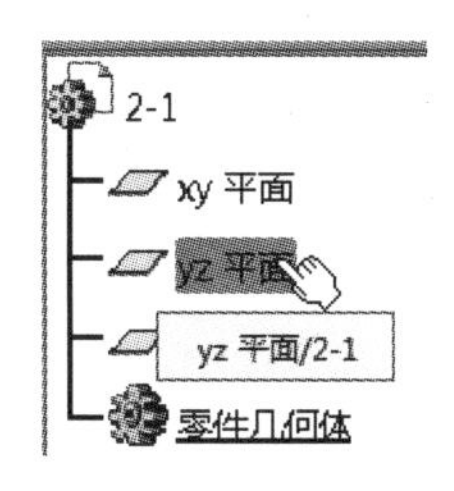

图 2-7　选择参考平面

[4]. 进入草图设计界面，在草图轮廓工具栏中单击【轮廓】按钮，或者选择菜单

栏中的【插入】→【轮廓】，如图 2-8 所示。

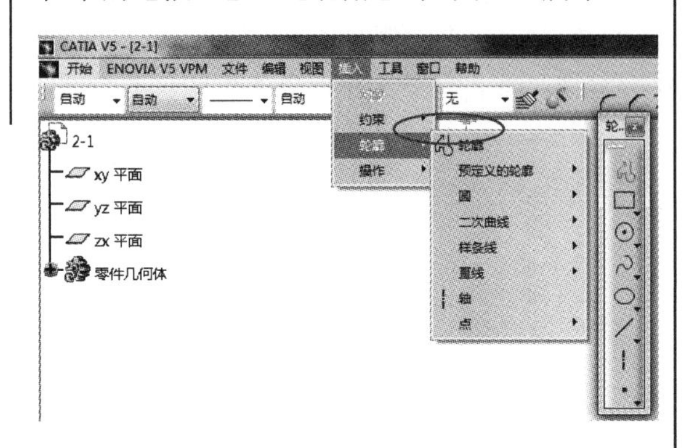

图 2-8 轮廓工具选择

[5]. 在与 H 轴上开始作图，如图 2-9 左侧所示。绘制出大致的轮廓线，双击鼠标或按键盘上<Esc>键结束作图。绘制效果如图 2-9 右侧所示。

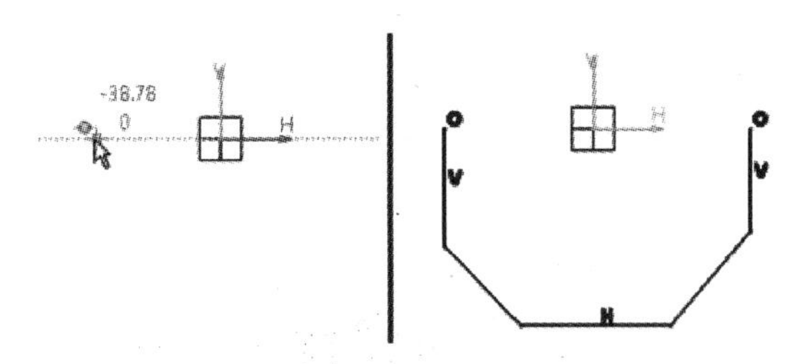

图 2-9 轮廓绘制

[6]. 在草图轮廓工具栏中单击【圆】的三角下标，在弹出的新工具栏中单击【弧】按钮，如图 2-10 所示。

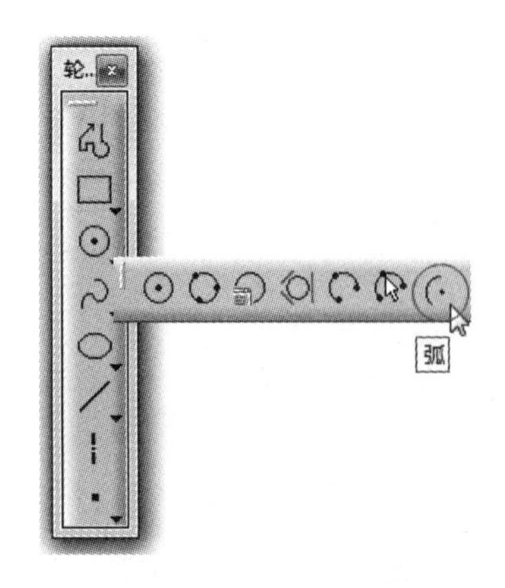

图 2-10 选择弧

[7]. 先单击原点，然后由左往右绘制出以原点为圆心的半圆弧，效果如图 2-11 所示。

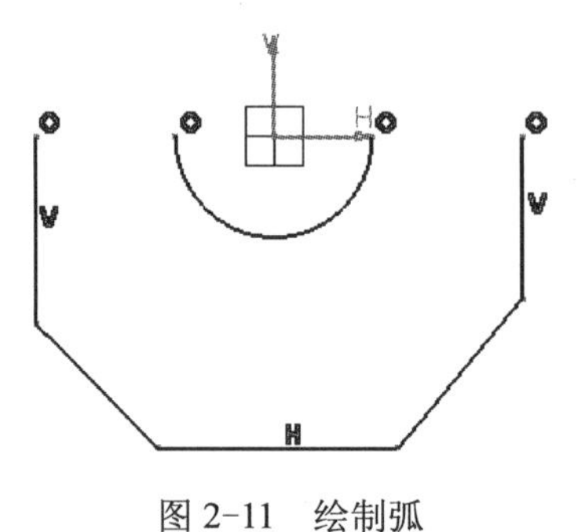

图 2-11 绘制弧

[8]. 在草图轮廓工具栏中单击【直线】按钮，分别连接圆弧和轮廓，如图 2-12 所示。

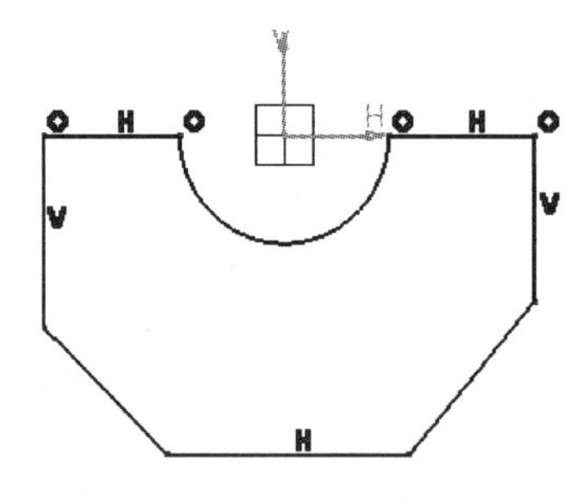

图 2-12 绘制直线

[9]. 在草图轮廓工具栏中单击【圆】按钮，再封闭轮廓的内部，圆心在 V 轴延长线上，绘制圆，如图 2-13 所示。

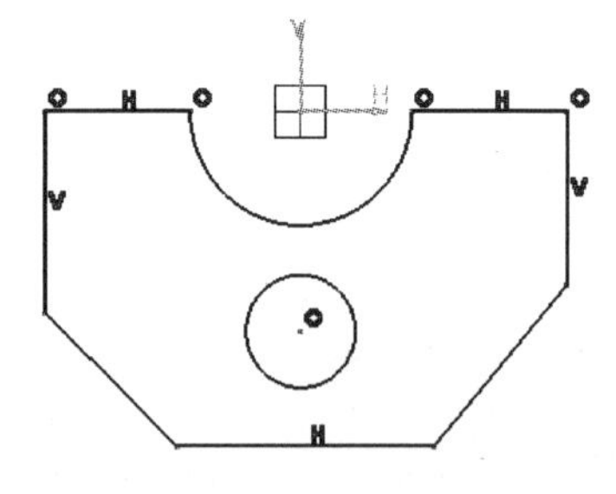

图 2-13 绘制圆

[10]. 在约束工具栏中单击选择【约束】按钮，然后绘制草图轮廓中的圆弧，然后单击旁边的空白页面，使圆弧产生半径约束，如图 2-14 所示。

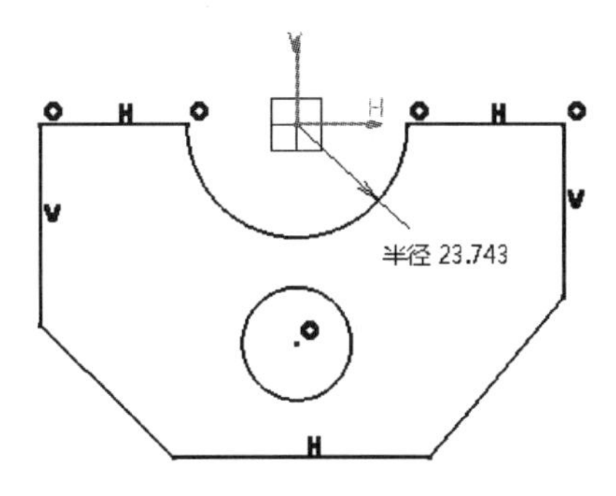

图 2-14 半径约束

[11]. 双击圆弧的半径约束，在弹出的对话框内输入所需的数值“10”，如图 2-15 所示。

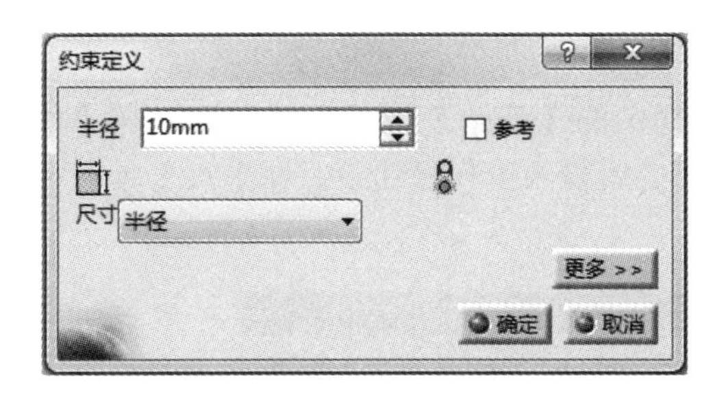

图 2-15 约束编辑

[12]. 重复步骤[10]和[11]，分别约束草图轮廓中的三条直线，如图 2-16 所示。

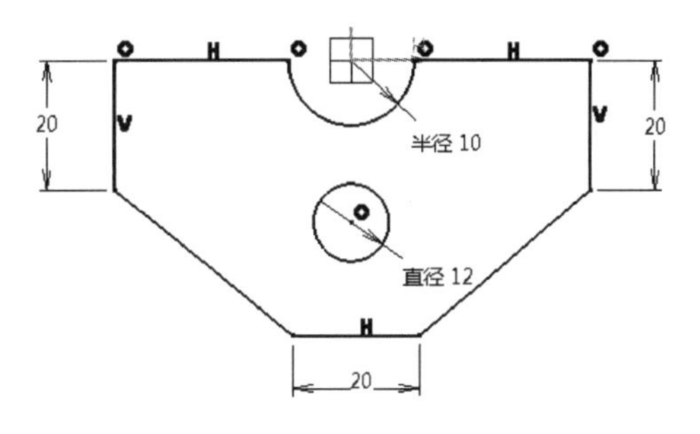

图 2-16 添加约束

[13]. 在约束工具栏中单击【约束】按钮，分别单击草图轮廓中的左、右两条竖线，使其产生距离约束，然后双击约束，在弹出的对话框内输入所需的数值“50”。如图 2-17 所示。

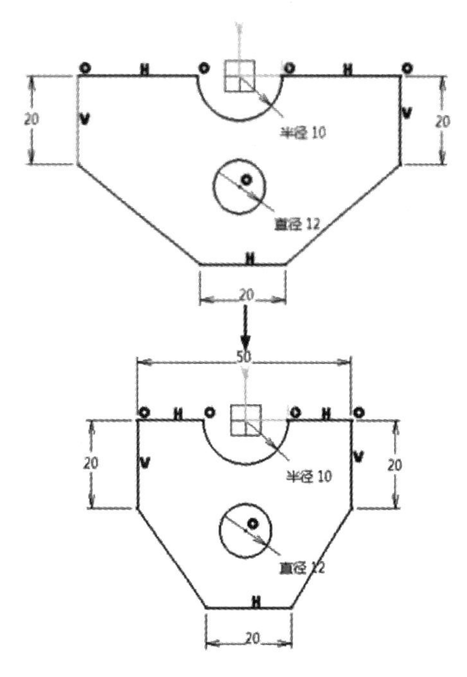

图 2-17 距离约束 1

[14]. 重复步骤[13]，使草图轮廓右边竖线和 V 轴之间产生所需的距离约束，如图 2-18 所示。

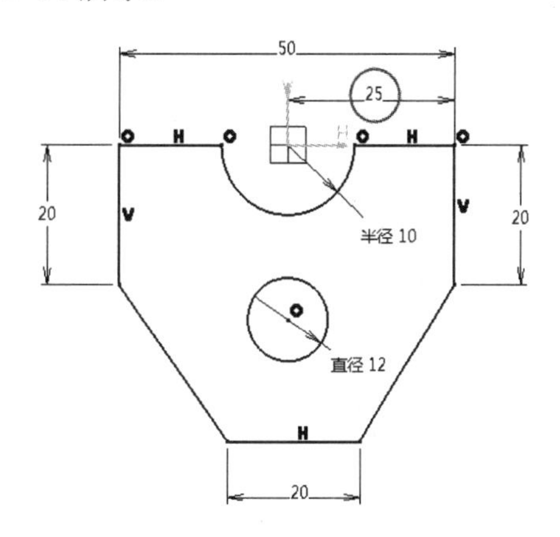

图 2-18 距离约束 2

[15]. 重复步骤[14]，让圆的圆心和 H 轴、下端横线和 H 轴，下端横线右端点和 V 轴分别产生所需的距离约束。最后的图形效果如图 2-19 所示。

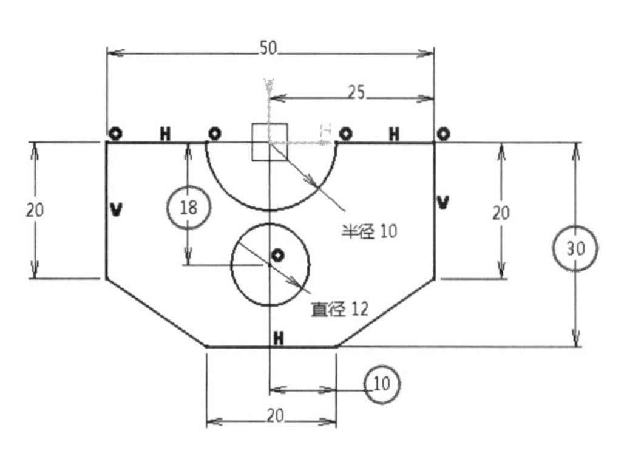

图 2-19　距离约束 3

[16]. 单击垂直工具栏中的【退出工作台】按钮，退出草图编辑环境，完成草图设计。然后可以观察到二维草图在三维视图中的状态，如图 2-20 所示。

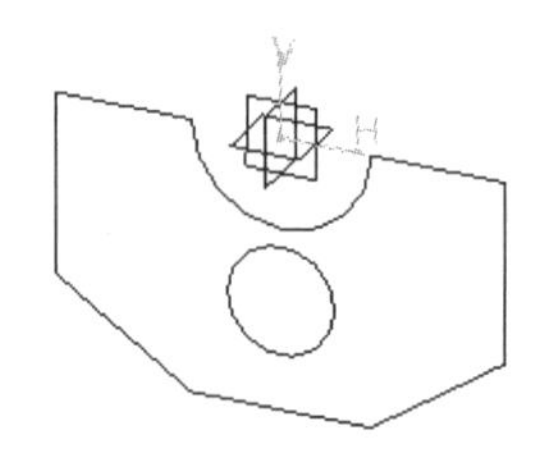

图 2-20　三维视图中的草图

2.1.1　进入草图工作环境

进入草图工作环境的方法有两种。选择菜单栏中的【开始】→【机械设计】→【草图编辑器】，如图 2-21 所示。也可以在某个内嵌草图编辑器的工作模块下，在垂直工具栏中单击【草图】按钮。

图 2-21　进入草图编辑器

在完成上述操作后，需要选择要求草图所在的参考平面，才能进入草图工作环境。参考平面可以是系统默认的【xy 平面】、【xz 平面】和【yz 平面】，也可以是其他已创建的实体或片体上存在的平面，如图 2-22 和图 2-23 所示。

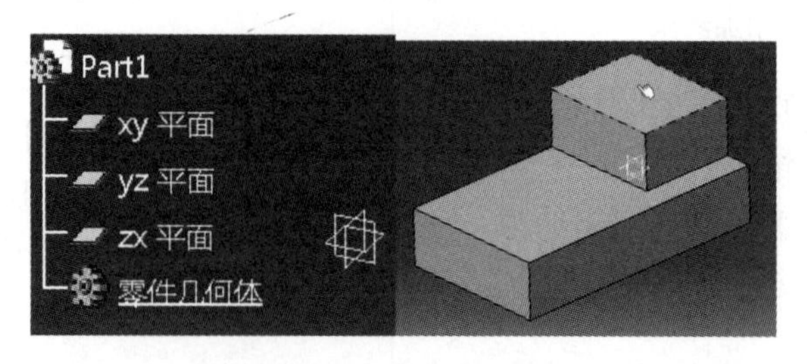

图 2-22　基准面选择

选择参考平面后就会进入草图工作环境，如图 2-23 所示。这时绘图区左边的模型树会添加一个草图子菜单【草图.1】，用户本次在该参考平面所绘制的图形信息将会收录于此。以后需要对该草图进行修改时，可鼠标左键双击该子菜单进入该草图的工作环境进行修改。

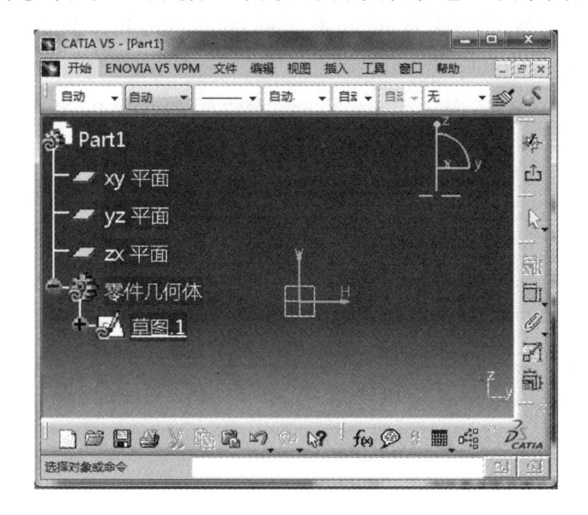

图 2-23　草图工作环境

用户完成图形绘制后，通过单击垂直工具栏中的【退出工作台】按钮，可以回到原来的工作模块中。

2.1.2　创建定位草图

定位草图用于在参考平面上定位原点和参考元素，即坐标原点、横轴和纵轴。因此，创建定位草图需要指定基准面、原点、横轴和纵轴。

定位草图可以选择菜单栏中的【插入】→【草图编辑器】→【定位草图】进入。也可以单击草图工具栏中的【定位草图】按钮，即弹出【草图定位】对话框，如图 2-24 所示。

图 2-24 【草图定位】对话框

在弹出的对话框中，【草图定位】栏是用于选择草图工作的参考平面。类型有【已定位】和【滑动】两种。【已定位】是系统的默认选项，用于建立指定原点和坐标轴的草图。选择【滑动】类型时只需选择参考平面，不需要指定原点和坐标轴，作用与一般的草图一致。【参考】栏中显示的是用户所选择的参考元素。

【原点】栏用于指定草图的原点，它的功能在已定位的草图类型下选择参考平面后会被激活。它提供的选择类型有：【隐式】、【零件原点】、【投影点】、【相交的 2 条曲线】、【曲线相交】、【中点和重心】，如图 2-25 所示。各个选择类型的作用介绍如下：

【隐式】：原点由草图的参考元素的集合特征决定。

【零件原点】：草图原点与参考零件的原点一致。

【投影点】：原点是参考元素的原点在草图平面上的投影。

【相交的 2 条直线】：原点是两条直线的交点。

【曲线相交】：原点为曲线与参考平面的交点。

【中点】：原点为所选直线或曲线的中点。

【重心】：原点为几何形状的重心。

【方向】一栏用于指定草图的坐标轴方向，它提供的选择类型如图 2-26 所示。各个选择类型的作用介绍如下：

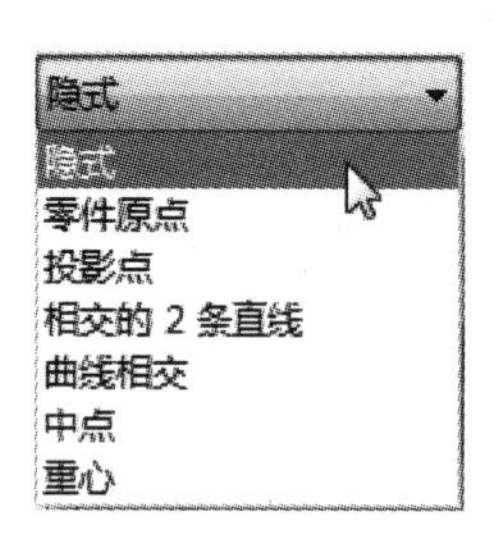

图 2-25　原点类型

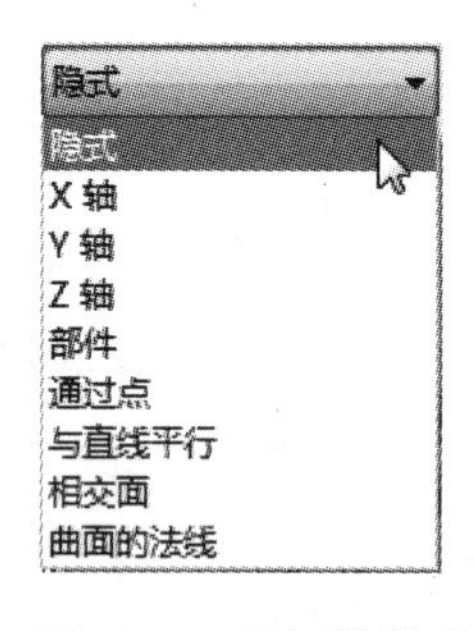

图 2-26　坐标轴类型

【隐式】：坐标轴由参考元素的坐标系决定。

【X 轴】、【Y 轴】、【Z 轴】：把系统默认的三个坐标轴之一指定为草图的坐标轴。

【部件】：相对于已指定的原点，输入另一点的坐标，以原点指向该点的方向作为草图的坐标轴。

【通过点】：以原点指向现有的某个点的方向作为草图坐标轴。

【与直线平行】：坐标轴与选择的直线平行。

【相交面】：指定平面与参考平面相交的直线，作为草图的坐标轴。

【曲面的法线】：选择参考平面之外的平面，该选择平面的法线作为草图的坐标轴。

用户可以选择对话框下方的 H 方向和 V 方向的单选按钮，指定坐标轴为横轴（H 方向）或纵轴（V 方向）。在下方的复选框中，用户还可进一步指定坐标轴方向。

【反转 H】：横轴方向与当前方向相反。

【反转 V】：纵轴方向与当前方向相反。

【交换】：横轴与纵轴方向互相交换。

2.1.3 【草图工具】工具栏

在草图设计环境中包含【草图工具】工具栏，如图 2-27 所示。它主要用于帮助用户控制工作状态、提供绘制轮廓时的辅助性操作和提供扩展功能。在不同的命令下，【草图工具】会有不同的显示，用户可以通过单击上面的按钮来自定义相关选项。

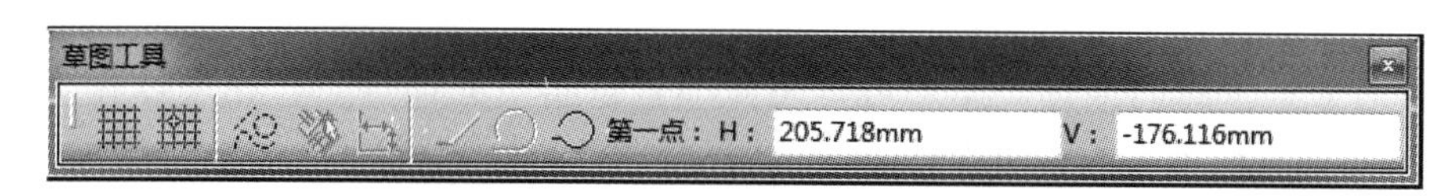

图 2-27 草图工具栏

【网格】：用于显示/隐藏草图背景的网格，网格可作为绘制草图时的参考。

【点对齐】：用于设置点的捕捉。该按钮激活后，创建线条时光标会自动捕捉到网格点；该按钮在被激活时，即使【网格】按钮没有被激活，【点对齐】的自动捕捉功能仍然有效。

【构造/标准元素】：用于创建构造元素和标准元素，以及将两者互相转换。构造元素在草图设计环境中为虚线显示，在草图绘制中起辅助线的作用，退出草图时不在三维环境中显示，不参与三维建模，该按钮激活时创建的图形便是构造元素；在选择已创建的标准元素后，激活该按钮，标准元素就会变成构造元素。

【几何约束】：激活该按钮后绘制草图时，会自动生成相关的几何约束，如水平、竖直等。

【尺寸约束】：激活该按钮时，可在草图工具栏的文本输入框内输入几何参数，来产生尺寸约束，如长度、半径等。

【文本输入框】：文本输入框会根据当前命令而又不同的显示，主要作用是用于输入当前命令的有关参数。

2.1.4 【可视化】工具栏

【可视化】工具栏用于设定草图中各元素的显示方式，通过运用各种不同的显示方式，帮助用户更好的观察草图。其界面如图 2-28 所示。它的主要功能有以下三个：

【按草图平面剪切零件】：该按钮激活时，草图中的实体或曲面会以草图的参考平面为基准进行切割；

【三维显示】：用于调整三维模型的显示状态；

【约束设置】：用于更改尺寸约束和几何约束的显示状态。

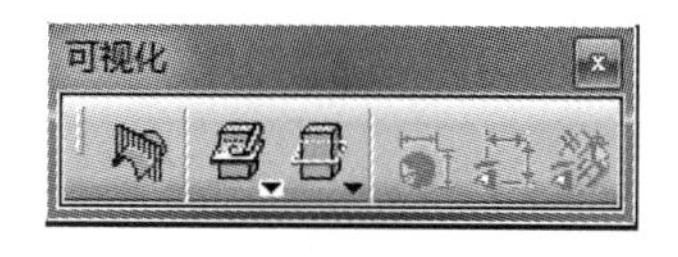

图 2-28 可视化工具栏

2.1.5 轮廓

【轮廓】用于在草图中绘制连续的直线或圆弧。它的使用步骤分以下几步：

1. 单击轮廓工具栏上的【轮廓】按钮，会弹出如图 2-29 所示的工具栏。该命令有三个子命令：分别是直线、相切弧、三点弧。本次先以系统默认的直线命令进行介绍。

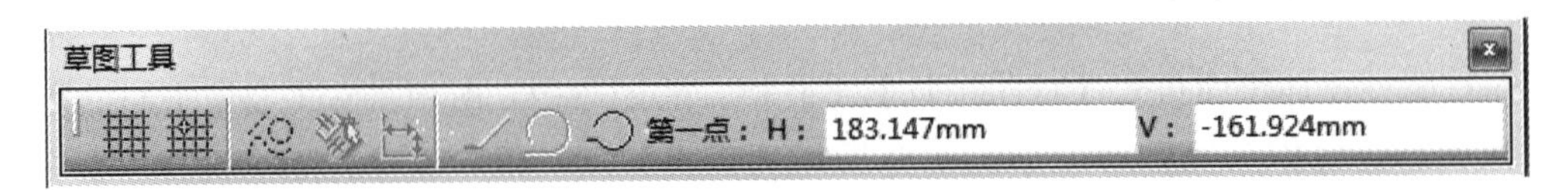

图 2-29　轮廓草图工具栏

2．确定第一个点的坐标。用户可以用鼠标直接单击界面确定，也可以在【草图工具栏】中的文本输入框内输入点的坐标。

3．确定第二个点的坐标。用户可以用鼠标直接单击界面确定，也可以输入坐标、长度、角度等信息确定。

4．绘制相切弧。单击按钮，切换绘制命令，确定圆弧的另一个端点坐标或半径。

5．绘制三点弧。单击按钮，切换绘制命令，依次确定圆弧的第二点、第三点坐标。

6．当轮廓构成封闭图形时，轮廓命令会自动停止。用户若要在开放图形状态停止命令时，可双击鼠标左键退出命令。

2.1.6　直线

单击工具栏中的【直线】按钮，依次确定两点的坐标即可绘制直线，如图 2-30 所示。两点的确定可以在界面中直接单击，或在【草图工具栏】中的文本输入框内输入相关信息确定。

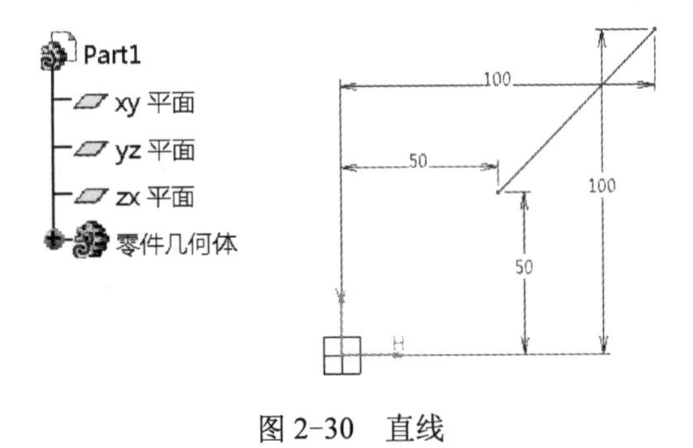

图 2-30　直线

2.1.7　圆

单击工具栏中的【圆】按钮，然后依次确定圆心位置和圆的半径，即可绘制出圆。如图 2-31 所示。

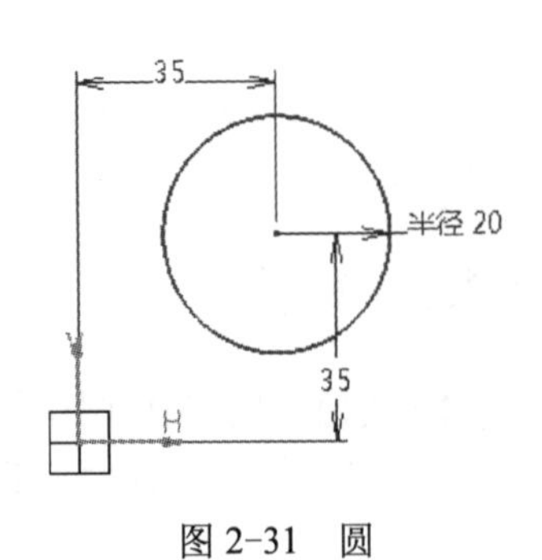

图 2-31　圆

2.1.8　三点圆

该命令是通过三个点来确定一个唯一的圆。在工具栏中的【圆】的子命令中选择【三点圆】，用户既可以在界面中直接选择三个点的位置，也可以在草图工具栏的文本输入框内依次输入三个点的坐标信息。

确定三个点后，【三点圆】的命令就会执行，效果如图 2-32 所示。

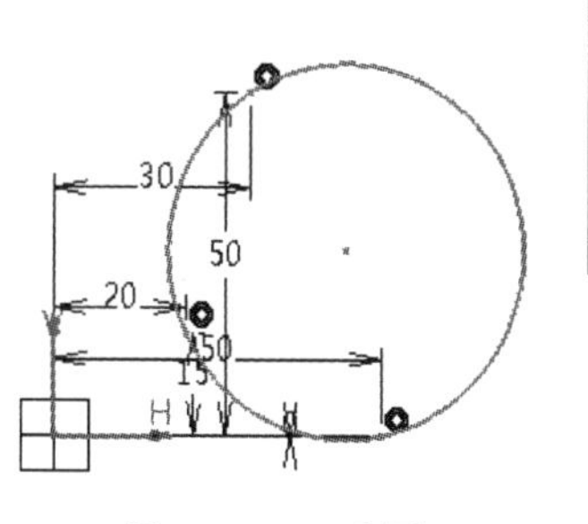

图 2-32　三点圆

2.1.9　坐标绘制圆

【坐标绘制圆】是通过确定圆心位置和圆的半径来确定唯一的圆。选中工具栏中的【坐标绘制圆】，在弹出的对话框中依次输入圆心的横轴坐标、纵轴坐标和半径的信息，单击【确定】按钮即可完成坐标圆的绘制，如图 2-33 所示。

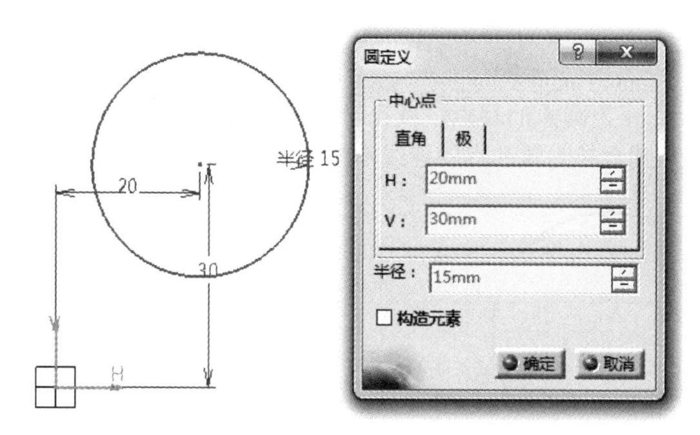

图 2-33　坐标绘制圆

2.1.10　三切线圆

该命令是通过三个相切约束来确定唯一的圆，它需要有三个参考元素，如点、直线、圆弧等。

单击工具栏中的【三切线圆】按钮，依次选择三个参考元素，即可完成三切线圆的绘制，效果如图 2-34 所示。

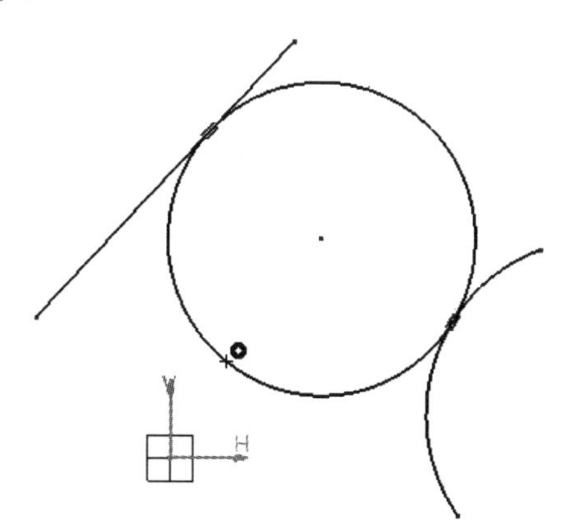

图 2-34　三切线圆

2.1.11 圆弧

该命令是通过依次确定圆弧的圆心、圆弧起点和圆弧终点来确定圆弧。

1．单击工具栏中的【圆弧】按钮，单击界面上的任意一点作为圆弧的圆心，或在草图工具栏的文本输入框内输入圆心的坐标，如图 2-35 所示。

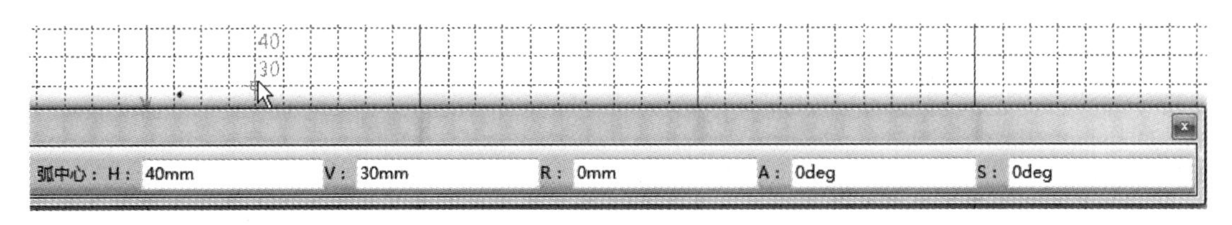

图 2-35　确定圆弧中心

2．单击另外一点作为圆弧的起点，或在输入框内输入坐标（H、V）、半径（R）、角度（A）等信息，A 表示圆心与圆弧起点的连线与横轴的夹角，如图 2-36 所示。

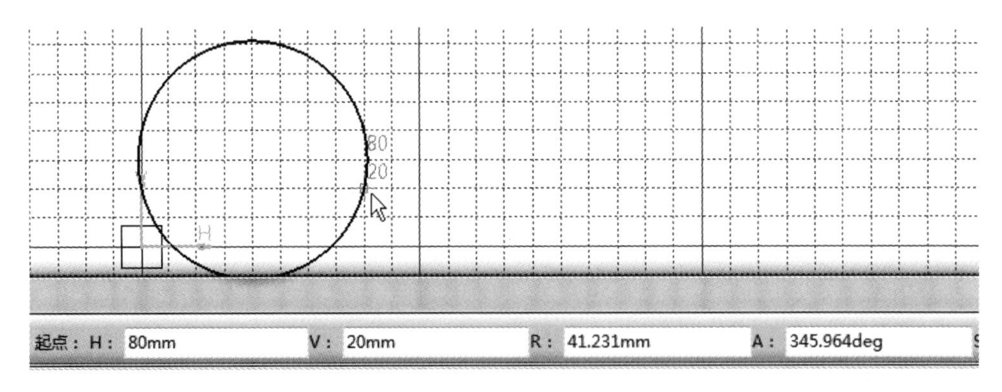

图 2-36　确定圆弧起点

3．继续单击另外一点作为圆弧的终点，或输入终点坐标、圆弧圆周角（S）等信息，如图 2-37 所示。

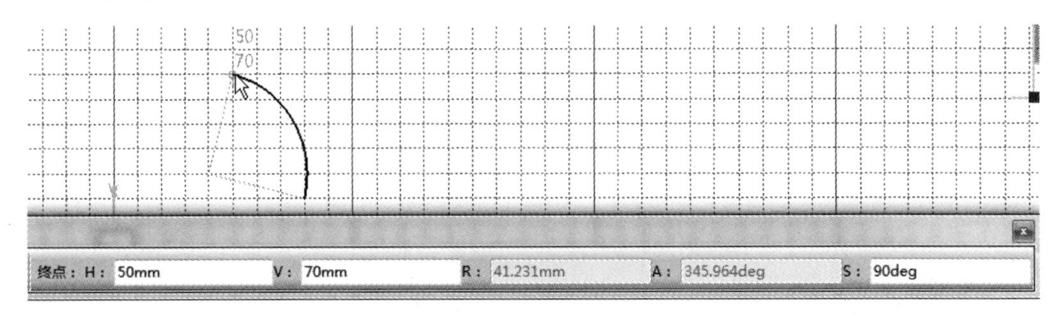

图 2-37　确定圆弧终点

2.1.12 三点圆弧

该命令是通过依次确定圆弧的起点、中点和终点来确定圆弧。单击工具栏中的【三点弧】按钮，依次在界面上确定三个点，或按照【草图工具】栏上的提示输入起点、中点和终点的坐标，完成三点圆弧的绘制。如图 2-38 所示。

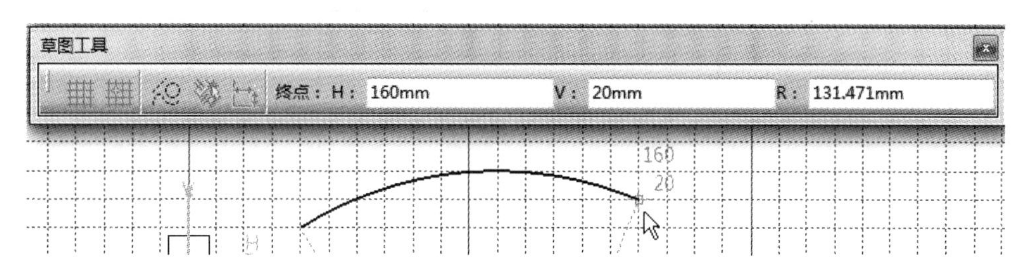

图 2-38　三点圆弧

2.1.13　起始受限的三点圆弧

该命令是通过依次确定圆弧起点、圆弧终点和圆弧上另任意一点的位置来确定圆弧。单击工具栏中的【起始受限的三点圆弧】按钮，用鼠标在绘图区中依次确定圆弧的三点，或按照提示输入三点的坐标。当确定第三点时，用户可以输入半径 R 的数值，按〈Enter〉键确认后，用鼠标选择圆弧的方向。如图 2-39 所示。

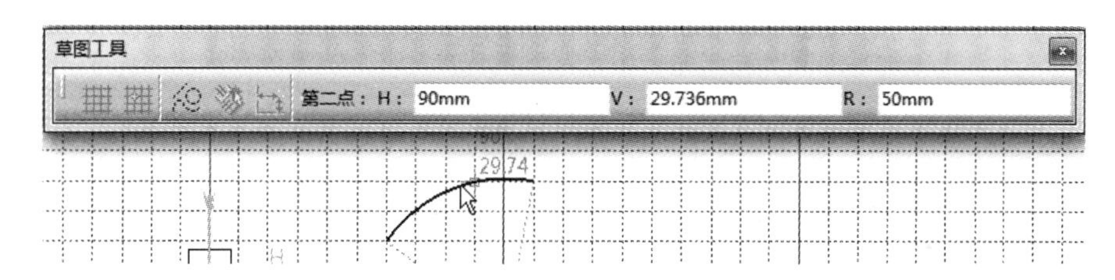

图 2-39　起始受限的三点圆弧

2.2　实例■知识点——长孔垫片

本实例多由一个矩形和两个半圆的长孔构成，其结构如图 2-40 所示。

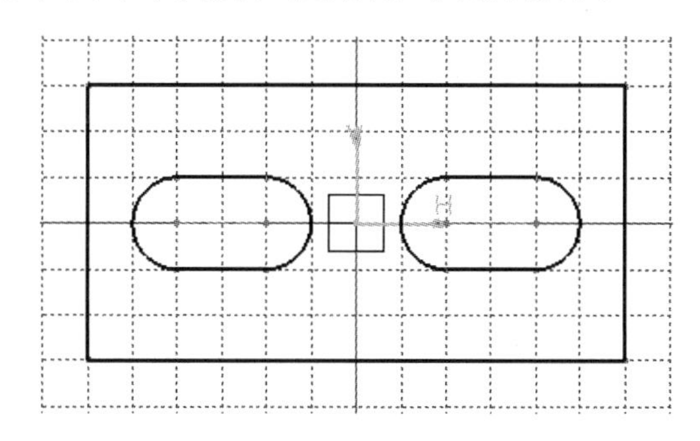

图 2-40　长孔垫片

【思路分析】

该零件图由矩形和长孔组成。绘制此图的方法是：先绘制出矩形部分，然后分别绘制左右两个长孔即可完成全图。步骤如图 2-41 和图 2-42 所示。

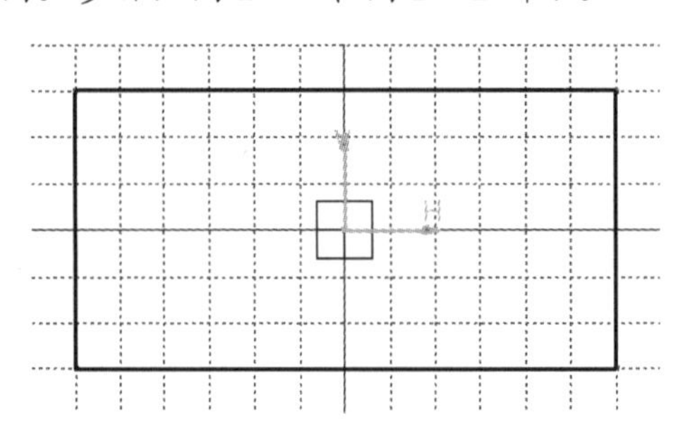

图 2-41　绘制矩形

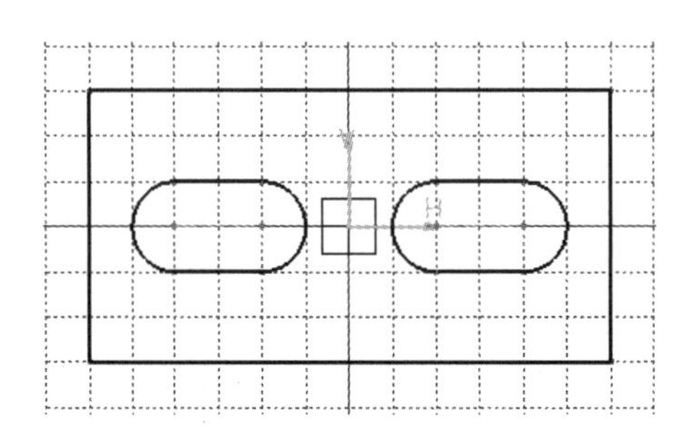

图 2-42　绘制延长孔

【光盘文件】

——参见附带光盘中的“**END\Ch2\2-2.CATPart**”文件。

——参见附带光盘中的“**AVI\Ch2\2-2.avi**”文件。

【操作步骤】

[1]. 从菜单栏中选择【开始】→【机械设计】→【草图编辑器】，如图 2-43 所示。

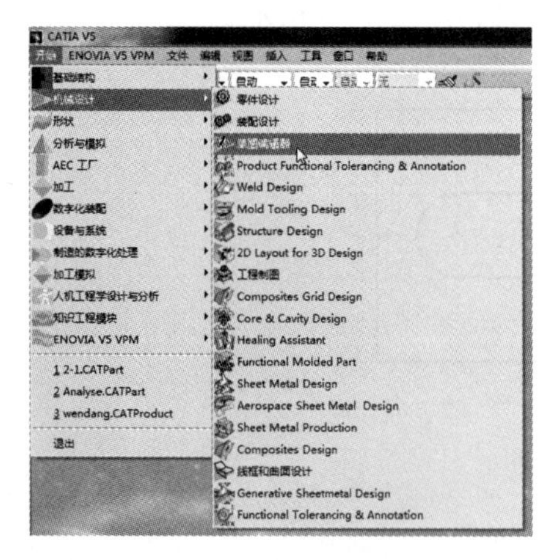

图 2-43　新建草图

[2]. 输入新建草图文件的文件名“2-2”，如图 2-44 所示。

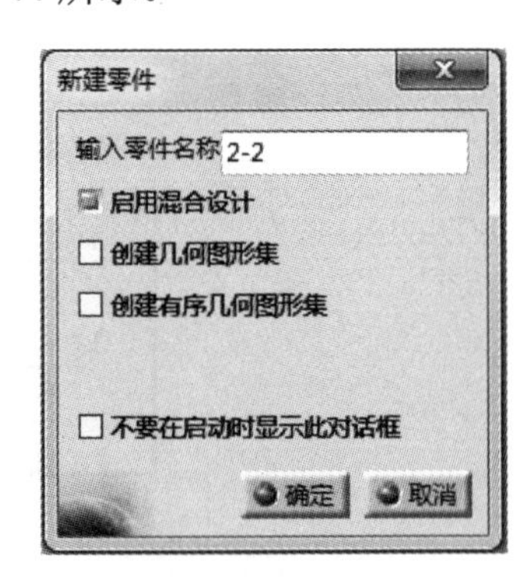

图 2-44　新建文件命名

[3]. 单击选择【yz 平面】，进入草图设计环境，如图 2-45 所示。

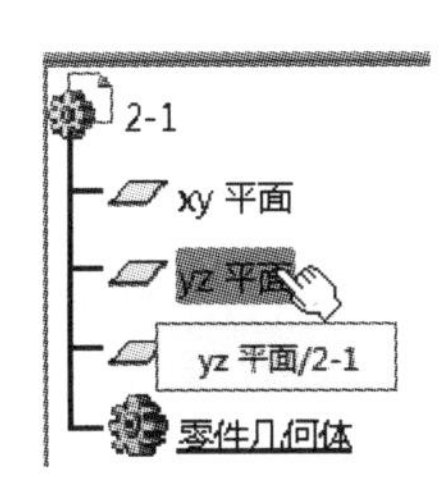

图 2-45 选择参考平面

[4]．单击工具栏中的【居中矩形】按钮，先用鼠标单击坐标原点，然后在【草图工具】栏中输入高度 60，宽度 120，如图 2-46 所示。

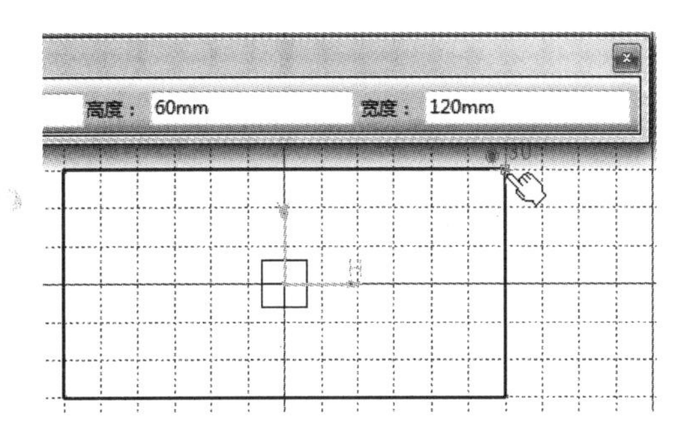

图 2-46 绘制矩形

[5]．单击工具栏中的【延长孔】按钮，依次输入第一中心坐标 H：-40、V：0。第二中心坐标 H：-20、V：0。然后输入半径 10，如图 2-47、图 2-48、图 2-29 所示。

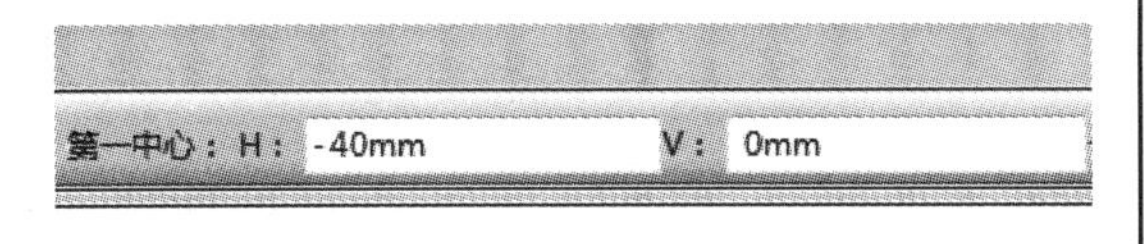

图 2-47 第一中心坐标

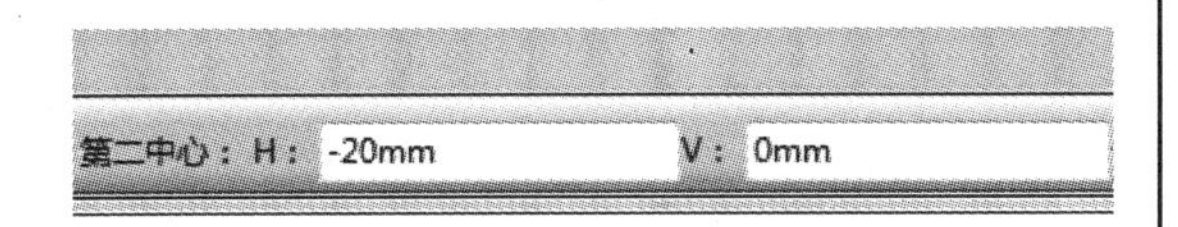

图 2-48 第二中心坐标

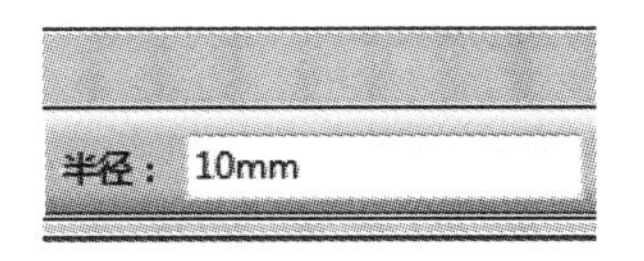

图 2-49 半径输入

数值输入完毕图形效果如图 2-50 所示。

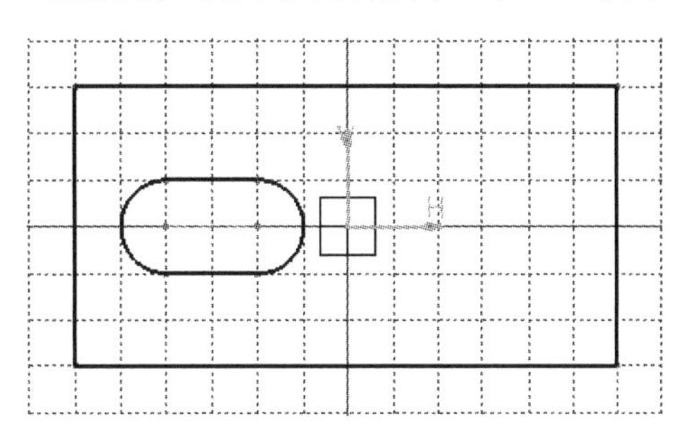

图 2-50 绘制左延长孔

[6]．单击工具栏中的【延长孔】按钮，依次输入第一中心坐标 H：20、V：0。第二中心坐标 H：40、V：0。然后输入半径 10。完成右边延长孔的绘制，如图 2-51 所示。

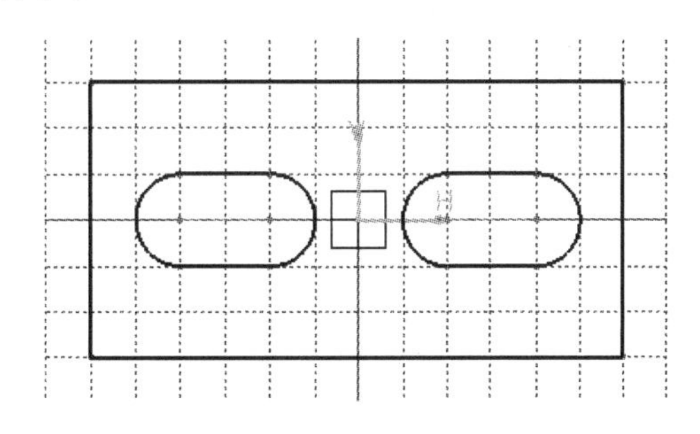

图 2-51 绘制右延长孔

[7]．单击【退出工作台】按钮，退出草图编辑环境，完成草图设计。然后可以观察到二维草图在三维视图中的状态，如图 2-52 所示。

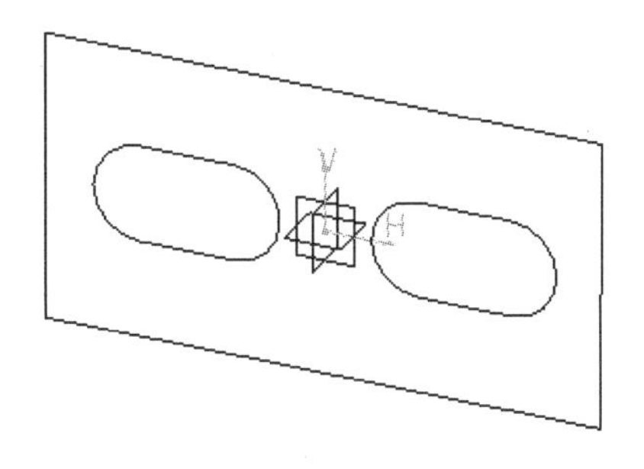

图 2-52 三维视图中的草图

2.2.1 矩形

该命令用于绘制边与坐标轴平行的矩形。它由指定矩形的两个对角点来确定矩形尺寸。

1．单击工具栏中的【矩形】按钮，用鼠标在界面上单击确定一个顶点，或在草图工具栏中输入第一点的坐标，如图 2-53 所示。

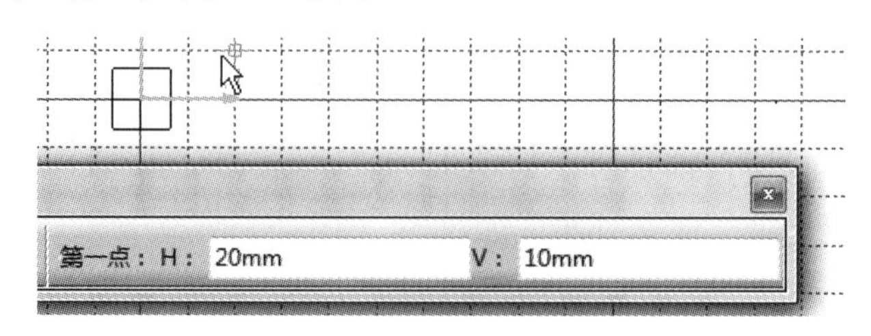

图 2-53　确定第一点

2．用鼠标在绘图区内单击确定另一个顶点，或输入第二点的坐标，也可以输入矩形的宽度和高度。其中宽度和高度既可以是正值，也可以是负值。正值代表是沿坐标轴正向，负值代表沿坐标轴反向。如图 2-54 所示。

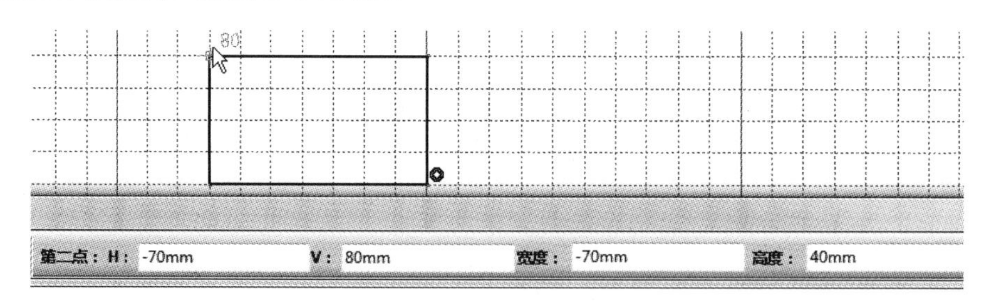

图 2-54　确定第二点

2.2.2 斜置矩形

【斜置矩形】用于绘制边线与坐标轴成任意角度的矩形，它通常需要确定矩形的三个点。

1．单击工具栏中的【斜置矩形】按钮，用鼠标在绘图区内单击确定一个顶点，或在【草图工具】栏中输入第一点的坐标。如图 2-55 所示。

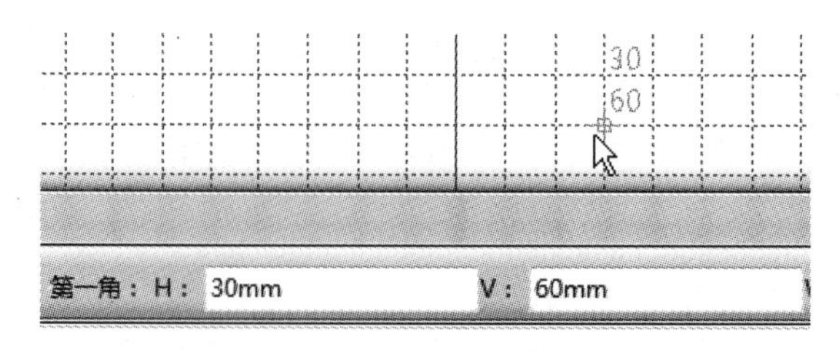

图 2-55　确定第一点

2．用鼠标在绘图区内单击确定第二点，或输入第二点的坐标，也可以输入这边的边长 W 以及与横轴正方向的夹角角度 A。如图 2-56 所示。

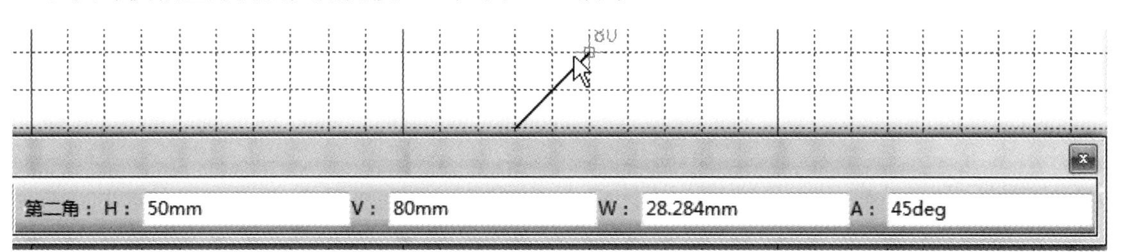

图 2-56　确定第二点

3．用鼠标确定第三点，或输入第三点的坐标，也可以输入该矩形的高度。如图 2-57 所示。

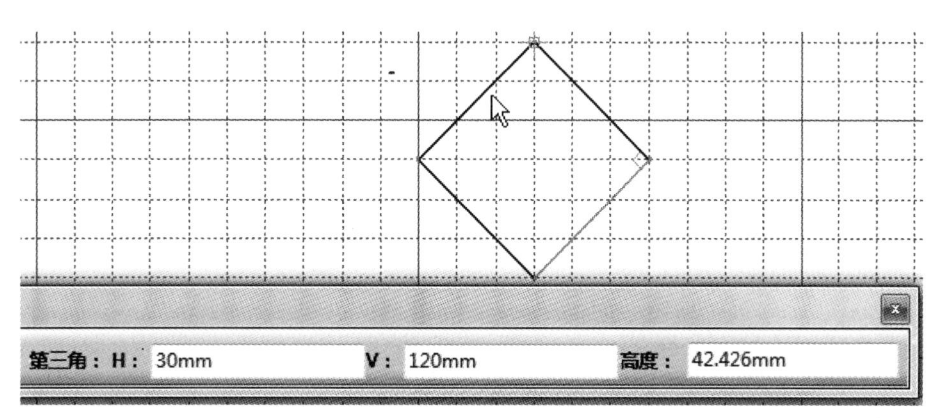

图 2-57　确定第三点

2.2.3　居中的矩形

该命令是通过确定矩形的中心和一个顶点来形成一个矩形。矩形的中心即矩形两条对角线的交点。

1．单击工具栏中的【居中矩形】按钮，通过鼠标确定矩形的中点位置，或在【草图工具】栏中输入中点的坐标。如图 2-58 所示。

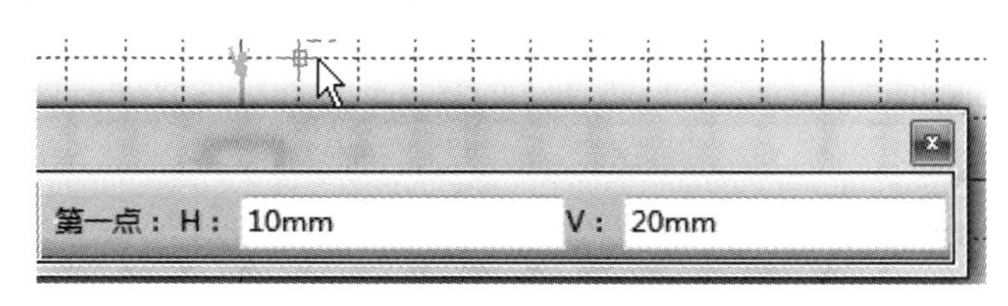

图 2-58　确定中心

2．通过鼠标确定矩形的一个顶点，或输入顶点的坐标，也可以输入矩形的高度和宽度。如图 2-59 所示。

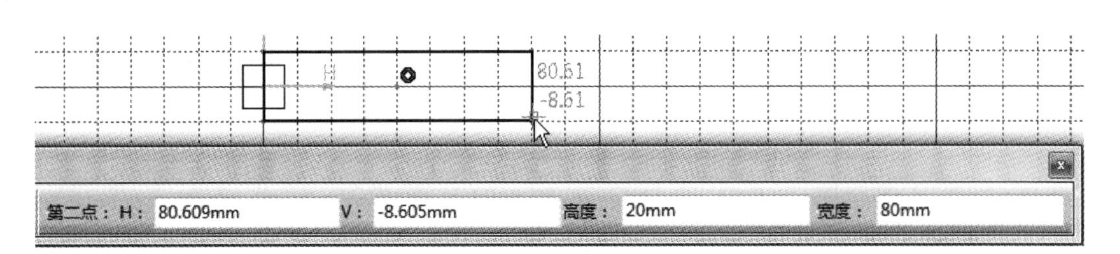

图 2-59　确定顶点

2.2.4　平行四边形

该命令用于绘制一个任意放置的平行四边形，它需要确定平行四边形的三个顶点。第一、第二点用于定位平行四边形，第三点用于确定宽度和角度。

1．单击工具栏中的【平行四边形】按钮，用鼠标或输入坐标确定第一点的位置，如图 2-60 所示。

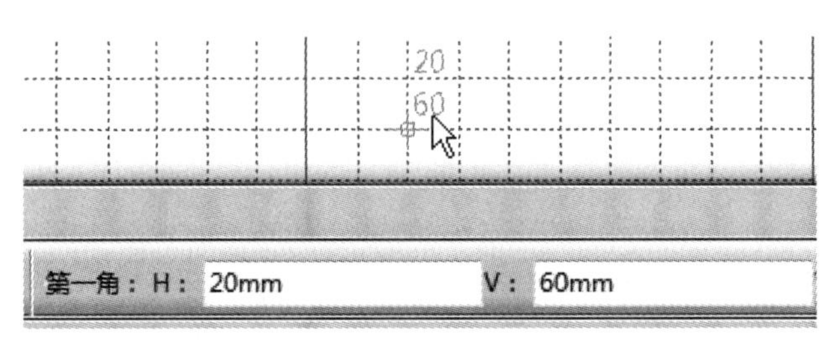

图 2-60　确定第一点

2．用鼠标或输入坐标确定第二点的位置，如图 2-61 所示。

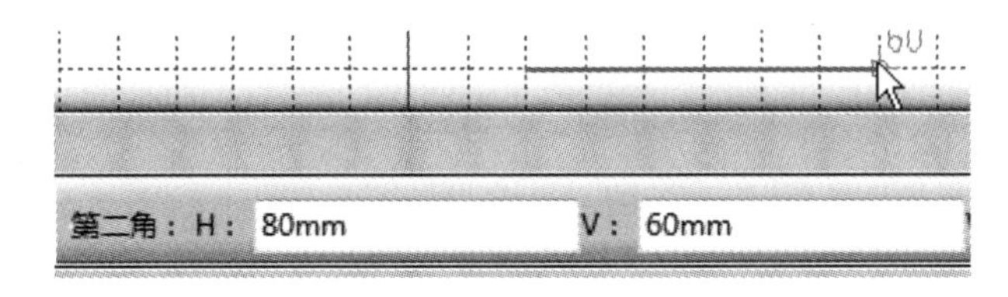

图 2-61　确定第二点

3．用鼠标确定第三点的位置，或输入第三点的坐标，也可以输入平行四边形的高度和第三点所在的两边所形成的夹角角度，如图 2-62 所示。

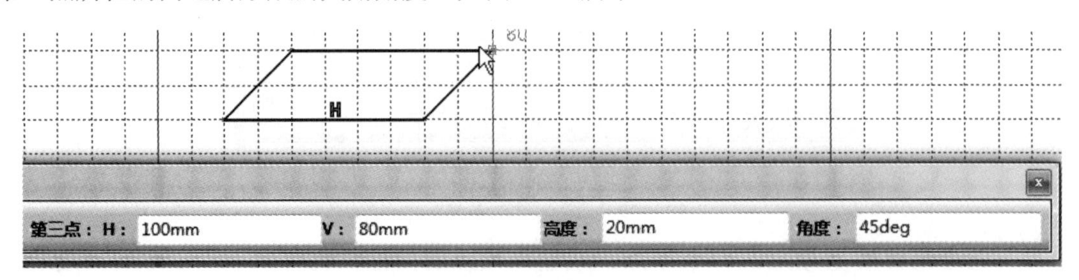

图 2-62　确定第三点

2.2.5 居中的平行四边形

该命令是以两条线的交点作为平行四边形的中点，然后确定一个顶点来创建平行四边形。

1．单击工具栏中的【居中的平行四边形】按钮，选择任意的两条相交或延长线相交的直线。如图 2-63 所示。

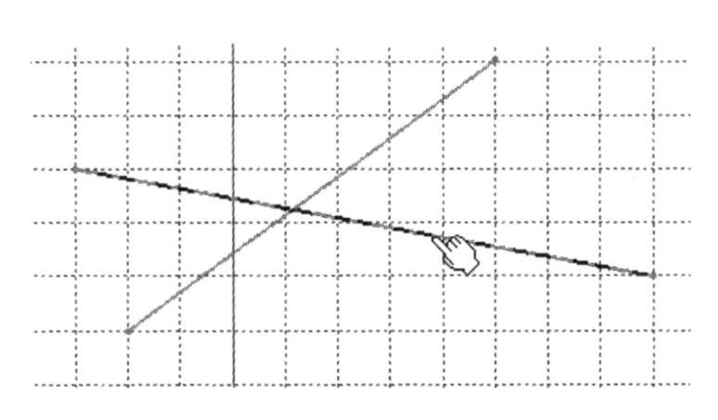

图 2-63 选择参考元素

2．用鼠标或输入坐标来确定顶点位置，或输入平行四边形的高度和宽度。如图 2-64 所示。

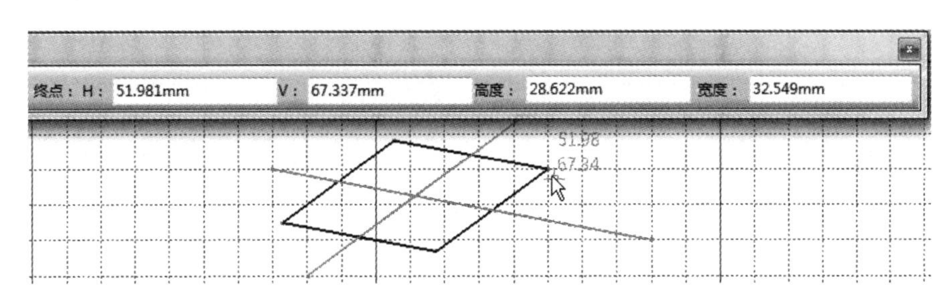

图 2-64 确认矩形参数

2.2.6 延长孔

该命令是通过确定中心轴和半径，来确定长孔的尺寸。

1．单击工具栏中的【延长孔】按钮，和绘制直线的方法一样，绘制出延长孔的中心轴线。如图 2-65 所示。

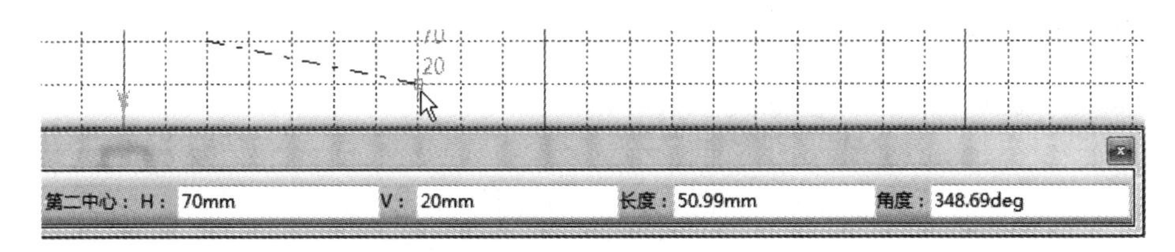

图 2-65 确定轴线

2．确定延长孔的半径。可以用鼠标单击确定，也可以输入坐标值或半径值来确定。如图 2-66 所示。

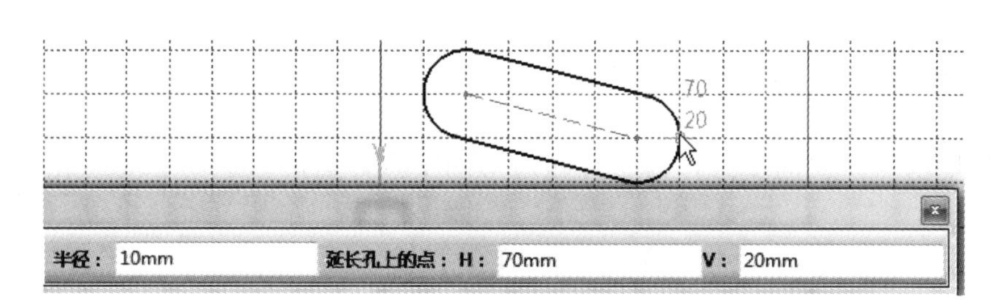

图 2-66　确定半径

2.2.7　圆柱形延长孔

该命令用于绘制一个圆柱形延长孔。与 2.2.6 节中延长孔的一样，它需要确定中心轴和半径，但该命令中的中心轴为圆弧。

1．单击工具栏中的【圆柱形延长孔】按钮，用绘制圆弧的方法绘制一条圆弧中心轴。如图 2-67 所示。

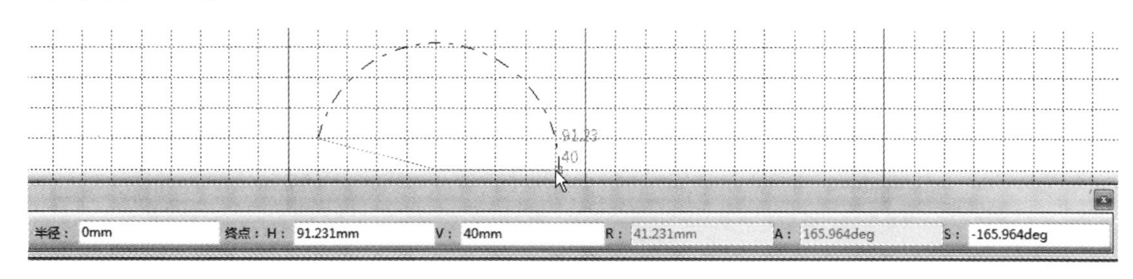

图 2-67　确定中心线

2．确定延长孔的半径。可以用鼠标单击确定，也可以输入坐标值或半径值来确定。如图 2-68 所示。

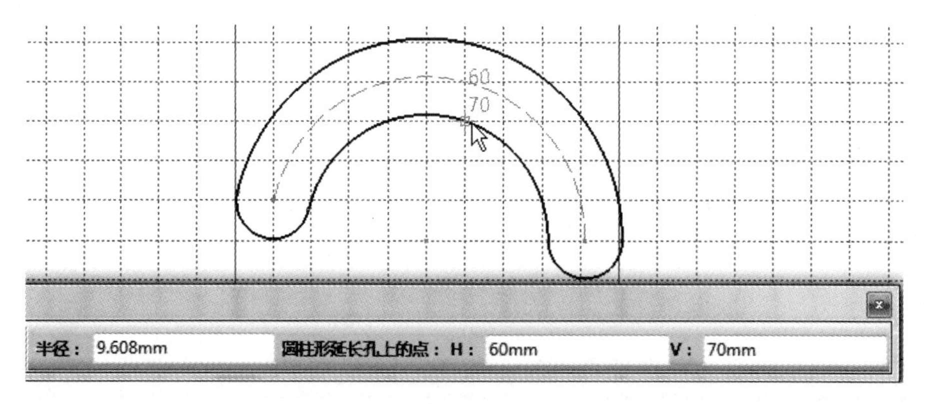

图 2-68　确定半径

2.2.8　钥匙孔轮廓

该命令用于绘制一个类似钥匙孔形状的草图。它需要确定轮廓的中心线、小圆弧半径和大圆弧半径三个参数。

1. 单击工具栏中的【钥匙孔轮廓】，利用绘制直线的方法绘制出中心线。如图 2-69 所示。

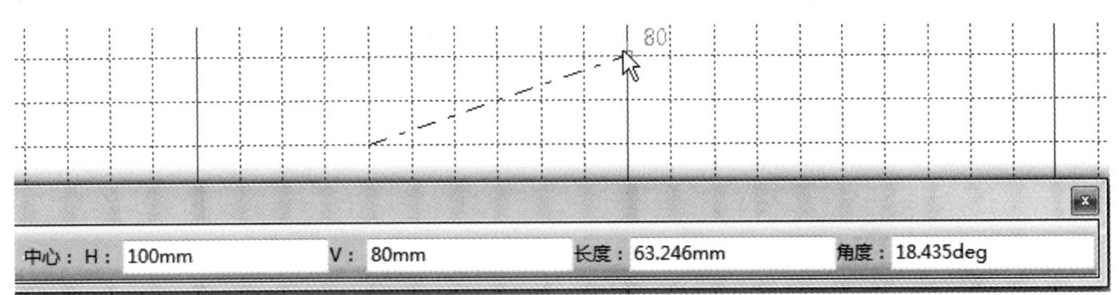

图 2-69 确定中心线

2. 用鼠标确定小圆弧的半径，或输入坐标值来确定。如图 2-70 所示。

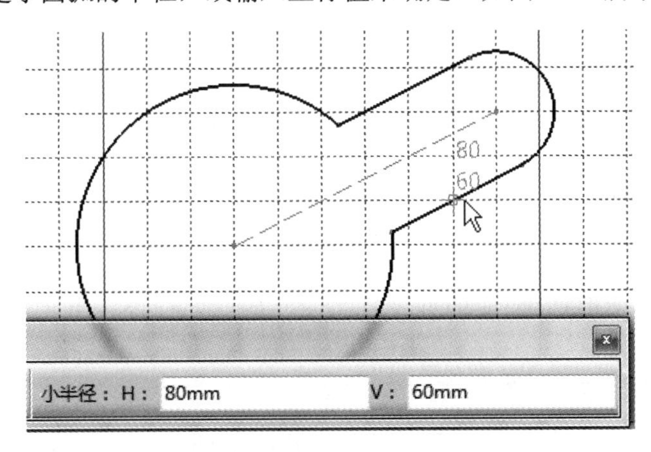

图 2-70 确定小圆弧半径

3. 用鼠标确定大圆弧的半径，或输入坐标值来确定。如图 2-71 所示。

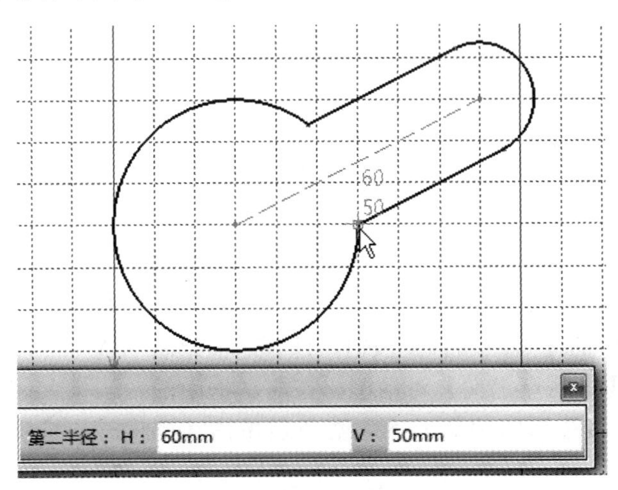

图 2-71 确定大圆弧半径

2.2.9 六边形

该命令用于绘制正六边形，它需要确定六边形的中心和中心到边的长度。

1．单击工具栏中的【六边形】按钮，用鼠标或输入坐标值来确定六边形的中点位置。如图 2-72 所示。

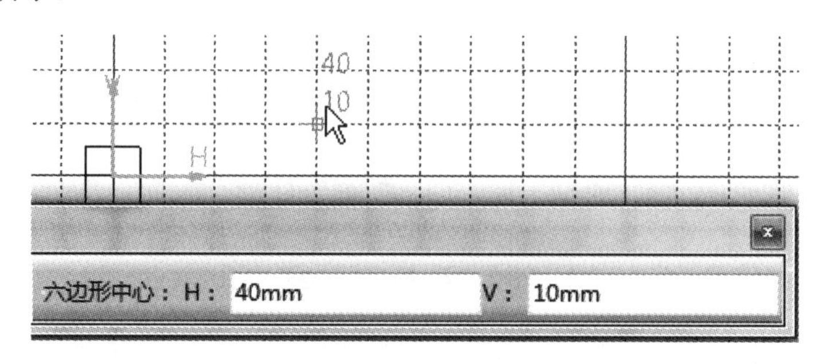

图 2-72　确定中心

2．用鼠标单击另一点确定中心到边的长度，或输入另一点的坐标值，也可以输入中心到边的直线尺寸和该直线与横轴的夹角角度。如图 2-73 所示。

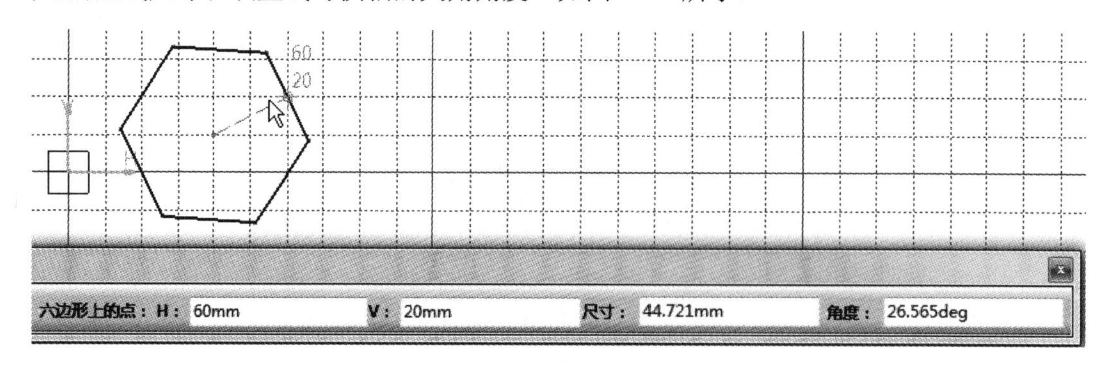

图 2-73　确定图形参数

2.2.10 正多边形

CATIA 中预定义的最多的多边形为正六边形，但有时绘图可能会使用边数更多的多边形。本小节介绍如何快速绘制正多边形。

1．单击工具栏中的【圆】按钮，绘制一个任意的圆形，如图 2-74 所示。

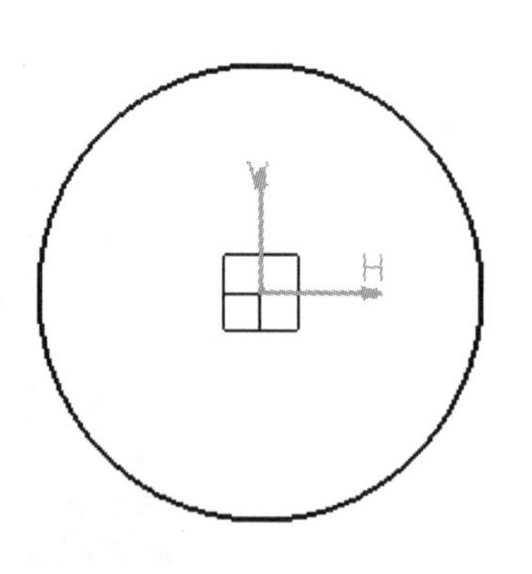

图 2-74　绘制圆

2．单击工具栏中的【等距点】按钮，选择之前绘制的圆形，然后弹出【等距点定义】对话框。在对话框中的【新点】的数量即正多边形的边数。输入数值后单击【确定】按钮，如图 2-75 所示。

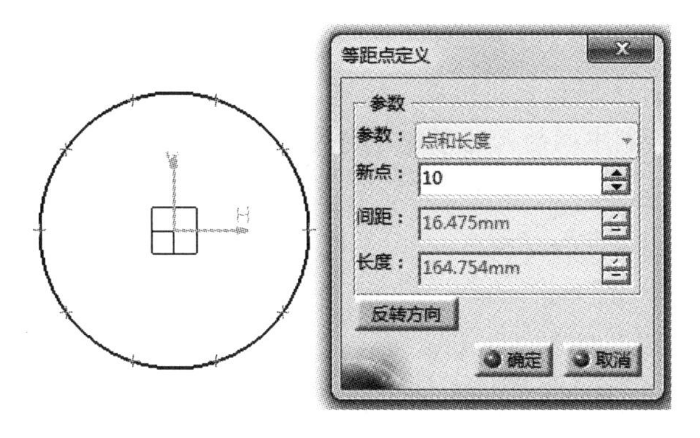

图 2-75　绘制等距点

3．单击工具栏中的【轮廓】按钮，将生成的点依次连接起来，即可绘制出正多边形。如图 2-76 所示。

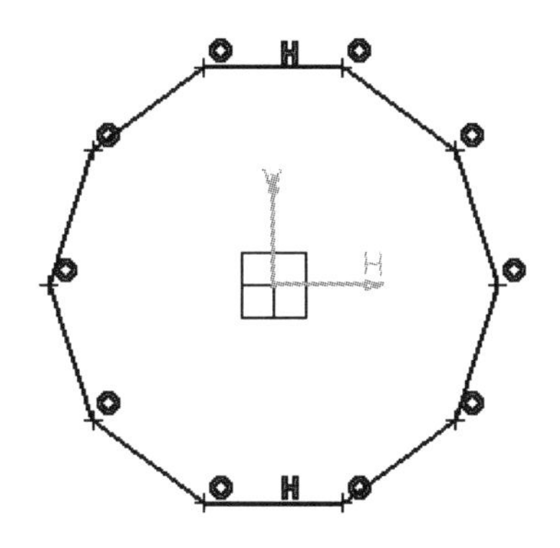

图 2-76　绘制正多边形

2.3　实例▪知识点——长孔旋钮

本实例多由一个圆形、一个六边形和两个圆柱形延长孔构成，其结构如图 2-77 所示。

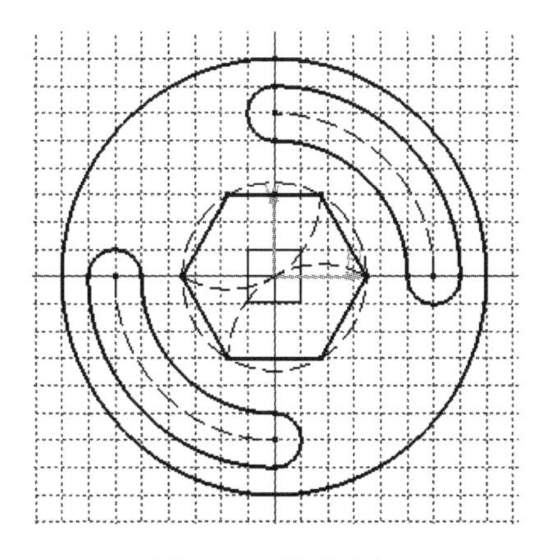

图 2-77　长孔旋钮

【思路分析】

该零件图由圆形、六边形和长孔组成。绘制此图的方法是：先绘制出圆形部分，然后分别绘制左右两个长孔，再绘制中间的六边形即可完成全图。步骤如图 2-78 和图 2-79 所示。

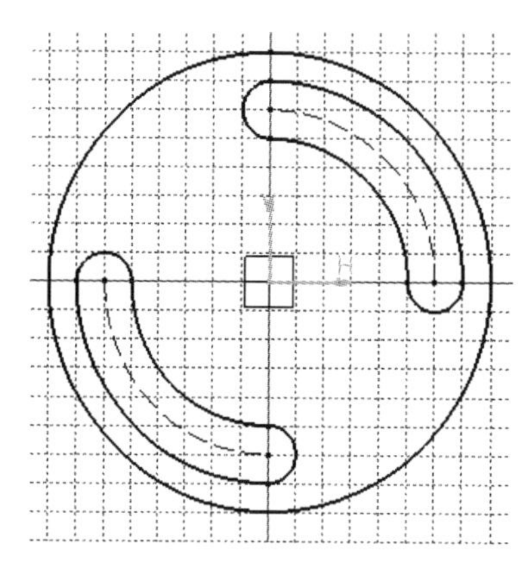

图 2-78　绘制圆形和长孔

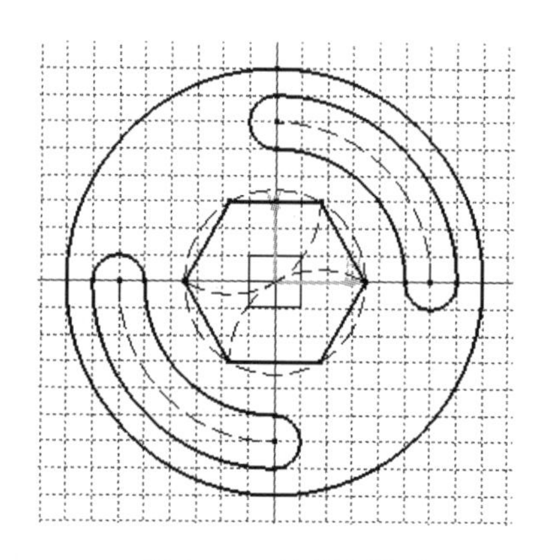

图 2-79　绘制六边形

【光盘文件】

——参见附带光盘中的“**END\Ch2\2-3.CATPart**”文件。

——参见附带光盘中的“**AVI\Ch2\2-3.avi**”文件。

【操作步骤】

[1]. 从菜单栏中选择【开始】→【机械设计】→【草编辑器】，如图 2-80 所示。

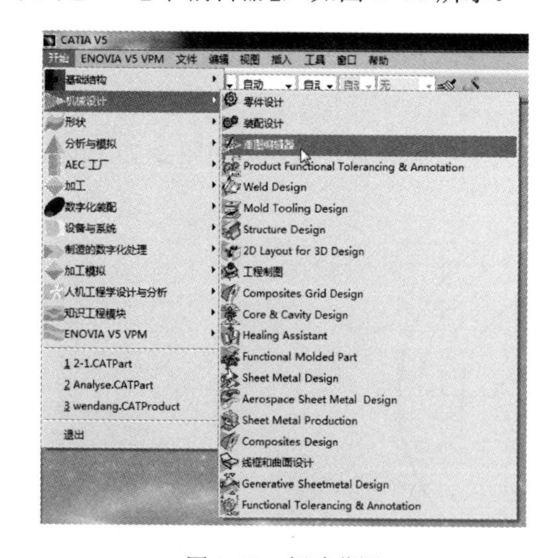

图 2-80　新建草图

[2]. 输入新建草图文件的文件名“2-3”，如图 2-81 所示。

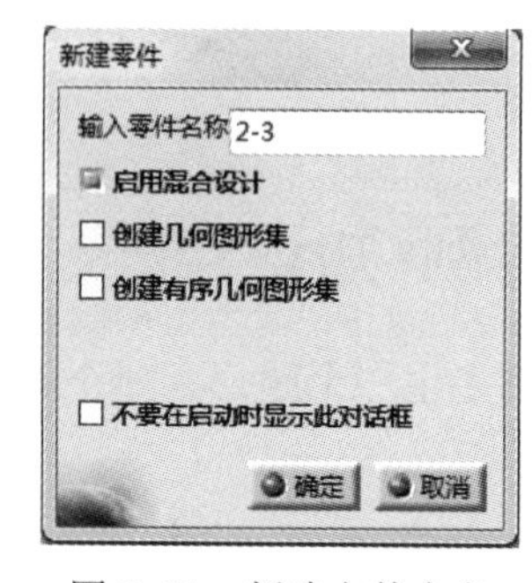

图 2-81　新建文件命名

[3]. 选择【yz 平面】，进入草图设计环境，如图 2-82 所示。

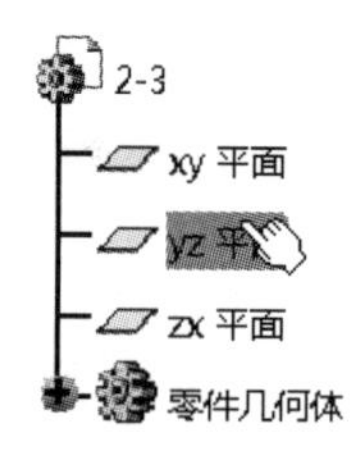

图 2-82　选择参考平面

[4]. 单击工具栏中的【圆】按钮，以默认坐标原点为圆心，绘制一个半径为 80mm 的圆。

[5]. 单击工具栏中的【圆柱形延长孔】按钮，以默认坐标原点为弧中心，弧半径为 60mm，延长孔半径为 10mm，绘制出右上角的延长孔，如图 2-83 所示。

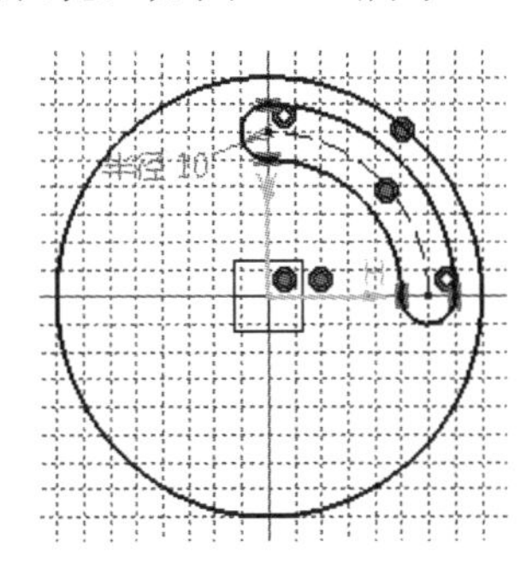

图 2-83　圆柱形延长孔

[6]. 重复步骤[5]，以相同的图形参数绘制出左下角的延长孔，如图 2-84 所示。

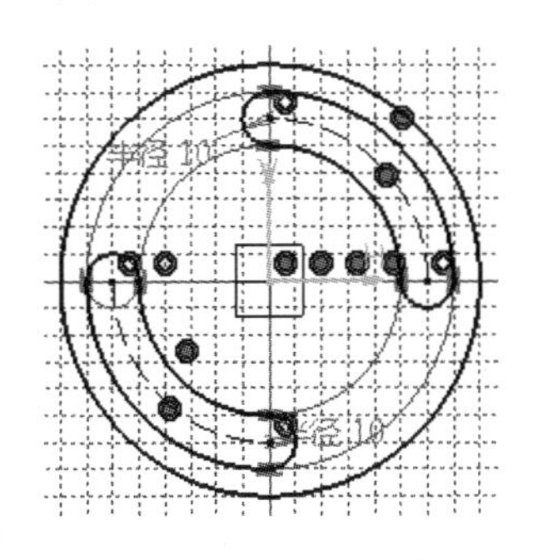

图 2-84　圆柱形延长孔

[7]. 单击工具栏中的【六边形】按钮，以默认坐标原点为六边形中心，两平行边的距离为 60mm，绘制出图形中间的六边形，如图 2-85 所示。

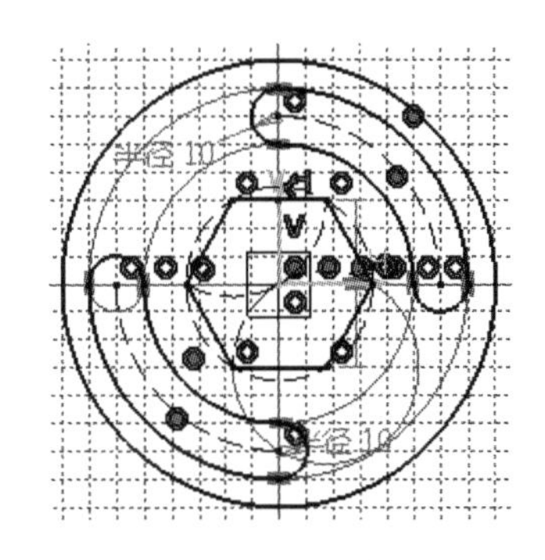

图 2-85　六边形

[8]. 单击工具栏中的【退出工作台】按钮，退出草图编辑环境，完成草图设计。然后可以观察到二维草图在三维视图中的状态，如图 2-86 所示。

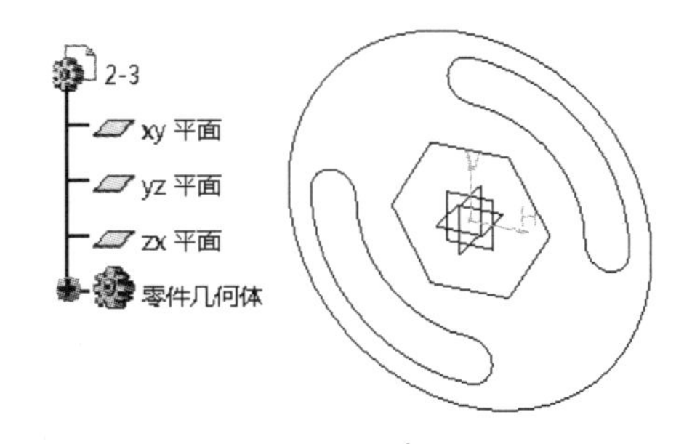

图 2-86　三维视图中的草图

2.3.1　点

该命令是通过鼠标在界面上单击绘制一个点。

单击工具栏中的【点】按钮，然后用鼠标在绘图区内单击即可。也可以在草图工具栏中输入点坐标。

2.3.2　坐标绘制点

该命令是通过输入点坐标来绘制点。与【点】命令不同的是，该命令只能通过输入坐标而不能通过鼠标单击绘制点。

单击工具栏中的【坐标绘制点】按钮，在弹出的对话框中输入点的坐标，然后单击

【确认】按钮，如图 2-87 所示。

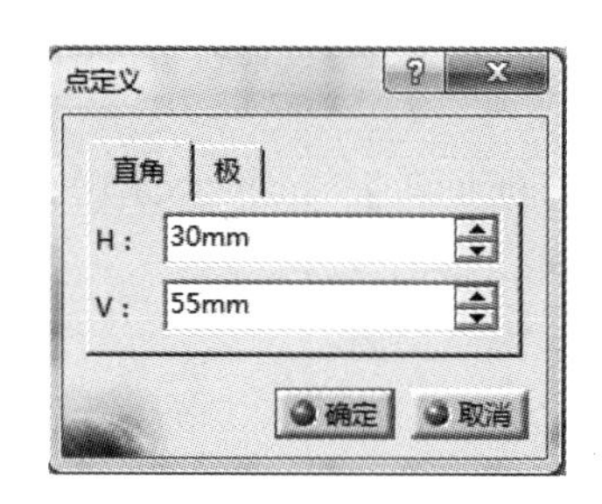

图 2-87　点定义对话框

2.3.3　等距点

该命令用于在线段上创建若干个距离相等的点。

1. 单击工具栏中的【等分点】按钮，选择已绘制的曲线，然后会弹出如图 2-88 的对话框。

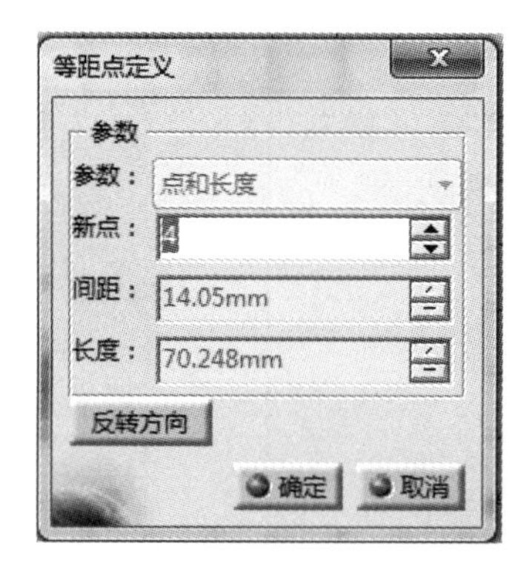

图 2-88　等距点定义对话框

2. 在对话框的【新点】栏中输入点的数量，单击【确定】按钮，即可在曲线上创建出距离相等的点。如图 2-89 所示。

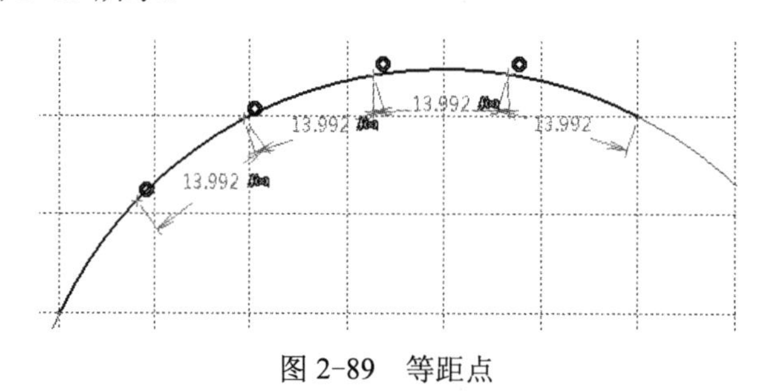

图 2-89　等距点

2.3.4　相交点

该命令是用于创建两条线的交点。

单击工具栏中的【相交点】按钮，依次选择两条已绘制好的直线，即可得出它们的交点。如图 2-90 所示。

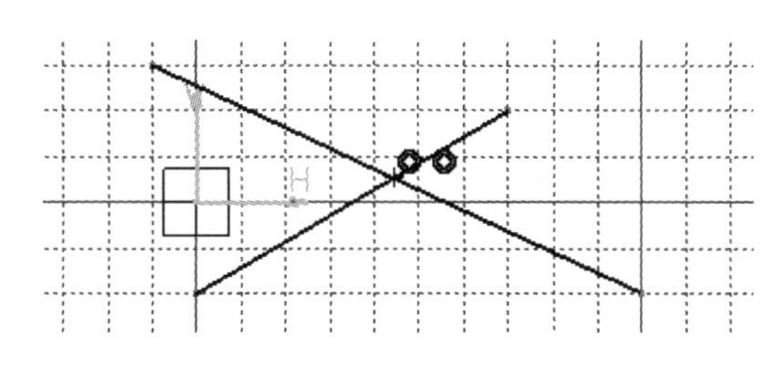

图 2-90　相交点

2.3.5　投影点

该命令用于创建一点沿着一定的方向在一条曲线上的投影点。

1．单击工具栏中的【投影点】按钮，然后在【草图工具】栏中显示【正交投影】与【沿某一方向】两个选择。

2．选择【正交投影】按钮，然后先单击已创建的点，再单击已创建的曲线，就可以得出在曲线上的投影点，如图 2-91 所示。从图形上可以看出，两个点的连线与过曲线的点的切线垂直。

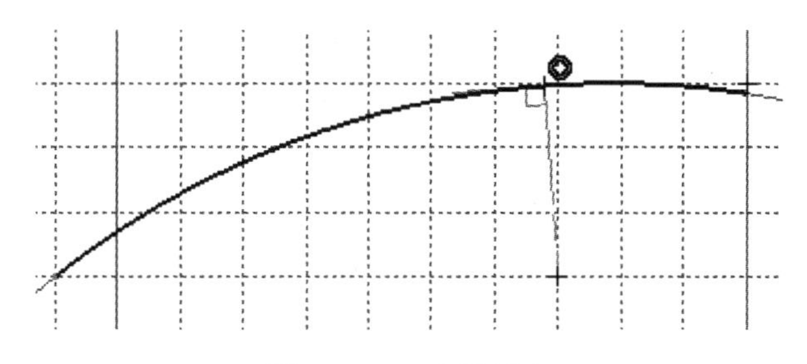

图 2-91　正交投影点

3．单击【投影点】按钮，再单击【沿某一方向】按钮。

4．选择已创建的点，然后可以用鼠标选择曲线上的任意一点作为投影点。也可以输入方向的坐标或角度，按〈Enter〉键确认后，单击选择曲线。如图 2-92 所示。

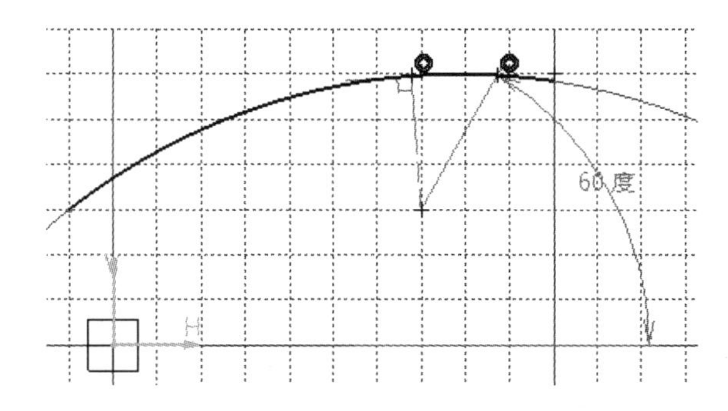

图 2-92　任意投影点

2.4 实例▪知识点——椭圆锁片

本实例由一个椭圆、一个延长孔和一个圆形相互修剪的图形构成，其结构如图 2-93 所示。

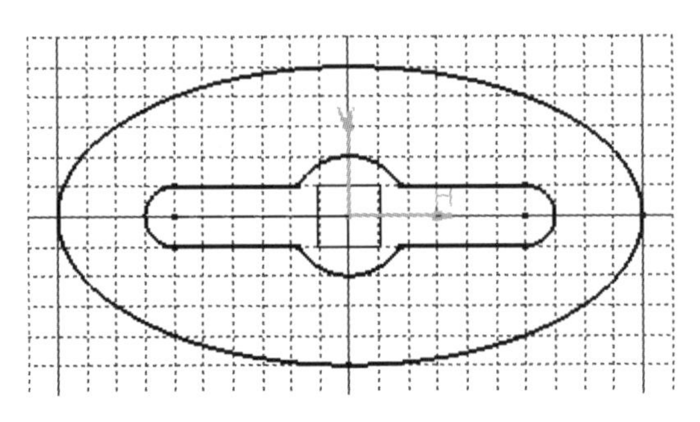

图 2-93 椭圆锁片

【思路分析】

该零件图由椭圆、圆形和延长孔组成。绘制此图的方法是：先绘制出椭圆、延长长孔和圆形，再对它们修剪即可完成全图。步骤如图 2-94 和图 2-95 所示。

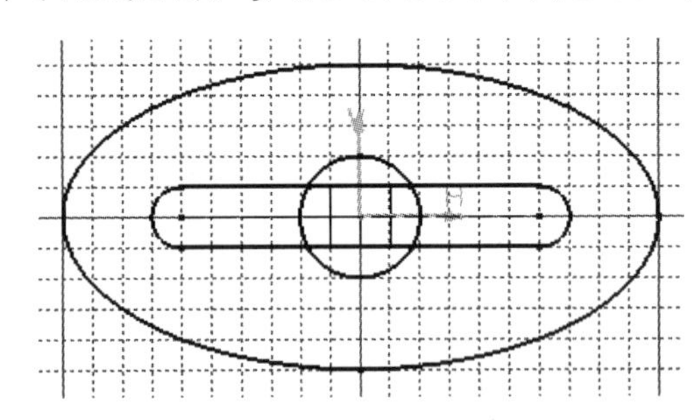

图 2-94 绘制椭圆、圆形和长孔

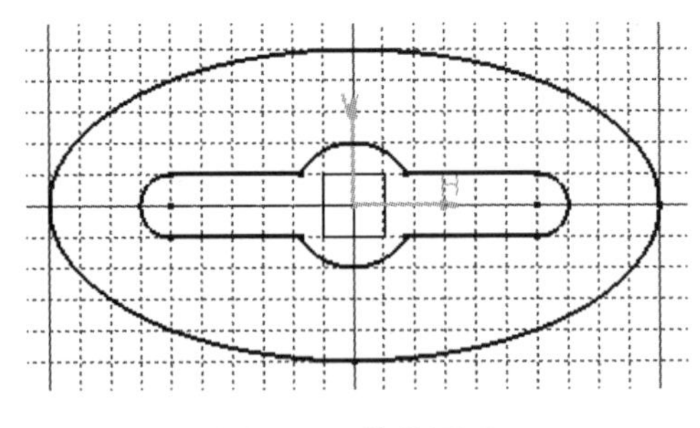

图 2-95 修剪图形

【光盘文件】

结果文件——参见附带光盘中的“**END\Ch2\2-4.CATPart**”文件。

动画演示——参见附带光盘中的“**AVI\Ch2\2-4.avi**”文件。

【操作步骤】

[1] 从菜单栏中选择【开始】→【机械设计】→【草图编辑器】，如图 2-96 所示。

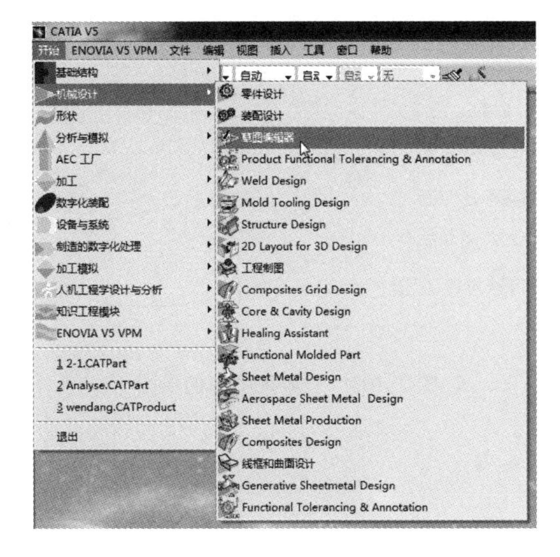

图 2-96 新建草图

[2]. 输入新建草图文件的文件名“2-4”，如图 2-97 所示。

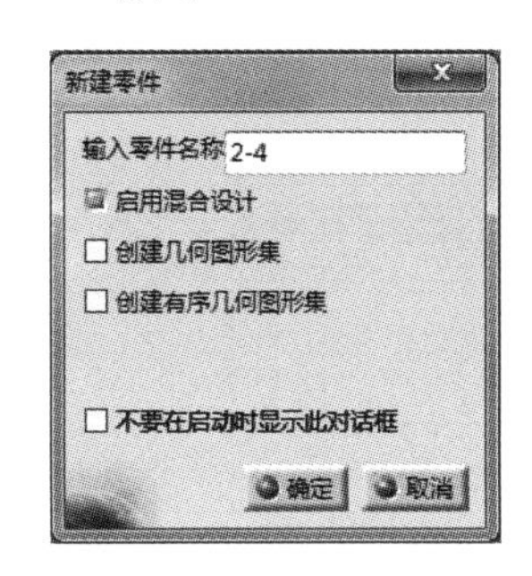

图 2-97 新建文件命名

[3]. 选择【yz 平面】，进入草图设计环境，如图 2-98 所示。

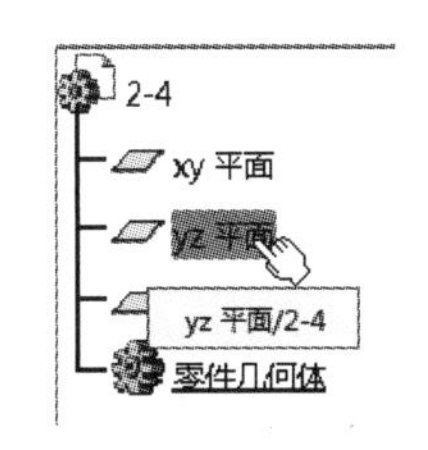

图 2-98 选择参考平面

[4]. 单击工具栏中的【椭圆】按钮，先选择默认坐标原点作为椭圆中心，然后在草图工具栏中输入长轴半径 100mm，短轴半径 50mm，长轴平行 H 轴放置，完成椭圆的绘制，如图 2-99 所示。

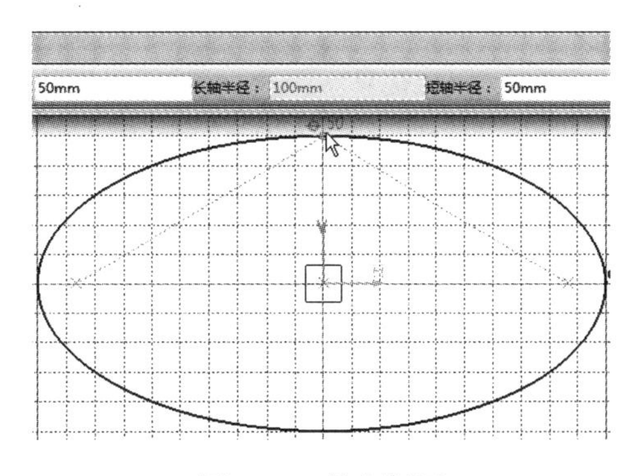

图 2-99 绘制椭圆

[5]. 单击工具栏中的【延长孔】按钮，依次输入第一中心坐标 H：-70、V：0。第二中心坐标 H：70、V：0。然后输入半径 10。完成延长孔的绘制，如图 2-100 所示。

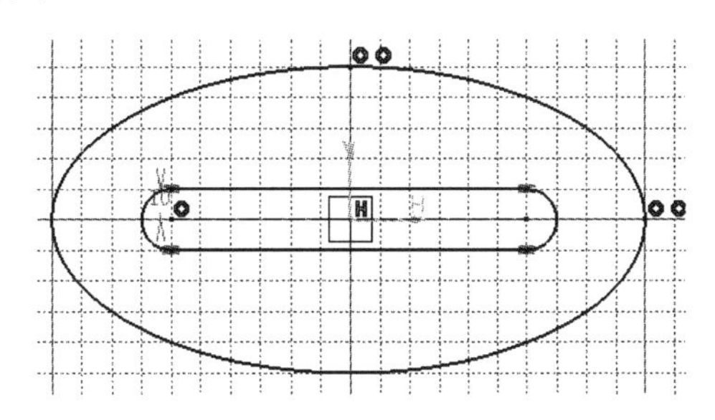

图 2-100 绘制延长孔

[6]. 以默认坐标原点为圆心，绘制一个直径 40mm 的圆，如图 2-101 所示。

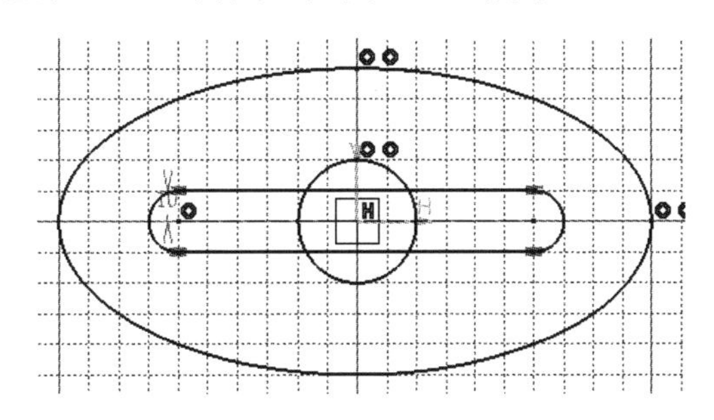

图 2-101 绘制圆

[7]．单击工具栏中的【快速修剪】按钮，选择圆和延长孔内部的线段，将其裁剪，如图 2-102 所示。

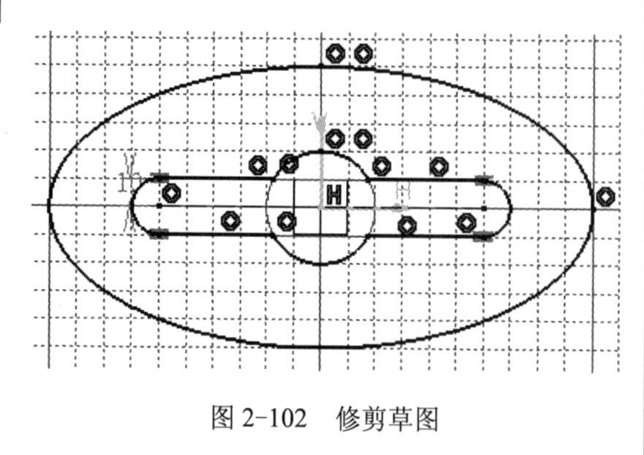

图 2-102　修剪草图

[8]．单击工具栏中的【退出工作台】按钮，退出草图编辑环境，完成草图设计。然后可以观察到二维草图在三维视图中的状态，如图 2-103 所示。

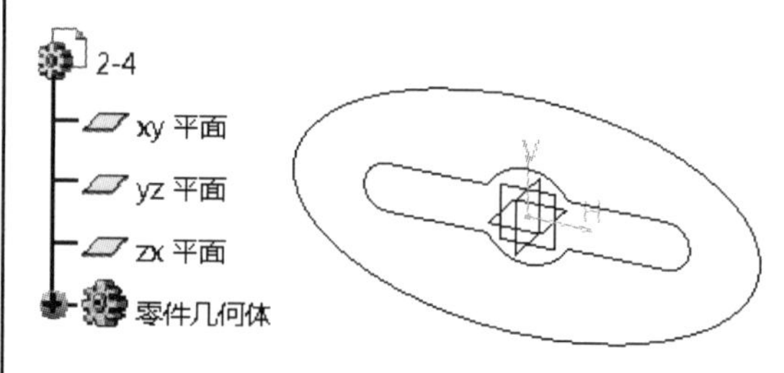

图 2-103　三维视图中的草图

2.4.1　椭圆

该命令是通过定义椭圆的中心、长半轴端点和短半轴端点来确定一个椭圆。

1．单击工具栏中的【椭圆】按钮，通过鼠标单击或输入参数确定椭圆的中点。如图 2-104 所示。

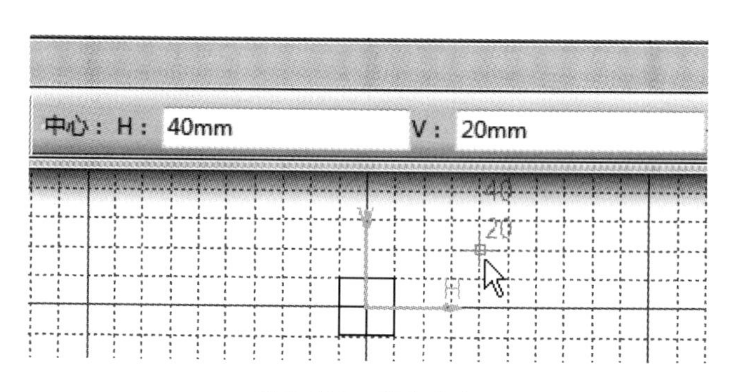

图 2-104　确定中心

2．通过鼠标单击，或输入长半轴端点的坐标，或输入长半轴的长度和角度确认长半轴的端点。如图 2-105 所示。

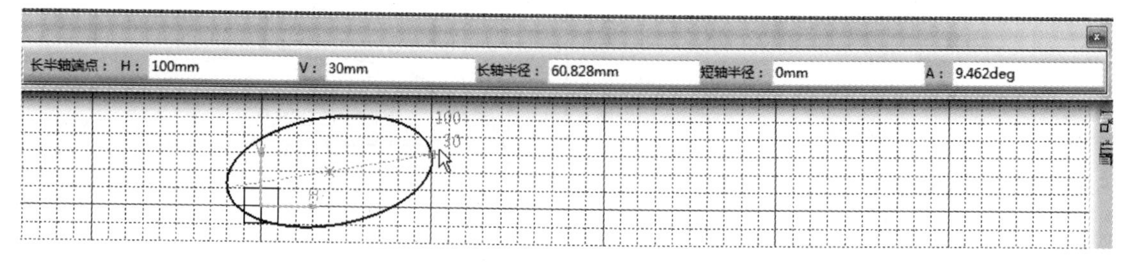

图 2-105　确定长轴

3．通过鼠标单击，或输入短半轴端点的坐标，或输入短半轴的长度确认短半轴的端点，即可完成一个椭圆的绘制。如图 2-106 所示。

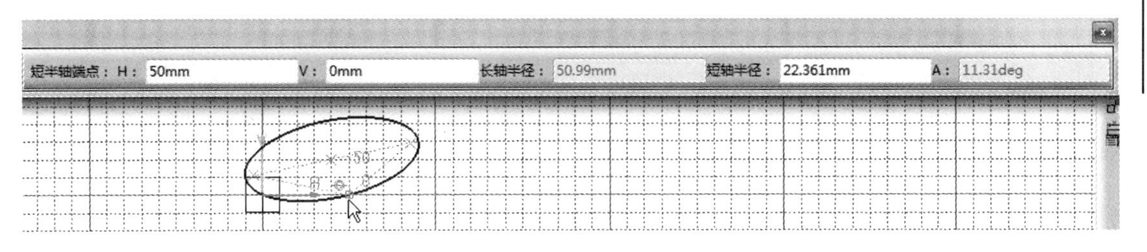

图 2-106　确定短轴

2.4.2　按焦点的抛物线

该命令是通过依次确定焦点、顶点和两个限制点来绘制一条抛物线。

1．单击工具栏中的【按焦点的抛物线】按钮，通过鼠标单击或输入坐标确定抛物线的焦点。如图 2-107 所示。

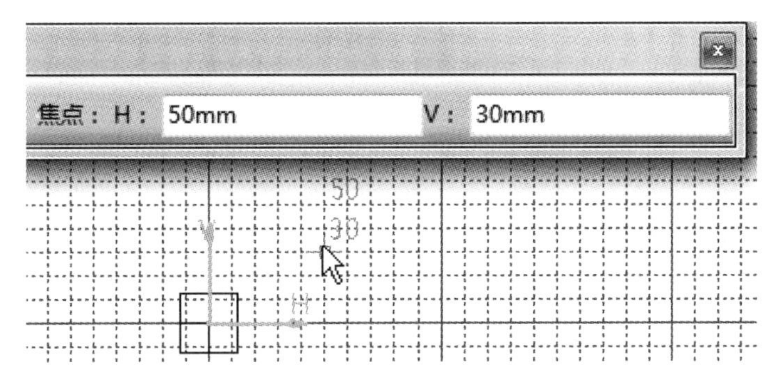

图 2-107　确定焦点

2．通过鼠标单击另一点，确定抛物线的顶点。如图 2-108 所示。

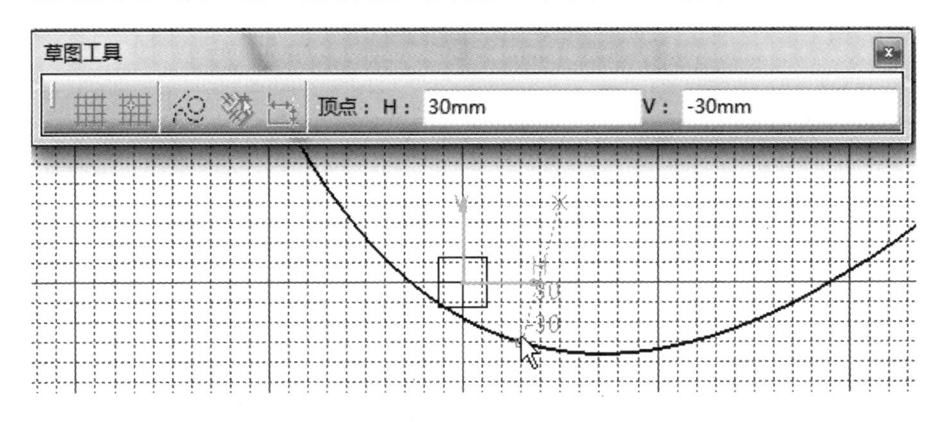

图 2-108　确定顶点

3．依次通过鼠标单击两点，或依次输入抛物线起点和终点的坐标，完成抛物线的绘制。如图 2-109 所示。

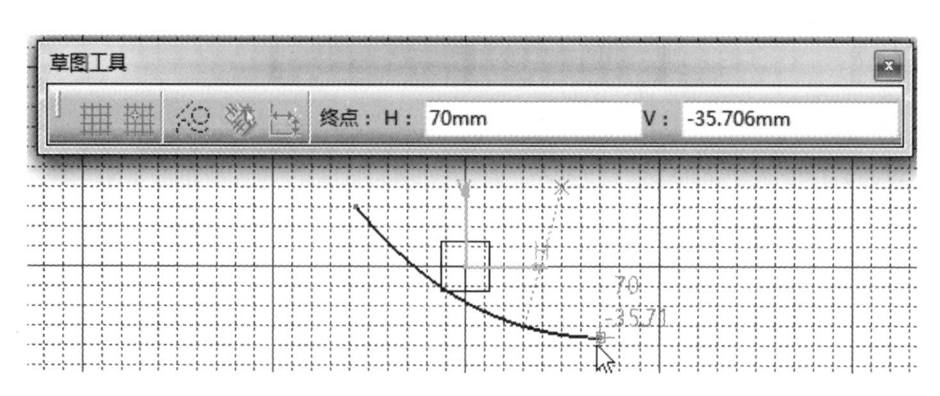

图 2-109　确定起点和终点

2.4.3　按焦点的双曲线

该命令是通过依次确定双曲线的焦点、中心、顶点以及双曲线的起点和终点来绘制双曲线。

1．单击工具栏中的【按焦点的双曲线】按钮，通过鼠标单击或输入坐标确定双曲线的焦点。如图 2-110 所示。

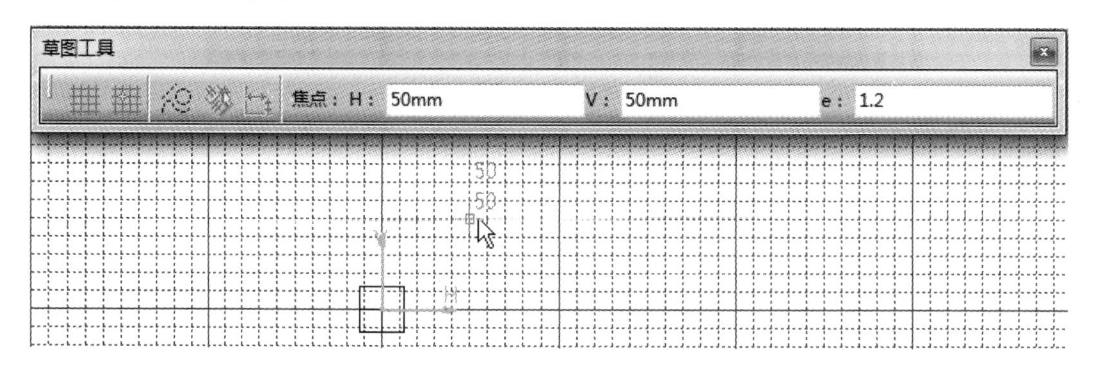

图 2-110　确定焦点

2．通过鼠标单击或输入坐标确定双曲线中心。如图 2-111 所示。

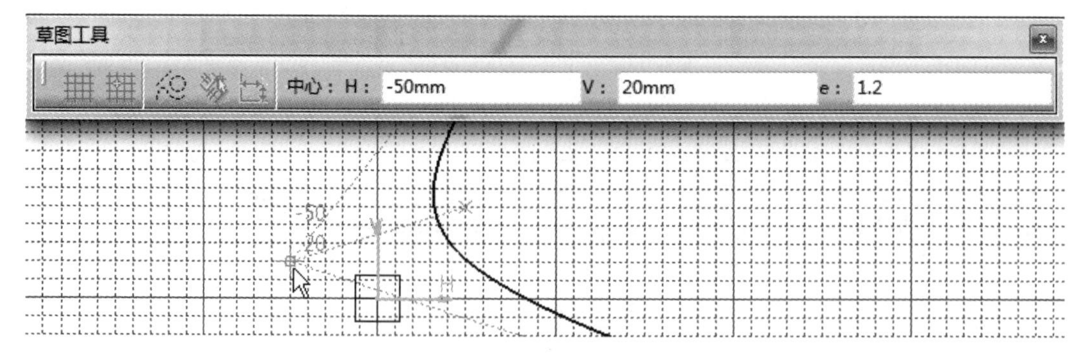

图 2-111　确定中心

3．通过鼠标单击确定按钮，或输入顶点坐标确定双曲线的顶点。如图 2-112 所示。

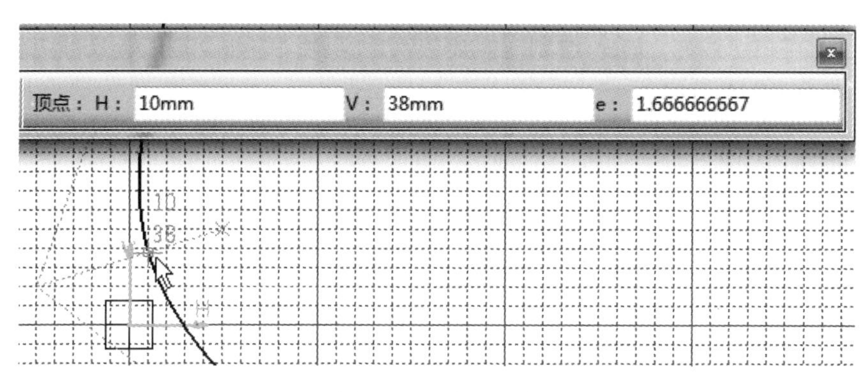

图 2-112　确定顶点

4．依次通过单击鼠标，或输入坐标确定双曲线的起点和终点，完成双曲线的绘制。如图 2-113 所示。

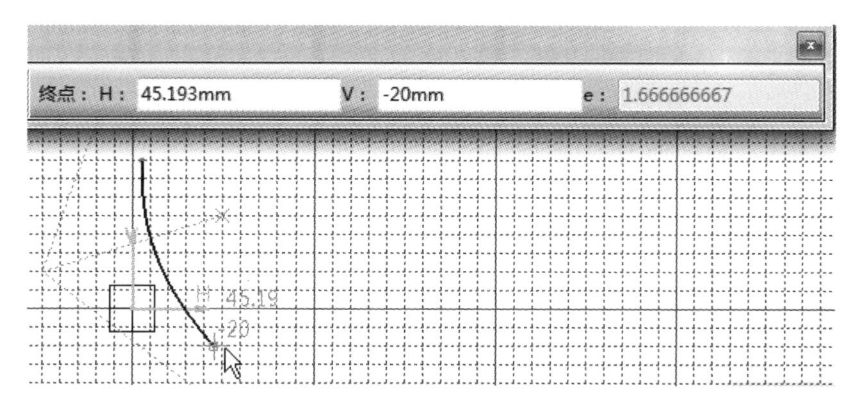

图 2-113　确定起点和终点

2.4.4　圆锥

【圆锥】命令用于在草图中创建各种圆锥曲线。创建圆锥曲线的方法较多，本小节简单介绍草图工具栏中的命令。单击工具栏中的【圆锥】按钮后，其草图工具栏中有关圆锥曲线的命令如图 2-114 所示，具体介绍如下：

1．通过两点和切线方向：绘制时需要定义圆锥的两个端点与切线方向，如图 2-115 所示；

图 2-114　圆锥草图工具栏

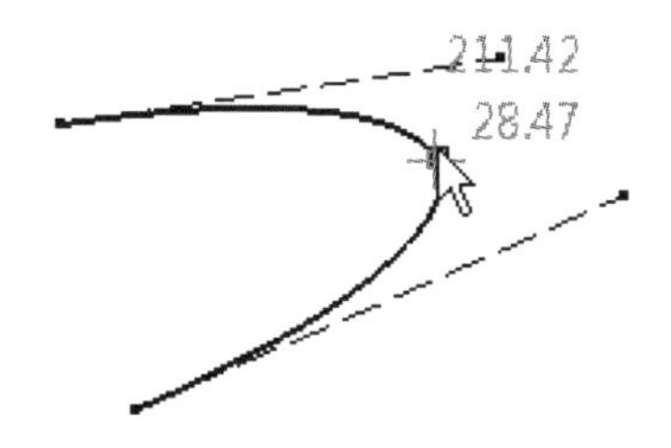

图 2-115　通过两点和切线方向

2．通过四点和切线方向：绘制时需要依次定义圆锥的两个端点、切线方向和曲线上的两个点，如图 2-116 所示；

3．通过五点：绘制时需要依次定义圆锥的两个端点和曲线上的三个点，如图 2-117 所示；

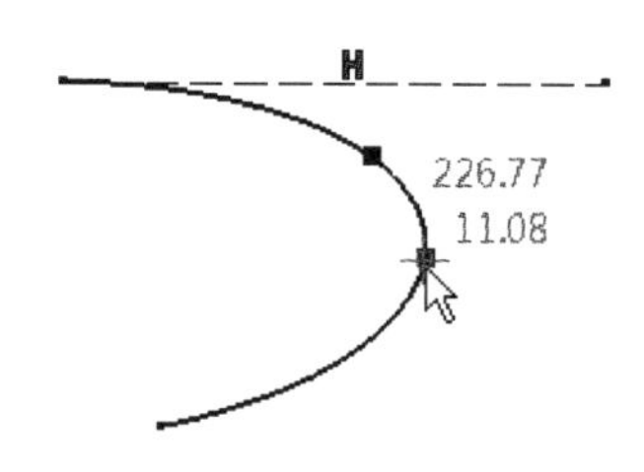

图 2-116　通过四点和切线方向

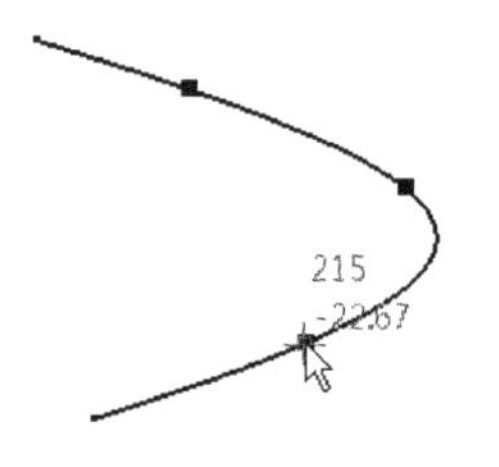

图 2-117　通过五点

4．通两点创建切线：绘制圆锥切线参考时，通过依次定义切线的起点和终点来定义切线，如图 2-118 所示；

5．通两点和切线方向交点：绘制圆锥切线参考时，通过依次定义切线的端点和交点来定义切线，如图 2-119 所示；

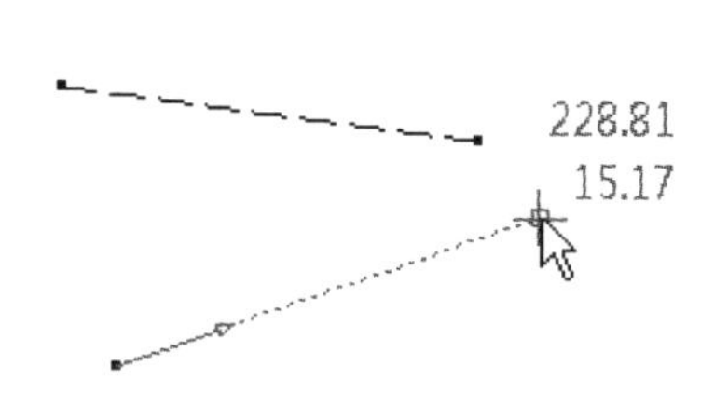

图 2-118　通过两点创建切线

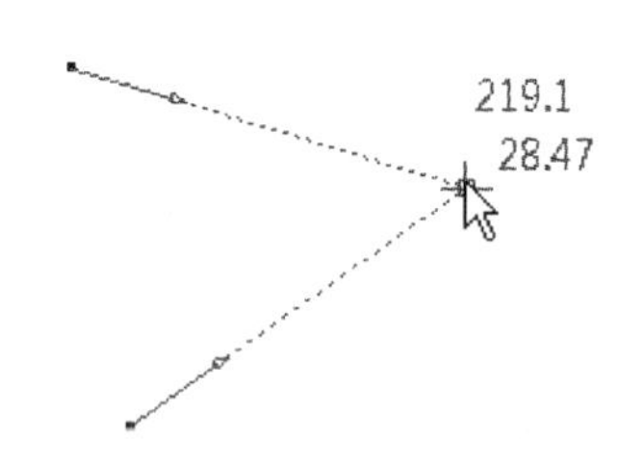

图 2-119　通两点和切线方向交点

2.4.5　样条线

该命令是通过确定若干个点来绘制一条曲线。

1．单击工具栏中的【样条线】按钮，通过鼠标单击或输入坐标方式确定第一控制点。如图 2-120 所示。

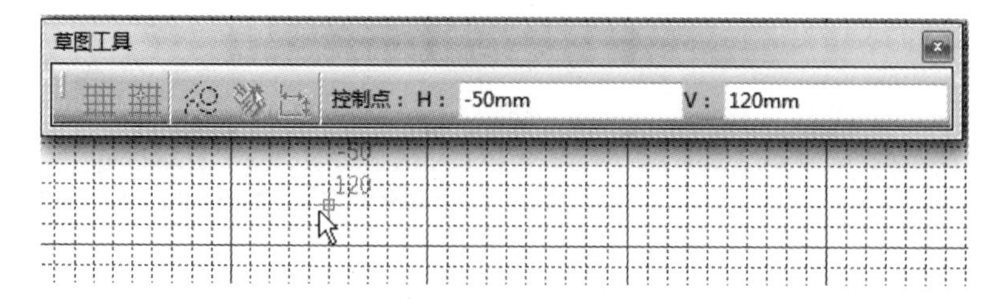

图 2-120　确定第一控制点

2．依次通过鼠标单击或输入点的坐标，确定若干控制点，然后双击鼠标完成样条线的绘制。如图 2-121 所示。

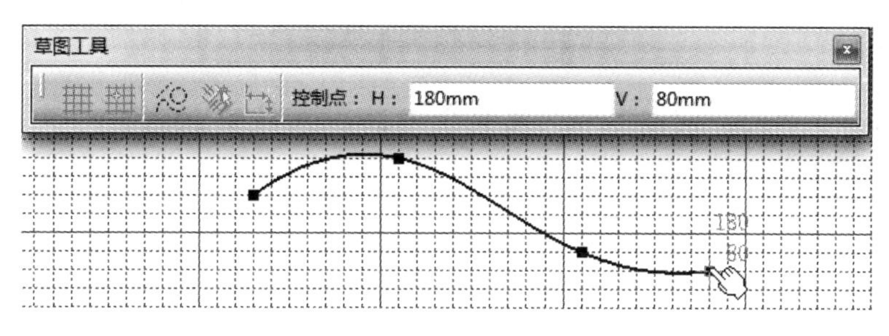

图 2-121　确定后续的控制点

2.5　实例■知识点——连杆

本实例是由四个圆形、一个延长孔和两条与圆相切的直线构成，其结构如图 2-122 所示。

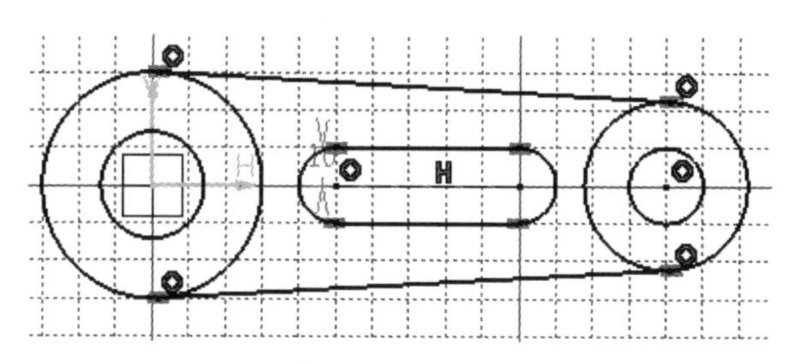

图 2-122　连杆

【思路分析】

该零件图由圆、延长孔和直线组成。绘制此图的方法是：先绘制出圆，然后绘制相切线，再绘制延长孔可完成全图。步骤如图 2-123 和图 2-124 所示。

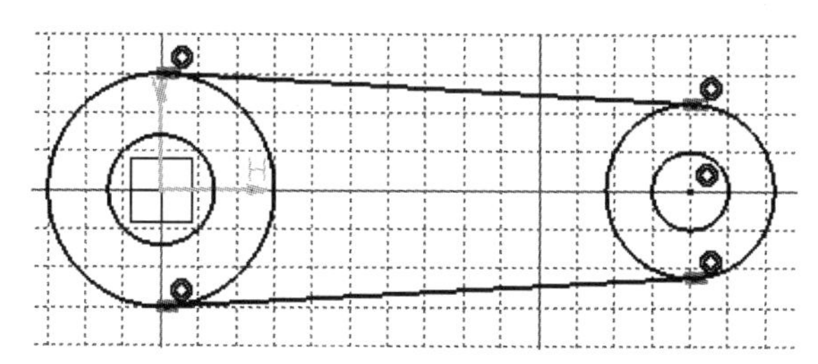

图 2-123　绘制圆和相切线

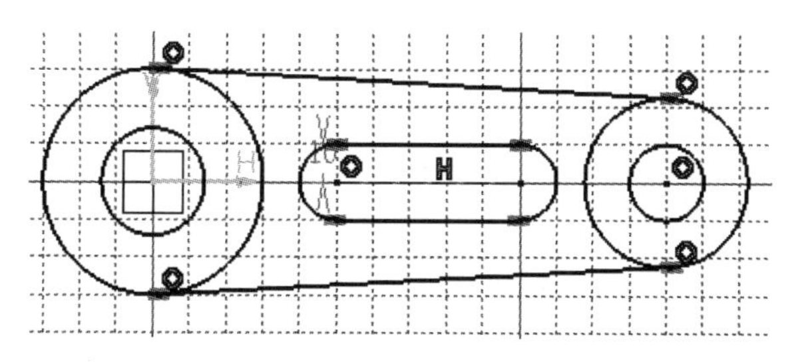

图 2-124　绘制延长孔

【光盘文件】

——参见附带光盘中的“END\Ch2\2-5.CATPart”文件。

动画演示——参见附带光盘中的“AVI\Ch2\2-5.avi”文件。

【操作步骤】

[1]. 单击开始选择【开始】→【机械设计】→【草图编辑器】，如图 2-125 所示。

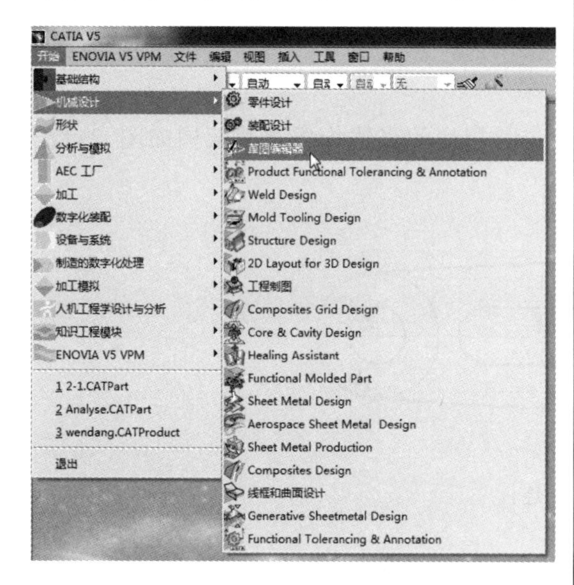

图 2-125　新建草图

[2]. 输入新建草图文件的文件名“2-2”，如图 2-126 所示。

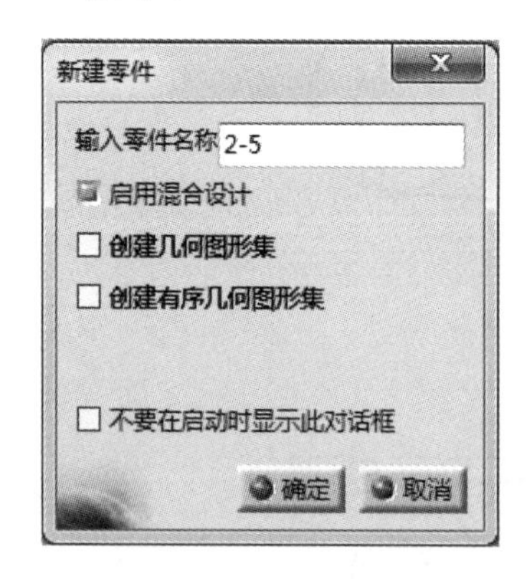

图 2-126　新建文件命名

[3]. 选择【yz 平面】，进入草图设计环境，如图 2-127 所示。

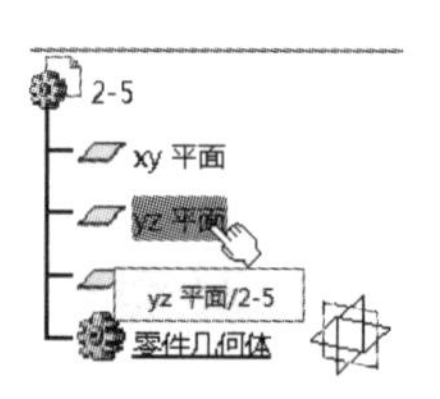

图 2-127　选择参考平面

[4]. 以默认坐标原点为圆心，绘制一个直径 60mm 和一个直径 30mm 的圆；再以[H:140，V:0]坐标为圆心，绘制一个直径 40mm 和一个直径 20mm 的圆，如图 2-128 所示。

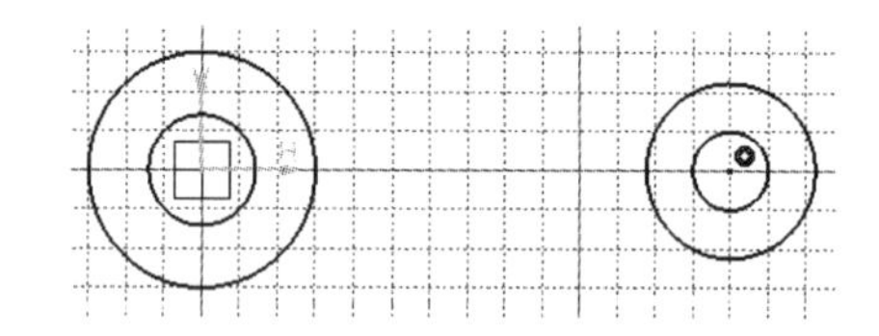

图 2-128　绘制圆

[5]. 单击工具栏中的【双切线】按钮，然后先后选择左右两大圆的上半部分，绘制出一条与两圆相切的直线，如图 2-129 所示。

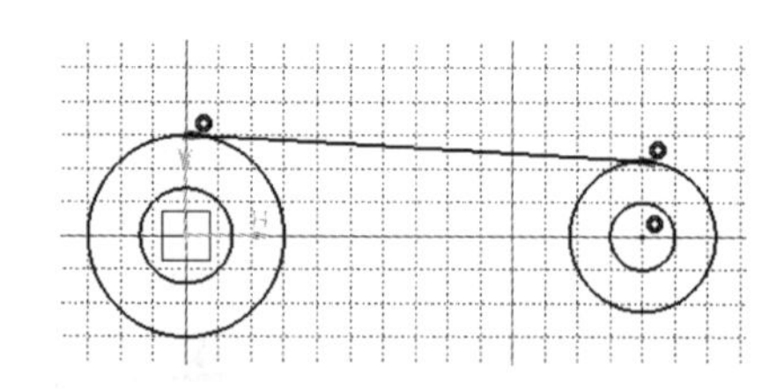

图 2-129　绘制双切线

[6]. 单击工具栏中的【双切线】按钮，然后先后选择左右两大圆的下半部分，绘制出另一条与两圆相切的直线，如图 2-130 所示。

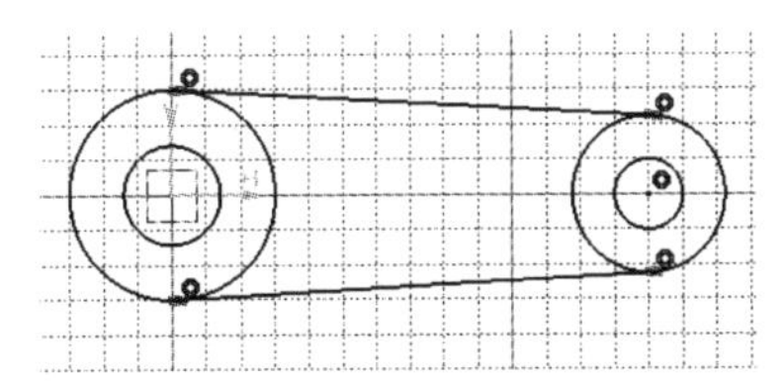

图 2-130　绘制另一条双切线

[7]. 以[H:50，V:0]为第一中心坐标，以[H:100，V:0]为第二中心坐标，绘制一个半径为 10mm 的延长孔，如图 2-131 所示。

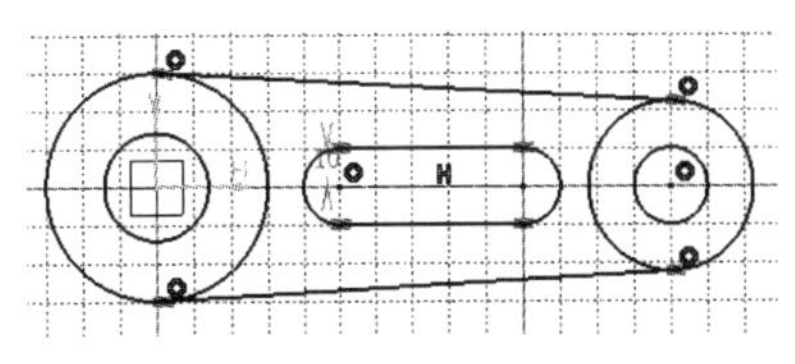

图 2-131　绘制延长孔

[8]. 单击工具栏中的【退出工作台】按钮，退出草图编辑环境，完成草图设计。然后可以观察到二维草图在三维视图中的状态，如图 2-132 所示。

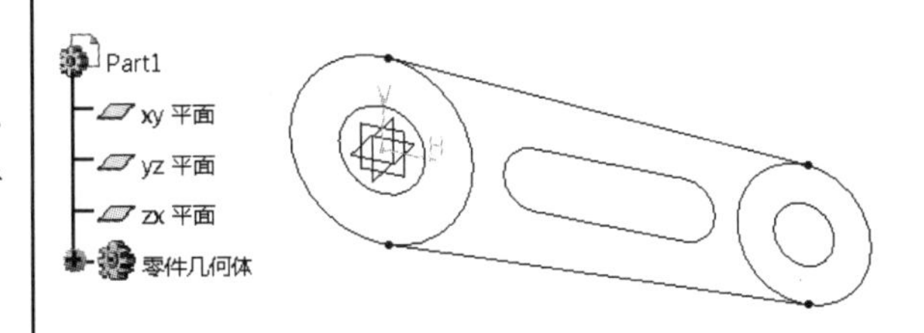

图 2-132　完成草图

2.5.1　双切线

该命令是用于创建与两条曲线相切的直线。

单击工具栏中的【双切线】按钮，依次选择两条已创建的曲线，完成双切线的绘制。如图 2-133 所示。

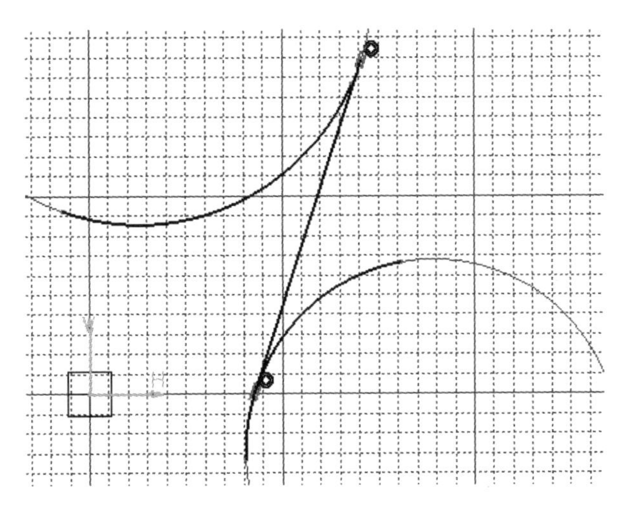

图 2-133　双切线

2.5.2　曲线的法线

该命令用于创建一条曲线的法线。

1. 单击工具栏中的【曲线的法线】按钮，选择一条已绘制的曲线。如图 2-134 所示。

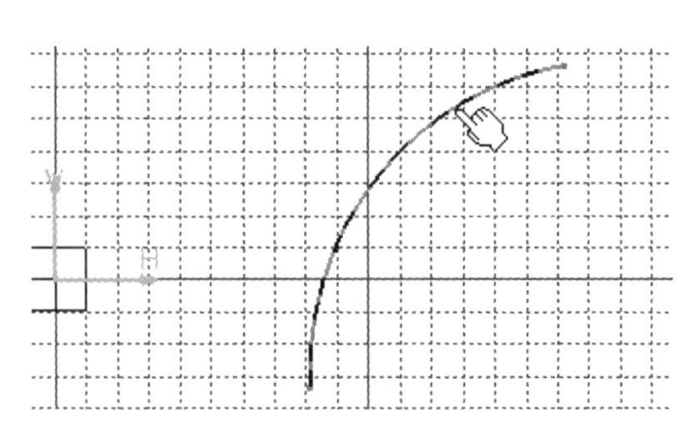

图 2-134　选择曲线

2．单击鼠标确定第二点，或输入第二点的坐标，也可以输入直线的长度，然后选择方向，完成直线的绘制。如图 2-135 所示。其中，通过单击【草图工具】栏上的按钮，可以决定直线沿曲线单向或双向延伸。

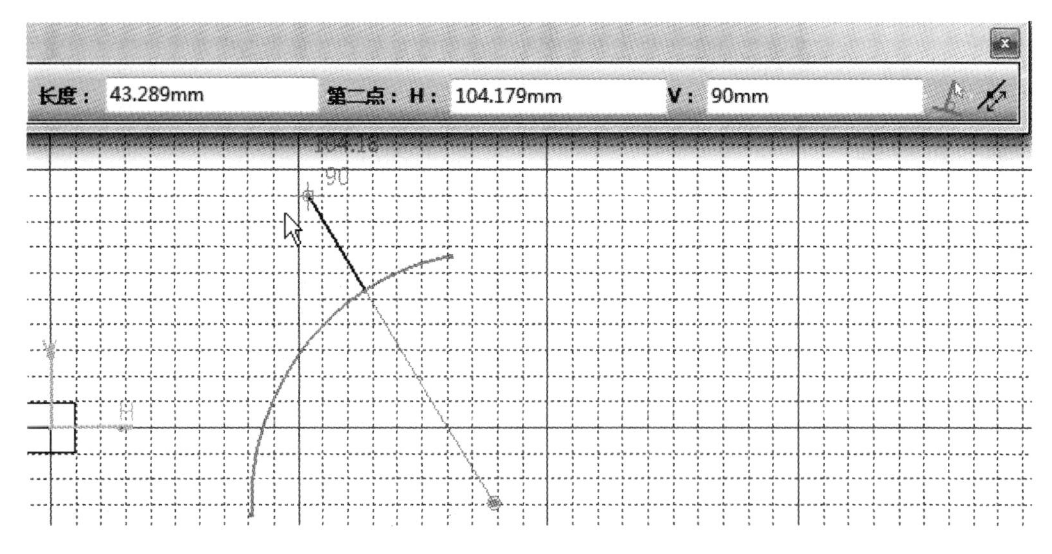

图 2-135　确定点

2.5.3　轴

该命令用于创建一条直线的构造元素，所创建的元素不参与三维建模，只起参考线作用。其绘制方法与绘制直线相同，该命令通过单击【轴】按钮激活。

2.5.4　构造/标准元素

该命令用于构造元素与标准元素之间的转换。该命令的用法有以下两种：

1．先选择已创建的标准元素，如直线、圆弧等，然后单击【草图工具】栏中的【构造/标准元素】按钮，则标准元素会转换成构造元素，其显示方式由实线变成虚线。如图 2-136 所示。反之，由构造元素变成标准元素的操作方法也一样。

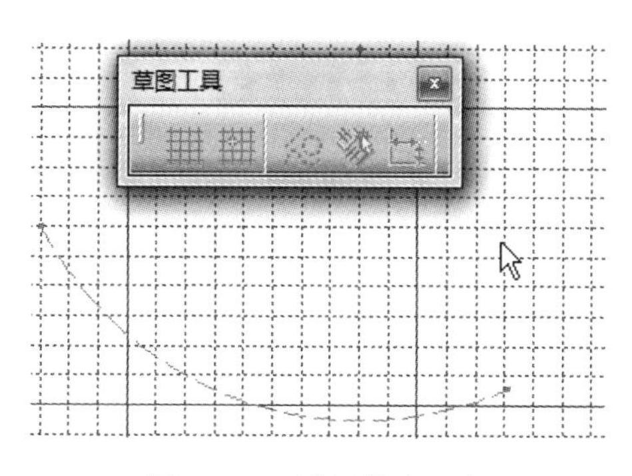

图 2-136　激活构造元素

2．先激活或关闭【构造/标准元素】功能，然后绘制草图。当命令激活时，所创建的图形为构造元素；当命令关闭时，所创建的图形为标准元素。

2.6　实例▪知识点——椭圆孔垫片

本实例是由多段圆弧、倒圆、倒角和椭圆构成，其结构及尺寸标注如图 2-137 所示。

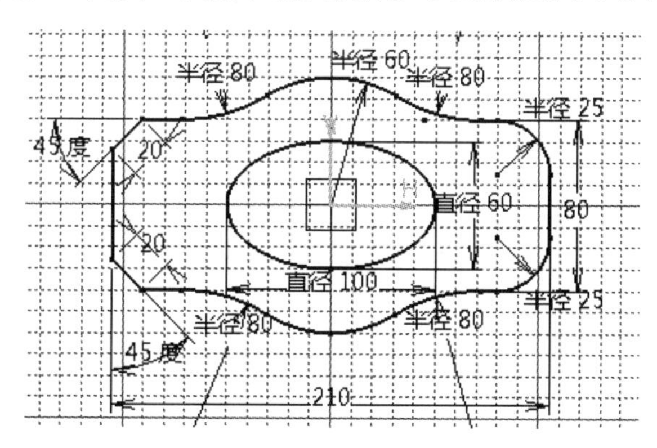

图 2-137　椭圆孔垫片

【思路分析】

该零件图可看成是在圆和矩形的基础上通过倒角和倒圆所形成。绘制此图的方法是：先绘制出圆和矩形，然后修剪内部线段，对相应的地方倒角和倒圆，最后绘制中间的椭圆。步骤如图 2-138、图 2-139 和图 2-140 所示。

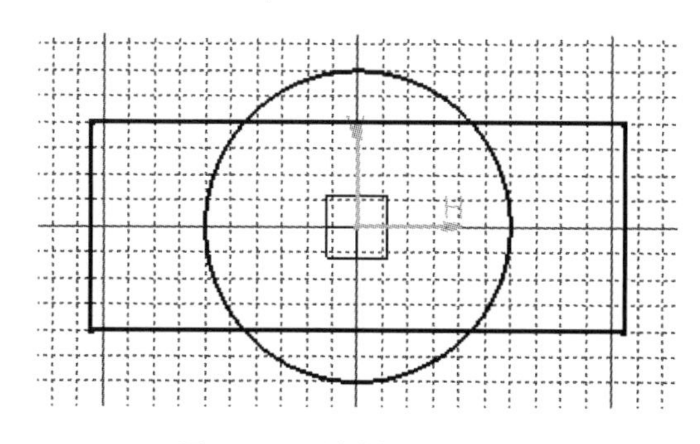

图 2-138　绘制圆形和矩形

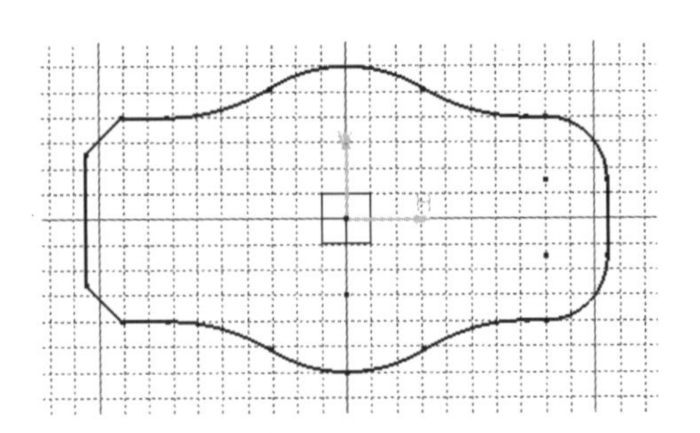

图 2-139　修剪、倒角及倒圆

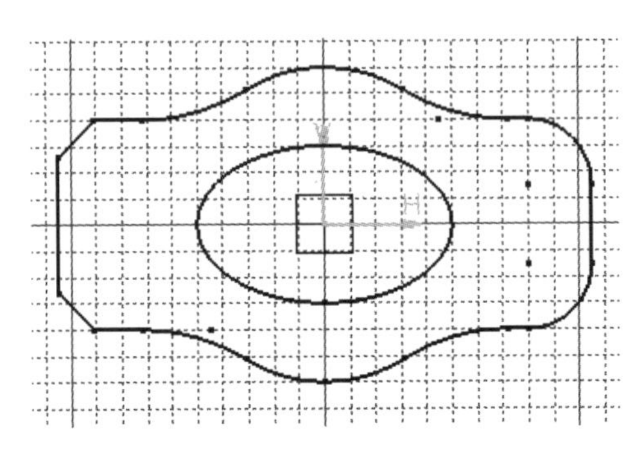

图 2-140　绘制椭圆

【光盘文件】

结果文件——参见附带光盘中的“END\Ch2\2-6.CATPart”文件。

动画演示——参见附带光盘中的“AVI\Ch2\2-6.avi”文件。

【操作步骤】

[1]. 从菜单栏中选择【开始】→【机械设计】→【草图编辑器】，如图 2-141 所示。

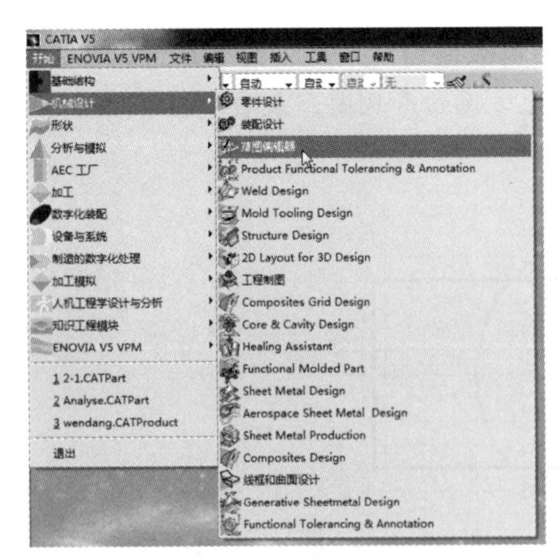

图 2-141　新建草图

[2]. 输入新建草图文件的文件名“2-6”，如图 2-142 所示。

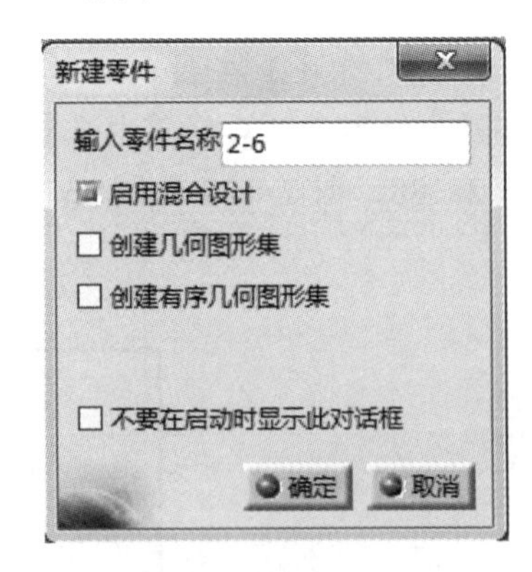

图 2-142　新建文件命名

[3]. 选择【yz 平面】，进入草图设计环

境，如图 2-143 所示。

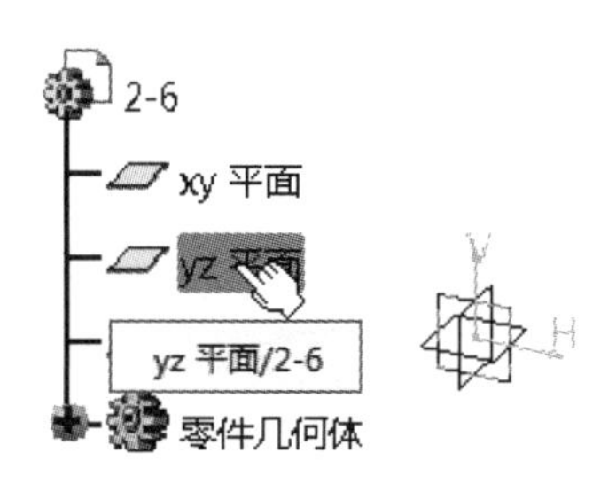

图 2-143　选择参考平面

[4]. 单击工具栏中的【居中矩形】按钮，以默认坐标原点为矩形中心，然后在【草图工具】栏中输入高度 80，宽度 210，如图 2-144 所示。

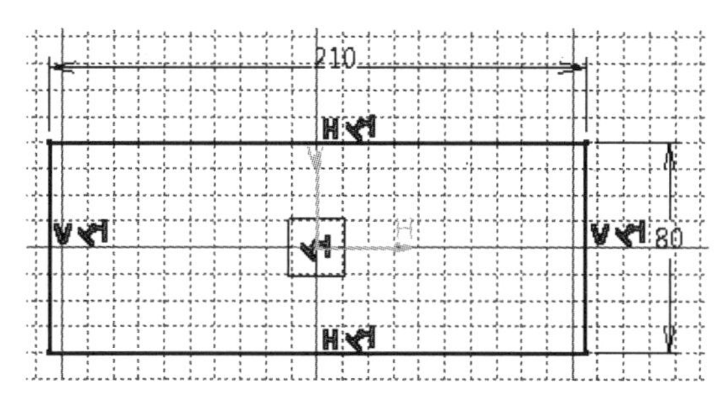

图 2-144　绘制矩形

[5]. 绘制一个以默认坐标原点为圆心，半径为 60mm 的圆，如图 2-145 所示。

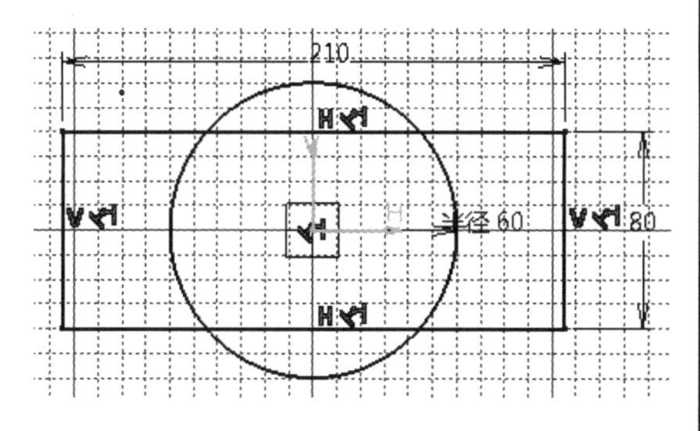

图 2-145　绘制圆

[6]. 单击工具栏中的【快速修剪】按钮，选择圆和矩形内部的线段，将其裁剪，如图 2-146 所示。

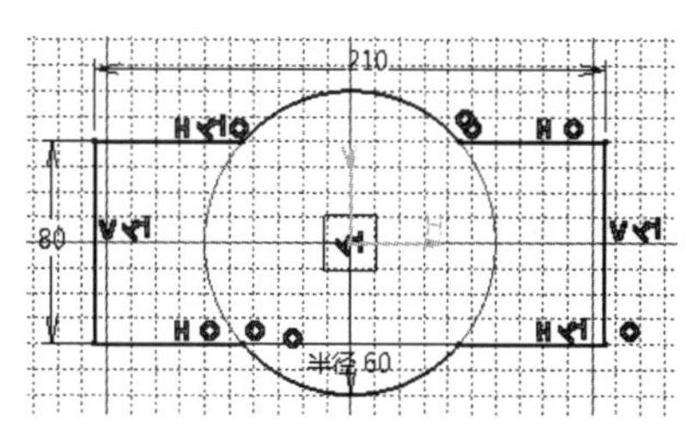

图 2-146　修剪草图

[7]. 单击工具栏中的【圆角】按钮，选择组成矩形右上方直角的两条直线，在弹出的草图工具栏中输入框中，输入圆角半径 25mm，如图 2-147 所示。

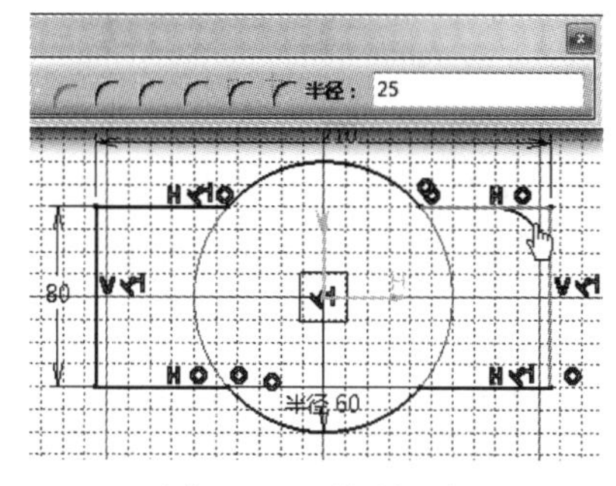

图 2-147　绘制圆角

[8]. 重复步骤[5]和参数，对矩形的右下角进行倒圆，如图 2-148 所示。

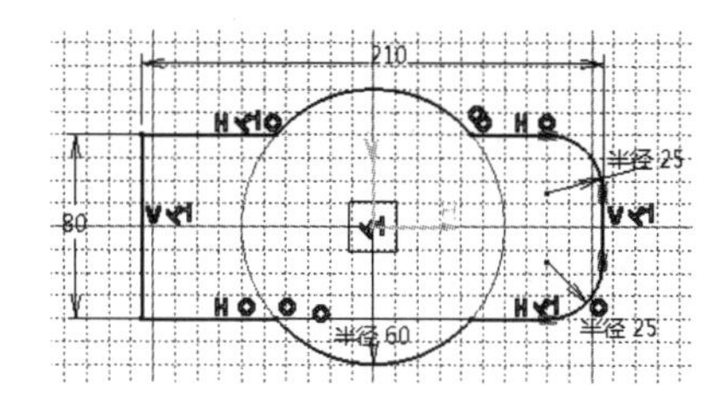

图 2-148　绘制圆角

[9]. 重复步骤[5]，对矩形和圆形成的四个锐角进行倒圆，倒圆半径为 80mm，如图 2-149 所示。

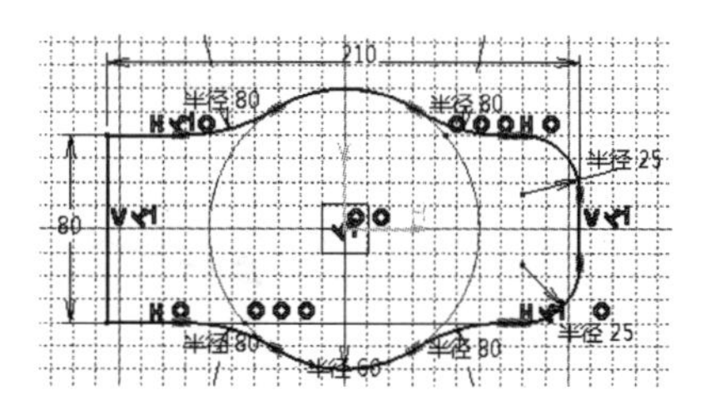

图 2-149　绘制圆角

[10]．单击工具栏中的【倒角】按钮，选择组成矩形左上方直角的两条直线，在弹出的草图工具兰输入框中，输入倒角边长 20mm，如图 2-150 所示。

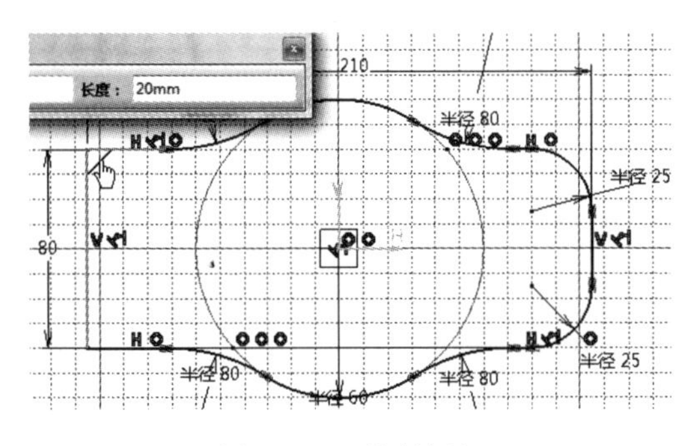

图 2-150　绘制倒角

[11]．重复步骤[7]和参数，对矩形的左下角进行倒角，如图 2-151 所示。

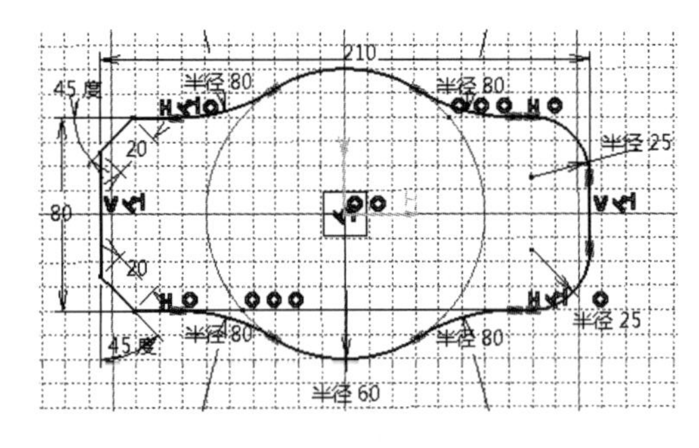

图 2-151　绘制倒角

[12]．以默认坐标原点为中心，绘制一个长轴半径 50mm，短轴半径 30mm，长轴与 H 轴平行的椭圆，如图 2-152 所示。

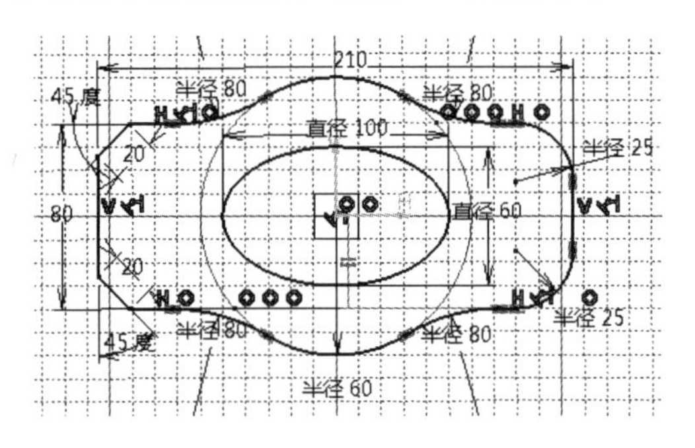

图 2-152　绘制椭圆

[13]．单击工具栏中的【退出工作台】按钮，退出草图编辑环境，完成草图设计。然后可以观察到二维草图在三维视图中的状态，如图 2-153 所示。

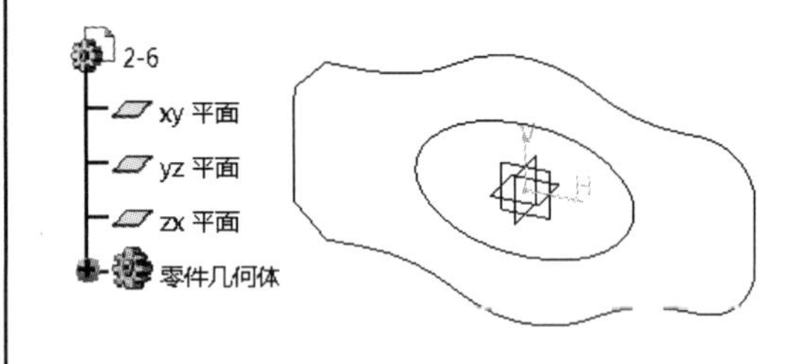

图 2-153　三维视图中的草图

2.6.1　圆角

该命令用于对两条曲线倒圆角，两条曲线也可以是不相交的。

1．单击工具栏中的【圆角】按钮，激活【圆角】命令。

2．在弹出的工具栏中选择曲线裁剪方式，然后依次选择两条曲线如图 2-154 所示。

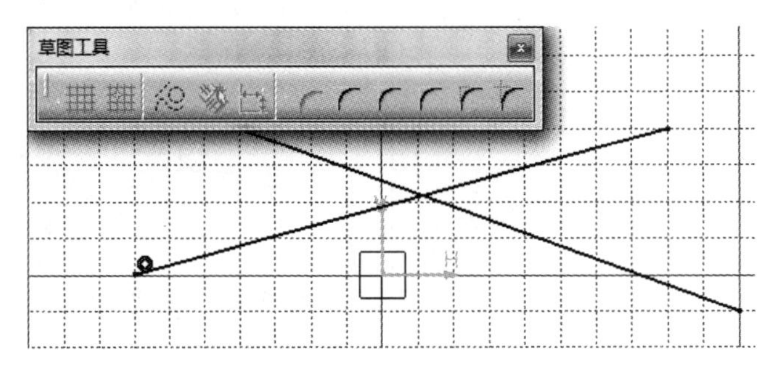

图 2-154　选择两条曲线

：表示两条曲线都被修剪，如图 2-155 所示；

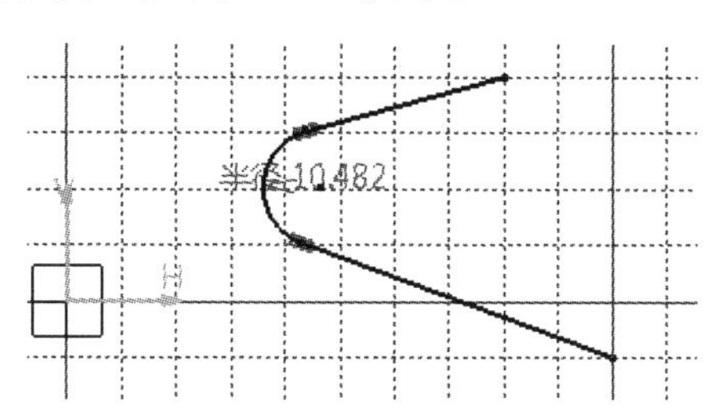

图 2-155　修剪曲线

：表示修剪第一条选择的曲线，第二条曲线不修剪，如图 2-156 所示；

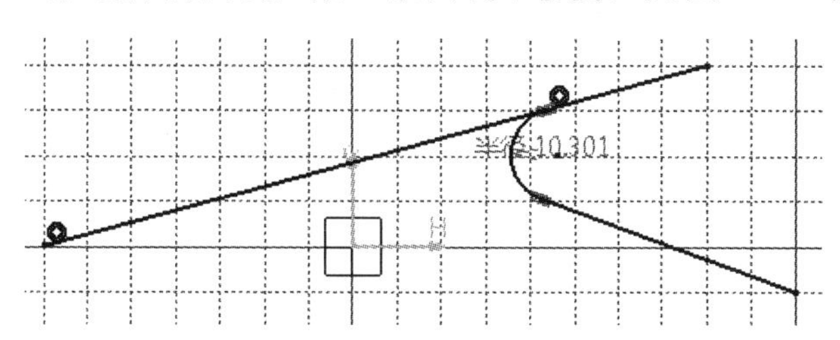

图 2-156　修剪第一选择曲线

：表示两条曲线都不修剪，如图 2-157 所示；

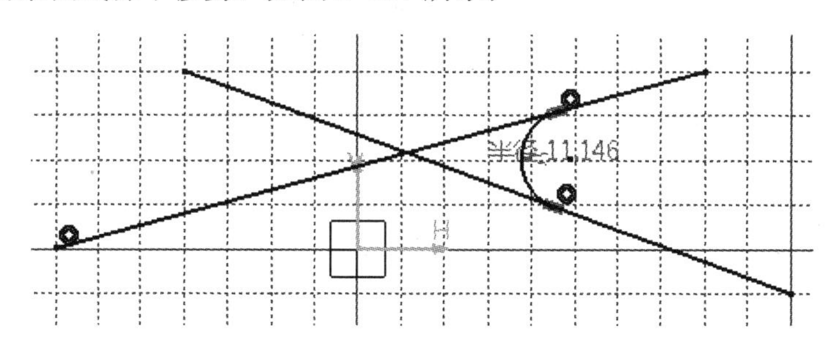

图 2-157　选择第二选择曲线

：表示倒圆角的对顶角端不修剪，如图 2-158 所示；

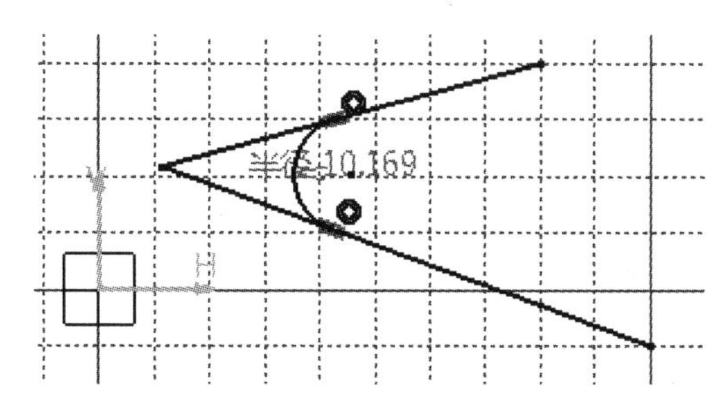

图 2-158　不修剪曲线

：表示两条曲线都被修剪，从曲线交点到圆弧处的线段变成构造线，如图 2-159 所示；

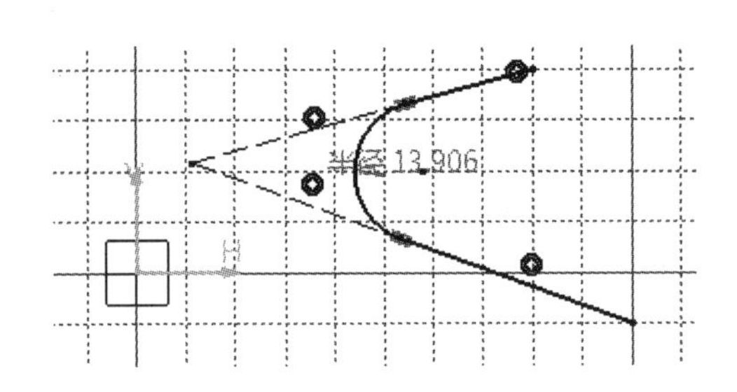

图 2-159　修剪曲线并转换构造线

：表示两条曲线都被修剪，修剪的部分变成构造线，如图 2-160 所示。

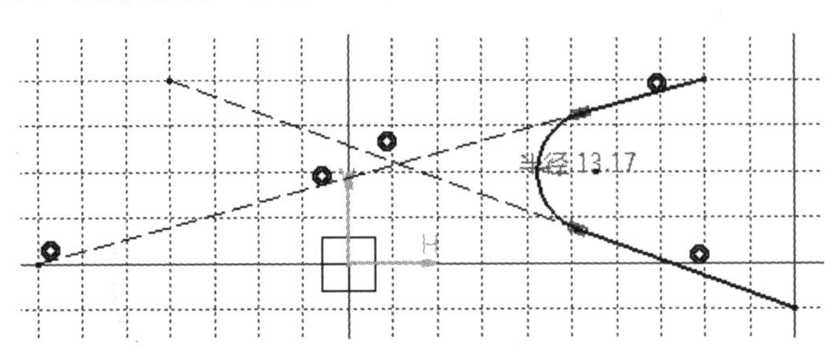

图 2-160　修剪曲线并转换构造

2.6.2　倒角

该命令用于在两条曲线之间绘制一个倒角，两条曲线也可以是不相交的。

1．单击工具栏中的【倒角】按钮，激活【倒角】命令。

2．在弹出的工具栏中选择曲线裁剪方式，然后依次选择两条曲线如图 2-161 所示。其裁剪方式与圆角的裁剪方式相同，在此不再赘述。

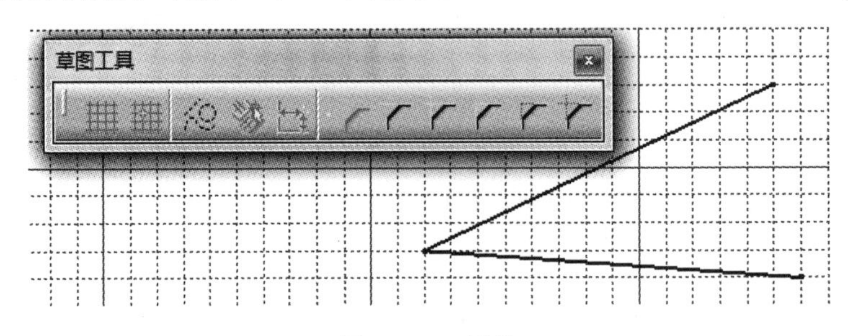

图 2-161　倒角

3．依次选择两条曲线。在选择两条曲线后，会弹出三种裁剪尺寸规则，如图 2-162 所示。

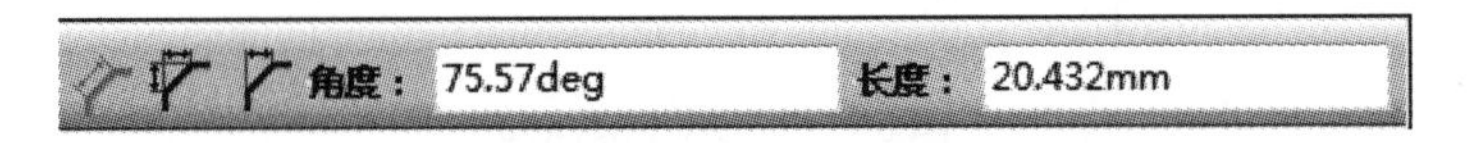

图 2-162　修剪方式选择

：输入倒角边的长度和倒角边与第一条曲线的角度，确定倒角，如图 2-163 所示；

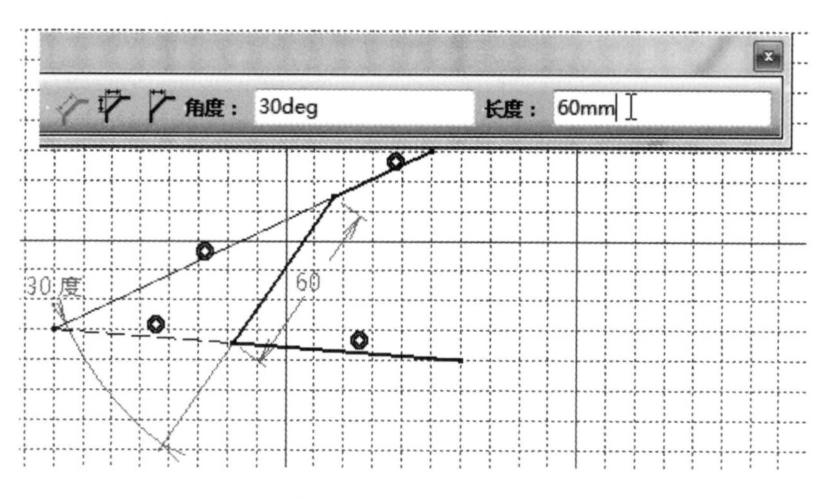

图 2-163　角度与长度

：输入两条曲线被修剪的长度来确定倒角。如图 2-164 所示。

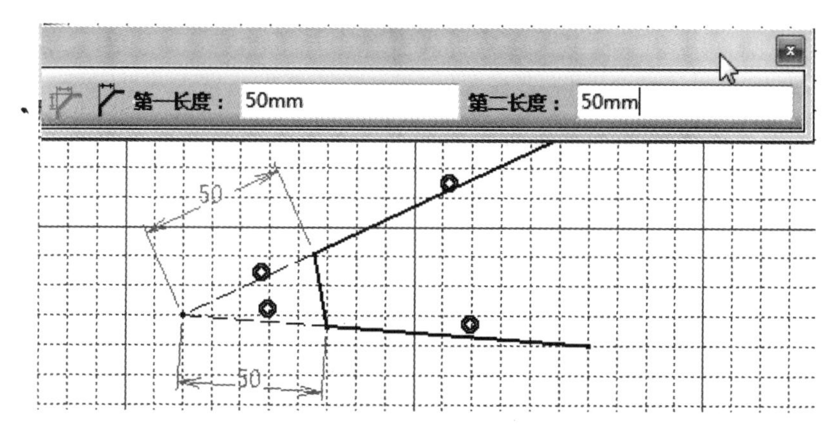

图 2-164　两个长度

：输入第一条曲线的裁剪长度和倒角边与第一条曲线的夹角，确定倒角。如图 2-165 所示。

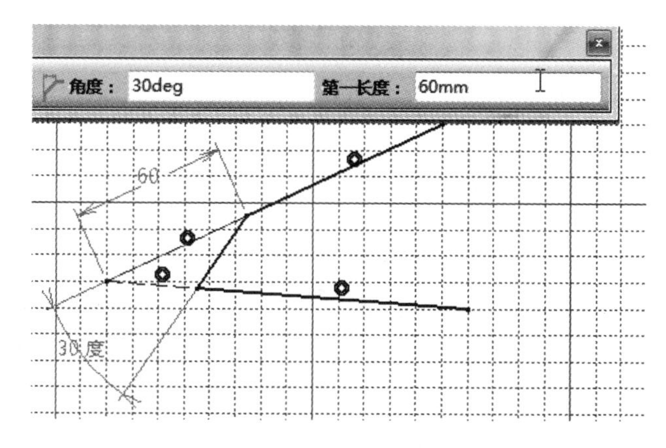

图 2-165　长度与夹角

2.6.3 修剪

该命令用于对两条曲线进行修剪，包括缩短和延伸。缩短可以是任意两条曲线，而延长只适用于直线、圆弧、圆锥等规则曲线。

1．单击工具栏中的【修剪】按钮，激活该命令。

2．在弹出的对话框中，显示该命令有两种修剪方式。如图 2-166 所示。

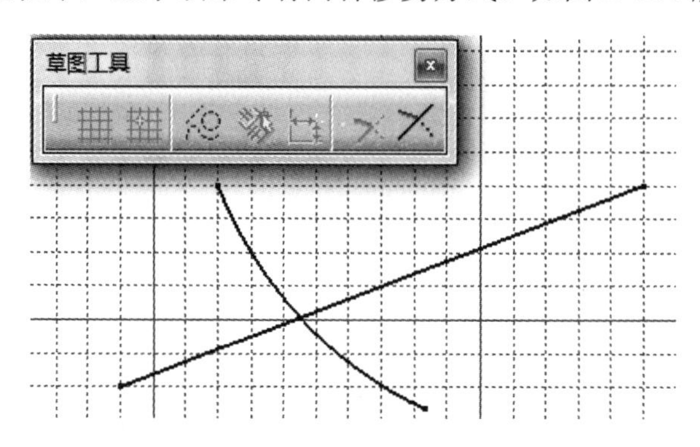

图 2-166 修剪

3．选择修剪方式，依次选择两条曲线。

：表示两条曲线都被修剪，如图 2-167 所示。

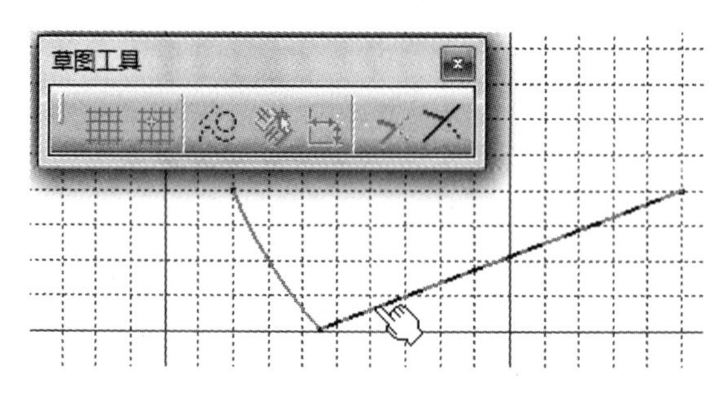

图 2-167 修剪两条曲线

：表示只修剪第一条曲线，如图 2-168 所示。

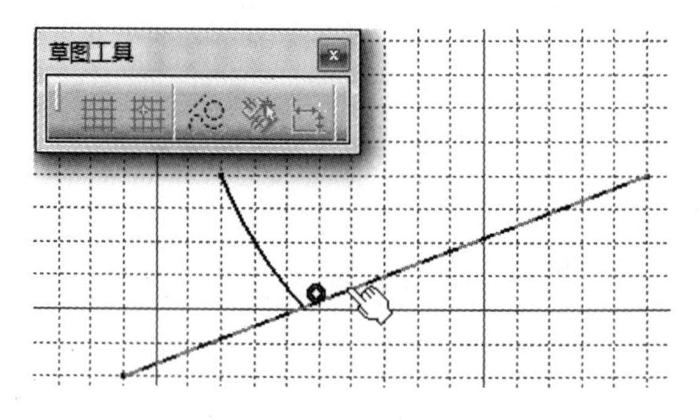

图 2-168 修剪第一条曲线

4．对于该命令的延伸功能，如图 2-169 和 2-170 所示。

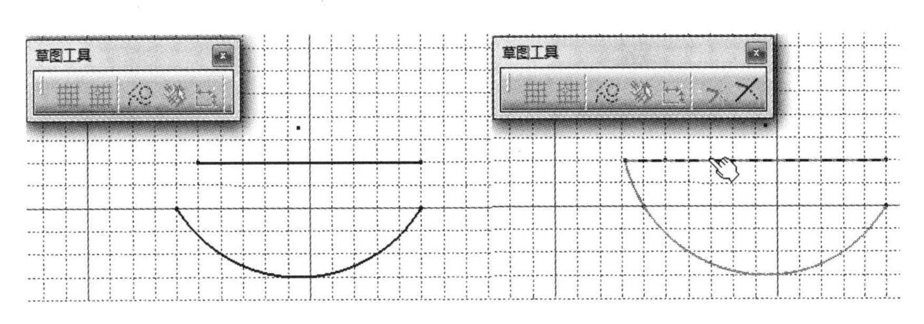

图 2-169　延长并相交

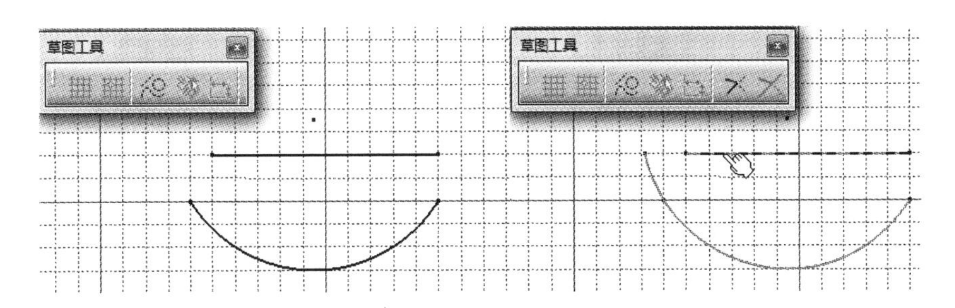

图 2-170　延长曲线

2.6.4　断开

该命令是用于将一条曲线分成若干段。被断开的曲线可以是任意的曲线，参考元素可以是点、直线、曲线等任意元素。

1．单击工具栏中的【断开】，激活该命令。

2．选择需要断开的曲线，如图 2-171 所示。

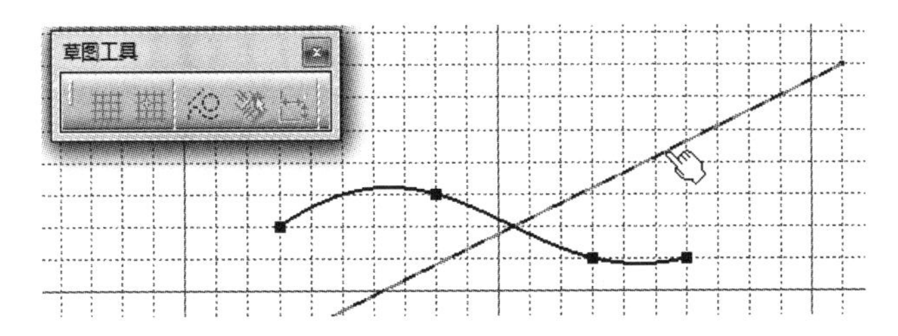

图 2-171　选择断开的曲线

3．选择参考元素，完成命令，直线被分成了两段。如图 2-172 所示。

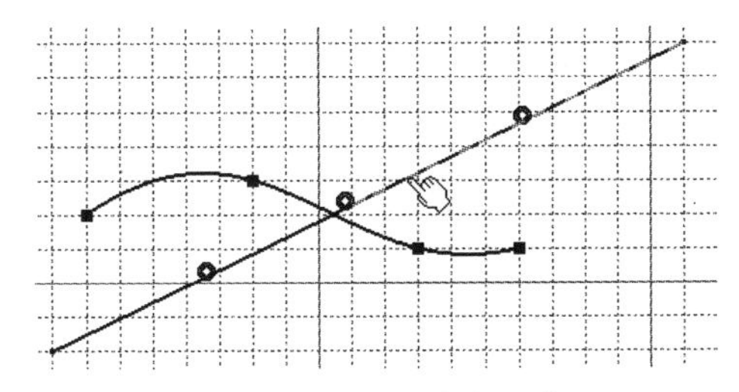

图 2-172　选择参考元素

2.6.5 快速修剪

该命令用于对曲线进行修剪，修剪时会自动识别边界，用户只需选择被裁剪的线段。

1．单击工具栏中的【快速修剪】按钮，激活该命令。

2．在草图工具栏中弹出三种裁剪模式，选择裁剪模式后，选择需要裁剪的部分如图 2-173 所示。其中：

：选择的部分被裁剪；

：选择的部分保留，未选择的部分裁剪；

：不进行修剪，只是断开曲线。

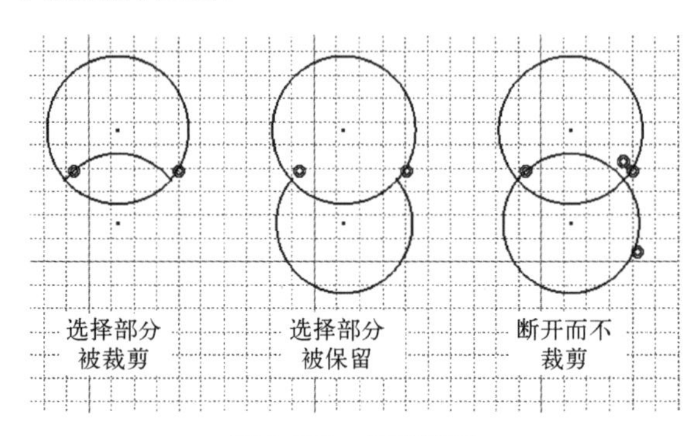

图 2-173 快速修剪

2.7 实例▪知识点——多孔板

本实例是由多段圆弧、倒圆、倒角和椭圆构成，其结构如图 2-174 所示。

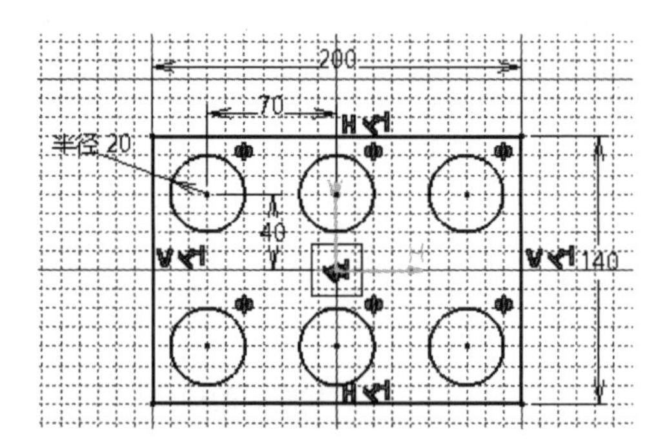

图 2-174 多孔板

【思路分析】

该零件图由矩形和与 H 轴有对称关系的圆形成。绘制此图的方法是：先绘制矩形，然后绘制一个圆，再通过平移和对称等命令绘制出多个圆。步骤如图 2-175 和图 2-176 所示。

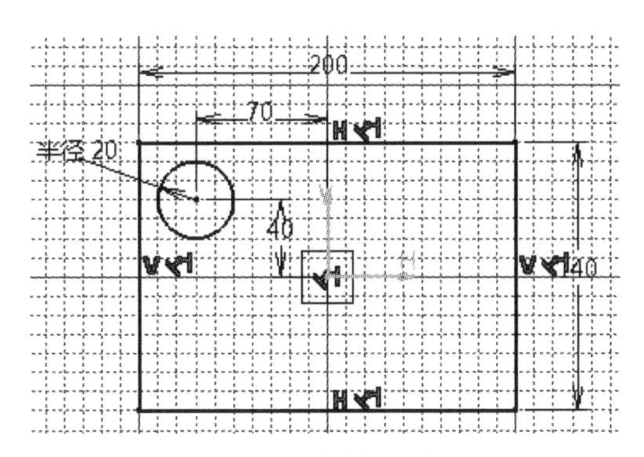

图 2-175　绘制圆和矩形

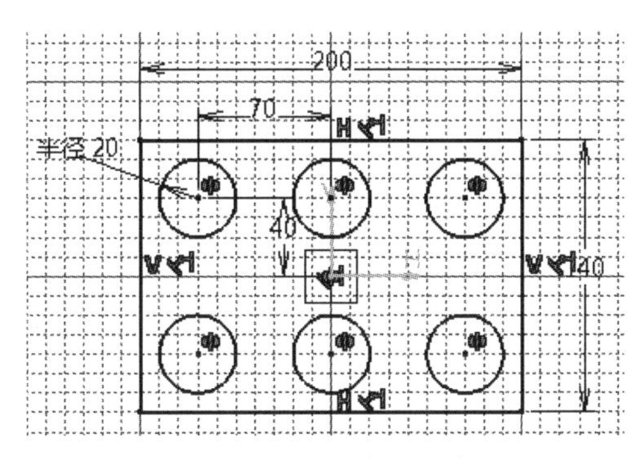

图 2-176　平移及对称

【光盘文件】

结果文件——参见附带光盘中的“END\Ch2\2-7.CATPart”文件。

动画演示——参见附带光盘中的“AVI\Ch2\2-7.avi”文件。

【操作步骤】

[1]．从菜单栏中选择【开始】→【机械设计】→【草图编辑器】，如图 2-177 所示。

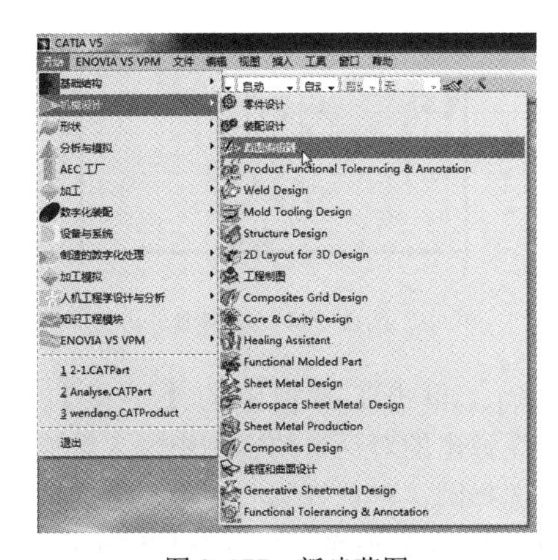

图 2-177　新建草图

[2]．输入新建草图文件的文件名“2-7”，如图 2-178 所示。

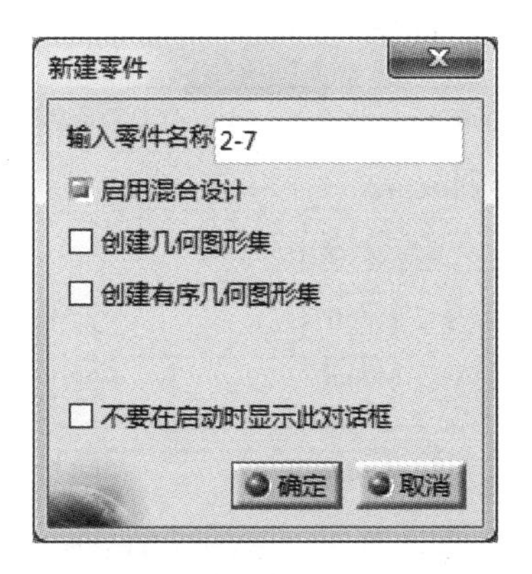

图 2-178　新建文件命名

[3]．选择【yz 平面】，进入草图设计环境，如图 2-179 所示。

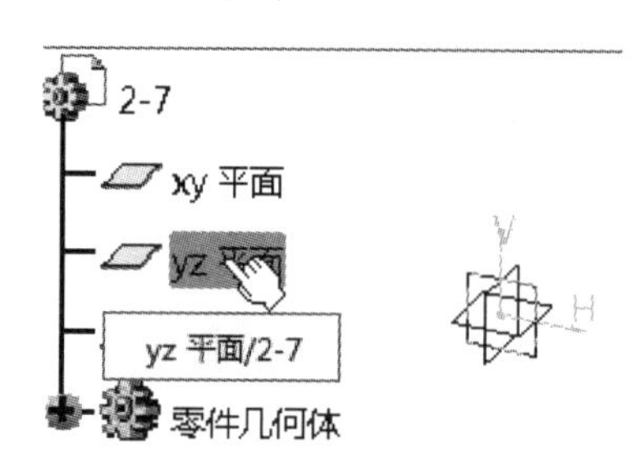

图 2-179　选择参考平面

[4]．单击工具栏中的【居中矩形】按钮，先用鼠标单击坐标原点，然后在草图工具栏中输入高度 140，宽度 200，如图 2-180 所示。

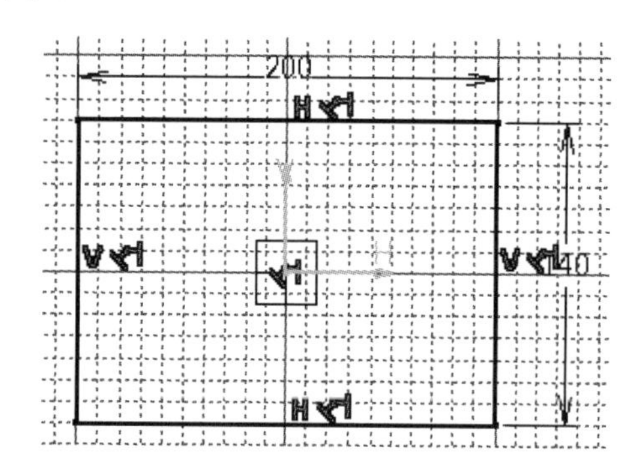

图 2-180　绘制矩形

[5]．单击工具栏中的【坐标绘制圆】按钮，然后输入参数如图 2-181 所示，完成圆的绘制，如图 2-182 所示。

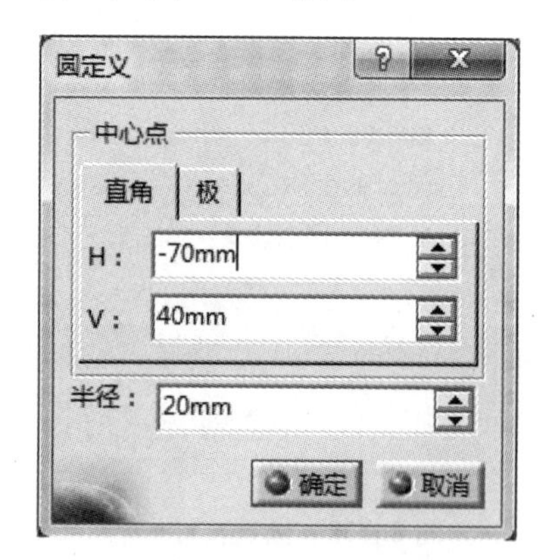

图 2-181　圆的参数

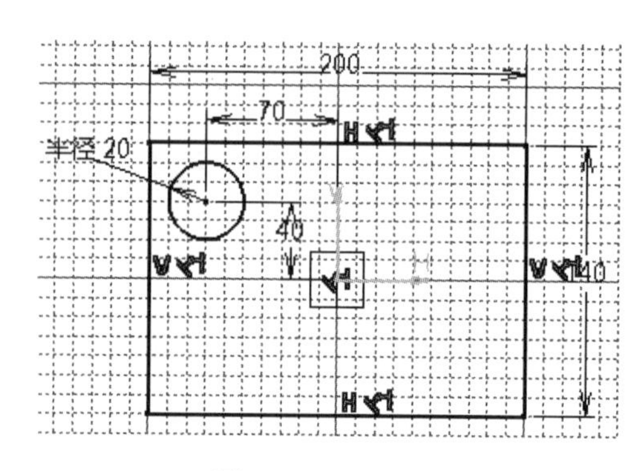

图 2-182　绘制圆

[6]．单击工具栏中的【坐标绘制圆】按钮，然后输入参数如图 2-183 所示，完成圆的绘制，如图 2-184 所示。

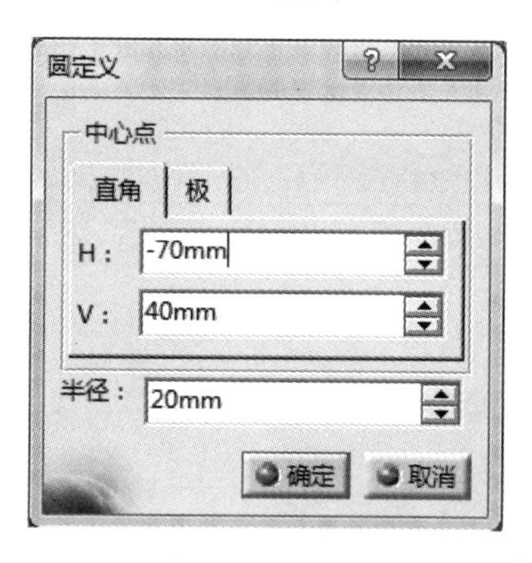

图 2-183　圆的参数

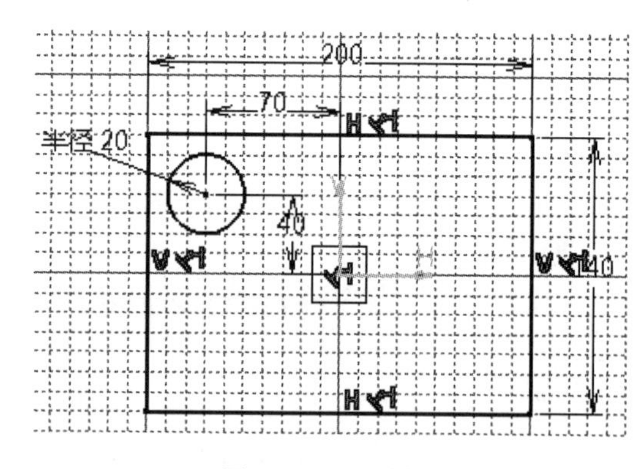

图 2-184　绘制圆

[7]．单击工具栏中的【平移】按钮，在弹出的对话框的实例中输入数值 2。然后选择圆，再选择圆心，在长度的值里输入 70，沿 H 轴平移，如图 2-185 所示。

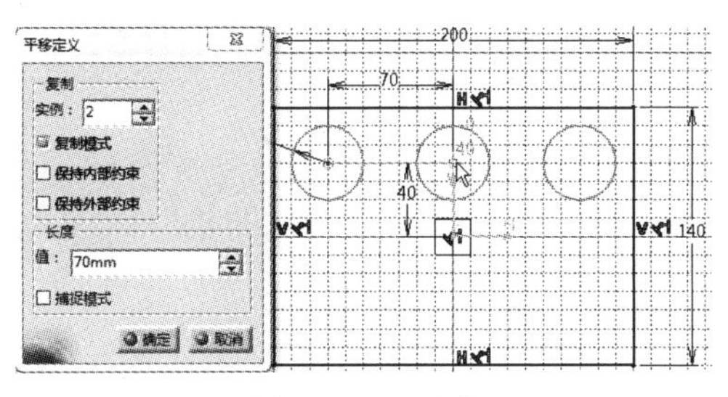

图 2-185　平移

[8]．按住<Ctrl>键同时选择 H 轴上方的三个圆，先单击【镜像】按钮，选择 H 轴作为对称轴，如图 2-186 所示。

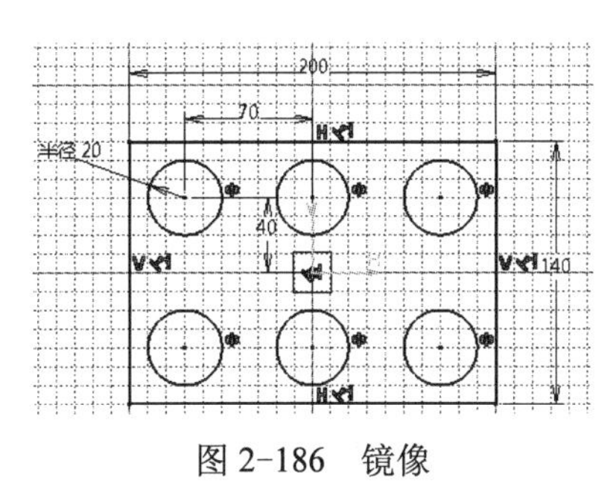

图 2-186　镜像

[9]．单击工具栏中的【退出工作台】按钮，退出草图编辑环境，完成草图设计。然后可以观察到二维草图在三维视图中的状态，如图 2-187 所示。

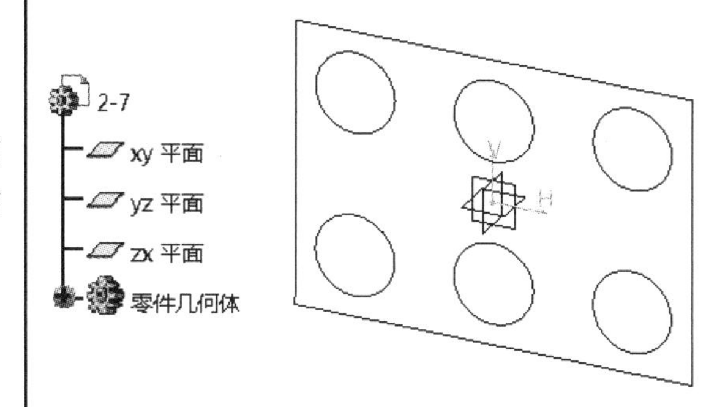

图 2-187　三维视图中的草图

2.7.1　镜像

该命令用于绘制一个与原有图形关于直线对称的图形。

1．单击工具栏中的【镜像】按钮，激活该命令。

2．先选择需要镜像的图形，也可以按住<Ctrl>键选择多个图形，然后选择对称轴，完成镜像。如图 2-188 所示。

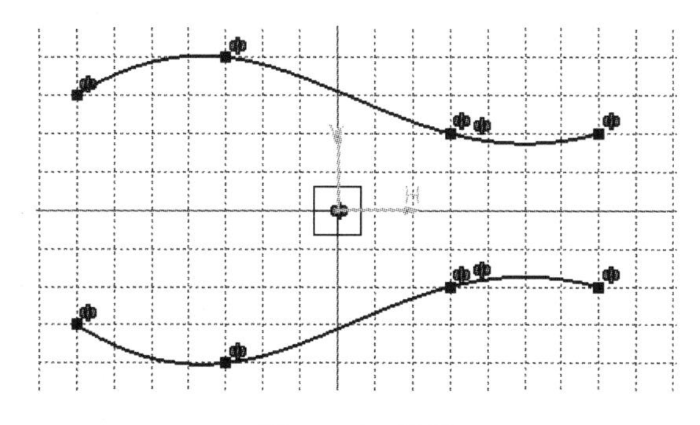

图 2-188　镜像

2.7.2　对称

该命令用于绘制一个与原有图形关于直线对称的图形，并把原有图形删除。

1．单击工具栏中的【对称】按钮，选择目标曲线。如图 2-189 所示。

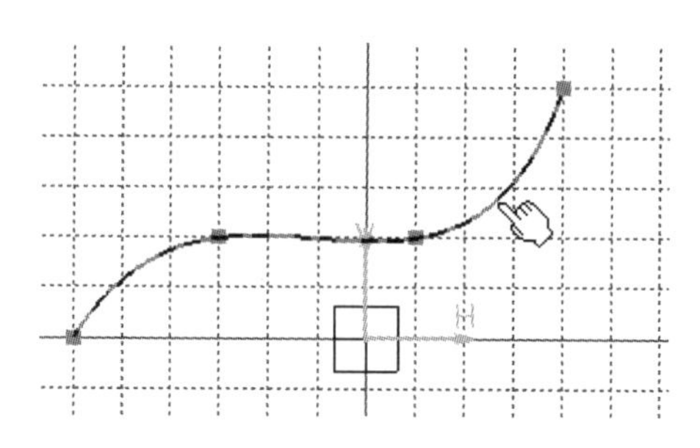

图 2-189　选择目标曲线

2．选择 H 轴为对称轴，完成图形绘制，如图 2-190 所示。

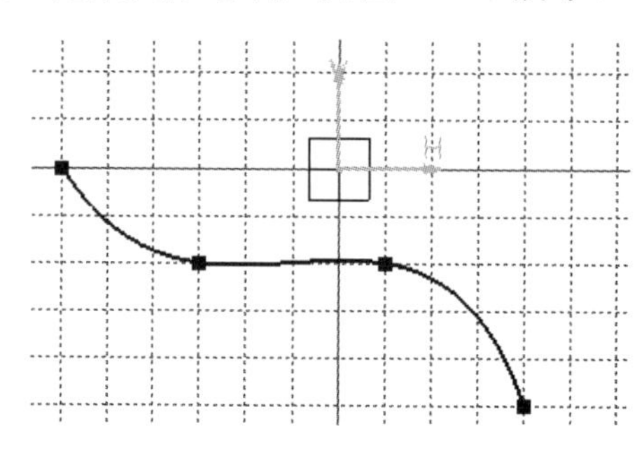

图 2-190　选择参考元素

2.7.3　平移

该命令用于将图形沿着某一方向直线移动一定距离。

1．单击工具栏中的【平移】按钮，激活该命令。

2．选择需要移动的曲线，可以按住<Ctrl>键选择多个图形。

3．选择平移的起点。

4．选择平移的终点，可以用鼠标单击选择；也可以在对话框中输入平移的距离，按<Enter>键确认，再用鼠标选择平移方向；也可以在草图工具栏中输入终点的坐标。如图 2-191 所示。

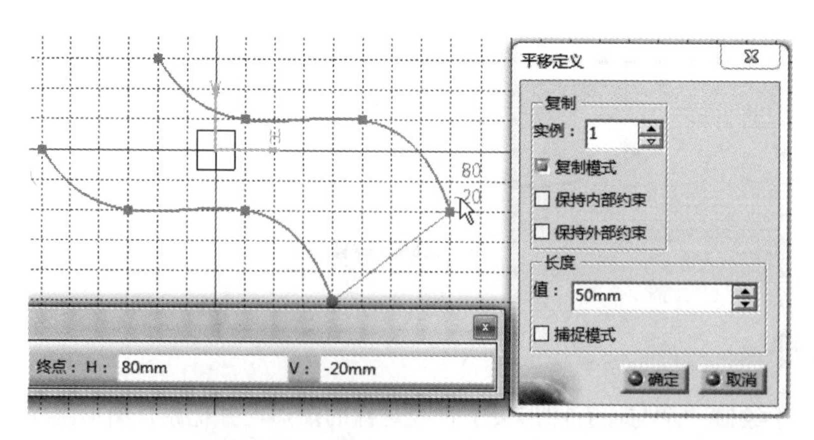

图 2-191 平移

在平移定义的对话框中：

【实例】：表示平移时新产生的图形个数，它们会等距分布在平移的方向上；

【复制模式】：该复选框被选中，平移时将产生新的图形，图形个数根据【实例】的数目产生；如复选框没被选中，则原图形被删除。

2.7.4 旋转

该命令用于把图形绕一中心点旋转一个角度。

1. 单击工具栏中的【旋转】按钮，然后选择需要被旋转的图形。
2. 用鼠标单击选择中心点，也可以在草图工具栏输入中心点坐标。
3. 在弹出的【旋转定义】对话框中输入旋转角度，完成该命令。如图 2-192 所示。

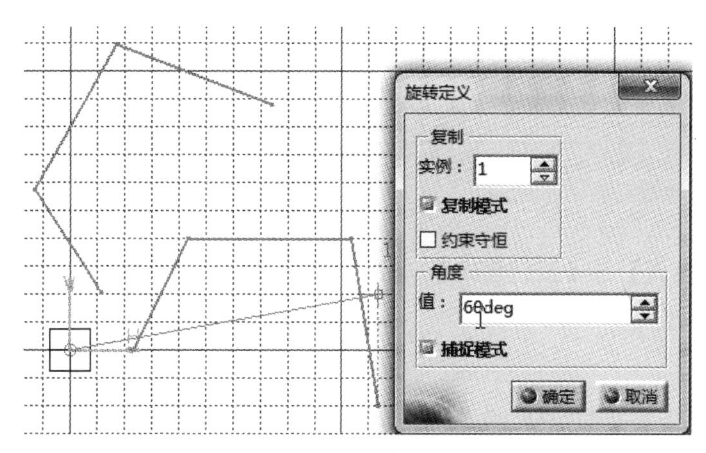

图 2-192　旋转定义对话框

在上述对话框中，【实例】和【复制模式】的功能与【平移】命令相同。当【捕捉模式】激活时，旋转角度的变化值是一个确定的值，该变化值可以通过单击鼠标右键修改。如图 2-193 所示。

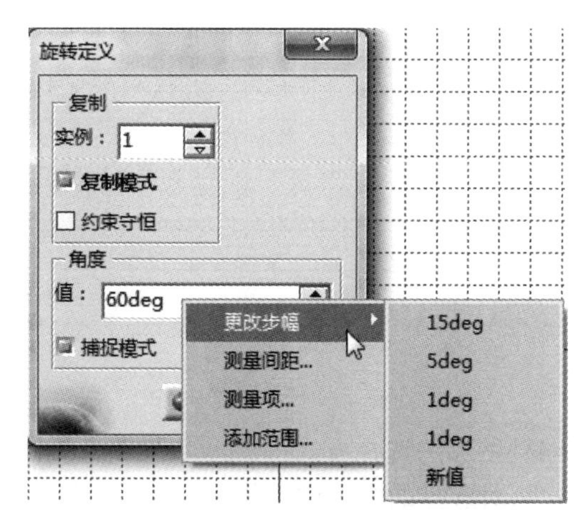

图 2-193　旋转步幅

2.7.5 缩放

该命令是把图形按照一定的比例进行放大和缩小。

1. 单击工具栏中的【缩放】按钮，然后选择需要缩放的图形。

2. 通过鼠标选择缩放的中心。

3. 在缩放定义对话框中输入缩放比例，完成该命令。如图 2-194 所示。

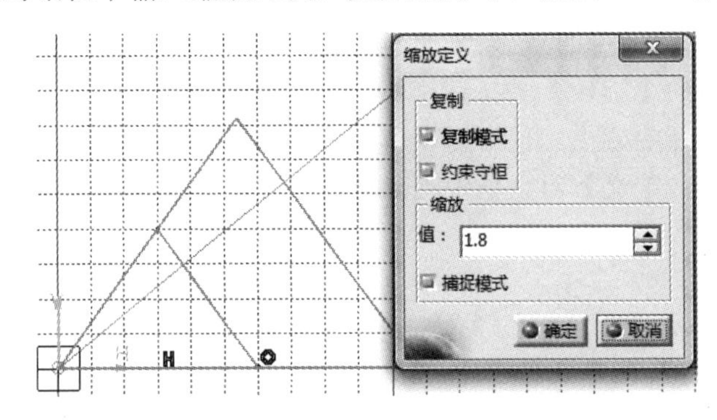

图 2-194 缩放

其中，【复制模式】与【捕捉模式】与上述的功能和用法相同，在此不再赘述。

2.7.6 偏移

该命令用于将图形法向偏移一定距离。

1. 单击工具栏中的【偏移】按钮，激活该命令。

2. 选择需要偏移的图形，然后用鼠标或在草图工具栏中确定偏移距离，完成该命令。如图 2-195 所示。

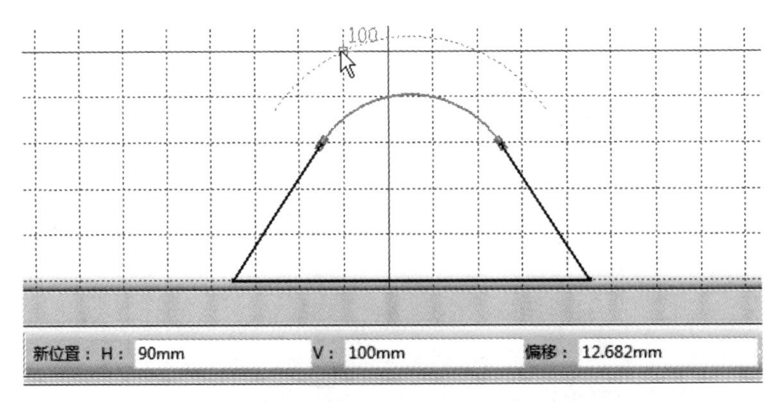

图 2-195 偏移

在草图工具栏中，有四种图形的选择方式：

无拓展：该选择方式只对选择的图形进行偏移。

相切拓展：该选择方式对所选图形和与之相切的图形一起进行偏移，如图 2-196 所示。

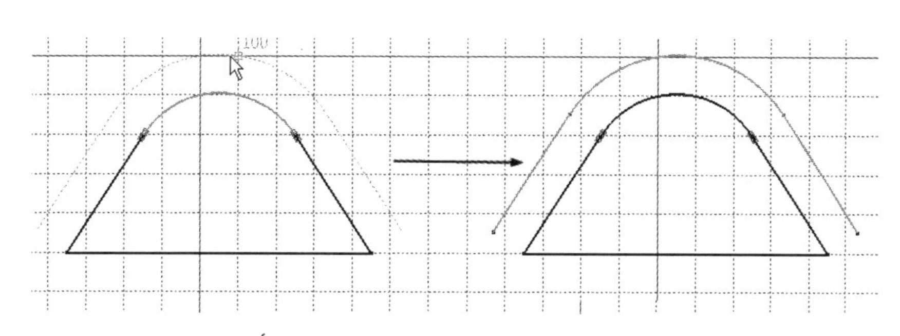

图 2-196 无拓展

点拓展：该选择方式会将于选择图形相连接的图形一起偏移。如图 2-197 所示。

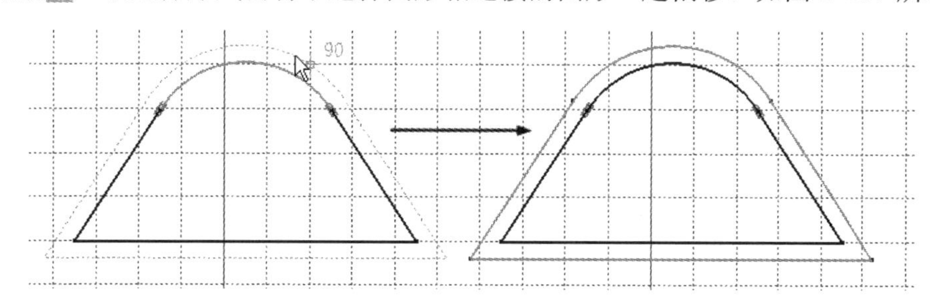

图 2-197 点拓展

双侧拓展：将选择图形为对称曲线进行双向偏移，与前三种偏移方式可以同时使用。如图 2-198 所示。

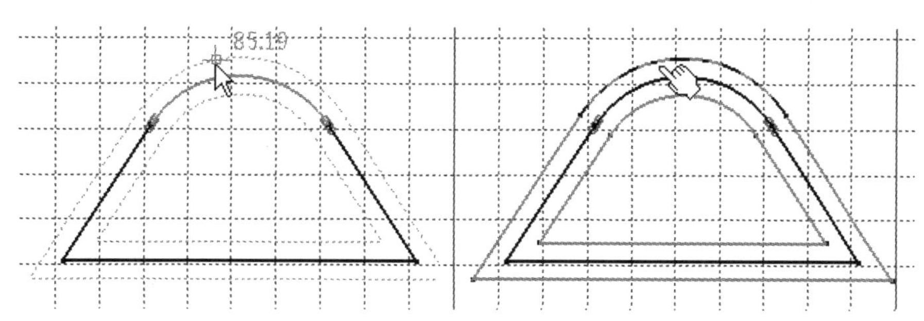

图 2-198 双侧拓展

2.8 实例▪知识点——蝴蝶形状

本实例是由多段不规则形状构成的蝴蝶形状，其结构如图 2-199 所示。

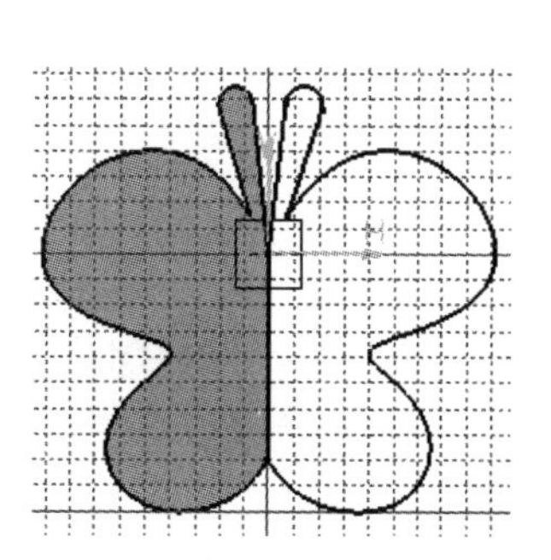

图 2-199 蝴蝶形状

【思路分析】

该零件图由多段不规则形状构成，本实例给出了图形的左半部分，需要绘制图形的右半部分。绘制此图的方法是：先对左边以绘制的三维图形进行二维投影，再将图形对称到右边。步骤如图 2-200 和图 2-201 所示。

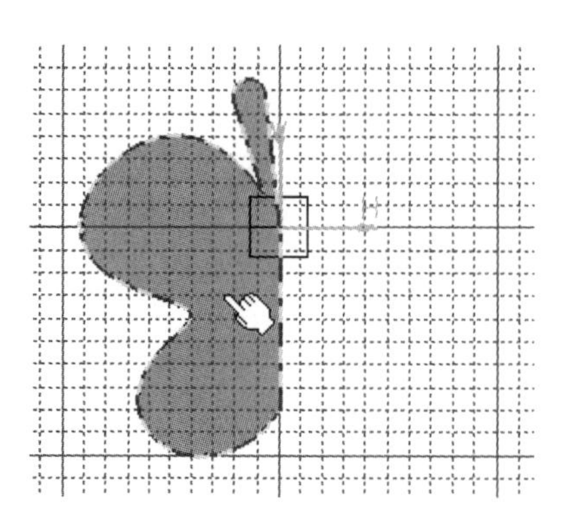

图 2-200　投影三维元素

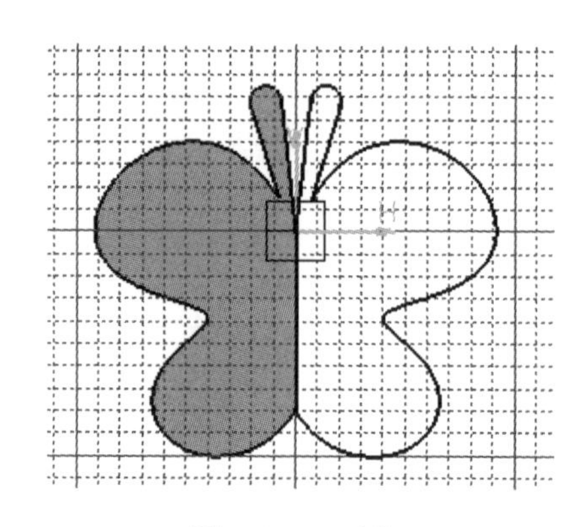

图 2-201　对称

【光盘文件】

结果文件——参见附带光盘中的“**END\Ch2\2-8.CATPart**”文件。

——参见附带光盘中的“**AVI\Ch2\2-8.avi**”文件。

【操作步骤】

[1]．从菜单栏中选择【开始】→【机械设计】→【草图编辑器】，如图 2-202 所示。

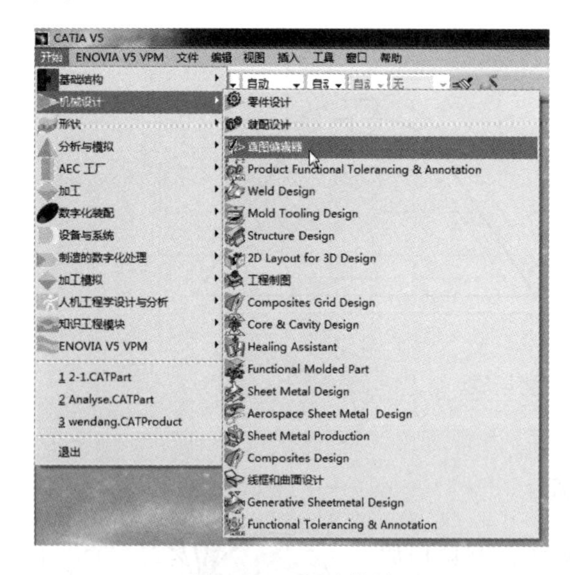

图 2-202　新建草图

[2]．输入新建草图文件的文件名“2-8”，如图 2-203 所示。

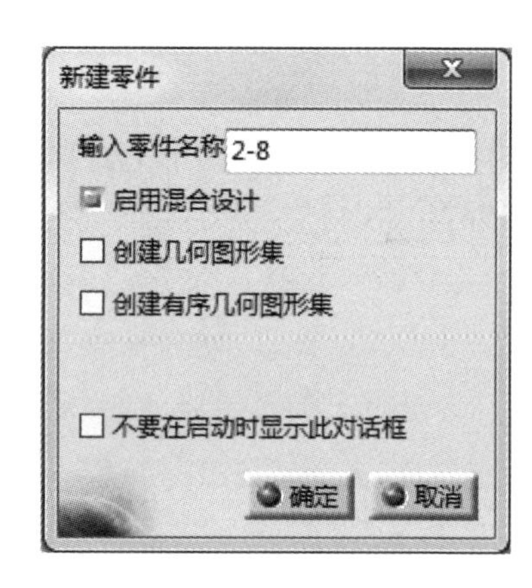

图 2-203　新建文件命名

[3]．选择【yz 平面】，进入草图设计环境，如图 2-204 所示。

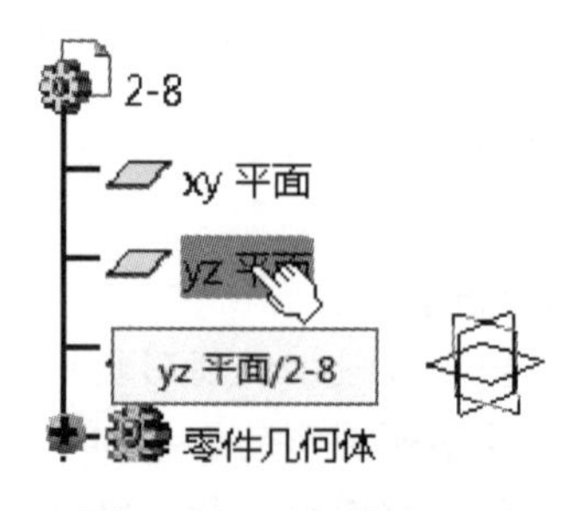

图 2-204　选择参考平面

[4]．单击工具栏中的【投影三维元素】按钮，选择已建立的三维图形的面，从而得到投影轮廓。投影的图形为黄色线，如图 2-205 所示。

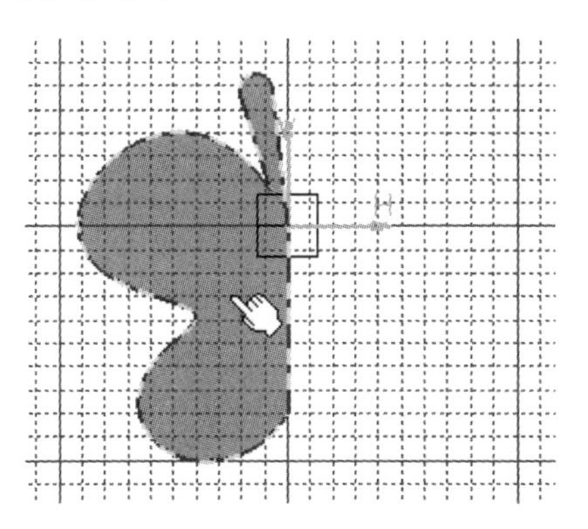

图 2-205　选择投影图形

[5]．单击工具栏中的【对称】按钮，将投影轮廓以 V 轴为对称轴投影到右边，如图 2-206 所示。

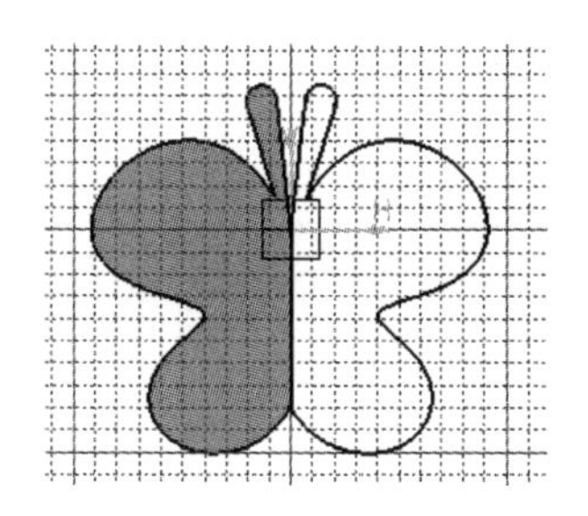

图 2-206　选择参考平面

[6]．单击工具栏中的【退出工作台】按钮，退出草图编辑环境，完成草图设计。然后可以观察到二维草图在三维视图中的状态，如图 2-207 所示。

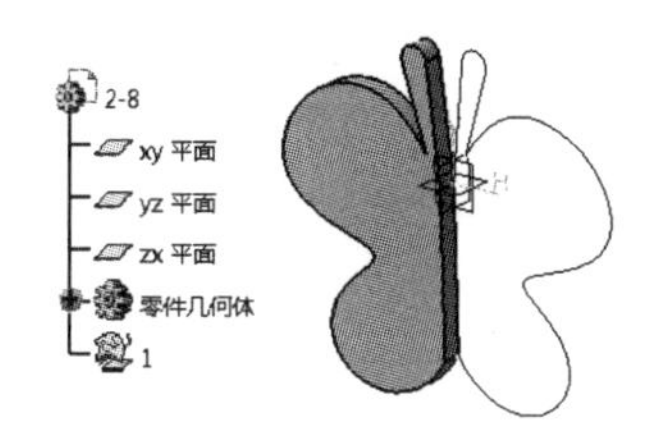

图 2-207　三维视图中的草图

2.8.1　投影三维元素

该命令是将三维元素投影到当前的草图平面上，成为草图中的图形。

1．单击工具栏中的【投影三维元素】按钮，激活该命令。

2．选择需要投影的三维元素。如图 2-208 所示。

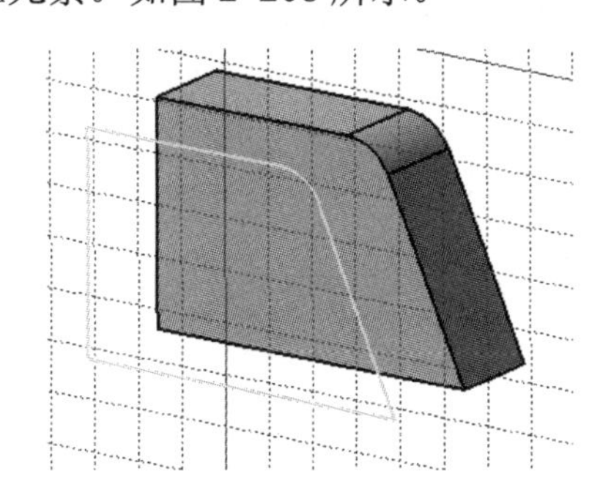

图 2-208　投影三维元素

2.8.2　与三维元素相交

该命令用于提取三维元素与当前草图工作平面的交线。

1．单击工具栏中的【与三维元素相交】按钮，激活该命令。

2．选择三维元素要与草图平面产生交线的面，如图 2-209 所示。

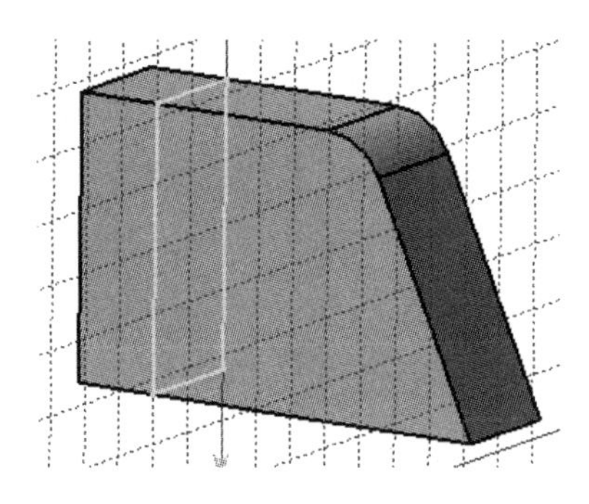

图 2-209　与三维元素相交

2.8.3 投影三维轮廓边

该命令用于投影三维元素沿草图工作平面法向的最大轮廓边。

1．单击工具栏中的【投影三维轮廓边】按钮，激活该命令。

2．选择需要投影的三维元素，如图 2-210 所示。

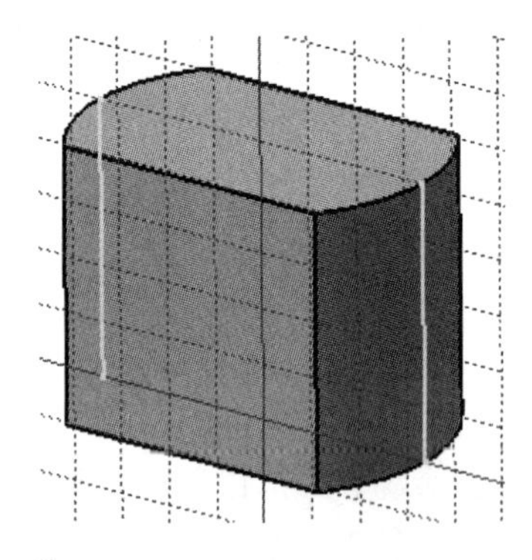

图 2-210　投影三维轮廓边

2.9 实例▪知识点——三角板

本实例由多个圆弧曲线构成。其结构如图 2-211 所示。

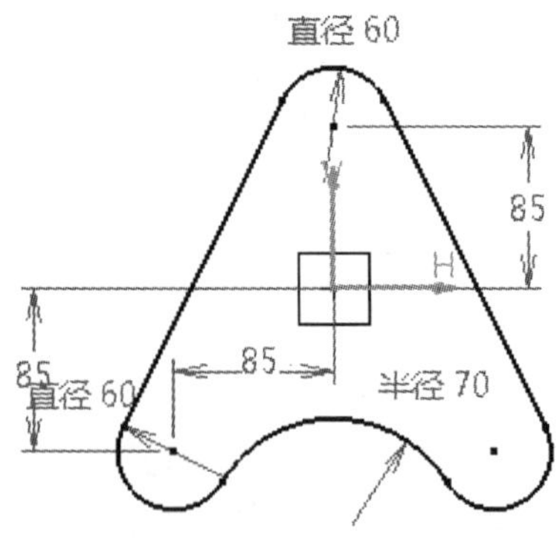

图 2-211　三角板

【思路分析】

该零件图由多个圆弧曲线组成。绘制此图的方法是：先绘制三个小圆弧，然后绘制直线和大圆弧即可完成全图。步骤如图 2-212 和图 2-213 所示。

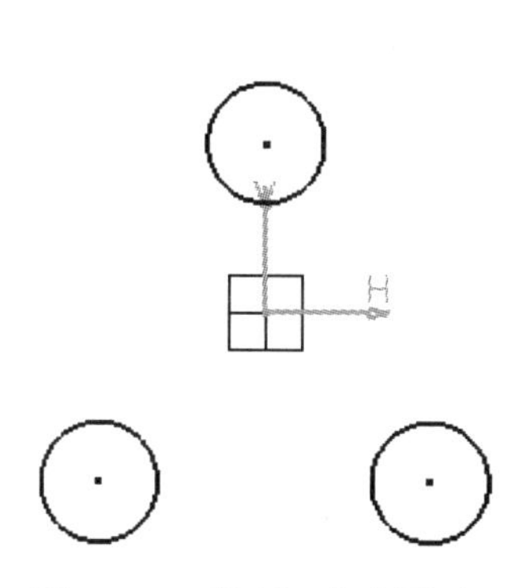

图 2-212　绘制三个小圆弧

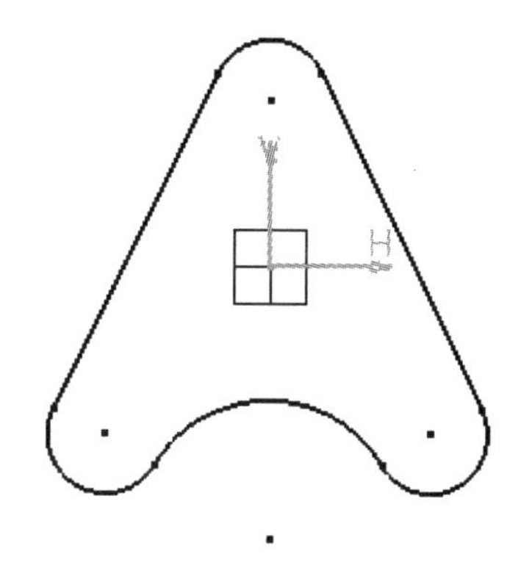

图 2-213　绘制直线和大圆弧

【光盘文件】

结果文件——参见附带光盘中的“**END\Ch2\2-9.CATPart**”文件。

动画演示——参见附带光盘中的“**AVI\Ch2\2-9.avi**”文件。

【操作步骤】

[1]．从菜单栏中选择【开始】→【机械设计】→【草图编辑器】，如图 2-214 所示。

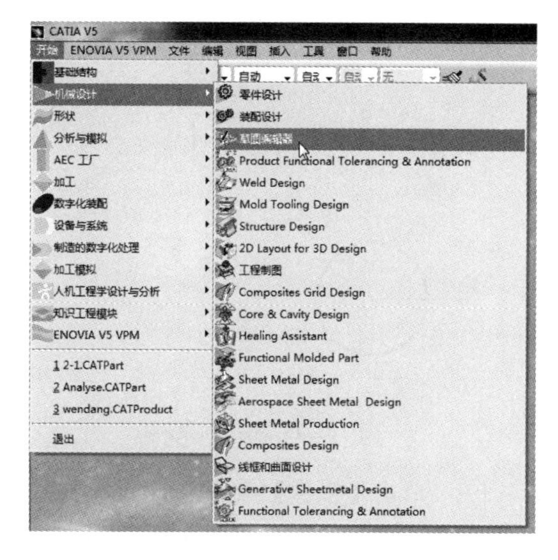

图 2-214　新建草图

[2]．输入新建草图文件的文件名“2-9”，如图 2-215 所示。

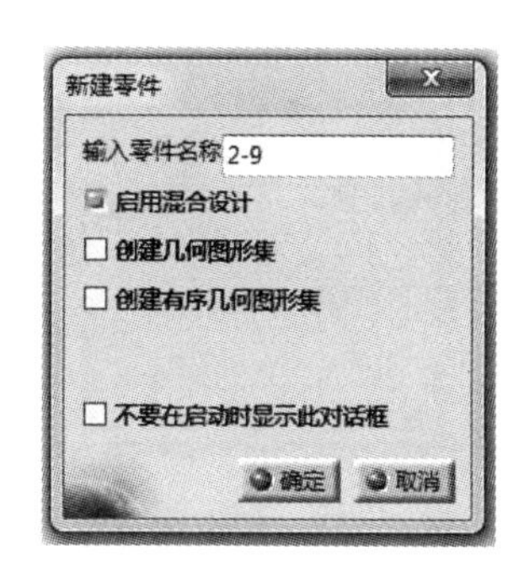

图 2-215　新建文件命名

[3]．选择【yz 平面】，进入草图设计环境，如图 2-216 所示。

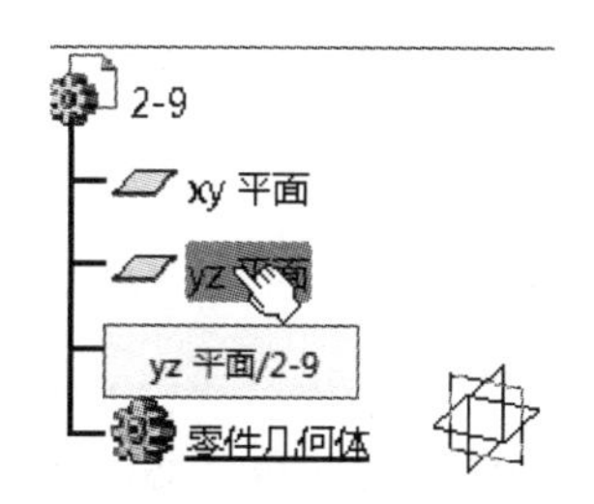

图 2-216　选择参考平面

[4]. 单击工具栏中的【圆】⊙按钮，使圆心落在 V 轴上，绘制一个任意大小的圆，如图 2-217 所示。

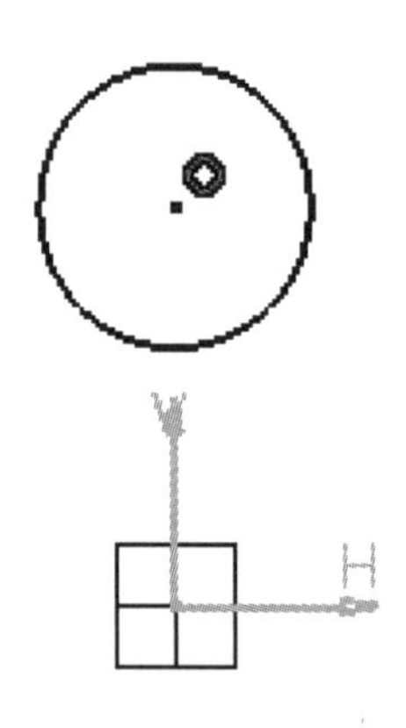

图 2-217　绘制圆

[5]. 单击工具栏中的【约束】按钮，然后选择圆，即弹出圆的直径约束。再双击约束，手动输入 60，单击【确定】按钮将圆的直径约束为 60mm，如图 2-218 所示。

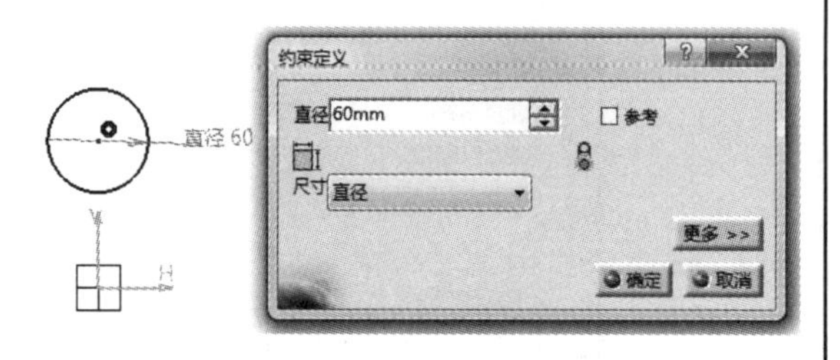

图 2-218　约束圆直径

[6]. 单击【约束】按钮，选择圆心与 H 轴，将圆心与 H 轴的距离约束为 85mm，如图 2-219 所示。

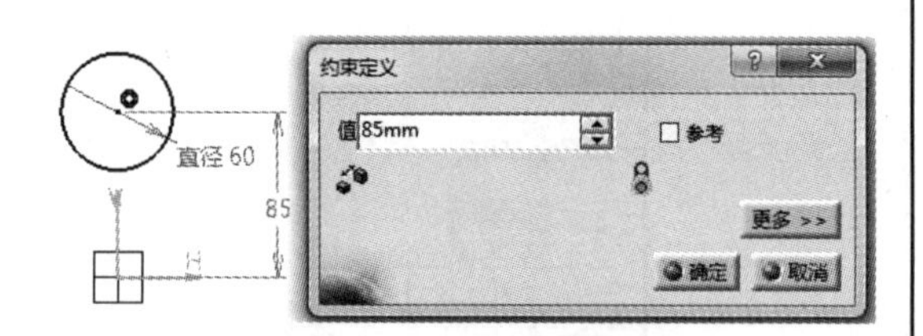

图 2-219　约束圆心位置

[7]. 单击【圆】⊙按钮，在坐标的第三象限中绘制一个圆，如图 2-220 所示。

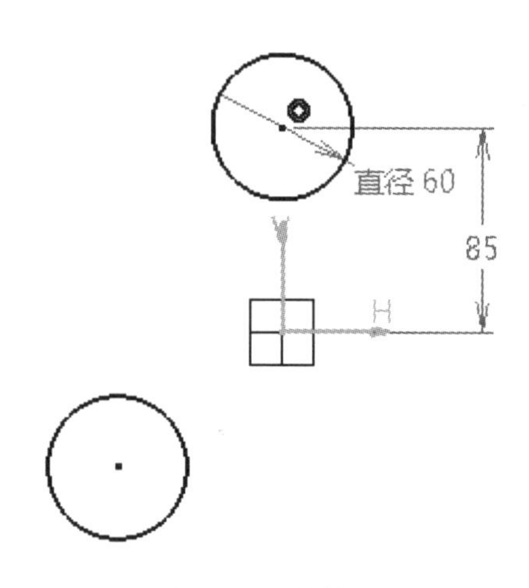

图 2-220　绘制圆

[8]. 单击【约束】按钮，将圆的直径约束为 60mm，将圆心与 H 轴的距离约束为 85mm，将圆心与 V 轴的距离约束为 85mm，如图 2-221 所示。

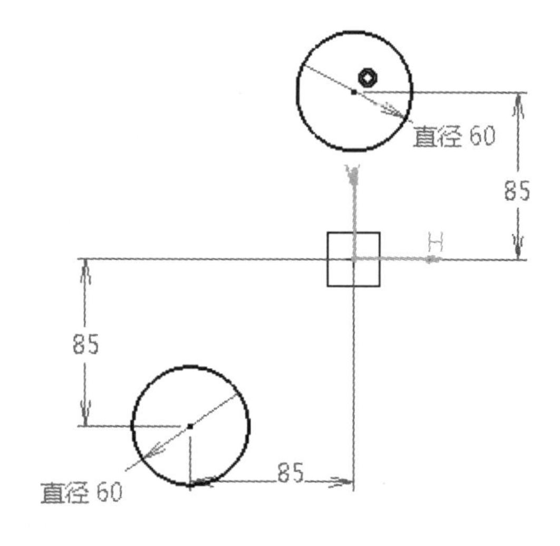

图 2-221　添加约束

[9]. 单击【镜像】按钮，依次选择第三象限的圆与 V 轴，对第三象限的圆进行镜像，如图 2-222 所示。

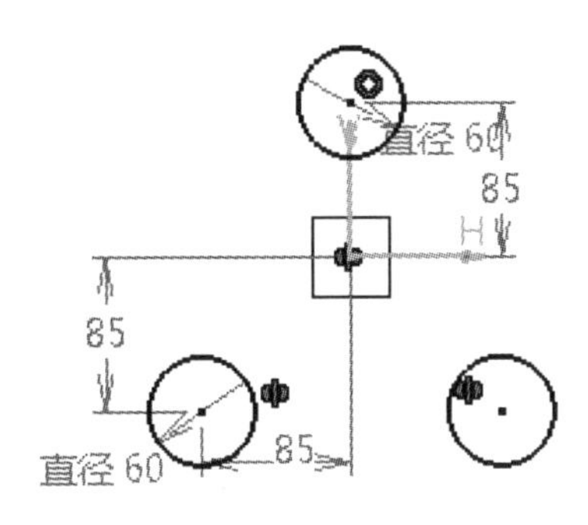

图 2-222 镜像圆

[10]. 单击【直线】按钮，绘制一条斜线，如图 2-223 所示。

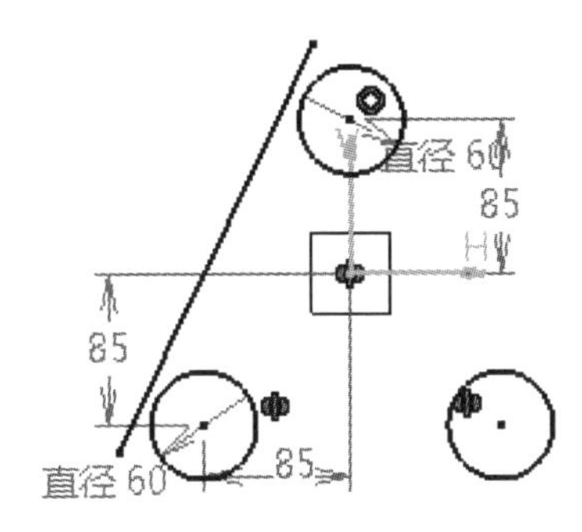

图 2-223 绘制直线

[11]. 按住<Ctrl>键，同时选择上方的圆与直线，然后单击工具栏中的【对话框中定义的约束】按钮，在弹出的对话框中选择【相切】，单击【确定】按钮，在圆与直线之间添加相切约束，如图 2-224 所示。

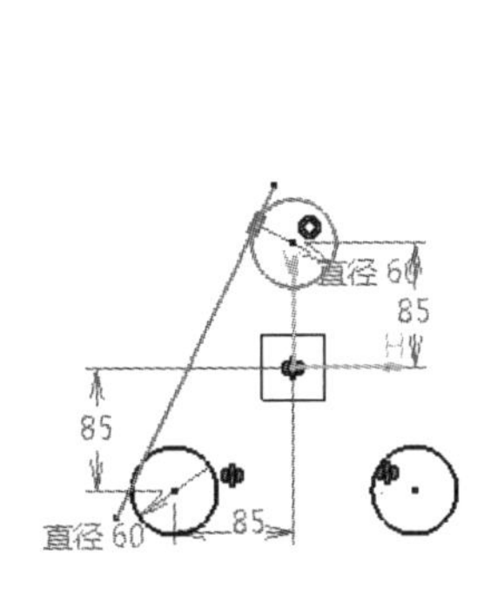

图 2-224 添加相切约束

[12]. 参考步骤[11]，在第三象限圆与直线之间添加相切约束，如图 2-225 所示。

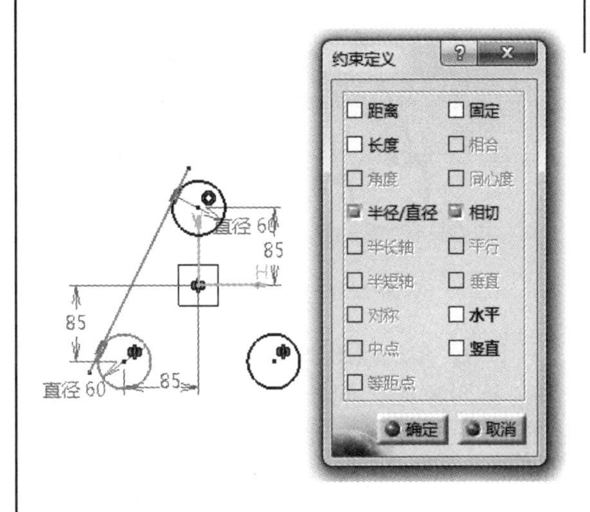

图 2-225 添加相切约束

[13]. 单击工具栏中的【快速修剪】按钮，对直线进行修剪。修剪后的效果如图 2-226 所示。

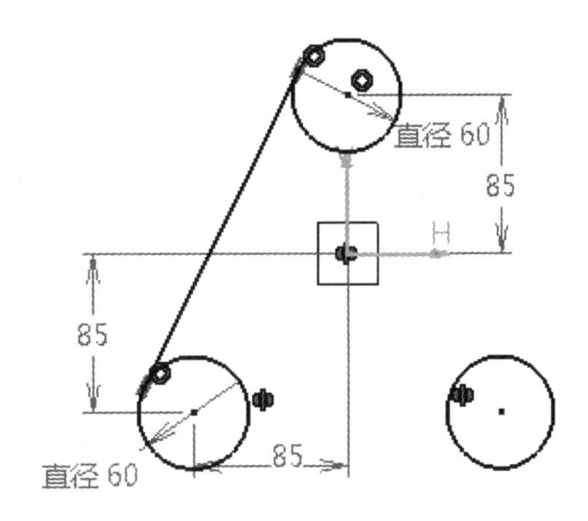

图 2-226 快速修剪

[14]. 单击工具栏中的【镜像】按钮，对直线以 V 轴为中线进行镜像，如图 2-227 所示。

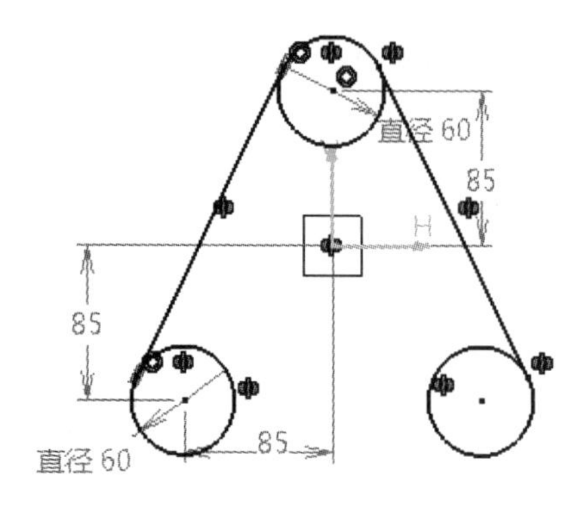

图 2-227　镜像直线

[15]．单击【圆弧】圆弧，在第三象限与第四象限之间绘制一个圆弧，再选中【约束】按钮，将圆弧的半径约束为 70mm，如图 2-228 所示。

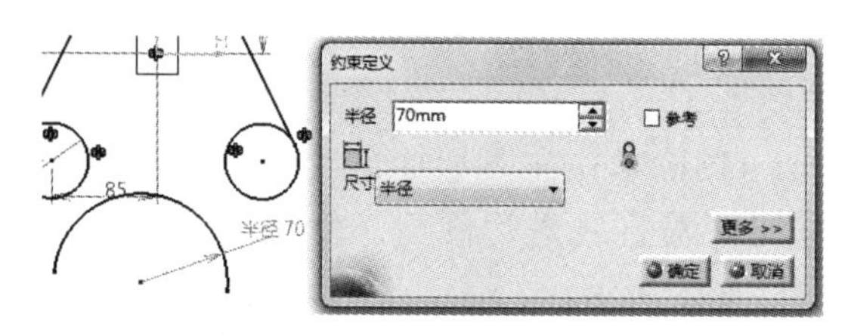

图 2-228　约束圆半径

[16]．按住<Ctrl>键，同时选择第三象限的圆与圆弧，然后选中【对话框中定义的约束】按钮，在弹出的对话框中选择【相切】，单击【确定】按钮，在圆与圆弧之间添加相切约束，如图 2-229 所示。

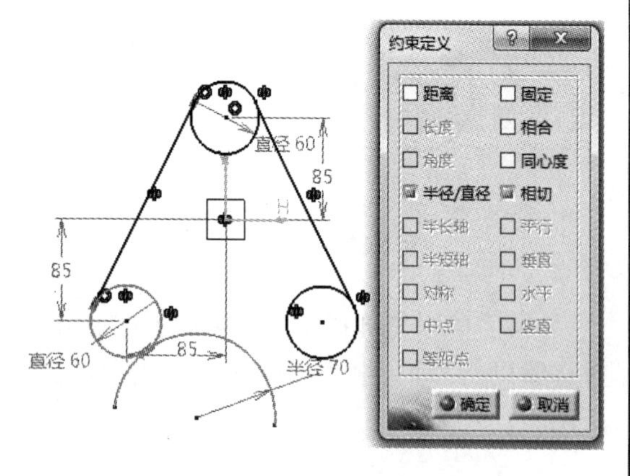

图 2-229　添加相切约束

[17]．参照步骤[15]，在第四象限圆与圆弧之间添加相切约束，如图 2-230 所示。

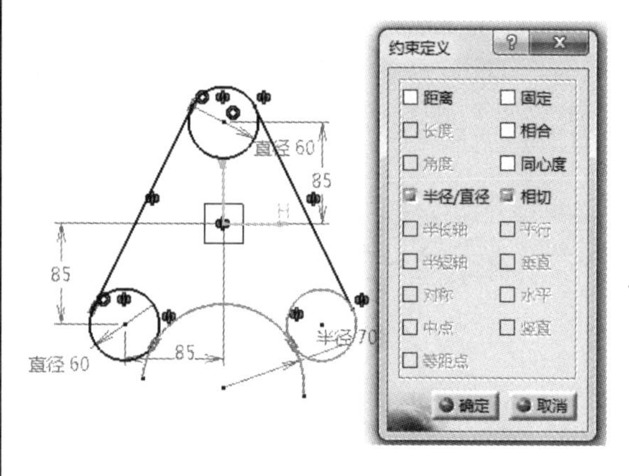

图 2-230　添加相切约束

[18]．单击【快速修剪】按钮，修剪掉对草图中不需要的部分。修剪后的效果如图 2-231 所示。

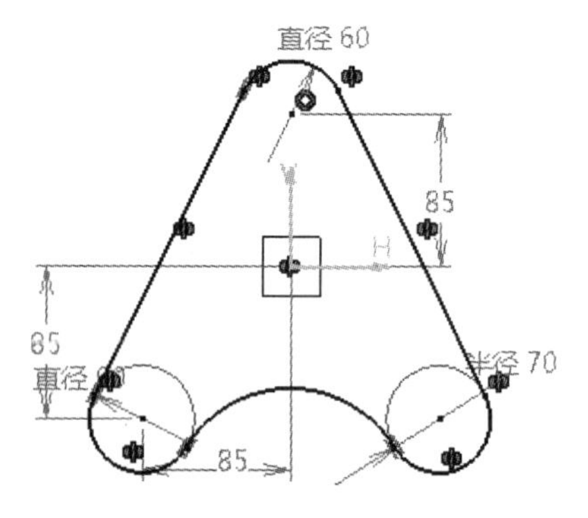

图 2-231　快速修剪

[19]．单击【退出工作台】按钮，退出草图编辑环境，完成草图设计。然后可以观察到二维草图在三维视图中的状态，如图 2-232 所示。

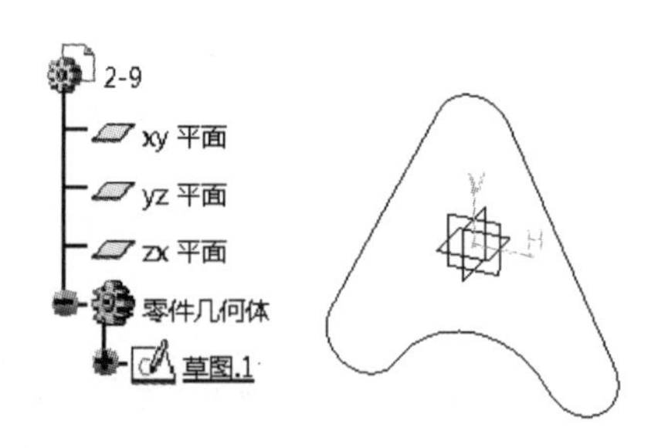

图 2-232　三维视图中的草图

2.9.1 约束类型

草图的约束用于限制图形与图形之间的自由度，使之成为唯一、固定的形状。在草图约束中，有尺寸约束和几何约束两种。

尺寸约束：用于约束图形的长度、距离、直径、半径、角度等尺寸，如图 2-233 所示。

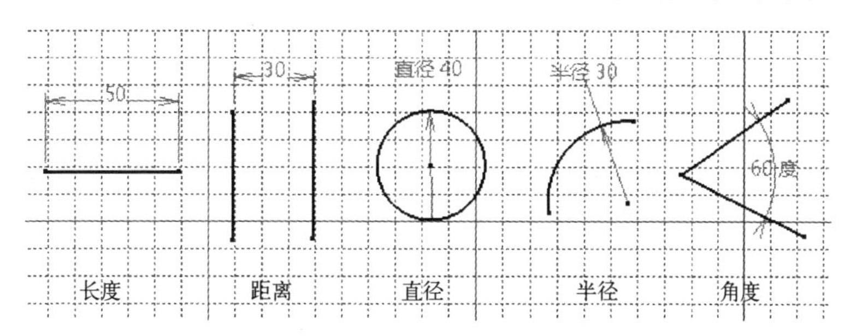

图 2-233　尺寸约束

几何约束：是指图形之间的相互关系，如水平、竖直、垂直、平行、同心等，如图 2-234 所示。

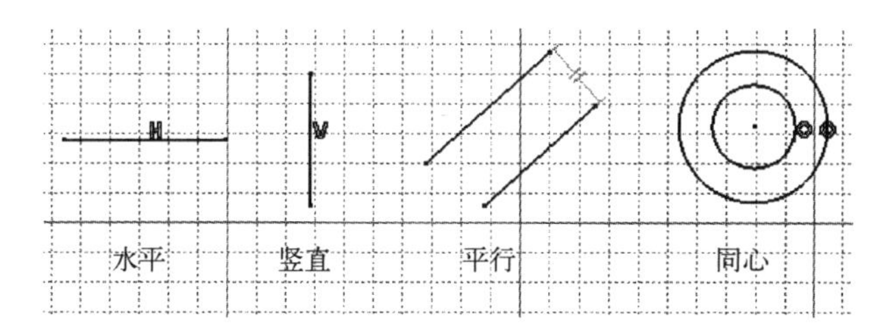

图 2-234　几何约束

2.9.2 创建约束

1．创建尺寸约束

单击工具栏中的【约束】按钮，然后选择需要约束的图形，系统会根据图形的类型自动生成如长度、半径、直径等约束，或依次选择两条曲线生成距离、角度等约束，如图 2-235 所示。用户可以通过鼠标双击约束，在弹出的【约束定义】对话框中输入数值来改变原有图形的尺寸，如图 2-236 所示。

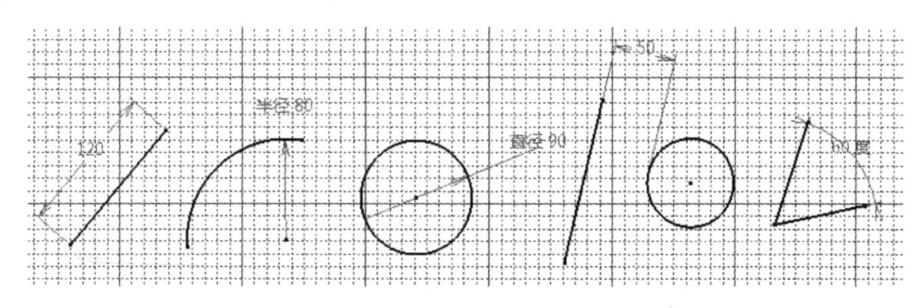

图 2-235　创建尺寸约束

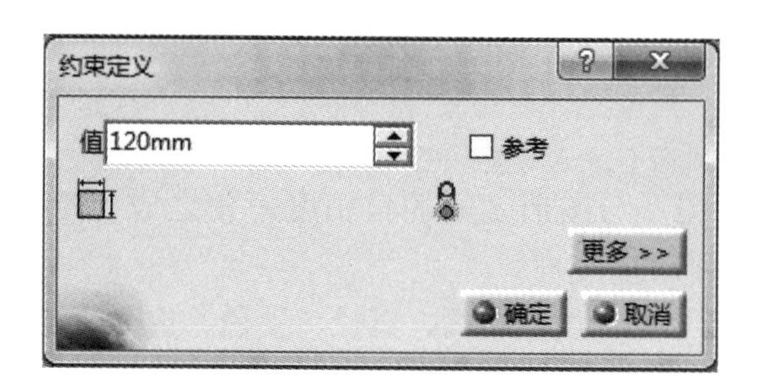

图 2-236　约束值

2．创建几何约束

1）水平：令直线与坐标的 H 轴平行。选择直线，然后单击工具栏中的【对话框中定义的约束】按钮，选择【水平】选项，如图 2-237 所示。

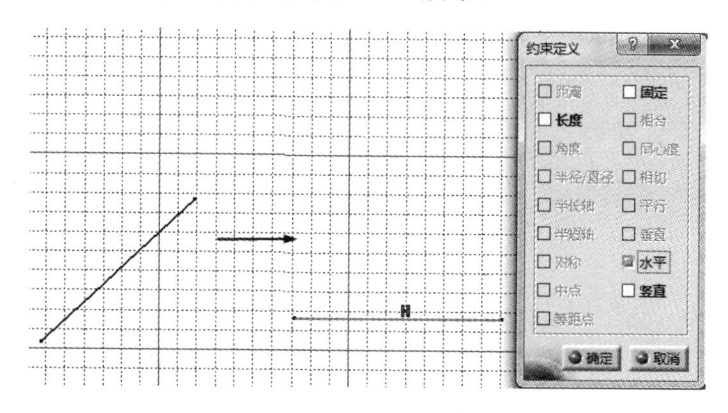

图 2-237　水平约束

2）竖直：令直线与坐标轴的 V 轴平行。选择直线，然后单击工具栏中的【对话框中定义的约束】按钮，选择【竖直】选项，如图 2-238 所示。

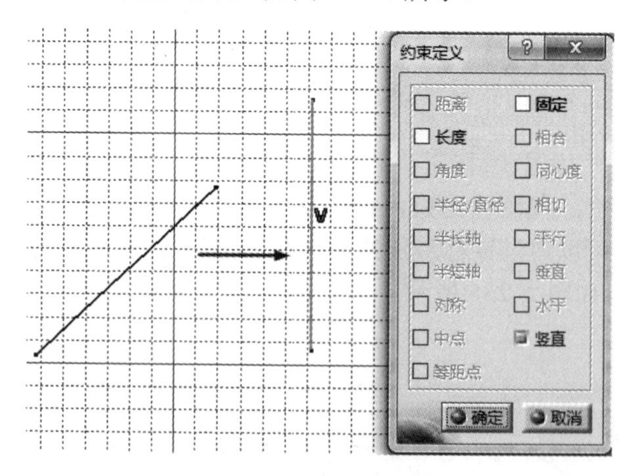

图 2-238　竖直约束

3）固定：令图形的尺寸和位置固定，使之自由度为 0。选择图形，然后单击工具栏中的【对话框中定义的约束】按钮，选择【固定】选项，如图 2-239 所示。

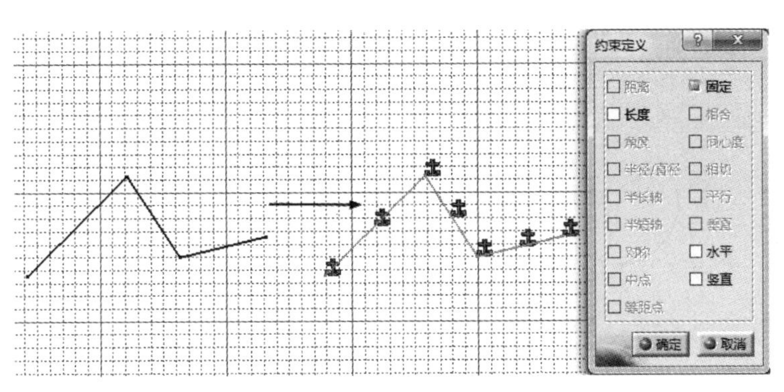

图 2-239　固定约束

4）相合：令选定的两个图形重合。两个图形的组合可以是点和线、直线和直线、曲线和曲线、点和曲线的延长线。选择两个图形，然后单击工具栏中的【对话框中定义的约束】按钮，选择【相合】选项。如图 2-240 所示。

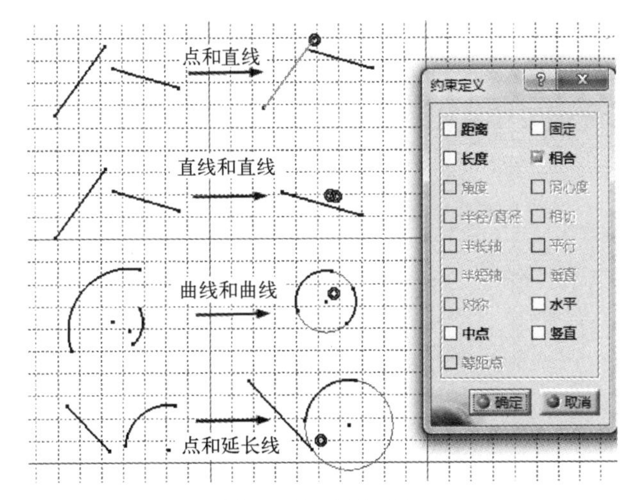

图 2-240　相合约束

5）同心度：令两个圆弧或圆的圆心重合。选择两个图形，然后单击工具栏中的【对话框中定义的约束】按钮，选择【同心度】选项。如图 2-241 所示。

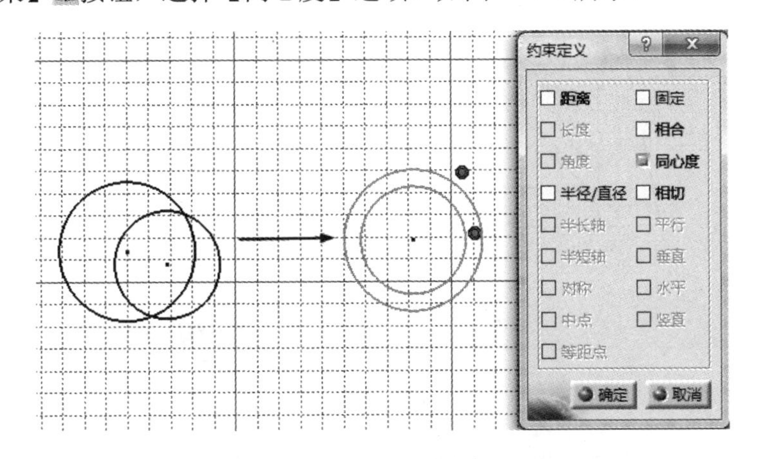

图 2-241　同心约束

6）相切：使两条选定的曲线相切，如图 2-242 所示。

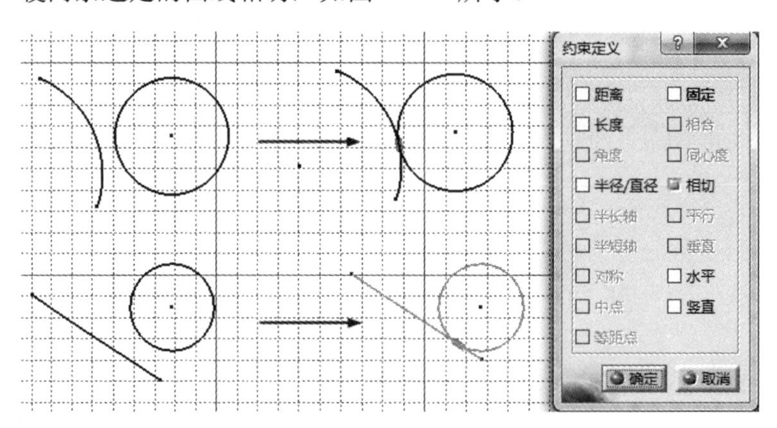

图 2-242　相切约束

7）平行：令两条选定的直线平行。如图 2-243 所示。

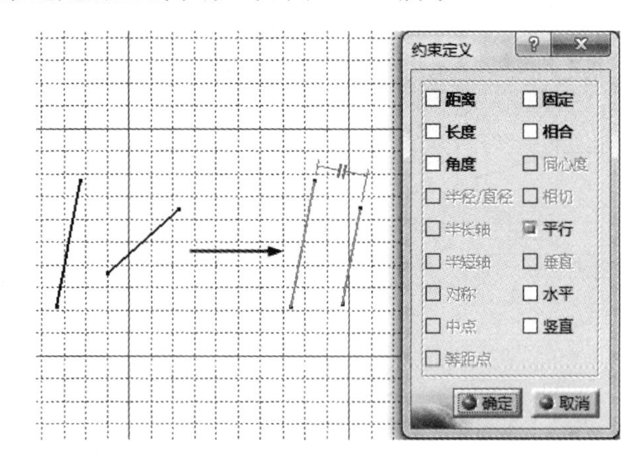

图 2-243　平行约束

8）垂直：令两条选定的直线互相垂直。如图 2-244 所示。

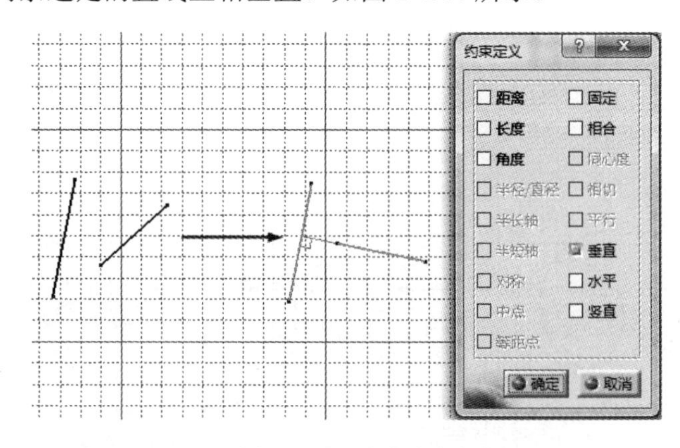

图 2-244　垂直约束

3．接触约束：该命令可以根据所选图形的具体情况自动对图形进行相合、相切、同心度等约束。单击工具栏中的【接触约束】按钮，然后依次选择两个目标图形，完成该命令，两图形将自动生成约束。如图 2-245 所示。

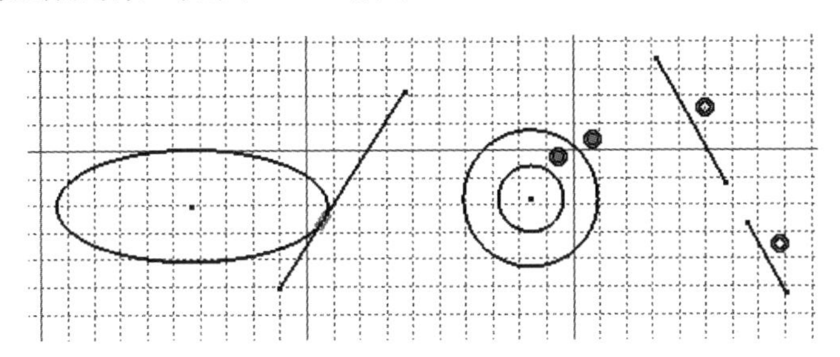

图 2-245　接触约束

4．固联：令多个图形间的相互位置不再发生改变。单击工具栏中的【固联】按钮，然后选择需要固联的图形，单击【确定】按钮。图形中会生成一个回形针般的约束符号，这些图形的相互位置将不会发生改变。如图 2-246 所示。

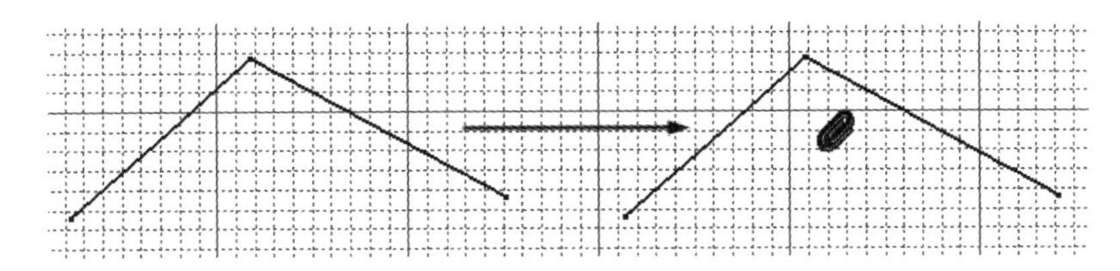

图 2-246　固联

5．自动约束：该命令会根据用户选择的图形和条件，自动生成相应的约束。单击工具栏中的【自动约束】按钮，然后选择需要约束的图形，再根据需要选择参考元素和对称线，单击【确定】按钮，将自动生成约束，如图 2-247 所示。

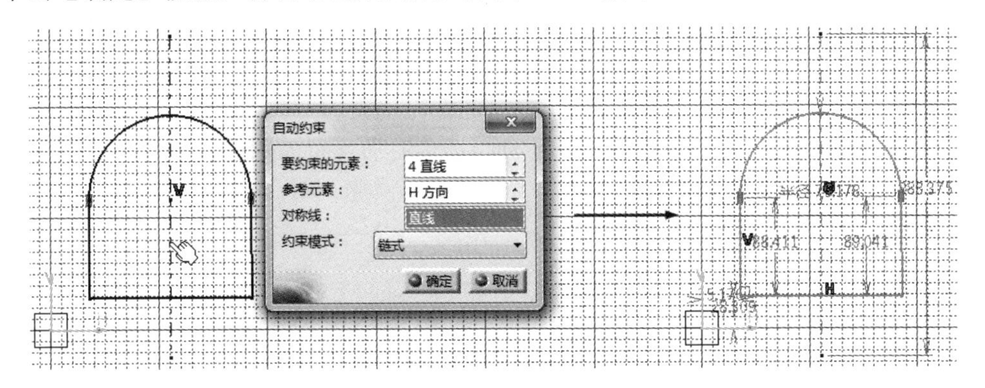

图 2-247　自动约束

2.9.3　约束的编辑和修改

1．对于如长度、距离、直径等尺寸约束，可以通过双击鼠标进行约束，在弹出的对话框中输入需要的值，重新对图形进行约束，如图 2-248 所示。对于如圆弧、椭圆等可以在对话框中选择半径约束或是直径约束，如图 2-249 所示。

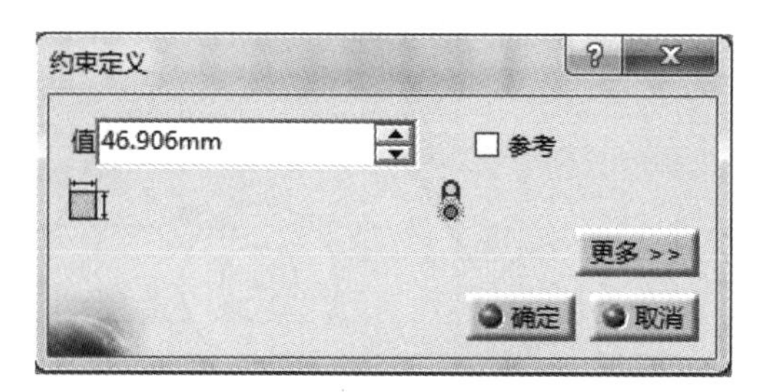

图 2-248　约束定义

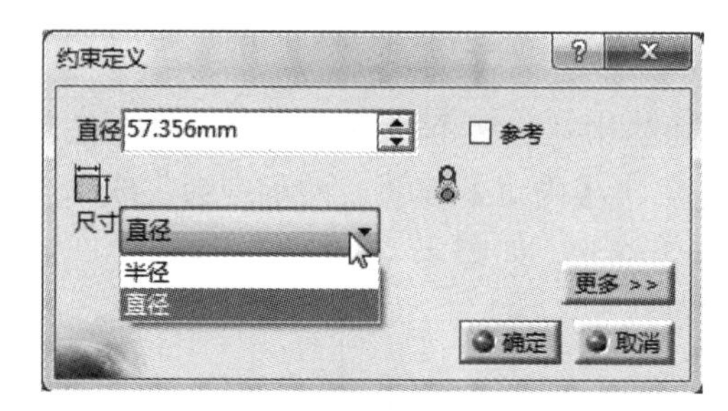

图 2-249　约束类型

2．对于如相合、平行、同心等几何约束，只需要选择原来的约束符号然后删除，再重新定义两图形的约束即可。

2.10　要点▪应用

本章将通过三个简单的综合实例，应用上述各节中的知识点。

2.10.1　应用 1——隔板

【思路分析】

隔板主要由类椭圆的外框和圆弧组成，如图 2-250 所示。绘制的时候可以先绘制外边的类椭圆外框，然后绘制出圆弧，同时对图形进行修剪。步骤如图 2-251、图 2-252 和图 2-253 所示。

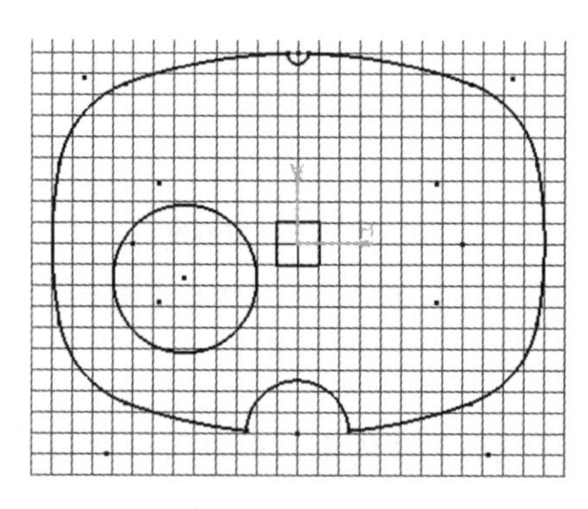

图 2-250　隔板

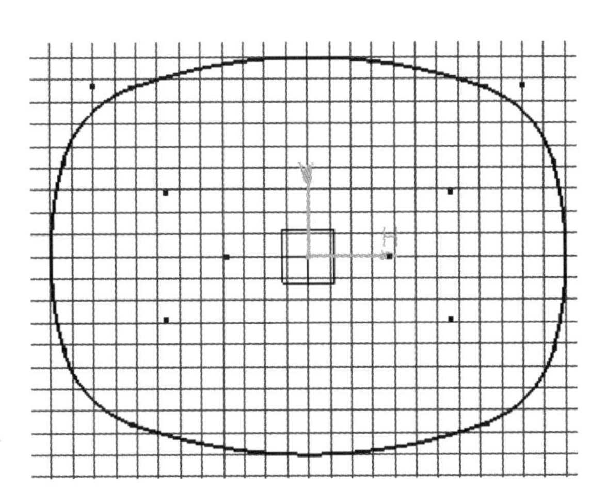

图 2-251　绘制外框

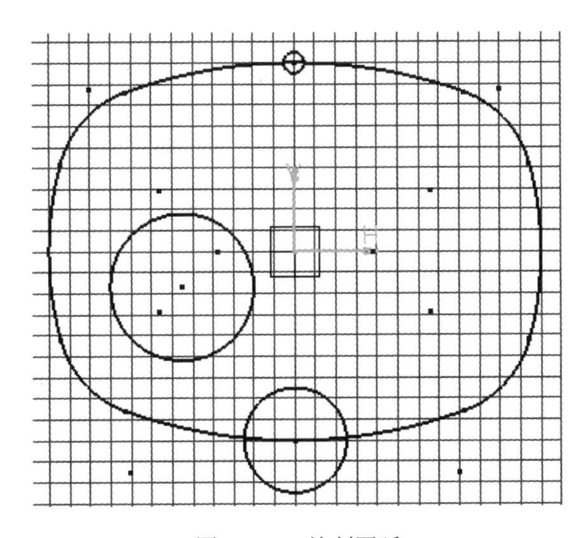

图 2-252　绘制圆弧

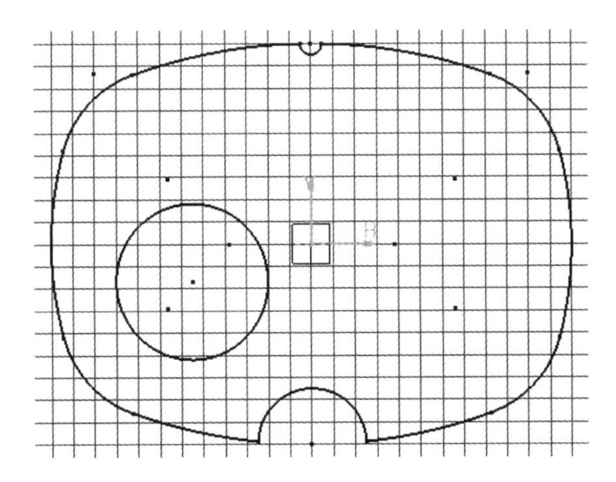

图 2-253　修剪图形

【光盘文件】

——参见附带光盘中的“**END\Ch2\2-10-1.CATPart**”文件。

——参见附带光盘中的“**AVI\Ch2\2-10-1.avi**”文件。

【操作步骤】

[1]. 从菜单栏中选择【开始】→【机械设计】→【草图编辑器】，如图 2-254 所示。

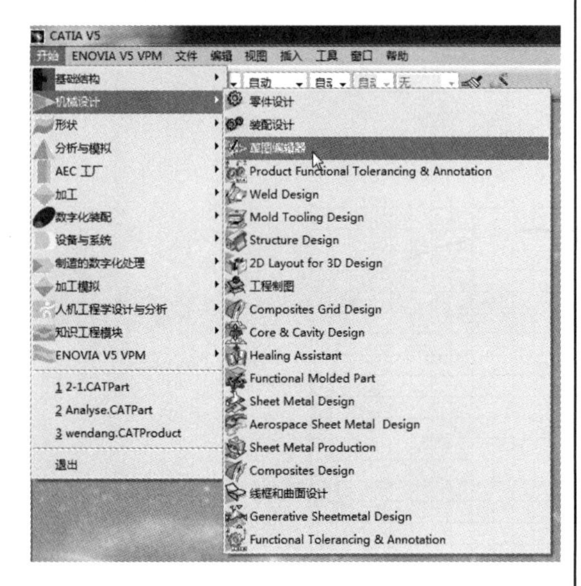

图 2-254 新建草图

[2]. 输入新建草图文件的文件名“2-10-1”，如图 2-255 所示。

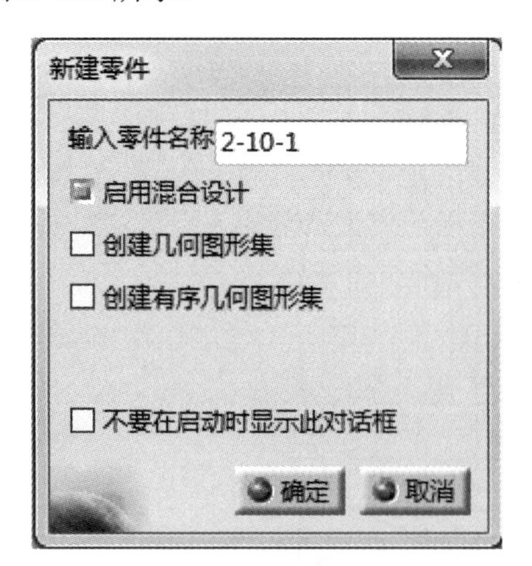

图 2-255 新建文件命名

[3]. 选择【yz 平面】，进入草图设计环境，如图 2-256 所示。

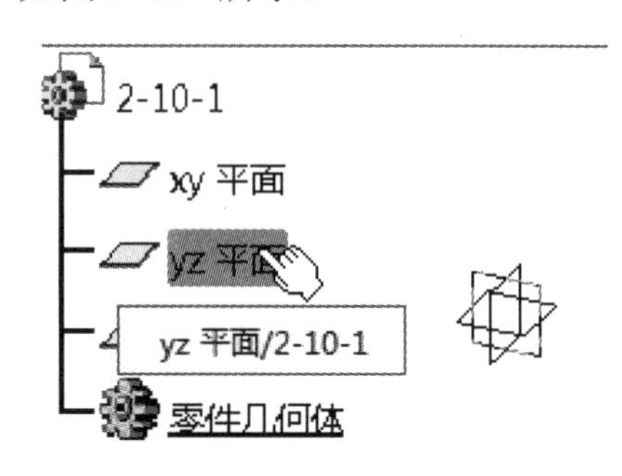

图 2-256 选择参考平面

[4]. 单击【圆弧】按钮，使圆心落在 V 轴上，绘制一个圆弧，如图 2-257 所示。

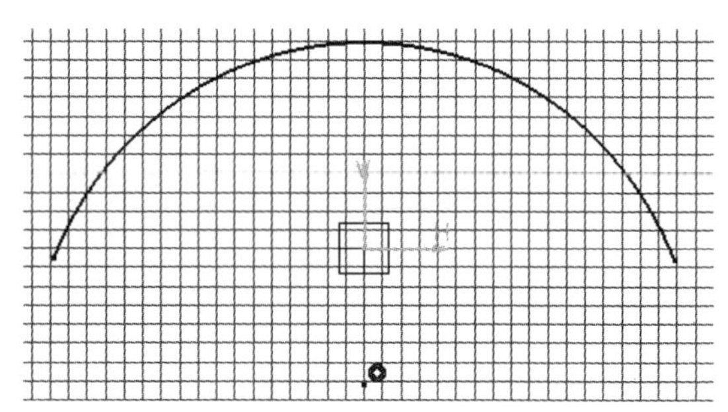

图 2-257 绘制圆弧

[5]. 单击【约束】按钮，然后选择圆弧，对圆的半径进行约束。再鼠标左键双击约束对直径修改，输入 2500，单击【确认】按钮。如图 2-258 所示。

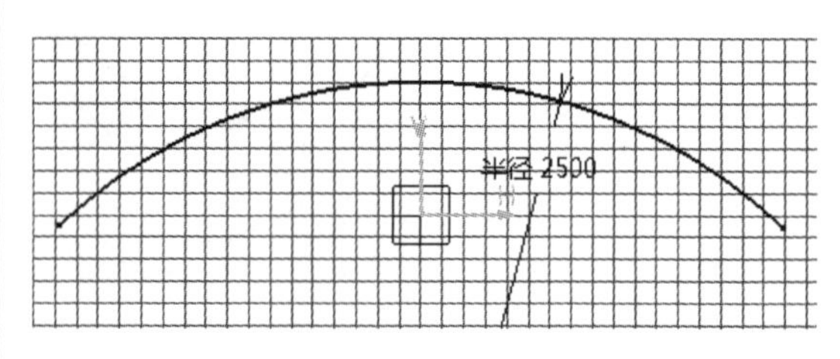

图 2-258 约束半径

[6]. 重复步骤[4]、[5]，在 H 轴下方绘制另外一条半径 2500mm 的圆弧，如图 2-259 所示。

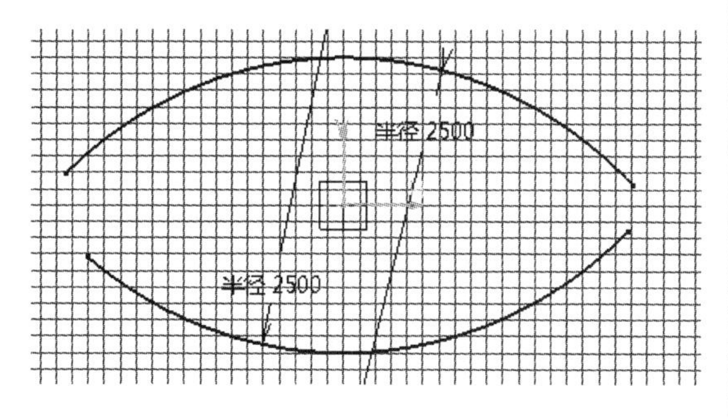

图 2-259　绘制圆弧

[7]. 单击【约束】按钮，选择下圆弧与 H 轴，对它们进行距离约束，距离为 900mm，如图 2-260 所示。

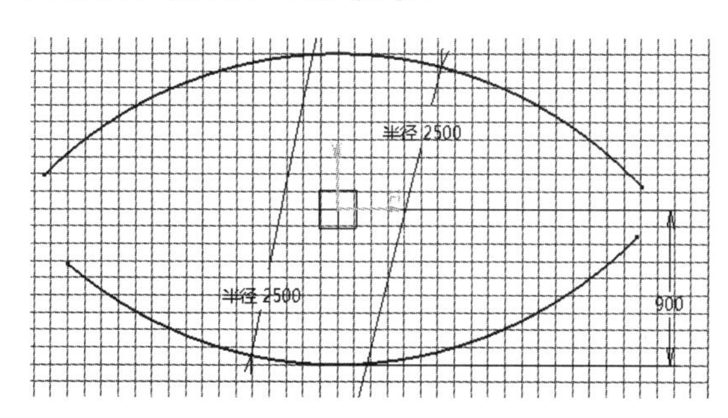

图 2-260　距离约束

[8]. 单击【约束】按钮，选择上圆弧和下圆弧，对它们进行距离约束，距离为 1800mm，如图 2-261 所示。

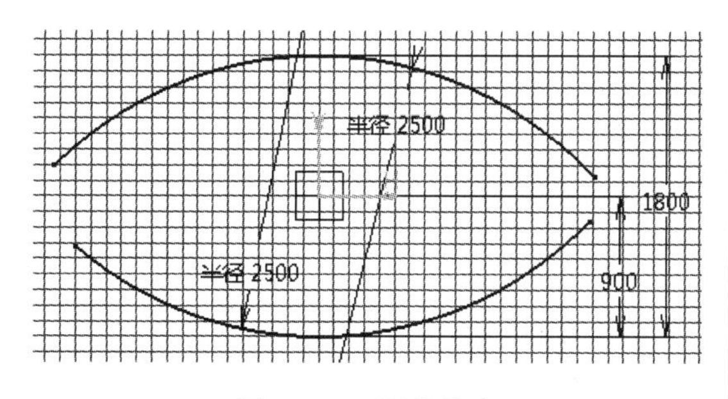

图 2-261　距离约束

[9]. 单击【圆弧】按钮，使圆心落在 H 轴上，绘制一个圆弧，如图 2-262 所示。

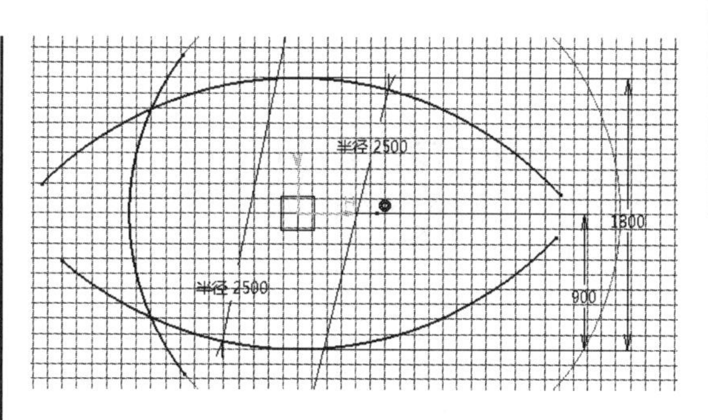

图 2-262　绘制圆弧

[10]. 单击【镜像】按钮，选择左边圆弧为目标曲线，选择 V 轴为对称轴，如图 2-263 所示。

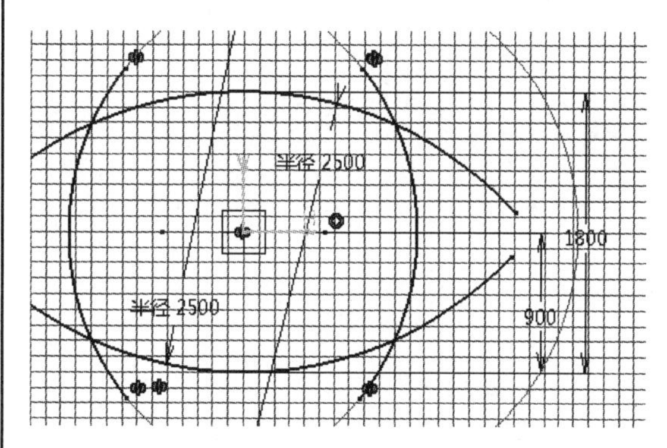

图 2-263　镜像

[11]. 单击【约束】按钮，选择左圆弧和右圆弧，对它们进行距离约束，距离为 2400mm，如图 2-264 所示。

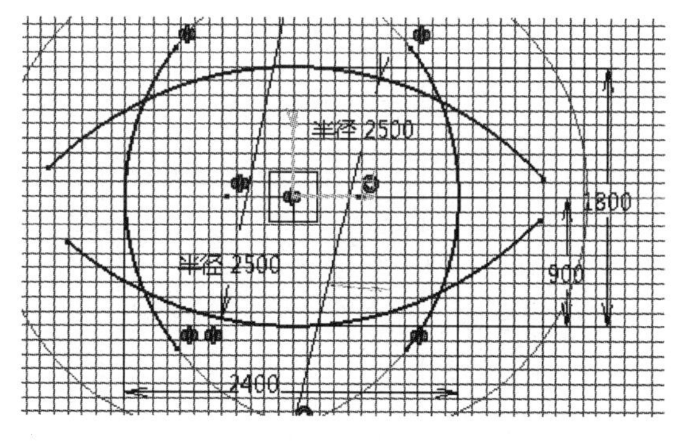

图 2-264　距离约束

[12]. 单击【约束】按钮，对左圆弧和右圆弧进行半径约束，半径为 2400mm。由于左圆弧与右圆弧为对称关系，因此只需要约束

一条圆弧的半径即可，如图 2-265 所示。

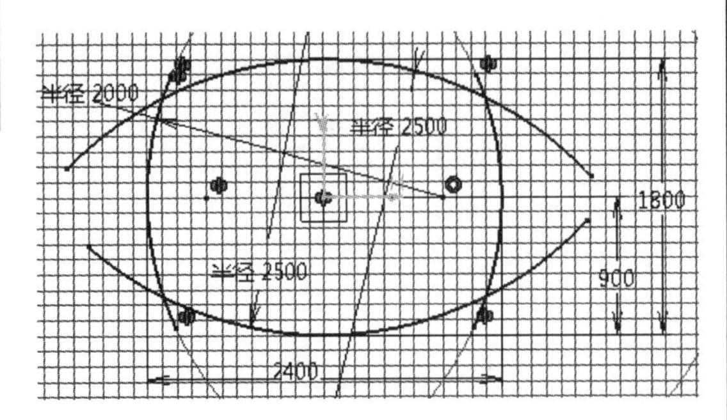

图 2-265　半径约束

[13]. 单击【快速修剪】按钮，将多余的线段进行修剪，如图 2-266 所示。

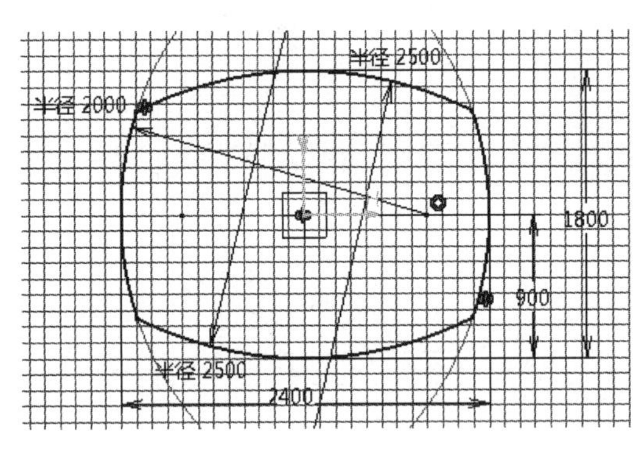

图 2-266　快速修剪

[14]. 单击【圆角】按钮，对轮廓的四个锐角进行倒圆角处理，圆角半径为 500mm，如图 2-267 所示。

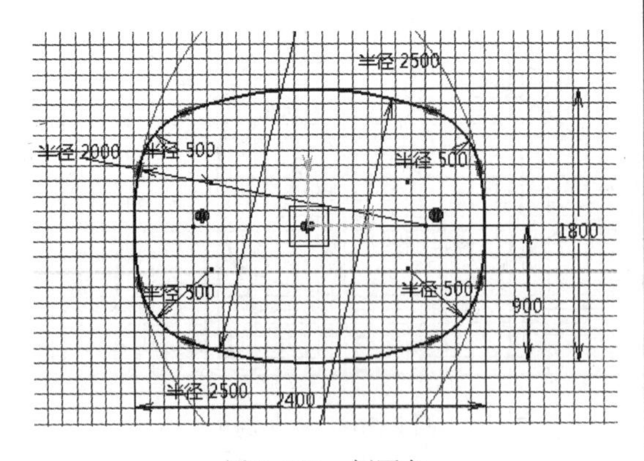

图 2-267　倒圆角

[15]. 单击【圆】按钮，在外轮廓内绘制一个直径 700mm 的圆，如图 2-268 所示。

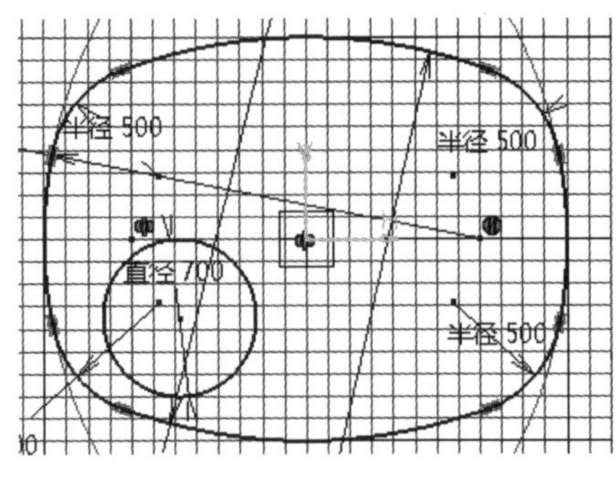

图 2-268　绘制圆

[16]. 单击【约束】按钮，将圆心和 V 轴的距离约束为 550mm，如图 2-269 所示。

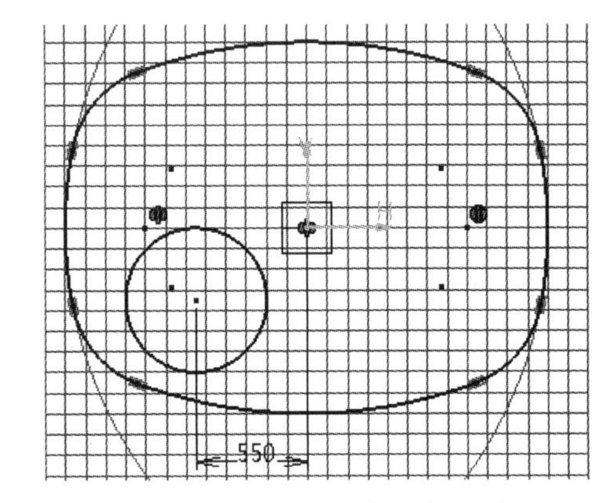

图 2-269　距离约束

[17]. 单击【约束】按钮，对圆心和下圆弧的距离约束为 730mm，如图 2-270 所示。

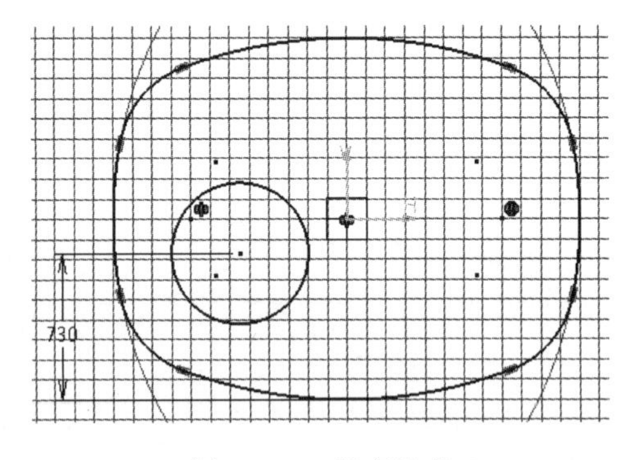

图 2-270　距离约束

[18]. 单击【圆】按钮，以上圆弧和 V 轴的交点为圆心，绘制一个直径 100mm 的圆；以下圆弧与 V 轴的交点为圆心，绘制一个直径 500mm 的圆，如图 2-271 所示。

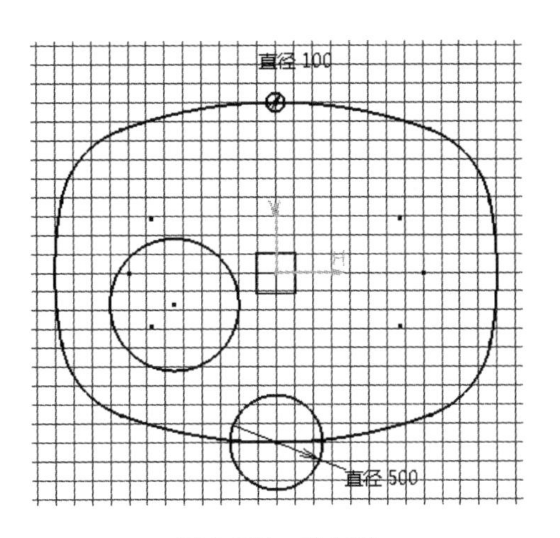

图 2-271　绘制圆

[19]. 单击【快速修剪】按钮，将多余的线段进行修剪，如图 2-272 和图 2-273 所示。

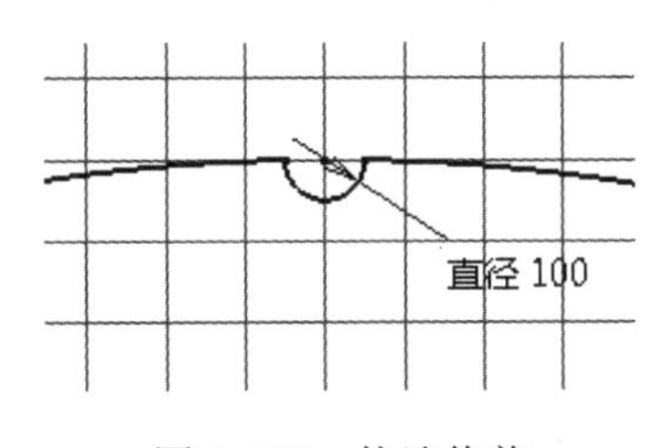

图 2-272　快速修剪

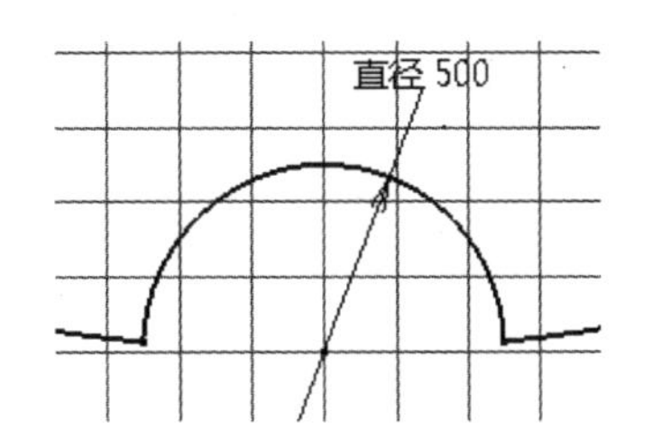

图 2-273　快速修剪

[20]. 单击【退出工作台】按钮，退出草图编辑环境，完成草图设计。然后可以观察到二维草图在三维视图中的状态，如图 2-274 所示。

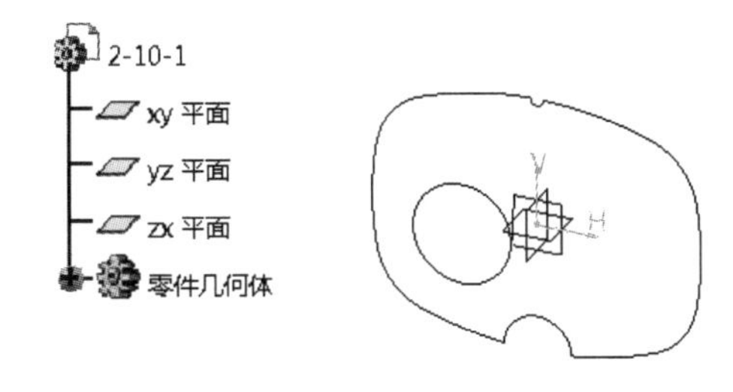

图 2-274　三维视图中的草图

2.10.2　应用 2——弧形板

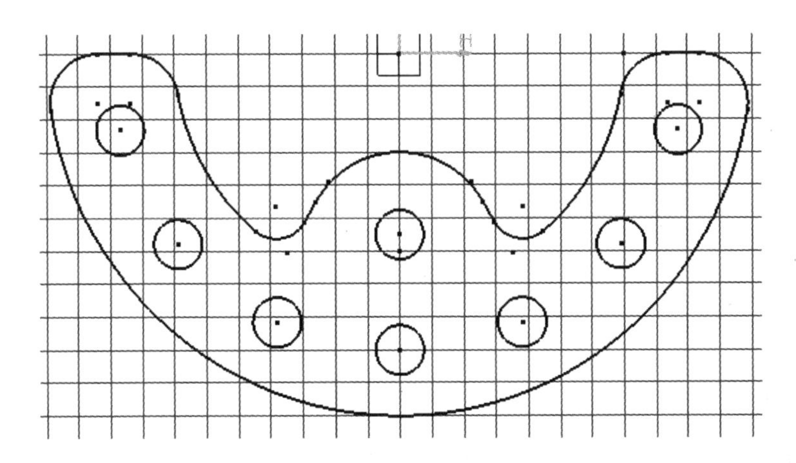

图 2-275　弧形板

【思路分析】

弧形板主要由圆弧外框和内部呈阵列形式的圆组成，如图 2-275 所示。绘制的时候可以先绘制外边的圆弧外框，然后做出内部的圆。步骤如图 2-276、图 2-277 和图 2-278 所示。

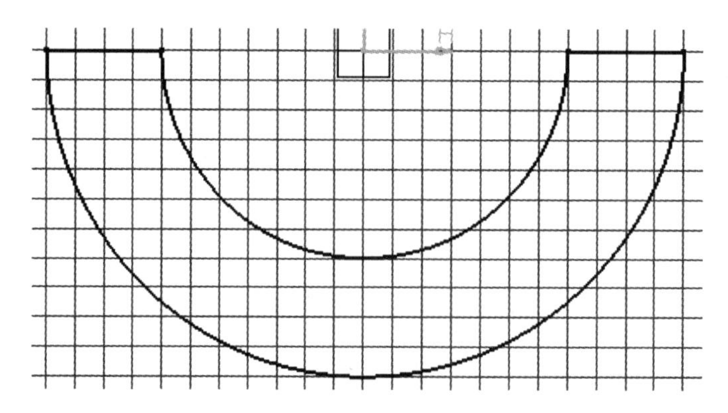

图 2-276　绘制外框

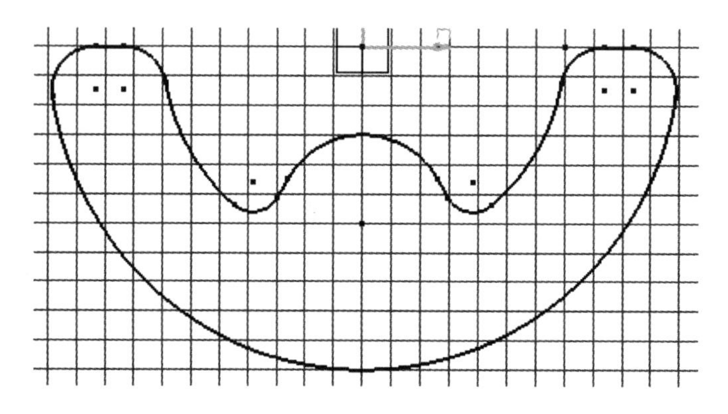

图 2-277　绘制圆弧

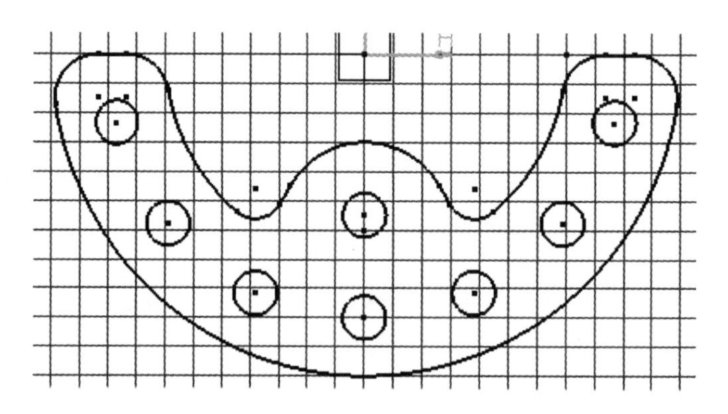

图 2-278　绘制内部圆及修剪图形

【光盘文件】

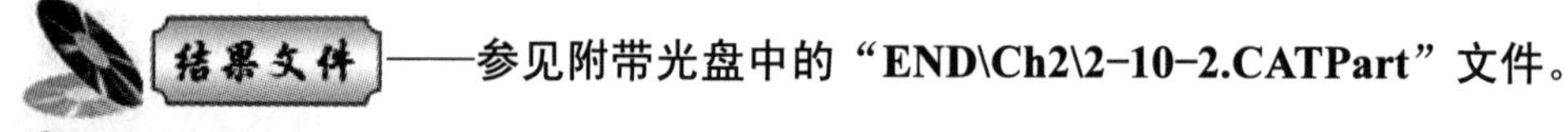

——参见附带光盘中的“**END\Ch2\2-10-2.CATPart**”文件。

动画演示——参见附带光盘中的“**AVI\Ch2\2-10-2.avi**”文件。

【操作步骤】

[1]. 从菜单栏中选择【开始】→【机械设计】→【草图编辑器】，如图 2-279 所示。

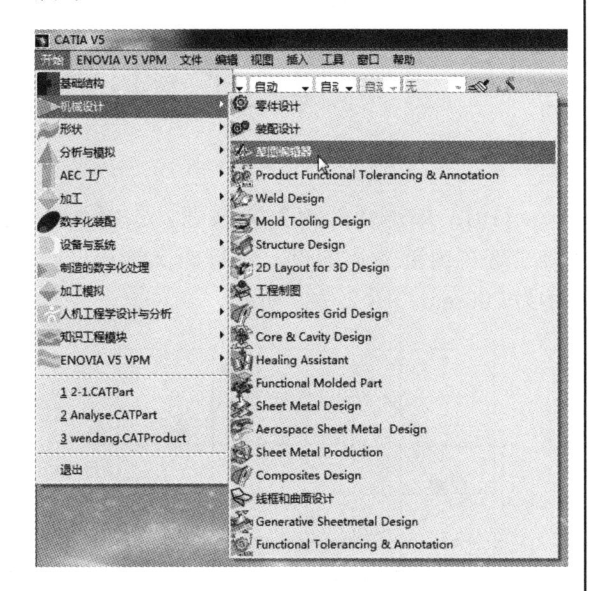

图 2-279　新建草图

[2]. 输入新建草图文件的文件名“2-10-2”，如图 2-280 所示。

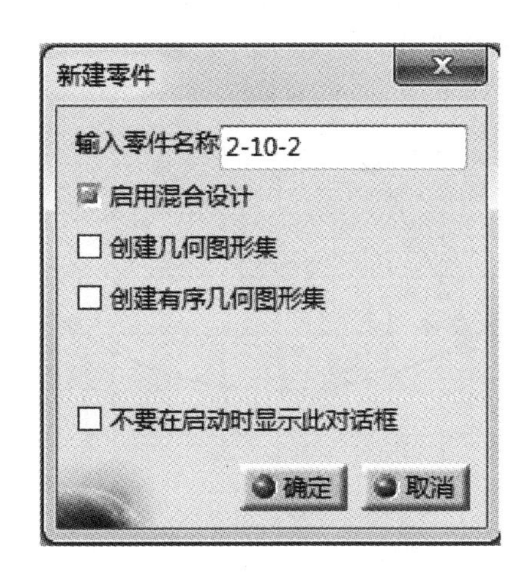

图 2-280　新建文件命名

[3]. 选择【yz 平面】，进入草图设计环境，如图 2-281 所示。

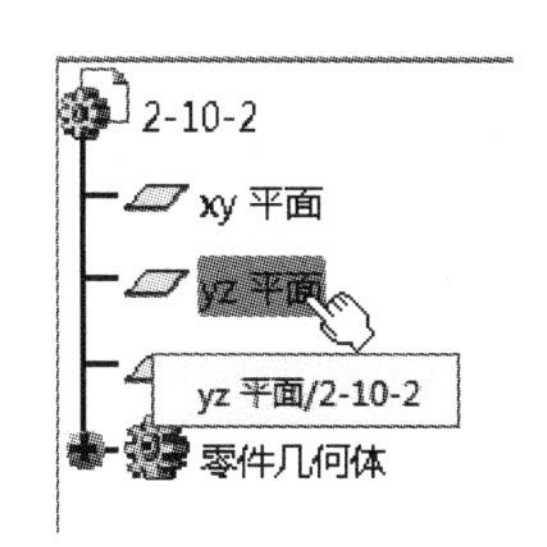

图 2-281　选择参考平面

[4]. 单击【圆弧】按钮，以默认坐标原点为圆心，绘制一个半径 1100mm 的圆弧，如图 2-282 所示。

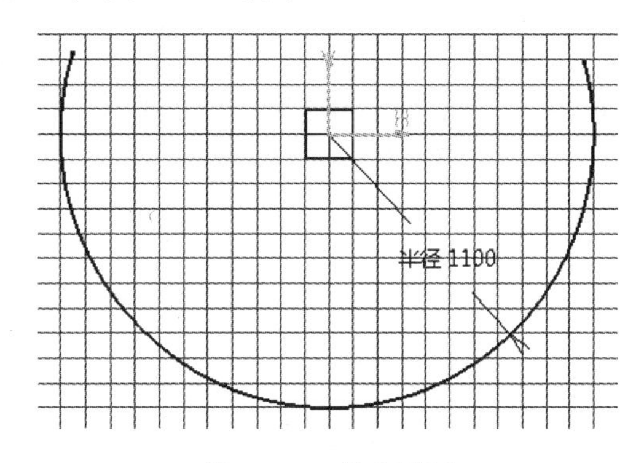

图 2-282　绘制圆弧

[5]. 单击【偏移】按钮，以半径 1100mm 的圆弧为目标曲线，向内偏移 400mm，如图 2-283 所示。

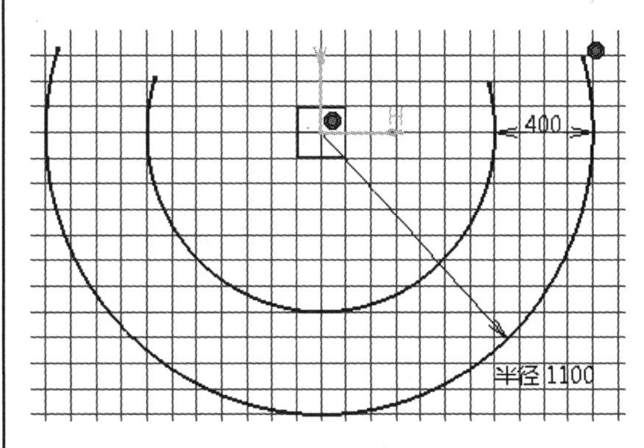

图 2-283　偏移曲线

[6]. 单击【直线】按钮，绘制一条与 H 轴相合的直线，如图 2-284 所示。

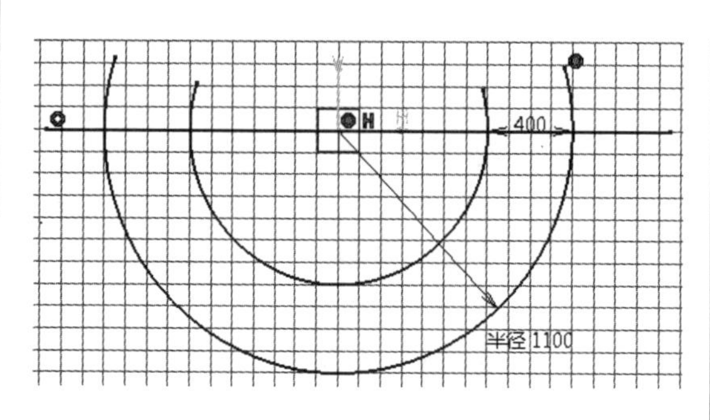

图 2-284　绘制直线

[7]．单击【快速修剪】按钮，将多余的线段进行修剪，如图 2-285 所示。

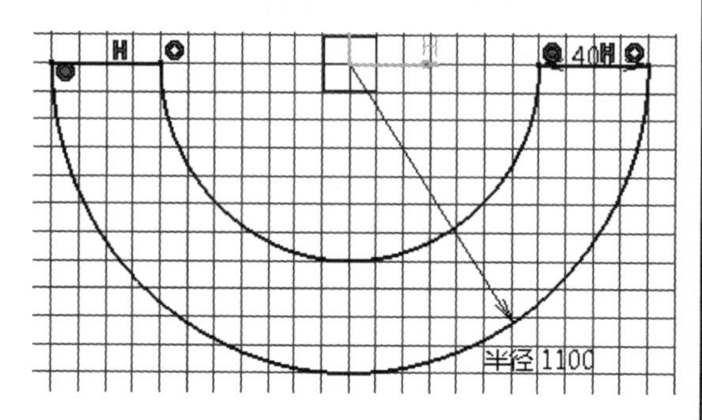

图 2-285　快速修剪

[8]．单击【直线】按钮，绘制一条任意的直线，直线的起点需落在内圆弧上，如图 2-286 所示。

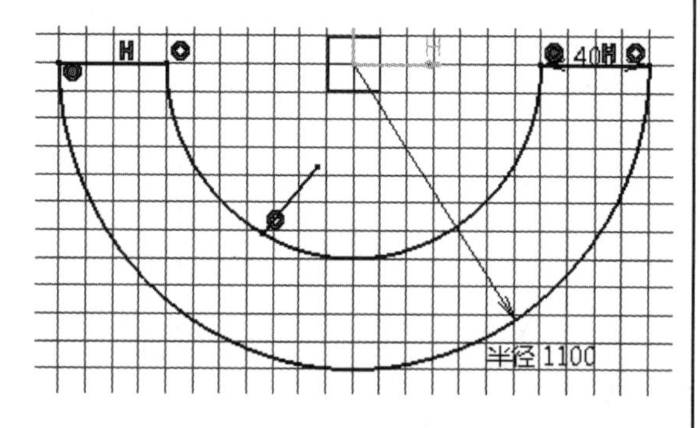

图 2-286　绘制直线

[9]．单击【镜像】按钮，以步骤[8]绘制的直线为目标曲线，以 V 轴为对称轴，如图 2-287 所示。

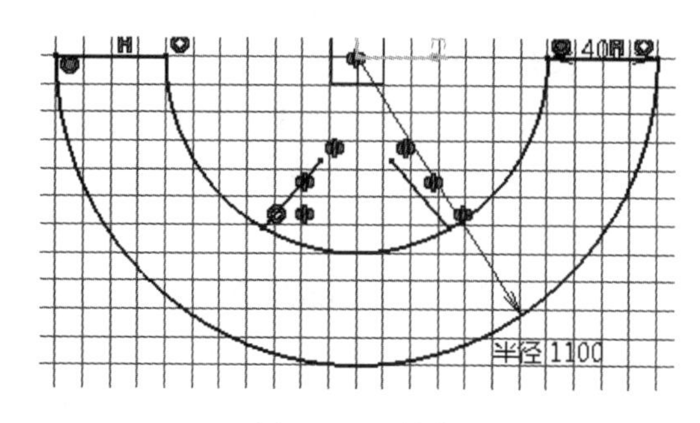

图 2-287　镜像

[10]．单击【约束】按钮，选择两条斜线落在内圆弧上的点，进行距离约束，距离为 700mm，图 2-288 所示。

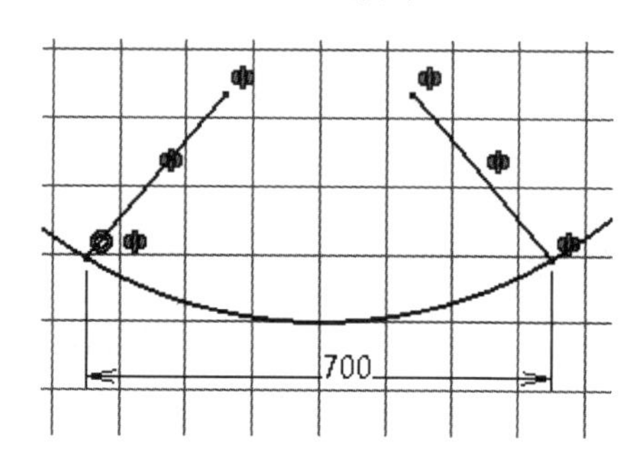

图 2-288　距离约束

[11]．单击【约束】按钮，对两条斜线进行角度约束，角度约束为 60°，如图 2-289 所示。

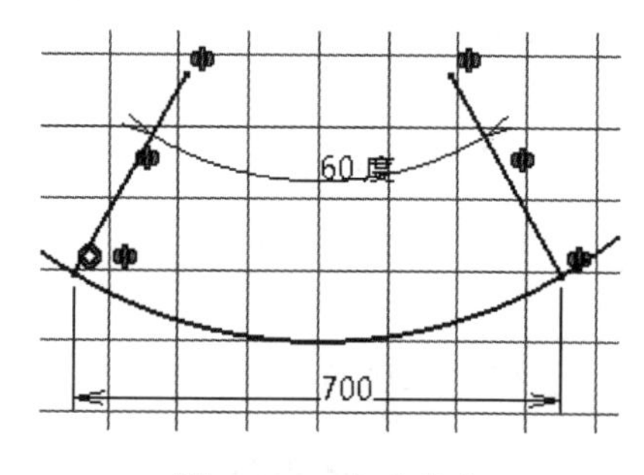

图 2-289　角度约束

[12]．单击【圆角】按钮，选择夹角呈 60°的两条直线，绘制一个半径 300mm 的圆角，如图 2-290 所示。

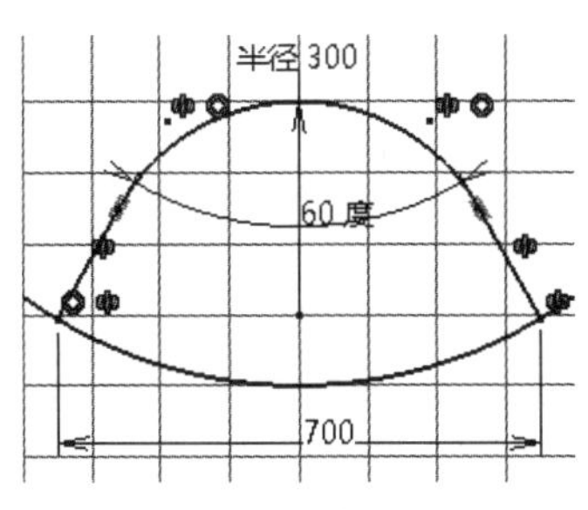

图 2-290　倒圆角

[13]. 单击【快速修剪】按钮，将多余的线段进行修剪，如图 2-291 所示。

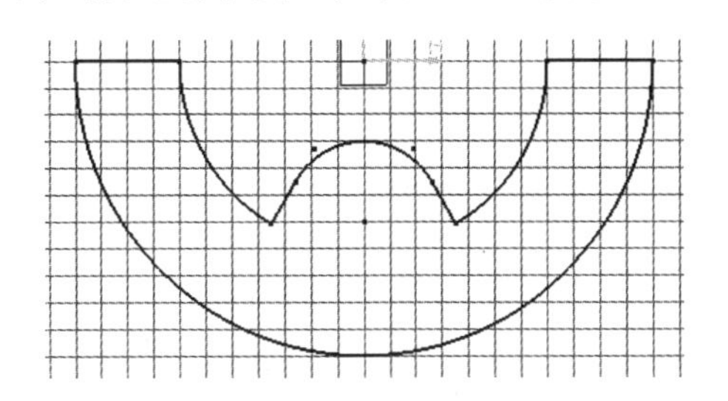

图 2-291　快速修剪

[14]. 单击【圆角】按钮，对轮廓的六个锐角进行倒圆角处理，圆角半径如图 2-292 和图 2-293 所示。

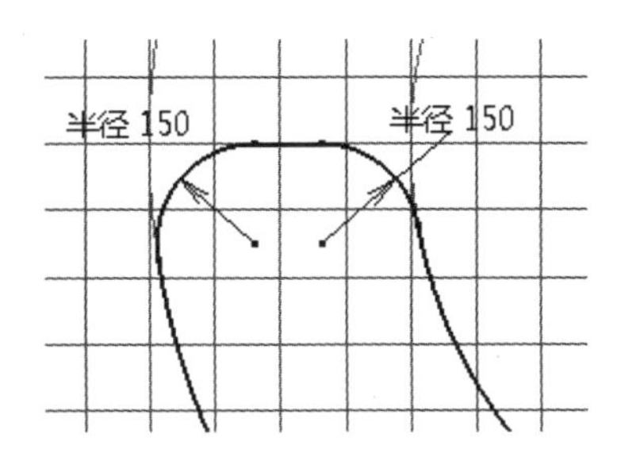

图 2-292　倒圆角

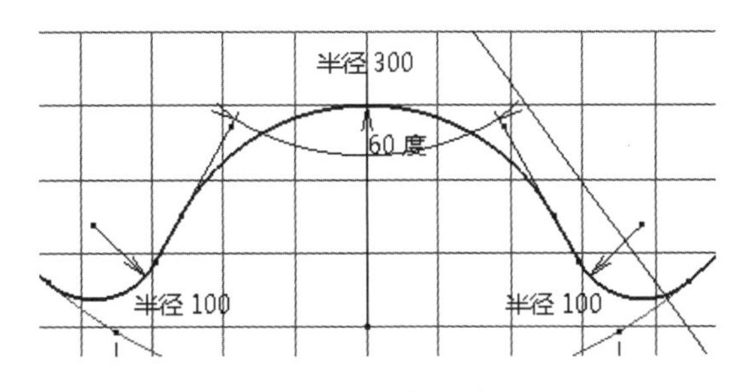

图 2-293　倒圆角

[15]. 单击【圆】按钮，在轮廓内绘制一个直径 150mm 的圆，并使圆心落在 V 轴上，如图 2-294 所示。

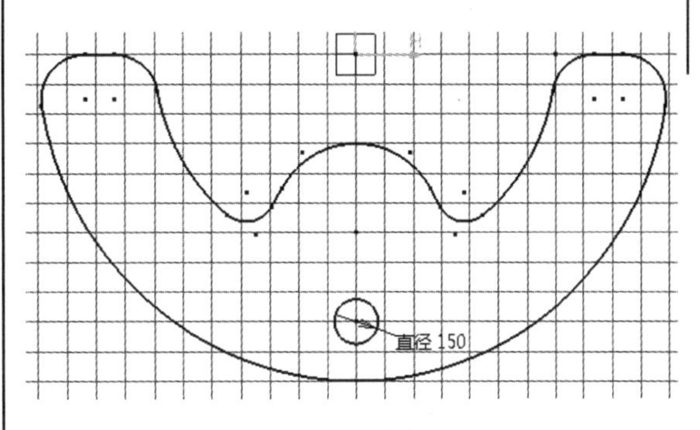

图 2-294　绘制圆

[16]. 单击【约束】按钮，将直径 150mm 圆的圆心和 H 轴的距离约束为 900mm，如图 2-295 所示。

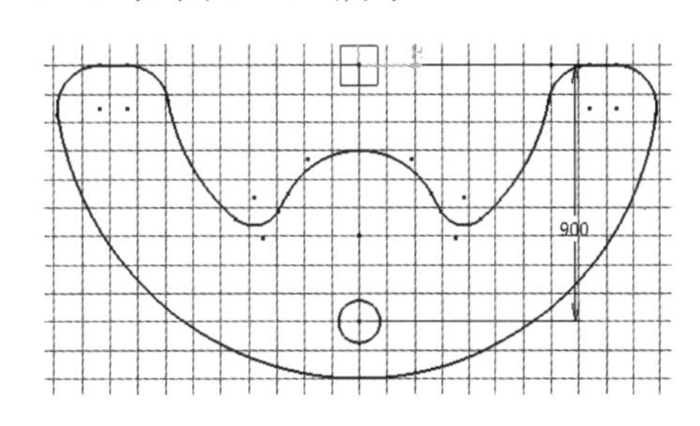

图 2-295　距离约束

[17]. 单击【旋转】按钮，以直径 150mm 的圆为目标曲线，以坐标原点为旋转中心，对圆进行复制旋转，如图 2-296 和图 2-297 所示。

图 2-296　旋转定义

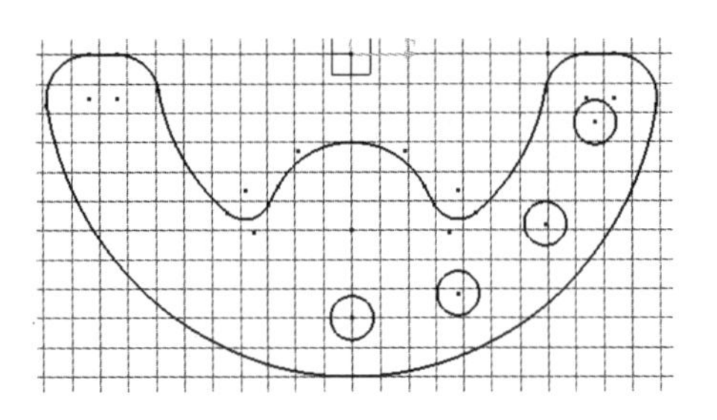

图 2-297　复制旋转效果

[18]．重复步骤[16]的操作，将旋转的角度值改为-25°，如图 2-298 所示。

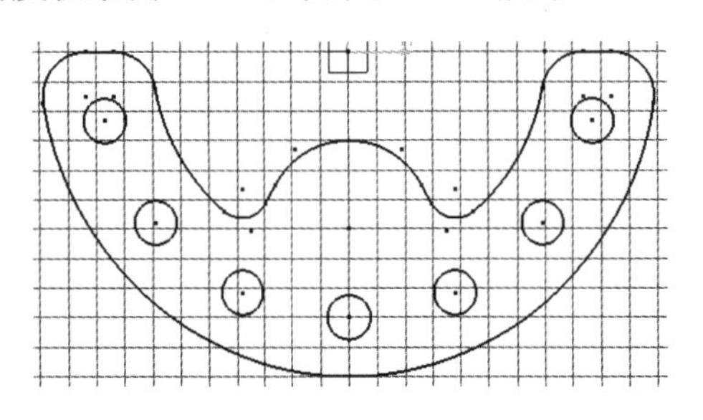

图 2-298　旋转

[19]．单击【圆】按钮，在轮廓内绘制一个直径 150mm 的圆，并使圆心落在 V 轴上，如图 2-299 所示。

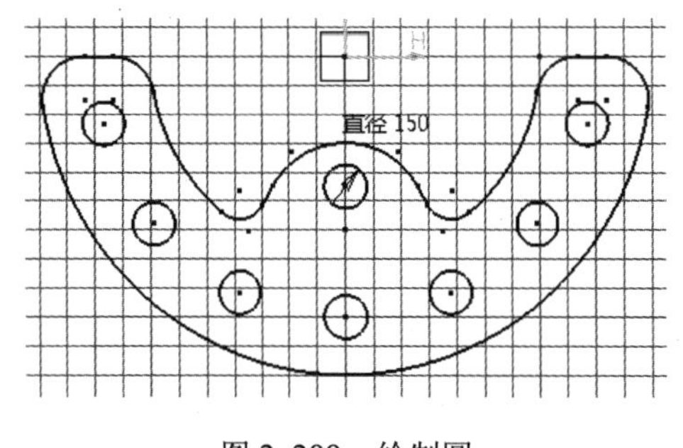

图 2-299　绘制圆

[20]．单击【约束】按钮，将圆心落在 V 轴上的两个圆的距离约束为 35mm，如图 2-300 所示。

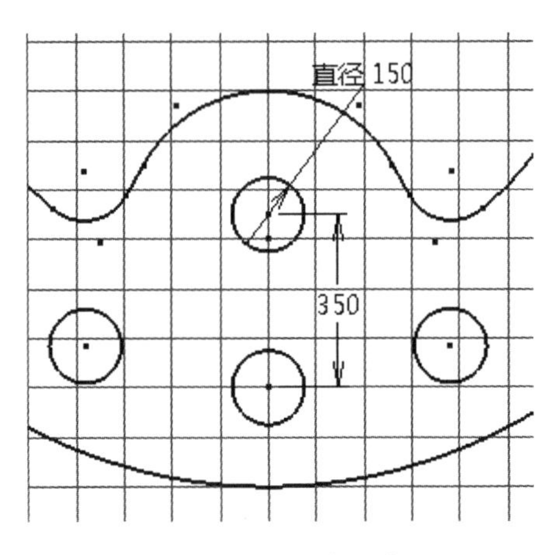

图 2-300　距离约束

[21]．单击【退出工作台】按钮，退出草图编辑环境，完成草图设计。然后可以观察到二维草图在三维视图中的状态，如图 2-301 所示。

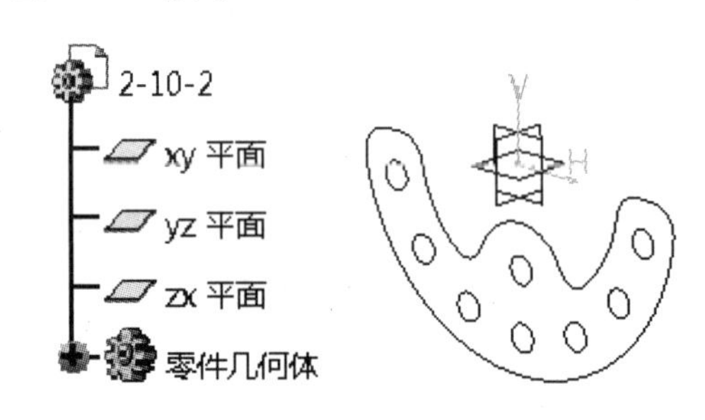

图 2-301　三维视图中的草图

2.10.3　应用 3——折弯钣金

【思路分析】

折弯钣金主要由两条相互平行的曲线组成，如图 2-302 所示。绘制时可以先绘制其中一条曲线，然后运动偏移命令绘制另一条平行曲线，最后进行连接。步骤如图 2-303 和图 2-304 所示。

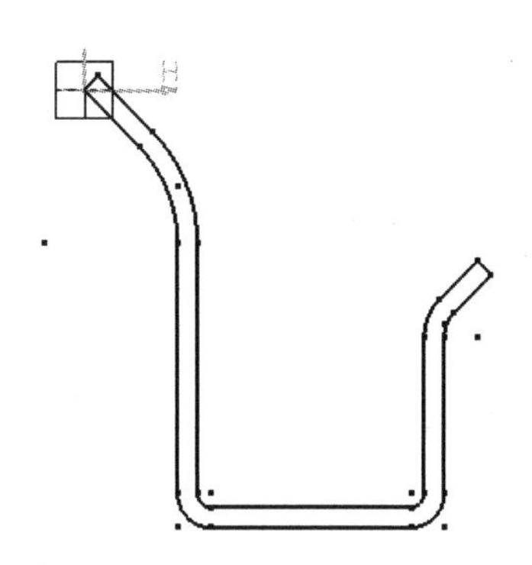

图 2-302　折弯钣金

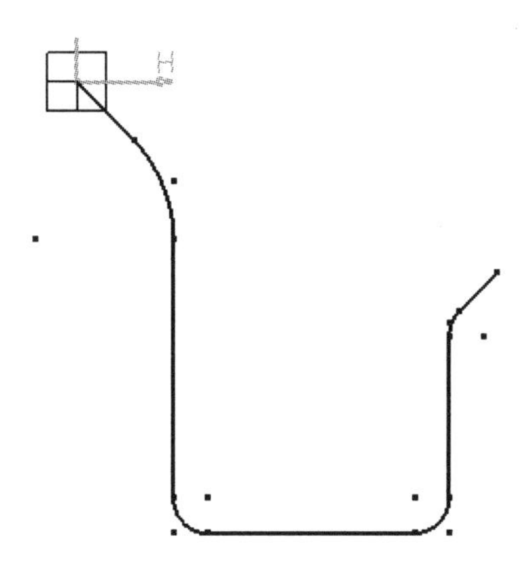

图 2-303　绘制曲线

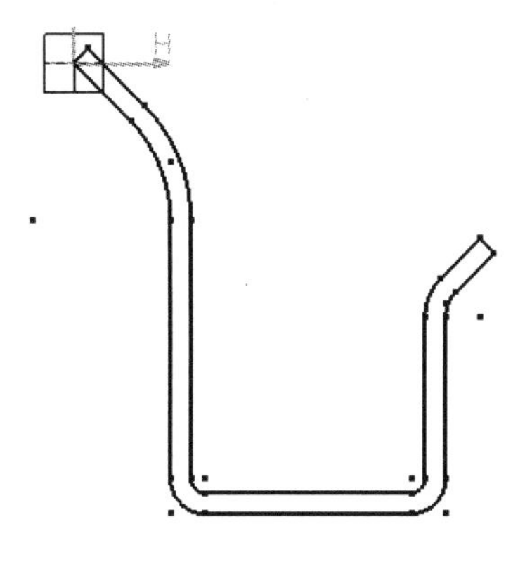

图 2-304　偏移曲线及连接

【光盘文件】

——参见附带光盘中的“**END\Ch2\2-10-3.CATPart**”文件。

——参见附带光盘中的“**AVI\Ch2\2-10-3.avi**”文件。

【操作步骤】

[1]．从菜单栏中选择【开始】→【机械设计】→【草图编辑器】，如图 2-305 所示。

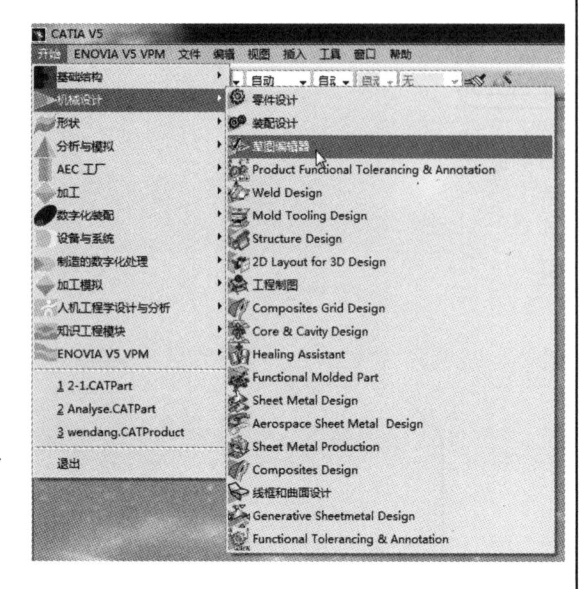

图 2-305　新建草图

[2]．输入新建草图文件的文件名“2-10-3”，如图 2-306 所示。

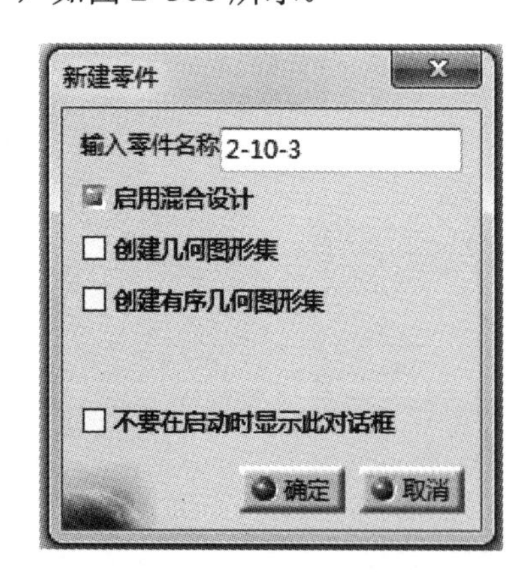

图 2-306　新建文件命名

[3]．选择【yz 平面】，进入草图设计环境，如图 2-307 所示。

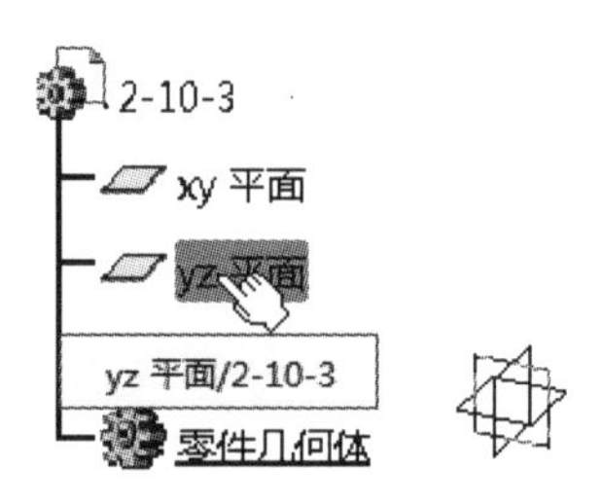

图 2-307　选择参考平面

[4]．单击【轮廓】按钮，以坐标原点为起点，绘制出大致轮廓，如图 2-308 所示。

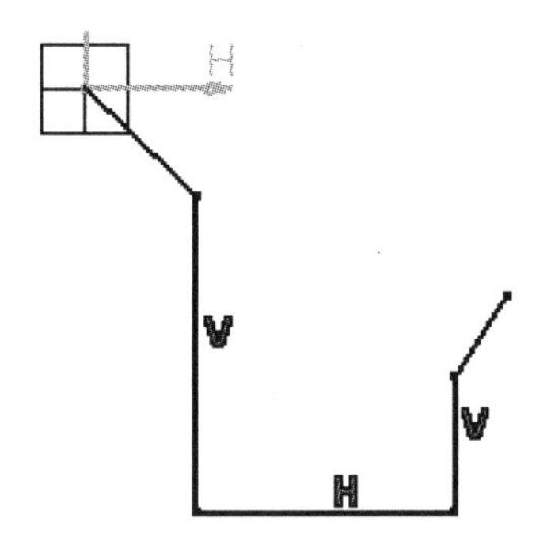

图 2-308　绘制大致轮廓

[5]．单击【约束】按钮，对轮廓的直线进行长度和角度约束，如图 2-309 所示。

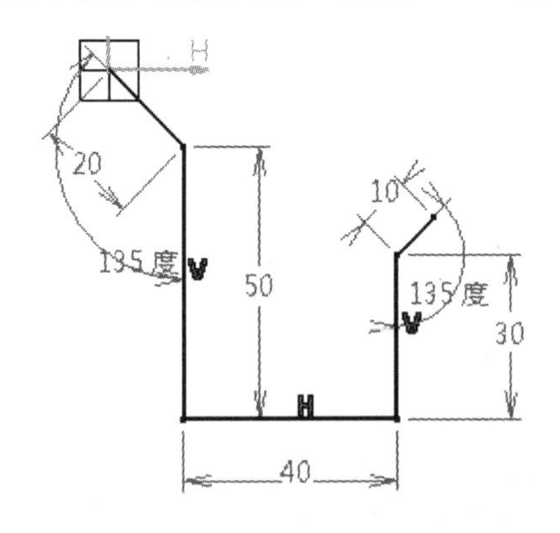

图 2-309　长度和角度约束

[6]．单击【圆角】按钮，对轮廓中的锐角进行倒圆角，如图 2-310 所示。

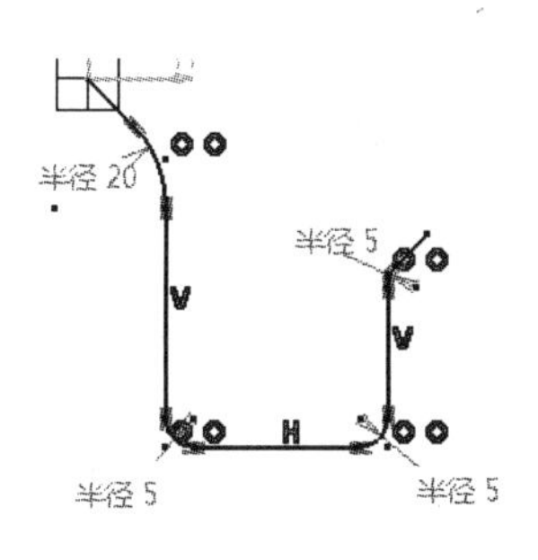

图 2-310　倒圆角

[7]. 单击【偏移】按钮，将所有线段朝内偏移 3mm，如图 2-311 所示。

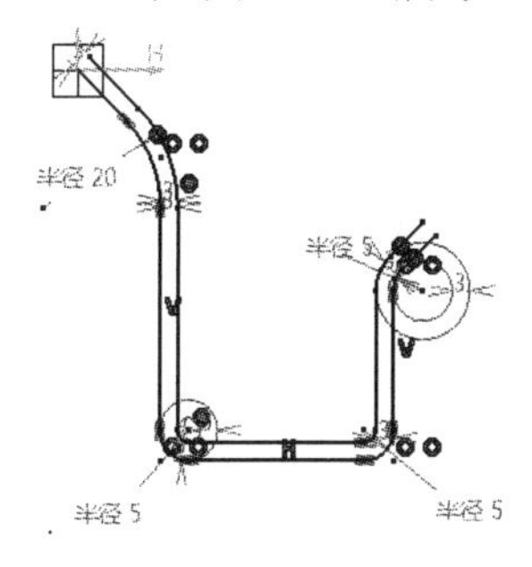

图 2-311　偏移

[8]. 单击【直线】按钮，将两个轮廓相连接，如图 2-312 所示。

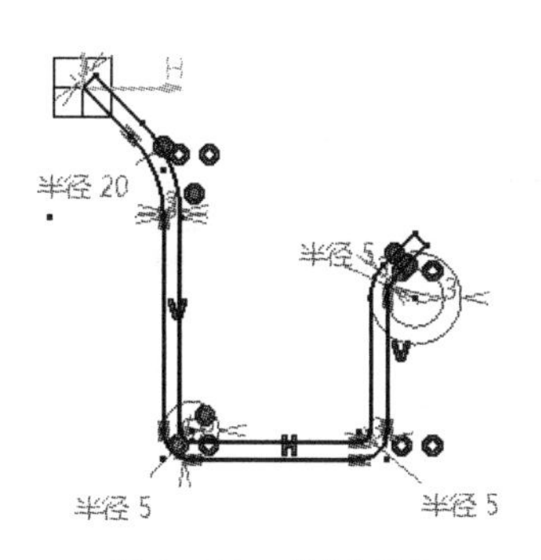

图 2-312　绘制直线

[9]. 单击【退出工作台】按钮，退出草图编辑环境，完成草图设计。然后可以观察到二维草图在三维视图中的状态，如图 2-313 所示。

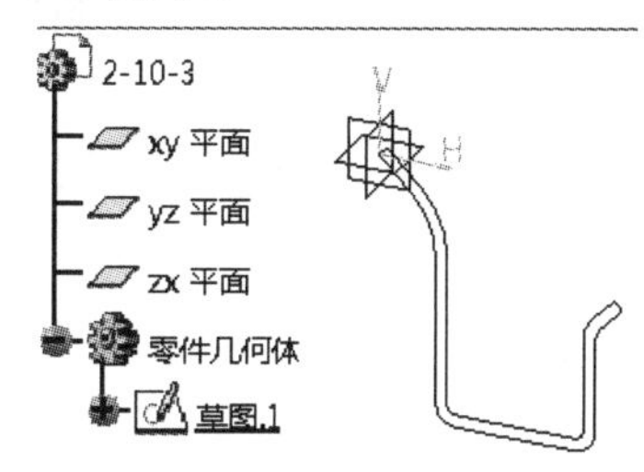

图 2-313　三维中的状态

2.11　能力▪提高

本节以三个个典型的案例，进一步深入演示草图设计的方法。

2.11.1　案例 1——棘轮

【思路分析】

棘轮主要由圆、矩形和圆周方向的折线组成，如图 2-314 所示。绘制时可以先绘制中间的简单图形，然后绘制外围的折线。步骤如图 2-315 和图 2-316 所示。

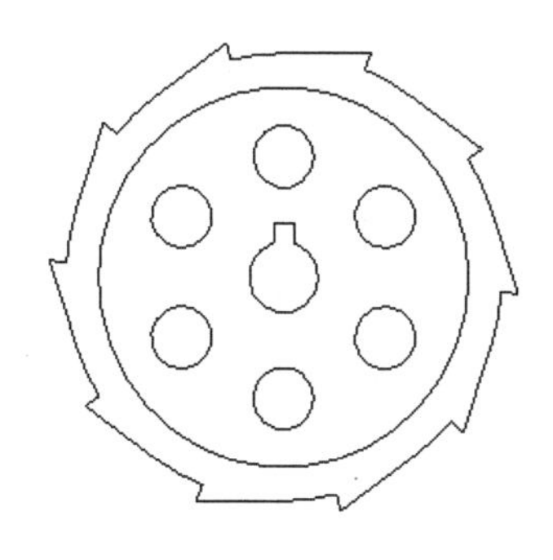

图 2-314　棘轮

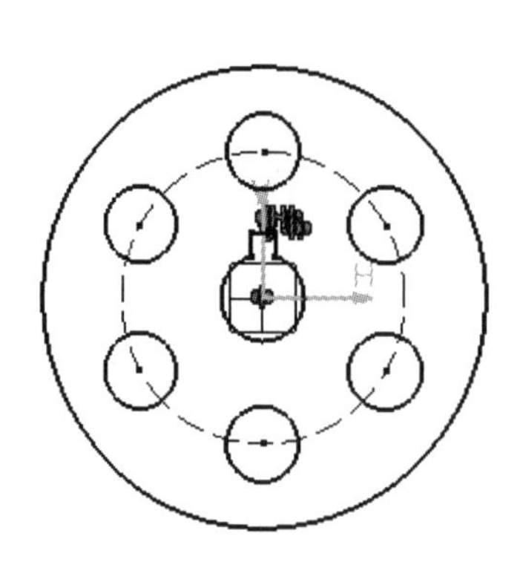

图 2-315　绘制圆

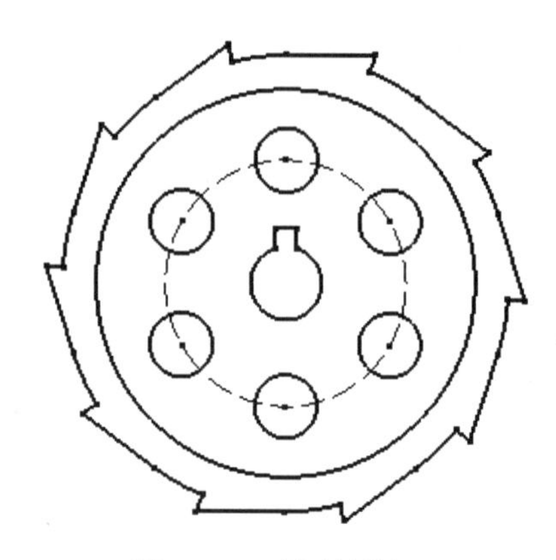

图 2-316　绘制折线

【光盘文件】

——参见附带光盘中的“END\Ch2\2-11-1.CATPart”文件。

——参见附带光盘中的“AVI\Ch2\2-11-1.avi”文件。

【操作步骤】

[1]．从菜单栏中选择【开始】→【机械设计】→【草图编辑器】，如图 2-317 所示。

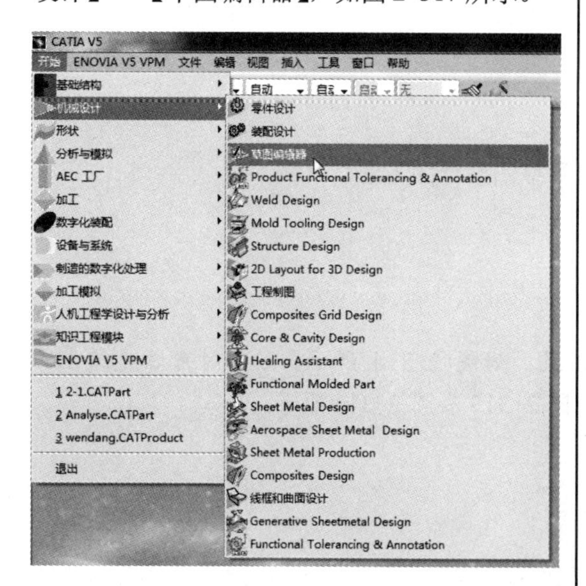

图 2-317　新建草图

[2]．输入新建草图文件的文件名“2-11-1”，如图 2-318 所示。

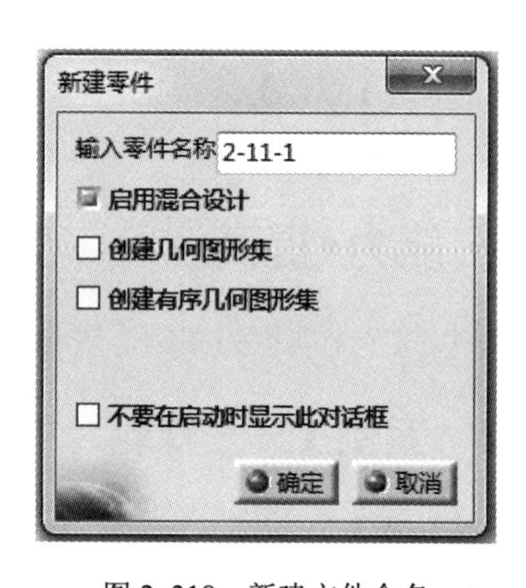

图 2-318　新建文件命名

[3]．选择【yz 平面】，进入草图设计环境，如图 2-319 所示。

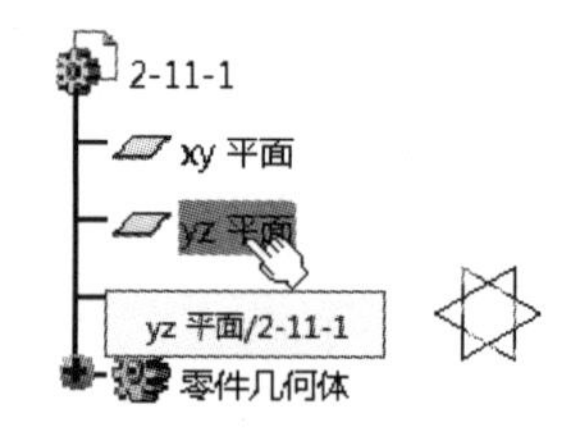

图 2-319　选择参考平面

[4]. 单击【圆】⊙按钮，以坐标原点为圆心，绘制一个圆。然后单击【约束】按钮，将圆的直径约束为 16mm，如图 2-320 所示。

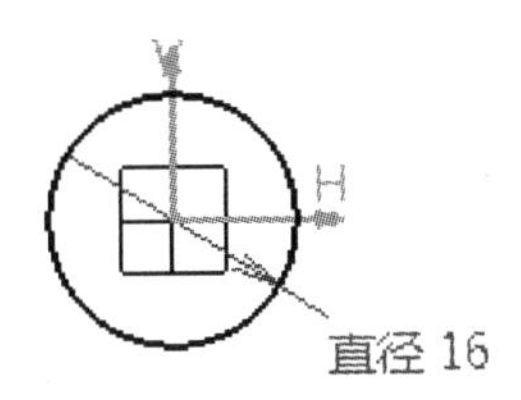

图 2-320 绘制圆

[5]. 单击【直线】按钮，在第二象限绘制一条竖直线，如图 2-321 所示。

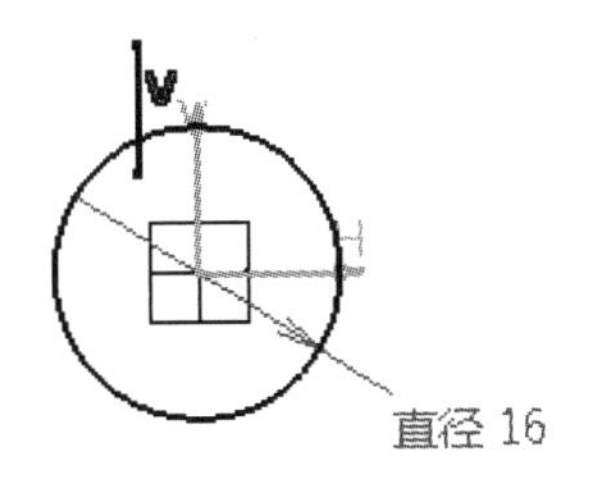

图 2-321 绘制直线

[6]. 单击【镜像】按钮，将第二象限的直线以 V 轴为中线进行镜像，如图 2-322 所示。

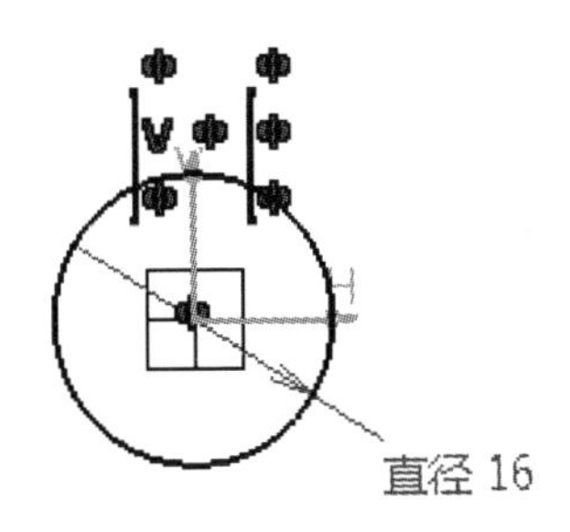

图 2-322 镜像直线

[7]. 单击【直线】按钮，将两条竖直线连接起来，如图 2-323 所示。

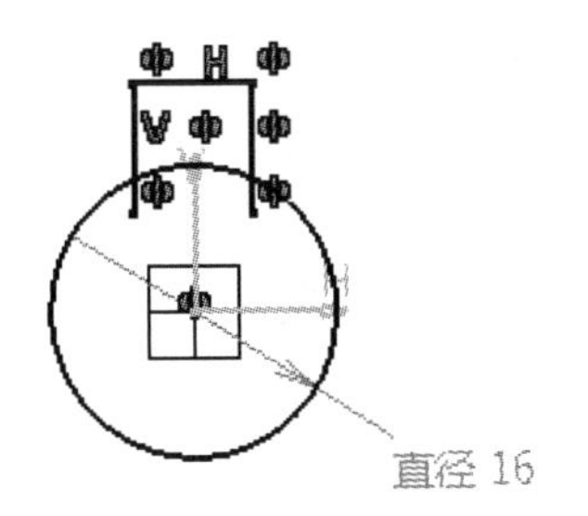

图 2-323 连接直线

[8]. 单击【约束】按钮，对直线做如图 2-324 所示的约束。

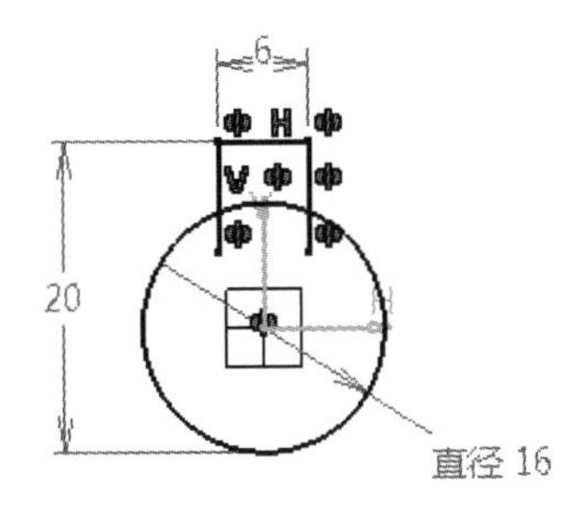

图 2-324 约束直线

[9]. 单击【快速修剪】按钮，将草图中不需要的线段进行修剪，如图 2-325 所示。

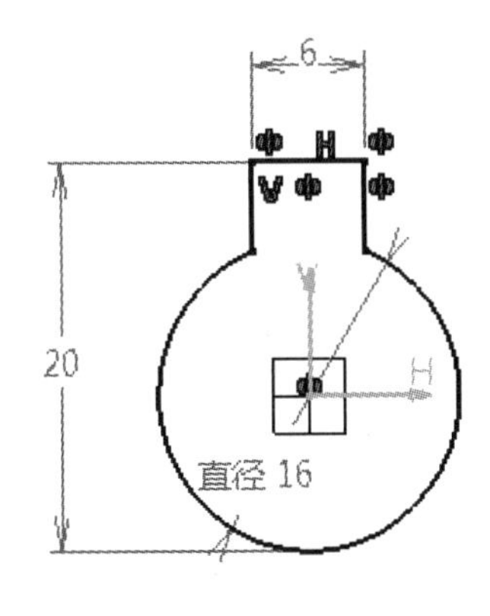

图 2-325 修剪草图

[10]. 单击【圆】⊙按钮，使圆心落在 V 轴上，绘制一个圆，并利用【约束】命令，将圆的直径和位置做出如图 2-326 所示的约束。

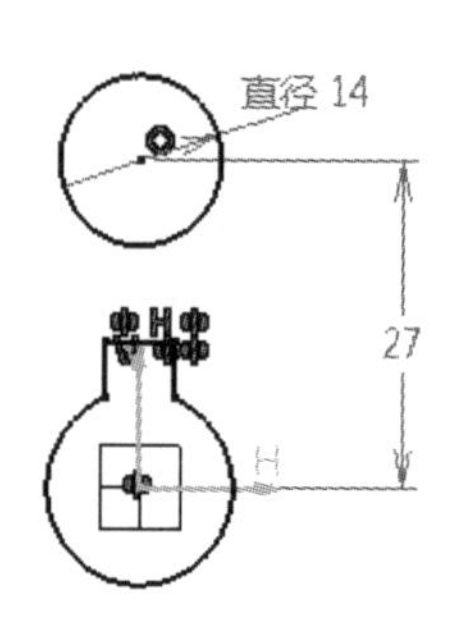

图 2-326　绘制并约束圆

[11]. 单击【旋转】按钮，选择圆为旋转对象，选择坐标原点为参考点，在【旋转定义】中输入如图 2-327 的参数。然后单击确定，得到旋转复制后的图形，如图 2-328 所示。

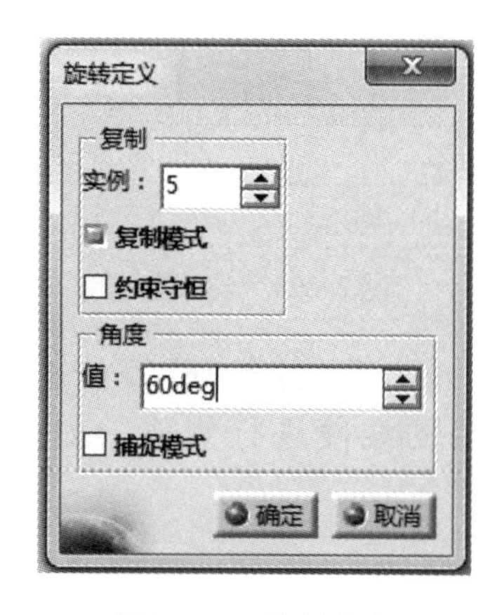

图 2-327　旋转定义

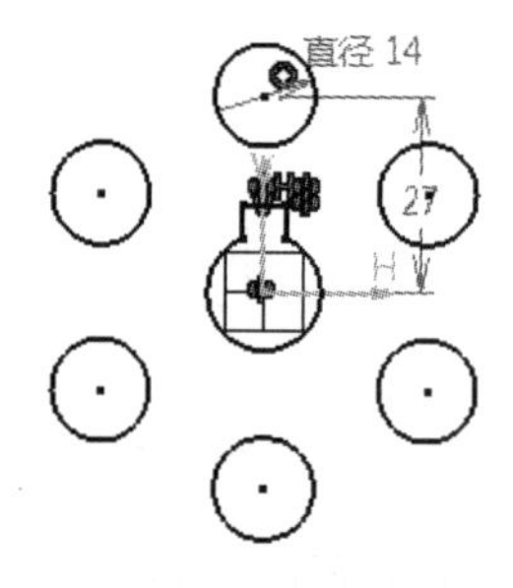

图 2-328　旋转复制圆

[12]. 单击【圆】按钮，以坐标原点为圆心，绘制一个直径为 85mm 的圆，如图 2-329 所示。

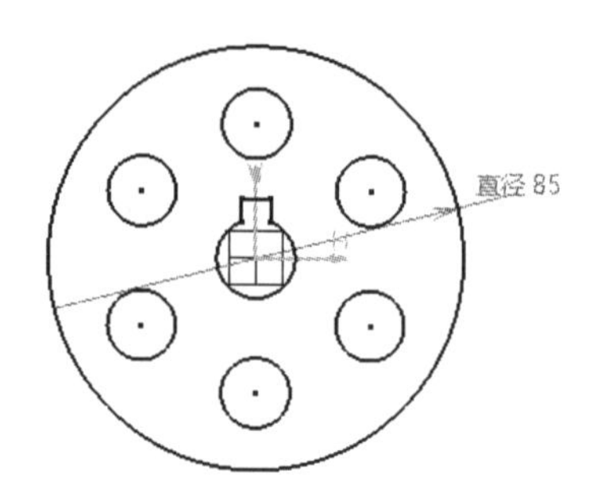

图 2-329　绘制圆

[13]. 单击【圆】按钮，以坐标原点为圆心，绘制一个直径为 100mm 的圆，如图 2-330 所示。

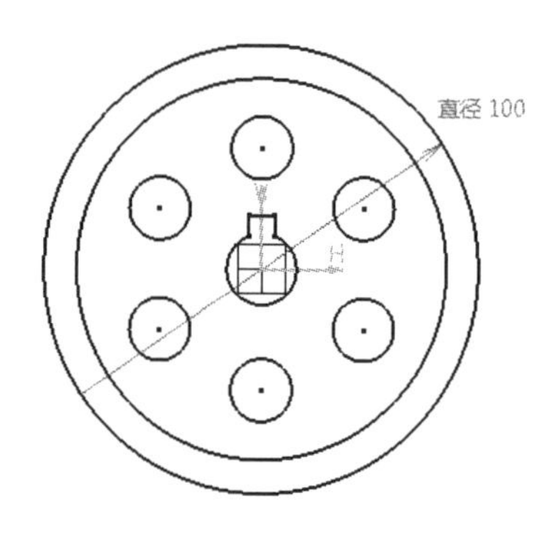

图 2-330　绘制圆

[14]. 单击【直线】按钮，在 H 轴上方，直径 100mm 的外侧绘制一条水平线，并利用【对话框中定义的约束】命令在直线与直径 100mm 的圆之间添加相切约束，如图 2-331 所示。

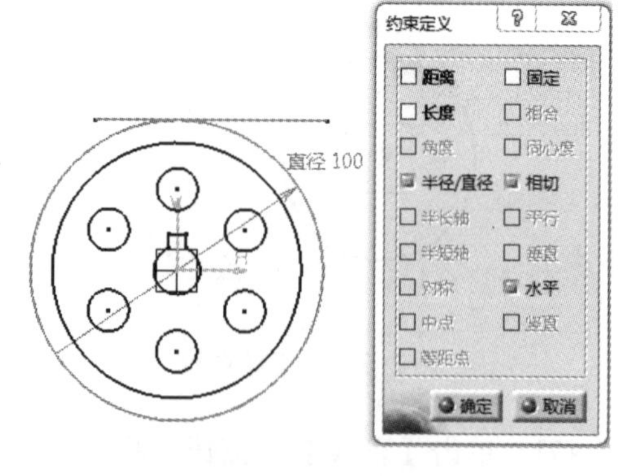

图 2-331　绘制直线

[15]. 单击【快速修剪】按钮，将直

线中第三象限的部件进行修剪，如图 2-332 所示。

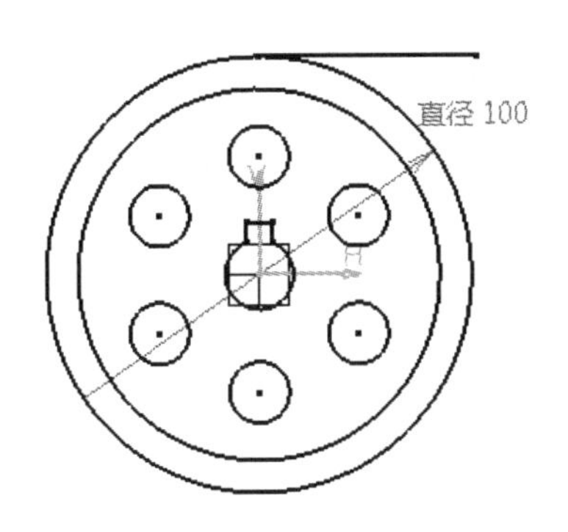

图 2-332 修剪直线

[16]. 单击【约束】按钮，将直线的长度约束为 20mm，如图 2-333 所示。

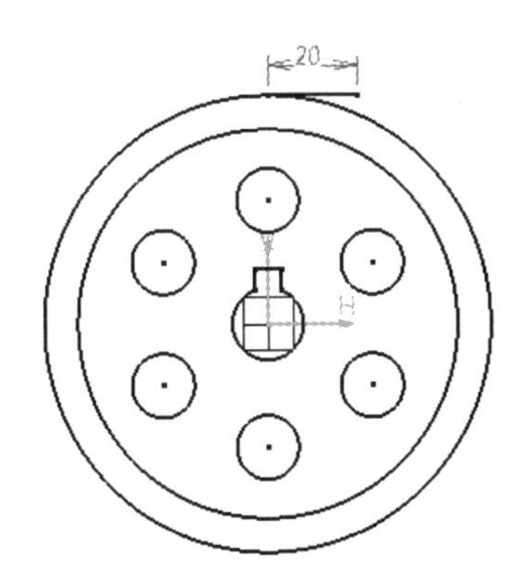

图 2-333 约束直线

[17]. 单击【直线】按钮，将长度 20mm 的直线末端与坐标原点相连，如图 2-334 所示。

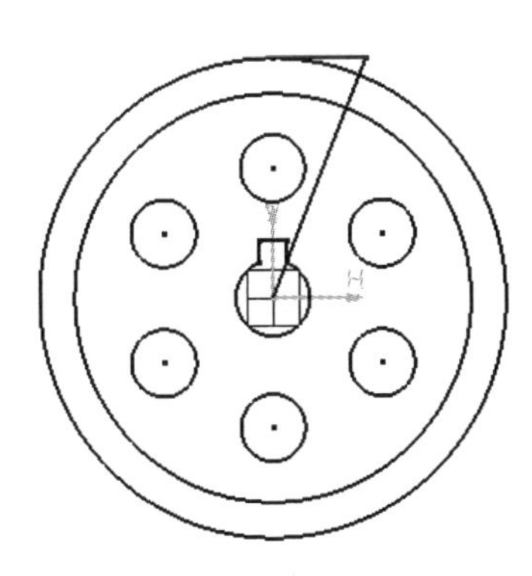

图 2-334 绘制直线

[18]. 单击【快速修剪】按钮，直径 10mm 的圆内的直线进行修剪，如图 2-335 所示。

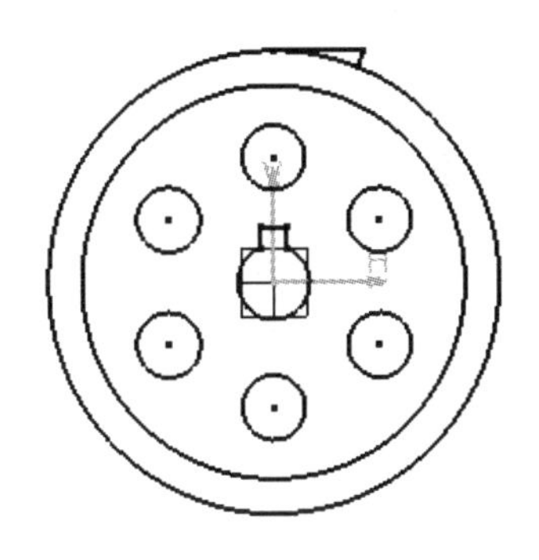

图 2-335 修剪直线

[19]. 单击【旋转】按钮，选择 H 轴上方的两条直线为旋转对象，选择坐标原点为旋转参考点，在【旋转定义】中输入如图 2-336 的参数。然后单击【确定】按钮，得到旋转复制后的图形，如图 2-337 所示。

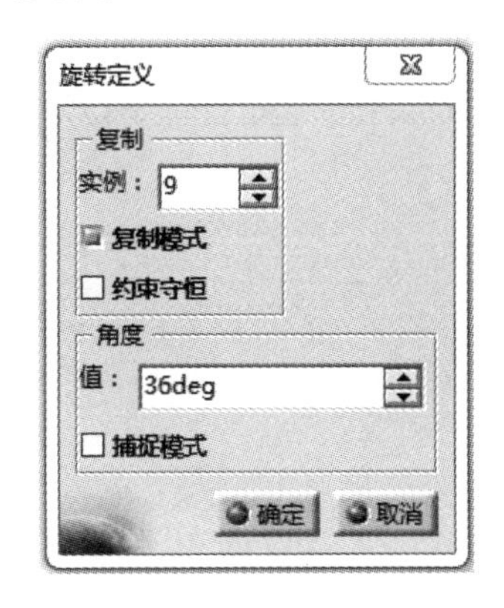

图 2-336 旋转定义

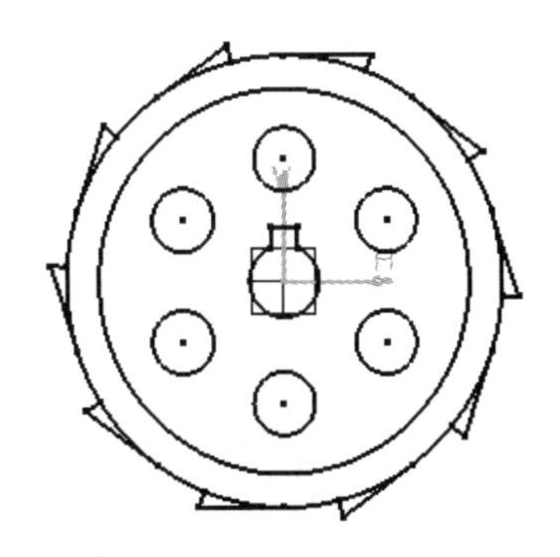

图 2-337 旋转复制图形

[20]. 单击【快速修剪】按钮，对直径 100mm 的圆进行修剪，如图 2-338 所示。

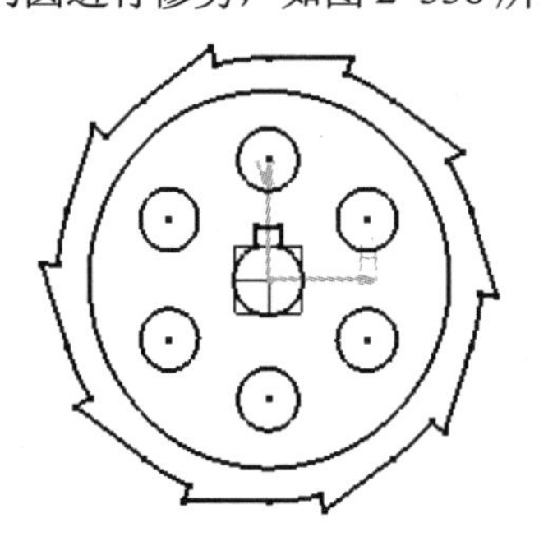

图 2-338 修剪圆

[21]. 单击【退出工作台】按钮，退出草图编辑环境，完成草图设计。然后可以观察到二维草图在三维视图中的状态，如图 2-339 所示。

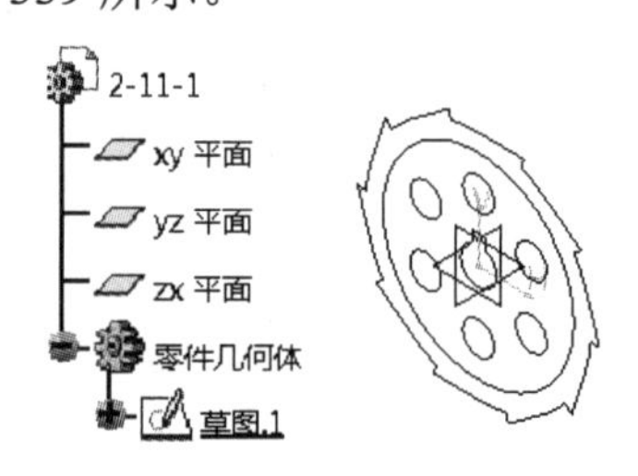

图 2-339 三维中的状态

2.11.2 案例 2——三角连杆

【思路分析】

三角连杆主要由圆和多条圆弧相切组成，如图 2-340 所示。绘制时可以先绘制三个圆，然后绘制相切线将圆包裹即可。步骤如图 2-341 和图 2-342 所示。

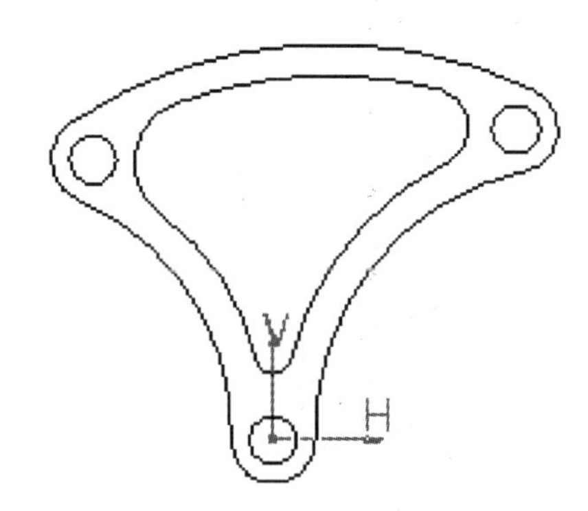

图 2-340 三角连杆

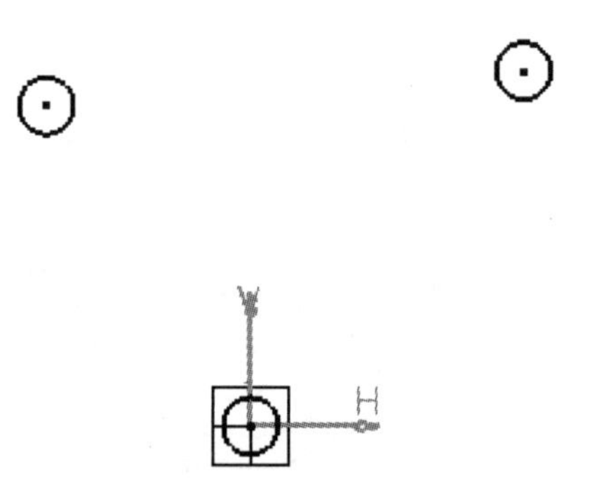

图 2-341 绘制圆

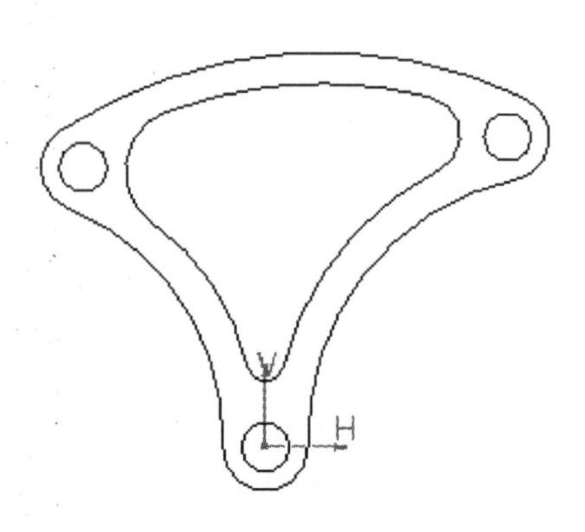

图 2-342 绘制相切线

【光盘文件】

——参见附带光盘中的“END\Ch2\2-11-2.CATPart”文件。

——参见附带光盘中的“AVI\Ch2\2-11-2.avi”文件。

【操作步骤】

[1]. 从菜单栏中选择【开始】→【机械设计】→【草图编辑器】，如图 2-343 所示。

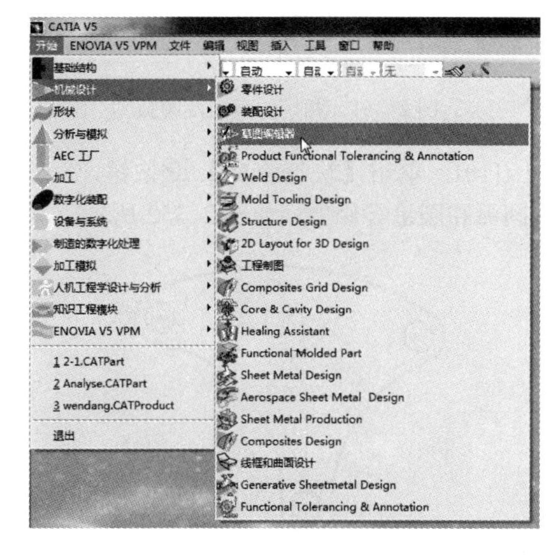

图 2-343 新建草图

[2]. 输入新建草图文件的文件名“2-11-2”，如图 2-344 所示。

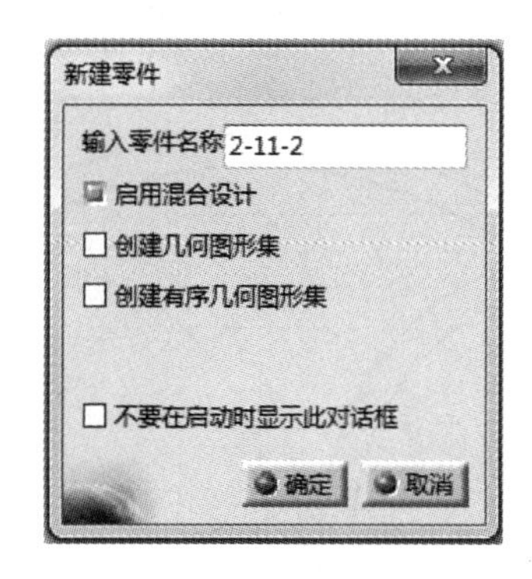

图 2-344 新建文件命名

[3]. 选择【yz 平面】，进入草图设计环境，如图 2-345 所示。

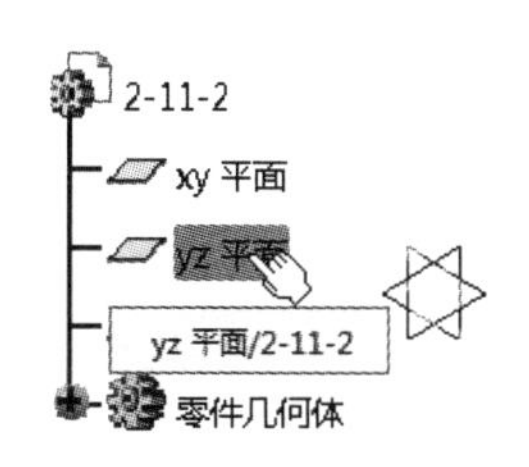

图 2-345 选择参考平面

[4]. 单击【圆】⊙按钮，以坐标原点为圆心，绘制两个圆。然后选中【约束】按钮，将圆的直径分别约束为 14mm 和 8mm，如图 2-346 所示。

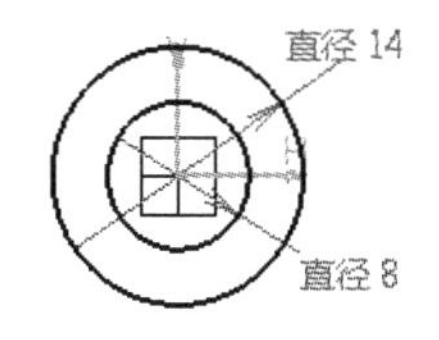

图 2-346 绘制圆

[5]. 单击【圆】⊙按钮，在第三象限绘制两个圆，并将圆的直径分别约束为 14mm 和 8mm，将圆心的位置约束为如图 2-347 所示。

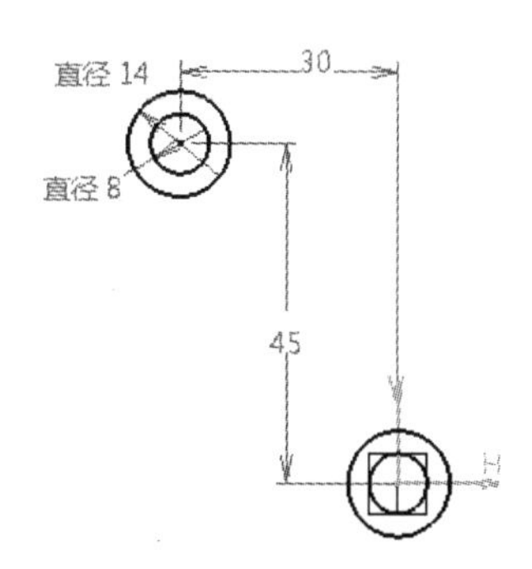

图 2-347 绘制圆

[6]. 单击【圆】⊙按钮，在第一象限绘

制两个圆，并将圆的直径分别约束为 14mm 和 8mm，将圆心的位置约束为如图 2-348 所示。

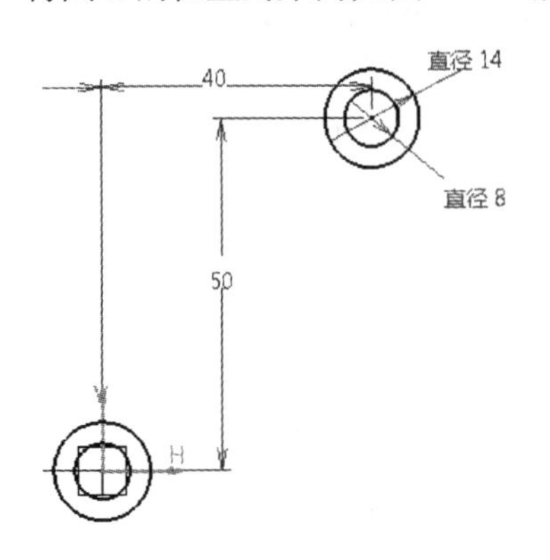

图 2-348　绘制圆

[7]．单击【圆弧】按钮，在 V 轴左边绘制一条圆弧，将圆弧半径约束为 40mm，并将圆弧与直径 14mm 的圆之间添加相切约束，如图 2-349 所示。

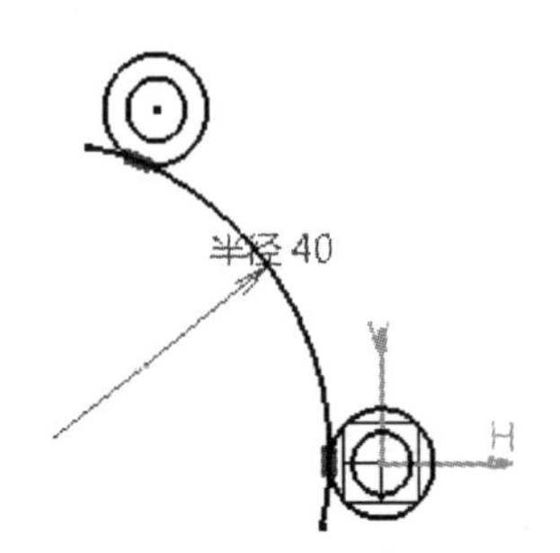

图 2-349　绘制圆弧

[8]．单击【圆弧】按钮，在 V 轴右边绘制一条圆弧，将圆弧半径约束为 40mm，并将圆弧与直径 14mm 的圆之间添加相切约束，如图 2-350 所示。

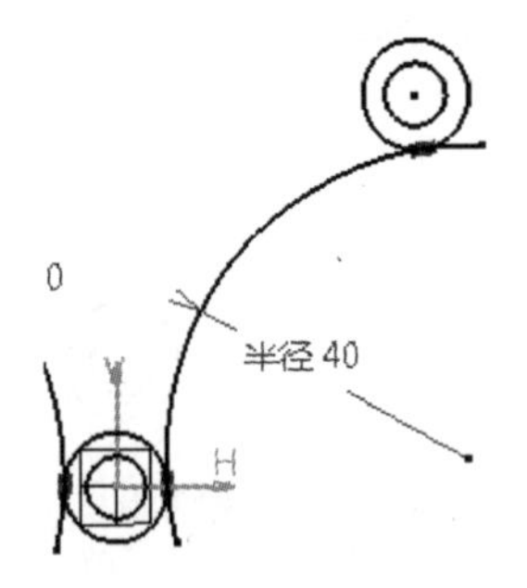

图 2-350　绘制圆弧

[9]．单击【圆弧】按钮，在 H 轴上方绘制一条圆弧，将圆弧半径约束为 40mm，并将圆弧与直径 14mm 的圆之间添加相切约束，如图 2-351 所示。

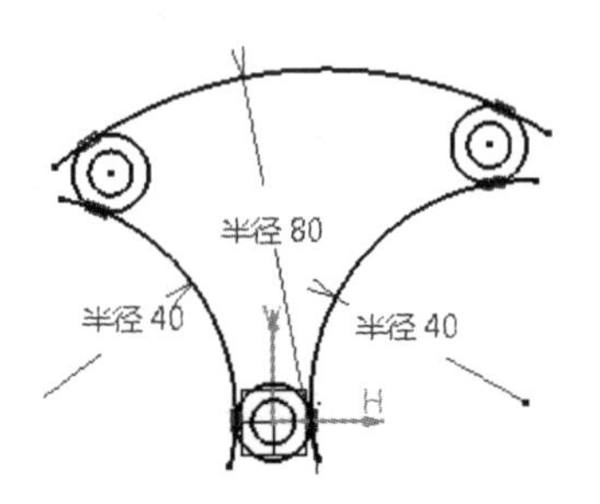

图 2-351　相切约束圆及圆弧

[10]．单击【快速修剪】按钮，对三条圆弧和圆进行修剪，如图 2-352 所示。

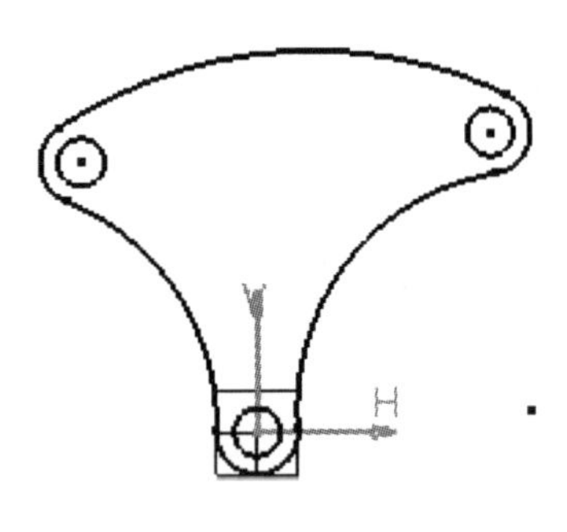

图 2-352　修剪圆及圆弧

[11]．单击【偏移】按钮，将三条圆弧向图形内部偏移，偏移距离为 5mm，如图 2-353 所示。

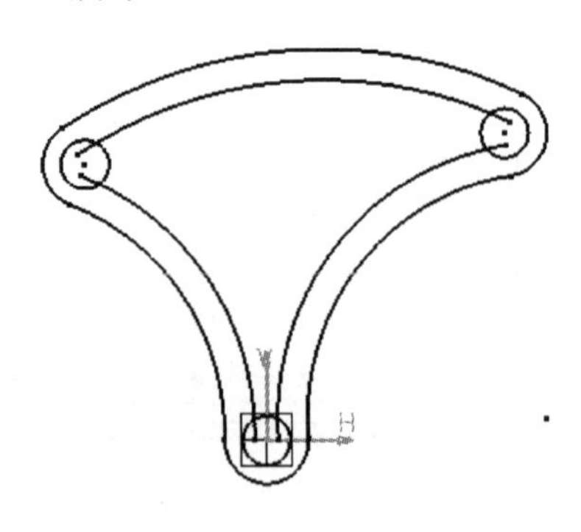

图 2-353　偏移圆弧

[12]．单击【圆角】按钮，对三条圆弧进行倒圆，圆角半径如图 2-354 所示。

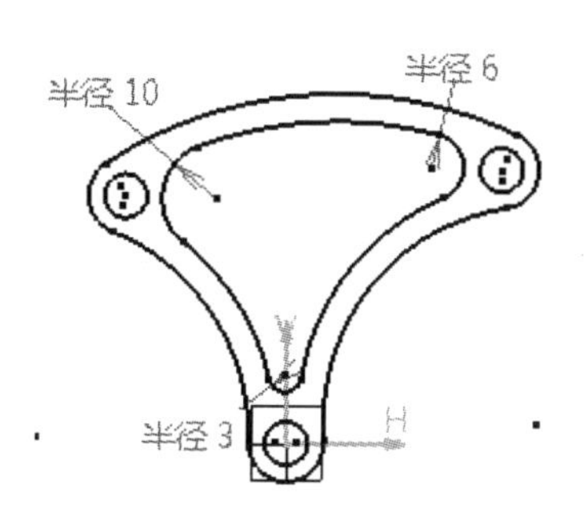

图 2-354　倒圆

[13]. 单击【退出工作台】按钮，退出草图编辑环境，完成草图设计。然后可以观察到二维草图在三维视图中的状态，如图 2-355 所示。

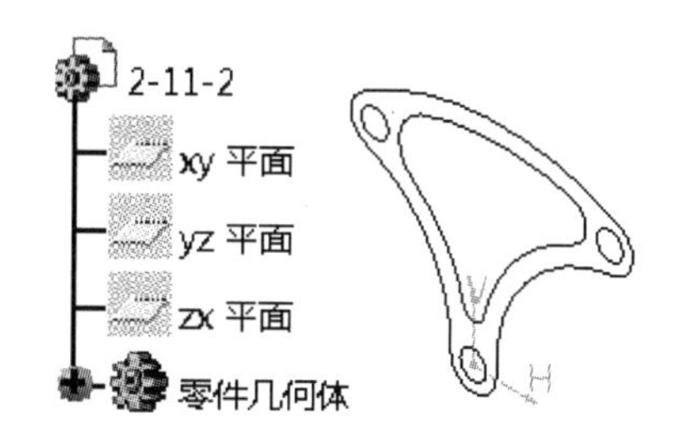

图 2-355　三维中的状态

2.11.3　案例 3——钣金支架

【思路分析】

钣金支架由多种不规则图形组成，如图 2-356 所示。绘制需要将其分解成若干个基础元素，先绘制大体框架，逐步绘制出支架的细致结构。步骤如图 2-357 和图 2-358 所示。

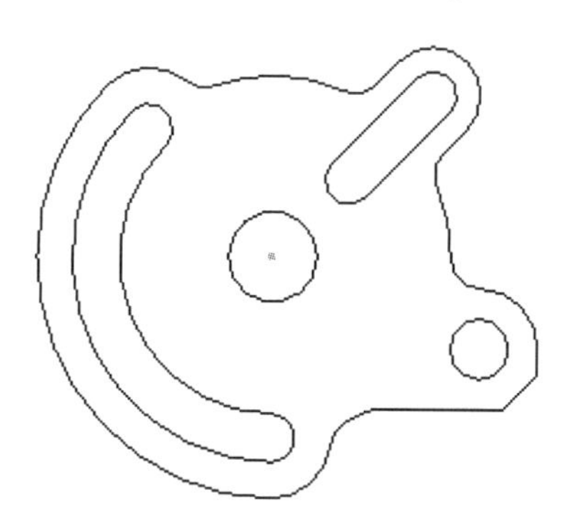
图 2-356　钣金支架

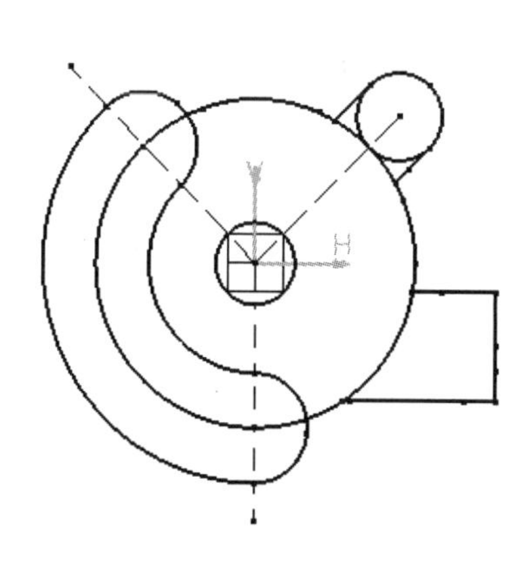
图 2-357　绘制支架框架

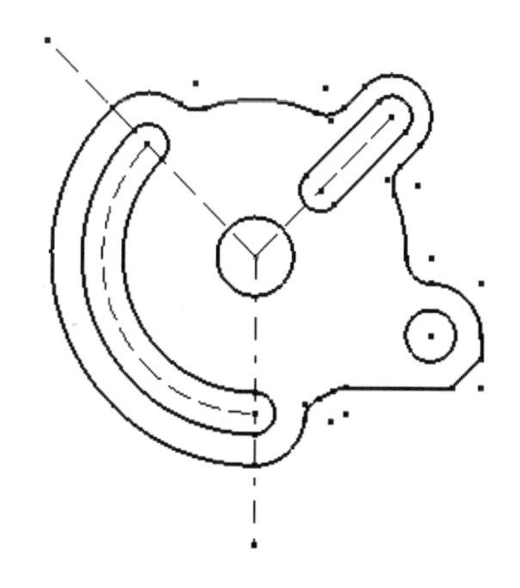
图 2-358　绘制支架细节

【光盘文件】

——参见附带光盘中的“END\Ch2\2-11-3.CATPart”文件。

——参见附带光盘中的“AVI\Ch2\2-11-3.avi”文件。

【操作步骤】

[1]. 从菜单栏中选择【开始】→【机械设计】→【草图编辑器】，如图 2-359 所示。

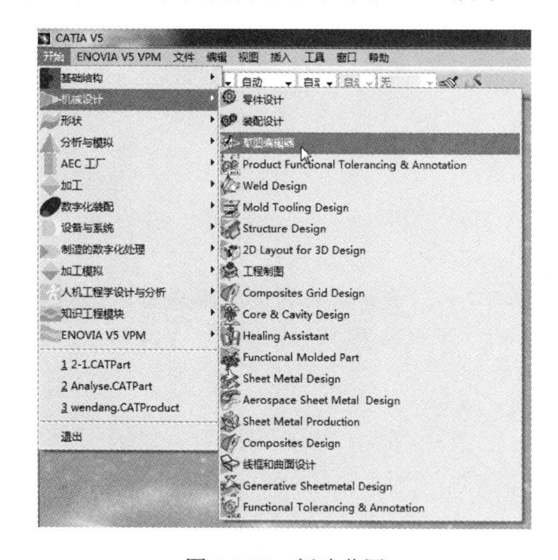

图 2-359　新建草图

[2]. 输入新建草图文件的文件名“2-11-3”，如图 2-360 所示。

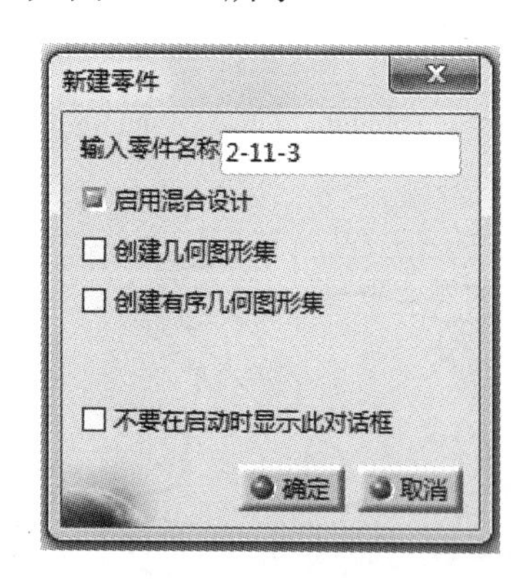

图 2-360　新建文件命名

[3]. 选择【yz 平面】，进入草图设计环境，如图 2-361 所示。

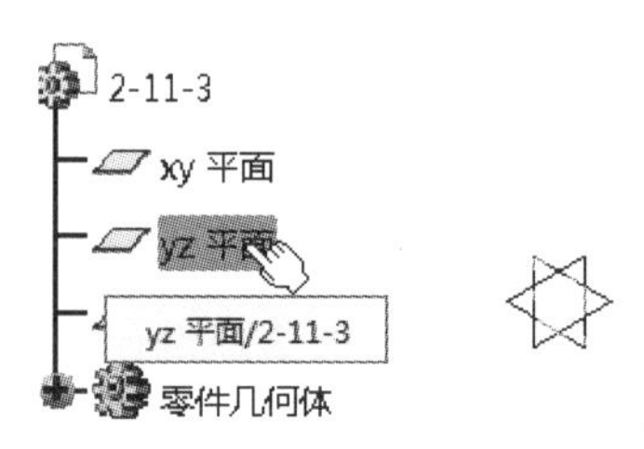

图 2-361　选择参考平面

[4]. 单击【圆】按钮，以坐标原点为圆心，绘制两个圆。然后单击【约束】按钮，将圆的直径分别约束为 15mm 和 60mm，如图 2-362 所示。

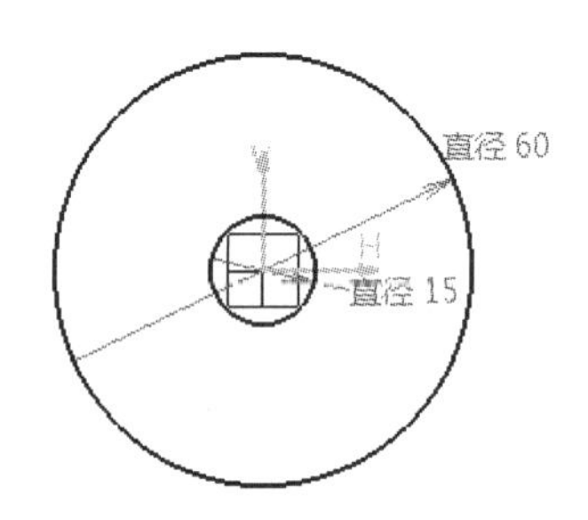

图 2-362　绘制圆

[5]. 单击【轮廓】按钮，在第四象限绘制一个水平放置的开口矩形，如图 2-363 所示。

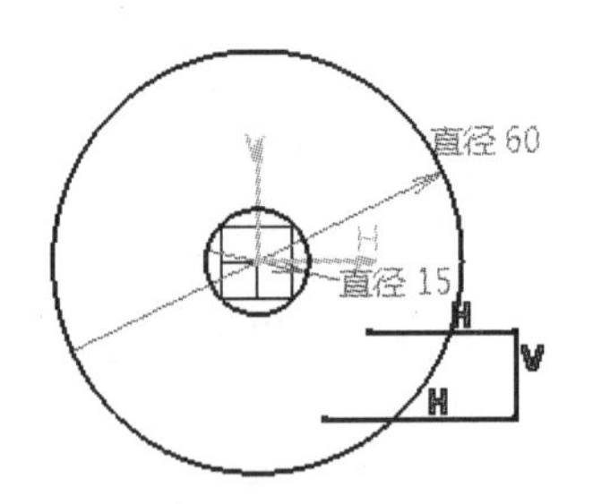

图 2-363　绘制矩形

[6]. 单击【约束】按钮，将矩形约束

如图 2-364 所示。

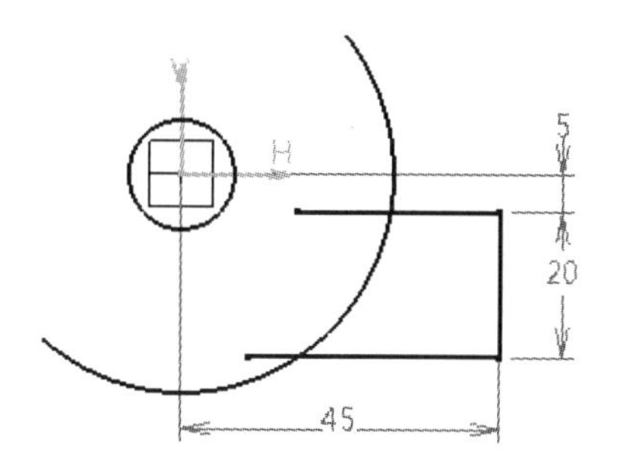

图 2-364　约束矩形

[7]．单击【轴】按钮，以坐标原点为起点，在第一象限绘制一条轴线，并将其与 V 轴的夹角约束为 45°，如图 2-365 所示。

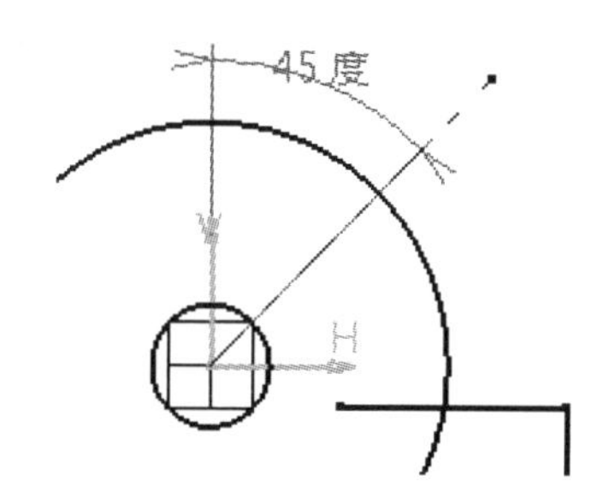

图 2-365　绘制轴线

[8]．单击【圆】，绘制一个直径为 16mm 的圆，使圆心落在轴线上。并利用【对话框中定义的约束】命令对其与直径 60mm 的圆添加相切约束，如图 2-366 所示。

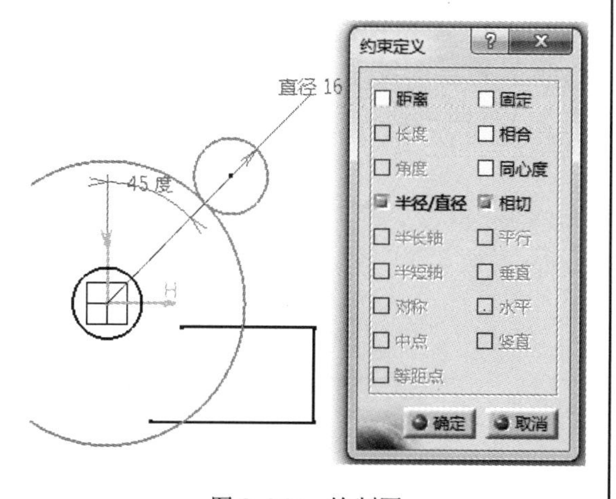

图 2-366　绘制圆

[9]．单击【直线】按钮，在第一象限绘制两条直线，两条直线与直径 16mm 的圆之间添加相切约束，与轴线之间添加平行约束，如图 2-367 所示。

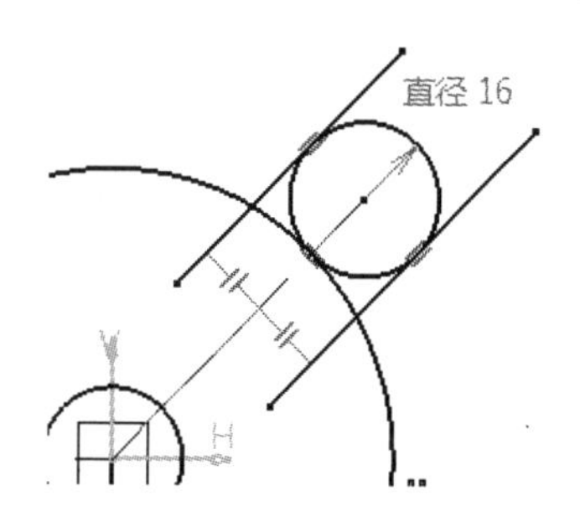

图 2-367　绘制直线

[10]．单击【轴】按钮，绘制两条轴线，并约束成如图 2-368 所示。

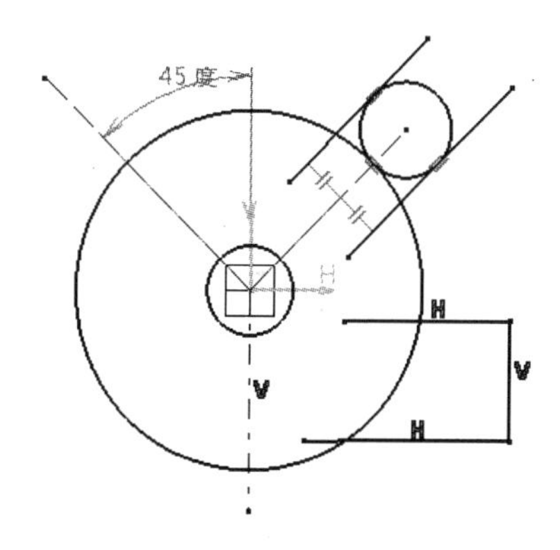

图 2-368　绘制轴线

[11]．单击【快速修剪】按钮，修剪两轴线之间的圆弧，如图 2-369 所示。

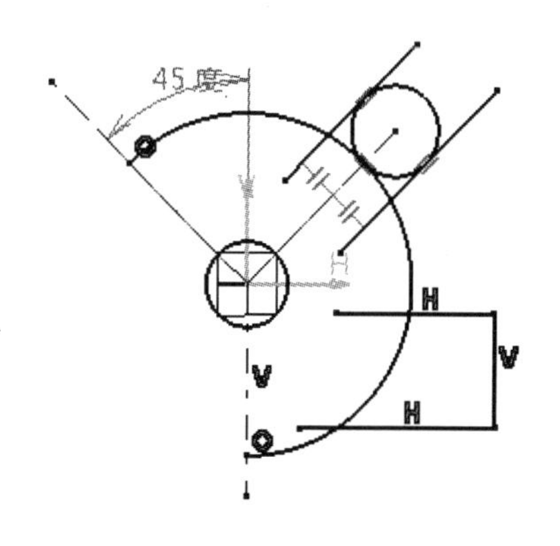

图 2-369　修剪圆弧

[12]．单击【圆柱形延长孔】按钮，绘制一个延长孔，如图 2-370 所示。

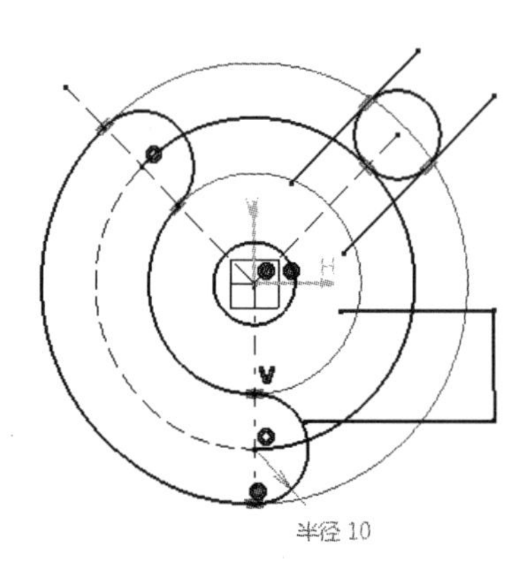

图 2-370　绘制延长孔

[13]．单击【快速修剪】按钮，对主要轮廓的线段进行修剪，如图 2-371 所示。

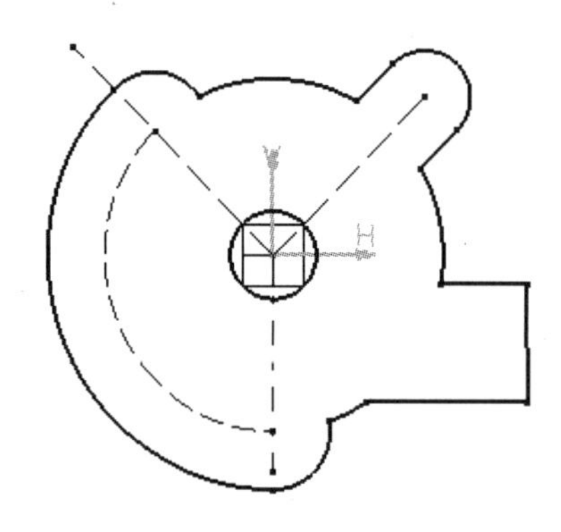

图 2-371　修剪轮廓

[14]．单击【圆柱形延长孔】按钮，以 V 轴左侧的圆弧轴线为中心，绘制一个延长孔，如图 2-372 所示。

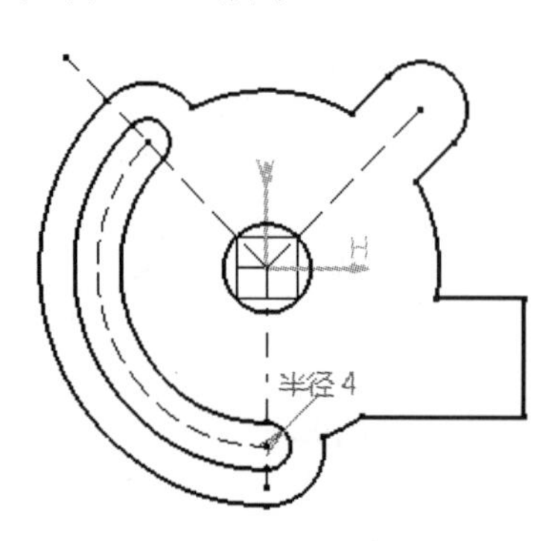

图 2-372　绘制延长孔

[15]．单击【延长孔】按钮，以第一象限中的轴线为中心，绘制另一个延长孔，如图 2-373 所示。

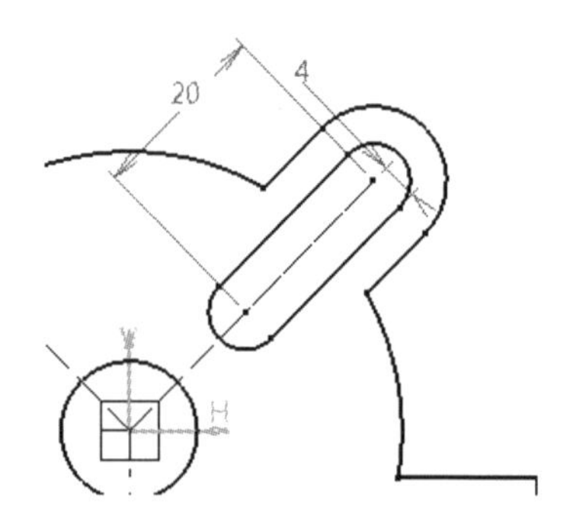

图 2-373　绘制延长孔

[16]．单击【倒圆】按钮，对支架中的锐角进行倒圆，倒圆半径如图 2-374 所示。

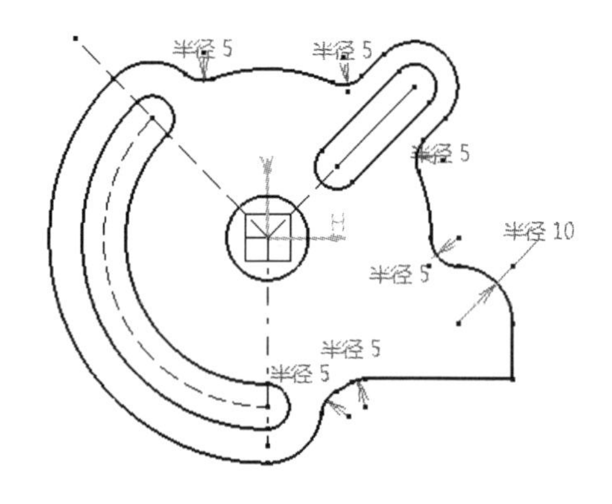

图 2-374　倒圆角

[17]．单击【倒角】按钮，对支架中的剩下的一个锐角进行倒角，倒角尺寸如图 2-375 所示。

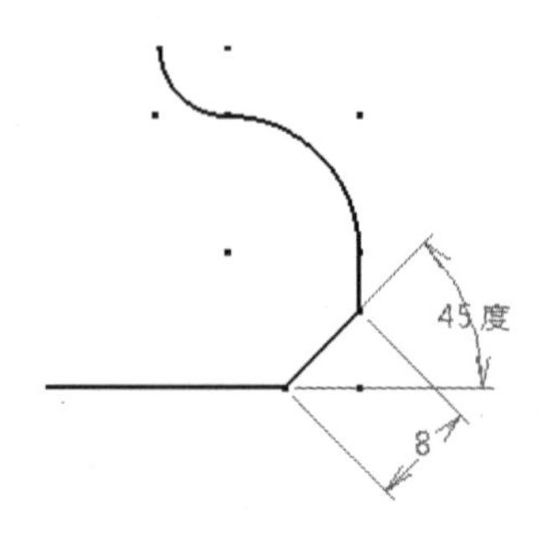

图 2-375　倒角

[18]. 单击【圆】⊙按钮，在第四象限绘制一个直径 10mm 的圆，并使之与半径 10mm 的圆角同心，如图 2-376 所示。

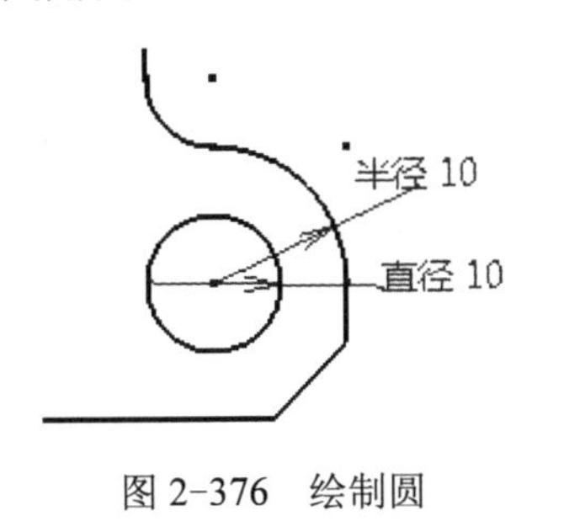

图 2-376 绘制圆

[19]. 单击【退出工作台】按钮，退出草图编辑环境，完成草图设计。然后可以观察到二维草图在三维视图中的状态，如图 2-377 所示。

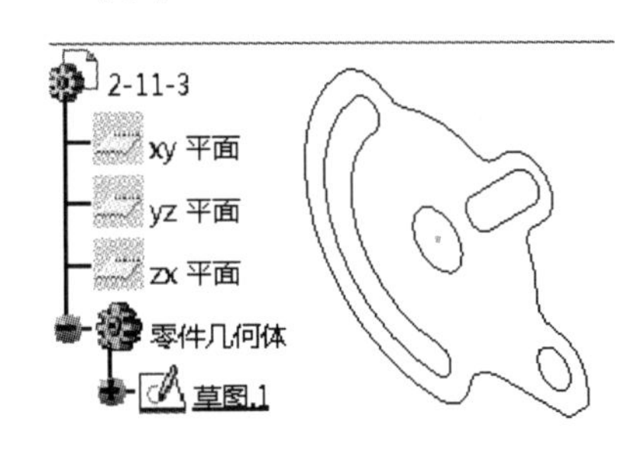

图 2-377 三维中的状态

2.12 习题▪巩固

本节以三个较复杂的图形，供读者练习，以进一步深入巩固草图设计的方法以及熟悉设计工具。

2.12.1 习题 1——轮毂

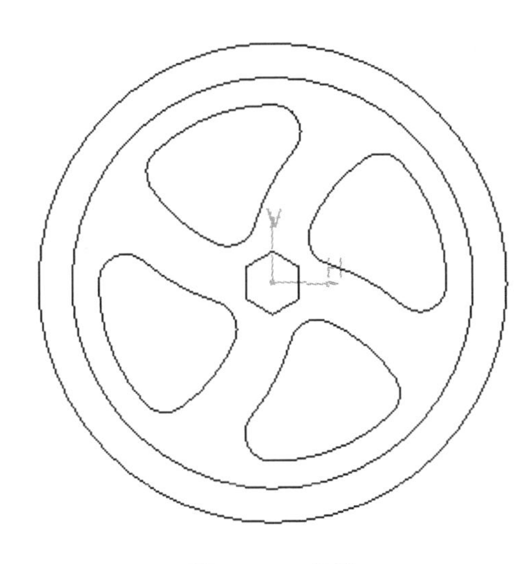

图 2-378 轮毂

【光盘文件】

——参见附带光盘中的“END\Ch2\2-12-1.CATPart”文件。

——参见附带光盘中的“AVI\Ch2\2-12-1.avi”文件。

2.12.2 习题 2——法兰盖板

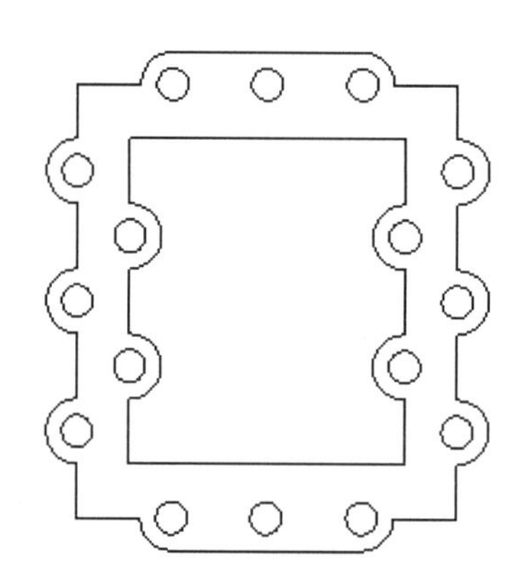

图 2-379 法兰盖板

【光盘文件】

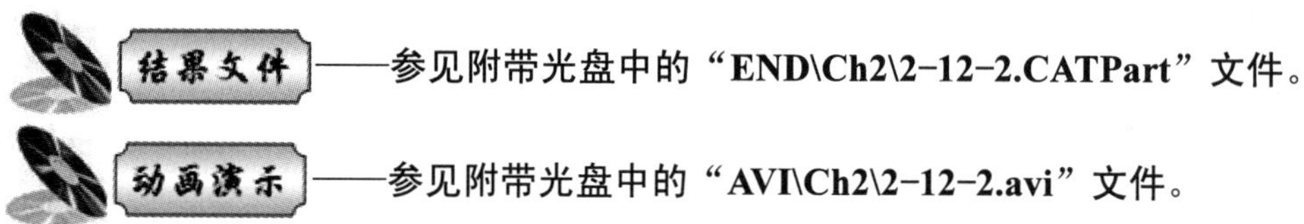

结果文件——参见附带光盘中的“END\Ch2\2-12-2.CATPart”文件。

动画演示——参见附带光盘中的“AVI\Ch2\2-12-2.avi”文件。

2.12.3 习题 3——安装座

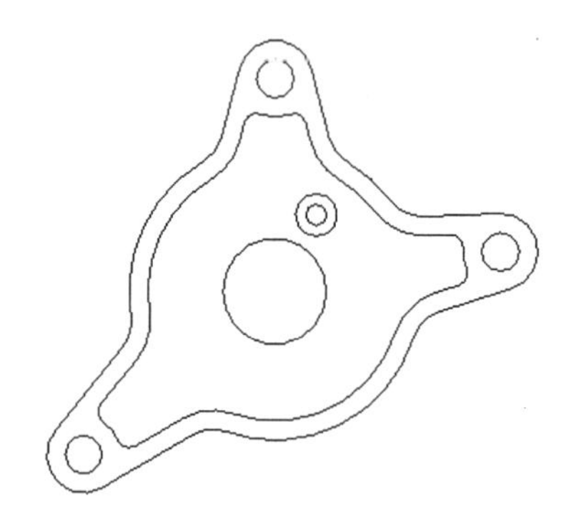

图 2-380 安装座

【光盘文件】

结果文件——参见附带光盘中的“END\Ch2\2-12-3.CATPart”文件。

动画演示——参见附带光盘中的“AVI\Ch2\2-12-3.avi”文件。

第 3 章　零部件设计

CATIA V5R21 的零部件设计属于三维实体设计，一般是通过从草图设计先确定实体的基本平面，然后通过零部件设计模块的各个命令建立零件的基本形状，再通过各种修饰命令对零部件进行细化，最终完成实体建模。本章将以典型实例引出常用的零部件设计命令，然后重点介绍三维实体模型的创建方法和步骤。

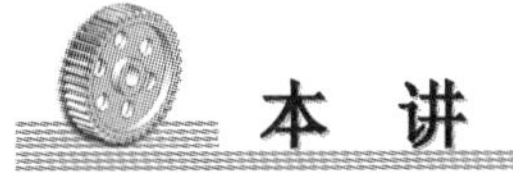

本　讲

- 实例▪知识点——轴、盒子、半圆管、拱形窗、楔块
- 零部件设计环境介绍及零部件创建
- 零部件的特征修饰与变换
- 零部件的布尔运算
- 要点▪应用——底座、管接头、铰接头
- 能力▪提高——花瓶、挡水环、轴承座
- 习题▪巩固——悬置支架、铸铝支架 1、铸铝支架 2

3.1　实例▪知识点——轴

轴的结构和尺寸如图 3-1 所示：

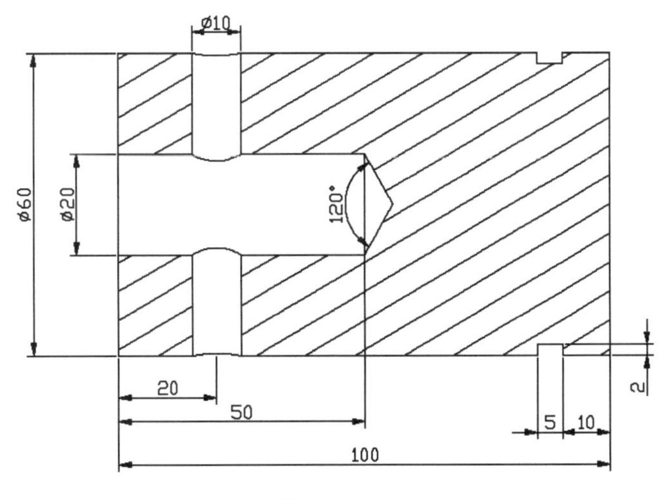

图 3-1　轴

【思路分析】

该零件由圆柱、槽和孔组成。绘制此零件的方法是：先绘制圆柱实体，然后绘制右边的槽，最后绘制左边的盲孔和通孔。步骤如图 3-2～图 3-4 所示。

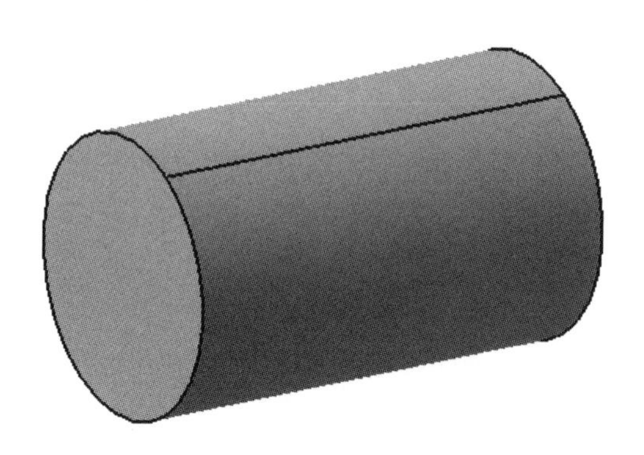

图 3-2　创建圆柱实体

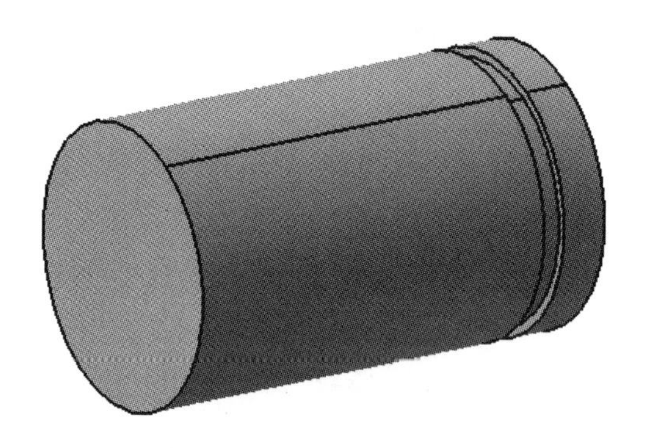

图 3-3　绘制凹槽

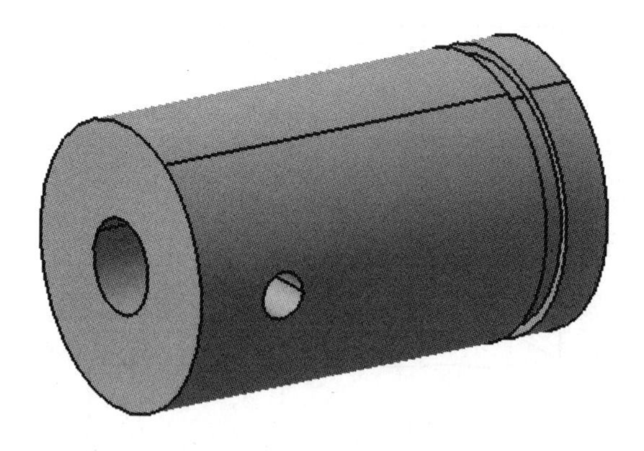

图 3-4　开孔

【光盘文件】

——参见附带光盘中的“END\Ch2\3-1.CATPart”文件。

——参见附带光盘中的“AVI\Ch2\3-1.avi”文件。

【操作步骤】

[1]．从菜单栏中选择【开始】→【机械设计】→【零件设计】，如图 3-5 所示。

图 3-5　新建零件

[2]．输入新建文件的文件名“3-1”，如图 3-6 所示。

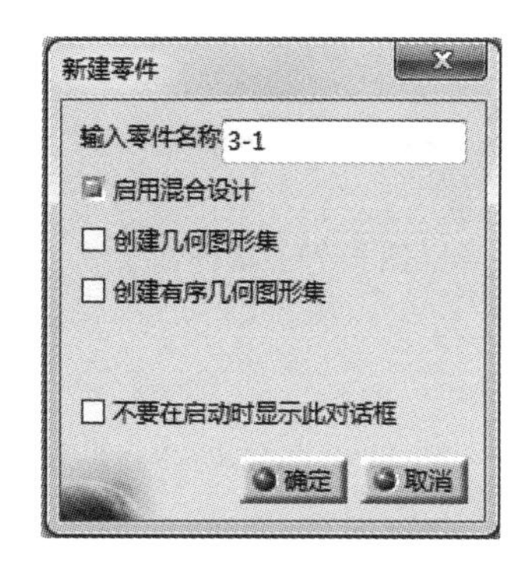

图 3-6　新建文件命名

[3]．单击工具栏中的【草图】按钮，然后选择【yz 平面】，如图 3-7 所示。

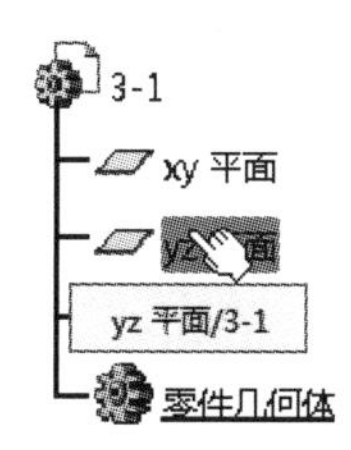

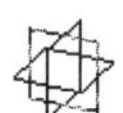

图 3-7　选择参考平面

[4]．单击工具栏中的【矩形】按钮，以默认坐标原点为顶点，绘制一个长 100mm、宽 30mm 的矩形，如图 3-8 所示。

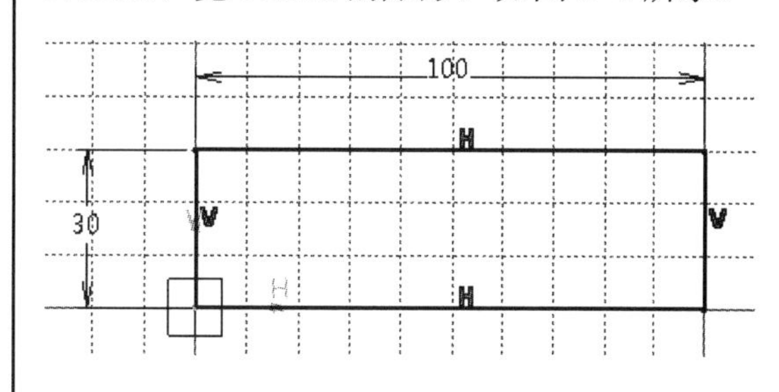

图 3-8　绘制草图

[5]．单击【退出工作台】按钮退出草图设计环境。单击工具栏中的【旋转体】按钮，【轮廓/曲面】选择步骤[4]绘制的矩形草图，在【轴线】处单击鼠标右键选择 Y 轴，然后单击【确定】按钮。如图 3-9～图 3-11 所示。

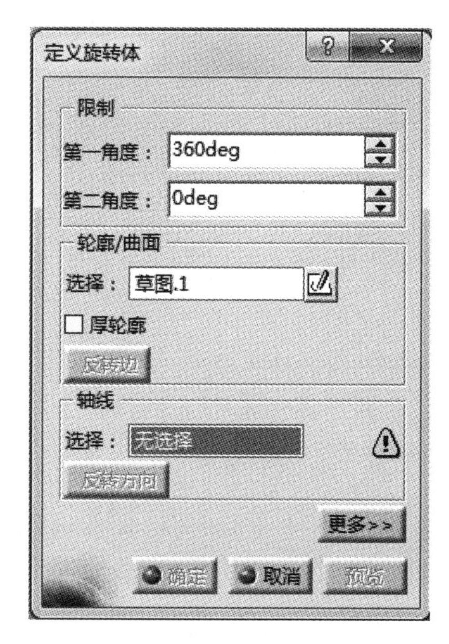

图 3-9　定义旋转体对话框

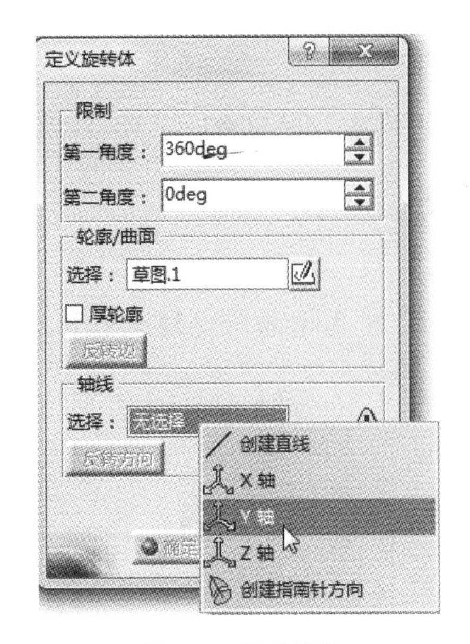

图 3-10　选择轴线

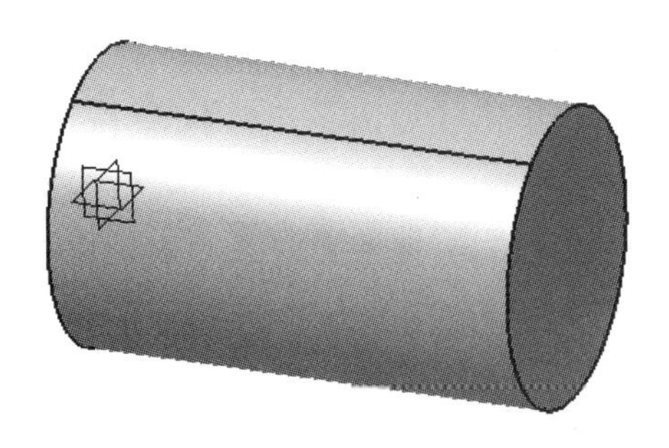

图 3-11　旋转体

[6]. 单击工具栏中的【草图】按钮，选择【yz 平面】。单击工具栏中的【矩形】按钮，绘制一个如图 3-12 所示的矩形。

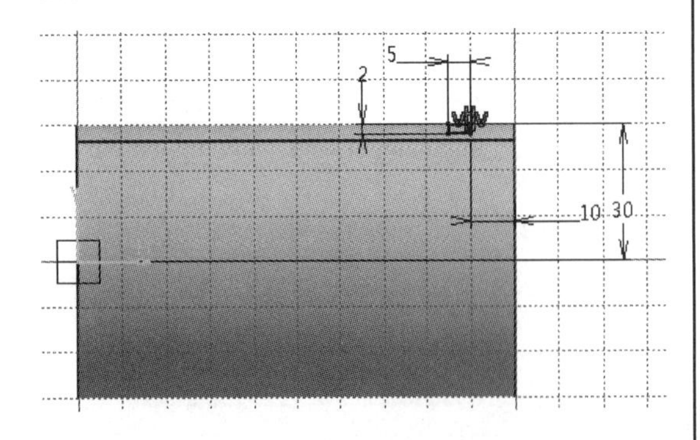

图 3-12　绘制草图

[7]. 单击【退出工作台】按钮退出草图设计界面。单击工具栏中的【旋转槽】按钮，【轮廓/曲面】选择步骤[6]绘制的矩形草图，在【轴线】处单击鼠标右键选择 Y 轴，然后单击【确定】按钮，如图 3-13 和图 3-14 所示。

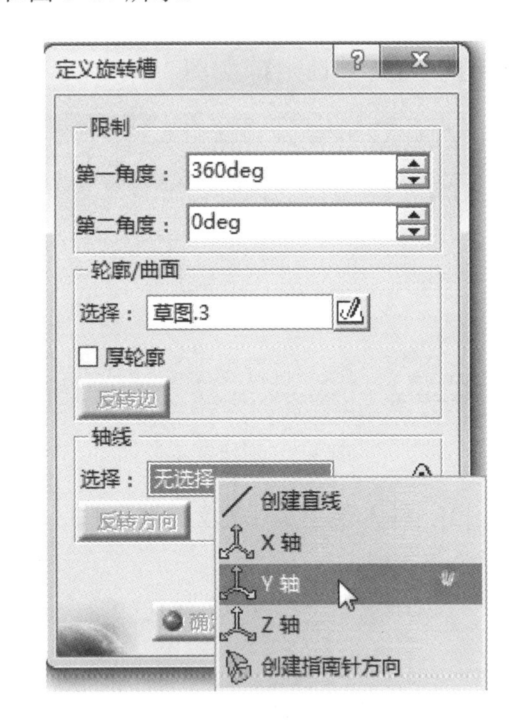

图 3-13　选择轴线

图 3-14　旋转体

[8]. 单击工具栏中的【孔】按钮，然

后选择圆柱左边的面，如图 3-15 所示。

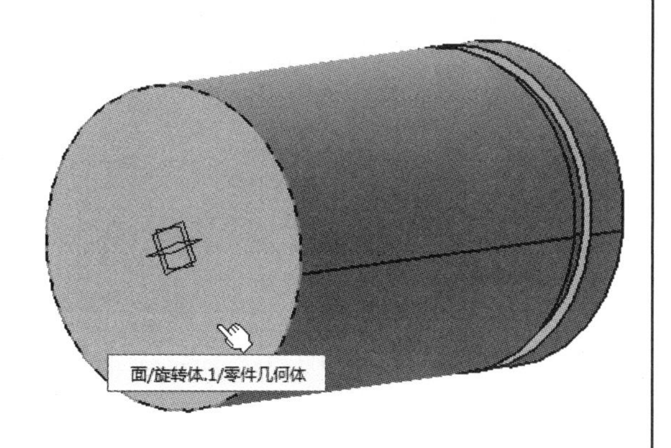

图 3-15　选择开孔平面

[9]. 在弹出的对话框中单击【定位草图】下方的按钮，如图 3-16 所示。

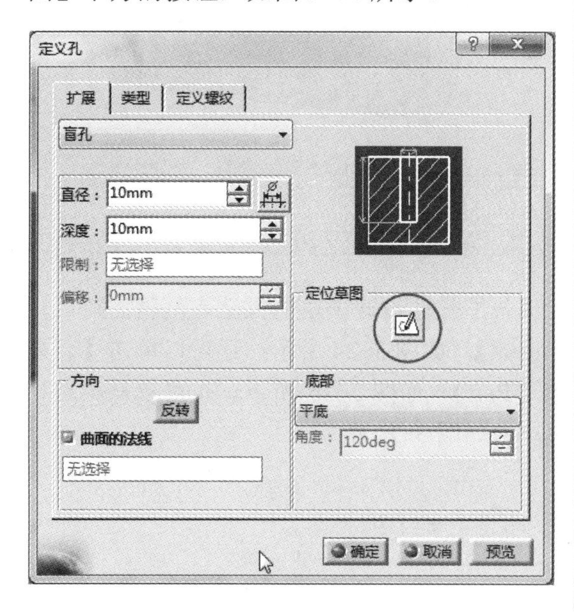

图 3-16　孔的定位

[10]. 这时进入孔中心的定位界面。将孔的中心与默认坐标原点添加相合约束，如图 3-17 所示。然后单击【退出工作台】按钮。

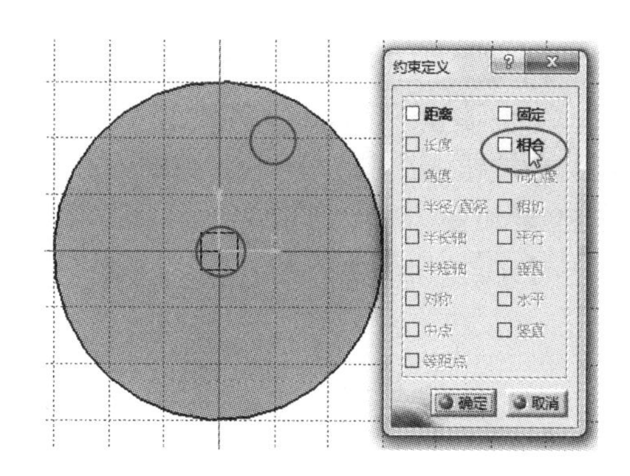

图 3-17　孔的定位

[11]. 设置孔的直径 10mm，深度 50mm，底部是 120° 的 V 型，如图 3-18 所示。然后单击【确定】按钮，如图 3-19 所示。

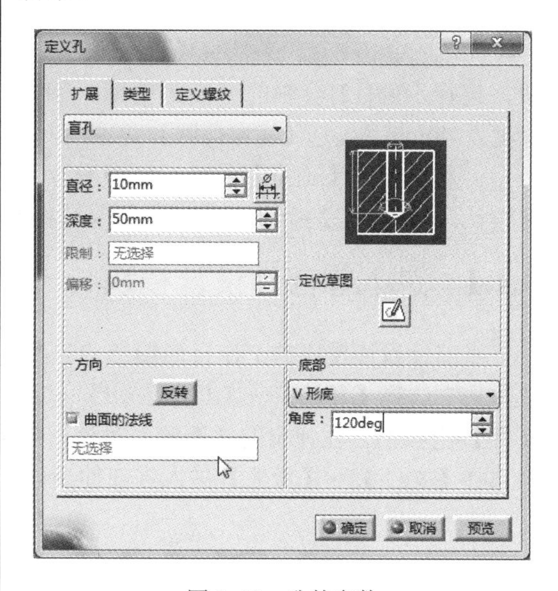

图 3-18　孔的参数

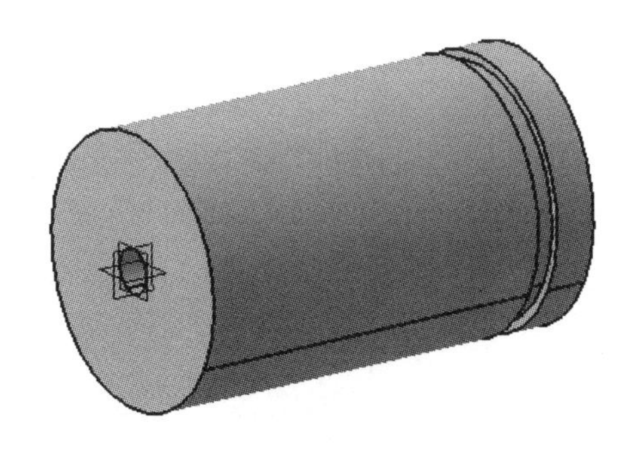

图 3-19　孔

[12]．单击工具栏中的【草图】按钮，选择【yz 平面】。单击工具栏中的【圆】按钮，绘制一个直径 10mm 的圆，圆的位置如图 3-20 所示。然后单击【退出工作台】按钮。

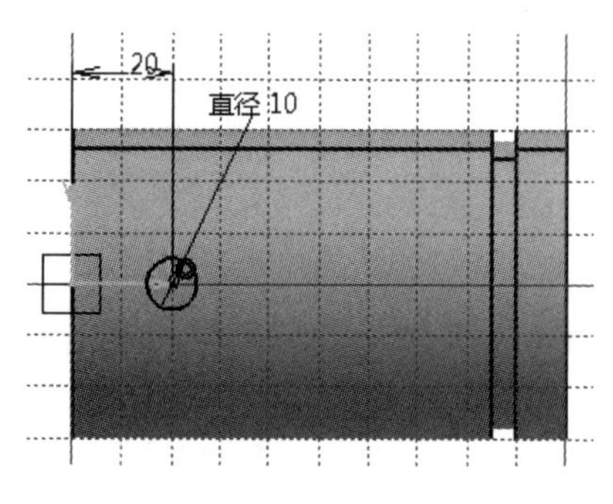

图 3-20　绘制草图

[13]．单击工具栏中的【凹槽】按钮，选择步骤[12]绘制的草图为轮廓，凹槽深度为 40mm，勾选【镜像范围】，如图 3-21 所示。然后单击【确定】按钮，完成整个零件设计，如图 3-22 所示。

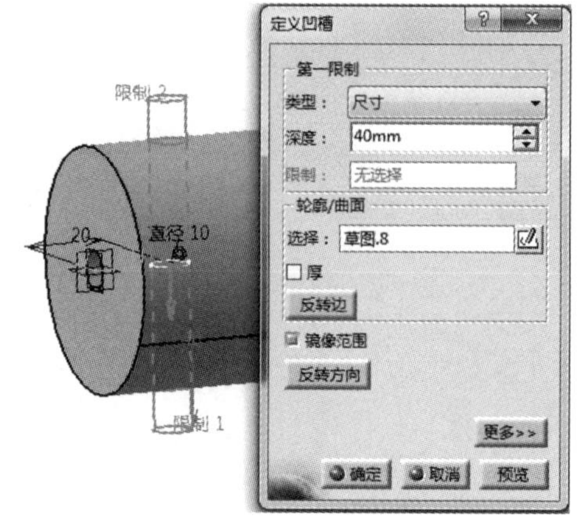

图 3-21　凹槽

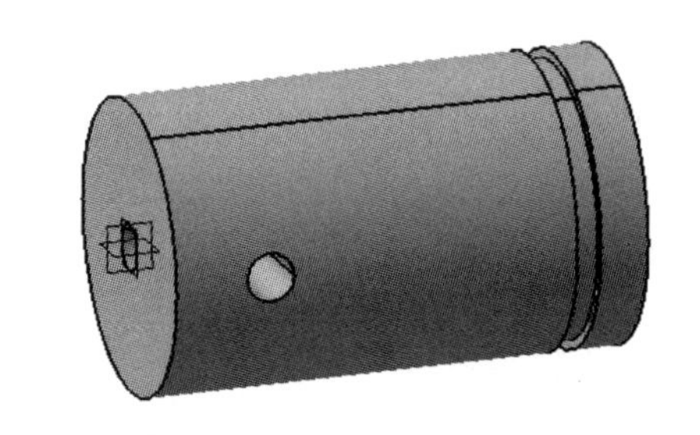

图 3-22　轴

3.1.1　进入零部件设计模块

零部件设计模块的工作台如图 3-23 所示，进入零部件设计模块的方法有两种。可以从菜单栏中选择【开始】→【机械设计】→【零件设计】，如图 3-24 所示；还可以单击【新建文件】按钮，在弹出的【新建】对话框中选择【Part】，如图 3-25 所示。也可以从菜单栏中选择【文件】→【新建】进入零部件设计工模块，如图 3-26 所示。

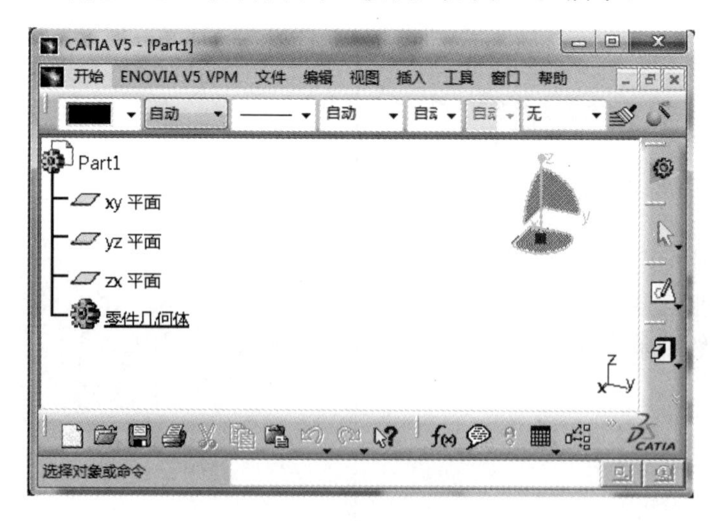

图 3-23　零件设计模块

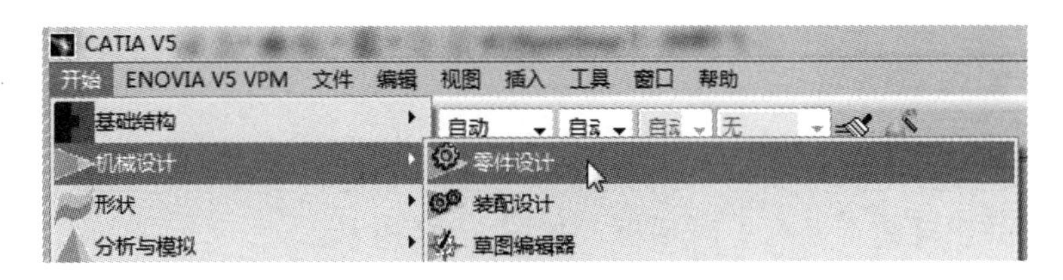

图 3-24　通过开始进入零件设计环境

图 3-25　通过新建进入零件设计环境

图 3-26　通过文件进入零件设计环境

3.1.2　设计流程简介

CATIA 零部件设计的流程主要如图 3-27 所示。先通过拉伸、旋转现有草图得到基本几何实体；然后在基本几何实体上进行开孔、凹槽、镜像、阵列等特征操作进而形成零件的大致外形；最后通过倒圆、倒角等命令对实体进行特征细化，从而得到最终的三维模型。

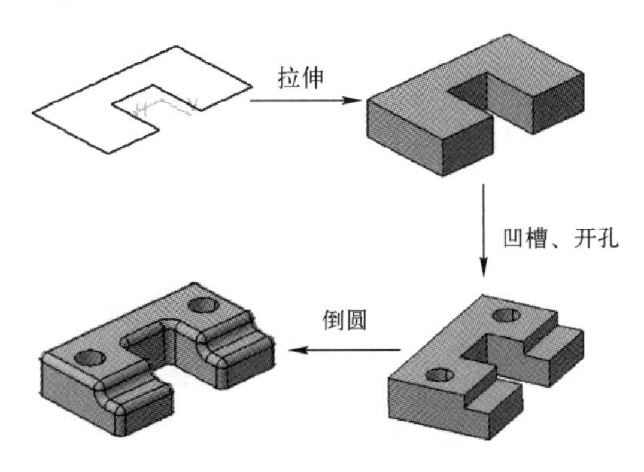

图 3-27　设计流程

3.1.3 凸台

【凸台】是将封闭的草图轮廓沿某一方向拉伸一定长度来创建三维实体。单击【凸台】按钮后，弹出【定义凸台】对话框，如图 3-28 所示。

1．在【类型】的下拉菜单中，有【尺寸】、【直到下一个】、【直到最后】、【直到平面】和【直到曲面】5 种选项，如图 3-29 所示。下面将分别介绍这 5 种类型的使用方法。

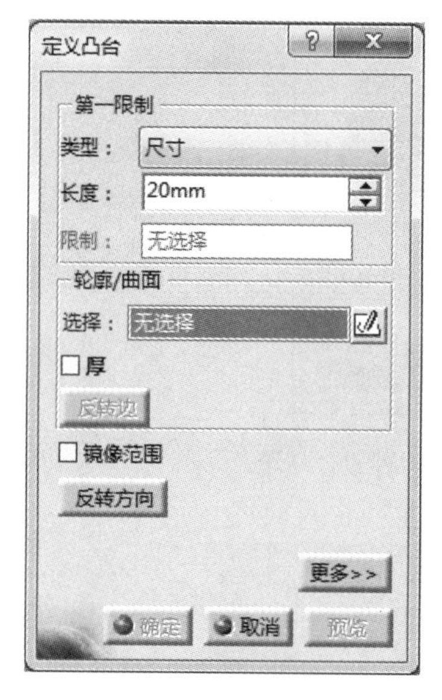

图 3-28　凸台定义对话框

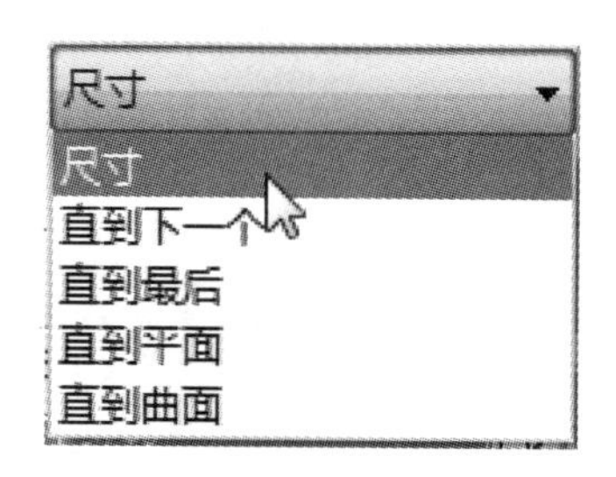

图 3-29　凸台类型

【尺寸】：在【长度】文本框中直接输入需要拉伸的长度后单击【确定】按钮即可，拉伸方向默认为草图平面的法向，如图 3-30 所示。

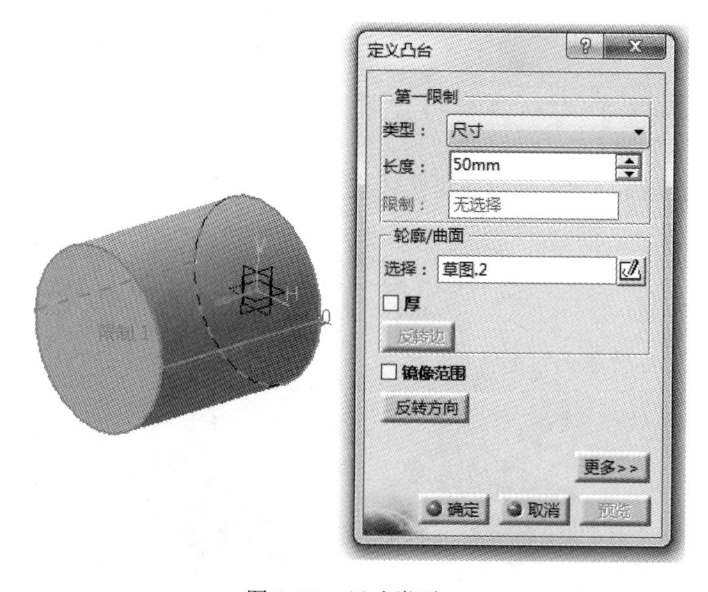

图 3-30　尺寸类型

【直到下一个】：在草图平面的法向上自动识别最近的面作为凸台的限制元素，如图 3-31 所示。

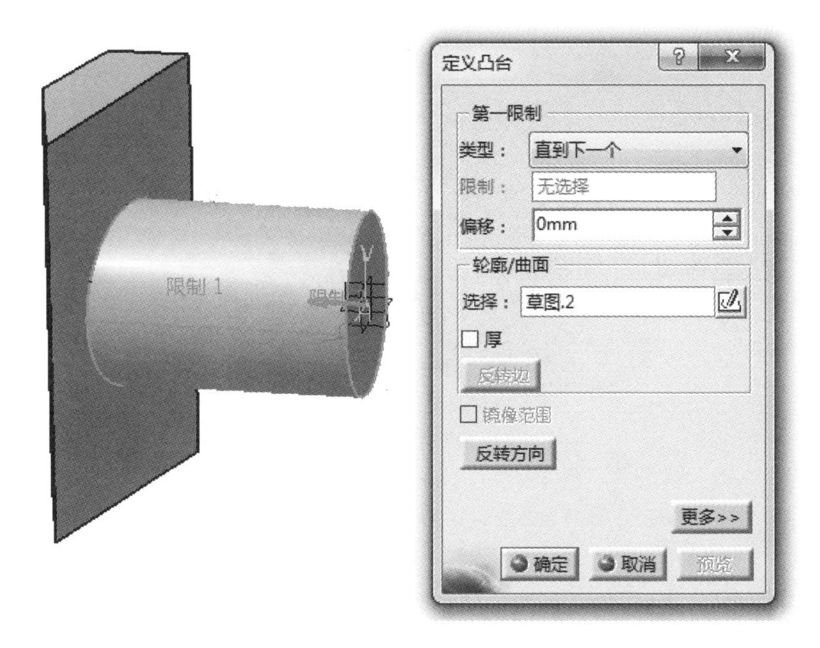

图 3-31　直到下一个类型

【直到最后】：在草图平面的法向上自动识别最远的面作为凸台的限制元素，如图 3-32 所示。

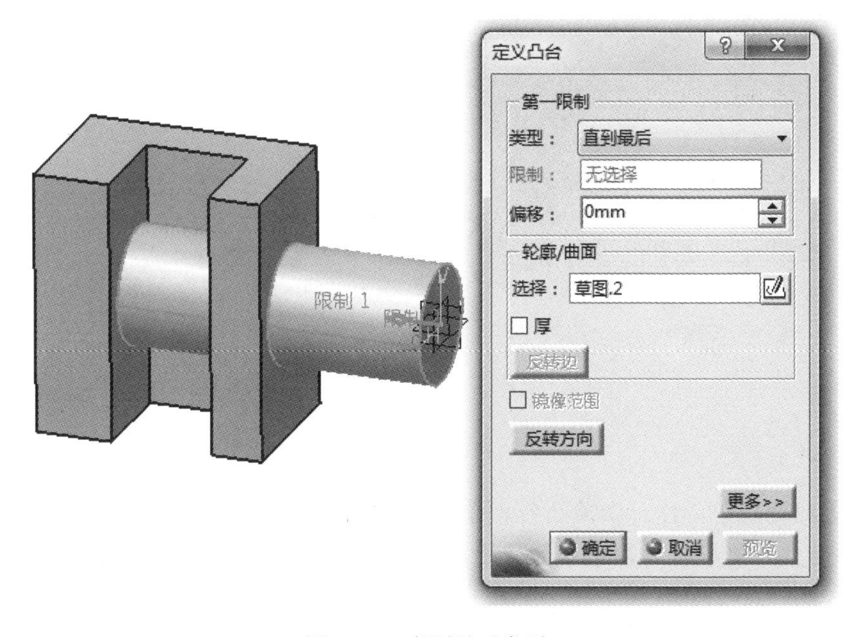

图 3-32　直到最后类型

【直到平面】：用户选择一个平面作为草图拉伸的限制元素，如图 3-33 所示。

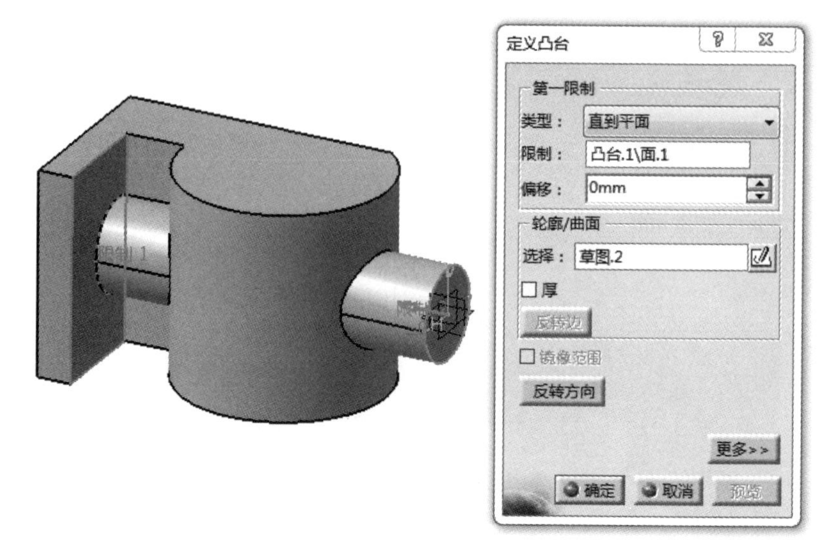

图 3-33　直到平面类型

【直到曲面】：用户选择一个曲面作为草图拉伸的限制元素，如图 3-34 所示。

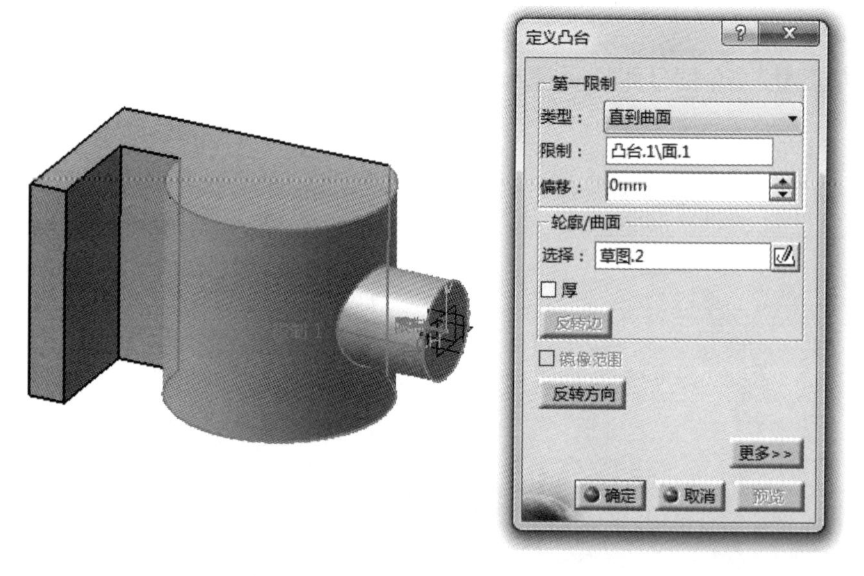

图 3-34　直到曲面类型

2.【厚】命令用于创建一个薄凸台。在勾选【厚】命令后，将弹出隐藏的对话框。用户根据自己的需要，可以在【厚度 1】和【厚度 2】中输入相应的值，即可创建薄凸台，如图 3-35 所示。

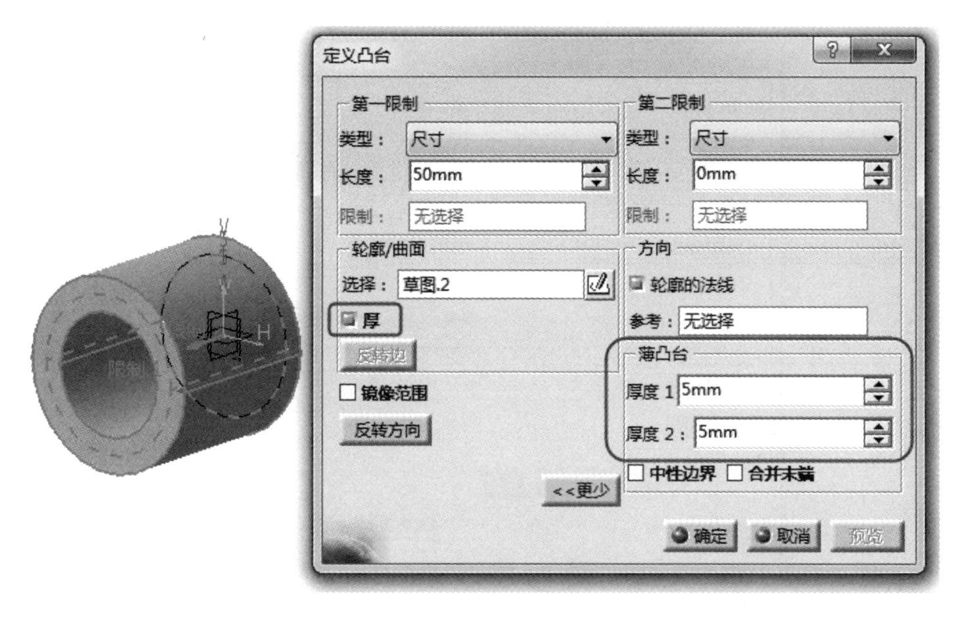

图 3-35 设置厚度

3．镜像范围：当该命令激活时，系统以草图平面为参考元素，向拉伸方向的反向创建同样长度的凸台，如图 3-36 所示。

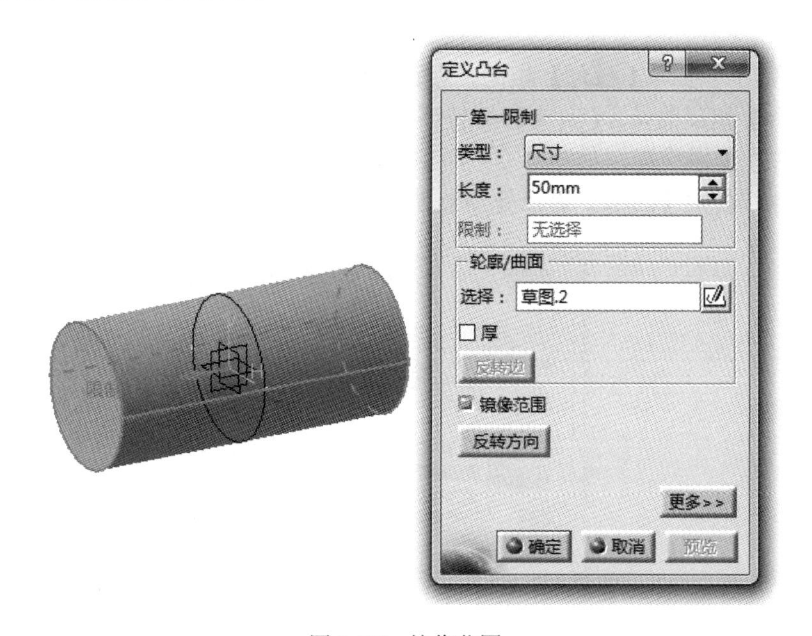

图 3-36 镜像范围

4．用户单击【更多】按钮时，将弹出隐藏的第二限制的对话框，如图 3-37 所示。【第二限制】与【第一限制】的使用方法相同，在此不再赘述。

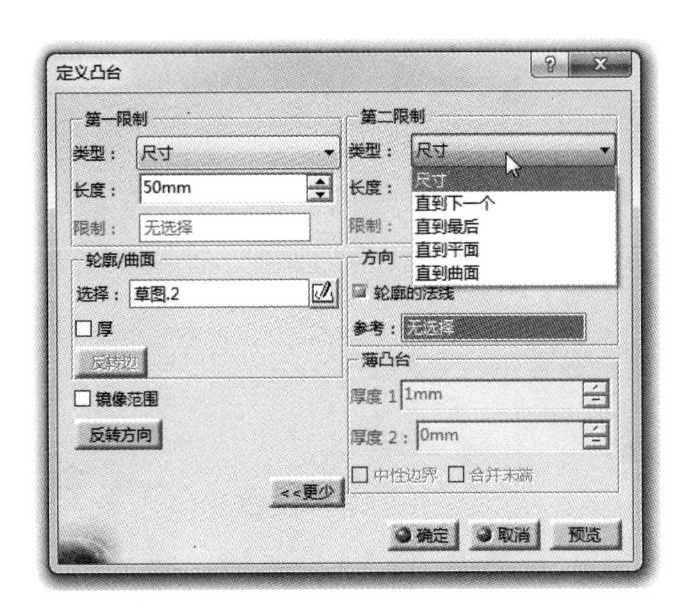

图 3-37　第二限制的类型

3.1.4　凹槽

【凹槽】用于在几何实体上创建各种形状孔，其对话框如图 3-38 所示。从对话框中可以看出，其使用方法与【凸台】相同，在此不再赘述，其详细应用将在以后的实例中演示。而与【凸台】相反的是，【凹槽】特征创建时，轮廓所经过的区域的实体材质将被删除，在实体零件上形成空腔，如图 3-39 所示。当使用【凹槽】命令时，工作台中首先要有一个实体零件，否则【凹槽】命令不能使用。

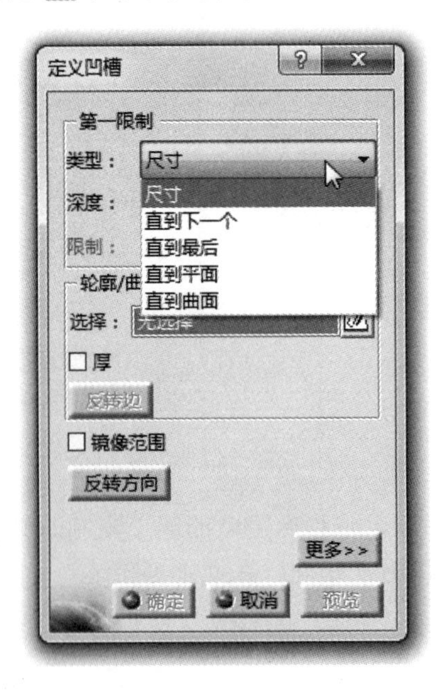

图 3-38　凹槽定义对话框

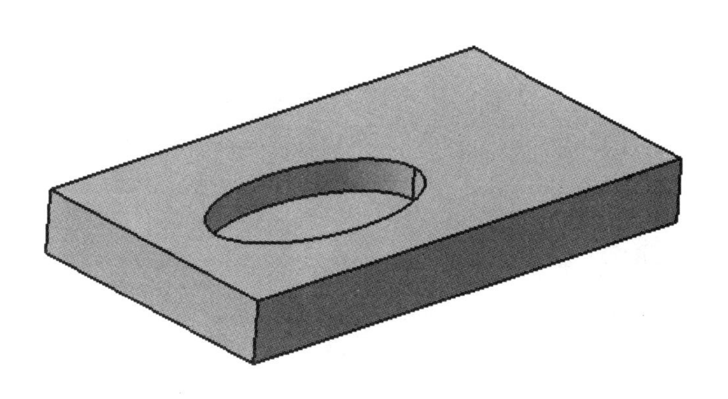

图 3-39　凹槽

3.1.5　旋转体

【旋转体】命令是通过绕轴线旋转闭合草图轮廓来创建实体。其对话框如图 3-40 所示。

图 3-40　旋转体定义对话框

【限制】中的【第一角度】和【第二角度】用来定义草图的旋转范围；

【轮廓/曲面】用于选择创建旋转体的草图；

【轴线】用于选择草图旋转的轴线，可以是系统默认的坐标，也可以是用户创建的任何直线。

旋转体的创建结果如图 3-41 所示。

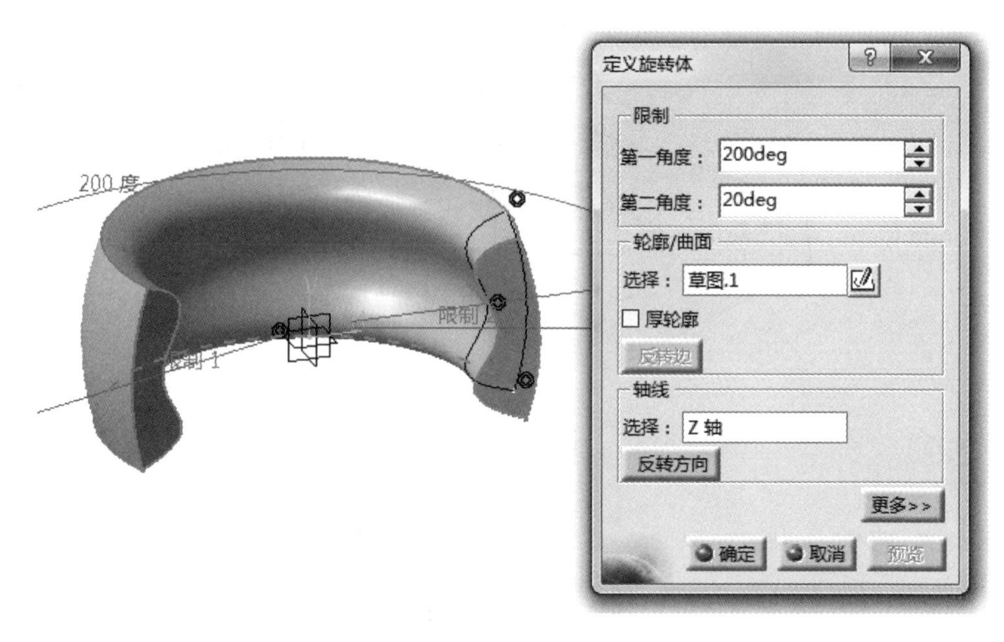

图 3-41　旋转体

3.1.6　旋转槽

【旋转槽】命令通过绕轴线旋转闭合草图轮廓来对实体零件上的材质进行删除，形成槽型空腔。该命令的使用方法和参数输入与【旋转体】相同，在此不再赘述，其详细应用将在以后的实例中演示。【旋转槽】的创建效果如图 3-42 所示。

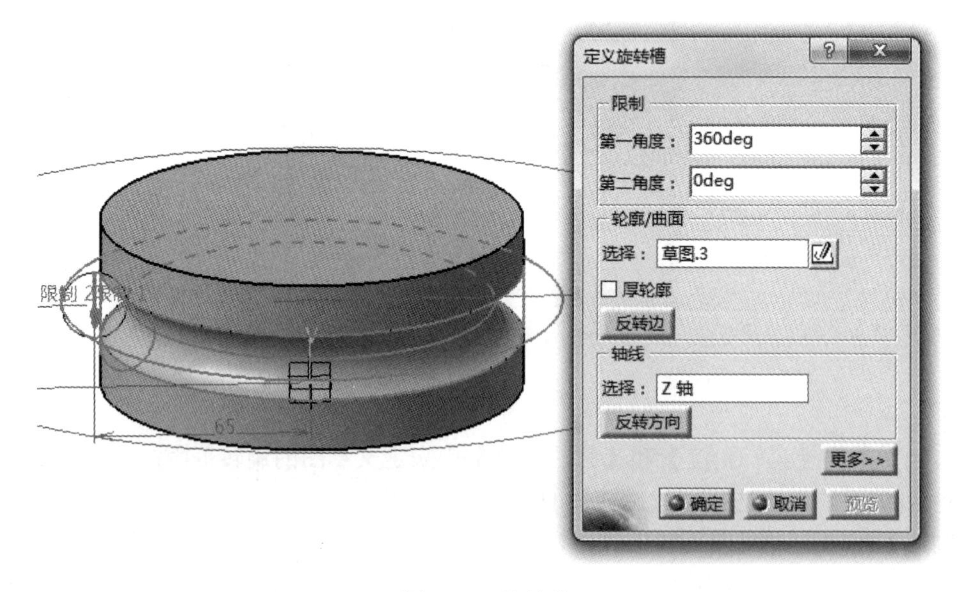

图 3-42　旋转槽

3.1.7 孔

【孔】用于在实体上创建各种孔。在【扩展】、【类型】和【定义螺纹】三个选项中可以定义相关参数来确定孔深度、孔类型和孔的内螺纹，如图 3-43 所示。

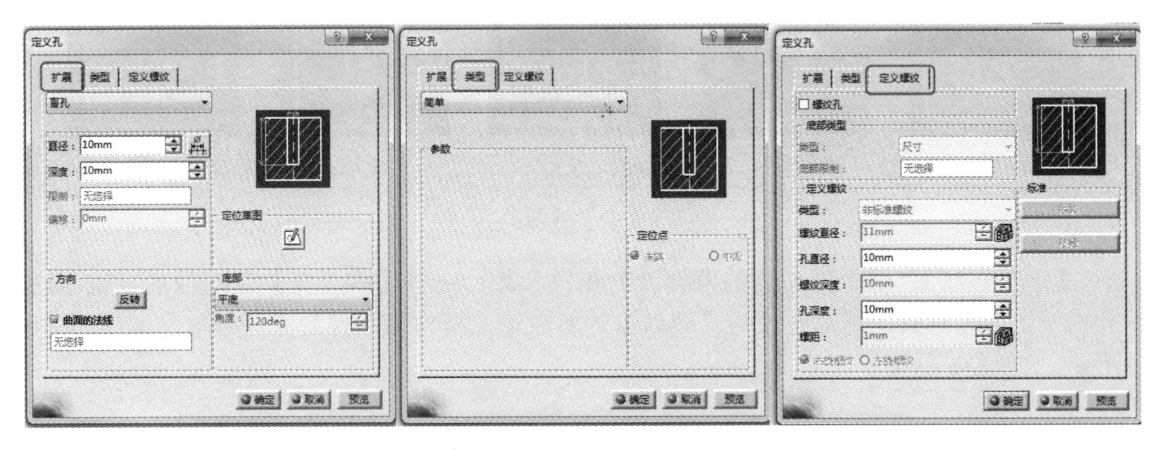

图 3-43　孔定义对话框

【扩展】：用于定义孔向实体内延伸的长度、类型、方向、直径和孔底部的形状，如图 3-44 所示。

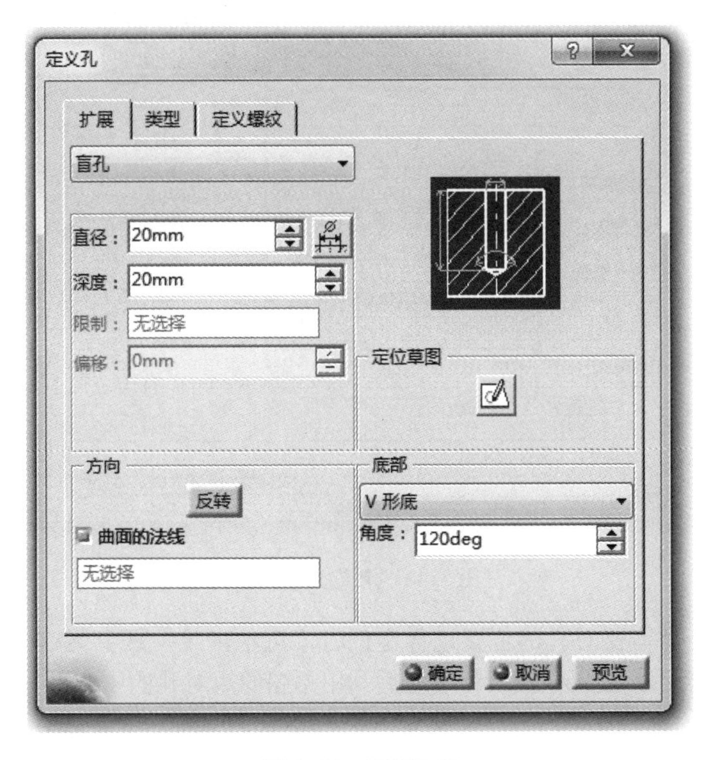

图 3-44　扩展选项

【类型】：用于定义孔的类型。CATIA 提供的孔类型有简单孔、锥状孔、沉头孔、埋头孔和倒钻孔，如图 3-45 所示。选中每种孔类型后，对话框将显示该孔类型的形状和参数的示意图。

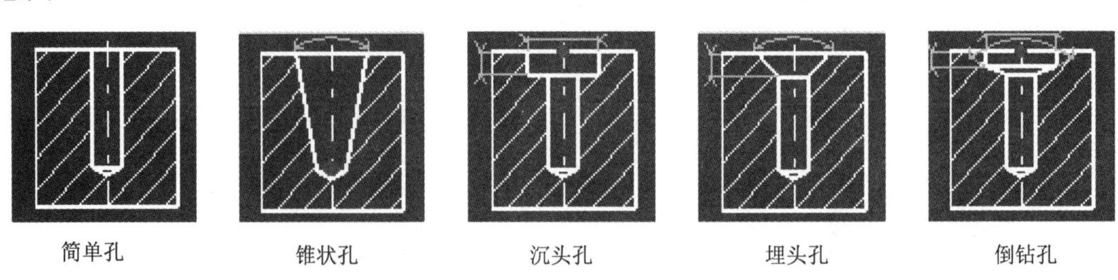

图 3-45　孔的类型

【定义螺纹】：用于定义孔的内螺纹的相关参数。选择【螺纹孔】复选框后，表示在孔内壁上创建螺纹，然后在【定义螺纹】的参数输入框内输入螺纹特征参数，如图 3-46 所示。

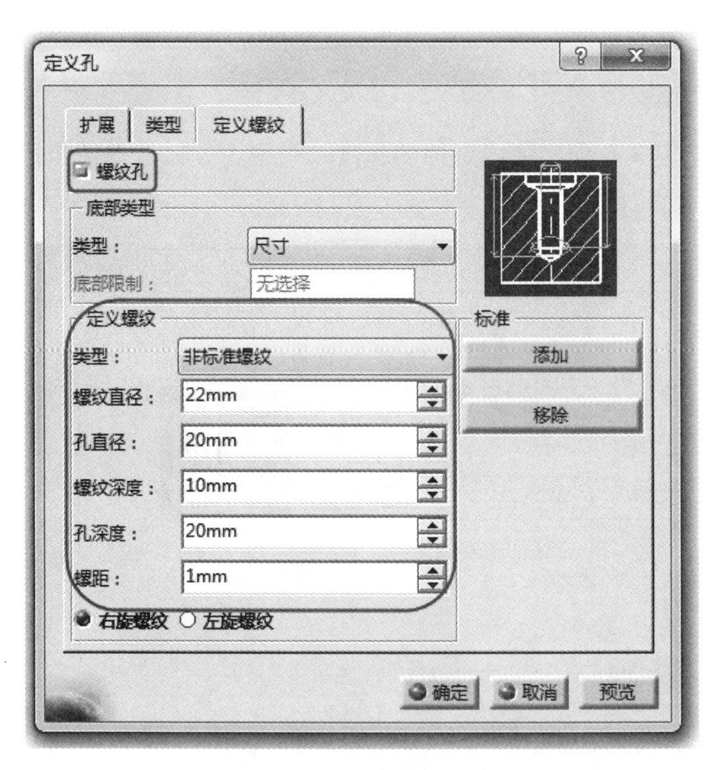

图 3-46　定义螺纹参数

【孔的定位】：当需要对孔的位置进行定位时，可单击【扩展】菜单中的【定位草图】按钮，如图 3-47 所示。进入草图设计环境后利用草图约束对孔的中心进行定位。

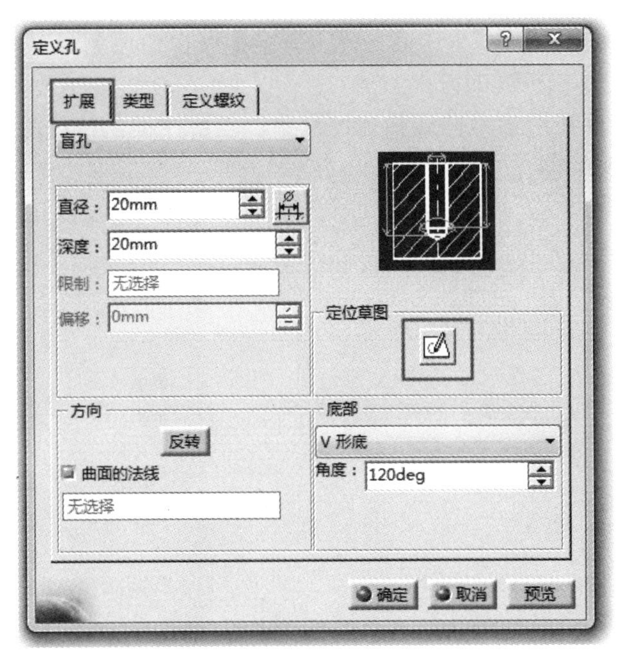

图 3-47 孔的定位

3.1.8 肋

【肋】命令是通过一个封闭曲面和一条参考曲线来创建一个实体。封闭轮廓沿参考曲线扫过的区域将填充成实体，形成肋特征。单击工具栏中的【肋】按钮，弹出【定义肋】对话框。在【轮廓】中选择已绘制的封闭轮廓，【中心曲线】中选择参考曲线就会生成肋特征。如图 3-48 所示。【肋】命令的其他菜单功能介绍如下：

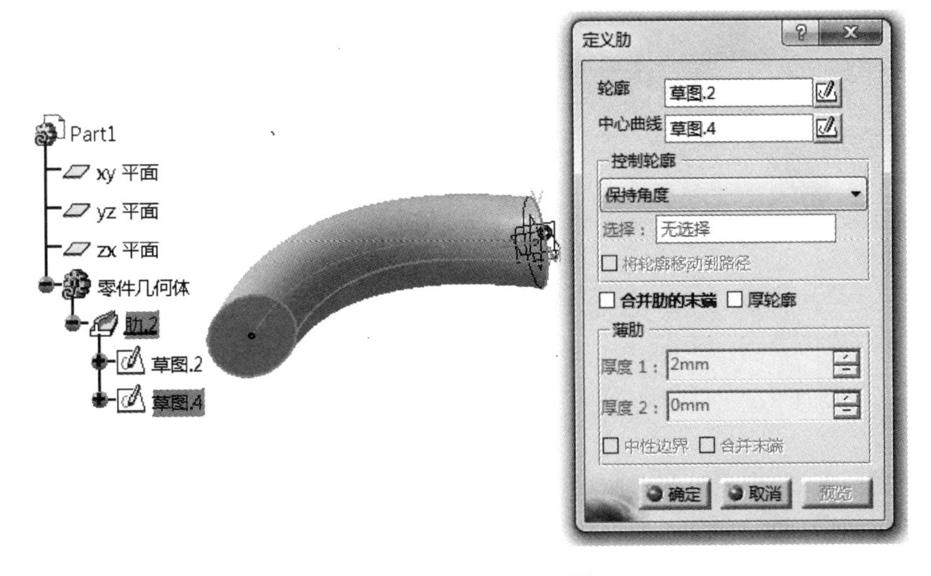

图 3-48 肋定义对话框

【控制轮廓】选项：下拉菜单中有三个选项：【保持角度】、【拔模方向】和【参考曲面】。它们用于定义轮廓扫掠时的方向。

【保持角度】：轮廓在沿参考曲线扫掠过程中，轮廓平面的法线与参考曲线的切线方向保持不变。如图 3-49 所示。

图 3-49　保持角度

【拔模方向】：轮廓在沿参考曲线扫掠过程中，轮廓平面的法线始终指向用户选定的方向。如图 3-50 所示。

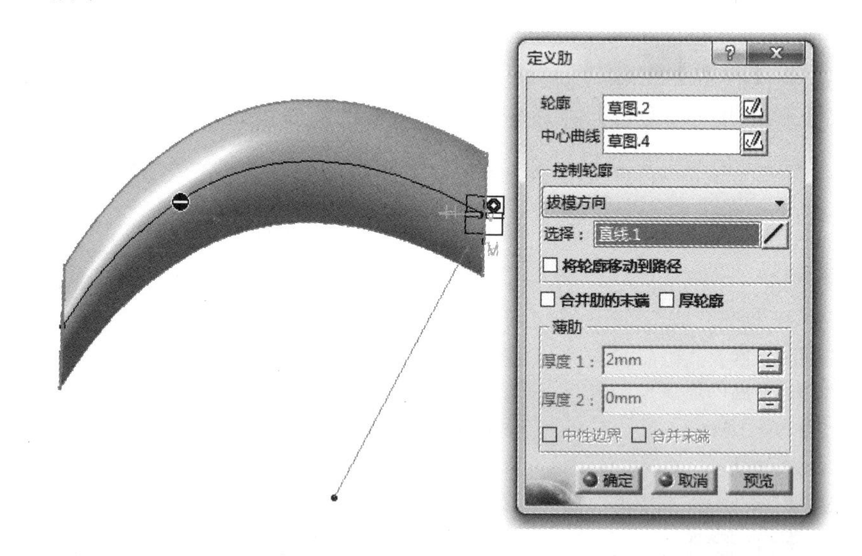

图 3-50　拔模方向

【参考曲面】：轮廓在沿参考曲线扫掠过程中，轮廓平面的法线与参考平面的法线保持恒定的角度。如图 3-51 所示。

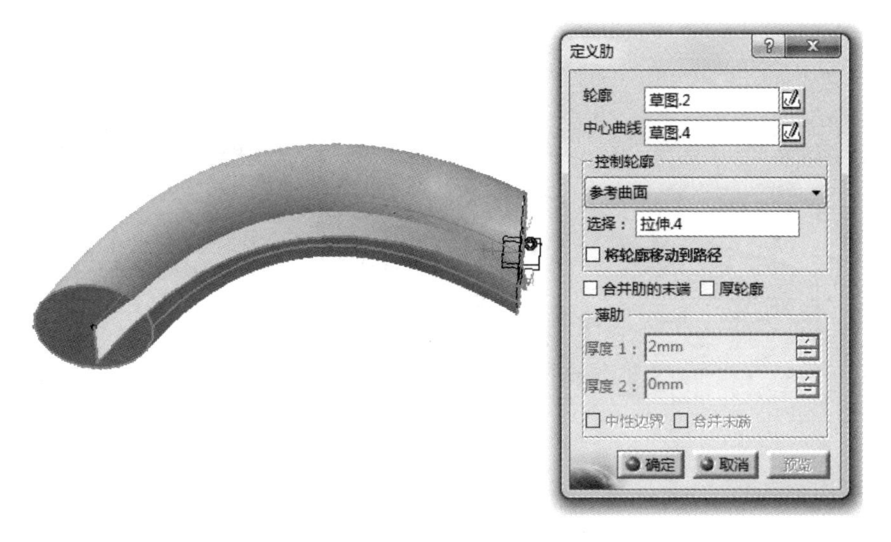

图 3-51 参考曲面

【厚轮廓】：当选中【厚轮廓】复选框后，将激活薄肋功能，该功能用于创建薄壁类型的肋特征，如图 3-52 所示。

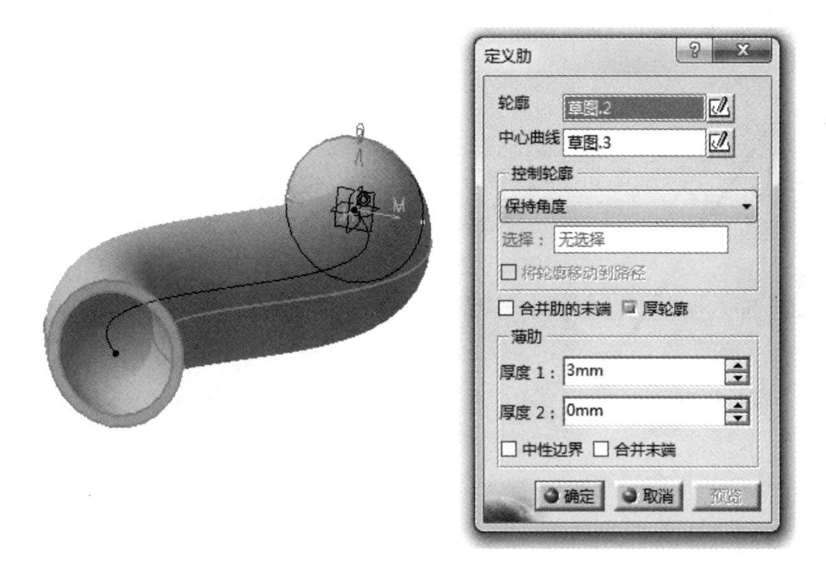

图 3-52 厚轮廓

3.1.9 开槽

【开槽】命令是通过一个封闭曲面和一条参考曲线来创建开槽特征。封闭轮廓沿参考曲线扫过的区域的实体材料将被移除，在实体上形成槽或空腔，如图 3-53 所示。该命令的使用方法与【肋】命令的使用方法相同，在此不再赘述，其详细应用将在以后的实例中演示。

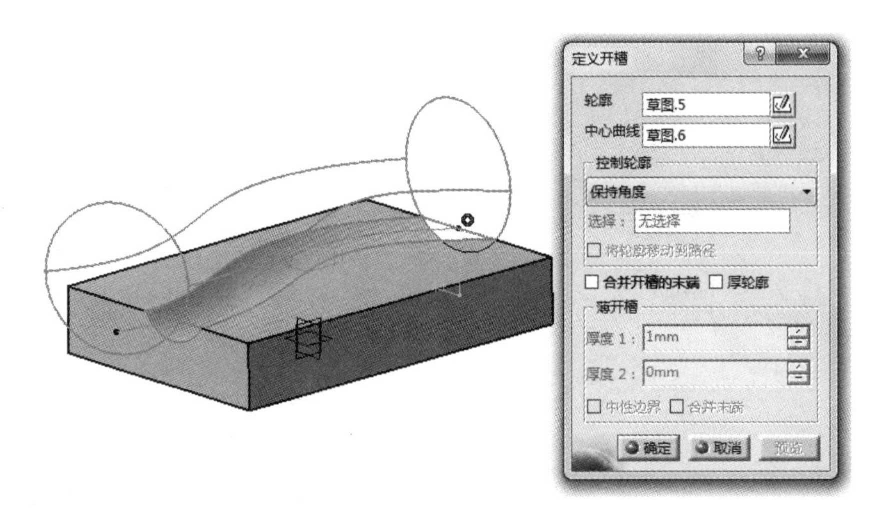

图 3-53　开槽定义对话框

3.1.10　实体混合

【实体混合】是指两个闭合轮廓分别沿两个方向拉伸，其中相交的部分形成实体，如图 3-54 所示。

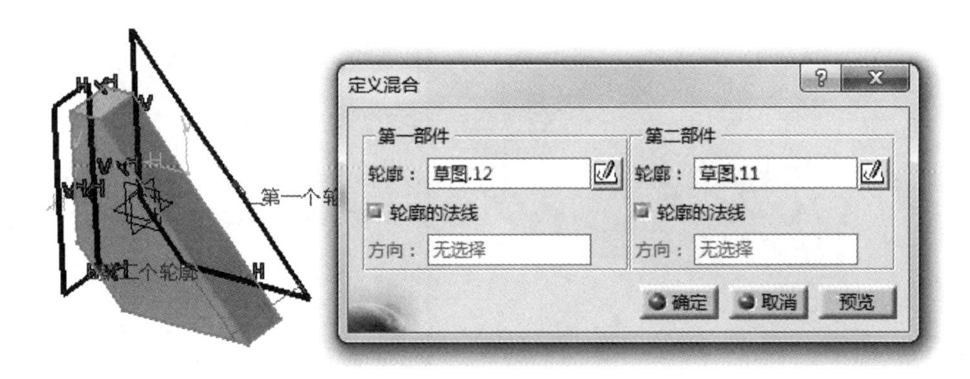

图 3-54　混合实体

【第一部件】：【轮廓】选择已有的第一个草图轮廓，方向默认是草图平面的法向，也可以取消【轮廓的法线】复选框，然后自己定义拉伸方向；

【第二部件】：用法与【第一部件】相同。

3.1.11　多截面实体

【多截面实体】是通过分别在多个平面的封闭轮廓沿脊线进行扫掠，封闭轮廓扫过的的区域形成三维实体。单击【多截面实体】按钮后，弹出【多截面实体定义】对话框，如图 3-55 所示。

图 3-55　多截面实体定义对话框

1．选择封闭轮廓：选中【对截面实体定义】对话框的轮廓选择区域后，再选择工作台上的封闭草图轮廓，最后然后单击【确定】按钮，形成实体，如图 3-56 所示。

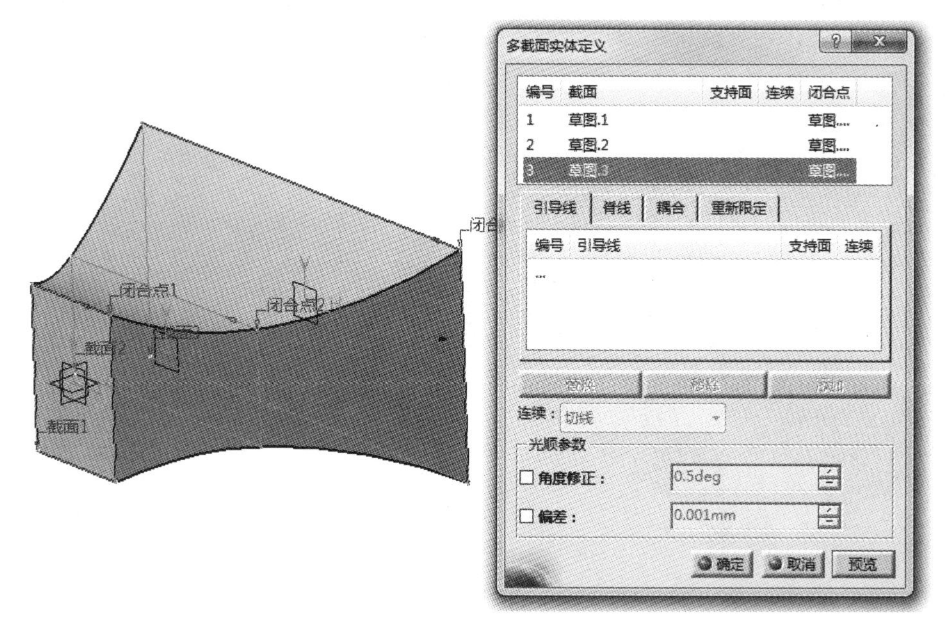

图 3-56　选择轮廓

2．引导线：引导线用于限制轮廓扫掠时边缘的形状。引导线可以由用户自行绘制。其效果如图 3-57 所示。

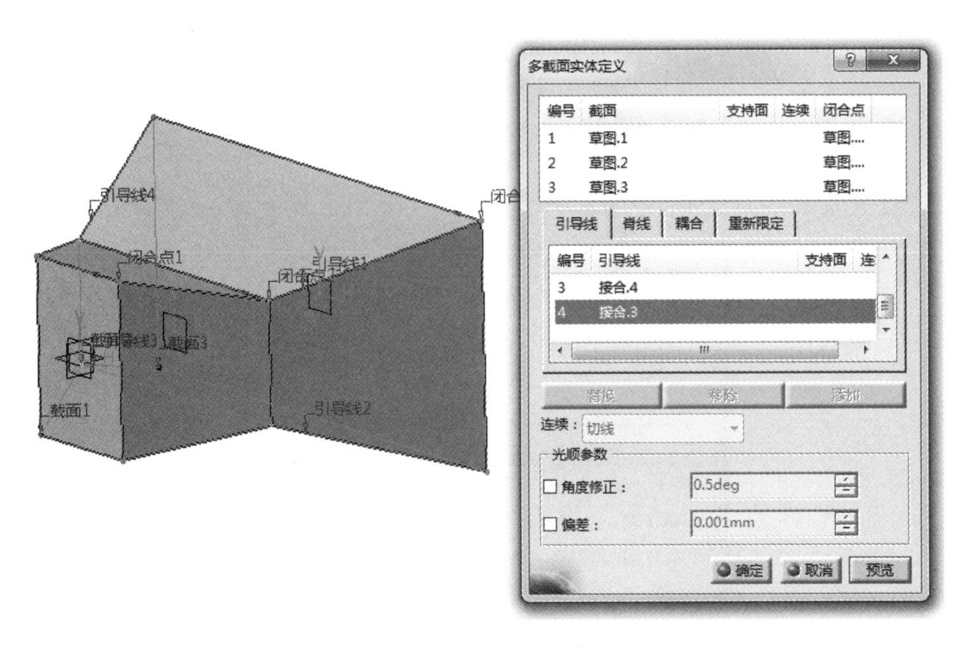

图 3-57　选择引导线

3.1.12　已移除的多截面实体

【已移除的多截面实体】命令是通过分别在多个平面的封闭轮廓沿脊线进行扫掠，封闭轮廓扫过的实体形成槽或空腔。其效果如图 3-58 所示，使用方法与【多截面实体】相同，在此不再赘述，详细应用将通过以后的实例进行演示。

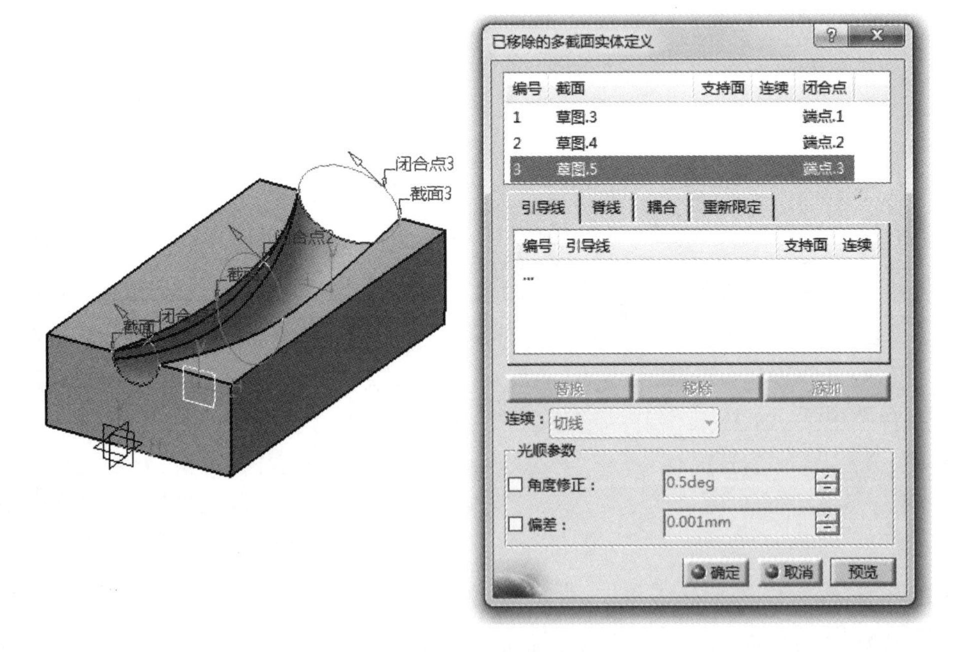

图 3-58　移除多截面实体

3.2 实例▪知识点——盒子

本实例将演示如何绘制一个具有倒圆特征与拔模特征的盒子，其结构如图 3-59 所示。

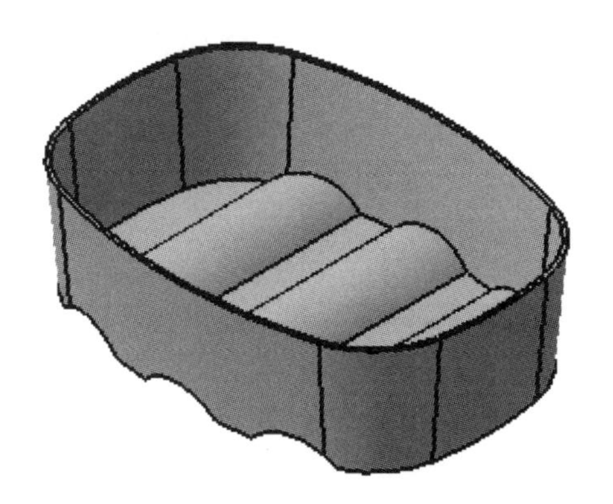

图 3-59 盒子

【思路分析】

该零件图由凸台、倒圆、拔模、凹槽和盒体几个特征组成。绘制此图的方法是：先绘制出主体部分，然后分别对倒圆、拔模、凹槽、盒体几个特征逐步完善。步骤如图 3-60、图 3-61 和图 3-62 所示。

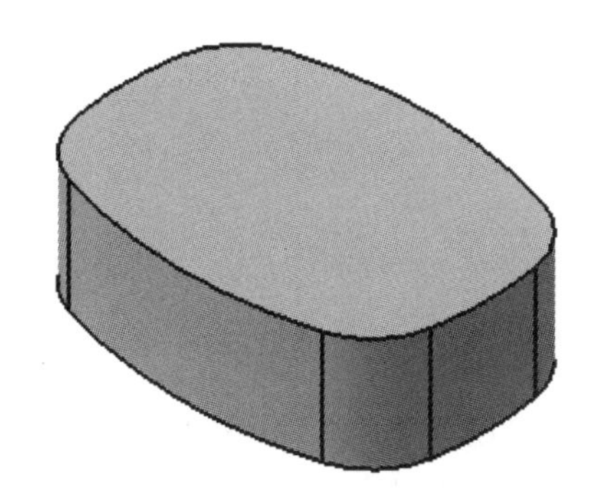

图 3-60 凸台与倒圆

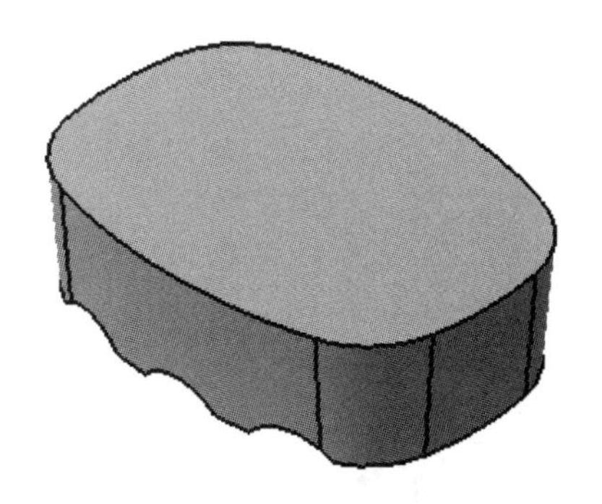

图 3-61 拔模与凹槽

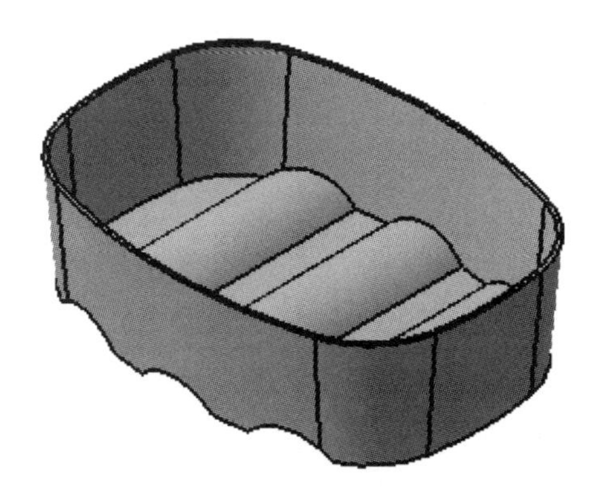

图 3-62 盒体

【光盘文件】

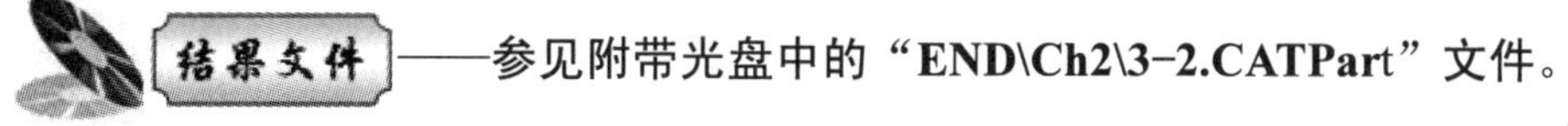

——参见附带光盘中的“END\Ch2\3-2.CATPart”文件。

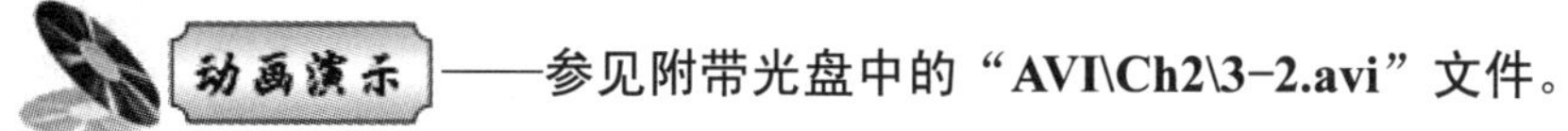

——参见附带光盘中的“AVI\Ch2\3-2.avi”文件。

【操作步骤】

[1]．从菜单栏中选择【开始】→【机械设计】→【零件设计】，如图 3-63 所示。

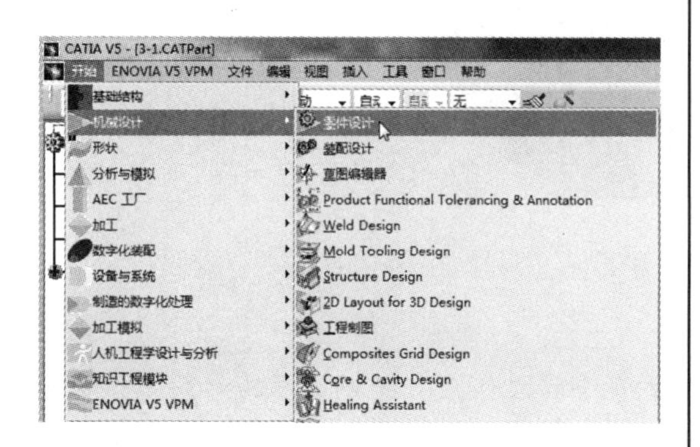

图 3-63　进入零部件设计环境

[2]．输入新建文件的文件名“3-2”，如图 3-64 所示。

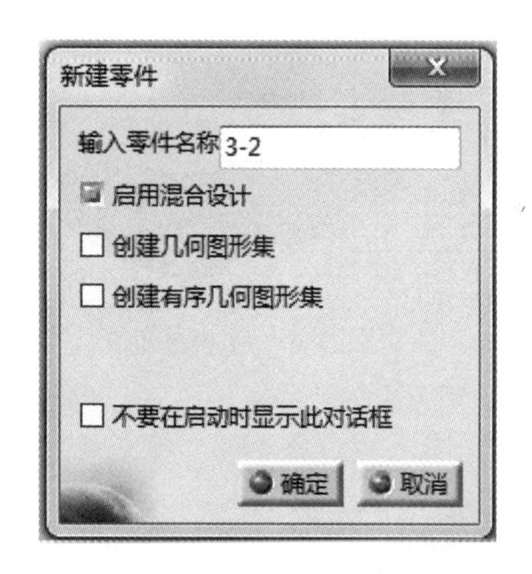

图 3-64　新建文件命名

[3]．单击【草图】按钮并选中【xy 平面】，进入草图设计环境，如图 3-65 所示。

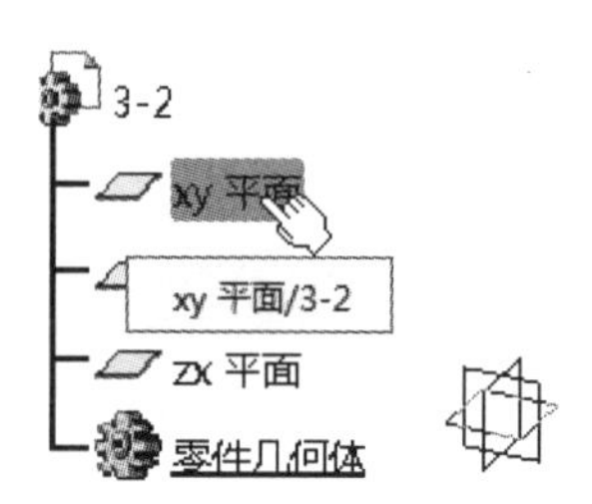

图 3-65　选择参考平面

[4]．单击【圆弧】按钮，将圆心落在 H 轴上，在 V 轴左边绘制一个圆，并将半径约束为 120mm，如图 3-66 所示。

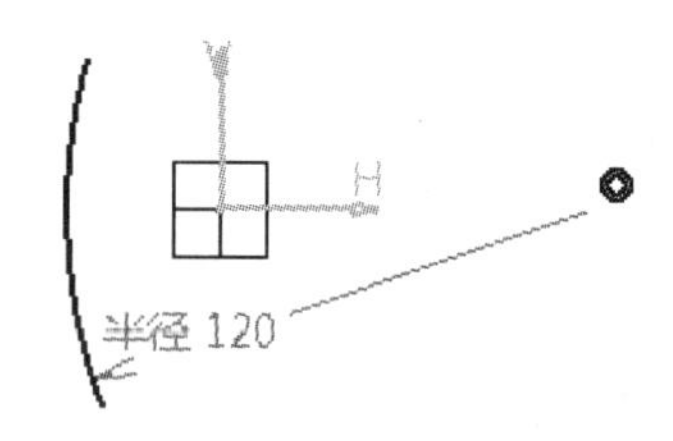

图 3-66　绘制圆弧

[5]．单击【镜像】按钮，将步骤[4]中的圆弧以 V 轴为对称轴进行镜像，并将两条圆弧的水平距离约束为 70mm，如图 3-67 所示。

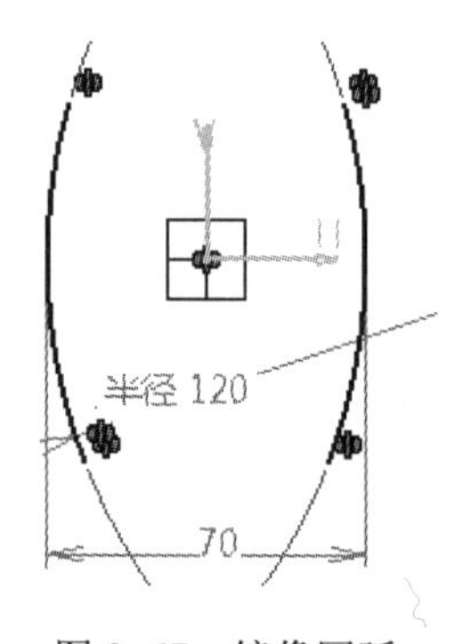

图 3-67　镜像圆弧

[6]．单击【圆弧】按钮，将圆心落在

V 轴上，在 H 轴上方绘制一个圆，并将半径约束为 80mm，如图 3-68 所示。

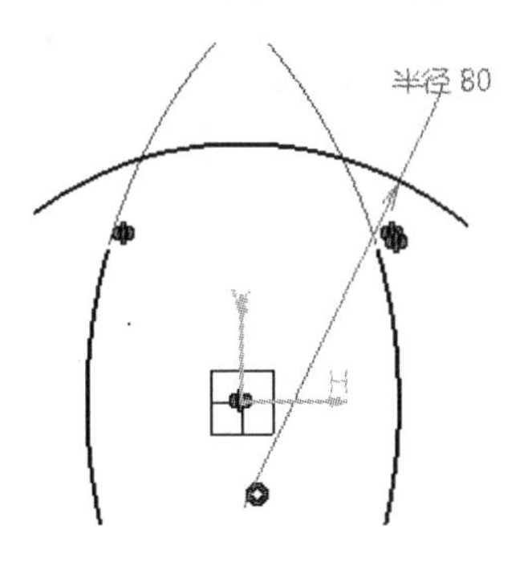

图 3-68 绘制圆弧

[7]. 单击【镜像】按钮，将步骤[6]的圆弧以 H 轴为对称轴进行镜像，并将两条圆弧的竖直距离约束为 100mm，如图 3-69 所示。

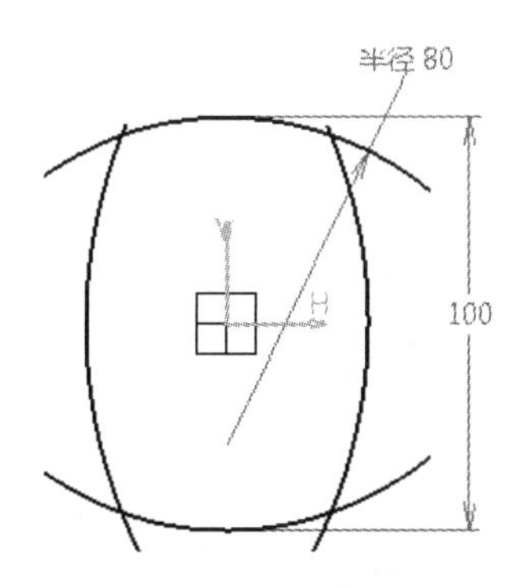

图 3-69 镜像圆弧

[8]. 单击【快速修剪】按钮，对图形进行修剪，如图 3-70 所示。

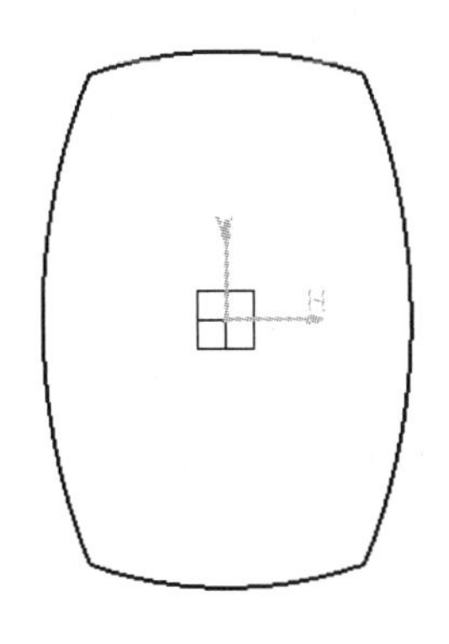

图 3-70 快速修剪

[9]. 单击【退出工作台】按钮退出草图设计环境，如图 3-71 所示。

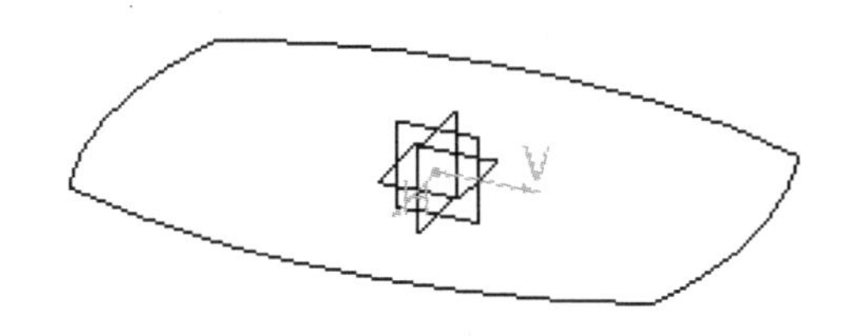

图 3-71 退出草图

[10]. 单击【凸台】按钮，然后选中草图，沿 Z 轴正向拉伸 30mm，如图 3-72 所示。

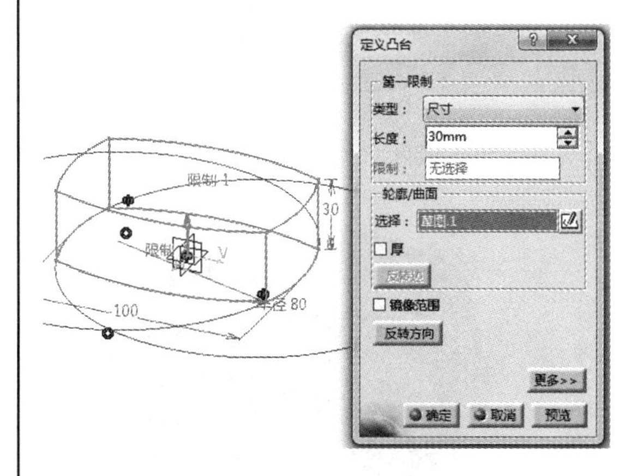

图 3-72 凸台

[11]. 单击【倒圆角】按钮，然后选中凸台中的四个棱边，对其进行倒圆角，圆角半径为 20mm，如图 3-73 所示。

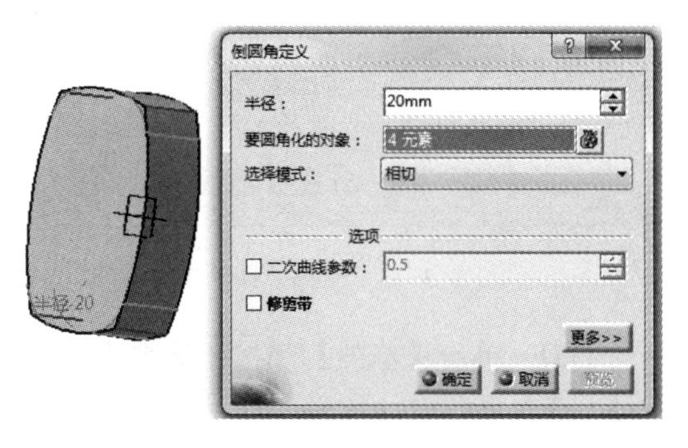

图 3-73 倒圆角

[12]. 单击【拔模斜度】按钮，在弹出的对话框的【要拔模的面】中选中凸台的圆弧面，如图 3-74 所示。在【中性元素】中选中凸台的底面，如图 3-75 所示。【角度】输入 5deg，然后单击【确定】按钮。

图 3-74 选择拔模面

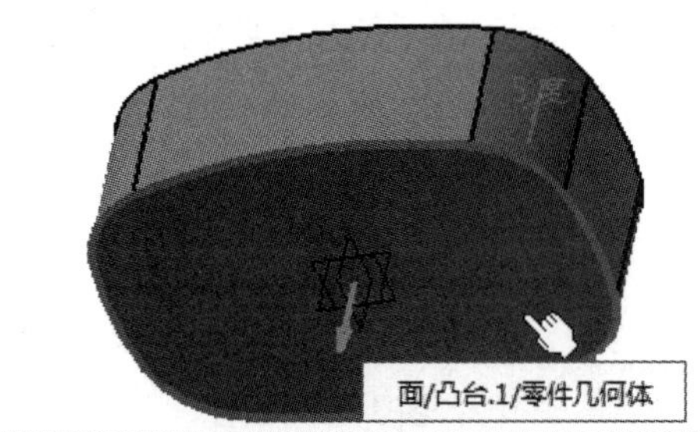

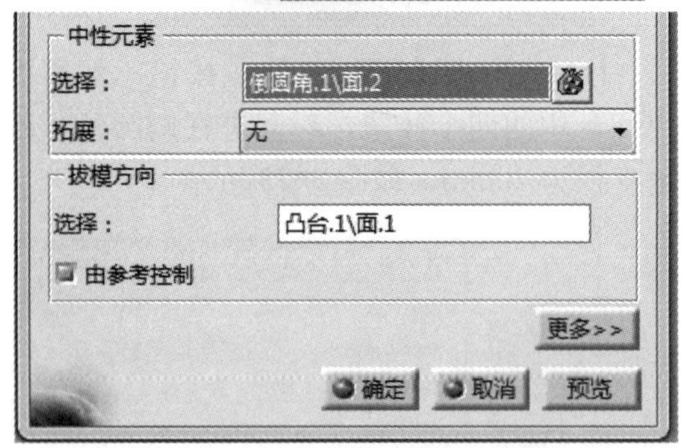

图 3-75 选择中性面

[13]. 单击【草图】按钮选中【yz 平面】，进入草图设计环境，并绘制如图 3-76 所示的三个圆。

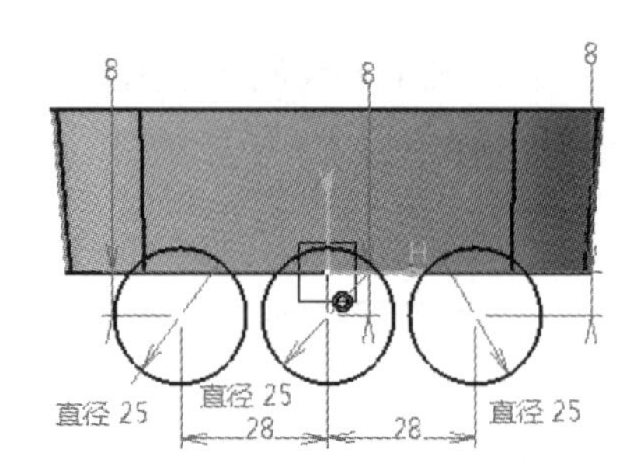

图 3-76 绘制圆

[14]. 单击【退出工作台】按钮退出草图设计环境，如图 3-77 所示。

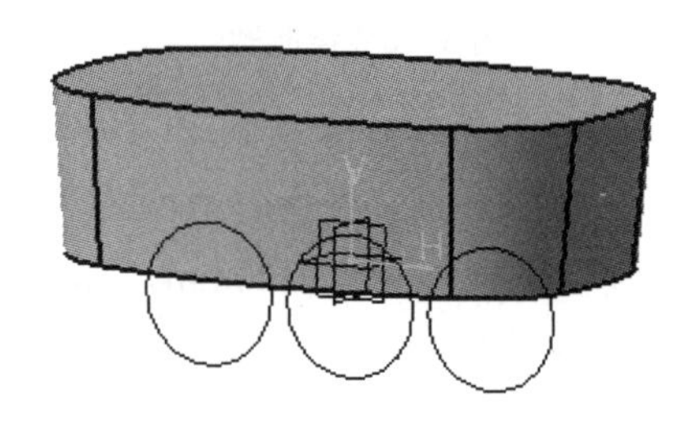

图 3-77 退出草图

[15]. 单击【凹槽】按钮，在【轮廓/曲面】中选中三个圆，在【深度】输入 40mm，并选中【镜像范围】，如图 3-78 所示。然后单击【确定】按钮。

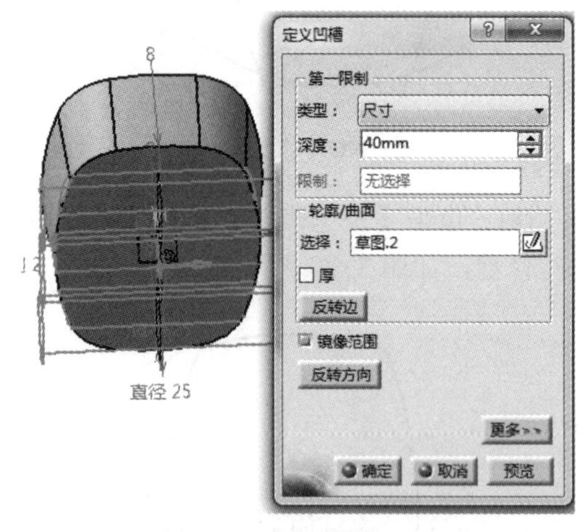

图 3-78 凹槽

[16]. 单击【盒体】按钮，在【要移除的面】中选中凸台的上表面，其余参数如图 3-79 所示。然后单击【确定】按钮，即可完成盒子的绘制，如图 3-80 所示。

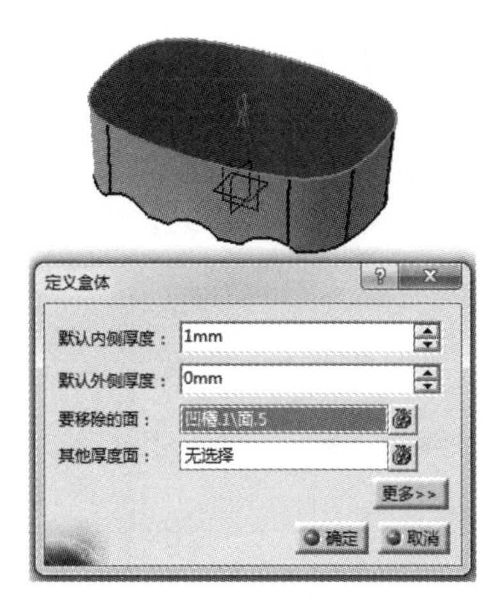

图 3-79　盒体参数

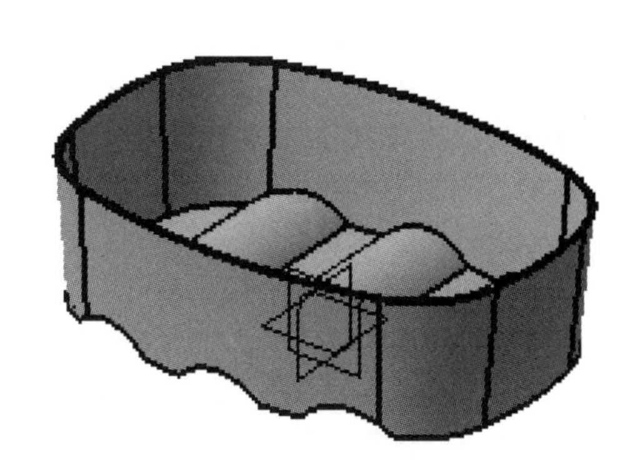

图 3-80　盒子

3.2.1　倒圆角

【倒圆角】命令是实体的边线进行倒圆角，使两个面的锐边圆滑过渡。单击【倒圆角】按钮后，弹出【倒圆角定义】对话框，在【半径】输入框内输入圆角半径，在【要圆化的对象】中选择实体的锐边或面，单击【确定】按钮即可，如图 3-81 所示和图 3-82 所示。

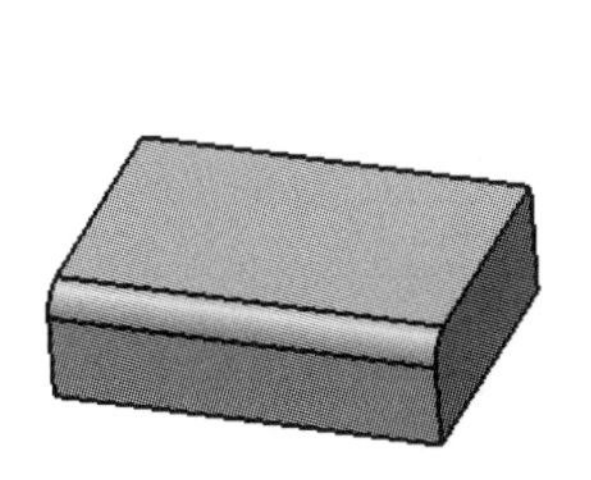

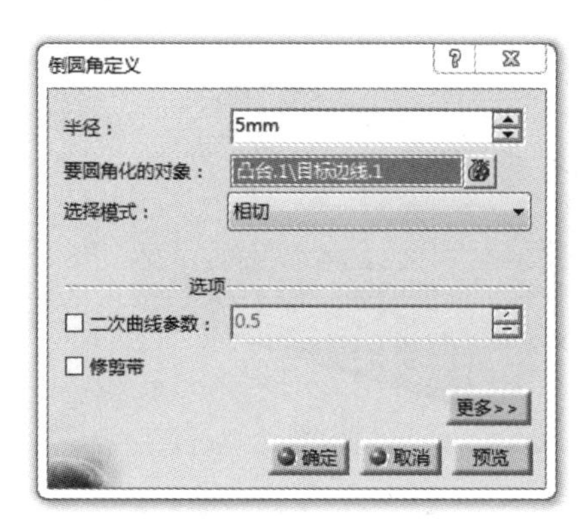

图 3-81　对边倒圆角

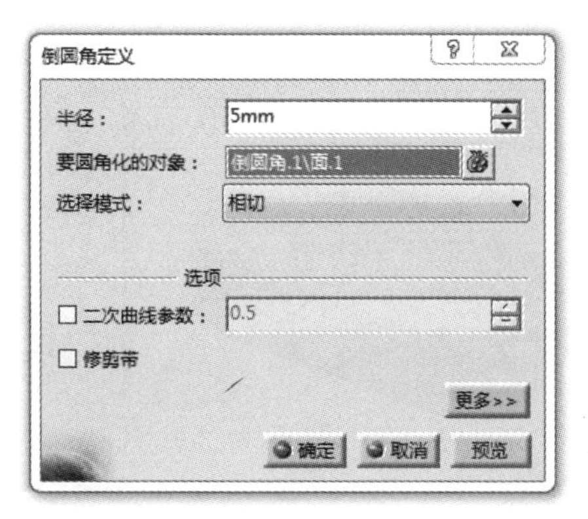

图 3-82　对面倒圆角

1.【选择模式】：在【选择模式】下拉菜单中，有【相切】、【最小】、【相交】、【与选定特征相交】四个选项。

【相切】：系统默认选项是相切。在此状态下，与所选边线相切的线段也会一起选中，如图 3-83 所示；

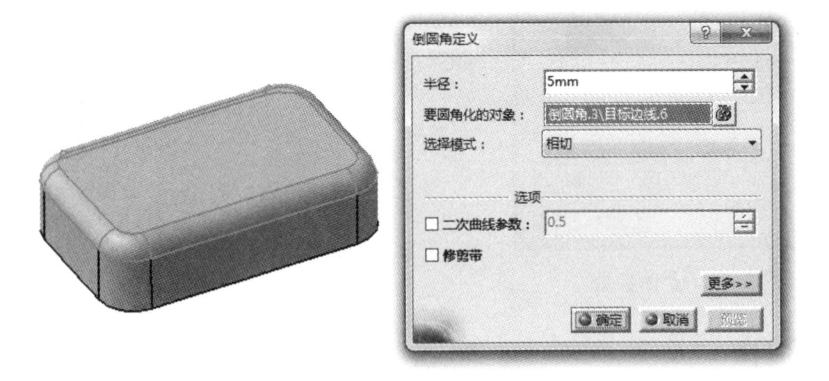

图 3-83　相切模式

【最小】：只圆化选定的边，如图 3-84 所示；

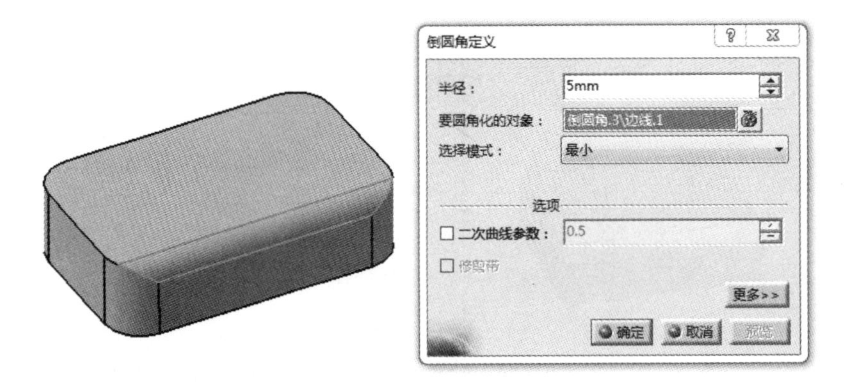

图 3-84　最小模式

【相交】：对同一实体的特征之间具有切线连续的边线进行倒圆角，如图 3-85 所示；

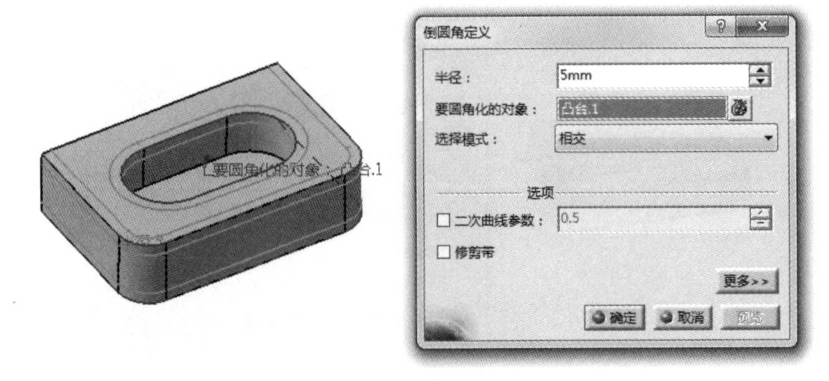

图 3-85　相交模式

【与选定特征相交】：对同一个实体的两个特征之间相交的边线进行倒圆角，如图 3-86 所示。

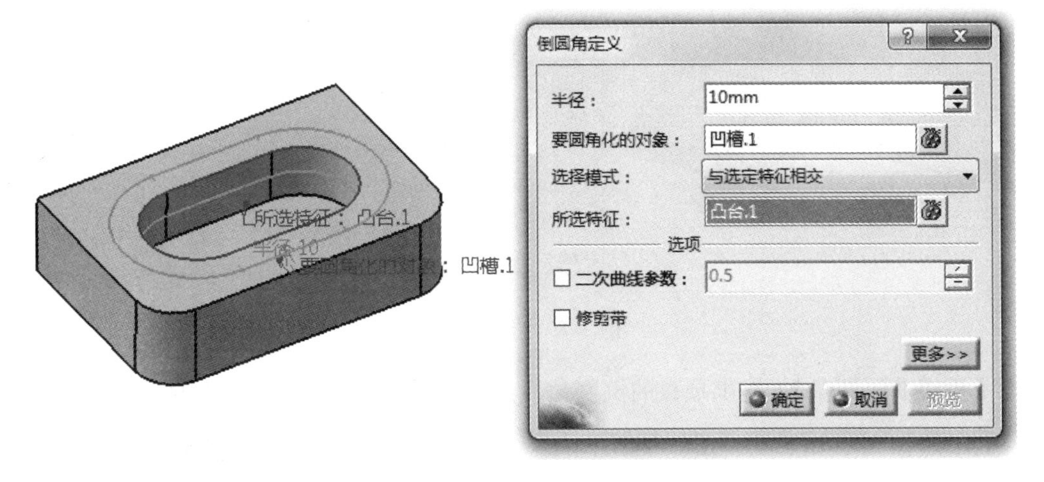

图 3-86 特定相交模式

2.【要保留的边】：选中的边线不会进行倒圆角处理，如图 3-87 所示。该命令在单击【更多】按钮后可见。

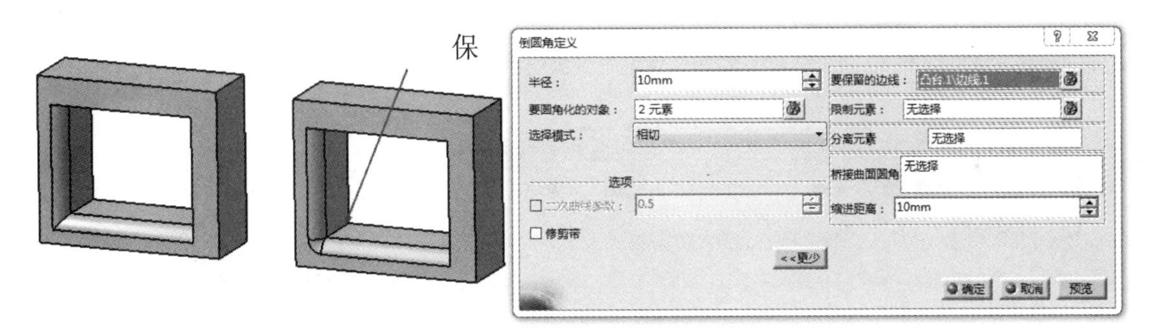

图 3-87 保留边模式

3.【限制元素】：用于指定圆角的边界。限制元素可以是面、圆角的边线和点，如图 3-88 所示。

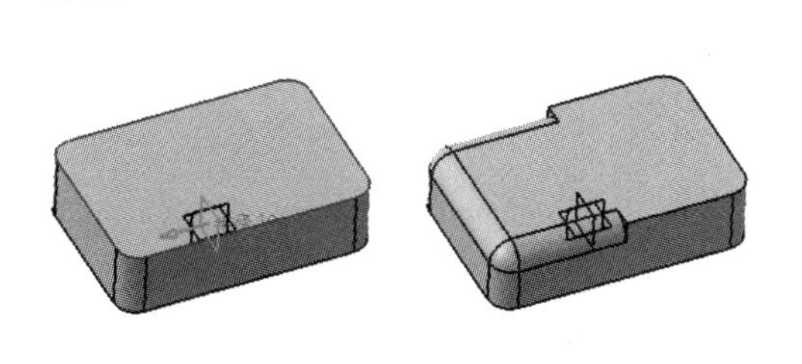

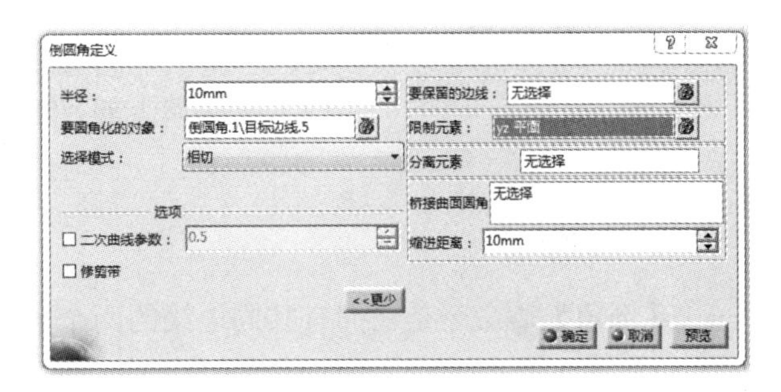

图 3-88 限制元素

4.【分离元素】：用于将倒圆角分成两段，如图 3-89 所示。

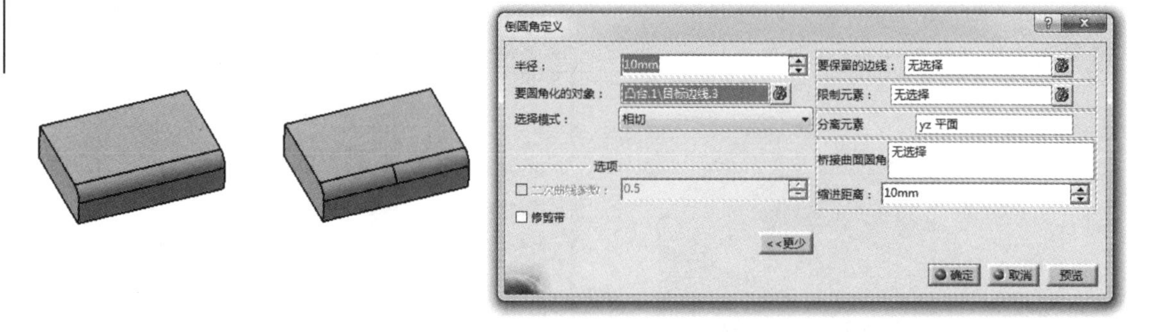

图 3-89　分离元素

5.【桥接曲面圆角】：提供顶点的倒圆角方式，提高倒圆角的质量，如图 3-90 所示。

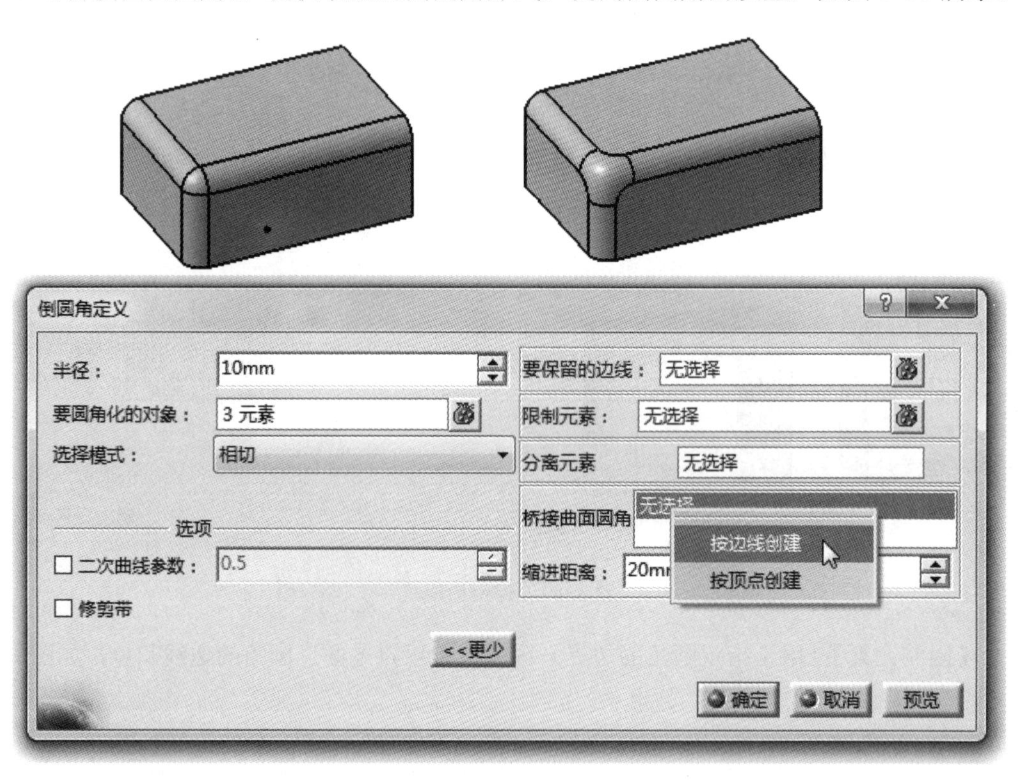

图 3-90　桥接曲面圆角

3.2.2　倒角

【倒角】命令是在拥有共同边线的两个面上创建一个倒角斜面，如图 3-91 所示。

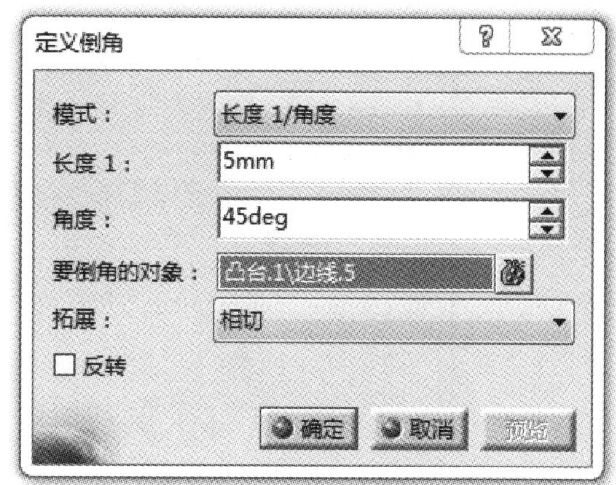

图 3-91　倒角

【倒角】命令有两种参数确定模式：第一种是定义倒角边长度与斜面角度；第二种是定义两个倒角边的长度，如图 3-92 所示。【倒角】命令的详细使用方法与【倒圆角】命令类似，在此不再赘述。

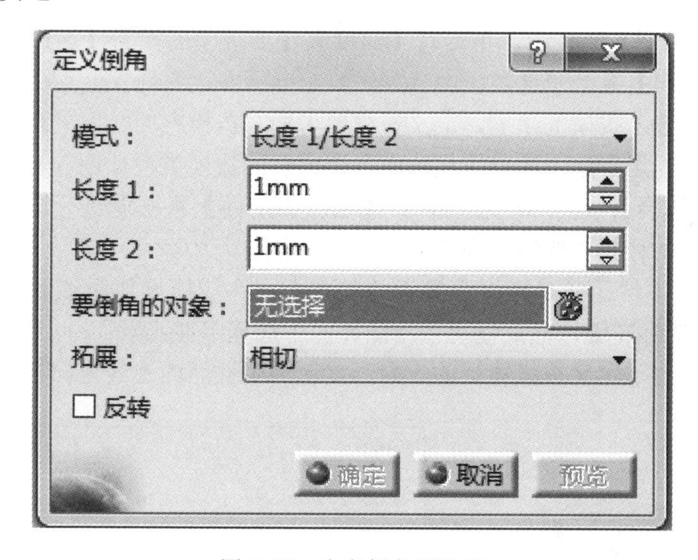

图 3-92　定义倒角两长度

3.2.3　拔模斜度

【拔模斜度】命令用于创建使零件与模具易于分离的拔模特征。单击【拔模斜度】按钮后弹出【定义拔模】对话框，如图 3-93 所示。其分为【拔模类型】选区与【分离元素】选区。

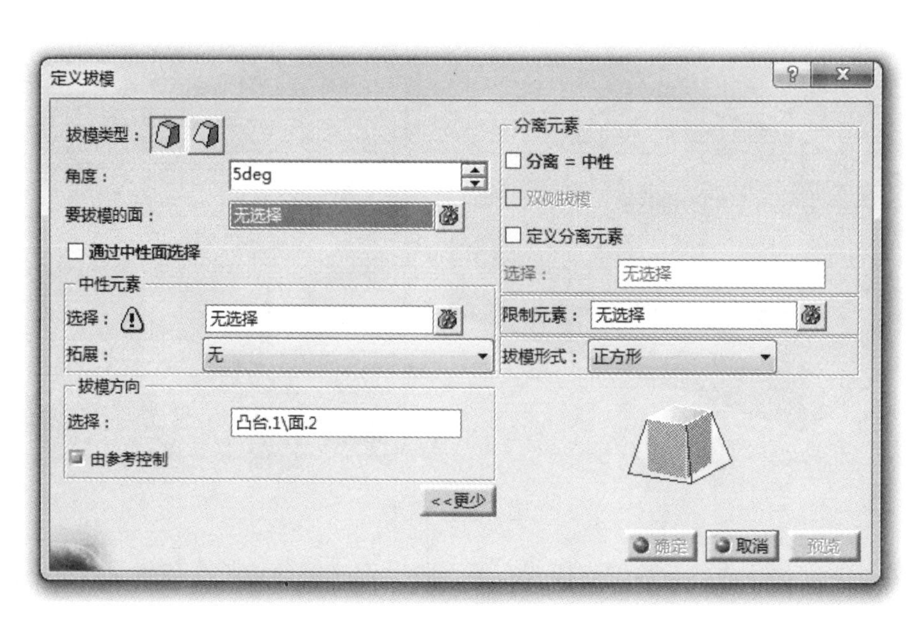

图 3-93　拔模定义对话框

1．在【拔模类型】选区中，主要有【角度】、【要拔模的面】、【通过中性面选择】、【中性元素】、【拔模方向】五个子选项。

【角度】：用于输入拔模的角度，定义拔模参考面与拔模方向之间的角度；

【要拔模的面】：用于选中需要拔模的面。选定后的拔模类型如图 3-94 所示；

【通过中性面选择】：选中该复选框时，【要拔模的面】将不能进行选择，系统将通过用户指定的中性面自动计算要拔模的面，如图 3-95 所示；

【中性元素】：中性元素是指用于参考的固定面，在拔模操作时该面保持不变。用户在【选项】框中单击鼠标左键，然后便可在绘图界面中选择中性元素；

【拔模方向】：用于定义拔模特征的方向，默认为中性面的法线方向。

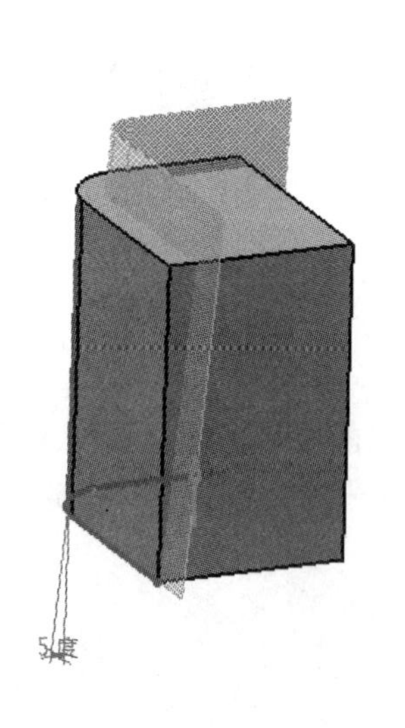

图 3-94　要拔模的面

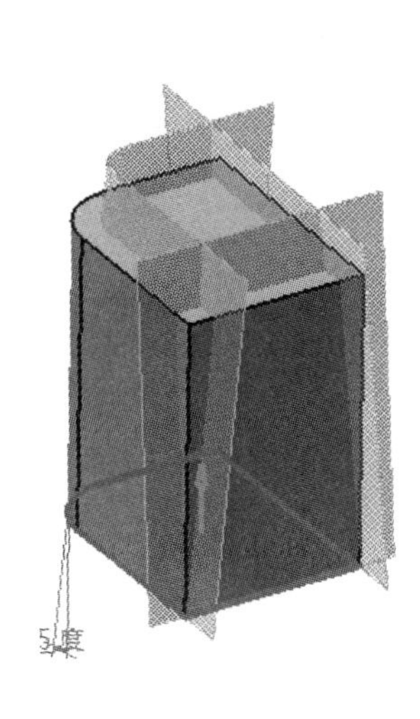

图 3-95　中性元素

2．在【分离元素】选区中，有【分离=中性】、【双侧拔模】、【定义分离元素】、【限制元素】、【拔模形式】五个子选项。

【分离=中性】：当该复选框选中时候，表示以中性面为边界，只在实体的一侧创建拔模特征；

【双侧拔模】：选中【分离=中性】时激活该复选框。当【双侧拔模】选中时，将以中性面为对称面，向两个方向进行拔模，如图 3-96 所示；

【定义分离元素】：用户选中该复选框时，可手动选择一个面作为拔模的分离元素。用户在【选项】框中单击鼠标左键，然后便可在绘图界面中选择分离元素；

【限制元素】：选中一个面来限制拔模特征，如图 3-97 所示；

【拔模形式】：分为【圆锥面】和【正方形】两种。

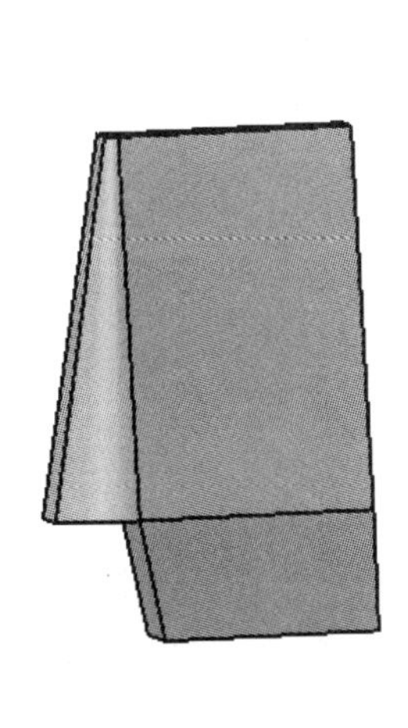

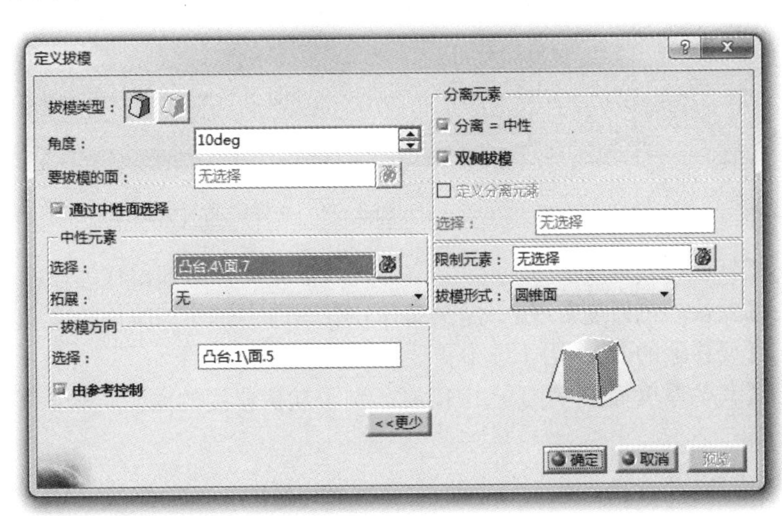

图 3-96　双侧拔模

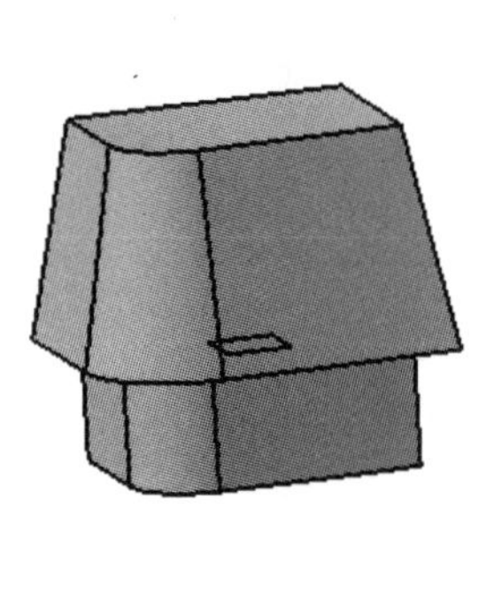
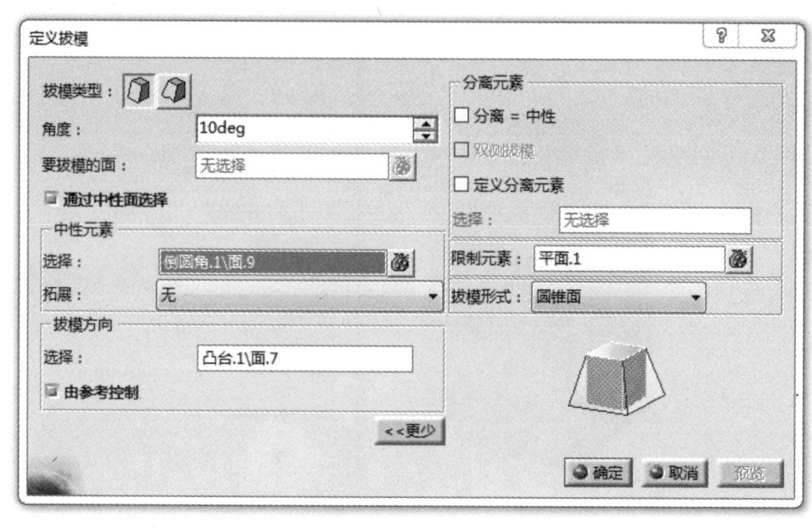

图 3-97　限制元素

3.2.4　盒体

【盒体】命令是通过定义厚度和指定移除面来在实体上创建空腔。单击【盒体】按钮后弹出【定义盒体】对话框，如图 3-98 所示。

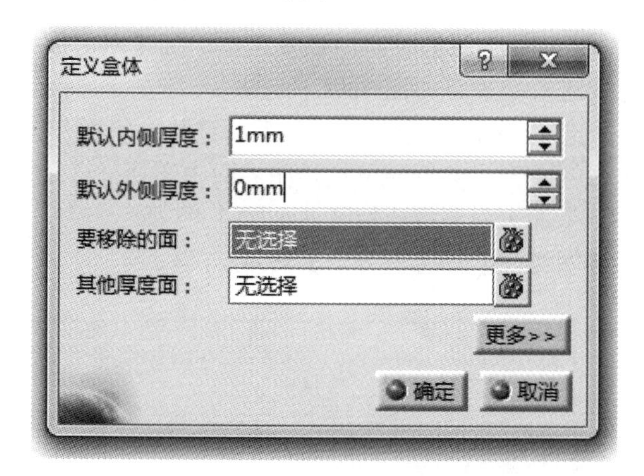

图 3-98　盒体定义对话框

【默认内侧厚度】：用于定义实体外表面向实体内部偏移的厚度；

【默认外侧厚度】：用于定义实体外表面向实体外部偏移的厚度；

【要移除的面】：用于选中需要移除的实体的面；

【其他厚度面】：用于选中需要区别于默认厚度的面，再输入需要的厚度值，如图 3-99 所示。

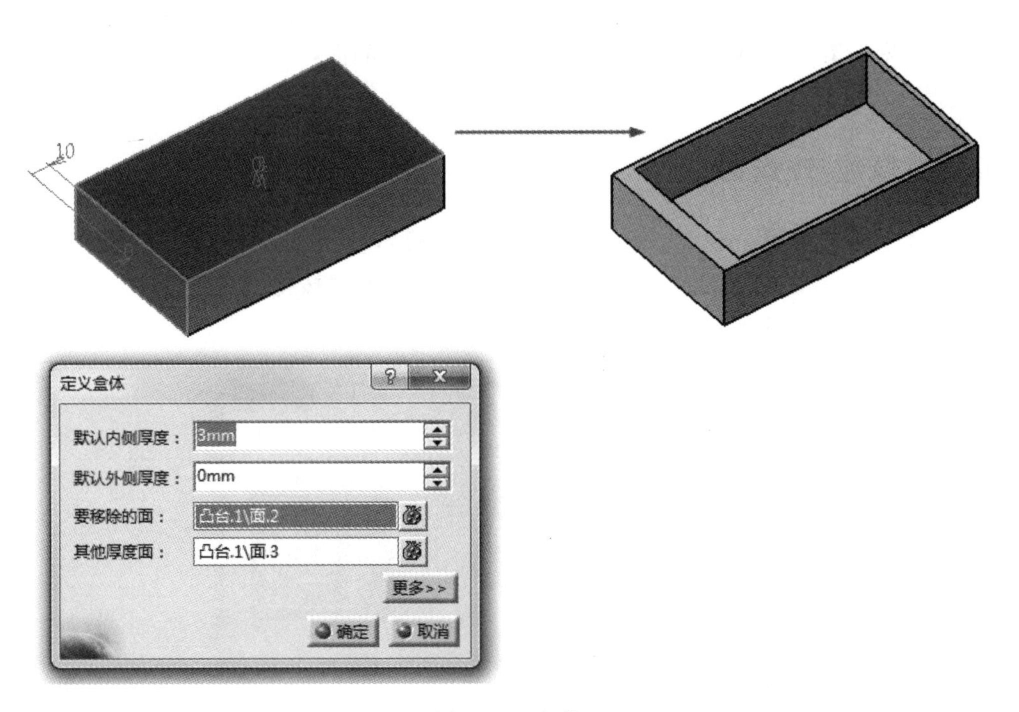

图 3-99　盒体

3.2.5　厚度

【厚度】命令通过选择实体的面和定义加厚的值来使实体的厚度发生变化。单击【厚度】按钮后弹出【定义厚度】对话框，如图 3-100 所示。

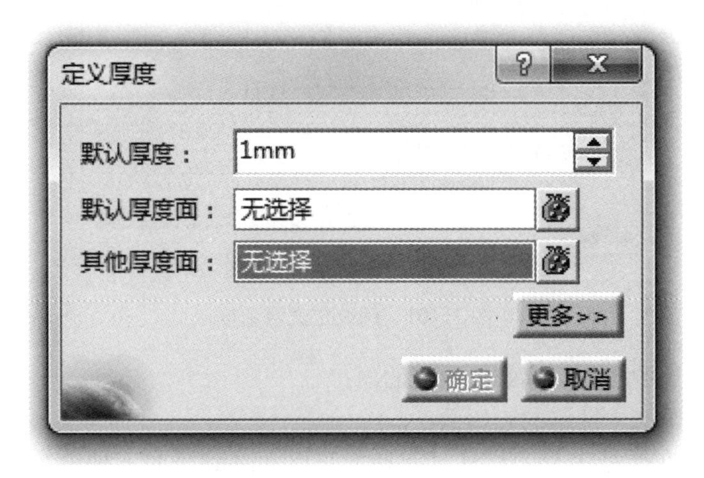

图 3-100　厚度定义对话框

【默认厚度】：用于定义厚度变化的值；

【默认厚度面】：用于选中需要变化厚度的面，当输入正值时厚度增加，负值时厚度减小；

【其他厚度面】：用于选中厚度变化不同于默认厚度的面；当输入正值时厚度增加，负值时厚度减小。

3.2.6 内螺纹/外螺纹

【内螺纹/外螺纹】命令用于对孔或圆柱创建螺纹特征。螺纹特征在三维建模中只在模型树中显示，三维界面中不显示。单击【内螺纹/外螺纹】按钮后弹出【定义外螺纹/内螺纹】对话框，如图 3-101 所示，其中部分功能介绍如下：

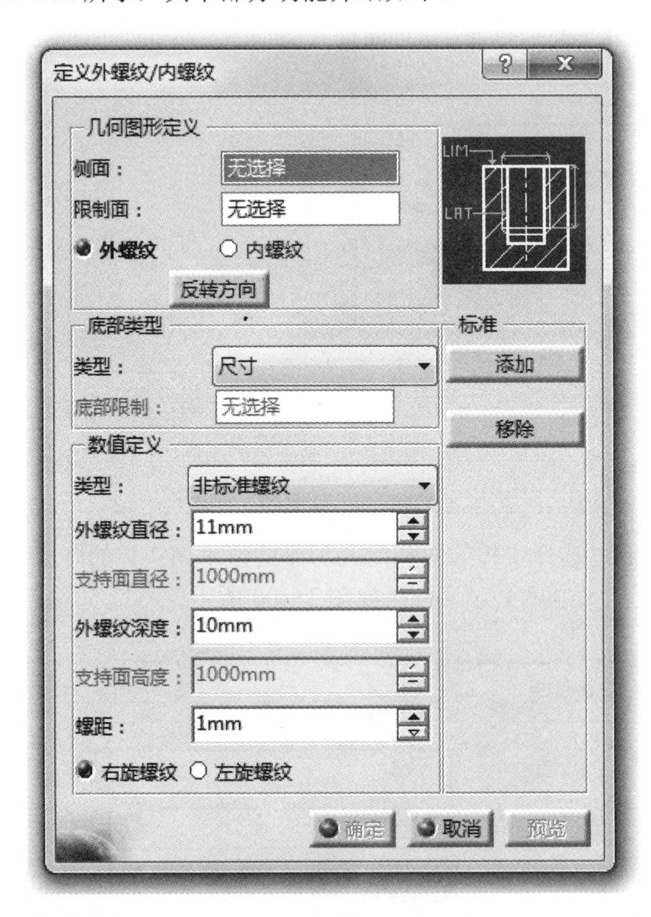

图 3-101　螺纹定义对话框

【侧面】：用于选中需要创建螺纹特征的面；

【限制面】：用于选中螺纹的起始面；

【底部类型】：在类型中分为尺寸、支持面深度和直到平面三种。其中支持面深度指的是【侧面】的长度；

【数值定义】：该选区中提供了各种螺纹的类型和参数，用户只需要根据实际情况选择和输入相关参数即可。

3.2.7 移除面

【移除面】命令是通过删除某些面来使三维实体简化。单击【移除面】按钮后弹出【移除面定义】对话框，如图 3-102 所示。

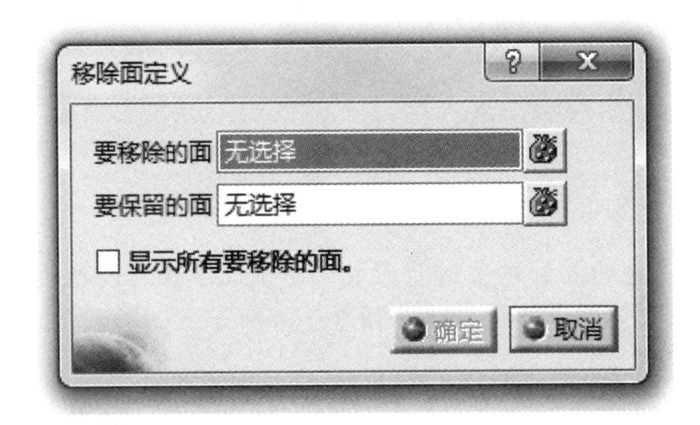

图 3-102 移除面定义对话框

【要移除的面】：在实体中选择需要移除的面；

【要保留的面】：在实体中选择需要保留的面。

对两个选项定义好后，单击【确定】按钮，即可完成命令，如图 3-103 所示。

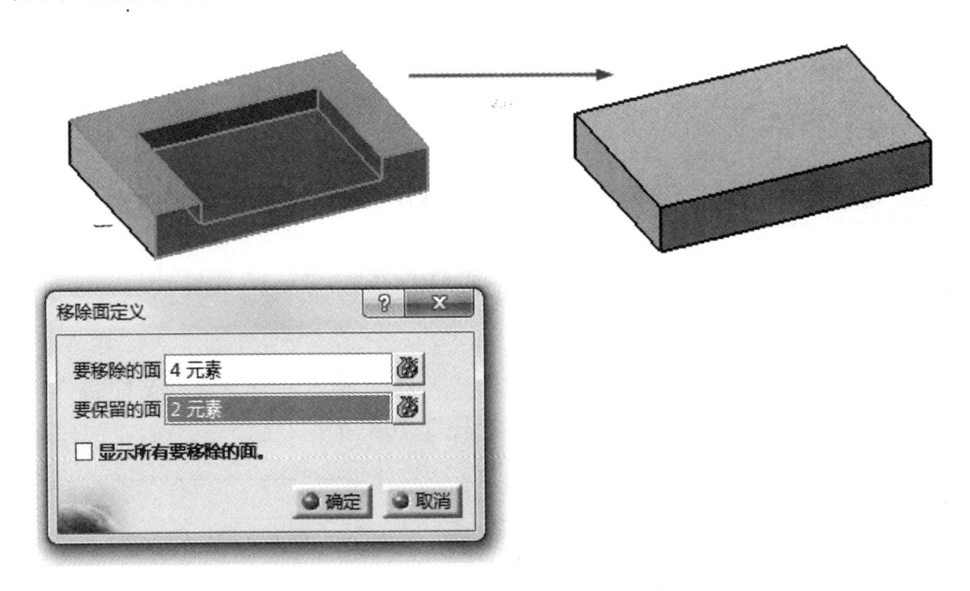

图 3-103 移除面

3.3 实例▪知识点——半圆管

本实例为一个半圆管，将主要演示零部件设计中【加厚曲面】命令和【分割】命令的运用，其结构如图 3-104 所示。

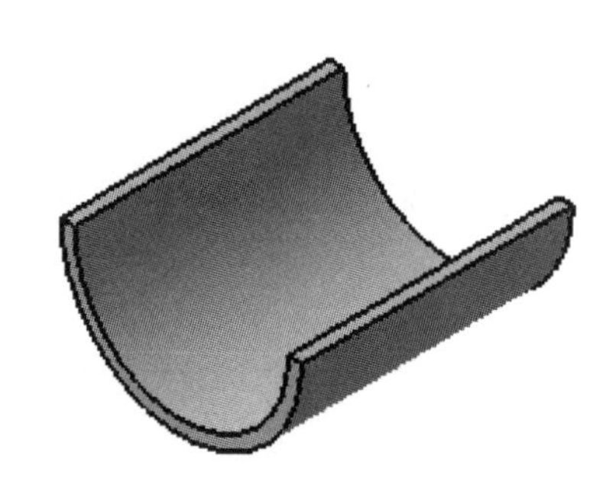

图 3-104　半圆管

【思路分析】

该零件类似一个完整的圆管对半切开形成。绘制此零件可以通过使用【加厚曲面】命令和【分割】命令得到。步骤如图 3-105 和图 3-106 所示。

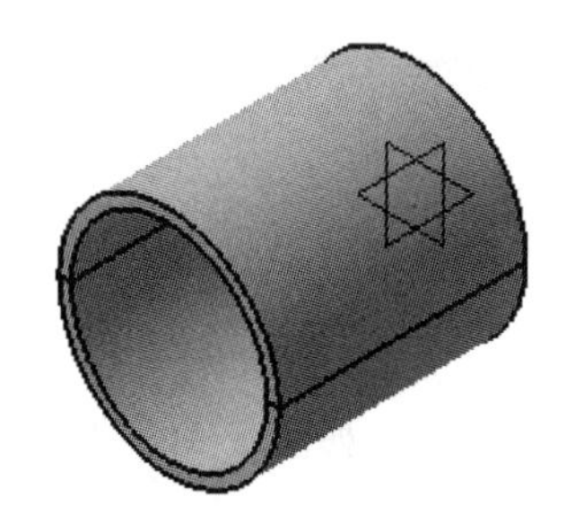

图 3-105　加厚曲面

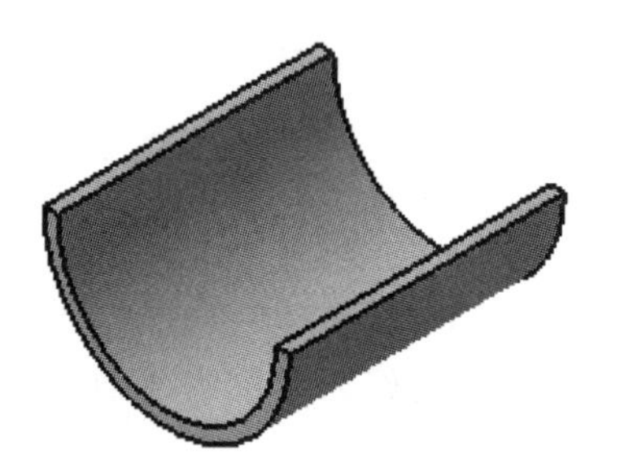

图 3-106　分割曲面

【光盘文件】

——参见附带光盘中的“**END\Ch23-3.CATPart**”文件。

动画演示——参见附带光盘中的“**AVI\Ch2\3-3.avi**”文件。

【操作步骤】

[1]. 从菜单栏中选择【开始】→【机械设计】→【零件设计】，如图 3-107 所示。

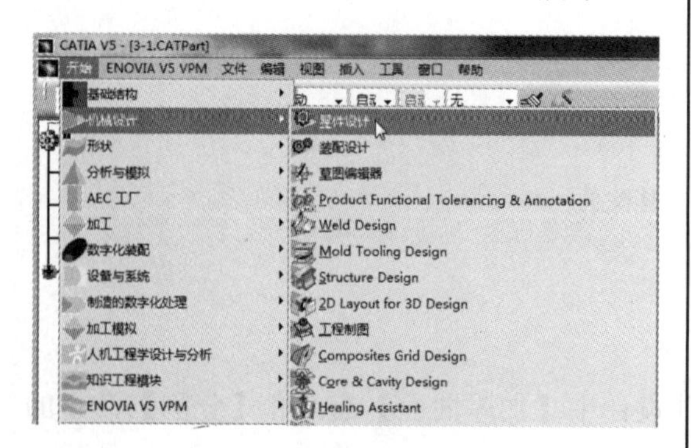

图 3-107　进入零部件设计环境

[2]. 输入新建文件的文件名“3-3”，如图 3-108 所示。

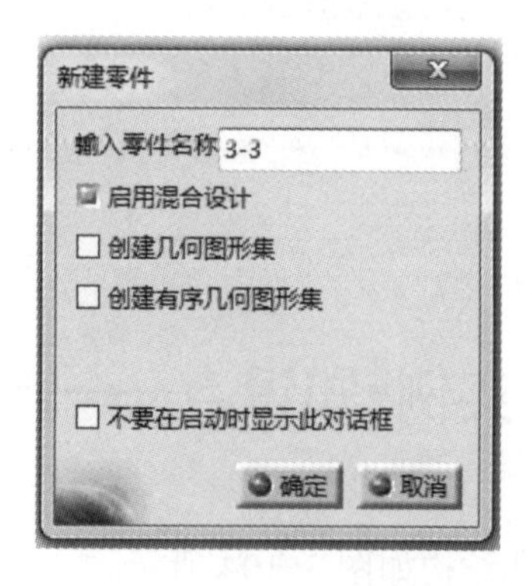

图 3-108　新建文件命名

[3]. 单击工具栏中的【草图】按钮，然后选中【yz 平面】，如图 3-109 所示。

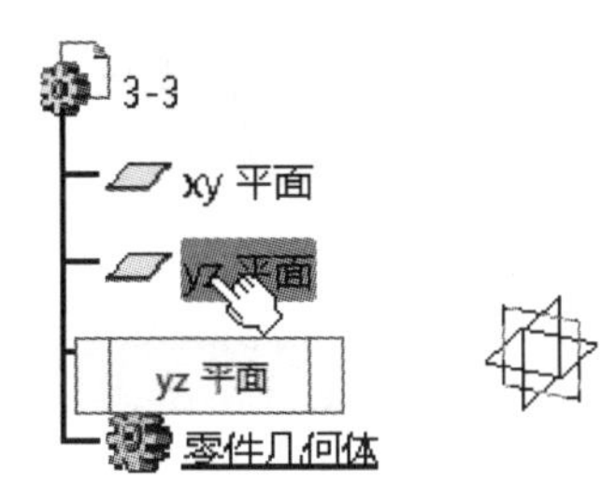

图 3-109 选择参考平面

[4]. 单击【圆】按钮，以默认坐标原点为圆心，绘制一个直径为 80mm 的圆，如图 3-110 所示。

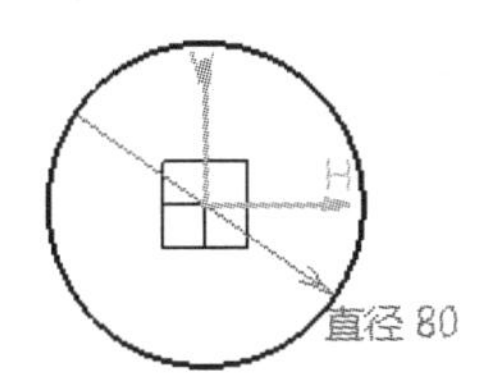

图 3-110 绘制圆

[5]. 单击【退出工作台】按钮退出草图设计环境。

[6]. 从菜单栏中选择【开始】→【形状】→【创成式外形设计】，如图 3-111 所示，进入曲面设计环境。

图 3-111 进入曲面设计环境

[7]. 单击工具栏中的【拉伸】按钮，在【轮廓】选中步骤[4]绘制的草图，在【限制 1】中的【尺寸】输入 100mm，如图 3-112 所示。最后单击【确定】按钮。

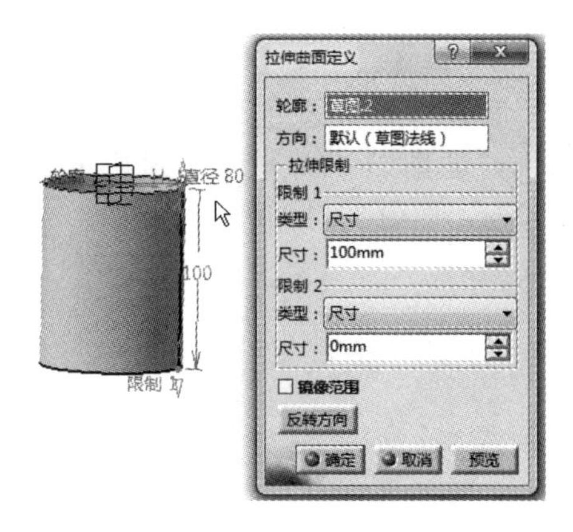

图 3-112 拉伸曲面

[8]. 从菜单栏中选择【开始】→【机械设计】→【零件设计】，如图 3-113 所示。

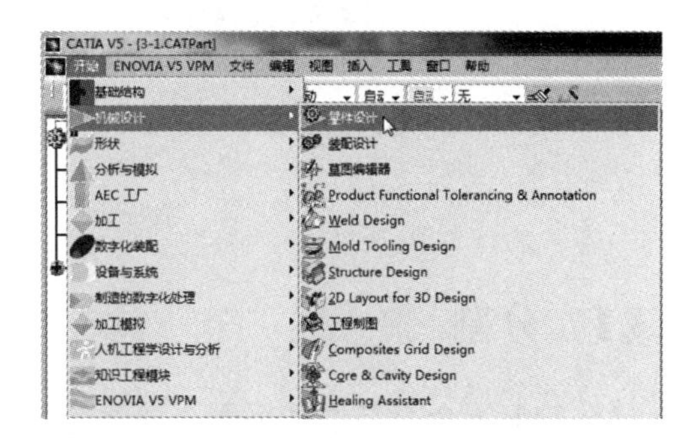

图 3-113 进入零部件设计环境

[9]. 单击【加厚曲面】按钮，在【要偏移的对象】选择曲面，其余参数如图 3-114 所示。最后单击【确定】按钮。

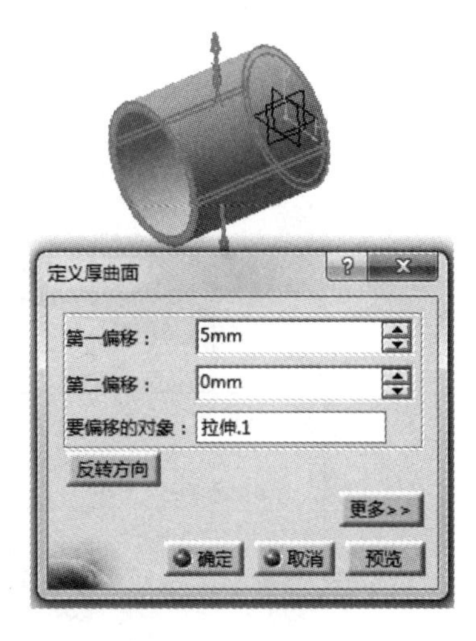

图 3-114 加厚曲面

[10]. 单击【分割】命令，然后选中【xy 平面】，再单击橙色箭头使其指向 Z 轴反方向，如图 3-115 所示。最后单击【确定】按钮，如图 3-116 所示。

图 3-115　选择分割参考与方向

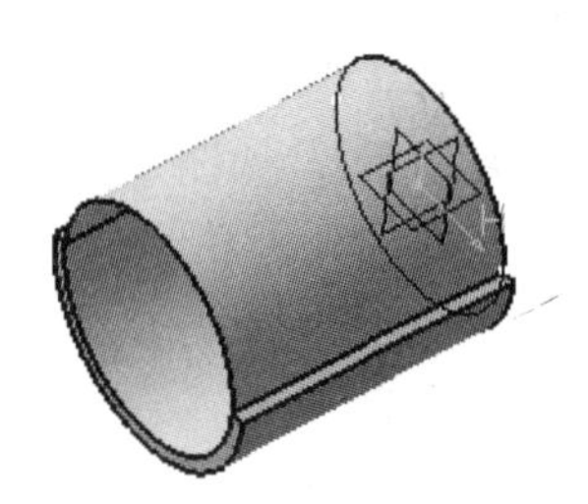

图 3-116　分割效果

[11]. 单击【隐藏】，然后选中黄色的曲面和草图进行隐藏，如图 3-117 所示，即可完成半圆管的绘制。

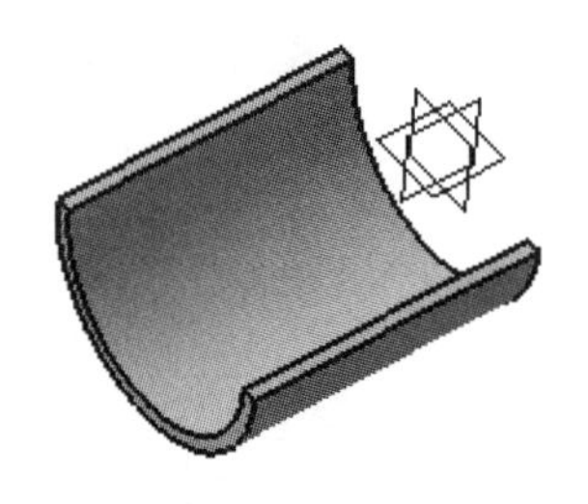

图 3-117　隐藏曲面与草图

3.3.1　分割

【分割】命令是通过平面、曲面等切割实体来创建新的实体零件。单击【分割】按钮后弹出【定义分割】对话框，如图 3-118 所示。

【分割元素】：选择一个面作为分割元素。

当定义好分割元素后，再在绘图界面中定义好分割方向，单击【确认】按钮即可完成命令，如图 3-119 所示。

图 3-118　分割定义对话框

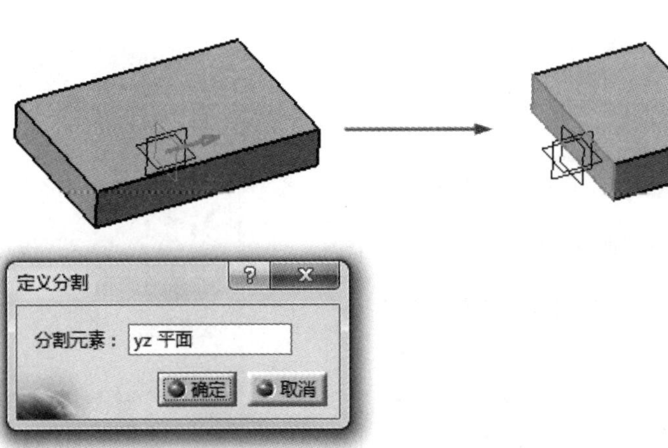

图 3-119　分割

3.3.2 厚曲面

【厚曲面】命令是通过指定参考曲面偏移一定的厚度来创建实体零件。单击【厚曲面】按钮后弹出【定义厚曲面】对话框，如图 3-120 所示。

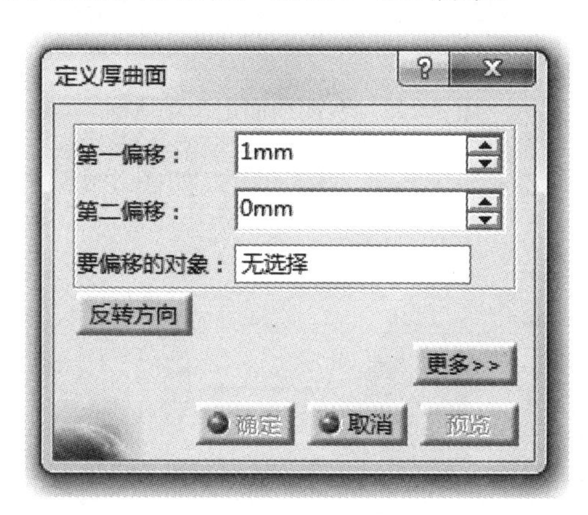

图 3-120 厚曲面定义对话框

【第一偏移】：用于输入往默认方向偏移的厚度；
【第二偏移】：用于输入往默认方向反向偏移的厚度；
【要偏移的对象】：用于选中需要偏移厚度的曲面；
【反转方向】：令【第一偏移】和【第二偏移】的方向相反。
当定义好以上选项后，单击【确认】按钮，即可完成命令，如图 3-121 所示。

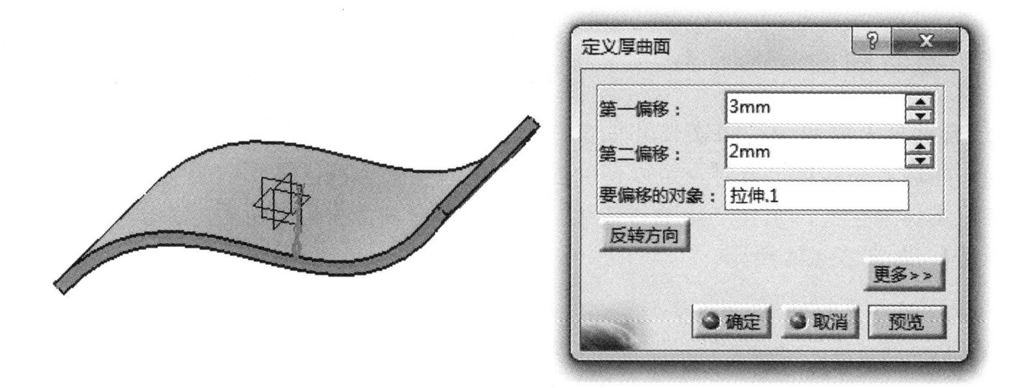

图 3-121 厚曲面

3.3.3 封闭曲面

【封闭曲面】命令是将开放或封闭的曲面生成实体。单击【封闭曲面】按钮后弹出【定义封闭曲面】对话框，如图 3-122 所示。

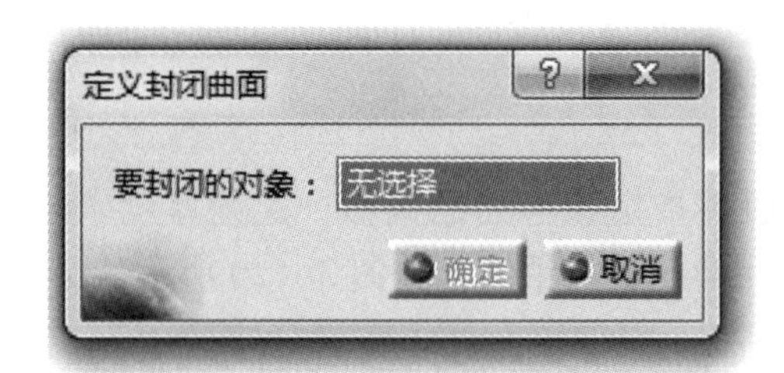

图 3-122 封闭曲面定义对话框

【要封闭的对象】：用于选中要生成实体的曲面，如图 3-123 所示。

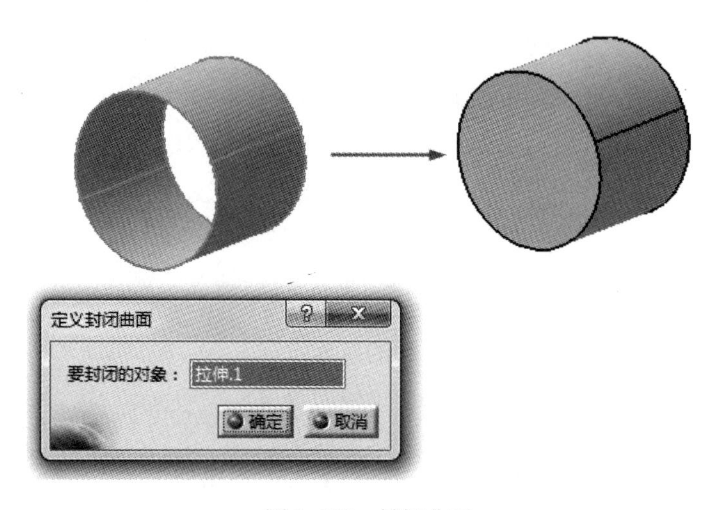

图 3-123 封闭曲面

3.3.4 缝合曲面

【缝合曲面】命令是将实体和曲面进行布尔运算，从而对实体进行增料或除料的命令。当曲面边界在实体上方时，可以使曲面投影到原实体上的区域形成新实体；反之，如果曲面在原实体内穿过，则会产生除料效果。单击【缝合曲面】按钮后，弹出【定义缝合曲面对话框】，如图 3-124 所示。

图 3-124 缝合曲面定义对话框

【要缝合的对象】：用于选中需要缝合到实体上的曲面；
【要移除的面】：用于选中实体上要移除的面。
当选择好以上两个选项后，单击【确定】按钮，即可完成命令，如图 3-125 所示。

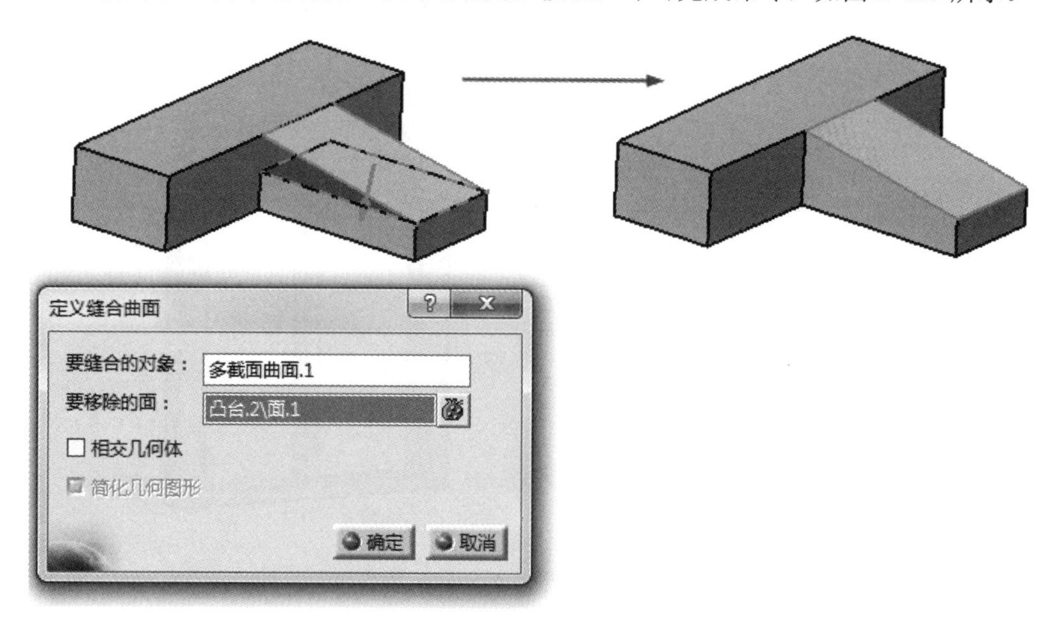

图 3-125　缝合曲面

3.4　实例▪知识点——拱形窗

本实例为绘制拱形窗，将主要演示零部件设计中【镜像】命令和【阵列】命令的使用方法，使读者对本节将介绍的命令形成初步了解。零件结构如图 3-126 所示。

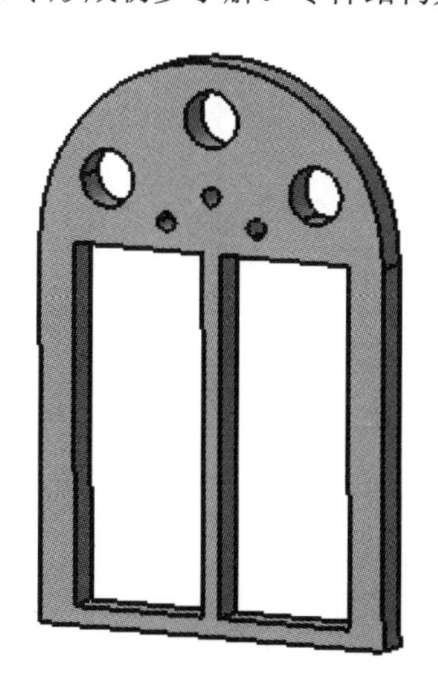

图 3-126　拱形窗

【思路分析】

该零件由拱形轮廓和具有阵列特性的凹槽组成。该零件可先绘制拱形轮廓与单个凹槽特征，再运用阵列、镜像等命令完成零件设计。步骤如图 3-127 和图 3-128 所示。

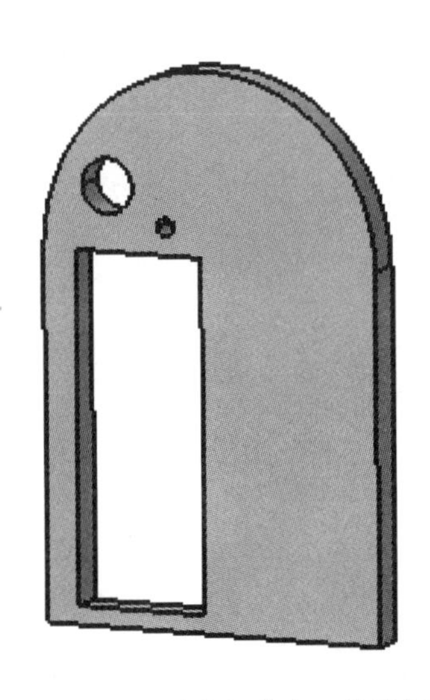

图 3-127　绘制轮廓与单个凹槽特征

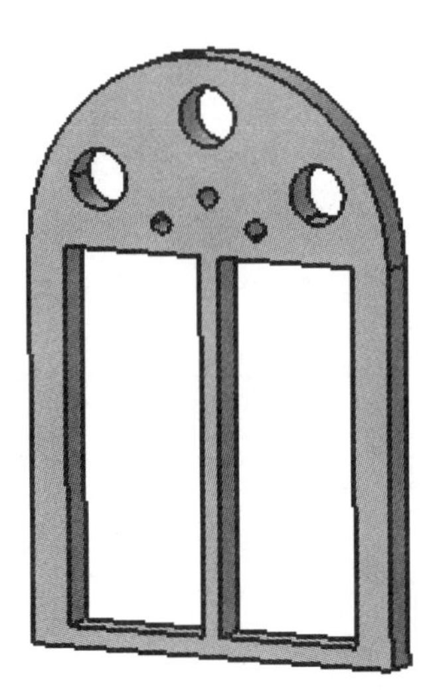

图 3-128　阵列与镜像

【光盘文件】

结果文件——参见附带光盘中的“END\Ch2\3-4.CATPart”文件。

动画演示——参见附带光盘中的“AVI\Ch2\3-4.avi”文件。

【操作步骤】

[1]. 从菜单栏中选择【开始】→【机械设计】→【零件设计】，如图 3-129 所示。

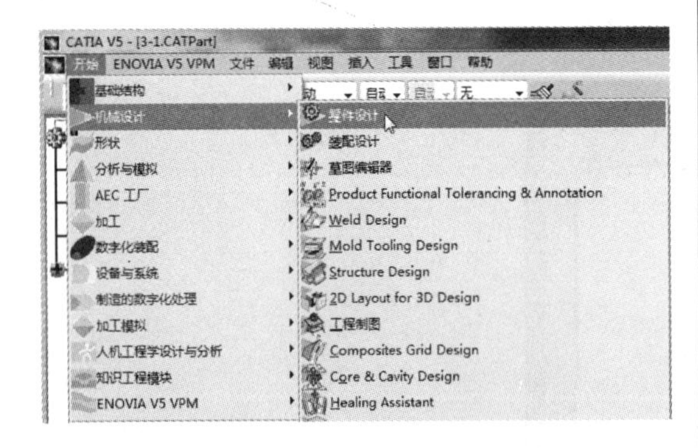

图 3-129　进入零部件设计环境

[2]. 输入新建文件的文件名“3-4”，如图 3-130 所示。

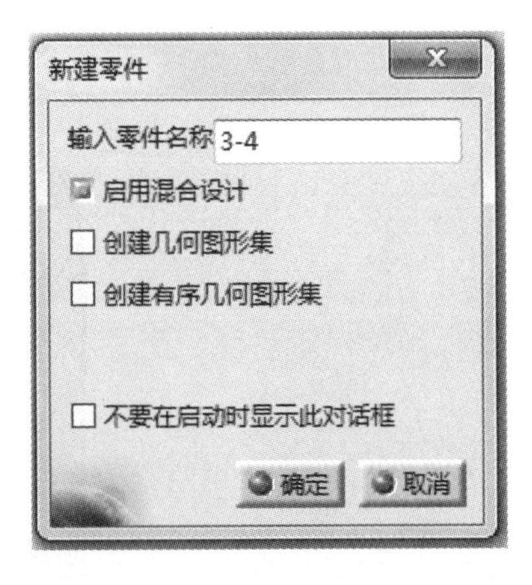

图 3-130　新建文件命名

[3]. 单击工具栏中的【草图】按钮，然后选中【yz 平面】，如图 3-131 所示。

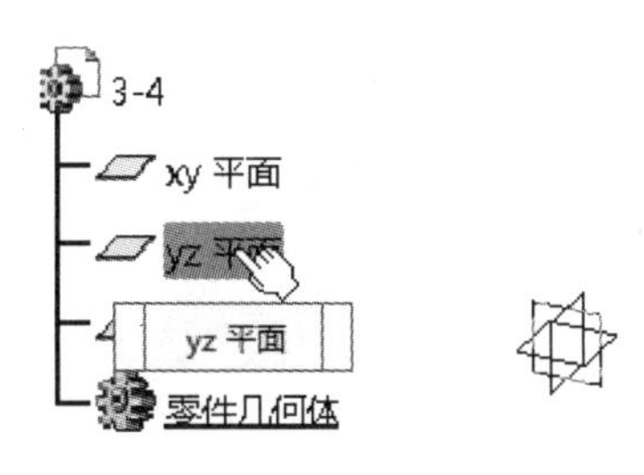

图 3-131　选择参考平面

[4]．运用草图工具绘制如图 3-132 所示的图形。

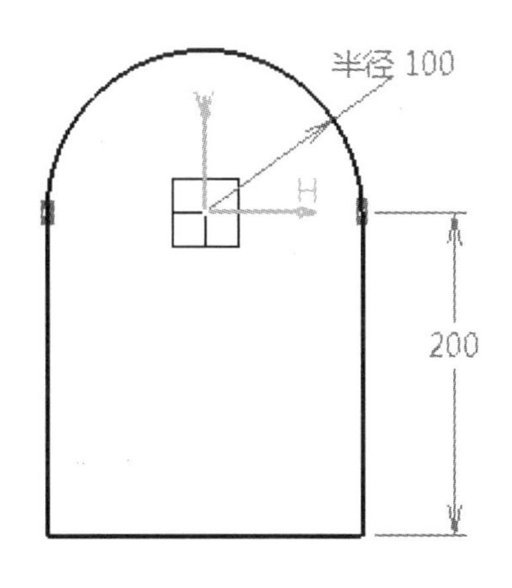

图 3-132　绘制外轮廓

[5]．单击【退出工作台】按钮退出草图设计界面，如图 3-133 所示。

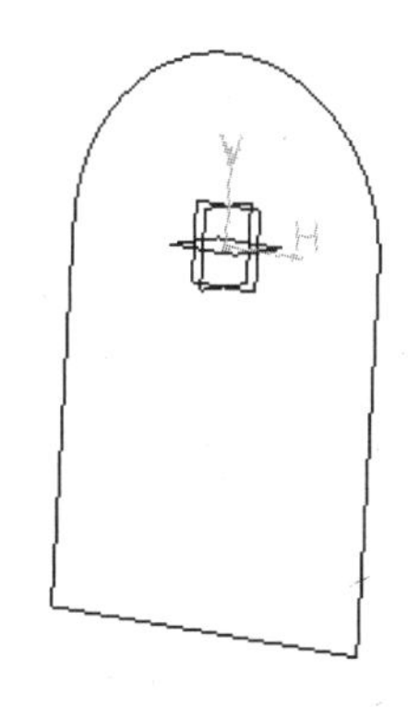

图 3-133　退出草图

[6]．单击【凸台】按钮，对步骤[4]的轮廓进行拉伸，长度为 20mm，如图 3-134 所示。

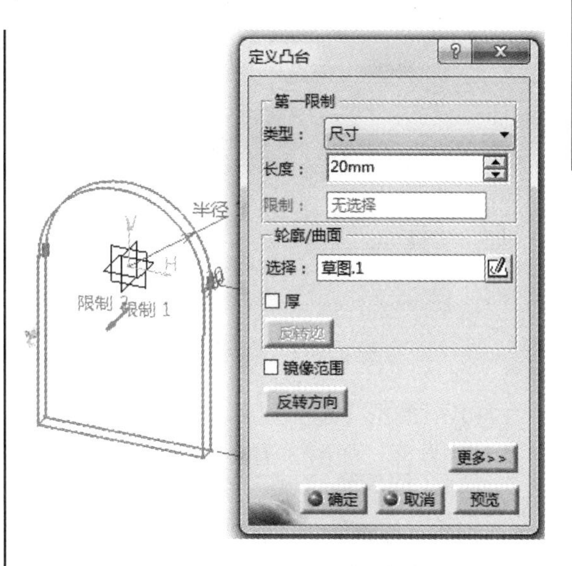

图 3-134　凸台

[7]．单击【草图】按钮，然后选中凸台表面，进入草图设计环境，如图 3-135 所示。

图 3-135　选择参考平面

[8]．绘制一条如图 3-136 所示的轴线，该轴线与水平呈 30° 夹角。

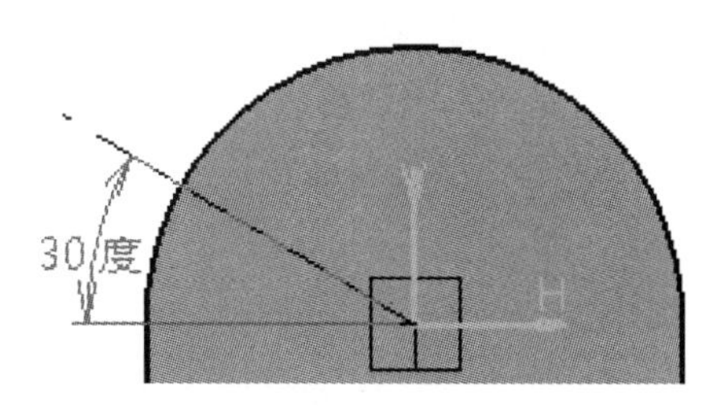

图 3-136　绘制轴线

[9]．绘制两个圆，使圆心落在轴线上，并将两个圆的尺寸约束如图 3-137 所示。

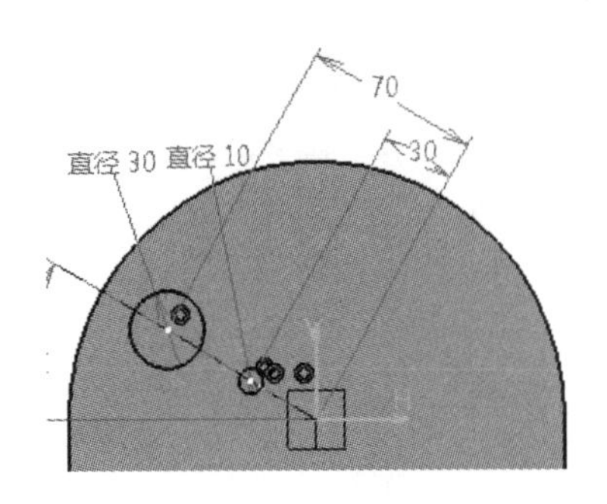

图 3-137　绘制圆

[10]. 单击【退出工作台】按钮退出草图设计界面，如图 3-138 所示。

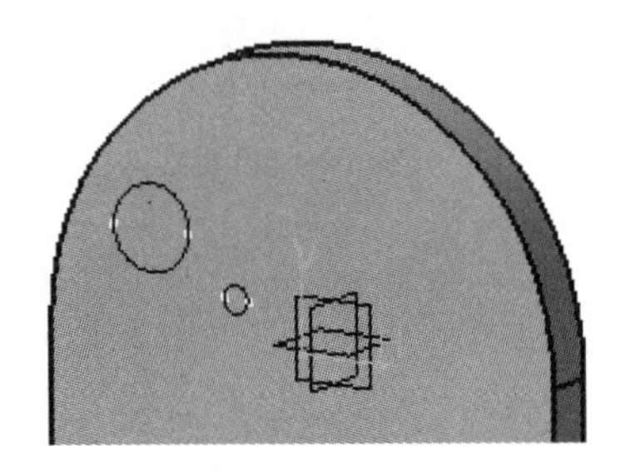

图 3-138　退出草图

[11]. 单击【凹槽】按钮，在【轮廓】中步骤[9]的草图，在【类型】下拉菜单中选择【直到最后】，如图 3-139 所示。最后单击【确定】按钮。

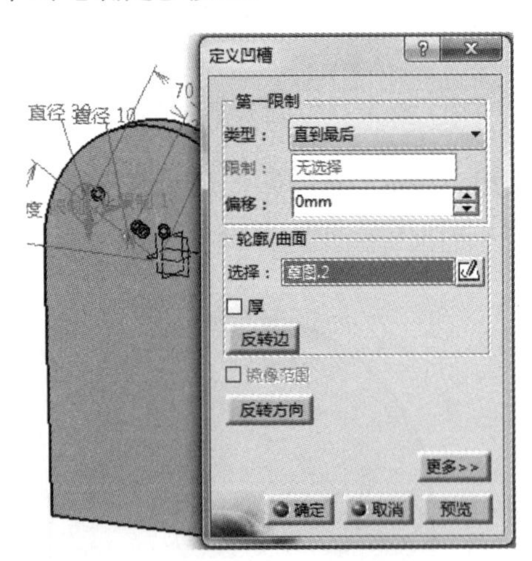

图 3-139　凹槽

[12]. 单击【草图】按钮，然后选中凸台表面，进入草图设计环境，如图 3-140 所示。

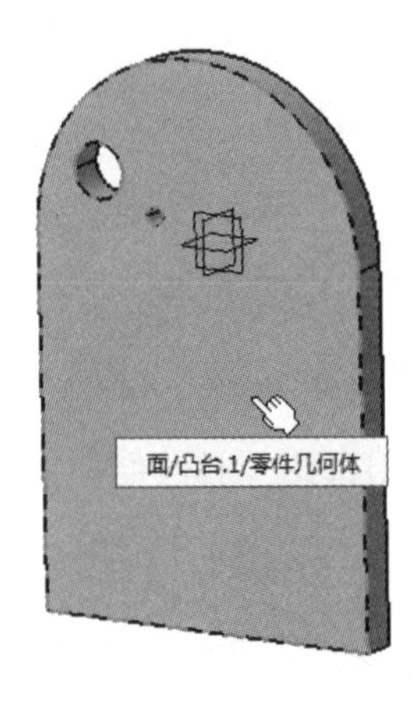

图 3-140　选择参考平面

[13]. 绘制出如图 3-141 所示的矩形。

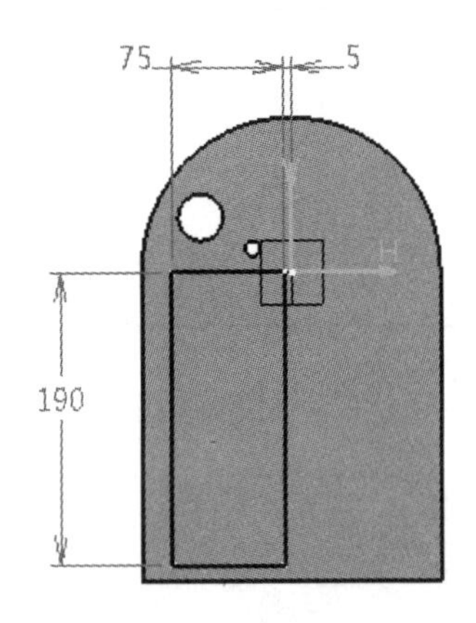

图 3-141　绘制矩形

[14]. 单击【退出工作台】按钮退出草图设计界面，如图 3-142 所示。

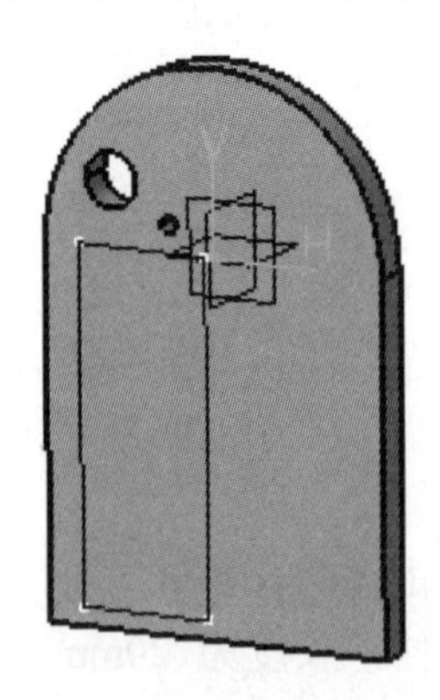

图 3-142　退出草图

[15]．单击【凹槽】按钮，在【轮廓】中选择步骤[13]的草图，在【类型】下拉菜单中选择【直到最后】，如图 3-143 所示。最后单击【确定】按钮。

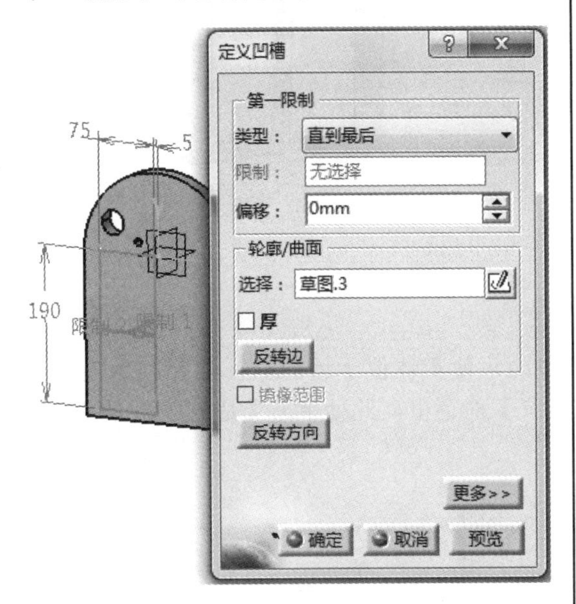

图 3-143　凹槽

[16]．单击【圆形阵列】按钮，在【实例】中输入 3，在【角度间距】中输入 60，如图 3-144 所示；在【参考元素】中选中零件的圆弧面，如图 3-145 所示；在【对象】中选中两个圆形凹槽特征【凹槽 1】如图 3-146 所示。最后单击【确定】按钮，效果如图 3-147 所示。

定义圆形阵列
轴向参考　定义径向
参数：实例和角度间距
实例：3
角度间距：60deg
总角度：120deg

图 3-144　输入参数

图 3-145　选择参考元素

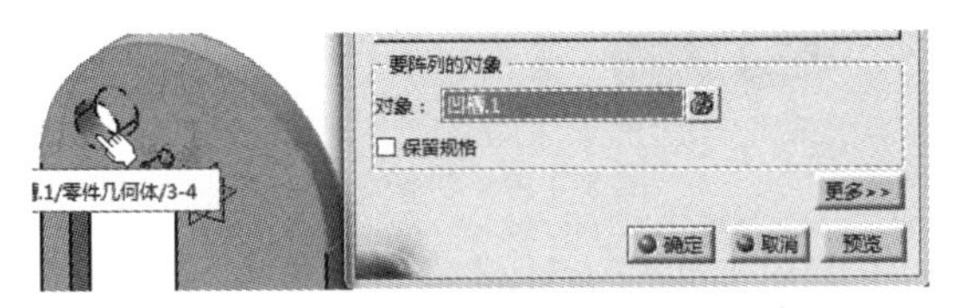

图 3-146　选择阵列对象

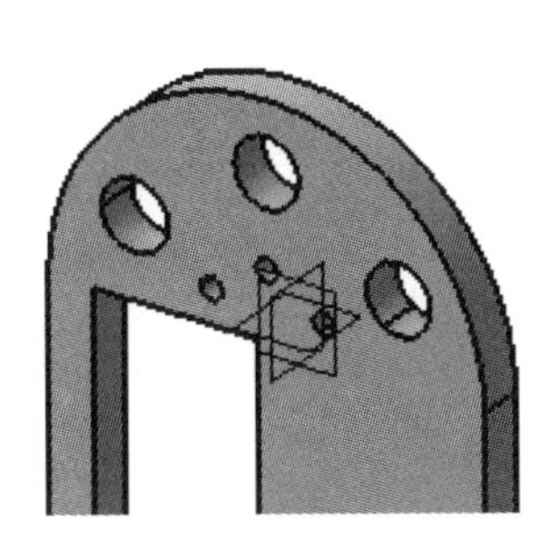

图 3-147　阵列效果

[17]．单击【镜像】按钮，然后选中在设计树中的矩形凹槽特征【凹槽 2】，如图 3-148 所示；接着选中【zx 平面】，即可预览镜像效果，如图 3-149 所示。最后单击【确定】按钮。

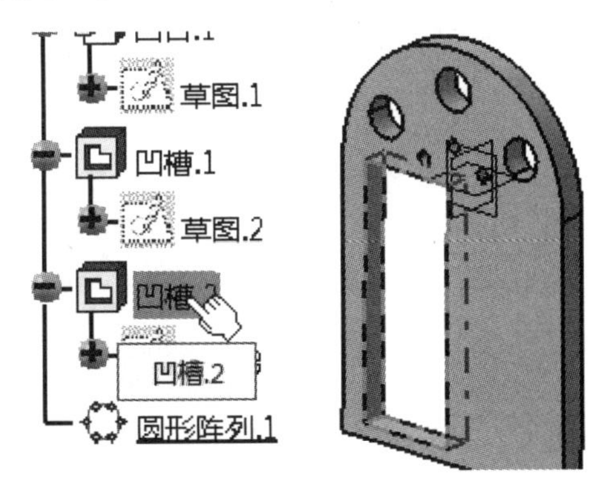

图 3-148　选择对象

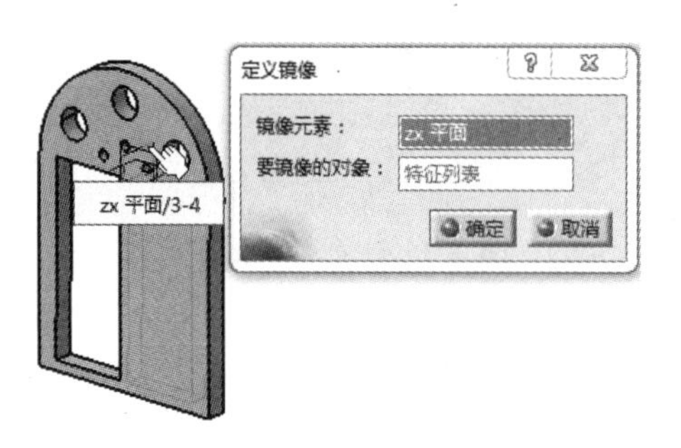

图 3-149 镜像效果

[18]．完成上述步骤后，即完成对零件的创建，如图 3-150 所示。

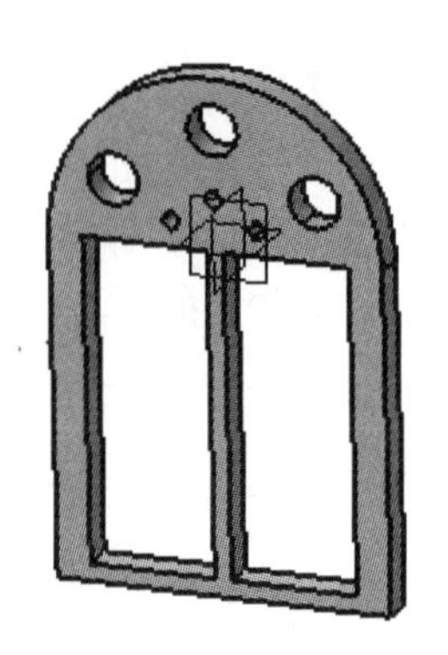

图 3-150 拱形窗

3.4.1 平移

【平移】命令是将当前实体沿某一方向移动，使实体位于新的坐标位置。单击【平移】按钮后，弹出【问题】对话框和【平移定义】对话框，此处单击【是】按钮即可，如图 3-151 所示。

图 3-151 平移定义对话框

【向量定义】下拉菜单中，提供【方向、距离】、【点到点】和【坐标】三种移动方式，每种移动方式需要定义的量的形式都不同。

1.【方向、距离】：该平移方式是通过定义移动的方向和距离来移动实体，如图 3-152 所示。

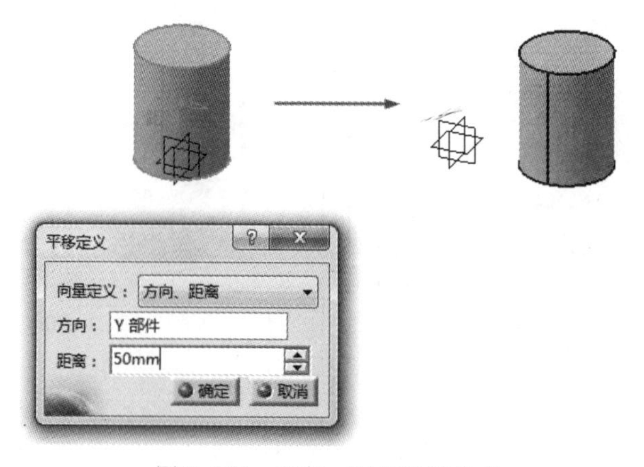

图 3-152 方向、距离平移方式

2.【点到点】：该平移方式是通过令实体上的参考点与指定点重合来移动实体，如图 3-153 所示。

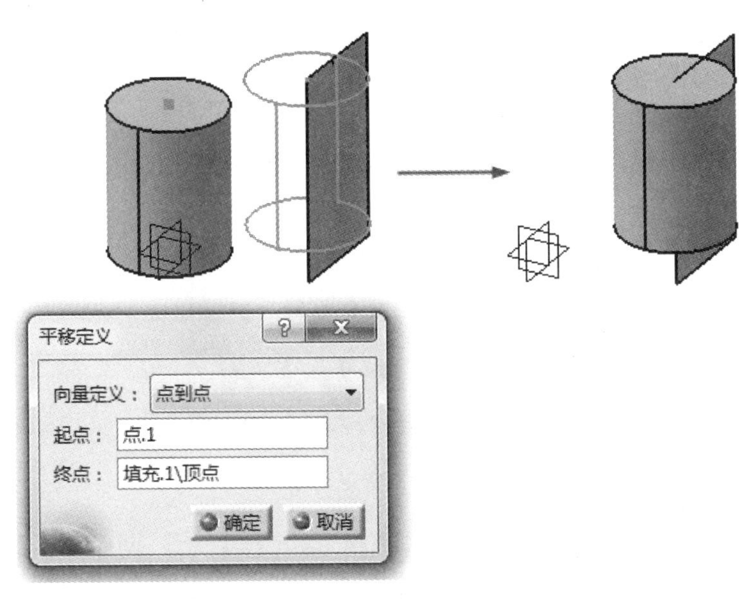

图 3-153　点到点平移方式

3.【坐标】：该平移方式以默认坐标原点为参考，通过 X、Y、Z 坐标变化移动实体，如图 3-154 所示。

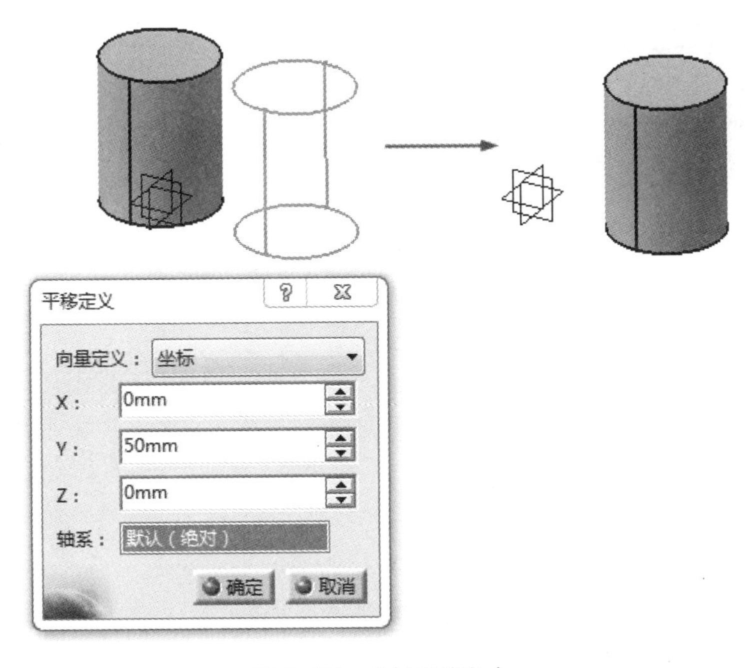

图 3-154　坐标平移方式

3.4.2 旋转

【旋转】命令是将实体绕某些参考元素进行旋转，使实体位于新的位置。单击【旋转】按钮后弹出【旋转定义】对话框，如图 3-155 所示。

图 3-155　旋转定义对话框

在【定义模式】下拉菜单中，提供了【轴线-角度】、【轴线-两个元素】和【三点】三种旋转方式，三种旋转方式需要定义的量的类型都不同，其使用方法如下：

1.【轴线-角度】：该旋转方式是通过定义实体旋转的轴线与转动角度来旋转实体，如图 3-156 所示。

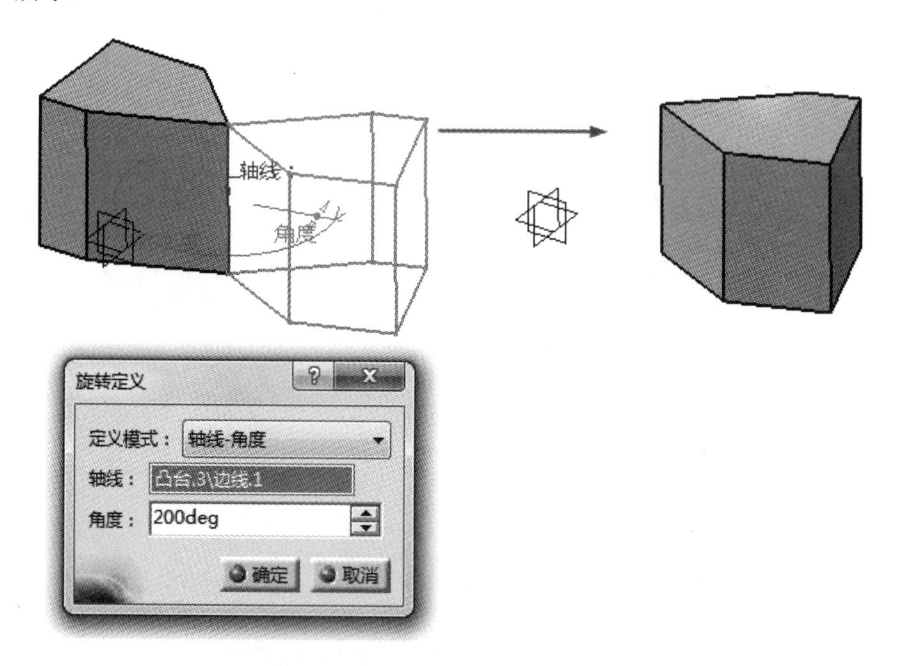

图 3-156　轴线-角度方式

2.【轴线-两个元素】：该旋转方式是通过指定旋转轴和两个参考元素来旋转实体，如图 3-157 所示。

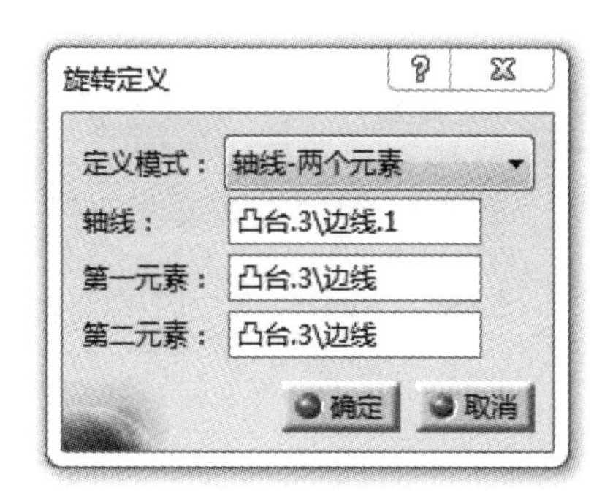

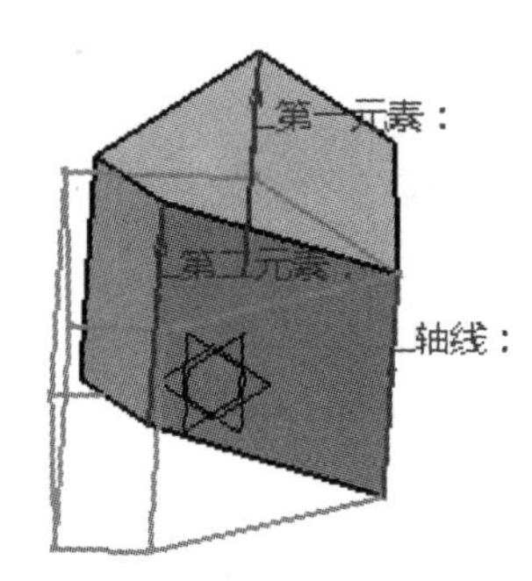

图 3-157　轴线-两个元素方式

3.【三点】：该旋转方式是通过三个不同的点作为参考元素来旋转实体，如图 3-158 所示。

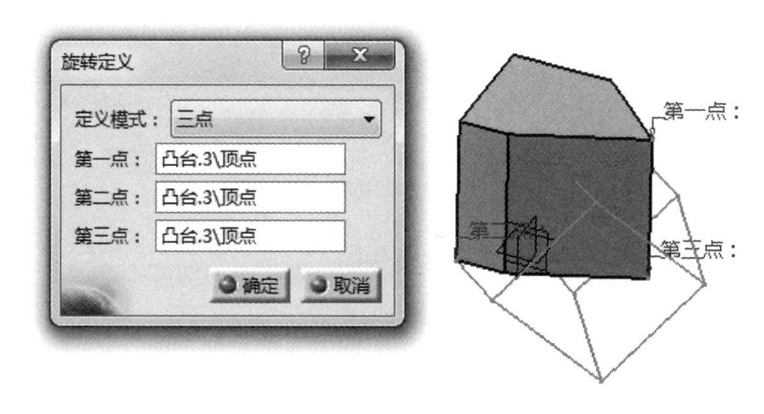

图 3-158　三点方式

3.4.3　对称

【对称】命令是通过指定参考曲面将原实体进行对称操作。单击【对称】按钮后弹出【对称定义】对话框，如图 3-159 所示。

图 3-159　对称定义对话框

【参考】：用于选中作为参考元素的平面。

选中参考平面后，单击【确定】按钮，即完成【对称】命令，如图 3-160 所示。

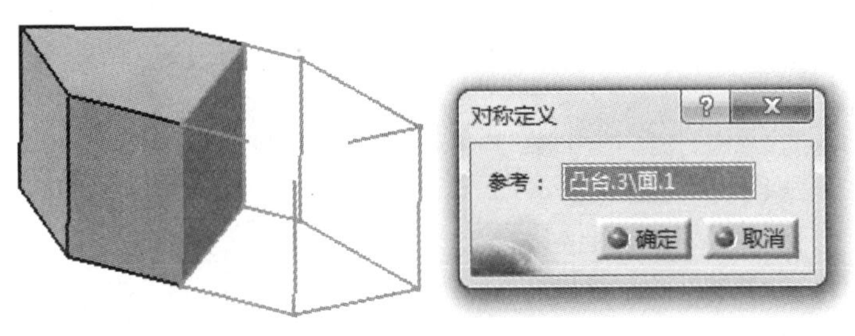

图 3-160　对称

3.4.4　镜像

【镜像】命令是通过指定参考平面，对体进行对称操作，并保持原实体不变。选中【镜像】按钮后选中参考平面，然后弹出【定义镜像】对话框，如图 3-161 所示。最后单击【确定】按钮即可完成【镜像】命令。

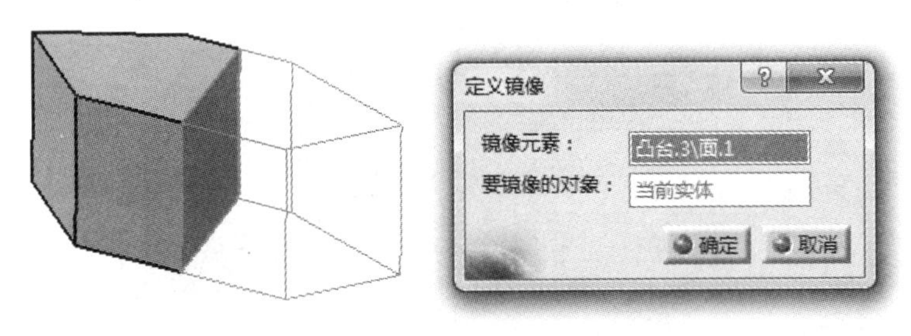

图 3-161　镜像

3.4.5　矩形阵列

【矩形阵列】命令是对实体在一个或两个方向上进行复制生成若干个新的实体。选中【矩形阵列】按钮后弹出【定义矩形阵列】对话框，如图 3-162 所示。其中：

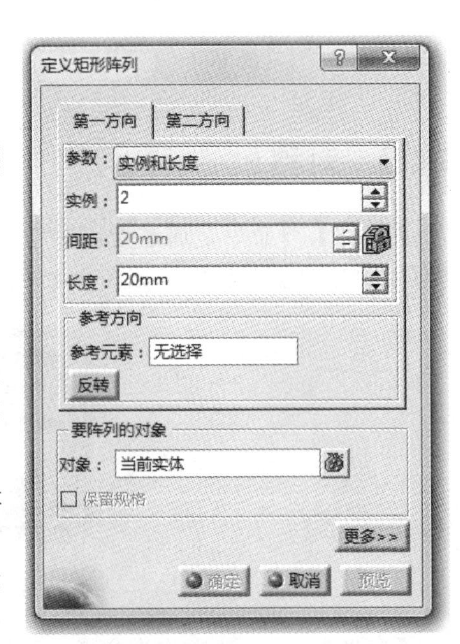

图 3-162　定义矩形阵列对话框

1.【第一方向】和【第二方向】：分别用于定义该方向上的阵列参数。

2.【参数】：在该下拉菜单中，提供【实例和长度】、【实例和间距】、【间距和长度】和【实例和不等间距】四种阵列方式，其使用方法如下：

【实例和长度】：若选择该选项，用户需要定义实体的数量和总长度，系统将自动计算出实体间的间距；

【实例和间距】：若选择该选项，用户需要定义实体的数量和间距，系统将自动计算实体的总长度；

【间距和长度】：若选择该选项，用户需要定义实体的间距和总长度，系统将自动计算实体的数量；

【实体和不等间距】：若选择该选项，用户需要定义实体的数量，并可以对实体之间定义不同的间距。

3.【参考方向】：用于定义阵列的方向。

当完成上述选项后，单击【确定】按钮，即可完成【矩形阵列】命令，如图 3-163 所示。

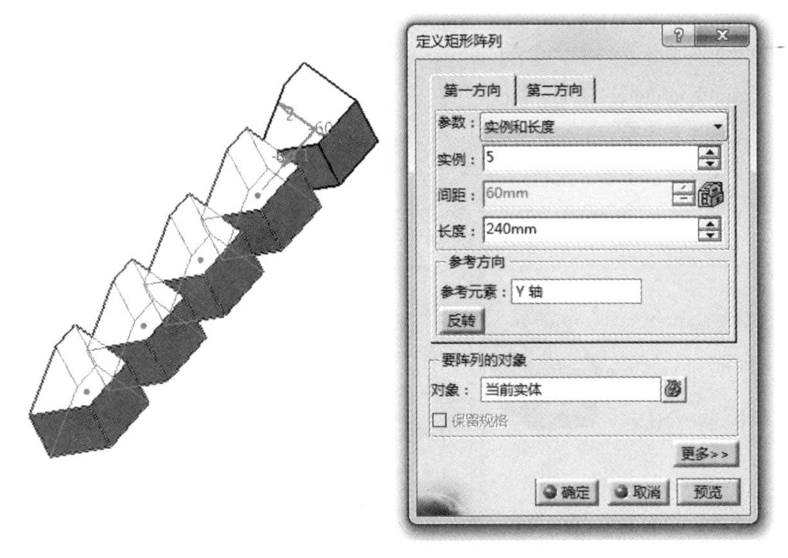

图 3-163　矩形阵列

3.4.6　圆形阵列

【圆形阵列】命令是对实体绕着指定的旋转复制生成若干个新的实体。单击【圆形阵列】按钮后弹出【定义圆形阵列】对话框，如图 3-164 所示。

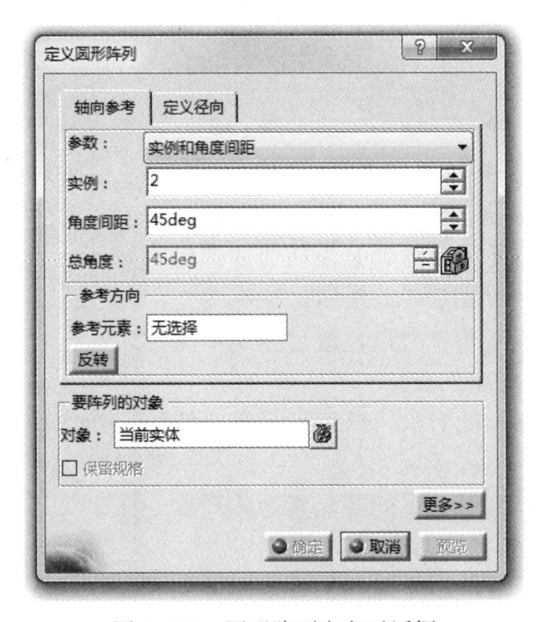

图 3-164　圆形阵列定义对话框

1.【轴向参考】和【定义径向】：分别用于定义该方向上的阵列参数；

2.【参数】：在该下拉菜单中，提供了【实例和总角度】、【实例和角度间距】、【角度间距和总角度】、【完整径向】和【实例和不等间距角度】。其中，【完整径向】只需输入实例数量，系统将自动计算其在 360° 内的平均角度间距。其他的阵列方式与【矩形阵列】类似，在此不再赘述；

3.【参考方向】：用于选择参考的轴线。

当以上选项定义好时，单击【确定】按钮即可完成【圆形阵列】命令，如图 3-165 所示。

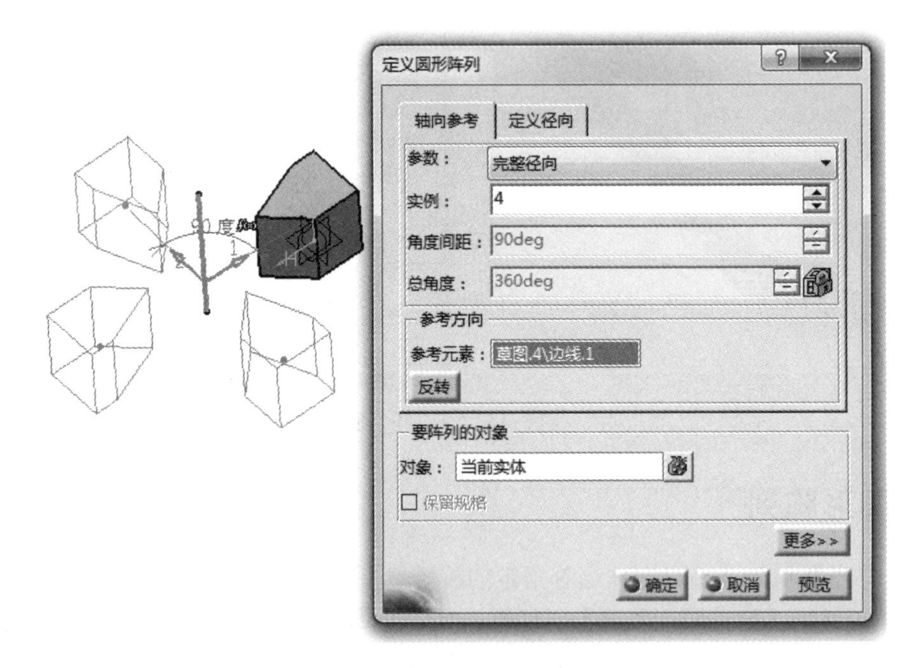

图 3-165　圆形阵列

3.4.7　用户阵列

【用户阵列】命令是通过用户自行定义的阵列方式去复制实体特征。单击【用户阵列】按钮后弹出【定义用户阵列】对话框，如图 3-166 所示。

【位置】：用于选中阵列的参考点，既可以是草图中的点，也可以是三维绘图中的点；

【对象】：用于选中阵列的对象，既可以是某个特征，也可以是整个实体；

【定位】：用于选中阵列对象上的某元素为阵列参考点，系统默认为阵列特征的中心。

当上述选项定义好后，单击【确认】按钮即可完成命令，如图 3-167 所示。

图 3-166　定义用户阵列对话框

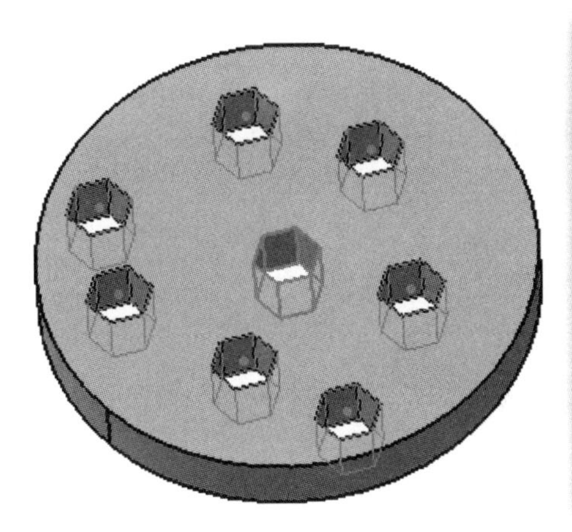

图 3-167　用户阵列

3.4.8　缩放

【缩放】命令是用于将实体进行放大或缩小。单击【缩放】按钮后弹出【缩放定义】对话框，如图 3-168 所示。

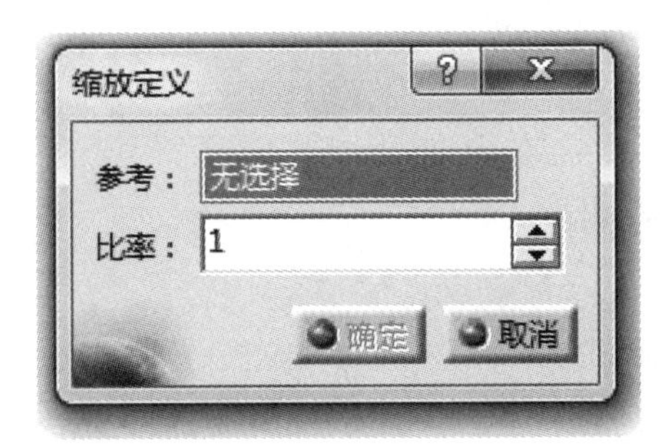

图 3-168　缩放定义对话框

【参考】：用于选中点或平面作为缩放的参考元素。定义了参考元素后，单击【确定】按钮即可完成命令，如图 3-169 所示。

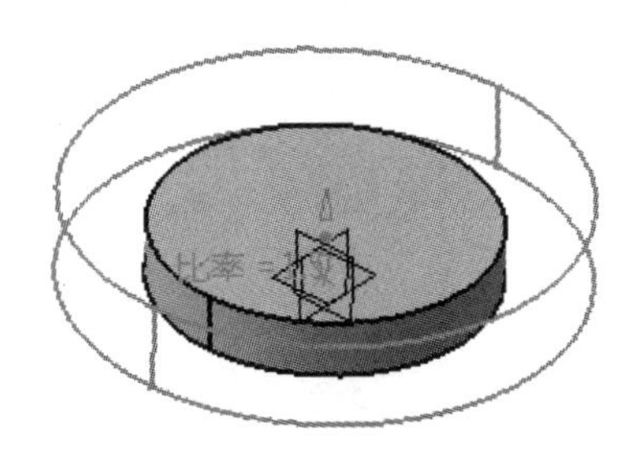

图 3-169　缩放

3.5 实例▪知识点——楔块

本实例的零件由椭圆柱与圆柱相交而成，其结构如图 3-170 所示。

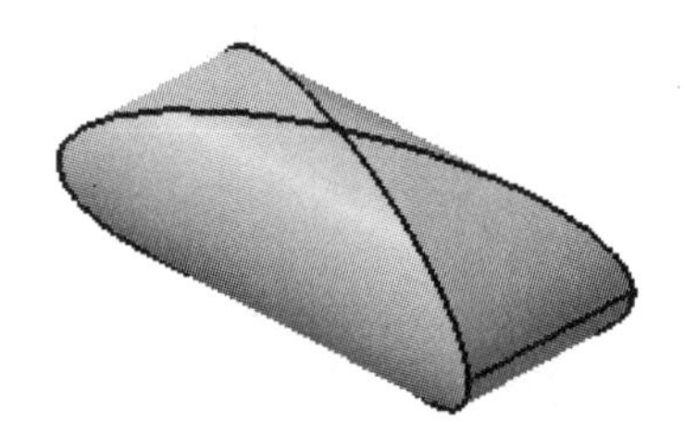

图 3-170　楔块

【思路分析】

该零件由椭圆柱与圆柱相交而成。绘制该零件的方法是先分别绘制出椭圆柱与圆柱，再对它们运用本章将介绍的【相交】命令。步骤如图 3-171 和图 3-172 所示。

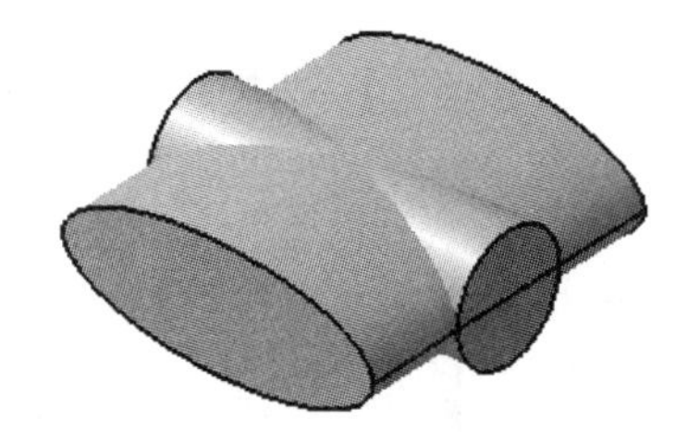

图 3-171　绘制圆柱

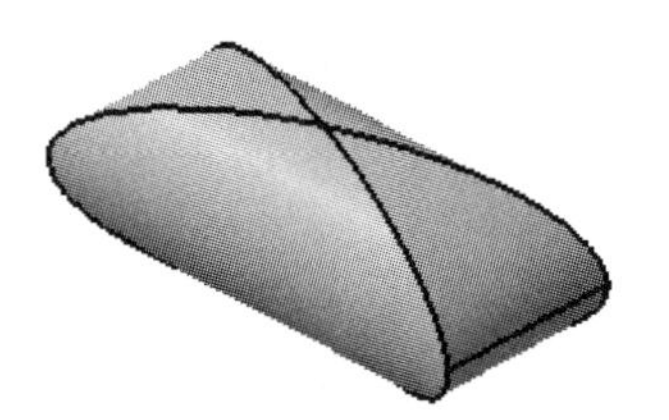

图 3-172　相交

【光盘文件】

结果文件——参见附带光盘中的“END\Ch2\3-5.CATPart”文件。

动画演示——参见附带光盘中的“AVI\Ch2\3-5.avi”文件。

【操作步骤】

[1]. 从菜单栏中选择【开始】→【机械设计】→【零件设计】，如图 3-173 所示。

图 3-173　进入零部件设计环境

[2]. 输入新建文件的文件名“3-5”，如图 3-174 所示。

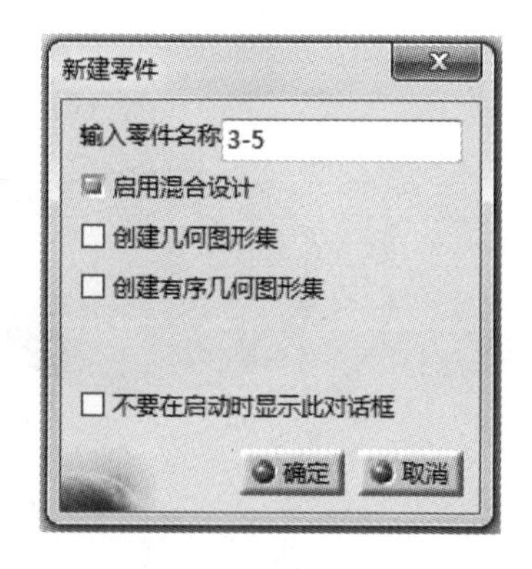

图 3-174　新建文件命名

[3]. 单击工具栏中的【草图】按钮，然后选择【xy 平面】，如图 3-175 所示。

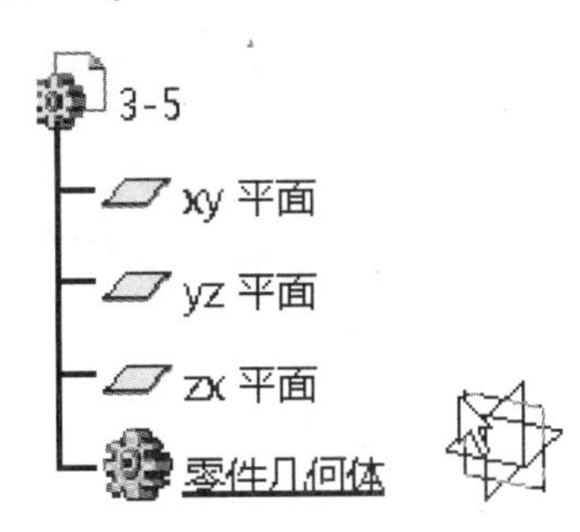

图 3-175 选择参考平面

[4]. 单击【椭圆】按钮，以坐标原点为中心绘制一个长轴半径 40mm，短轴半径 15mm 的椭圆，如图 3-176 所示。

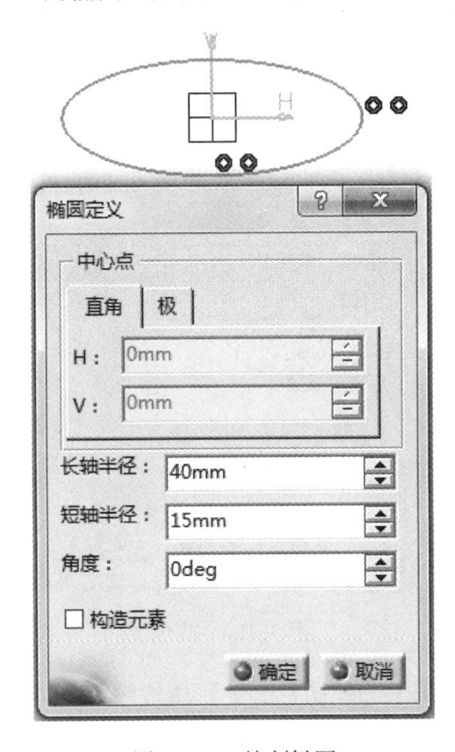

图 3-176 绘制椭圆

[5]. 单击【退出工作台】按钮退出草图设计环境，如图 3-177 所示。

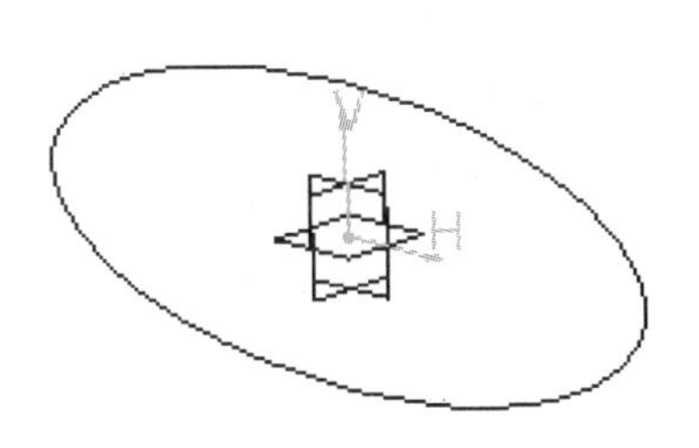

图 3-177 退出草图

[6]. 单击【凸台】按钮，在【轮廓】中选中步骤[4]绘制的椭圆草图，在【长度】中输入 40mm，并选中【镜像范围】。最后单击【确定】按钮，如图 3-178 所示。

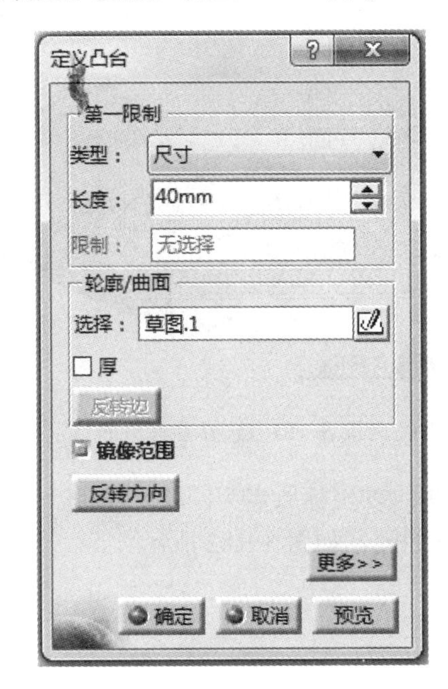

图 3-178 凸台

[7]. 从菜单栏中选择【插入】→【几何体】，如图 3-179 与图 3-180 所示。

图 3-179 插入新几何体

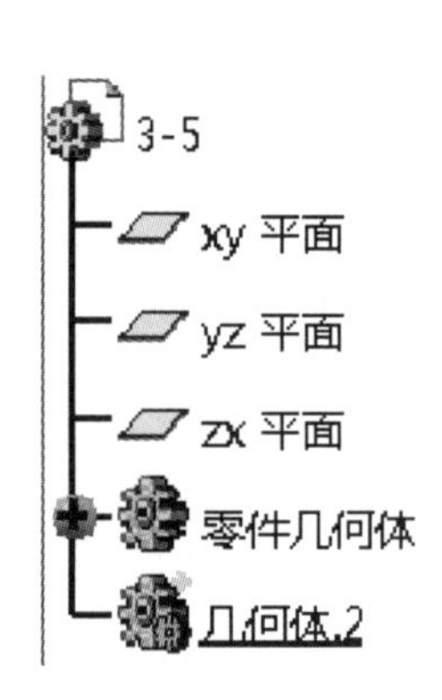

图 3-180　插入新几何体

[8]. 单击【草图】按钮并选择【zx 平面】，如图 3-181 所示。

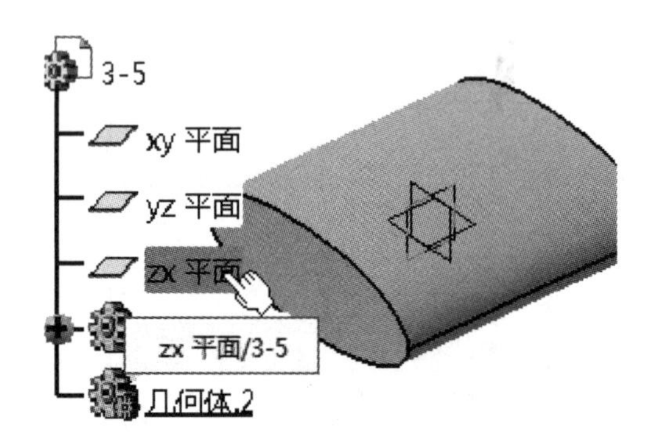

图 3-181　选择参考平面

[9]. 以坐标原点为圆心，绘制一个直径 30mm 的圆，如图 3-182 所示。

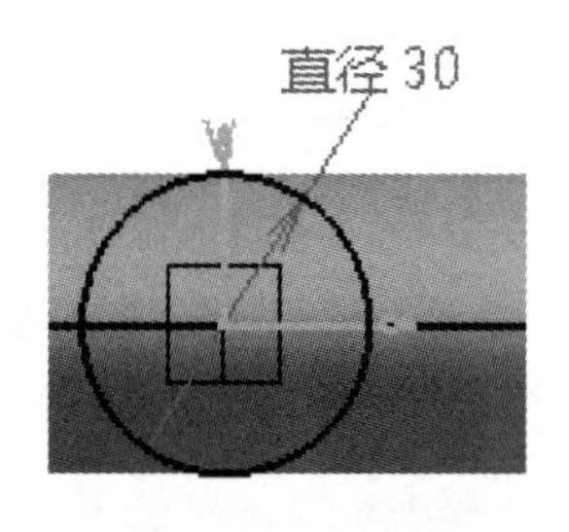

图 3-182　绘制圆

[10]. 单击【退出工作台】按钮退出草图设计环境，如图 3-183 所示。

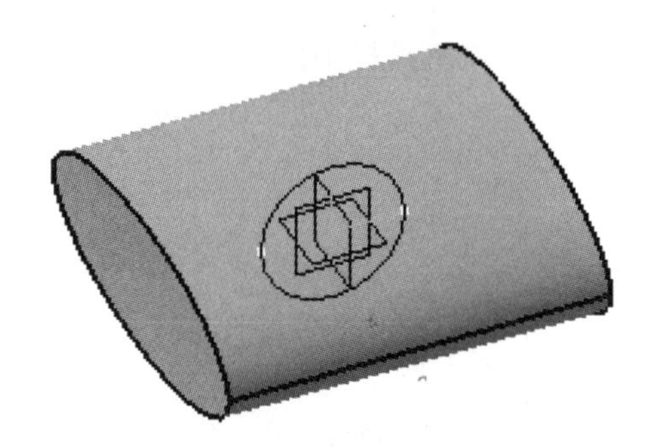

图 3-183　退出草图

[11]. 单击【凸台】按钮，在【轮廓】中选择步骤[9]绘制的圆，在【长度】中输入 40mm，并选中【镜像范围】。最后单击【确定】按钮，如图 3-184 所示。

图 3-184　凸台

[12]. 单击【相交】按钮，在对话框中做出如图 3-185 所示的选择，然后单击【确定】按钮。

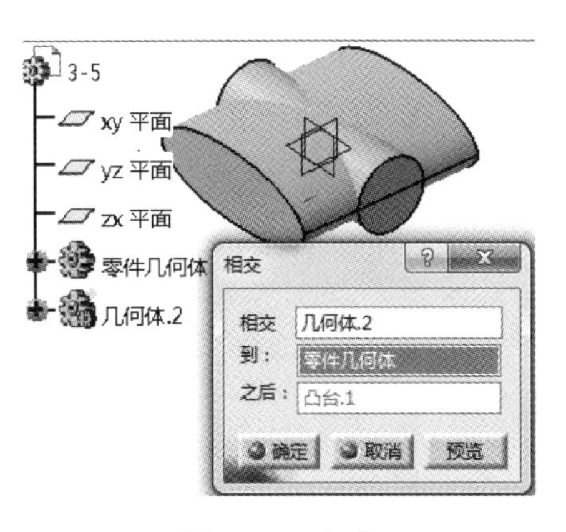

图 3-185　相交

[13]. 经过【相交】操作后，得到零件楔块，如图 3-186 所示。

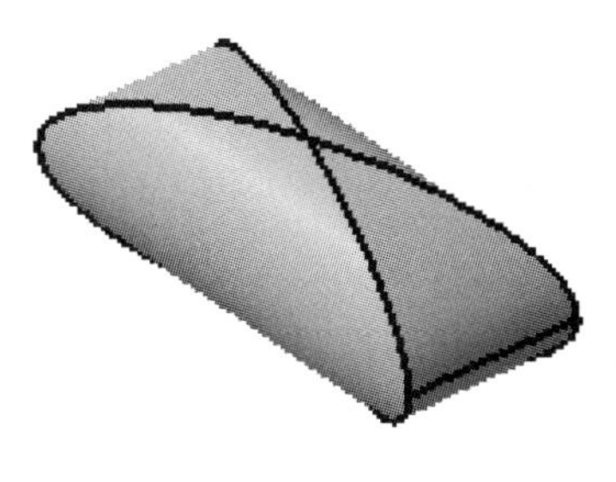

图 3-186　楔块

3.5.1　添加

【添加】命令是通过布尔运算，将两个互相独立的实体结合成一个实体。单击【添加】按钮后，弹出【添加】定义对话框，如图 3-187 所示。

图 3-187　添加定义对话框

在弹出对话框后，分别选择需要结合的两个实体，再单击【确定】按钮，即可完成命令，如图 3-188 所示。

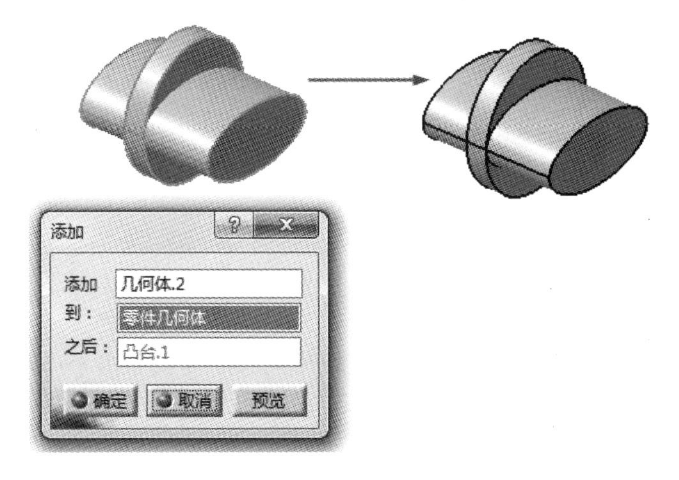

图 3-188　添加

3.5.2 去除

【移除】命令是通过布尔运算，在当前工作实体上减去与另一个实体相交的部分。单击【移除】按钮后弹出【移除】对话框，如图 3-189 所示。

图 3-189　移除定义对话框

在选择了作为相交部分的参考实体与当前工作实体后，再单击【确定】按钮，即可完成操作，如图 3-190 所示。

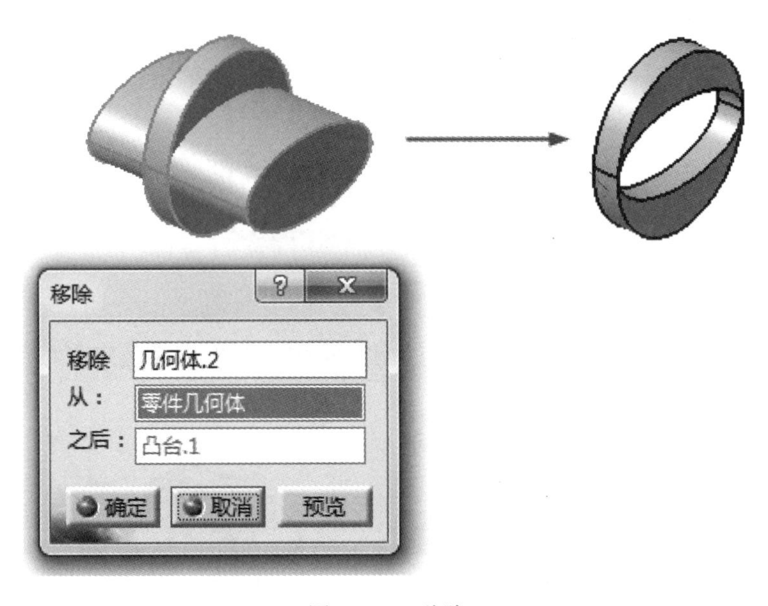

图 3-190　移除

3.5.3 相交

【相交】命令是通过布尔运算将两个实体相交的部分提取出来，成为新的实体。单击【相交】按钮后弹出【相交】对话框，如图 3-191 所示。

图 3-191　相交定义对话框

在选择了两个相交的实体后，再单击【确定】按钮，即可完成命令，如图 3-192 所示。

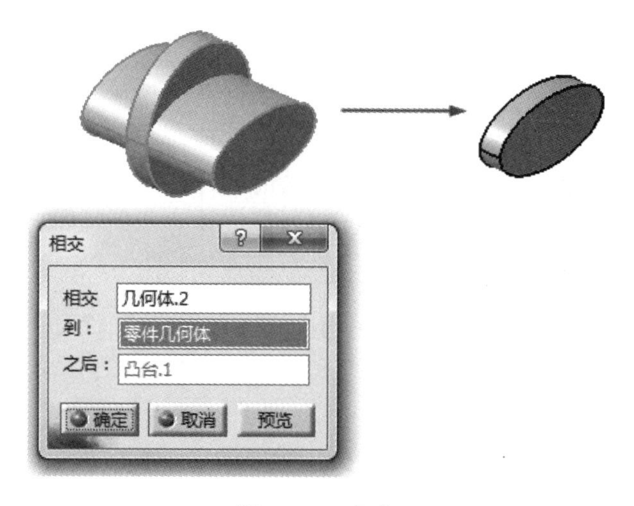

图 3-192　相交

3.5.4　联合修剪

【联合修剪】命令是指以实体为边界对另一个实体进行修剪，将修剪后的实体作为新的实体。单击【联合修剪】按钮后单击新建的几何体，弹出【定义修剪】对话框，如图 3-193 所示。

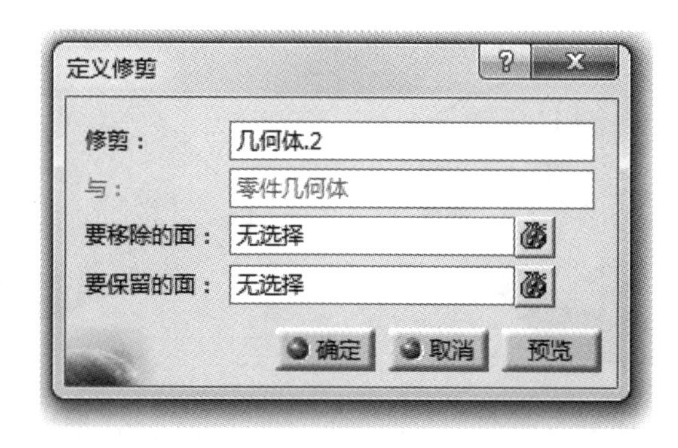

图 3-193　定义修剪对话框

【要移除的面】：选择需要移除部分的面。
【要保留的面】：选择作为边界元素的面。
定义好上述选项后，单击【确定】按钮，即可完成操作，如图 3-194 所示。

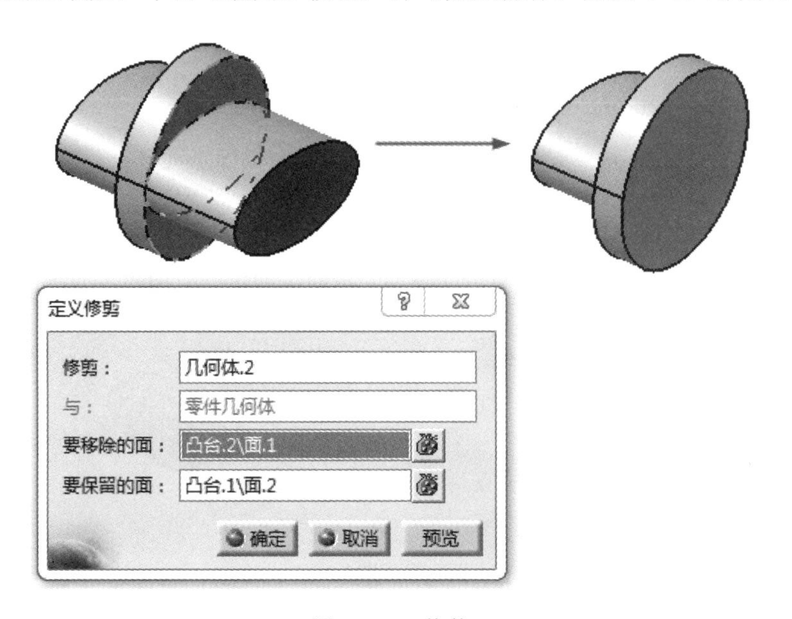

图 3-194　修剪

3.6　要点•应用

本章将通过三个简单的综合例子，演示上述各章节中的内容。

3.6.1　应用 1——底座

【思路分析】

该零件是由简单的凸台、凹槽、倒圆角与倒角组成，如图 3-195 所示。绘制时用户可以根据自己的思路逐步创建特征。步骤大致如图 3-196、图 3-197 和图 3-198 所示。

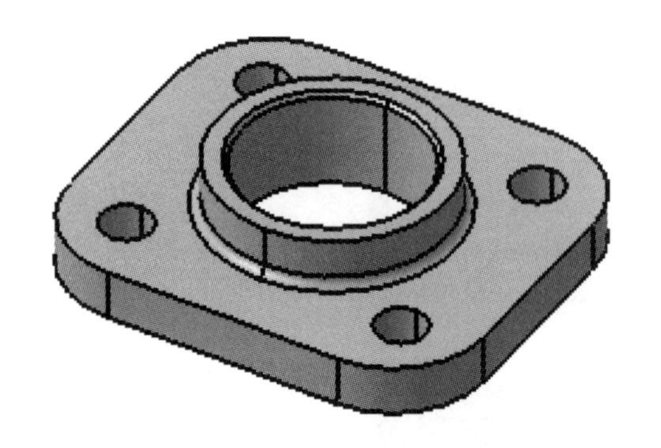

图 3-195　底座

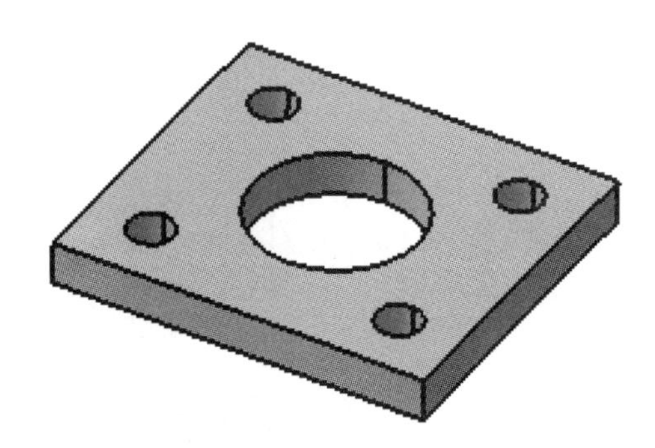

图 3-196　创建矩形凸台及圆形凹槽

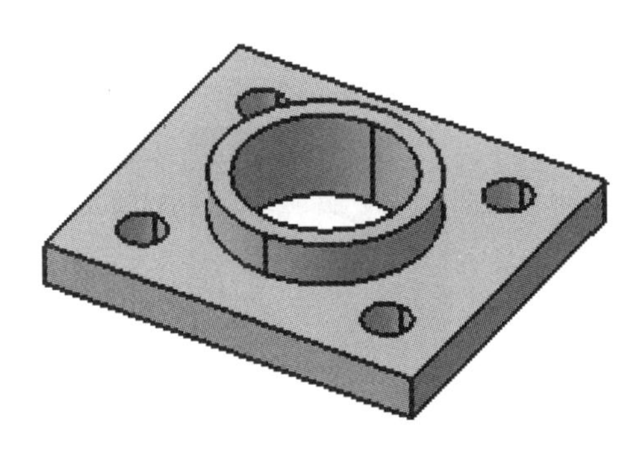
图 3-197　创建圆形凸台

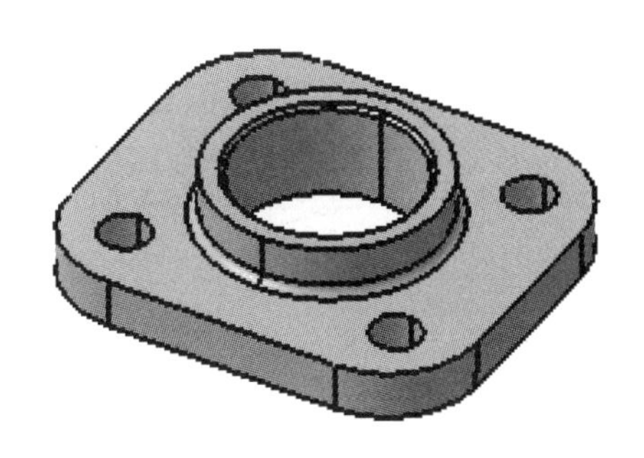
图 3-198　倒圆及倒角

【光盘文件】

——参见附带光盘中的“END\Ch2\3-6-1.CATPart”文件。

——参见附带光盘中的“AVI\Ch2\3-6-1.avi”文件。

【操作步骤】

[1]. 从菜单栏中选择【开始】→【机械设计】→【零件设计】，如图 3-199 所示。

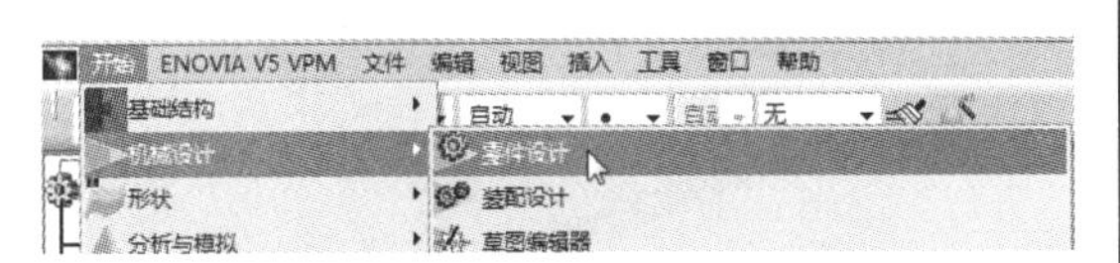
图 3-199　进入零部件设计环境

[2]. 输入新建文件的文件名“3-6-1”，如图 3-200 所示。

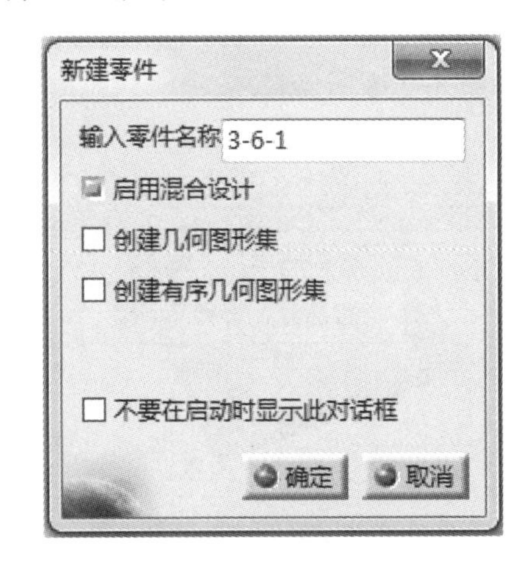

图 3-200　新建文件命名

[3]. 单击工具栏中的【草图】按钮，然后选择【xy 平面】，如图 3-201 所示。

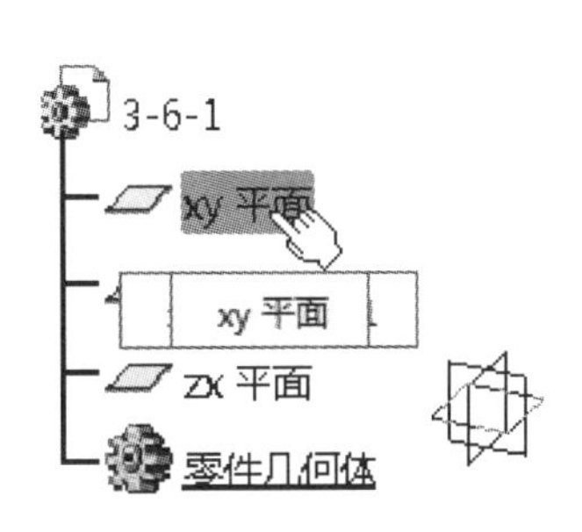

图 3-201　选择参考平面

[4]. 在草图设计环境中绘制出如图 3-202 所示的矩形与圆形。

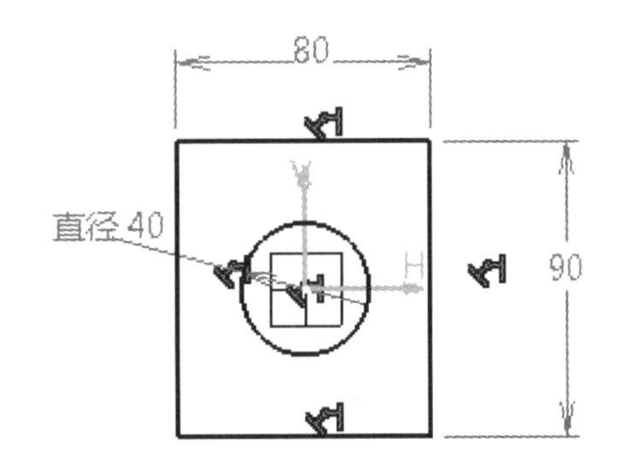

图 3-202　创建草图

[5]. 单击【退出工作台】按钮退出草图设计环境，如图 3-203 所示。

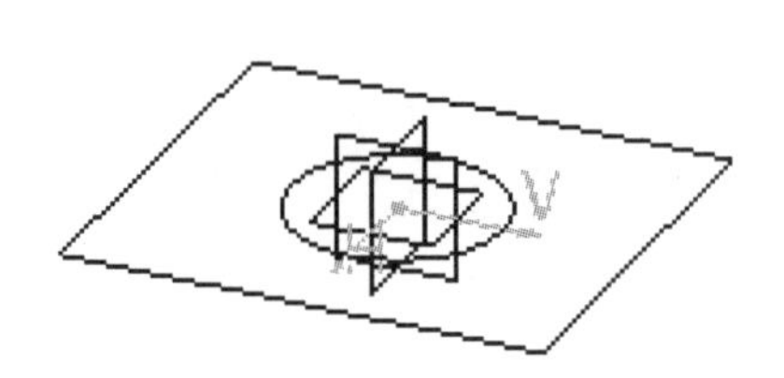

图 3-203　退出草图

[6]. 单击【凸台】按钮，选择步骤[4]绘制的草图为轮廓，沿 Z 轴正向拉伸 10mm，如图 3-204 所示。

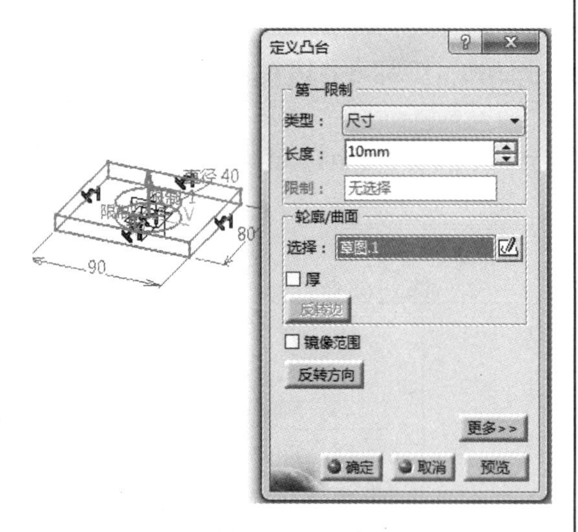

图 3-204　凸台

[7]. 单击工具栏中的【草图】按钮，然后选中凸台的上平面，进入草图设计环境，如图 3-205 所示。

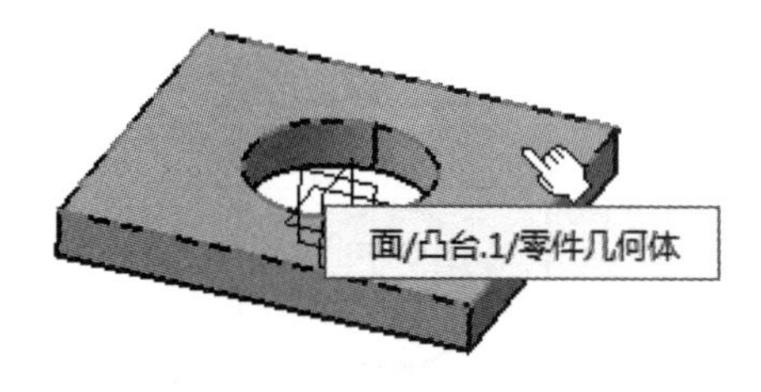

图 3-205　进入草图

[8]. 在草图设计环境中绘制出如图 3-206 所示的四个圆，然后退出草图。

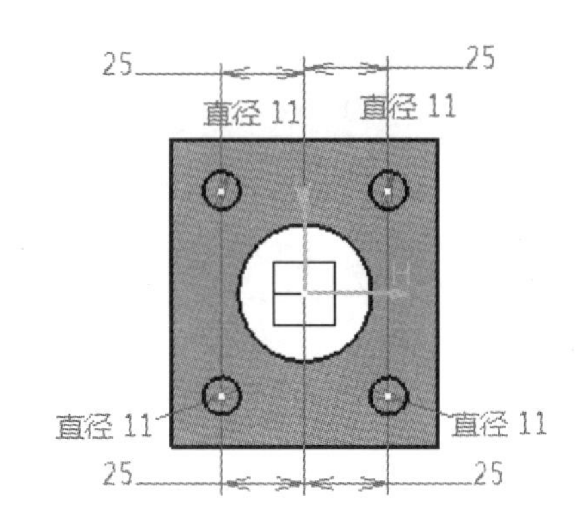

图 3-206　绘制圆

[9]. 单击【凹槽】按钮，选择步骤[8]绘制的草图为轮廓，沿 Z 轴的反方向创建一个深度 10mm 的凹槽，如图 3-207 所示。

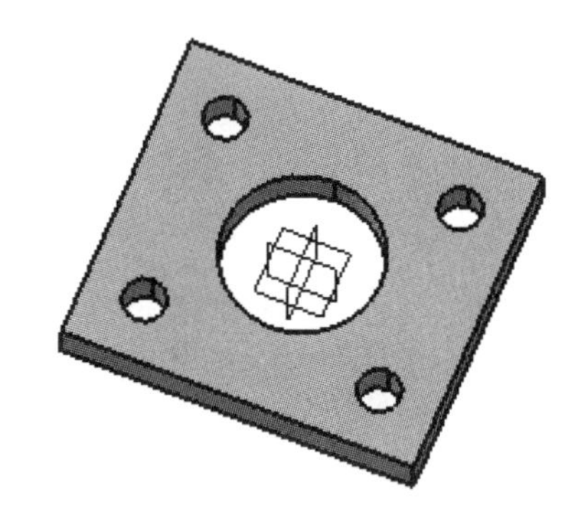

图 3-207　凹槽

[10]. 单击工具栏中的【草图】按钮，选择凸台的上平面，进入草图设计环境，如图 3-208 所示。

图 3-208　进入草图

[11]. 在草图设计环境中绘制出如图 3-209 所示的两个圆，然后退出草图。

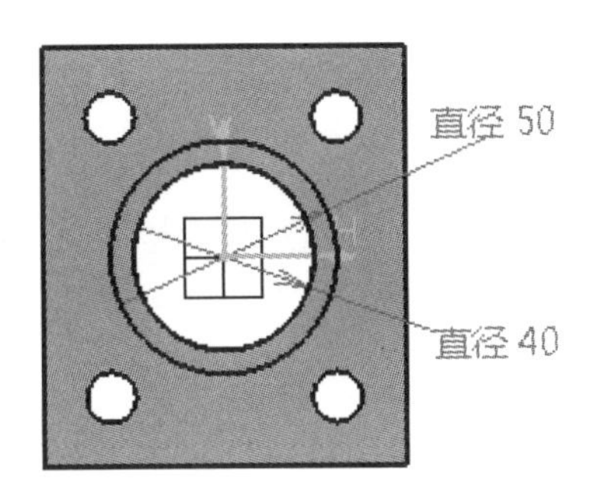

图 3-209　创建圆

[12]. 单击【凸台】，选择步骤[11]绘制的草图为轮廓，沿 Z 轴正向拉伸 10mm，如图 3-210 所示。

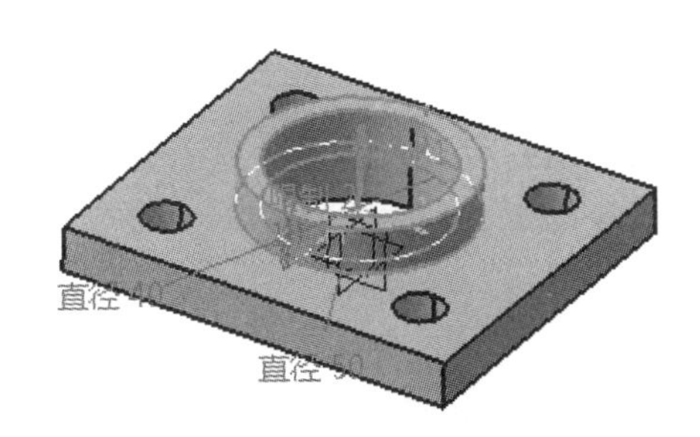

图 3-210　创建凸台

[13]. 单击【倒圆角】按钮，对零件中的矩形凸台的四个纵边进行倒圆角，圆角半径为 20mm，如图 3-211 所示。

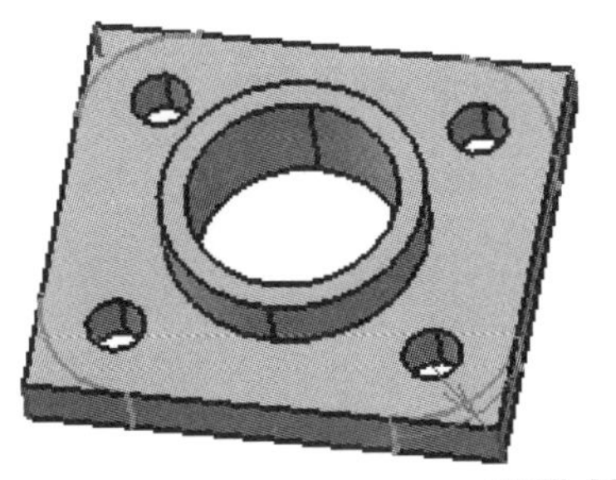

图 3-211　创建倒圆角

[14]. 单击【倒圆角】按钮，对矩形凸台与圆形凸台的交界进行倒圆角，圆角半径为 2mm，如图 3-212 所示。

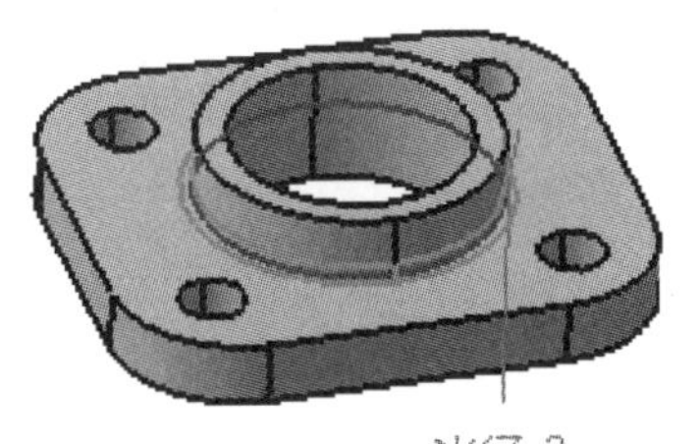

图 3-212　创建倒圆角

[15]. 单击【倒角】按钮，对圆形凸台中的内圆进行倒角，倒角参数如图 3-213 所示。

图 3-213　创建倒角

[16]. 完成上述步骤后，即完成零件底座的绘制，如图 3-214 所示。

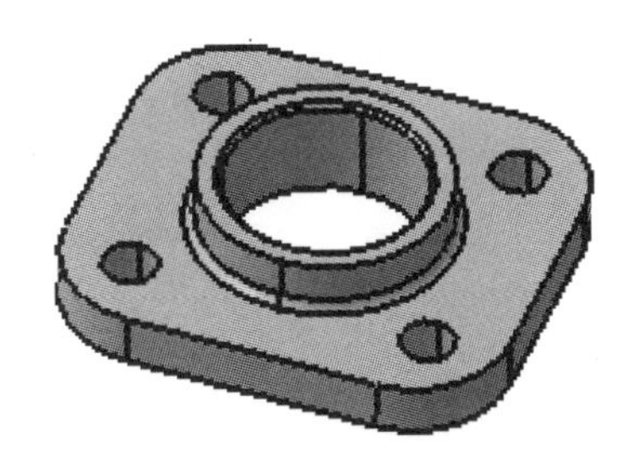

图 3-214　底座

3.6.2 应用 2——管接头

图 3-215 管接头

【思路分析】

该零件是由弯管和两个规则法兰结构组成，如图 3-215 所示。绘制时可先绘制弯管，再分别绘制两个法兰结构。步骤如图 3-216、图 3-217 和图 3-218 所示。

图 3-216 绘制弯管

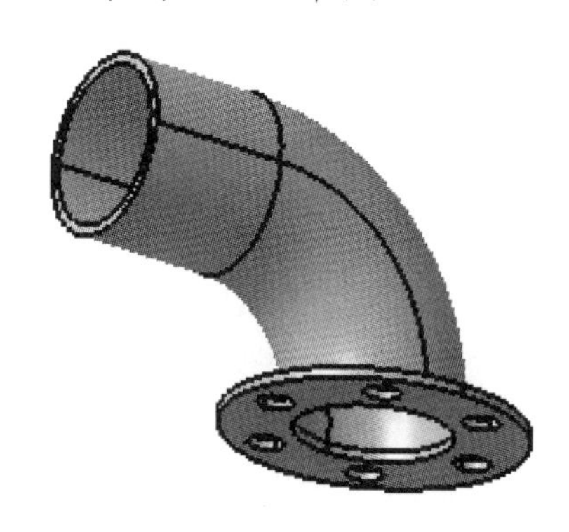

图 3-217 绘制圆法兰

图 3-218 绘制方法兰

【光盘文件】

——参见附带光盘中的“END\Ch2\3-6-2.CATPart”文件。

——参见附带光盘中的“AVI\Ch2\3-6-2.avi”文件。

【操作步骤】

[1]. 从菜单栏中选择【开始】→【机械设计】→【零件设计】，如图 3-219 所示。

图 3-219　进入零部件设计环境

[2]. 输入新建文件的文件名“3-6-2”，如图 3-220 所示。

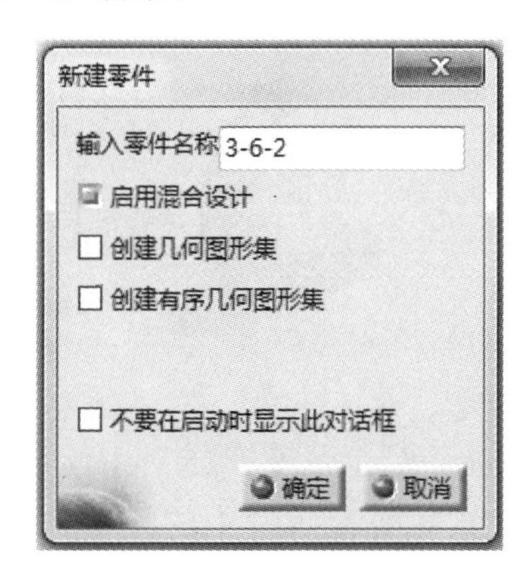

图 3-220　新建文件命名

[3]. 单击工具栏中的【草图】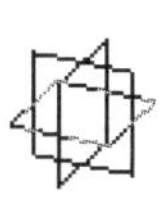按钮，然后选择【xy 平面】，如图 3-221 所示。

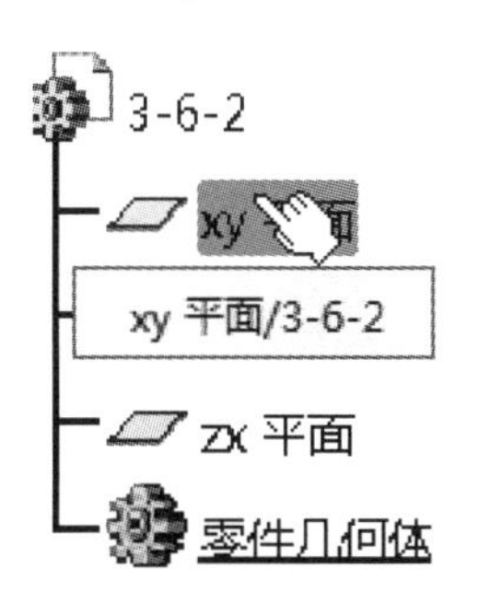

图 3-221　选择参考平面

[4]. 在草图设计环境中分别绘制直径 85mm 和直径 75mm 的圆，如图 3-222 所示。然后退出草图设计环境。

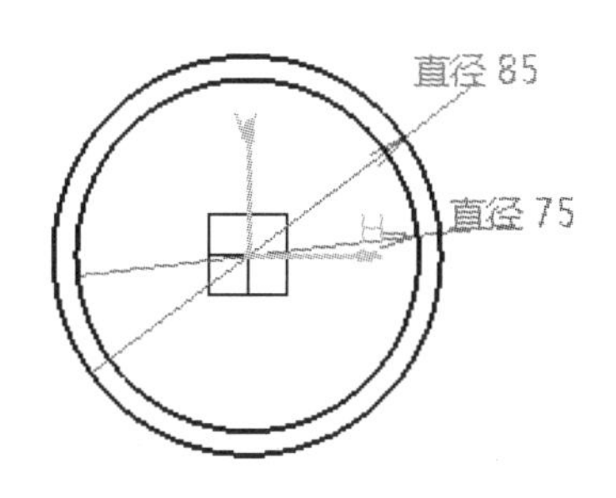

图 3-222　绘制圆

[5]. 单击工具栏中的【草图】按钮，然后选择【yz 平面】，如图 3-223 所示。

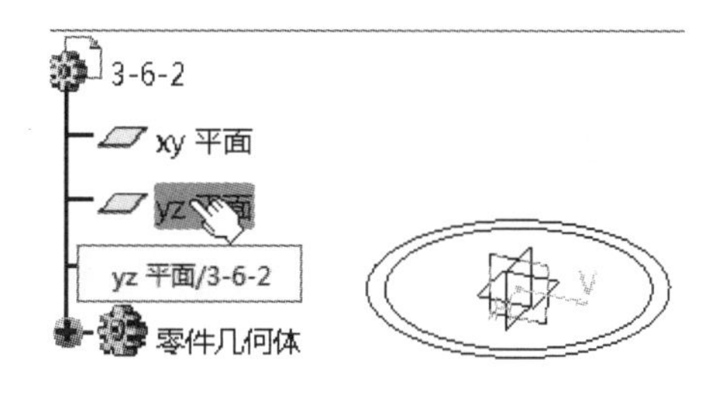

图 3-223　选择参考平面

[6]. 在草图设计环境中创建如图 3-224 所示的图形，然后退出草图设计环境。

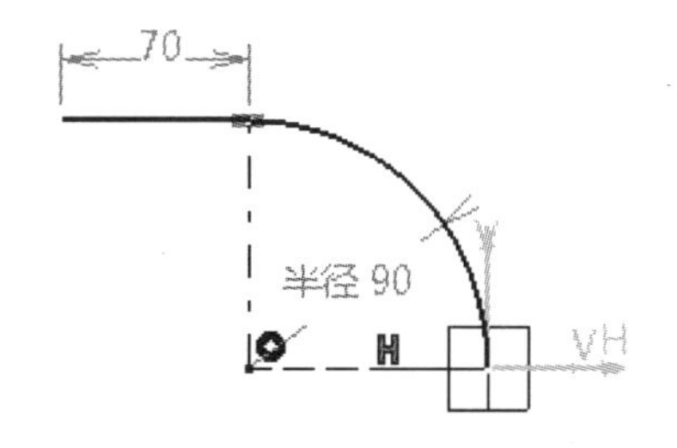

图 3-224　创建草图

[7]．单击【肋】按钮，在【轮廓】中选中步骤[4]绘制的草图，在【中心曲线】中选中步骤[6]绘制的草图，然后单击【确定】按钮，如图 3-225 所示。

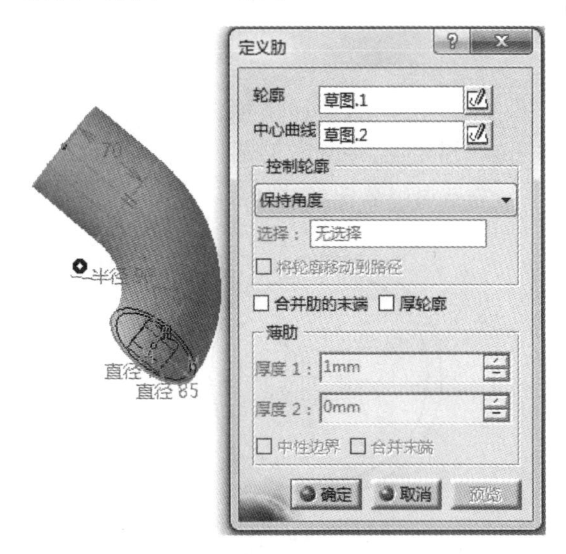

图 3-225 创建肋

[8]．单击工具栏中的【草图】按钮，选中圆管中的一个平面，如图 3-226 所示。

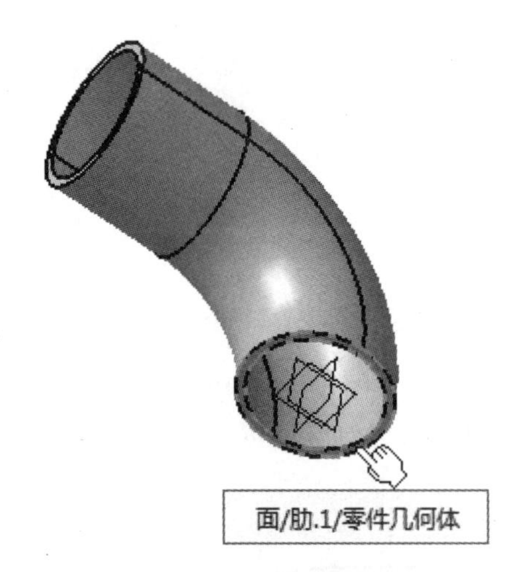

图 3-226 选择参考平面

[9]．在草图设计环境中绘制如图 3-227 所示的两个圆，然后退出草图。

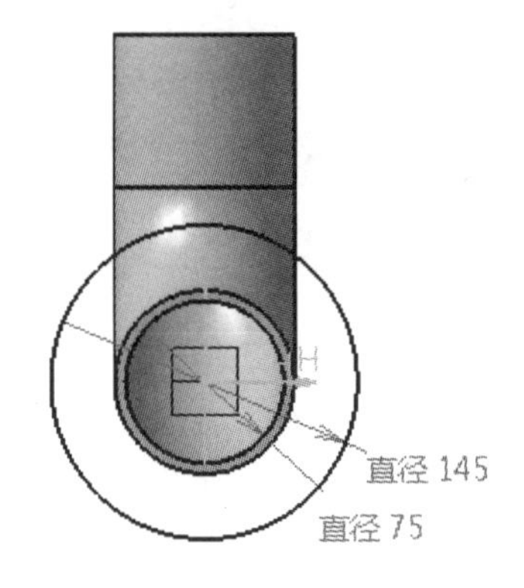

图 3-227 创建圆

[10]．单击【凸台】按钮，选择步骤[9]绘制的草图为轮廓，沿 Z 反方向拉伸 5mm，如图 3-228 所示。

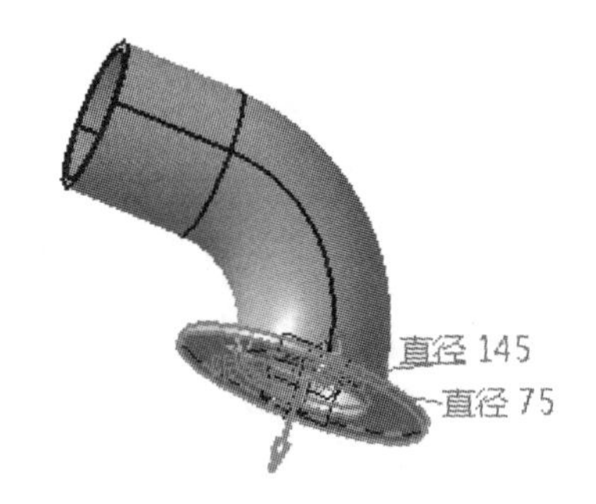

图 3-228 创建凸台

[11]．单击工具栏中的【草图】按钮，并选中步骤[10]创建的凸台的一个平面，如图 3-229 所示。

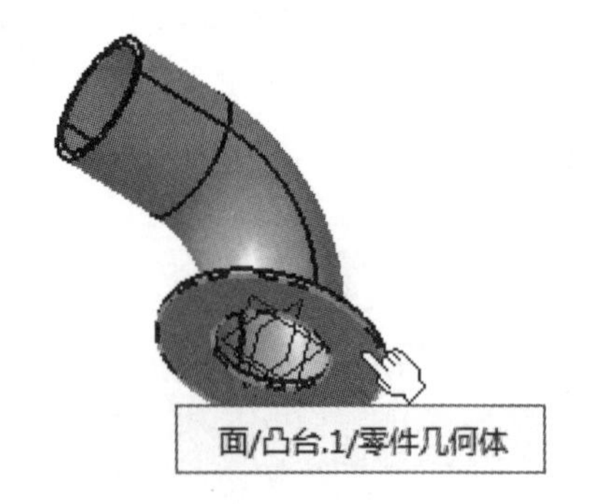

图 3-229 选择参考平面

[12]．在草图设计环境中绘制出如图 3-230 所示的圆。然后退出草图。

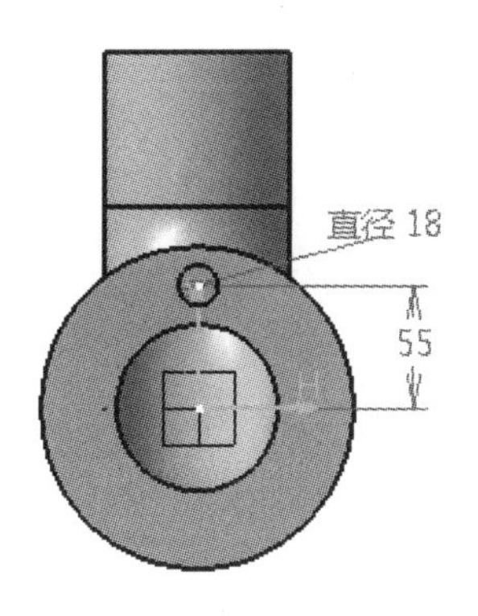

图 3-230　创建圆

[13]. 单击【凹槽】按钮，选择步骤[12]中的草图为轮廓，在圆形凸台中创建一个凹槽，如图 3-231 所示。

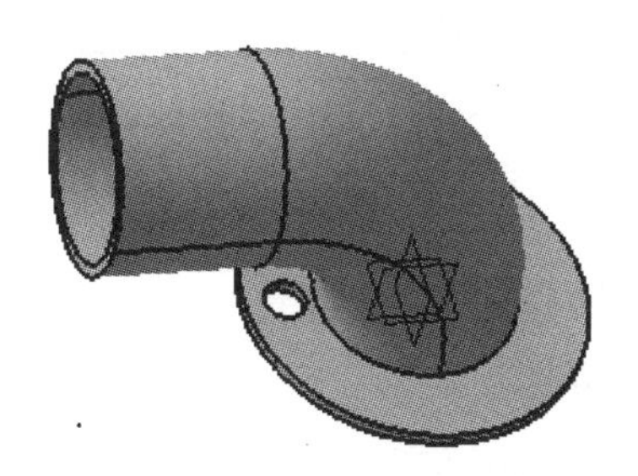

图 3-231　创建凹槽

[14]. 单击【圆形阵列】按钮，选择步骤[13]中的凹槽作为阵列对象，选择 Z 轴作为参考元素，在【实例】输入 6，在【角度间距】中输入 60，然后单击【确定】按钮，其效果如图 3-232 所示。

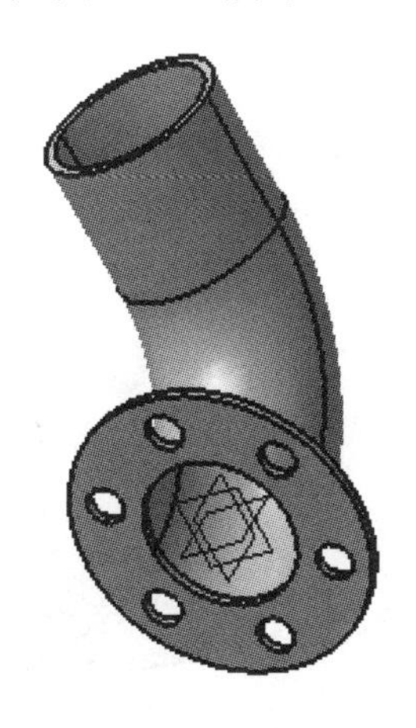

图 3-232　创建圆形阵列

[15]. 单击工具栏中的【草图】按钮，选中圆管的另一个平面，如图 3-233 所示。

图 3-233　选择参考平面

[16]. 在草图设计环境中使用【居中矩形】命令创建如图 3-234 所示的矩形和圆，矩形中心、圆心均与肋特征同心。最后退出草图设计环境。

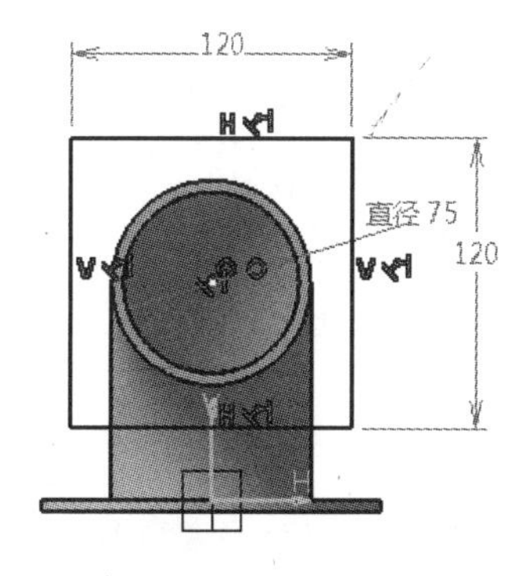

图 3-234　创建草图

[17]. 单击【凸台】按钮，选择步骤[17]中的草图为轮廓，往 X 轴反方向拉伸 5mm，如图 3-235 所示。

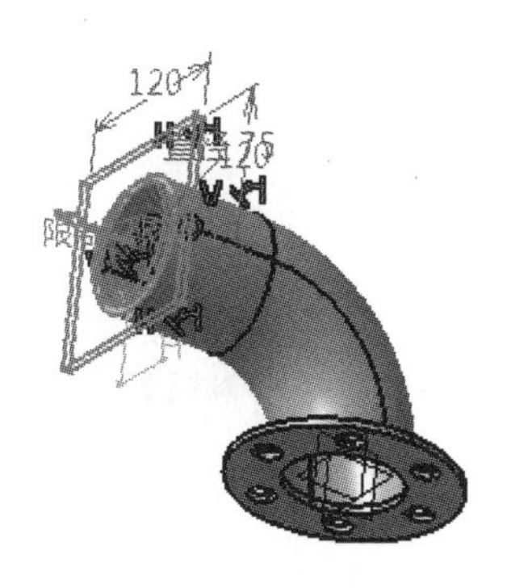

图 3-235　创建凸台

[18]．单击工具栏中的【草图】按钮，并选中步骤[17]中凸台的一个平面，如图 3-236 所示。

图 3-236　选择参考平面

[19]．利用【轴】和【圆】命令绘制出如图 3-237 所示的图形。然后退出草图。

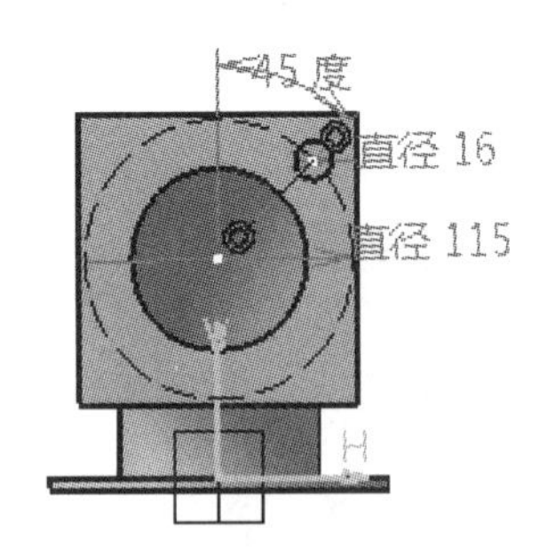

图 3-237　创建草图

[20]．单击【凹槽】按钮，选择步骤[19]绘制的草图为轮廓，在矩形凸台中创建一个凹槽，如图 3-238 所示。

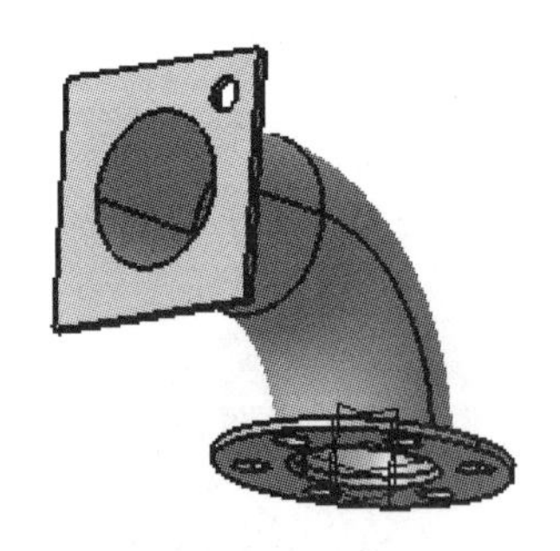

图 3-238　创建凹槽

[21]．单击【圆形阵列】按钮，选中步骤[20]中的凹槽作为阵列对象，选择肋的曲面作为参考元素，在【实例】输入 4，在【角度间距】中输入 90，然后单击【确定】按钮，其效果如图 3-239 所示。

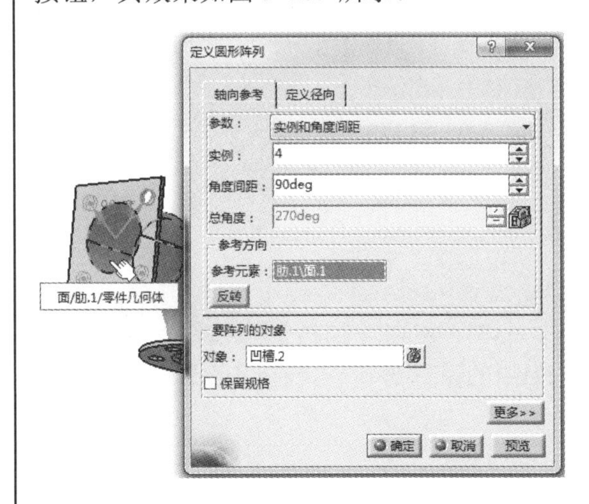

图 3-239　创建圆形阵列

[22]．单击【倒圆角】按钮，对矩形凸台的四个棱边进行倒圆角，圆角半径 25mm，如图 3-240 所示。

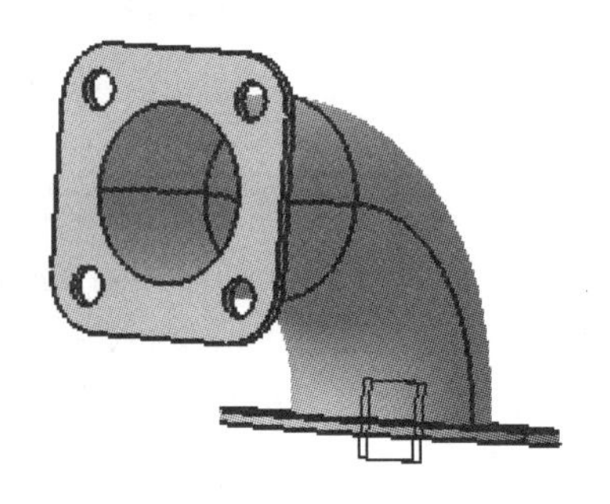

图 3-240　倒圆角

[23]．完成上述步骤后，即可完成零件管接头的绘制，如图 3-241 所示。

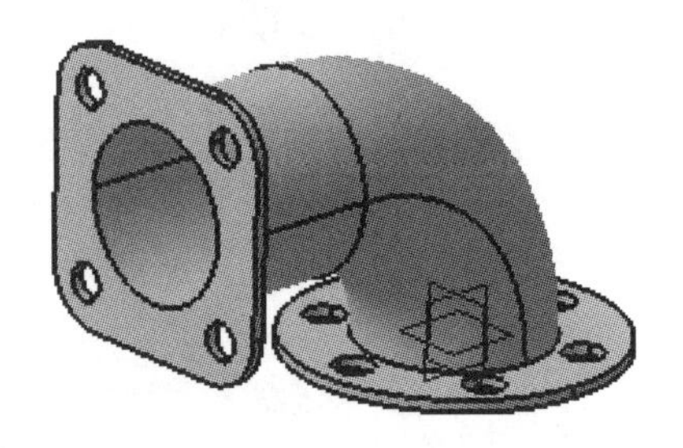

图 3-241　管接头

3.6.3 应用 3——铰接头

【思路分析】

该零件是由弧形管与直管结构组成，如图 3-242 所示。绘制时可先绘制弧形管，再绘制直管结构。步骤如图 3-243 和图 3-244 所示。

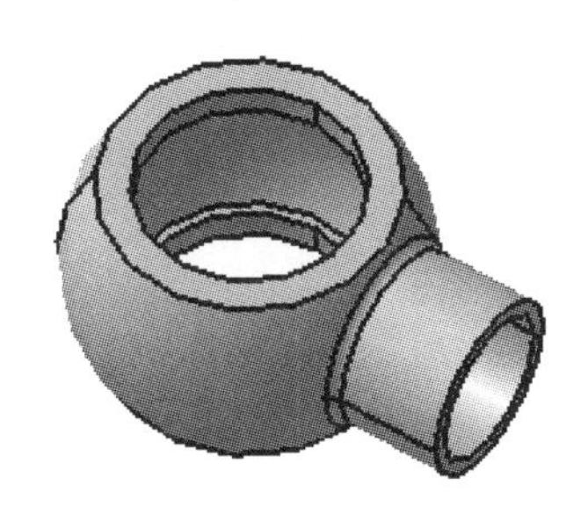

图 3-242 铰接头

图 3-243 绘制弧形管

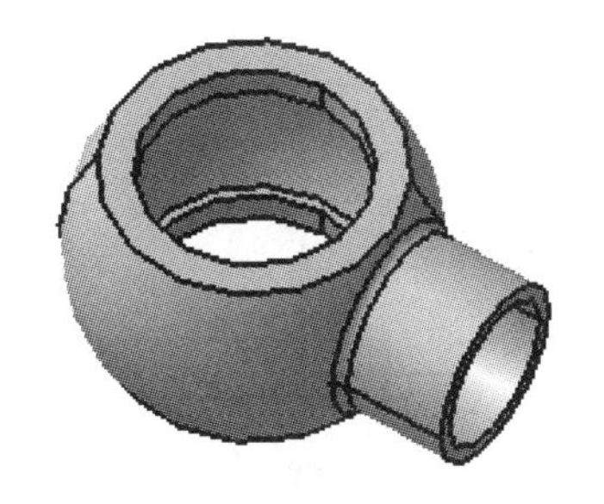

图 3-244 绘制直管

【光盘文件】

——参见附带光盘中的“**END\Ch2\3-6-3.CATPart**”文件。

——参见附带光盘中的“**AVI\Ch2\3-6-3.avi**”文件。

【操作步骤】

[1]. 从菜单栏中选择【开始】→【机械设计】→【零件设计】，如图 3-245 所示。

图 3-245 进入零部件设计环境

[2]. 输入新建文件的文件名“3-6-3”，如图 3-246 所示。

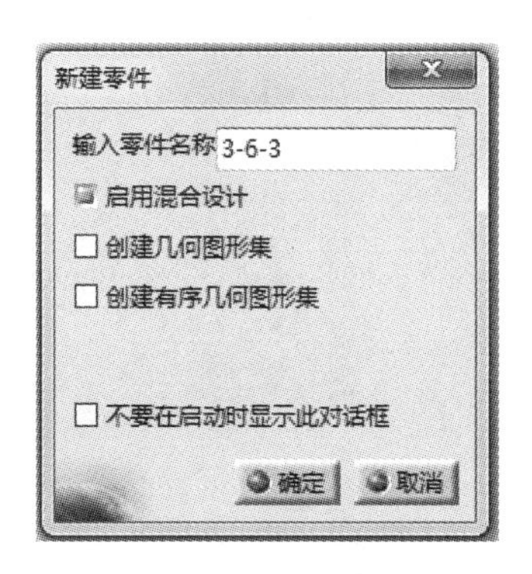

图 3-246 新建文件命名

[3]．单击工具栏中的【草图】按钮，然后选择【yz 平面】，如图 3-247 所示。

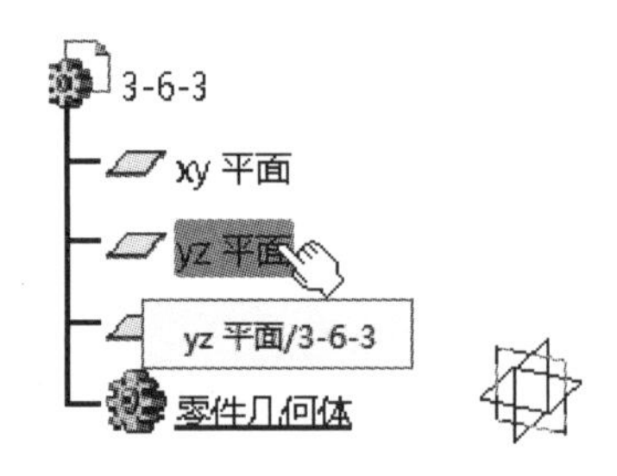

图 3-247　选择参考平面

[4]．在草图设计环境中绘制出如图 3-248 所示的图形，然后退出草图。

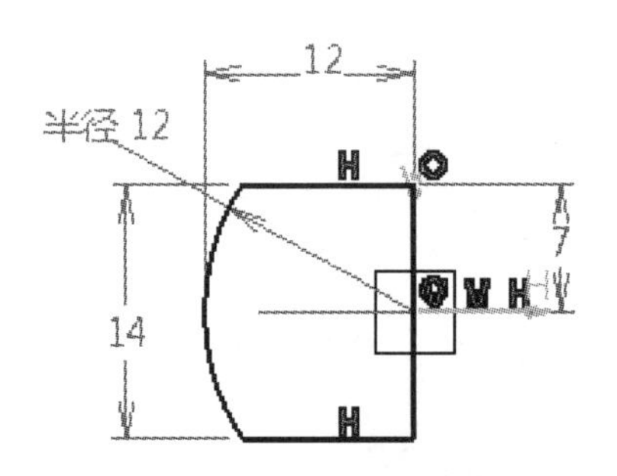

图 3-248　创建草图

[5]．单击【旋转体】按钮，选中步骤[4]绘制的草图为轮廓，选中 z 轴为轴线，【第一角度】输入 360。最后单击【确定】按钮，如图 3-249 所示。

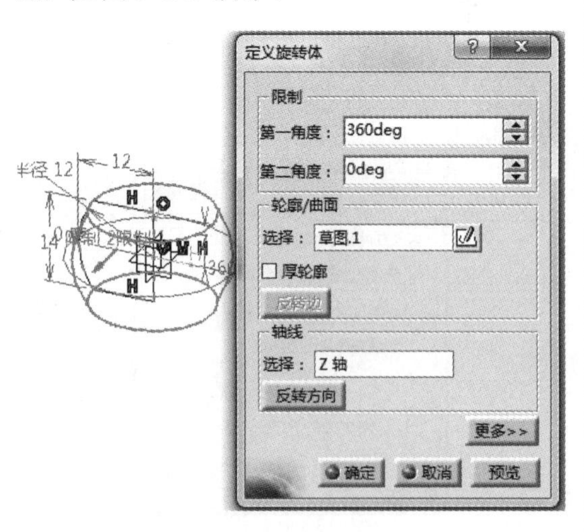

图 3-249　旋转体

[6]．单击工具栏中的【草图】按钮，选中旋转体的一个平面，进入草图设计环境，如图 3-250 所示。

图 3-250　选择参考平面

[7]．在草图设计环境中绘制一个直径为 15mm 的圆，如图 3-251 所示。然后退出草图设计环境。

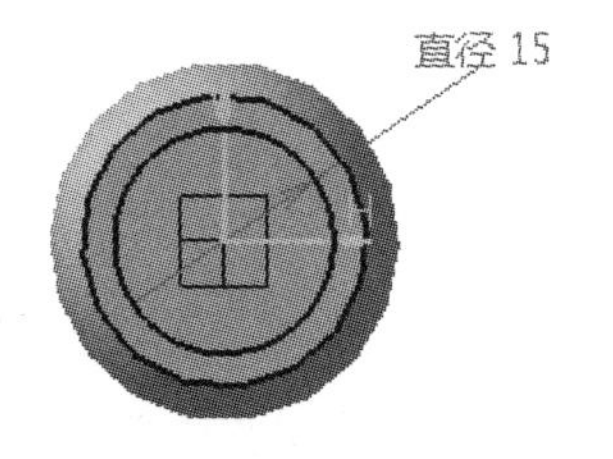

图 3-251　创建圆

[8]．单击【凹槽】按钮，选中步骤[7]绘制的草图作为轮廓，在【类型】中选择【直到最后】。最后单击【确定】按钮，如图 3-252 所示。

图 3-252　创建凹槽

[9]. 单击工具栏中的【草图】按钮并选中【yz 平面】，进入草图设计环境，如图 3-253 所示。

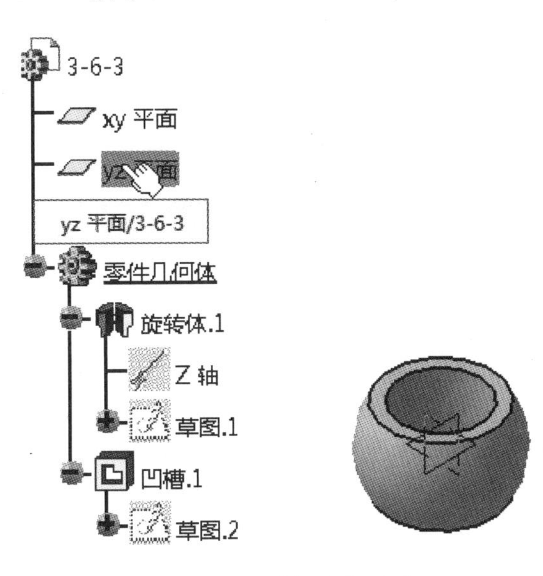

图 3-253　选择参考平面

[10]. 在草图设计环境中创建如图 3-254 所示的图形。然后退出草图设计环境。

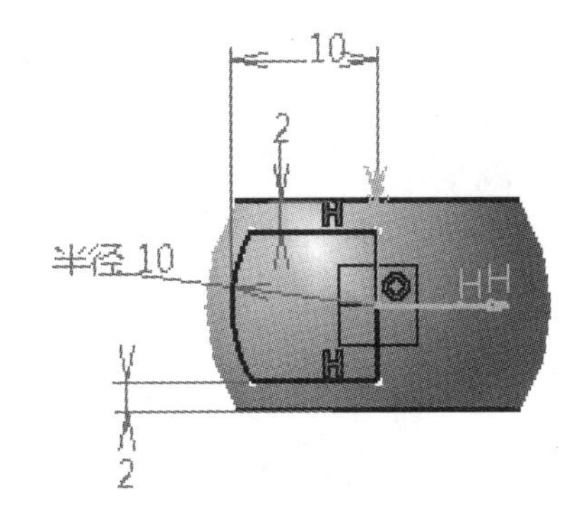

图 3-254　创建草图

[11]. 单击【旋转槽】按钮，选择步骤[10]绘制的草图为轮廓，选择 z 轴为轴线，在【第一角度】中输入 360，最后单击【确定】按钮，如图 3-255 所示。

图 3-255　旋转槽

[12]. 单击【平面】按钮，然后选中【zx 平面】，在对话框中输入 18mm。最后单击【确定】按钮，如图 3-256 所示。

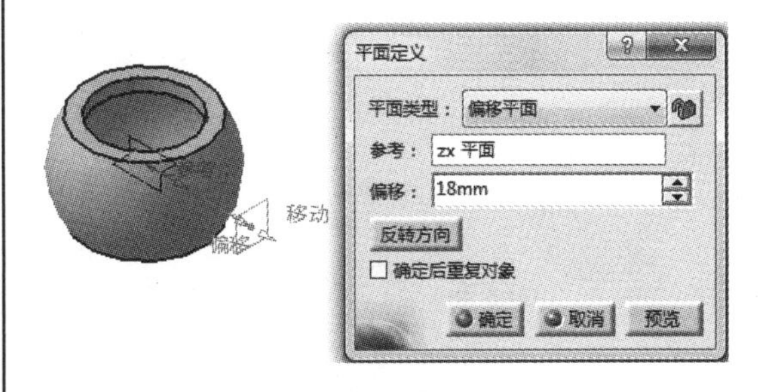

图 3-256　偏移平面

[13]. 单击工具栏中的【草图】按钮并选中【平面.1】，进入草图设计环境，如图 3-257 所示。

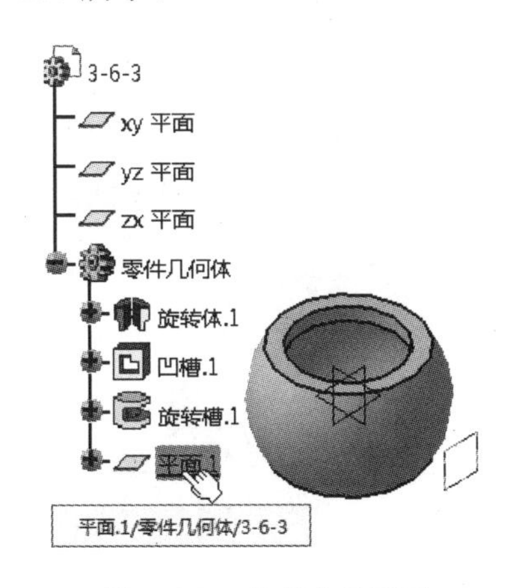

图 3-257　选择参考平面

[14]．在草图设计环境中创建一个直径12mm 的圆，如图 3-258 所示。然后退出草图。

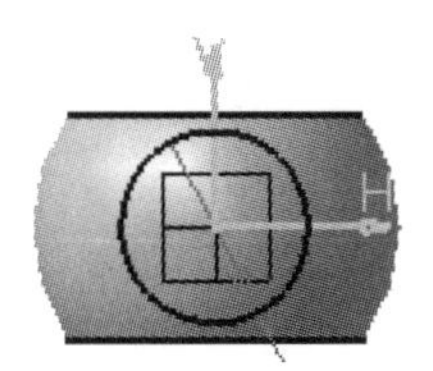

图 3-258 创建圆

[15]．单击【凸台】按钮，选中步骤[14]绘制的草图作为轮廓，在【类型】中选择【直到下一个】，然后单击【确定】按钮，如图 3-259 所示。

图 3-259 创建凸台

[16]．单击工具栏中的【草图】按钮，并选中步骤[15]中的凸台的平面，进入草图设计环境，如图 3-260 所示。

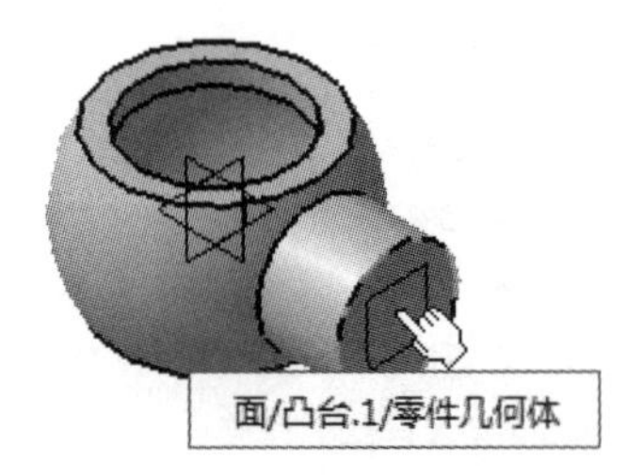

图 3-260 选择参考平面

[17]．在草图设计环境中创建一个直径10mm 的圆，如图 3-261 所示。然后退出草图设计环境。

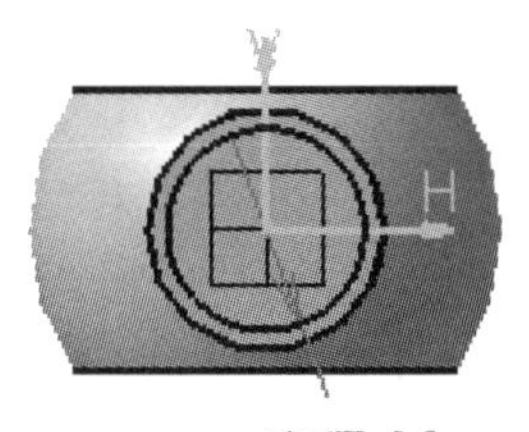

图 3-261 创建圆

[18]．单击【凹槽】按钮，选中步骤[17]绘制的草图为轮廓，在【类型】中选择【直到下一个】，然后单击【确定】按钮，如图 3-262 所示。

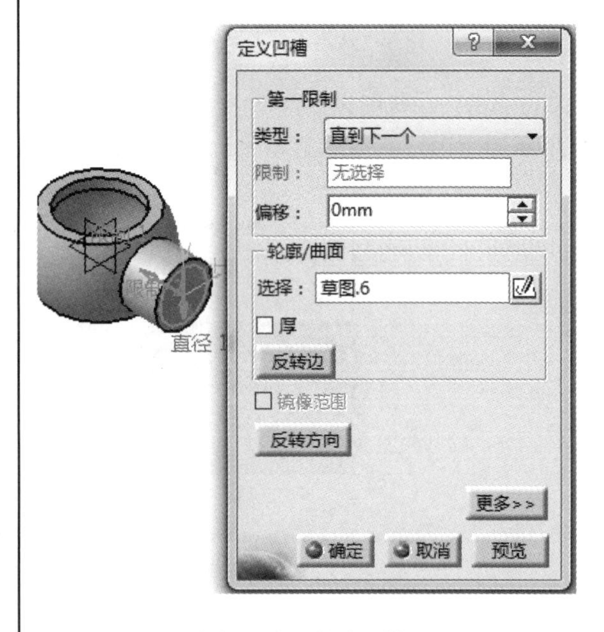

图 3-262 创建凹槽

[19]．单击【倒圆角】按钮，选择如图 3-263 所示的棱边进行倒圆处理，圆角半径为 1mm。

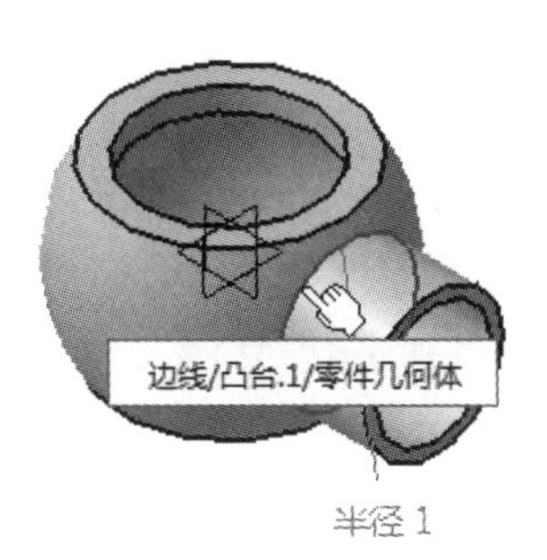

图 3-263 倒圆角

[20]. 完成上述步骤后，即可完成零件铰接头的绘制，如图 3-264 所示。

图 3-264 铰接头

3.7 能力▪提高

本节以三个典型的案例，进一步深入演示零件设计的方法。

3.7.1 案例 1——花瓶

【思路分析】

花瓶外观如图 3-265 所示。由于该零件的外表面不规则，不能利用旋转体创建。绘制该零件主要通过【多截面实体】命令创建主体，再通过【盒体】命令创建空腔。步骤如图 3-266 和图 3-267 所示。

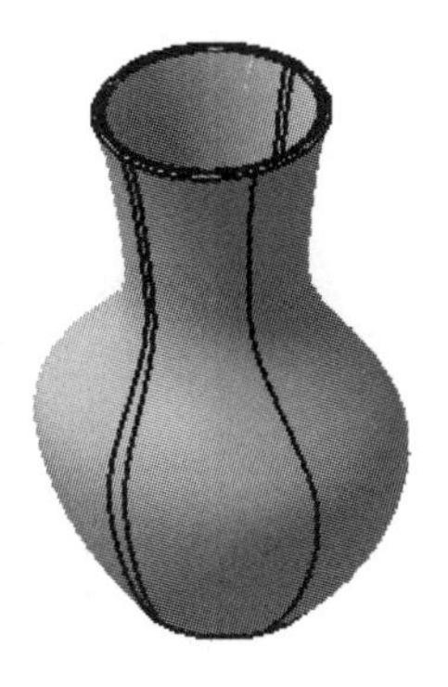

图 3-265 花瓶

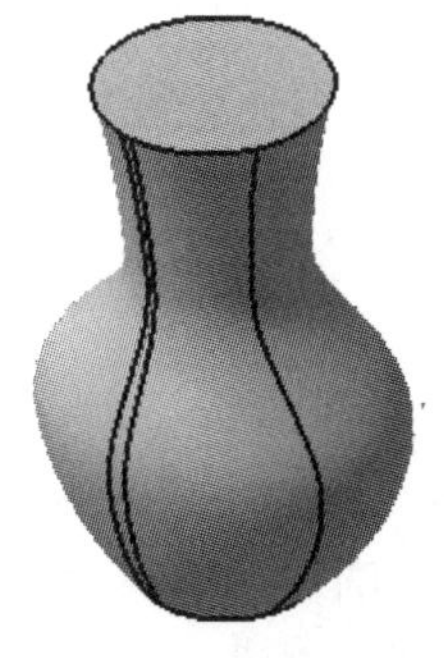

图 3-266 多截面实体

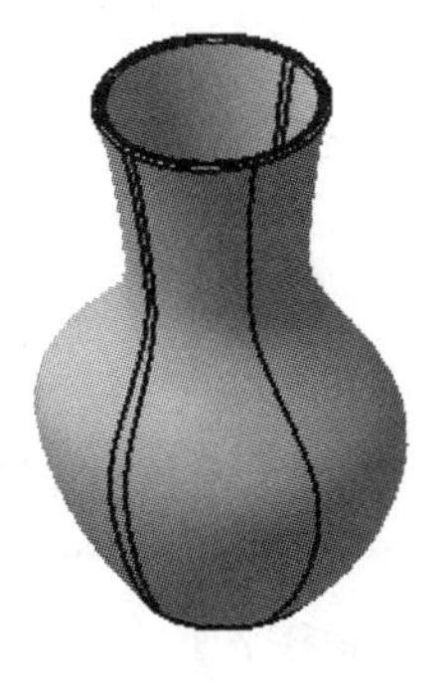

图 3-267 盒体

【光盘文件】

——参见附带光盘中的“END\Ch2\3-7-1.CATPart”文件。

——参见附带光盘中的“AVI\Ch2\3-7-1.avi”文件。

【操作步骤】

[1]. 从菜单栏中选择【开始】→【机械设计】→【零件设计】，如图 3-268 所示。

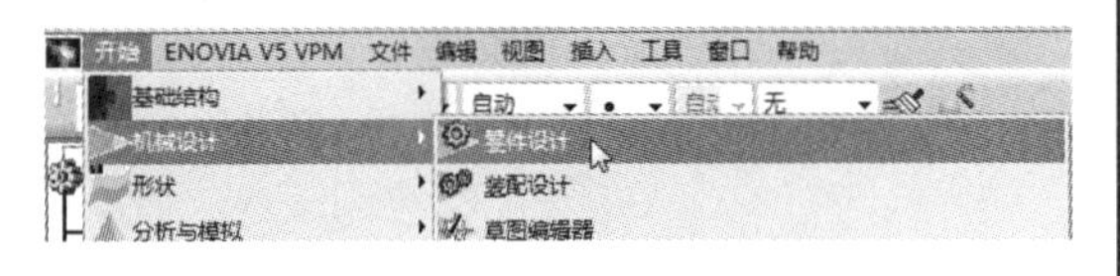

图 3-268　进入零部件设计环境

[2]. 输入新建文件的文件名“3-7-1”，如图 3-269 所示。

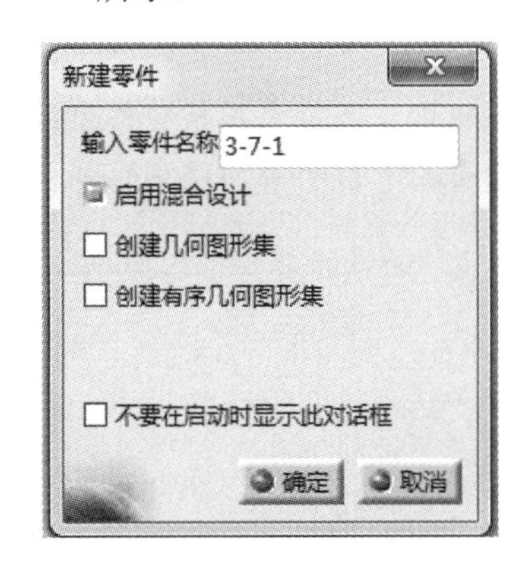

图 3-269　新建文件命名

[3]. 单击【平面】按钮，选中【xy 平面】使其偏移 50mm，如图 3-270 所示。

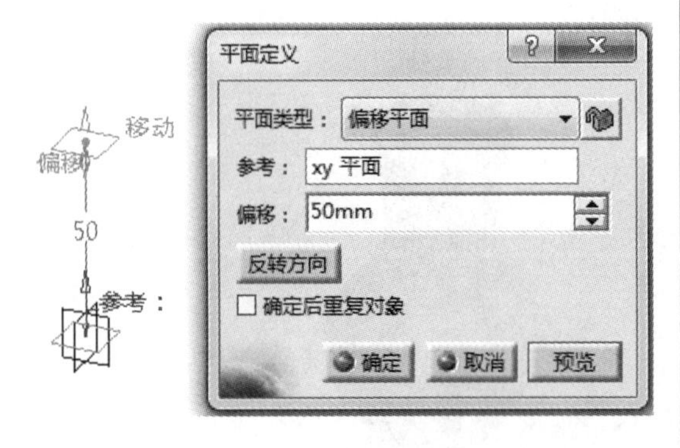

图 3-270　偏移平面

[4]. 参考步骤[3]，对平面再进行两次偏移，偏移效果和尺寸如图 3-271 所示。

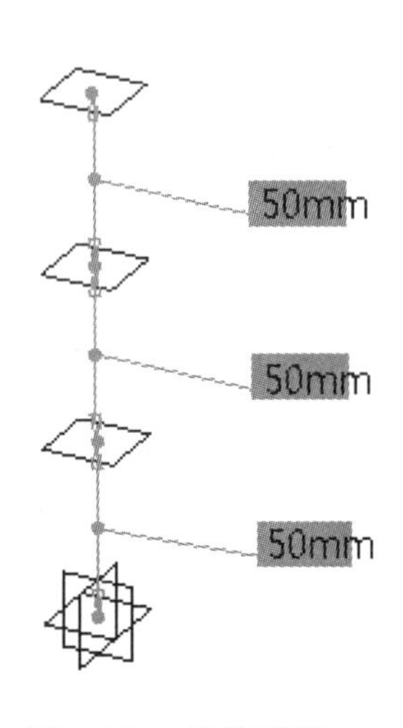

图 3-271　偏移平面

[5]. 单击工具栏中的【草图】按钮并选中【xy 平面】进入草图设计环境，如图 3-272 所示。

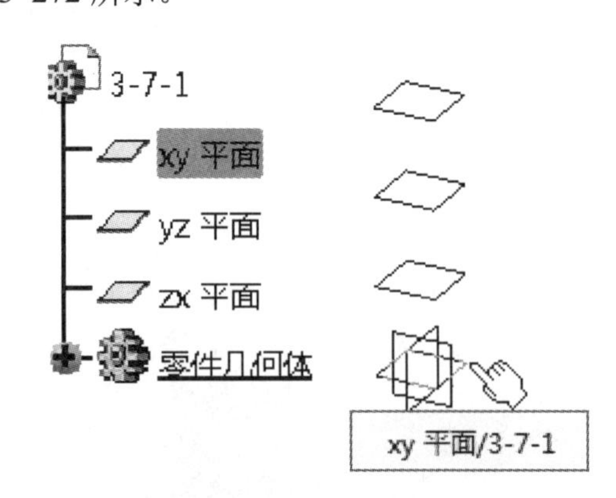

图 3-272　选择参考平面

[6]. 在草图设计环境中创建一个直径 50mm 的圆，如图 3-273 所示。然后退出草图设计环境。

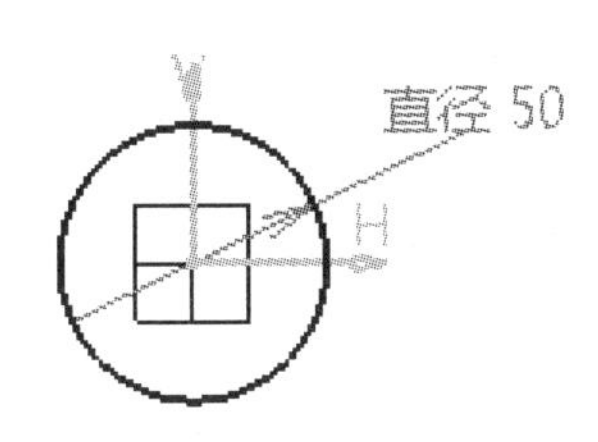

图 3-273　创建圆

[7]．单击工具栏中的【草图】按钮，并选中【平面.1】进入草图设计环境，如图 3-274 所示。

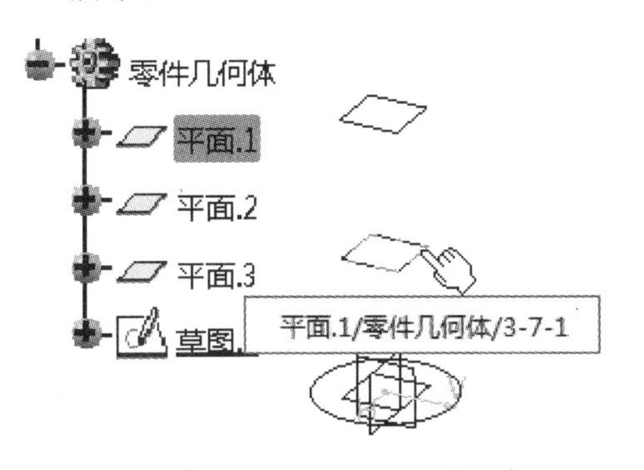

图 3-274　选择参考平面

[8]．在草图设计环境中创建一个长轴半径 45mm，短轴半径 55mm 的椭圆，如图 3-275 所示。然后退出草图设计环境。

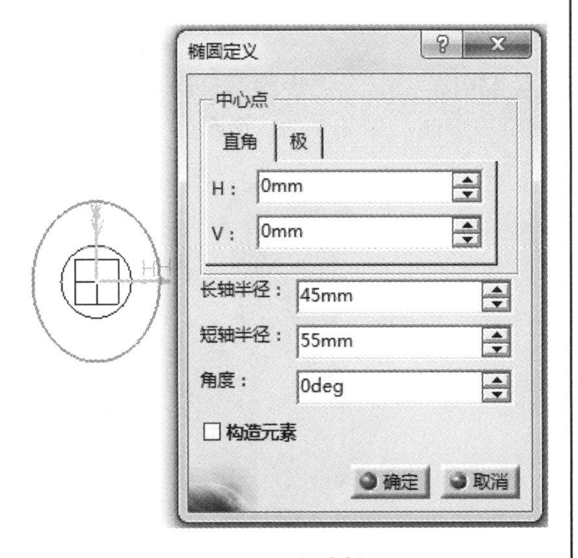

图 3-275　创建椭圆

[9]．单击工具栏中的【草图】按钮，并选中【平面.2】进入草图设计环境，如图 3-276 所示。

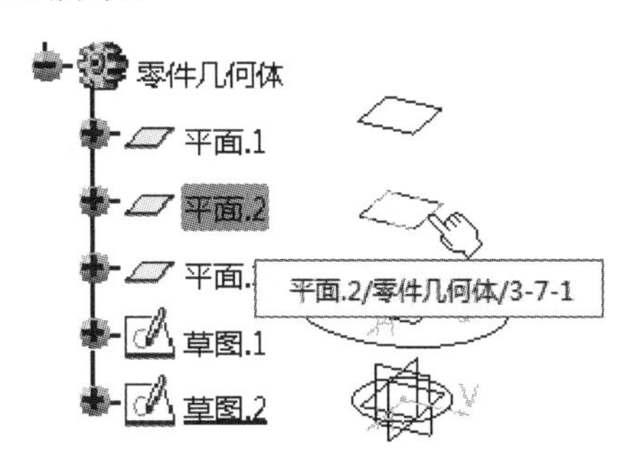

图 3-276　选择参考平面

[10]．在草图设计环境中创建一个直径 50mm 的圆，如图 3-277 所示。然后退出草图设计环境。

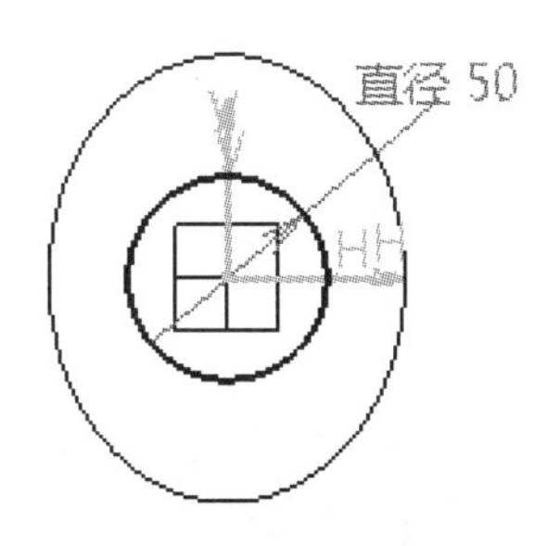

图 3-277　创建圆

[11]．单击工具栏中的【草图】按钮，并选中【平面.3】进入草图设计环境，如图 3-278 所示。

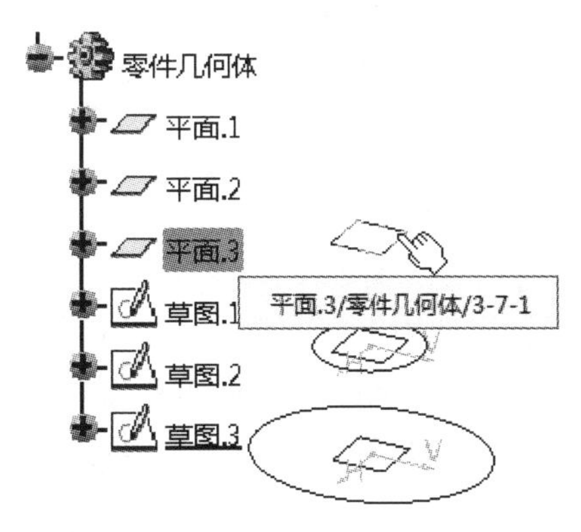

图 3-278　选择参考平面

[12]. 在草图设计环境中创建一个直径65mm 的圆，如图 3-279 所示。然后退出草图。

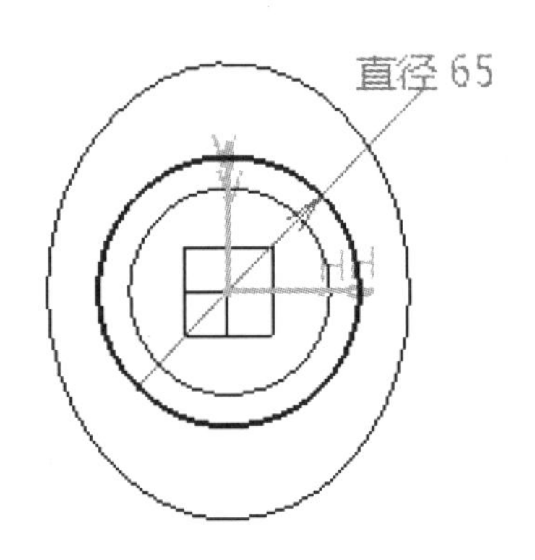

图 3-279 创建圆

[13]. 单击【多截面实体】按钮，依次选中【草图.1】、【草图.2】、【草图.3】、【草图.4】，然后单击【确定】按钮，如图 3-280 所示。

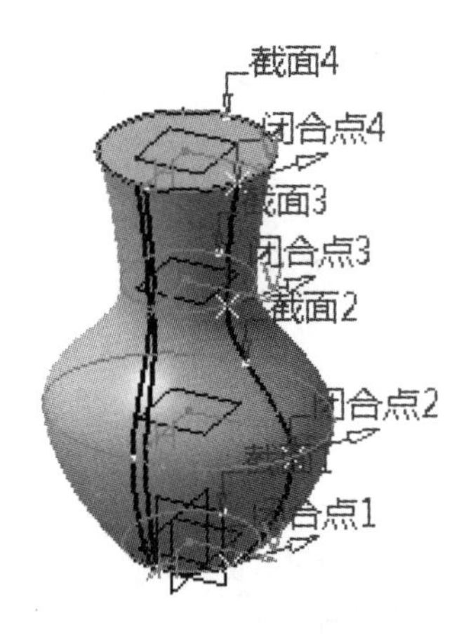

图 3-280 创建多截面实体

[14]. 单击【盒体】按钮，在【要移除的面】中选中零件的上平面，在【默认内侧厚度】输入 3mm，然后单击【确定】按钮，如图 3-281 所示。

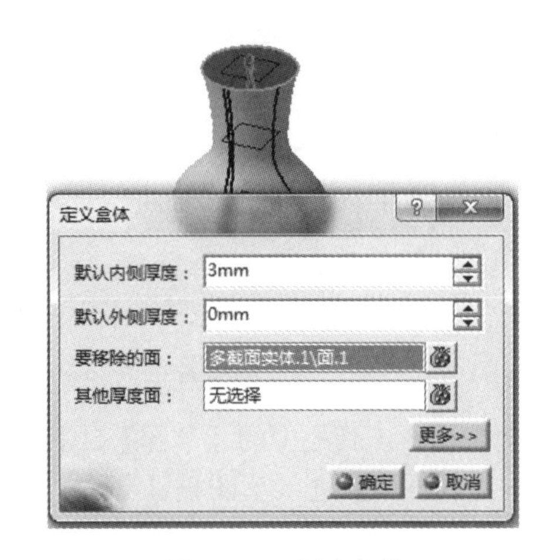

图 3-281 创建盒体

[15]. 单击【倒圆角】按钮，选择如图 3-282 所示的棱边进行倒圆角处理，圆角半径为 1mm。

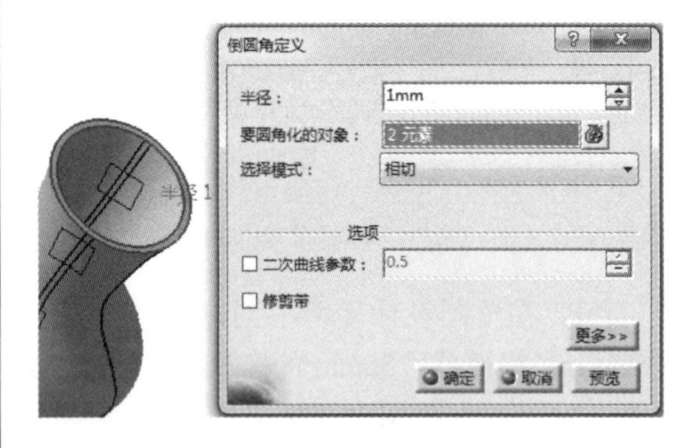

图 3-282 倒圆角

[16]. 完成上述步骤后，即可完成零件花瓶的绘制，如图 3-283 所示。

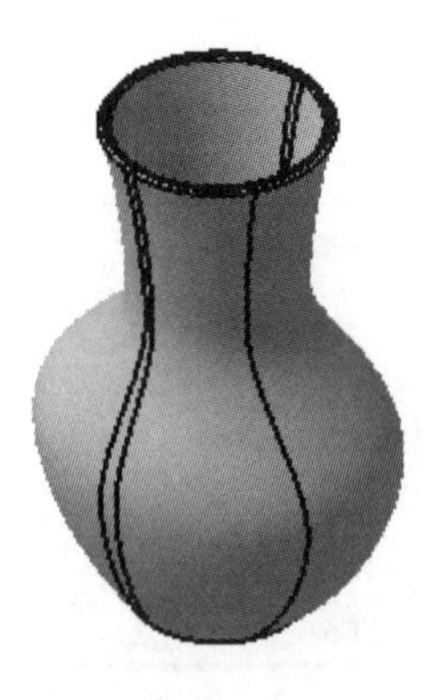

图 3-283 花瓶

3.7.2 案例2——挡水环

【思路分析】

挡水环外观如图 3-284 所示。该零件类似半圆法兰结构，可以利用圆形阵列对安装螺栓孔进行阵列。绘制该零件可先绘制半圆形凸台，再绘制螺栓孔阵列等特征。步骤如图 3-285、图 3-286 和图 3-287 所示。

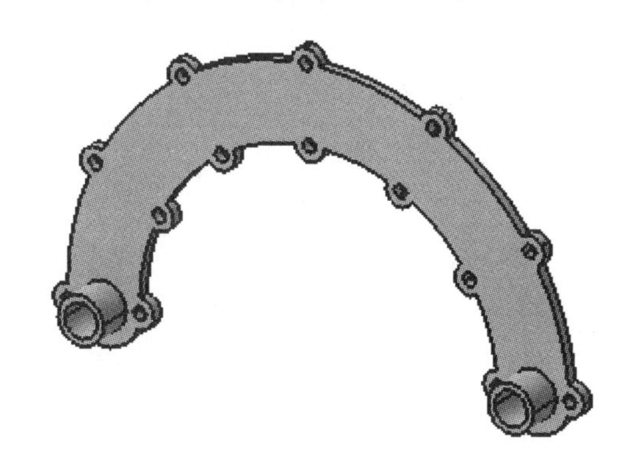

图 3-284 挡水环

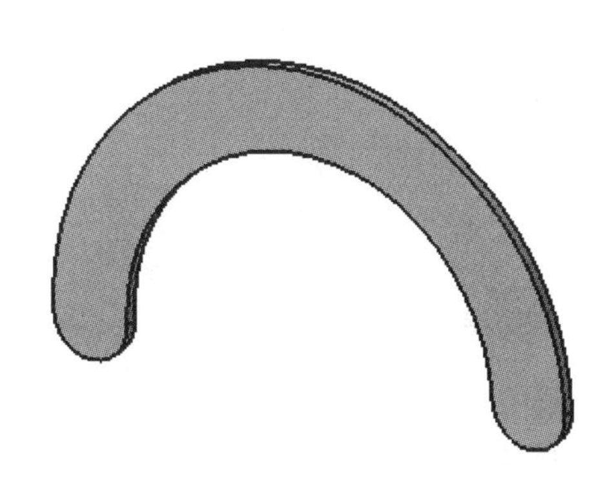

图 3-285 半圆凸台

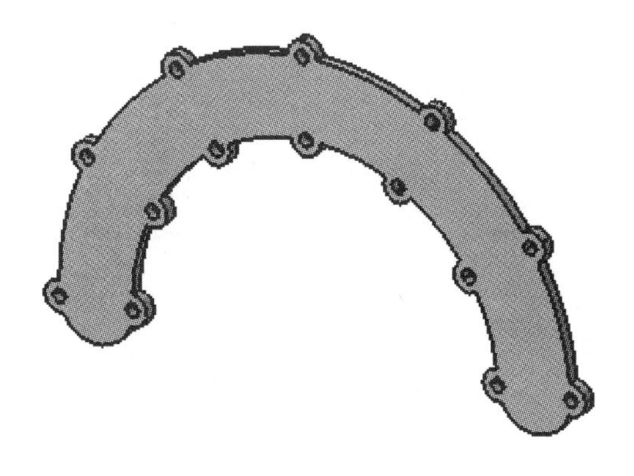

图 3-286 螺栓孔阵列

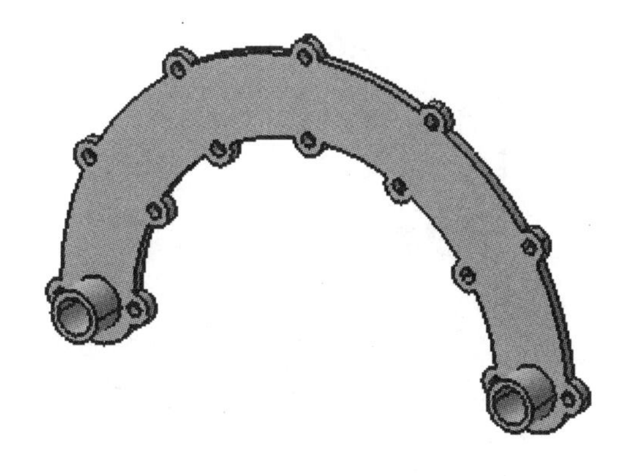

图 3-287 圆形凸台

【光盘文件】

结果文件——参见附带光盘中的“**END\Ch2\3-7-2.CATPart**”文件。

动画演示——参见附带光盘中的“**AVI\Ch2\3-7-2.avi**”文件。

【操作步骤】

[1]. 从菜单栏中选择【开始】→【机械设计】→【零件设计】，如图 3-288 所示。

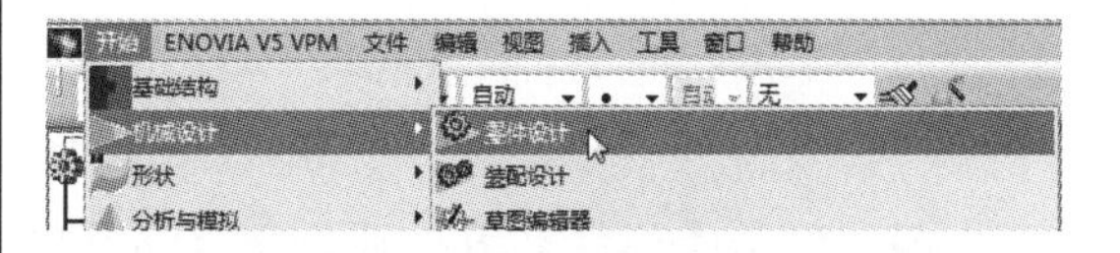

图 3-288 进入零部件设计环境

[2]．输入新建文件的文件名“3-7-2”，如图 3-289 所示。

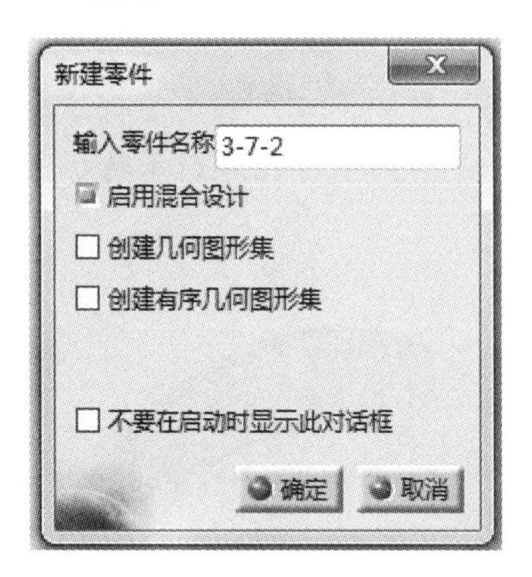

图 3-289　新建文件命名

[3]．单击工具栏中的【草图】按钮，然后选择【xy 平面】，如图 3-290 所示。

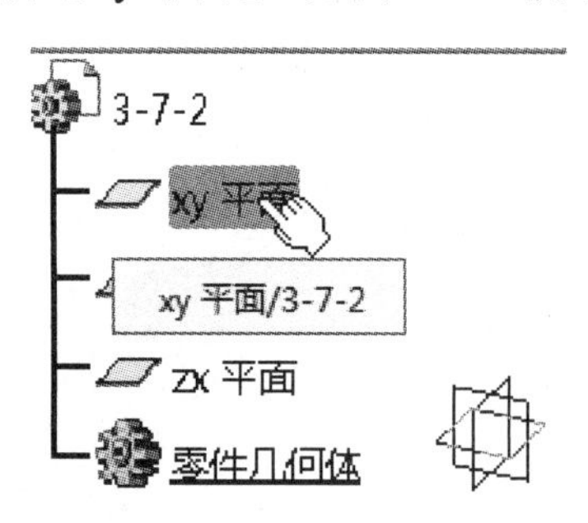

图 3-290　选择参考平面

[4]．在草图设计环境中，利用【圆柱形延长孔】命令绘制如图 3-291 所示的图形。然后退出草图设计环境。

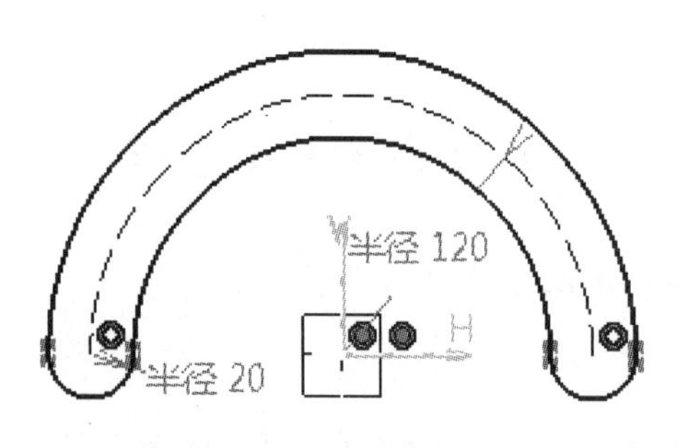

图 3-291　创建草图

[5]．单击【凸台】按钮，选择步骤[4]绘制的草图为轮廓，沿 x 轴反方向拉伸 6mm，如图 3-292 所示。

图 3-292　创建凸台

[6]．单击工具栏中的【草图】按钮，并选择【凸台.1】的一个平面进入草图设计环境，如图 3-293 所示。

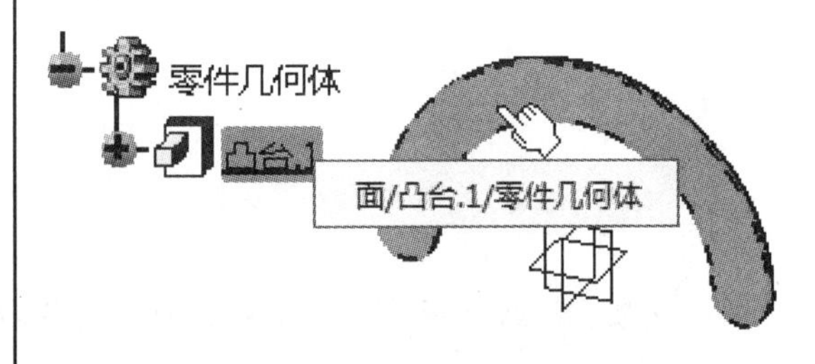

图 3-293　选择参考平面

[7]．在草图设计环境中绘制两个直径 16mm 的圆，并将两个圆的圆心与凸台半圆的象限点相合，如图 3-294 所示。然后退出草图设计环境。

图 3-294　创建圆

[8]. 单击【凸台】按钮，选中步骤[7]绘制的草图为轮廓，沿 x 轴方向拉伸 6mm，如图 3-295 所示。

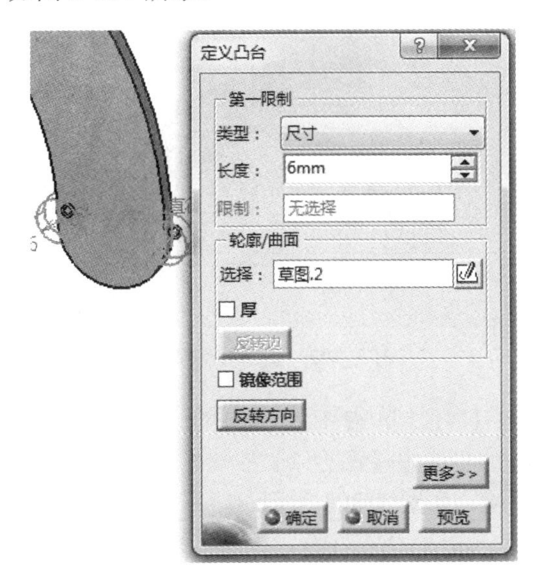

图 3-295　创建凸台

[9]. 单击【圆形阵列】按钮，在【对象】中选中【凸台.2】，在【参考元素】中选择 x 轴，其他参数如图 3-296 所示；然后单击【确定】按钮，其效果如图 3-297 所示。

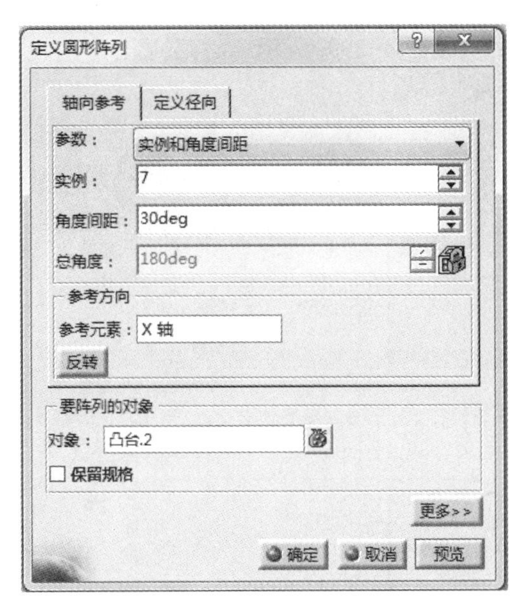

图 3-296　圆形阵列参数

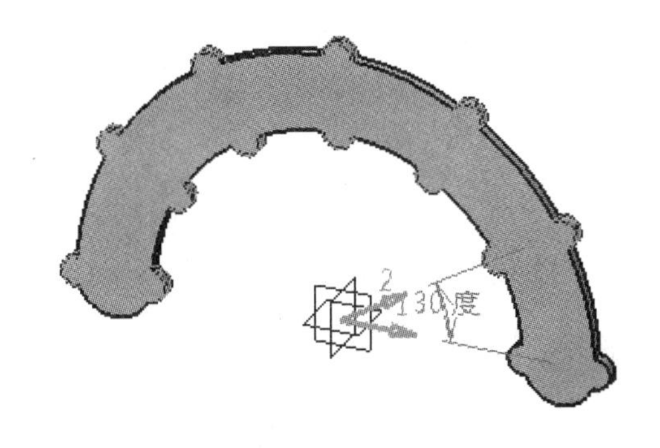

图 3-297　圆形阵列效果

[10]. 单击工具栏中的【草图】按钮，并选择【凸台.2】的一个平面草图设计环境，如图 3-298 所示。

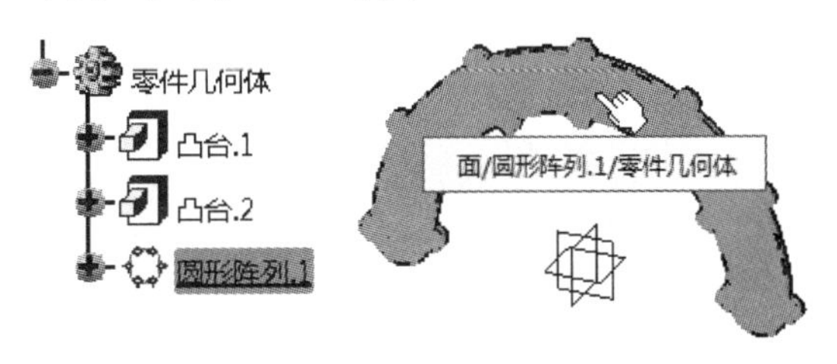

图 3-298　选择参考平面

[11]. 在草图设计环境中创建两个直径 7mm 的圆，并使它们与直径 14mm 的同心

圆，如图 3-299 所示。然后退出草图设计环境。

图 3-299　创建圆

[12]. 单击【凹槽】按钮，选中步骤[11]绘制的草图为轮廓，往 x 轴方向拉伸 6mm，如图 3-300 所示。

图 3-300　创建凹槽

[13]. 单击【圆形阵列】按钮，在【对象】中选中【凹槽.2】，在【参考元素】中选择 x 轴，其他参数如图 3-301 所示；然后单击【确定】按钮，其效果如图 3-302 所示。

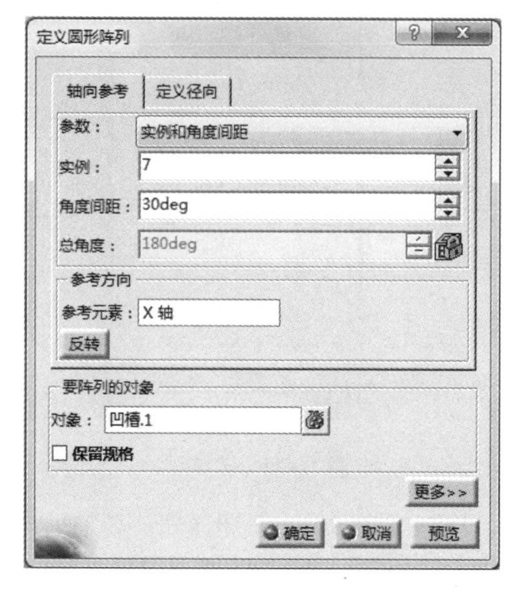

图 3-301　圆形阵列参数

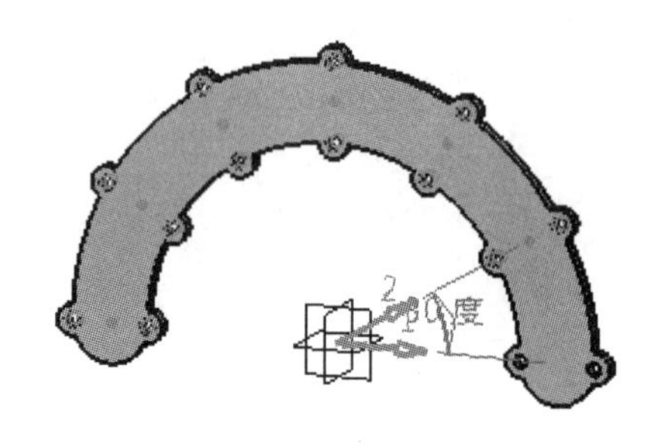

图 3-302　圆形阵列效果

[14]. 单击工具栏中的【草图】按钮，并选中【凸台.2】的一个平面草图设计环境，如图 3-303 所示。

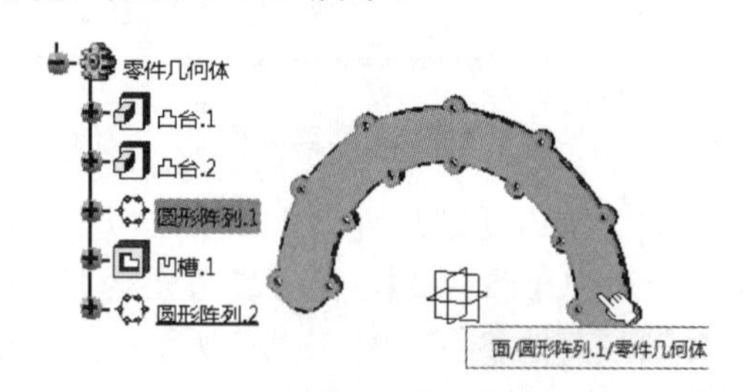

图 3-303　选择参考平面

[15]. 在草图设计环境中绘制如图 3-304 所示的圆。然后退出草图设计环境。

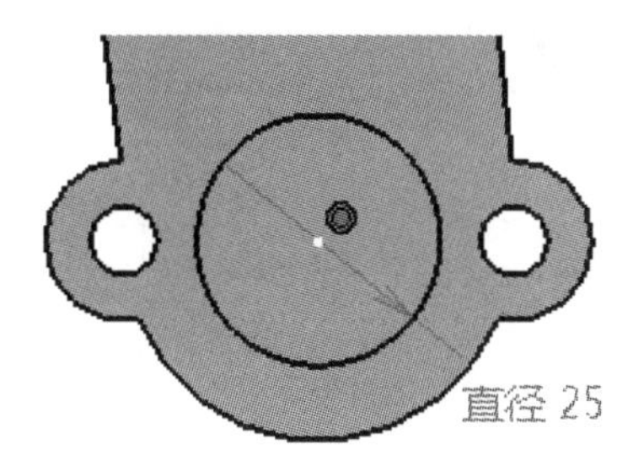

图 3-304　创建圆

[16]. 单击【凸台】按钮，选择步骤[15]绘制的草图为轮廓，沿 x 轴反方向拉伸 20mm，如图 3-305 所示。

图 3-305　创建凸台

[17]. 单击工具栏中的【草图】按钮，并选中【凸台.3】的一个平面进入草图设计环境，如图 3-306 所示。

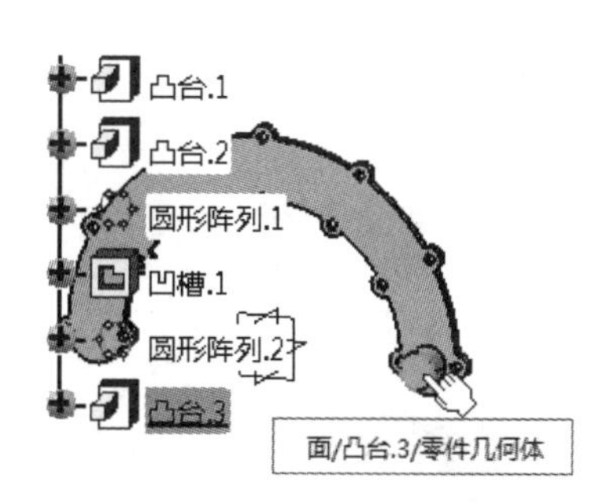

图 3-306　选择参考平面

[18]. 在草图设计环境中绘制如图 3-307 所示的圆。然后退出草图设计环境。

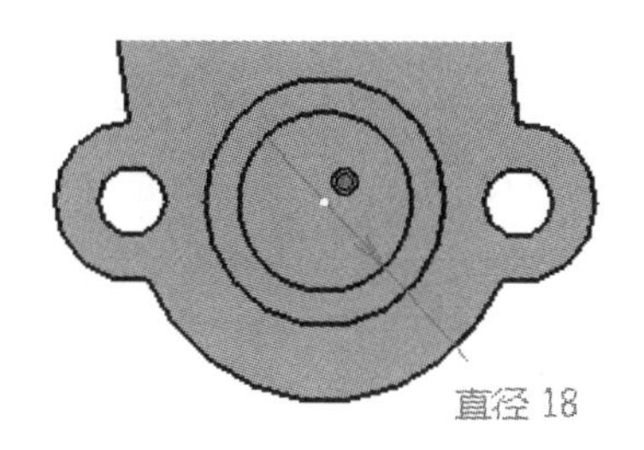

图 3-307　创建圆

[19]. 单击【凹槽】按钮，选中步骤[18]绘制的草图为轮廓，在【类型】下拉菜单中选择【直到最后】，然后单击【确定】按钮，如图 3-308 所示。

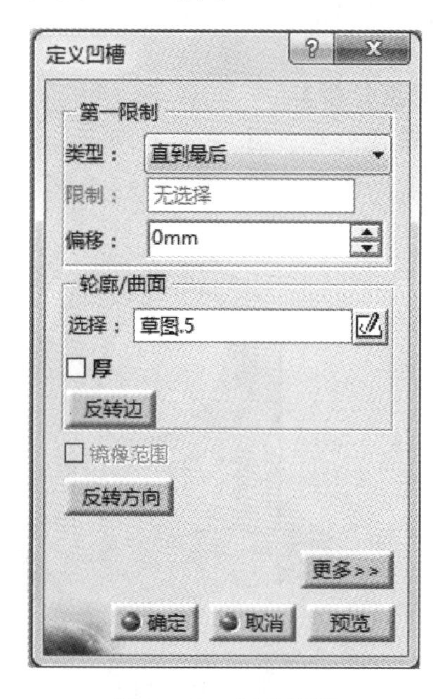

图 3-308　创建凹槽

[20]. 单击【镜像】按钮，先选中【凸台.3】，再选中【zx 平面】，最后单击【确定】按钮，如图 3-309 所示。

图 3-309　镜像凸台

[21]. 单击【镜像】按钮，先选中【凹槽.2】，再选中【zx 平面】，最后单击【确定】按钮，如图 3-310 所示。

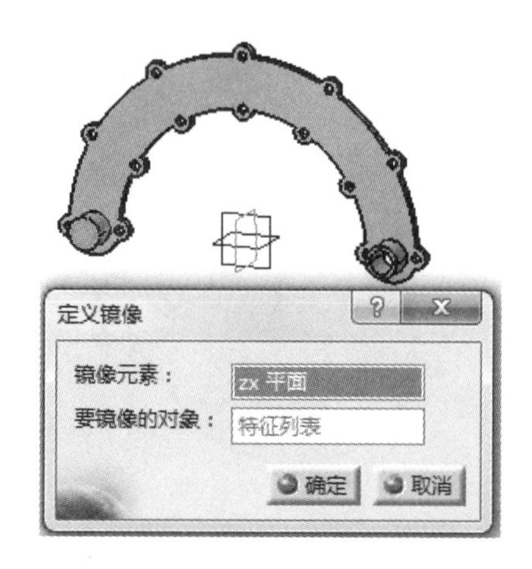

图 3-310　镜像凹槽

[22]. 完成上述步骤后，即可完成零件挡水板的绘制，如图 3-311 所示。

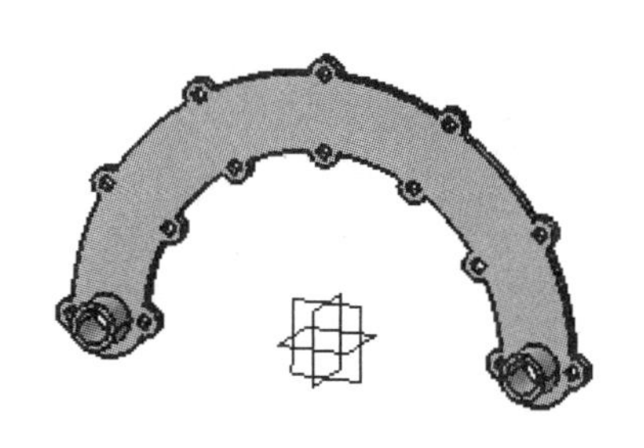

图 3-311　挡水板

3.7.3　案例 3——轴承座

【思路分析】

轴承座外观如图 3-312 所示。该零件属于规则零件，绘制时只需要分别绘制其特征即可。步骤如图 3-313、图 3-314 和图 3-315 所示。

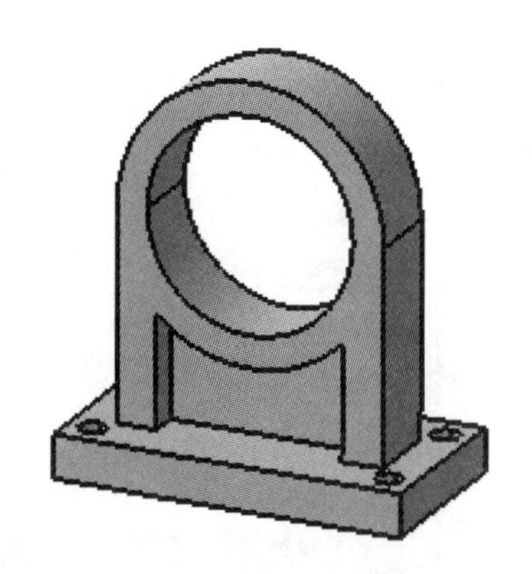

图 3-312　轴承座

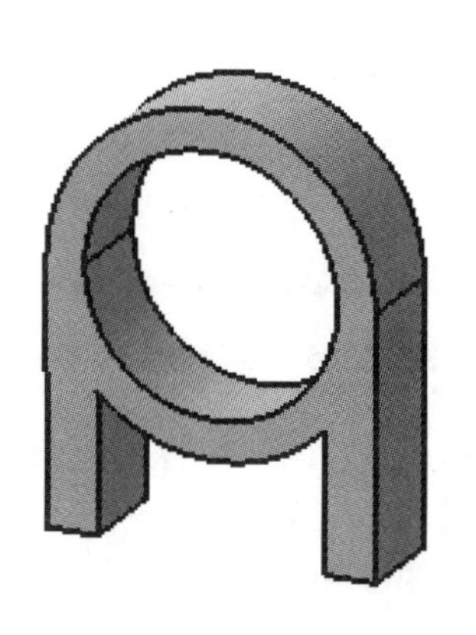

图 3-313　绘制圆形凸台

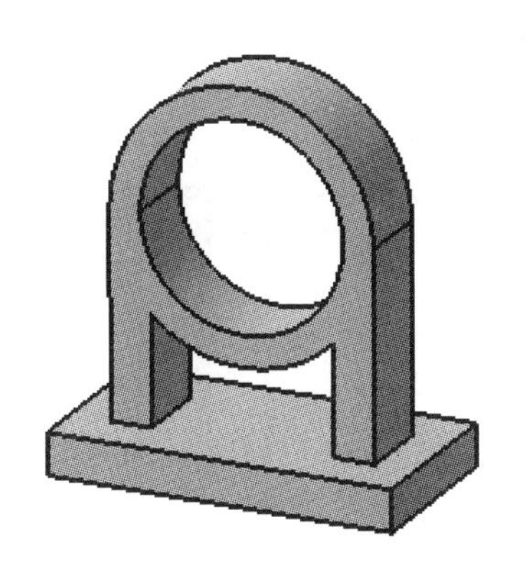

图 3-314　绘制底座

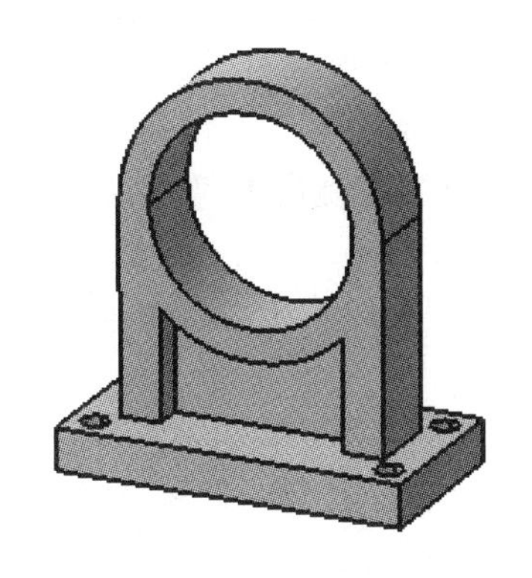

图 3-315　绘制加强筋

【光盘文件】

——参见附带光盘中的“**END\Ch2\3-7-3.CATPart**”文件。

——参见附带光盘中的“**AVI\Ch2\3-7-3.avi**”文件。

【操作步骤】

[1]．从菜单栏中选择【开始】→【机械设计】→【零件设计】，如图 3-316 所示。

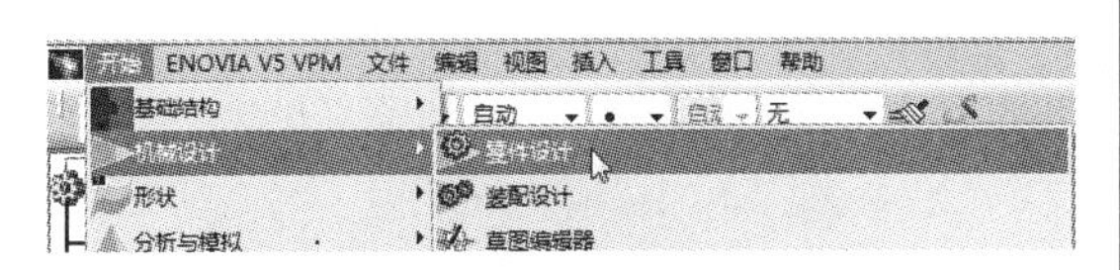

图 3-316　进入零部件设计环境

[2]．输入新建文件的文件名“3-7-3”，如图 3-317 所示。

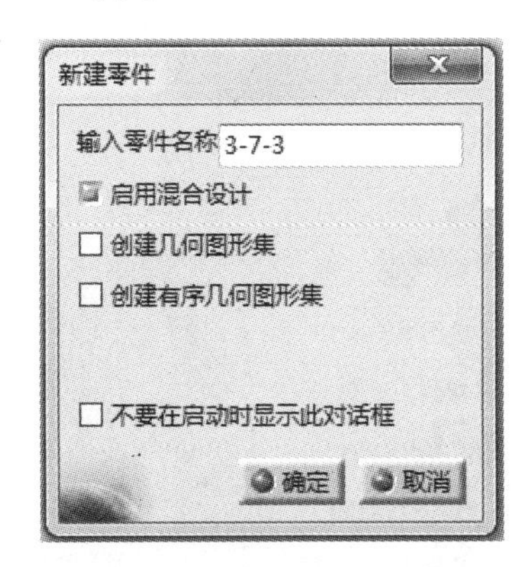

图 3-317　新建文件命名

[3]．单击工具栏中的【草图】按钮，然后选择【yz 平面】，如图 3-318 所示。

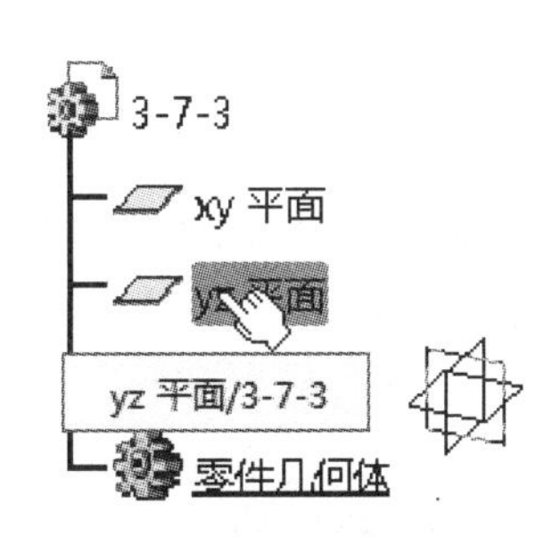

图 3-318　选择参考平面

[4]．在草图设计环境中绘制如图 3-319 所示的图形。然后退出草图设计环境。

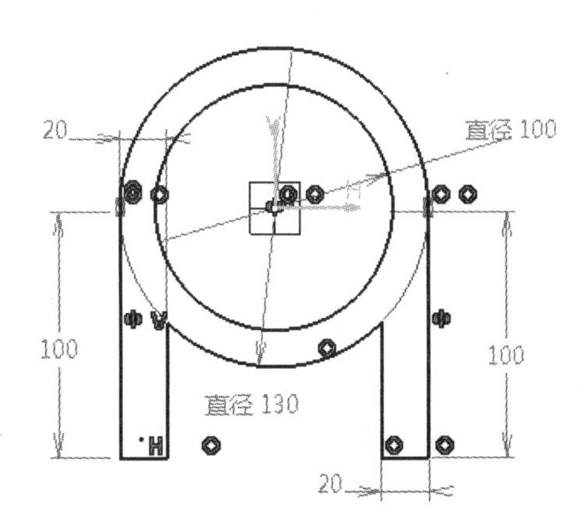

图 3-319　创建草图

[5]. 单击【凸台】按钮，选中步骤[4]绘制的草图为轮廓，沿 x 轴反方向拉伸 20mm，并勾选【镜像范围】，如图 3-320 所示。

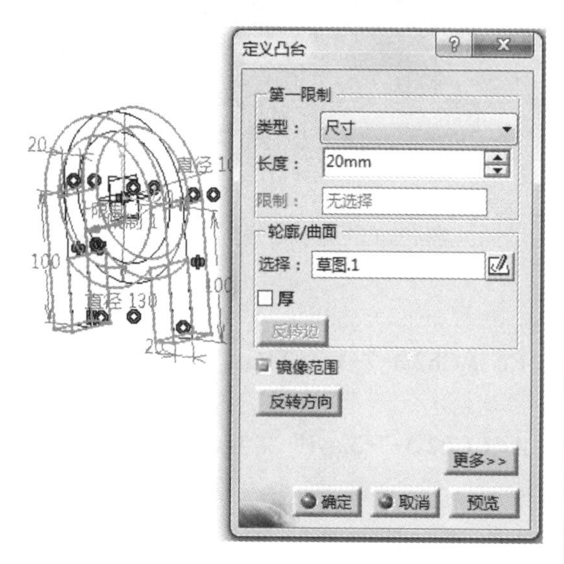

图 3-320 创建凸台

[6]. 单击工具栏中的【草图】按钮，并选中【凸台.1】的一个平面草图设计环境，如图 3-321 所示。

图 3-321 选择参考平面

[7]. 在草图设计环境中使用【居中矩形】命令绘制一个如图 3-322 所示的矩形。然后退出草图设计环境。

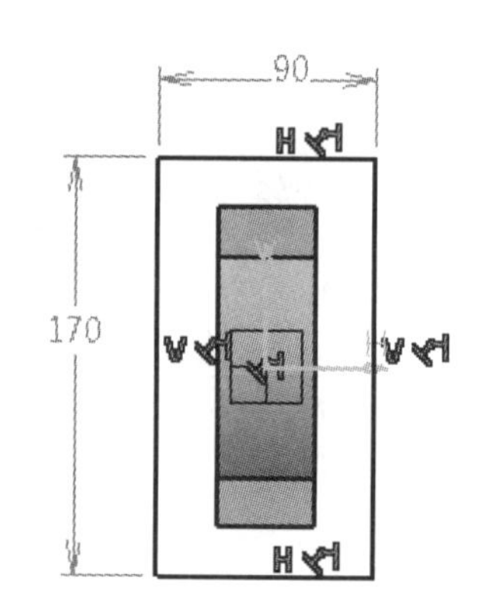

图 3-322 创建矩形

[8]. 单击【凸台】按钮，选中步骤[7]绘制的草图为轮廓，沿 z 轴反方向拉伸 20mm，如图 3-323 所示。

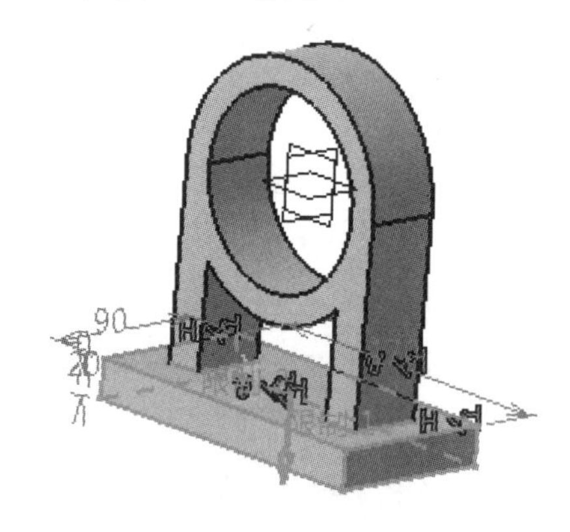

图 3-323 创建凸台

[9]. 单击工具栏中的【草图】按钮，并选中【yz 平面】进入草图设计环境，如图 3-324 所示。

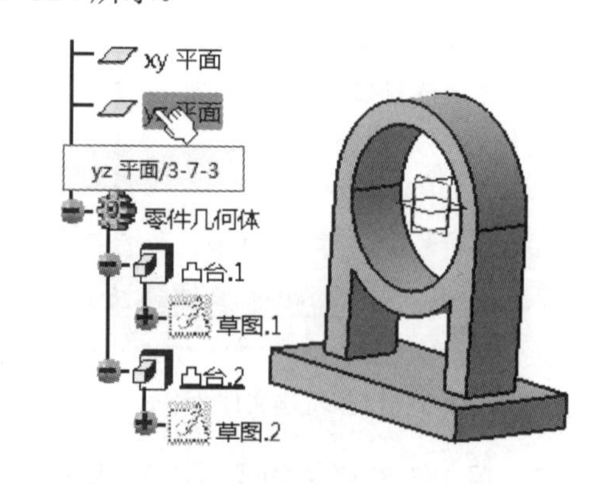

图 3-324 选择参考平面

[10]. 在草图设计环境中单击【投影 3D 元素】按钮，然后分别选择凸台上的四个边，再对线段进行修剪，如图 3-325 所示。然后退出草图设计环境。

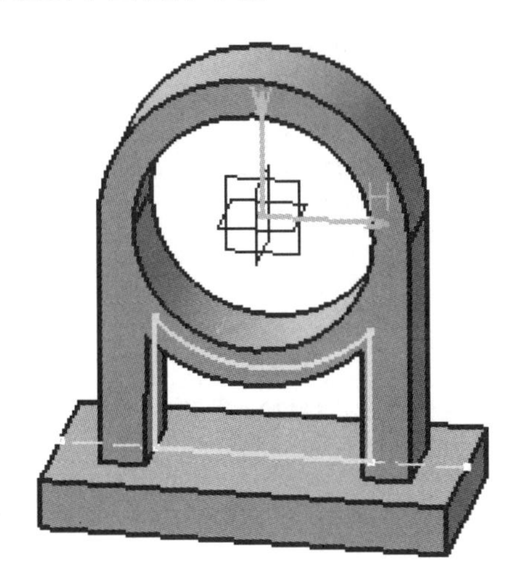

图 3-325　创建草图

[11]. 单击【凸台】按钮，选中步骤[10]绘制的草图为轮廓，沿 x 轴反方向拉伸 5mm，并勾选【镜像范围】，如图 3-326 所示。

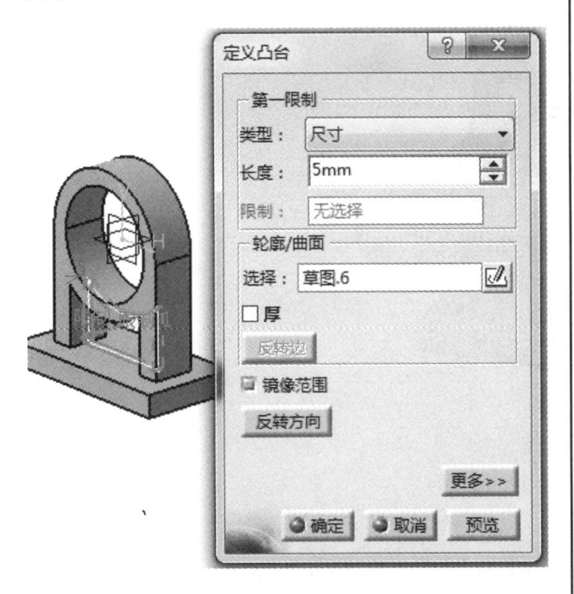

图 3-326　创建凸台

[12]. 单击工具栏中的【草图】按钮，并选中【凸台.2】的一个平面草图设计环境，如图 3-327 所示。

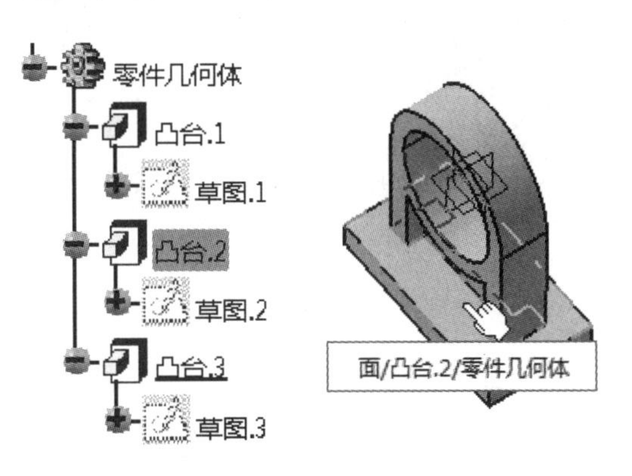

图 3-327　选择参考平面

[13]. 在草图设计环境中绘制如图 3-328 所示的圆。然后退出草图设计环境。

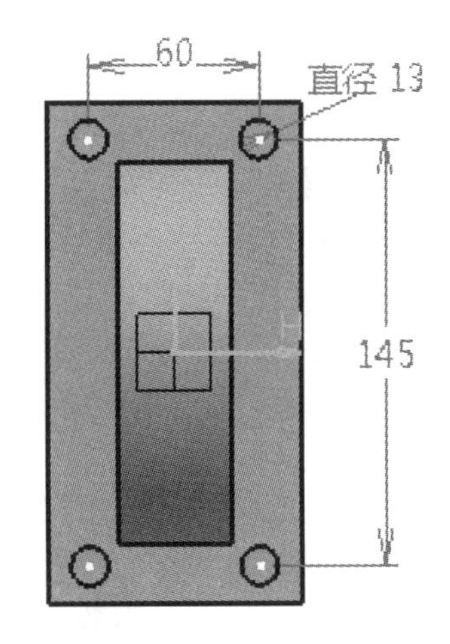

图 3-328　创建圆

[14]. 单击【凹槽】按钮，选中步骤[13]绘制的草图为轮廓，沿 z 轴反方向拉伸 20mm，如图 3-329 所示。

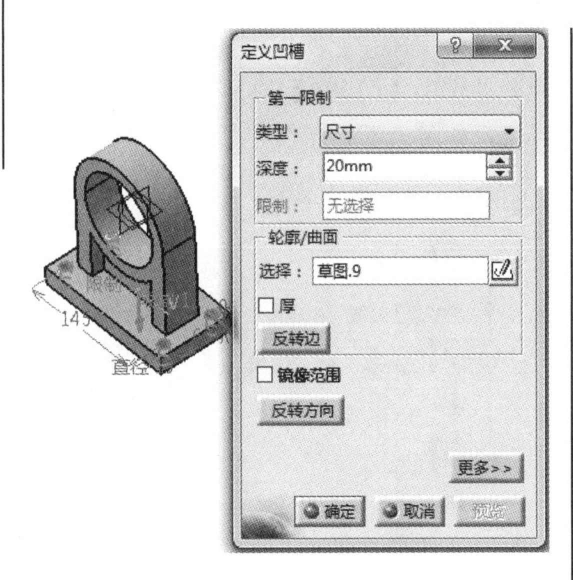

图 3-329　创建凹槽

[15]．完成上述步骤后，即可完成零件轴承座的绘制，如图 3-330 所示。

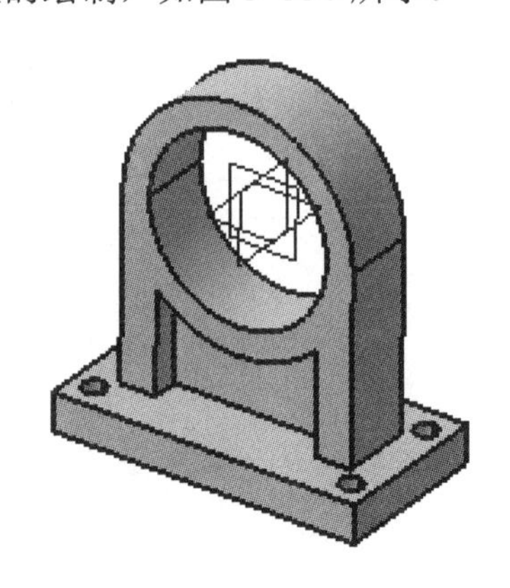

图 3-330　轴承座

3.8　习题▪巩固

本节以三个较复杂的图形，供读者练习，以进一步深入巩固零部件设计的方法以及熟悉设计工具。

3.8.1　习题 1——悬置支架

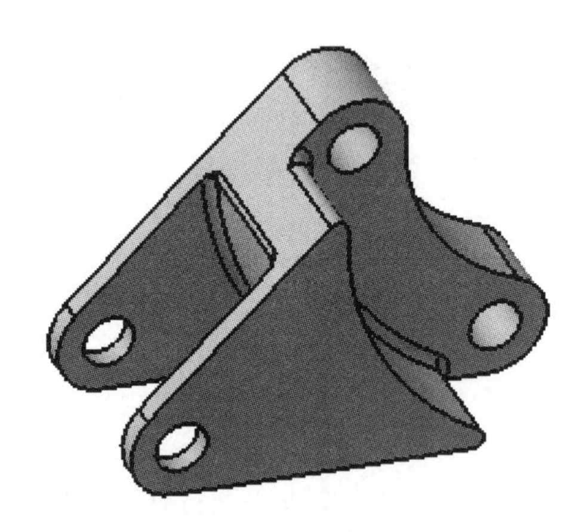

图 3-331　悬置支架

【光盘文件】

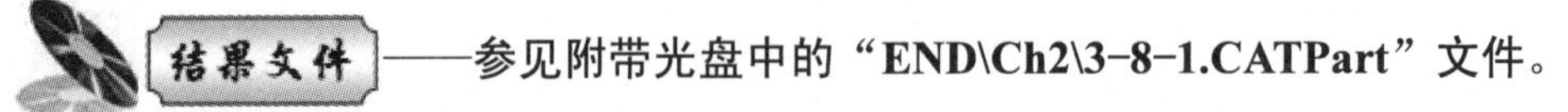

结果文件——参见附带光盘中的“END\Ch2\3-8-1.CATPart”文件。

动画演示——参见附带光盘中的“AVI\Ch2\3-8-1.avi”文件。

3.8.2 习题 2——铸铝支架 1

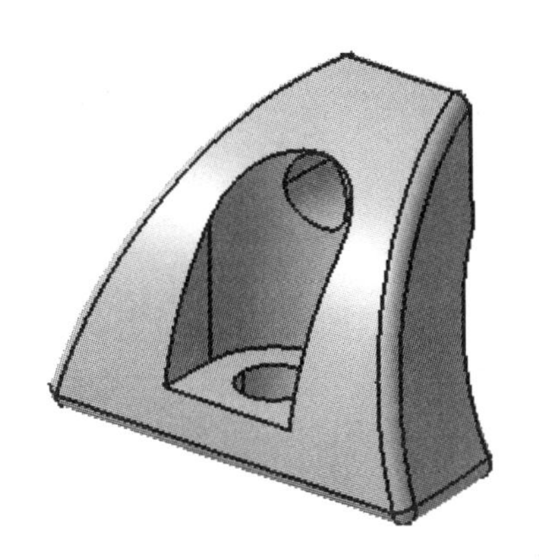

图 3-332 铸铝支架 1

【光盘文件】

结果文件——参见附带光盘中的“END\Ch2\3-8-2.CATPart”文件。

动画演示——参见附带光盘中的“AVI\Ch2\3-8-2.avi”文件。

3.8.3 习题 3——铸铝支架 2

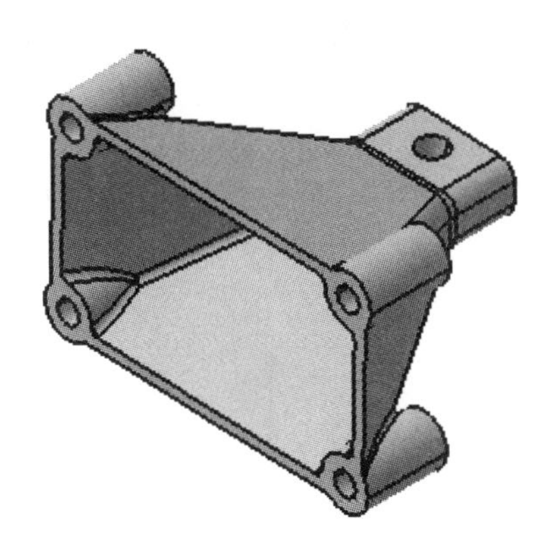

图 3-333 铸铝支架 2

【光盘文件】

——参见附带光盘中的“END\Ch2\3-8-3.CATPart”文件。

——参见附带光盘中的“AVI\Ch2\3-8-3.avi”文件。

第 4 章　线 框 设 计

CATIA V5R21 的线框设计是指构成曲面最基础的点和线的创建。由于曲面都是由线框支撑的，所以要建立圆滑流畅的曲面，需要熟练掌握基础的线框设计。本章将主要介绍线框设计的方法与技巧。

本讲内容

- 实例▪知识点——三角体线框、梯形线框、弹簧线框
- 空间点的创建与编辑
- 参考平面的创建与编辑
- 空间曲线的创建与编辑
- 要点▪应用——双螺旋线、正八面体、三角星
- 能力▪提高——衣架、架子、杯子线框
- 习题▪巩固——电灯线框、篮子、雨伞

4.1　实例▪知识点——三角体线框

【思路分析】

该图形由三维的点和直线组成，如图 4-1 所示。绘制此零件的方法是：先绘制三角体的各个点，然后分别通过两点绘制直线。步骤如图 4-2 和图 4-3 所示。

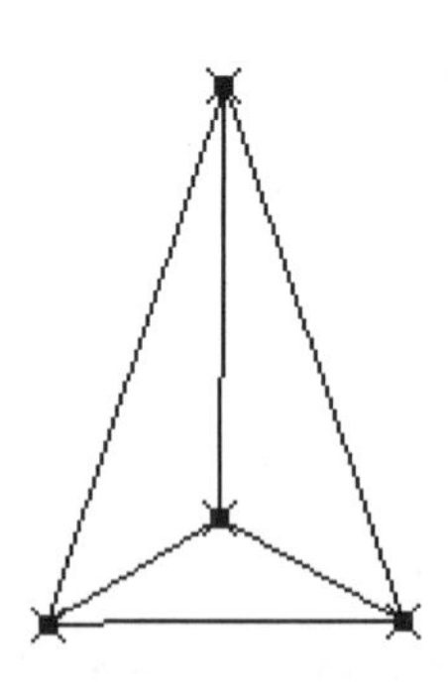

图 4-1　三角体线框

图 4-2　绘制点

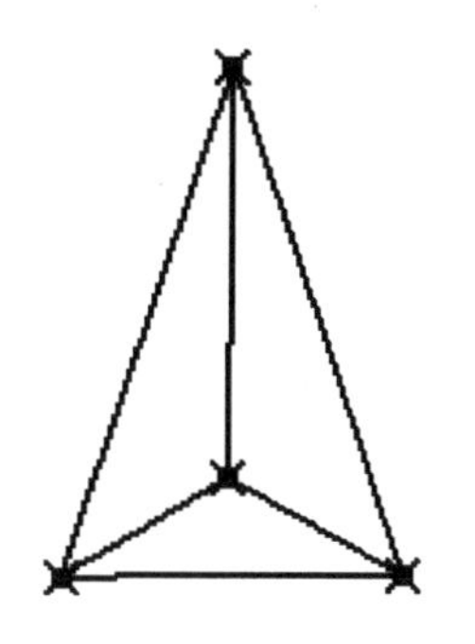

图 4-3　绘制直线

【光盘文件】

结果文件——参见附带光盘中的“**END\Ch2\4-1.CATPart**”文件。

动画演示——参见附带光盘中的“**AVI\Ch2\4-1.avi**”文件。

【操作步骤】

[1]．从菜单栏中选择【形状】→【创成式外形设计】，如图 4-4 所示。

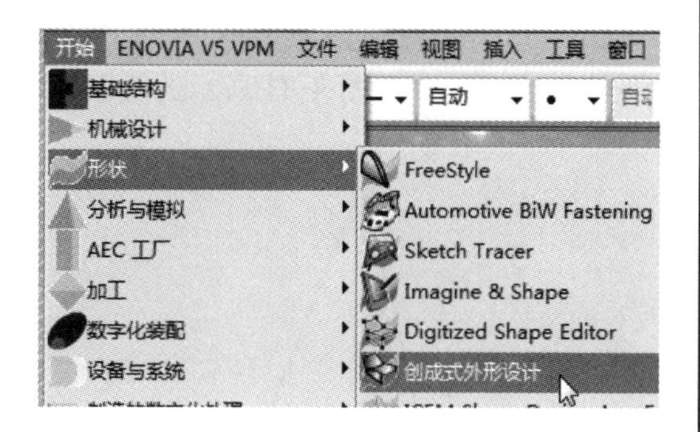

图 4-4　新建零件

[2]．输入新建文件的文件名“4-1”，如图 4-5 所示。

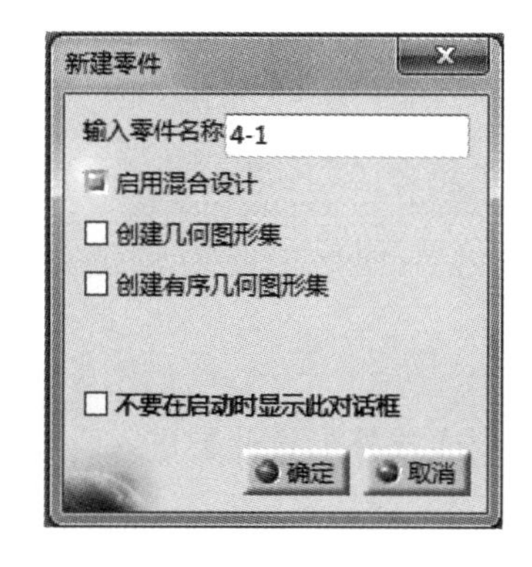

图 4-5　新建文件命名

[3]．单击【点】按钮，在弹出的【点定义】对话框中输入如图 4-6 所示参数，然后单击【确定】按钮。

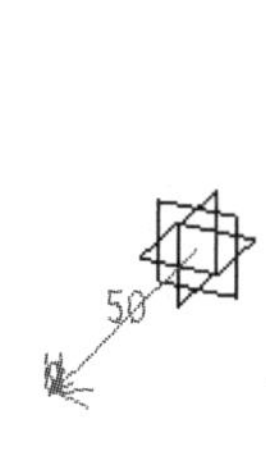

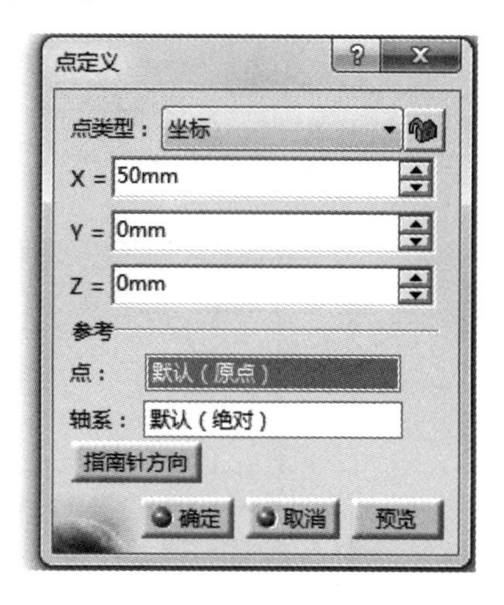

图 4-6　绘制点

[4]．重复单击【点】按钮，在弹出的【点定义】对话框中分别输入如图 4-7、图 4-8、图 4-9 所示的参数，然后单击【确定】按钮。

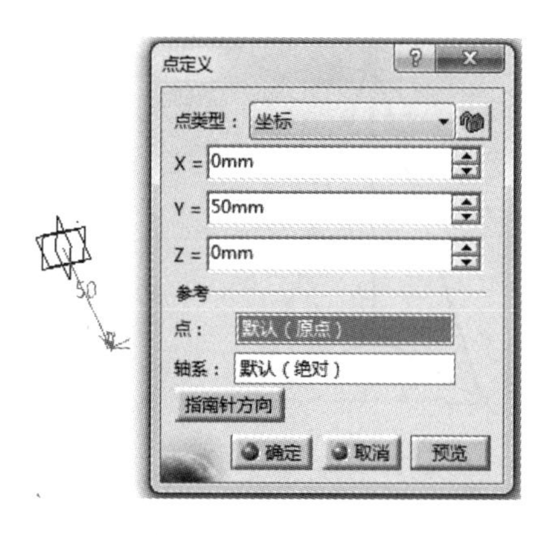

图 4-7　绘制点 2

图 4-8　绘制点 3

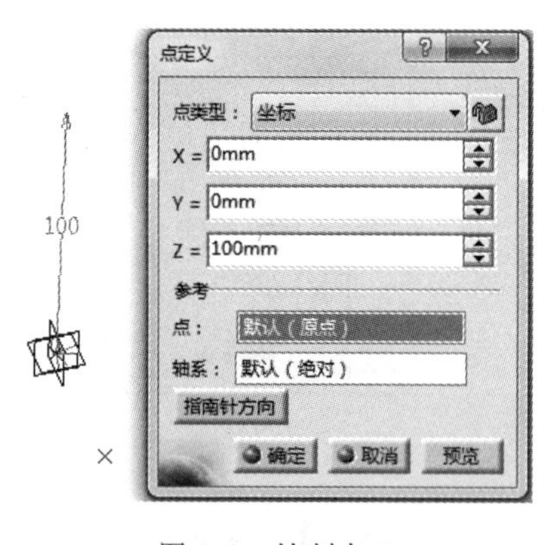

图 4-9　绘制点 4

[5]．单击【直线】按钮，依次选中【点.1】和【点.2】，然后单击【确定】按钮，如图 4-10 所示。

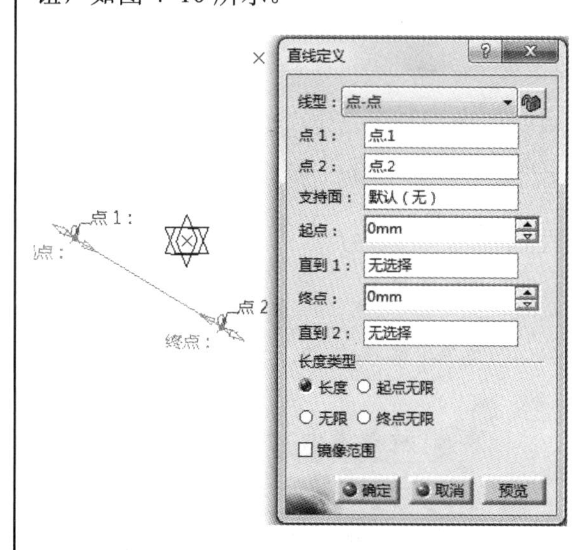

图 4-10　绘制直线

[6]．单击【直线】按钮，依次连接剩余的点，直至形成如图 4-11 所示的线框。

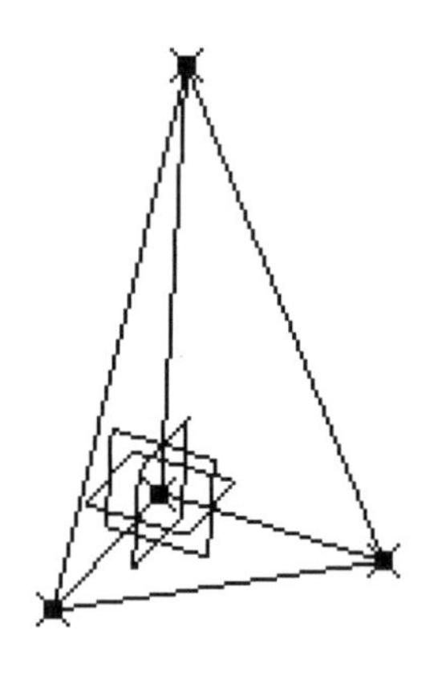

图 4-11　三角体线框

4.1.1　一般点的创建

【线框设计】模块可以通过【开始】→【形状】→【创成式外形设计】进入。如图 4-12 所示。

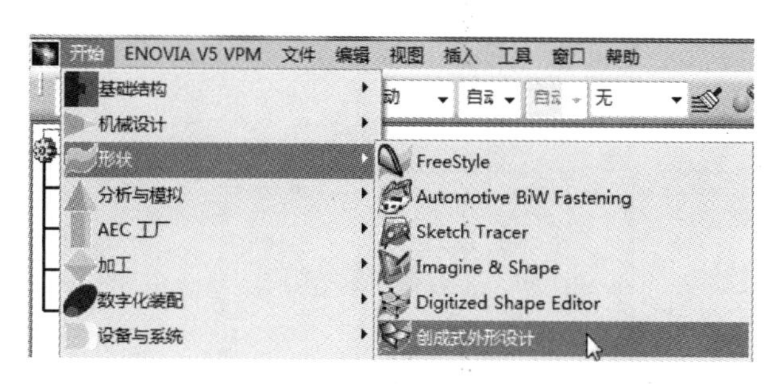

图 4-12　进入设计模块

【点】命令用于在三维视图中上创建一个点。与草图不同的是，它可直接在三维视图中利用坐标定位、三维实体参考等直接创建。单击【点】按钮后弹出【点定义】对话框，如图 4-13 所示。

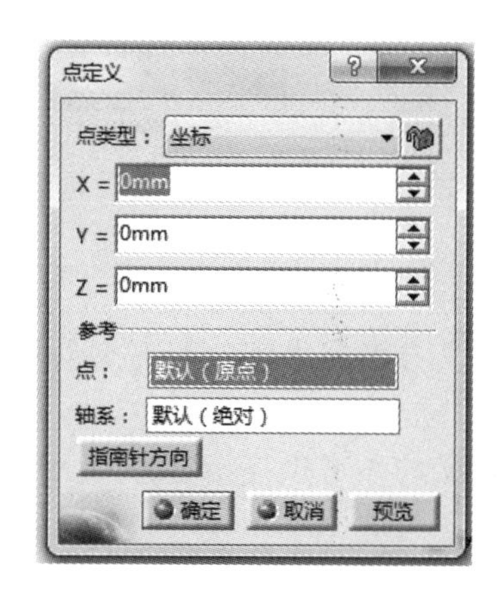

图 4-13　点定义对话框

【点定义】：用于选择定义点的方法。下拉菜单中提供了【坐标】、【曲线上】、【平面上】、【曲面上】、【圆/球面/椭圆中心】、【曲线上的切线】和【两点之间】七种定义方法。

1.【坐标】：在【X】、【Y】、【Z】三个输入框中输入坐标值，单击【确定】按钮即可完成点的绘制。【参考】选项中的【点】是三坐标的参考对象，默认为坐标原点。如图 4-14 所示。

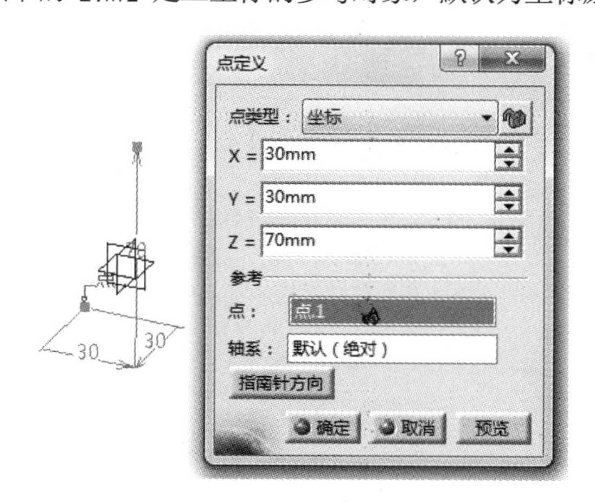

图 4-14　利用坐标绘制点

2.【曲线上】：通过定义与曲线上参考点的距离，在曲线上生成新的点。其对话框如图 4-15 所示。

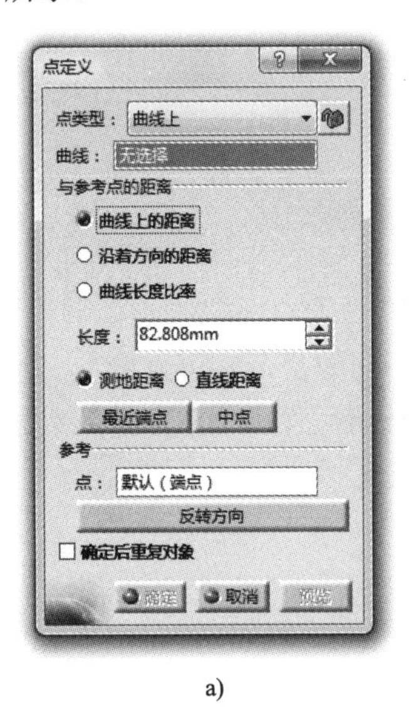

a)

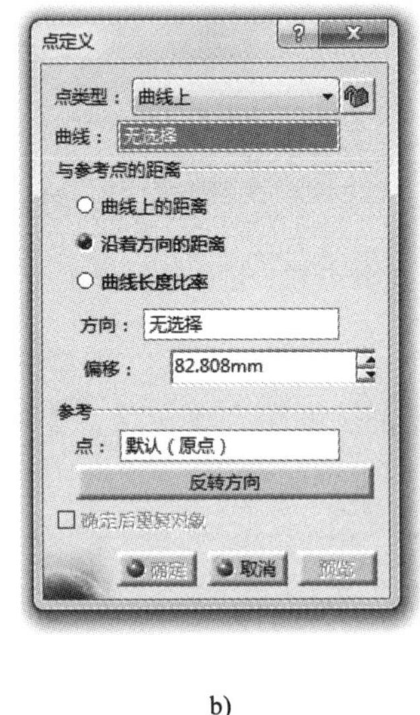

b)

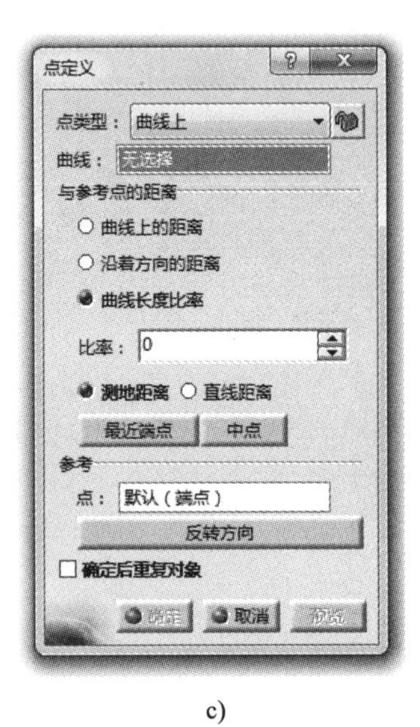

c)

图 4-15　曲线上的点

【曲线上的距离】：通过与定义参考点之间的距离来创建点，需要在【长度】中输入距离值，如图 4-15a 所示；

【沿着方向的距离】：通过定义与参考点在指定方向上的距离来创建点。需要选择参考方向与距离值。如图 4-15b 所示；

【曲线长度比率】：通过定义与参考点之间的比率来创建点。需要在【比率】中输入值，类似长度值。如图 4-15c 所示；

【测地距离】：表示距离值为沿参考曲线的曲线距离；

【直线距离】：表示距离值为两点间的最短距离；

【最近端点】：表示定义距离参考点最近的点为生成点；

【中点】：表示定义曲线上的中点为生成点。

3.【平面上】：在参考平面上通过定义横轴与纵轴的坐标值来创建点。如图 4-16 所示。

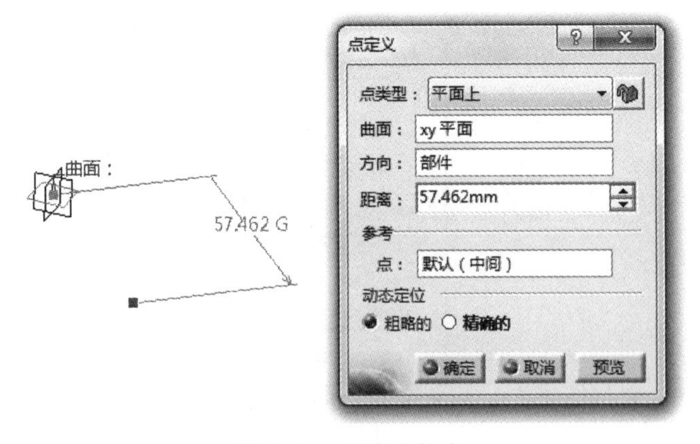

图 4-16　平面上的点

4.【曲面上】：在曲面上定义与参考点之间的距离来创建点，如图 4-17 所示。

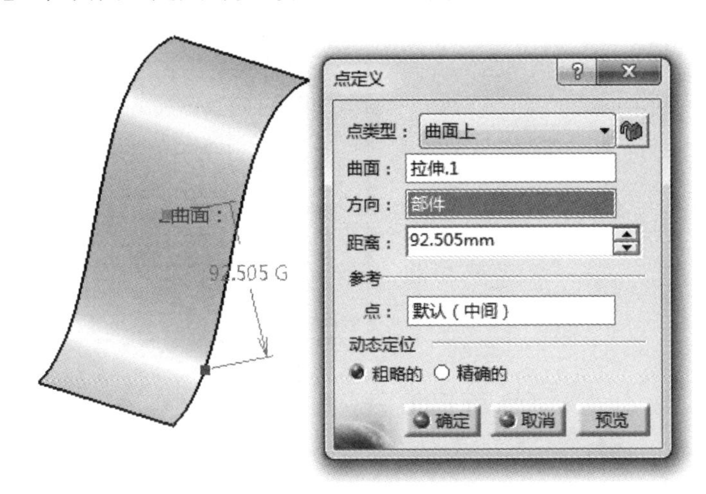

图 4-17　在曲面上创建点

5.【圆/球面/椭圆中心】：自动捕捉圆、圆弧、球面、球体、椭圆等中心作为新生成的点。如图 4-18 所示。

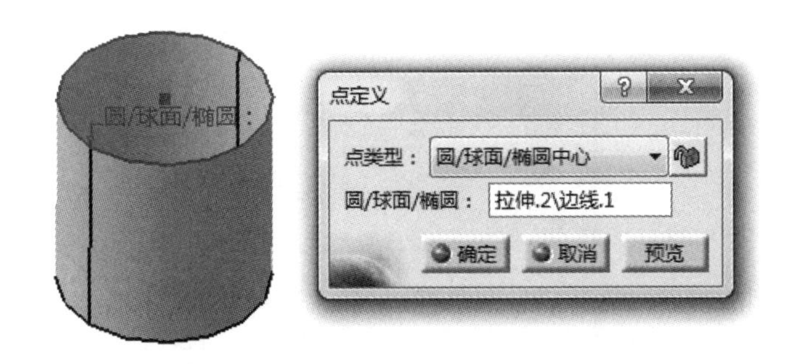

图 4-18　球面中心

6.【曲线上的切线】：表示定义所选曲线与指定方向的切点。如图 4-19 所示。

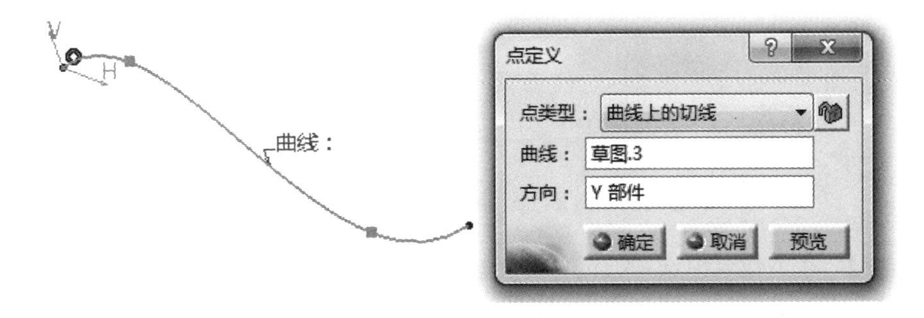

图 4-19　曲线上的切点

7.【两点之间】：通过定义新生成点与两参考点之间的比率来创建点。如图 4-20 所示。

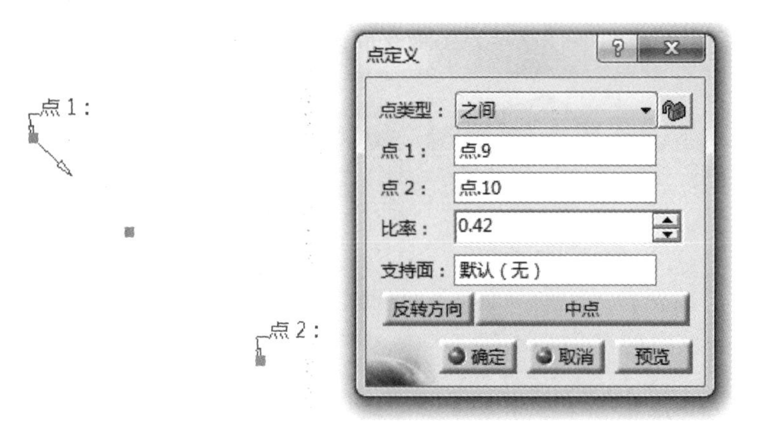

图 4-20　两点之间创建点

4.1.2　点面复制

【点面复制】命令是用于在曲线上创建若干个间距相等的点。单击【点面复制】按钮后，弹出【点面复制】定义对话框，如图 4-21 所示，其主要参数介绍如下：

图 4-21　点面复制对话框

【第一点】：在工作台中选中或创建一个参考点，默认为曲线的端点；
【曲线】：用于选中一条参考曲线；
【实例】：用于定义创建的点或面的数量；
【包含端点】：表示新创建的点的数量包含曲线的端点；
【同时创建法线平面】：表示创建该点在曲线上的法向平面；

【在新几何体中创建】：表示将新创建点放置在新的几何图形集中。

当定义好上述参数后，单击【确认】按钮即可完成命令。如图 4-22 所示。

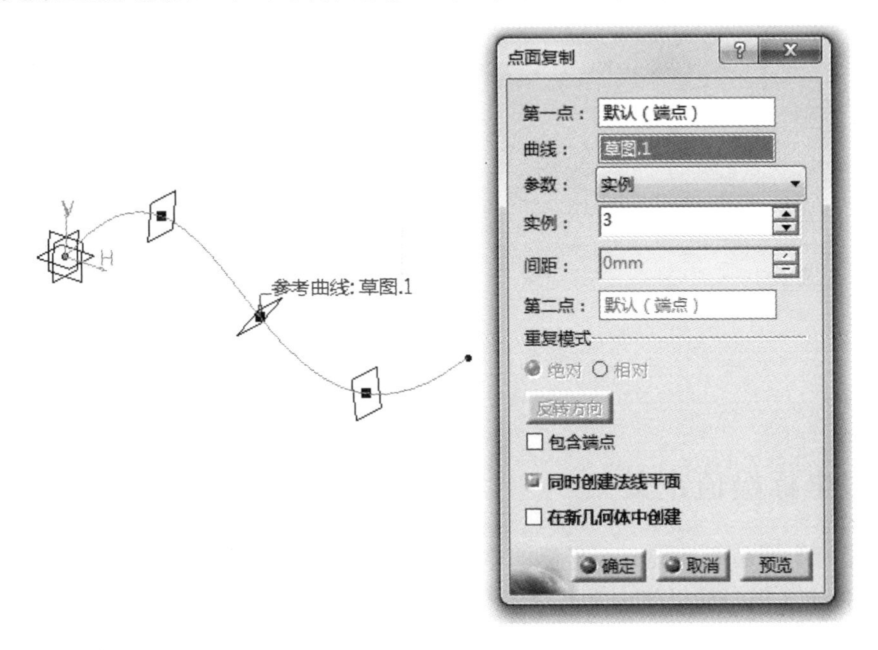

图 4-22　点的复制

4.1.3　极值点的创建

【端点】命令用于创建曲线的极值点。单击【端点】按钮后，弹出【极值定义】对话框，如图 4-23 所示。

图 4-23　极值定义对话框

【元素】：用于选中工作台中的曲线或曲面作为参考元素；

【方向】：用于选择极值点的参考方向；

【最大值】：表示参考元素沿参考方向上创建最大坐标点；

【最小值】：表示参考元素沿参考方向上创建最小坐标点；

【可选方向】：该选项可用于定义其他方向的极值点。

当【元素】、【方向】和【最大值】、【最小值】定义好后，单击【确定】按钮即可完成命令。如图4-24所示。

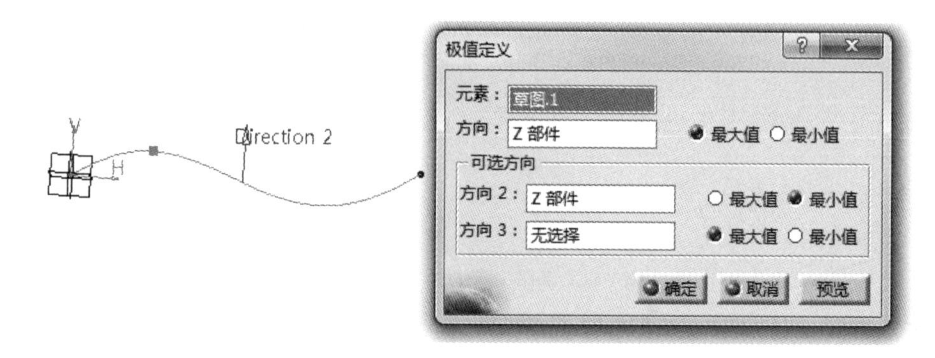

图4-24 极值点

4.1.4 极坐标极值定义

【端点坐标】命令是按照极坐标的方式提取在参考元素上的端点。单击【端点坐标】按钮后，弹出【极坐标极值定义】对话框，如图4-25所示。

图4-25 极坐标极值定义

【类型】：该下拉菜单中选择创建端点的类型，分别提供【最小半径】、【最大半径】、【最小角度】和【最大角度】四种创建方式；

【支持面】：用于选中端点坐标的支持面；

【原点】：用于在工作台中选中或创建一个用于定义端点坐标的参考点；

【参考方向】：用于在确定最大角度和最小角度类型时，选择端点坐标的参考方向。

当以上参数定义好后，单击【确定】按钮即可完成命令。如图4-26所示。

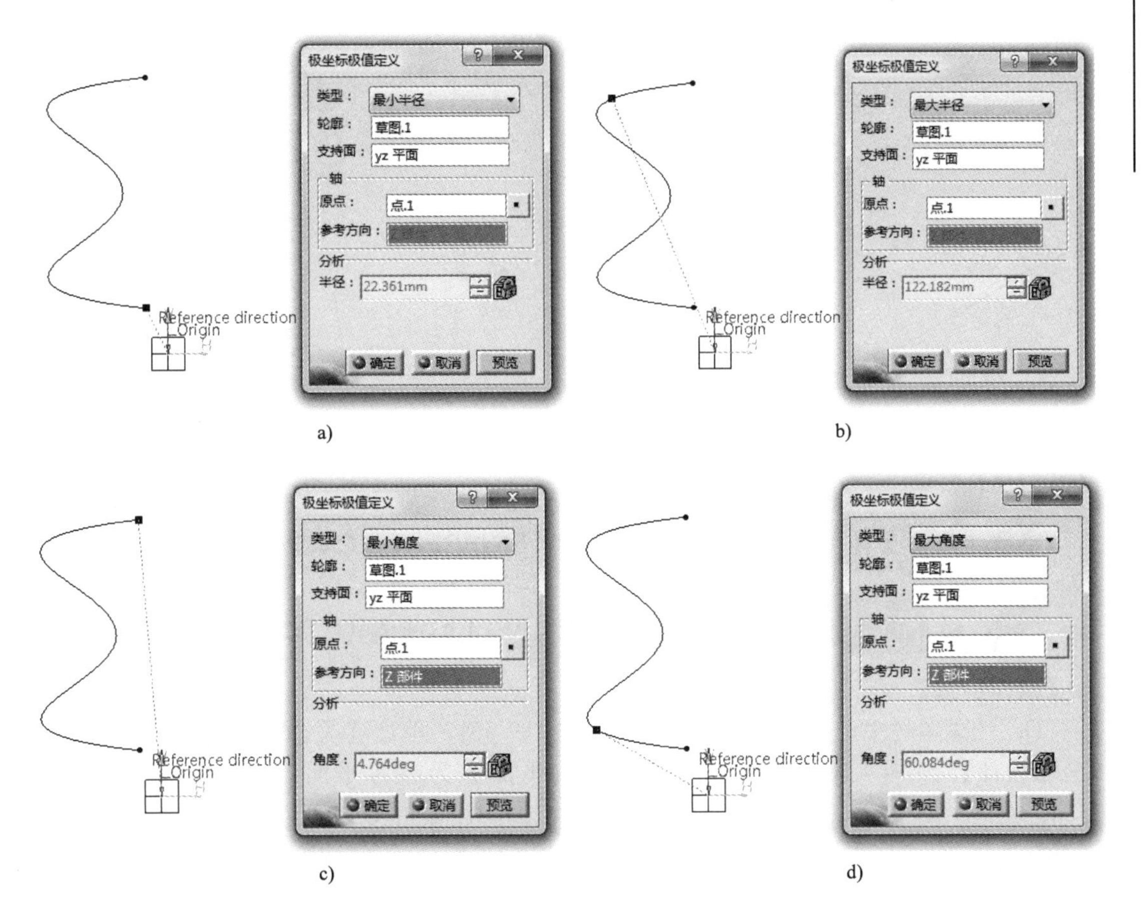

图 4-26　创建极值点

a) 最小半径　b) 最大半径　c) 最小角度　d) 最大角度

4.2　实例▪知识点——梯形线框

【思路分析】

梯形线框由不同平面的两个矩形和直线组成，如图 4-27 所示。绘制此图的方法是：先创建新平面绘制矩形部分，然后分别绘制四条直线即可完成。步骤如图 4-28、图 4-29 所示。

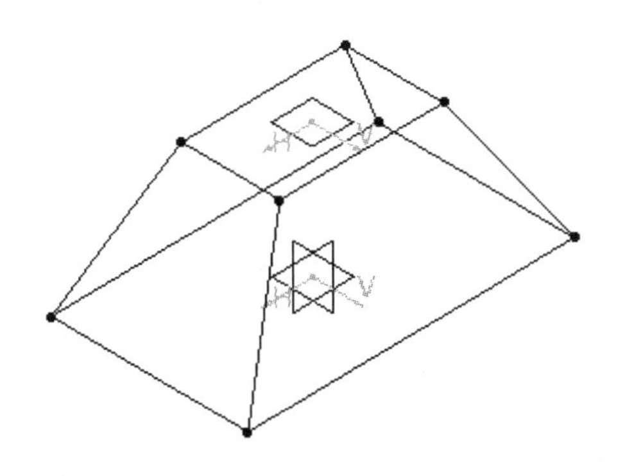

图 4-27　梯形线框

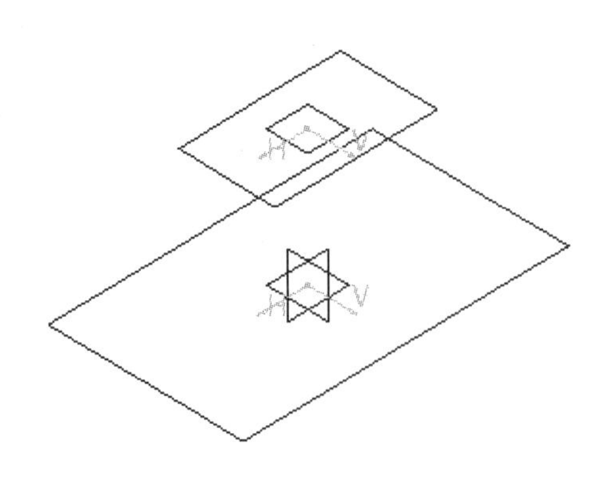

图 4-28　创建平面与矩形

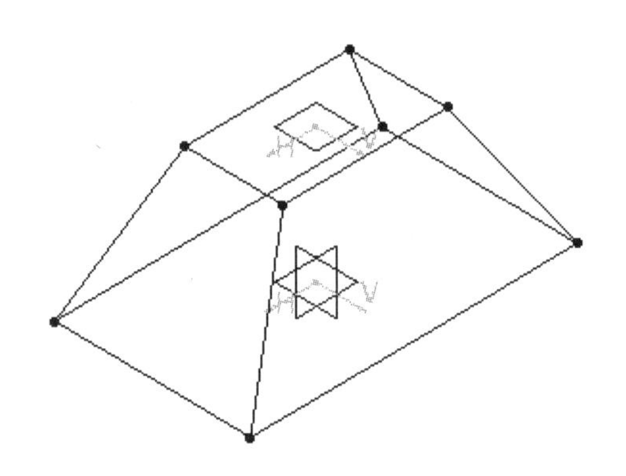

图 4-29　创建直线

【光盘文件】

——参见附带光盘中的“**END\Ch2\4-2.CATPart**”文件。

——参见附带光盘中的“**AVI\Ch2\4-2.avi**”文件。

【操作步骤】

[1]．从菜单栏中选择【形状】→【创成式外形设计】，如图 4-30 所示。

图 4-30　新建零件

[2]．输入新建文件的文件名“4-2”，如图 4-31 所示。

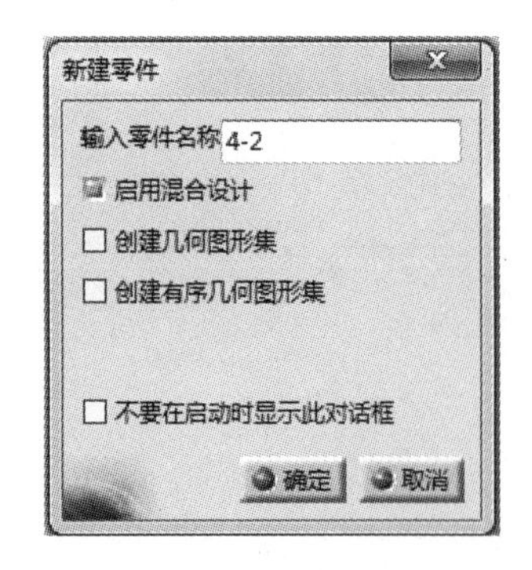

图 4-31　新建文件命名

[3]．单击【平面】按钮，选中【xy 平面】为参考平面，沿 z 轴正方向偏移 20mm，如图 4-32 所示。

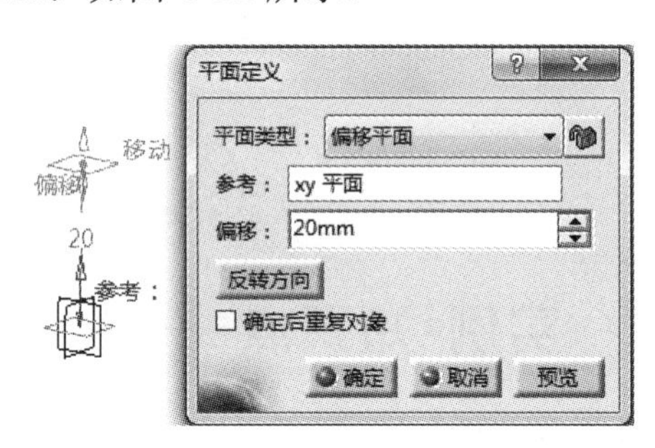

图 4-32　偏移平面

[4]．单击【草图】按钮，然后选中【xy 平面】进入草图设计环境，绘制如图 4-33 所示的图形，最后退出草图设计环境。

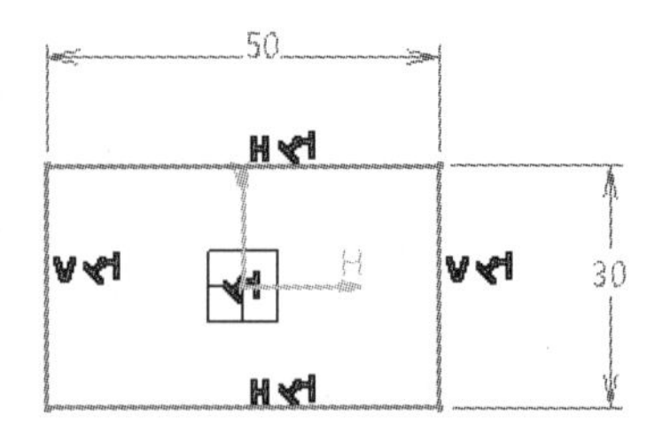

图 4-33　绘制矩形

[5]．单击【草图】按钮，然后选中【平面.1】进入草图设计环境，绘制如图 4-34 所示的图形，最后退出草图设计环境。

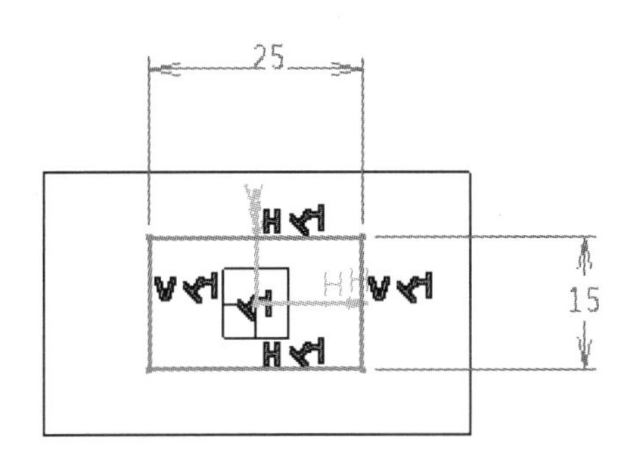

图 4-34　绘制矩形

[6]．单击【直线】按钮，依次连接两个矩形的顶点，使其形成空间梯形线框。如图 4-35 所示。

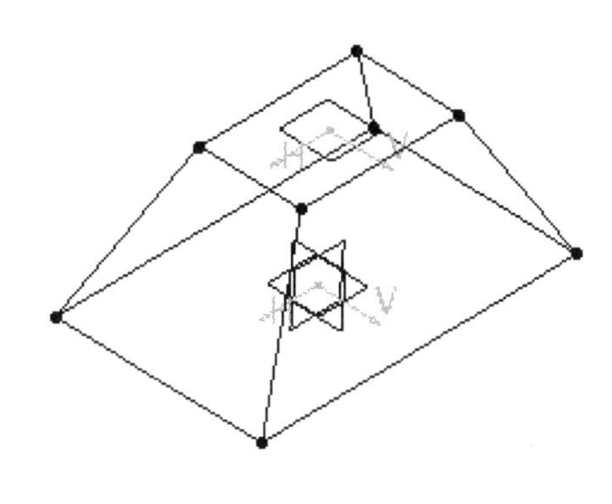

图 4-35　梯形线框

4.2.1　偏移平面

【偏移平面】命令是将参考平面偏移一个距离，从而生成新的平面。单击【平面】按钮后，弹出【平面定义】对话框，如图 4-36 所示。

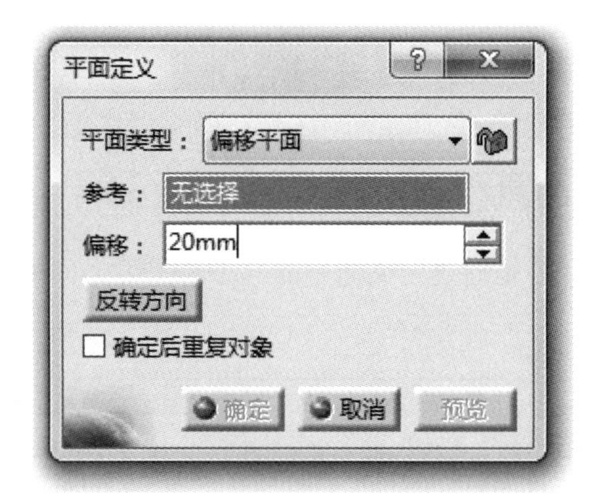

图 4-36　平面定义对话框

【平面类型】：用于选择平面的创建方式，默认为【偏移平面】；

【参考】：用于选中参考平面；

【偏移】：用于输入偏移的值；

【反转方向】：用于指定平面偏移的方向。

当确认上述参数后，单击【确定】按钮，即可完成该命令。如图 4-37 所示。

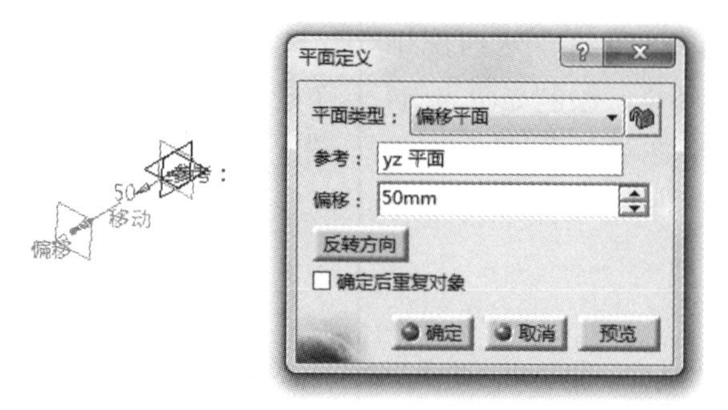

图 4-37　偏移平面

4.2.2　平行通过点

【平行通过点】命令是通过选定参考平面和参考点来创建新的平面。如图 4-38 所示。

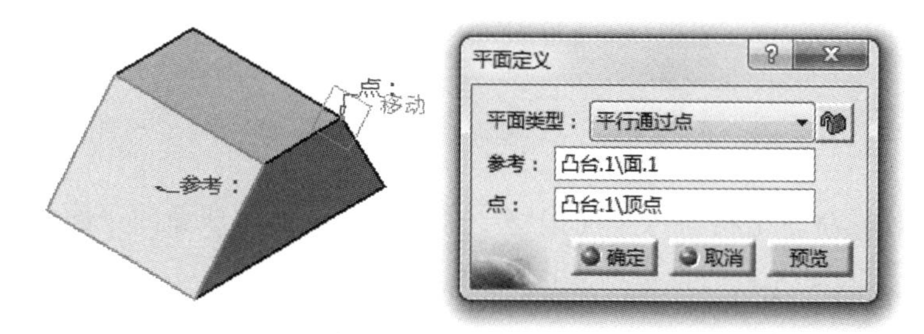

图 4-38　平行通过点

4.2.3　平面的角度/垂直

【平面的角度/垂直】命令是通过定义新平面与参考平面之间的角度来确定新的平面。其对话框如图 4-39 所示。

图 4-39　平面定义对话框

【旋转轴】：用于选择创建平面的旋转轴；
【参考】：用于选中参考平面；
【角度】：用于输入旋转的角度值；
【平面法线】：使创建平面与参考平面垂直。
确定好上述参数后，单击【确定】按钮即可完成命令。如图 4-40 所示。

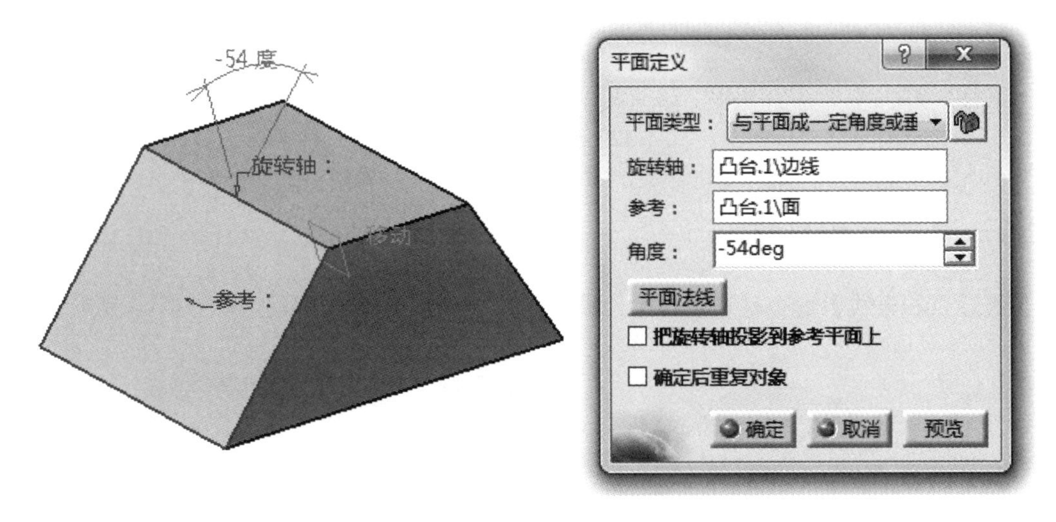

图 4-40　旋转平面

4.2.4　通过三个点

【通过三个点】命令是通过指定三个点来创建平面。如图 4-41 所示。

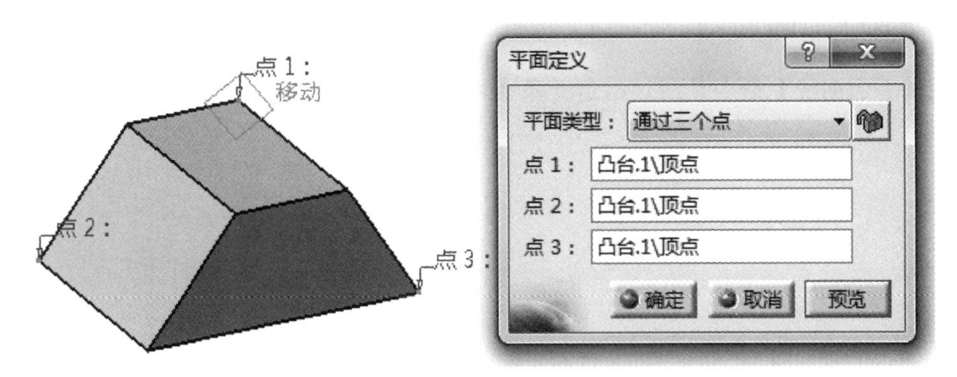

图 4-41　通过三点创建平面

4.2.5　通过两条直线

【通过两条直线】命令是通过指定两条直线来创建平面。如图 4-42 所示。

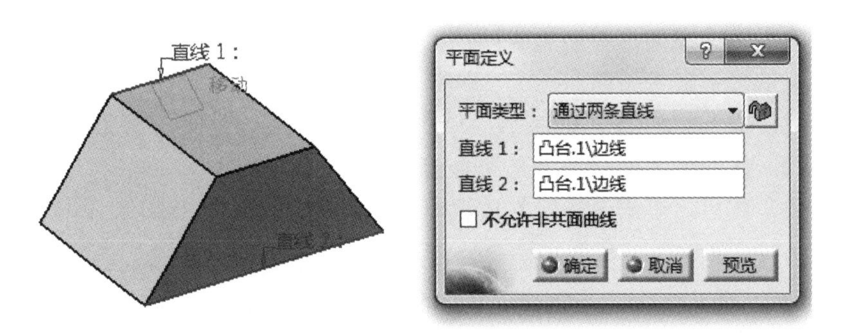

图 4-42　通过两直线创建平面

4.2.6　通过点和直线

【通过点和直线】命令是通过指定一条直线和一个点来创建平面。如图 4-43 所示。

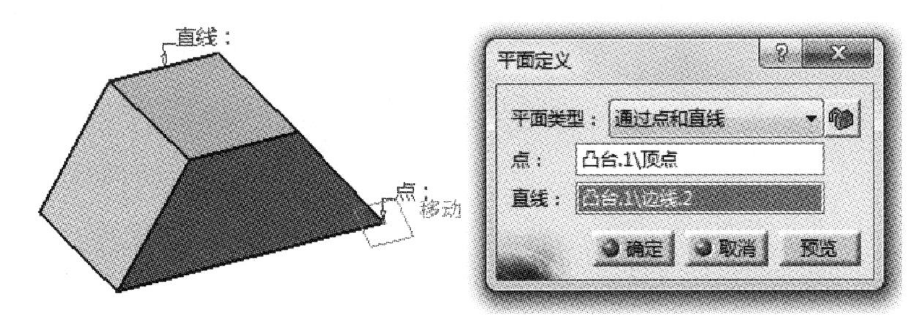

图 4-43　通过点和直线创建平面

4.2.7　通过平面曲线

【通过平面曲线】命令是通过指定一条在平面上的曲线来创建平面。如图 4-44 所示。

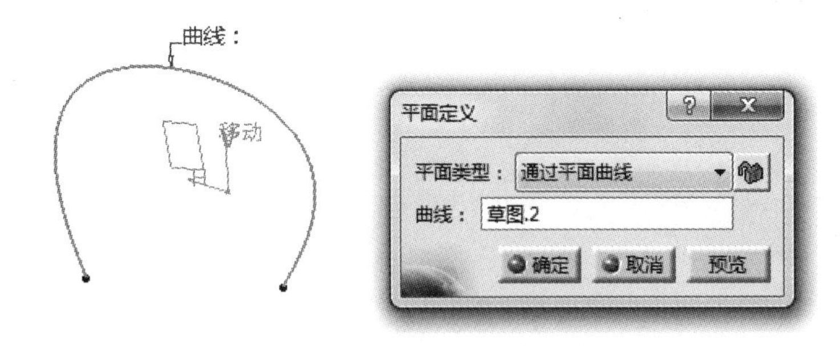

图 4-44　通过平面曲线创建平面

4.2.8　曲线的法线

【曲线的法线】命令是通过指定曲线和点来创建平面，新平面在指定点上与参考曲线垂直。如图 4-45 所示。

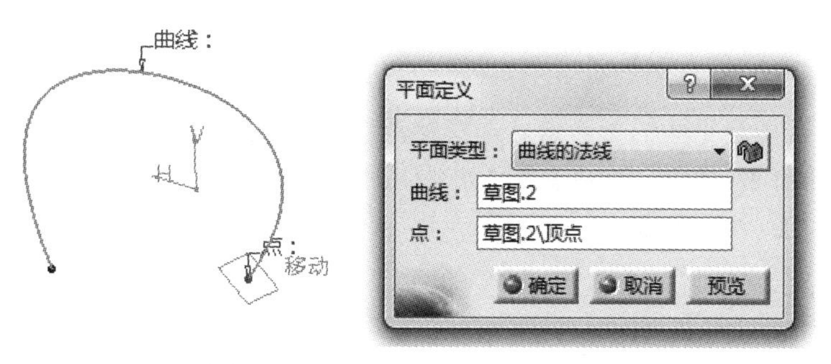

图 4-45　通过曲线的法线创建平面

4.2.9　曲面的切线

【曲面的切线】命令是通过指定参考曲面与参考点来创建平面，新平面在参考点上与参考曲面相切。如图 4-46 所示。

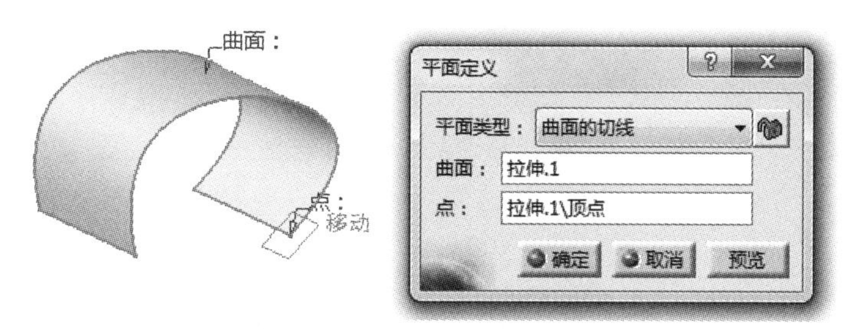

图 4-46　通过曲面的切线创建平面

4.2.10　方程式

【方程式】命令是通过输入特定的方程值来创建平面。其对话框如图 4-47 所示。

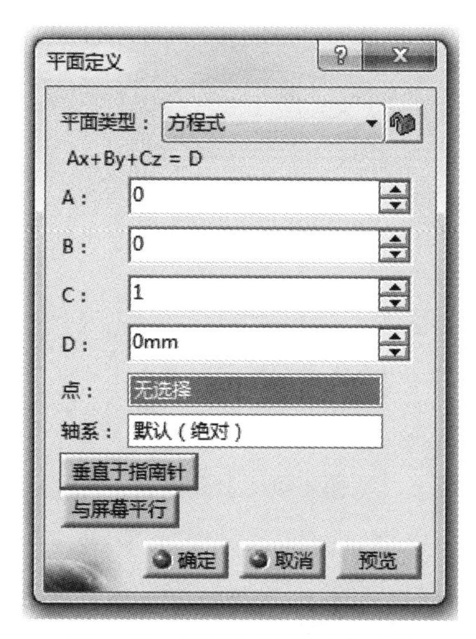

图 4-47　通过方程式创建平面

【数值输入】：方程式为 Ax+By+Cz=D，在 A、B、C、D 中输入相应的数值即可得到新平面；

【点】：用于选中新平面的参考点。选择参考点后，D 值将不起作用；

【垂直于指南针】：用于创建垂直于工作台右上方指南针的平面；

【与屏幕平行】：用于创建平行于当面屏幕视角的平面。

4.2.11 平均通过点

【平均通过点】命令是通过指定若干个点来创建平面，新平面将与各点的距离相当。如图 4-48 所示。

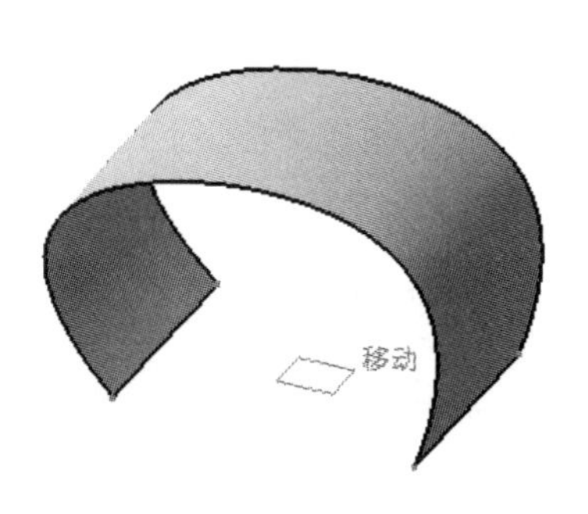

图 4-48　通过平均通过点创建平面

4.3 实例▪知识点——弹簧线框

本实例多由一条螺旋线与两条直线构成，其结构如图 4-49 所示。

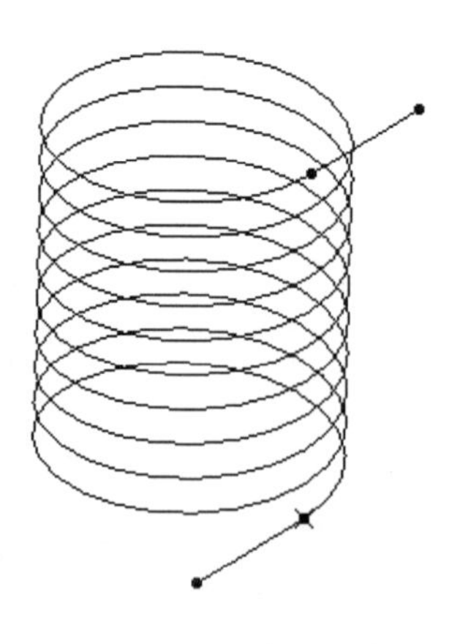

图 4-49　弹簧线框

【思路分析】

该零件图由螺旋线和直线组成。绘制此图的方法是：先绘制螺旋部分，然后分别绘制两条直线。步骤如图 4-50 和图 4-51 所示。

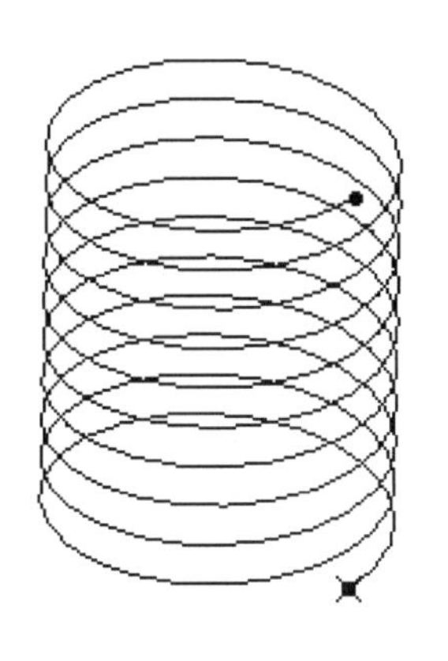

图 4-50　绘制螺旋线

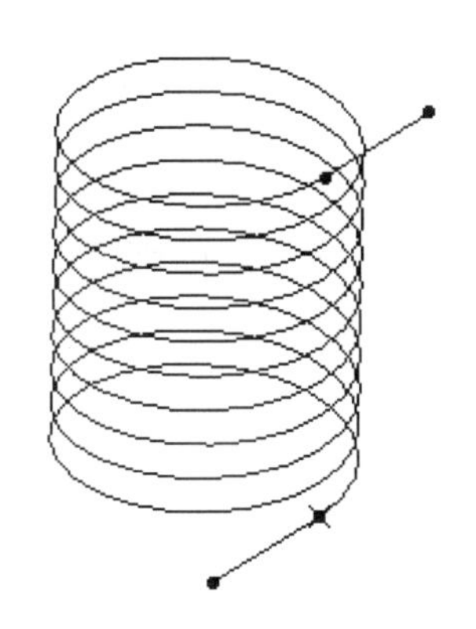

图 4-51　绘制直线

【光盘文件】

——参见附带光盘中的“**END\Ch2\4-3.CATPart**”文件。

——参见附带光盘中的“**AVI\Ch2\4-3.avi**”文件。

【操作步骤】

[1]. 从菜单栏中选择【形状】→【创成式外形设计】，如图 4-52 所示。

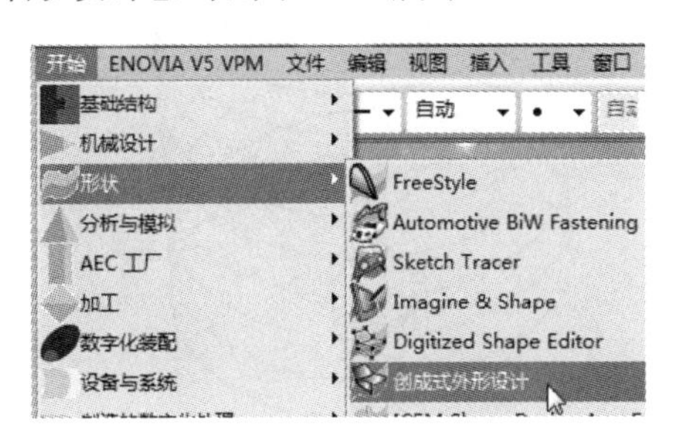

图 4-52　新建草图

[2]. 输入新建文件的文件名“4-3”，如图 4-53 所示。

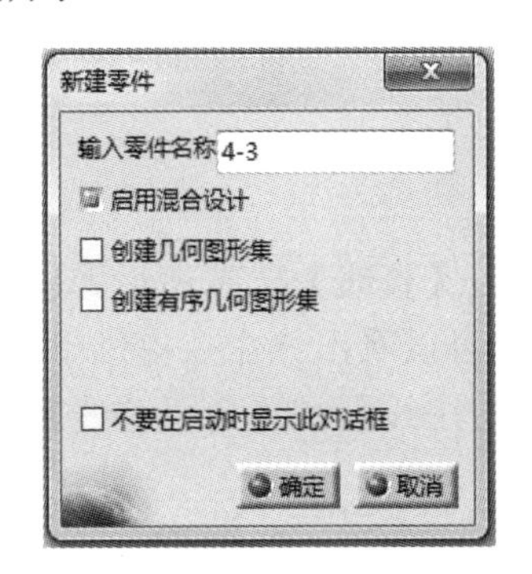

图 4-53　新建文件命名

[3]. 单击【点】按钮，利用坐标绘制点的方法绘制一个点，如图 4-54 所示。

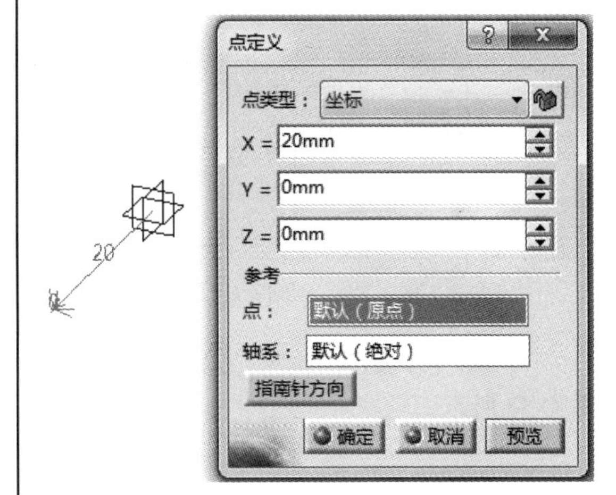

图 4-54　创建点

[4]. 单击【螺旋线】按钮，在弹出的对话框中输入如图 4-55 所示的参数，然后单击【确定】按钮。

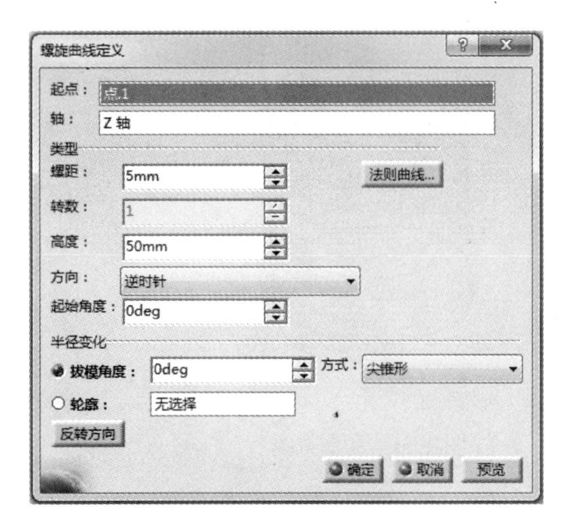

图 4-55　创建螺旋线

[5]. 单击【直线】按钮，利用【曲线的切线】方法绘制一条直线，如图 4-56 所示。

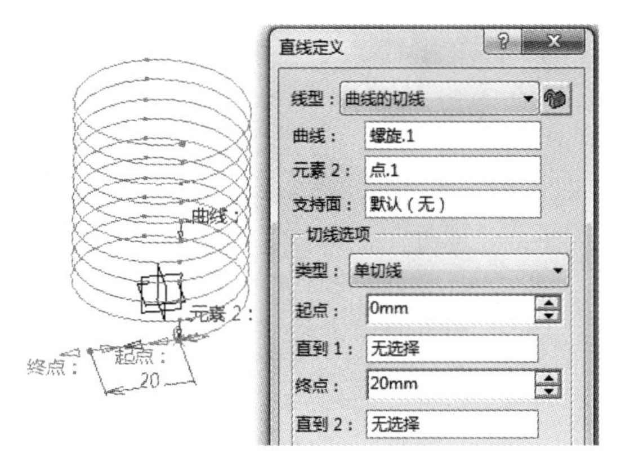

图 4-56　绘制直线

[6]. 重复步骤[5]，绘制另一条直线，如图 4-57 所示。

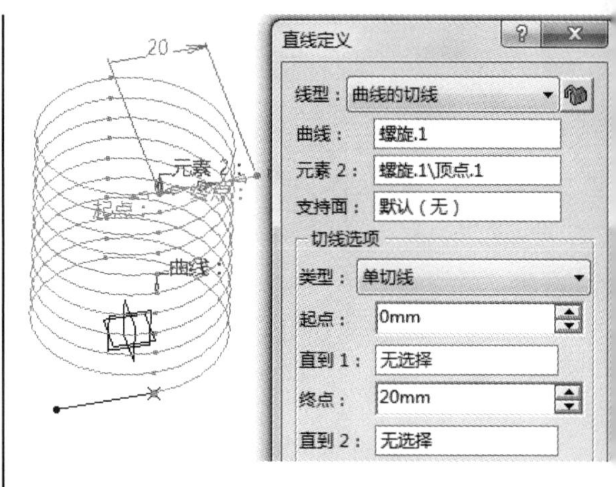

图 4-57　绘制直线

[7]. 完成后的弹簧线框如图 4-58 所示。

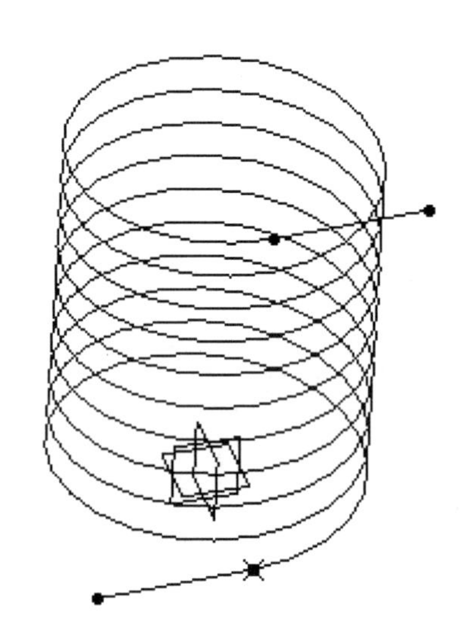

图 4-58　弹簧线框

4.3.1　直线

【直线】命令是用于在工作台中绘制三维直线。单击【直线】按钮后弹出【直线定义】对话框，如图 4-59 所示。从【线型】下拉菜单中，可以看出该命令提供了【点-点】、【点-方向】、【曲线的角度/法线】、【曲线的切线】、【曲面的法线】和【角平分线】六种直线绘制方式，如图 4-60 所示，下面分别进行介绍。

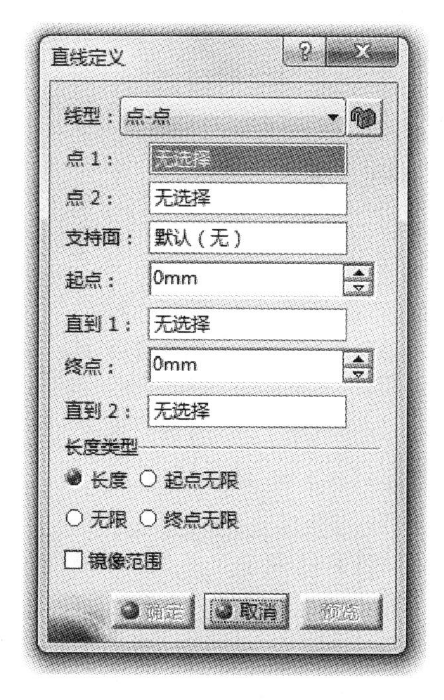

图 4-59　直线定义对话框

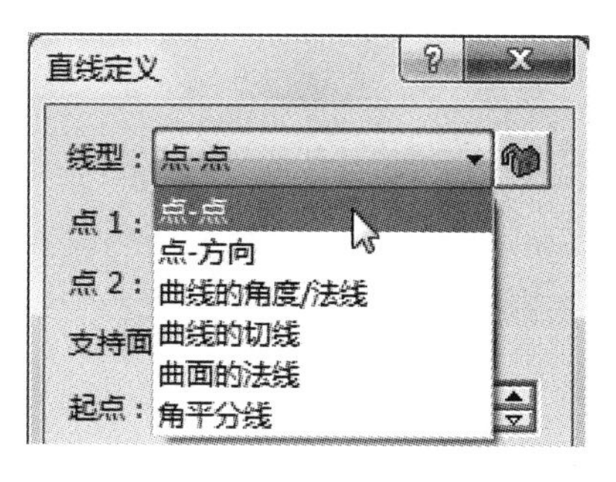

图 4-60　线型

1．点-点

该创建类型是利用两点形成一条直线的原理来绘制直线。该方式通过选择两个点来生成直线，如图 4-61 所示。

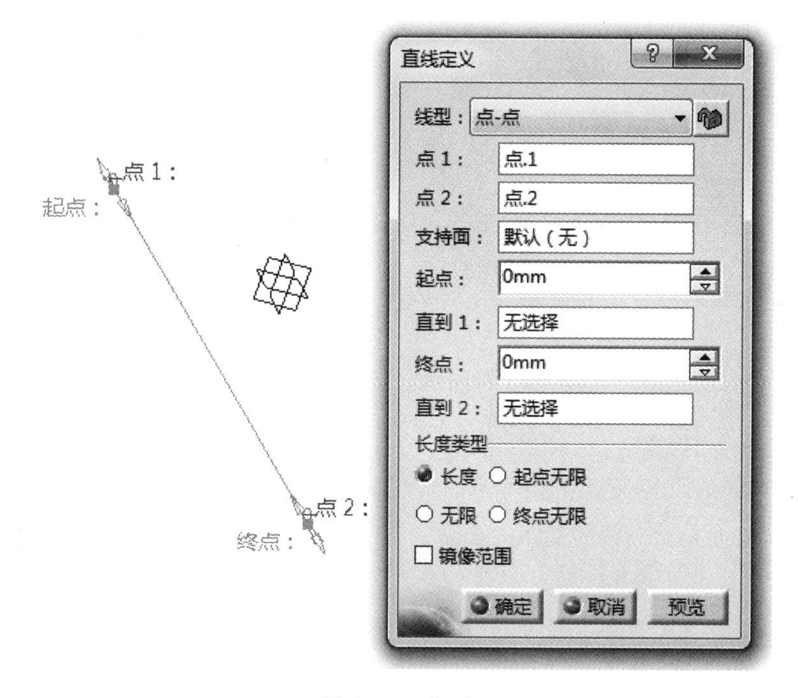

图 4-61　点-点

【支持面】：用于选择直线所在的曲面。选中后将沿曲面的距离生成最短直线，默认为无参考曲面；

【起点】：用于定义起点与参考点的距离；

【直到 1】：用于选择所创建直线的端点所在的参考元素；

【终点】：用于定义终点与参考点的距离；

【直到 2】：用于选择所创建直线的另一端点所在的参考元素；

【长度类型】：长度是指通过定义直线的两个端点创建直线；起点无限是指创建定义终点而使起点无限远的射线；终点无限是指创建定义起点而使终点无限远的射线；无限是指创建起点和终点无限远的射线。

2．点-方向

该创建类型是通过定义一个点和延伸方向来创建直线。如图 4-62 所示。

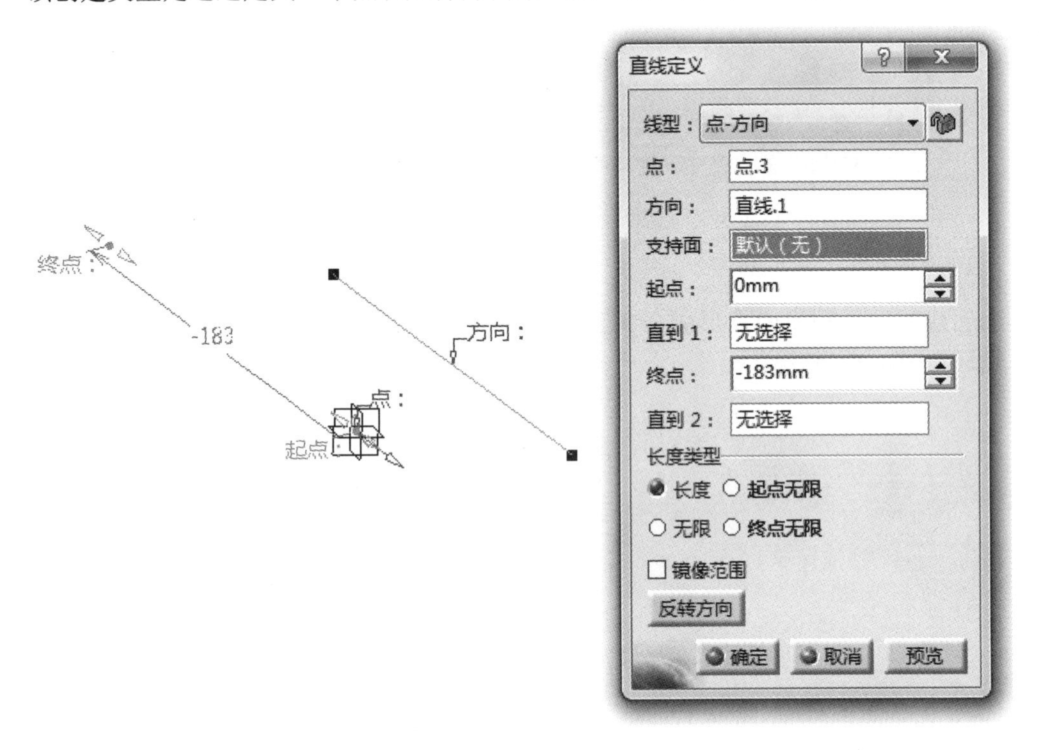

图 4-62　点-方向

3．曲线的角度/法线

该创建方式是通过定义一个参考点、参考曲线、与参考曲线切线的夹角来创建直线。如图 4-63 所示。

其中，在选中【曲线的法线】选项后，创建直线的方向会默认为是参考点在参考曲线上的法向。

4．曲线的切线

该创建方式通过定义参考点与参考曲线来创建直线，直线的方向为点在曲线上的切线方向。如图 4-64 所示。

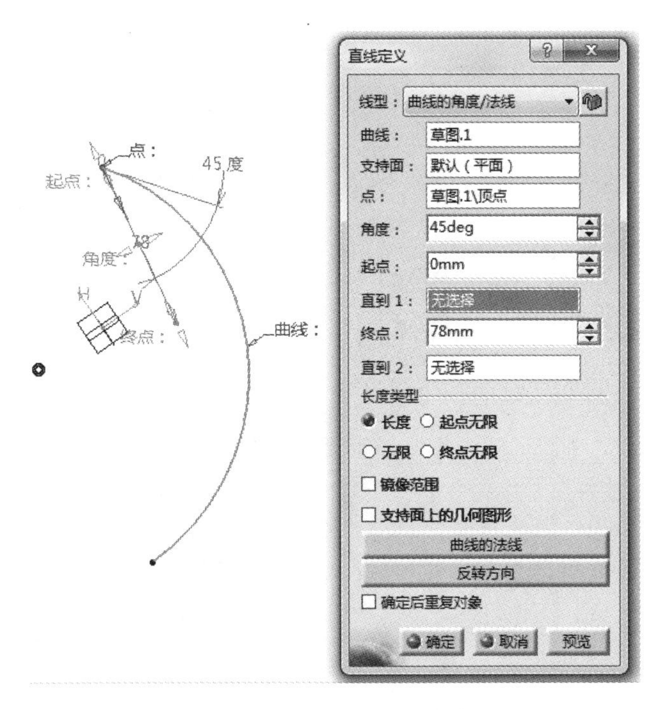

图 4-63 曲线的角度/法线

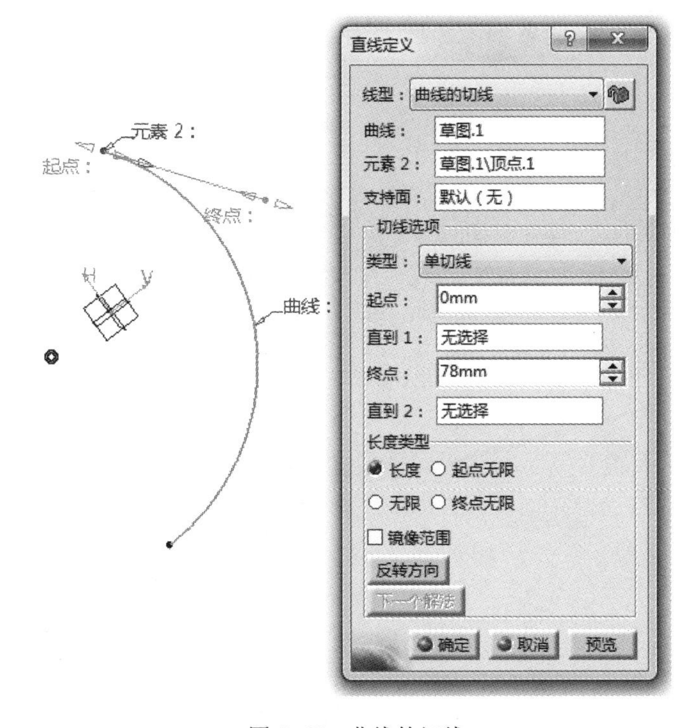

图 4-64 曲线的切线

5．曲面的法线

该创建方式是通过定义参考点和参考曲面来创建直线，直线方向为参考点对应参考曲面的法向。如图 4-65 所示。

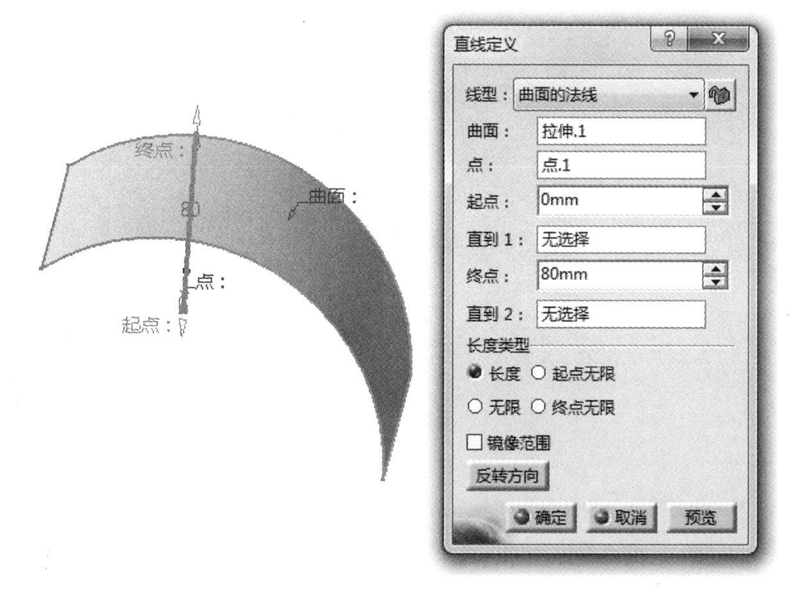

图 4-65　曲面的法线

6．角平分线

该创建方式是通过定义两条参考曲线来创建直线，直线的方向为两条参考直线的角平分线。如图 4-66 所示。

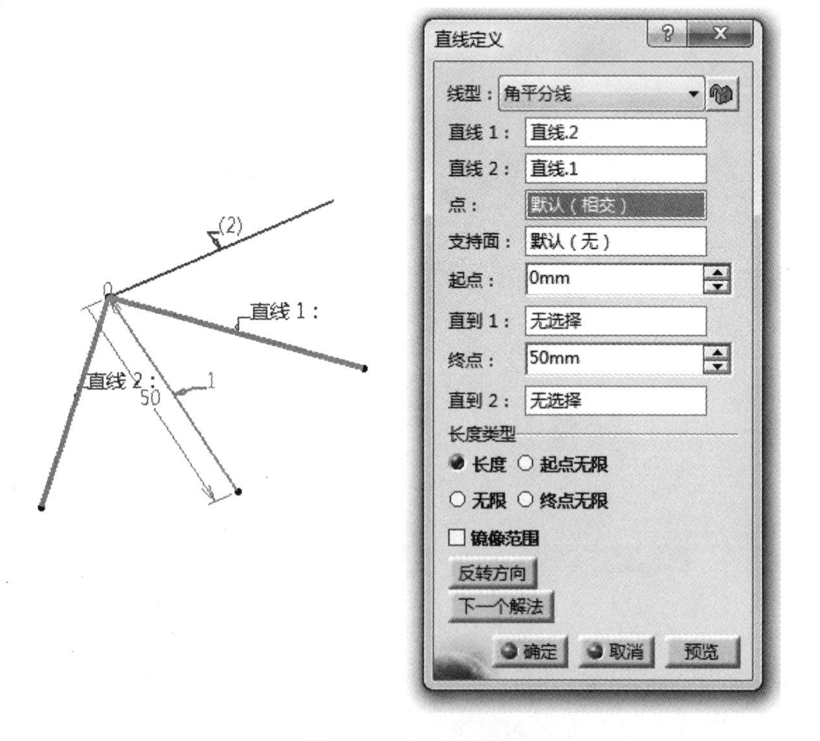

图 4-66　角平分线

其中，选中【下一个解法】选项，即可在解法 1 和解法 2 之间进行选择。

4.3.2 轴线

【轴线】命令是通过选择规则的参考曲面，来生成参考曲面的轴线。如图 4-67 所示。

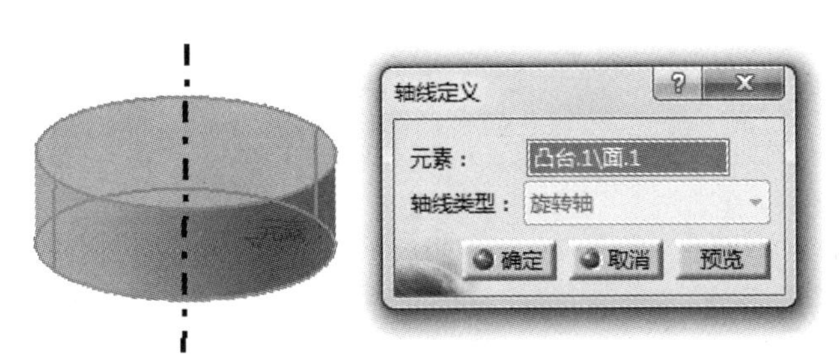

图 4-67 轴线定义

4.3.3 折线

【折线】命令是通过定义若干个参考点，来创建若干条连续的直线，如图 4-68 所示。

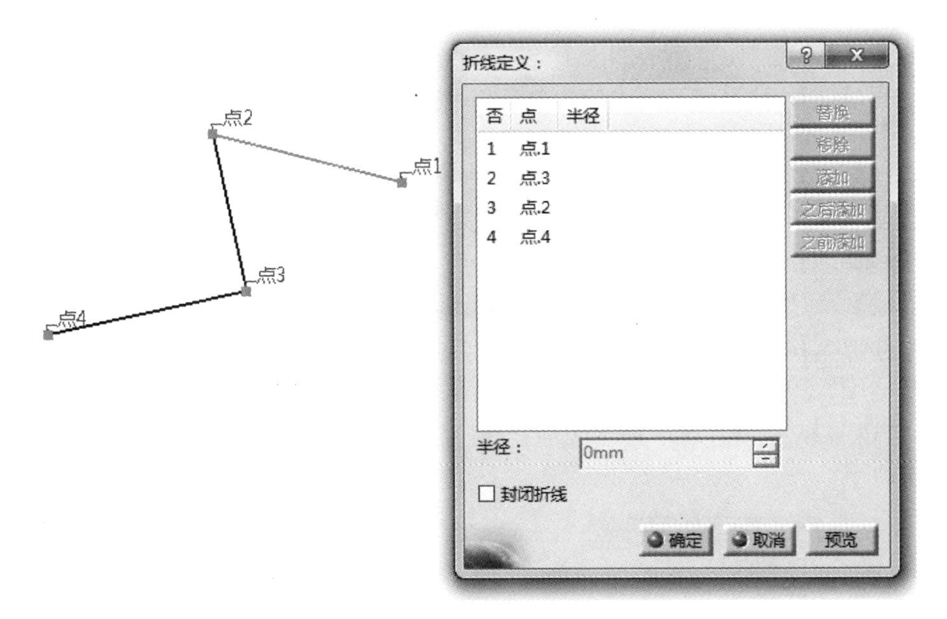

图 4-68 折线定义对话框

4.3.4 圆

【圆】命令用于在绘制三维空间中的圆或圆弧。单击【圆】按钮后，弹出【圆定义】对话框，如图 4-69 所示。

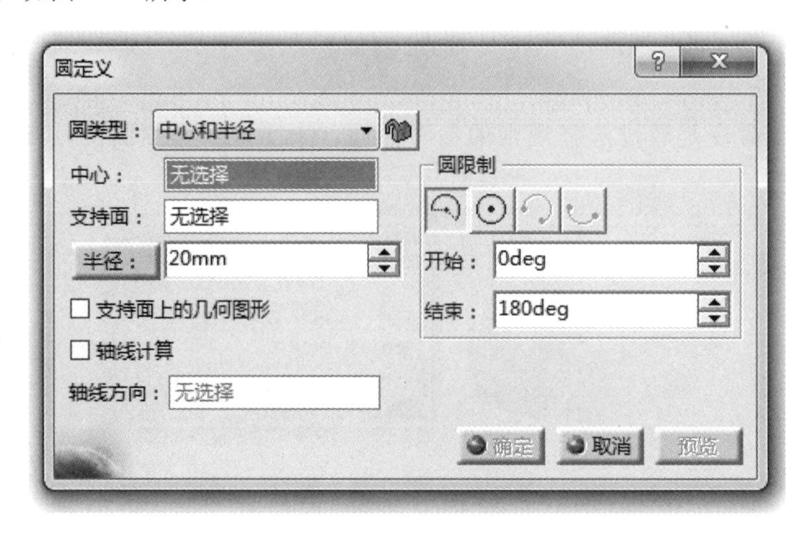

图 4-69　圆定义对话框

1.【圆类型】：该下拉菜单中提供了【中心和半径】、【中心和点】、【两点和半径】、【三点】、【中心和轴线】、【双切线和半径】、【双切线和点】、【三切线】、【中心和切点】九种圆的创建类型，如图 4-70 所示；

【中心和半径】：通过定义圆心和半径来创建圆；

【中心和点】：通过定义圆心和圆上的一个点来创建圆；

【两点和半径】：通过定义圆上的两个点和半径来创建圆；

【三点】：通过定义圆上的三个点来创建圆；

【中心和轴线】：通过定义圆的轴线和圆上的一个点来创建圆；

【双切点和半径】：通过定义圆的两条切线和半径来创建圆；

【双切线和点】：通过定义圆的两条切线和圆上的一个点来创建圆；

【三切线】：通过定义圆的三条切线来创建圆；

【中心和切线】：通过定义圆心和一条切线来创建圆。

当定义好上述的参数后，单击【确定】按钮，即可完成命令。

2.【圆限制】：该选择菜单提供了部分圆、全圆、修剪圆和补充圆四种创建圆的形式。如图 4-71 所示。

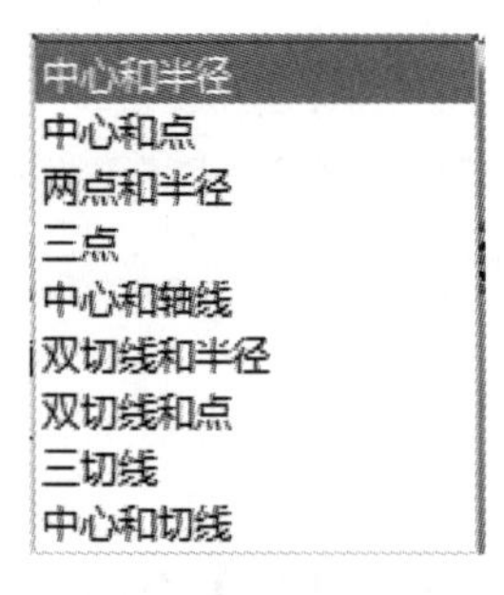

图 4-70　圆的创建类型

图 4-71　圆弧与圆

【部分圆】：通过定义圆心角的开始角度和结束角度来创建圆弧，用于中心和半径、中心和点、中心和轴线这三种圆创建形式；

【全圆】：该选项用于创建完整圆；

【修剪圆】：通过定义圆弧的边界来创建圆弧，用于两点和半径、三点、双切线和半径、双切线和点、三切线这五种圆创建形式；

【补充圆】：该选项表示为【修剪圆】的补充部分。

4.3.5 圆角

【圆角】命令用于在两条空间曲线上创建圆角。单击【圆角】按钮后，弹出【圆角定义】对话框，如图4-72所示。

图4-72 圆角定义对话框

1.【圆角类型】：该下拉菜单中提供了【支持面上的圆角】、【3D圆角】和【顶点上的圆角】三种创建类型。

【支持面上的圆角】：用于在指定的支持面上创建圆角；

【3D圆角】：用于创建在三维上的圆角；

【顶点上的圆角】：用于在曲线上的顶点创建圆角，选择该项后，【元素1】和【元素2】将不可再选。

2.【元素1】：用于选中需要创建圆角的曲线；

【修剪元素1】：选中后对元素1进行修剪；

【元素2】：用于选中需要创建原件的另一条曲线；

【修剪元素2】：选中后对元素2进行修剪；

【半径】：用于输入圆角的半径。

4.3.6 连接曲线

【连接曲线】命令是通过特定的规则来连接两条曲线。单击【连接曲线】按钮后，弹出【连接曲线定义】对话框，如图 4-73 所示。

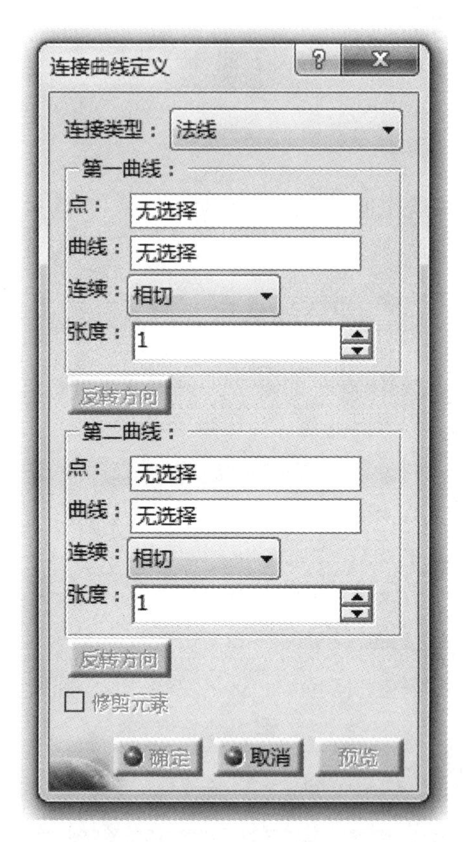

图 4-73 连接曲线定义对话框

1.【连接类型】：该下拉菜单中提供了【法线】和【基曲线】两种创建类型。

【法线】：以曲线连接点处的法向为参考来连接曲线；

【基曲线】：通过与参考曲线的特征匹配来生成连接曲线。

2.【第一曲线】：定义需要第一个曲线连接处的参数，与下方第二曲线用法相同。

【点】：用于选中曲线的连接点；

【曲线】：用于选中需要连接的曲线；

【连续】：用于选择连接曲线与参考曲线的连接方式，系统提供了点、相切和曲率三种连接方式；

【张度】：在相切和曲率连接时，用于定义相切和曲率的强度；

【反转方向】：用于调节连接曲线与参考曲线的连接方向。

完成以上定义后，单击【确认】按钮即可完成该命令。如图 4-74 所示。

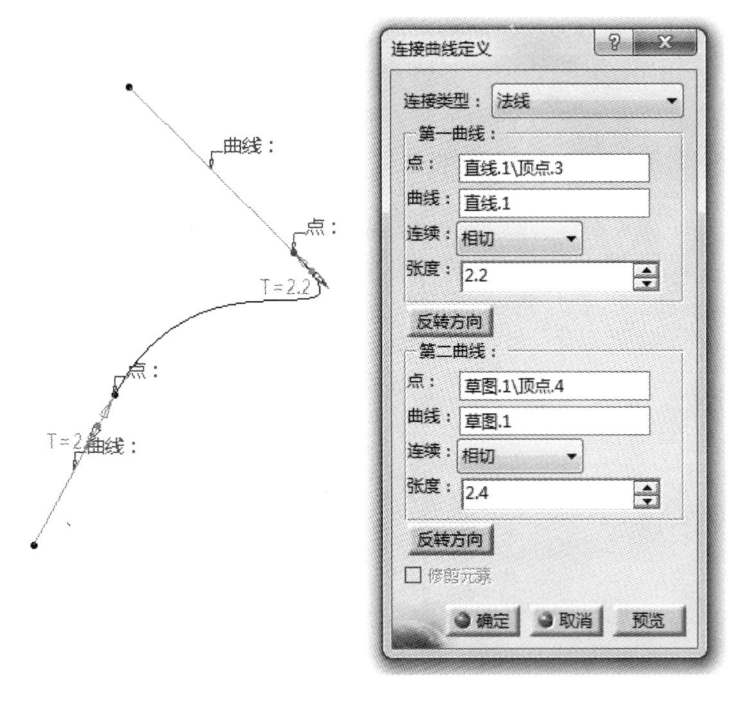

图 4-74　连接曲线

4.3.7　二次曲线

【二次曲线】命令用于在空间上创建二次曲线，来连接两条参考曲线。单击【二次曲线】按钮后，弹出【二次曲线定义】对话框，如图 4-75 所示。

图 4-75　二次曲线定义对话框

【支持面】：用于选择创建二次曲线的所在平面；

【点-开始】：用于选择二次曲线的开始连接点；

【点-结束】：用于选择二次曲线的结束连接点；
【切线-开始】：用于选择二次曲线开始点的切线方向；
【切线-结束】：用于选择二次曲线结束点的切线方向。
定义好以上参数后，单击【确认】按钮即可完成该命令。如图 4-76 所示。

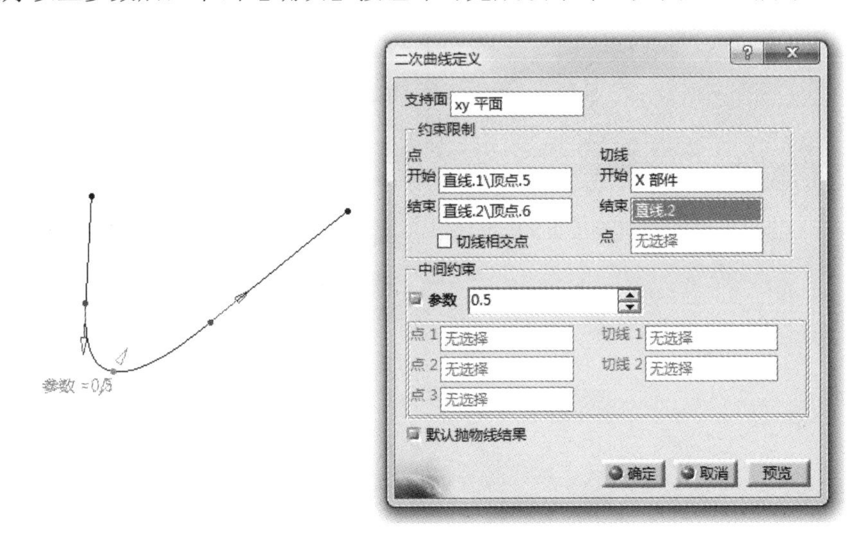

图 4-76　二次曲线

4.3.8　样条线

【样条线】命令是通过选中若干个点来创建一条圆滑的曲线。单击【样条线】按钮后，弹出【样条线定义】对话框，如图 4-77 所示。

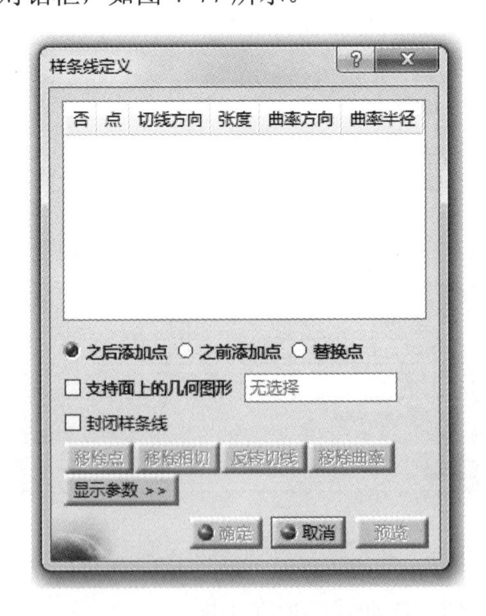

图 4-77　样条线定义对话框

【之后添加点】：用于在指定参考点后添加新的参考点；
【之前添加点】：用于在指定参考点前添加新的参考点；
【替换点】：用于选择新的参考点来替换当前指定的点；
【封闭样条线】：用于使样条线封闭。
用户只需要选择好参考点后，单击【确认】按钮即可完成该命令。如图 4-78 所示。

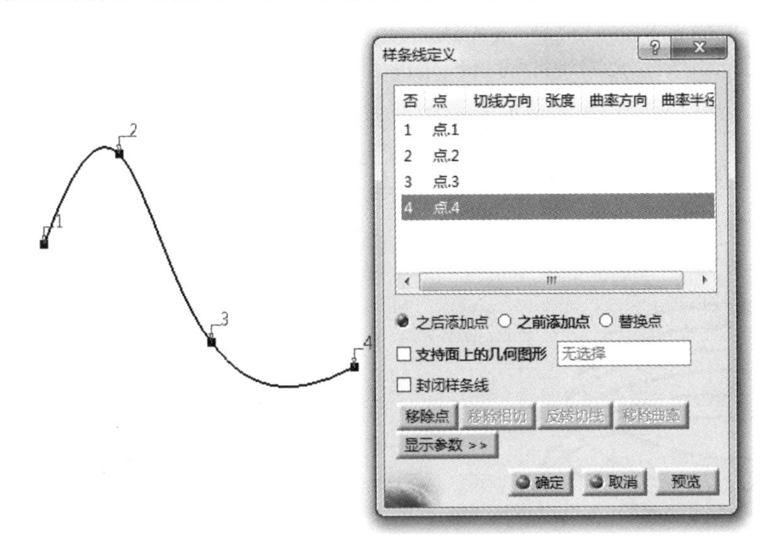

图 4-78　样条线

4.3.9　螺旋线

【螺旋线】命令用于在空间上创建条螺旋线。单击【螺旋线】按钮后，弹出【螺旋曲线定义】对话框，如图 4-79 所示。

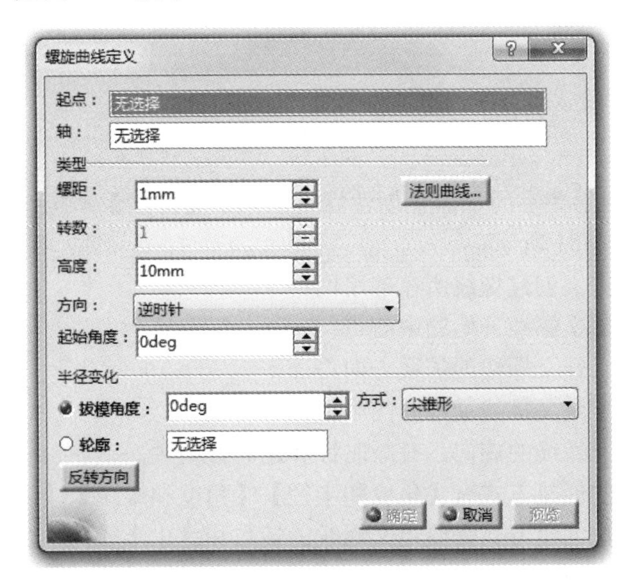

图 4-79　螺旋曲线定义对话框

【起点】：用于定义螺旋线的起点；
【轴】：用于定义螺旋线的中心轴线；
【螺距】：用于定义螺旋线的螺距；
【高度】：用于定义螺旋线的高度；
【方向】：用于定义螺旋线的方向，有顺时针和逆时针两种；
【起始角度】：用于定义螺旋线起点与参考点的偏移角度；
【拔模角度】：用于定义螺旋线的拔模角度。
定义好以上参数后，单击【确定】按钮即可完成该命令。如图 4-80 所示。

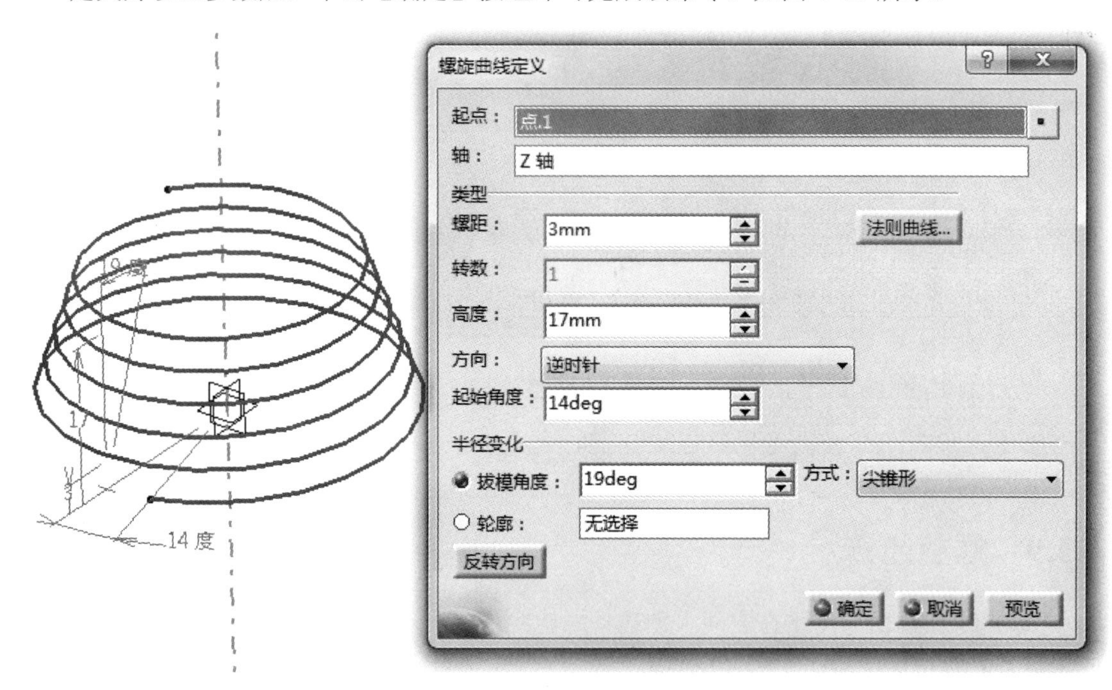

图 4-80　螺旋曲线

4.3.10　螺线

【螺线】命令用于在空间平面上创建螺线。单击【螺线】按钮后，弹出【螺线曲线定义】对话框，如图 4-81 所示。
【支持面】：用于定义创建螺线所在的平面；
【中心点】：用于定义螺线开始的中心点；
【参考方向】：用于定义螺线的扩展方向；
【起始半径】：用于定义螺线最内圆的半径；
【方向】：用于定义螺线的旋向，有顺时针和逆时针两种。
【类型】：在螺线的创建方式有【角度和半径】、【角度和螺距】、【半径和螺距】三种。
【角度和半径】：该创建方式需要定义螺线的转数和终止半径；

图 4-81　螺线曲线定义对话框

【角度和螺距】：该创建方式需要定义螺线的螺距和转数；

【半径和螺距】：该创建方式需要定义螺线的终止半径和螺距，系统将自动计算出转数。

定义好以上参数后，单击【确定】按钮即可完成该命令。如图 4-82 所示。

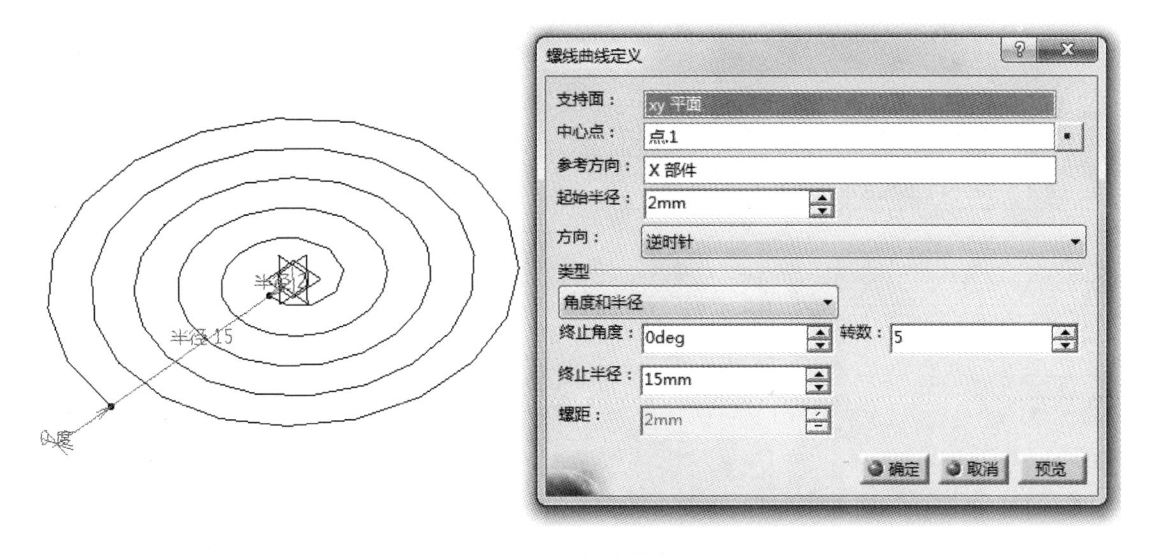

图 4-82　螺线曲线

4.3.11　脊线

【脊线】命令是通过若干个曲面生成一条曲线。单击【脊线】按钮后，弹出【脊线定义】对话框，如图 4-83 所示。

图 4-83 脊线定义对话框

用户只需要在曲面选择框内选择参考曲面，然后单击【确定】按钮即可完成该命令。如图 4-84 所示。

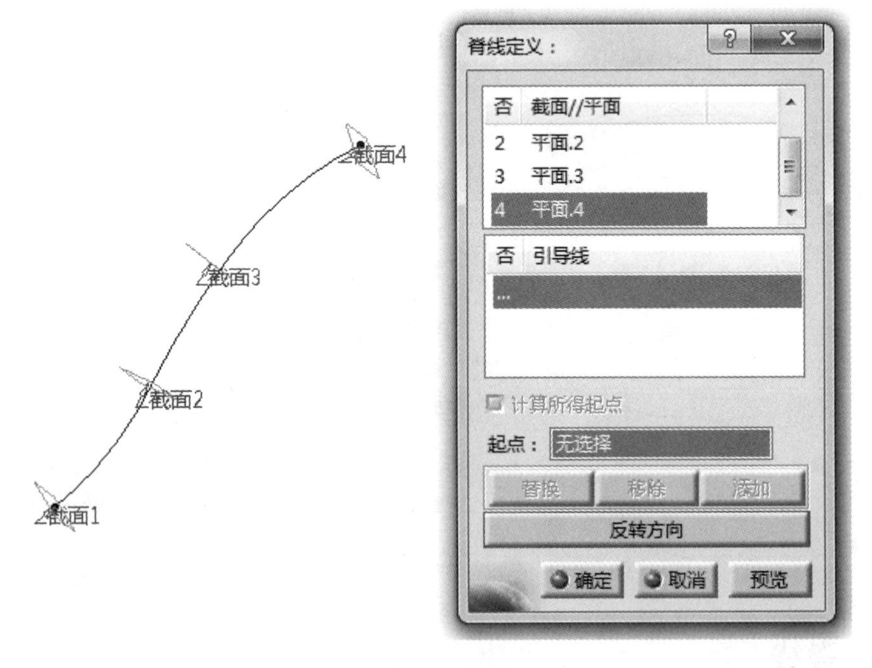

图 4-84 脊线

4.3.12 等参数曲线

【等参数曲线】命令是通过定义方向与参考平面上参数相等的点来形成曲线。单击【等参数曲线】按钮后，弹出【等参数曲线】对话框，如图 4-85 所示。

图 4-85 等参数曲线定义对话框

【支持面】：用于选择曲线所在的参考曲面；
【点】：用于定义曲线所在的参考曲面上的一个点；
【方向】：用于定义曲线的方向；
定义好以上参数后，单击【确定】按钮即可完成该命令。如图 4-86 所示。

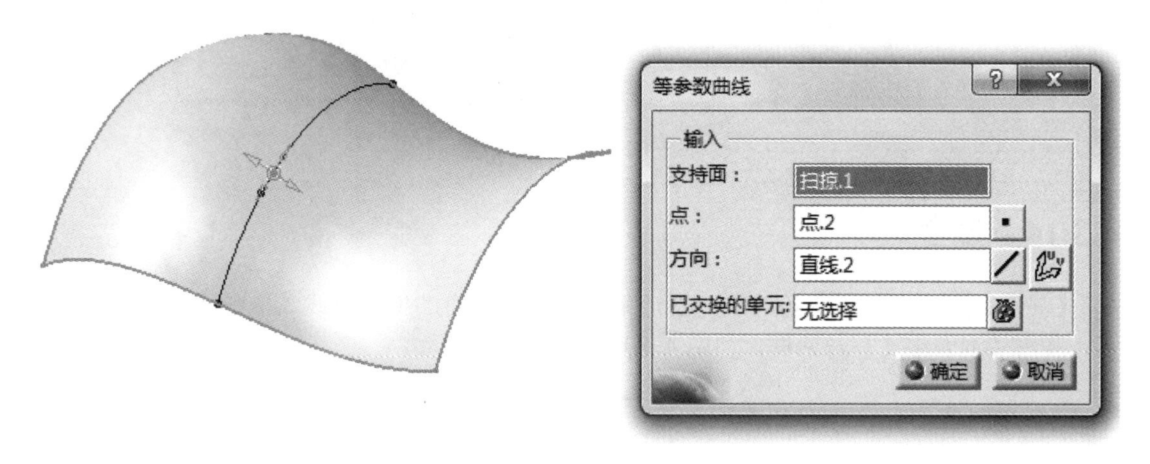

图 4-86 等参数曲线

4.3.13 投影

【投影】命令是指将点或曲线沿特定的方向投影到参考曲面上。单击【投影】按钮后，弹出【投影定义】对话框，如图 4-87 所示。

图 4-87　投影定义对话框

【投影类型】：投影类型分为【法线】与【沿某一方向】两种。【法线】是将曲线沿参考曲面的法向进行投影；而【沿某一方向】是用户自行定义投影方向；

【投影的】：用于定义需要投影的元素；

【支持面】：用于定义投影的参考曲面。

当定义好以上参数后，单击【确定】按钮即可完成该命令。如图 4-88 所示。

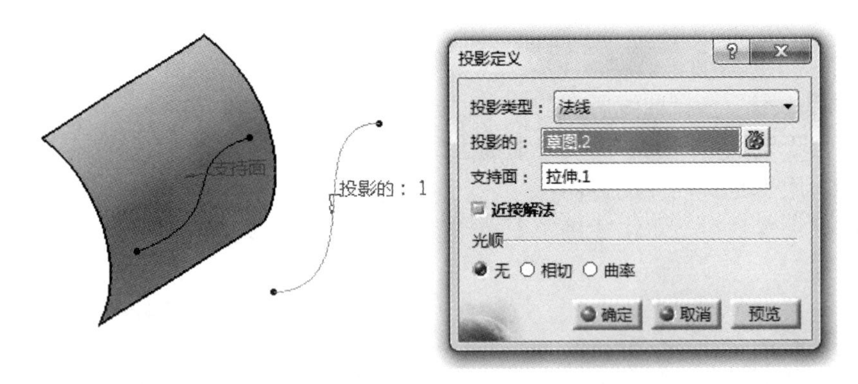

图 4-88　曲线的投影

4.3.14　混合

【混合】命令是指两条曲线分别沿某个方向拉伸而产生的交线。单击【混合】按钮后，弹出【混合定义】对话框，如图 4-89 所示。

图 4-89　混合定义对话框

【混合类型】：混合类型有【法线】和【沿方向】两种。【法线】是指曲线的拉伸方向为其所在平面的法向；【沿方向】是指用户分别定义两条曲线的拉伸方向；

【曲线 1】：用于定义混合的参考曲线；

【曲线 2】：用于定义混合的另一条参考曲线。

当定义好以上参数后，单击【确定】按钮后即可完成该命令。如图 4-90 所示。

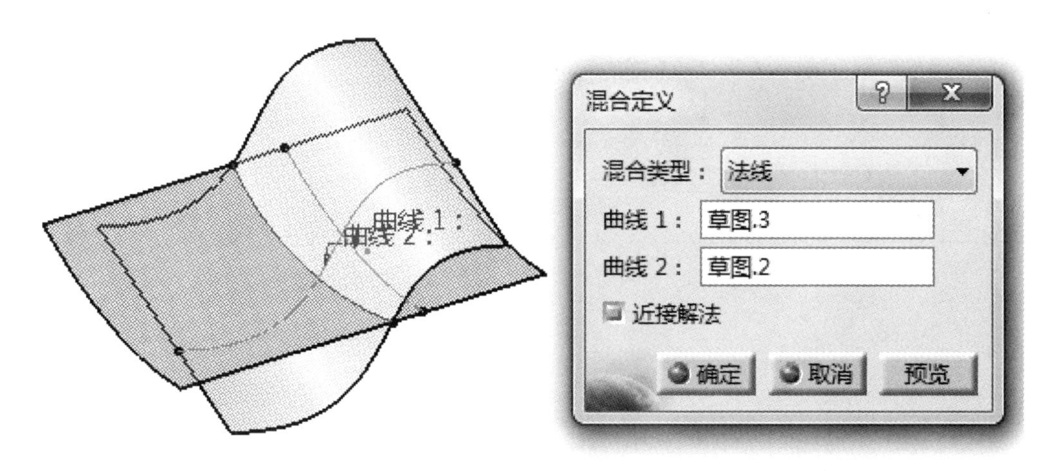

图 4-90　混合

4.3.15　反射线

【反射线】命令是指在参考曲面上曲面法线或切线与指定方向形成的曲线。单击【反射线】按钮后，弹出【反射线定义】对话框，如图 4-91 所示。

图 4-91　反射线定义对话框

【类型】：用于选择反射线的创建方式；

【支持面】：用于定义反射线的参考曲面；

【方向】：用于定义反射线的方向；

【角度】：用于调整反射线与指定方向的角度。

当定义好以上参数后，单击【确定】按钮即可完成该命令。如图 4-92 所示。

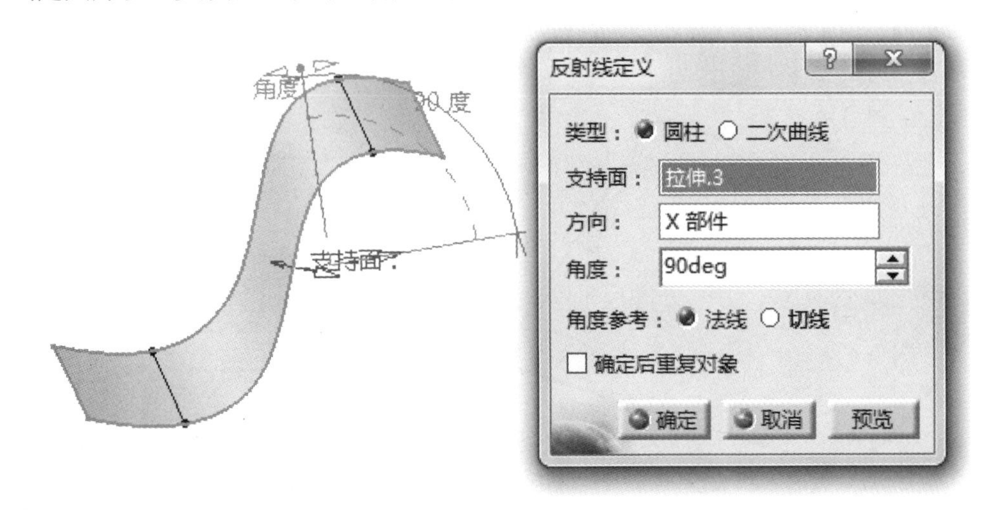

图 4-92　反射线

4.3.16　相交

【相交】命令是通过将两个元素相交创建几何元素。如图 4-93 所示。

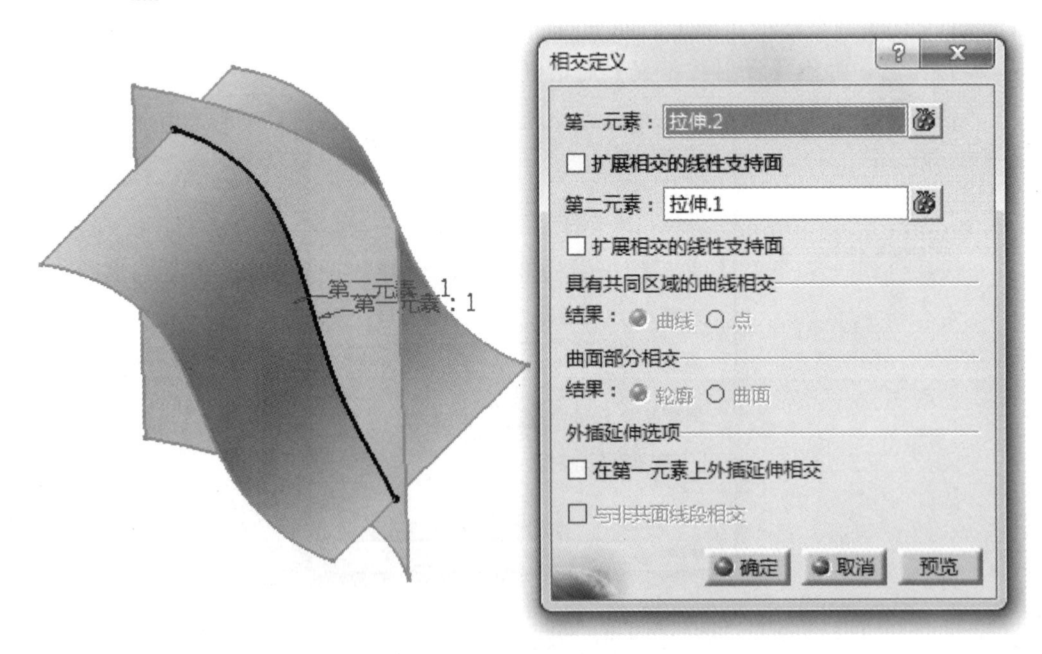

图 4-93　相交定义对话框

4.3.17 平行曲线

【平行曲线】命令是用于创建由参考曲线偏移而得到的曲线。该命令需要定义参考曲线与偏移距离。如图 4-94 所示。

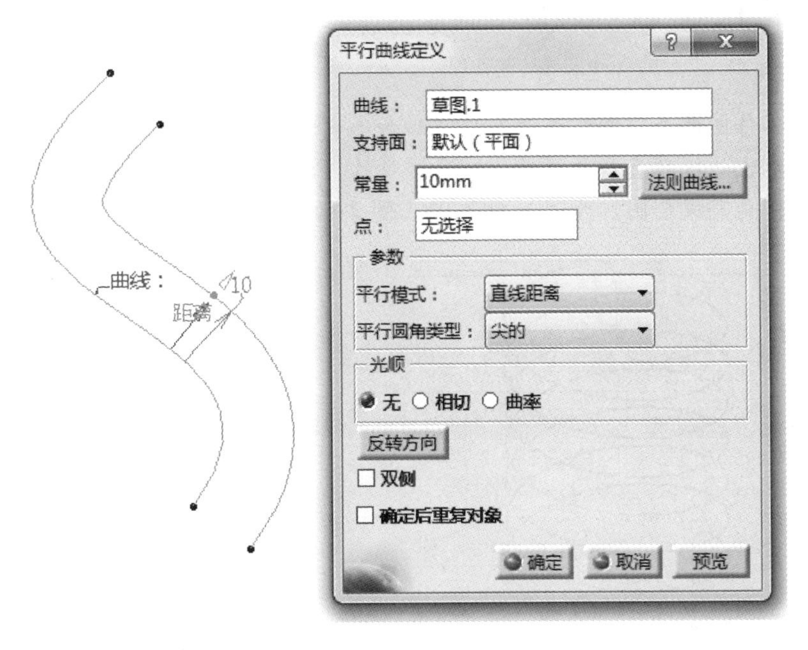

图 4-94　平行曲线定义对话框

4.3.18 3D 曲线偏移

【3D 曲线偏移】命令是通过对参考曲线沿特定方向偏移来创建新的曲线。该命令需要定义参考曲线与偏移方向。如图 4-95 所示。

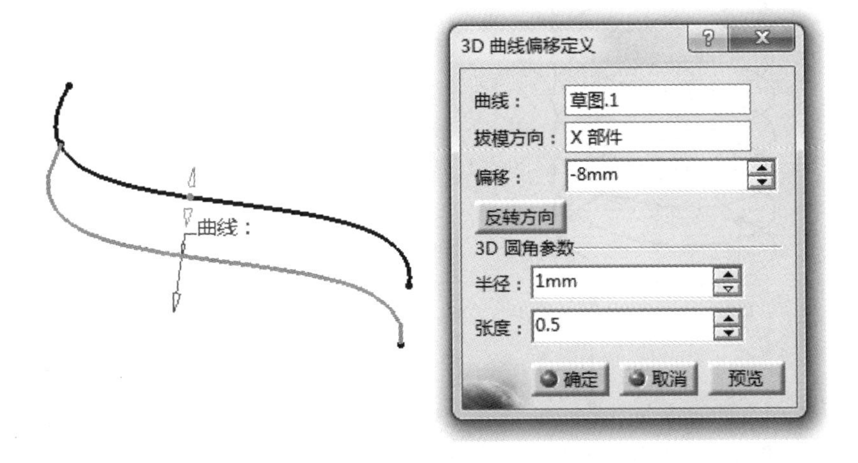

图 4-95　3D 曲线偏移定义对话框

4.4 要点▪应用

本章将通过三个简单的综合实例，演示上述各章节中的内容。

4.4.1 应用 1——双螺旋线

【思路分析】

双螺旋线零件图两条空间立体的螺旋线和两条直线构成，如图 4-96 所示。绘制此图的方法是：先绘制出一端的直线和螺旋线，通过对称、旋转绘制另一半直线和螺旋线，最后通过连接曲线和圆角完成全图。步骤如图 4-97、图 4-98 和图 4-99 所示。

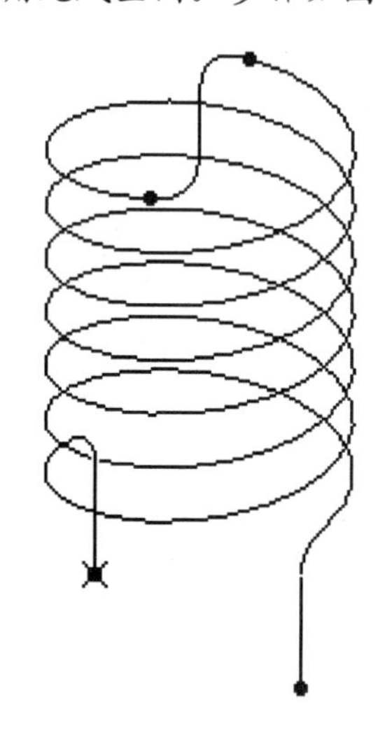

图 4-96　双螺旋线

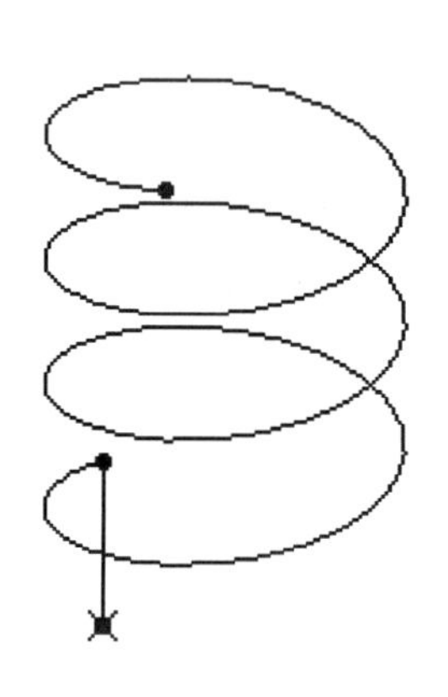

图 4-97　绘制直线和螺旋线

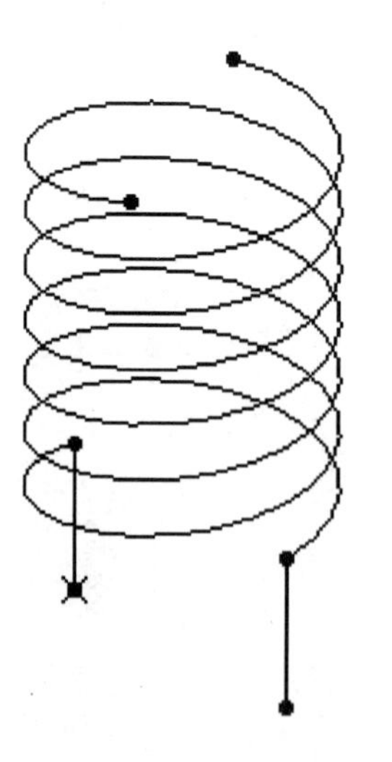

图 4-98　对称与旋转

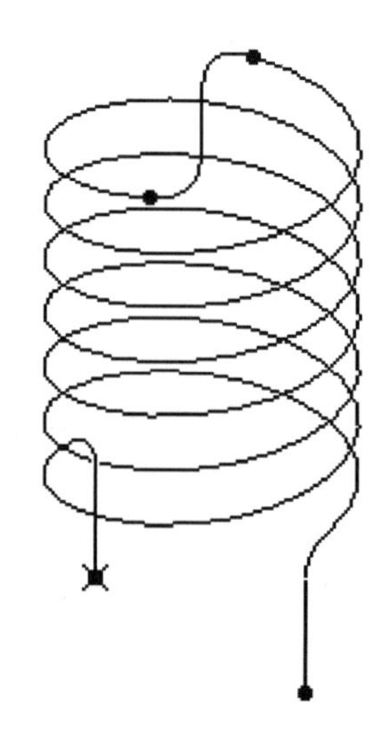

图 4-99　连接曲线与圆角

【光盘文件】

——参见附带光盘中的“**END\Ch2\4-4-1.CATPart**”文件。

——参见附带光盘中的“**AVI\Ch2\4-4-1.avi**”文件。

【操作步骤】

[1]. 从菜单栏中选择【形状】→【创成式外形设计】，如图 4-100 所示。

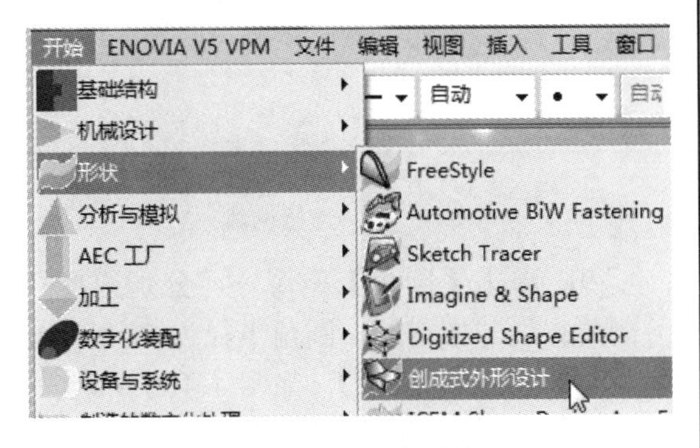

图 4-100　新建零件

[2]. 输入新建文件的文件名“4-4-1”，如图 4-101 所示。

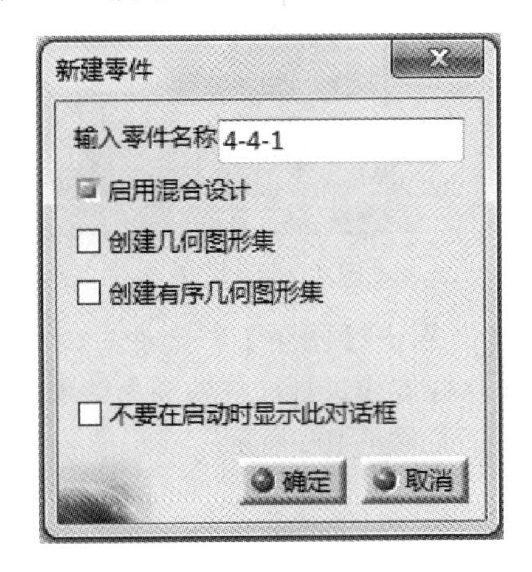

图 4-101　新建文件命名

[3]. 单击【点】按钮，利用坐标绘制点的方法绘制一个点，如图 4-102 所示。

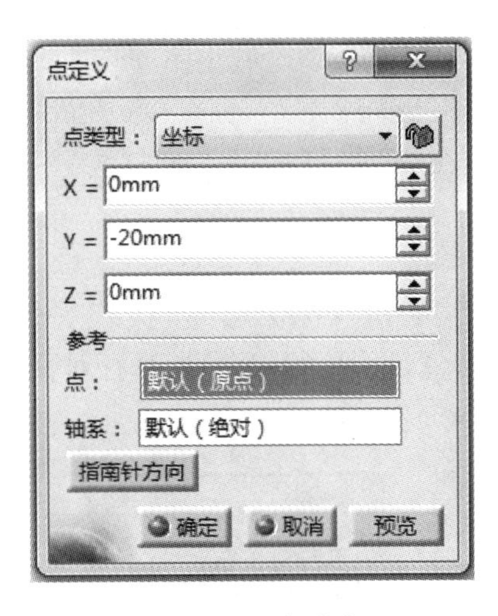

图 4-102　创建点

[4]. 单击【直线】按钮，以【点.1】为参考点，z 向为直线方向，创建如图 4-103 所示的直线。

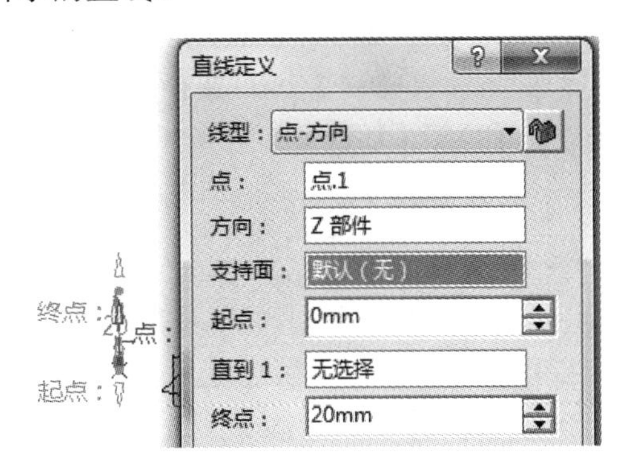

图 4-103　创建直线

[5]. 单击【螺线】按钮，以【直线.1\顶点.1】为螺旋线起点，z 向为轴线方向，螺距 15mm，高度 50mm，创建如图 4-104 所示的螺旋线。

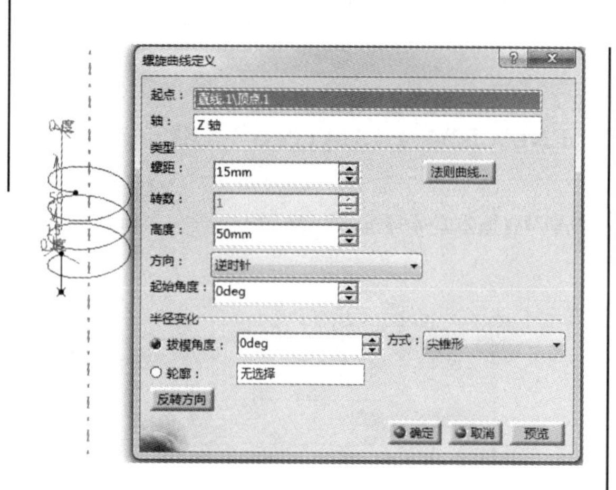

图 4-104　创建螺旋线

[6]. 单击【对称】按钮，对【直线.1】以【zx 平面】为参考进行对称操作，如图 4-105 所示。

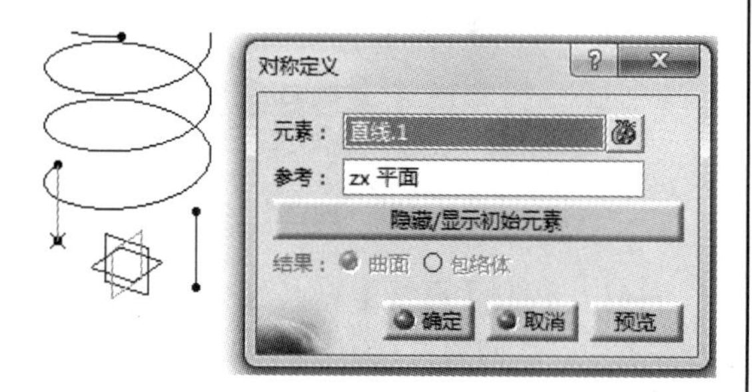

图 4-105　对称

[7]. 单击【旋转】按钮，使螺旋线绕 z 轴旋转 180°，如图 4-106 所示。

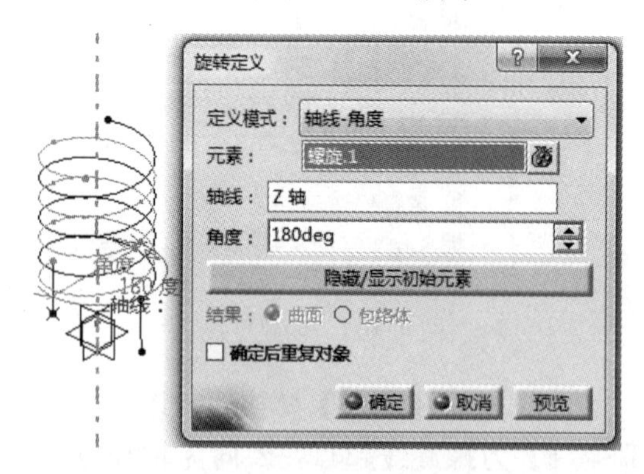

图 4-106　旋转

[8]. 单击【连接曲线】命令，分别选择两条螺旋线的顶点与其对应的曲线，如图 4-107 所示，连接两条螺旋线。

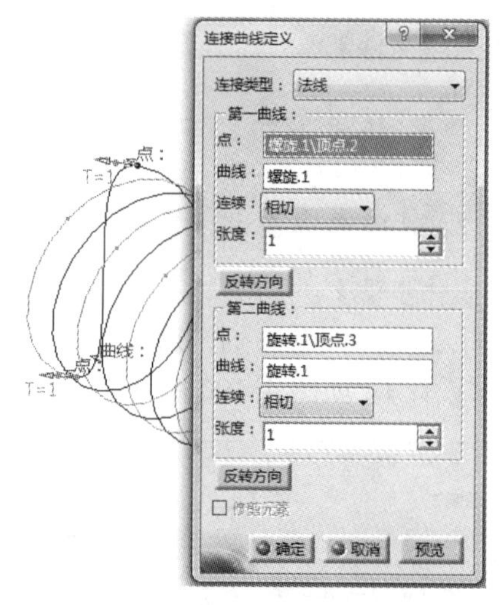

图 4-107　连接曲线

[9]. 单击【圆角】命令，分别选择同一侧的直线与螺旋线，圆角半径为 5mm，圆角类型选择【3D 圆角】，如图 4-108 所示。

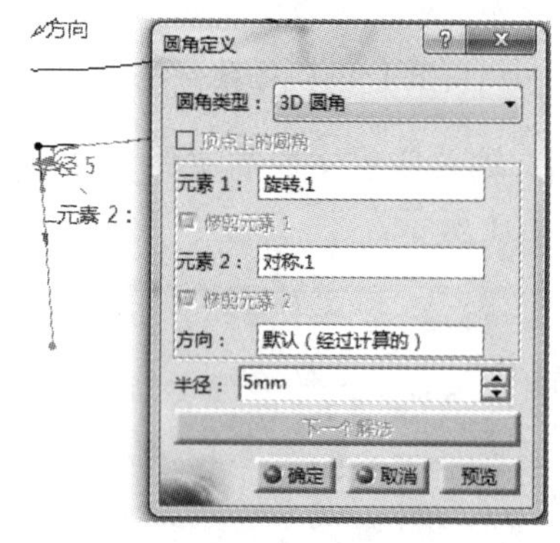

图 4-108　圆角

[10]. 单击【圆角】命令，对另一侧的直线和螺旋线进行同样的圆角处理即可完成全图，如图 4-109 所示。

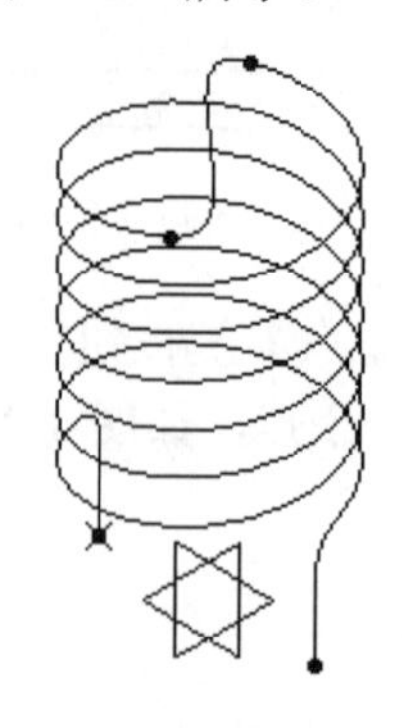

图 4-109　双螺旋线

4.4.2 应用 2——正八面体

【思路分析】

正八面体零件图由多条空间直线构成，如图 4-110 所示。绘制此图的方法是：先绘制上半部分的点，然后连接直线，再通过对称绘制下方的线即可完成全图。步骤如图 4-111 和图 4-112 所示。

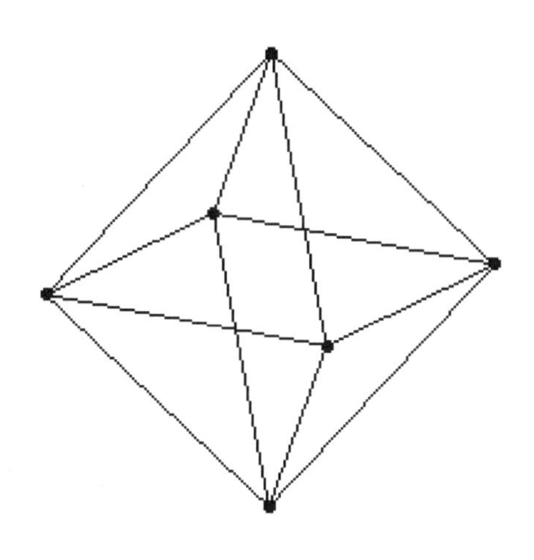

图 4-110　正八面体

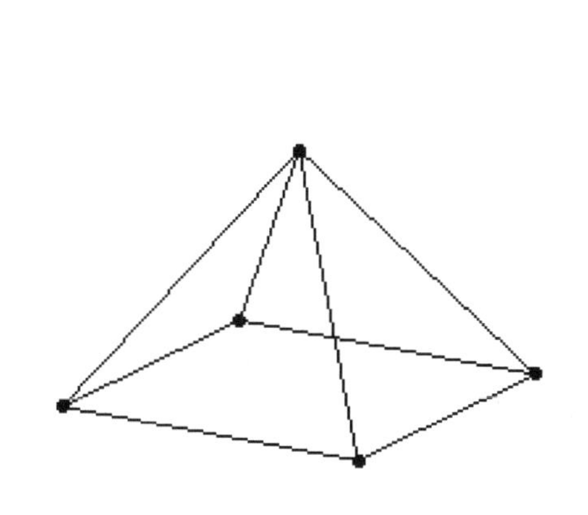

图 4-111　绘制点及直线

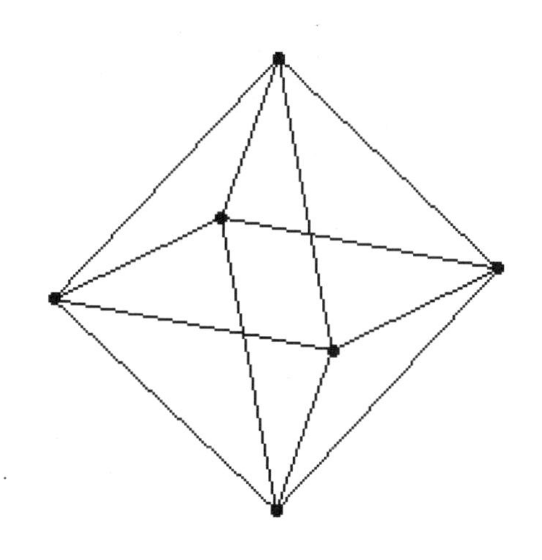

图 4-112　对称

【光盘文件】

结果文件——参见附带光盘中的“**END\Ch2\4-4-2.CATPart**”文件。

——参见附带光盘中的“**AVI\Ch2\4-4-2.avi**”文件。

【操作步骤】

[1]. 从菜单栏中选择【形状】→【创成式外形设计】，如图 4-113 所示。

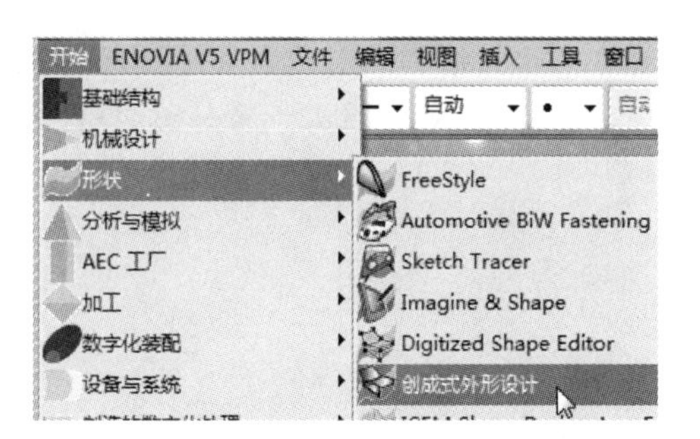

图 4-113 新建零件

[2]. 输入新建文件的文件名“4-4-2”，如图 4-114 所示。

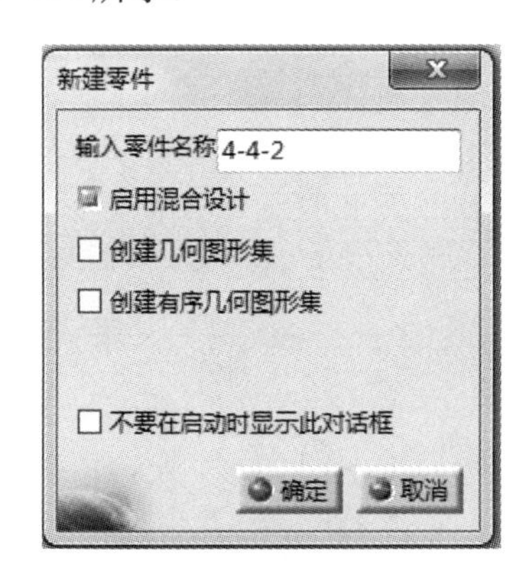

图 4-114 新建文件命名

[3]. 单击【点】按钮，利用坐标绘制点的方法绘制一个点，如图 4-115 所示。

图 4-115 创建点

[4]. 单击【点】按钮，利用坐标绘制点的方法绘制另一个点，如图 4-116 所示。

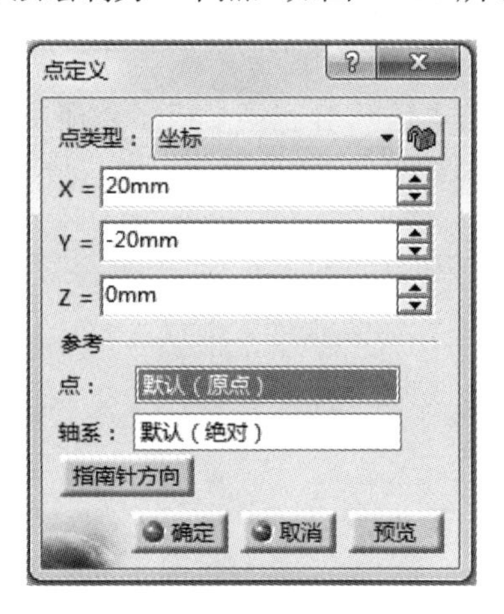

图 4-116 创建点

[5]. 单击【直线】按钮，选择【点-点】的创建方式，依次选择【点.1】和【点.2】，然后单击【确定】按钮创建直线，如图 4-117 所示。

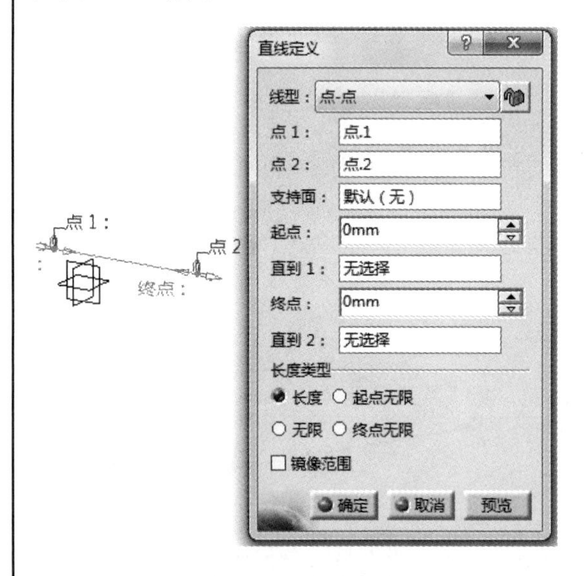

图 4-117 创建直线

[6]. 单击【对称】按钮，对【直线.1】以【yz 平面】为参考进行对称操作，如图 4-118 所示。

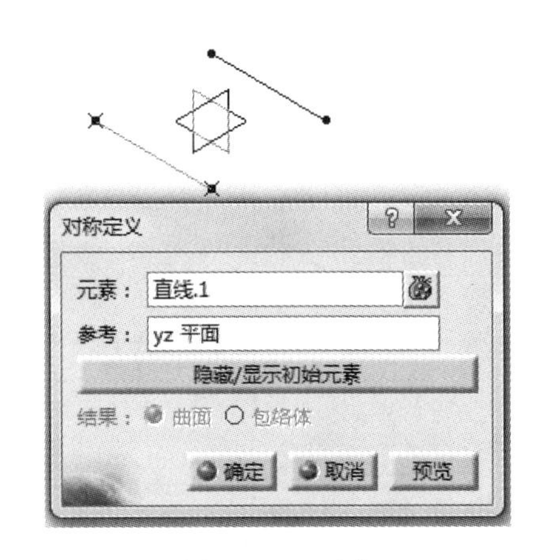

图 4-118 对称

[7]. 单击【直线】按钮，创建两条直线，与【直线.1】、【直线.2】形成一个矩形，如图 4-119 所示。

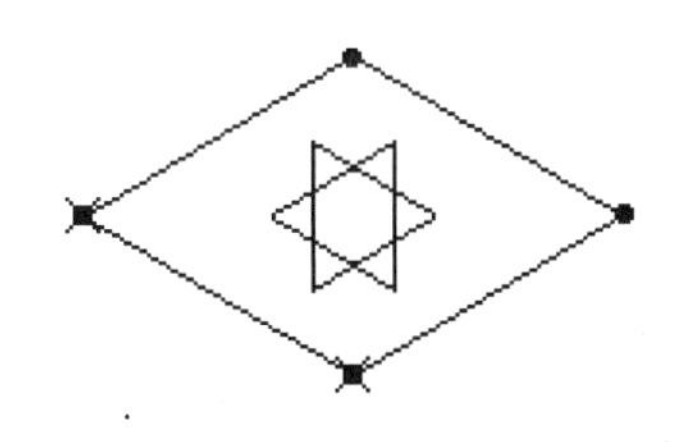

图 4-119 创建直线

[8]. 单击【旋转】按钮，使【yz 平面】绕 z 轴旋转 45°，如图 4-120 所示。

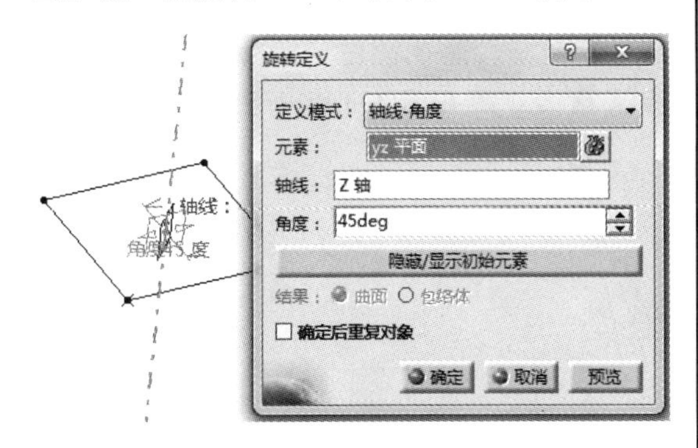

图 4-120 旋转平面

[9]. 单击【圆】按钮，以【直线.1】的顶点为圆心，以【平面.1】为支持面，绘制一个半径 40mm 的 90° 圆弧，如图 4-121 所示。

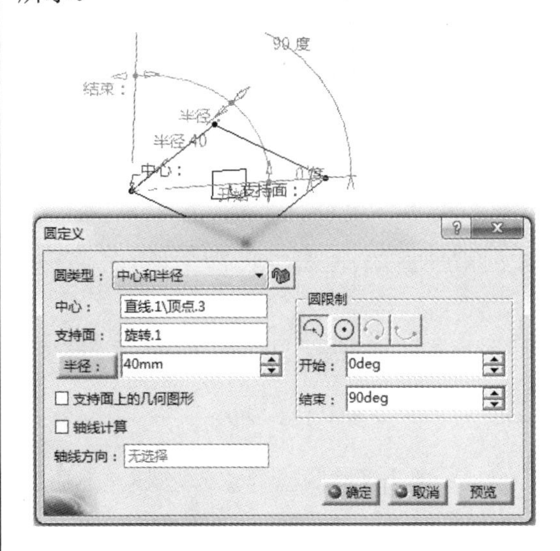

图 4-121 绘制圆弧

[10]. 单击【圆】按钮，以【直线.3】的顶点为圆心，以【平面.1】为支持面，绘制一个半径为 40mm 的 90° 圆弧，如图 4-122 所示。

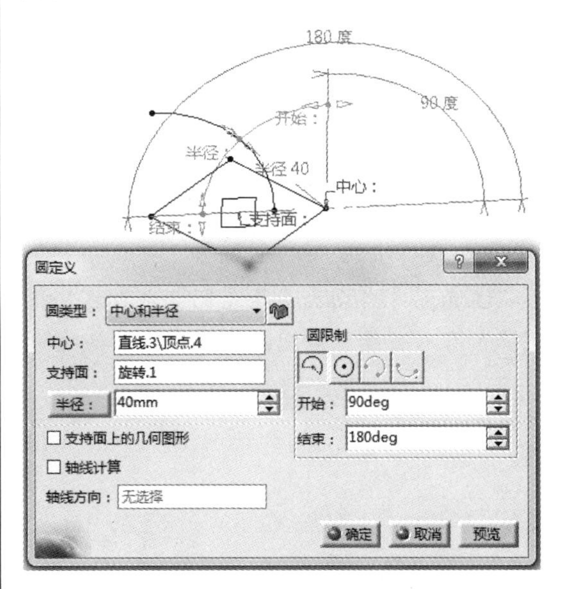

图 4-122 绘制圆弧

[11]. 单击【相交】按钮，在【第一元素】中选中【圆.1】,【第二元素】中选中【圆.2】，单击【确定】按钮后得到它们的相交点，如图 4-123 所示。

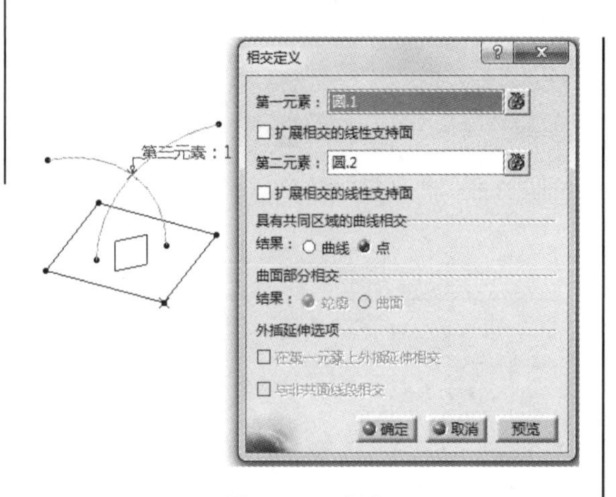

图 4-123　相交

[12]. 单击【隐藏/显示】按钮，然后选择两条圆弧，将它们隐藏，如图 4-124 所示。

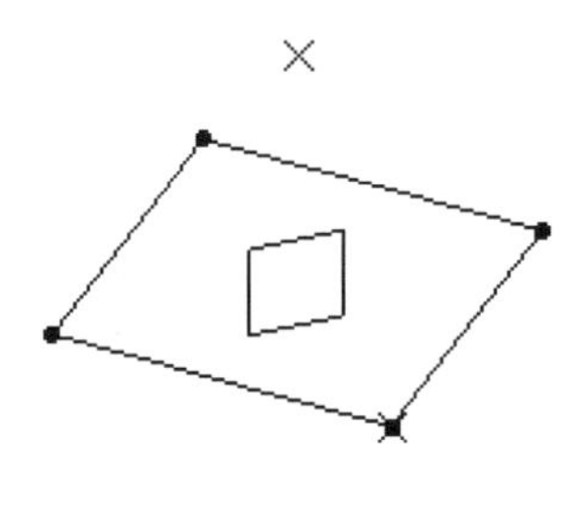

图 4-124　隐藏圆弧

[13]. 单击【直线】按钮，将步骤[12]中创建的相交点分别与四条直线相连，如图 4-125 所示。

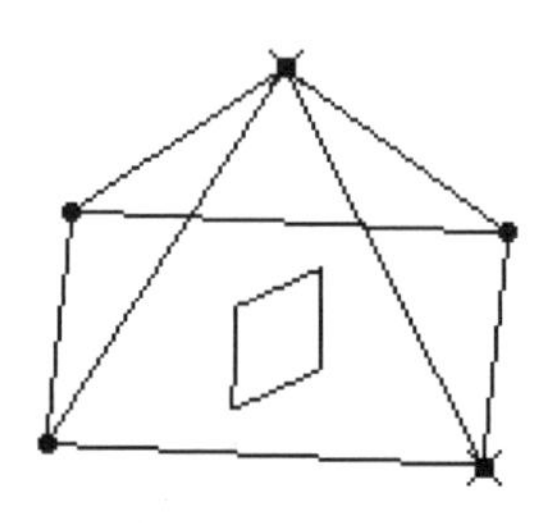

图 4-125　创建直线

[14]. 单击【对称】按钮，将步骤[13]中创建的直线以【xy 平面】进行对称，如图 4-126 所示。

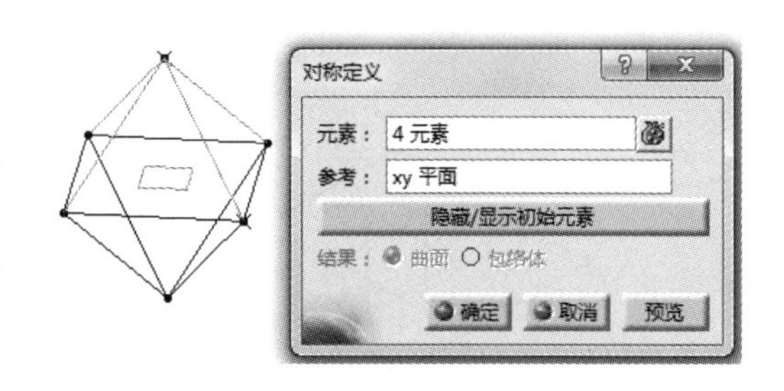

图 4-126　对称

4.4.3　应用 3——三角星

【思路分析】

三角星零件图由多条空间直线构成，如图 4-127 所示。绘制此图的方法是：先理解空间点的分布并绘制空间点，然后将需要的两点连成直线。步骤如图 4-128 和图 4-129 所示。

图 4-127　三角星

图 4-128 绘制点

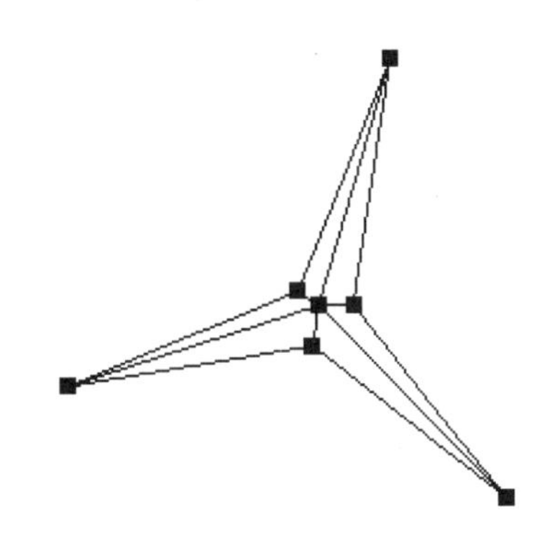

图 4-129 绘制直线

【光盘文件】

——参见附带光盘中的“**END\Ch2\4-4-3.CATPart**”文件。

——参见附带光盘中的“**AVI\Ch2\4-4-3.avi**”文件

【操作步骤】

[1]. 从菜单栏中选择【形状】→【创成式外形设计】，如图 4-130 所示。

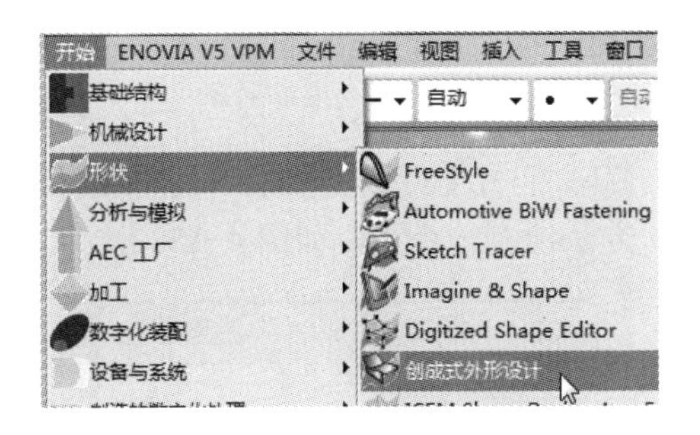

图 4-130 新建零件

[2]. 输入新建文件的文件名“4-4-3”，如图 4-131 所示。

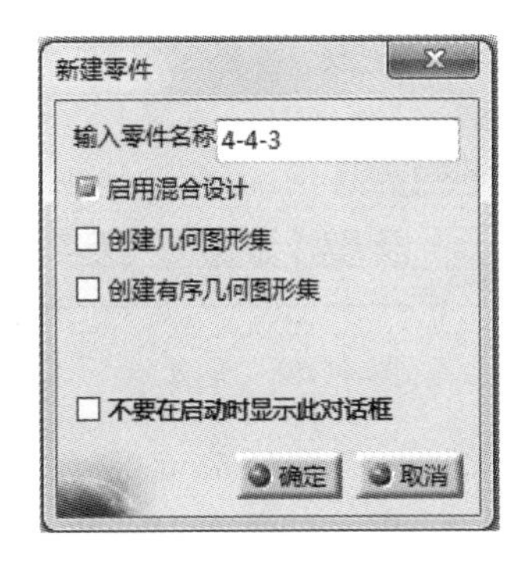

图 4-131 新建文件命名

[3]. 单击【点】按钮，利用坐标绘制点的方法绘制一个点，如图 4-132 所示。

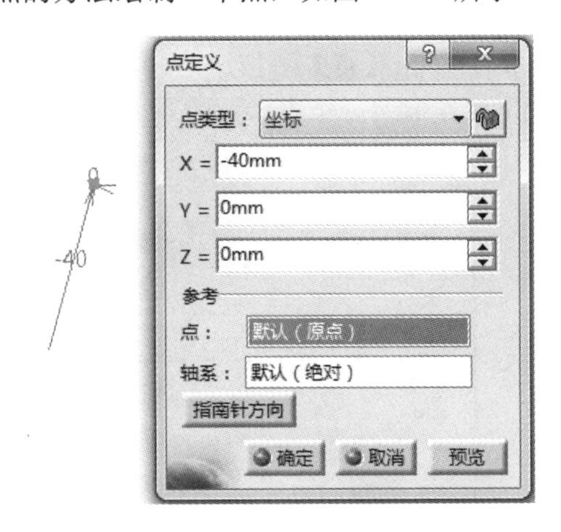

图 4-132 创建点

[4]. 单击【旋转】按钮，对【点.1】进行绕 z 轴旋转 120° 的操作，并选中对话框下方的【确定后重复对象】，如图 4-133 所示，然后单击【确定】按钮。在弹出的【复制对象】对话框中，在【实例】框中输入 2，如图 4-134 所示，再单击【确定】按钮完成命令。

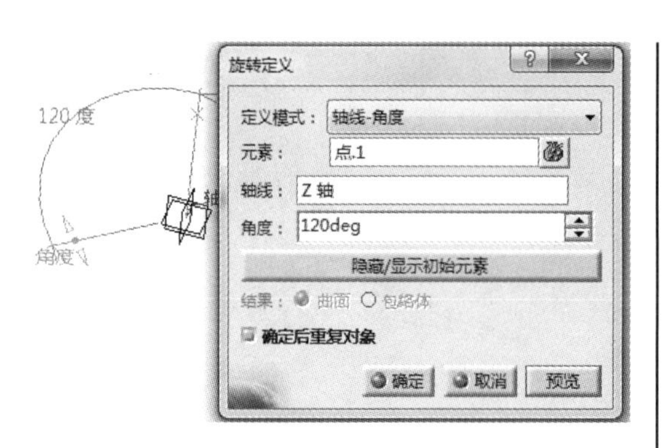

图 4-133　旋转

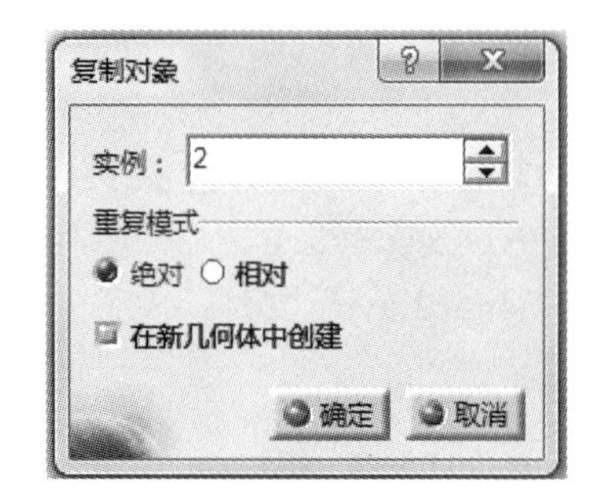

图 4-134　复制对象

[5]．单击【点】按钮，利用坐标绘制点的方法绘制另一个点，如图 4-135 所示。

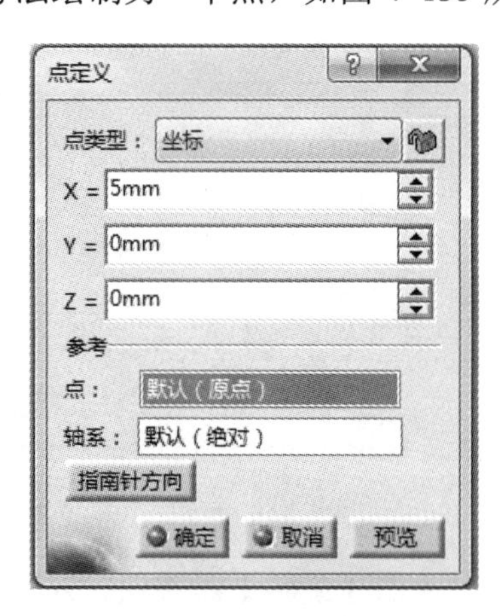

图 4-135　创建点

[6]．单击【旋转】按钮，对【点.2】进行绕 z 轴旋转 120° 的操作，并选中对话框下方的【确定后重复对象】，如图 4-136 所示，然后单击【确定】按钮。在弹出的【复制对象】对话框中，在【实例】框中输入 2，如图 4-137 所示，再单击【确定】按钮完成命令。

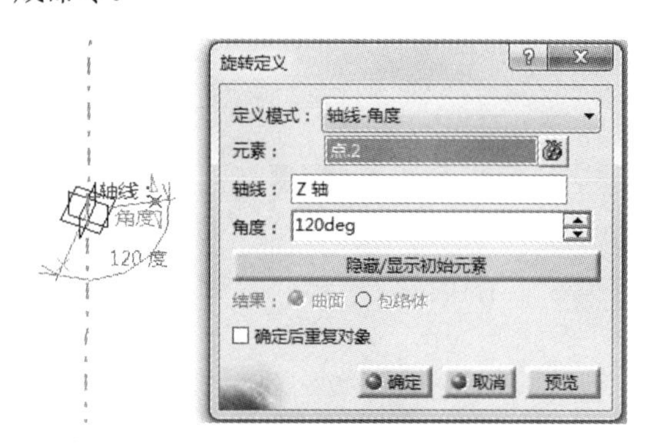

图 4-136　旋转

图 4-137　复制对象

[7]．单击【点】按钮，利用坐标绘制点的方法绘制一个点，如图 4-138 所示。

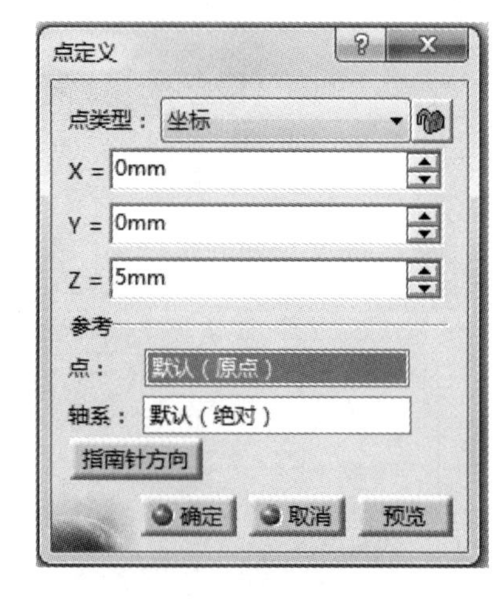

图 4-138　创建点

[8]．此时，点的分布应如图 4-139 所示。

图 4-139　点的分布

[9]. 单击【直线】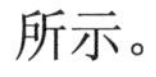按钮，将对应的点连成直线，即可完成三角星的绘制，如图 4-140 所示。

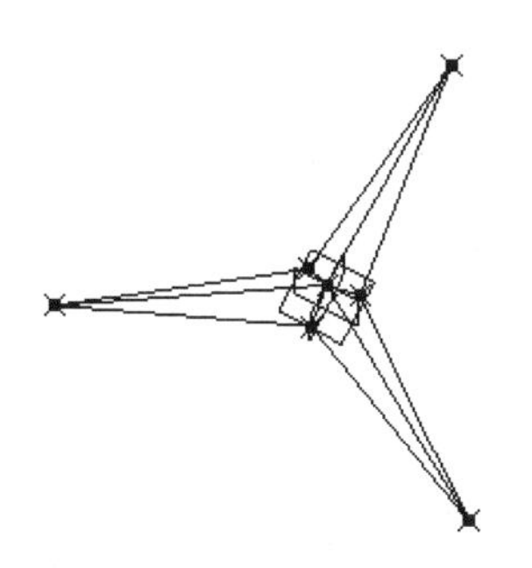

图 4-140　绘制直线

4.5　能力▪提高

本节以三个典型的案例，进一步深入演示线框设计的方法。

4.5.1　案例 1——衣架

【思路分析】

衣架零件图主要由直线和圆弧构成，如图 4-141 所示。绘制此图的方法是：先绘制大致的圆弧和直线，再对需要的地方进行倒圆。步骤如图 4-142 和图 4-143 所示。

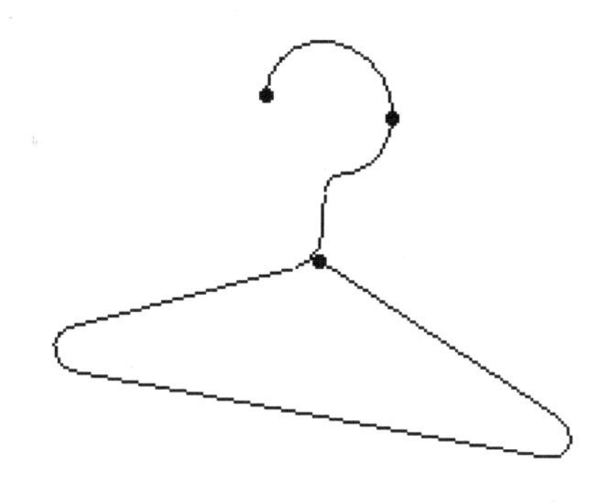

图 4-141　衣架

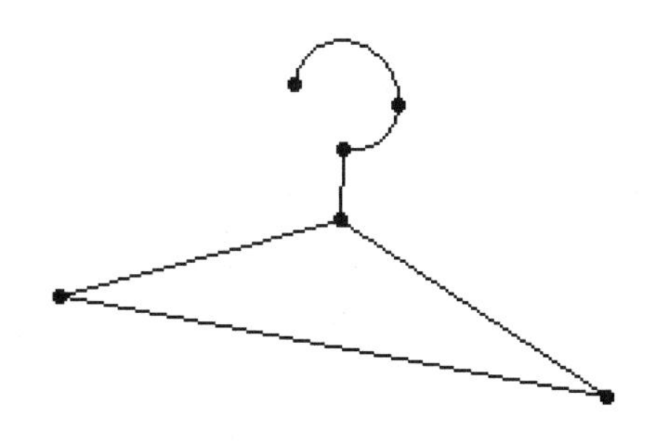

图 4-142　绘制圆弧与直线

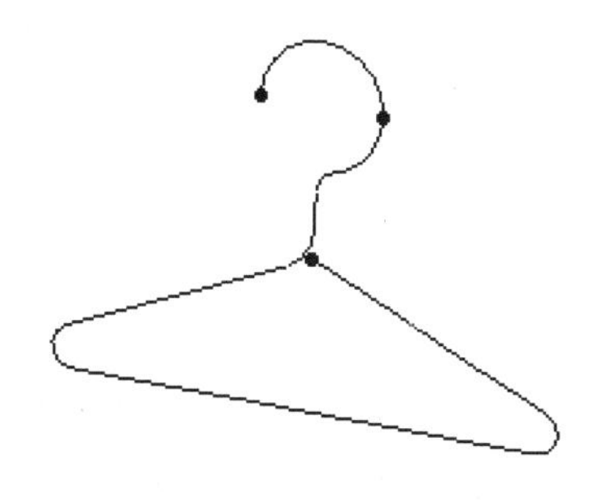

图 4-143　倒圆

【光盘文件】

——参见附带光盘中的“**END\Ch2\4-5-1.CATPart**”文件。

——参见附带光盘中的“**AVI\Ch2\4-5-1.avi**”文件。

【操作步骤】

[1]. 从菜单栏中选择【形状】→【创成式外形设计】，如图 4-144 所示。

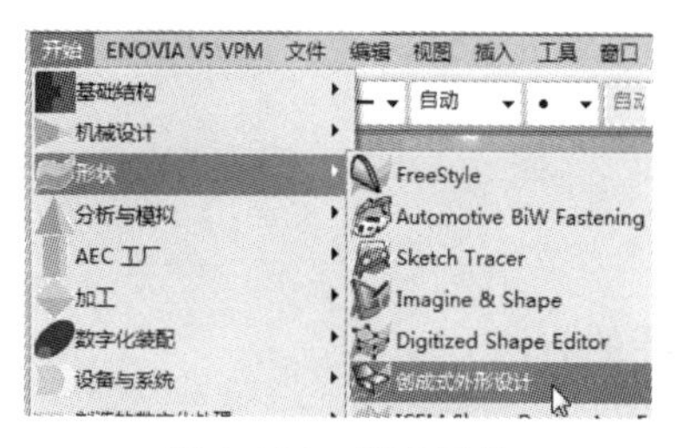

图 4-144　新建零件

[2]. 输入新建文件的文件名“4-5-1”，如图 4-145 所示。

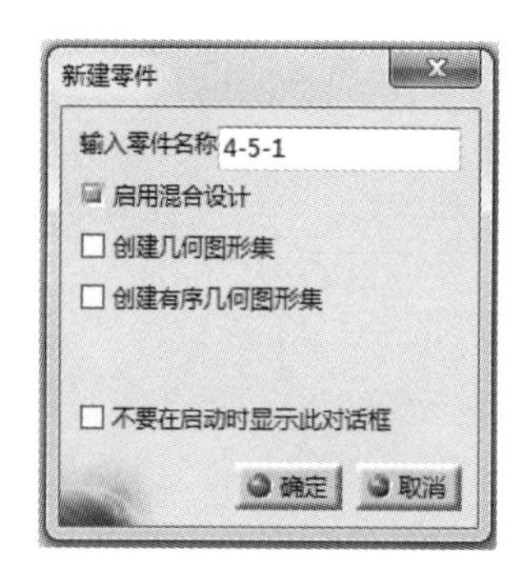

图 4-145　新建文件命名

[3]. 单击【点】按钮，利用坐标绘制点的方法绘制一个点，如图 4-146 所示。

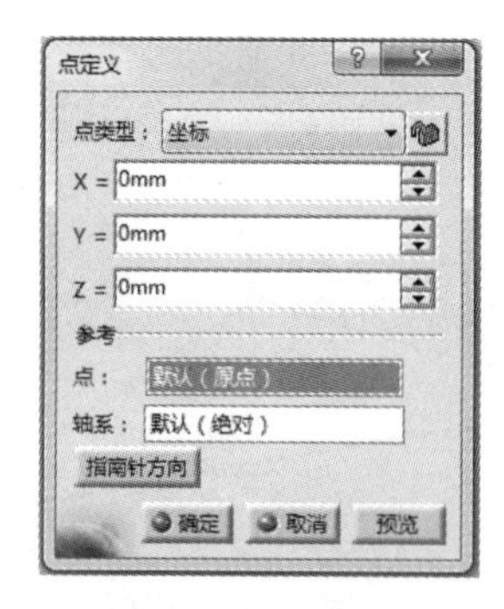

图 4-146　创建点

[4]. 单击【圆】按钮，以【点.1】为圆心，【yz 平面】为支持面，绘制一个半径 15mm，弧度 270° 的圆弧，如图 4-147 所示。

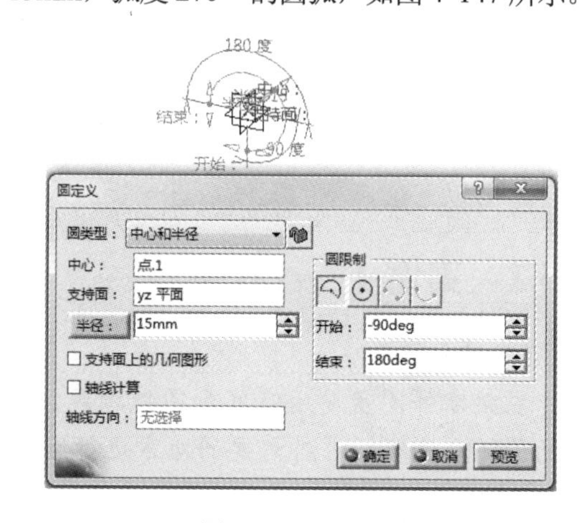

图 4-147　绘制圆

[5]. 单击【直线】按钮，使用【点-方向】创建方式，以圆弧顶点为起点，沿 z 轴反方向绘制一条长 20mm 的直线，如图 4-148 所示。

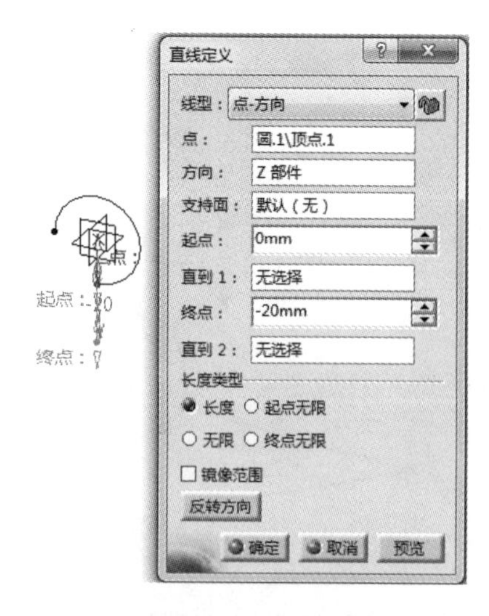

图 4-148　创建直线

[6]．单击【点】按钮，利用坐标绘制点的方法绘制一个点，如图 4-149 所示。

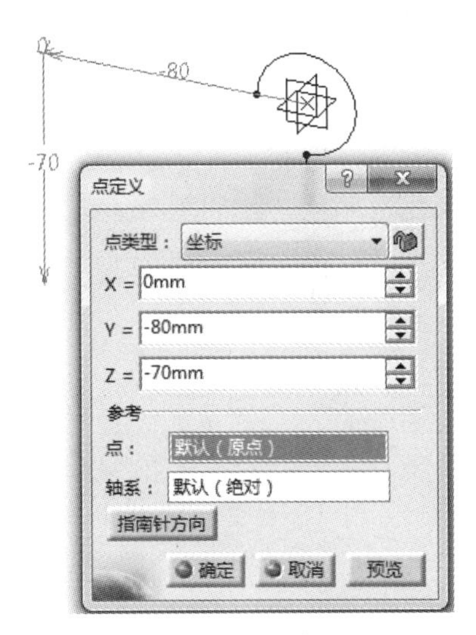

图 4-149　创建点

[7]．单击【对称】按钮，对【点.2】以【zx 平面】为参考元素进行对称操作，如图 4-150 所示。

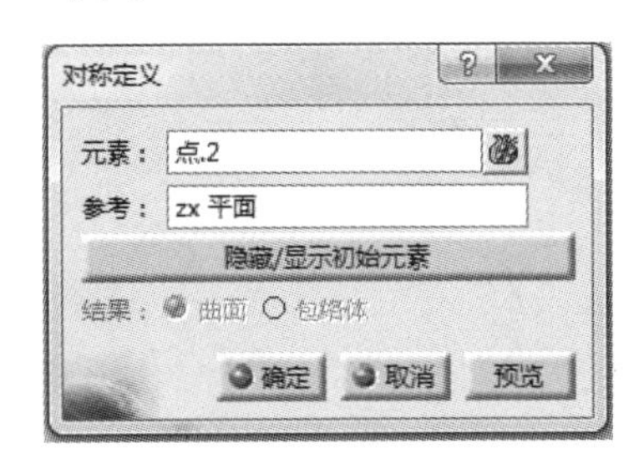

图 4-150　点对称

[8]．单击【直线】按钮，分别连接三点形成三条直线，如图 4-151 所示。

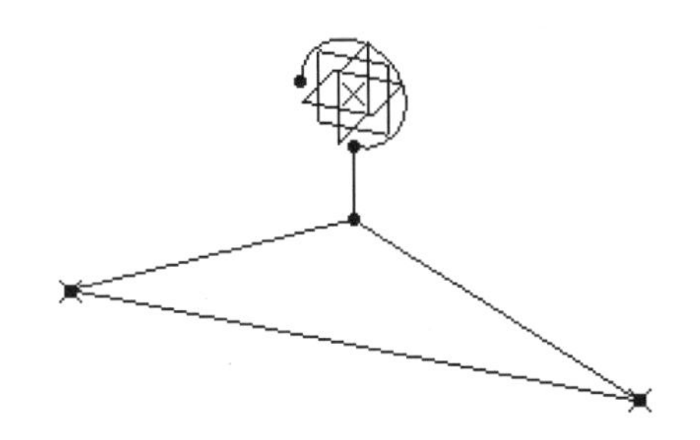

图 4-151　创建直线

[9]．单击【圆角】按钮，在【圆角类型】中选择【3D 圆角】，在【元素 1】选中【圆.1】，在【元素 2】选中【直线.2】，然后分别选中【修剪元素 1】和【修剪元素 2】，半径输入 5mm，最后单击【确定】按钮，如图 4-152 所示。

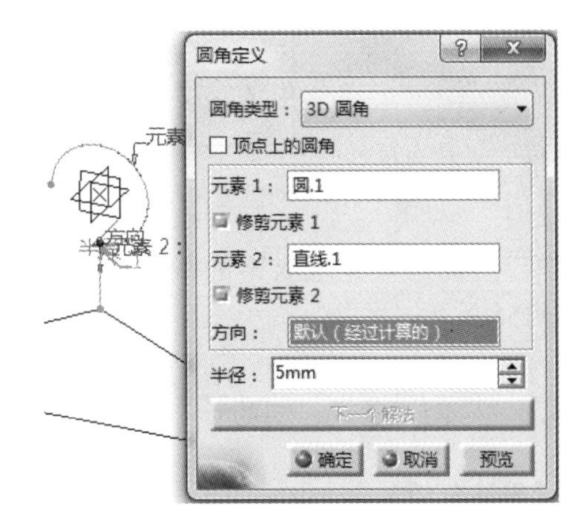

图 4-152　创建圆角

[10]．单击【圆角】按钮，以步骤[9]的操作方式，对【圆角.1】与【直线.2】进行倒圆角，圆角半径 10mm，如图 4-153 所示。

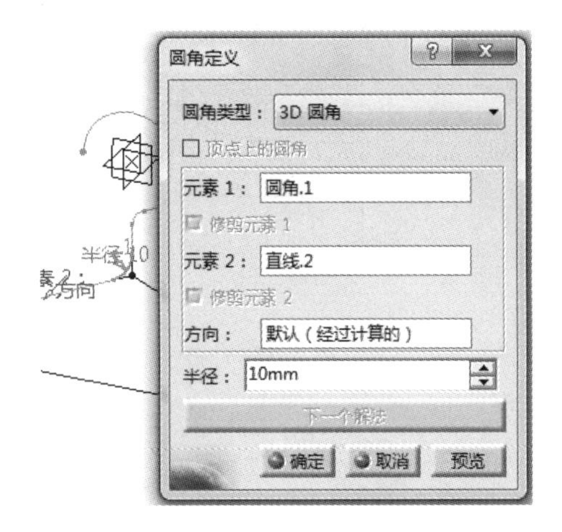

图 4-153　创建圆角

[11]．单击【圆角】按钮，以步骤[9]的操作方式，对衣架左右两侧的两个锐角进行倒圆角，圆角半径 5mm，如图 4-154 所示。

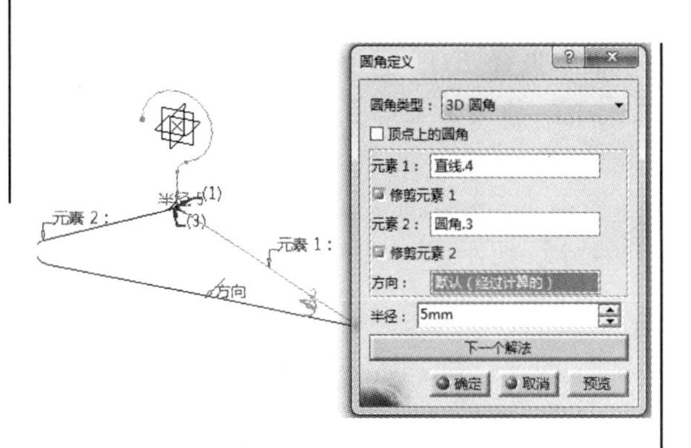

图 4-154　创建圆角

[12]. 此时，完成衣架的线框设计，如图 4-155 所示。

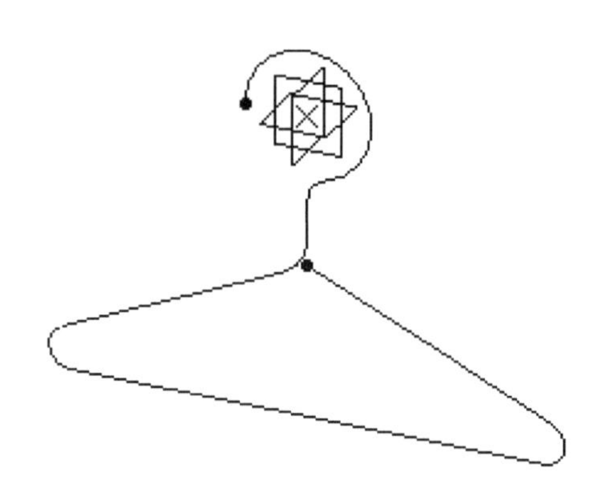

图 4-155　衣架线框

4.5.2　案例 2——架子

【思路分析】

架子零件图主要由圆和圆弧构成，如图 4-157 所示。绘制此图的方法是：先绘制两个同平面的同心圆，然后绘制一个 U 型的线框，最后对 U 型线框进行旋转操作即可。步骤如图 4-157、图 4-158 和图 4-159 所示。

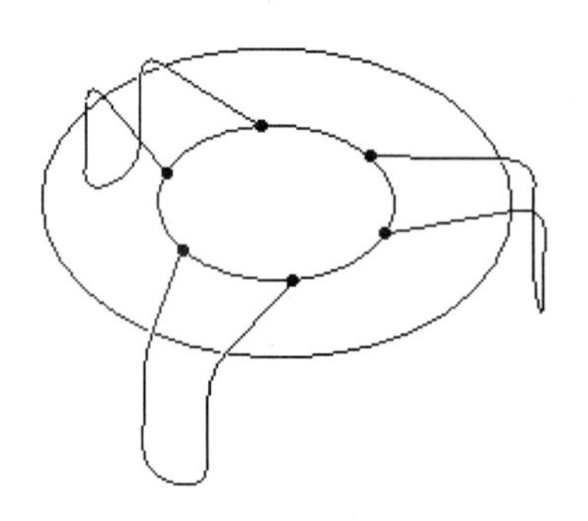

图 4-156　架子

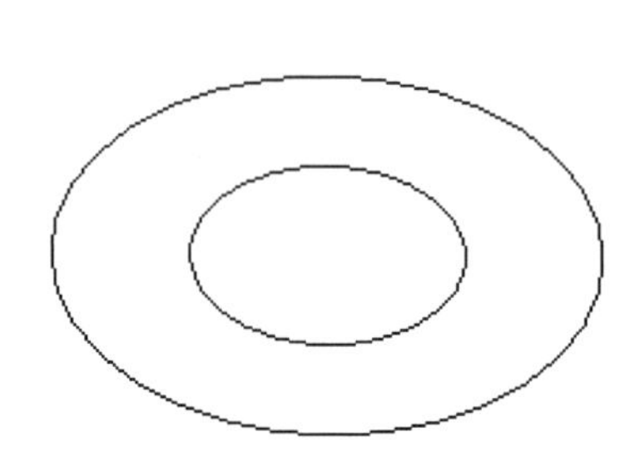

图 4-157　绘制圆

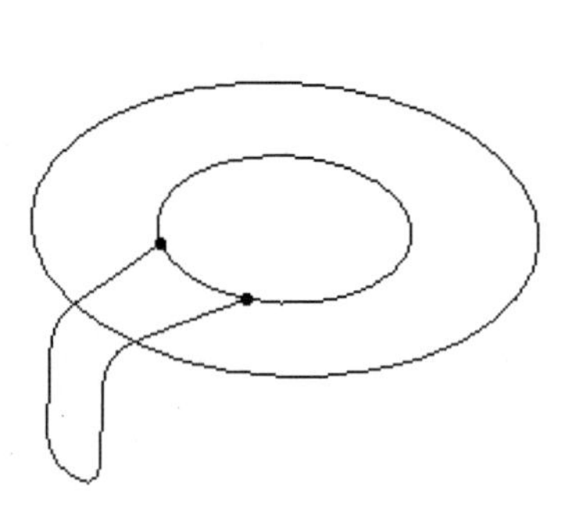

图 4-158　绘制 U 型线框

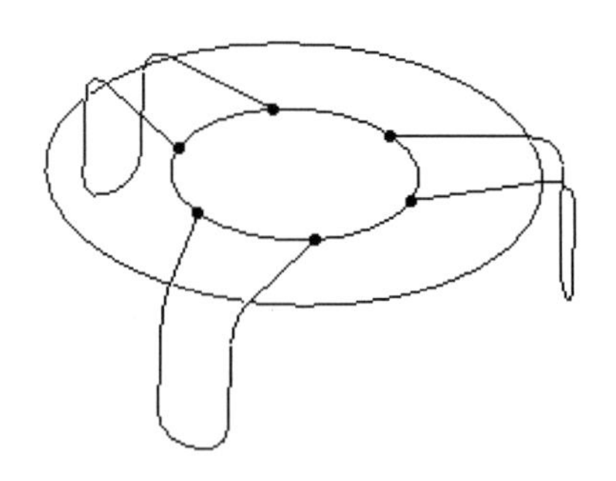

图 4-159　旋转

【光盘文件】

——参见附带光盘中的“END\Ch2\4-5-2.CATPart”文件。

——参见附带光盘中的“AVI\Ch2\4-5-2.avi”文件。

【操作步骤】

[1]. 从菜单栏中选择【形状】→【创成式外形设计】，如图 4-160 所示。

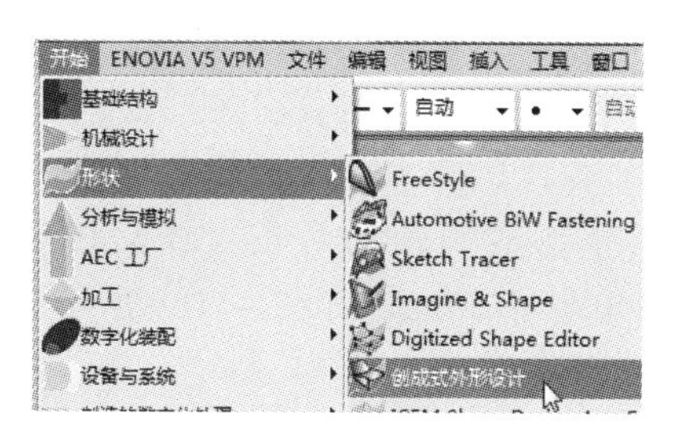

图 4-160 新建零件

[2]. 输入新建文件的文件名“4-5-2”，如图 4-161 所示。

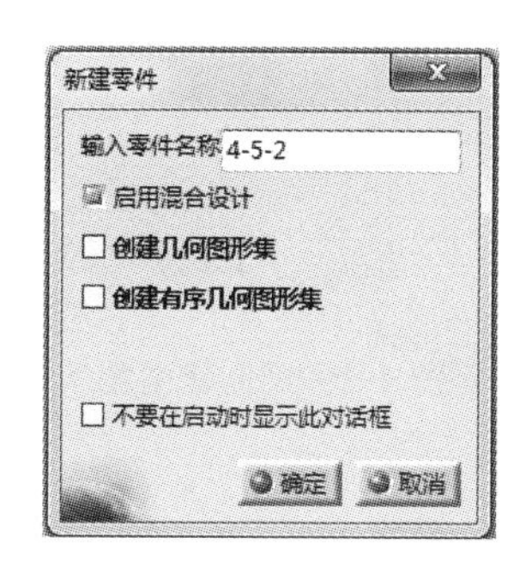

图 4-161 新建文件命名

[3]. 单击【点】按钮，利用坐标绘制点的方法绘制一个点，如图 4-162 所示。

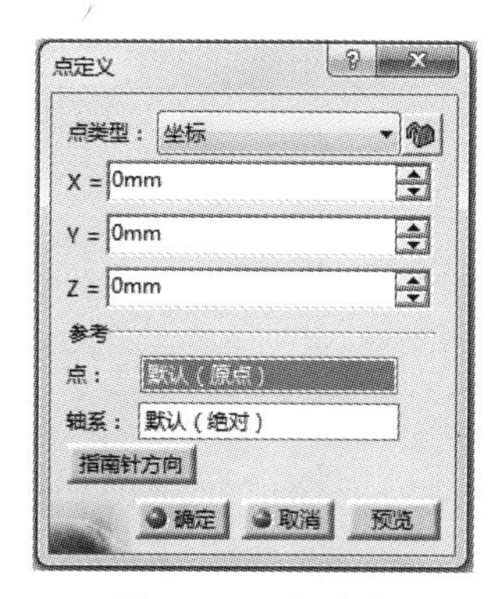

图 4-162 创建点

[4]. 单击【圆】按钮，以【点.1】为圆心，【xy 平面】为支持面，分别绘制一个半径 20mm 和半径 40mm 的圆，如图 4-163 所示。

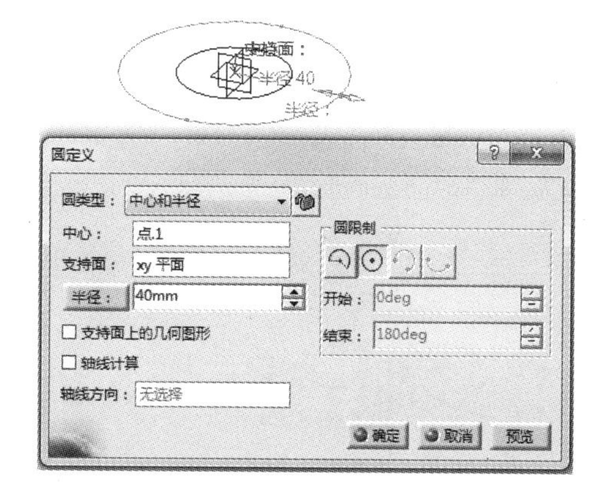

图 4-163 绘制圆

[5]. 单击【草图】按钮，选在【xy 平面】进入草图设计环境，绘制出如图 4-164 所示的草图轮廓。然后单击【退出工作台】按钮退出草图设计环境。

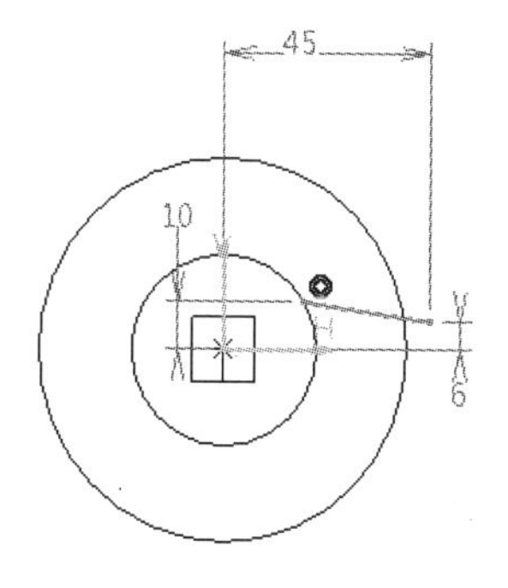

图 4-164 创建草图

[6]. 单击【对称】按钮，对【草图.1】以【zx 平面】为参考平面进行对称操作，如图 4-165 所示。

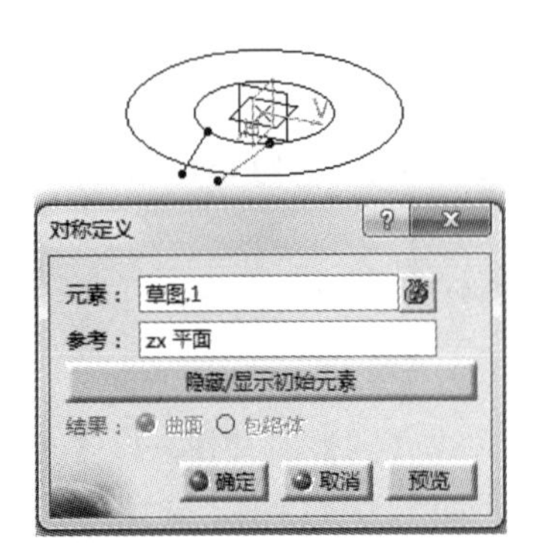

图 4-165　对称草图

[7]. 单击【直线】按钮，以【草图.1】的顶点为原点，沿 z 轴反方向创建长度为 25mm 的直线，如图 4-166 所示。

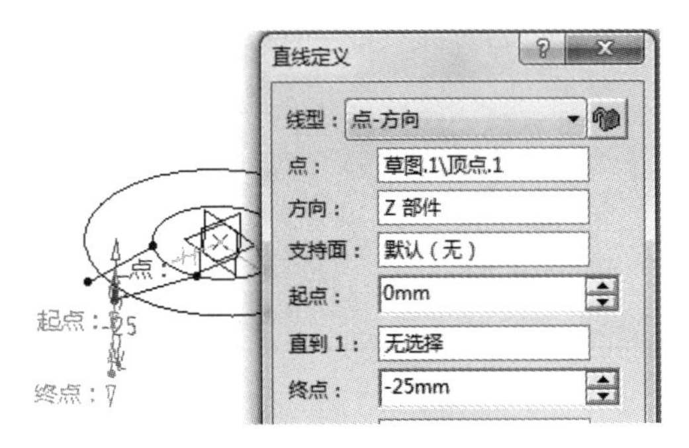

图 4-166　创建直线

[8]. 单击【对称】按钮，对【直线.1】以【zx 平面】为参考平面进行对称操作，如图 4-167 所示。

图 4-167　对称直线

[9]. 单击【直线】按钮，连接两条直线的顶点，如图 4-168 所示。

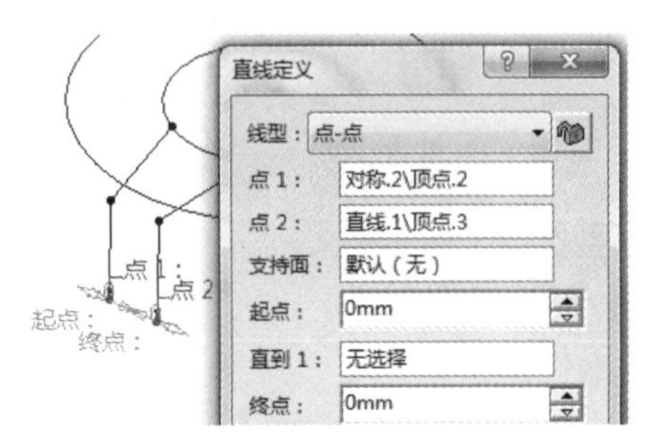

图 4-168　创建直线

[10]. 单击【圆角】按钮，在【圆角类型】中选择【支持面上的圆角】，勾选【修剪元素 1】和【修剪元素 2】，然后分别选择互相形成锐角的两条直线，进行倒圆角，圆角半径 5mm，如图 4-169 所示。

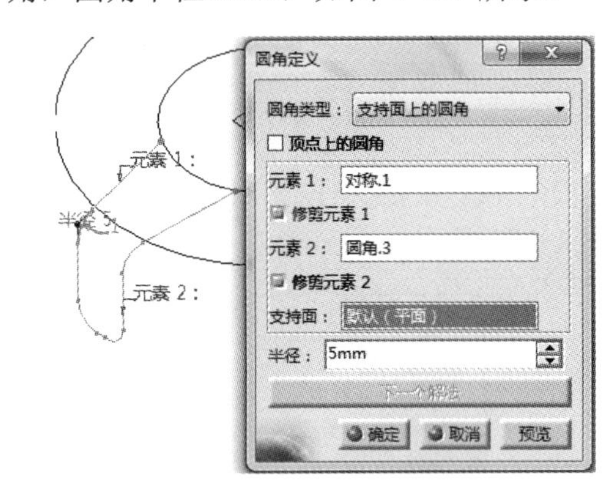

图 4-169　创建圆角

[11]. 单击【旋转】按钮，对 U 型的线框【圆角.4】绕 z 轴进行旋转，旋转角度为 120°，并选择【确定后重复对象】，单击【确定】按钮，如图 4-170 所示。在弹出的对话框中输入 1，再单击【确定】按钮，如图 4-171 所示。

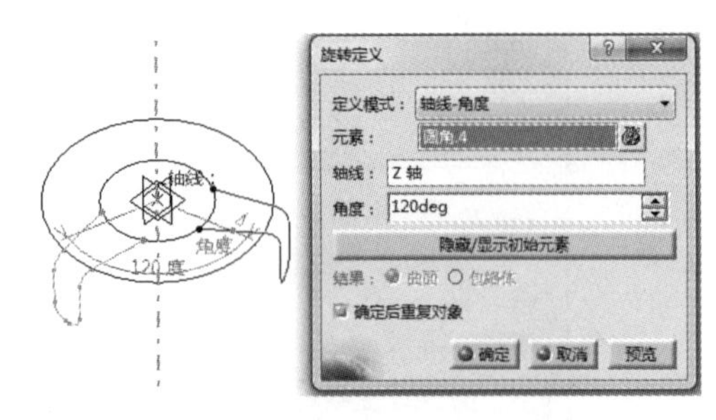

图 4-170　旋转

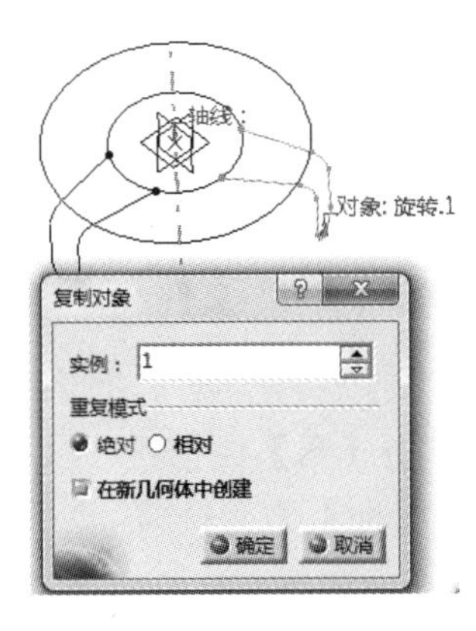

图 4-171　复制对象

[12]. 此时，完成架子的线框设计，如图 4-172 所示。

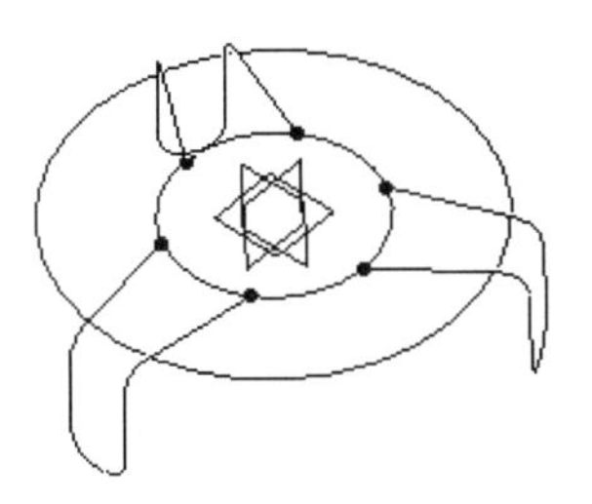

图 4-172　架子线框

4.5.3　案例 3——杯子线框

【思路分析】

杯子线框零件图主要由圆和样条线构成，如图 4-173 所示。绘制此图的方法是：先绘制圆，然后绘制一条样条线，最后对样条线旋转操作即可。步骤如图 4-174、图 4-175 和图 4-176 所示。

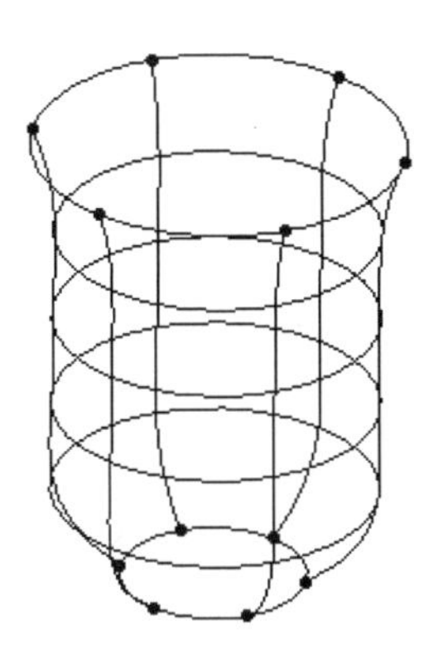

图 4-173　杯子线框

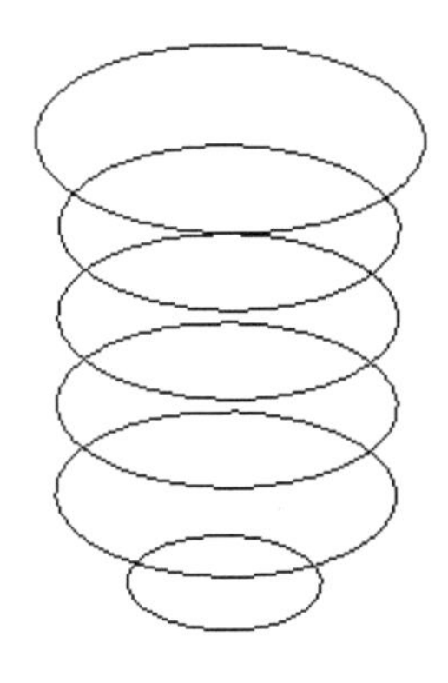

图 4-174　绘制圆

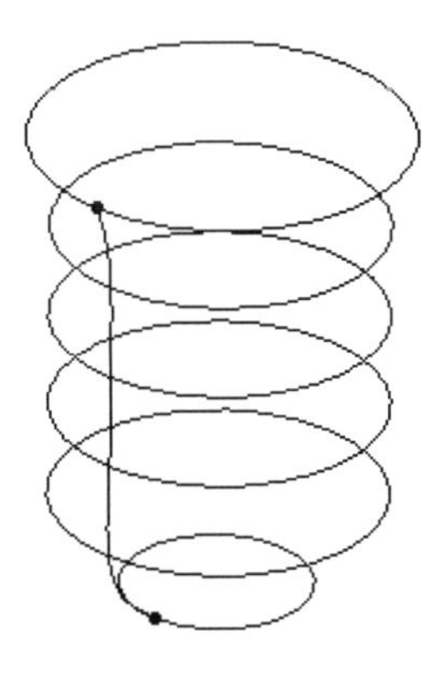

图 4-175　绘制样条线

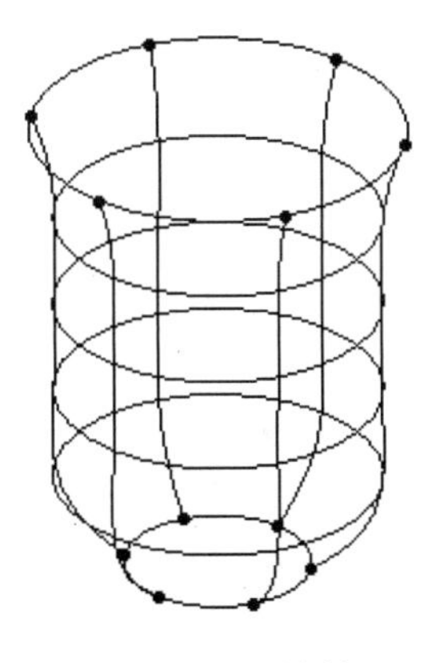

图 4-176　旋转

【光盘文件】

——参见附带光盘中的“END\Ch2\4-5-3.CATPart”文件。

——参见附带光盘中的“AVI\Ch2\4-5-3.avi”文件。

【操作步骤】

[1]. 从菜单栏中选择【形状】→【创成式外形设计】，如图 4-177 所示。

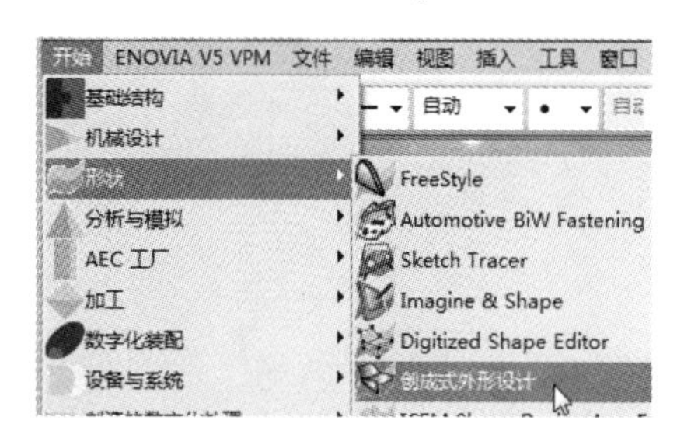

图 4-177　新建零件

[2]. 输入新建文件的文件名“4-5-3”，如图 4-178 所示。

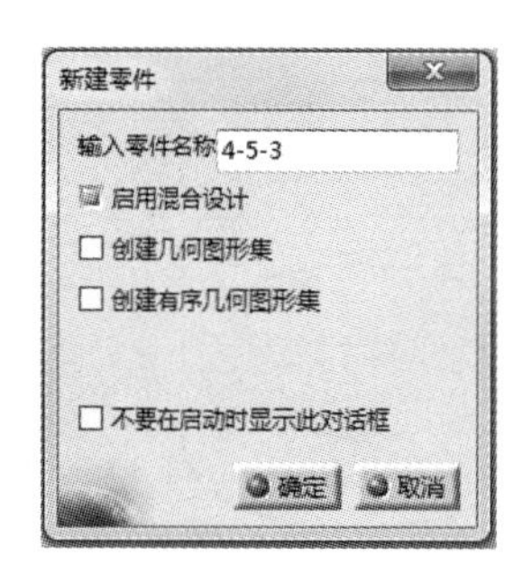

图 4-178　新建文件命名

[3]. 单击【点】，利用坐标绘制点的方法绘制一个点，如图 4-179 所示。

图 4-179　创建点

[4]. 单击【圆】按钮，以【点.1】为圆心，【xy 平面】为支持面，绘制一个半径 20mm 的圆，如图 4-180 所示。

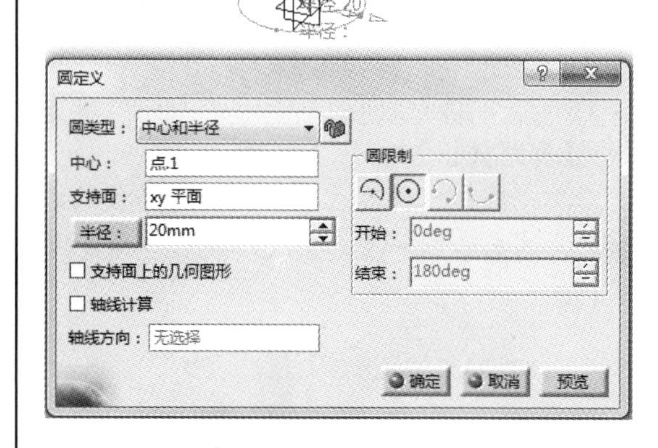

图 4-180　绘制圆

[5]. 单击【平面】按钮，将【xy 平面】沿着 z 轴正方向偏移 20mm，如图 4-181 所示。

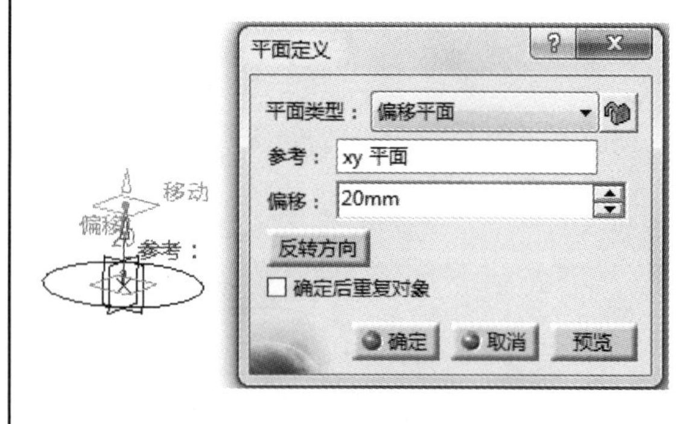

图 4-181　偏移平面

[6]. 单击【点】按钮，利用坐标绘制点的方法绘制一个点，如图 4-182 所示。

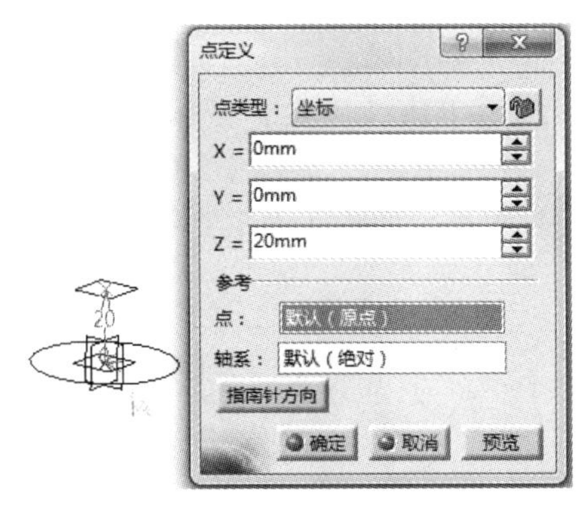

图 4-182 创建点

[7]. 单击【圆】按钮，以【点.2】为圆心，【平面.1】为支持面，绘制一个半径为 35mm 的圆，如图 4-183 所示。

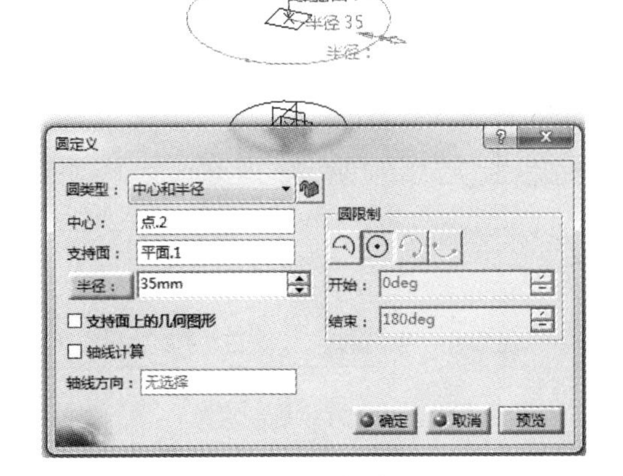

图 4-183 创建圆

[8]. 单击【平移】按钮，将【圆.2】沿 z 轴正方向进行平移操作，并选择【确定后重复对象】，然后单击【确定】按钮，如图 4-184 所示。在弹出的对话框中输入 2，再单击【确定】按钮，如图 4-185 所示。

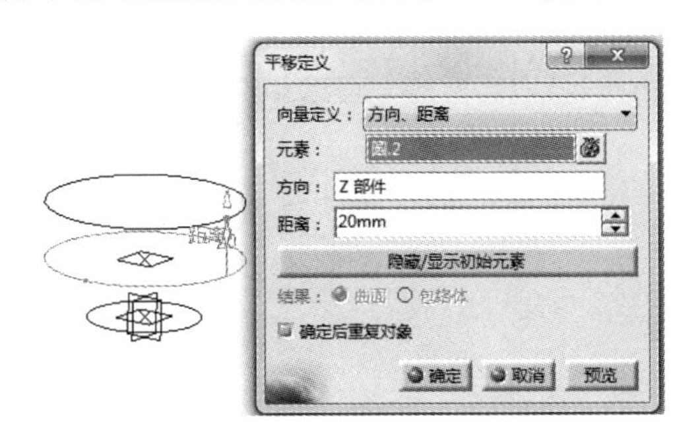

图 4-184 平移

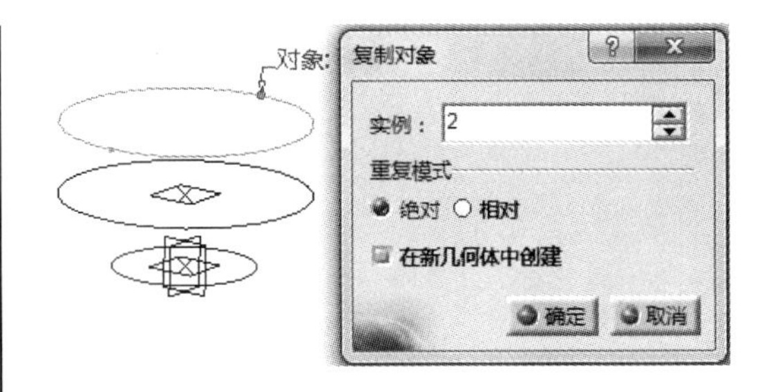

图 4-185 复制对象

[9]. 单击【点】按钮，利用坐标绘制点的方法绘制一个点，如图 4-186 所示。

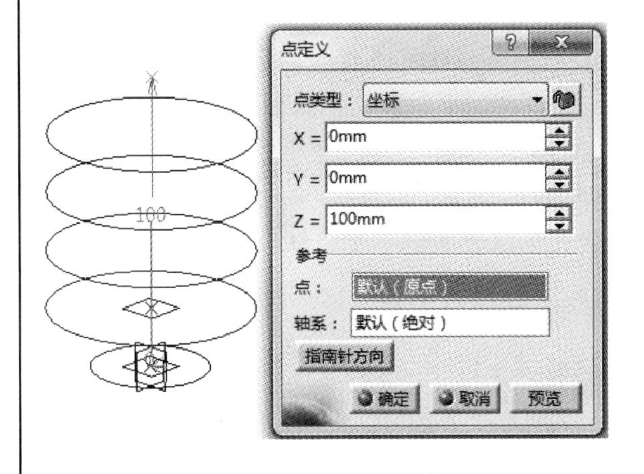

图 4-186 创建点

[10]. 单击【圆】按钮，以【点.3】为圆心，【xy 平面】为支持面，绘制一个半径 40mm 的圆，如图 4-187 所示。

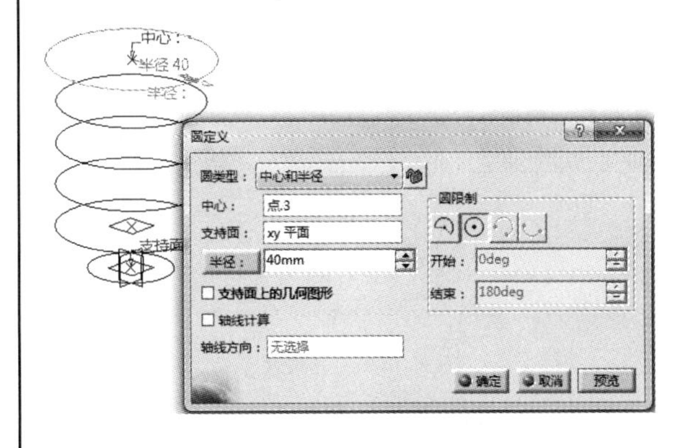

图 4-187 创建圆

[11]. 单击【点】按钮，使用【曲线

上】创建方法，绘制每个圆上的中点，如图 4-188 所示。

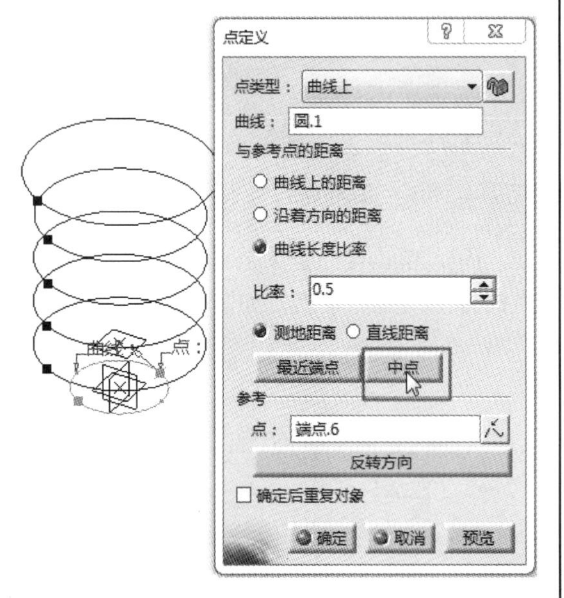

图 4-188　创建点

[12]. 单击【样条线】按钮，将每个圆上的中点从上往下依次连接起来，然后单击【确定】按钮，如图 4-189 所示。

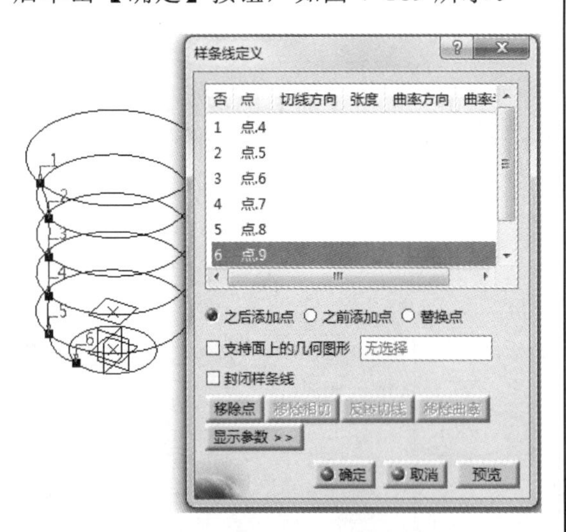

图 4-189　绘制样条线

[13]. 单击【旋转】按钮，将样条线绕 z 轴旋转 60°，并选择【确定后重复对象】，然后单击【确定】按钮，如图 4-190 所示。在弹出的对话框中输入 4，再单击【确定】按钮，如图 4-191 所示。

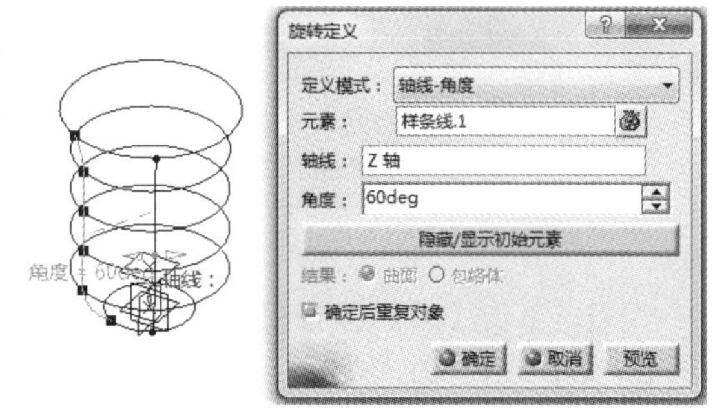

图 4-190　旋转样条线

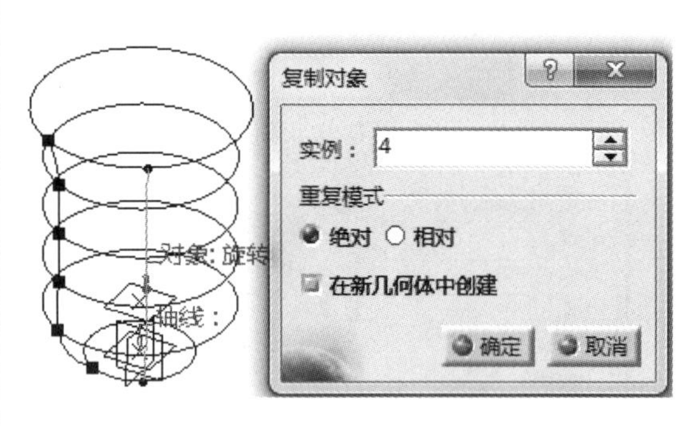

图 4-191　复制对象

[14]. 此时，完成杯子线框的绘制，如图 4-192 所示。

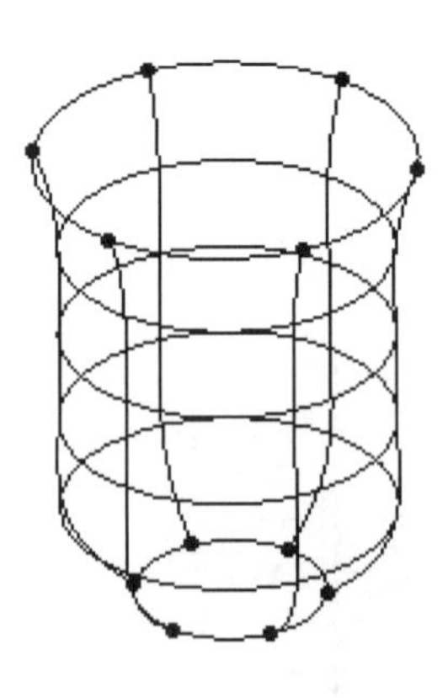

图 4-192　杯子线框

4.6 习题•巩固

本节以三个较复杂的图形，供读者练习，以进一步深入巩固线框设计的方法以及熟悉设计工具。

4.6.1 习题 1——电灯线框

图 4-193 电灯线框

【光盘文件】

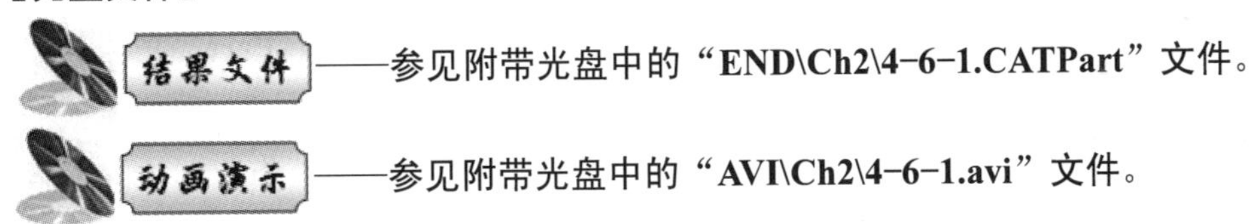

——参见附带光盘中的“**END\Ch2\4-6-1.CATPart**”文件。

——参见附带光盘中的“**AVI\Ch2\4-6-1.avi**”文件。

4.6.2 习题 2——篮子

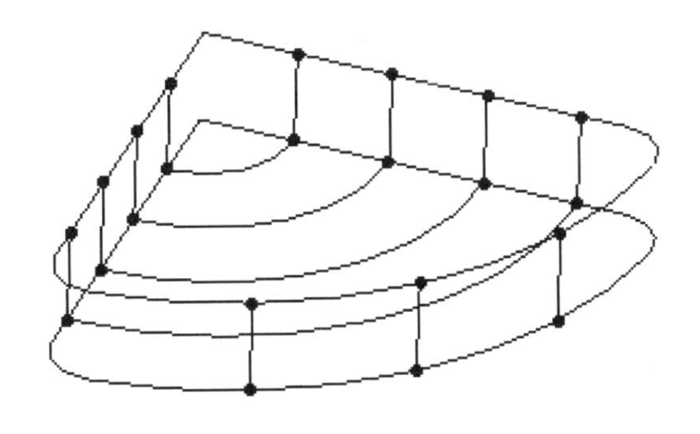

图 4-194 篮子

【光盘文件】

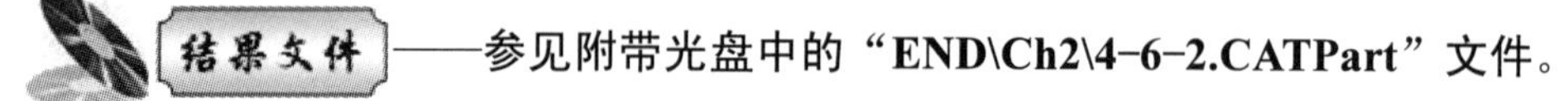

结果文件——参见附带光盘中的“END\Ch2\4-6-2.CATPart”文件。

动画演示——参见附带光盘中的“AVI\Ch2\4-6-2.avi”文件。

4.6.3 习题 3——雨伞

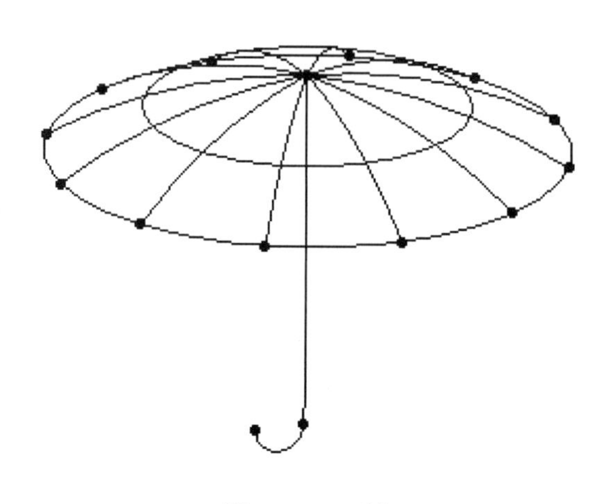

图 4-195 雨伞

【光盘文件】

结果文件——参见附带光盘中的“END\Ch2\4-6-3.CATPart”文件。

动画演示——参见附带光盘中的“AVI\Ch2\4-6-3.avi”文件。

第 5 章　曲 面 设 计

CATIA V5R21 的曲面设计是指运用草图或线框，通过拉伸、旋转等操作形成不同形状的片体。本章主要介绍曲面设计的方法与技巧。

本讲内容

- 实例▪知识点——字母 U、三角管、盖子、字母 G
- 规则曲面的绘制
- 曲面的连接
- 圆角操作
- 要点▪应用——酒瓶、围棋、碟子
- 能力▪提高——轴承、椅子、酒杯
- 习题▪巩固——水桶、盆景、洗发水瓶

5.1　实例▪知识点——字母 U

【思路分析】

字母 U 零件由两个平面和一个曲面组成，如图 5-1 所示。绘制此零件的方法是：先绘制一个平面，然后绘制半圆曲面，最后绘制另一个平面。步骤如图 5-2、图 5-3、图 5-4 所示。

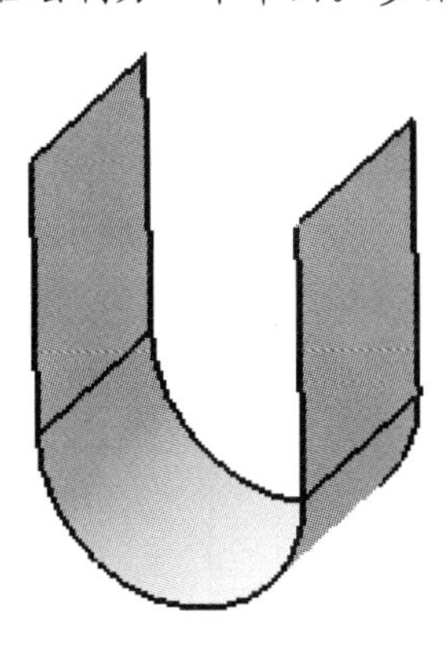

图 5-1　字母 U

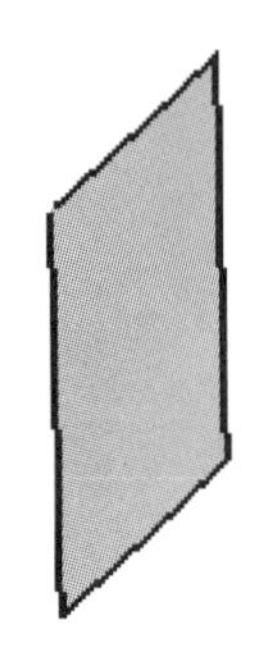

图 5-2　绘制平面

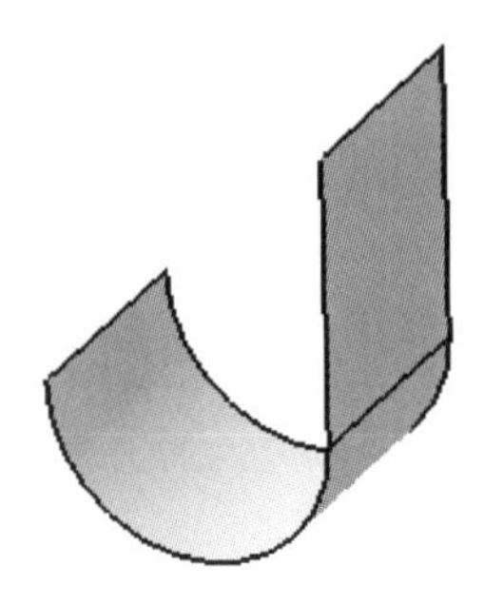

图 5-3　绘制曲面

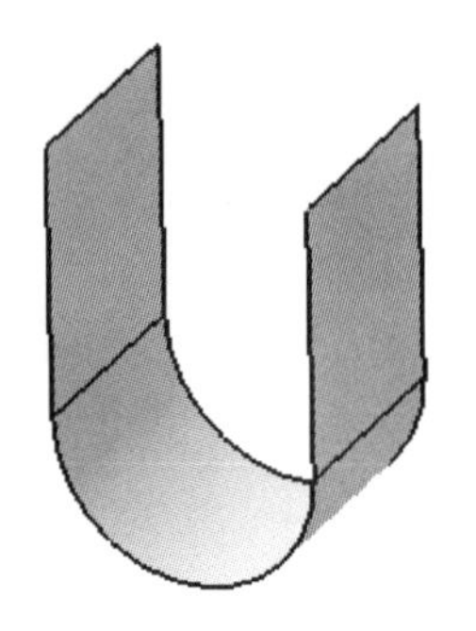

图 5-4　绘制平面

【光盘文件】

——参见附带光盘中的“**END\Ch2\5-1.CATPart**”文件。

——参见附带光盘中的“**AVI\Ch2\5-1.avi**”文件。

【操作步骤】

[1]. 从菜单栏中选择【形状】→【创成式外形设计】，如图 5-5 所示。

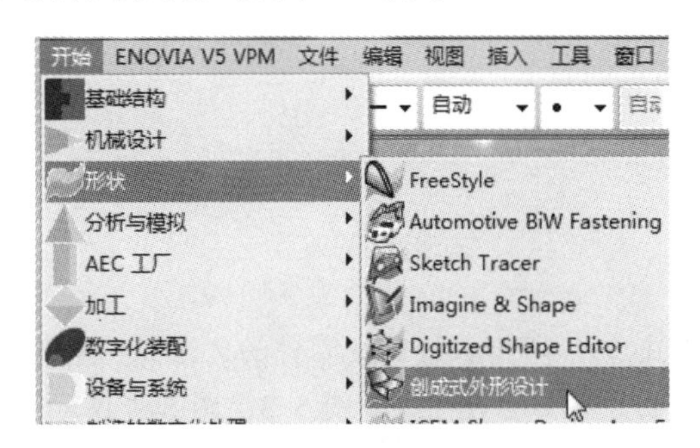

图 5-5　新建零件

[2]. 输入新建文件的文件名“5-1”，如图 5-6 所示。

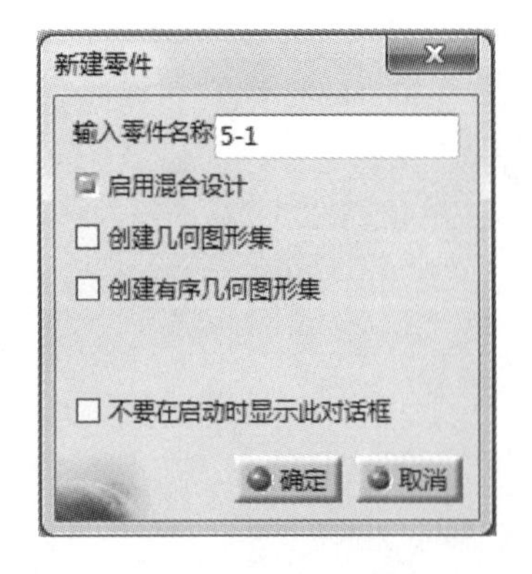

图 5-6　新建文件命名

[3]. 单击工具栏中的【草图】按钮，然后选择【yz 平面】，如图 5-7 所示。

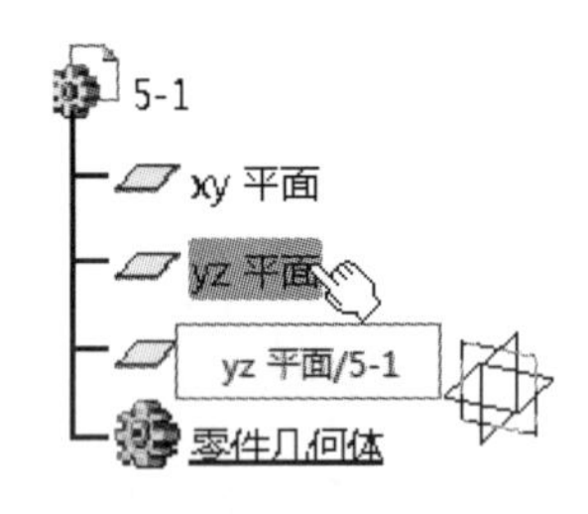

图 5-7　选择参考平面

[4]. 在草图设计环境中绘制一个如图 5-8 的图形。然后单击【退出工作台】按钮退出草图设计环境。

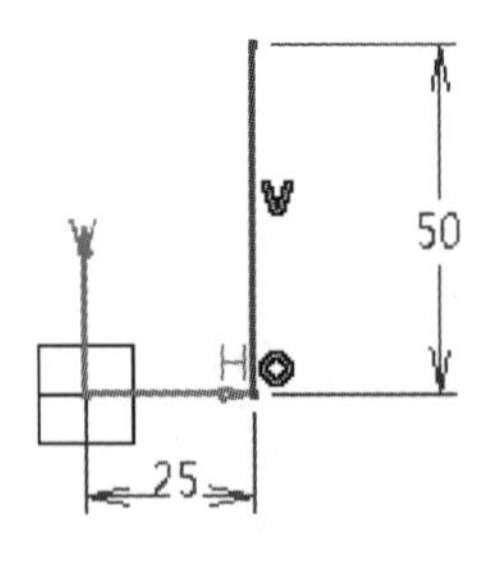

图 5-8　绘制草图

[5]. 单击【拉伸】按钮，在【轮廓】中选在【草图.1】，在【限制 1】中的【尺

寸】输入框里填写 40mm，然后单击【确定】按钮，如图 5-9 所示。

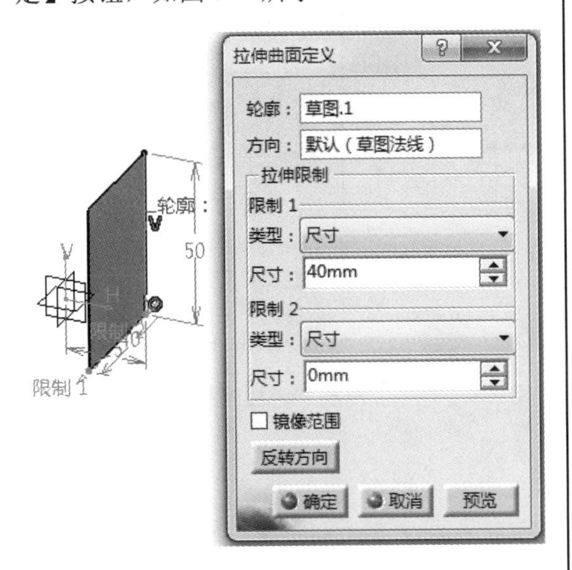

图 5-9　拉伸曲面

[6]. 单击【旋转】按钮，选择【拉伸.1】的下边线作为轮廓，选择 x 轴作为旋转轴，并在【角限制】中填写如图 5-10 所示角度，最后单击【确定】按钮。

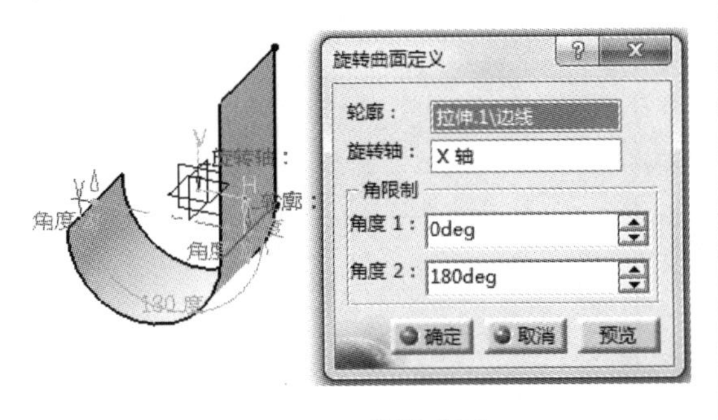

图 5-10　旋转曲面

[7]. 单击【拉伸】按钮，选择旋转【曲面.1】的左边线为轮廓，选择 z 轴正方向为平面拉伸方向，在【限制 1】中的【尺寸】输入框里填写 40mm，然后单击【确定】按钮，如图 5-11 所示。

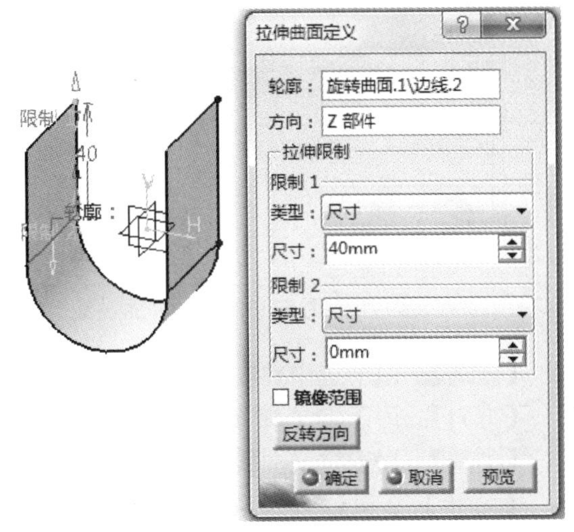

图 5-11　拉伸曲面

[8]. 此时，完成字母 U 的绘制，如图 5-12 所示。

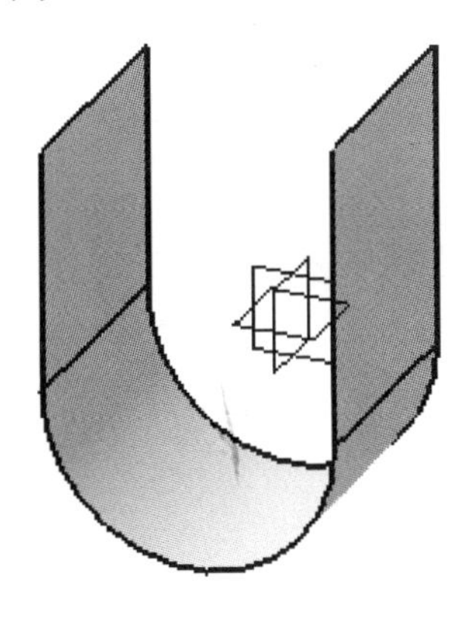

图 5-12　字母 U

5.1.1　拉伸曲面

【创成式外形设计】模块通过菜单栏【开始】→【形状】→【创成式外形设计】进入。如图 5-13 所示。

【拉伸】命令是通过将一条曲线沿一个方向延伸得到曲面。单击【拉伸】按钮后弹出【拉伸曲面定义】对话框，如图 5-14 所示。

图 5-13　进入曲面设计模块

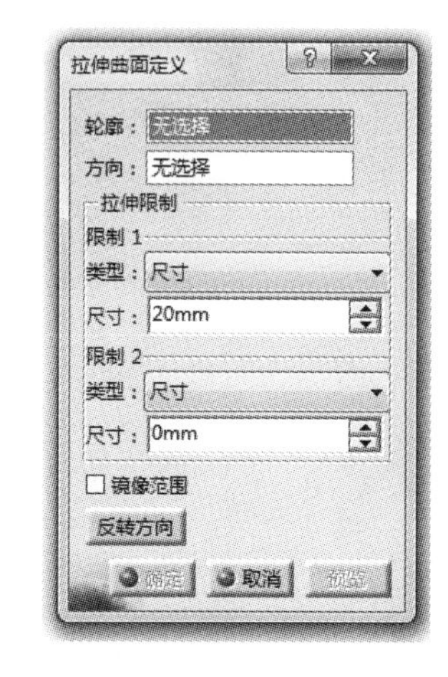

图 5-14　拉伸曲面定义对话框

【轮廓】：用于选中曲线作为拉伸的轮廓；

【方向】：用于定义参考曲线的延伸方向；

【类型】：用于定义曲线的拉伸距离。该下拉菜单中有【尺寸】和【直到元素】两种类型。【尺寸】是通过输入拉伸距离定义曲面大小；【直到元素】是将曲线延伸至选定的参考元素。

【尺寸】：用于输入曲线的延伸距离。

当定义好以上参数后，单击【确定】按钮即可完成该命令，如图 5-15 所示。

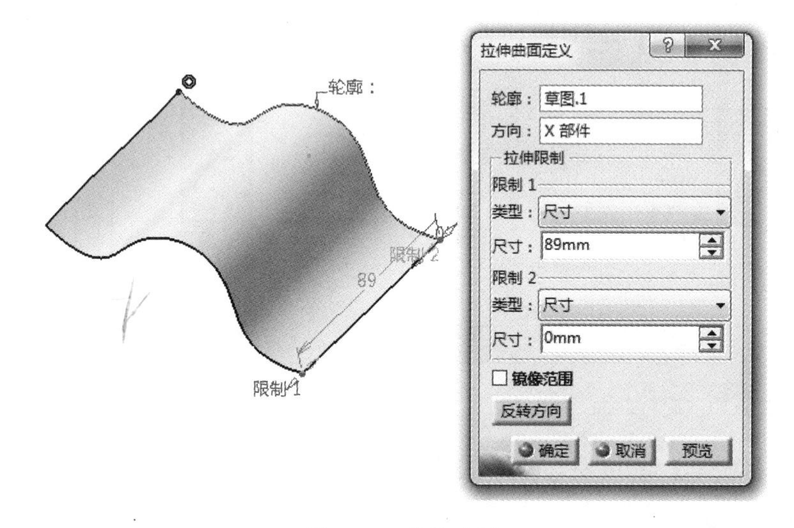

图 5-15　拉伸曲面

5.1.2　旋转曲面

【旋转】命令是通过将一条曲线沿中心轴旋转来创建一个曲面。单击【旋转曲面】按钮后，弹出【旋转曲面定义】话框，如图 5-16 所示。

【轮廓】：用于选中曲线作为旋转的轮廓；

【旋转轴】：用于选择旋转的中心轴；

【角度 1】、【角度 2】：用于调整旋转的角度。如图 5-17 所示。

图 5-16　旋转曲面定义对话框

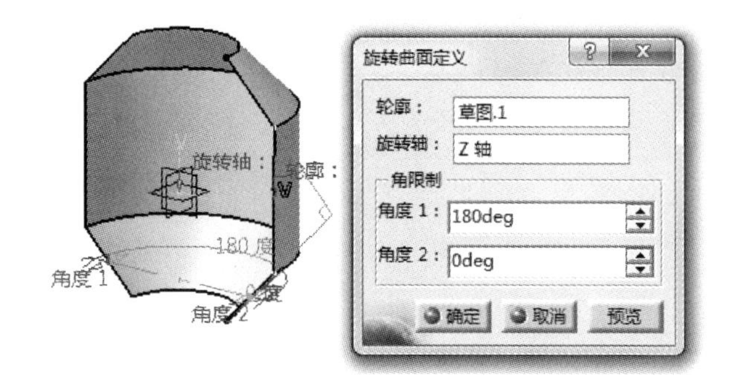

图 5-17　旋转曲面

5.1.3　球面

【球面】命令是通过选择参考点作为圆心，通过调整经纬线角度来创建球面。单击【球面】按钮后，弹出【球面曲面定义】对话框，如图 5-18 所示。

【中心】：用于选中球面的中心；

【球面轴线】：用于创建球面的轴线，默认以系统坐标轴线；

【球面半径】：用于定义球面的半径；

【球面限制】：球面创建有两种方式，一种是通过定义经纬线角度来创建球面，经纬线的定义通过下方的文本输入框调整；另一种是创建完整的球面。

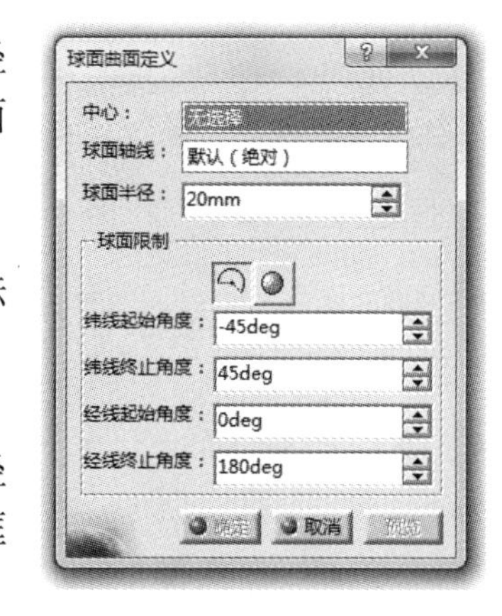

图 5-18　球面曲面定义对话框

当以上参数定义好后，单击【确定】按钮即可完成命令。如图 5-19 和图 5-20 所示。

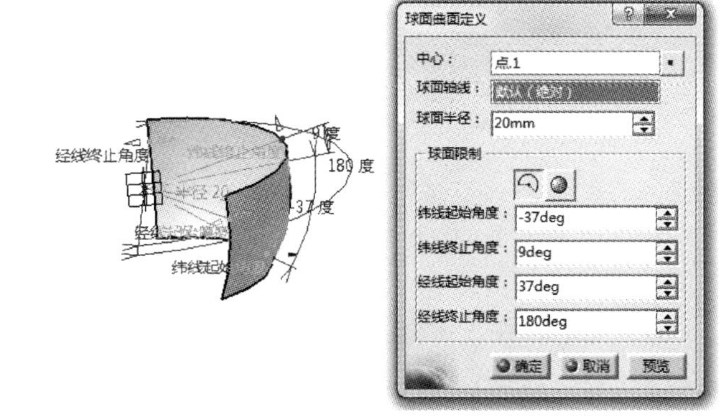

图 5-19　通过指定角度

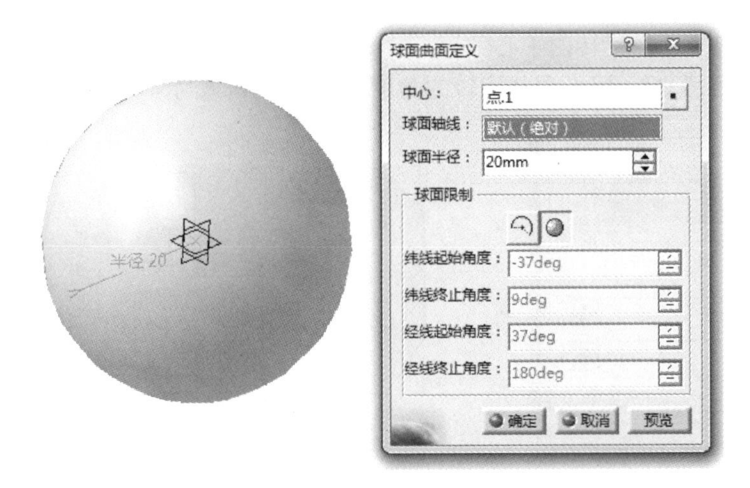

图 5-20　创建完整球面

5.1.4　圆柱面

【圆柱面】命令是通过定义圆柱中点、轴向方向、圆柱半径和圆柱长度来创建圆柱面。单击【圆柱面】按钮后，弹出【圆柱曲面定义】对话框，如图 5-21 所示。

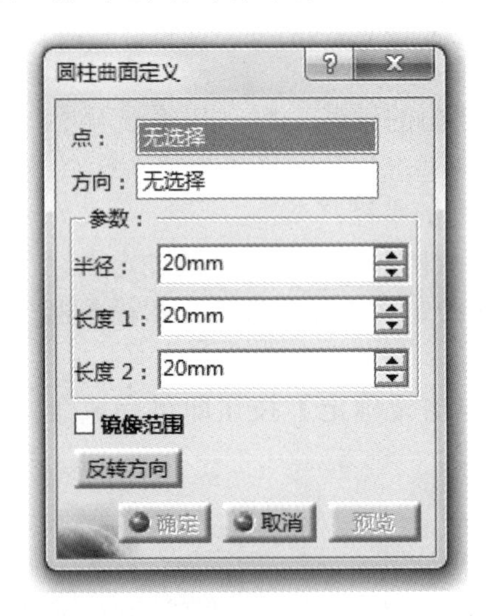

图 5-21　圆柱曲面定义对话框

【点】：用于选择轴线的起始点，该点是用于定义圆柱面长度的参考点；
【方向】：用于定义圆柱面轴向的方向；
【半径】：用于定义圆柱面的半径；
【长度 1】：用于定义圆柱面沿轴线正方向的长度；
【长度 2】：用于定义圆柱面沿轴线负方向的长度。
当以上参数定义好后，单击【确定】按钮即可完成命令。如图 5-22 所示。

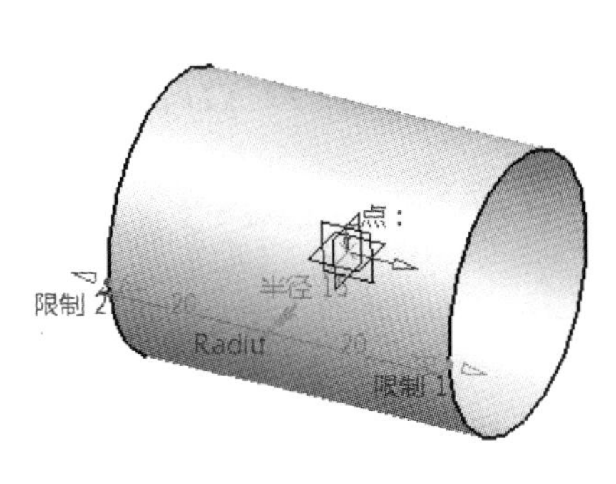

图 5-22　圆柱曲面

5.2　实例▪知识点——三角管

【思路分析】

三角管零件图由呈三角形状、封闭的圆管组成，如图 5-23 所示。绘制此图的方法是：先绘制三角形线框，然后通过扫掠绘制圆管曲面。步骤如图 5-24 和图 5-25 所示。

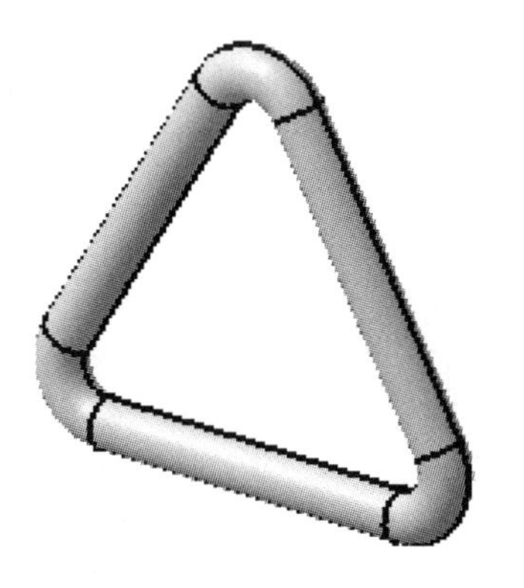

图 5-23　三角管

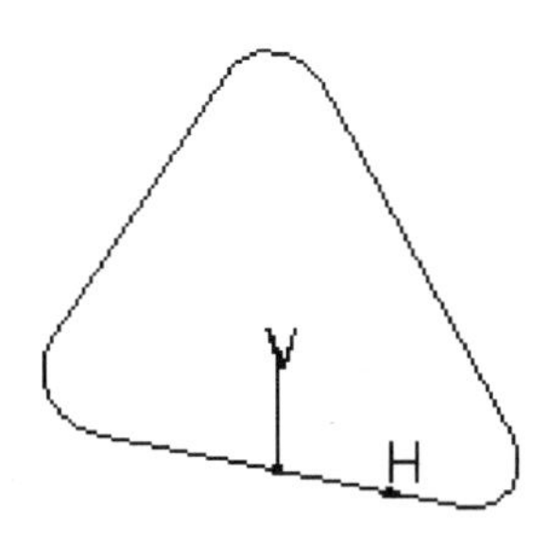

图 5-24　绘制三角线框

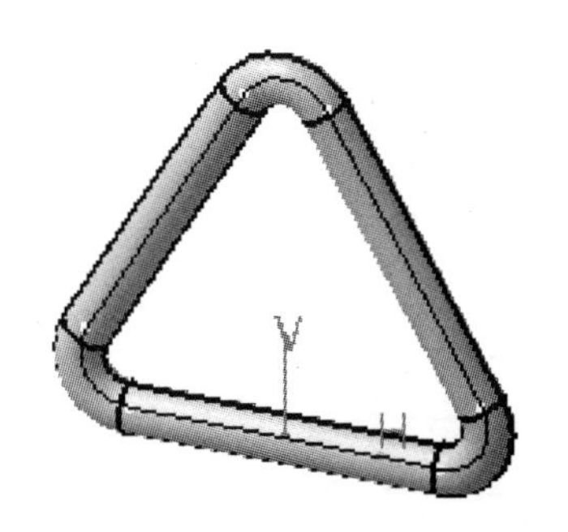

图 5-25　扫掠曲面

【光盘文件】

——参见附带光盘中的“END\Ch2\5-2.CATPart”文件。

——参见附带光盘中的“AVI\Ch2\5-2.avi”文件。

【操作步骤】

[1]. 从菜单栏中选择【形状】→【创成式外形设计】，如图 5-26 所示。

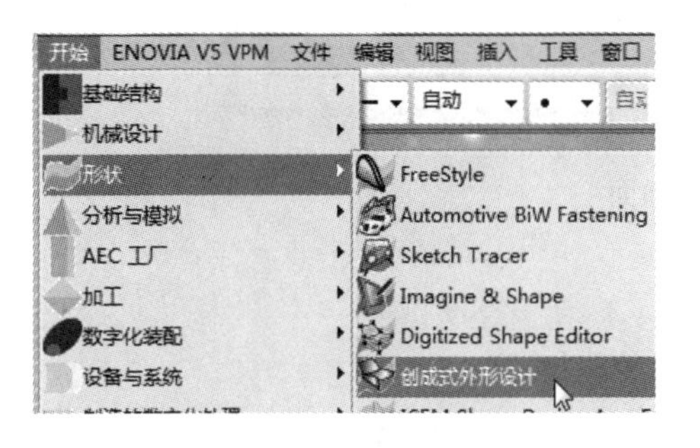

图 5-26 新建零件

[2]. 输入新建文件的文件名“5-2”，如图 5-27 所示。

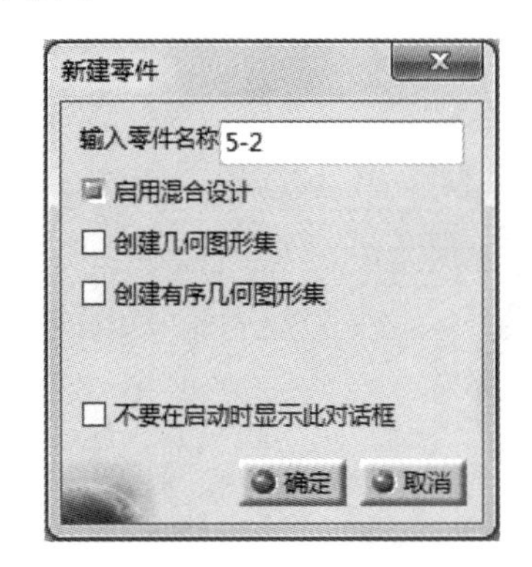

图 5-27 新建文件命名

[3]. 单击工具栏中的【草图】按钮，然后选择【yz 平面】，如图 5-28 所示。

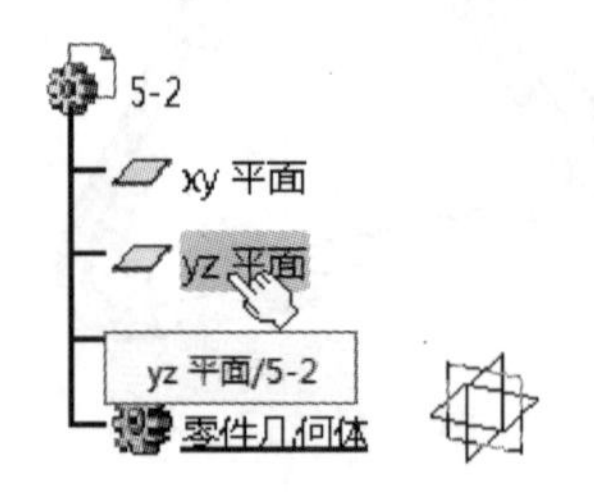

图 5-28 选择参考平面

[4]. 在草图设计环境中绘制出如图 5-29 所示图形，然后单击【退出工作台】按钮退出草图设计环境。

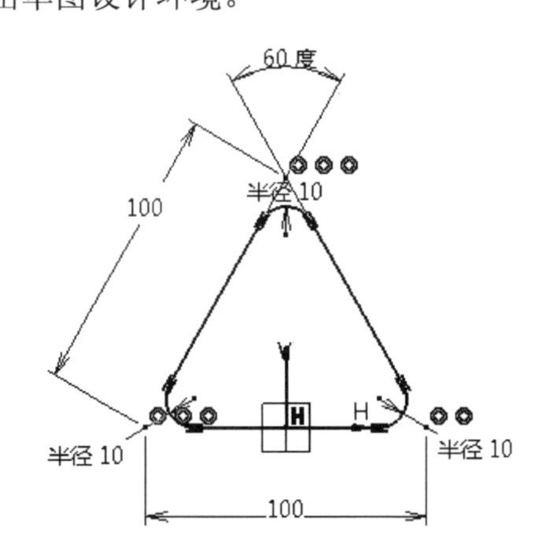

图 5-29 绘制草图

[5]. 单击【扫掠】按钮，弹出【扫掠曲面定义】对话框，图 5-30 所示

图 5-30 扫掠曲面定义对话框

[6]. 在对话框中的【轮廓类型】中选择【圆】，如图 5-31 所示；在【子类型】中选择【圆心与半径】，如图 5-32 所示；在【中心曲线】中选择【草图.1】，在【半径】中输入 5mm，如图 5-33 所示。最后单击【确定】按钮。

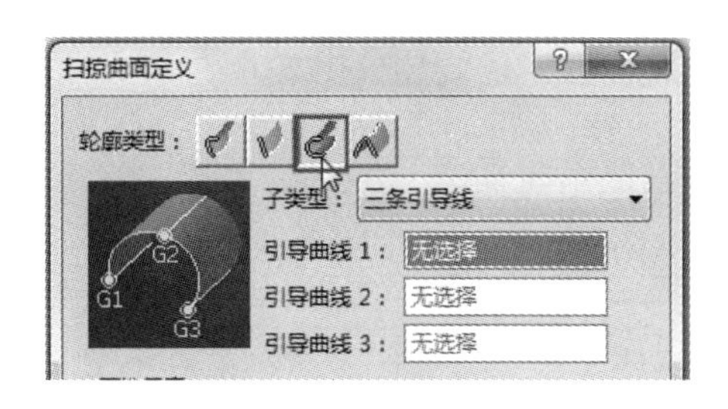

图 5-31　轮廓类型

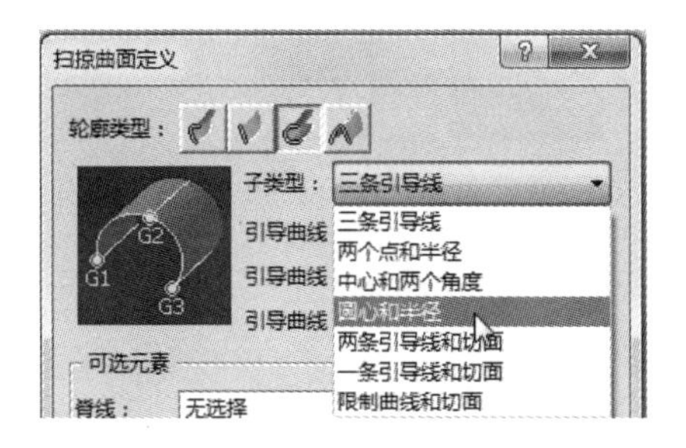

图 5-32　子类型

图 5-33　中心曲线与半径

[7]．此时，完成三角管的绘制，如图 5-34 所示。

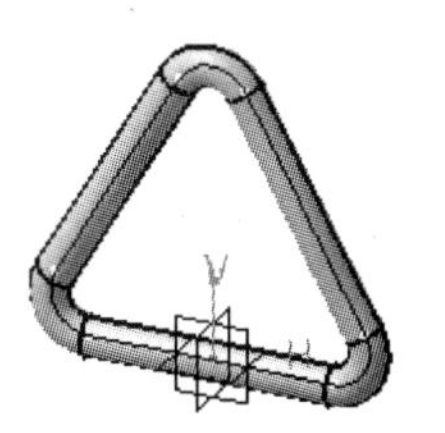

图 5-34　三角管

5.2.1　显示扫掠

【显示扫掠】是【扫掠】命令的一个分类，是通过自定义的轮廓曲线沿引导曲线移动而生成曲面。其对话框如图 5-35 所示。其子类型分为【使用参考曲面】、【使用两条引导曲线】、【使用拔模方向】，下面分别进行介绍。

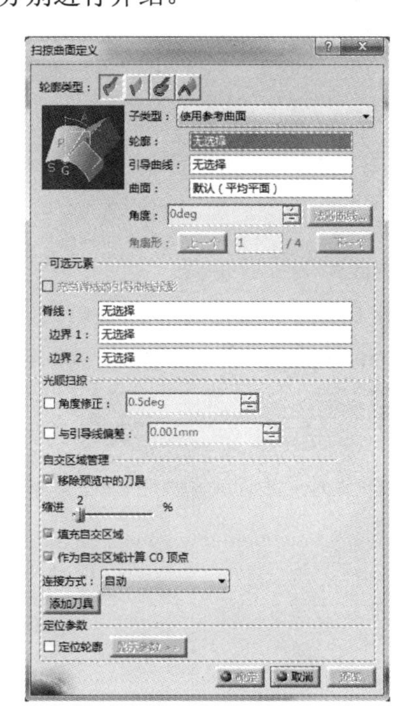

图 5-35　扫掠曲面定义对话框

【使用参考曲面】是以一个曲面为参考而扫掠生成曲面，需要定义其轮廓与引导曲线，如图 5-36 所示。

【使用两条引导曲线】是通过沿两条引导曲线扫掠而生成曲面，需要定义其轮廓、两条引导曲线，两个点或点和方向。如图 5-37 所示。

图 5-36　参数使用参考曲面

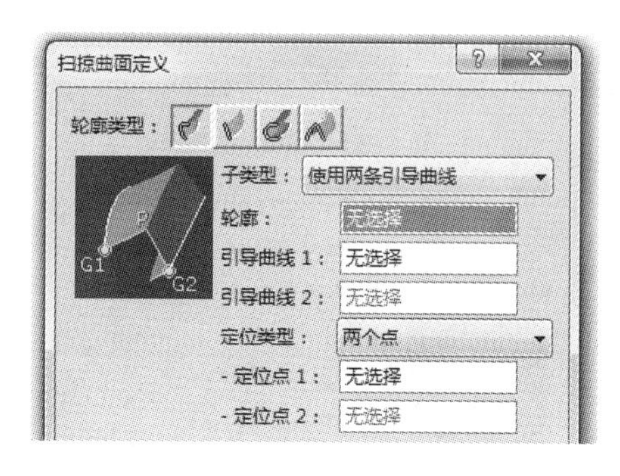

图 5-37　使用两条引导曲线

【使用拔模方向】是以指定的方向与角度扫掠生成具有拔模角度的曲面，需要定义其轮廓、引导曲线，拔模方向和角度。如图 5-38 所示。

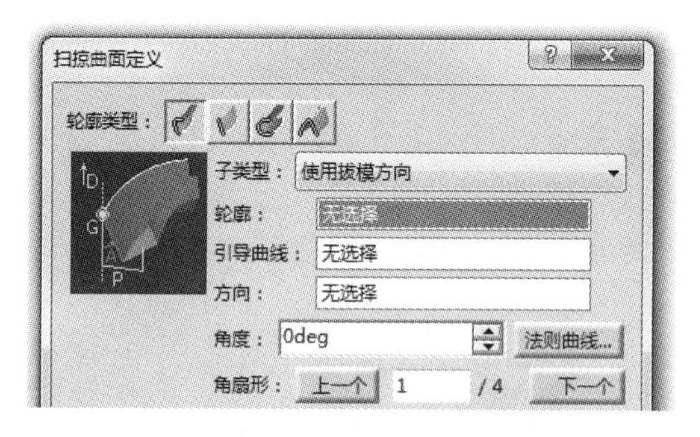

图 5-38　使用拔模方向

【轮廓】：用于选中参考曲线；

【引导曲线】：用于选择一条或两条引导曲线；

当定义好以上参数后，单击【确定】按钮即可完成命令。如图 5-39 所示。用户也可以在【可选原则】选卡中调整扫掠的其他参数，来细化扫掠曲面。

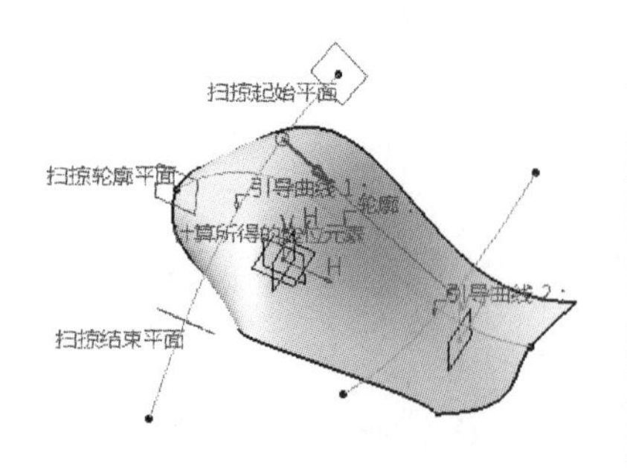

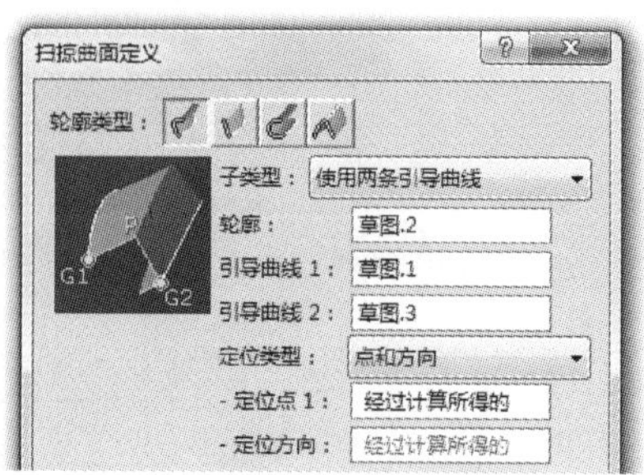

图 5-39　扫掠曲面

5.2.2 直线式扫掠

【直线式扫掠】是【扫掠】命令的一个分支，通过直线轮廓沿引导曲线移动而生成曲面。其对话框如图 5-40 所示。其子类型分为【两极限】、【极限和中间】、【使用参考曲面】、【使用参考曲线】、【使用切面】、【使用拔模方向】和【使用双切面】，下面分别进行介绍。

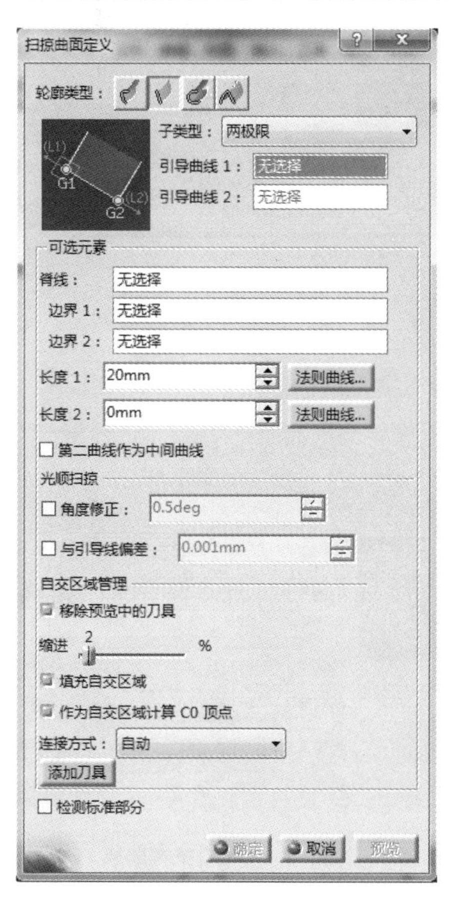

图 5-40　直线式扫掠

【两极限】是通过两条引导曲线和定义延伸长度来确定扫掠生成的曲面。如图 5-41 所示。

【极限和中间】是通过第二条引导曲线作为中间曲线来生成扫掠曲面。如图 5-42 所示。

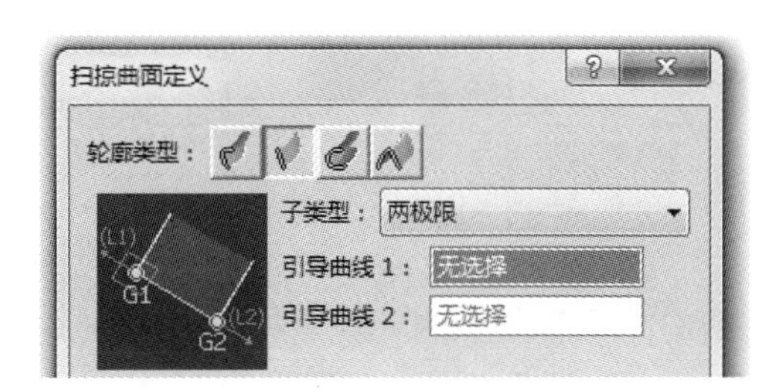

图 5-41　两极限

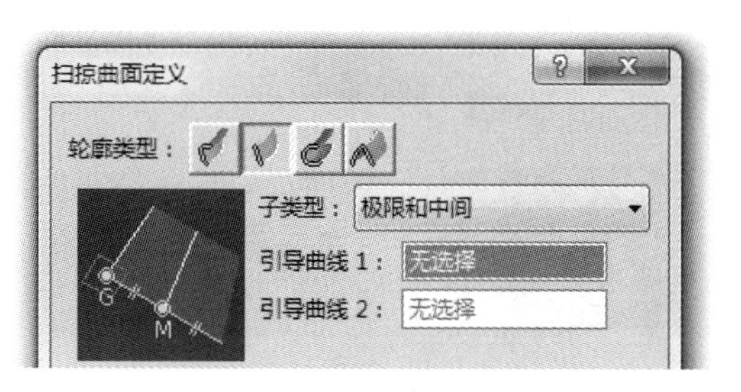

图 5-42　极限和中间

【使用参考曲面】是通过定义参考曲面、引导曲线、角度等来生成扫掠曲面。如图 5-43 所示。

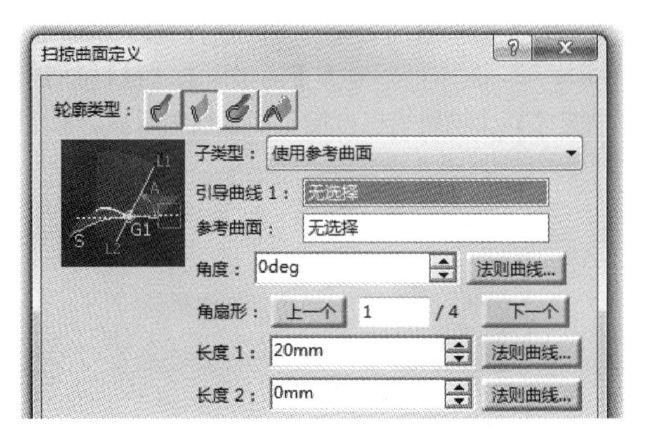

图 5-43　使用参考曲面

【使用参考曲线】是通过一条参考曲线和引导曲线来生成扫掠曲面。如图 5-44 所示。

图 5-44　使用参考曲线

【使用切面】是以一条曲线作为引导曲线，使生成的扫掠曲面与参考曲面相切。如图 5-45 所示。

【使用拔模方向】是通过引导曲线和定义其方向生成扫掠曲面。如图 5-46 所示。

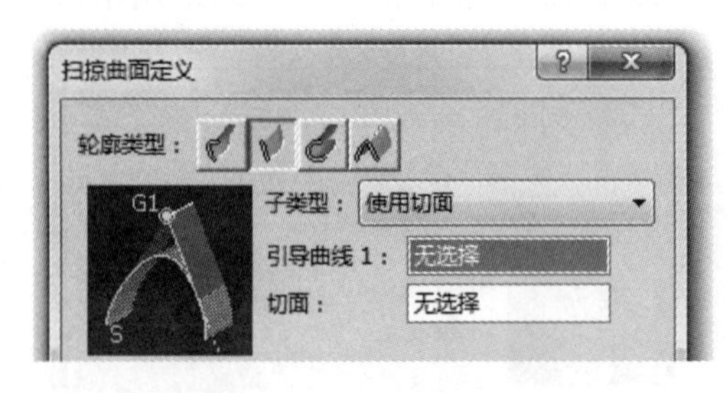

图 5-45　使用切面

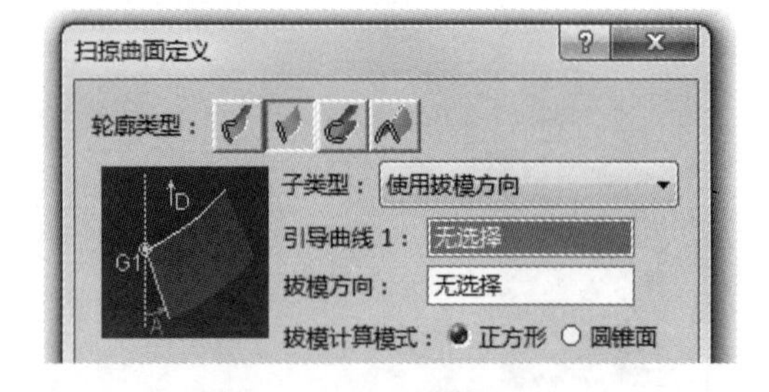

图 5-46　使用拔模方向

【使用双切面】是通过脊线与两个参考曲面生成扫掠曲面，扫掠曲面与两个参考曲面相切。如图 5-47 所示。

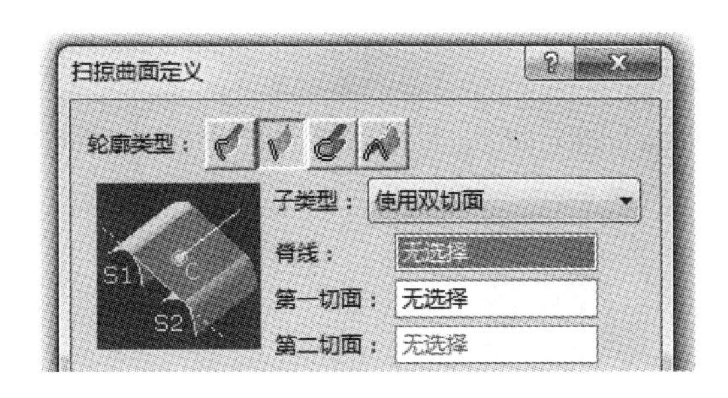

图 5-47　使用双切面

5.2.3　圆式扫掠

【圆式扫掠】是【扫掠】命令的一个分类，通过圆弧轮廓沿引导曲线移动而生成曲面。其对话框如图 5-48 所示。其子类型分为【三条引导线】、【两个点和半径】、【中心和两个角度】、【圆心和半径】、【两条引导线和切面】、【一条引导线和切面】和【限制曲线和切面】，下面分别进行介绍。

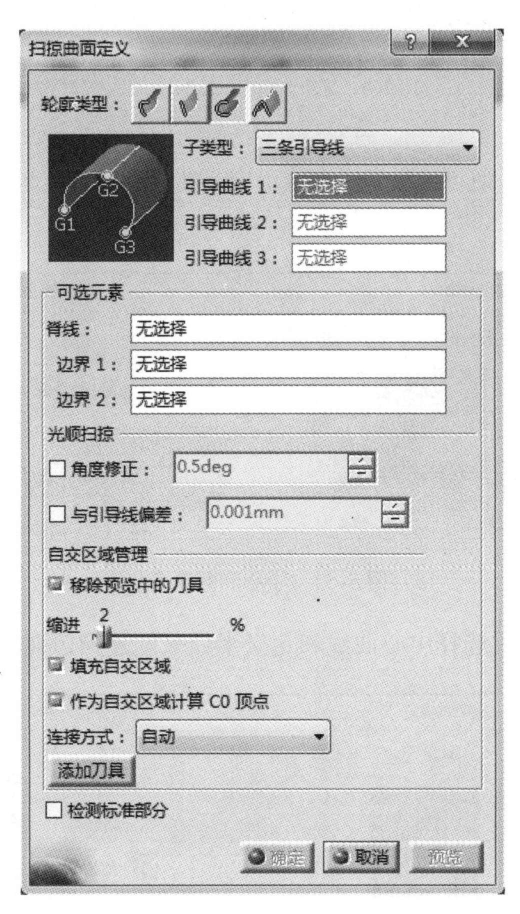

图 5-48　圆式扫掠

【三条引导线】是通过三条引导曲线扫掠出圆弧曲面。如图 5-49 所示。

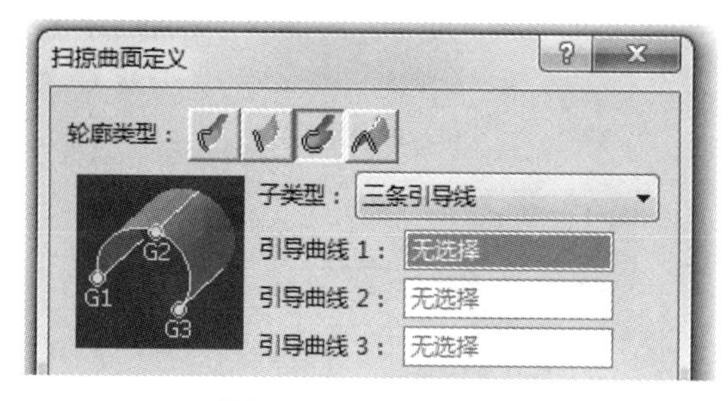

图 5-49　三条引导线

【两个点和半径】是通过两点和半径成圆的原理创建扫掠曲面，需要定义两条引导曲线和半径。如图 5-50 所示。

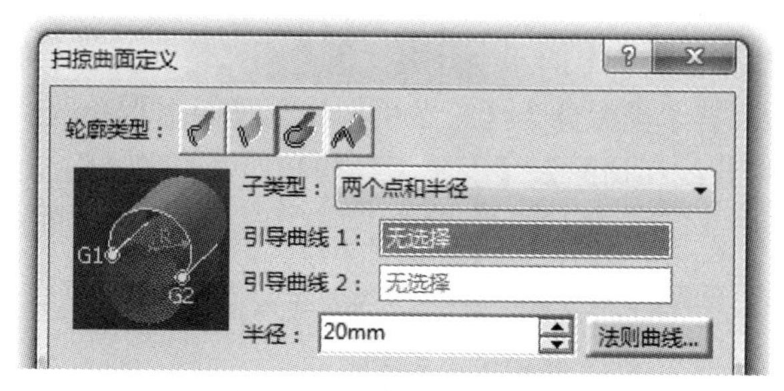

图 5-50　两个点和半径

【中心和两个角度】是通过定义参考曲线沿中心曲线旋转角度来创建扫掠曲面。如图 5-51 所示。

图 5-51　中心和两个角度

【圆心和半径】是通过选择中心曲线和定义半径来创建扫掠曲面。如图 5-52 所示。

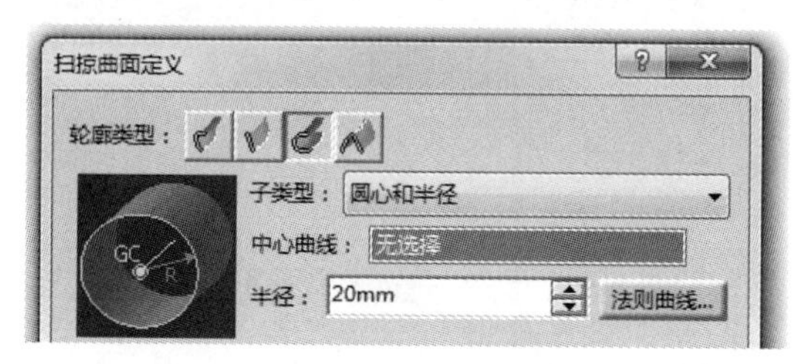

图 5-52　圆心和半径

【两条引导线和切面】是通过两条引导曲线和切面来创建扫掠曲面。如图 5-53 所示。

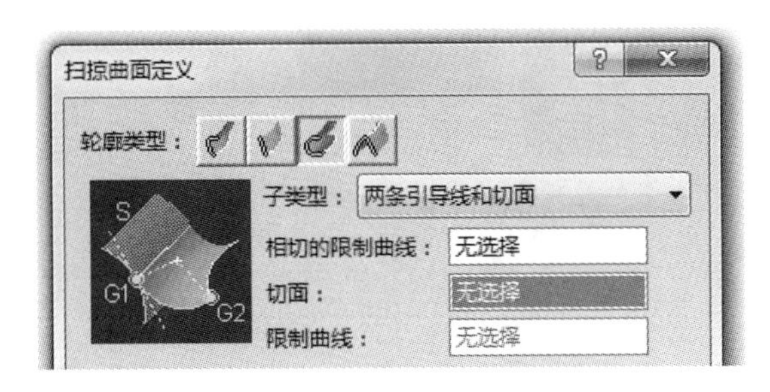

图 5-53　两条引导线和切面

【一条引导线和切面】是通过一条引导曲线、切面和定义半径来创建扫掠曲面。如图 5-54 所示。

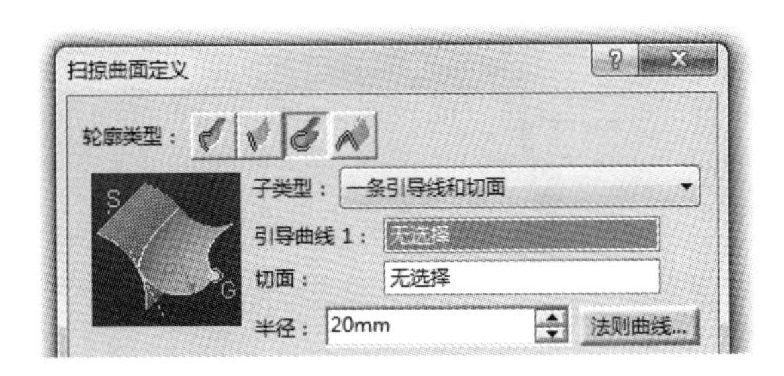

图 5-54　一条引导线和切面

【限制曲线和切面】是通过切面上的限制曲线，并通过半径和圆弧角来创建扫掠曲面。如图 5-55 所示。

图 5-55　限制曲线和切面

5.2.4　二次曲线式扫掠

【二次曲线式扫掠】是【扫掠】命令的一个分支，它通过多条引导曲线沿指定方向延伸生成曲面。其对话框如图 5-56 所示。其子类型分为【两条引导曲线】、【三条引导曲线】、【四条引导曲线】和【五条引导曲线】。该命令只需要定义的引导曲线与数量，在此不再赘述。

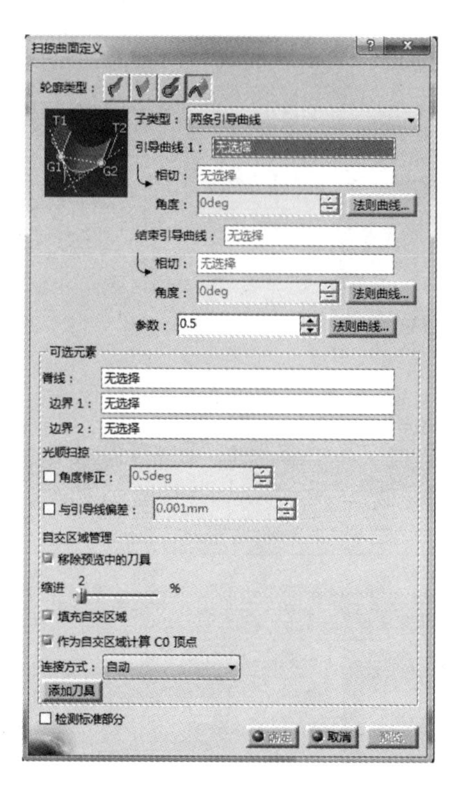

图 5-56　二次曲线式扫掠

5.2.5　适应性扫掠

【适应性扫掠】命令用于创建自适应的扫掠曲面。单击【适应性扫掠】按钮后，弹出【适应性扫掠定义】对话框，如图 5-57 所示。

图 5-57　适应性扫掠定义对话框

【引导曲线】：用于选中引导曲线；
【脊线】：用于选择脊线，系统默认引导曲线为脊线；
【参考曲面】：用于选择参考曲面，引导曲线必须位于参考曲面上；
【草图】：用于绘制作为扫掠轮廓曲线的草图，草图所在的平面必须与脊线垂直；
当定义好以上参数后，单击【确定】按钮即可完成命令。如图 5-58 所示。

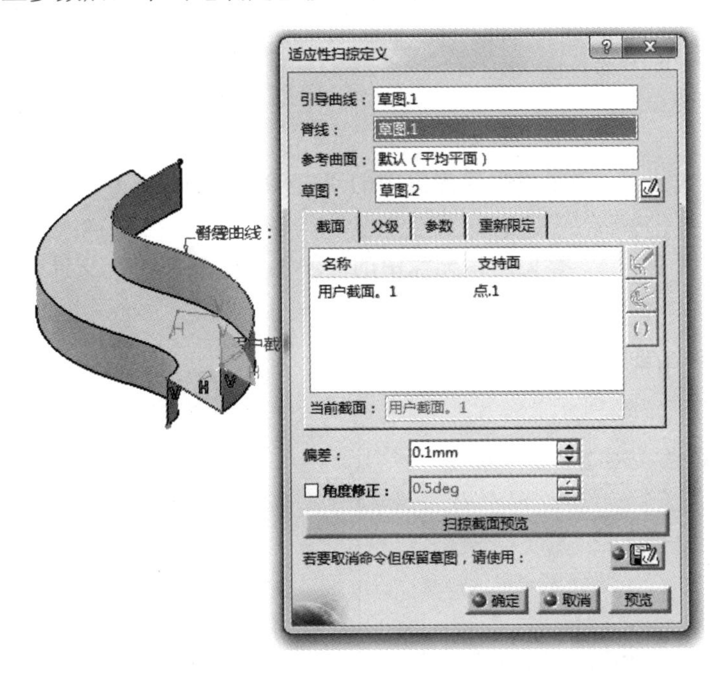

图 5-58　适应性扫掠

5.3　实例▪知识点——盖子

【思路分析】

盖子零件图由圆柱曲面、填充曲面与桥接曲面组成，如图 5-59 所示。绘制此图的方法是：先绘制出两个圆柱曲面，然后对中间的空隙进行桥接，最后对上方的空隙进行填充。步骤如图 5-60、图 5-61 和图 5-62 所示。

图 5-59　盖子

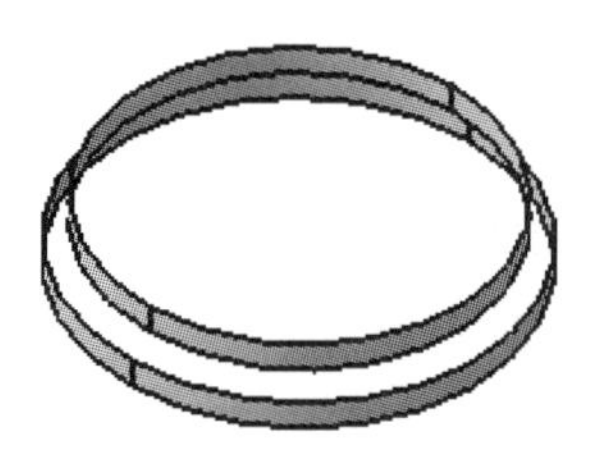

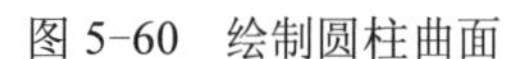
图 5-60　绘制圆柱曲面

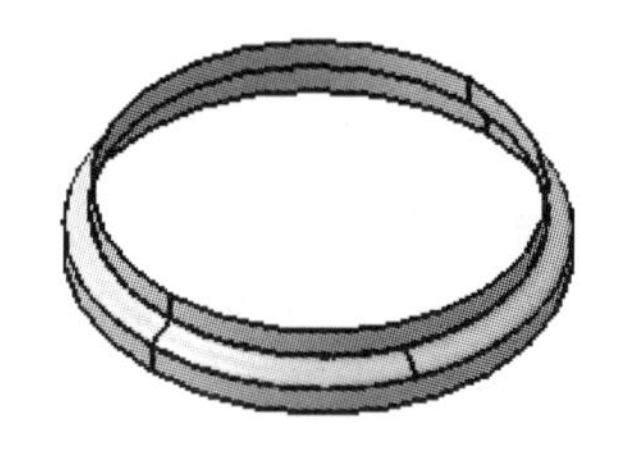
图 5-61　桥接曲面

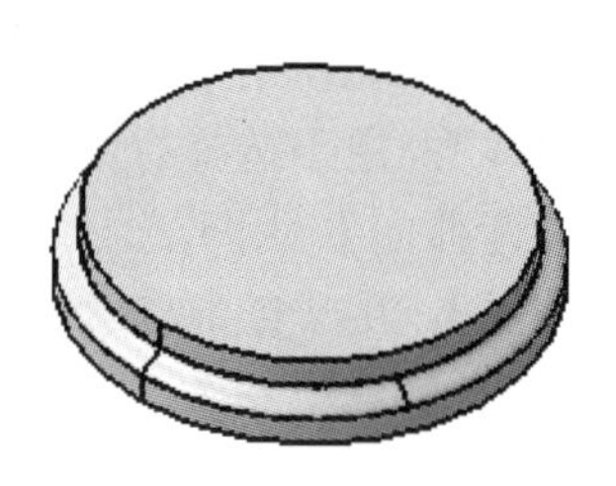
图 5-62　填充曲面

【光盘文件】

 结果文件——参见附带光盘中的“END\Ch2\5-3.CATPart”文件。

 动画演示——参见附带光盘中的“AVI\Ch2\5-3.avi”文件。

【操作步骤】

[1]. 从菜单栏中选择【形状】→【创成式外形设计】，如图 5-63 所示。

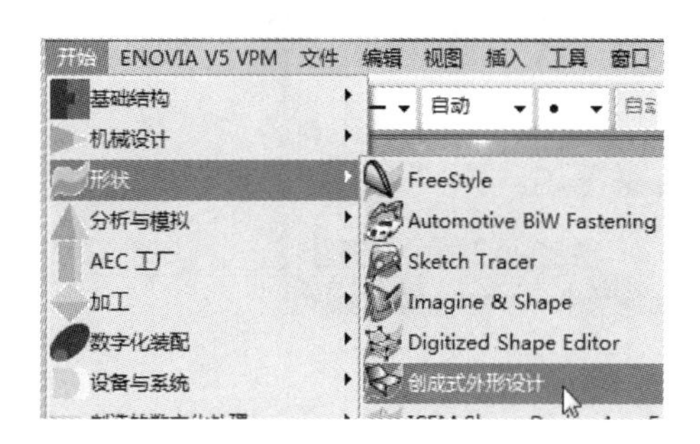

图 5-63　新建草图

[2]. 输入新建文件的文件名“5-3”，如图 5-64 所示。

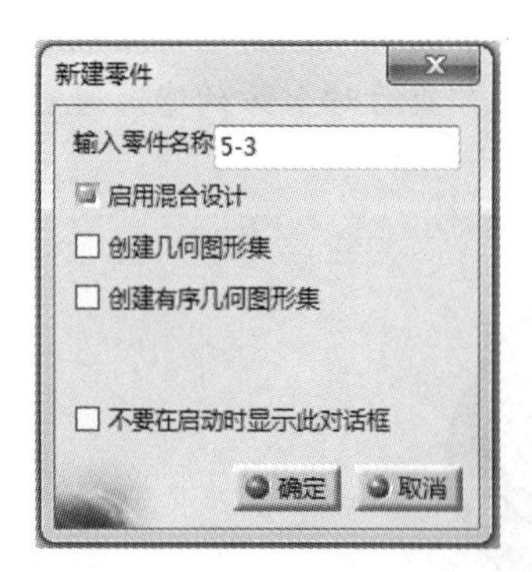

图 5-64　新建文件命名

[3]. 单击【点】按钮，利用坐标绘制点的方法绘制一个点，如图 5-65 所示。

图 5-65　坐标绘制点

[4]. 单击【圆柱】按钮，选择并输入如图 5-66 所示的参数，绘制一个圆柱曲面。

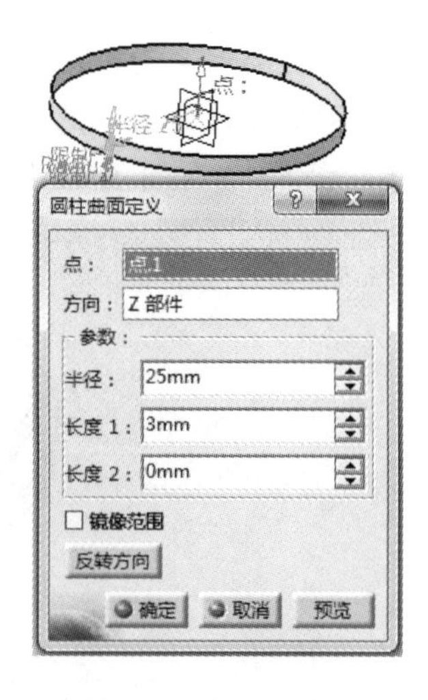

图 5-66　绘制圆柱曲面

[5]. 单击【圆柱】按钮，选择并输入如图 5-67 所示的参数，绘制一个圆柱曲面。

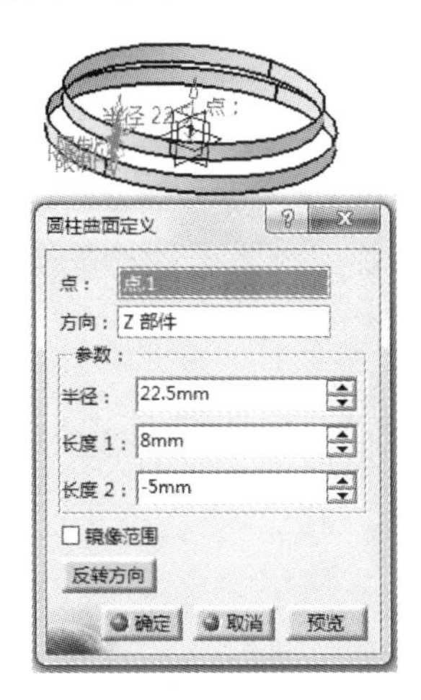

图 5-67　绘制圆柱曲面

[6]. 单击【桥接曲面】按钮，在【第一曲线】选中【圆柱面.1】的上边线，在【第一支持面】选中【圆柱面.1】；在【第二曲线】选中【圆柱面.2】的下边线，在【第二支持面】选中【圆柱面.2】，其余参数保持默认，然后单击【确定】按钮，如图 5-68 所示。

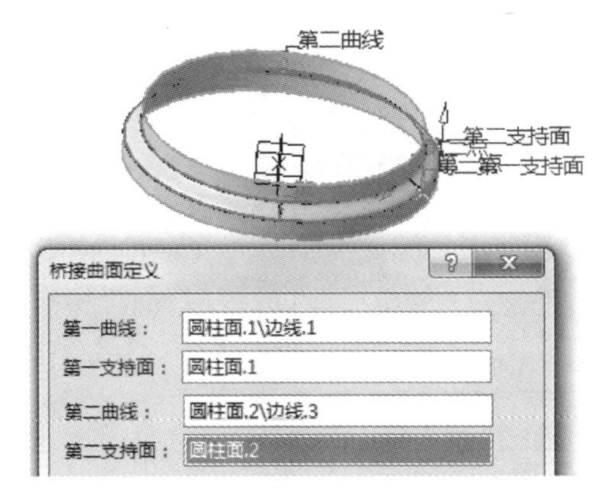

图 5-68　桥接曲面

[7]. 单击【填充】按钮，然后选中【圆柱面.2】的上边线，再单击【确定】按钮，对闭合曲线进行填充形成曲面，如图 5-69 所示。

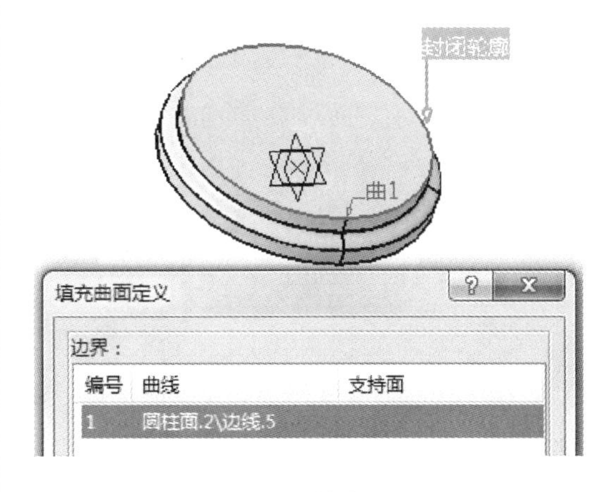

图 5-69　填充曲面

[8]. 此时，完成零件盖子的绘制，如图 5-70 所示。

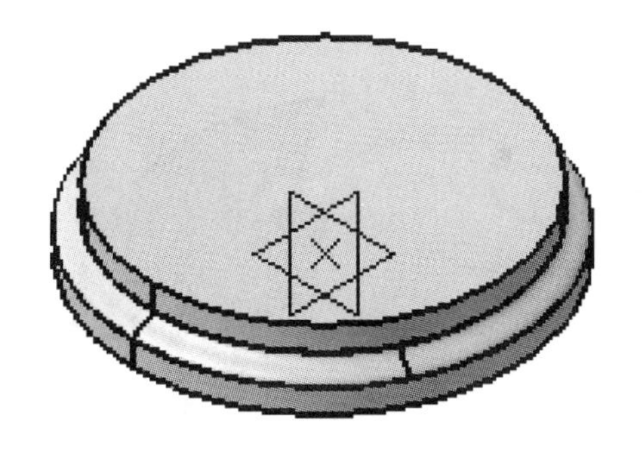

图 5-70　盖子

5.3.1　偏移曲面

【偏移】命令是通过参考曲面偏移来创建新的曲面。单击【偏移】按钮后弹出【偏移曲面定义】对话框，如图 5-71 所示。

图 5-71　偏移曲面定义对话框

【曲面】：用于选择需要偏移的参考曲面；
【偏移】：用于输入偏移的距离；
【反转方向】：单击该按钮后，偏移方向与当前方向相反；
【双侧】：同时向默认方向与默认的反向偏移。
当定义好以上参数后，单击【确定】按钮即可完成该命令。如图 5-72 所示。

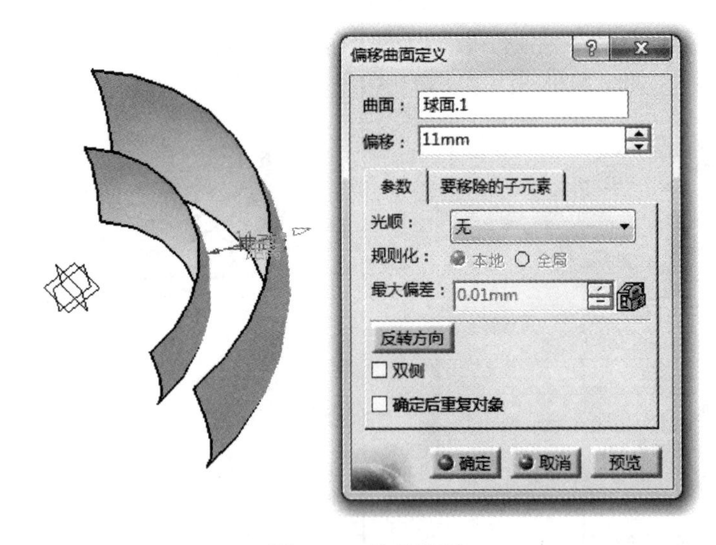

图 5-72　偏移曲面

5.3.2　填充曲面

【填充】命令用于在封闭边界内创建填充曲面。通过选择一个封闭边界或若干条可以形成边界的曲线，即可完成【填充】命令。如图 5-73 所示。

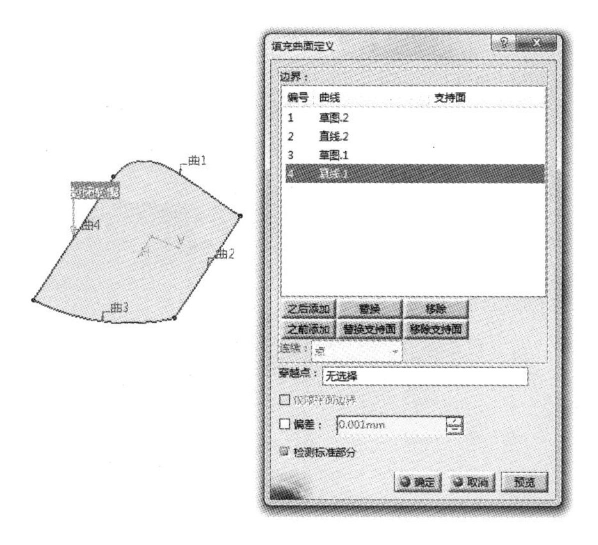

图 5-73　填充曲面

5.3.3　多截面曲面

【多截面曲面】命令是通过以渐近的方式连接多个轮廓曲线来创建曲面。轮廓曲线既可以是封闭曲线，也可以是开放曲线。单击【多截面曲面】按钮后，弹出【多截面曲面定义】对话框，如图 5-74 所示。

图 5-74　多截面曲面定义对话框

【轮廓选择】：对话框最上方的是轮廓曲线选择区，用于选择参考曲线；

【引导线】：用于选择引导线；

【脊线】：用于选择曲面的脊线，系统默认为计算所得；

【耦合】：用于选择耦合方式，分别有比率、相切、相切然后曲率、顶点四种。

当定义好以上参数后，单击【确定】按钮即可完成命令。如图 5-75 所示。

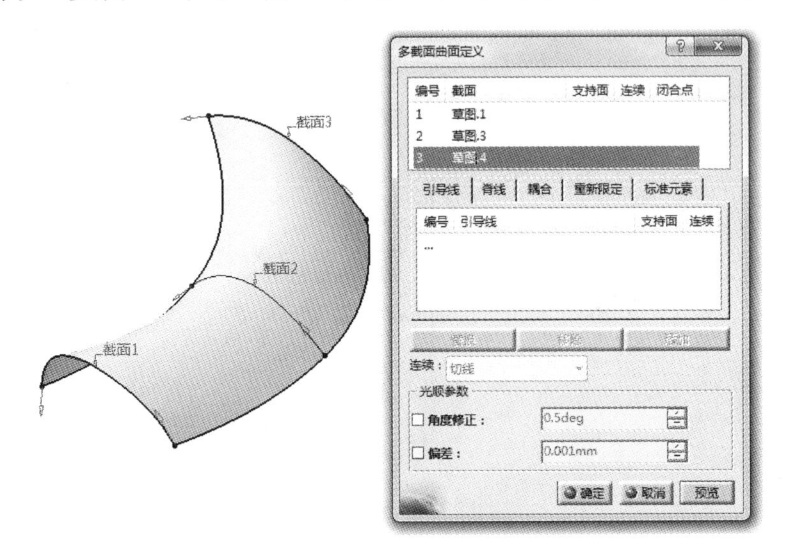

图 5-75　多截面曲面

5.3.4　桥接曲面

【桥接曲面】命令用于创建连接两个已有曲面的曲面。单击【桥接曲面】按钮后，弹出【桥接曲面定义】对话框，如图 5-76 所示。

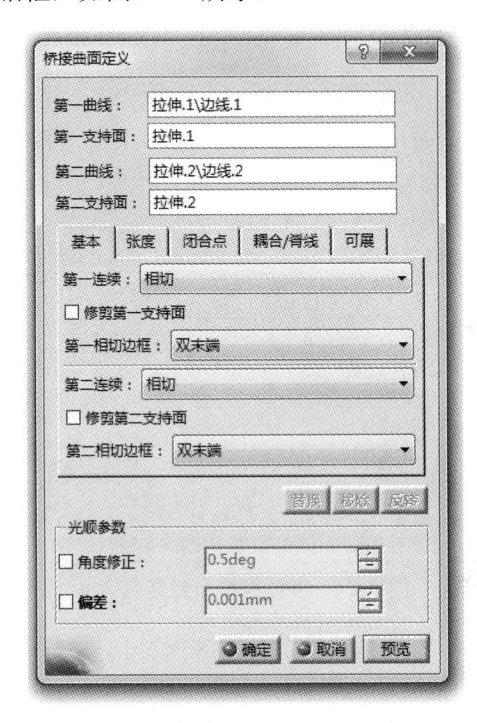

图 5-76　桥接曲面定义对话框

【第一曲线】：用于选中曲面连接的曲线；
【第一支持面】：用于选第一曲线所在的平面；
【第二曲线】：用于选曲面连接的另一条曲线；
【第二支持面】：用于选第二曲线所在的平面；
【基本】选项卡：用于定义创建曲面与被连接曲面之间的连接方式；
【张度】选项卡：用于定义相切、曲率连接时的张度，系统默认为 1。
当定义好以上参数后，单击【确定】按钮即可完成命令。如图 5-77 所示。

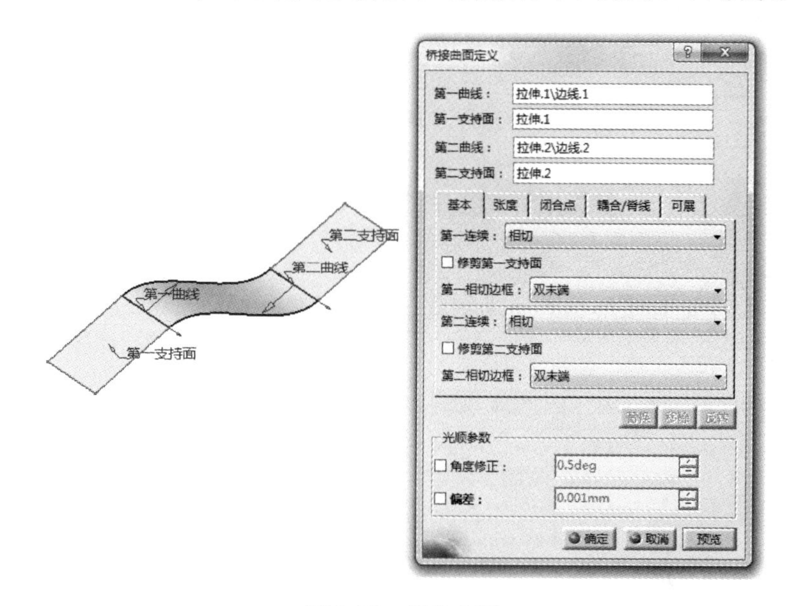

图 5-77　桥接曲面

5.4　实例▪知识点——字母 G

【思路分析】

字母 G 零件图由一个规则弯曲的面形成，如图 5-78 所示。绘制此图的方法是先绘制大致的曲面轮廓，然后再对其进行倒圆角操作。步骤如图 5-79 和图 5-80 所示。

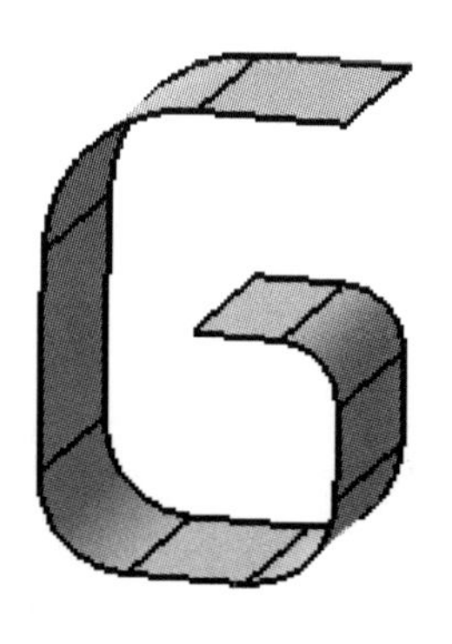

图 5-78　字母 G

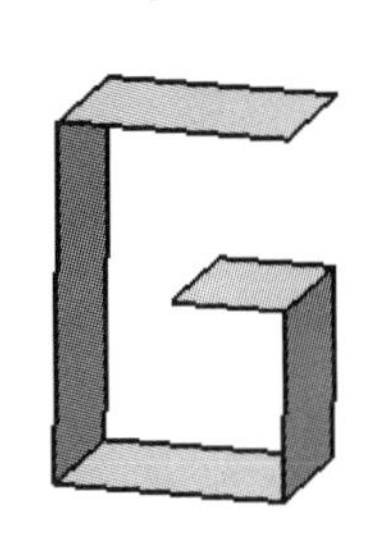

图 5-79　拉伸曲面

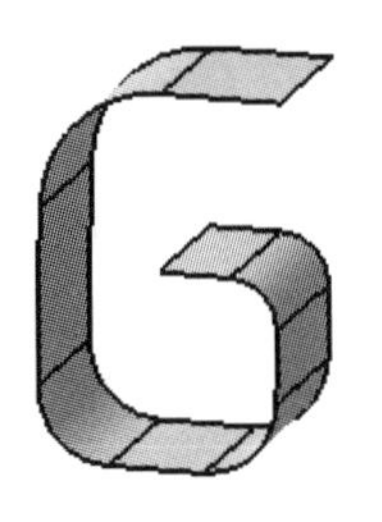

图 5-80　倒圆角

【光盘文件】

——参见附带光盘中的“**END\Ch2\5-4.CATPart**”文件。

——参见附带光盘中的“**AVI\Ch2\5-4.avi**”文件。

【操作步骤】

[1]．从菜单栏中选择【形状】→【创成式外形设计】，如图 5-81 所示。

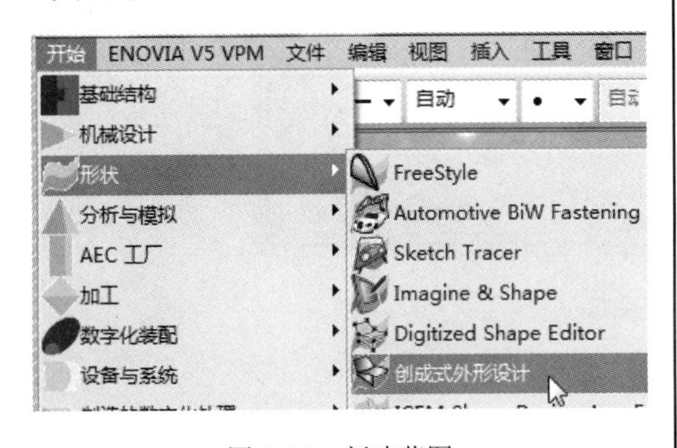

图 5-81　新建草图

[2]．输入新建文件的文件名“5-4”，如图 5-82 所示。

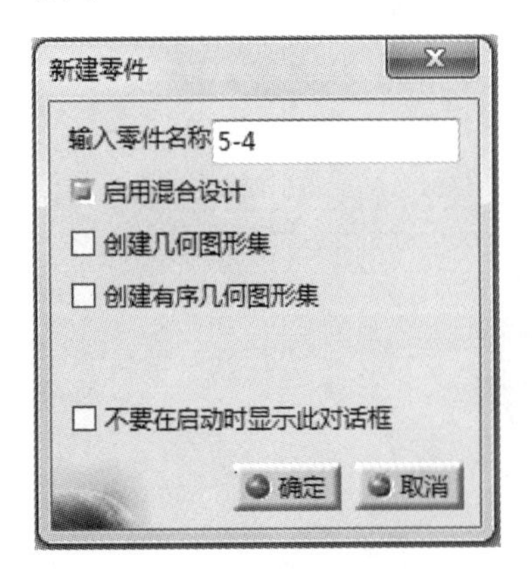

图 5-82　新建文件命名

[3]．单击工具栏中的【草图】按钮，然后选择【yz 平面】，如图 5-83 所示。

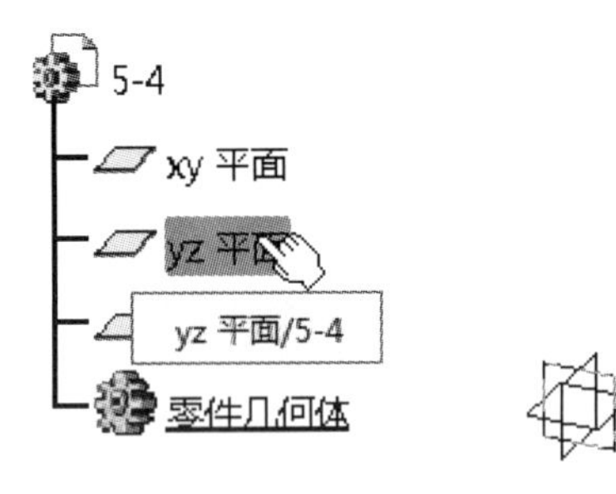

图 5-83　选择参考平面

[4]．在草图设计环境中绘制如图 5-84 所示的图形。完成后单击【退出工作台】按钮退出草图设计环境。

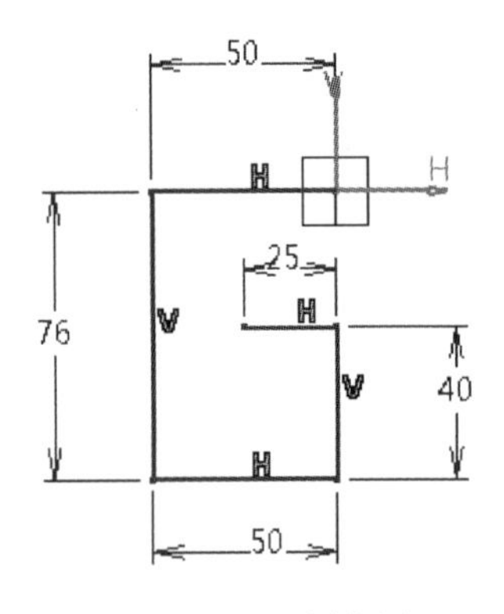

图 5-84　绘制草图

[5]. 单击【拉伸】按钮，令【草图.1】沿默认方向拉伸 40mm，如图 5-85 所示。

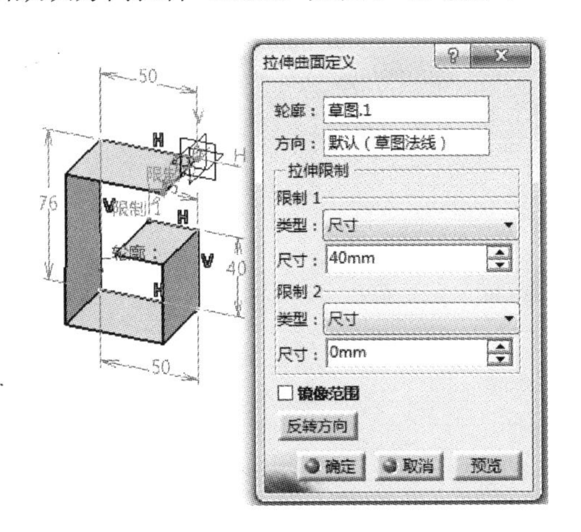

图 5-85　拉伸曲面

[6]. 单击【倒圆角】命令，选中【拉伸.1】的其中一条棱边倒圆角，圆角半径输入 25mm，如图 5-86 所示。

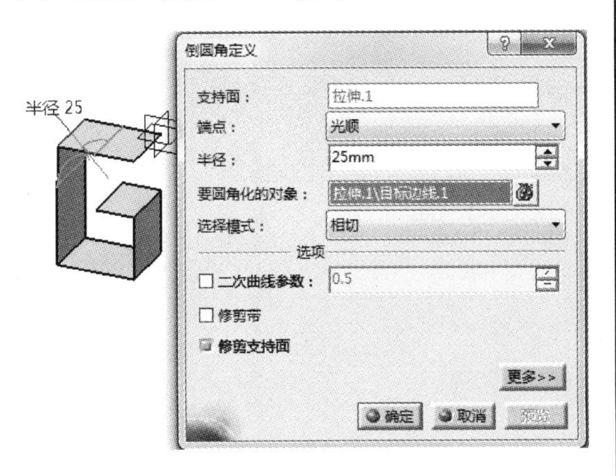

图 5-86　倒圆角

[7]. 单击【倒圆角】按钮，对曲面的其余的三条棱边倒圆角，圆角半径输入 15mm，如图 5-87 所示。

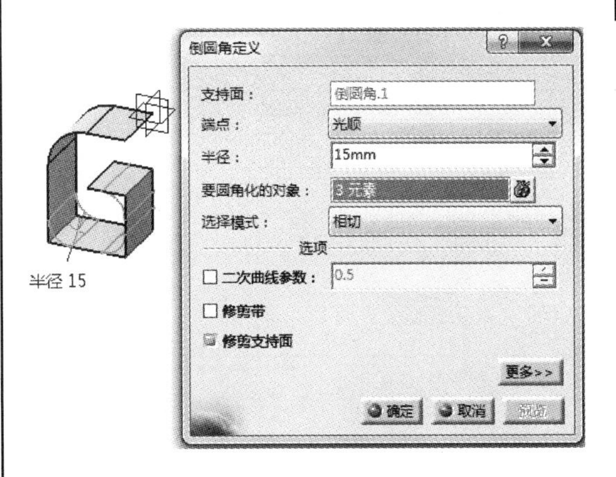

图 5-87　倒圆角

[8]. 此时，完成字母 G 的绘制，如图 5-88 所示。

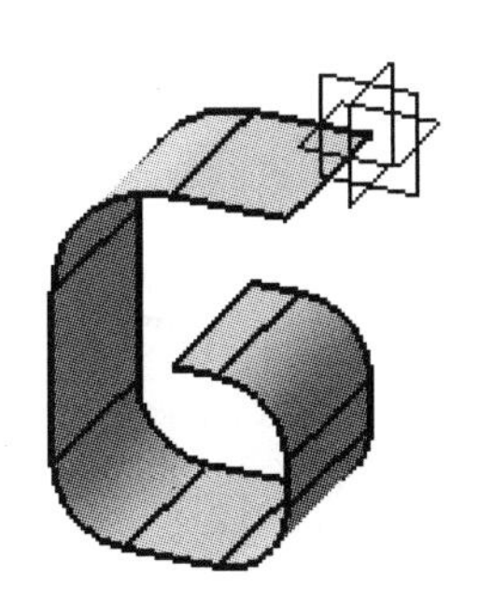

图 5-88　字母 G

5.4.1　简单圆角

【简单圆角】命令是在两个曲面之间创建圆角。单击【简单圆角】按钮后，弹出【圆角定义】对话框。如图 5-89 所示。在【圆角类型】中，分为【双切线圆角】和【三切线内圆角】，如图 5-90 所示。

1. 双切线圆角

【支持面 1】：用于选择一个曲面作为第一个需要倒圆角的曲面；

【修剪支持面 1】：选择该复选框表示倒圆角时对支持面 1 进行修剪；

图 5-89　圆角定义对话框

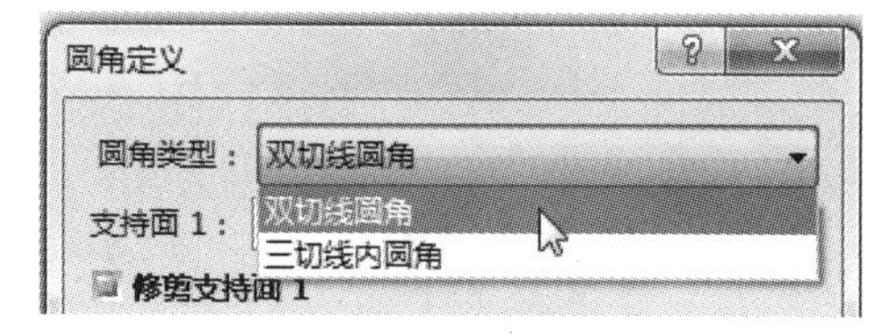

图 5-90　圆角类型

【支持面 2】：用于选择另一个曲面作为第二个需要倒圆角的曲面；

【修剪支持面 2】：选择该复选框表示倒圆角时对支持面 2 进行修剪；

【半径】：用于输入倒圆角的半径。

当设定好以上参数后，单击【确定】按钮即可完成命令。如图 5-91 所示。

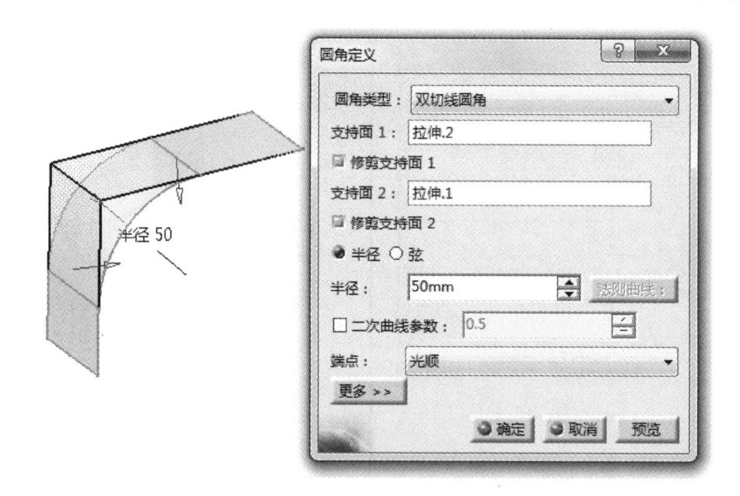

图 5-91　双切线圆角

2. 三切线内圆角

【支持面 1】：用于选择一个曲面作为第一个需要倒圆角的曲面；

【修剪支持面 1】：选择该复选框表示倒圆角时对支持面 1 进行修剪；

【支持面 2】：用于选择另一个曲面作为第二个需要倒圆角的曲面；

【修剪支持面 2】：选择该复选框表示倒圆角时对支持面 2 进行修剪；

【要移除的支持面】：用于选择一个曲面用于定义圆角的半径。

当设定好以上参数后，单击【确定】按钮即可完成命令。如图 5-92 所示。

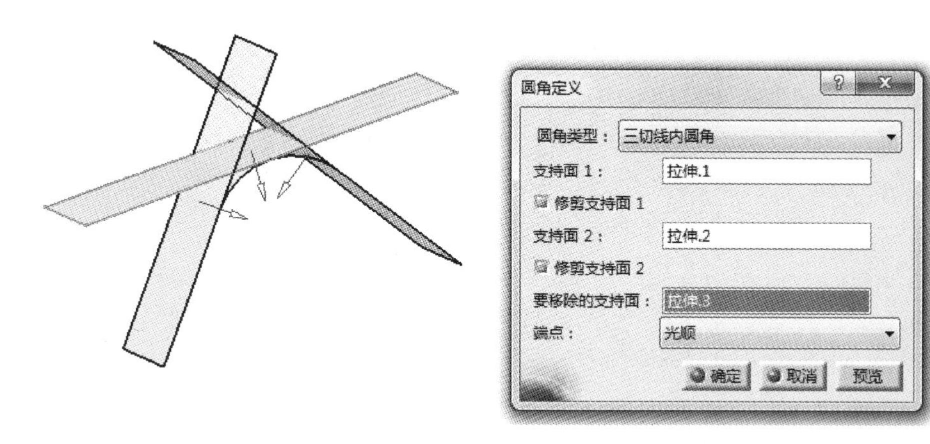

图 5-92　三切线内圆角

5.4.2　一般性圆角

【倒圆角】命令是用于在一个曲面内创建圆角。其选择的对象为曲面的棱角边，由于该命令与实体中的倒圆角用法类似，所以其用法不再赘述。该命令的参数设置效果如图 5-93 所示。

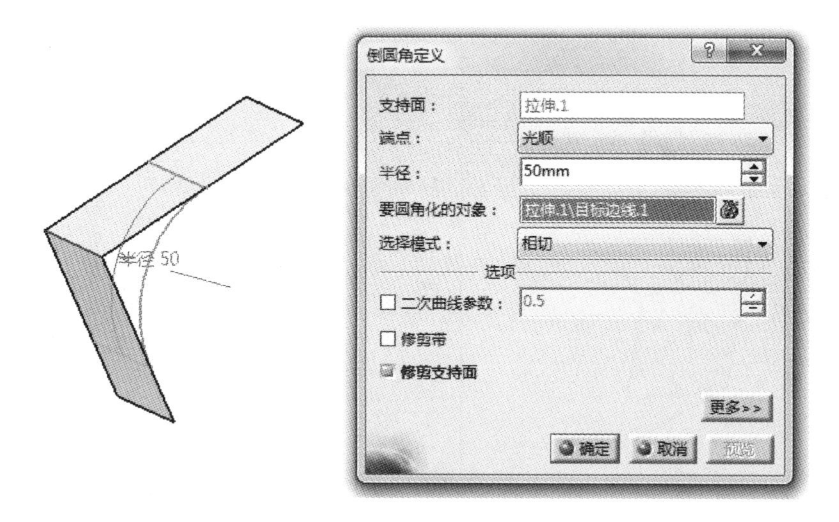

图 5-93　倒圆角定义对话框

5.4.3　可变圆角

【可变圆角】命令用于创建半径可变的圆角。单击【可变圆角】按钮后，弹出【可变半径圆角定义】对话框，如图 5-94 所示。

【半径】：用于输入圆角；也可以双击边线上的约束来修改；

【要圆角化的边线】：用于选择曲面中需要倒圆角的边；

【点】：用于定义圆角变化的点。

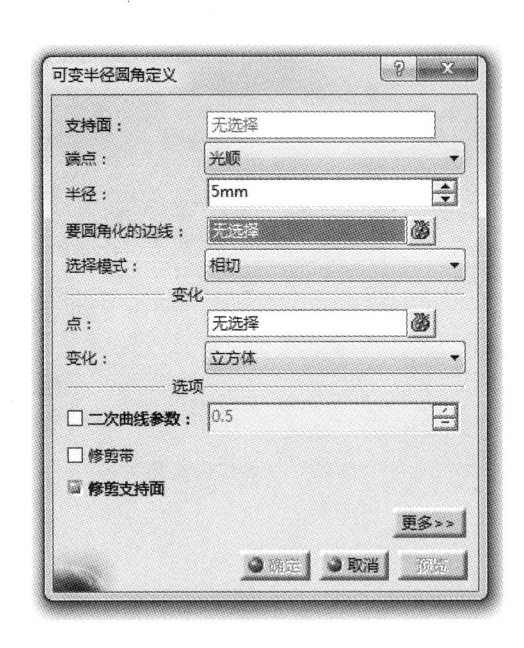

图 5-94　可变半径圆角定义对话框

当设定好以上参数后，单击【确定】按钮即可完成命令。如图 5-95 所示。

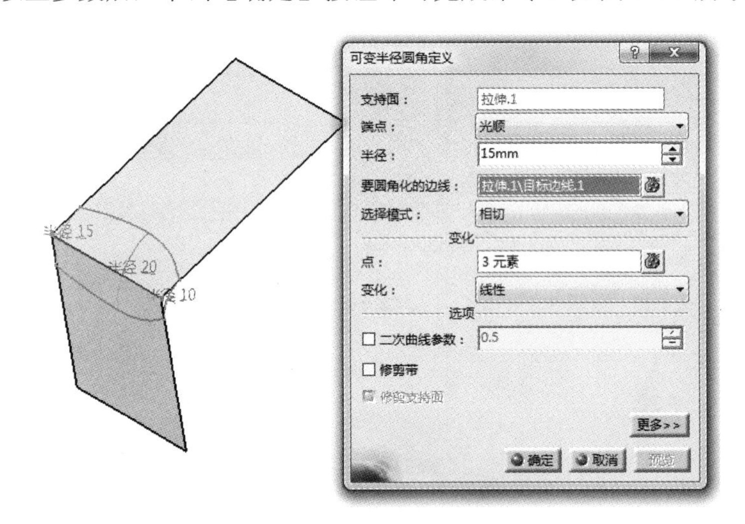

图 5-95　可变半径圆角

5.4.4　面与面的圆角

【面与面的圆角】命令是通过一个曲面中的两个面来创建圆角。单击【面与面的圆角】按钮后，然后弹出【定义面与面的圆角】对话框，如图 5-96 所示。

【半径】：用于输入圆角的半径；

【要圆角化的面】：用于选择一个曲面上的两个面。

当设定好以上参数后，单击【确定】按钮即可完成命令。如图 5-97 所示。

图 5-96 面与面的圆角对话框

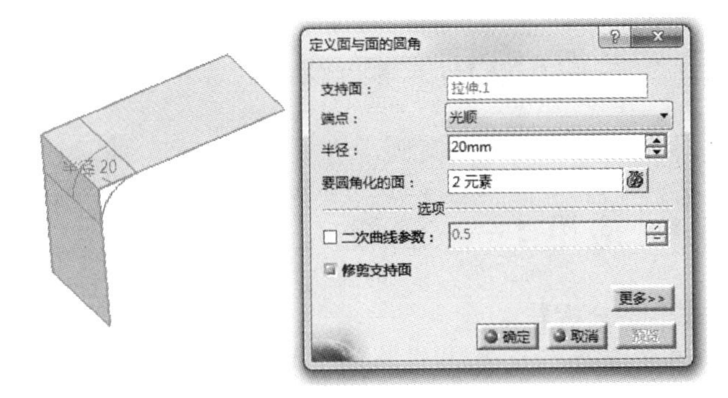

图 5-97 面与面的圆角

5.4.5 三切线内圆角

【三切线内圆角】命令是通过移除一个曲面中的指定面来创建圆角。单击【三切线内圆角】按钮后弹出【定义三切线内圆角】对话框，如图 5-98 所示。其中：

图 5-98 三切线内圆角对话框

【要圆角化的面】：选择一个曲面中的其中两个面；

【要移除的面】：选择一个曲面中的另一个曲面。

当定义好以上参数后，单击【确定】按钮即可完成命令，如图 5-99 所示。

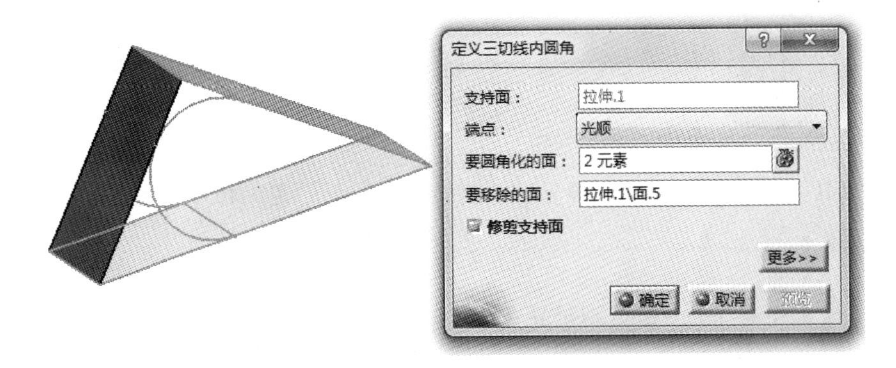

图 5-99 三切线内圆角

5.5 要点•应用

本节以三个典型的案例，进一步深入演示曲面设计的方法。

5.5.1 应用 1——酒瓶

【思路分析】

酒瓶零件图主要由圆柱面、圆角和桥接曲面构成，如图 5-100 所示绘制此图的方法是先绘制两个圆柱面，然后进行桥接曲面，最后填充曲面后进行倒圆角。步骤如图 5-101、图 5-102 和图 5-103 所示。

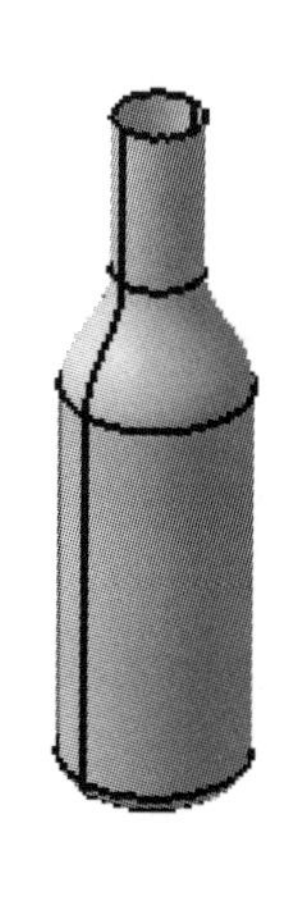

图 5-100 酒瓶

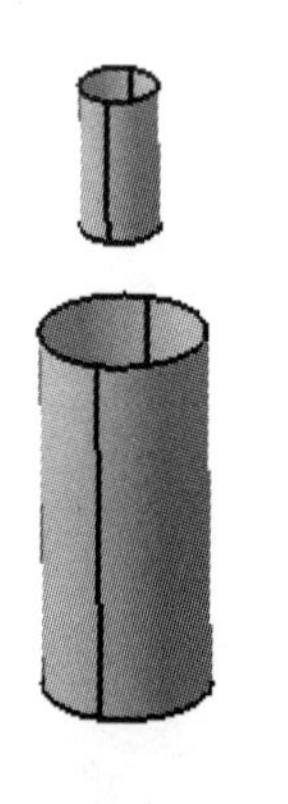

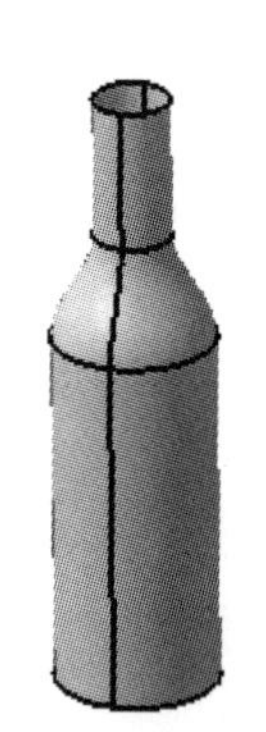

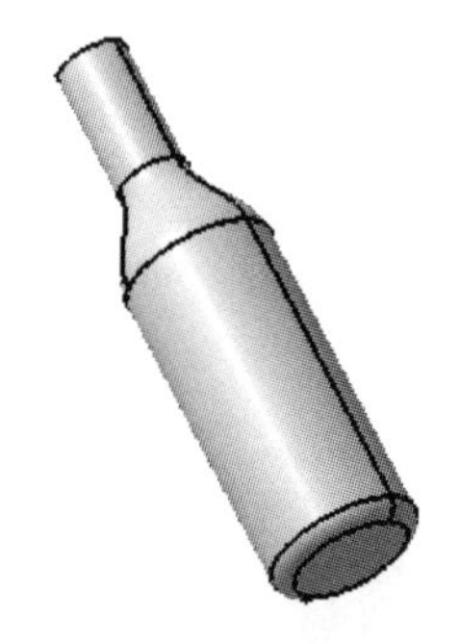

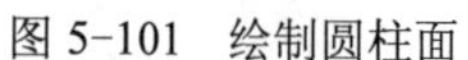

图 5-101 绘制圆柱面　　图 5-102 桥接曲面　　图 5-103 填充、倒圆角

【光盘文件】

结果文件——参见附带光盘中的“END\Ch2\5-5-1.CATPart”文件。

动画演示——参见附带光盘中的“AVI\Ch2\5-5-1.avi”文件。

【操作步骤】

[1]. 从菜单栏中选择【形状】→【创成式外形设计】，如图 5-104 所示。

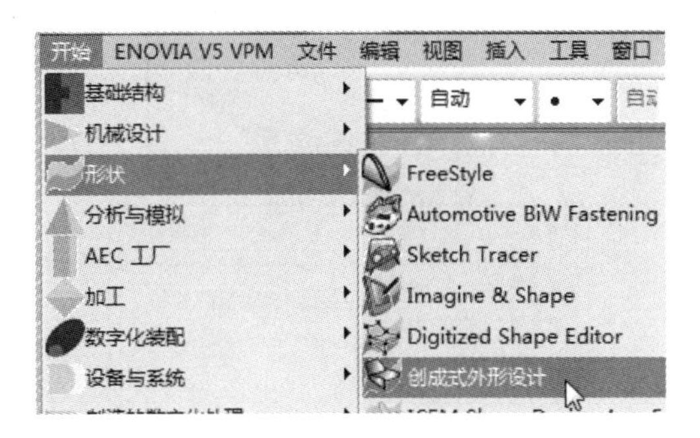

图 5-104 新建零件

[2]. 输入新建文件的文件名“5-5-1”，如图 5-105 所示。

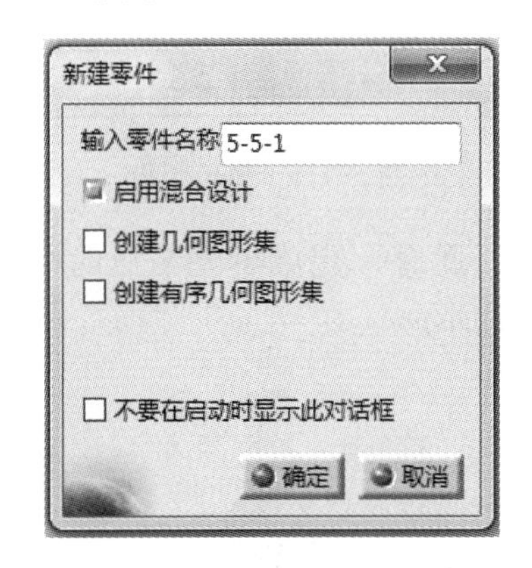

图 5-105 新建文件命名

[3]. 单击【点】按钮，利用坐标绘制点的方法绘制一个点，如图 5-106 所示。

图 5-106 创建点

[4]. 单击【圆柱面】按钮，以【点.1】为参考点，以图 5-107 所示的参数绘制一个圆柱面。

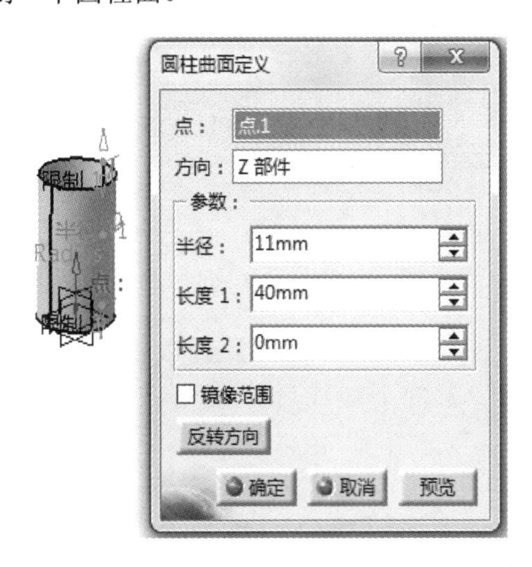

图 5-107 绘制圆柱面

[5]. 单击【圆柱面】按钮，以【点.1】参考点，以图 5-108 所示的参数绘制一个圆柱面。

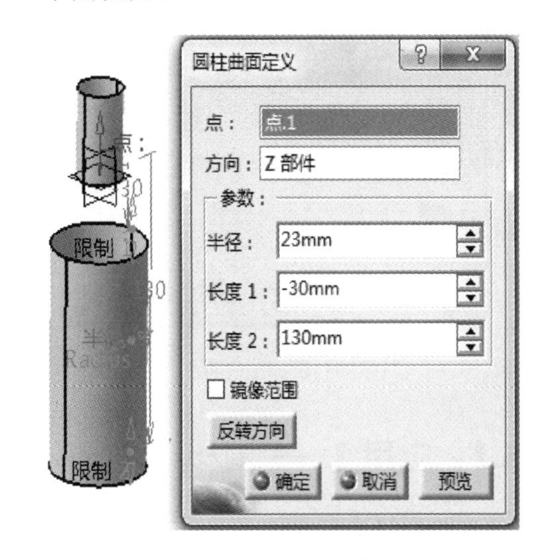

图 5-108 绘制圆柱面

[6]. 单击【桥接曲面】按钮，使用切线连续的方式连接【圆柱面.1】与【圆柱面.2】，如图 5-109 所示。

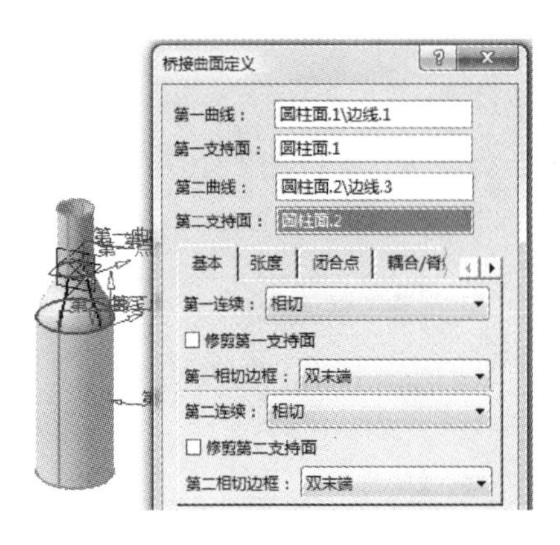

图 5-109　桥接曲面

[7]．单击【填充】按钮，对【圆柱面.2】的下边线进行填充，如图 5-110 所示。

图 5-110　填充曲面

[8]．单击【简单圆角】按钮，对【圆柱面.2】与【填充.1】进行倒圆角，圆角半径 5mm，如图 5-111 所示。

图 5-111　简单圆角

[9]．此时，完成零件酒瓶的绘制，如图 5-112 所示。

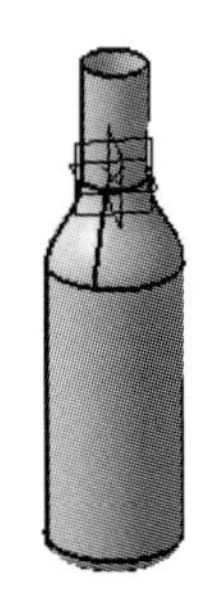

图 5-112　酒瓶

5.5.2　应用 2——围棋

【思路分析】

围棋零件图主要由球面、平面与它们之间的倒圆角构成，如图 5-113 所示。绘制此图的方法是先绘制上方的球面，然后进行填充曲面操作，最后进行倒圆角。步骤如图 5-114、图 5-115 和图 5-116 所示。

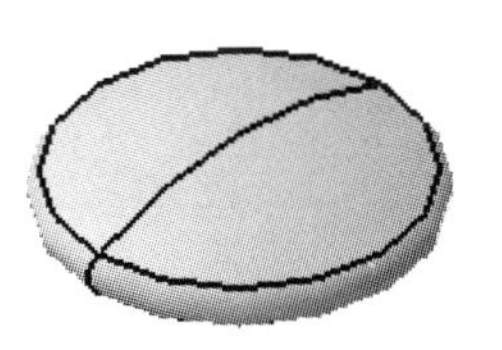

图 5-113　围棋

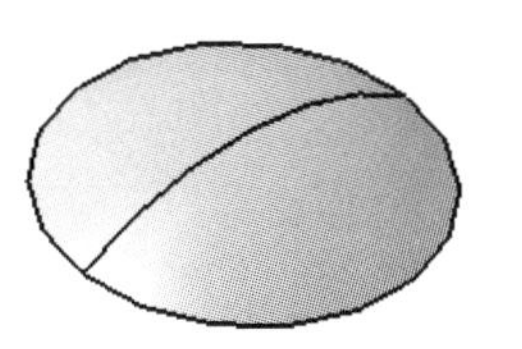

图 5-114　绘制球面

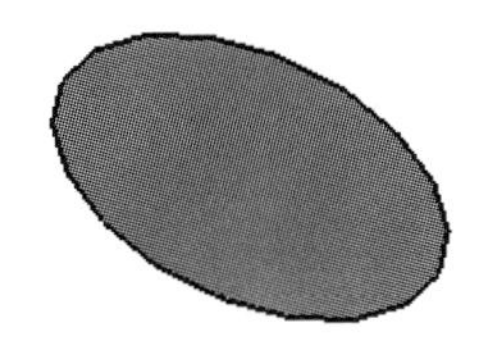

图 5-115　填充曲面

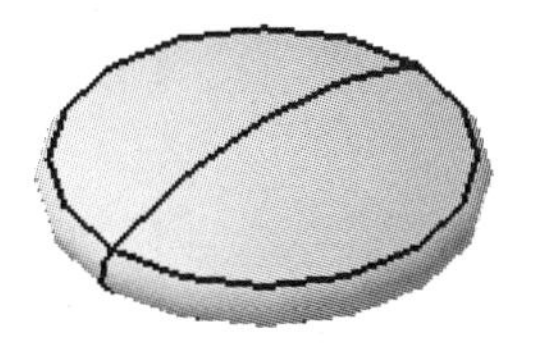

图 5-116　倒圆角

【光盘文件】

结果文件——参见附带光盘中的“**END\Ch2\5-5-2.CATPart**”文件。

动画演示——参见附带光盘中的“**AVI\Ch2\5-5-2.avi**”文件。

【操作步骤】

[1]．从菜单栏中选择【形状】→【创成式外形设计】，如图 5-117 所示。

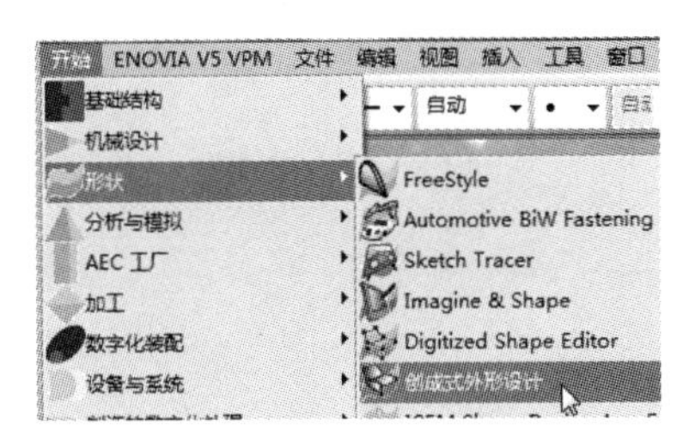

图 5-117　新建零件

[2]．输入新建文件的文件名“5-5-2”，如图 5-118 所示。

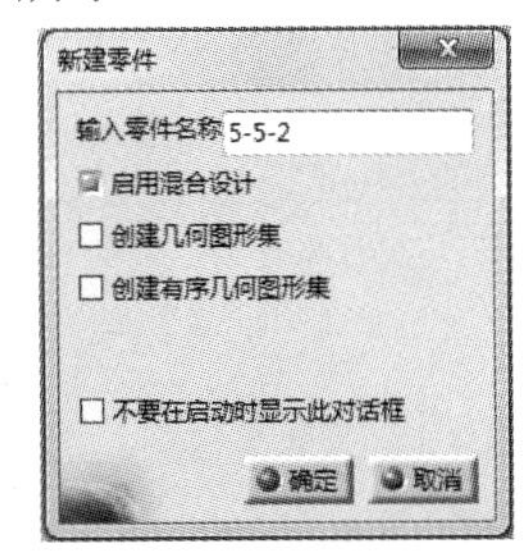

图 5-118　新建文件命名

[3]．单击【点】·按钮，利用坐标绘制点的方法绘制一个点，如图 5-119 所示。

图 5-119　创建点

[4]．单击【球面】按钮，以【点.1】为中心，以图 5-120 所示的参数绘制一个球面。

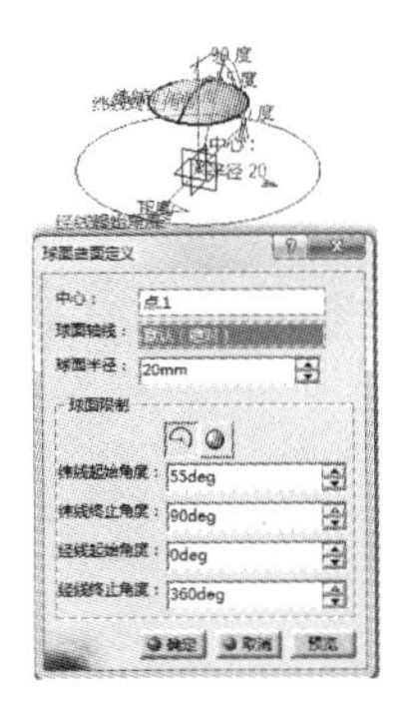

图 5-120　绘制球面

[5]. 单击【填充】按钮，对【球面.1】的边线进行填充，如图 5-121 所示。

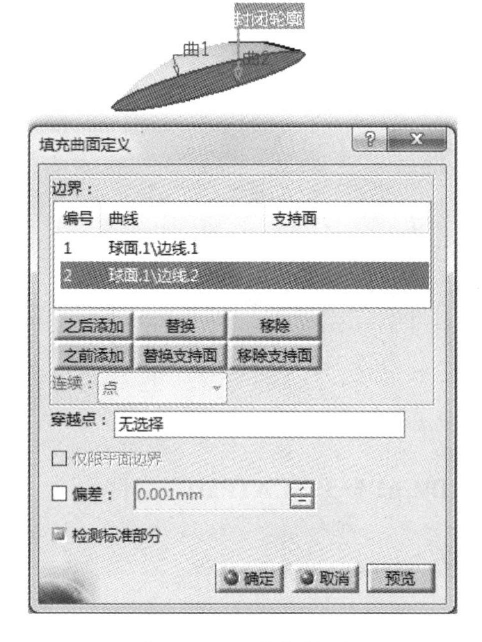

图 5-121　填充曲面

[6]. 单击【简单圆角】按钮，对【球面.1】与【填充.1】进行倒圆角，圆角半径 1mm，如图 5-122 所示。

图 5-122　简单圆角

[7]. 此时，完成零件围棋的绘制。如图 5-123 所示。

图 5-123　围棋

5.5.3　应用 3——碟子

【思路分析】

碟子零件图主要由呈椭圆状的曲面、平面与它们之间的倒圆角构成，如图 5-124 所示。绘制此图的方法是先通过扫掠绘制椭圆曲面，然后进行填充曲面操作，最后进行倒圆角。步骤如图 5-125、图 5-126 和图 5-127 所示。

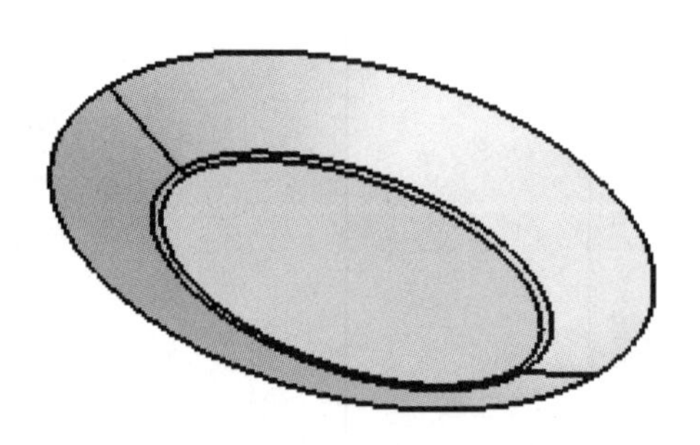

图 5-124　碟子

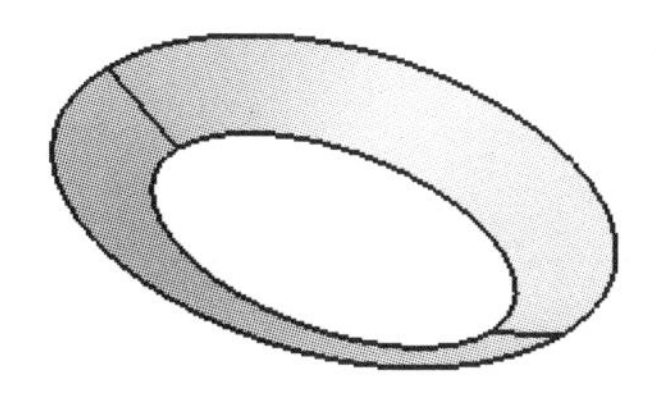

图 5-125　扫掠

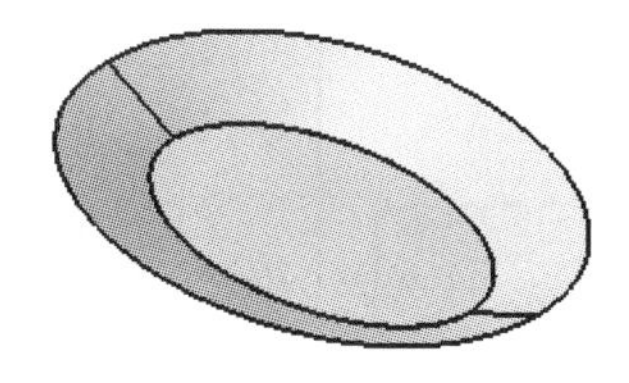

图 5-126　填充曲面

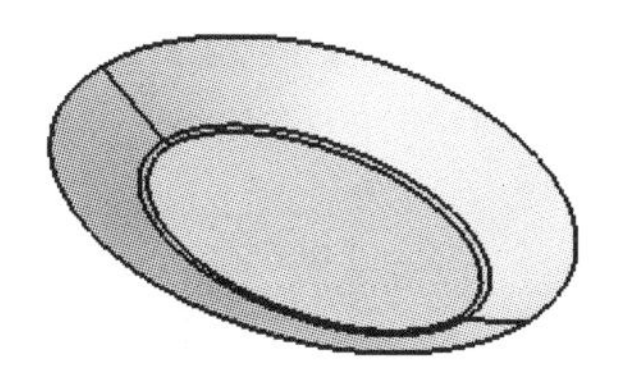

图 5-127　倒圆角

【光盘文件】

——参见附带光盘中的“**END\Ch2\5-5-3.CATPart**”文件。

——参见附带光盘中的“**AVI\Ch2\5-5-3.avi**”文件。

【操作步骤】

[1]. 从菜单栏中选择【形状】→【创成式外形设计】，如图 5-128 所示。

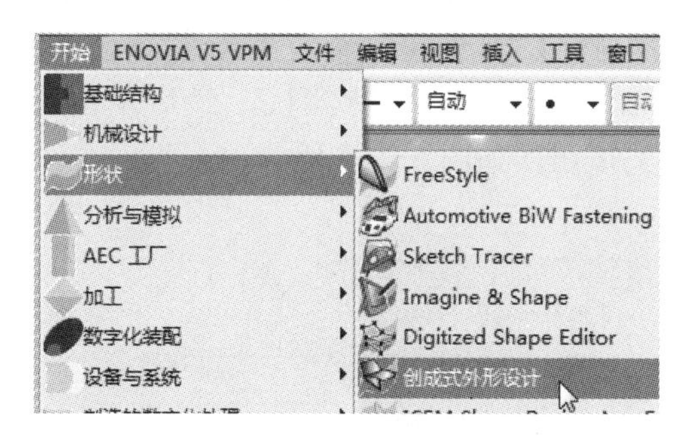

图 5-128　新建零件

[2]. 输入新建文件的文件名“5-5-3”，如图 5-129 所示。

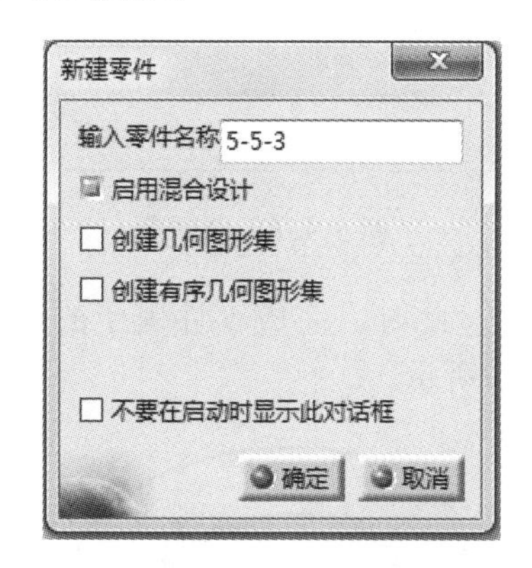

图 5-129　新建文件命名

[3]. 单击工具栏中的【草图】按钮，然后选择【yz 平面】，如图 5-130 所示。

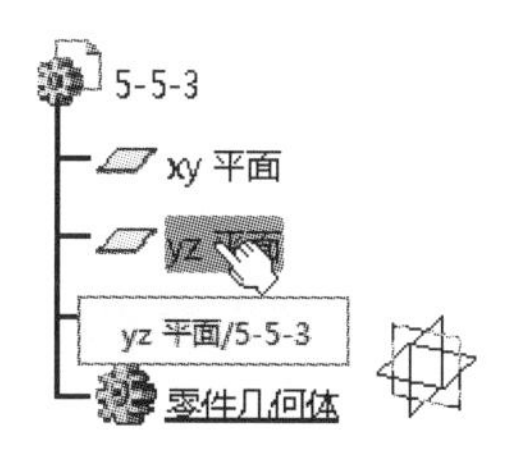

图 5-130　选择参考平面

[4]. 在草图设计环境中绘制一个如图 5-131 所示的图形，然后退出草图设计环境。

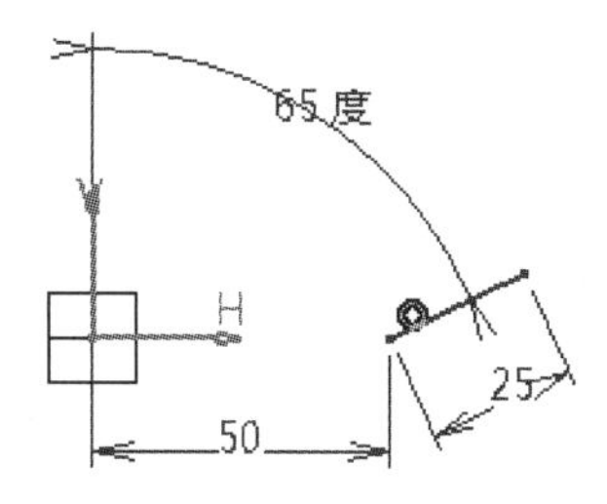

图 5-131　绘制草图

[5]. 单击工具栏中的【草图】按钮，然后选择【xy 平面】，如图 5-132 所示。

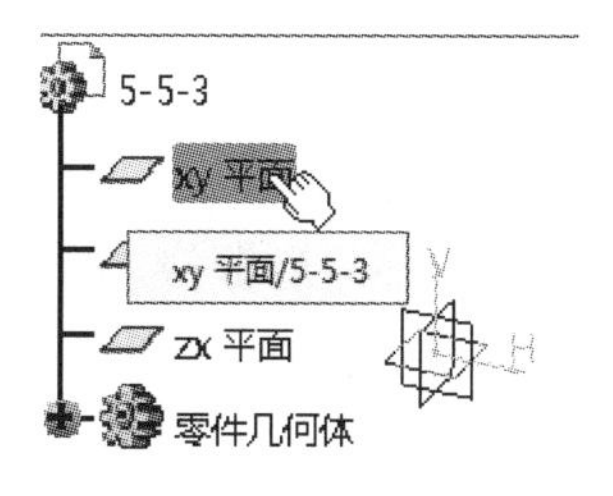

图 5-132　选择参考平面

[6]．单击【椭圆】按钮，绘制一个如图 5-133 所示的椭圆，然后退出草图。

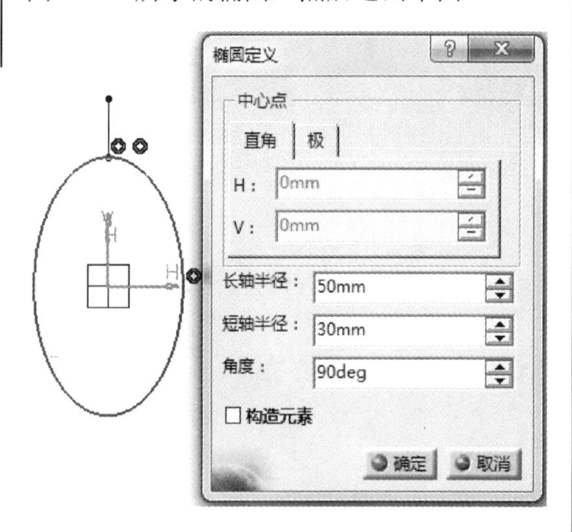

图 5-133　绘制椭圆

[7]．单击【扫掠】按钮，使用【显式】轮廓类型，【使用参考曲面】的子类型。如图 5-134 所示选中【轮廓】与【引导曲线】，其余参数保持默认值，最后单击【确定】按钮。

图 5-134　扫掠曲面

[8]．单击【填充】按钮，对【草图.2】进行填充，形成曲面，如图 5-135 所示。

图 5-135　填充曲面

[9]．单击【简单圆角】按钮，在【支持面 1】中选择【扫掠.1】，在【支持面 2】中选择【填充.1】，在【半径】中输入 5mm，其余选项保持默认，最后单击【确定】按钮，如图 5-136 所示。

图 5-136　倒圆角

[10]．此时，完成零件碟子的绘制，如图 5-137 所示。

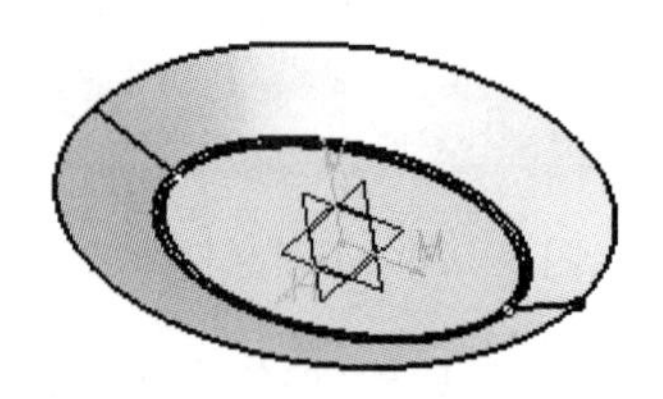

图 5-137　碟子

5.6 能力▪提高

本节以三个典型的案例，进一步深入演示曲面设计的方法。

5.6.1 案例 1——轴承

【思路分析】

轴承零件图主要由圆柱面、平面与球面构成，如图 5-138 所示。绘制此图的方法是先绘制轴承的内外框架，然后绘制球面即可。步骤如图 5-139 和图 5-140 所示。

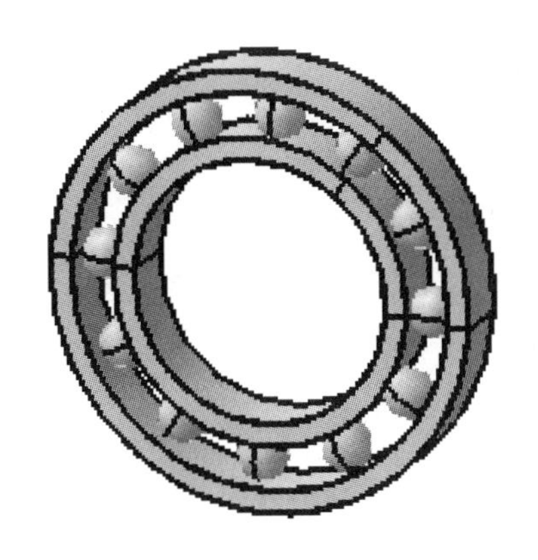

图 5-138　轴承

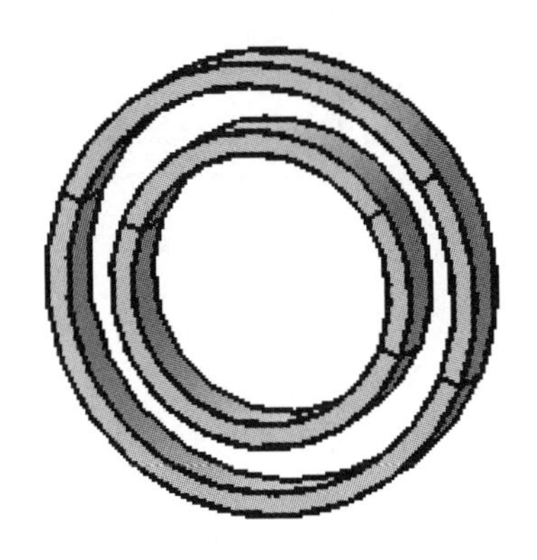

图 5-139　绘制内外框架

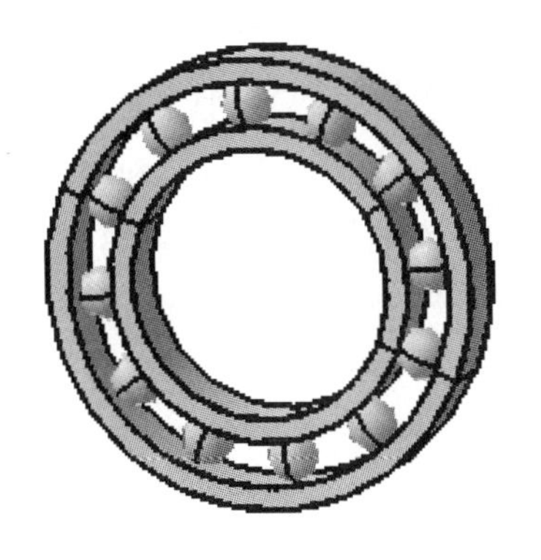

图 5-140　绘制球面

【光盘文件】

结果文件——参见附带光盘中的“END\Ch2\5-6-1.CATPart”文件。

动画演示——参见附带光盘中的“AVI\Ch2\5-6-1.avi”文件。

【操作步骤】

[1]．从菜单栏中选择【形状】→【创成式外形设计】，如图 5-141 所示。

图 5-141　新建零件

[2]．输入新建文件的文件名“5-6-1”，如图 5-142 所示。

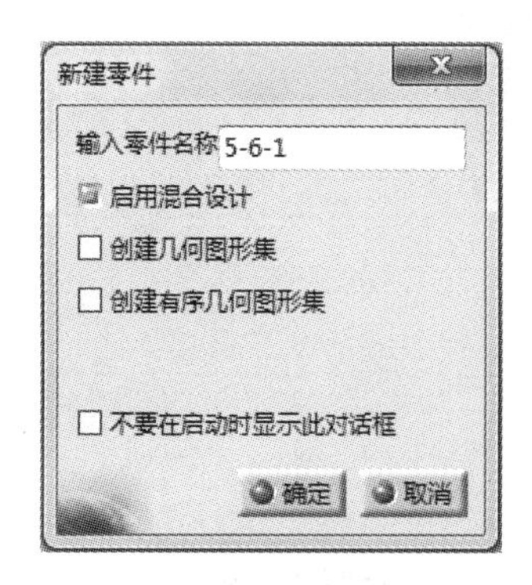

图 5-142　新建文件命名

[3]．单击【点】按钮，利用坐标绘制点的方法绘制一个点，如图 5-143 所示。

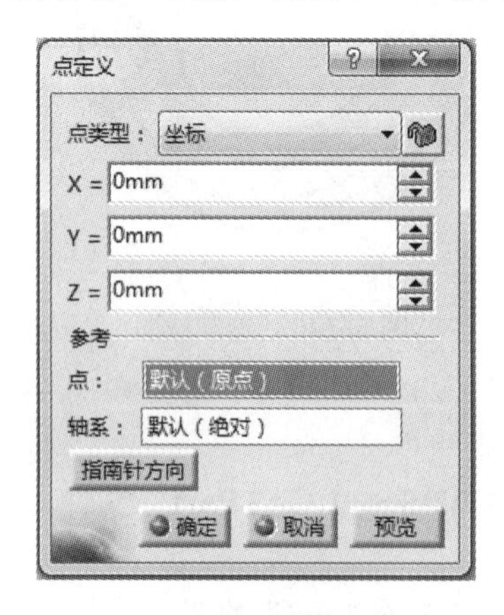

图 5-143　创建点

[4]．单击【圆柱面】按钮，以【点.1】为参考点绘制如图 5-144 所示的圆柱面。

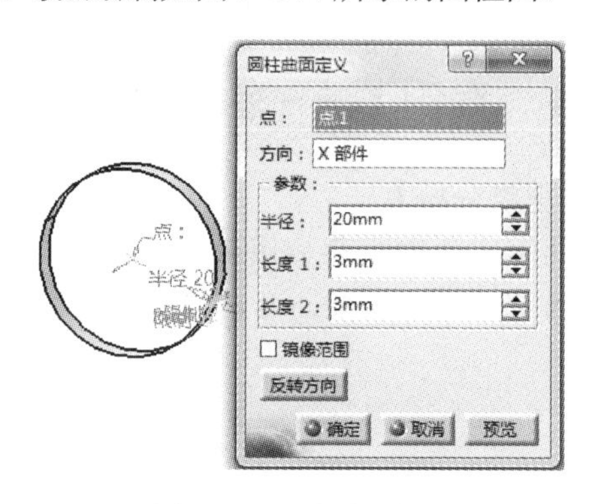

图 5-144　绘制圆柱面

[5]．单击【圆柱面】按钮，以【点.1】为参考点绘制如图 5-145 所示的圆柱面。

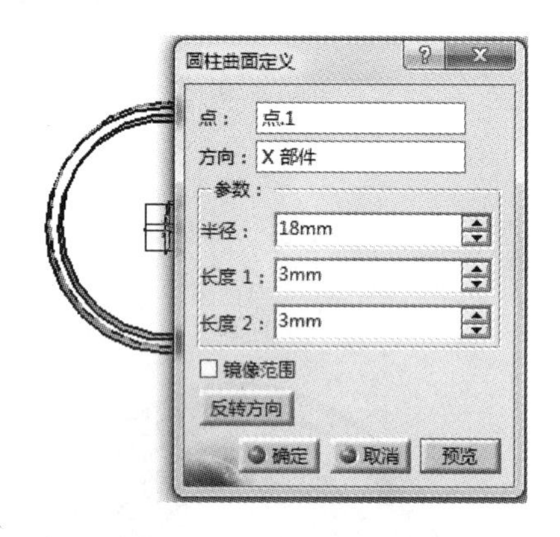

图 5-145　选择参考平面

[6]．单击【桥接曲面】按钮，利用【圆柱面.1】和【圆柱面.2】的边线进行桥接形成曲面，如图 5-146 所示。

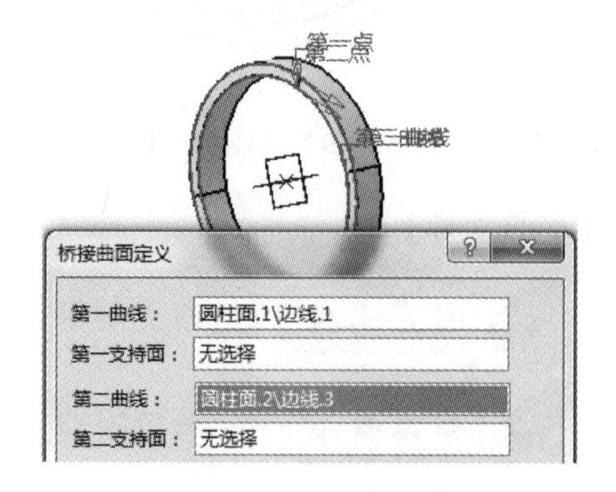

图 5-146　桥接曲面

[7]. 单击【桥接曲面】按钮，对【圆柱面.1】和【圆柱面.2】的另外两条边线进行桥接形成曲面，如图 5-147 所示。

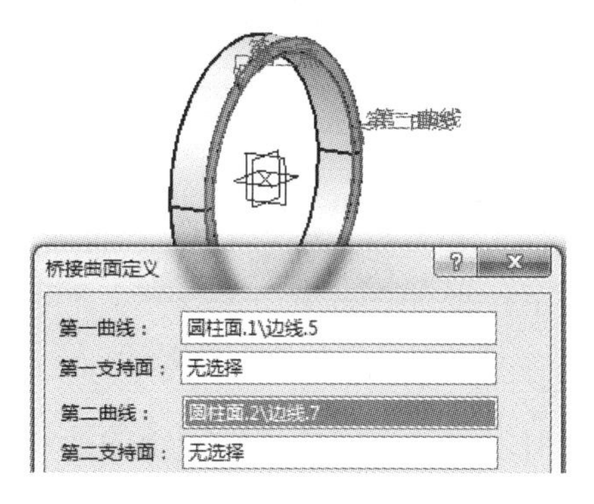

图 5-147　桥接曲面

[8]. 单击【圆柱面】按钮，以【点.1】为参考点绘制如图 5-148 所示的圆柱面。

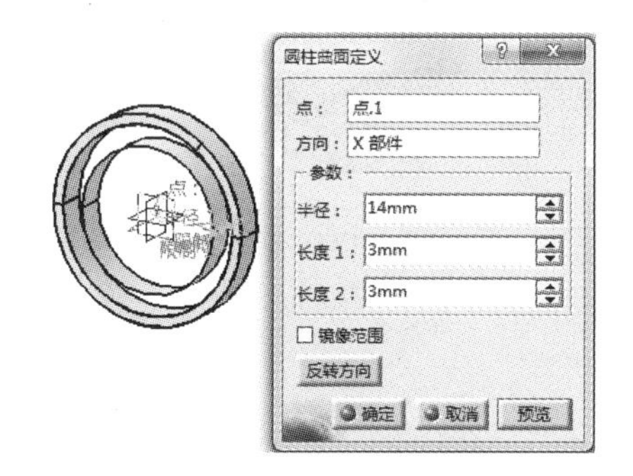

图 5-148　绘制圆柱面

[9]. 单击【圆柱面】按钮，以【点.1】为参考点绘制如图 5-149 所示的圆柱面。

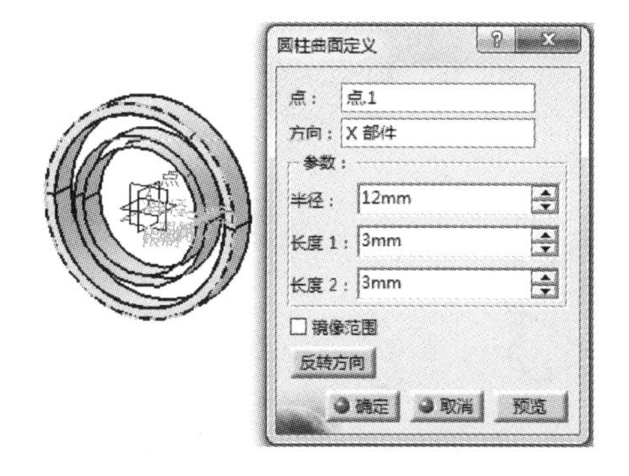

图 5-149　绘制圆柱面

[10]. 单击【桥接曲面】按钮，对【圆柱面.3】和【圆柱面.4】的两条边线分别进行桥接形成曲面，如图 5-150 所示。

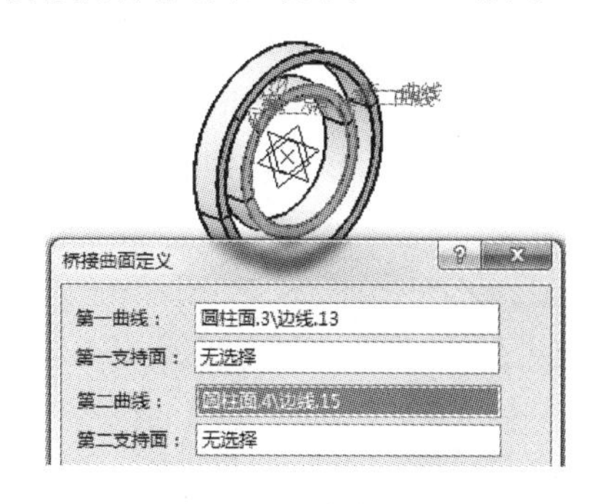

图 5-150　桥接曲面

[11]. 单击【点】按钮，利用坐标绘制点的方法绘制一个点，如图 5-151 所示。

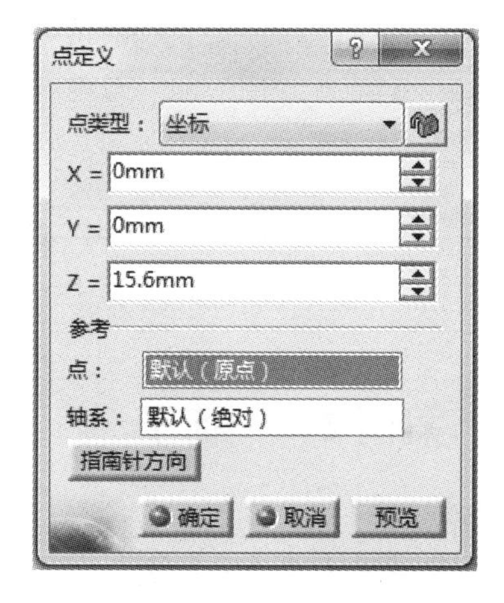

图 5-151　创建点

[12]. 单击【球面】按钮，以【点.2】为中心创建一个完整球面，球面半径为 2.5mm。如图 5-152 所示。

图 5-152　绘制球面

[13]．单击【旋转】按钮，令【球面.1】绕 x 轴旋转 30°，并选中【确定后重复对象】复选框，如图 5-153 所示，然后单击【确定】按钮。在弹出的对话框中，输入 10，再单击【确定】按钮，如图 5-154 所示。

图 5-153 旋转

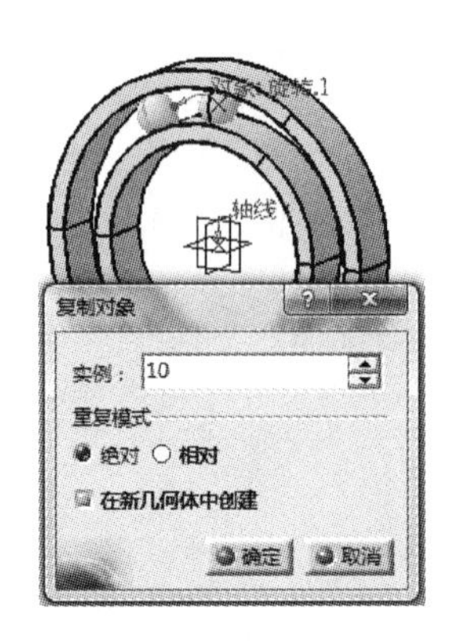

图 5-154 复制对象

[14]．此时，完成零件轴承的绘制，如图 5-155 所示。

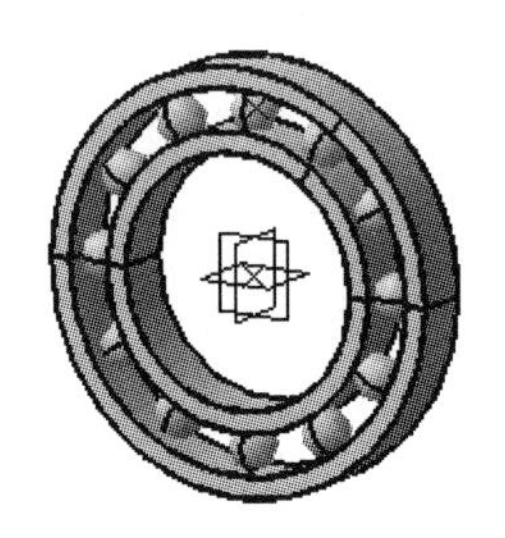

图 5-155 轴承

5.6.2 案例 2——椅子

【思路分析】

椅子零件图主要由一个大曲面与一根圆管构成，如图 5-156 所示。绘制此图的方法是先绘制大曲面，然后通过扫掠绘制圆管即可。步骤如图 5-157 和图 5-158 所示。

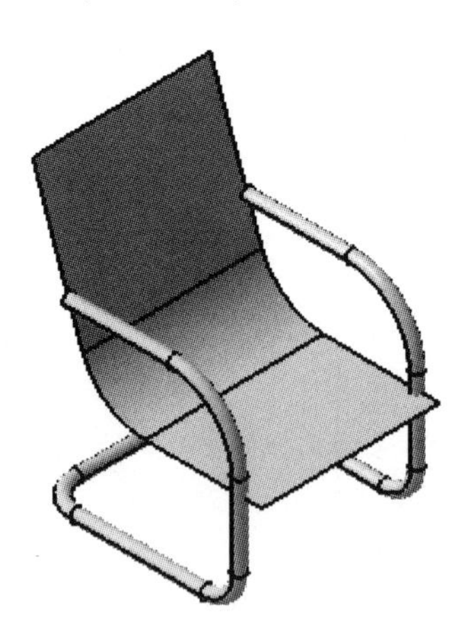

图 5-156 椅子

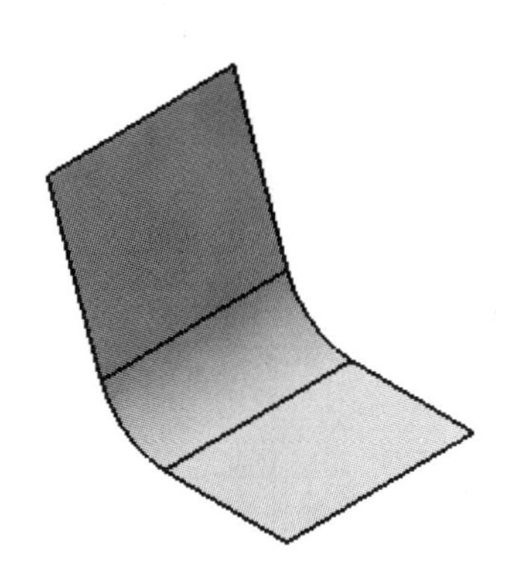
图 5-157　绘制曲面

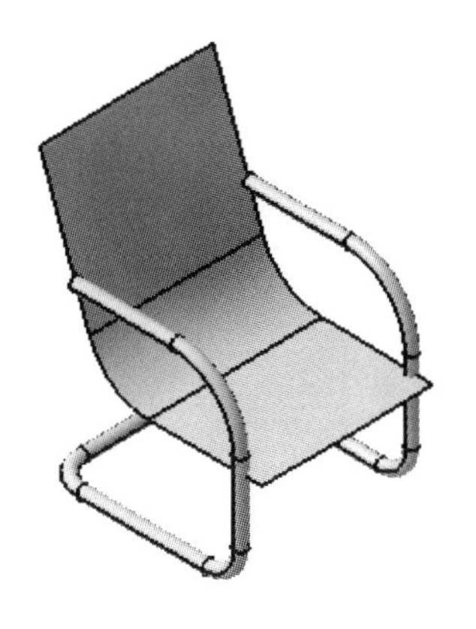
图 5-158　扫掠曲面

【光盘文件】

结果文件——参见附带光盘中的“END\Ch2\5-6-2.CATPart”文件。

动画演示——参见附带光盘中的“AVI\Ch2\5-6-2.avi”文件。

【操作步骤】

[1]．从菜单栏中选择【形状】→【创成式外形设计】，如图 5-159 所示。

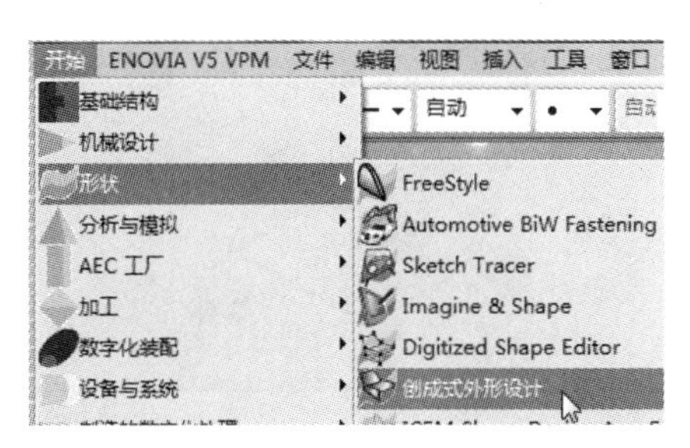

图 5-159　新建零件

[2]．输入新建文件的文件名“5-6-2”，如图 5-160 所示。

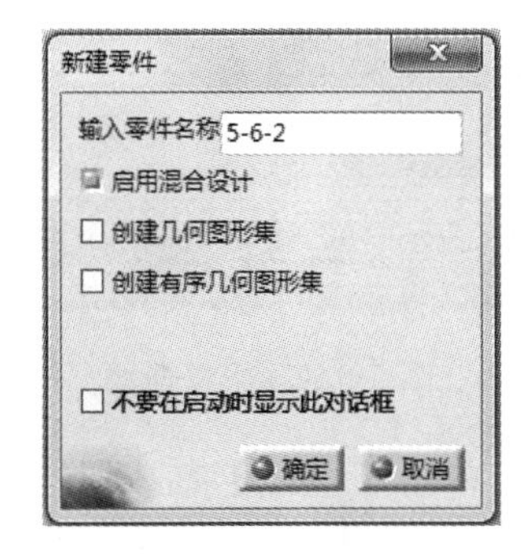

图 5-160　新建文件命名

[3]．单击工具栏中的【草图】按钮，然后选择【yz 平面】，如图 5-161 所示。

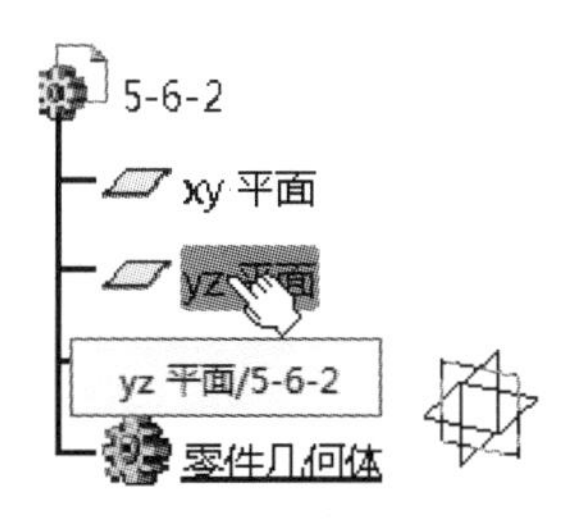

图 5-161　选择参考平面

[4]．在草图设计环境中绘制出如图 5-162 所示的图形，然后退出草图设计环境。

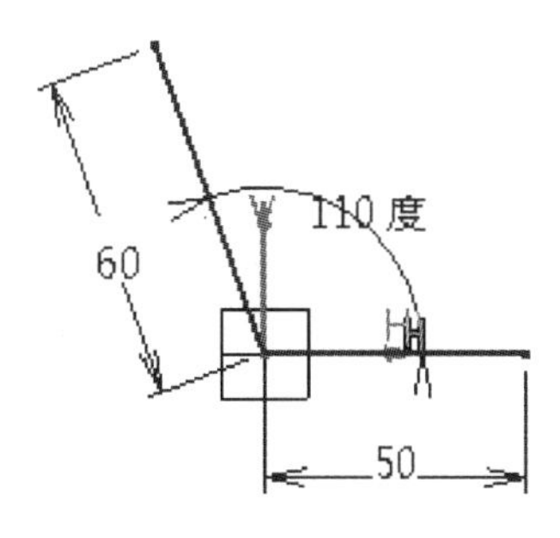

图 5-162　绘制草图

[5]．单击【拉伸】按钮，将【草

图.1】沿 x 轴正方向拉伸 55mm，如图 5-163 所示。

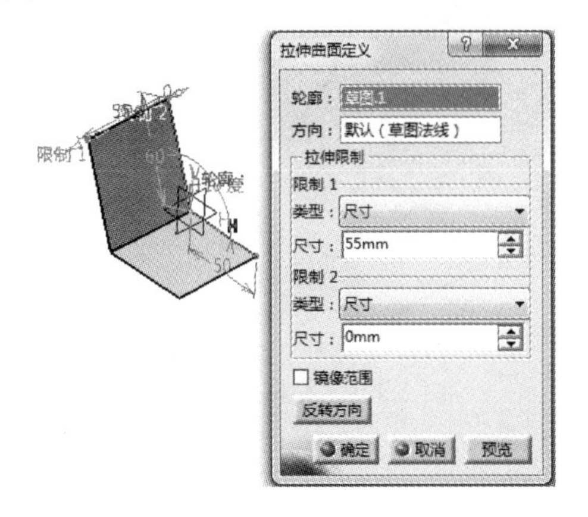

图 5-163 拉伸曲面

[6]. 单击【倒圆角】按钮，对【拉伸.1】倒圆角，圆角半径为 20mm，如图 5-164 所示。

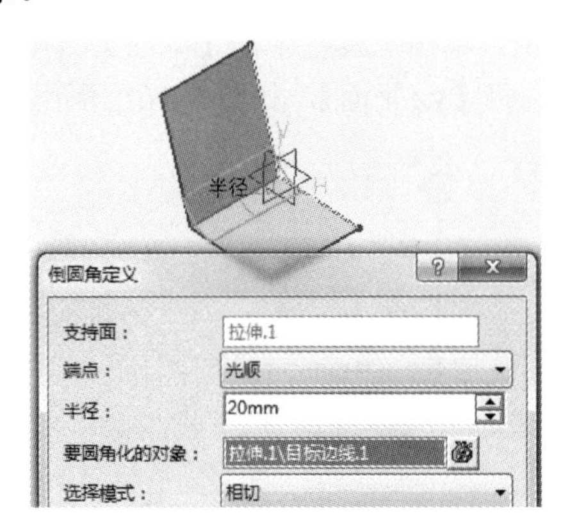

图 5-164 倒圆角

[7]. 单击工具栏中的【草图】按钮，然后选择【yz 平面】，如图 5-165 所示。

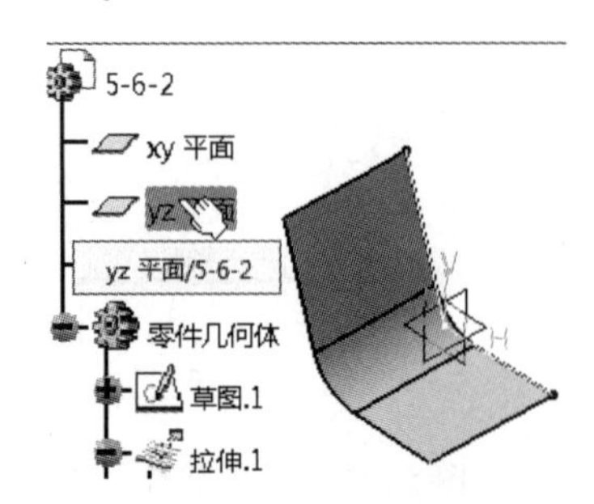

图 5-165 选择参考平面

[8]. 在草图设计环境中绘制出如图 5-166 所示的图形，然后退出草图设计环境。

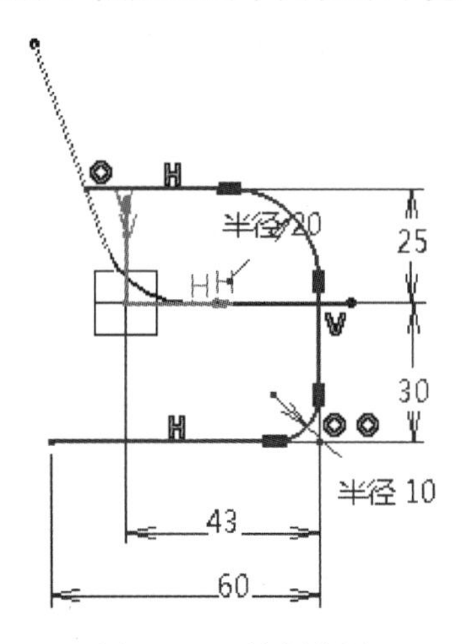

图 5-166 绘制草图

[9]. 单击【平移】按钮，令【草图.2】沿 x 轴正方向移动 55mm，如图 5-167 所示。

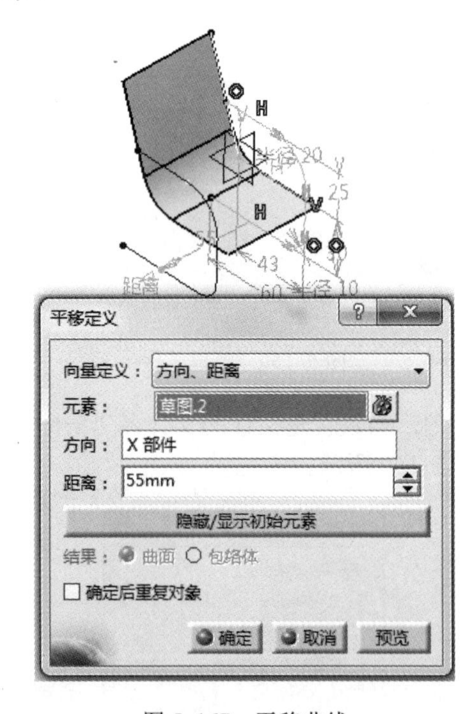

图 5-167 平移曲线

[10]. 单击【直线】按钮，连接【草图.2】和【平移.1】，如图 5-168 所示。

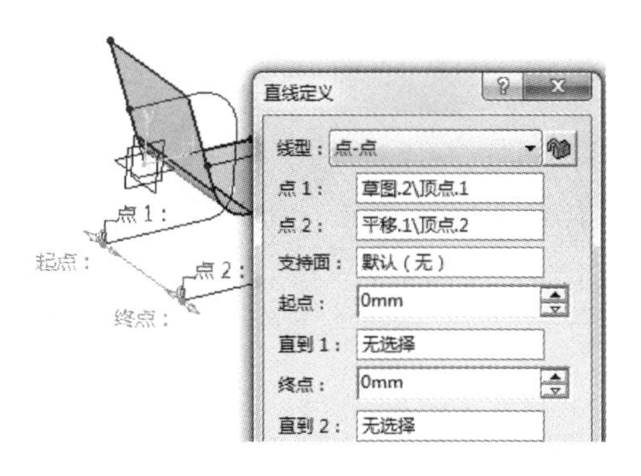

图 5-168　创建直线

[11]. 单击【圆角】按钮，对曲线的两处棱角进行倒圆角，圆角半径均为10mm，如图 5-169 所示。

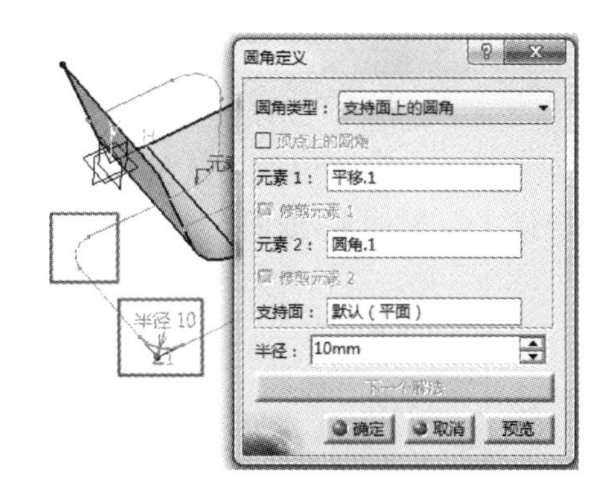

图 5-169　倒圆角

[12]. 单击【扫掠】按钮，选择【圆】轮廓类型，选择【圆心和半径】子类型，选择【圆角.2】为中心曲线，在【半径】中输入 2mm，其余保持默认值，然后单击【确定】按钮，如图 5-170 所示。

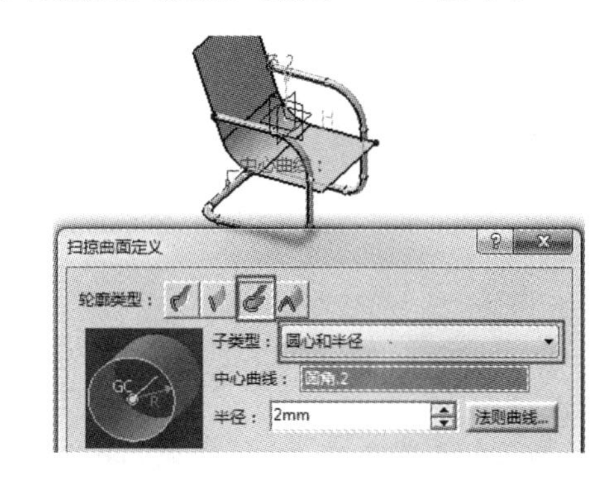

图 5-170　扫掠曲面

[13]. 此时，完成零件椅子的绘制，如图 5-171 所示。

图 5-171　椅子

5.6.3　案例 3——酒杯

【思路分析】

酒杯零件图主要由旋转曲面与两个多截面曲面构成，如图 5-172 所示。绘制此图的方法是先绘制上方的旋转曲面，然后绘制两个多截面曲面即可。步骤如图 5-173、图 5-174 和图 5-175 所示。

图 5-172　酒杯

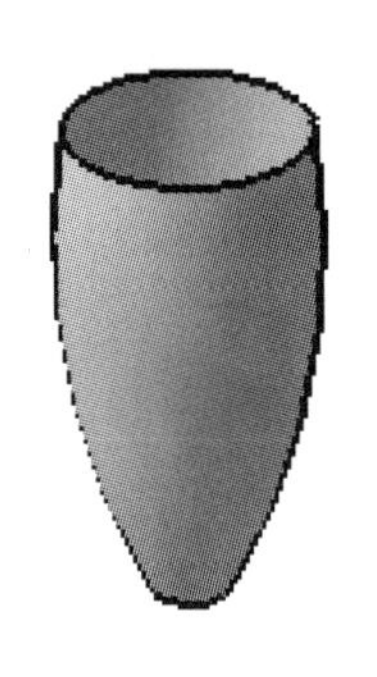

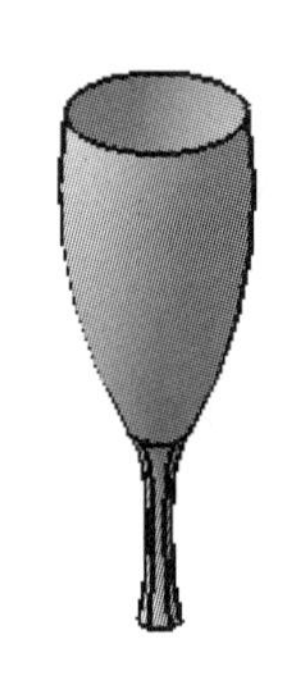

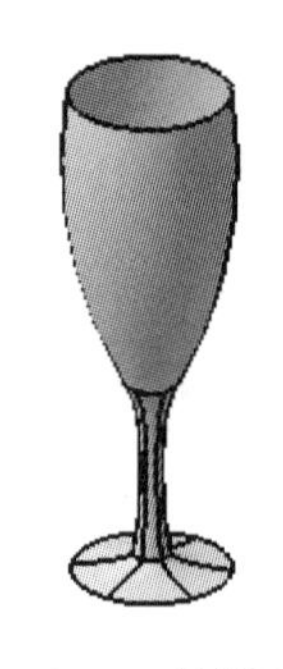

图 5-173　旋转曲面　　图 5-174　多截面曲面　　图 5-175　多截面曲面

【光盘文件】

结果文件——参见附带光盘中的“END\Ch2\5-6-3.CATPart”文件。

动画演示——参见附带光盘中的“AVI\Ch2\5-6-3.avi”文件。

【操作步骤】

[1]．从菜单栏中选择【形状】→【创成式外形设计】，如图 5-176 所示。

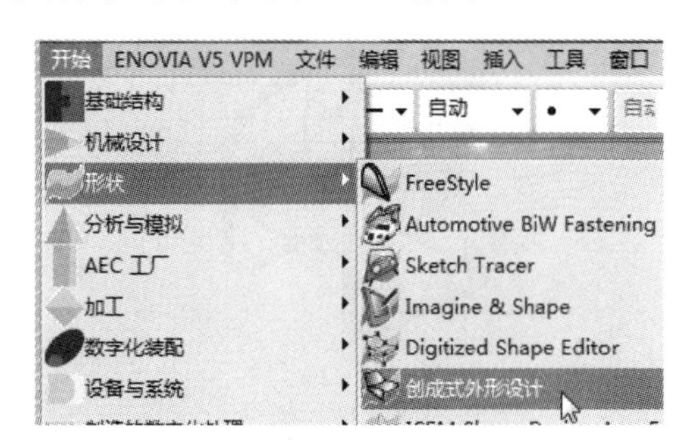

图 5-176　新建零件

[2]．输入新建零件文件的文件名“5-6-3”，如图 5-177 所示。

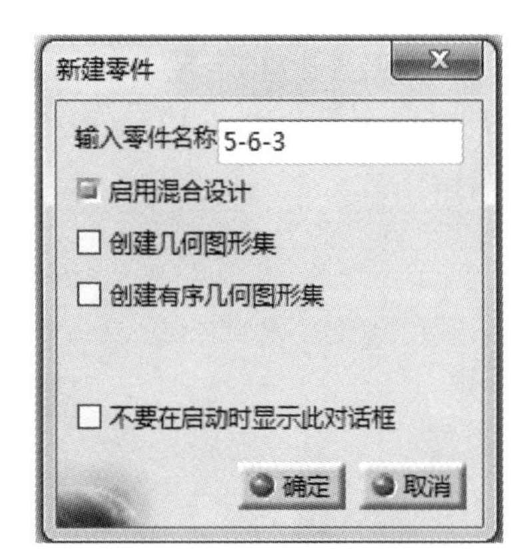

图 5-177　新建文件命名

[3]．单击工具栏中的【草图】按钮，然后选择【yz 平面】，如图 5-178 所示。

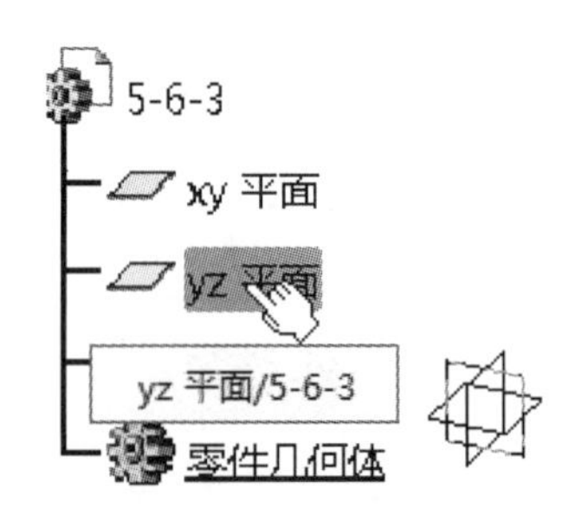

图 5-178　选择参考平面

[4]．在草图设计环境中绘制出如图 5-179 所示的圆弧，然后退出草图设计环境。

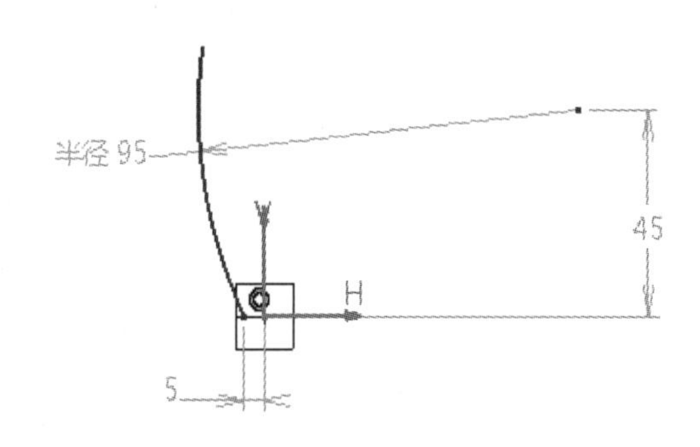

图 5-179　绘制草图

[5]．单击【旋转】按钮，令【草图.1】沿 z 轴旋转，参数如图 5-180 所示。

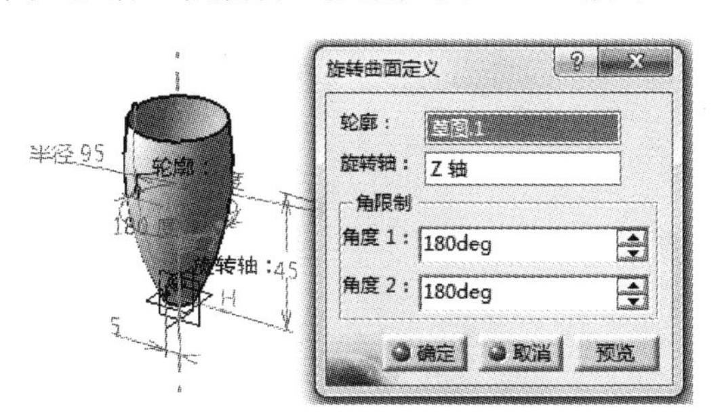

图 5-180 旋转曲面

[6]．单击【平面】按钮，令【xy 平面】往 z 轴反方向偏移 35mm，如图 5-181 所示。

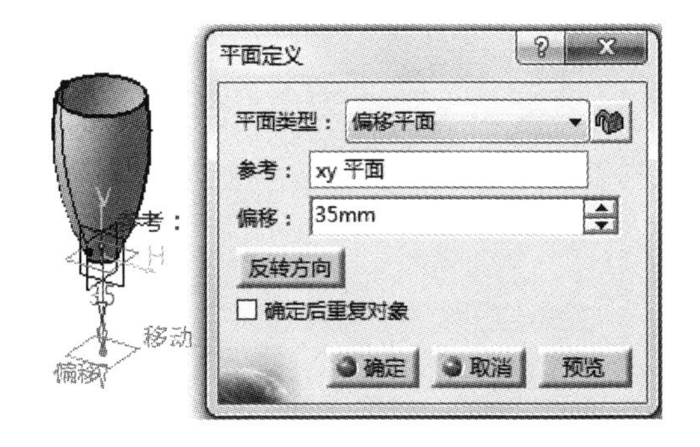

图 5-181 偏移平面

[7]．单击【草图】按钮，然后选择【平面.1】进入草图设计环境，如图 5-182 所示。

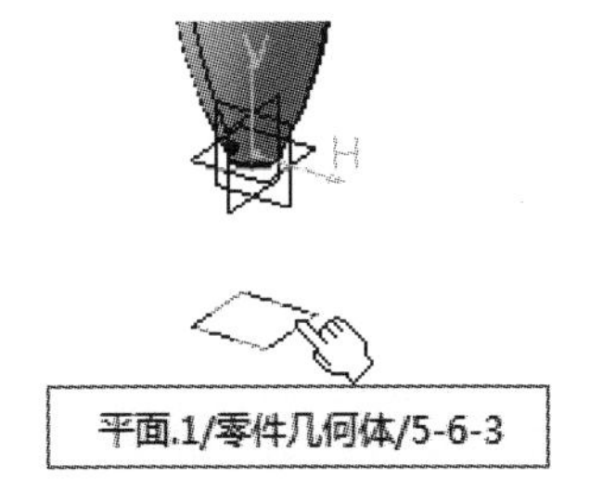

图 5-182 选择参考平面

[8]．在草图设计环境中绘制出一个直径为 7mm 的圆，如图 5-183 所示。然后退出草图设计环境。

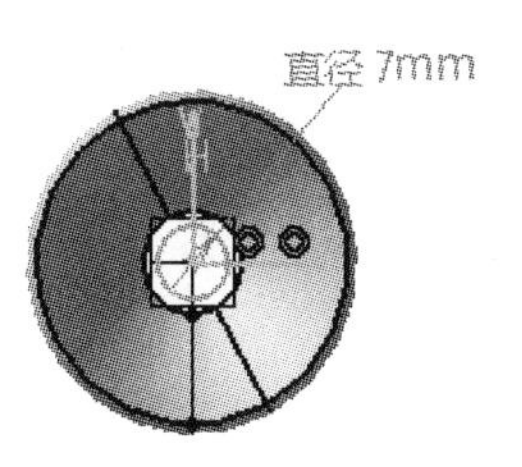

图 5-183 绘制草图

[9]．单击【平面】按钮，令【xy 平面】沿 z 轴反方向偏移 35mm，如图 5-184 所示。

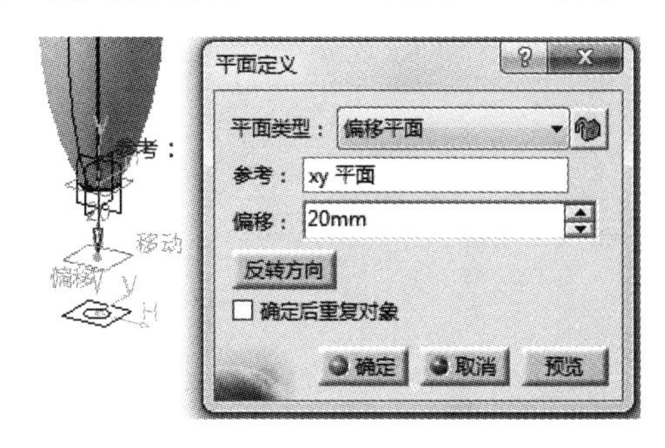

图 5-184 偏移平面

[10]．单击【草图】按钮，然后选择【平面.2】进入草图设计环境，如图 5-185 所示。

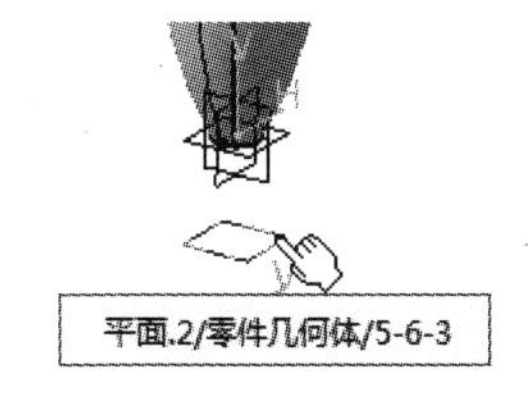

图 5-185 选择参考平面

[11]．在草图设计环境中绘制出一个直径为 4mm 的圆，如图 5-186 所示。然后退出草图设计环境。

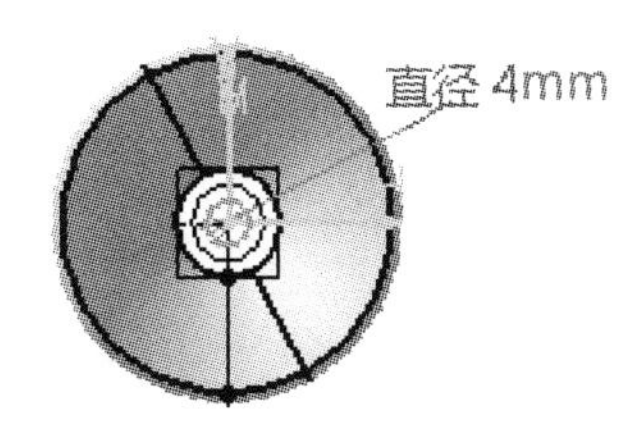

图 5-186 倒圆角

[12]．单击【多截面曲面】按钮，依次选择旋转曲面的下边线、【旋转曲面.1】、【草图.3】和【草图.2】，然后单击【确定】按钮，如图 5-187 所示。

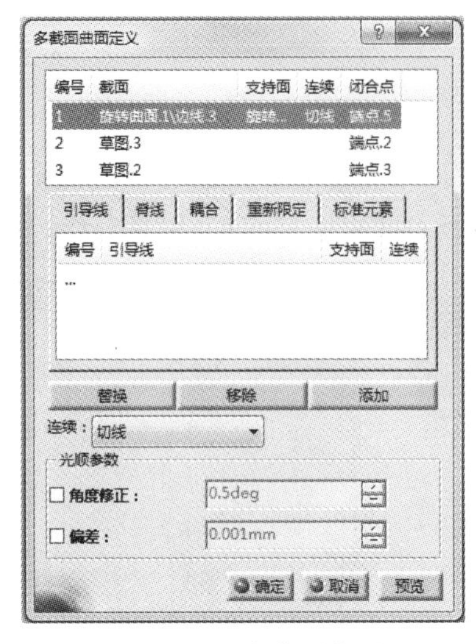

图 5-187　多截面曲面

[13]．单击【平面】按钮，令【平面.1】沿 z 轴反方向偏移 3mm，如图 5-188 所示。

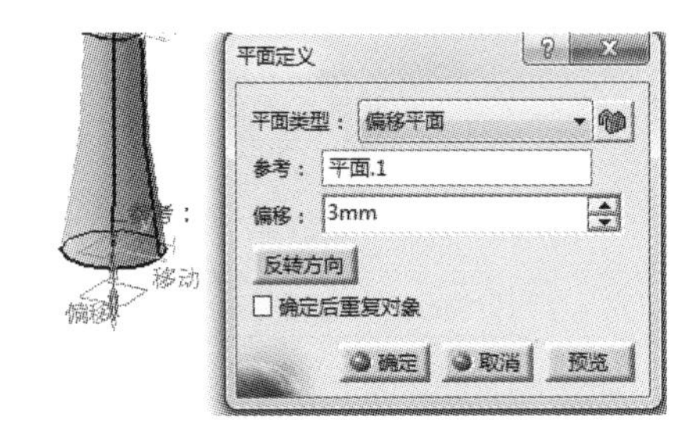

图 5-188　偏移平面

[14]．单击【草图】按钮，然后选择【平面.3】进入草图设计环境，如图 5-189 所示。

图 5-189　选择参考平面

[15]．在草图设计环境中绘制出一个直径 4mm 的圆，如图 5-190 所示。然后退出草图设计环境。

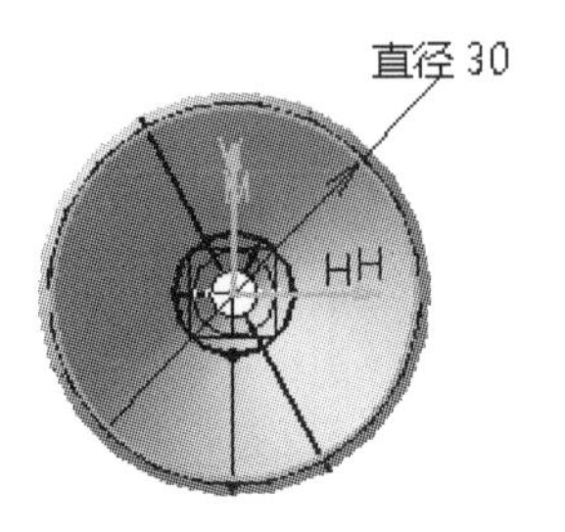

图 5-190　绘制草图

[16]．单击【多截面曲面】按钮，依次选择【草图.2】、【多截面曲面.1】和【草图.4】，然后单击【确定】按钮，如图 5-191 所示。

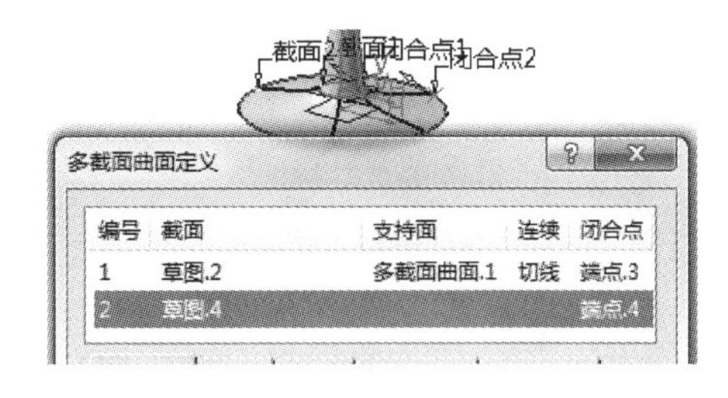

图 5-191　多截面曲面

[17]．此时，完成零件酒杯的绘制，如图 5-192 所示。

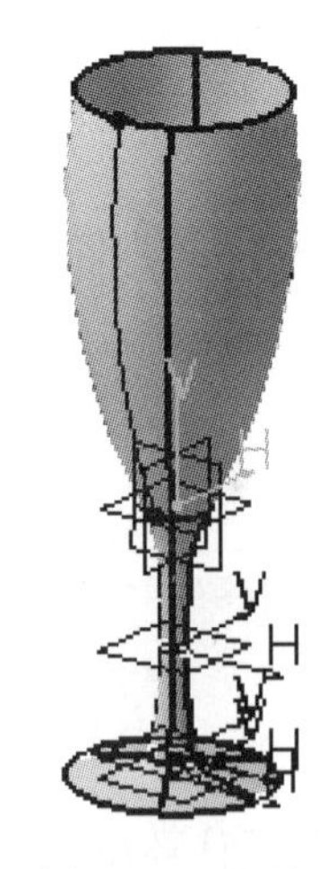

图 5-192　酒杯

5.7　习题▪巩固

本节以三个较复杂的图形，供读者练习，以进一步深入巩固曲面设计的方法以及熟悉设计工具。

5.7.1　习题 1——水桶

图 5-193　水桶

【光盘文件】

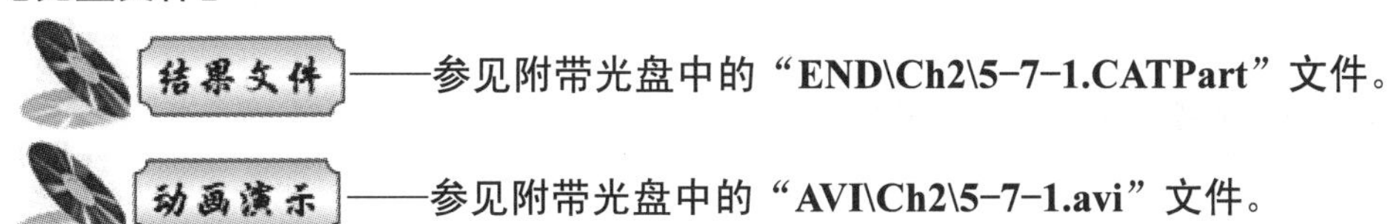

——参见附带光盘中的“**END\Ch2\5-7-1.CATPart**”文件。

——参见附带光盘中的“**AVI\Ch2\5-7-1.avi**”文件。

5.7.2　习题 2——盆景

图 5-194　盆景

【光盘文件】

结果文件——参见附带光盘中的“END\Ch2\5-7-2.CATPart”文件。

动画演示——参见附带光盘中的“AVI\Ch2\5-7-2.avi”文件。

5.7.3 习题 3——洗发水瓶

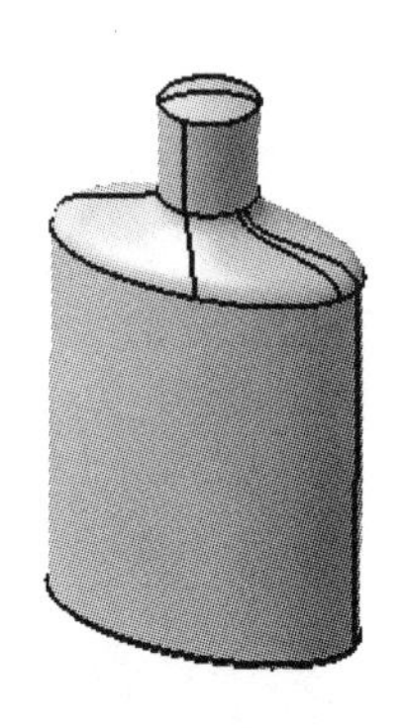

图 5-195 洗发水瓶

【光盘文件】

结果文件——参见附带光盘中的“END\Ch2\5-7-3.CATPart”文件。

动画演示——参见附带光盘中的“AVI\Ch2\5-7-3.avi”文件。

第 6 章　曲线曲面的编辑

前面的章节介绍了线框和曲面的创建，但有时直接创建出来的曲线和曲面无法满足用户要求，于是要对创建出来的曲线和曲面进行编辑，包括分割、接合等操作。本章将主要介绍曲线和曲面编辑与修改的方法与技巧。

本讲内容

- 实例▪知识点——分割平面、胶囊、弯曲支架、曲面分析
- 元素的编辑与修改
- 元素的变换操作
- 曲线与曲面的分析
- 要点▪应用——双层支架、盖板、曲面支架
- 能力▪提高——铭牌安装板、水管卡扣、长尾夹
- 习题▪巩固——书夹、平板支架、防尘盖

6.1　实例▪知识点——分割平面

【思路分析】

分割平面零件为一个中间有 90° 异形孔的片体，如图 6-1 所示。绘制此零件的方法是：先绘制 90° 的平面，然后绘制中间孔的线框，最后对片体进行分割。步骤如图 6-2、图 6-3 和图 6-4 所示。

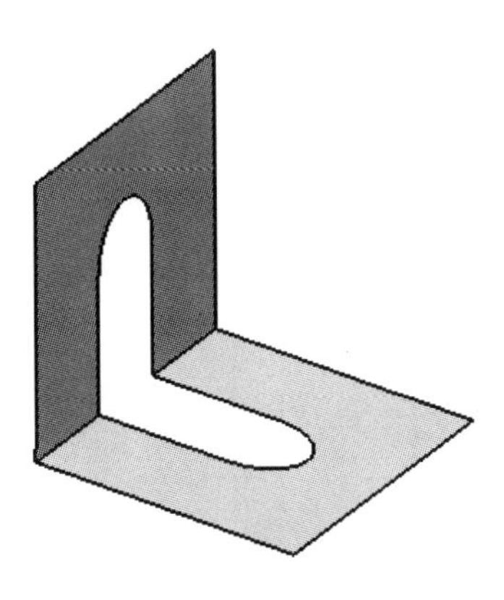

图 6-1　分割平面

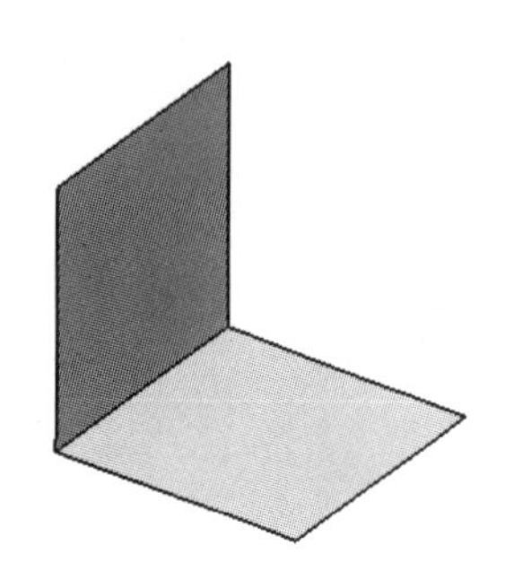

图 6-2　绘制片体

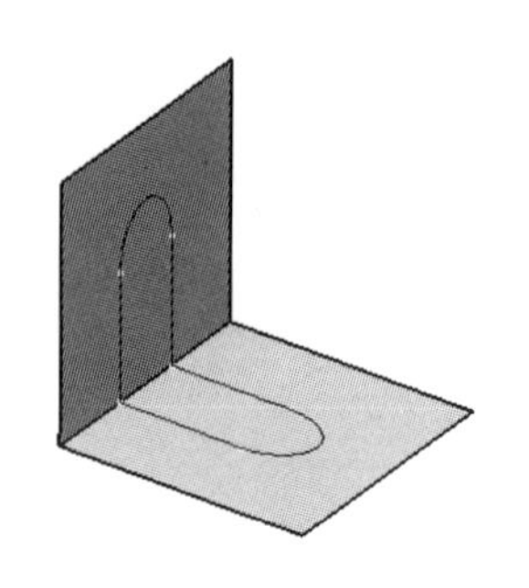

图 6-3　绘制线框

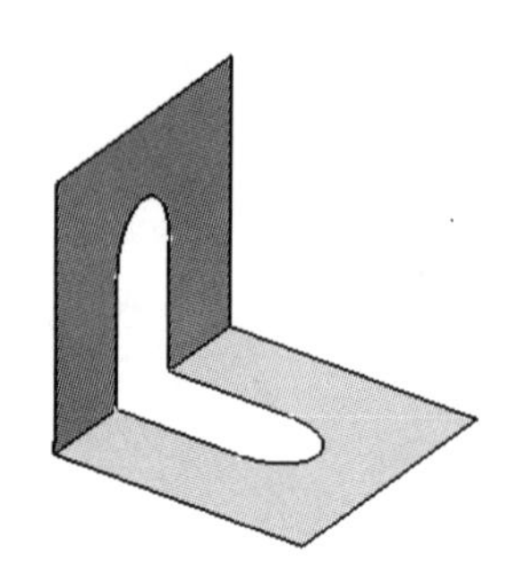

图 6-4　分割

【光盘文件】

——参见附带光盘中的“END\Ch2\6-1.CATPart”文件。

——参见附带光盘中的“AVI\Ch2\6-1.avi”文件。

【操作步骤】

[1]. 从菜单栏中选择【形状】→【创成式外形设计】，如图 6-5 所示。

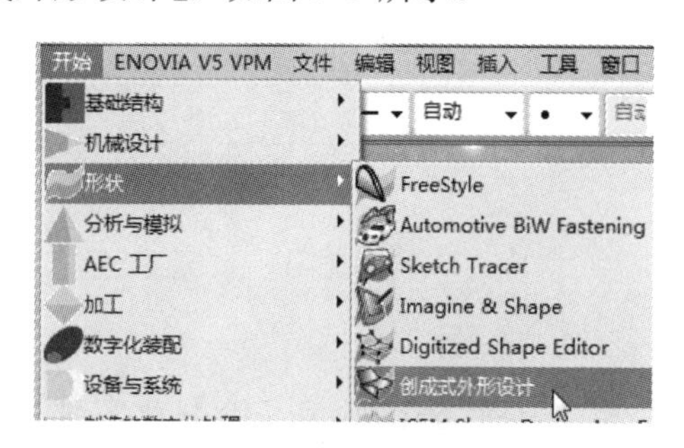

图 6-5　新建零件

[2]. 输入新建文件的文件名“6-1”，如图 6-6 所示。

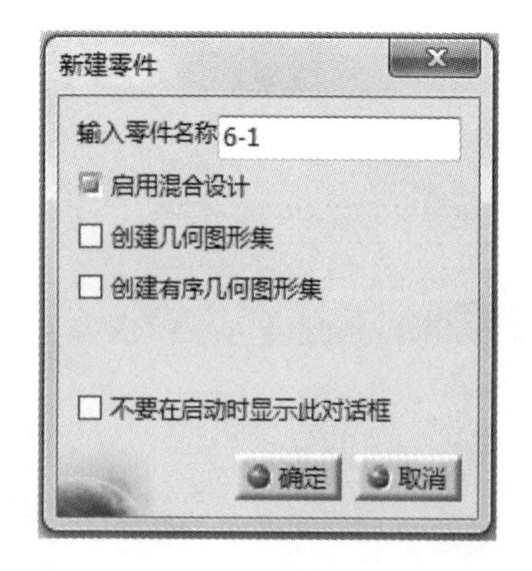

图 6-6　新建文件命名

[3]. 单击工具栏中的【草图】按钮，然后选择【yz 平面】，如图 6-7 所示。

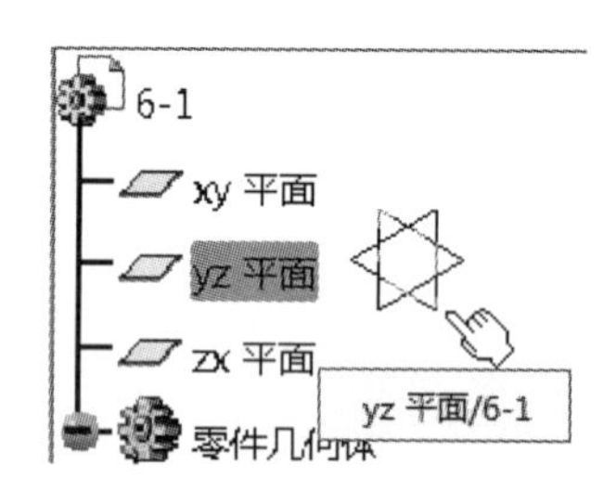

图 6-7　选择参考平面

[4]. 在草图设计环境中绘制一个如图 6-8 所示的图形。然后退出草图设计环境。

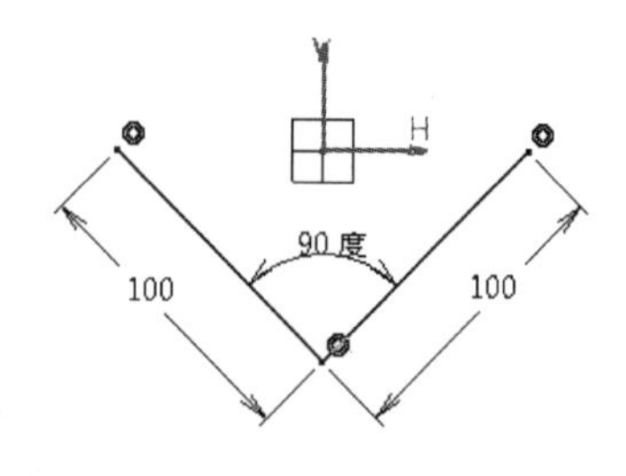

图 6-8　轮廓工具选择

[5]. 单击【拉伸】按钮，选择【草图.1】作为拉伸轮廓，进行如图 6-9 所示的拉伸操作。

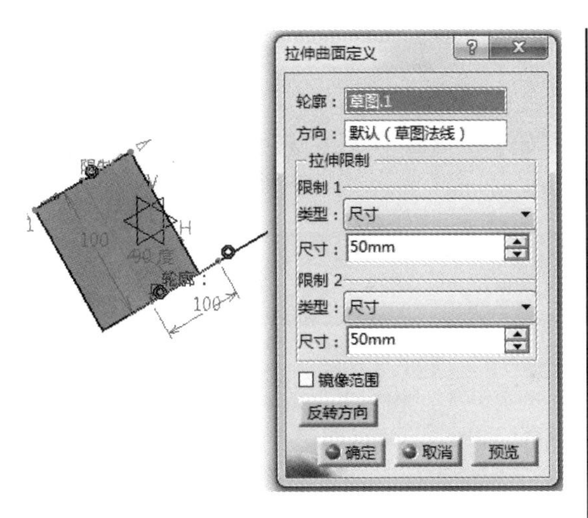

图 6-9　拉伸

[6]．单击工具栏中的【草图】按钮，然后选择【xy 平面】，如图 6-10 所示。

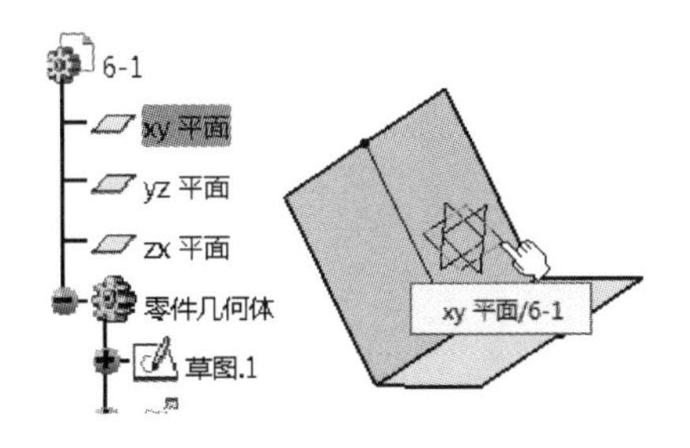

图 6-10　选择参考平面

[7]．在草图设计环境中绘制一个如图 6-11 的图形，然后退出草图设计环境。

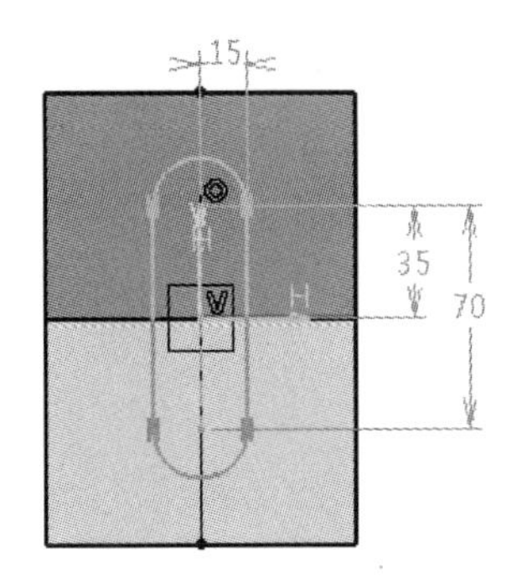

图 6-11　绘制草图

[8]．单击【投影】按钮，按照图 6-12 所示选择参数，对【草图.2】进行投影。

图 6-12　投影曲线

[9]．单击【分割】按钮，在【要切除的元素】中选中【拉伸.1】，在【切除元素】中选中【项目.1】，然后单击【确定】按钮，如图 6-13 所示。

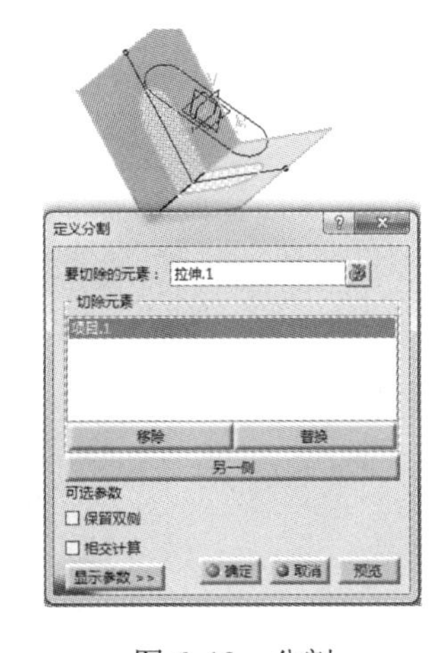

图 6-13　分割

[10]．将无关元素隐藏后，就完成分割元素的绘制，如图 6-14 所示。

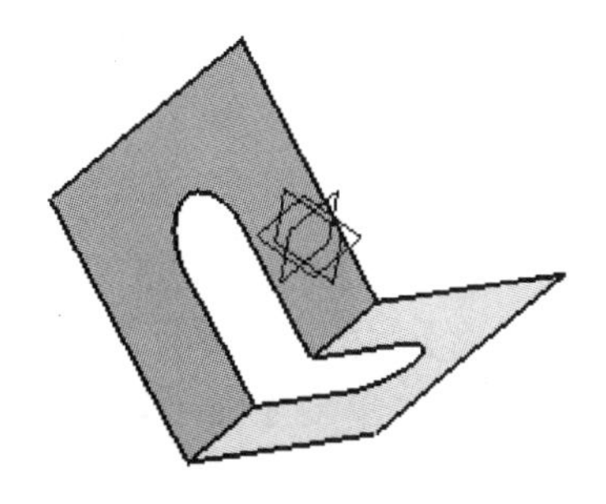

图 6-14　分割平面

6.1.1 接合

【创成式外形设计】模块可以通过菜单栏【开始】→【形状】→【创成式外形设计】进入。如图 6-15 所示。

图 6-15 进入曲面设计环境

【接合】命令是将两个接触的曲线或两个接触的曲面接合成一体。单击【接合】按钮后，弹出【接合定义】对话框，如图 6-16 所示。

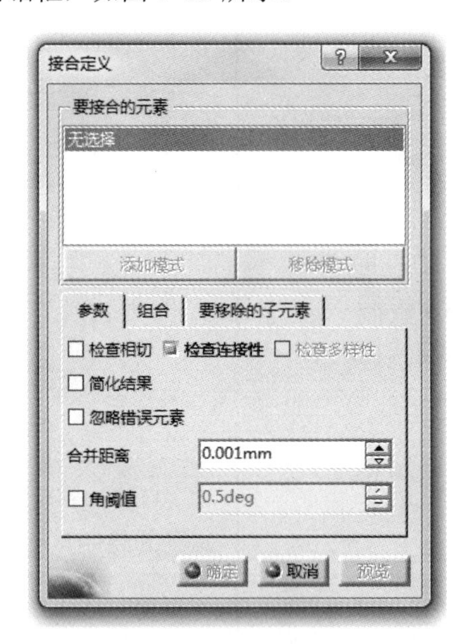

图 6-16 接合定义对话框

【要接合的元素】：用于选中两个要接合的元素。两元素必须为同类元素；

【合并距离】：用于定义两个接合元素之间的最大距离。最大合并距离为 0.1mm；当定义好以上参数后，单击【确定】按钮即可完成该命令，如图 6-17 所示。

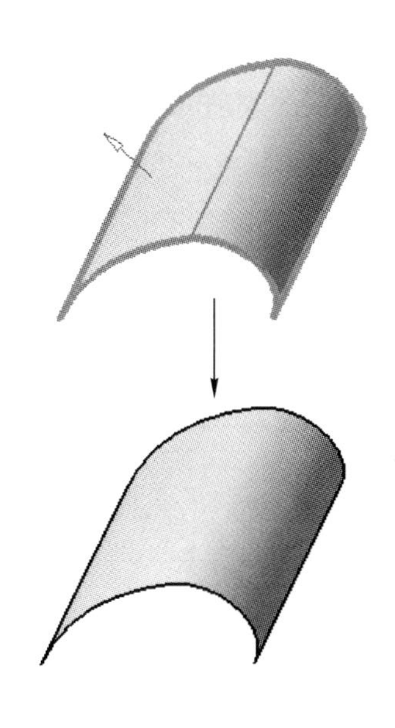

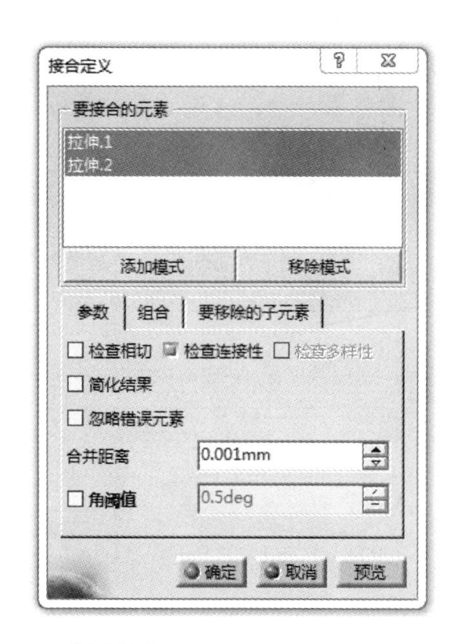

图 6-17　曲面接合

6.1.2　分割

【分割】命令是用于将曲线或曲面以参考元素为边界进行切除。单击【分割】按钮后，弹出【定义分割】对话框，如图 6-18 所示。

图 6-18　定义分割对话框

【要切除的元素】：用于选中需要切除的元素，可以是曲线或曲面；

【切除元素】：用于选择作为切除参考边界的元素；

【另一侧】：用于选择切除的部分；

【保留双侧】：选中该复选框后，被切除的元素会沿参考边界分成两部分。

当定义好以上参数后，单击【确定】按钮即可完成命令。如图 6-19 所示。

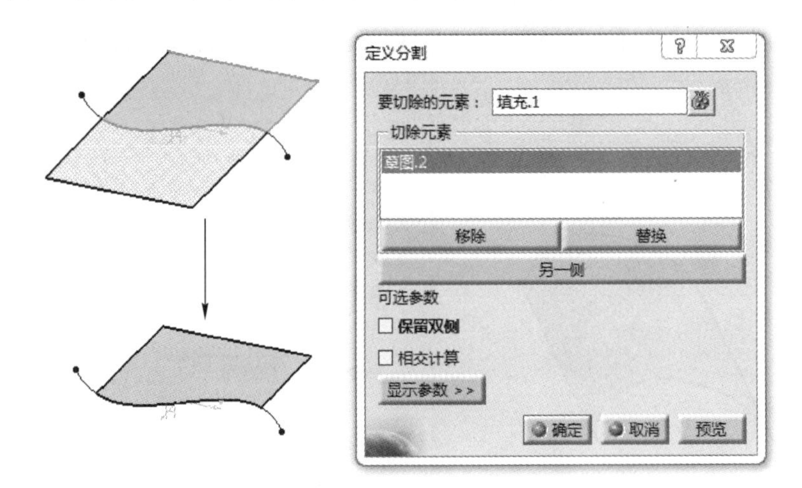

图 6-19　曲面切除

6.1.3　修剪

【修剪】命令用于对两个曲面或两条曲线相互分割。单击【修剪】按钮后，弹出【修剪定义】对话框，如图 6-20 所示。

图 6-20　修剪定义对话框

【修剪元素】：用于选择两个需要分割且互为分割边界参考的元素；

【另一侧/下一元素】：用于选择分割时的切割部分；当以上参数定义好后，单击【确定】按钮即可完成命令。如图 6-21 所示。

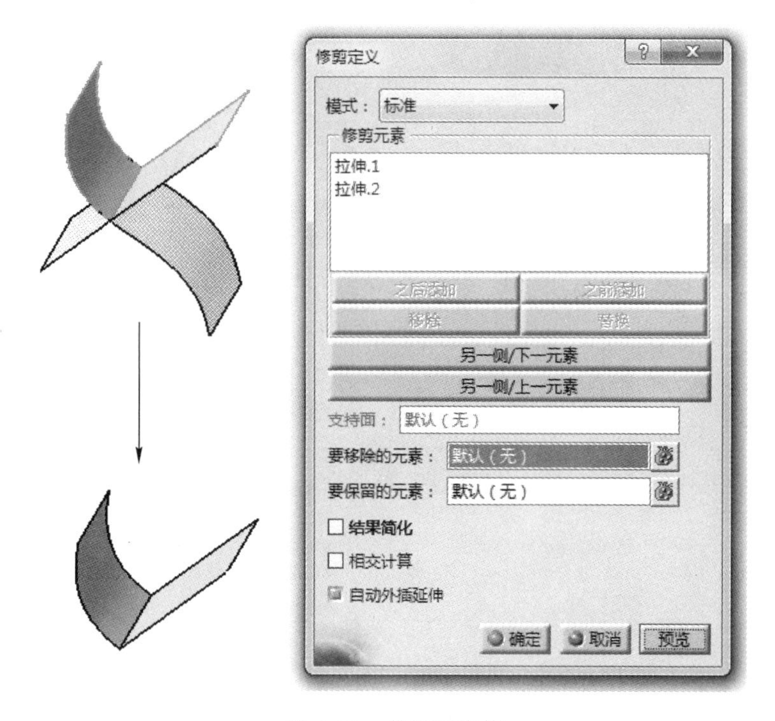

图 6-21　曲面的修剪

6.1.4　拆解

【拆解】命令是将原先接合的元素进行拆解。单击【拆解】按钮后，弹出【拆解】对话框，如图 6-22 所示。

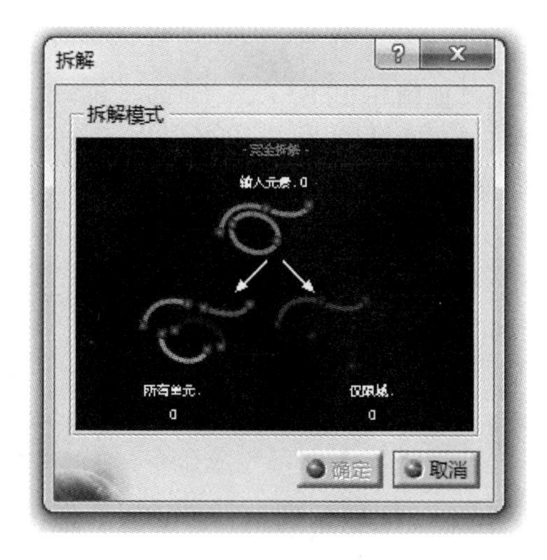

图 6-22　拆解对话框

【所有元素】：用于把原接合元素分解至最小元素组件；效果如图 6-23 所示；

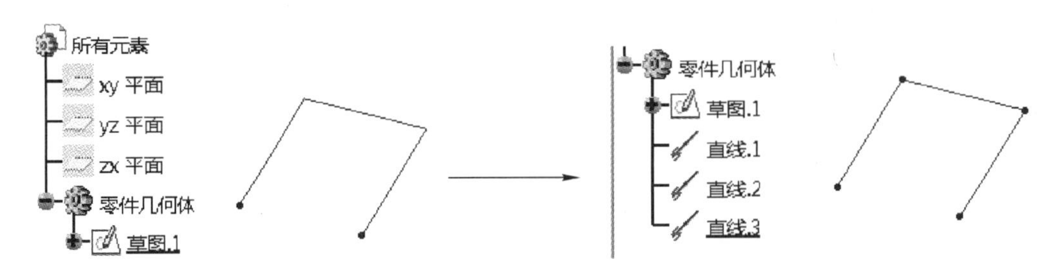

图 6-23　所有元素拆解

【仅限域】：用于把原接合元素按边界拆分，拥有相同边界的元素仍保持一体。效果如图 6-24 所示。

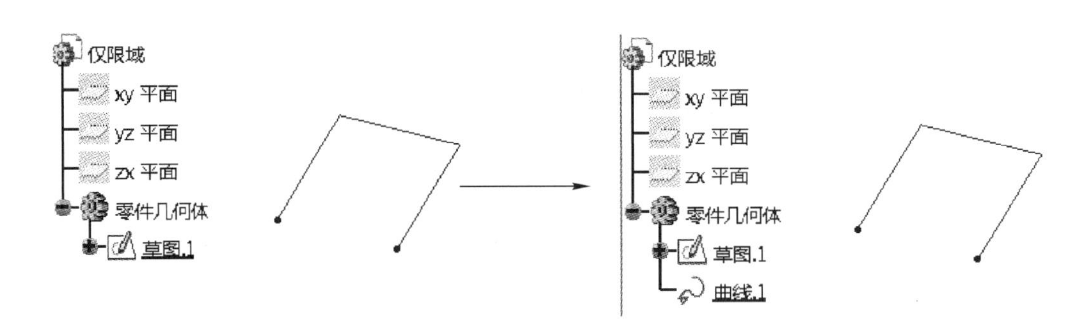

图 6-24　仅限域拆解

6.1.5　延伸

这里所说的延伸为【外插延伸】命令。其作用是使元素原有的边界向外延伸。单击【外插延伸】按钮后，弹出【外插延伸定义】对话框，如图 6-25 所示。

【边界】：用于选择需要延伸元素的边界；

【外插延伸的】：用于选择需要延伸的元素；

【类型】：用于定义延伸方式，有【长度】和【直到元素】两种选择。【长度】为直径定义延伸的长度；【直到元素】为延伸至参考元素；

【连续】：用于定义延伸部分与本体的连接方式，有【切线】与【曲率】两种选择。

当定义好以上元素后，单击【确定】即可完成命令。如图 6-26 与图 6-27 所示。

图 6-25　外插延伸定义对话框

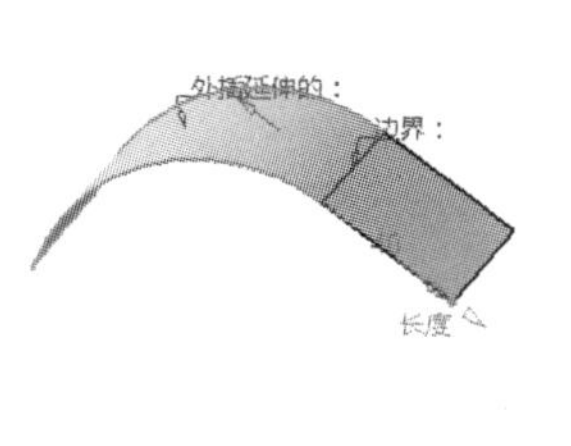

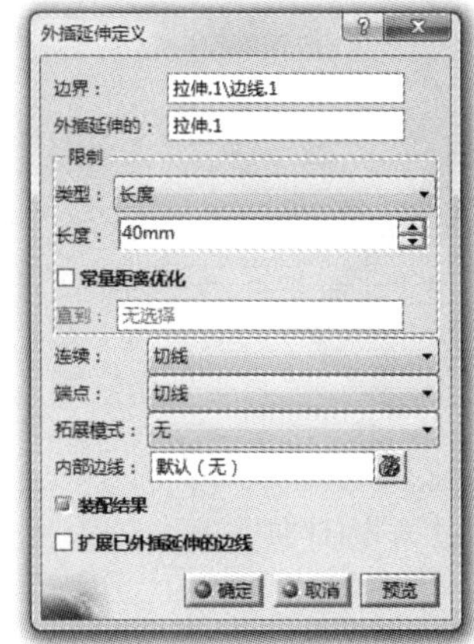

图 6-26　切线类型延伸

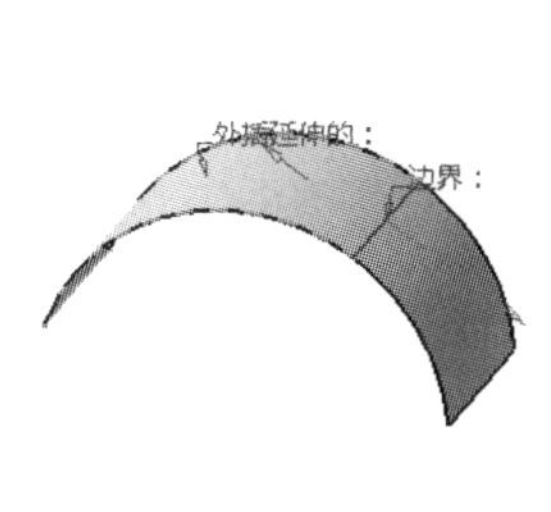

图 6-27　曲率类型延伸

6.2　实例▪知识点——胶囊

【思路分析】

胶囊零件图由圆柱面与两个半球面组成，如图 6-28 所示。绘制此图的方法是：先绘制出圆柱面，然后分别绘制两个半球面。步骤如图 6-29 和图 6-30 所示。

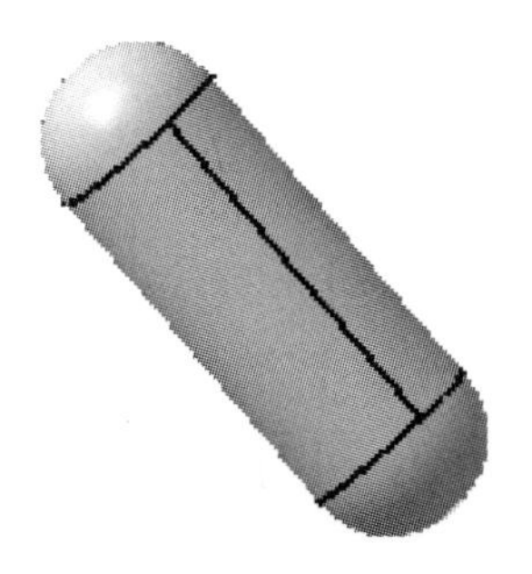

图 6-28　胶囊

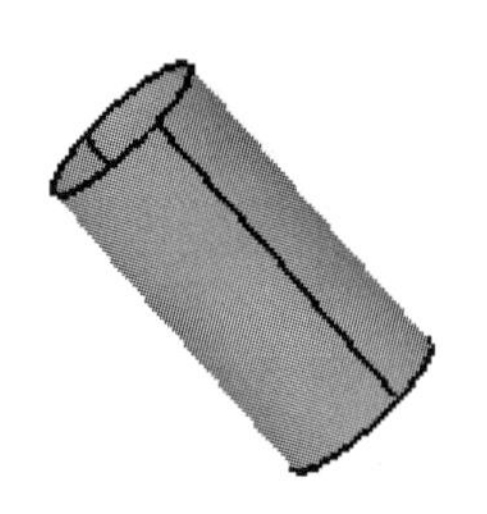

图 6-29　绘制圆柱面

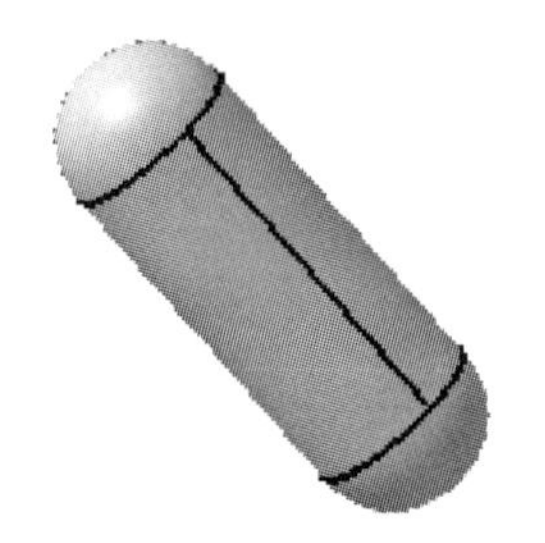

图 6-30　绘制半球面

【光盘文件】

——参见附带光盘中的“END\Ch2\6-2.CATPart”文件。

——参见附带光盘中的“AVI\Ch2\6-2.avi”文件。

【操作步骤】

[1]. 从菜单栏中选择【形状】→【创成式外形设计】，如图 6-31 所示。

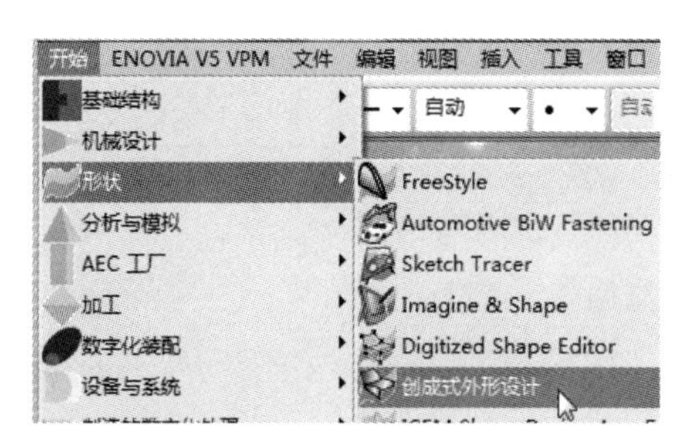

图 6-31　新建文件

[2]. 输入新建文件的文件名“6-2”，如图 6-32 所示。

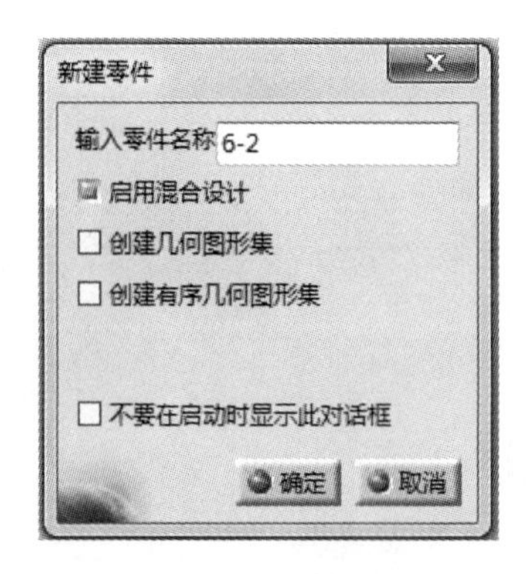

图 6-32　新建文件命名

[3]. 单击工具栏中的【草图】按钮，然后选择【yz 平面】，如图 6-33 所示。

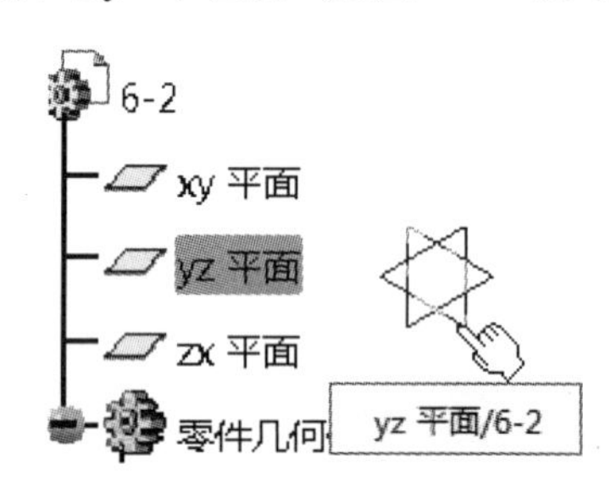

图 6-33　选择参考平面

[4]. 在草图设计环境中绘制一条直线，如图 6-34 所示。完成后退出草图设计环境。

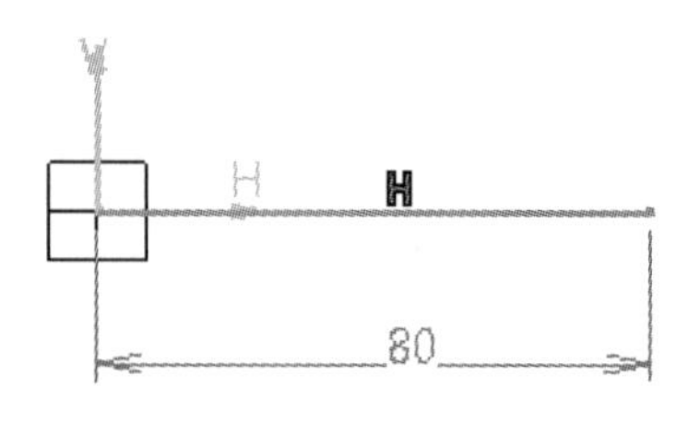

图 6-34　绘制一条直线

[5]. 单击【扫掠】按钮，使用【圆心

和半径】方式对【草图.1】进行扫掠，扫掠参数如图 6-35 所示。

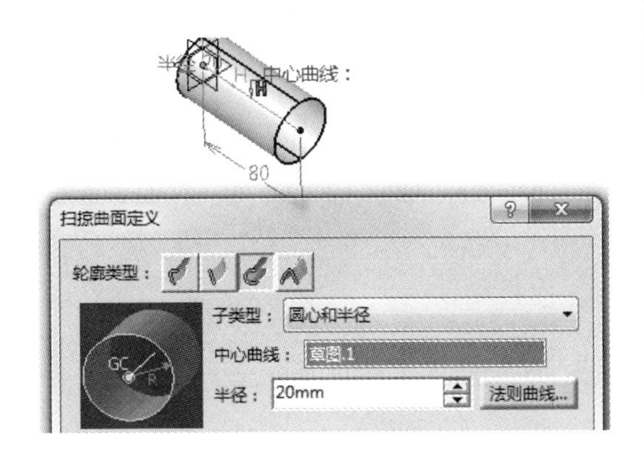

图 6-35　扫掠

[6]. 单击【外插延伸】按钮，在【边界】中选择直线的一个顶点，在【外插延伸的】选择【草图.1】，在【长度】中输入 20mm，然后单击【确定】按钮，如图 6-36 所示。

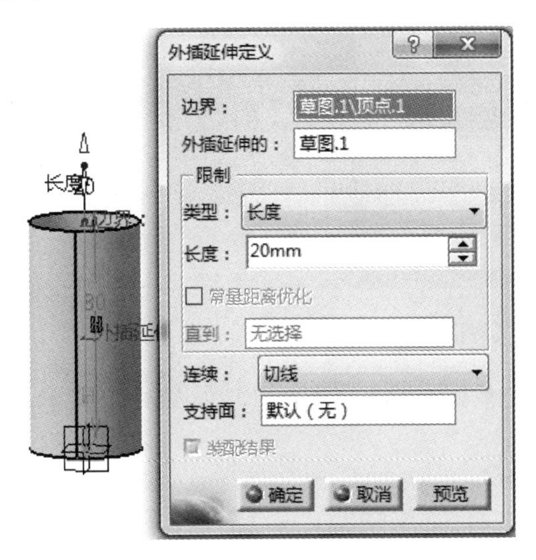

图 6-36　外插延伸

[7]. 单击【填充】按钮，选择圆柱面的边线作为封闭轮廓曲线，选择【扫掠.1】作为支持面，在下方的【穿越点】中选择外插延伸的顶点，然后单击【确定】按钮，如图 6-37 所示。

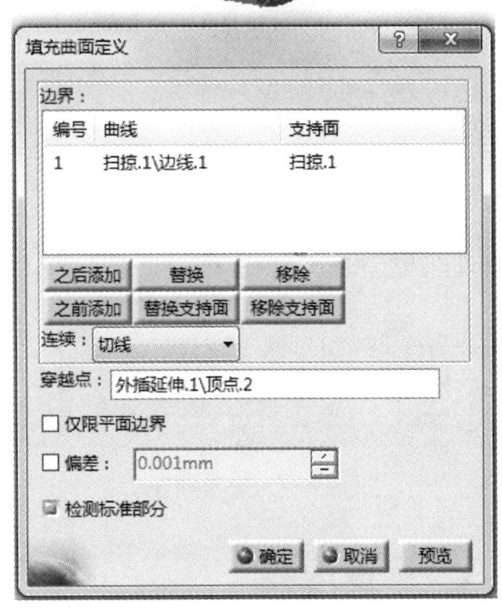

图 6-37　填充曲面

[8]. 单击【外插延伸】按钮，参考步骤[6]对直线的另外一端进行延伸，延伸长度为 20mm，如图 6-38 所示。

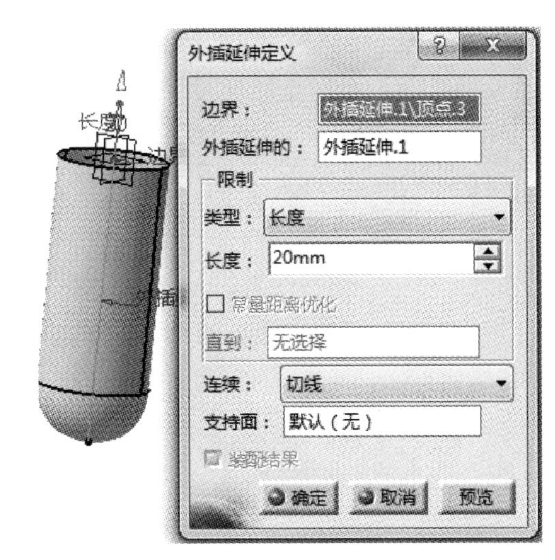

图 6-38　外插延伸

[9]. 单击【填充】按钮，参考步骤[7]对圆柱面的另外一端进行填充，如图 6-39 所示。

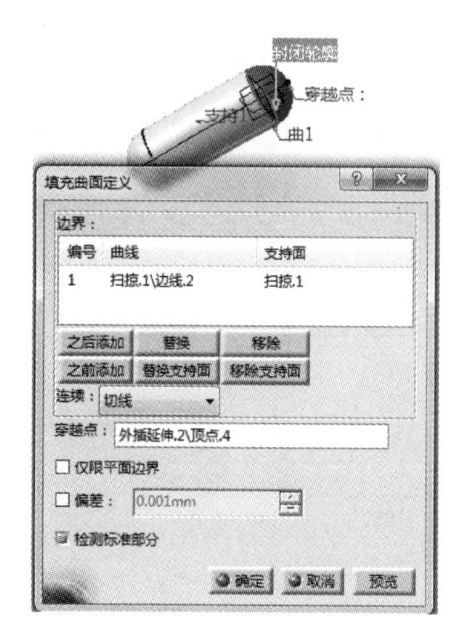

图 6-39　填充曲面

[10]．此时，完成零件胶囊的绘制，如图 6-40 所示。

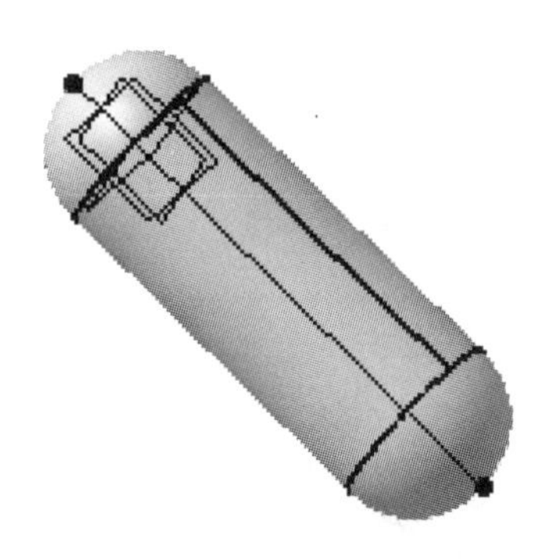

图 6-40　胶囊

6.2.1　提取边界

【边界】命令是用于提取曲面的边界。单击【边界】按钮后，弹出【边界定义】对话框，如图 6-41 所示。

图 6-41　边界定义对话框

用户选择需要提取边界的曲面，单击【确定】按钮，即可完成命令。如图 6-42 所示。

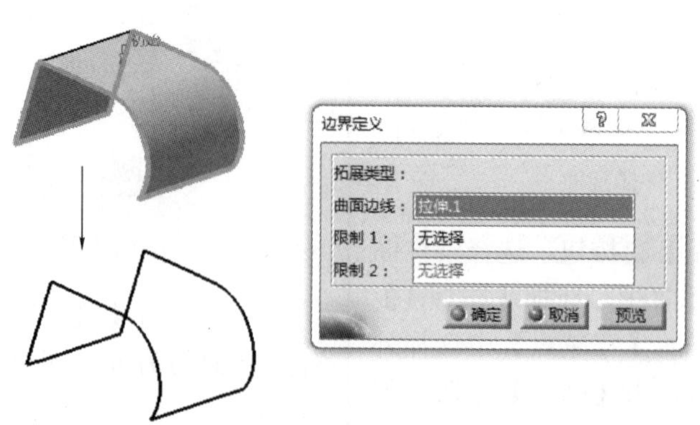

图 6-42　提取边界

6.2.2 提取曲面

【提取】命令用于提取曲面和曲面的边线。单击【提取】按钮后，弹出【提取定义】对话框。如图 6-43 所示。

图 6-43 提取定义对话框

【拓展类型】：用于定义提取的拓展类型，拓展类型有【点连续】、【切线连续】、【曲率连续】和【无拓展】四种；

【要提取的元素】：用于选择需要提取的元素；

【补充模式】：选中后，将对【要提取的元素】进行反选。

当定义好以上参数后，单击【确定】按钮即可完成命令。如图 6-44 所示。

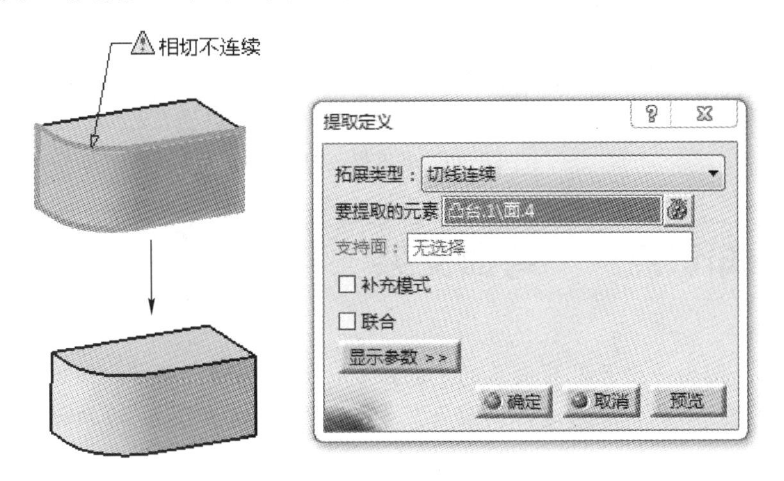

图 6-44 提取曲面

6.2.3 多重提取

【多重提取】按钮用于提取一组曲线或一组曲面。单击【多重提取】按钮后，弹出【多重提取定义】对话框，如图 6-45 所示。

图 6-45　多重提取定义对话框

【要提取的元素】：用于选择需要提取的一组元素；

其余的参数设置与【提取】命令相同。当定义好参数后单击【确定】按钮即可完成命令，如图 6-46 所示。

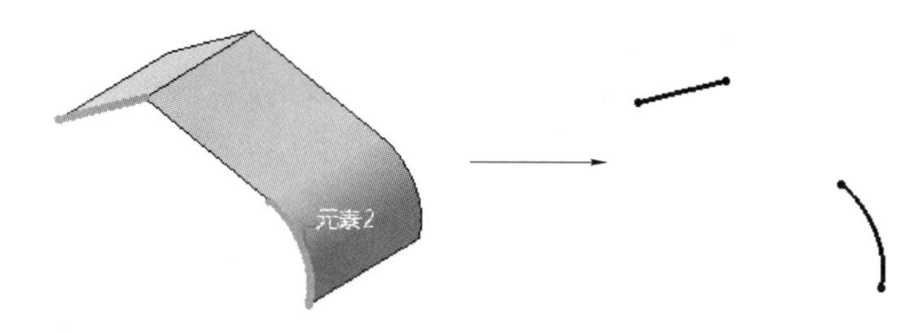

图 6-46　多重提取曲线

6.3　实例■知识点——弯曲支架

【思路分析】

弯曲支架零件图由一个开孔弯曲后的平面组成，如图 6-47 所示。绘制此图的方法是：先绘制出图形的大致形状，然后进行倒圆角。步骤如图 6-48 和图 6-49 所示。

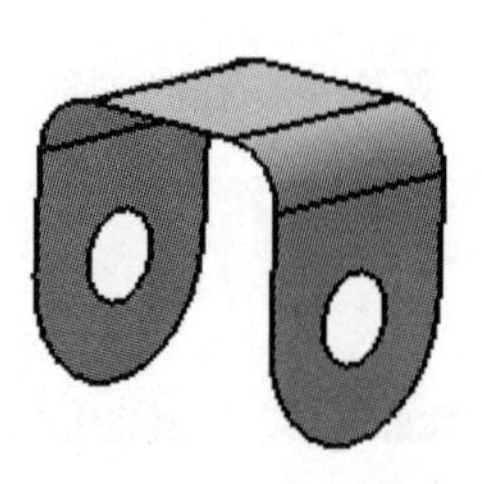

图 6-47　弯曲支架

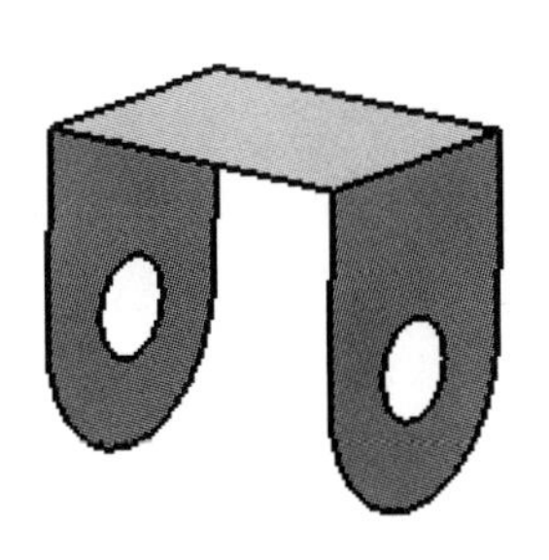

图 6-48　绘制平面

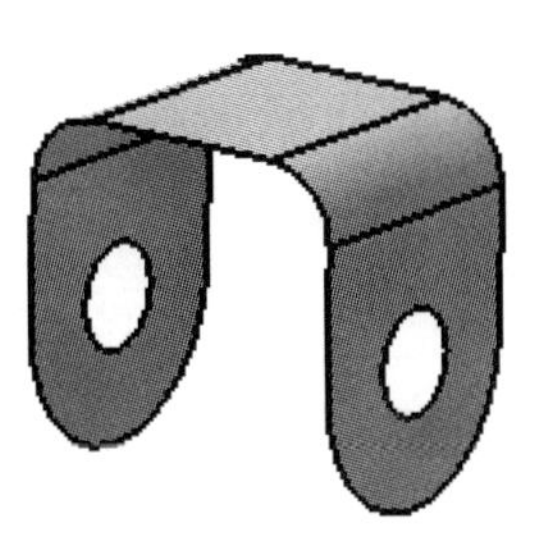

图 6-49　倒圆角

【光盘文件】

结果文件——参见附带光盘中的“**END\Ch2\6-3.CATPart**”文件。

动画演示——参见附带光盘中的“**AVI\Ch2\6-3.avi**”文件。

【操作步骤】

[1]. 从菜单栏中选择【形状】→【创成式外形设计】，如图 6-50 所示。

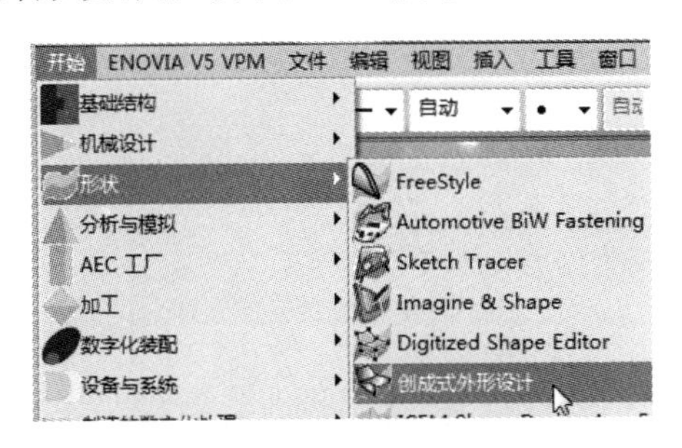

图 6-50　新建零件

[2]. 输入新建文件的文件名“6-3”，如图 6-51 所示。

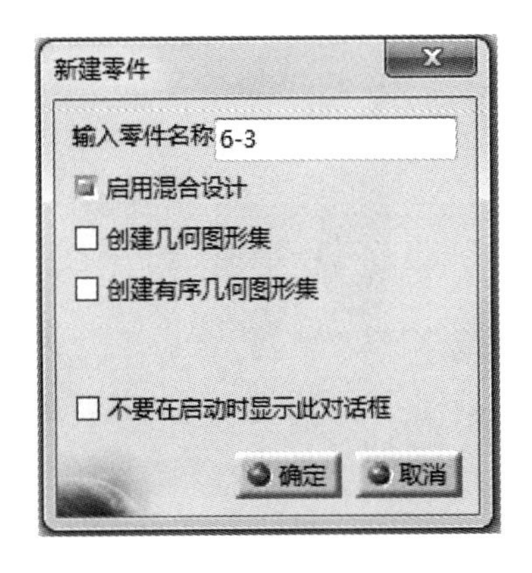

图 6-51　新建文件命名

[3]. 单击工具栏中的【草图】按钮，然后选择【zx 平面】，如图 6-52 所示。

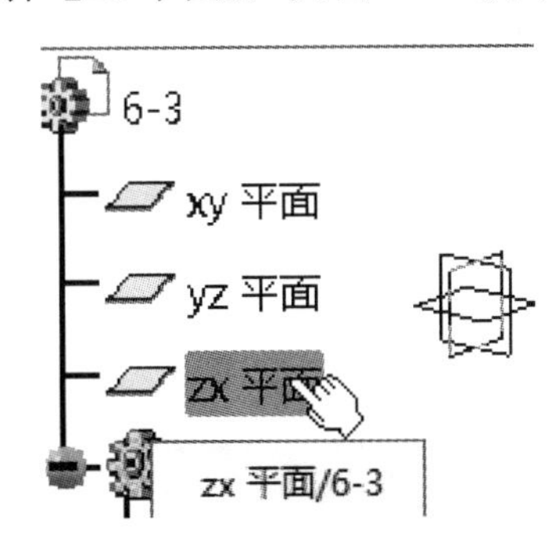

图 6-52　选择参考平面

[4]. 在草图设计环境绘制一个如图 6-53 所示的图形，然后退出草图设计环境。

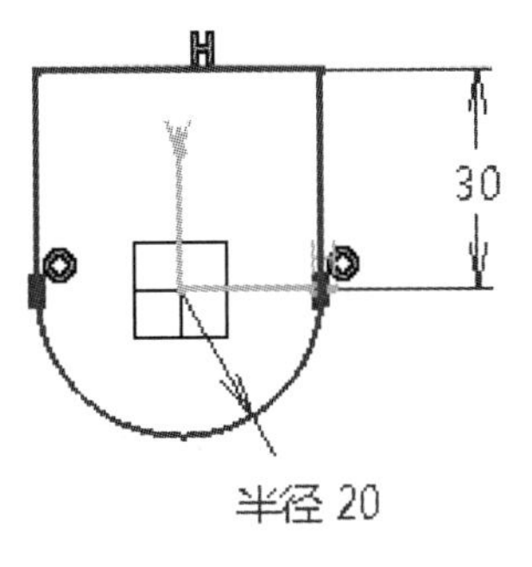

图 6-53　绘制草图

[5]. 单击【填充】按钮，以【草图.1】作为轮廓进行填充曲面操作，如图 6-54 所示。

图 6-54 填充曲面

[6]. 单击工具栏中的【草图】按钮，然后选择【zx 平面】，如图 6-55 所示。

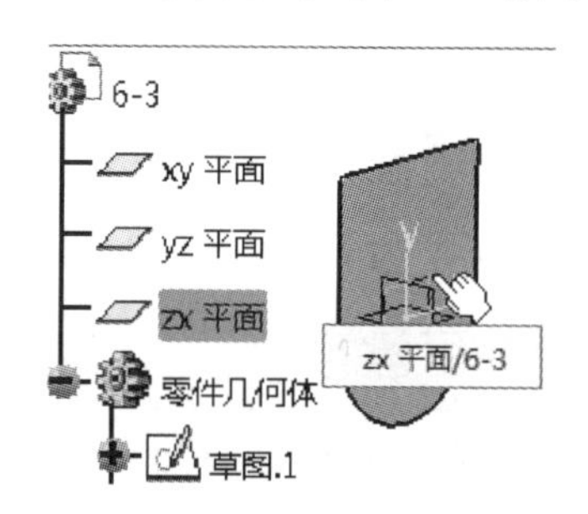

图 6-55 选择参考平面

[7]. 在草图设计环境中绘制一个直径 15mm 的圆，如图 6-56 所示。然后退出草图设计环境。

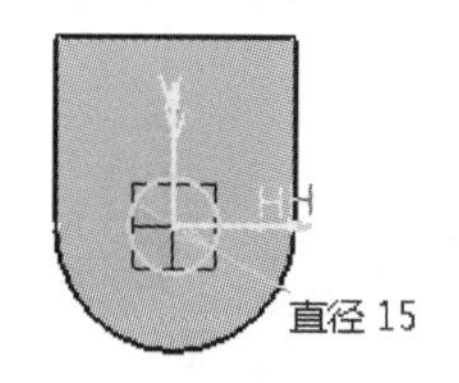

图 6-56 绘制草图

[8]. 单击【分割】按钮，以【草图.2】作为切割元素对【填充.1】进行分割，如图 6-57 所示。

图 6-57 分割曲面

[9]. 单击【平移】按钮，在【元素】中选中【分割.1】，在【方向】中选择【Y 部件】，在【距离】中输入 50mm，如图 6-58 所示，然后单击【确定】按钮。

图 6-58 平移曲面

[10]. 单击【多截面曲面】按钮，依次选择两个平面的上边线，然后单击【确定】按钮，如图 6-59 所示。

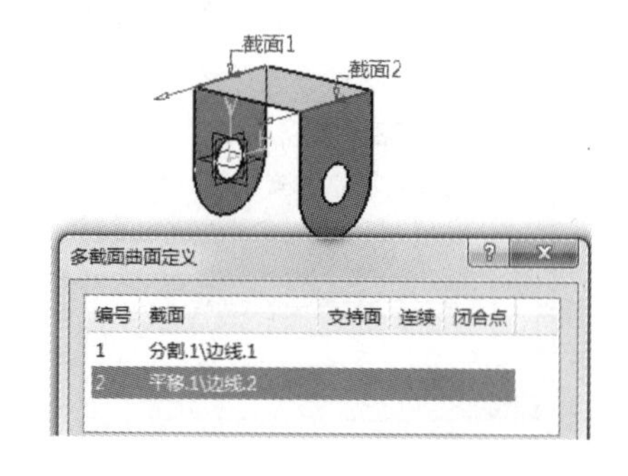

图 6-59 多截面曲面

[11]. 单击【简单圆角】按钮，对平面之间进行倒圆角，圆角半径均为 10mm，如图 6-60 所示。

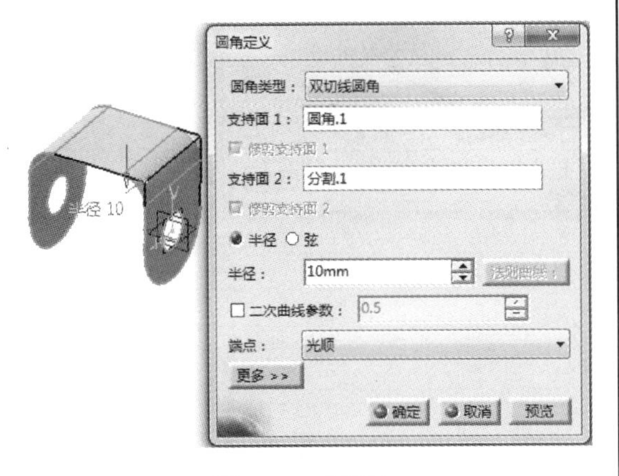

图 6-60　倒圆角

[12]. 此时，完成零件弯曲支架的绘制，如图 6-61 所示。

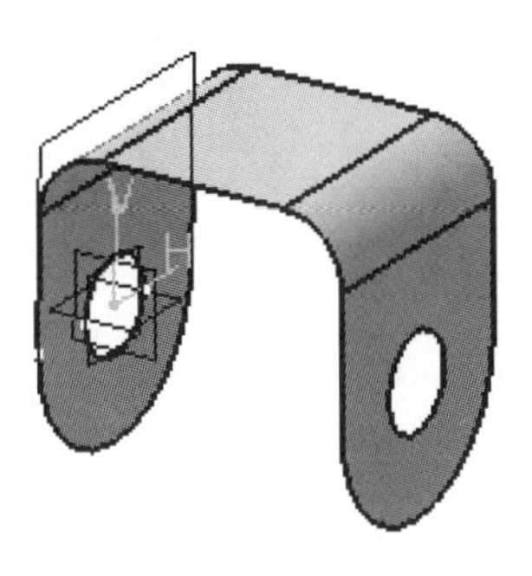

图 6-61　弯曲支架

6.3.1　平移

【平移】命令用于沿某一方向移动元素。单击【平移】按钮后弹出【平移定义】对话框，如图 6-62 所示。

图 6-62　平移定义对话框

【向量定义】：用于定义平移的方式，提供了【方向、距离】、【点到点】、【坐标】三种平移方式；

【元素】：用于选择需要平移的元素；

【方向】：用于定义平移的方向；

【距离】：用于定义平移的距离；

【隐藏/显示初始元素】：单击后将隐藏初始选择的元素。

当定义好以上参数后，单击【确定】按钮即可完成该命令。如图 6-63、图 6-64 和图 6-65 所示。

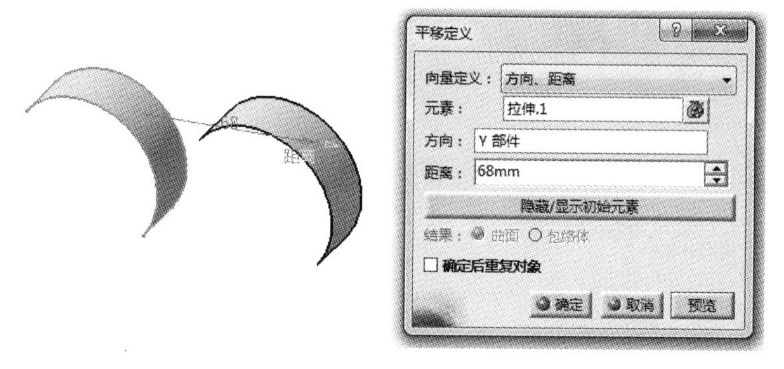

图 6-63　方向、距离平移方式

图 6-64　点到点平移方式

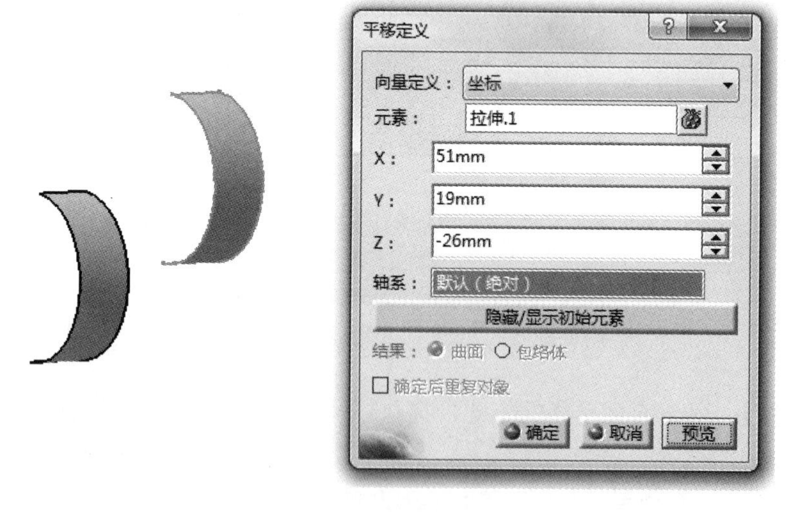

图 6-65　坐标平移方式

6.3.2　旋转

【旋转】命令用于绕轴线旋转元素。单击【旋转】按钮后，弹出【旋转定义】对话框，如图 6-66 所示。

【定义模式】：用于定义旋转的方式，该命令提供了【轴线-角度】、【轴线-两个元素】、【三点】三种旋转方式；

【元素】：用于选择需要旋转的元素；

【轴线】：用于选择旋转元素的中心线；

【角度】：用于定义元素旋转的角度。

当定义好以上参数后，单击【确定】按钮即可完成命令。如图 6-67、图 6-68 和图 6-69 所示。

图 6-66　旋转定义对话框

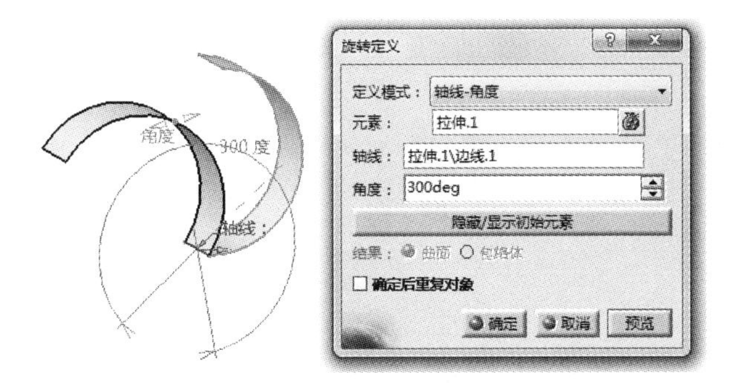

图 6-67　轴线-角度方式旋转

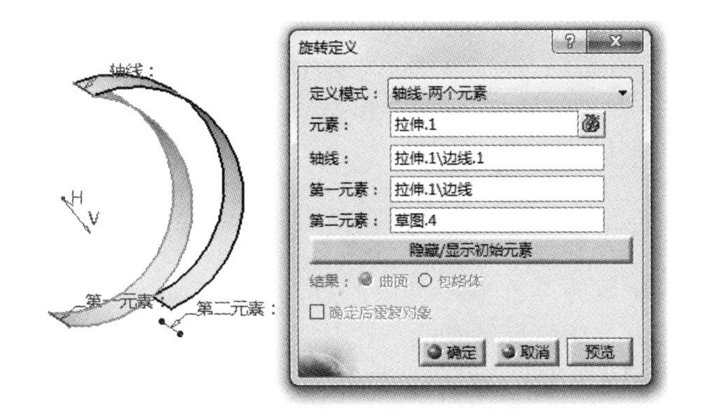

图 6-68　轴线-两个元素方式旋转

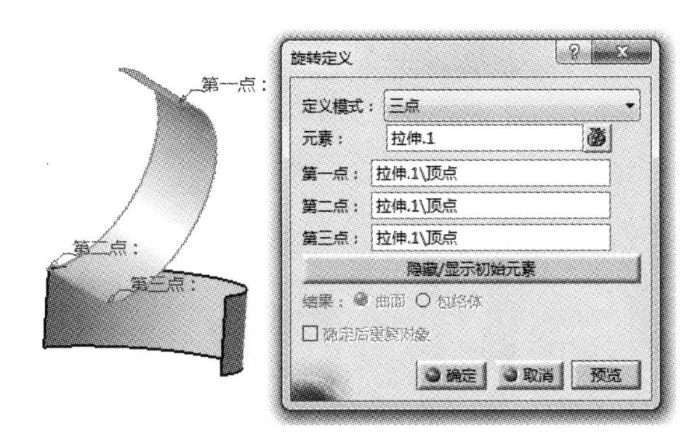

图 6-69　三点方式旋转

6.3.3 对称

图 6-70 对称定义对话框

【对称】命令是通过对称变换元素。单击【对称】按钮后，弹出【对称定义】对话框，如图 6-70 所示。

【元素】：用于选择需要对称变换的元素；

【参考】：用于选择对称元素的参考面；

【隐藏/显示初始元素】：单击后将隐藏初始选择的元素。

当定义好以上参数后，单击【确定】按钮即可完成命令。如图 6-71 所示。

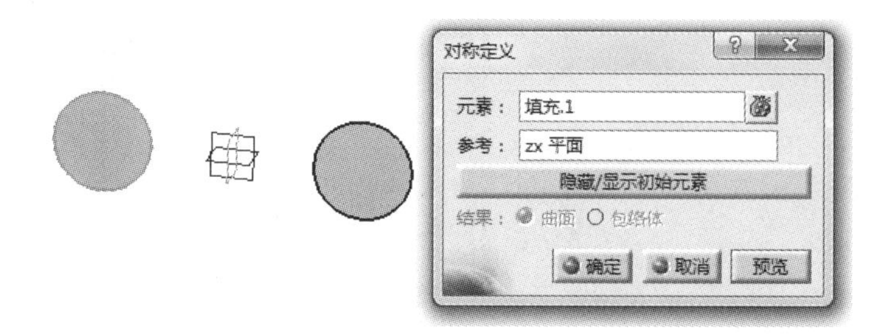

图 6-71 曲面对称

6.3.4 缩放

图 6-72 缩放定义对话框

【缩放】命令用于对元素进行放大和缩小。单击【缩放】按钮后，弹出【缩放定义】对话框，如图 6-72 所示。

【元素】：用于选择需要缩放的元素；

【参考】：用于选择缩放的参考元素；

【比率】：用于定义元素的缩放倍数；

【隐藏/显示初始元素】：单击后将隐藏初始选择的元素。

当定义好以上参数后，单击【确定】按钮即可完成命令。如图 6-73 所示。

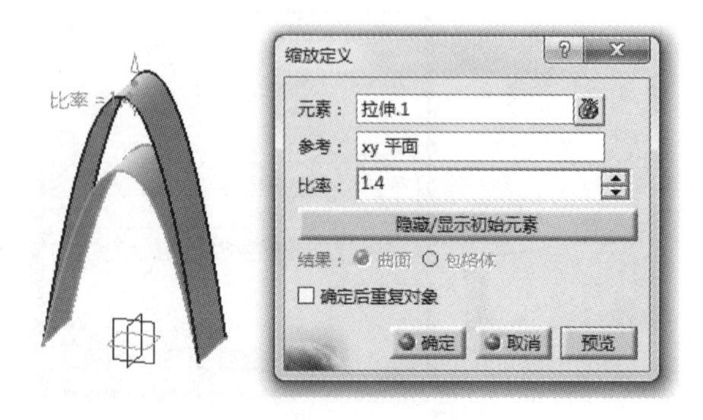

图 6-73 曲面缩放

6.3.5 仿射

【仿射】命令用于对元素进行不同比率的缩放。单击【仿射】按钮后，弹出【仿射定义】对话框。如图 6-74 所示。

【元素】：用于选择需要缩放的元素；

【原点】：用于选择元素缩放的参考点；

【XY 平面】：用于选择元素缩放的参考平面；

【X 轴】：用于定义缩放的 X 轴方向；

【X】、【Y】、【Z】：用于定义三个方向的缩放比率。

当定义好以上参数后，单击【确定】按钮即可完成任务。如图 6-75 所示。

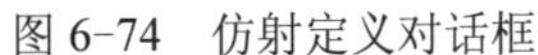
图 6-74 仿射定义对话框

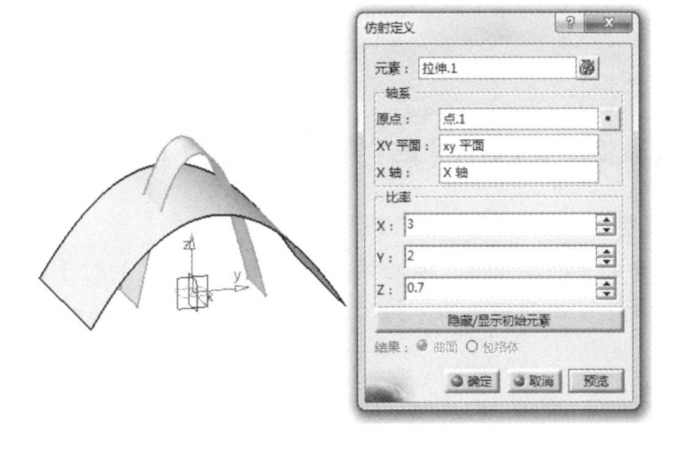

图 6-75 曲面仿射

6.3.6 定位变换

【定位变换】命令用于将元素的位置从一个轴系变换到另一个轴系。单击【定位变换】按钮后，弹出【“定位变换” 定义】对话框。如图 6-76 所示。

图 6-76 “定位变换”定义对话框

【元素】：用于选择需要定位变换的元素；

【参考】：用于选择或创建定位变换的参考轴系；
【目标】：用于选择或创建定义变换的参考轴系。
当定义好以上参数后，单击【确定】按钮即可完成命令。如图 6-77 所示。

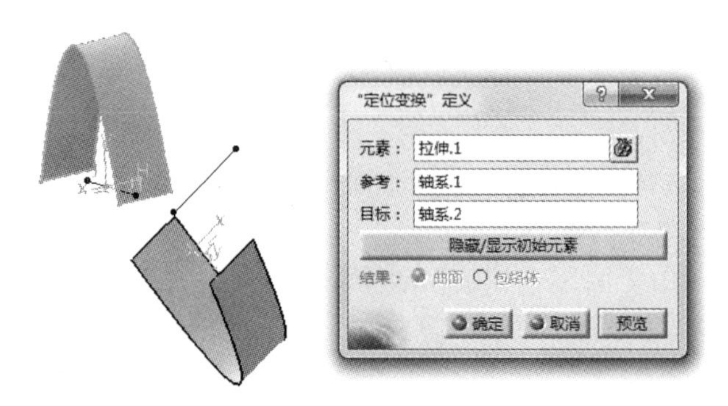

图 6-77　曲面定位变换

6.4　实例▪知识点——曲面分析

【思路分析】

曲面分析零件图主要向读者展示曲面设计中的对于曲面的分析，如图 6-78 所示。本实例中展示了曲面曲率的分析，步骤如图 6-79 和图 6-80 所示。

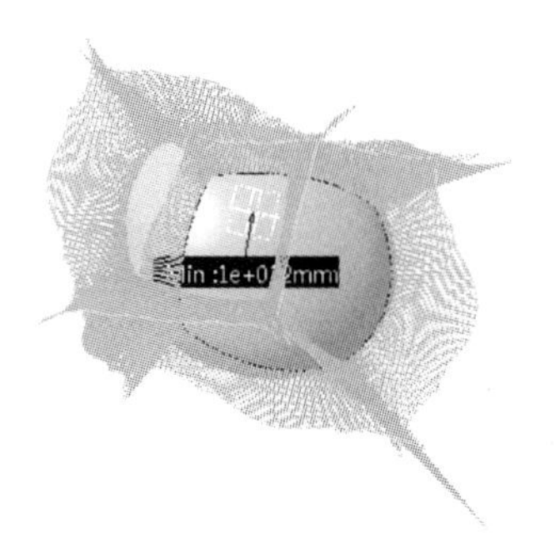

图 6-78　曲面分析

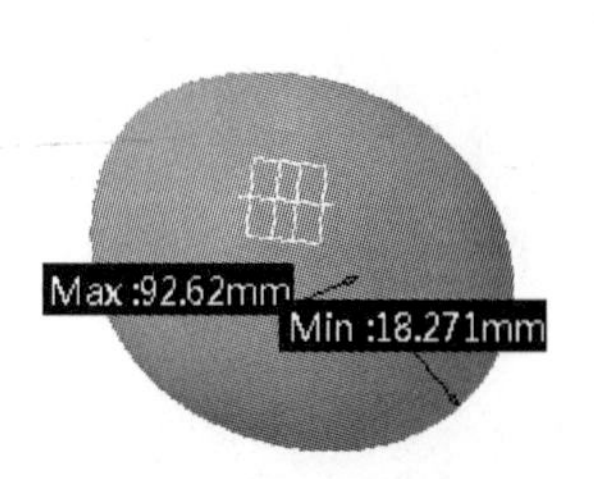

图 6-79　曲面曲率分析

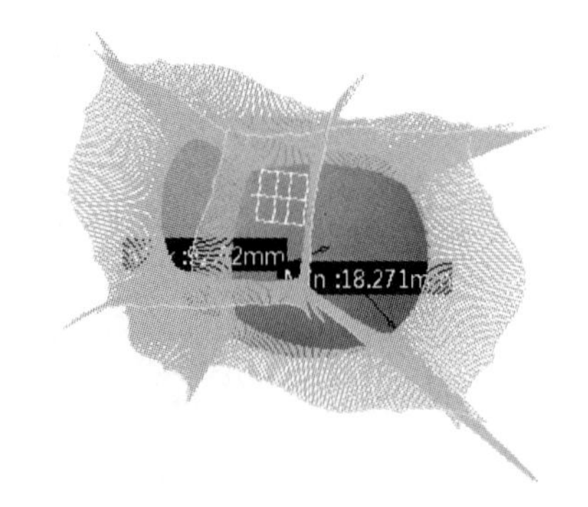

图 6-80　箭状曲率分析

【光盘文件】

结果文件——参见附带光盘中的“**END\Ch2\6-4.CATPart**”文件。

动画演示——参见附带光盘中的“**AVI\Ch2\6-4.avi**”文件。

【操作步骤】

[1]．打开光盘中的文件“6-4”，打开之后如图 6-81 所示。

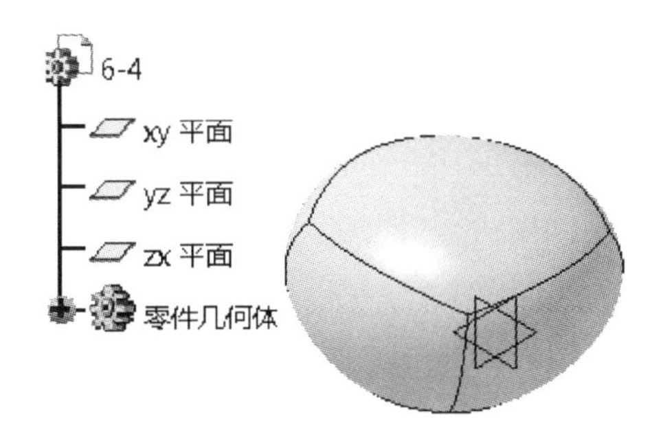

图 6-81　打开文件

[2]．从菜单栏中选择【视图】→【渲染样式】→【含材料着色】，如图 6-82 所示。

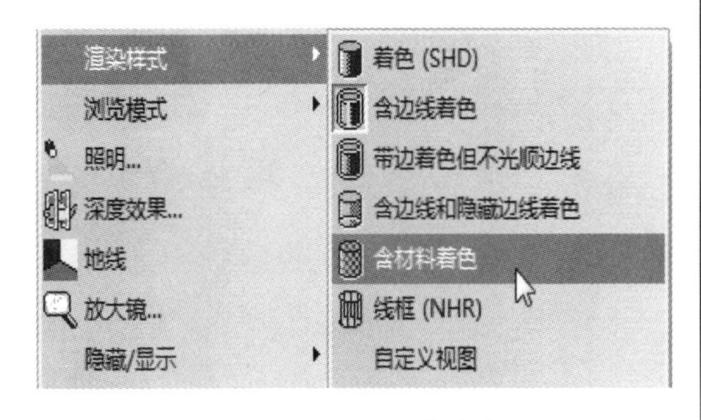

图 6-82　选择渲染样式

[3]．从菜单栏中选择【插入】→【分析】→【曲面曲率分析】，如图 6-83 所示，即弹出【曲面曲率】对话框，如图 6-84 所示。

图 6-83　选择分析工具

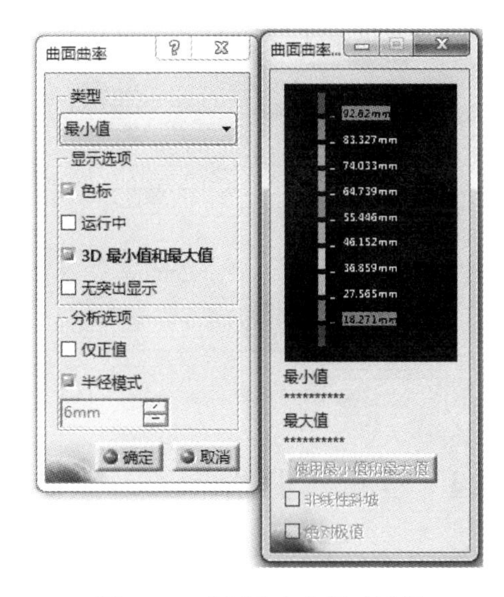

图 6-84　曲面曲率分析对话框

[4]．选中视图中的曲面，然后按照图 6-85 所示参数进行设置，再单击【确定】按钮，即可显示出该曲面曲率最大值和最小值。

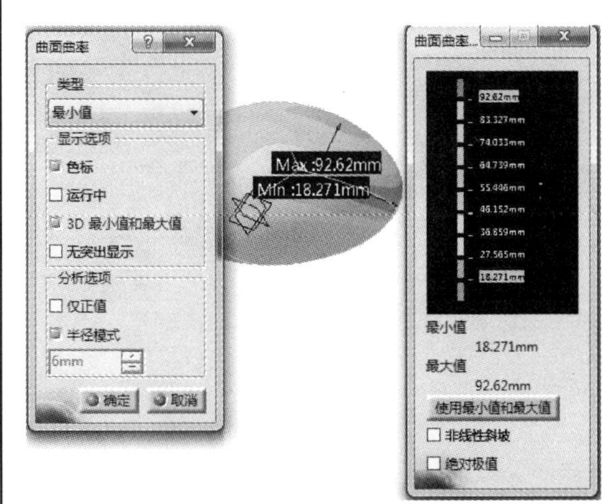

图 6-85　曲率极值分析

[5]．从菜单栏中选择【插入】→【分

析】→【箭状曲率分析】，如图 6-86 所示，即弹出【箭状曲率】对话框，如图 6-87 所示。

图 6-86　选择分析工具

图 6-87　箭状曲率分析

[6]．选中视图中的曲面，即可显示出曲面曲率大小的分布，如图 6-88 所示。

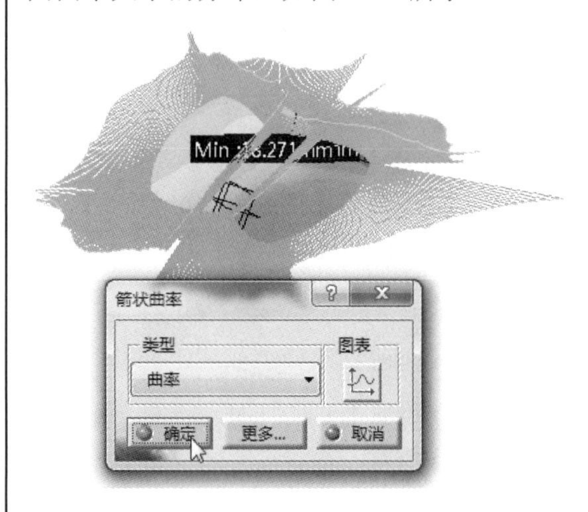

图 6-88　曲面曲率大小分布

6.4.1　连续性分析

【连接检查器分析】命令用于分析并检查元素连续性。单击【连接检查器分析】按钮后，弹出【连接检查器】对话框，如图 6-89 所示。下面将介绍检查器的常用设置。

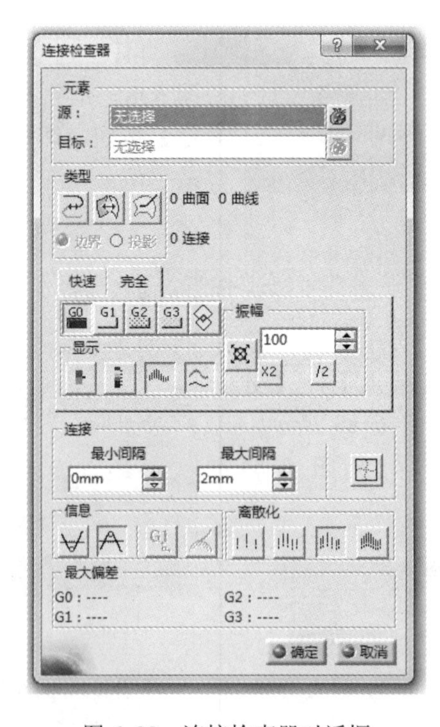

图 6-89　连接检查器对话框

【源】：用于选择需要检查的曲面；

【类型】：用于选择需要检查的类型。三个检查项分别是【曲线的连续性】、【曲面的连续性】、【曲线和曲面的连续性】；

【快速/完全】：用于选择连续性的类型。G0 检查的是距离偏差；G1、G2、G3 检查的是角度偏差；

【显示】：用于控制检查结果的显示效果；

【振幅】：用于控制曲率的振幅，一般采用自动缩放；

【连接】：用于调整连续性的误差。小于最小间隙视为重合；大于最大间隙视为不具备连续性；

【信息】：用于控制极值信息的显示；

【离散化】：用于控制曲率的密度。

6.4.2 曲率分析

【曲面曲率分析】命令用于分析曲面的曲率。单击【曲面曲率分析】按钮后，弹出【曲面曲率】对话框，如图 6-90 所示。下面将介绍曲率分析的常用设置。

图 6-90 曲面曲率对话框

【类型】：用于选择分析类型，分为【高斯】、【最大值】、【最小值】、【平均】、【受限制】、【衍射区域】六种；

【色标】：选中后将以色标方式显示曲面曲率；

【运行中】：选中后，当鼠标在曲面上移动时能显示当前点的曲率值；

【3D 最小值和最大值】：用于显示曲面曲率中的最小值和最大值；

【仅正值】：选中后分析时色标均为正值显示。

6.4.3 拔模分析

【拔模分析】命令用于分析曲面在指定方向上的拔模特征状态。单击【拔模分析】按钮后，弹出【拔模分析】对话框，如图 6-91 所示。

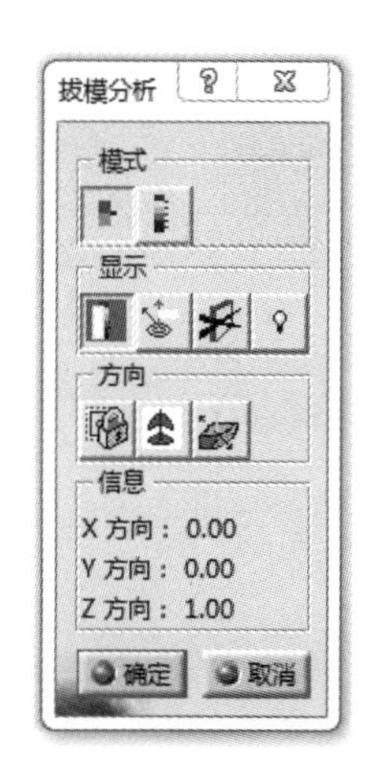

图 6-91 拔模分析对话框

【模式】：用于定义分析模式，该命令提供了【快速分析模式】和【全面分析模式】；

【显示】：用于定义分析结果的显示，该命令提供了四种分析的显示模式。分别为：

：显示或隐藏色标；

：当鼠标在曲面上移动时能显示当前点的拔模角度；

：无突出显示展示；

：设置光源效果。

【方向】：用于定义拔模分析的方向，其中：

：锁定或解除拔模方向；

：使用指南针定义当前新的拔模方向；

：反转拔模方向。

6.4.4 距离分析

【距离分析】命令用于分析两组元素之间的距离。单击【距离分析】按钮后，弹出【距离】对话框，如图 6-92 所示。

【第一组】：用于选择第一个元素，或按住〈Ctrl〉键选择第一组元素；

【第二组】：用于选择第二个元素，或按住〈Ctrl〉键选择第二组元素；

【投影空间】：用于定义距离分析的方式。该命令提供了六种距离分析方式，分别为：

3D：分析两元素在三维空间的距离；

、、：分别分析两元素在 X、Y、Z 方向上的距离；

图 6-92 距离分析对话框

：分析两元素沿指南针方向上的距离；

：分析平面距离，即曲线与另一组元素和该曲线所在平面的交线（交点）之间的距离。

【测量方向】：用于定义距离的测量方向。该命令提供了五种距离测量方式，分别为：

：测量两元素之间法向的距离；

、、：测量两元素 X、Y、Z 方向上的距离；

：测量两元素之间沿指南针方向的距离；

【显示选项】：用于定义分析结果的显示方式。该命令提供了【2D 图标】、【完整颜色范围】、【有限颜色范围】三种显示方式。

【距离分析】命令的效果如图 6-93 所示。

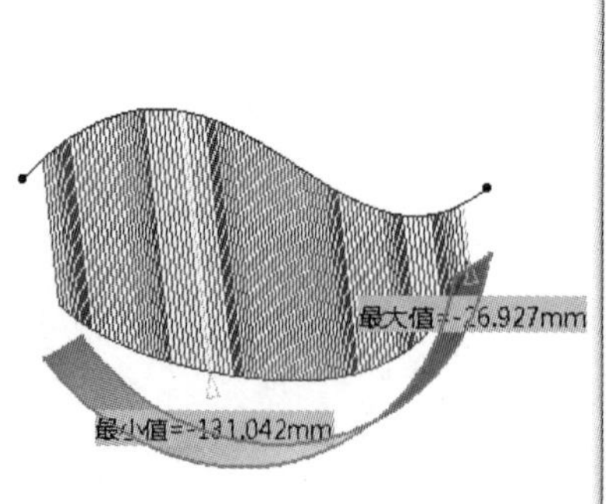

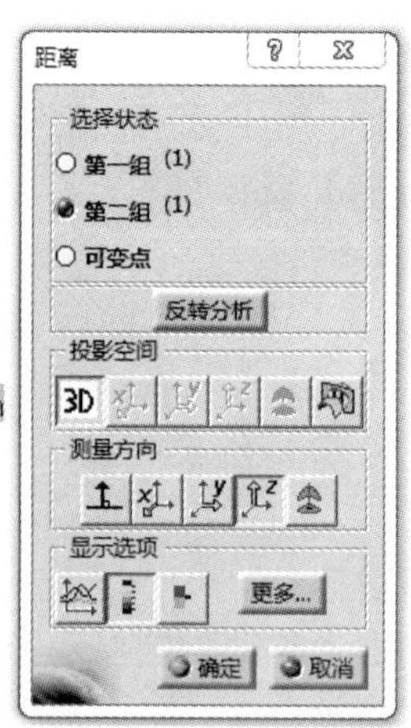

图 6-93 距离分析

6.4.5 切除面分析

【切除面分析】命令是通过平面界面来分析曲面。单击【切除面分析】按钮后弹出【分析切除面】对话框，如图 6-94 所示。其中：

【元素】：用于选择需要分析的曲面；

【截面类型】：用于选择与分析元素形成截面的方式，其中：

：截面与参考平面平行；

：截面与参考曲线垂直；

：截面为一个独立的平面；

【参考】：用于选择截面的参考元素；

【数目/步幅】：用于调节截面的数量；

【显示】：用于显示分析的项目，其中：

：用于显示截面平面；

：用于显示分析元素与截面的交线的弧长；

：用于显示分析元素截面的曲率；

当定义好需要分析的项目后，单击【确定】按钮即可完成命令。如图 6-95 所示。

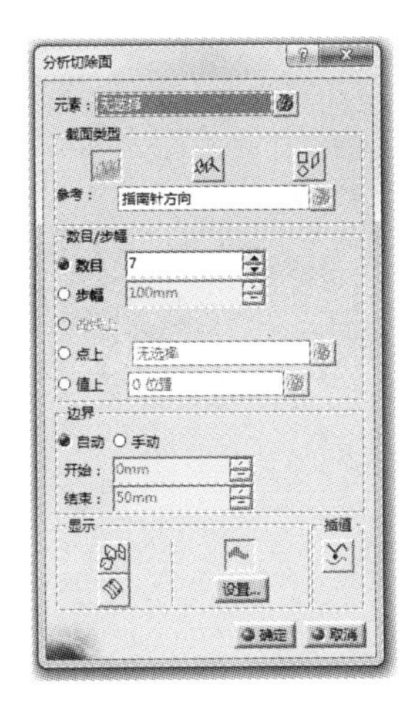

图 6-94 分析切除面对话框

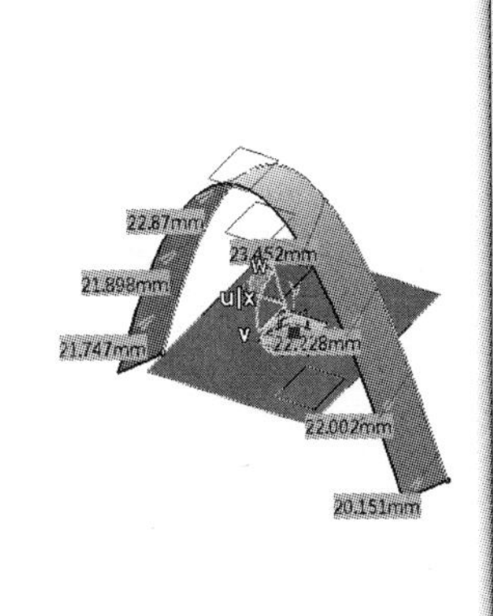

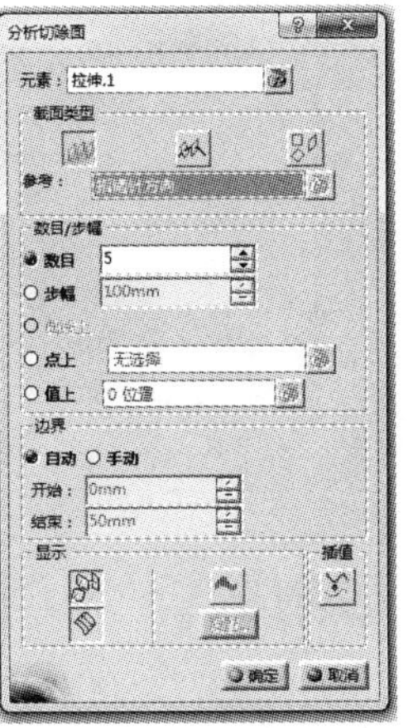

图 6-95 切除面分析

6.4.6 反射线分析

【反射线分析】命令是通过建立一组平行线，模拟灯光照射到曲面上来产生一组反射线，以此来分析曲面。单击【反射线分析】按钮后，弹出【反射线】对话框，如图 6-96 所示。

【霓虹】：用于调整光线数量与光线步幅；

【位置】：用于重置指南针的位置；

【视角】：用于调整光源照射的方式。

当用户定义好需要分析的项目后，单击【确定】按钮即可完成命令。如图 6-97 所示。

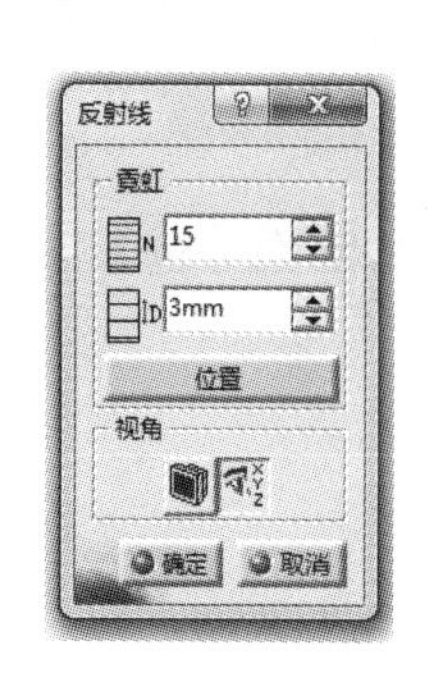

图 6-96　反射线对话框

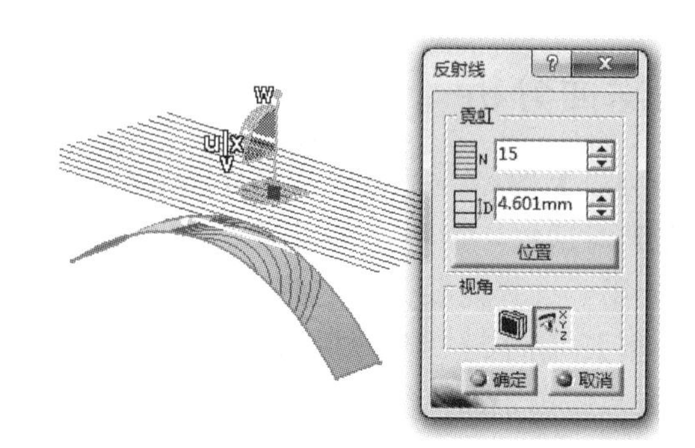

图 6-97　反射线分析

6.4.7　衍射线分析

【衍射线分析】命令是通过将曲面上曲率为 0 的点连成一条曲线来分析曲面。单击【衍射线分析】按钮后，弹出【衍射线】对话框，如图 6-98 所示。

【指南针平面】：用指南针底平面切割曲面，在交线上分析曲率为 0 的点；

【参数】：按照曲面参数的方向，分析曲率为 0 的点。

当用户选择好分析项目后，单击【确定】按钮即可完成命令。如图 6-99 所示。

图 6-98　衍射线对话框

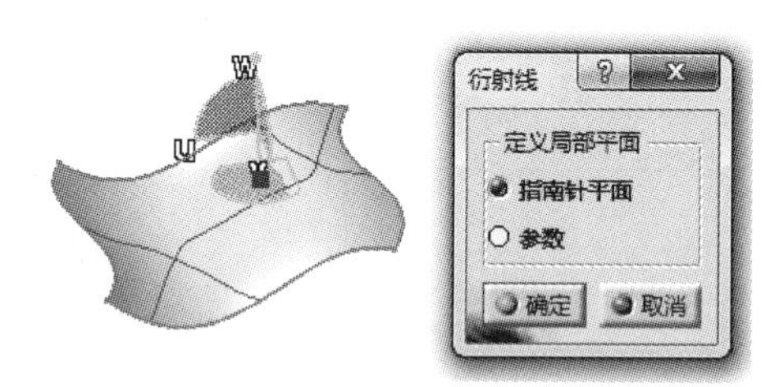

图 6-99　衍射线分析

6.4.8　映射分析

【映射分析】命令是使用环境图片模拟环境光源照射到曲面上，再由曲面反射环境光源来分析曲面。单击【映射分析】按钮后，弹出【映射】对话框，如图 6-100 所示。

图 6-100　映射对话框

用户只需要选择环境图片，即可显示映射效果。如图 6-101 所示。

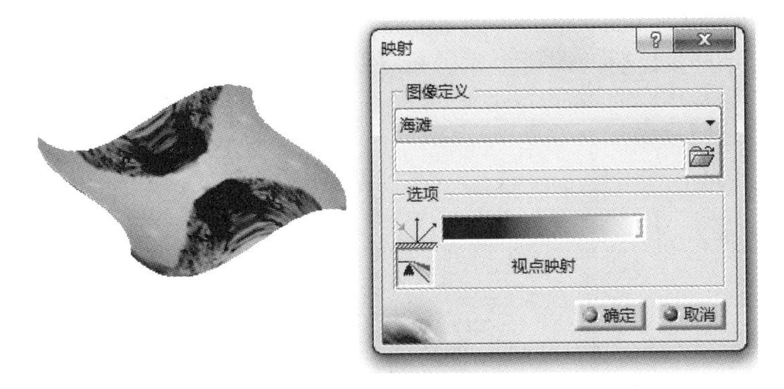

图 6-101　映射分析

6.4.9　斑马线分析

斑马线分析又称为【等照度线映射分析】命令，是用等距离的黑色条纹照射到曲面上，通过曲面的映射来分析曲面。单击【等照度线映射分析】按钮后，弹出【等照度线映射分析】对话框，如图 6-102 所示。

用户只需要选中待分析的曲面，即可显示分析效果，如图 6-103 所示。随后可以通过【类型选项】与【条纹参数】等调节光源的方向与参数。

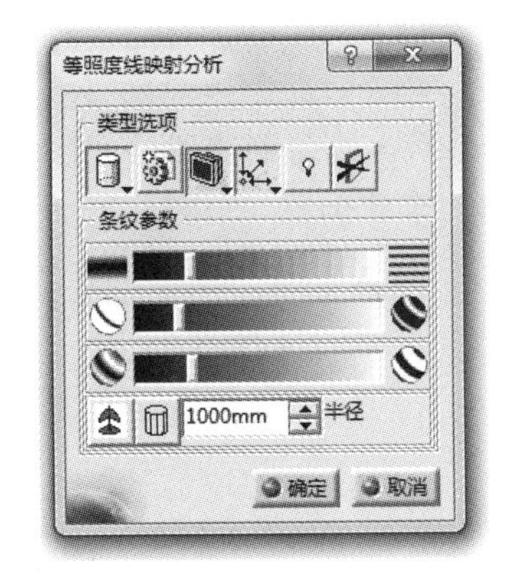

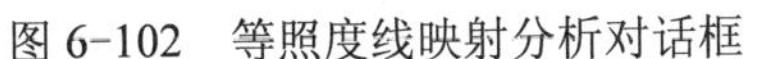

图 6-102　等照度线映射分析对话框

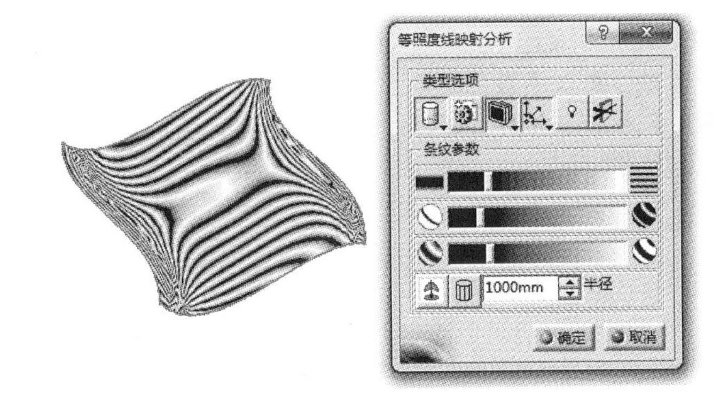

图 6-103　等照度线映射分析

6.4.10　强调线分析

【强调线分析】命令是通过在曲面上建立若干条曲线来分析曲面。曲线是曲面的切向或法向与指南针维持特定的角度形成。单击【强调线分析】按钮后，弹出【强调线】对话框，如图 6-104 所示。

【按角度】：通过曲面法向或切向与指南针的角度生成曲线；

【按点】：通过特定的点来生成曲线；

【切线】：通过曲面切向与指南针的角度生成曲线；

【法线】：通过曲面法线与指南针的角度生成曲线；
【螺纹角】：用于调整曲线生成的密度。
用户定义好分析的参数后，即可显示分析效果。如图 6-105 所示。

图 6-104　强调线分析对话框

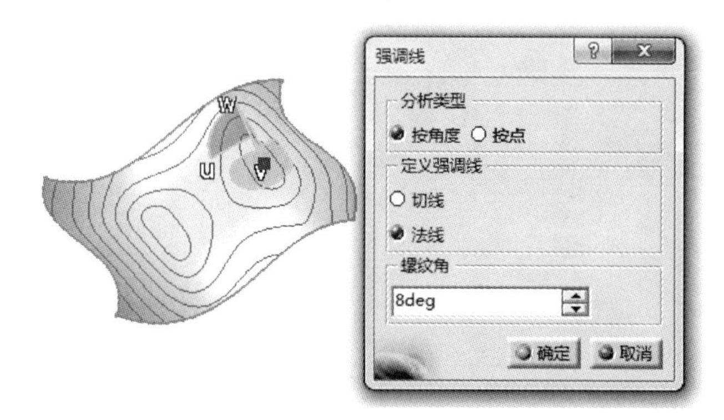

图 6-105　强调线分析

6.5　要点▪应用

本节以三个典型的案例，进一步深入演示曲面设计编辑的方法。

6.5.1　应用 1——双层支架

【思路分析】

双层支架零件图是由一个折叠平面开孔形成，如图 6-106 所示。绘制此图的方法是：先绘制出折叠的平面，然后进行分割开孔，最后再进行倒圆角。步骤如图 6-107、图 6-108 和图 6-109 所示。

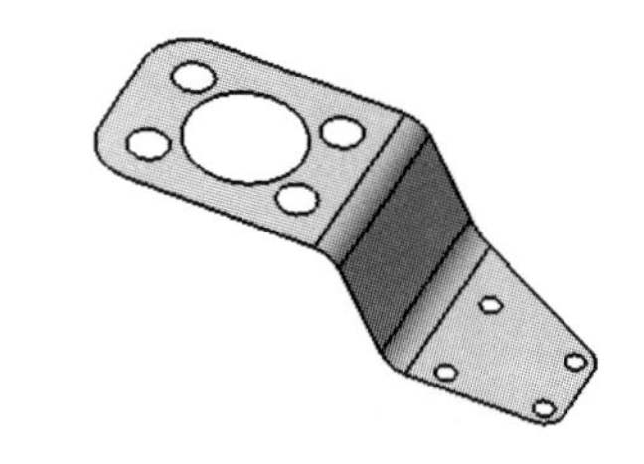
图 6-106　双层支架

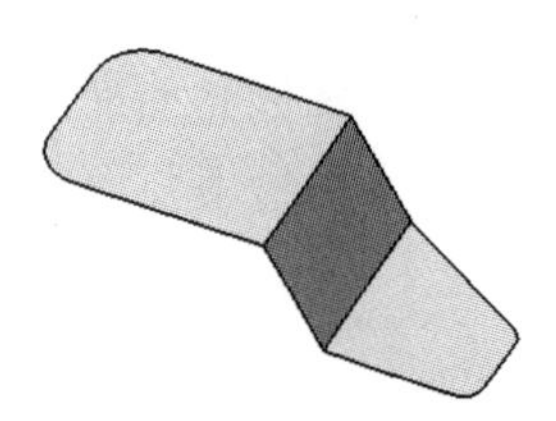
图 6-107　折叠平面

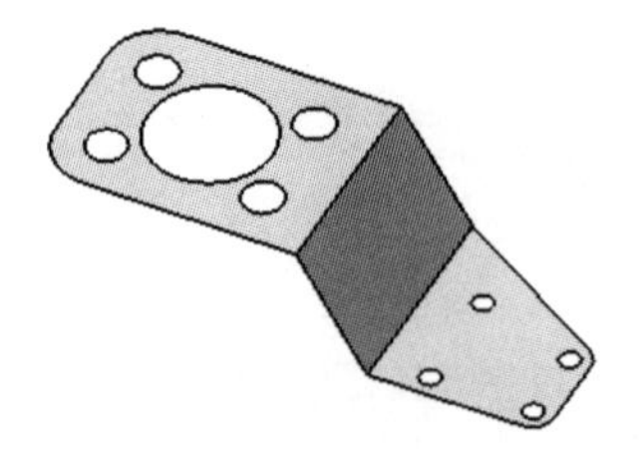
图 6-108　分割开孔

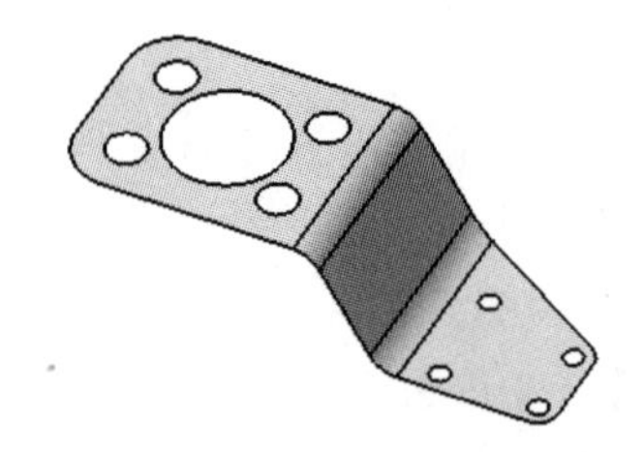
图 6-109　倒圆角

【光盘文件】

——参见附带光盘中的“END\Ch2\6-5-1.CATPart”文件。

——参见附带光盘中的“AVI\Ch2\6-5-1.avi”文件。

【操作步骤】

[1]. 从菜单栏中选择【形状】→【创成式外形设计】，如图 6-110 所示。

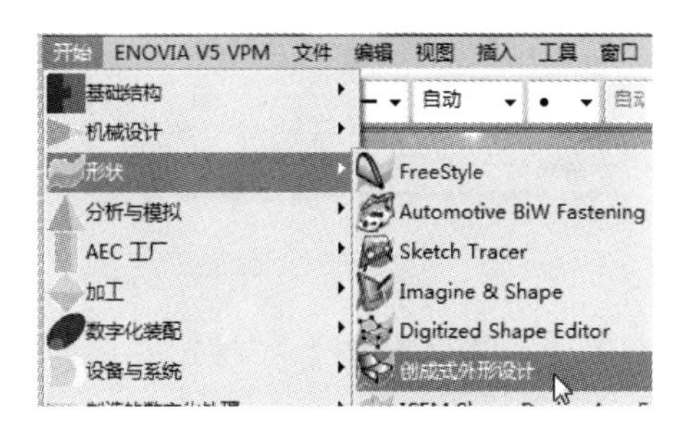

图 6-110　新建零件

[2]. 输入新建文件的文件名“6-5-1”，如图 6-111 所示。

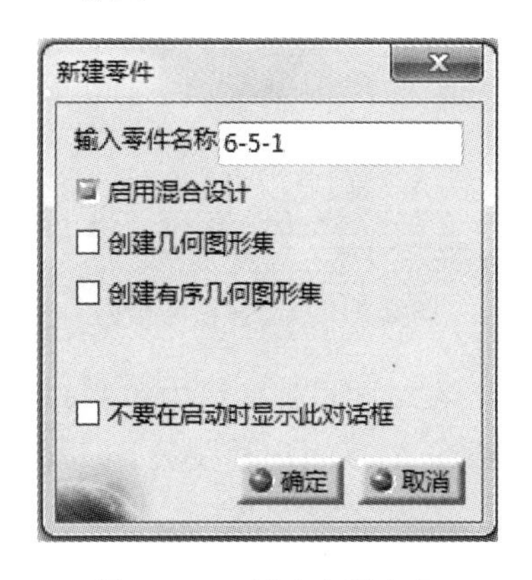

图 6-111　新建文件命名

[3]. 单击工具栏中的【草图】按钮，然后选择【xy 平面】，如图 6-112 所示。

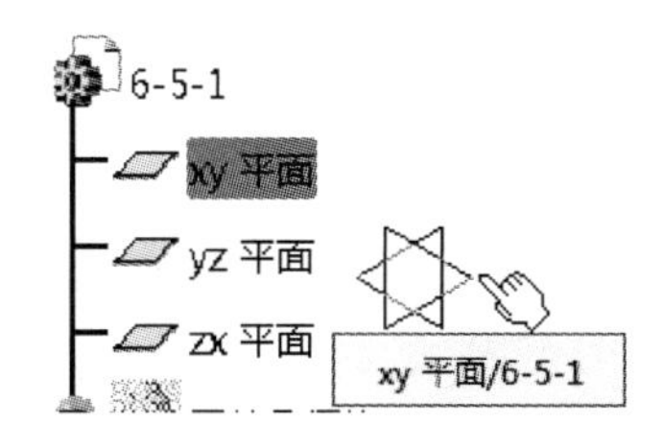

图 6-112　选择参考平面

[4]. 在草图设计环境绘制一个如图 6-113 所示的图形，然后退出草图设计环境。

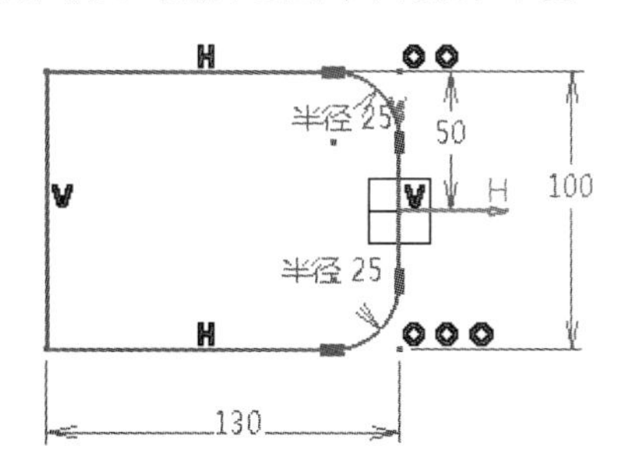

图 6-113　绘制草图

[5]. 单击【填充】按钮，以【草图.1】作为轮廓进行填充曲面操作，如图 6-114 所示。

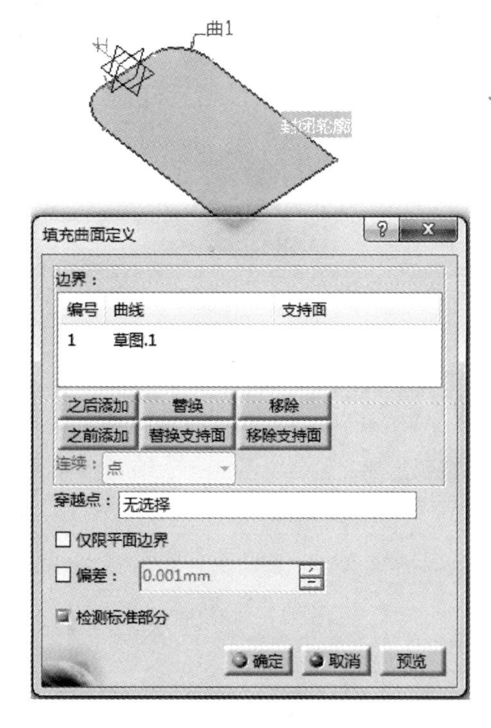

图 6-114　填充曲面

[6]. 单击工具栏中的【草图】按钮，然后选择【zx 平面】，如图 6-115 所示。

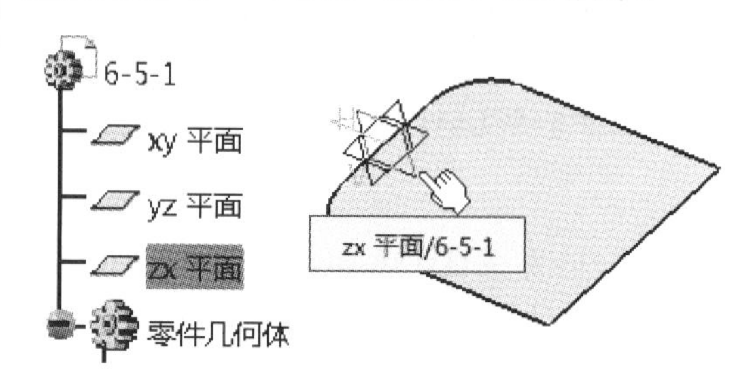

图 6-115 选择参考平面

[7]. 在草图设计环境中绘制如图 6-116 所示的直线。然后退出草图设计环境。

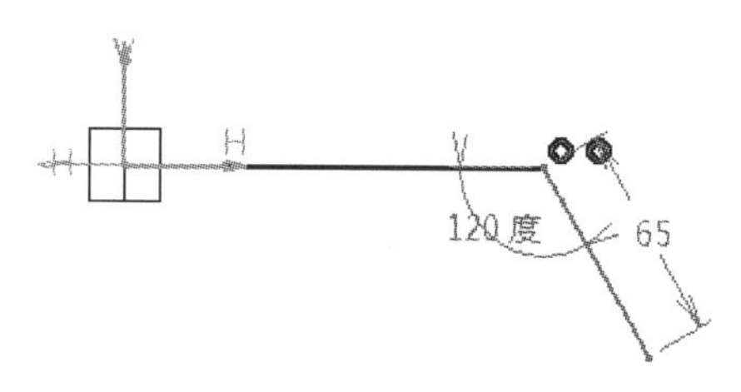

图 6-116 绘制草图

[8]. 单击【扫掠】按钮，做出如图 6-117 所示的扫掠操作。

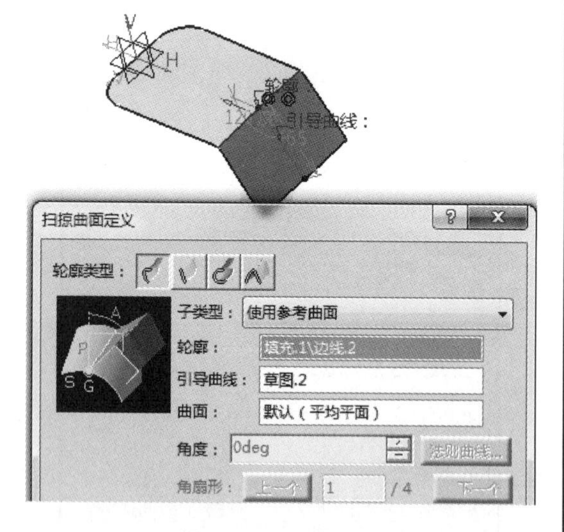

图 6-117 扫掠曲面

[9]. 单击【平面】按钮，对【xy 平面】进行平行通过点操作，如图 6-118 所示。

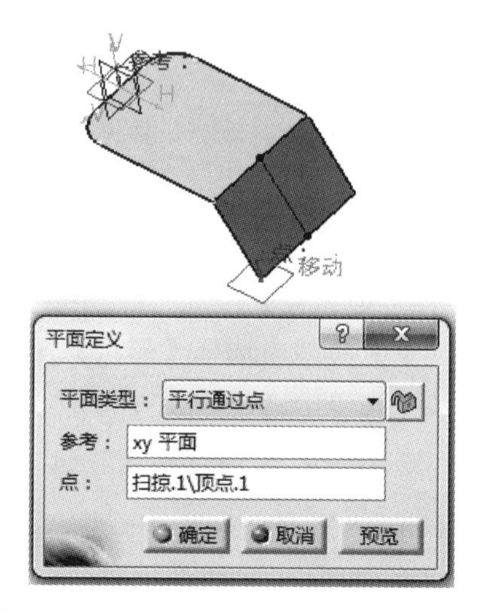

图 6-118 平行通过点

[10]. 单击【草图】按钮并选择【平面.1】进入草图设计环境。如图 6-119 所示。

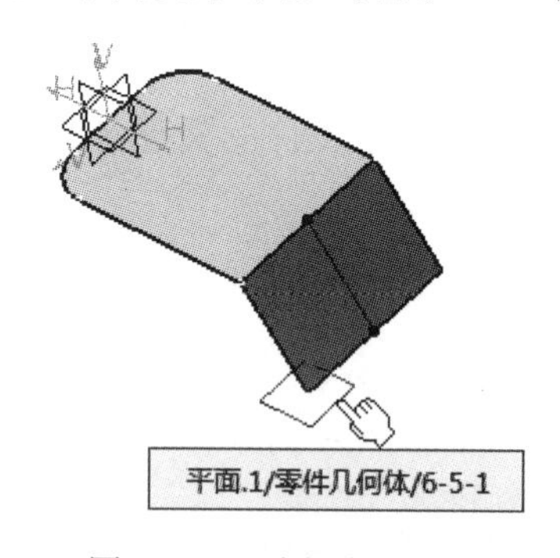

图 6-119 选择参考平面

[11]. 在草图设计环境中绘制如图 6-120 所示的图形。然后退出草图设计环境。

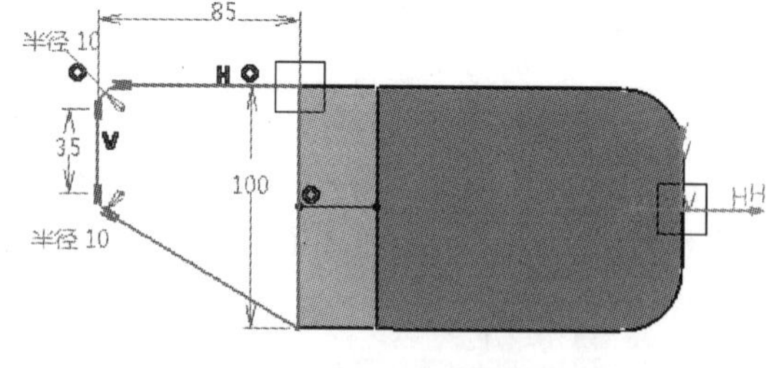

图 6-120 绘制草图

[12]. 单击【填充】按钮，以【草图.3】作为轮廓进行填充曲面操作，如图 6-121 所示。

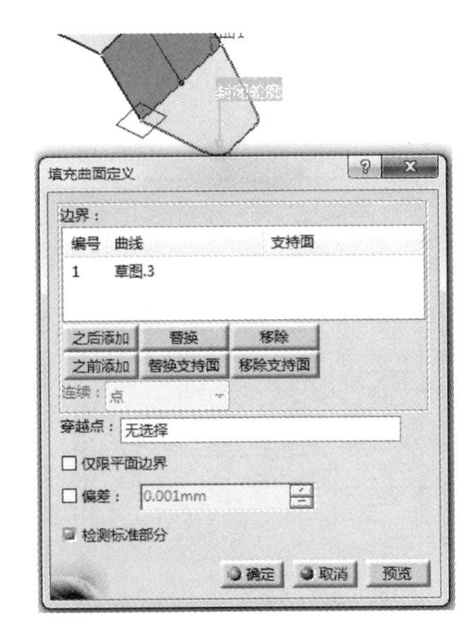

图 6-121 填充曲面

[13]. 单击【草图】按钮并选择【填充.1】进入草图设计环境，如图 6-122 所示。

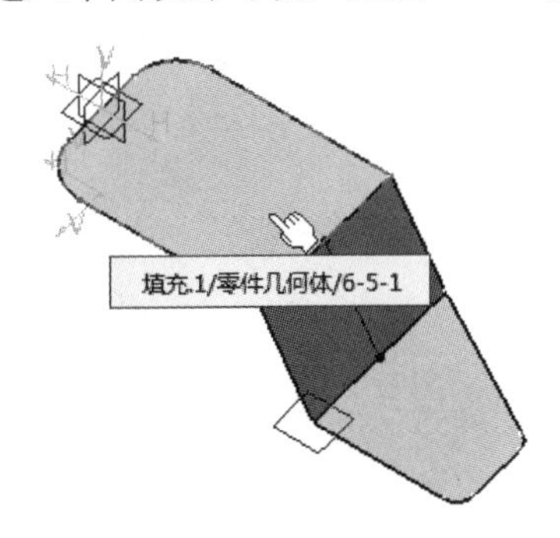

图 6-122 选择参考平面

[14]. 在草图设计环境中绘制如图 6-123 所示的图形。然后退出草图设计环境。

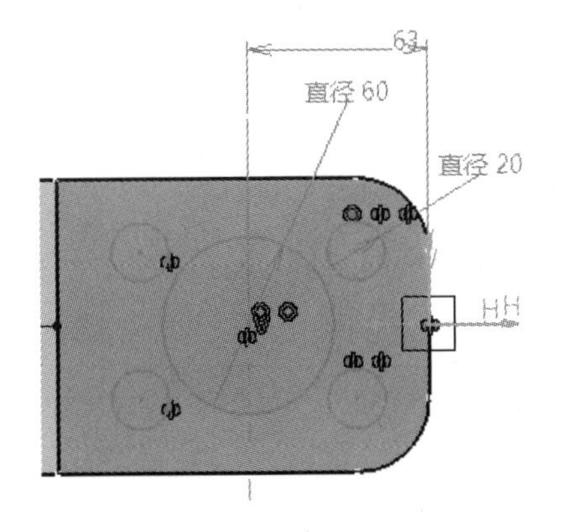

图 6-123 绘制草图

[15]. 单击【分割】按钮，以【草图.4】作为切除元素对【填充.1】进行分割，如图 6-124 所示。

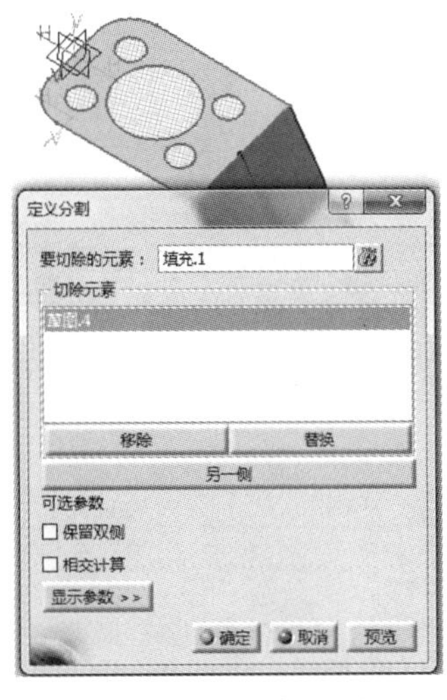

图 6-124 分割平面

[16]. 单击【草图】按钮并选择零件的上平面，进入草图设计环境，如图 6-125 所示。

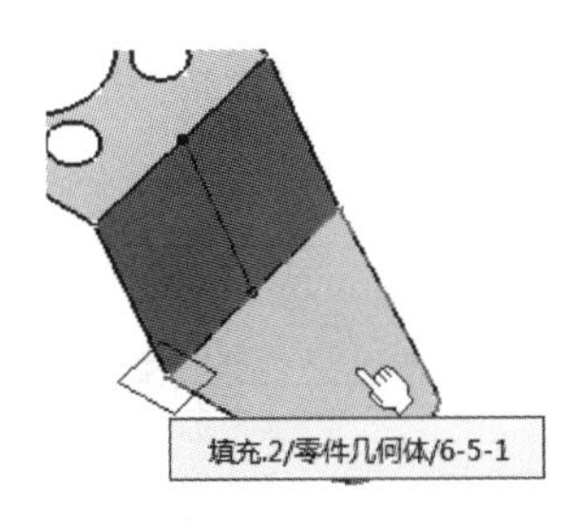

图 6-125 选择参考平面

[17]. 在草图设计环境中绘制如图 6-126 所示的图形。然后退出草图设计环境。

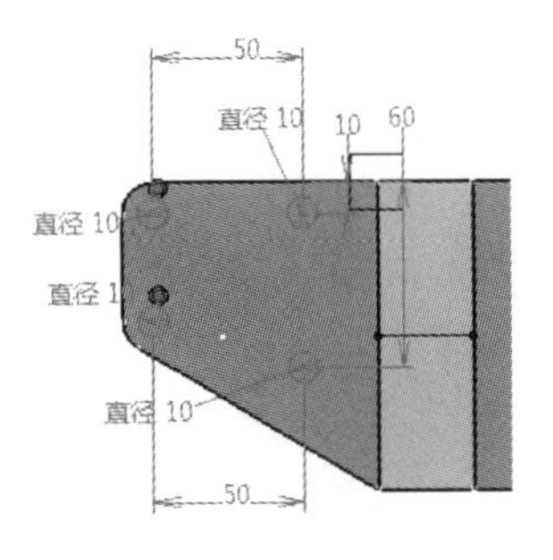

图 6-126 绘制草图

[18]．单击【分割】按钮，以【草图.5】作为切除元素对【填充.2】进行分割，如图 6-127 所示。

图 6-127　分割平面

[19]．单击【简单圆角】按钮，对平面之间的棱角进行倒圆角操作，圆角半径为 15mm，如图 6-128 所示。

图 6-128　倒圆角

[20]．此时，完成零件双层支架的绘制，如图 6-129 所示.

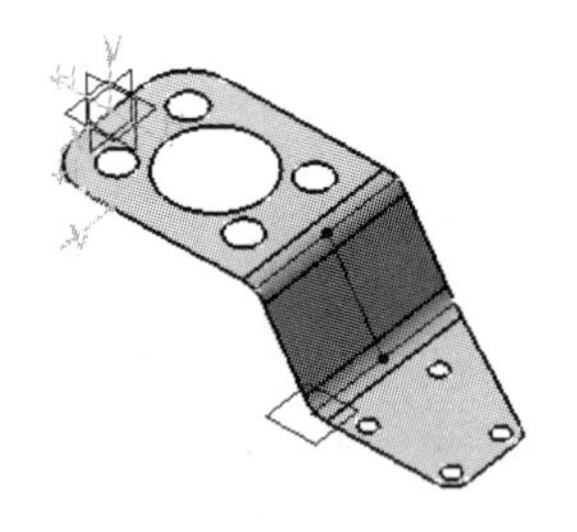

图 6-129　双层支架

6.5.2　应用 2——盖板

【思路分析】

盖板零件图是由带凸起平面形成，如图 6-130 所示。绘制此图的方法是：先绘制盖板平面，然后对盖板平面进行必要的分割，最后再绘制凸起特征。步骤如图 6-131、图 6-132 和图 6-133 所示。

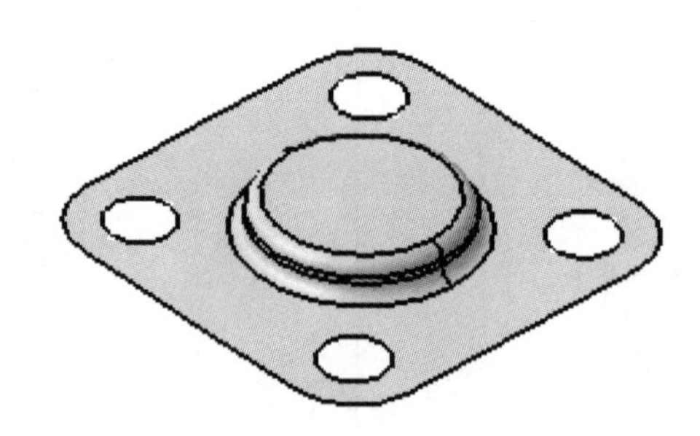

图 6-130　盖板

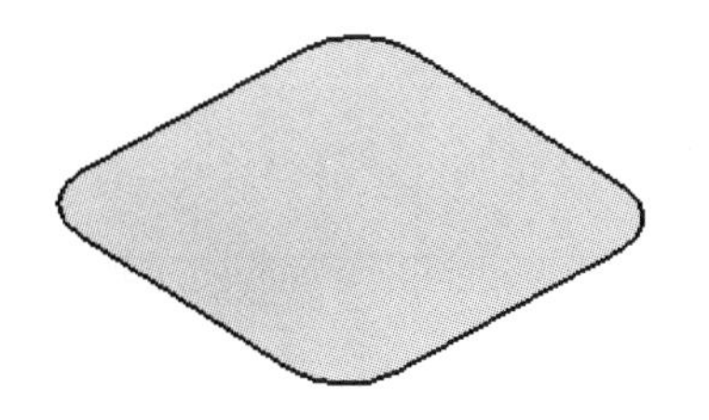

图 6-131　填充平面

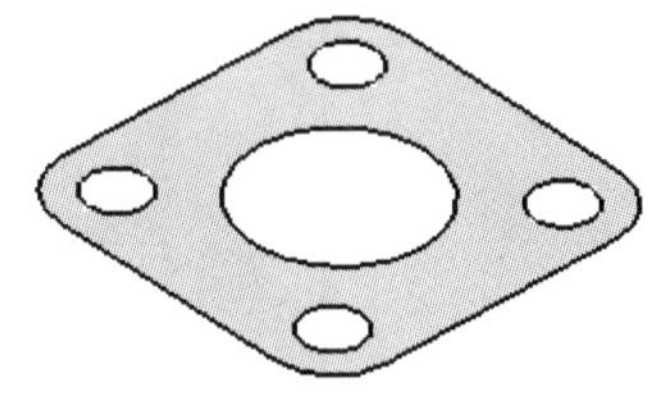

图 6-132　分割

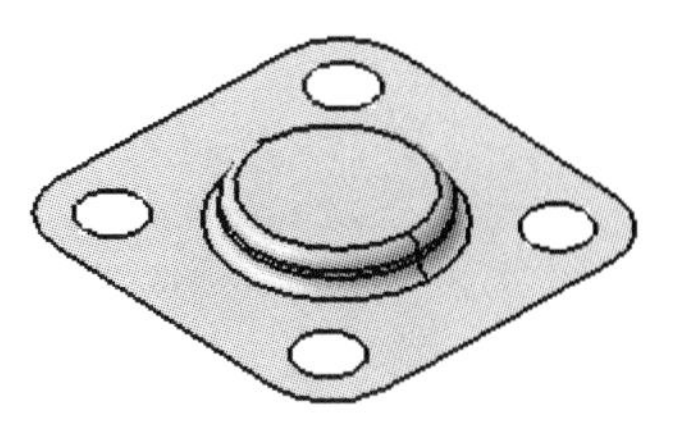

图 6-133　绘制凸起特征

【光盘文件】

——参见附带光盘中的“END\Ch2\6-5-2.CATPart”文件。

——参见附带光盘中的“AVI\Ch2\6-5-2.avi”文件。

【操作步骤】

[1]．从菜单栏中选择【形状】→【创成式外形设计】，如图 6-134 所示。

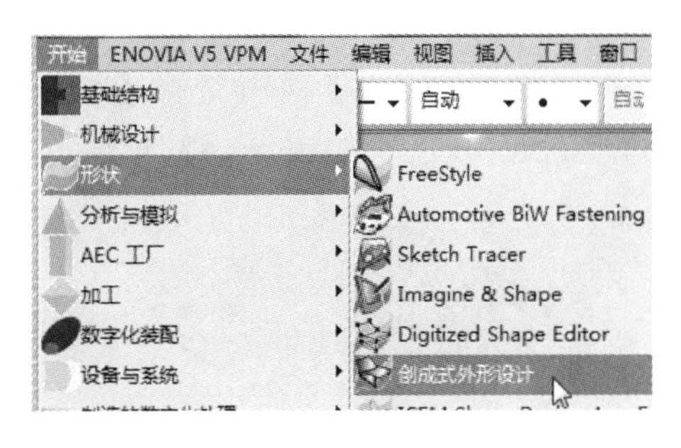

图 6-134　新建零件

[2]．输入新建文件的文件名“6-5-2”，如图 6-135 所示。

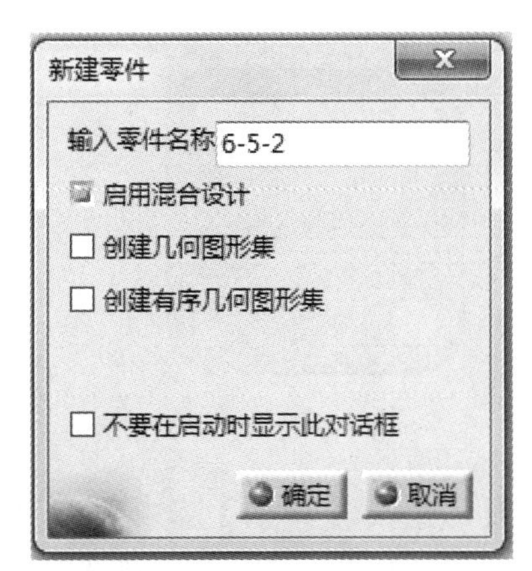

图 6-135　新建文件命名

[3]．单击工具栏中的【草图】按钮，然后选择【xy 平面】，如图 6-136 所示。

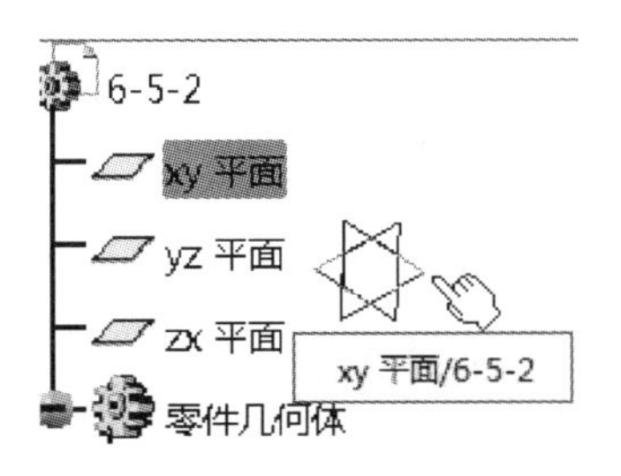

图 6-136　选择参考平面

[4]．在草图设计环境绘制一个如图 6-137 所示的图形，然后退出草图设计环境。

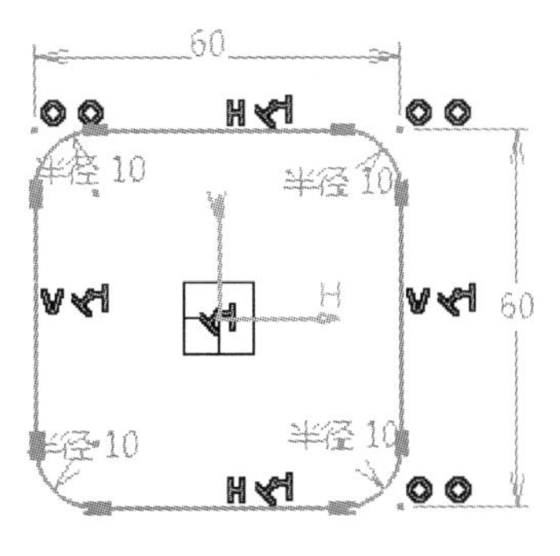

图 6-137　绘制草图

[5]．单击【填充】按钮，以【草图.1】作为轮廓进行填充曲面操作，如图 6-138 所示。

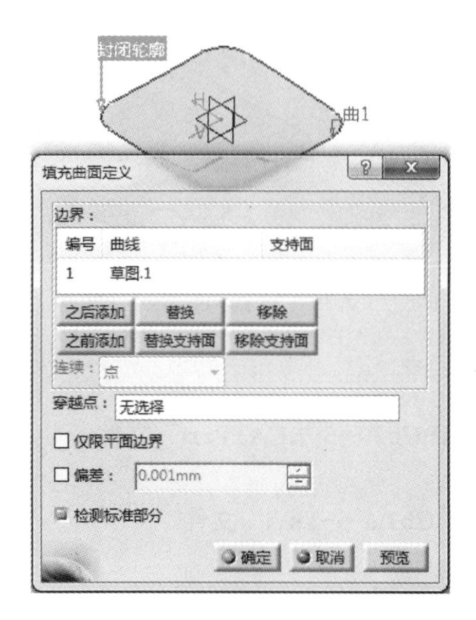

图 6-138　填充曲面

[6]．单击工具栏中的【草图】按钮，然后选择【zx 平面】，如图 6-139 所示。

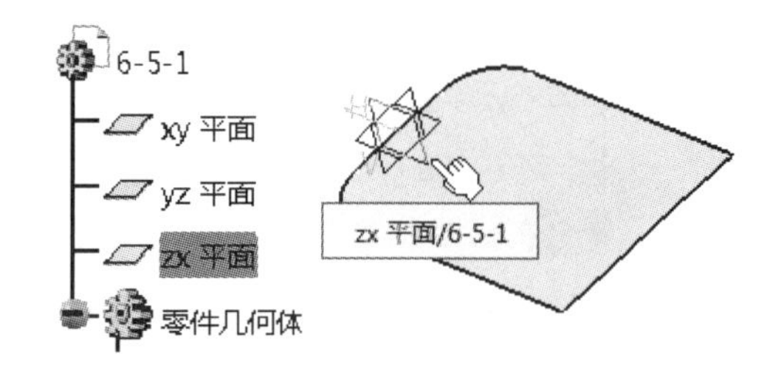

图 6-139　选择参考平面

[7]．在草图设计环境中绘制如图 6-140 所示的直线。然后退出草图设计环境。

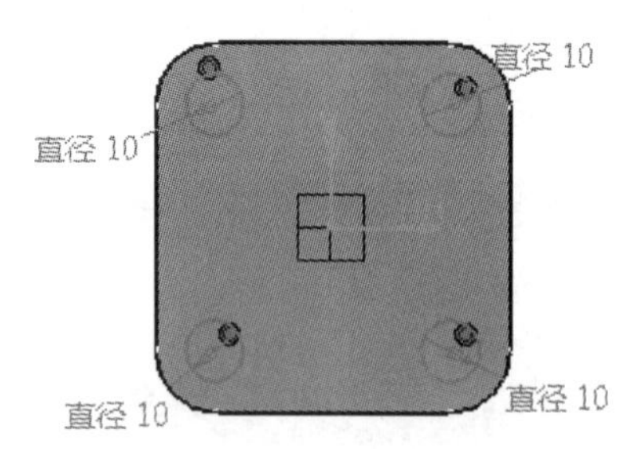

图 6-140　绘制草图

[8]．单击【分割】按钮，以【草图.2】作为切除元素对【填充.1】进行分割，如图 6-141 所示。

图 6-141　扫掠曲面

[9]．单击【草图】并选择【分割.1】进入草图设计环境，如图 6-142 所示。

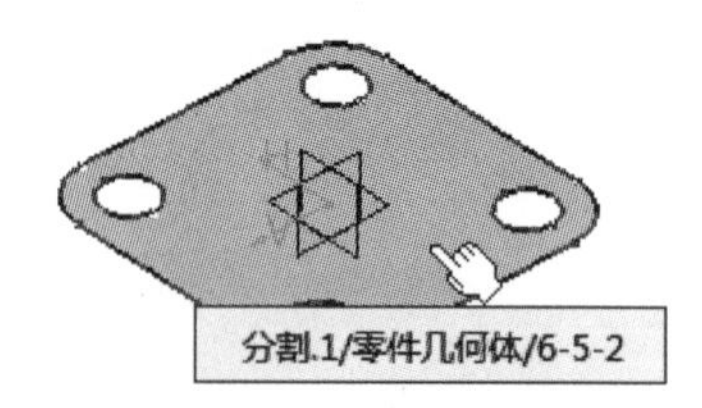

图 6-142　选择参考元素

[10]．在草图设计环境中绘制一个圆，如图 6-143 所示。然后退出草图设计环境。

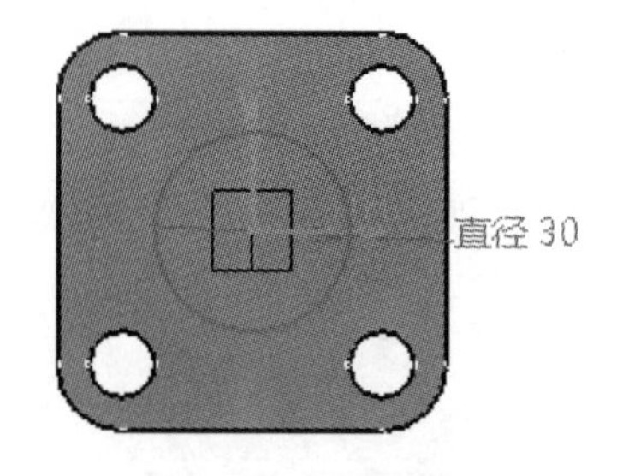

图 6-143　绘制草图

[11]．单击【分割】按钮，以【草图.3】作为切除元素对【分割.1】进行分割，如图 6-144 所示。

图 6-144　分割曲面

[12]. 单击【拉伸】按钮，以【草图.3】作为轮廓沿 z 轴正方向拉伸 5mm，如图 6-145 所示。

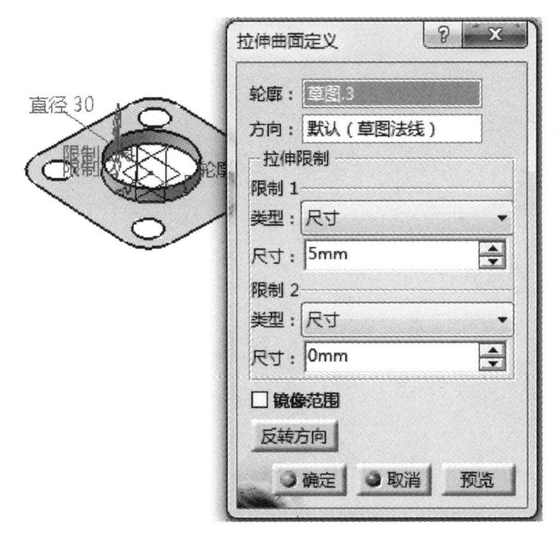

图 6-145　拉伸曲面

[13]. 单击【填充】按钮，以【拉伸.1】的上边线作为轮廓进行填充曲面操作，如图 6-146 所示。

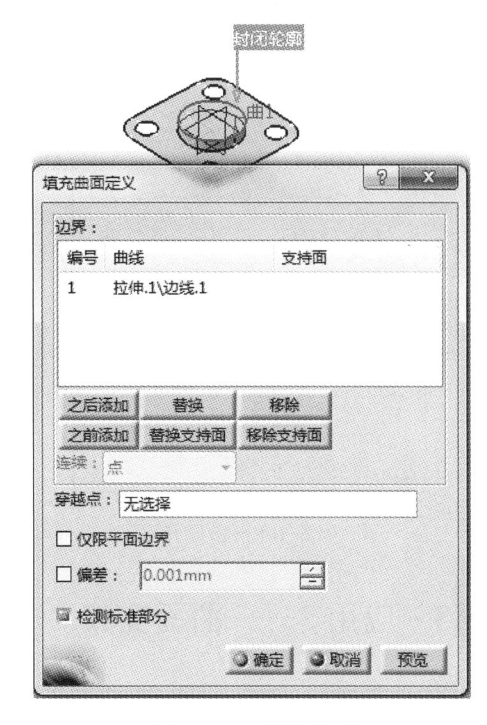

图 6-146　填充曲面

[14]. 单击【接合】按钮，将单独的三个曲面接合成一个整体，如图 6-147 所示。

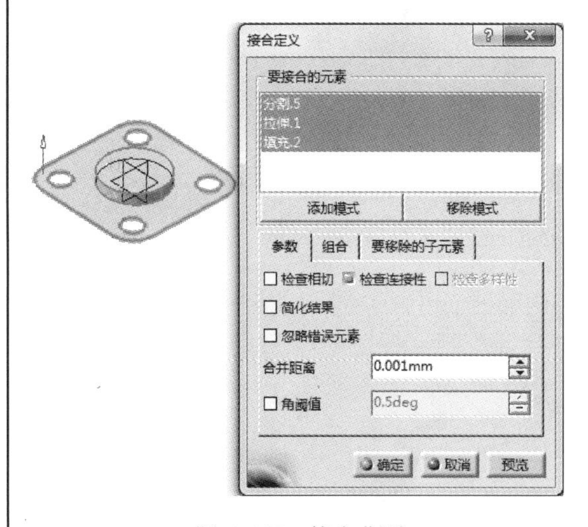

图 6-147　接合曲面

[15]. 单击【倒圆角】按钮，对平面之间的棱角进行倒圆角操作，圆角半径为 2mm，如图 6-148 所示。

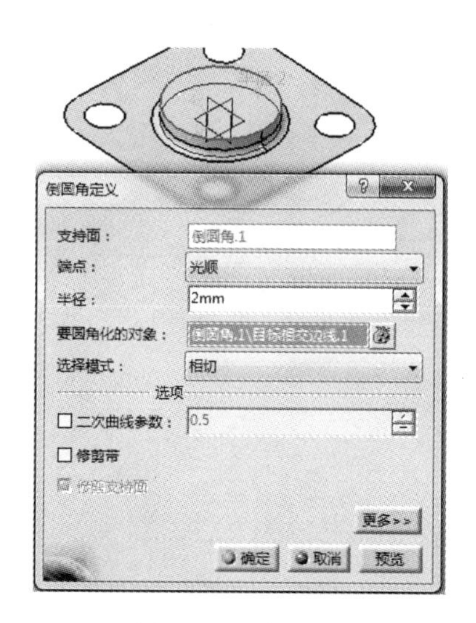

图 6-148　倒圆角

[16]．此时，完成零件盖板的绘制，如图 6-149 所示。

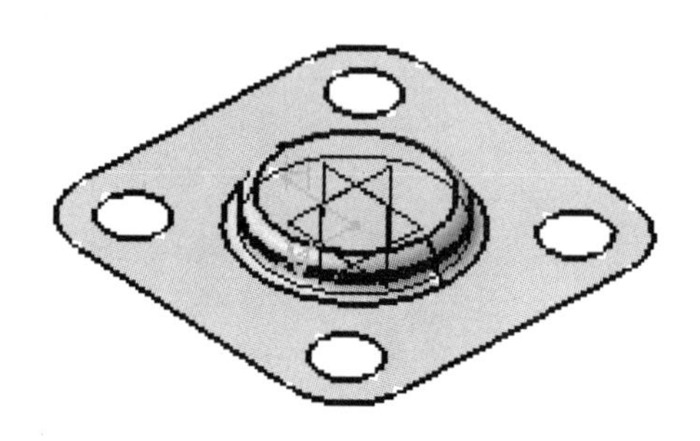

图 6-149　盖板

6.5.3　应用 3——曲面支架

【思路分析】

曲面支架零件图是由带凸起的曲面形成，如图 6-150 所示。绘制此图的方法是：先绘制曲面，然后绘制曲面中间的凸起，最后再进行适当的修剪分割即可。步骤如图 6-151、图 6-152 和图 6-153 所示。

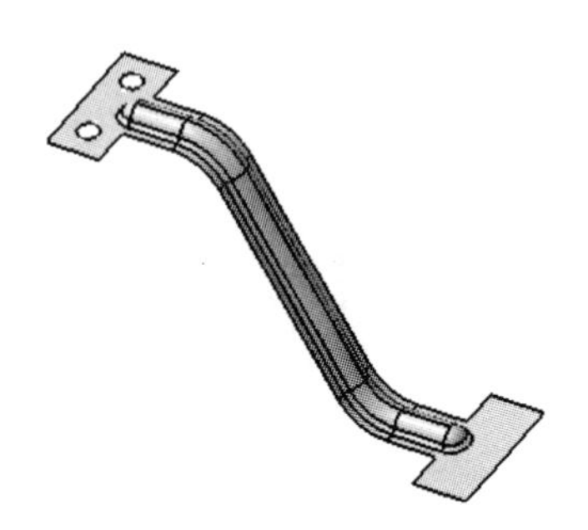

图 6-150　曲面支架

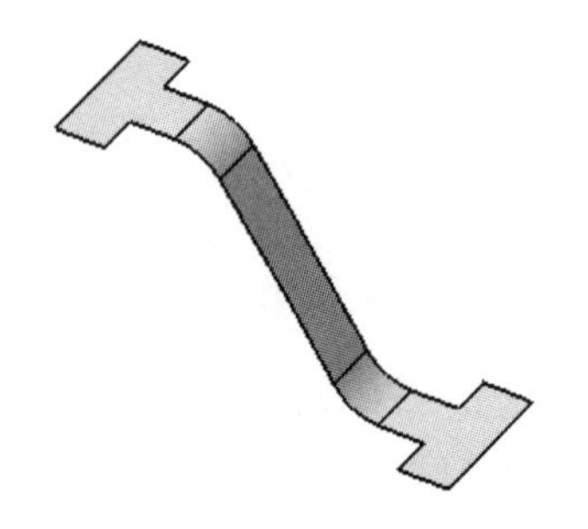

图 6-151　绘制曲面

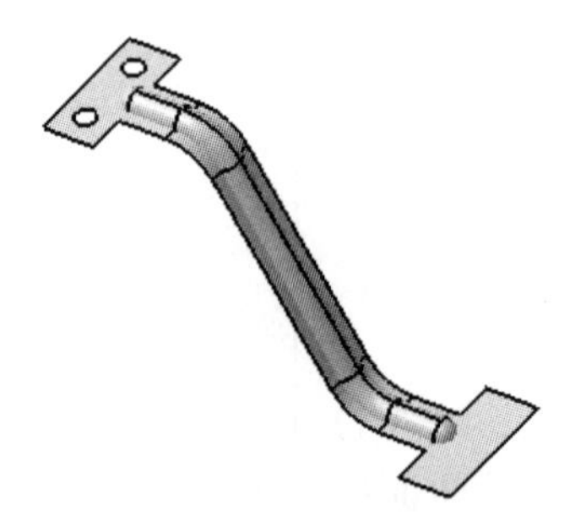

图 6-152　扫掠曲面

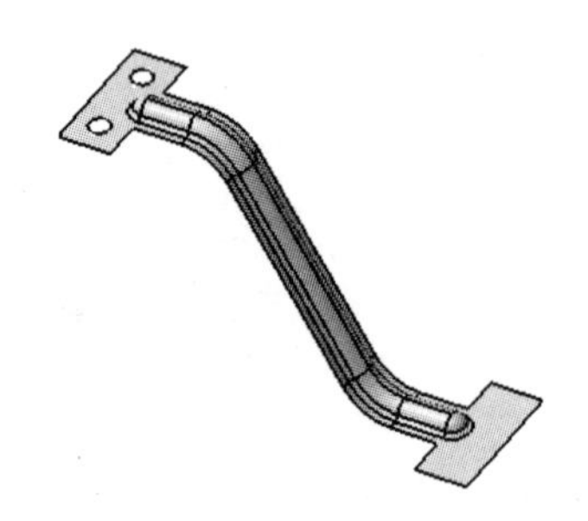

图 6-153　修剪分割曲面

【光盘文件】

——参见附带光盘中的“END\Ch2\6-5-3.CATPart”文件。

——参见附带光盘中的“AVI\Ch2\6-5-3.avi”文件。

【操作步骤】

[1]. 从菜单栏中选择【形状】→【创成式外形设计】，如图 6-154 所示。

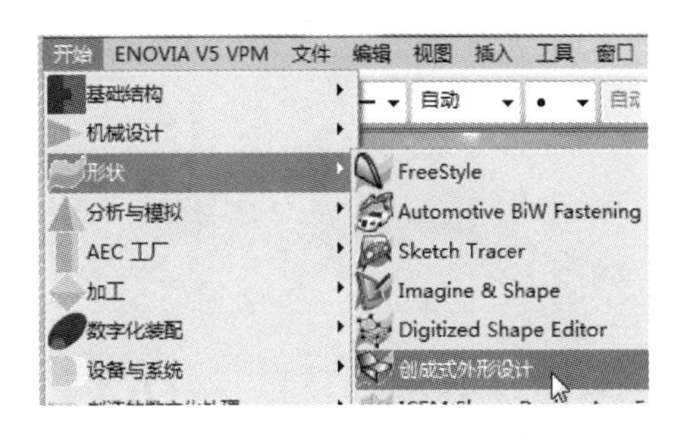

图 6-154 新建零件

[2]. 输入新建文件的文件名“6-5-3”，如图 6-155 所示。

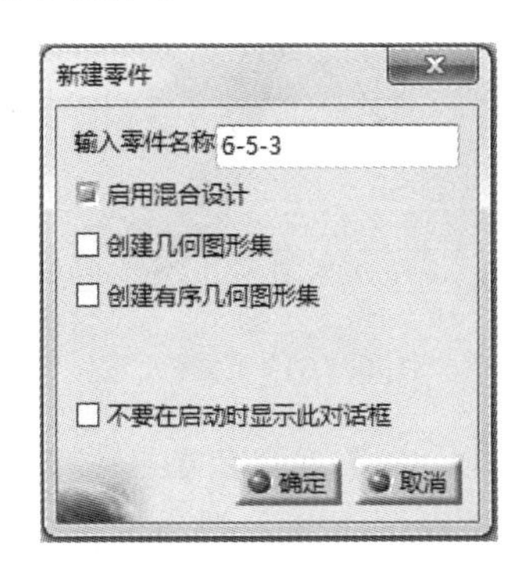

图 6-155 新建文件命名

[3]. 单击工具栏中的【草图】按钮，然后选择【yz 平面】，如图 6-156 所示。

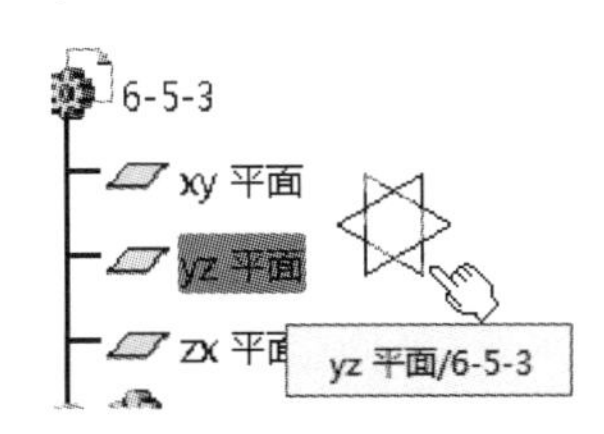

图 6-156 选择参考平面

[4]. 在草图设计环境绘制一个如图 6-157 所示的图形，然后退出草图设计环境。

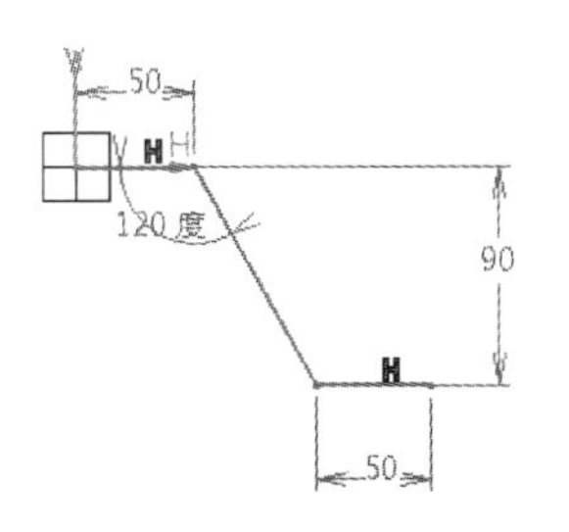

图 6-157 绘制草图

[5]. 单击【拉伸】按钮，以【草图.1】作为轮廓进行如图 6-158 所示的拉伸操作。

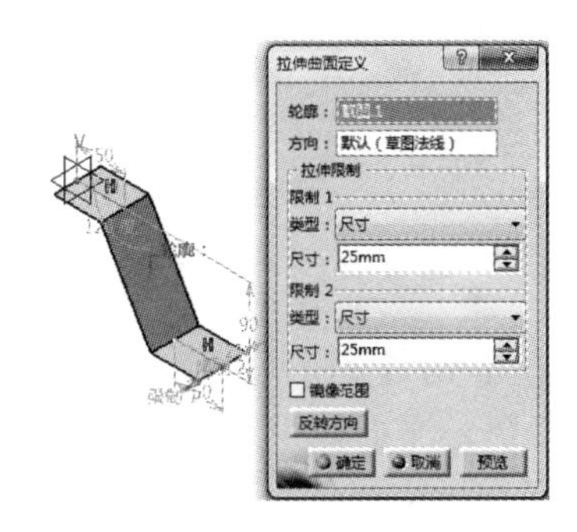

图 6-158 拉伸曲面

[6]. 单击工具栏中的【草图】按钮，然后选择【xy 平面】，如图 6-159 所示。

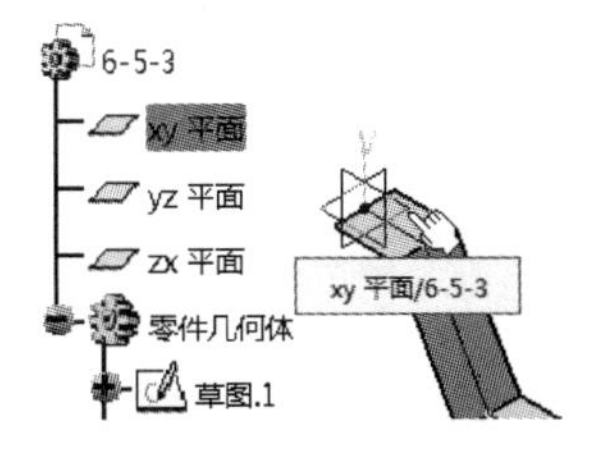

图 6-159 选择参考平面

[7]. 在草图设计环境中绘制如图 6-160 所示的直线。然后退出草图设计环境。

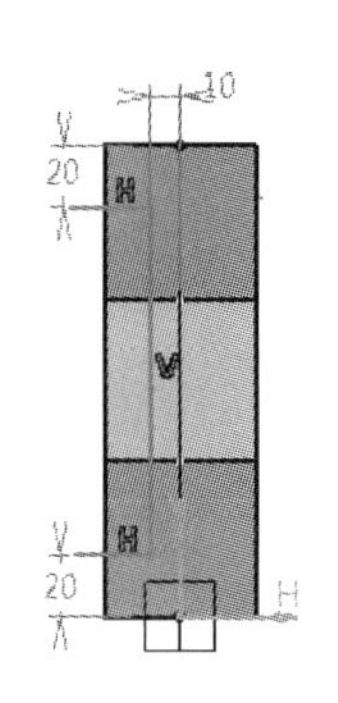

图 6-160　绘制草图

[8]. 单击【拉伸】按钮，以【草图.2】作为轮廓进行如图 6-161 所示的拉伸操作。

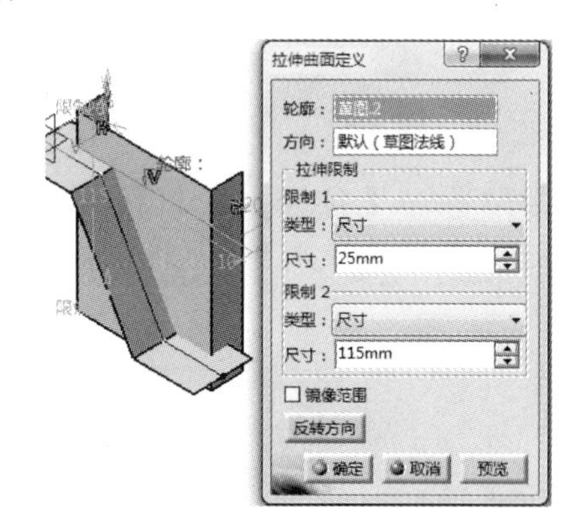

图 6-161　拉伸曲面

[9]. 单击【对称】按钮，将【拉伸.2】以【yz 平面】为参考进行对称操作，如图 6-162 所示。

图 6-162　对称

[10]. 单击【分割】按钮，以【拉伸.2】和【对称.1】作为切除元素对【拉伸.1】进行分割，如图 6-163 所示。

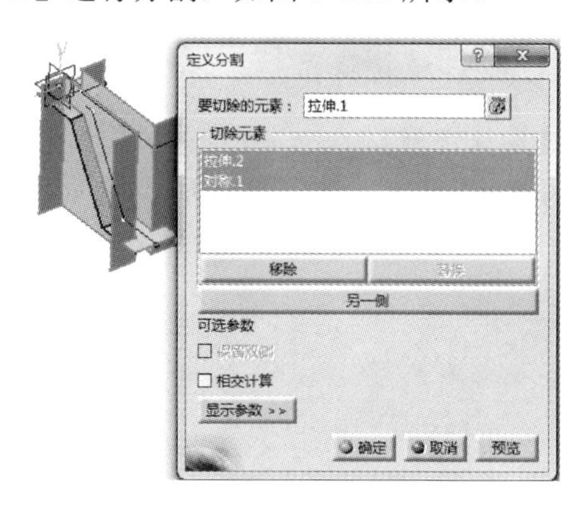

图 6-163　分割曲面

[11]. 将【拉伸.2】、【对称.1】、【草图】和【草图.2】进行隐藏，如图 6-164 所示。

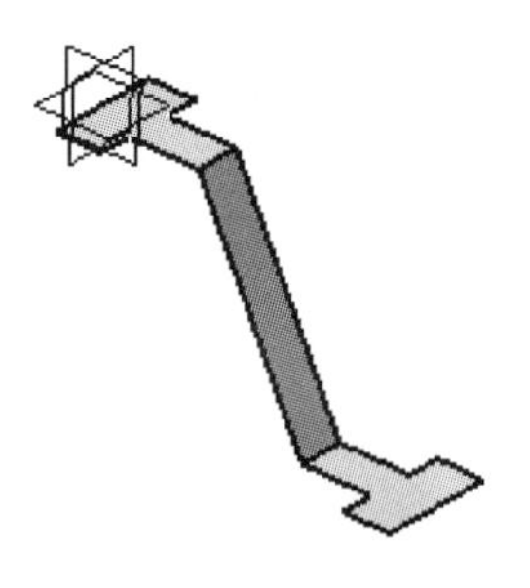

图 6-164　隐藏元素

[12]. 单击【倒圆角】按钮，对曲面中的棱边进行倒圆角，圆角半径为 20mm，如图 6-165 所示。

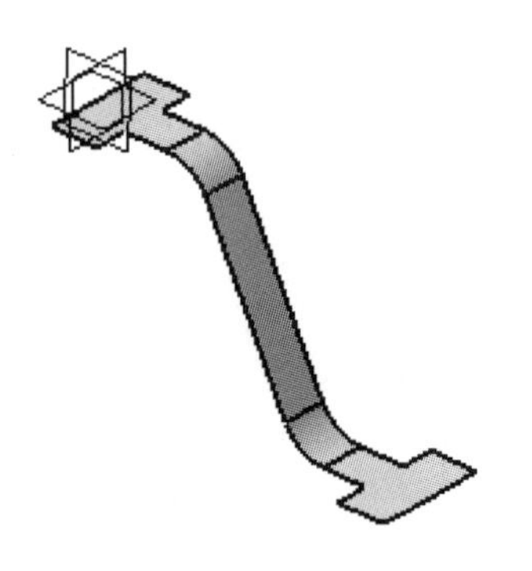

图 6-165　倒圆角

[13]．单击【草图】按钮并选择曲面的上平面，进入草图设计环境，如图 6-166 所示。

图 6-166　选择参考曲面

[14]．在草图设计环境中绘制如图 6-167 所示的图形。然后退出草图设计环境。

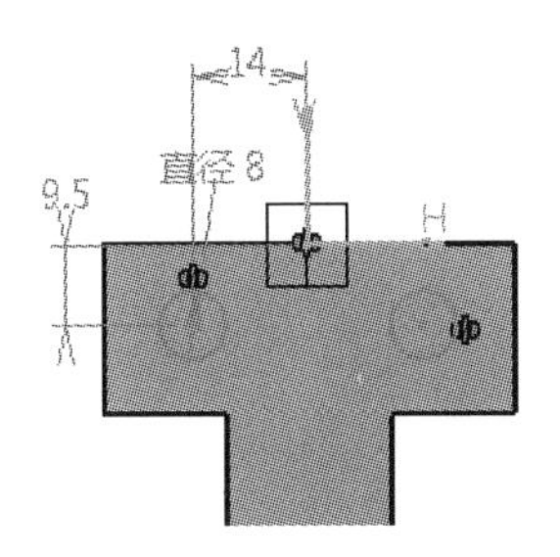

图 6-167　绘制草图

[15]．单击【分割】按钮，以【草图.3】作为切除元素对曲面进行分割，如图 6-168 所示。

图 6-168　分割曲面

[16]．单击【草图】按钮并选择【xy 平面】进入草图设计环境，如图 6-169 所示。

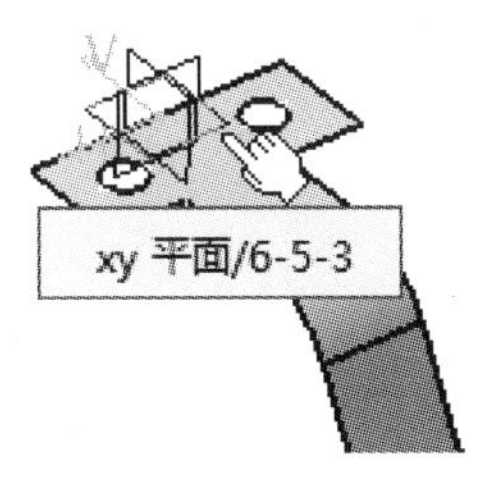

图 6-169　选择参考元素

[17]．在草图设计环境中绘制如图 6-170 所示的直线。然后退出草图设计环境。

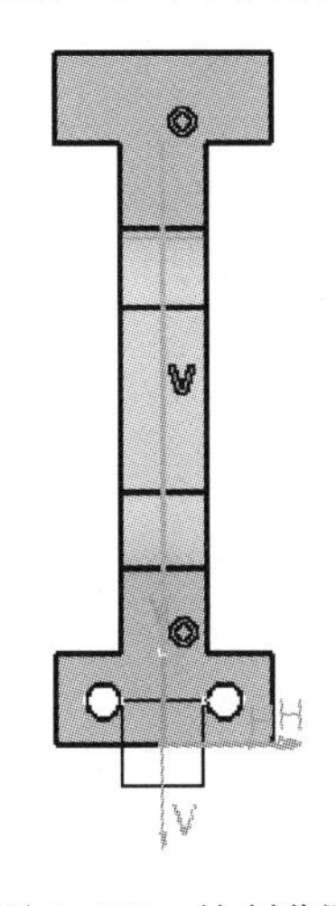

图 6-170　绘制草图

[18]．单击【投影】按钮，将【草图.4】沿 z 方向投影到曲面上，如图 6-171 所示。

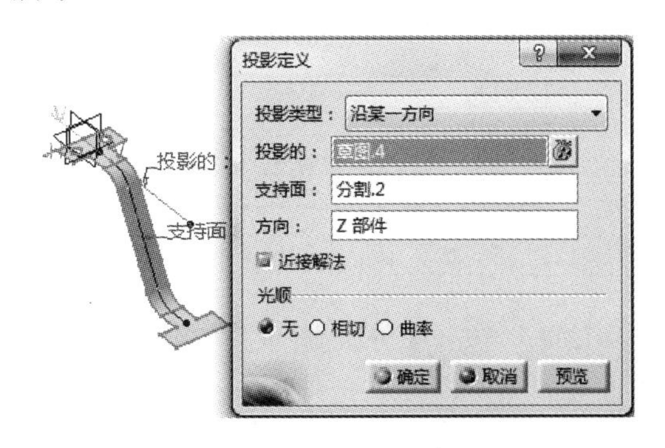

图 6-171　投影曲线

[19]. 单击【扫掠】按钮，使用【圆心和半径】扫掠方式，以投影曲线为中心，创建半径为 5mm 的曲面圆柱，如图 6-172 所示。

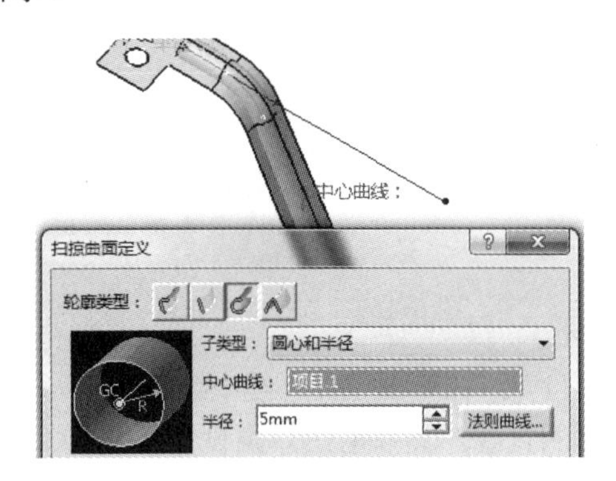

图 6-172 扫掠曲面

[20]. 单击【外插延伸】按钮，使投影曲线的一端向外延伸 5mm，如图 6-173 所示。

图 6-173 外插延伸

[21]. 单击【外插延伸】按钮，使投影曲线的另一端向外延伸 5mm，如图 6-174 所示。

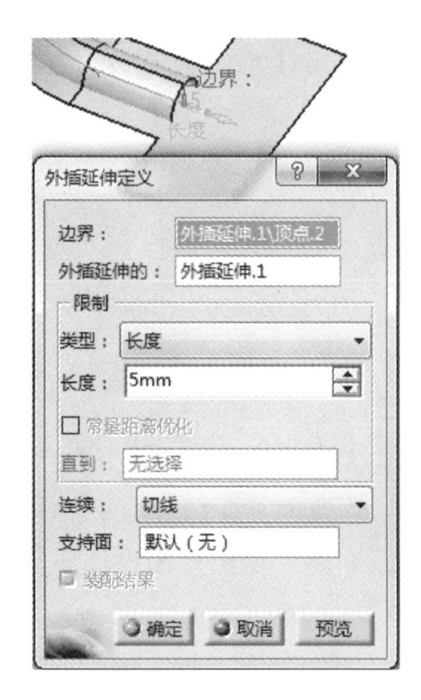

图 6-174 外插延伸

[22]. 单击【填充】按钮，以扫掠曲面的边线为轮廓，扫掠曲面为支持面，以外插延伸线的顶点为穿越点，进行填充曲面操作，如图 6-175 所示。

图 6-175 填充曲面

[23]. 单击【填充】按钮，参考步骤[22]对扫掠曲面的另一端边线进行填充曲面操作，如图 6-176 所示。

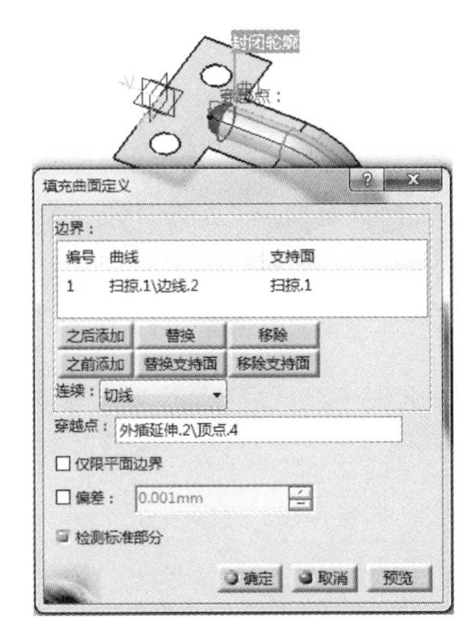

图 6-176 填充曲面

[24]. 单击【接合】按钮，对【填充.1】、【填充.2】和【扫掠.1】进行接合操作，如图 6-177 所示。

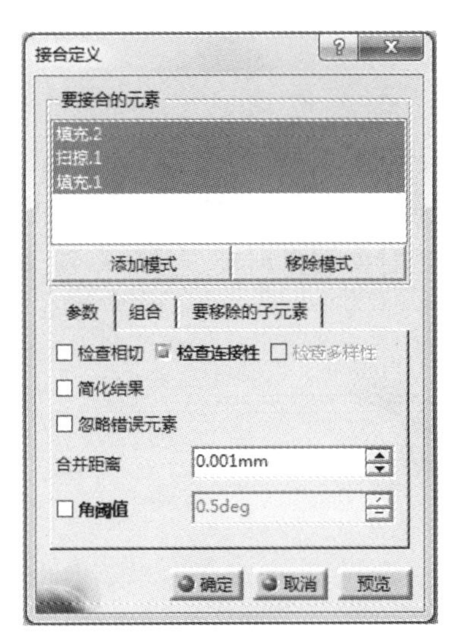

图 6-177 接合曲面

[25]. 单击【分割】按钮，以【分割.2】作为切除元素对【接合.1】进行分割，如图 6-178 所示。

[26]. 单击【分割】按钮，以【分割.3】作为切除元素对【分割.2】进行分割，如图 6-179 所示。

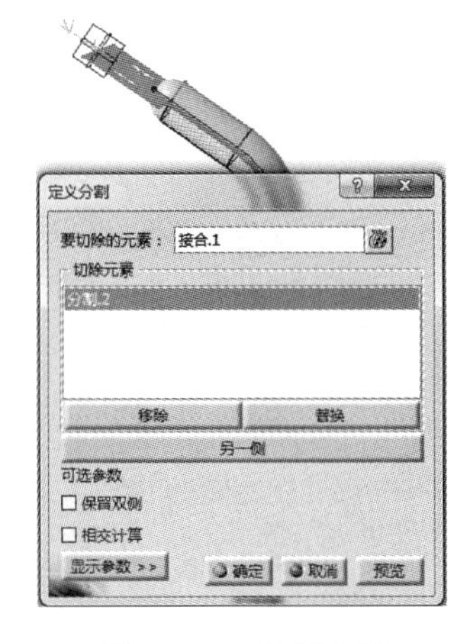

图 6-178 分割曲面

图 6-179 分割曲面

[27]. 单击【接合】按钮，对【分割.3】和【分割.4】进行接合操作，如图 6-180 所示。

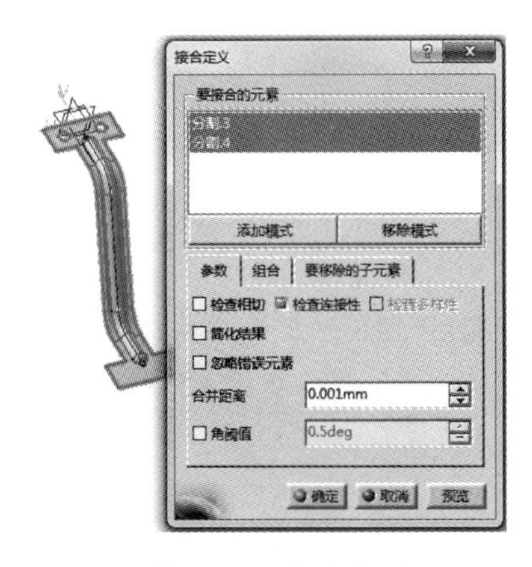

图 6-180 接合曲面

[28]．单击【倒圆角】按钮，对曲面中间的棱边进行倒圆角，圆角半径为 2mm，如图 6-181 所示。

图 6-181　倒圆角

[29]．此时，完成零件曲面支架的绘制，如图 6-182 所示。

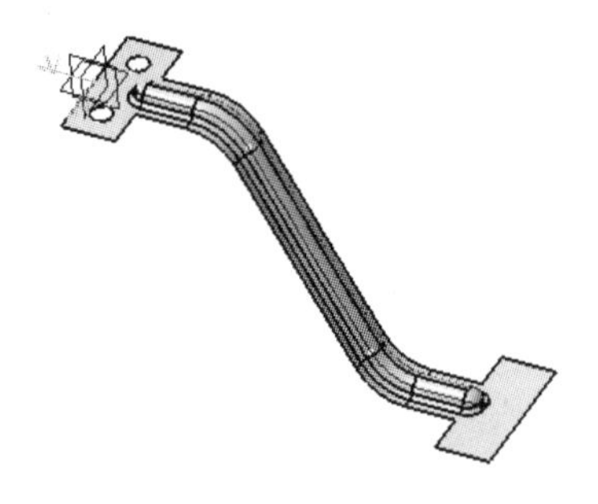

图 6-182　曲面支架

6.6　能力▪提高

本节以三个典型的案例，进一步深入演示曲面设计和编辑的方法。

6.6.1　案例 1——铭牌安装板

【思路分析】

铭牌安装板零件图是由两块切割后的平面组成，如图 6-183 所示。绘制此图的方法是：先绘制两个平面，然后对平面进行分割，最后再进行倒圆角即可。步骤如图 6-184、图 6-185 和图 6-186 所示。

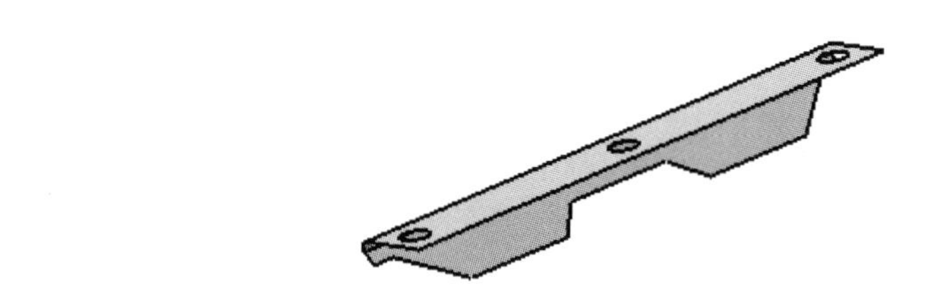

图 6-183　铭牌安装板

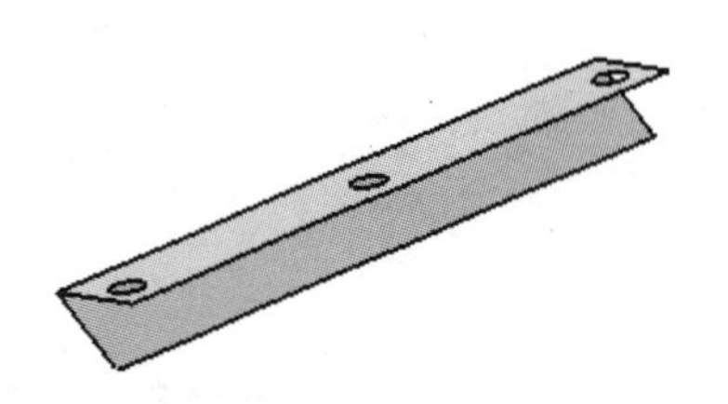

图 6-184　绘制平面

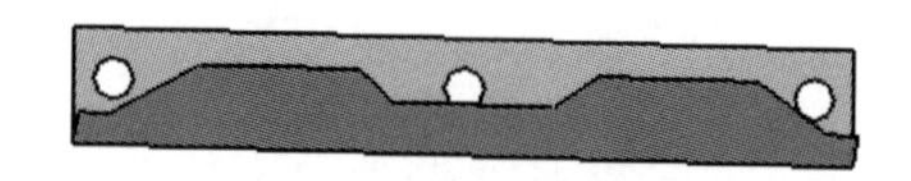

图 6-185　分割平面

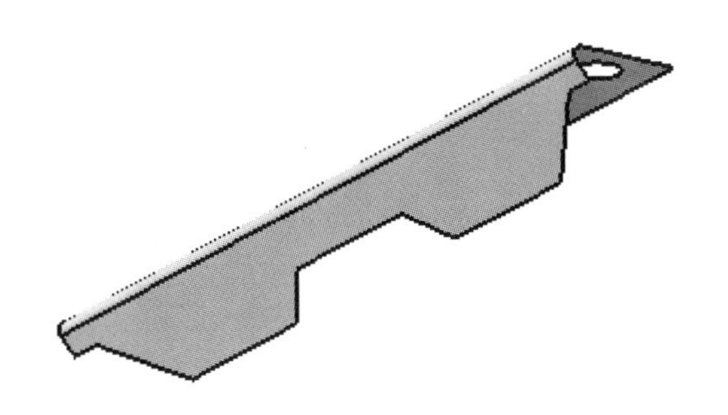

图 6-186　倒圆角

【光盘文件】

结果文件——参见附带光盘中的“**END\Ch2\6-6-1.CATPart**”文件。

动画演示——参见附带光盘中的“**AVI\Ch2\6-6-1.avi**”文件。

【操作步骤】

[1]．从菜单栏中选择【形状】→【创成式外形设计】，如图 6-187 所示。

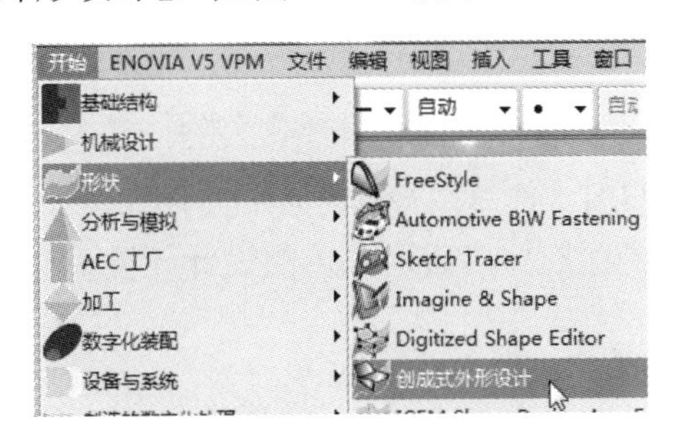

图 6-187　新建零件

[2]．输入新建文件的文件名“6-6-1”，如图 6-188 所示。

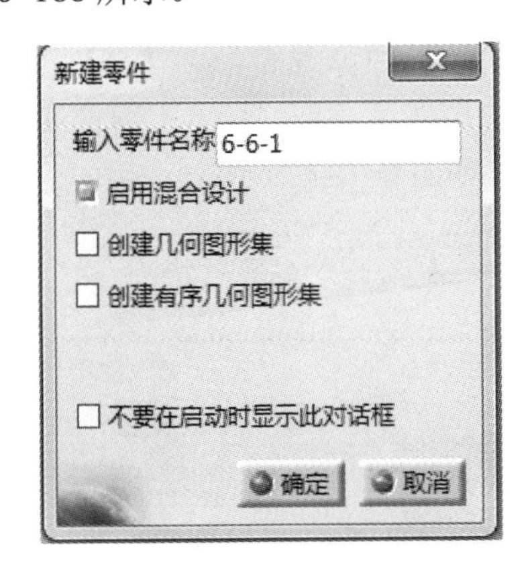

图 6-188　新建文件命名

[3]．单击工具栏中的【草图】按钮，然后选择【yz 平面】，如图 6-189 所示。

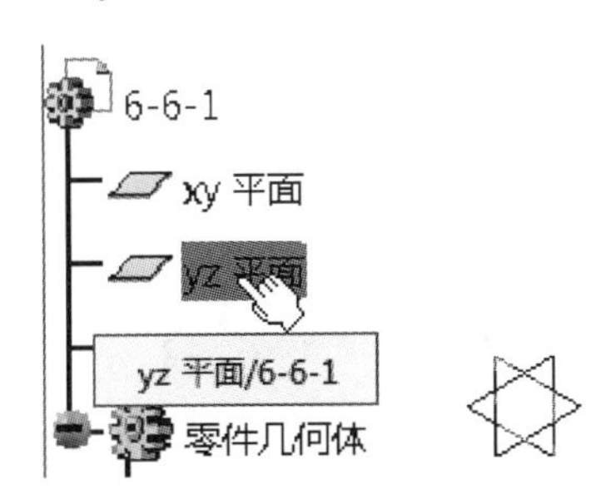

图 6-189　选择参考平面

[4]．在草图设计环境绘制一个如图 6-190 所示的图形，然后退出草图设计环境。

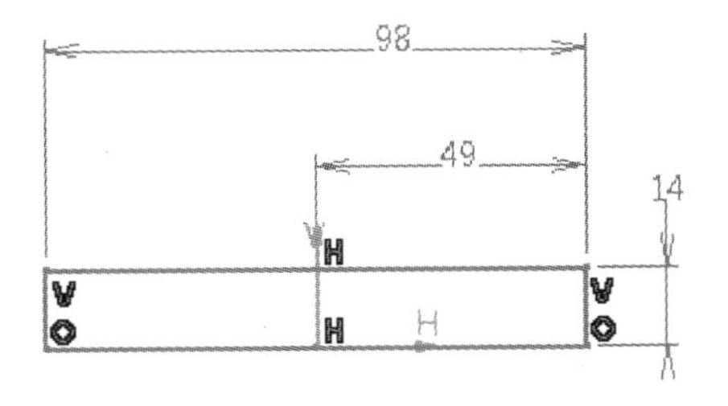

图 6-190　绘制草图

[5]．单击【填充】按钮，以【草图.1】作为轮廓进行填充操作，如图 6-191 所示。

图 6-191　填充曲面

[6]．单击【草图】按钮并选择填充曲面进入草图设计环境，如图 6-192 所示。

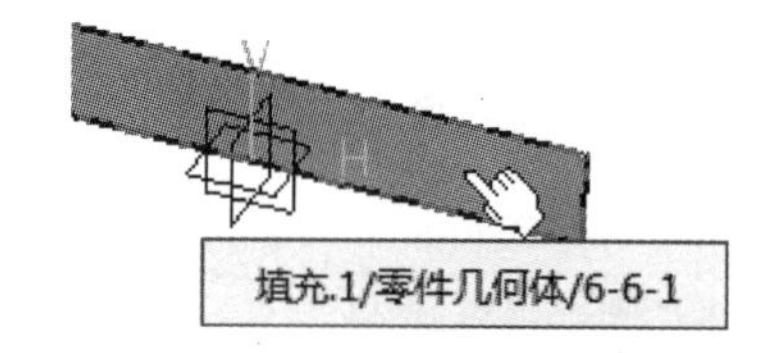

图 6-192　选择参考平面

[7]．在草图设计环境中绘制如图 6-193 所示的图形。然后退出草图设计环境。

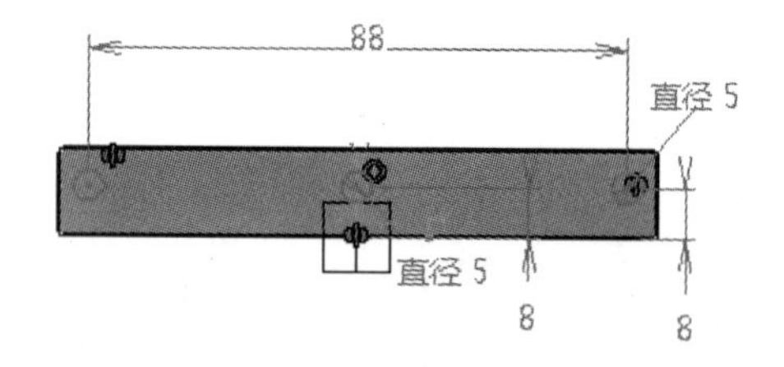

图 6-193　绘制草图

[8]．单击【分割】按钮，以【草图.2】作为切除元素对【填充.】1 进行分割，如图 6-194 所示。

图 6-194　分割曲面

[9]．单击【草图】按钮并选择【yz 平面】进入草图设计环境，如图 6-195 所示。

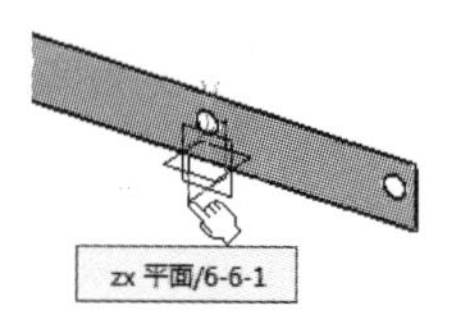

图 6-195　选择参考平面

[10]．在草图设计环境中绘制如图 6-196 所示的图形。然后退出草图设计环境。

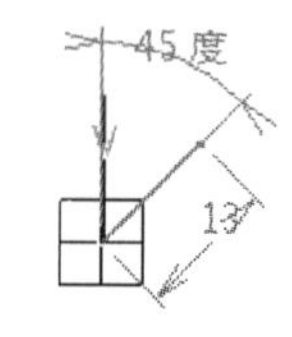

图 6-196　绘制草图

[11]．单击【扫掠】按钮，使用【使用参考曲面】扫掠方式，以【分割.1】的边线做轮廓，以【草图.3】为引导曲线创建扫掠曲面，如图 6-197 所示。

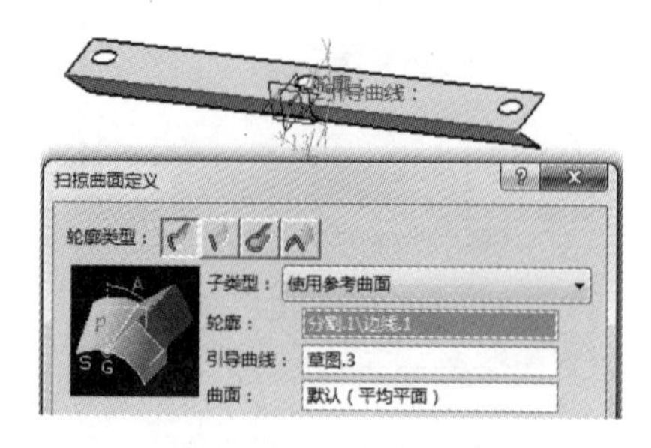

图 6-197　扫掠曲面

[12]. 单击【草图】并选择【扫掠.1】进入草图设计环境。如图 6-198 所示。

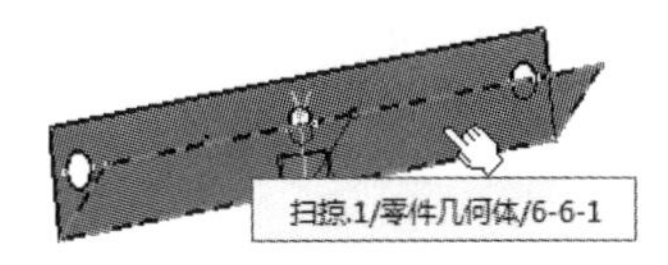

图 6-198　选择参考平面

[13]. 在草图设计环境中绘制如图 6-199 所示的图形。然后退出草图设计环境。

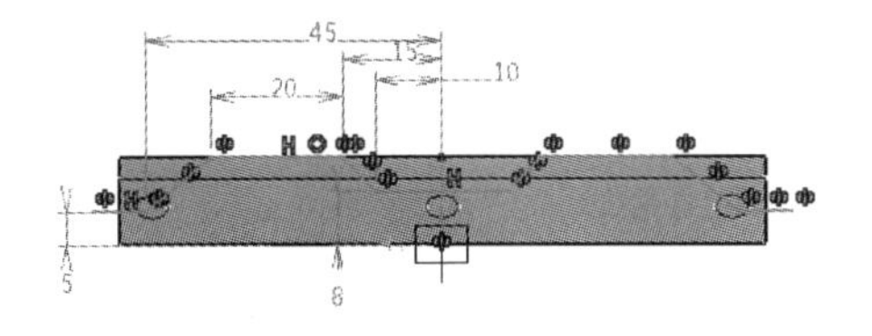

图 6-199　绘制草图

[14]. 单击【分割】按钮，以【草图.4】作为切除元素对【扫掠.1】进行分割，如图 6-200 所示。

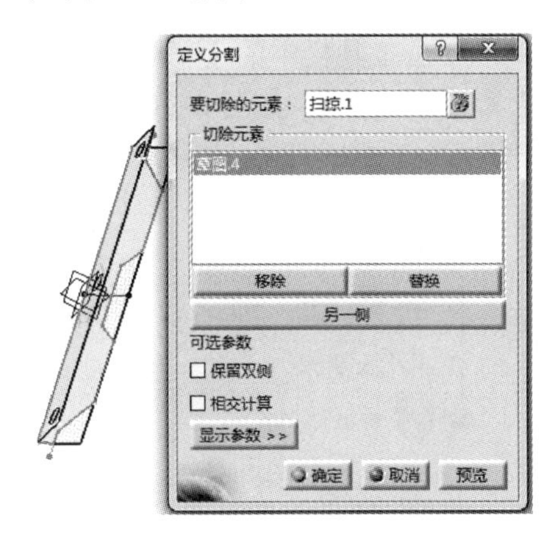

图 6-200　分割平面

[15]. 单击【简单圆角】按钮，对两个平面进行倒圆角，圆角半径为 1mm。如图 6-201 所示。

图 6-201　倒圆角

[16]. 此时，完成零件铭牌安装板的绘制，如图 6-202 所示。

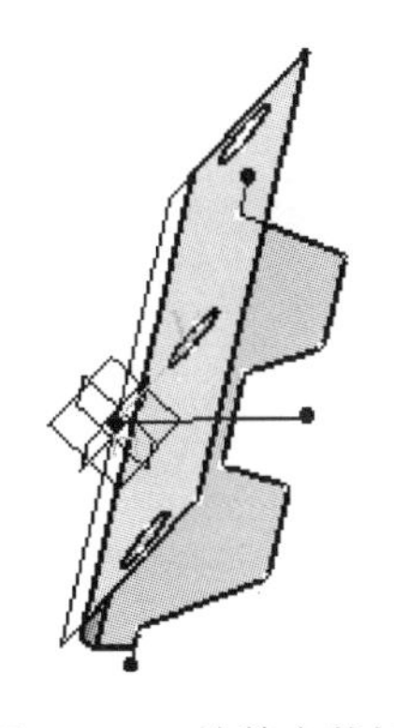

图 6-202　铭牌安装板

6.6.2　案例 2——水管卡扣

【思路分析】

水管卡扣零件图是由一个半圆曲面加上扫掠、分割特征形成的，如图 6-203 所示。绘制此图的方法是：先绘制半圆形曲面，然后绘制中间的加强筋，最后再按照图形要求的特征进行接合和分割即可。步骤如图 6-204、图 6-205 和图 6-206 所示。

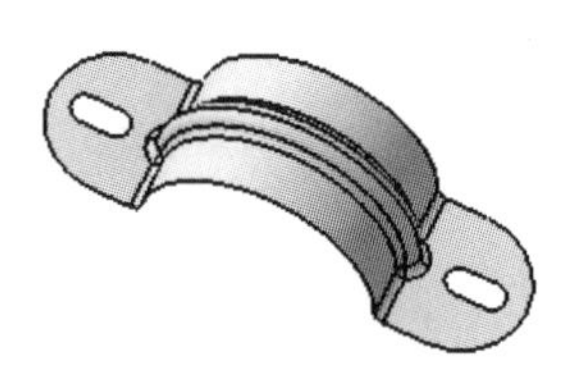

图 6-203　水管卡扣

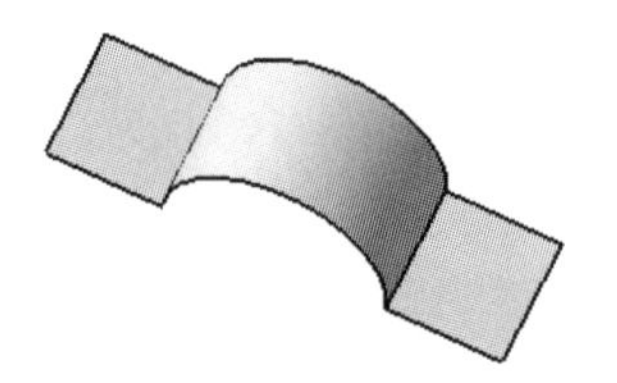

图 6-204　绘制曲面

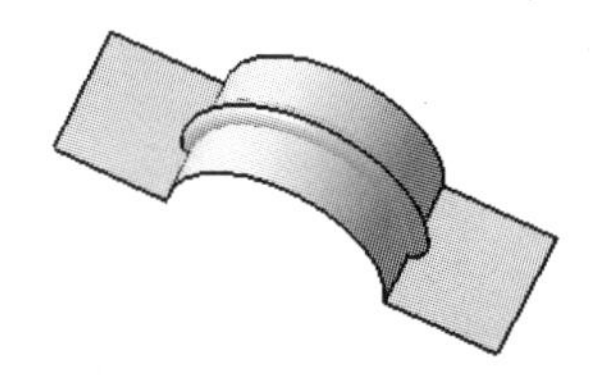

图 6-205　扫掠曲面

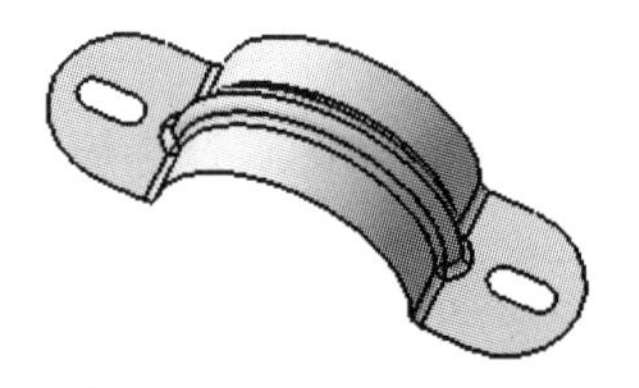

图 6-206　接合和分割曲面

【光盘文件】

结果文件——参见附带光盘中的“END\Ch2\6-6-2.CATPart”文件。

动画演示——参见附带光盘中的“AVI\Ch2\6-6-2.avi”文件。

【操作步骤】

[1]．从菜单栏中选择【形状】→【创成式外形设计】，如图 6-207 所示。

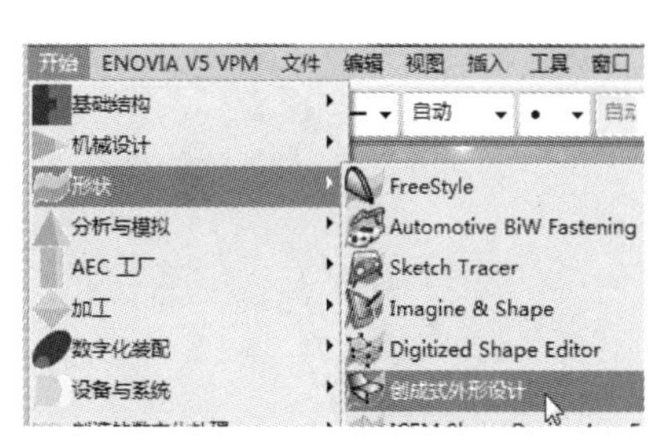

图 6-207　新建零件

[2]．输入新建文件的文件名“6-6-2”，如图 6-208 所示。

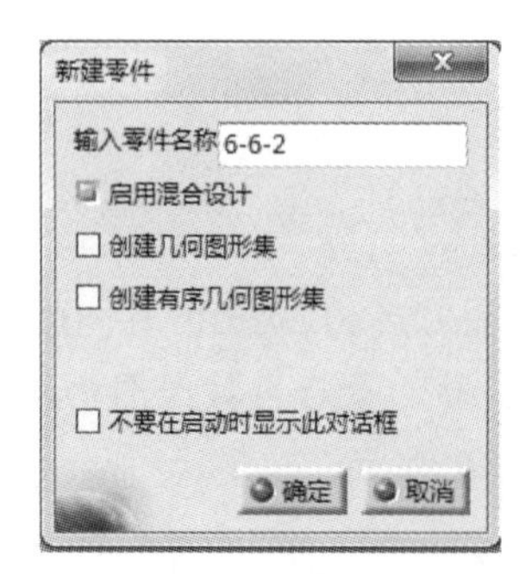

图 6-208　新建文件命名

[3]．单击工具栏中的【草图】按钮，然后选择【yz 平面】，如图 6-209 所示。

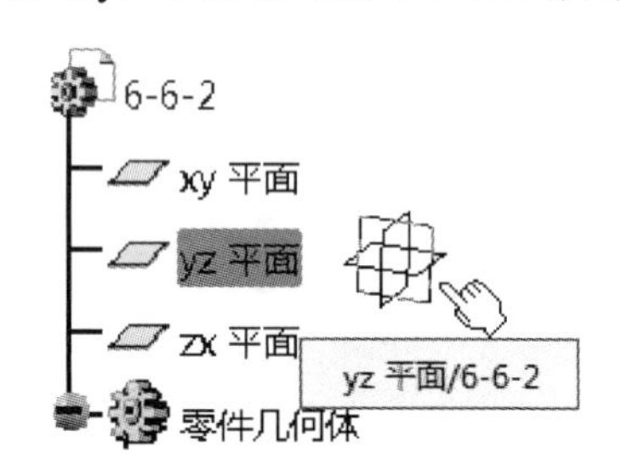

图 6-209　选择参考平面

[4]．在草图设计环境绘制一个如图 6-210 所示的图形，然后退出草图设计环境。

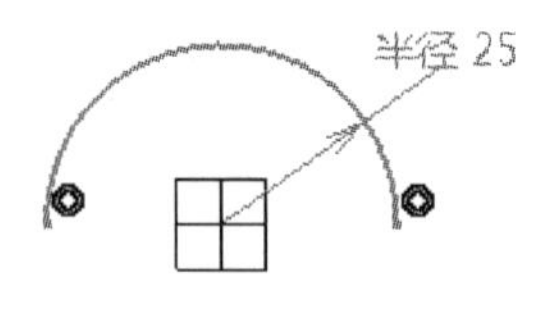

图 6-210　绘制草图

[5]．单击【拉伸】按钮，以【草图.1】作为轮廓进行如图 6-211 所示的拉伸操作。

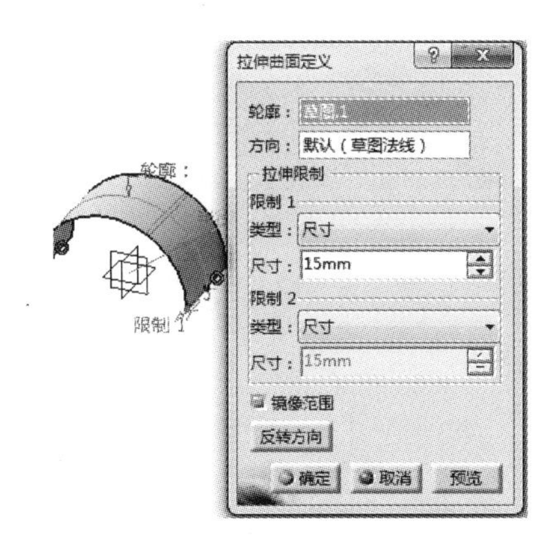

图 6-211 拉伸曲面

[6]. 单击【拉伸】按钮，以曲面的直线作为轮廓进行如图 6-212 所示的拉伸操作。

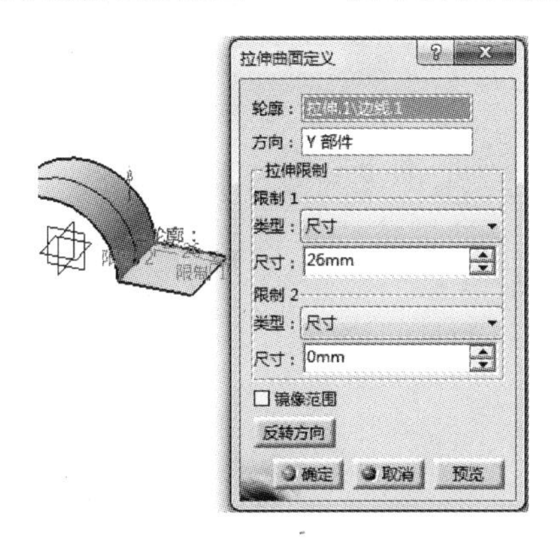

图 6-212 拉伸平面

[7]. 单击【拉伸】按钮，以曲面的另一条直线作为轮廓进行如图 6-213 所示的拉伸操作。

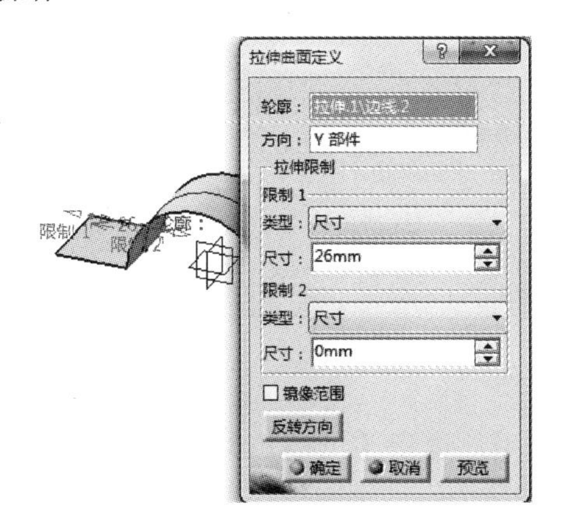

图 6-213 拉伸平面

[8]. 单击【扫掠】按钮，使用【圆心和半径】扫掠方式，以【草图.1】为中心曲线进行扫掠，半径为 3mm，如图 6-214 所示。

图 6-214 分割曲面

[9]. 单击【接合】按钮，对三个拉伸曲面进行接合，如图 6-215 所示。

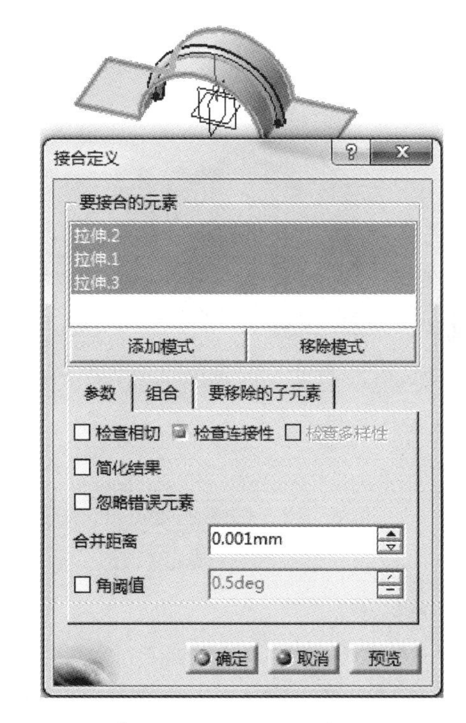

图 6-215 接合曲面

[10]. 单击【分割】按钮，以【接合.1】作为切除元素对【扫掠.1】进行分割，如图 6-216 所示。

图 6-216　分割曲面

[11]. 单击【分割】按钮，以【接合.1】作为切除元素对【分割.1】进行分割，如图 6-217 所示。

图 6-217　分割曲面

[12]. 单击【接合】按钮，对视图中的两个曲面进行接合操作，如图 6-218 所示。

图 6-218　接合曲面

[13]. 单击【倒圆角】按钮，对曲面中间的两条棱边进行倒圆角，圆角半径为 2mm，如图 6-219 所示。

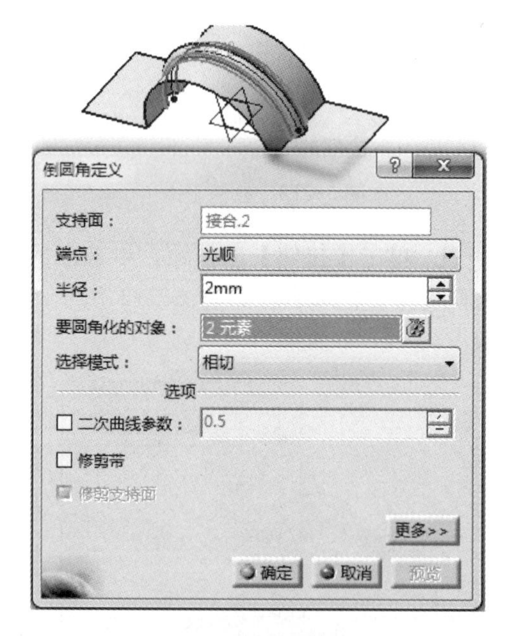

图 6-219　倒圆角

[14]. 单击【倒圆角】按钮，对曲面两边的棱边进行倒圆角，圆角半径为 2mm，如图 6-220 所示。

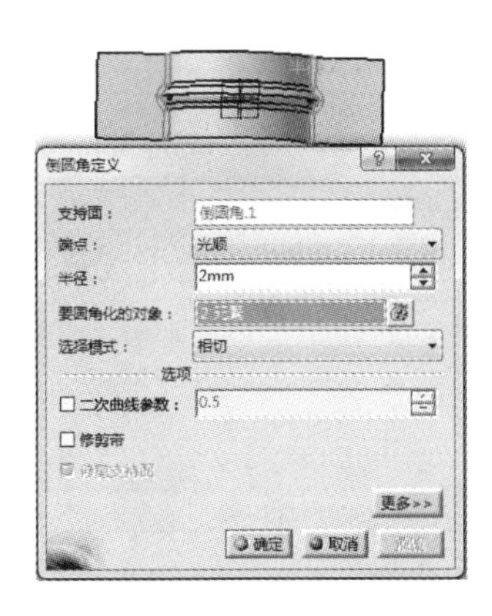
图 6-220　倒圆角

[15]. 单击【圆】◯按钮，利用曲面的三条边线绘制一个半圆，如图 6-221 所示。

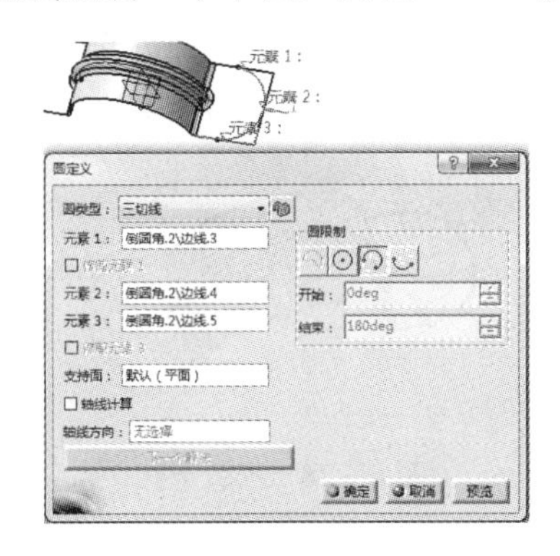
图 6-221　圆

[16]. 单击【分割】按钮，以【圆.1】作为切除元素对曲面进行分割，如图 6-222 所示。

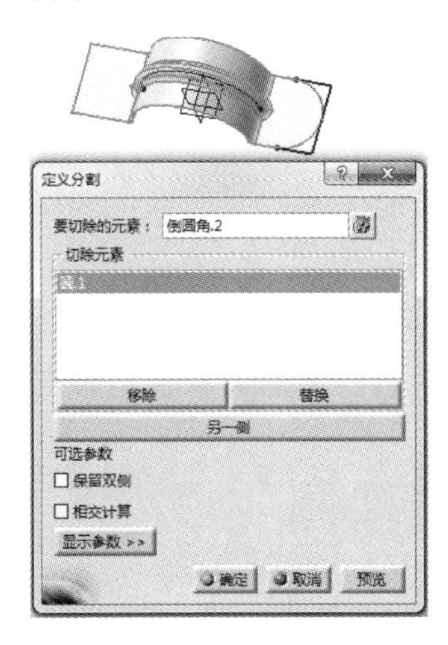
图 6-222　分割曲面

[17]. 单击【圆】◯按钮，利用曲面的三条边线绘制一个半圆，如图 6-223 所示。

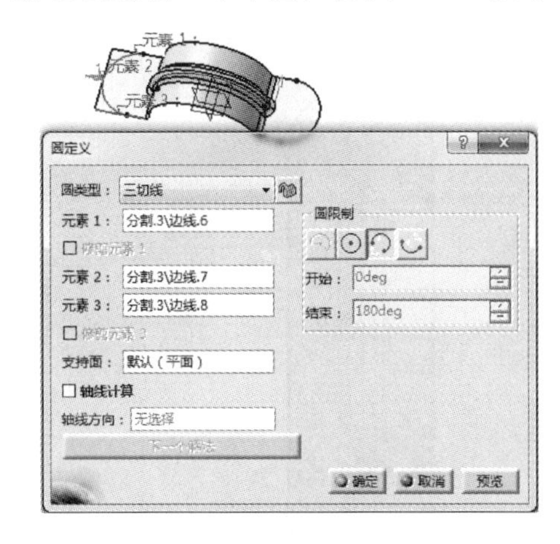
图 6-223　圆

[18]. 单击【分割】按钮，以【圆.2】作为切除元素对曲面进行分割，如图 6-224 所示。

图 6-224　分割曲面

[19]. 单击【草图】按钮并选择图形中的平面，进入草图设计环境，如图 6-225 所示。

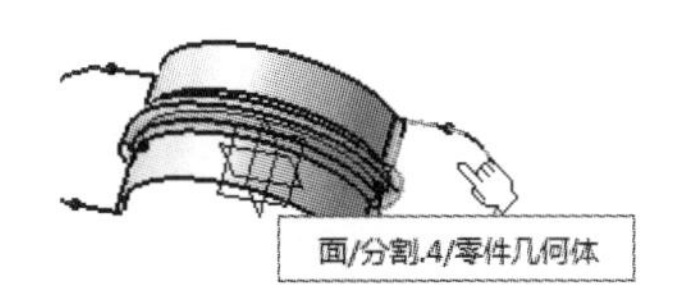

图 6-225　选择参考平面

[20]．在草图设计环境绘制一个如图 6-226 所示的图形，然后退出草图设计环境。

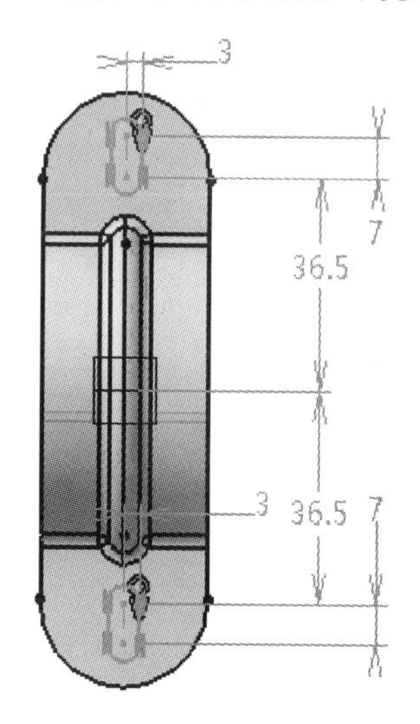

图 6-226　绘制草图

[21]．单击【分割】按钮，以【草图.2】作为切除元素对曲面进行分割，如图 6-227 所示。

图 6-227　分割曲面

[22]．此时，完成零件水管卡扣的绘制，如图 6-228 所示。

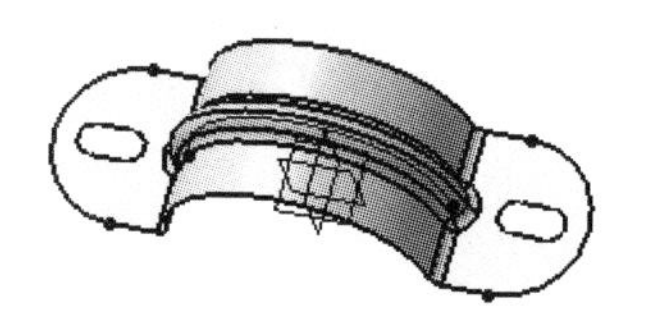

图 6-228　水管卡扣

6.6.3　案例 3——长尾夹

【思路分析】

长尾夹零件图是由一个类似三角形的曲面与两条圆柱曲面形成，如图 6-229 所示。绘制此图的方法是：先绘制三角形曲面与细微特征，最后再绘制两条圆柱曲面即可。步骤如图 6-230、图 6-231 和图 6-232 所示。

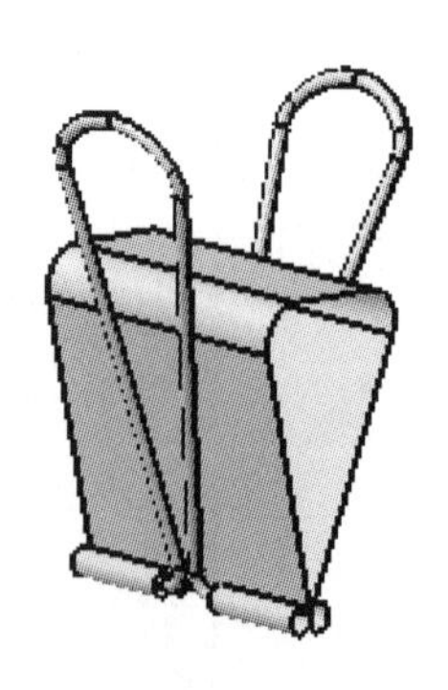

图 6-229　长尾夹

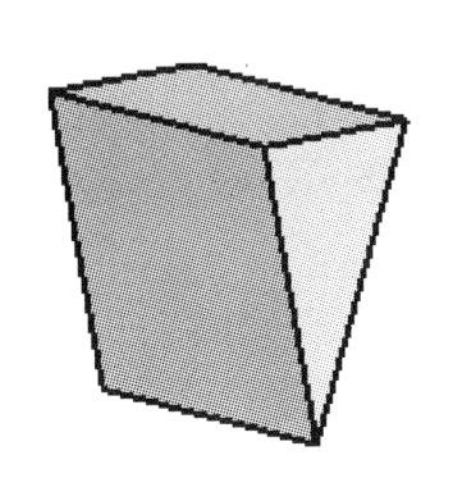
图 6-230　拉伸曲面

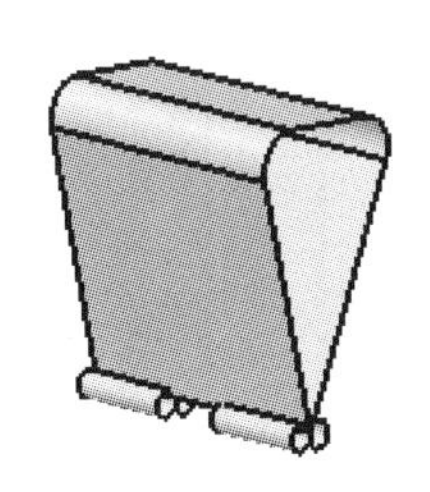
图 6-231　扫掠与倒圆角

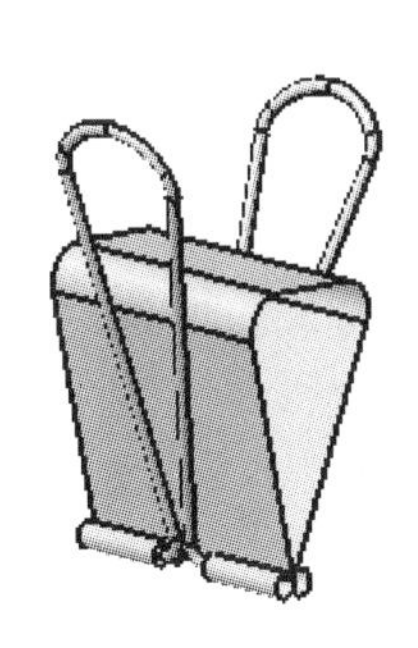
图 6-232　扫掠曲面

【光盘文件】

——参见附带光盘中的“**END\Ch2\6-6-3.CATPart**”文件。

——参见附带光盘中的“**AVI\Ch2\6-6-3.avi**”文件。

【操作步骤】

[1]．从菜单栏中选择【形状】→【创成式外形设计】，如图 6-233 所示。

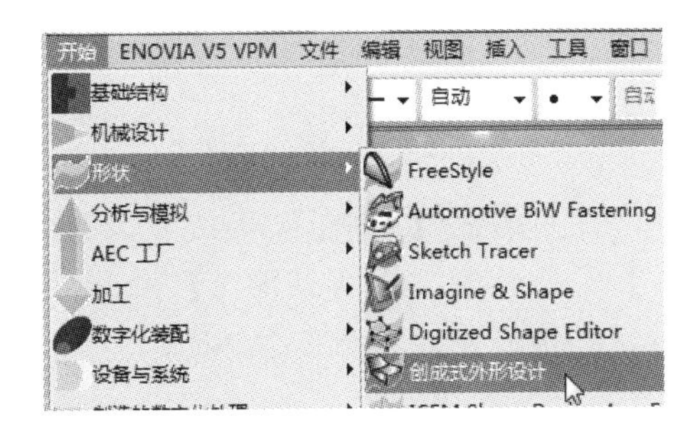

图 6-233　新建零件

[2]．输入新建文件的文件名“6-6-3”，如图 6-234 所示。

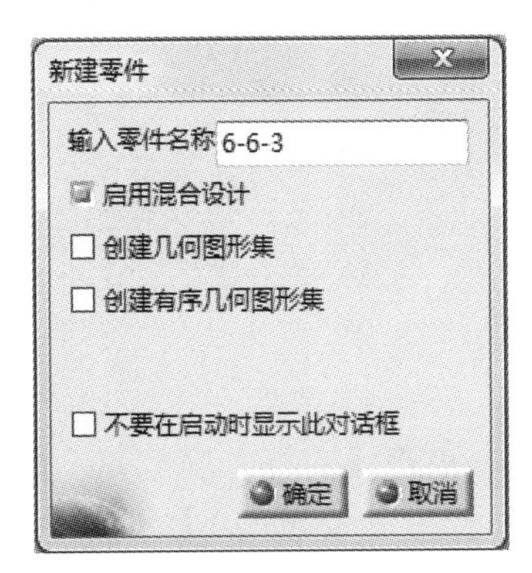

图 6-234　新建文件命名

[3]．单击【草图】按钮并选择【yz 平面】，进入草图设计环境。如图 6-235 所示。

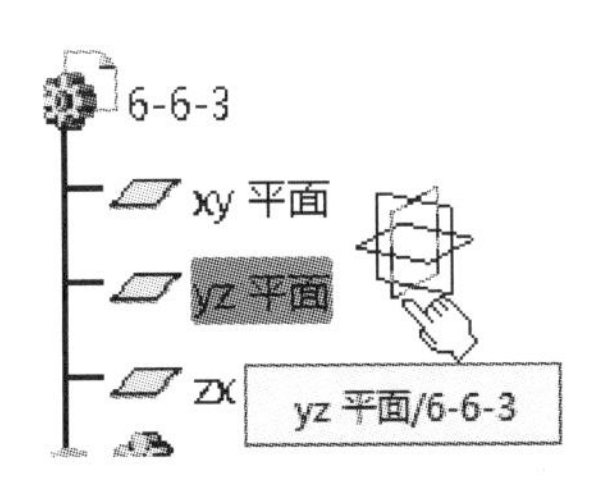

图 6-235　选择参考平面

[4]．在草图设计环境绘制一个如图 6-236 所示的图形，然后退出草图设计环境。

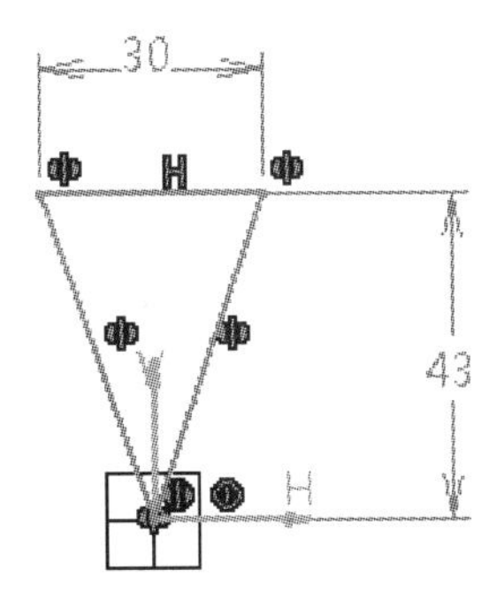

图 6-236　绘制草图

[5]．单击【拉伸】按钮，以【草图.1】作为轮廓进行如图 6-237 所示的拉伸

操作。

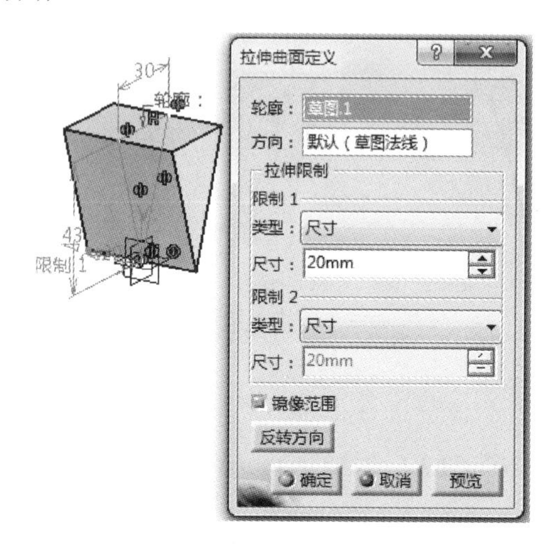

图 6-237　拉伸曲面

[6]．选中【草图】并选择【yz 平面】，进入草图设计环境。如图 6-238 所示。

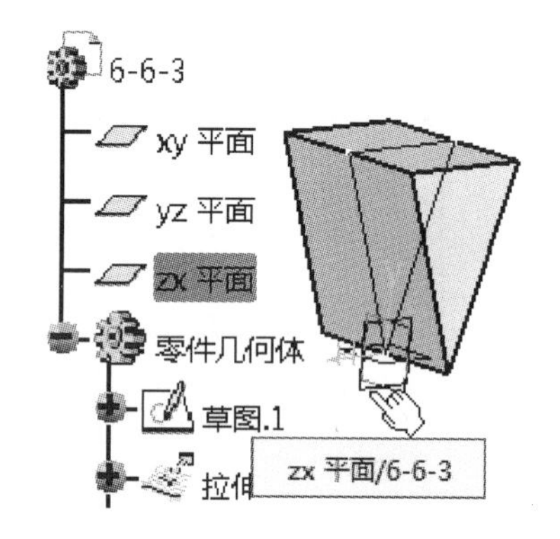

图 6-238　选择参考平面

[7]．在草图设计环境绘制一个如图 6-239 所示的图形，然后退出草图设计环境。

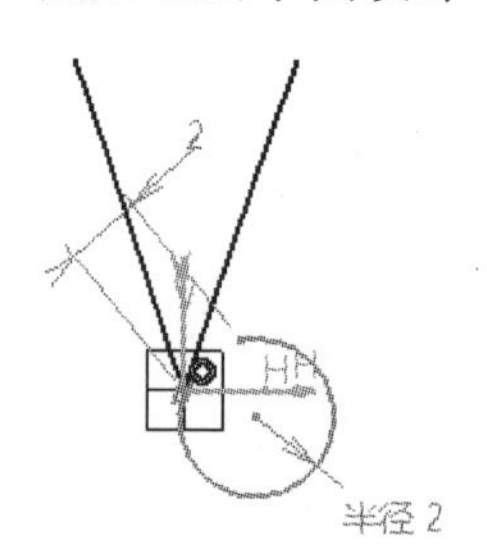

图 6-239　绘制草图

[8]．单击【草图】并选择【拉伸.1】的侧平面，进入草图设计环境，如图 6-240 所示。

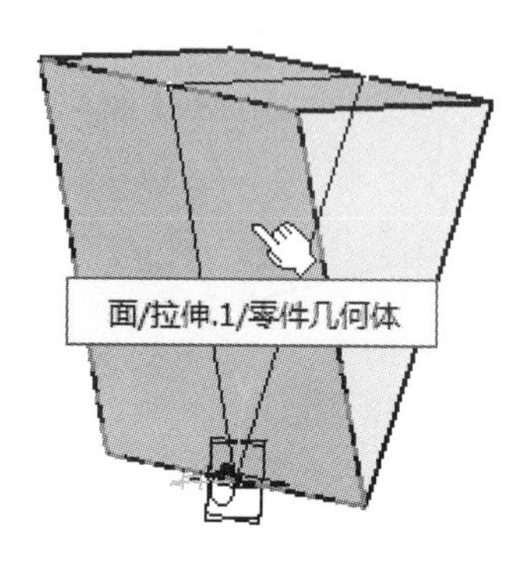

图 6-240　选择参考平面

[9]．在草图设计环境绘制一个如图 6-241 所示的图形，然后退出草图设计环境。

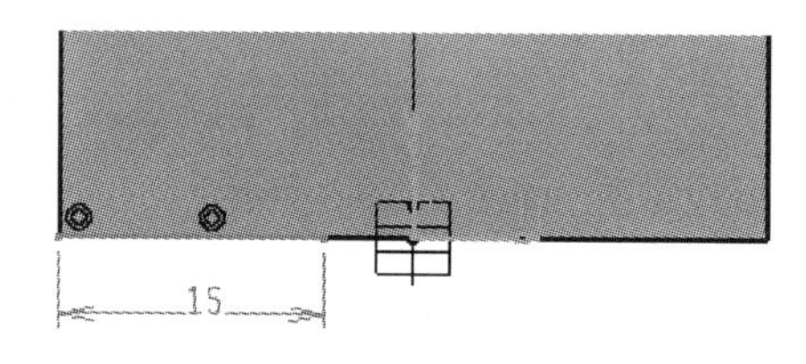

图 6-241　绘制草图

[10]．单击【扫掠】按钮，以【草图.3】作为轮廓，以【草图.2】作为引导曲线进行扫掠操作，如图 6-242 所示。

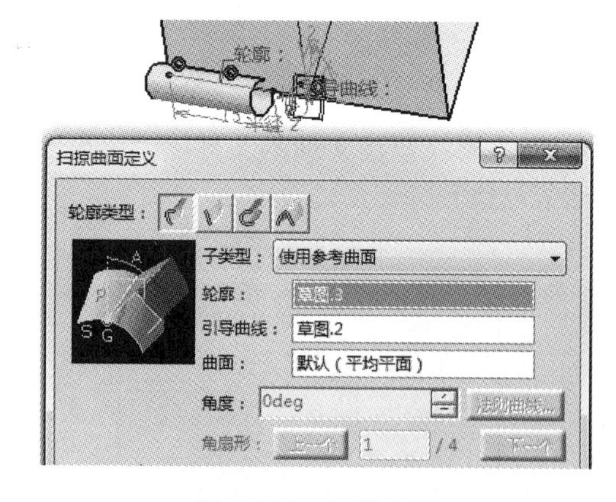

图 6-242　扫掠曲面

[11]．单击【对称】按钮，以【yz 平面】作为参考对【扫掠.1】进行对称操作，如图 6-243 所示。

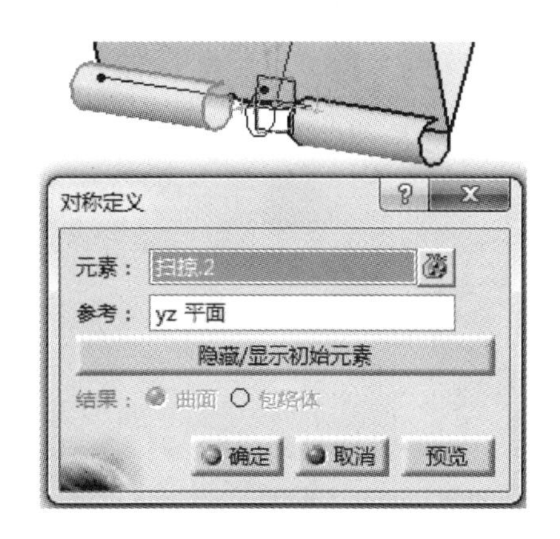

图 6-243　对称

[12]．单击【对称】按钮，以【zx 平面】作为参考对两个曲面进行对称操作，如图 6-244 所示。

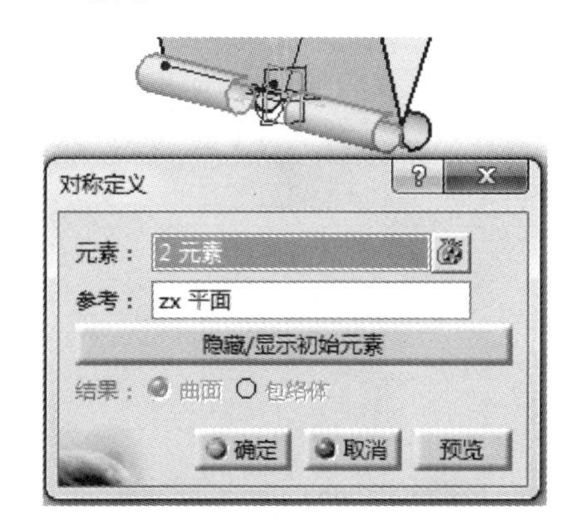

图 6-244　对称

[13]．单击【倒圆角】按钮，对【拉伸.1】的两条棱边进行倒圆角，圆角半径为 5mm，如图 6-245 所示。

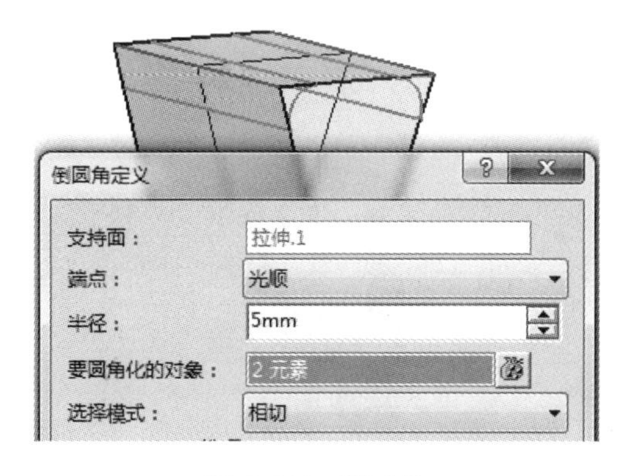

图 6-245　倒圆角

[14]．单击【提取】按钮，在圆角曲面中提取一个平面，如图 6-246 所示。

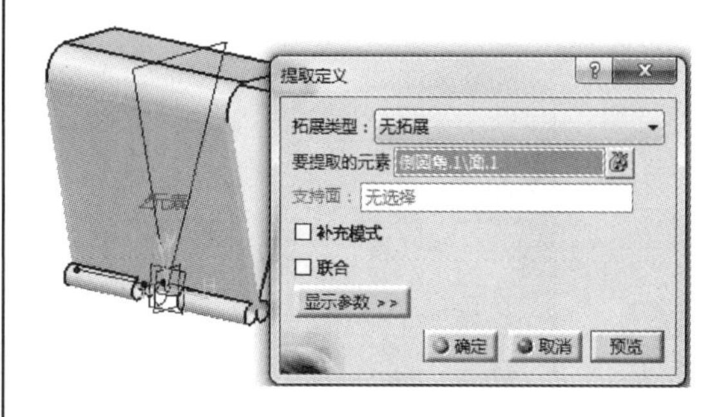

图 6-246　提取平面

[15]．单击【平面】按钮，以【提取.1】作为参考进行偏移平面操作，偏移距离为 2mm，如图 6-247 所示。

图 6-247　偏移平面

[16]．单击【草图】按钮并选择【平面.1】进入草图设计环境，如图 6-248 所示。

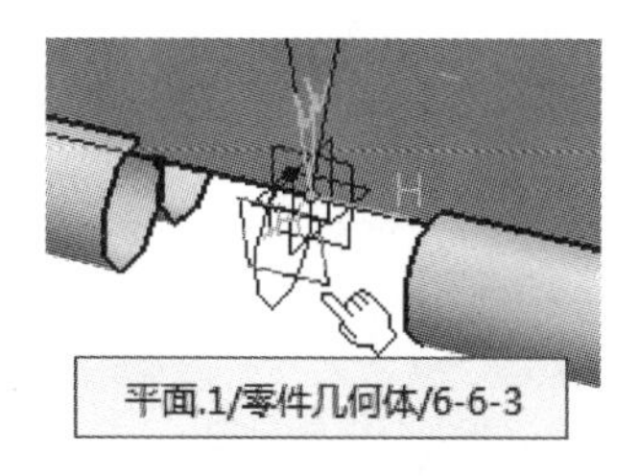

图 6-248　选择参考平面

[17]．在草图设计环境绘制一个如图 6-249 所示的图形，然后退出草图设计环境。

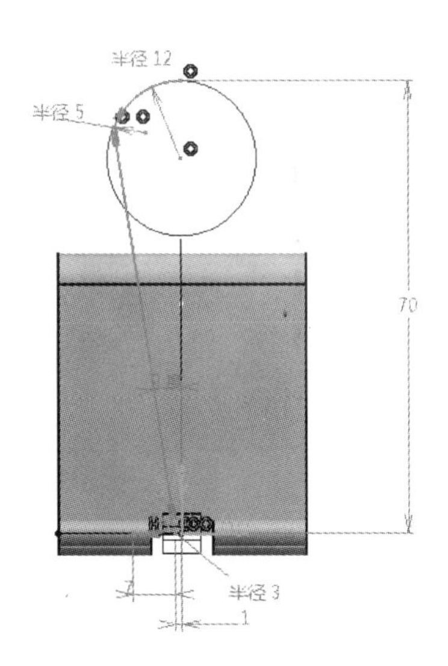

图 6-249　绘制草图

[18]．单击【扫掠】按钮，以【草图.4】为中心曲线进行如图 6-250 所示的扫掠操作，半径为 1mm。

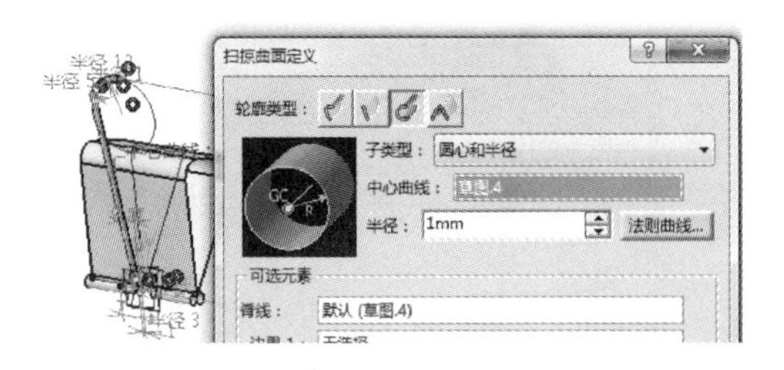

图 6-250　扫掠曲面

[19]．单击【对称】按钮，以【yz 平面】作为参考对【扫掠.3】进行对称操作，如图 6-251 所示。

图 6-251　扫掠曲面

[20]．单击【接合】按钮，对图中的两条圆形曲面进行接合操作，如图 6-252 所示。

图 6-252　接合曲面

[21]．单击【对称】按钮，以【yz 平面】作为参考对【接合.1】进行对称操作，如图 6-253 所示。

图 6-253　对称

[22]．此时，完成零件长尾夹的绘制，如图 6-254 所示。

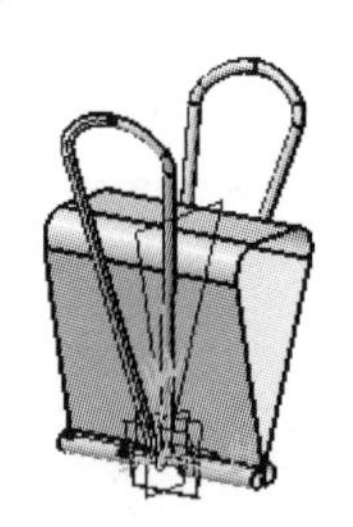

图 6-254　长尾夹

6.7 习题▪巩固

本节以三个较复杂的图形，供读者练习，以进一步深入巩固曲面设计和编辑的方法以及熟悉设计工具。

6.7.1 习题 1——书夹

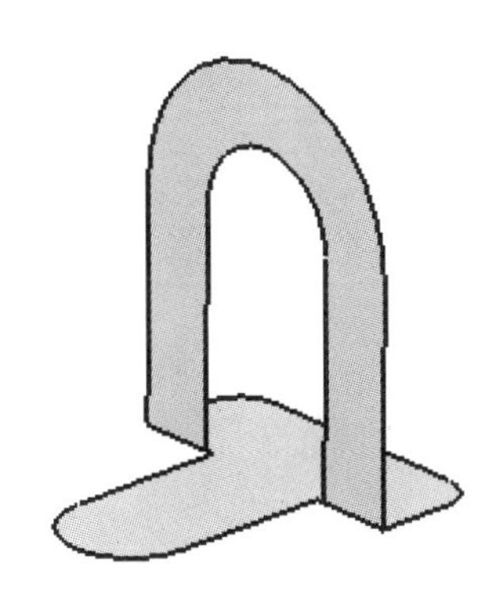

图 6-255 书夹

【光盘文件】

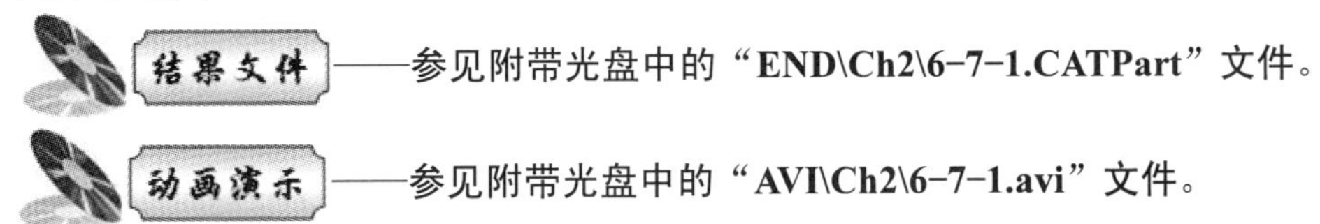

结果文件——参见附带光盘中的“**END\Ch2\6-7-1.CATPart**”文件。

动画演示——参见附带光盘中的“**AVI\Ch2\6-7-1.avi**”文件。

6.7.2 习题 2——平板支架

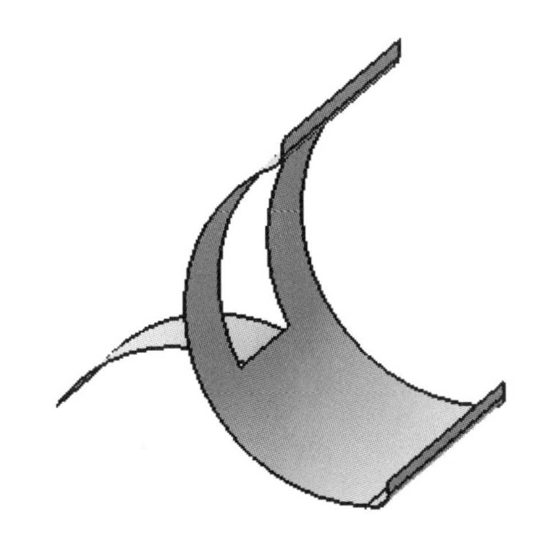

图 6-256 平板支架

【光盘文件】

结果文件——参见附带光盘中的“END\Ch2\6-7-2.CATPart”文件。

动画演示——参见附带光盘中的“AVI\Ch2\6-7-2.avi”文件。

6.7.3 习题 3——防尘盖

图 6-257 防尘盖

【光盘文件】

结果文件——参见附带光盘中的“END\Ch2\6-7-3.CATPart”文件。

动画演示——参见附带光盘中的“AVI\Ch2\6-7-3.avi”文件。

第 7 章　装 配 设 计

当所需要设计的机械系统比较复杂时，则较难在一个零部件文件下建模。这时需要将系统中的零部件分别建模，再利用 CATIA 中的装配模块对各个零部件按照特定的装配关系，将它们联系成一个整体。本章将介绍装配设计中的命令与方法。

本讲内容

- 实例▪知识点——轴承座、千斤顶
- 装配设计模块概述及装配操作
- 装配分析
- 要点▪应用——鞋架
- 能力▪提高——台灯
- 习题▪巩固——减速器

7.1　实例▪知识点——轴承座

【思路分析】

轴承座零件由底座、上盖和螺栓装配而成组成，如图 7-1 所示。绘制此零件的方法是运用装配模块将零部件逐个导入装配而成。步骤如图 7-2、图 7-3 和图 7-4 所示。

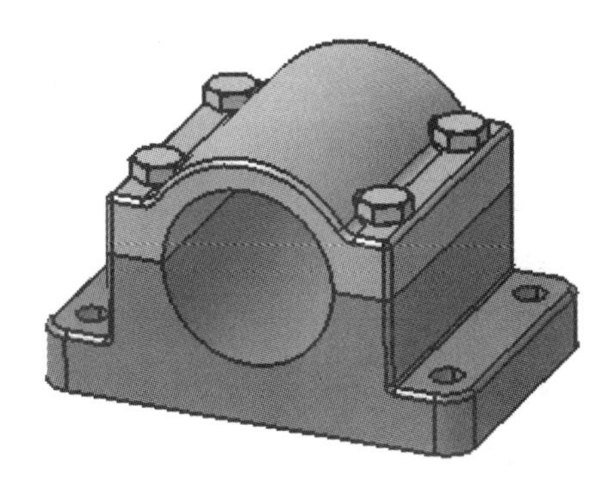

图 7-1　轴承座

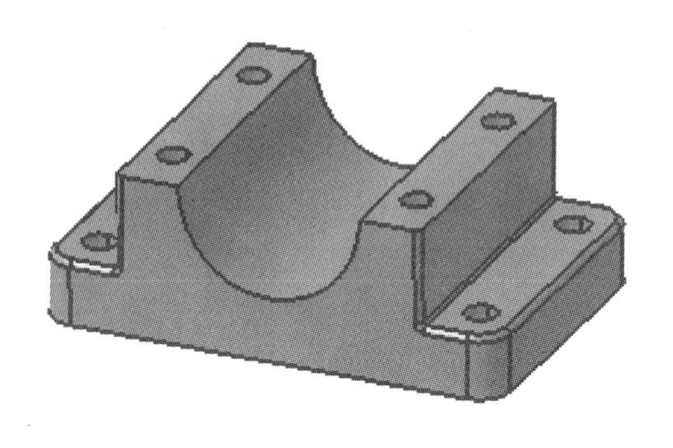

图 7-2 导入零件

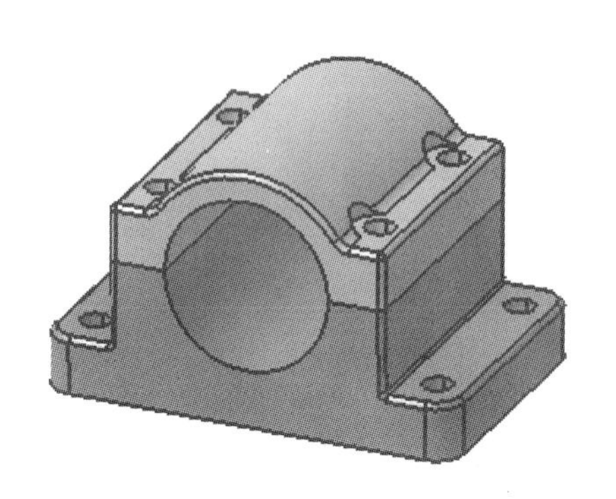

图 7-3 装配零件

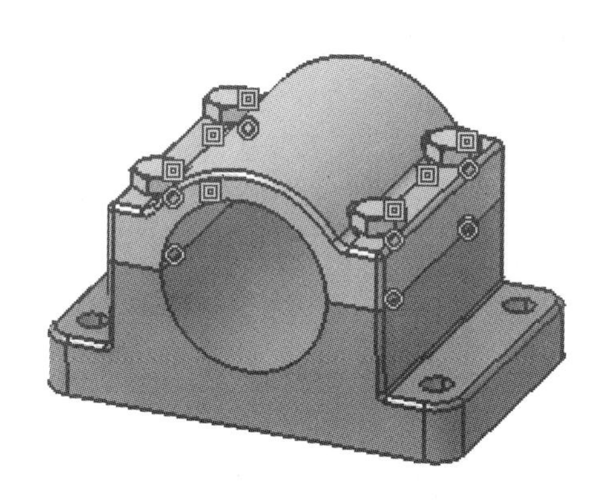

图 7-4 装配螺栓

【光盘文件】

——参见附带光盘中的“END\Ch7\7-1\7-1. CATProduct”文件。

——参见附带光盘中的“AVI\Ch7\7-1\7-1.avi”文件。

【操作步骤】

[1]. 从菜单栏中选择【开始】→【机械设计】→【装配设计】，如图 7-5 所示。

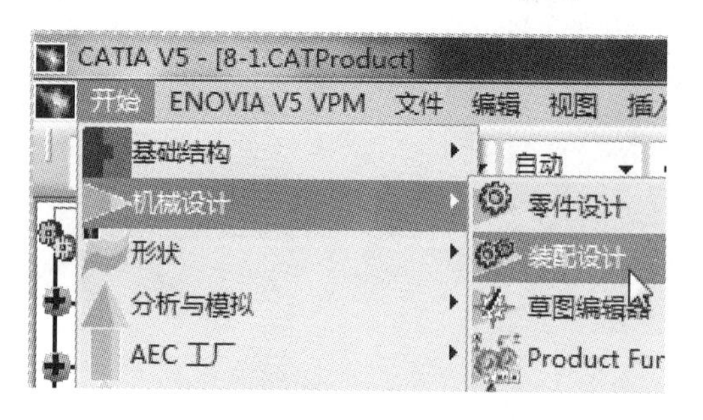

图 7-5 进入装配设计模块

[2]. 右键选择【Product1】→【属性】，如图 7-6 所示。

图 7-6 选择文件属性

[3]. 在【属性】对话框中，将【零件编号】改成“7-1”，如图 7-7 所示，然后单击【确定】按钮。

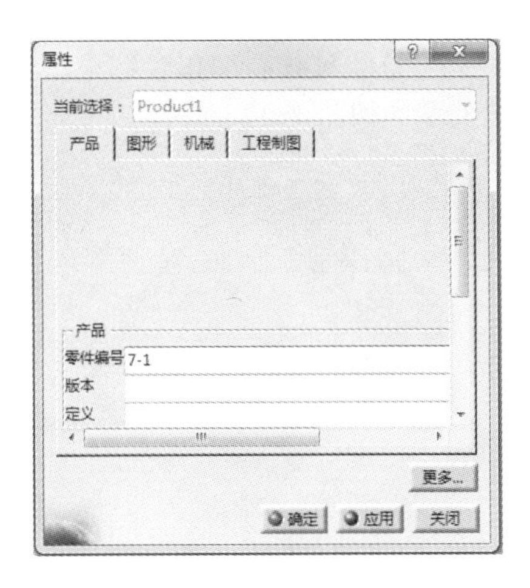

图 7-7　修改零件编号

[4]. 单击【现有部件】按钮，然后鼠标单击模型树中的【7-1】，如图 7-8 所示。

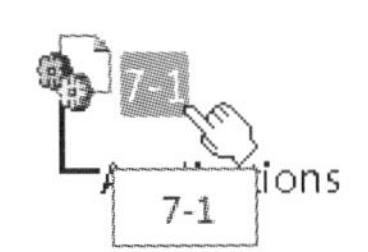

图 7-8　选择要插入零件的部件

[5]. 在弹出的文件选择框中按照实际路径选择打开【Part1】，如图 7-9 所示。

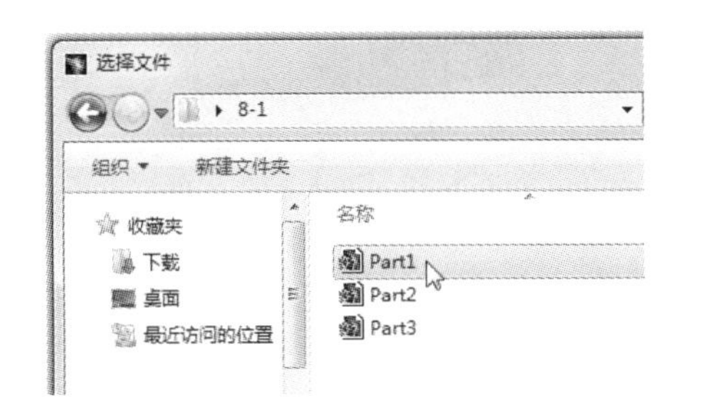

图 7-9　选择要插入的零件

[6]. 打开【Part1】后在装配设计模块中显示所选择的零件，如图 7-10 所示。

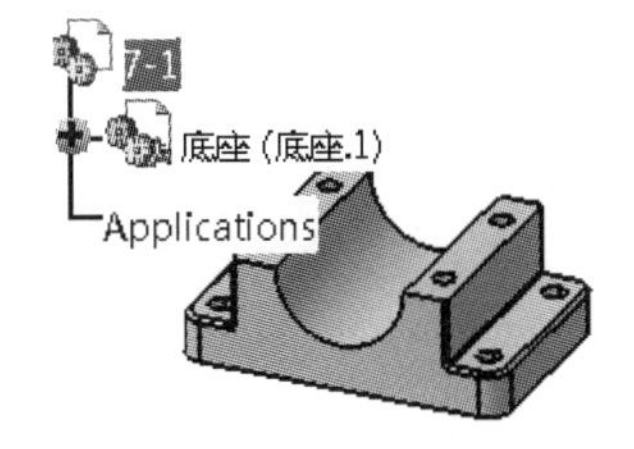

图 7-10　显示零件

[7]. 单击【现有部件】按钮，然后在模型树【7-1】中继续插入现有部件【Part2】，如图 7-11 所示。

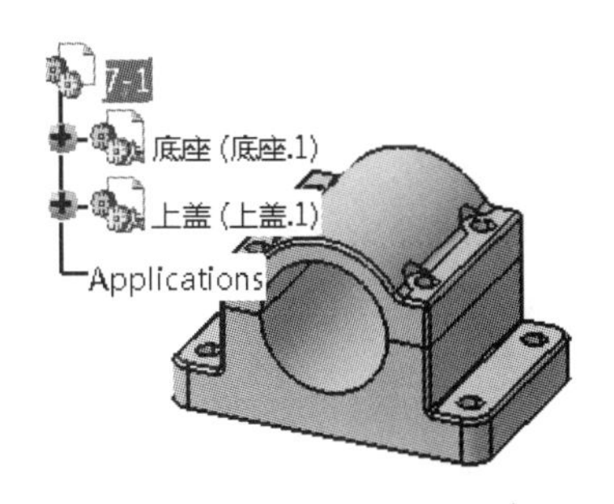

图 7-11　插入零件

[8]. 单击【操作】按钮，然后单击对话框中【沿 Z 轴拖动】按钮，接着鼠标左键拖拽上盖向上移动，最后单击【确定】按钮，如图 7-12 所示。

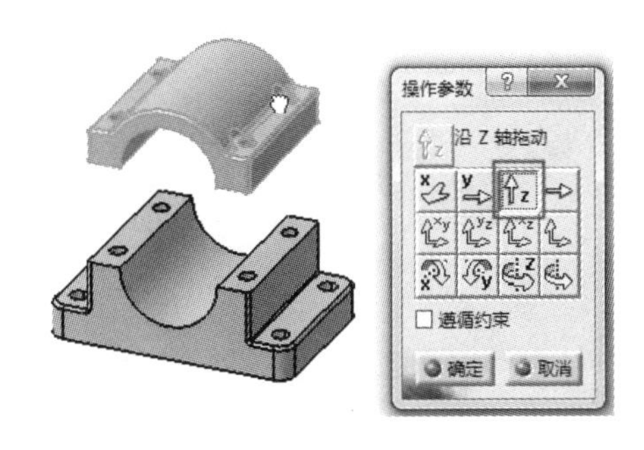

图 7-12　移动零件

[9]. 单击【接触约束】按钮，依次选择上盖和底座的装配面，在两个零件之间添加接触约束，如图 7-13 所示。

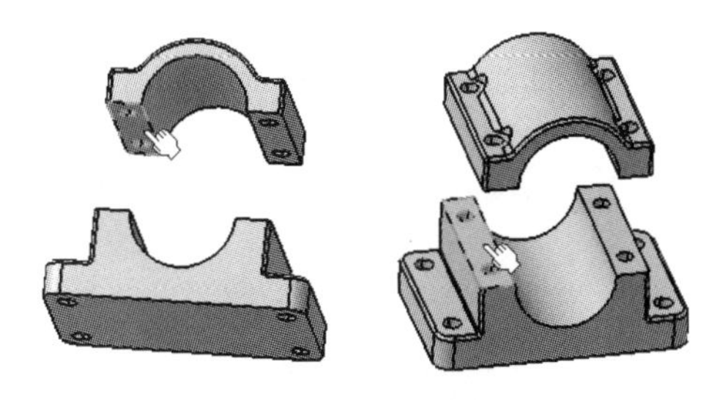

图 7-13　选择接触面

[10]. 如仅添加接触约束，两个零件是不会显示约束后的装配关系的，还需要单击

【全部更新】按钮，才能在装配设计模块中显示添加约束后零部件之间的装配关系，此时约束符号显示为绿色，如图 7-14 所示。

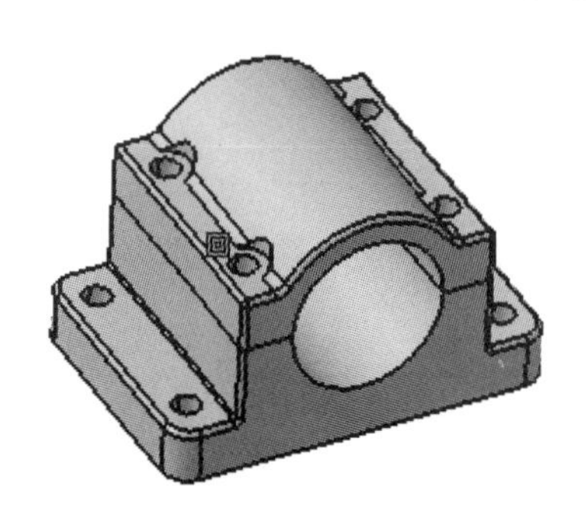

图 7-14 更新装配关系

[11]．单击【相合约束】按钮，分别选择上盖和底座的孔的轴线，使它们的轴线相合，如图 7-15 所示。

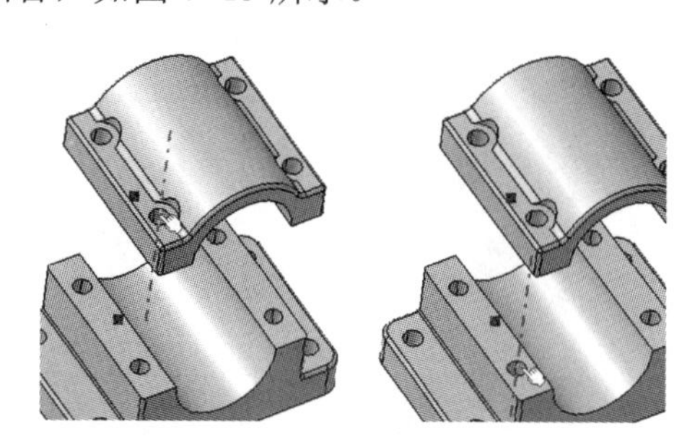

图 7-15 添加相合约束

[12]．单击【全部更新】按钮，更新装配关系，如图 7-16 所示。

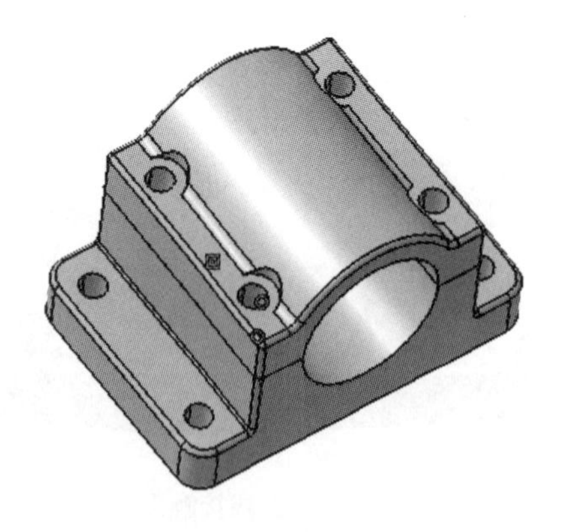

图 7-16 更新装配关系

[13]．单击【相合约束】按钮，对上盖和底座的另一对孔添加相合约束，然后更新装配关系，如图 7-17 所示。

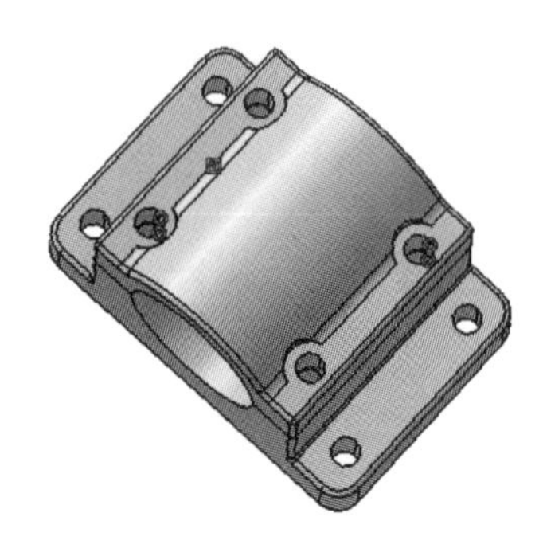

图 7-17 添加相合约束

[14]．单击【现有部件】按钮，然后在模型树【7-1】中插入现有部件【Part3】，如图 7-18 所示。

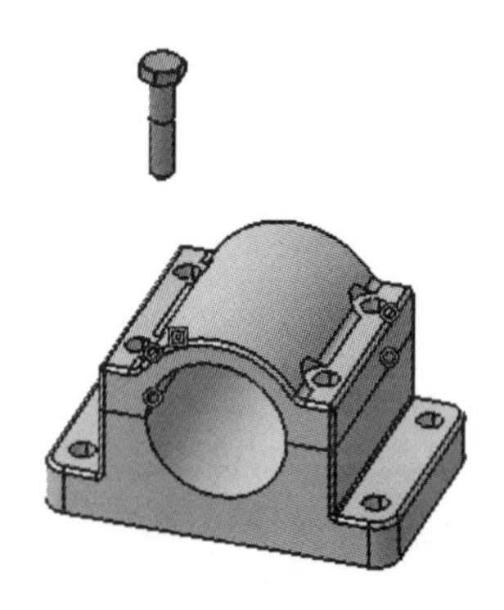

图 7-18 插入现有部件

[15]．单击【相合约束】按钮，在螺栓与上盖螺栓孔之间添加相合约束，如图 7-19 所示。

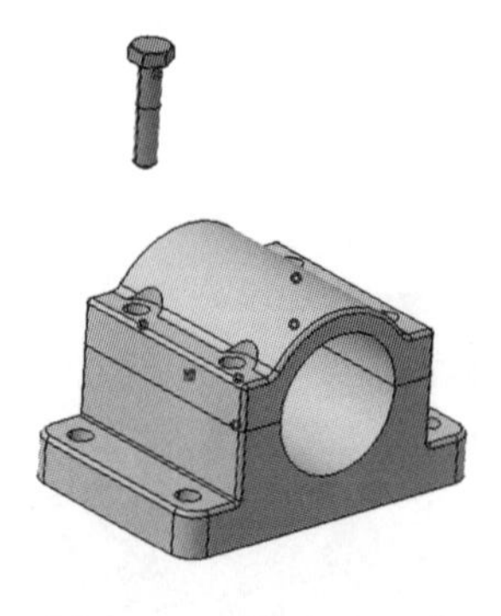

图 7-19 添加相合约束

[16]．单击【接触约束】按钮，在螺栓与上盖之间添加接触约束，如图 7-20 所示。

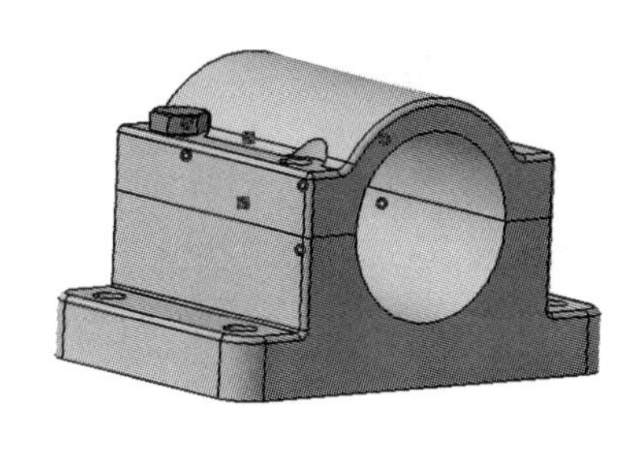

图 7-20　添加接触约束

[17]．继续插入现有部件【Part3】并添加相应约束，完成另外三个螺栓的装配，如图 7-21 所示。

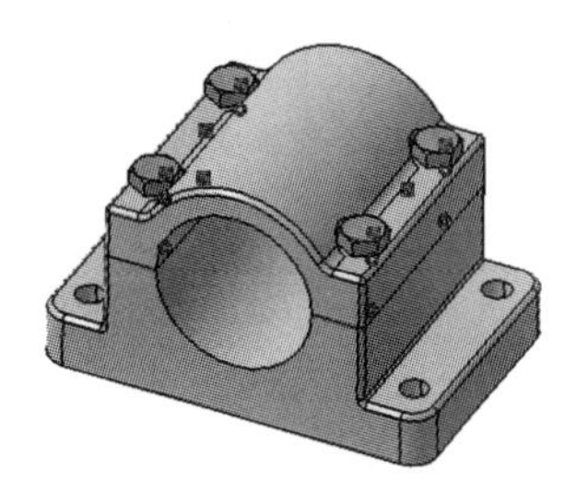

图 7-21　插入部件并约束

7.1.1　装配概述

装配就是将各个零部件按照特定的位置、空间关系组合在一起。在 CATIA 的装配设计模块中，系统提供了多种高效的装配工具，用户导入零部件后可快速地添加相应约束并选择手动或自动更新。装配完成后，系统还提供干涉及间隙检查工具、自动生成爆炸视图等，为用户减少了大量的设计时间，提高了设计质量。装配设计模块的设计环境如图 7-22 所示。

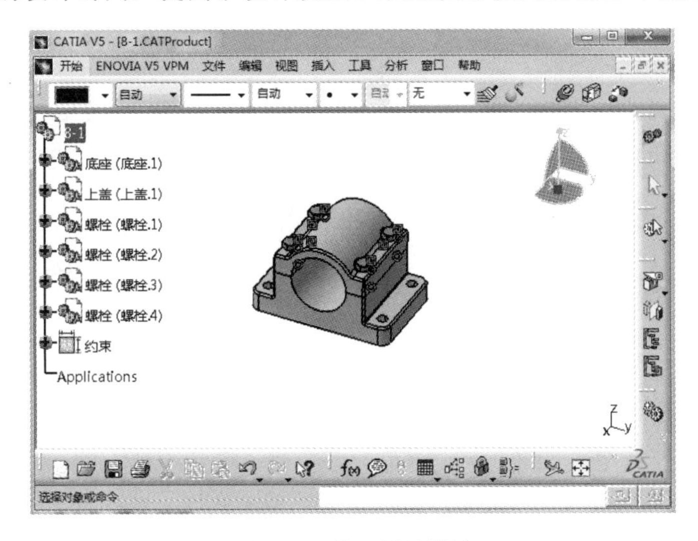

图 7-22　装配设计模块

7.1.2　插入组件

用户新建立的装配文件中没有任何的几何元素，也不存在任何子装配和零部件。因此需要利用插入工具添加装配组件。

1．插入新部件

单击【新部件】按钮，然后选中设计树最上方的产品，即在该产品中添加一个新的部件，如图 7-23 所示。

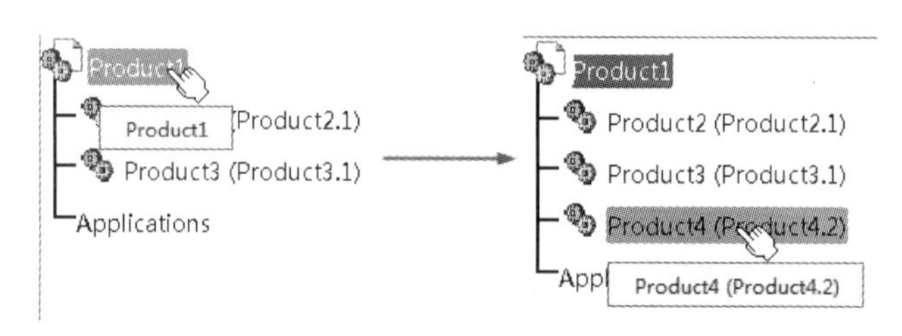

图 7-23　插入新部件

2．插入新产品

【产品】命令用于在装配文件中插入产品级别的子装配。单击【产品】按钮然后在选中设计树最上方的产品，即在该产品添加一个新的产品。如图 7-24 所示。

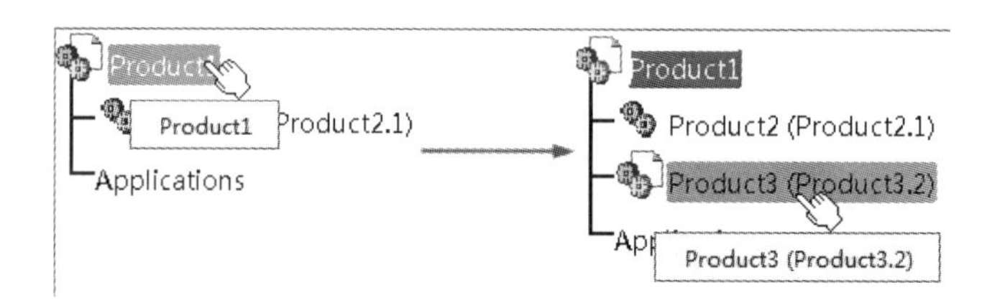

图 7-24　插入新产品

3．插入新零件

【零件】命令用于在装配文件中插入一个零件。单击【零件】按钮然后选中设计树最上方的产品，即在该产品中添加一个新零件。如图 7-25 所示。

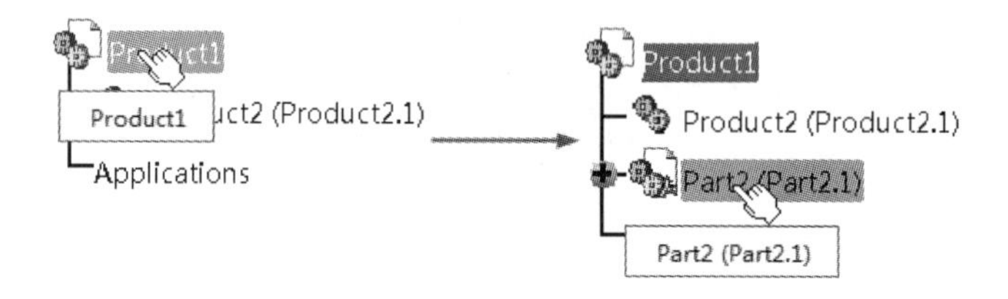

图 7-25　插图新零件

4．插入现有部件

【现有部件】命令用于在装配文件中插入一个已有的零件。单击【现有部件】按钮然后选中设计树最上方的产品，再在弹出的路径对话框中选择已有零件。

7.1.3　从产品生成零件

【从产品生成零件】是利用视图中的装配产品，生成一个新的零件。装配文件中的各个组件均转换成零件中的实体与曲面，其坐标位置与装配文件中组件位置一致。

从菜单栏中选择【工具】→【从产品生成零件】，然后选中需要转换的组件，如图 7-26 所示。单击【确定】按钮系统将选择的组件生成零部件。如图 7-27 所示。

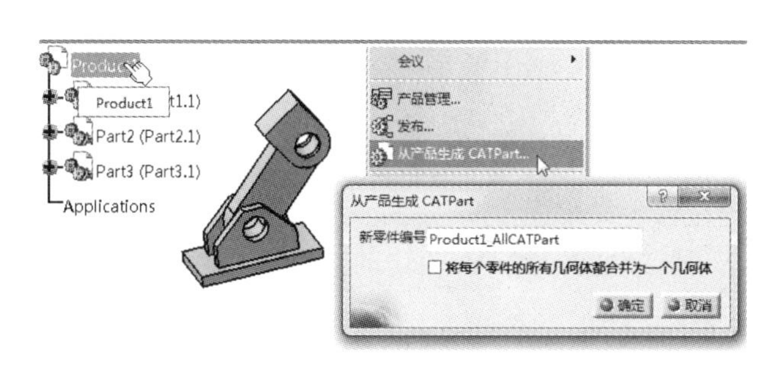

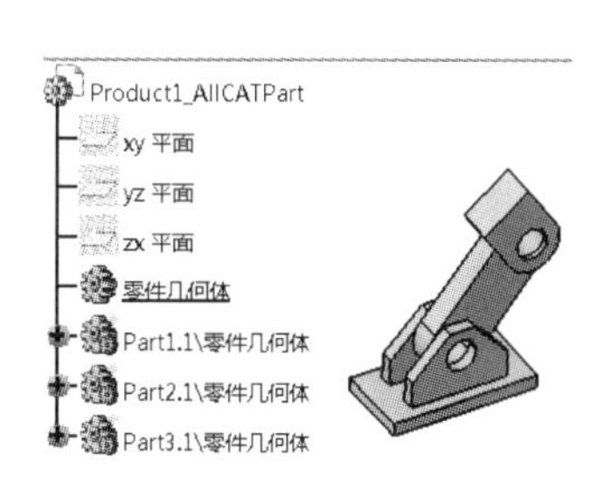

图 7-26　选择转换组件　　　　图 7-27　从产品生成零件

7.1.4　在装配模块中编辑零件

用户可以通过选中组件后右键单击，在弹出的选项中选择【编辑】命令，即可对零件进行编辑。如图 7-28 所示。也可以直接双击组件进入零件编辑界面。

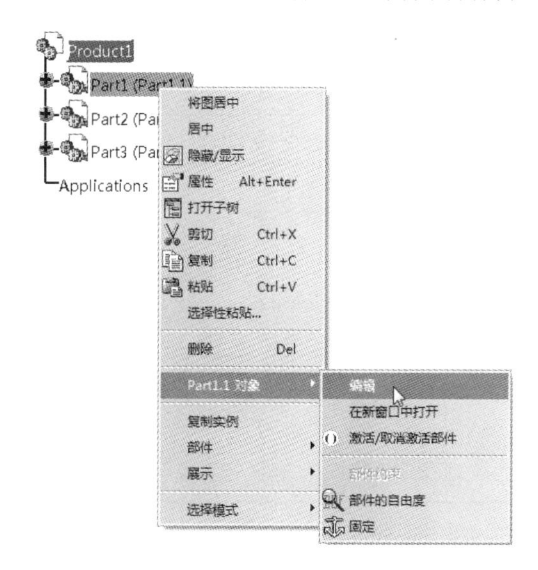

图 7-28　编辑零件

7.1.5　装配更新

在进行装配设计时，当新增组件或新增约束时，都有可能产生需要更新的部分。在装配设计状态下，当工具栏中的【全部更新】显示为工作状态时，表示装配文件需要更新；当显示为状态，表示装配文件不需要更新。

7.1.6　操作零件

用户可以使用【操作】命令自由灵活地移动装配零件或组件。

单击【操作】按钮后弹出【操作参数】对话框，如图 7-29 所示。

：分别表示部件可以沿 X 轴移动、沿 Y 轴移动、沿 Z 轴移动、沿自定义方向移动；

：分别表示部件可以在 XY 平面上移动、在 YZ 平面上移动、在 XZ 平面上移动、在自定义平面上移动；

：分别表示部件可以绕 X 轴转动、绕 Y 轴转动、绕 Z 轴转动、绕自定义轴线转动。

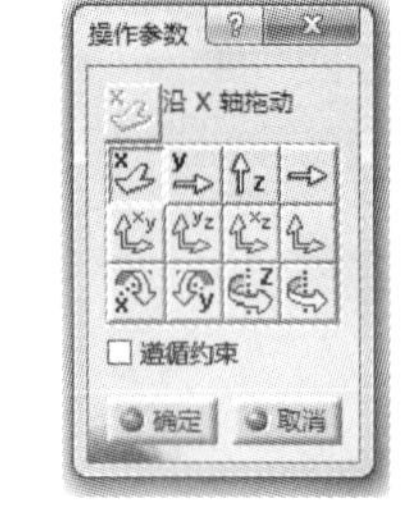

图 7-29　操作参数对话框

7.1.7　敏捷移动

【敏捷移动】命令是通过分别选择两个部件上的元素，来改变部件之间的相对位置。所选元素可以是点、线和面，根据所选择的方式和顺序不同，会产生不同的效果，其效果见表 7-1。

表 7-1　敏捷移动

第一选择元素	第二选择元素	效果
点	点	两点相合
点	线	点在直线上
点	面	点在面上
线	点	线通过点
线	线	两线相合
线	面	线在面上
面	点	面通过点
面	线	面通过线
面	面	两面相合

当用户选择了元素时，第一选择元素的部件会向第二选择元素的部件移动，用户可以单击绿色箭头来改变移动部件的位置。如图 7-30 所示。

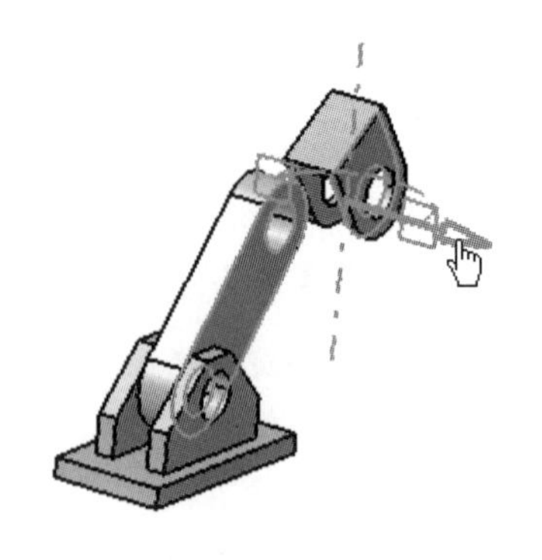

图 7-30　敏捷移动

7.1.8 智能移动

【智能移动】命令是在【敏捷移动】的基础上，添加了产生约束的功能。单击【智能移动】按钮后弹出【智能移动】对话框，如图 7-31 所示。

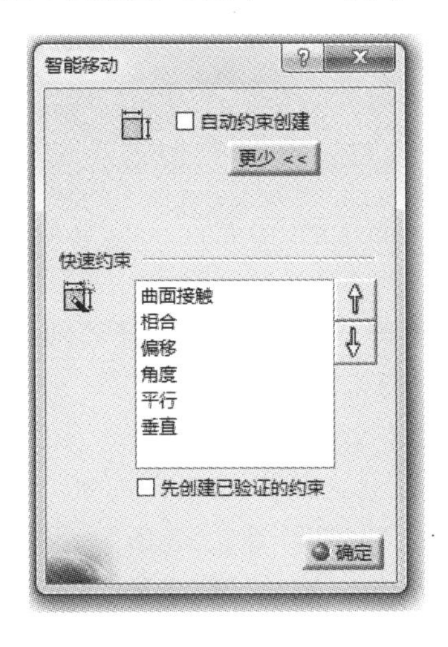

图 7-31 智能移动对话框

用户在选中【自动约束创建】后，在对齐两部件的同时，会自动产生相应的约束。如图 7-32 与图 7-33 所示，在部件对齐的同时产生了相合约束。

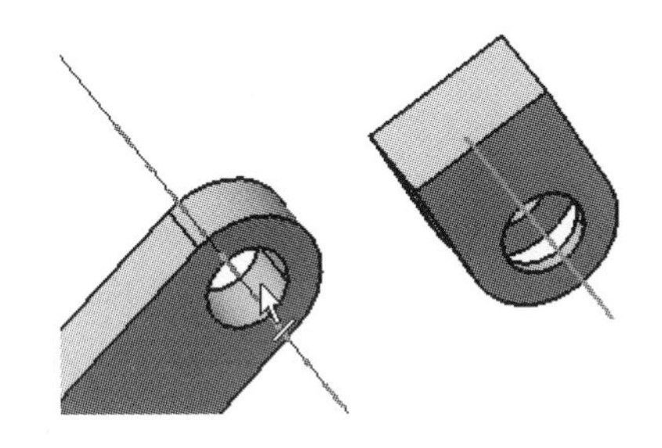

图 7-32 选择部件元素

图 7-33 产生约束

7.1.9 装配爆炸

【分解】命令是可以将已经完成约束的装配文件进行自动的爆炸操作，以方便观察装配设计。选中【分解】按钮后弹出【分解】对话框，如图 7-34 所示。

【深度】：用于选择爆炸层次，分为【所有级别】与【第一级别】两种，默认为【所有级别】；

【类型】：用于定义分解的类型，可以选择【3D】、【2D】和【受约束】三种；

单击【应用】按钮后，即生成爆炸效果，单击【确定】按钮后完成分解命令。如图 7-35 所示。

图 7-34 分解对话框

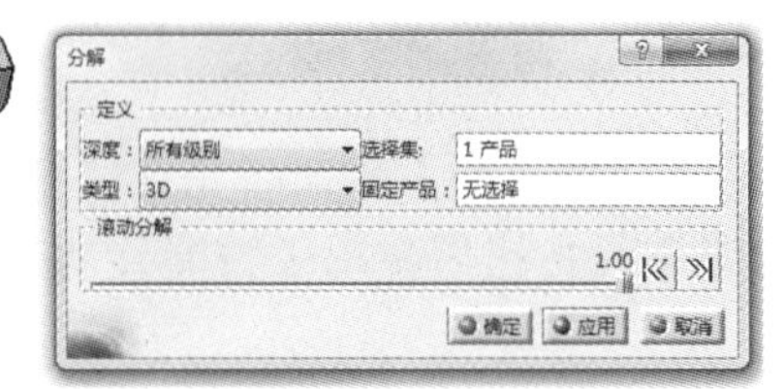

图 7-35 分解

7.1.10 约束类型

当想要将多个零件组成一个产品，就要定义零件之间的装配关系。本节简单介绍通过基本的点、线、面添加相应的几何约束。

1. 相合约束

【相合约束】命令是在两个元素之间添加相合约束。其相合的元素可以是点、线、轴线、平面、曲面等。如图 7-36、图 7-37 和图 7-38 所示。

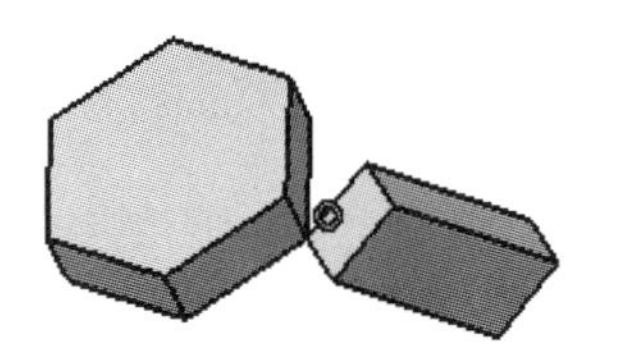

图 7-36 点相合

图 7-37 线相合

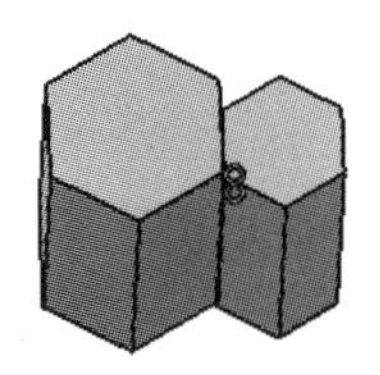

图 7-38 面相合

2. 接触约束

【接触约束】命令是使所选择的两个元素相接触，其接触元素可以是平面、曲面。如图 7-39 和图 7-40 所示。

图 7-39 平面接触

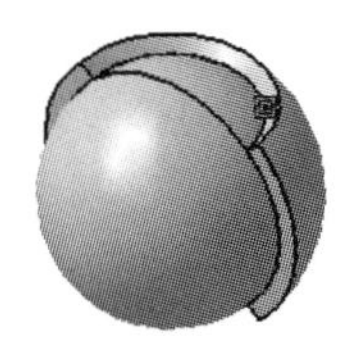

图 7-40 曲面接触

3. 偏移约束

【偏移约束】命令用于在点、线、面之间添加距离约束，使两元素之间保持指定的距离。如图 7-41 所示。

4. 角度约束

【角度约束】命令用于在线或面之间添加添加角度约束，使两元素之间保持指定的角度。如图 7-42 所示。

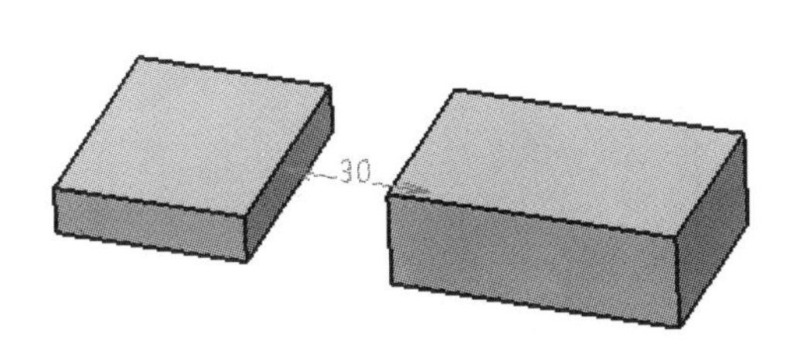

图 7-41　偏移约束

图 7-42　角度约束

5．固定约束

【固定约束】命令是使部件在装配文件中位置状态保持固定不变。固定的部件旁会有一个固定约束的符号，如图 7-43 所示。

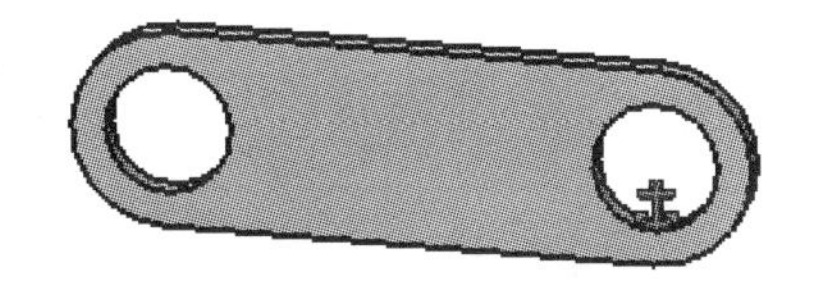

图 7-43　固定约束

7.1.11　增加约束

1．添加相合约束

用户单击【相合约束】按钮后，依次选中两个需要相合的元素，再单击【全部更新】按钮，即可完成相合约束。

2．添加接触约束

用户单击【接触约束】按钮后，依次选中两个需要接触的元素，再单击【全部更新】按钮，即可完成接触约束。

3．添加偏移约束

用户单击【偏移约束】按钮后，依次选中两个需要定义距离的元素，在弹出的【约束属性】对话框中输入距离值，然后单击【确定】按钮。最后单击【全部更新】按钮，即可完成偏移约束。如图 7-44 所示。

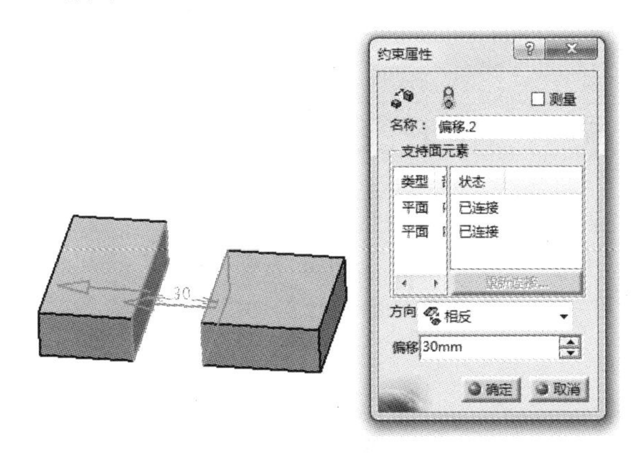

图 7-44　添加偏移约束

4．添加角度约束

用户单击【角度约束】按钮后，依次选择两个需要定义角度的元素，在弹出的【约束属性】对话框中输入角度值，然后单击【确定】按钮。最后单击【全部更新】按钮，即可完成角度约束。如图 7-45 所示。

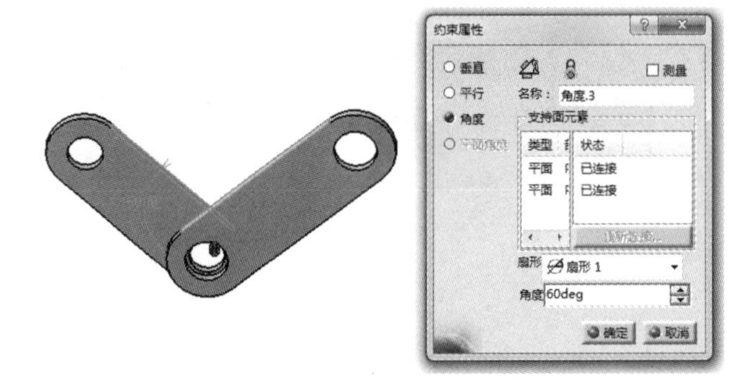

图 7-45　添加角度约束

5．添加固定约束

用户单击【固定约束】按钮后，选中需要固定的部件即可完成固定约束，这时固定的部件会显示固定约束的符号。

7.1.12　约束的编辑

1．快速约束

【快速约束】命令是根据用户所选的两个元素，自动生成相应的约束。单击【快速约束】按钮后再选中两个需要添加约束的元素，即可显示其自动约束的类型。

2．更改约束

【更改约束】命令用于更改一个已经完成的约束。单击【更改约束】按钮后选择需要更改的约束，随后弹出【可能的约束】对话框，如图 7-46 所示。用户在对话框中选定需要更改的约束类型，随后单击【确定】按钮即可。

图 7-46　更改约束对话框

7.2　实例▪知识点——千斤顶

【思路分析】

千斤顶零件图由底座、螺杆和扳杆组成，如图 7-47 所示。绘制此图的方法是：先插入部件并添加相应约束，然后利用剖切工具对装配图进行剖切观察。步骤如图 7-48 和图 7-49 所示。

图 7-47　千斤顶

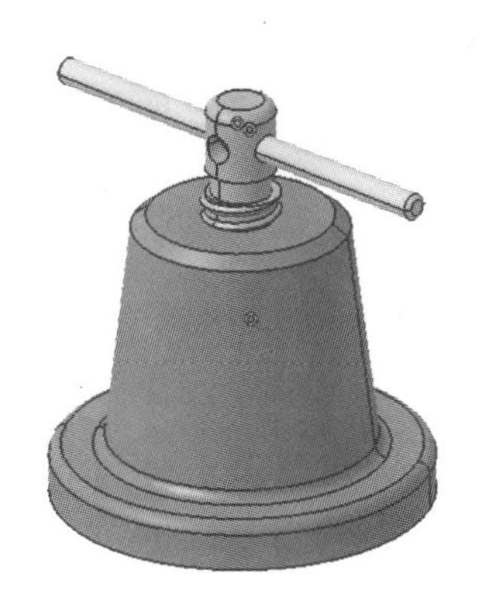

图 7-48　插入部件并添加约束

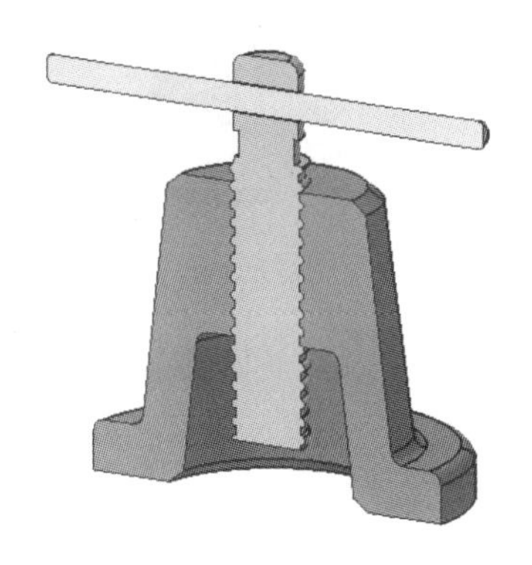

图 7-49　添加剖切视图

【光盘文件】

——参见附带光盘中的“END\Ch7\7-2\7-2. CATProduct”文件。

——参见附带光盘中的“AVI\Ch7\7-2\7-2.avi”文件。

【操作步骤】

[1]. 从菜单栏中选择【开始】→【机械设计】→【装配设计】，如图 7-50 所示。

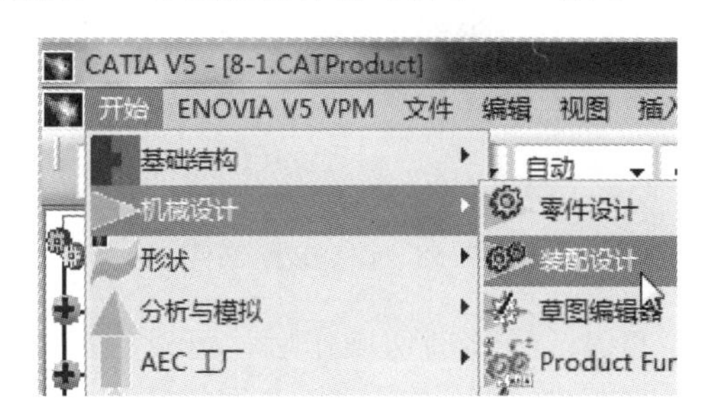

图 7-50　进入装配设计模块

[2]. 选择【Product1】→【属性】，如图 7-51 所示。

图 7-51　选择文件属性

[3]. 在【属性】对话框中，将【零件编号】改成“7-2”，如图 7-52 所示，然后单击【确定】按钮。

图 7-52　修改零件编号

[4]. 单击【现有部件】按钮，然后在模型树的【7-2】中插入现有部件【Part1】，如图 7-53 所示。

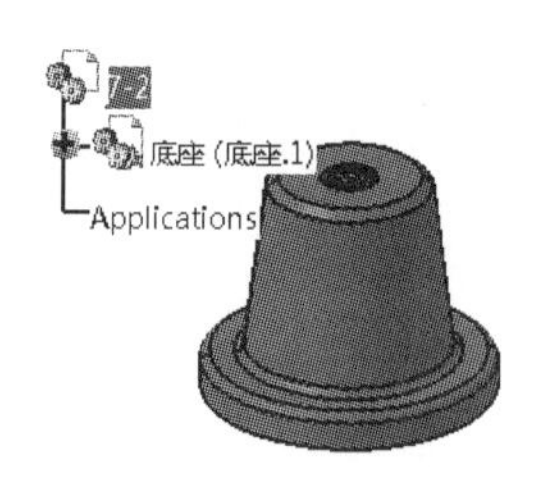

图 7-53　插入现有部件

[5]. 单击【现有部件】按钮，然后在模型树的【7-2】中插入现有部件【Part2】，如图 7-54 所示。

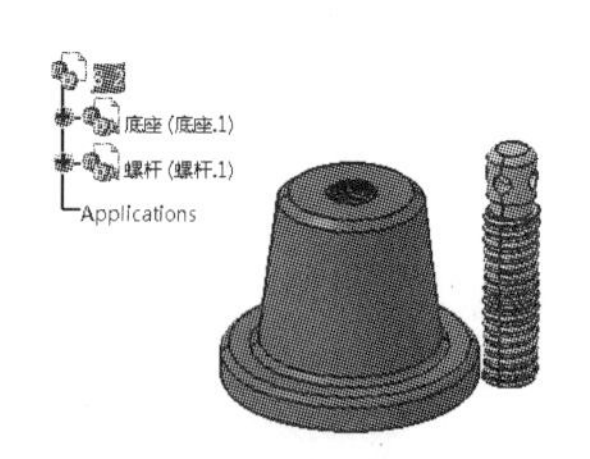

图 7-54　插入现有部件

[6]. 单击【相合约束】按钮，分别选择螺杆和底座的中心轴线，使它们的轴线相合，然后更新装配关系，如图 7-55 所示。

图 7-55　添加相合约束

[7]. 单击【现有部件】按钮，然后在模型树的【7-2】中插入现有部件【Part3】，如图 7-56 所示。

图 7-56　插入现有部件

[8]. 单击【相合约束】按钮，分别选择扳杆和螺杆中心通孔的轴线，使它们的轴线相合，然后更新装配关系，如图 7-57 所示。

图 7-57　添加相合约束

[9]. 单击【切割】按钮，然后在弹出的对话框中选中【剪切包络体】，最后单击【确定】按钮，如图 7-58 所示。

图 7-58　切割装配部件

[10]. 经过剖切操作后，可以很方便的观察装配部件中的零部件之间的装配关系，如图 7-59 所示。

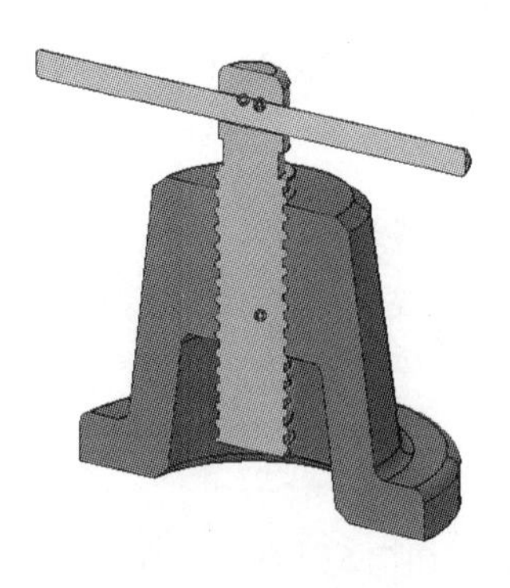

图 7-59　装配剖切视图

7.2.1 干涉检测及分析

【碰撞】命令用于检测装配设计中的间隙、接触和碰撞三种情况。单击【碰撞】按钮后，弹出【检查碰撞】对话框，如图 7-60 所示。

在【类型】的第一个下拉菜单中，提供了四种检查方式，如图 7-61 所示。其中：

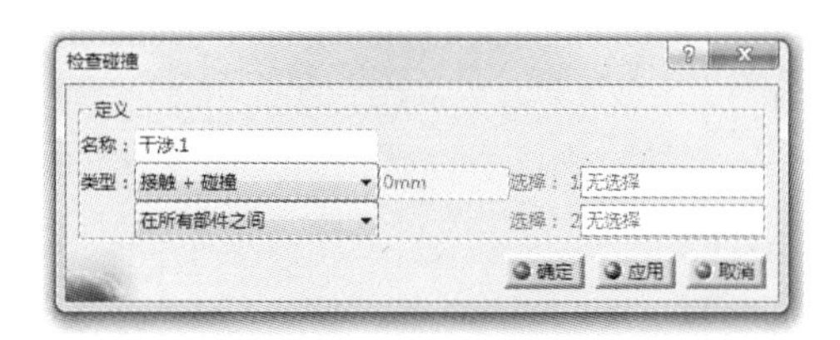

图 7-60　检查碰撞对话框

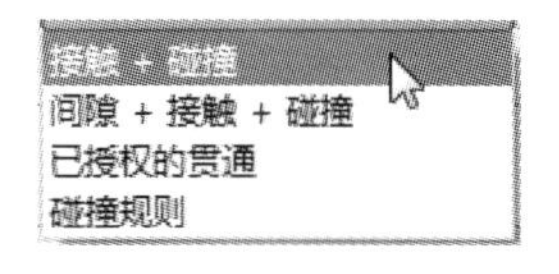

图 7-61　检查方式

【接触+碰撞】：用于检查两个部件之间是否干涉，或最小间隙为 0；

【间隙+接触+碰撞】：用于检查两个部件之间是否存在干涉，或最小间隙为 0，以及检查两个部件之间的间隙是否小于指定的距离；

【已授权的贯通】：在实际装配需要过盈配合时，需要部件之间有一定的干涉量，在这个方式下设置最大干涉量；

【碰撞规则】：利用设置好的规则检查部件之间是否存在不合理的干涉。

在【类型】的第二个下拉菜单中，提供了四种方式来确定参与检测的部件，如图 7-62 所示。其中：

【一个选择之内】：在任意的一个部件内，检查部件内所有零件之间的装配关系；

【选择之外的全部】：用于检查所选部件与其他部件的装配关系；

【在所有部件之间】：用于检查装配文件中所有部件之间的装配关系；

【在两个选择之间】：用于检查所选中的两个部件之间的装配关系。

用户确定好上述两个参数后，单击【应用】按钮，就会弹出【检查碰撞】对话框。如图 7-63 所示。

一个选择之内
选择之外的全部
在所有部件之间
在两个选择之间

图 7-62　确定参与部件

图 7-63　检查碰撞结果

7.2.2 截面分析

对于一个完整的装配设计，从外观上往往无法清晰了解内部结构。通过截面分析，可以对装配设计创建剖视图，便于在三维环境下更好的观察产品。

单击【切割】按钮后，即在设计环境中生成一个剖切面，如图 7-64 所示。并同时弹出【切割定义】对话框。如图 7-65 所示。

图 7-64　剖切面

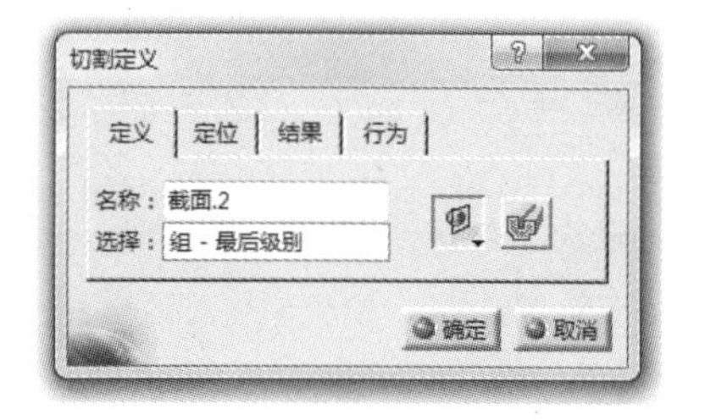

图 7-65　切割定义对话框

在【定义】栏中，选中最右侧的【剪切包络体】可进行剖切面与剖切部件之间的切换。如图 7-66 所示。

在【定位】栏中，提供了多种剖切面的定位方式，其中：

法线约束：● X ○ Y ○ Z：使剖切面垂直于所选择的轴线；

：利用输入数值调整剖切面的位置，选中后弹出【编辑位置和尺寸】对话框，如图 7-67 所示；

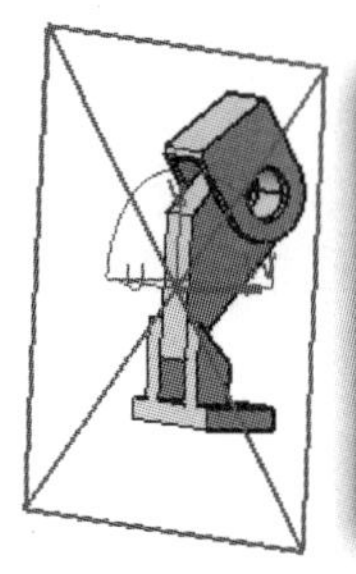

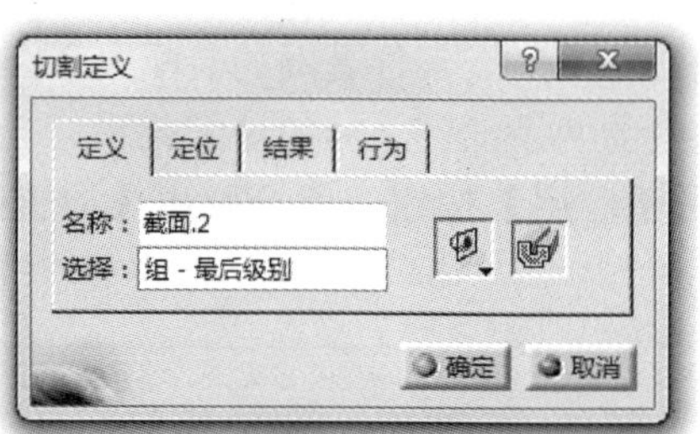

图 7-66　切割包络体

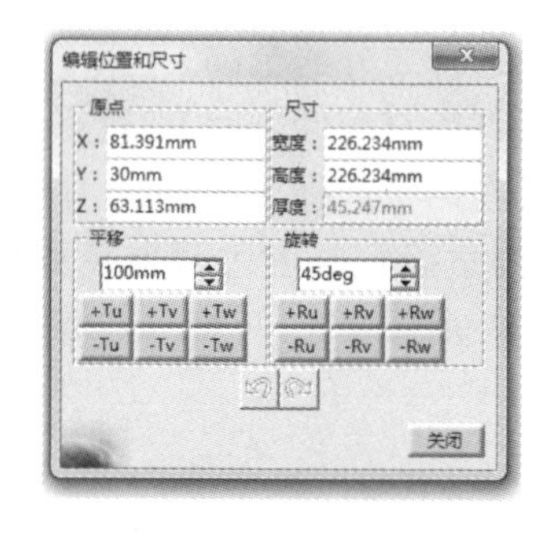

图 7-67　编辑位置和尺寸对话框

：单击该选项后，用户将自行选择一个在几何体上的平面作为剖切面；

：单击该选项后，用户将通过选择两条平行的直线来确定剖切面；

：单击该选项后，剖切的方向相反；

：单击该选项后，剖切面回到系统默认的原始状态。

7.2.3 测量

当装配设计完成后，用户需要对部件之间或对部件本身的状态进行测量，这时需要用到系统自带的测量工具。

1．测量间距

【测量间距】命令主要是用于测量两个元素之间的距离。单击【测量间距】按钮后，弹出【测量间距】对话框，如图 7-68 所示。本小节简单介绍一下常用的测量方式。

元素选择：该命令提供了多种元素的选用方式，通过单击模式的下拉菜单，用户可以对装配设计中的点、线、面、体进行选择，如图 7-69 所示；

图 7-68　测量间距对话框

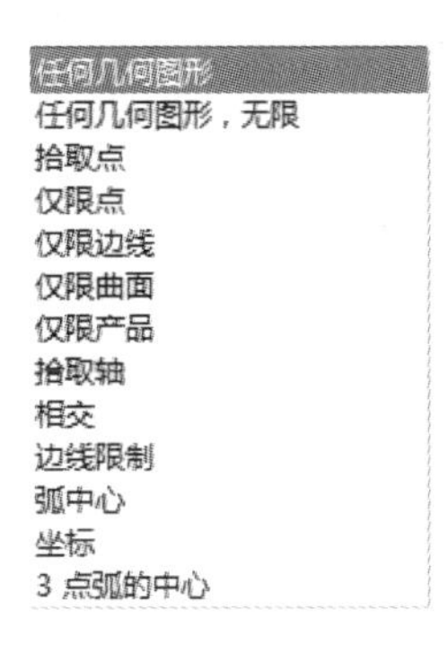

图 7-69　元素选择

测量项目：用户可单击【自定义】按钮，对需要测量的项目进行选择，例如距离、角度等，如图 7-70 所示。

2．测量项

【测量项】命令是用于测量与选定项相关的属性。单击【测量项】按钮后，弹出【测量项】对话框，如图 7-71 所示。

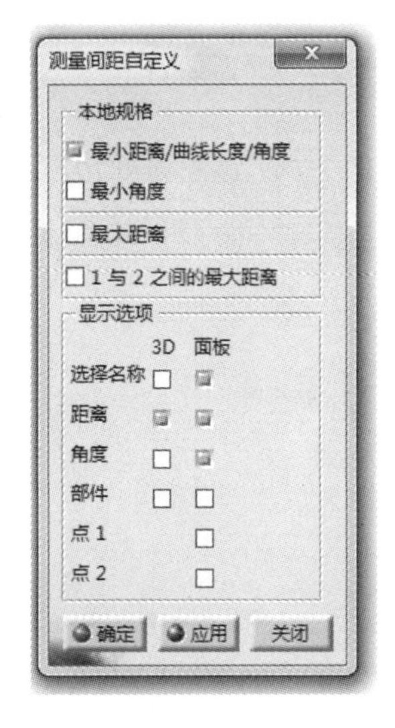

图 7-70　测量间距自定义

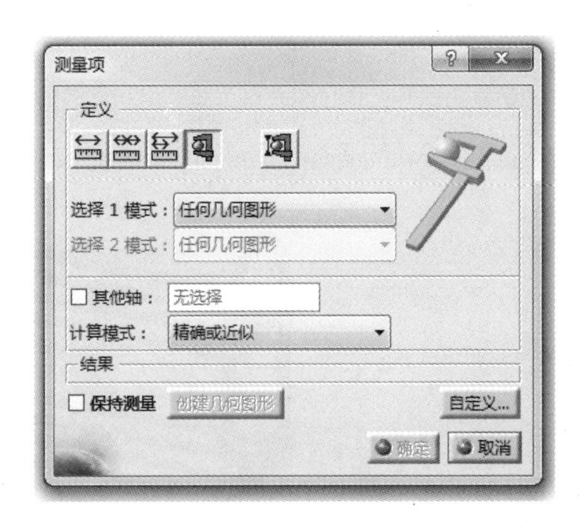

图 7-71　测量项对话框

与【测量间距】相同，用户可在选择模式中定义测量元素的种类，并在【自定义】中定义测量的项目。

3. 测量惯量

【测量惯量】命令用于测量与选定项相关联的惯性属性。单击【测量惯量】按钮后，在设计树中选中需要测量的部件，即可显示出该部件的惯性属性。

7.3 要点▪应用——鞋架

【思路分析】

鞋架零件图由支撑座、把手和三种长短不一的圆管组成，如图 7-72 所示。绘制此图的方法是：依次插入部件并添加约束即可。步骤如图 7-73、图 7-74 和图 7-75 所示。

图 7-72 鞋架

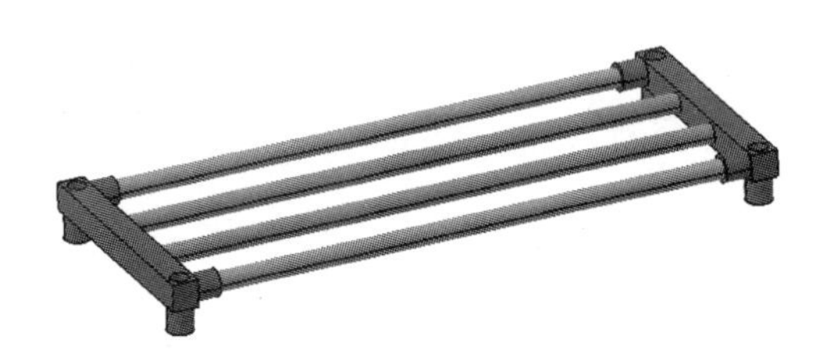

图 7-73 装配鞋架底层

图 7-74 装配鞋架上层

图 7-75 装配把手

【光盘文件】

结果文件——参见附带光盘中的“END\Ch7\7-3\7-3. CATProduct”文件。

动画演示——参见附带光盘中的“AVI\Ch7\7-3\7-3.avi”文件。

【操作步骤】

[1]. 从菜单栏中选择【开始】→【机械设计】→【装配设计】，如图 7-76 所示。

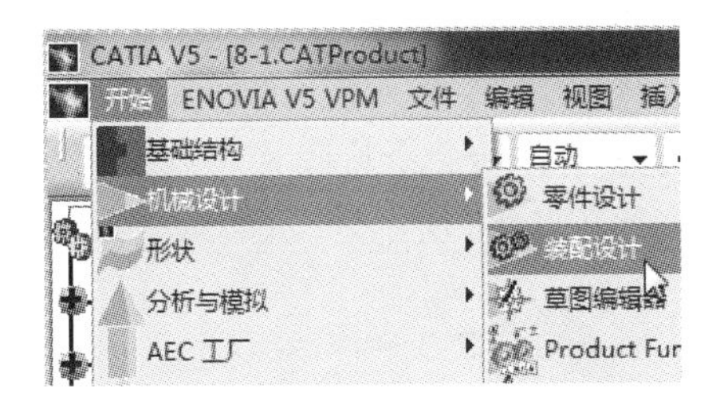

图 7-76 进入装配设计模块

[2]. 选择【Product1】→【属性】，如图 7-77 所示。

图 7-77 选择文件属性

[3]. 将【零件编号】改成“7-3”，如图 7-78 所示，然后单击【确定】按钮。

图 7-78 修改零件编号

[4]. 单击【现有部件】按钮，然后在模型树的【7-3】中插入现有部件【Part1】，如图 7-79 所示。

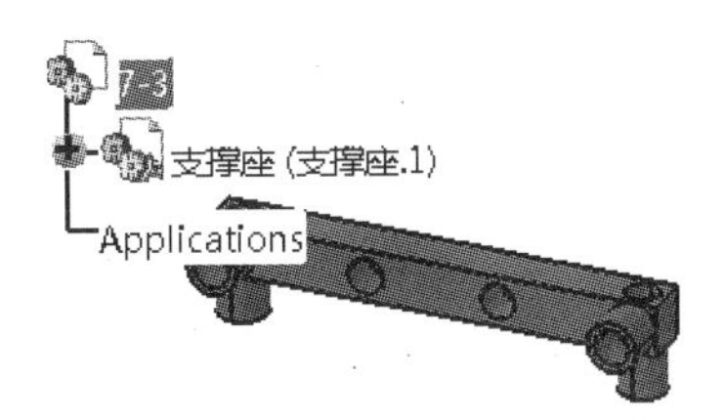

图 7-79 插入现有部件

[5]. 单击【现有部件】按钮，然后在模型树的【7-3】中插入现有部件【Part2】，如图 7-80 所示。

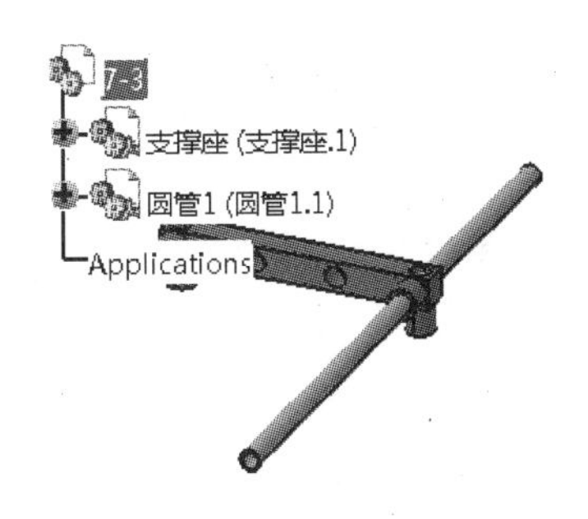

图 7-80 插入现有部件

[6]. 单击【相合约束】按钮，分别选择【圆管 1】和【支撑座】孔的中心轴线，使它们的轴线相合，如图 7-81 所示。

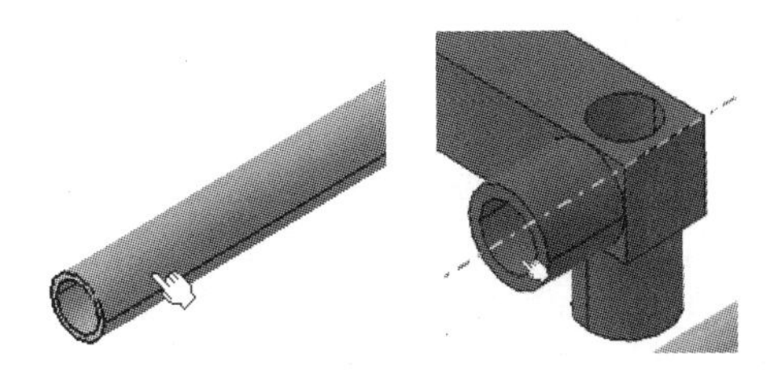

图 7-81 添加相合约束

[7]．单击【接触约束】按钮，在【圆管 1】和【支撑座】孔之间添加接触约束，如图 7-82 所示。然后更新装配关系，如图 7-83 所示。

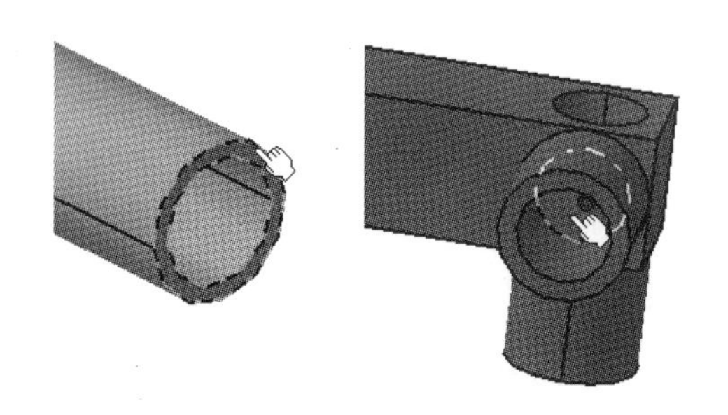

图 7-82　添加接触约束

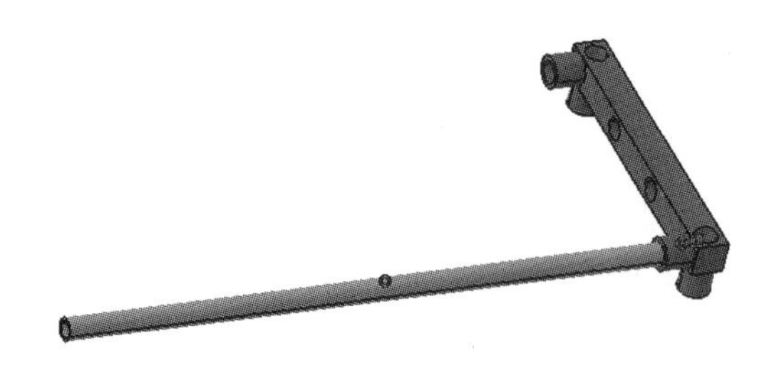

图 7-83　更新装配关系

[8]．单击【现有部件】按钮，然后在模型树的【7-3】中继续插入现有部件【Part2】，参照上述步骤将零部件装配成如图 7-84 所示。

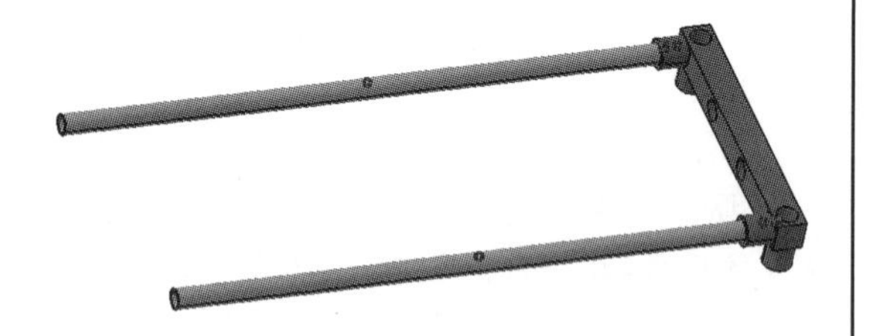

图 7-84　插入并约束零部件

[9]．单击【现有部件】按钮，然后在模型树的【7-3】中插入现有部件【Part3】，参照上述步骤将零部件装配成如图 7-85 所示。

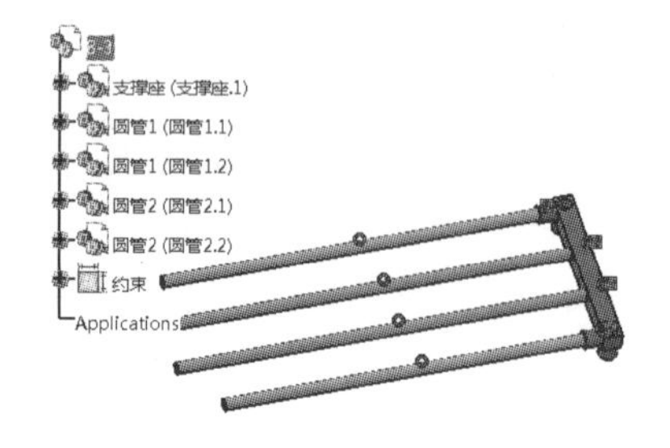

图 7-85　插入并约束零部件

[10]．单击【现有部件】，然后在模型树的【7-3】中插入现有部件【Part1】，并使用【操作】命令将其移动到方便装配的区域，如图 7-86 所示。

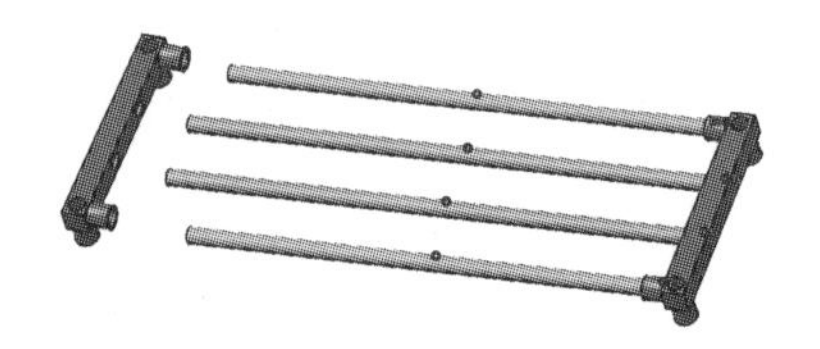

图 7-86　插入并移动零部件

[11]．使用【相合约束】命令和【接触约束】命令将新插入的【支撑座】和两个【圆管 1】约束成如图 7-87 所示。

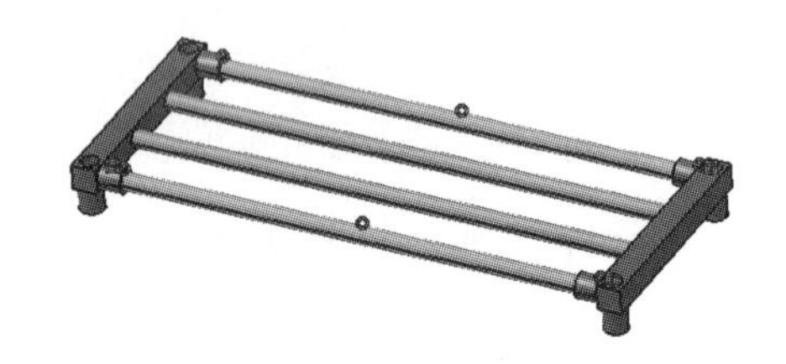

图 7-87　插入并移动零部

[12]．单击【现有部件】按钮，然后在模型树的【7-3】中插入现有部件【Part4】，如图 7-88 所示。

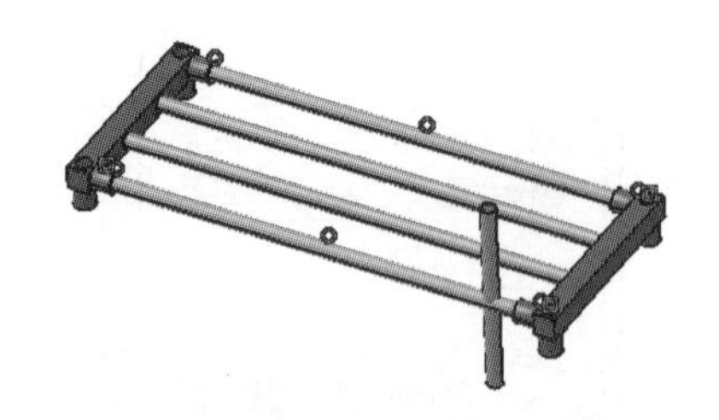

图 7-88　插入零部件

[13]. 单击【相合约束】按钮，分别选择【圆管 3】和【支撑座】孔的中心轴线，使它们的轴线相合，如图 7-89 所示。

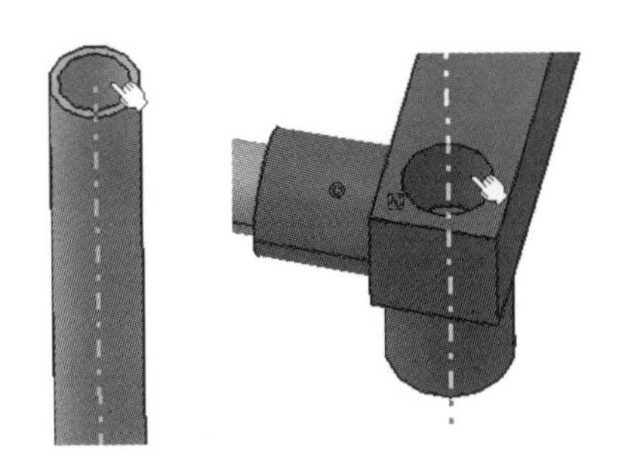

图 7-89　添加相合约束

[14]. 单击【接触约束】按钮，在【圆管 3】和【支撑座】孔之间添加接触约束，如图 7-90 所示。然后更新装配关系，如图 7-91 所示。

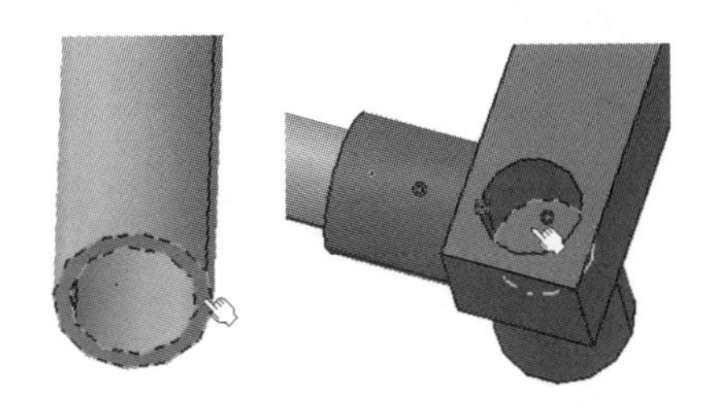

图 7-90　添加接触约束

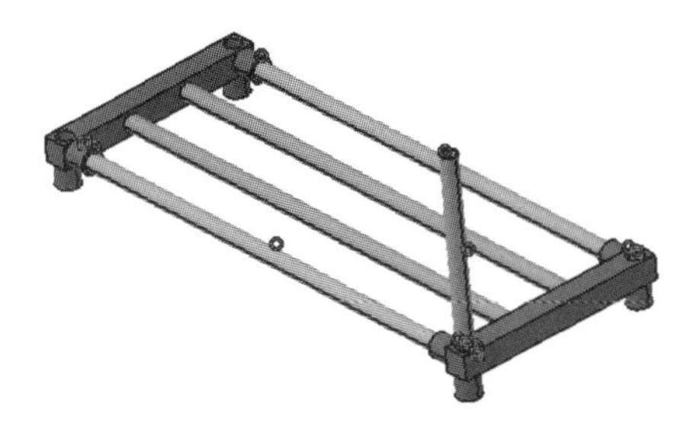

图 7-91　更新装配关系

[15]. 单击【现有部件】按钮，然后在模型树的【7-3】中继续插入现有部件【Part4】，参照上述步骤将零部件装配成如图 7-92 所示。

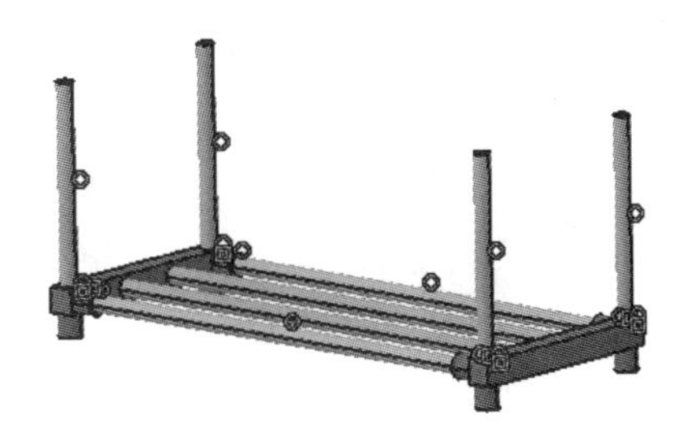

图 7-92　插入并约束零部件

[16]. 单击【现有部件】按钮，参照上述步骤插入【Part1】并对其进行约束，最终将部件【7-3】装配成如图 7-93 所示。

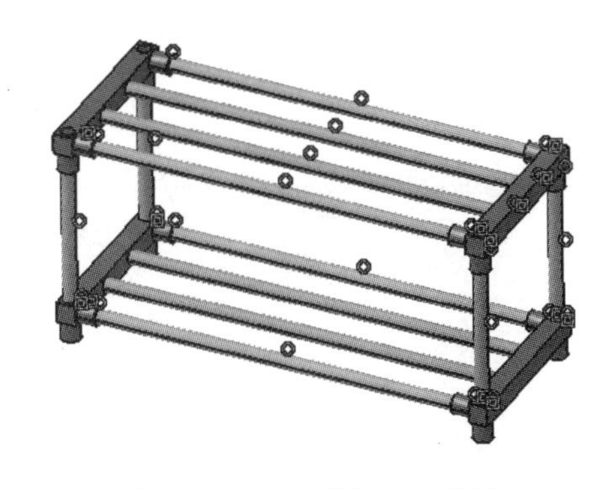

图 7-93　插入并约束零部件

[17]. 单击【现有部件】按钮，然后在模型树的【7-3】中插入现有部件【Part5】，如图 7-94 所示。

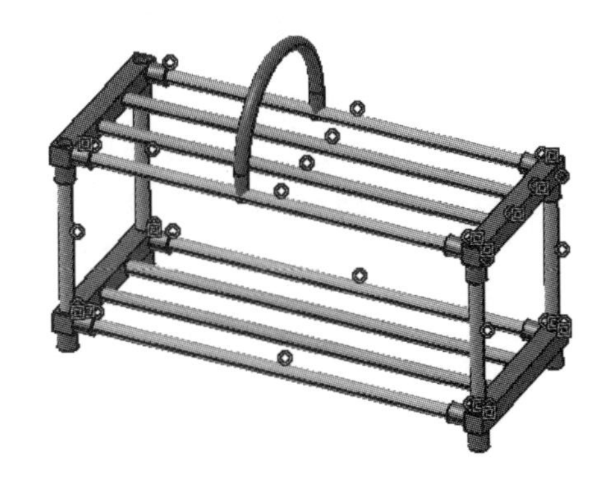

图 7-94　插入零部件

[18]. 单击【相合约束】按钮，分别选择【把手】和【支撑座】孔的两对中心轴线，使它们的轴线相合，如图 7-95 所示。

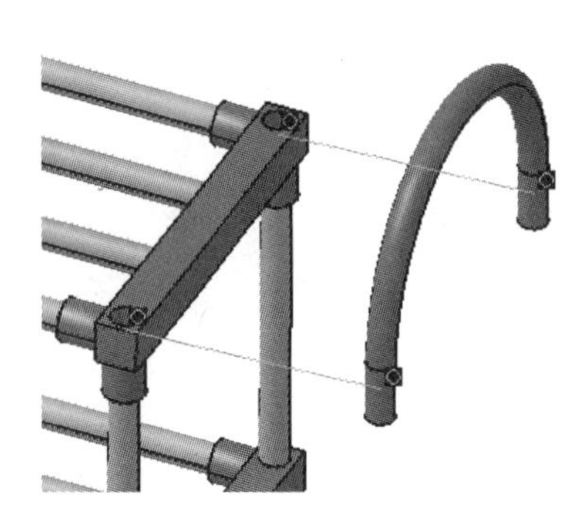

图 7-95　添加相合约束

[19]. 单击【接触约束】按钮，在【把手】和【支撑座】孔之间添加接触约束，如图 7-96 所示。然后更新装配关系，如图 7-97 所示。

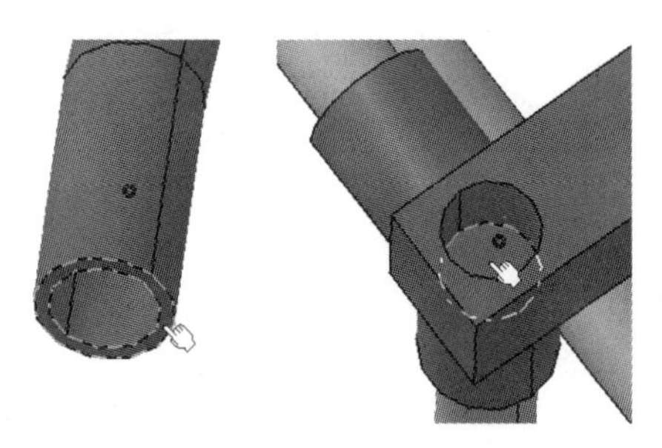

图 7-96　添加接触约束

图 7-97　更新装配关系

[20]. 单击【现有部件】按钮，然后在模型树的【7-3】中继续插入现有部件【Part5】，参照上述步骤将零部件装配成如图 7-98 所示。此时，完成零部件鞋架的装配。

图 7-98　插入并装配零部件

7.4　能力▪提高——台灯

【思路分析】

台灯零件图由灯座、支撑杆和灯泡的圆管组成，如图 7-99 所示。绘制此图的方法是：依次插入部件并添加约束即可。步骤如图 7-100、图 7-101 和图 7-102 所示。

图 7-99　台灯

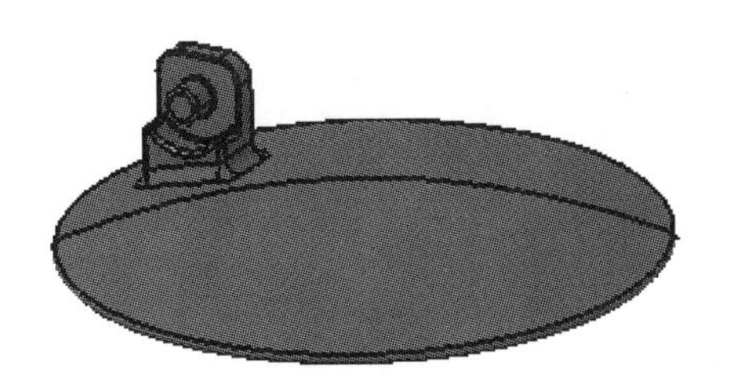

图 7-100　插入灯座零件

图 7-101　插入并装配支撑杆

图 7-102　插入并装配灯泡

【光盘文件】

结果文件——参见附带光盘中的“END\Ch7\7-4\7-4. CATProduct”文件。

动画演示——参见附带光盘中的“AVI\Ch7\7-4\7-4.avi”文件。

【操作步骤】

[1]. 从菜单栏中选择【开始】→【机械设计】→【装配设计】，如图 7-103 所示。

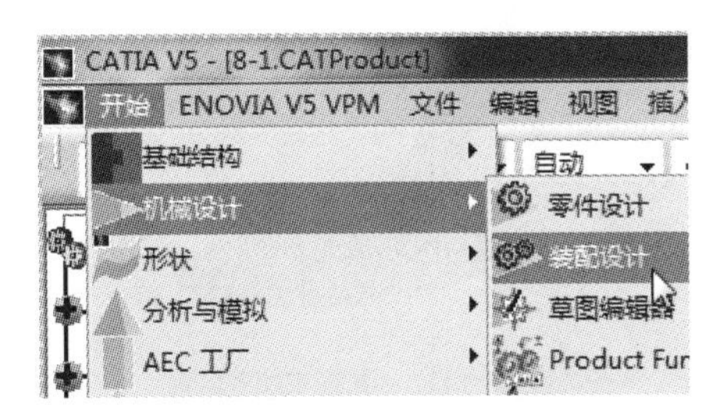

图 7-103　进入装配设计模块

[2]. 选择【Product1】→【属性】，如图 7-104 所示。

图 7-104　选择文件属性

[3]. 在【属性】对话框中将【零件编号】改成“8-4”，如图 7-105 所示，然后单击【确定】按钮。

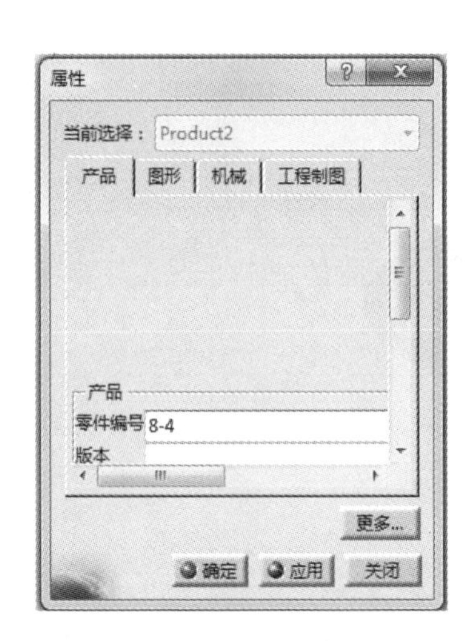

图 7-105　修改零件编号

[4]．单击【现有部件】按钮，然后在模型树的【7-4】中插入现有部件【Part1】，如图 7-106 所示。

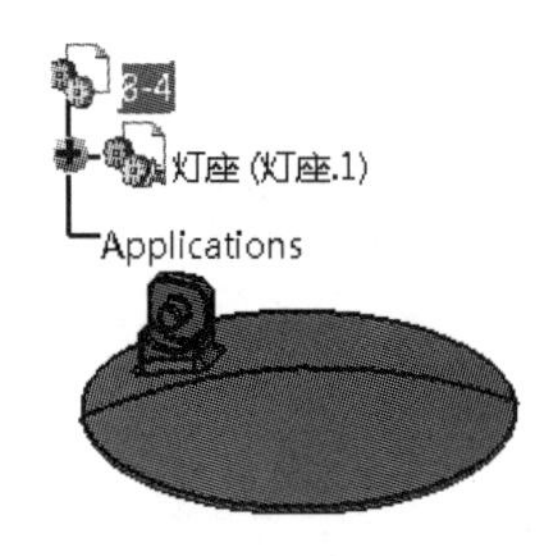

图 7-106　插入现有部件

[5]．单击【固定约束】按钮并选择灯座，对其添加固定约束，如图 7-107 所示。

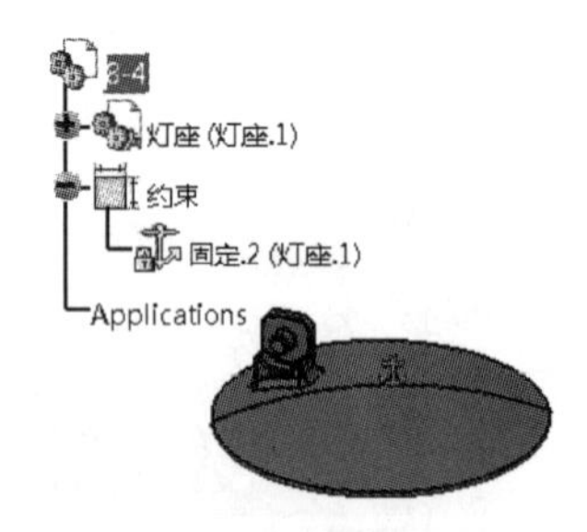

图 7-107　添加固定约束

[6]．单击【现有部件】按钮，然后在模型树的【7-4】中插入现有部件【Part2】，如图 7-108 所示。

图 7-108　插入现有部件

[7]．单击【接触约束】按钮，在【支撑杆 1】和【灯座】之间添加接触约束，如图 7-109 所示。

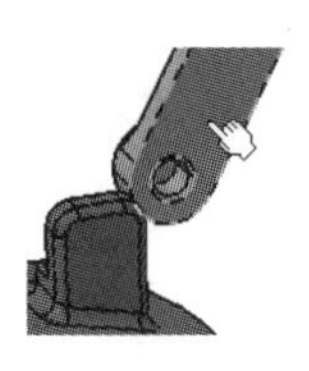

图 7-109　添加接触约束

[8]．单击【相合约束】按钮，分别选择【支撑杆 1】孔和【灯座】凸台的中心轴线，使它们的轴线相合，如图 7-110 所示。并更新装配关系，如图 7-111 所示。

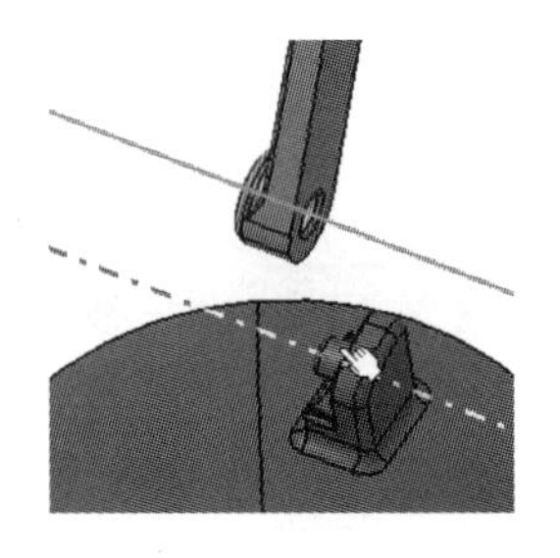

图 7-110　添加相合约束

图 7-111　更新装配关系

[9]．单击【角度约束】按钮，对【支撑杆】1 与【灯座】之间添加角度约束，约

束参考与角度如图 7-112 所示。约束后更新装配关系。

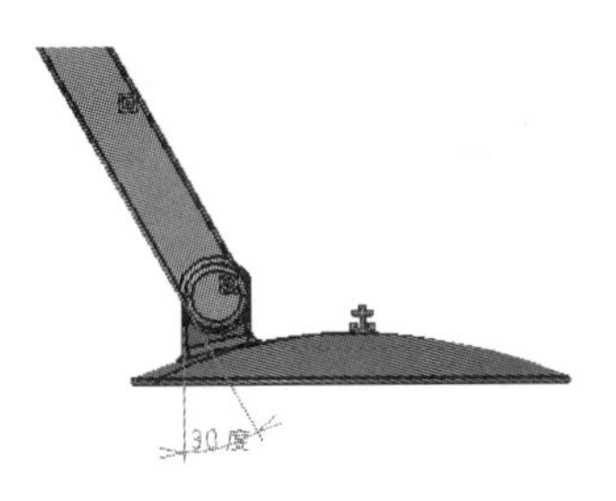

图 7-112 添加角度约束

[10]. 单击【现有部件】按钮，然后在模型树的【7-4】中插入现有部件【Part3】，如图 7-113 所示。

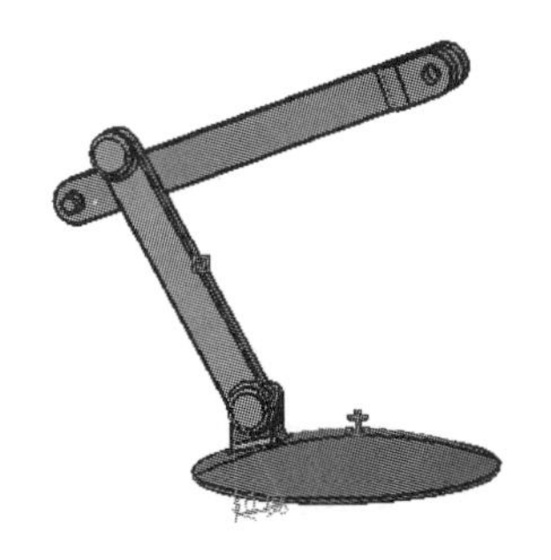

图 7-113 插入并移动零部件

[11]. 使用【相合约束】命令、【接触约束】命令和【角度约束】命令将新插入的支撑杆 2 约束成如图 7-114 所示。

图 7-114 插入并约束零部件

[12]. 单击【现有部件】按钮，然后在模型树的【7-4】中插入现有部件【Part4】，如图 7-115 所示。

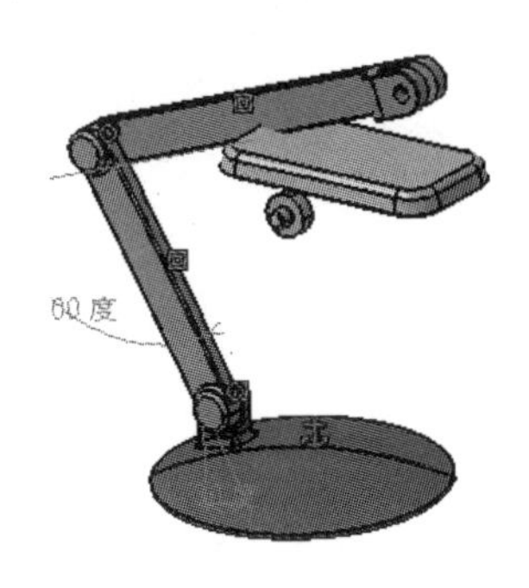

图 7-115 插入现有零部件

[13]. 单击【相合约束】按钮，分别选择【灯泡】凸台和【支撑杆 2】孔的中心轴线，使它们的轴线相合，如图 7-116 所示。

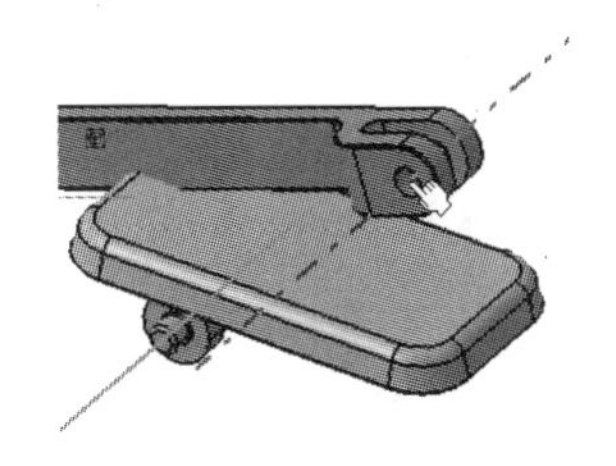

图 7-116 添加相合约束

[14]. 单击【接触约束】按钮，在【灯泡】与【支撑杆 2】之间添加接触约束，如图 7-117 所示。然后更新装配关系，如图 7-118 所示，此时完成零部件台灯的装配。

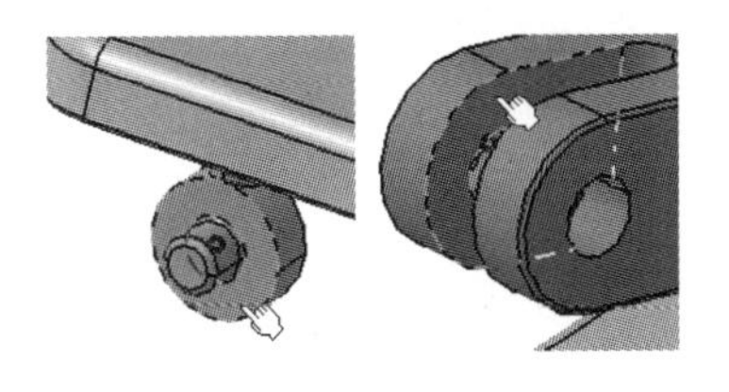

图 7-117 添加接触约束

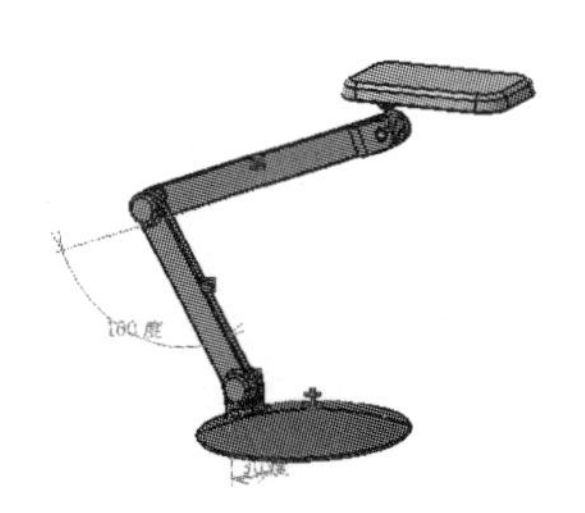

图 7-118 更新装配关系

7.5 习题▪巩固——减速器

本节以一个较为复杂的模型，供读者学习，以进一步深入巩固装配设计的编辑方法及熟悉设计工具。

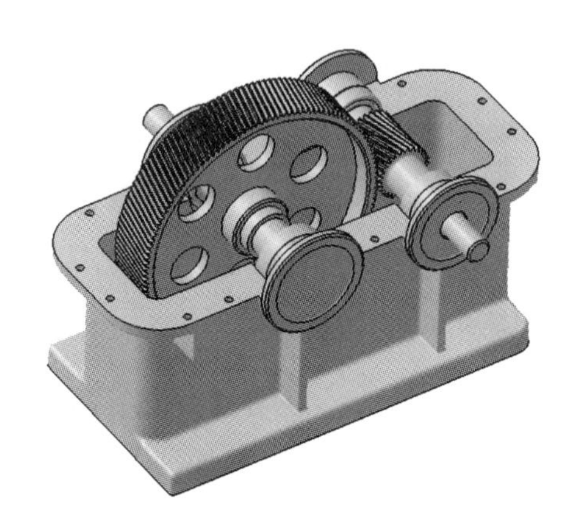

图 7-119 减速器

【光盘文件】

结果文件——参见附带光盘中的“END\Ch7\7-5\7-5. CATProduct”文件。

动画演示——参见附带光盘中的“AVI\Ch7\7-5\7-5.avi”文件。

第 8 章　工 程 制 图

在产品的设计制造过程中仅有三维模型通常是不够的，因为例如尺寸公差、形位公差、表面粗糙度等信息在三维模型中并不能完整地表达出来，所以还是需要借助二维图纸进行表达。CATIA 中的工程制图模块正是利用三维模型，依照用户的意愿将三维模型以指定的方式投影成二维图纸，从而添加其他零件加工信息，并与其他的 CAD 软件交换图形信息。

本讲内容

- 实例▪知识点——棱形轴、定位板、O 形圈、定距环、圆垫片
- 工程制图设计环境介绍及创建投影
- 工程图的标注
- 工程图信息的创建与编辑
- 要点▪应用——底座工程图
- 能力▪提高——油管接头
- 习题▪巩固——轴承座工程图

8.1　实例▪知识点——棱形轴

【思路分析】

棱形轴零件由三维零件图生成，如图 8-1 所示。绘制此零件的方法是：先打开已绘制好的三维零件图，然后通过工程制图模块生成二维图。步骤如图 8-2 和图 8-3 所示。

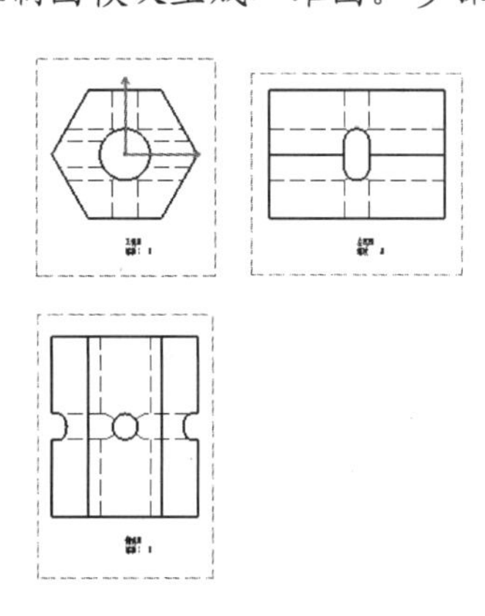

图 8-1　棱形轴工程图

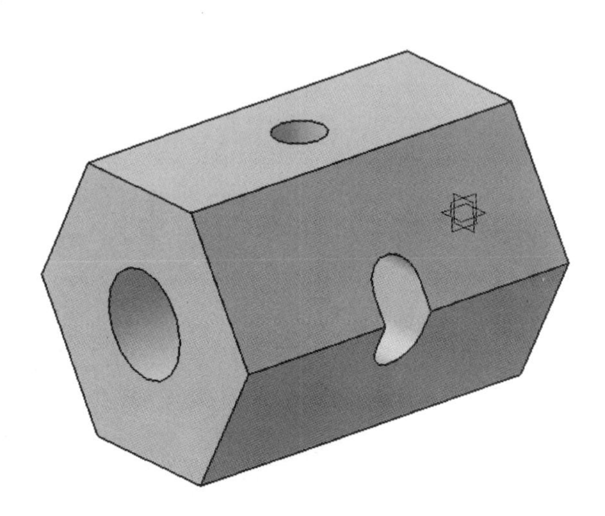

图 8-2　打开零部件

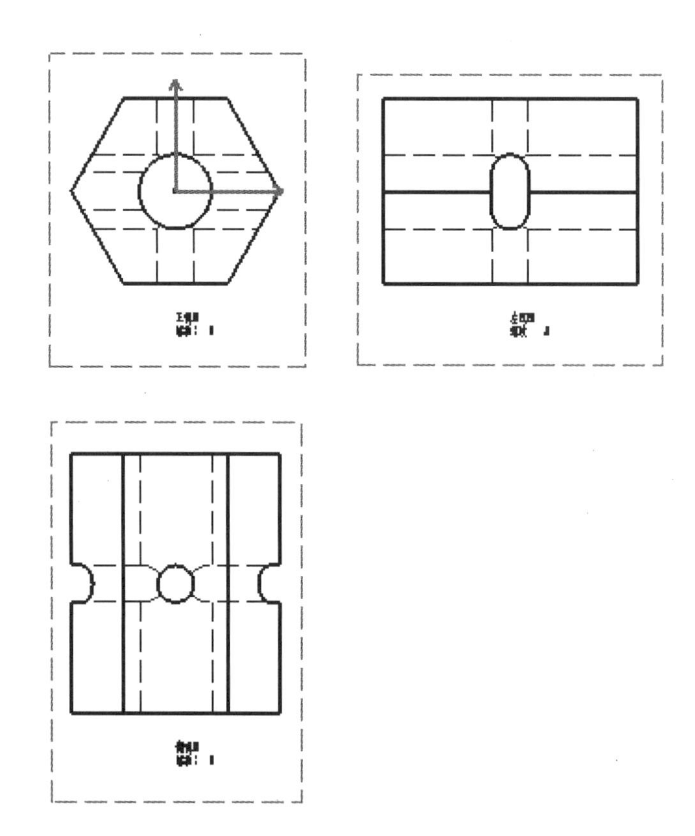

图 8-3　生成二维图

【光盘文件】

结果文件——参见附带光盘中的“END\Ch8\8-1\8-1. CATDrawing”文件。

动画演示——参见附带光盘中的“AVI\Ch8\8-1\8-1.avi”文件。

【操作步骤】

[1]. 打开已绘制好的三维零部件 8-1，如图 8-4 所示。

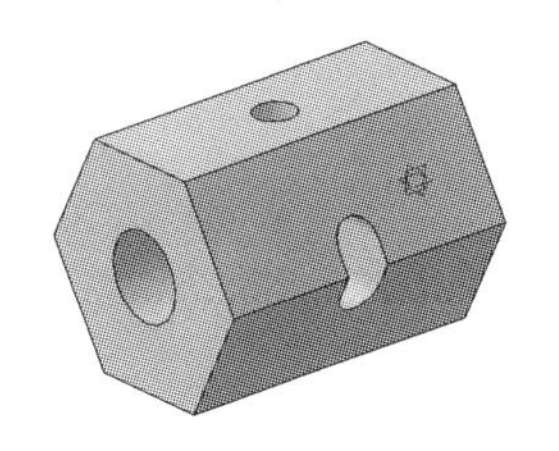

图 8-4 打开零部件

[2]. 单击【新建】按钮，选择创建 Drawing 工程制图文件，然后单击【确定】按钮，如图 8-5 所示。在弹出的【新建工程图】对话框中，维持默认参数，单击【确定】按钮，如图 8-6 所示。

图 8-5 新建工程图文件

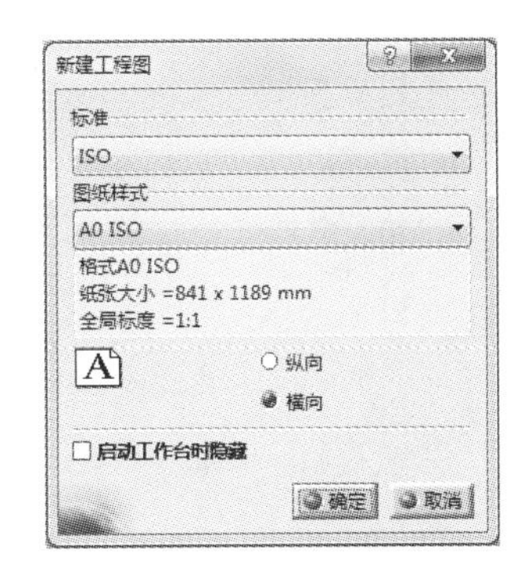

图 8-6 选择工程图参数

[3]. 单击【主视图】按钮，然后切换到零件设计模块，选择如图 8-7 所示的平面作为主视图。接着单击工程制图模块右上方圆盘的中心生成工程图，如图 8-8 所示。

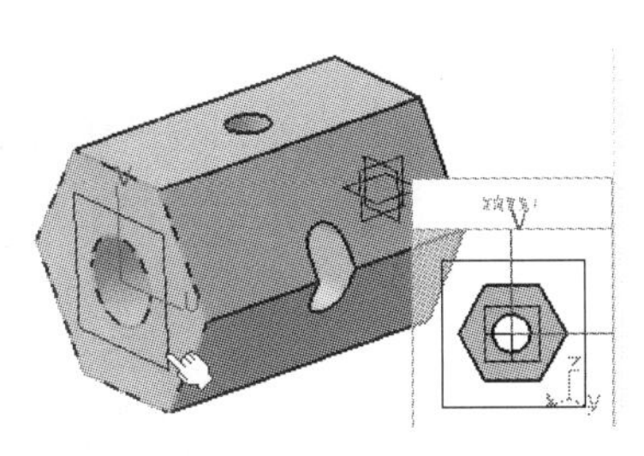

图 8-7 选择主视图

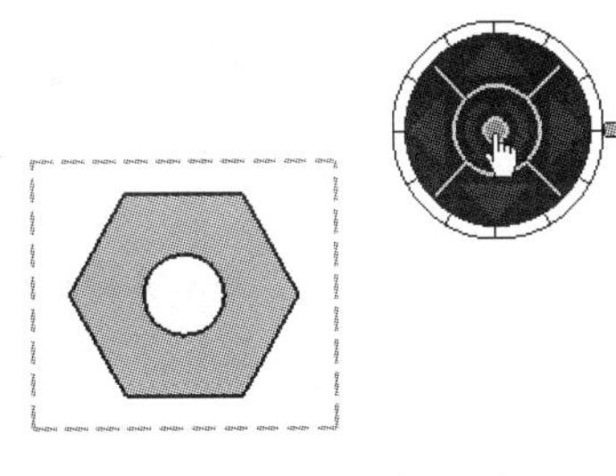

图 8-8 生成主视图

[4]. 单击【投影视图】按钮，然后往主视图的右侧拖动鼠标，接着单击鼠标左键生成视图，如图 8-9 所示。

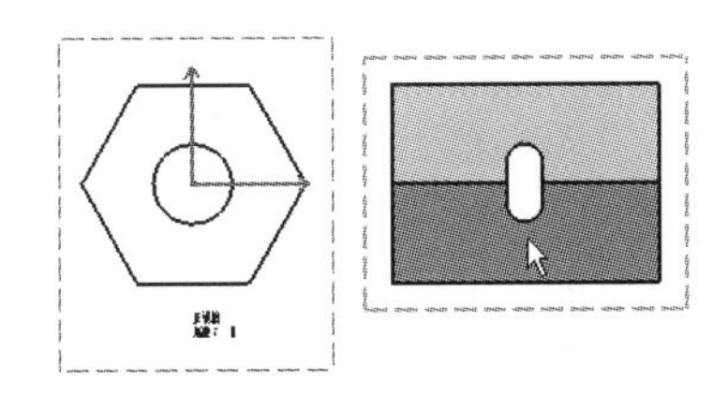

图 8-9 生成投影视图

[5]. 单击【投影视图】按钮，然后往主视图的下方拖动鼠标，接着单击鼠标左键生成视图，如图 8-10 所示。

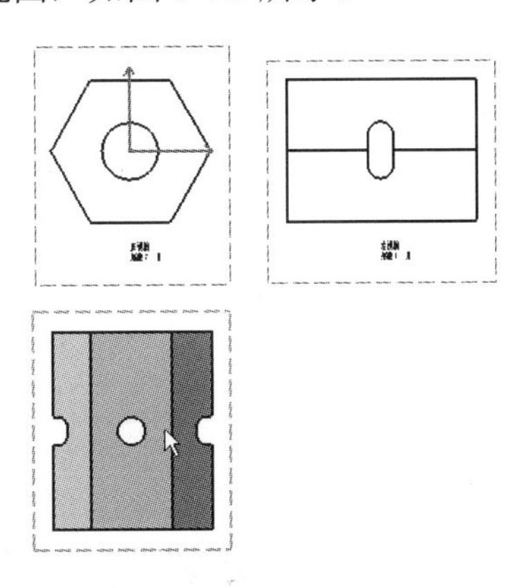

图 8-10 生成投影视图

8.1.1 工程图的制图标准

【工程制图】模块从菜单栏中选择【开始】→【机械设计】→【工程制图】进入，如图 8-11 所示。选择后弹出【新建工程图】对话框，如图 8-12 所示。

图 8-11 进入工程制图模块

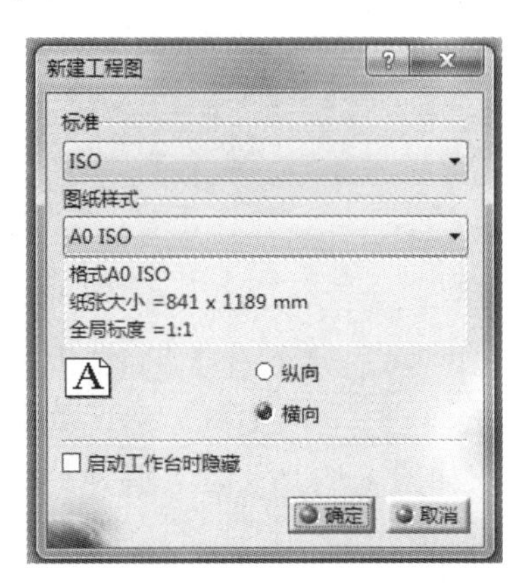

图 8-12 新建工程图对话框

【标准】：用于选择工程制图的标准，有【ISO】国际标准、【ANIS】美国标准等六种选择，一般选用【ISO】国际标准；

【图纸样式】：用于确定图幅。同样有多种标准图框供用户选择；

【纵向】【横向】：用于确定工程图的放置方式。

当用户确定好上述参数后，单击【确定】按钮即可进入工程制图环境。如图 8-13 所示。

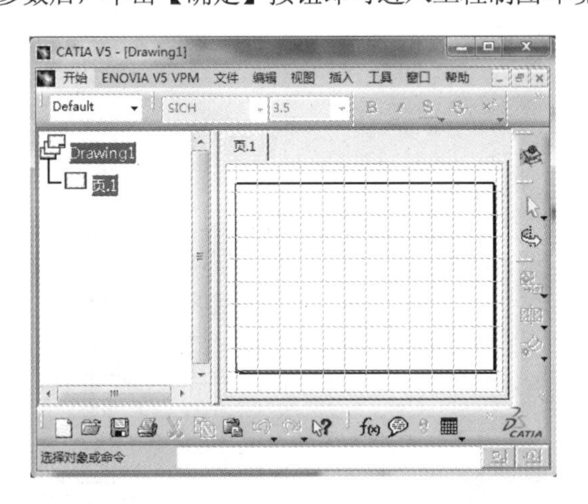

图 8-13 工程制图环境

8.1.2 CATIA V5 工程图的基本设置

就像草图绘制模块一样，工程制图模块也可以根据用户的使用习惯，对模块中的一些显示与操作方式进行设置。进入工程制图模块后，用户在菜单栏中选择【工具】→【选项】，即可进入设置界面，如图 8-14 所示。用户可在此对模块进行个性化设置。

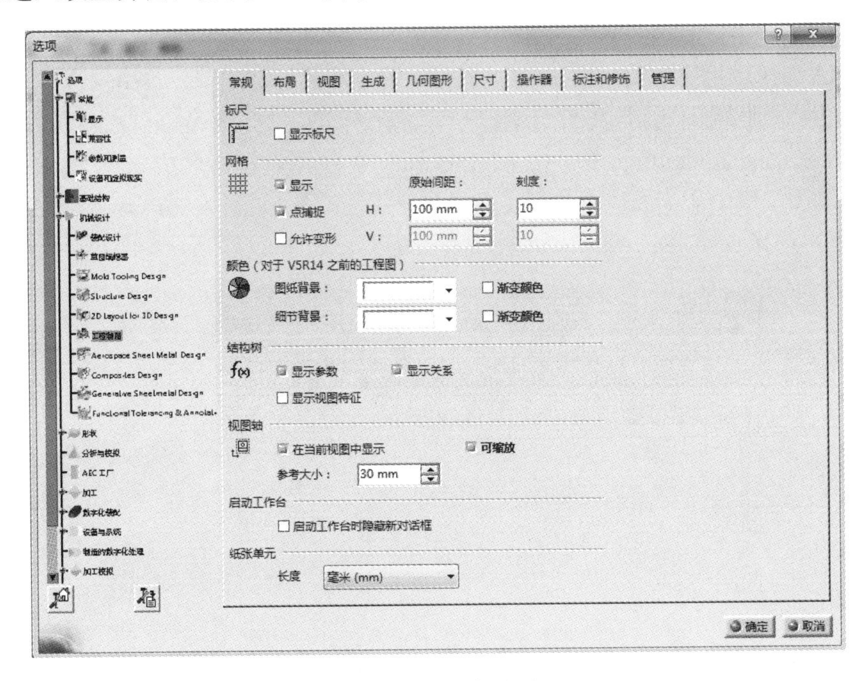

图 8-14　基本设置

8.1.3　CATIA V5 工程图的工作界面

当用户进入工程制图模块后，其界面与三维建模界面相差较大，主要是工具栏中的设计工具较三维建模大有不同。本小节主要介绍工程制图中的工具栏。

工程制图主要有【视图】【标注】【尺寸标注】【几何图形创建】【几何图形修改】【修饰】和【生成】七个工具栏，如图 8-15 所示。

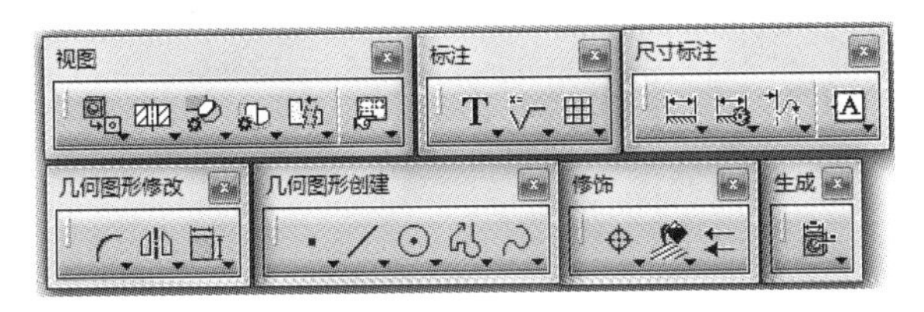

图 8-15　常用工具

【视图】：用于通过三维模型创建二维图形中的视图；

【标注】：用于标注文字、粗糙度等信息；

【尺寸表示】：用于标注尺寸信息；

【几何图形创建】：用于创建二维的基本图形；

【几何图形修改】：用于修改二维的基本图形；

【修饰】：用于创建中心线、剖面线、螺纹等二维图形信息；

【生成】：用于从三维模型中生成所有尺寸。

8.1.4 自定义制图标准配置文件

在 CATIA 工程制图模块中，用户可以自行设置制图的标准配置。首先应该在 CATIA 的标准存放路径中添加新的标准文件，用户可以在标准存放路径 x:\Dassault Systemes\B21\intel_a\resources\standard\drafting 中，复制 ISO.xml 文件并重新命名成 new_ISO.xml。然后在 CATIA 工程制图模块中从菜单栏中选择【工具】→【标准】，如图 8-16 所示。在弹出的【标准定义】对话框中选择 new_ISO.xml，即可修改标准配置，如图 8-17 所示。

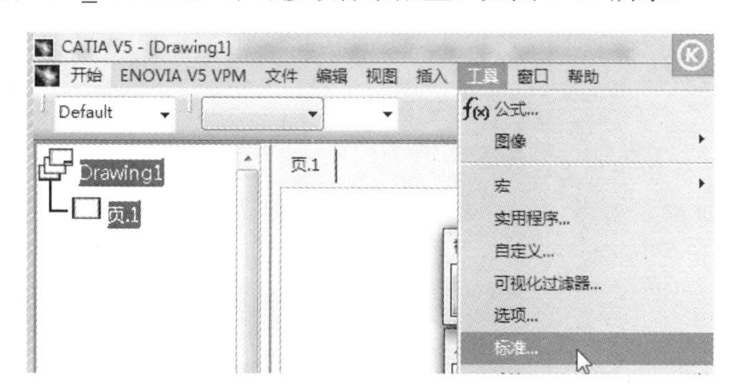

图 8-16 进入标准设计

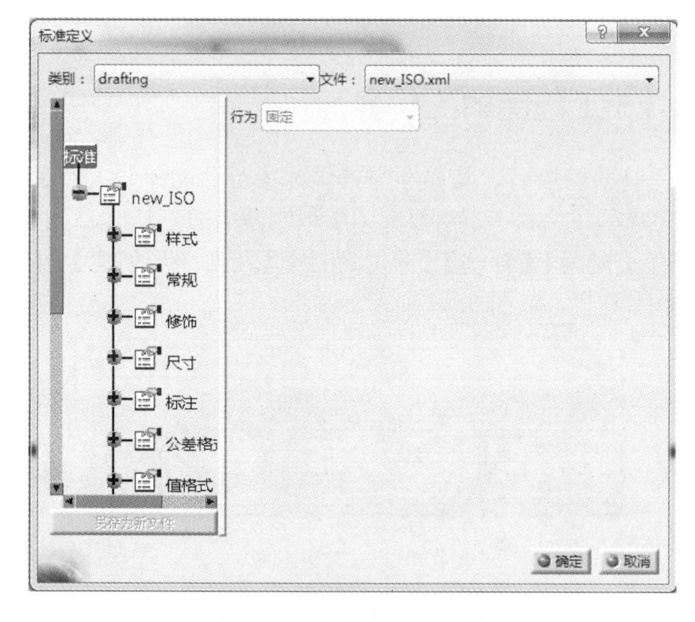

图 8-17 标准定义对话框

8.1.5 设置工程图的默认制图标准

用户若需要将工程制图的标准修改成默认值，可参照本节中的设置方法，在【标准定义】对话框中选择系统自带的制图标准文件即可。

8.1.6 新建图纸

用户可以从菜单栏中选择【开始】→【机械设计】→【工程制图】进入工程制图模块，如图 8-18 所示。然后在弹出的对话框中工程制图对话框中选择图纸的尺寸和方向，如图 8-19 所示。最后单击【确定】按钮即可创建一个新的图纸，如图 8-20 所示。

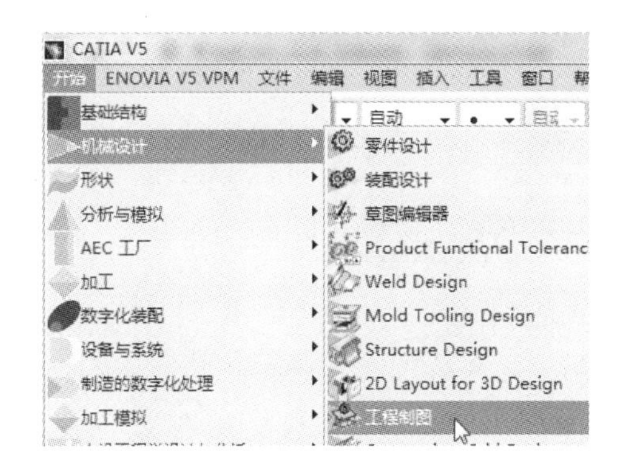

图 8-18　选择工程制图模块

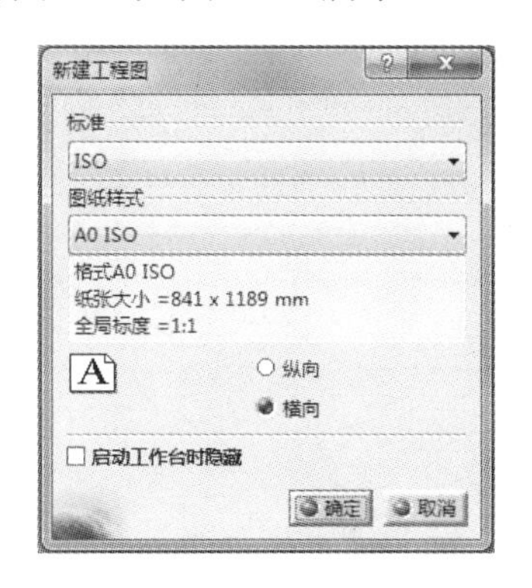

图 8-19　选择工程制图参数

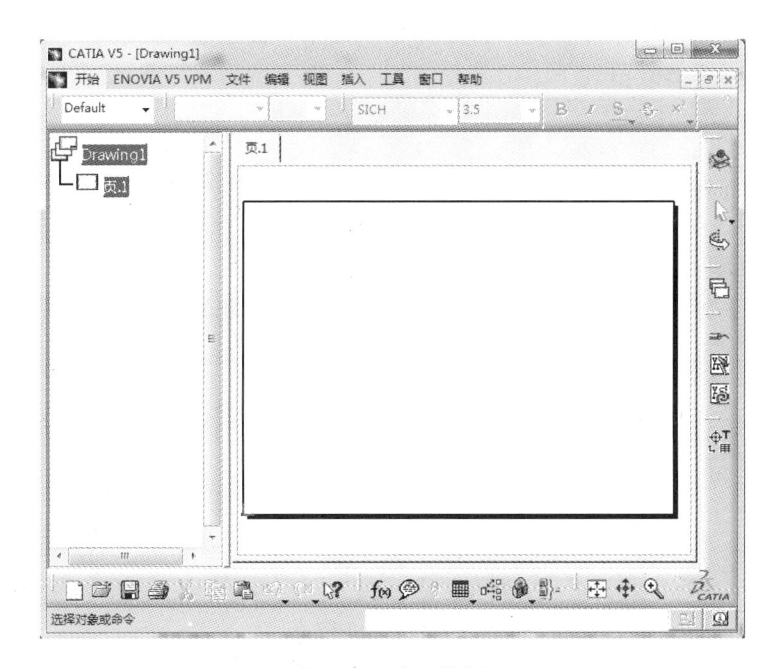

图 8-20　新建图纸

8.1.7 视图创建向导

【视图创建向导】命令用于快速生成多个标准视图。单击【视图创建向导】按钮后弹出【视图向导】对话框，用户可在对话框左侧的选择按钮中选择需要生成的标准视图，如图 8-21 所示。

图 8-21　视图创建向导

8.1.8　主视图

【主视图】命令用于选择三维零件的特定的投影作为工程图的主视图。单击【主视图】按钮，然后切换到零件设计模块，选择主视图后自动返回工程制图模块，接着利用右上方的圆盘调整主视图，调整合适后单击圆盘中心按钮即可完成主视图。如图 8-22 所示。

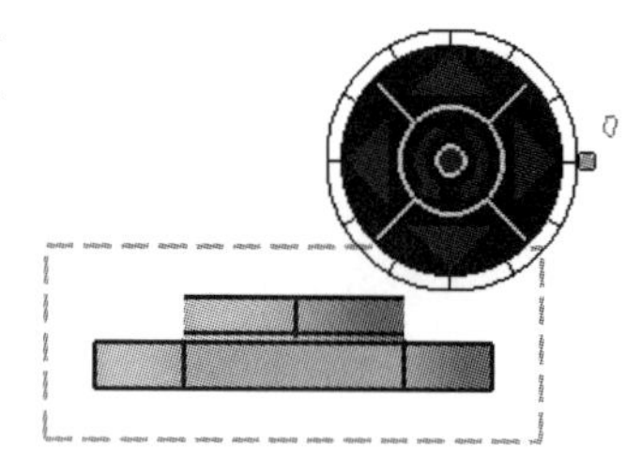

图 8-22　生成主视图

8.1.9　投影视图

【投影视图】命令是根据主视图生成其余的标准视图。单击【投影视图】按钮后，然后在视图中拖动鼠标，在合适的位置上单击鼠标左键即可生成视图。如图 8-23 所示。

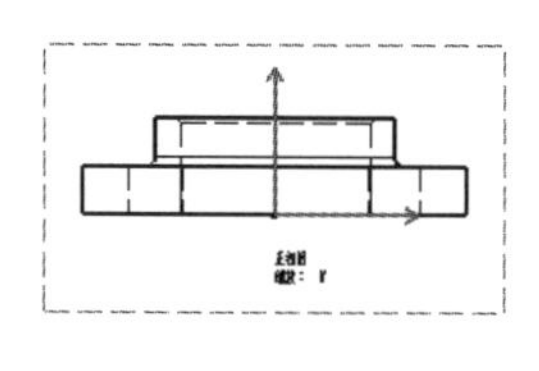

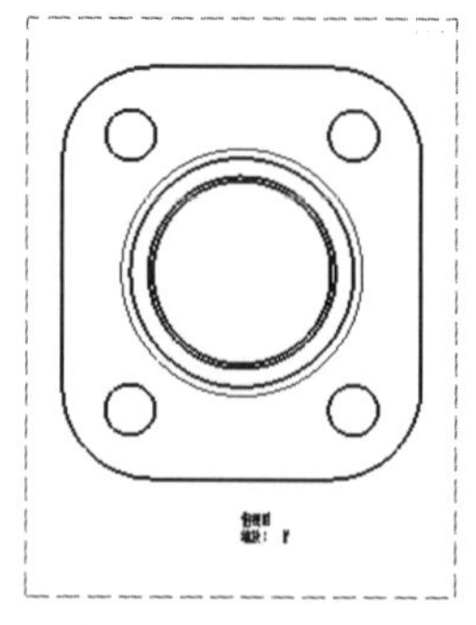

图 8-23　投影视图

8.2 实例▪知识点——定位板

【思路分析】

定位板零件图由三维零件图生成，如图 8-24 所示。绘制此图的方法是：由三维零件图生成工程图后，利用剖切工具生成剖视图。步骤如图 8-25 和图 8-26 所示。

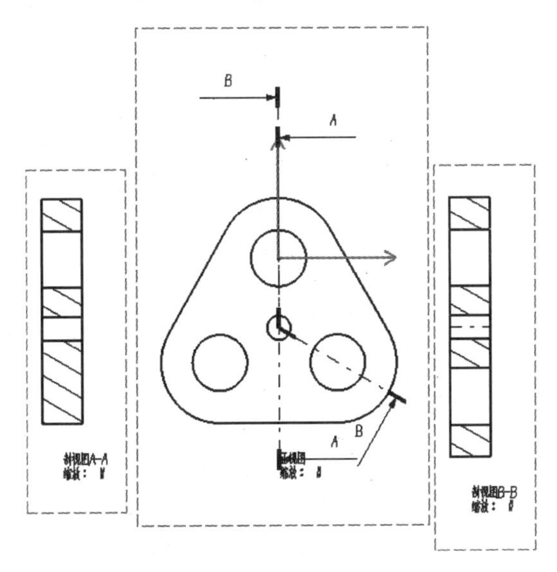

图 8-24　定位板

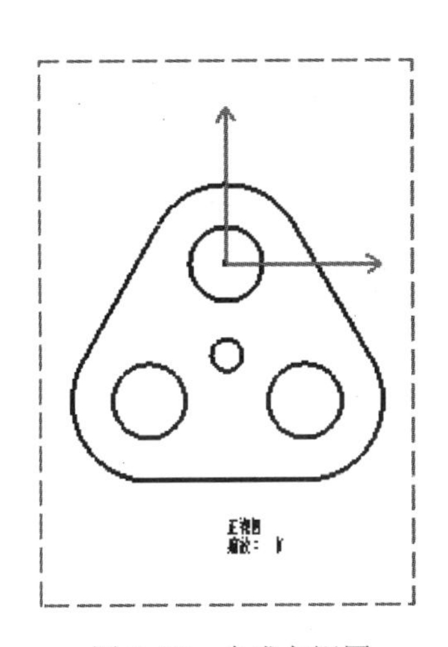

图 8-25　生成主视图

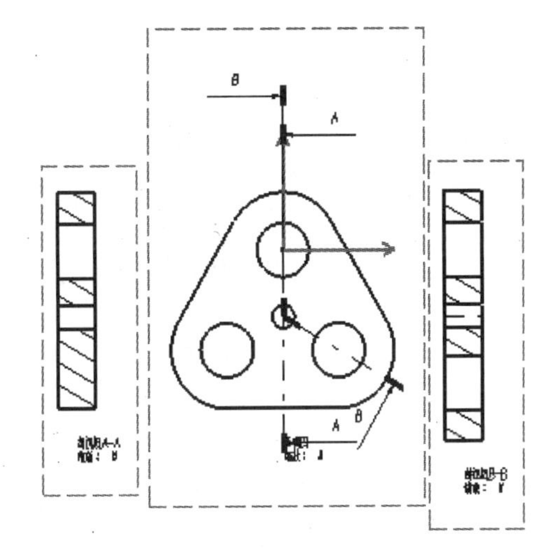

图 8-26　生成剖视图

【光盘文件】

——参见附带光盘中的“**END\Ch8\8-2\8-2. CATDrawing**”文件。

——参见附带光盘中的“**AVI\Ch8\8-2\8-2.avi**”文件。

【操作步骤】

[1]. 打开已绘制好的三维零部件 8-2，如图 8-27 所示。

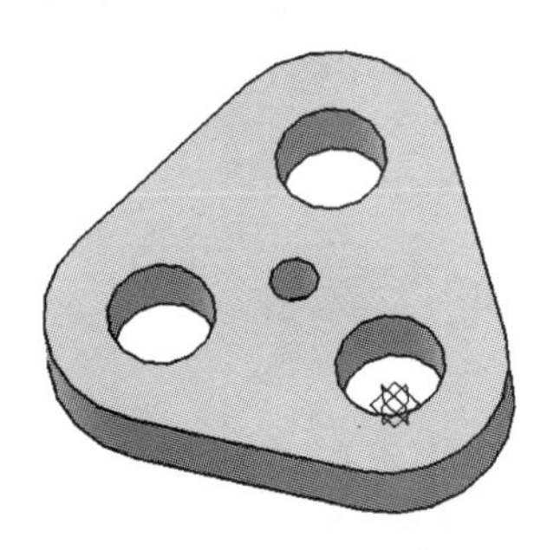

图 8-27 打开零件

[2]. 单击【新建】按钮，选择创建 Drawing 工程制图文件，然后单击【确定】按钮，如图 8-28 所示。在弹出的【新建工程图】对话框中，维持默认参数，单击【确定】按钮，如图 8-29 所示。

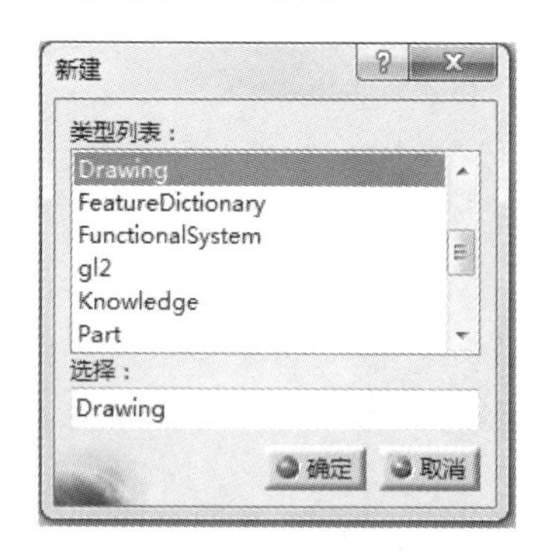

图 8-28 新建工程图文件

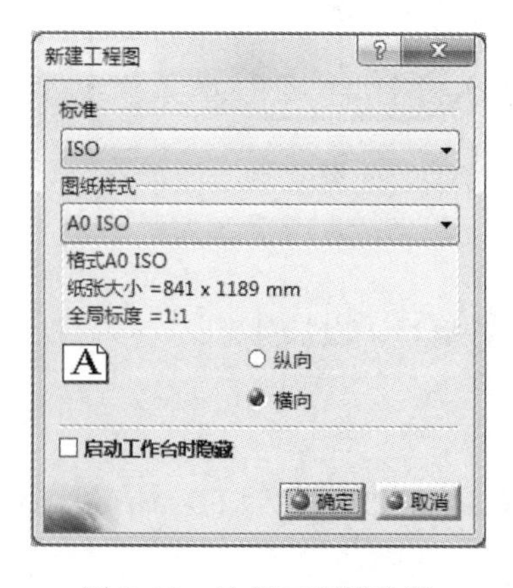

图 8-29 选择工程图参数

[3]. 单击【主视图】按钮，然后切换到零件设计模块，选择如图 8-30 所示的平面作为主视图。接着单击工程制图模块右上方圆盘的中心生成工程图，如图 8-31 所示。

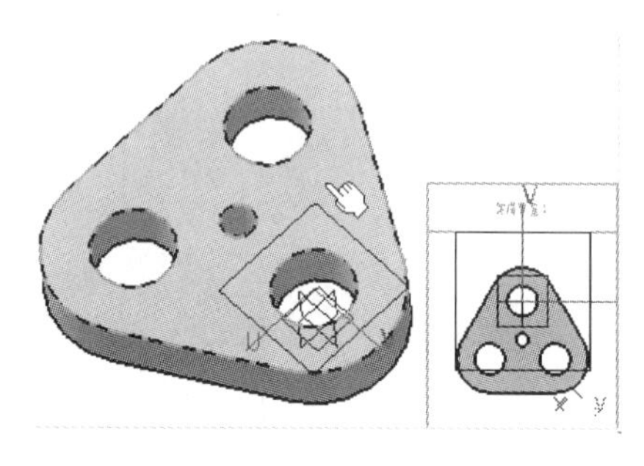

图 8-30 选择主视图

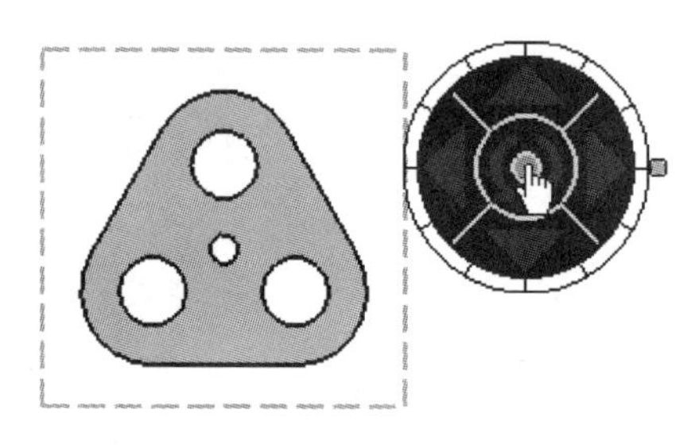

图 8-31 生成主视图

[4]. 单击【偏移剖切图】按钮，从主视图中间绘制一条直线，如图 8-32 所示。然后双击鼠标左键，往左拖动鼠标，在合适的位置单击鼠标左键，生成剖切视图，如图 8-33 所示。

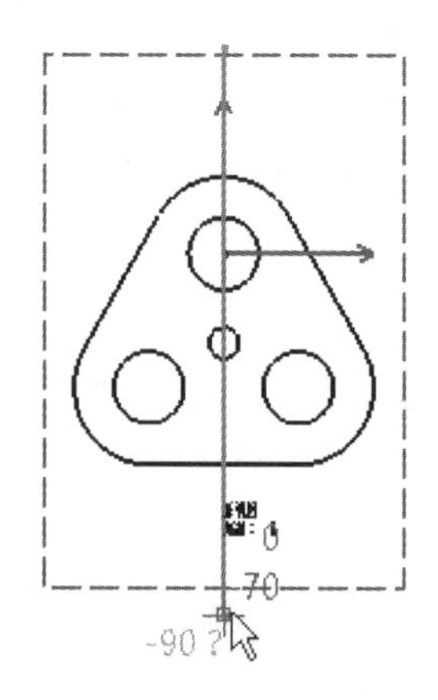

图 8-32 确定剖切线

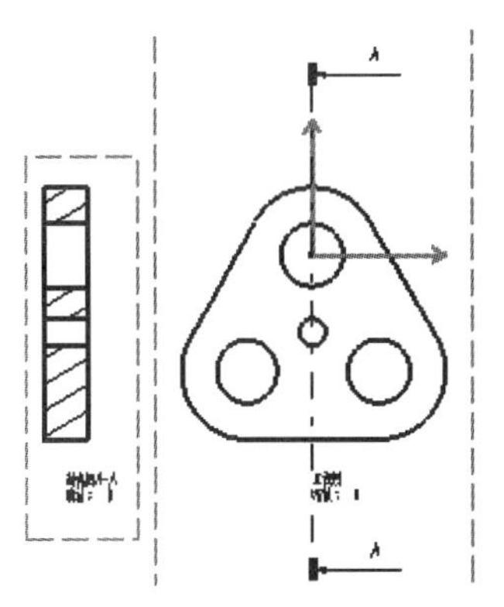

图 8-33　生成剖切面

[5]．单击【对齐剖切面】按钮，在主视图中绘制一条如图 8-34 所示的剖切线。然后向右拖动鼠标生成剖视图，如图 8-35 所示。

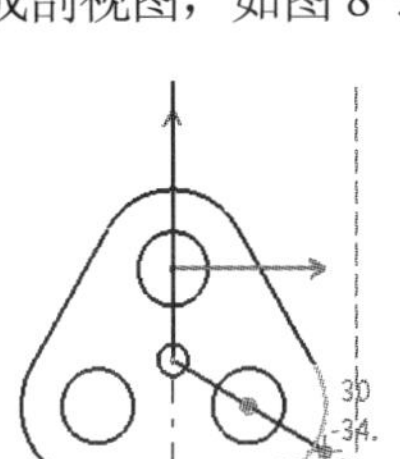

图 8-34　确定剖切线

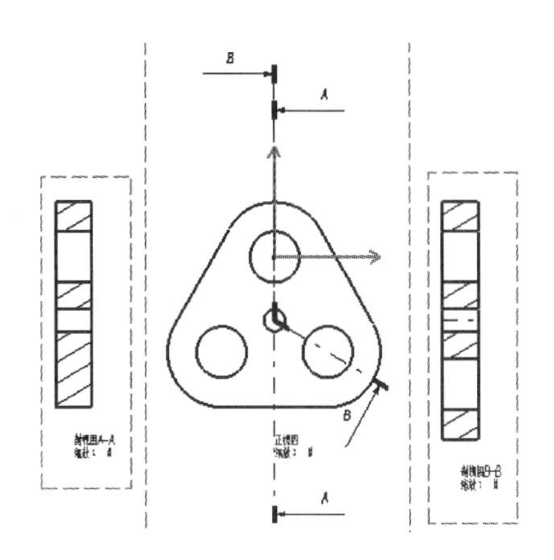

图 8-35　生成剖切视图

8.2.1　全剖视图

【偏移剖视图】命令用于从主视图生成剖视图。利用剖切线将主视图整体剖切，在确定剖切线后双击鼠标左键，然后拖动鼠标在合适的地方放置视图，即可生成全剖视图。如图 8-36 所示。

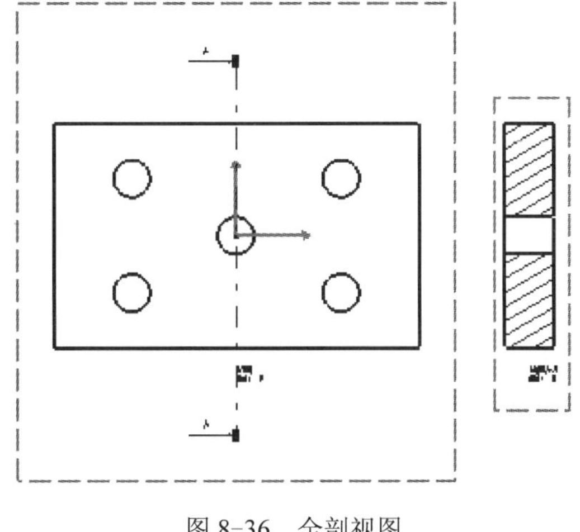

图 8-36　全剖视图

8.2.2 半剖视图

【偏移剖视图】命令可用于创建半剖视图。将主视图进行部分剖切，确定剖切线后双击鼠标左键，然后拖动鼠标在合适的地方放置视图，即可生成半剖视图。如图 8-37 所示。

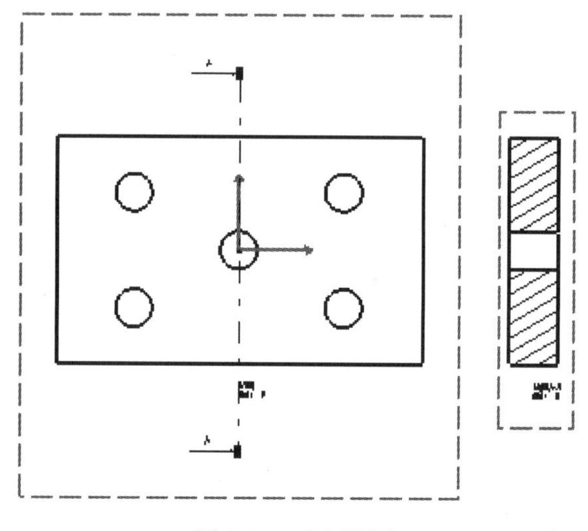

图 8-37 半剖视图

8.2.3 局部剖视图

【详细视图】命令用于从主视图生成局部剖视图。用户在需要生成剖视图的区域绘制一个圆，然后拖动鼠标在合适的位置放置视图即可。如图 8-38 所示。

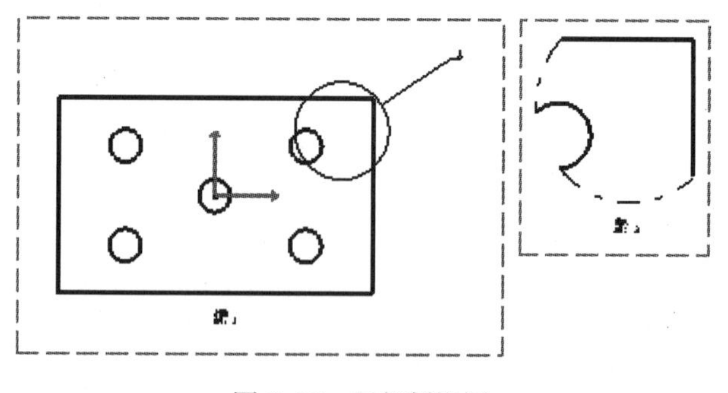

图 8-38 局部剖视图

8.2.4 阶梯剖视图

【偏移剖视图】命令可用于创建阶梯剖视图。将主视图按照机械制图规则绘制阶梯剖切线，确定剖切线后后双击鼠标左键，然后拖动鼠标在合适的地方放置视图即可，如图 8-39 所示。

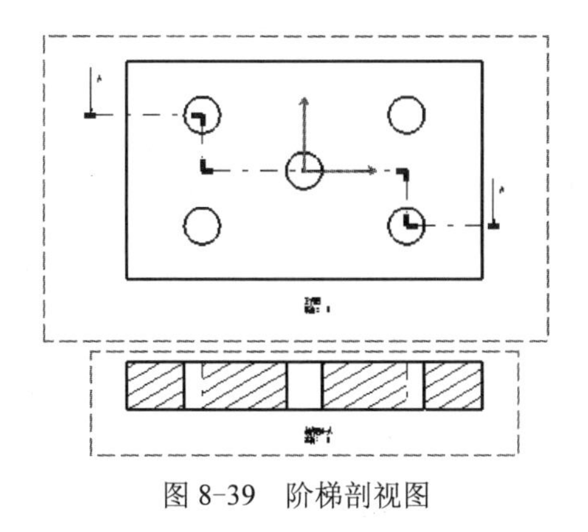

图 8-39　阶梯剖视图

8.2.5　旋转剖视图

【对齐剖视图】命令可用于创建旋转剖视图。将主视图按照机械制图规则绘制旋转剖切线，然后拖动鼠标在合适的位置放置视图即可，如图 8-40 所示。

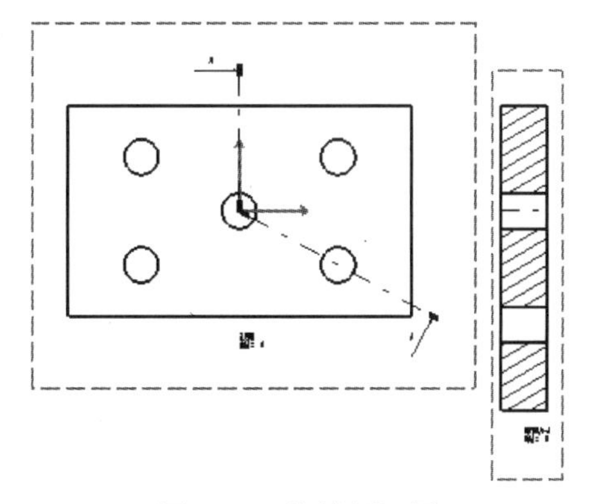

图 8-40　旋转剖切图

8.2.6　放大视图

【详细视图】命令可用于创建工程图中的放大视图。单击【详细视图】按钮后在主视图中绘制一个圆，然后拖动鼠标在合适的位置放置视图即可。圆中的元素就生成了放大视图。如图 8-41 所示。

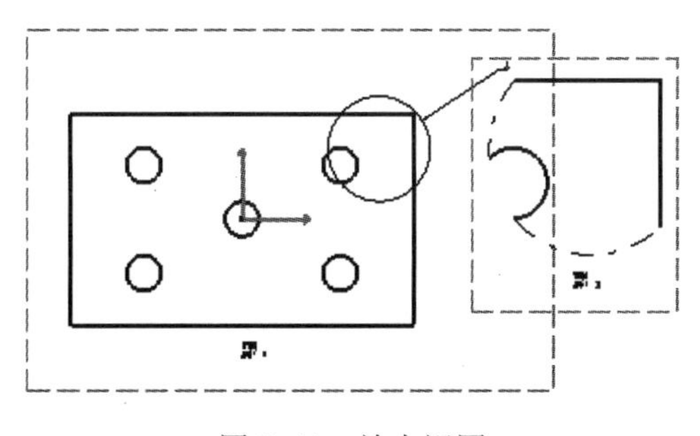

图 8-41　放大视图

8.2.7 破断视图

【局部视图】用于创建机械制图中的破断视图。单击【局部视图】按钮后，在视图中选择一个点以指示第一剖面线的位置，如图 8-42 所示；然后单击所需的区域以获取垂直剖面或水平剖面，如图 8-43 所示；接着在视图中选择另一个点以指示第二剖面线的位置，如图 8-44 所示；最后单击图纸以生成破断视图，如图 8-45 所示。

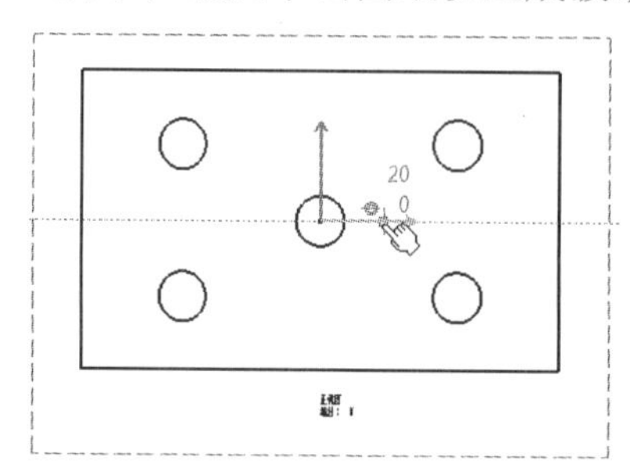

图 8-42 选择第一剖面线位置

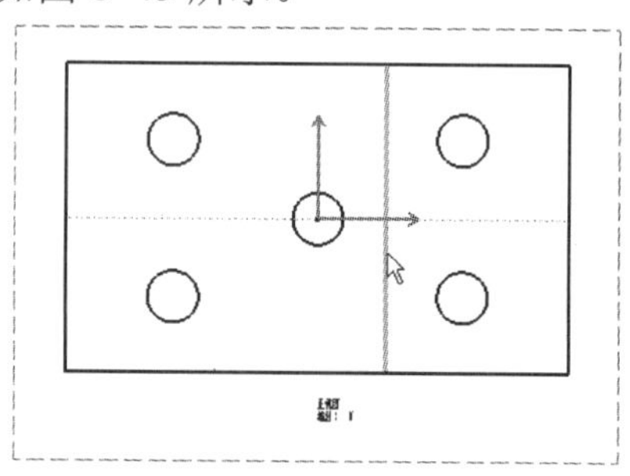

图 8-43 确认剖面线方向

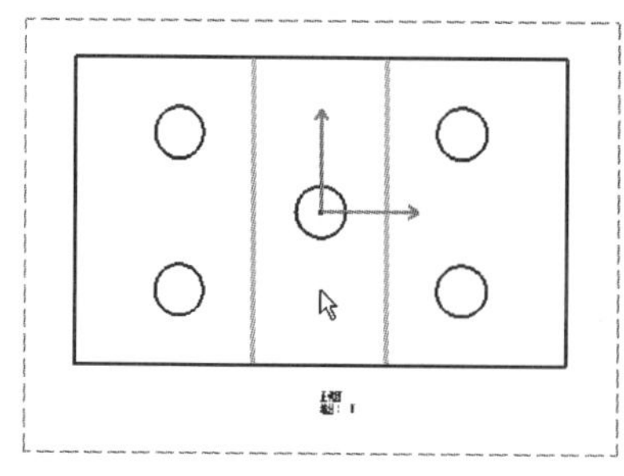

图 8-44 确认第二剖面线

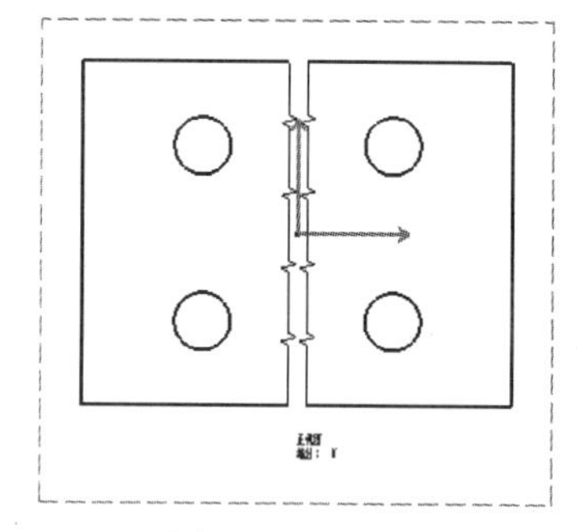

图 8-45 破断视图

8.2.8 视图的移动

在工程视图模块中，剖切视图可以通过鼠标左键拖拽进行移动，如图 8-46 所示。

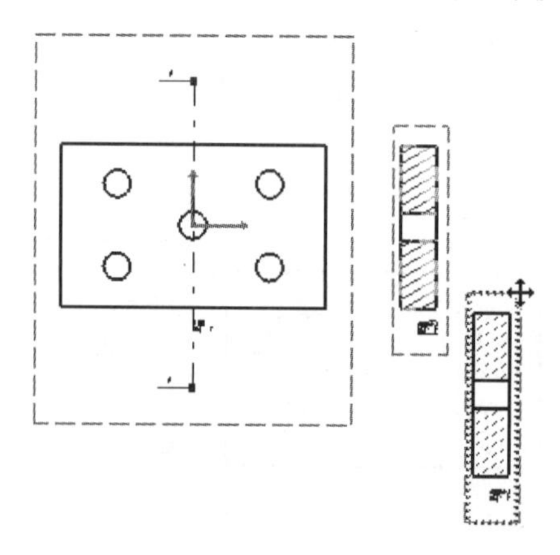

图 8-46 移动视图

8.2.9 视图的对齐

鼠标移动至需要对齐的视图上，右键单击【视图定位】并选择【使用元素对齐视图】，如图 8-47 所示；然后依次选择需要对齐的元素，如图 8-48 所示。选择后视图即可对齐，如图 8-49 所示。

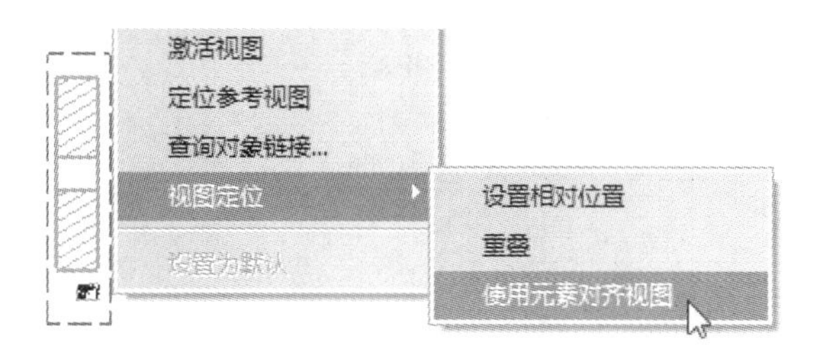

图 8-47　使用元素对齐视图

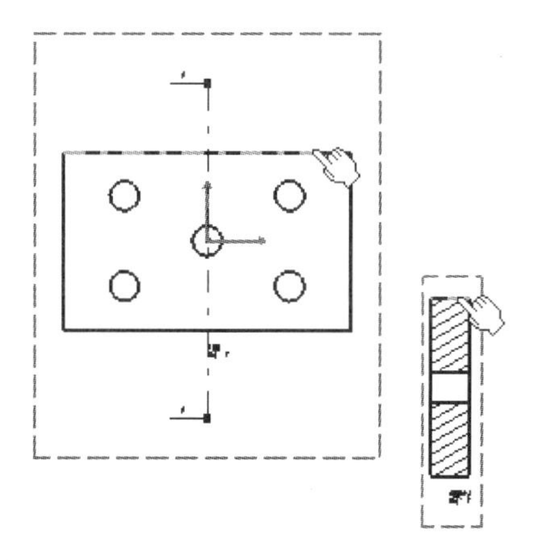

图 8-48　选择对齐元素

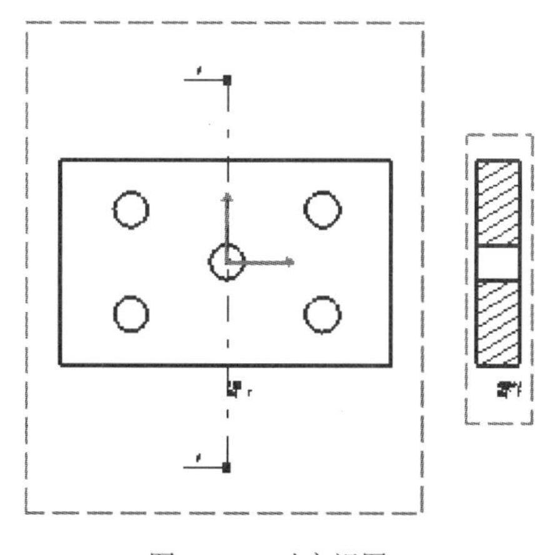

图 8-49　对齐视图

8.2.10 视图的旋转

在需要旋转的视图上右键单击选择【属性】，如图 8-50 所示。然后在【属性】对话框中的【角度】输入栏中输入需要旋转的角度，再单击【确认】按钮即可，如图 8-51 所示。

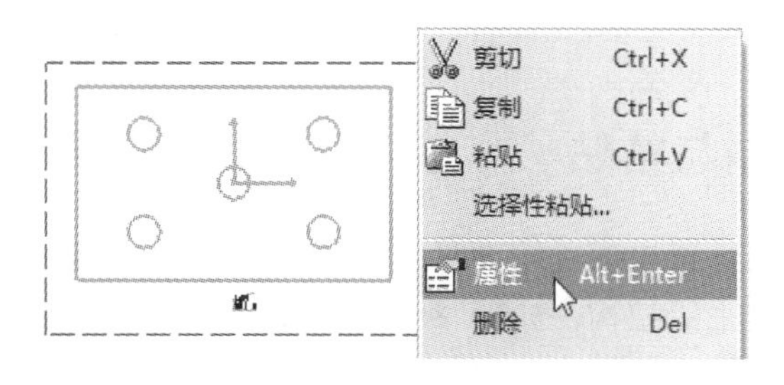

图 8-50　选择视图属性

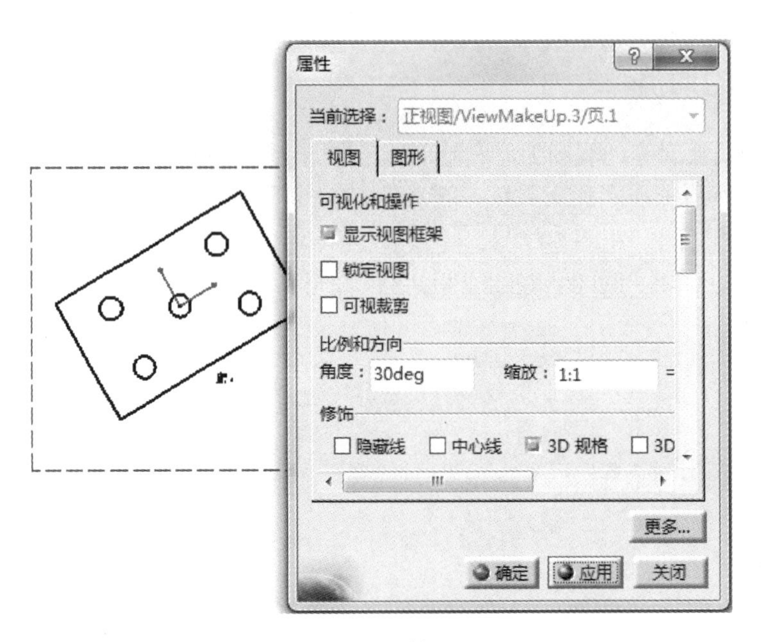

图 8-51　旋转视图

8.2.11　视图的隐藏、显示与删除

视图的隐藏、显示与删除均可通过鼠标右键单击视图实现，如图 8-52 与图 8-53 所示。

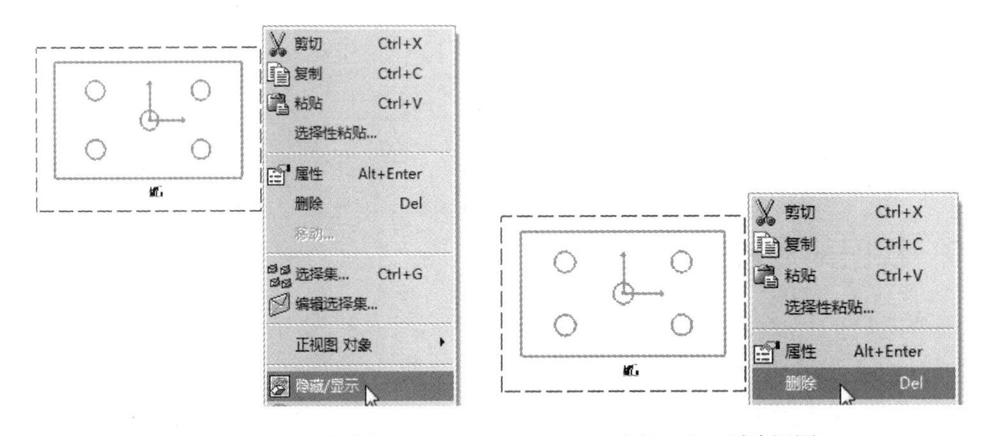

图 8-52　隐藏/显示视图　　　　图 8-53　删除视图

8.2.12　视图的复制与粘贴

选择需要复制的视图，可以通过按键盘上的〈Ctrl+C〉键或通过单击【复制】按钮复制视图，然后激活视图的上级结构，如图 8-54 所示。再通过按键盘上的〈Ctrl+V〉键或单击【粘贴】按钮粘贴视图，如图 8-55 所示。

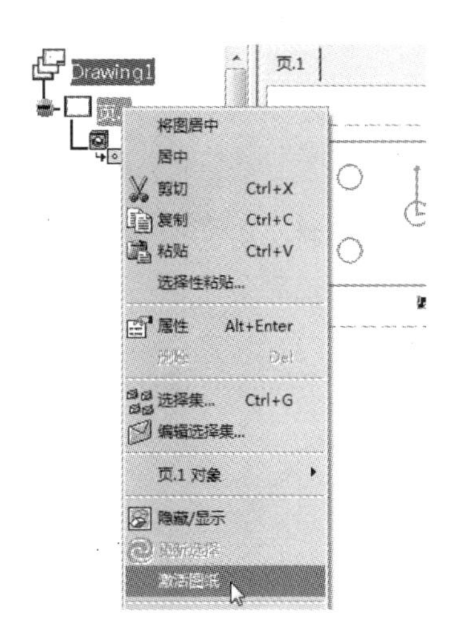

图 8-54　激活图纸

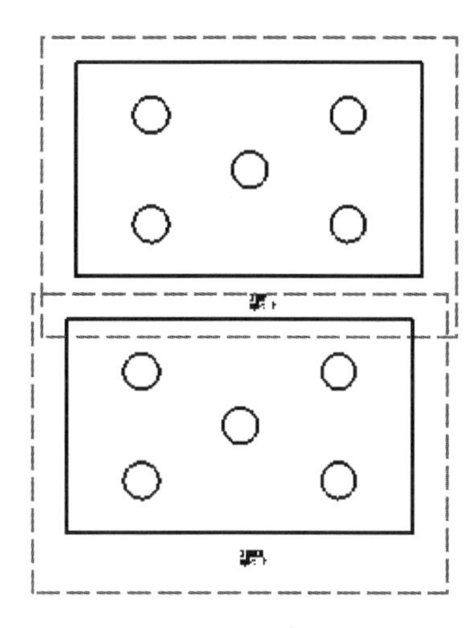

图 8-55　粘贴视图

8.2.13　视图的显示模式

视图的显示模式可通过在视图上右键单击选择属性进行调整。在【属性】对话框中，用户可自由选择视图需要显示的制图辅助线，如隐藏线、中心线等。如图 8-56 所示。

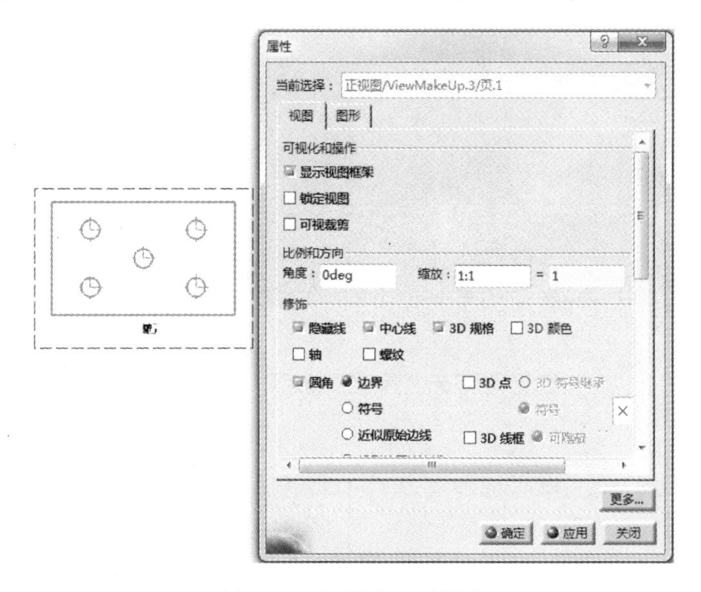

图 8-56　视图的显示模式

8.2.14　更新视图

当三维零件变更时，所对应的工程图也需要更新，此时单击【更新当前图纸】按钮即可。

8.3 实例▪知识点——O 形圈

【思路分析】

O 形圈零件图由三维零件生成工程图，如图 8-57 所示。绘制此图的方法是：先通过三维零件生成主视图，然后绘制全剖视图，最后修改剖切线即可。步骤如图 8-58、图 8-59 和图 8-60 所示。

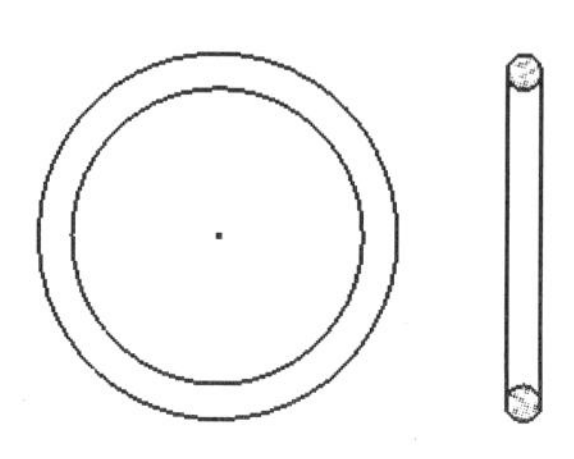

图 8-57 O 形圈

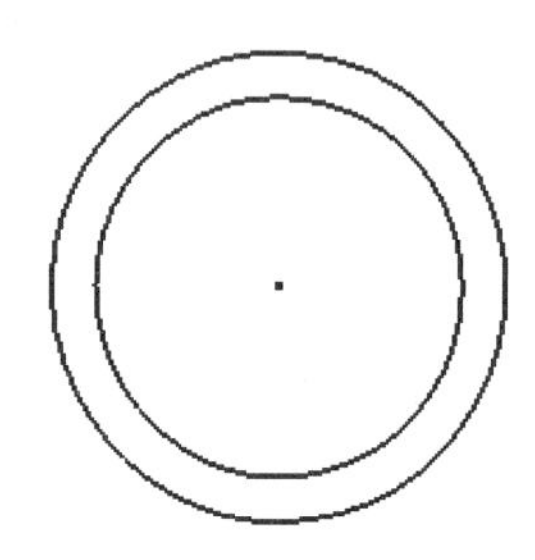

图 8-58 生成主视图

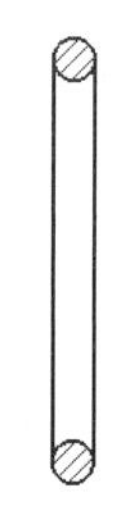

图 8-59 生成全剖视图

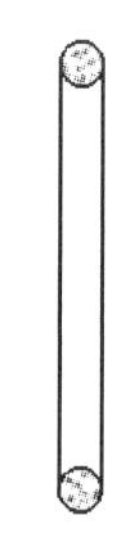

图 8-60 修改剖切线

【光盘文件】

——参见附带光盘中的“END\Ch8\8-3\8-3. CATDrawing”文件。

——参见附带光盘中的“AVI\Ch8\8-3\8-3.avi”文件。

【操作步骤】

[1]. 打开已绘制好的三维零部件 8-3，如图 8-61 所示。

图 8-61 打开零件

[2]. 单击【新建】按钮，选择创建 Drawing 工程制图文件，然后单击【确定】按钮。如图 8-62 所示。在弹出的【新建工程图】对话框中，选择 A4 图纸，单击【确定】按钮。如图 8-63 所示。

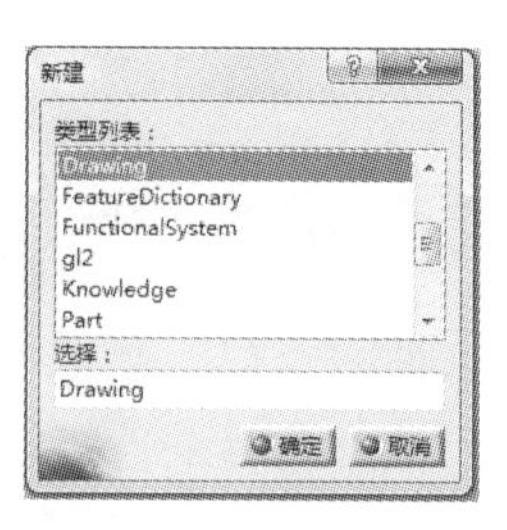

图 8-62 新建工程图文件

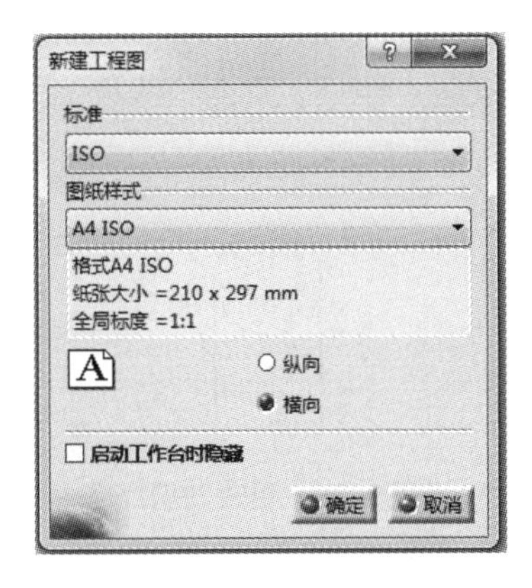

图 8-63　选择工程图参数

[3]. 单击【主视图】按钮，然后切换到零件设计模块，选择如图 8-64 所示的平面作为主视图。接着单击工程制图模块右上方圆盘的中心生成工程图，如图 8-65 所示。

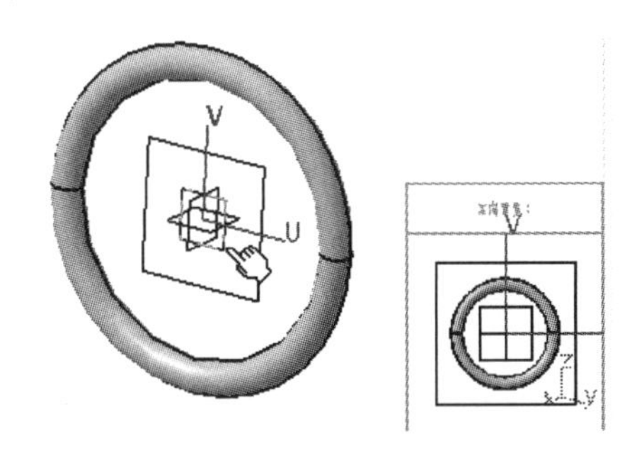

图 8-64　选择主视图

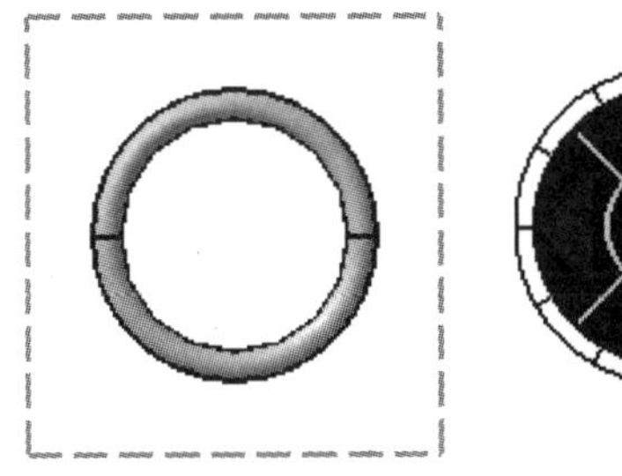
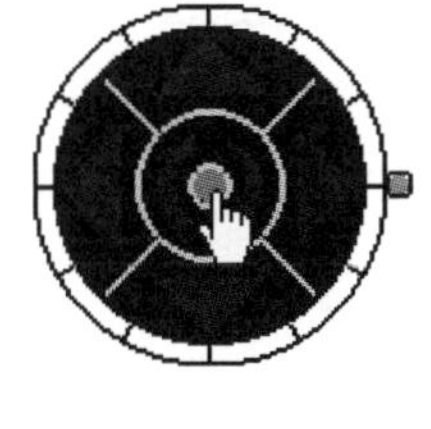

图 8-65　生成主视图

[4]. 单击【偏移剖切图】按钮，从主视图中间绘制一条直线，如图 8-66 所示。然后双击鼠标左键，往右拖动鼠标，再单击鼠标左键，生成剖切视图，如图 8-67 所示。

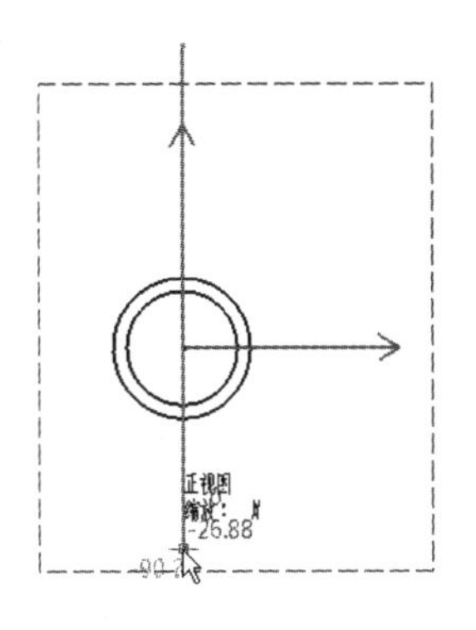

图 8-66　确定剖切线

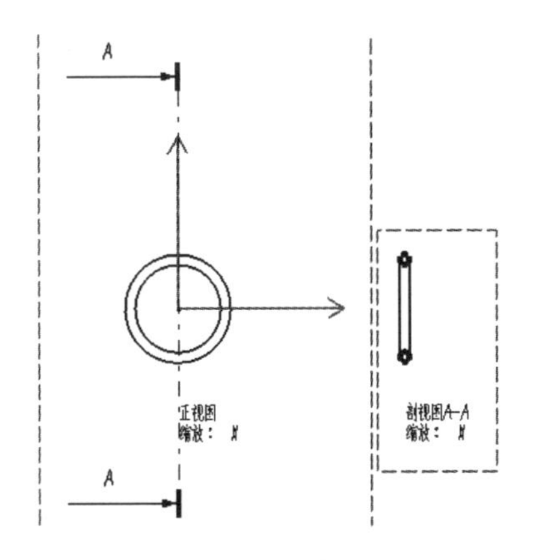

图 8-67　生成剖切面

[5]. 此时，剖切面中的剖切线不符合机械制图中橡胶的表示方法。因此双击剖切线，弹出【属性】对话框，如图 8-68 所示。然后选中【类型】旁的按钮，弹出【阵列选择器】，并在对话框中选择如图 8-69 所示的剖切图形，并单击【确认】按钮。

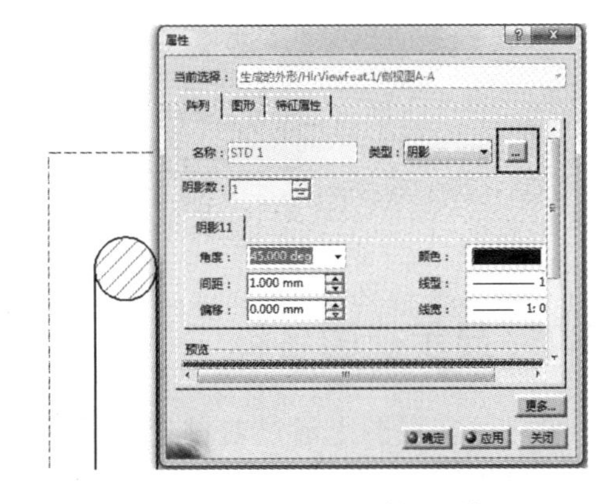

图 8-68　剖切线属性对话框

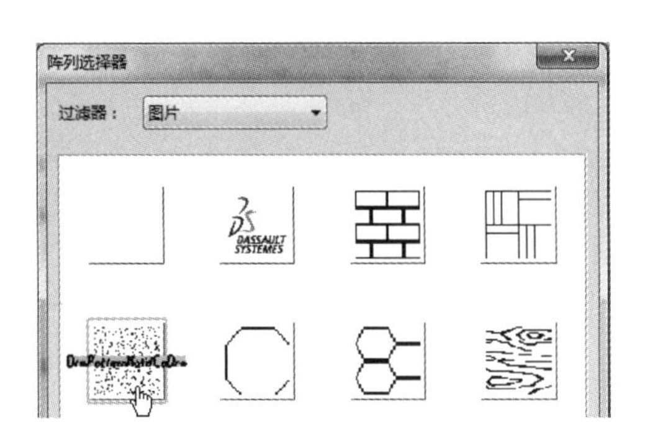

图 8-69　选择剖切线

[6]．此时，剖切线更改完成，如图 8-70 所示。

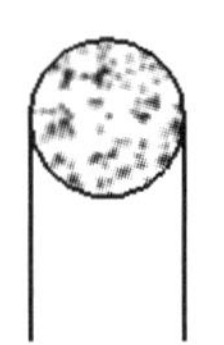

图 8-70　更改剖切线

8.3.1　修改视图名称

用户可以在模型树上通过右键选择【属性】，在【属性】对话框中修改视图的名称，如图 8-71 所示。

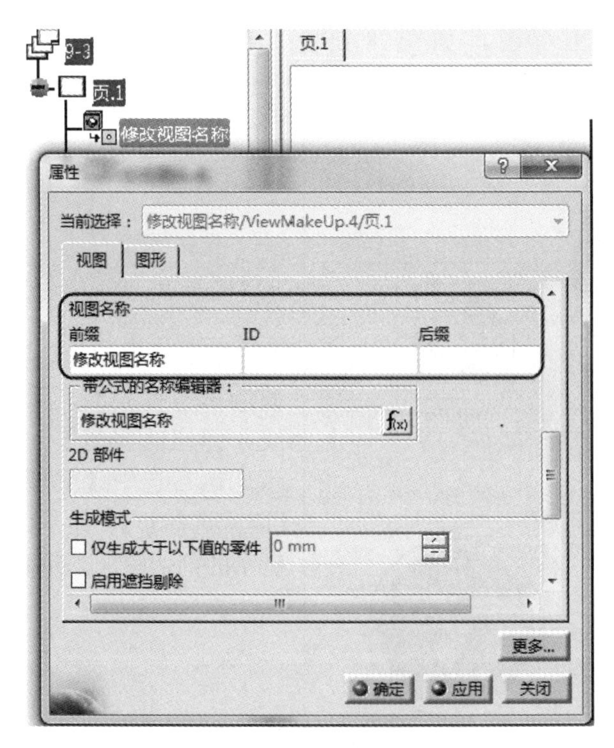

图 8-71　修改视图名称

8.3.2　显示视图名称

用户可在视图上通过右键选择【对象】→【添加视图名称】来显示被隐藏的视图名称，如图 8-72 所示。

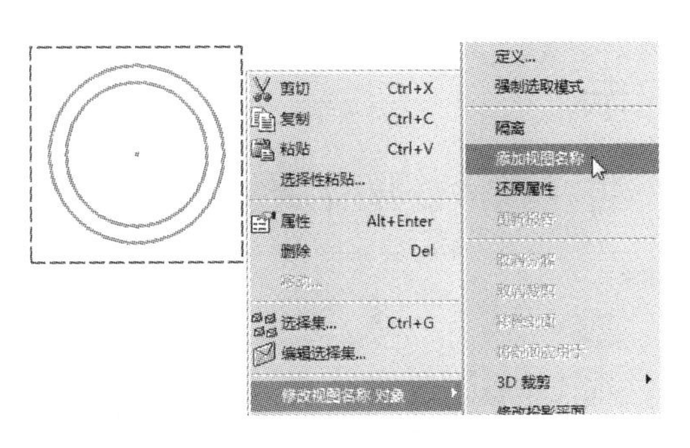

图 8-72　显示视图名称

8.3.3　修改缩放比例

用户可在视图上右键选择【属性】，在属性对话框中修改视图比例，如图 8-73 所示。

图 8-73　修改缩放比例

8.3.4　修改投影平面

用户可在视图上右键选择【对象】→【修改投影平面】来修改投影平面，如图 8-74 所示。单击【修改投影平面】按钮后返回三维零件图重新选择投影平面即可。

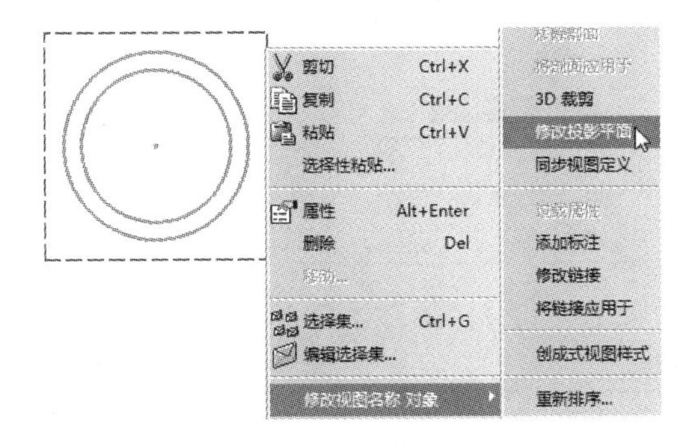

图 8-74　修改投影平面

8.3.5 修改箭头的显示

对于剖切视图中的箭头，用户可以在箭头上右键选中【属性】进行修改，如图 8-75 所示。

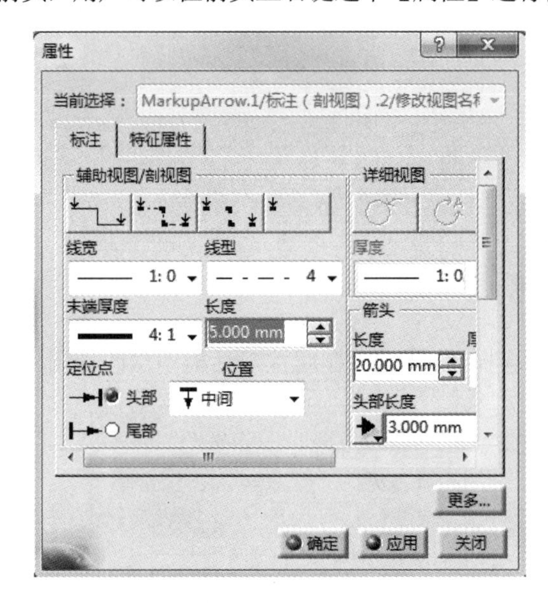

图 8-75　修改箭头显示

8.3.6 修改剖切线

用户可以直接鼠标左键双击剖切线，在弹出的【属性】对话框中修改剖切线，如图 8-76 所示。

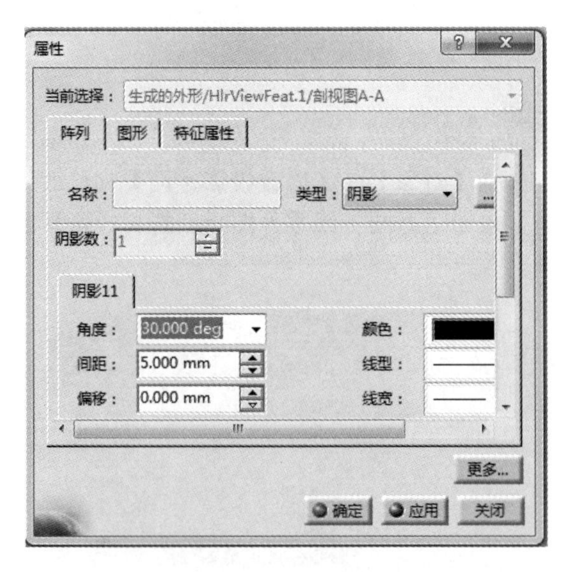

图 8-76　修改剖切线

8.4 实例■知识点——定距环

【思路分析】

定距环零件图由三维零件生成工程图，如图 8-77 所示。绘制此图的方法是：先通过三维零件生成工程图，然后利用尺寸标注工具对图形进行尺寸标注。步骤如图 8-78 和图 8-79 所示。

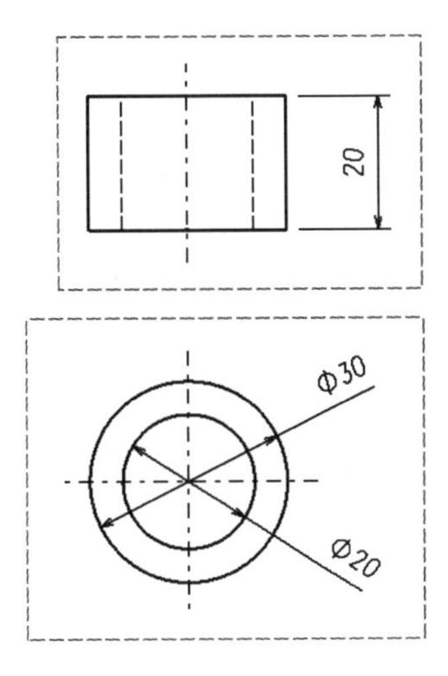

图 8-77　定距环

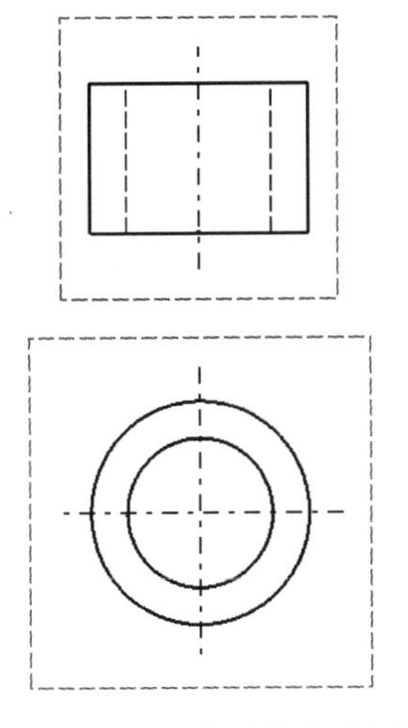

图 8-78　由三维零件生成视图

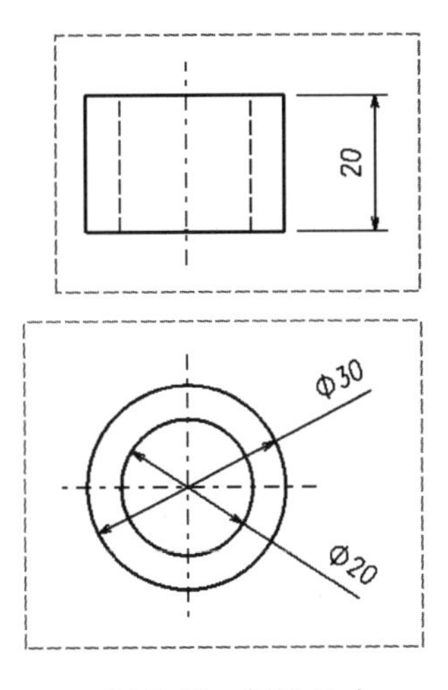

图 8-79　标注尺寸

【光盘文件】

——参见附带光盘中的“END\Ch8\8-4\8-4. CATDrawing”文件。

——参见附带光盘中的“AVI\Ch8\8-4\8-4.avi”文件。

【操作步骤】

[1]．打开已绘制好的三维零部件 8-4，如图 8-80 所示。

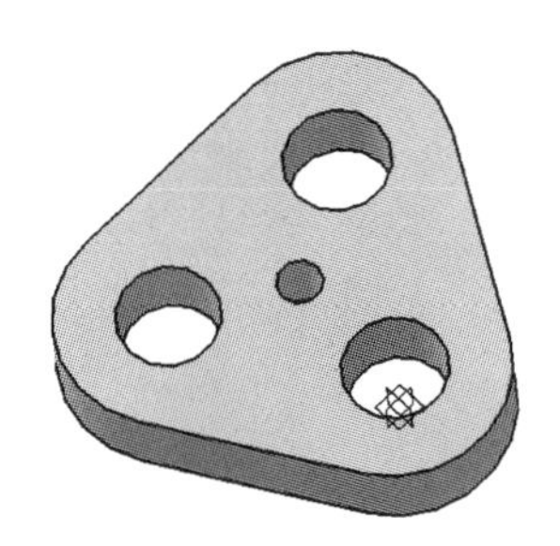

图 8-80　打开零件

[2]．单击【新建】按钮，选择创建 Drawing 工程制图文件，然后单击【确定】按钮，如图 8-81 所示。在弹出的【新建工程图】对话框中，选择 A4 图纸，单击【确定】按钮，如图 8-82 所示。

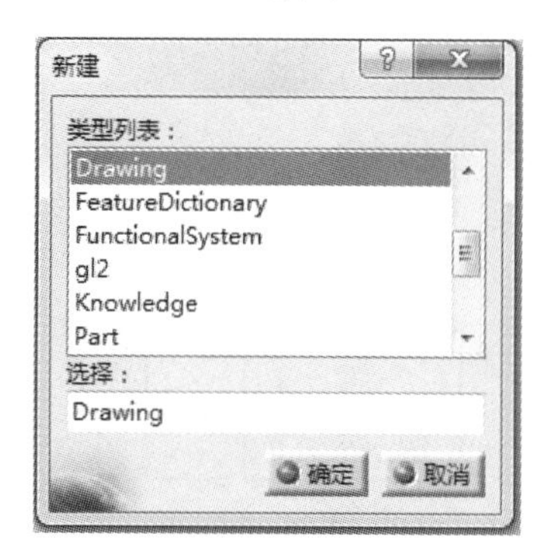

图 8-81　新建工程图文件

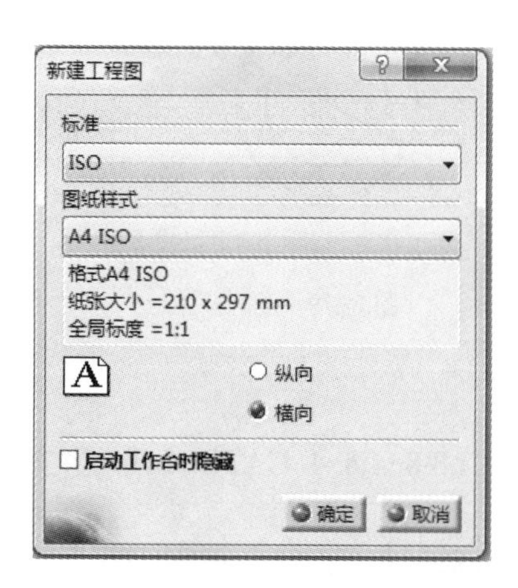

图 8-82　选择工程图参数

[3]．单击【主视图】按钮，然后切换到零件设计模块，选择如图 8-83 所示的平面作为主视图。接着单击工程制图模块右上方圆盘的中心生成工程图，如图 8-84 所示。

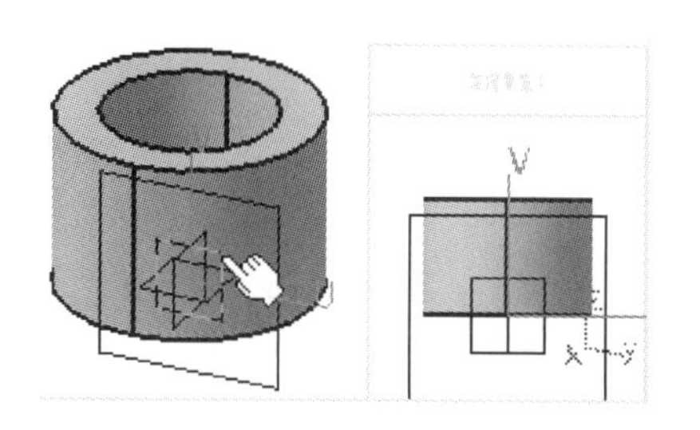

图 8-83　选择主视图投影平面

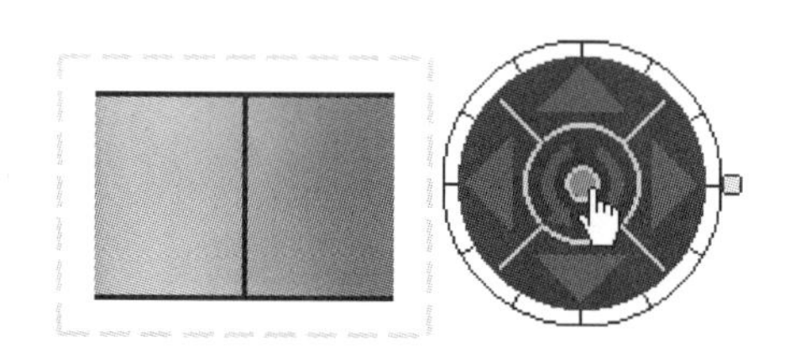

图 8-84　生成主视图

[4]．单击【投影视图】按钮，创建零件的俯视图，如图 8-85 所示。

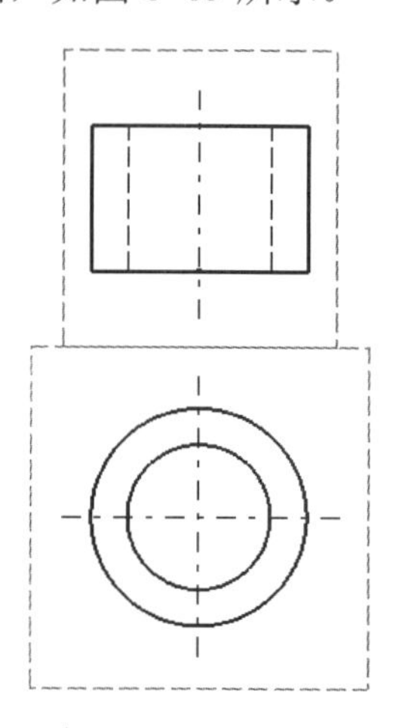

图 8-85　生成俯视图

[5]．单击【长度/距离尺寸】按钮，对主视图中的圆柱长度进行标注，如图 8-86 所示。

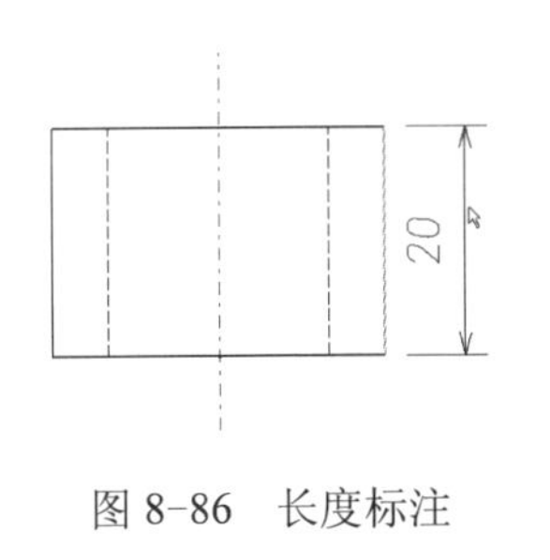

图 8-86　长度标注

[6]. 单击【尺寸】按钮，对俯视图中的两个圆的直径进行标注，如图 8-87 所示。

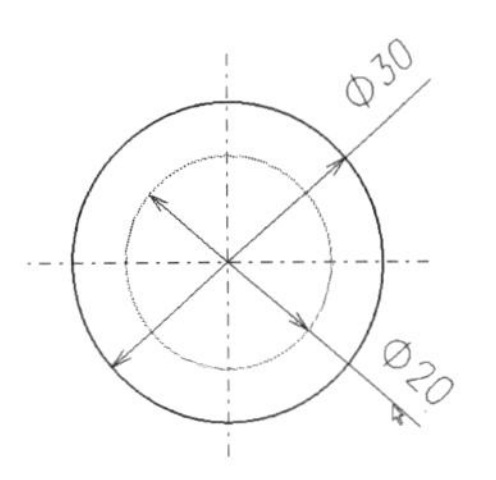

图 8-87　直径标注

8.4.1　标注尺寸

尺寸标注是工程制图很重要的一步，对实际生产加工的影响很大。如图 8-88 所示即为直接手动添加的尺寸工具栏。通过该工具栏，可以直接添加如长度、距离、直径、半径、圆角、倒角、螺纹等多种尺寸类型。其使用方法与草图设计模块中的【约束】相类似。

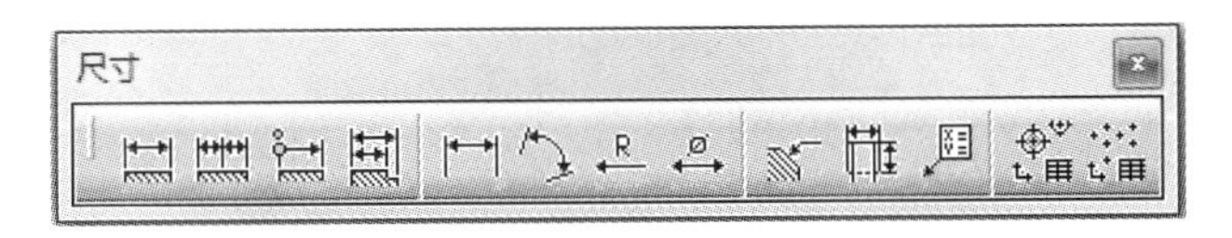

图 8-88　尺寸标注工具栏

8.4.2　标注基准符号

基准符号为形位公差的位置参考，如图 8-89 所示即为基准符号的标注工具。单击【基准特征】按钮后，即可在图形中选择需要的特征进行标注，如图 8-90 所示。

图 8-89　公差标注工具栏

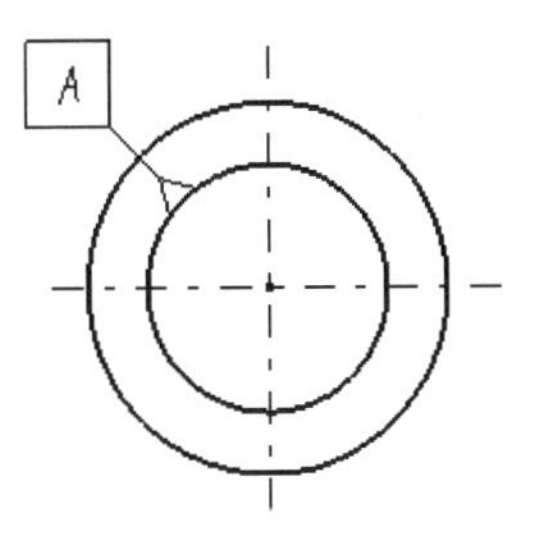

图 8-90　标注基准符号

8.4.3　标注形位公差

单击【形位公差】按钮，选中需要标注的图形，即弹出【形位公差】对话框。用户在对话框中选择或输入相应的参数后单击【确定】按钮，即可完成形位公差的标注，如图 8-91 所示。

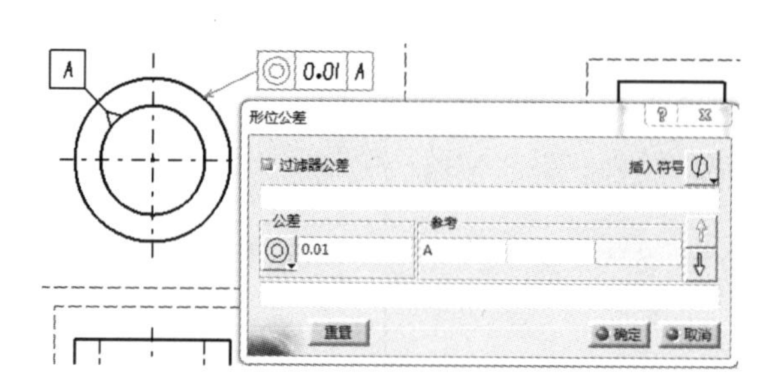

图 8-91 标注形位公差

8.4.4 标注表面粗糙度

从菜单栏中选择【插入】→【标注】→【符号】→【粗糙度符号】，如图 8-92 所示。然后选择需要标注的图形，在弹出的对话框中完善粗糙度参数即可，如图 8-93 所示。

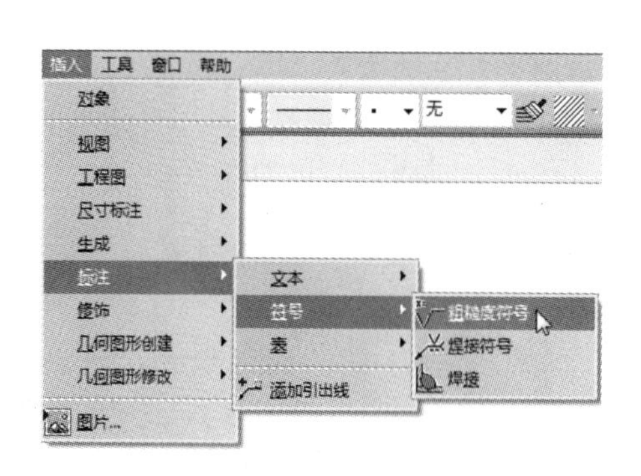

图 8-92 粗糙度标注工具

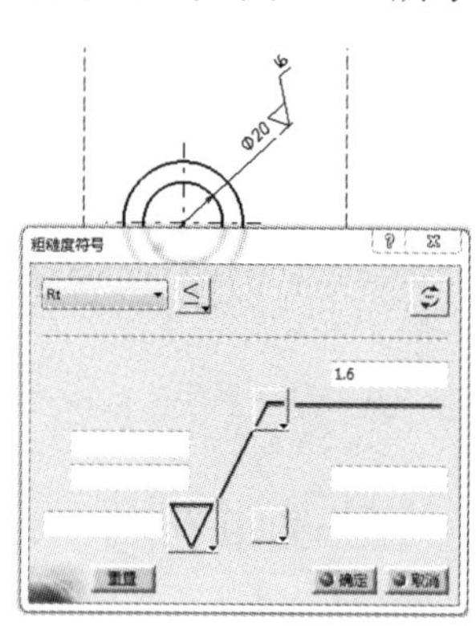

图 8-93 输入粗糙度参数

8.4.5 标注注释文本

从菜单栏中选择【插入】→【标注】→【文本】，即可调用多种文本添加工具，如图 8-94 所示。用户选定某个文本工具，然后选择需要添加的图形，再完善文本内容即可，如图 8-95 所示。

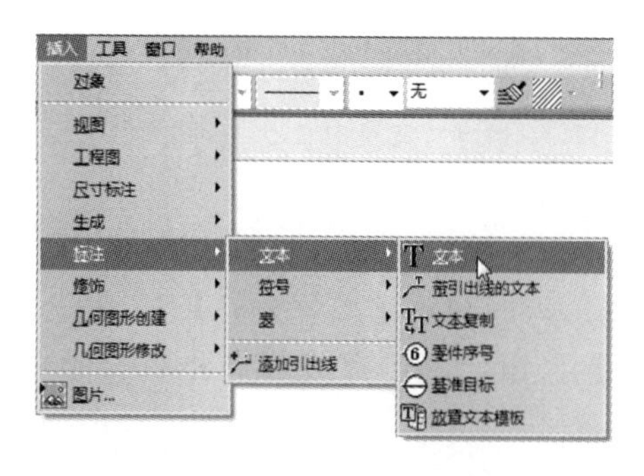

图 8-94 文本添加工具

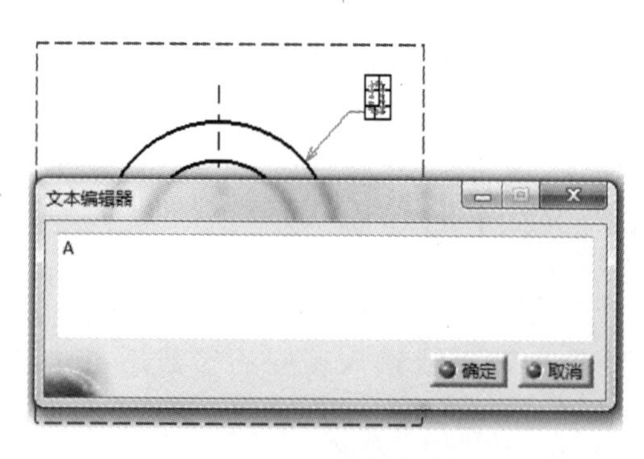

图 8-95 添加注释文本

8.5 实例▪知识点——圆垫片

【思路分析】

圆垫片零件图由三维零件生成工程图，如图 8-96 所示。绘制此图的方法是：先创建标准图框，然后生成视图。步骤如图 8-97 和图 8-98 所示。

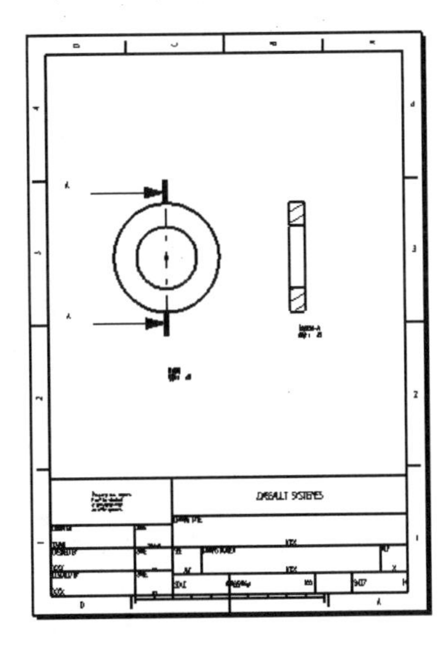

图 8-96 圆垫片

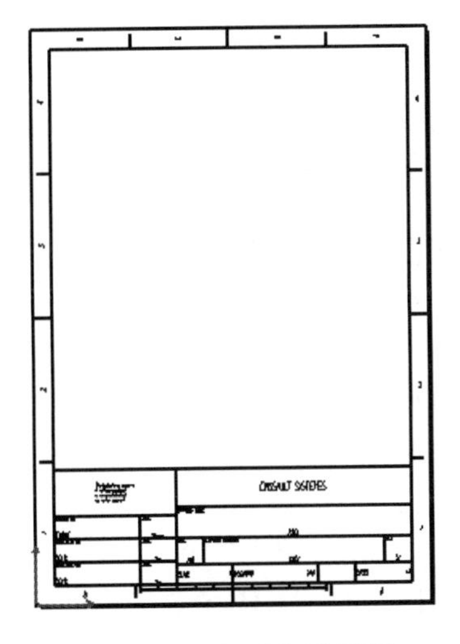

图 8-97 创建标准图框

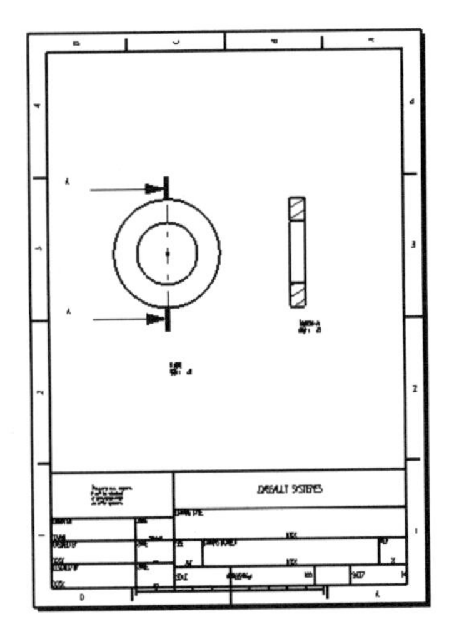

图 8-98 生成视图

【光盘文件】

结果文件——参见附带光盘中的“**END\Ch8\8-5\8-5. CATDrawing**”文件。

——参见附带光盘中的“**AVI\Ch8\8-5\8-5.avi**”文件。

【操作步骤】

[1]．打开已绘制好的三维零部件 8-5，如图 8-99 所示。

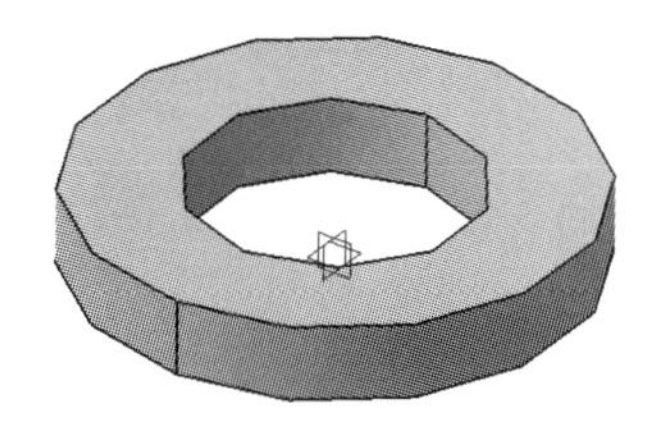
图 8-99　打开零件

[2]．单击【新建】按钮，选择创建 Drawing 工程制图文件，然后单击【确定】按钮。如图 8-100 所示。在弹出的【新建工程图】对话框中，选择如图 8-101 所示的参数，然后单击【确定】按钮。

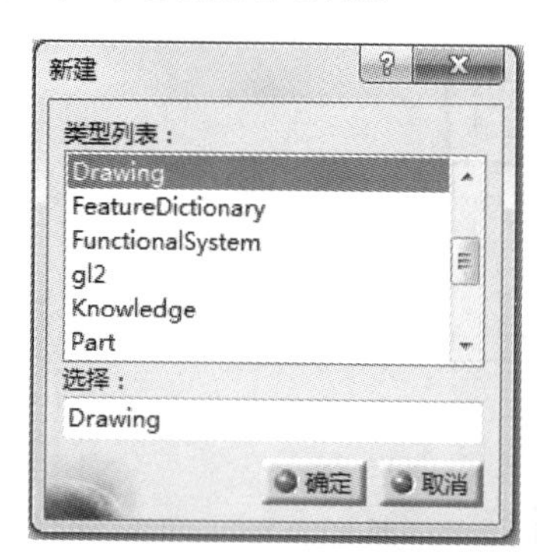

图 8-100　新建工程图文件

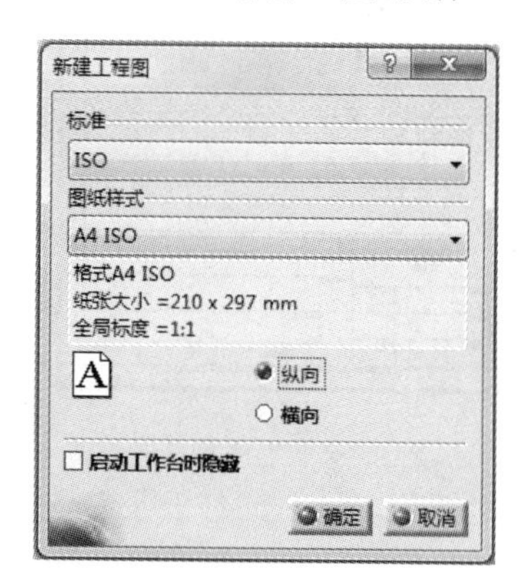

图 8-101　选择工程图参数

[3]．从菜单栏选择【编辑】→【图纸背景】，从工程视图模块进入背景设置，如图 8-102 所示。

图 8-102　设置图纸背景

[4]．单击【框架和标题节点】按钮，在弹出的对话框中选择如图 8-103 所示参数。然后单击【确定】按钮，生成标准图框，如图 8-104 所示。

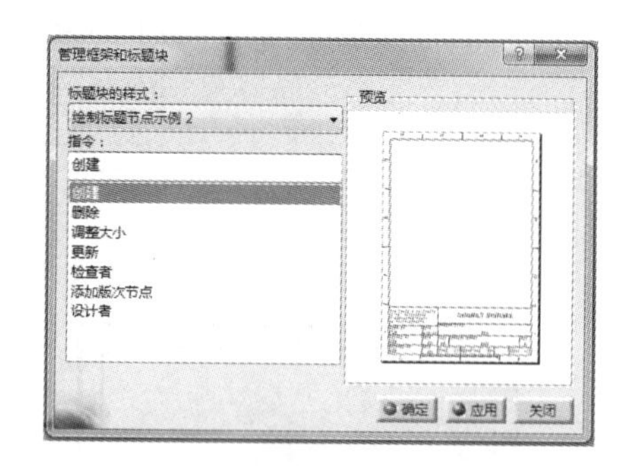

图 8-103　选择图框

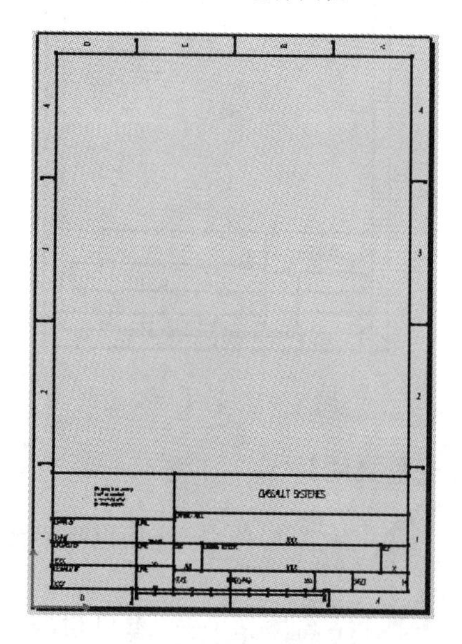

图 8-104　生成图框

[5]．从菜单栏选择【编辑】→【工程视图】，从图纸背景转回工作视图，如图 8-105 所示。

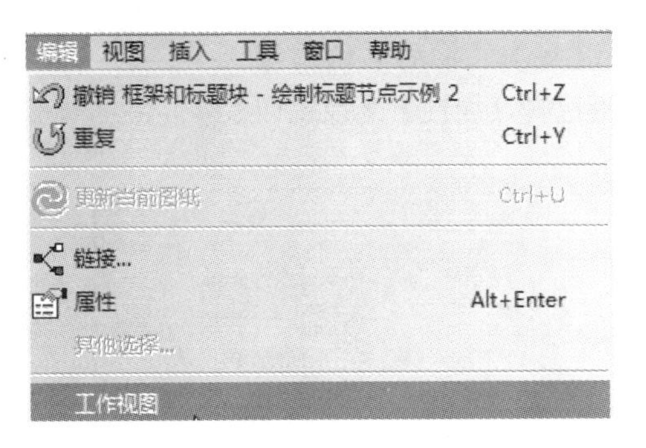

图 8-105　工作视图

[6]．在工作视图中，利用【正视图】和【偏移剖视图】生成如图 8-106 所示的视图。

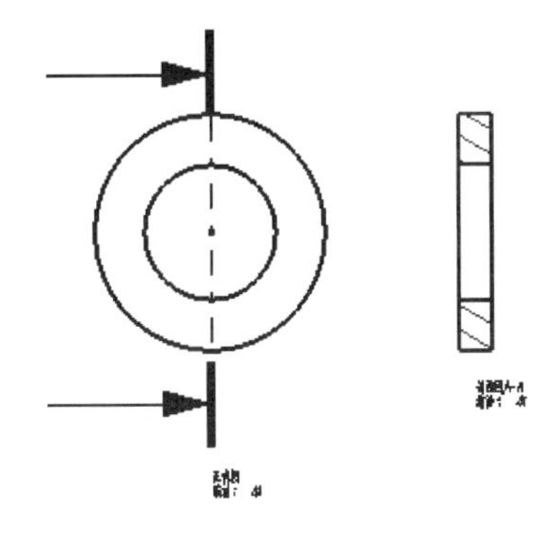

图 8-106　生成视图

8.5.1　创建图框

工程图图框用于记录图纸的名称、材料、用量、重量等信息。在 CATIA 中图框的创建与工程图的创建不在同一个环境中进行，需要通过菜单栏【编辑】→【图纸背景】进行切换，如图 8-107 所示。然后单击【框架和标题节点】按钮，在弹出的对话框中选中需要的图框后单击【确定】按钮即可，如图 8-108 所示。

图 8-107　进入图纸背景设置

图 8-108　创建图框

8.5.2　创建表格

【表】命令用于在工程制图中添加表格。单击【表】按钮后，在弹出的对话框中选择列数和行数后单击【确定】按钮即可，如图 8-109 所示。

图 8-109 表编辑器

8.5.3 编辑表格

用户可用鼠标左键拖拽移动表格；可以鼠标左键双击表格后手动调整单元格大小，如图 8-110 所示；也可以通过鼠标右键选择【属性】来设置详细的表格参数，如图 8-111 所示。

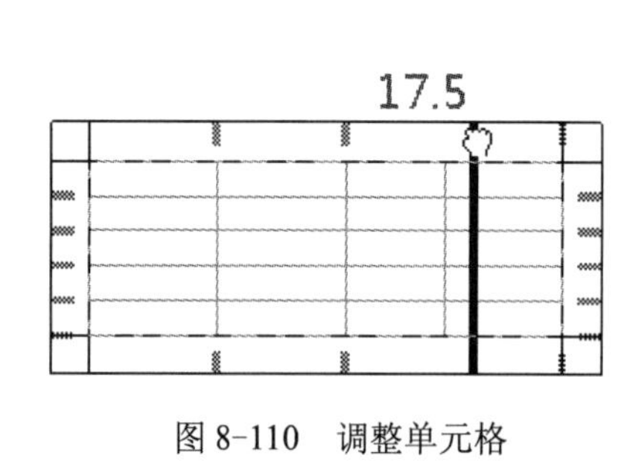

图 8-110 调整单元格

图 8-111 设置表格属性

8.5.4 创建与插入标题栏

标准的工程制图图框中包含了标题栏，用户在创建图框时即创建或插入了标题栏。

8.5.5 在装配体中定义物料清单

只有从装配体文件生成的工程图才能导出物料清单，物料清单的定义在装配设计模块中。从装配设计模块的菜单栏中选择【分析】→【物料清单】，在弹出的对话框中选择【定义格式】对物料清单进行定义，如图 8-112 所示。

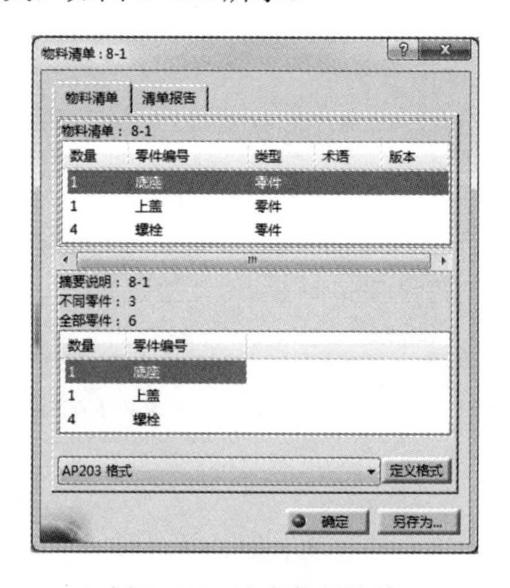

图 8-112 定义物料清单

8.5.6 在工程图中插入物料清单

从菜单栏选择【插入】→【生成】→【物料清单】→【物料清单】，如图 8-113 所示。然后选择要插入物料清单的位置，即可生成，如图 8-114 所示。

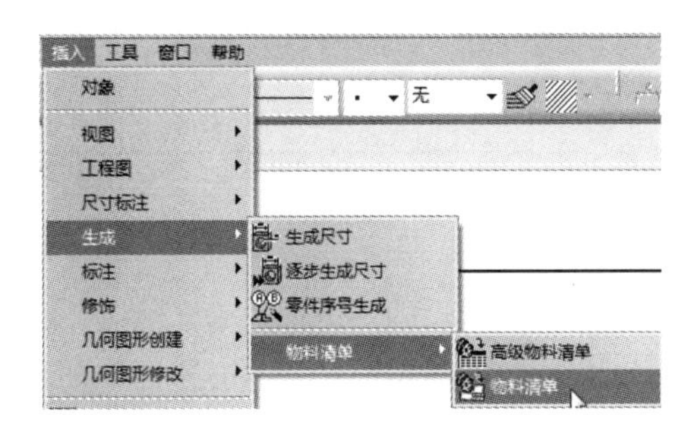

图 8-113 插入物料清单

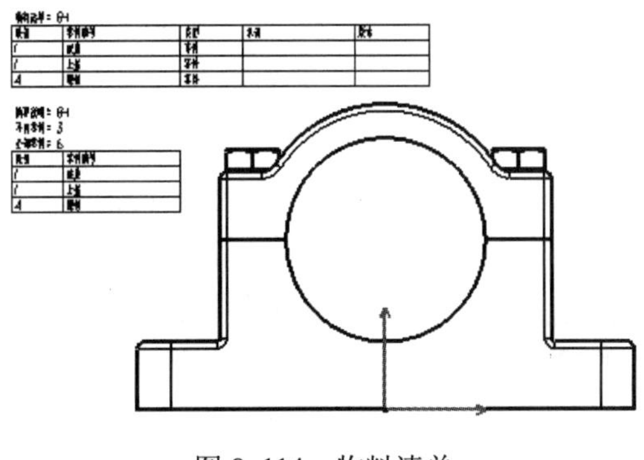

图 8-114 物料清单

8.5.7 创建零件序号

【生成编号】命令用于给工程图中的零件添加编号。单击【生成编号】按钮后，选中模型树的顶端，然后弹出【生成编号】对话框并单击【确定】按钮，如图 8-115 所示。接着在工程制图模块中单击【生成零件序号】按钮即可。

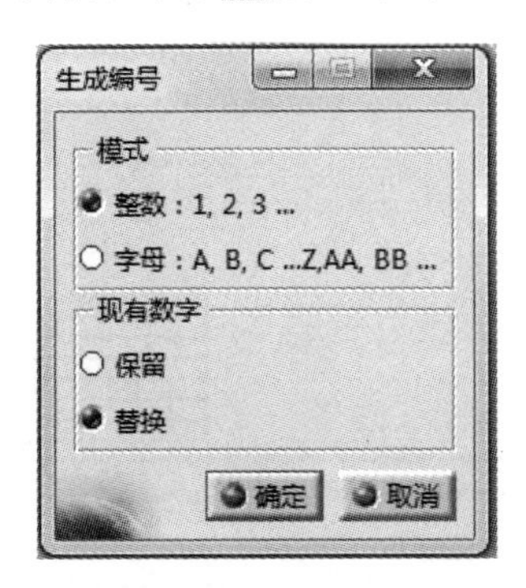

图 8-115 装配体生成编号

8.6 要点▪应用——底座工程图

【思路分析】

底座零件图由三维零件生成工程图，并包含图框、标注等工程图构成元素，如图 8-116 所示。绘制此图的方法是：先创建标准图框，然后生成视图，最后进行标注。步骤如图 8-117、图 8-118 和图 8-119 所示。

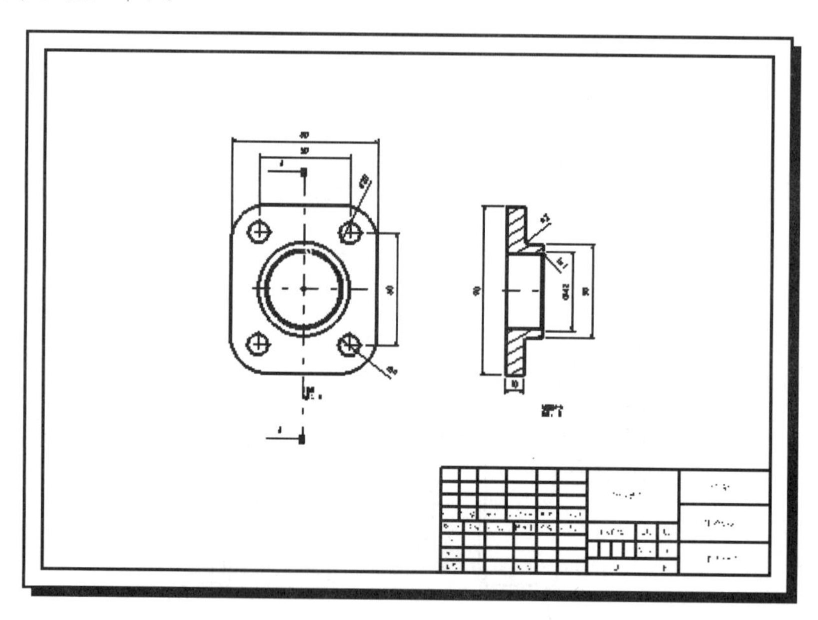

图 8-116 底座工程图

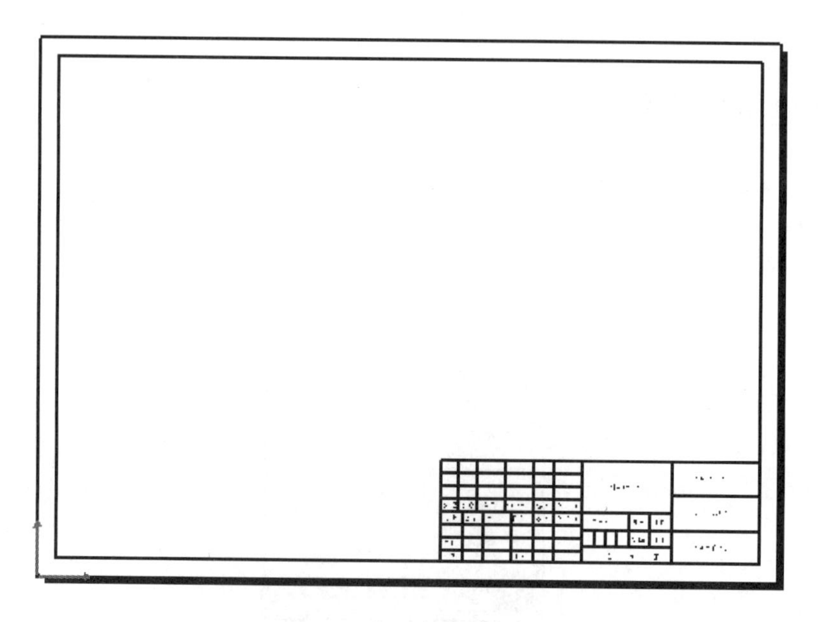

图 8-117 创建标准图框

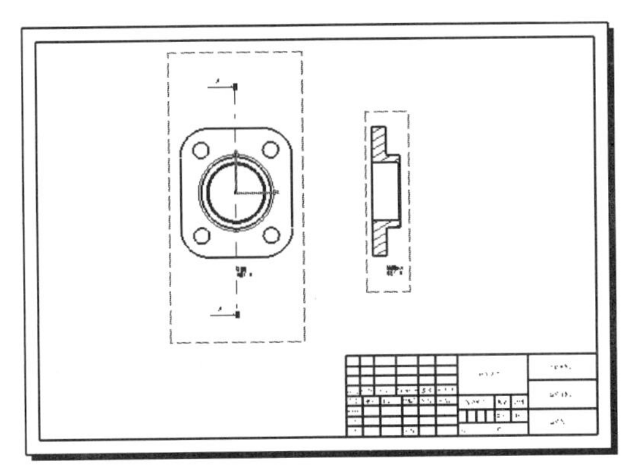

图 8-118 生成视图

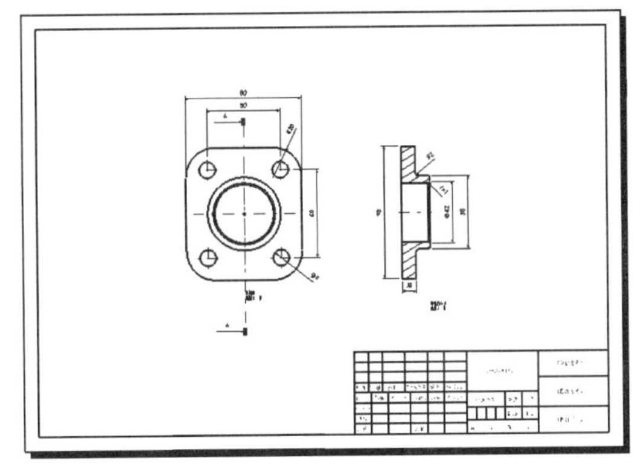

图 8-119 标注尺寸

【光盘文件】

——参见附带光盘中的“END\Ch8\8-6\8-6. CATDrawing”文件。

——参见附带光盘中的“AVI\Ch8\8-6\8-6.avi”文件。

【操作步骤】

[1]. 打开已绘制好的三维零部件 8-6，如图 8-120 所示。

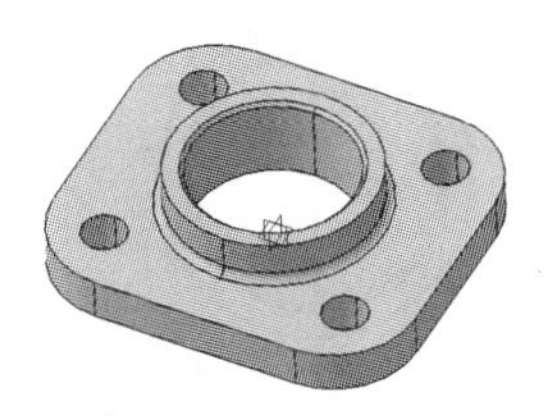

图 8-120 打开零件

[2]. 单击【新建】按钮，选择创建 Drawing 工程制图文件，然后单击【确定】按钮，如图 8-121 所示。在弹出的【新建工程图】对话框中，选择如图 8-122 所示的参数，然后单击【确定】按钮。

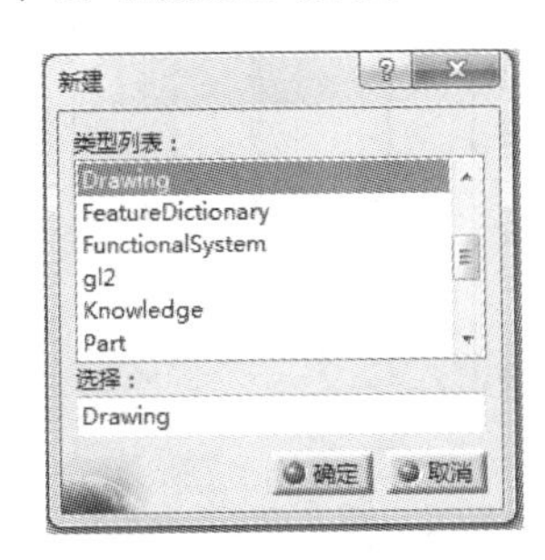

图 8-121 新建工程图文件

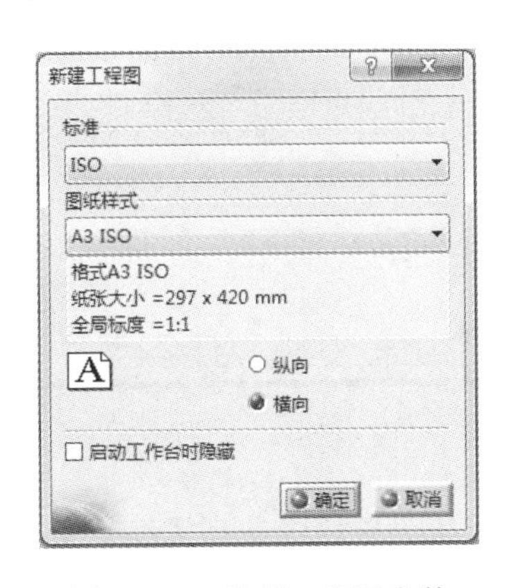

图 8-122 选择工程图参数

[3]. 从菜单栏选择【编辑】→【图纸背景】，从工程视图模块进入背景设置中，如图 8-123 所示。

图 8-123 设置图纸背景

[4]. 单击【框架和标题节点】按钮，在弹出的对话框中选择如图 8-124 所示参数。然后单击【确定】按钮，生成标准图框，如图 8-125 所示。

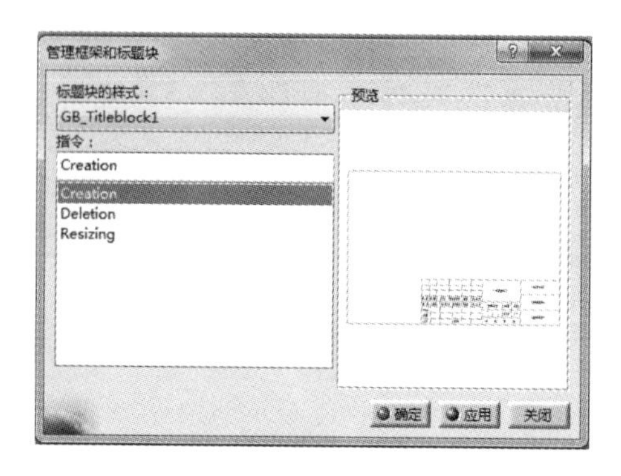

图 8-124　选择图框

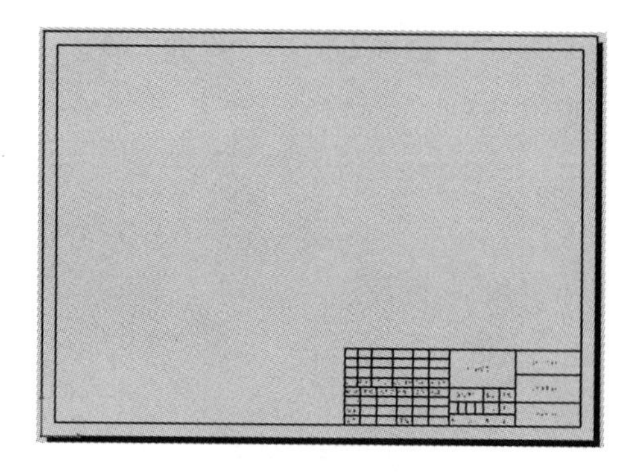

图 8-125　生成图框

[5]. 从菜单栏中选择【编辑】→【工程视图】，从图纸背景转回工作视图，如图 8-126 所示。

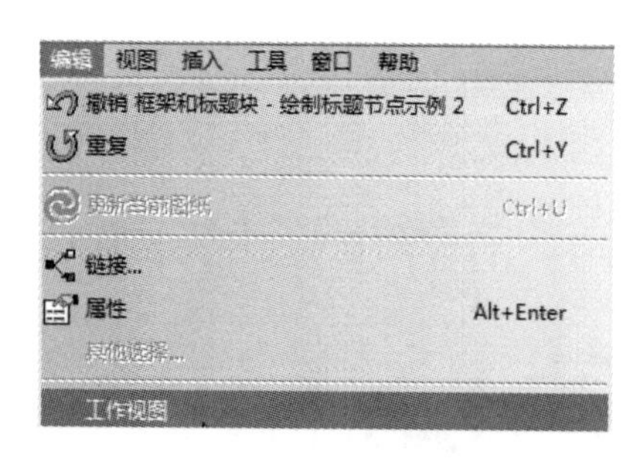

图 8-126　工作视图

[6]. 在工作视图中，利用【正视图】命令和【偏移剖视图】命令生成如图 8-127 所示的视图。

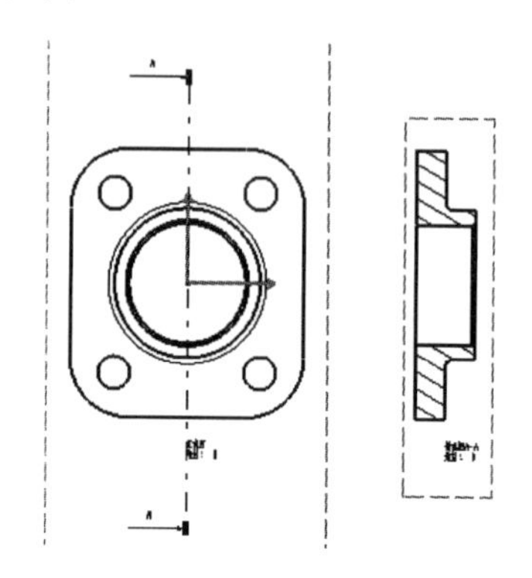

图 8-127　生成视图

[7]. 利用尺寸标注工具，对两个视图进行标注，如图 8-128 和图 8-129 所示。

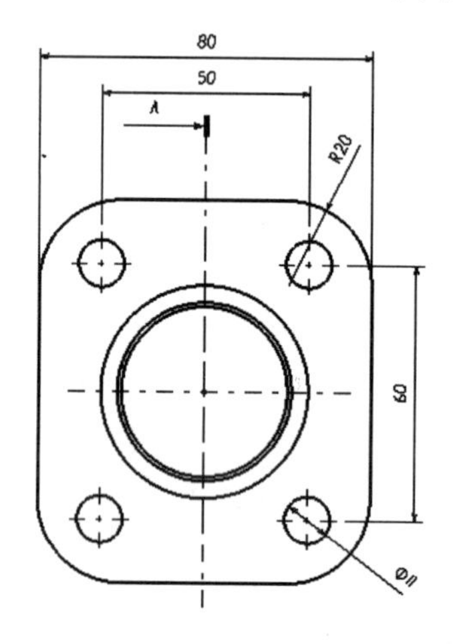

图 8-128　主视图标注

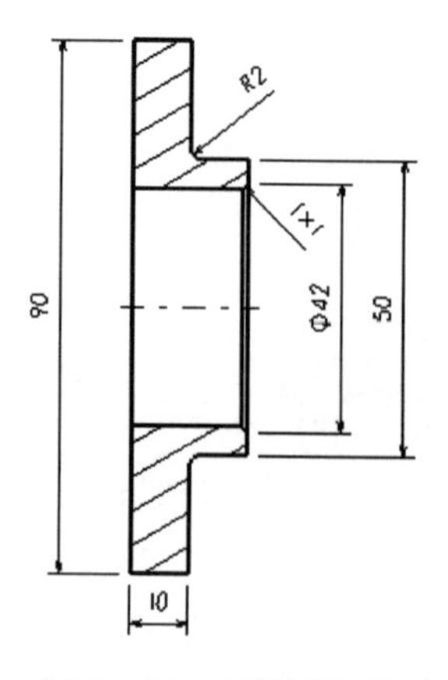

图 8-129　剖视图标注

8.7 能力▪提高——油管接头

【思路分析】

油管接头零件图由三维零件生成工程图，并包含图框、标注、公差等工程图构成元素，如图 8-130 所示。绘制此图的方法是：先创建标准图框，然后生成视图，最后进行标注尺寸和公差。步骤如图 8-131、图 8-132 和图 8-133 所示。

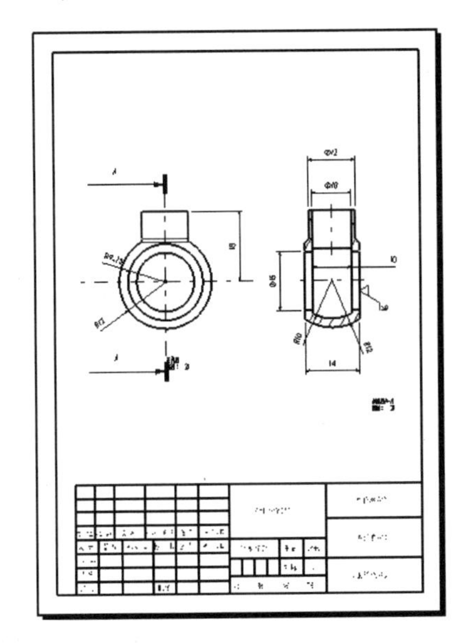

图 8-130 底座工程图

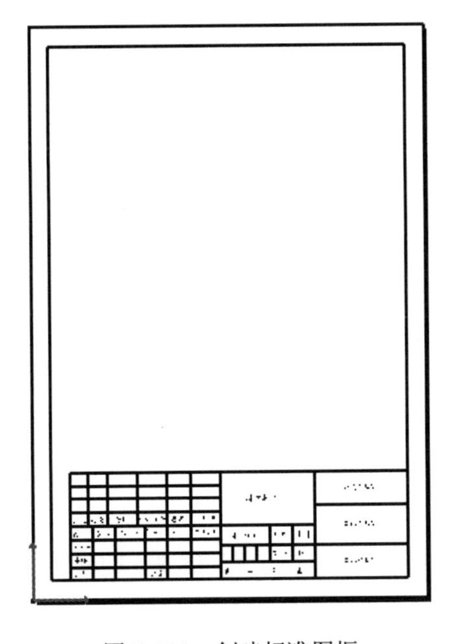

图 8-131 创建标准图框

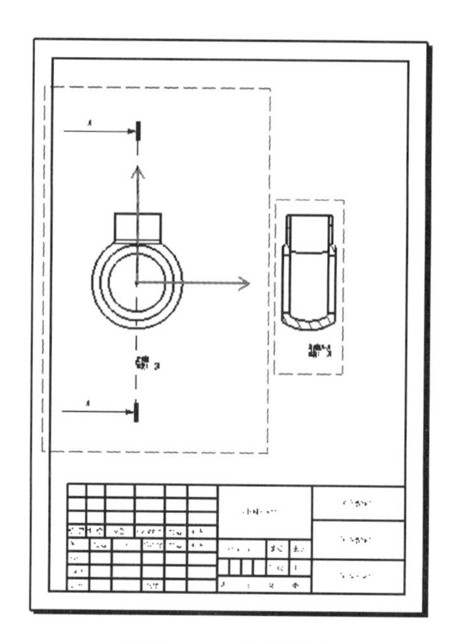

图 8-132　生成视图

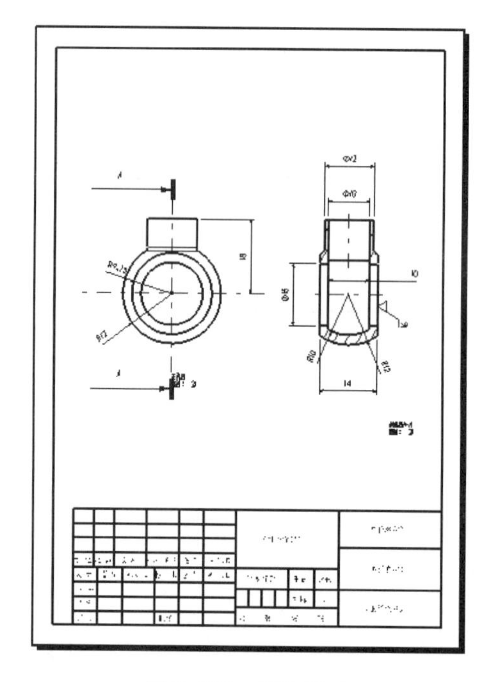

图 8-133　标注尺寸

【光盘文件】

结果文件——参见附带光盘中的“**END\Ch8\8-7\8-7. CATDrawing**”文件。

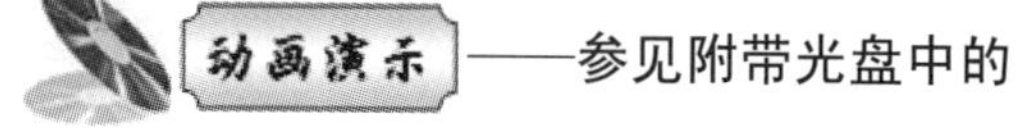
——参见附带光盘中的“**AVI\Ch8\8-7\8-7.avi**”文件。

【操作步骤】

[1]．打开已绘制好的三维零部件 8-7，如图 8-134 所示。

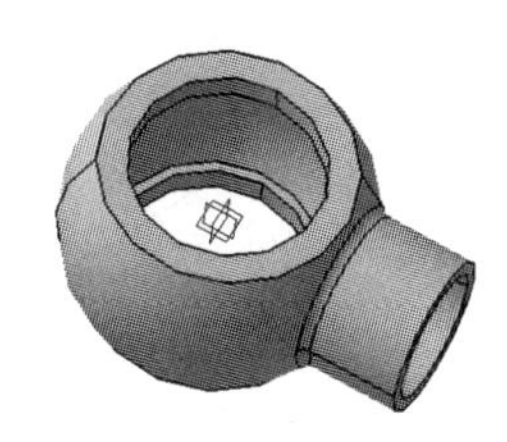

图 8-134　打开零件

[2]．单击【新建】按钮，选择创建 Drawing 工程制图文件，然后单击【确定】按钮，如图 8-135 所示。在弹出的【新建工程图】对话框中，选择如图 8-136 所示的参数，然后单击【确定】按钮。

图 8-135　新建工程图文件

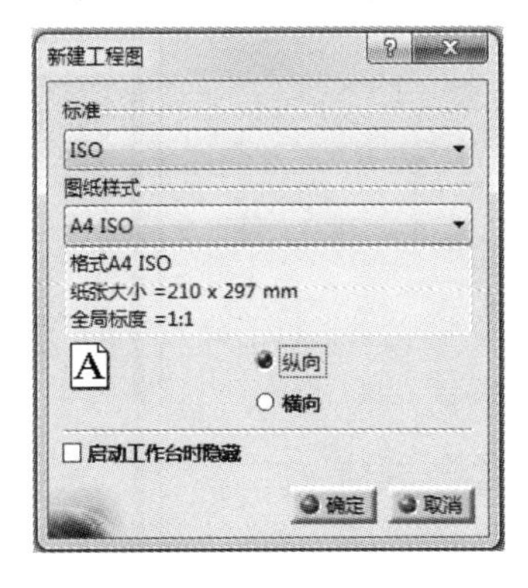

图 8-136　选择工程图参数

[3]．从菜单栏选择【编辑】→【图纸背景】，从工程视图模块进入背景设置中，如图 8-137 所示。

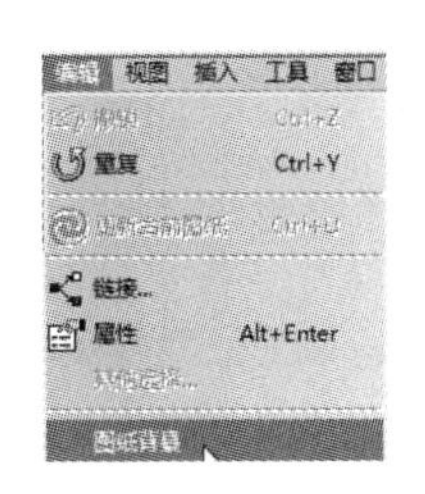

图 8-137　设置图纸背景

[4]．单击【框架和标题节点】按钮，在弹出的对话框中选择如图 8-138 所示参数。然后单击【确定】按钮，生成标准图框，如图 8-139 所示。

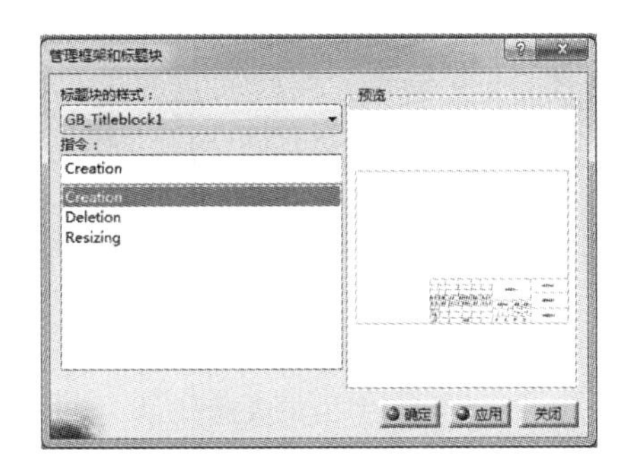

图 8-138　选择图框

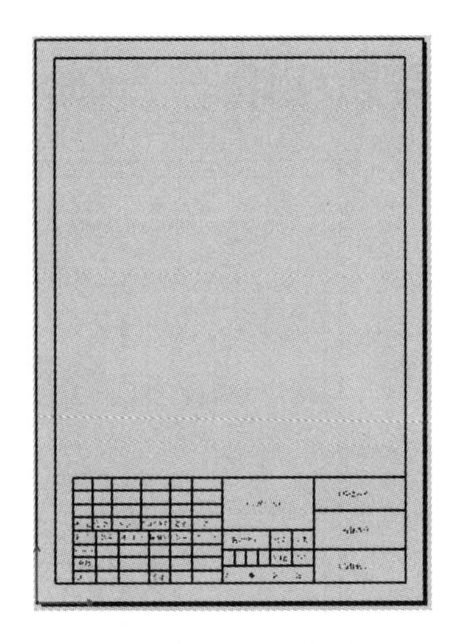

图 8-139　生成图框

[5]．从菜单栏中选择【编辑】→【工程视图】，从图纸背景转回工作视图，如图 8-140 所示。

图 8-140　工作视图

[6]．在工作视图中，利用【正视图】命令和【偏移剖视图】命令生成如图 8-141 所示的视图。

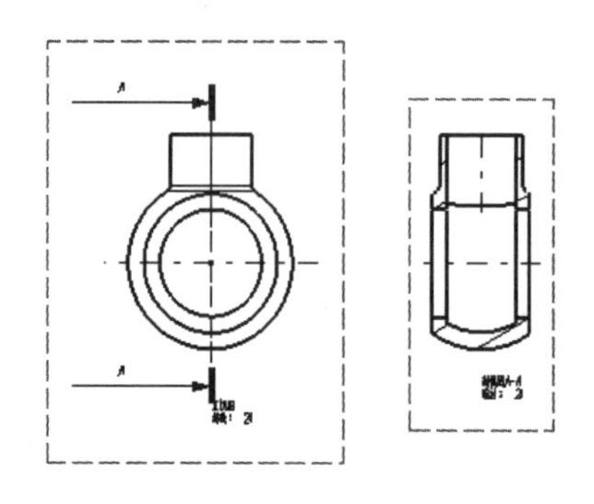

图 8-141　生成视图

[7]．利用尺寸标注工具，对两个视图进行标注，如图 8-142 和图 8-143 所示。

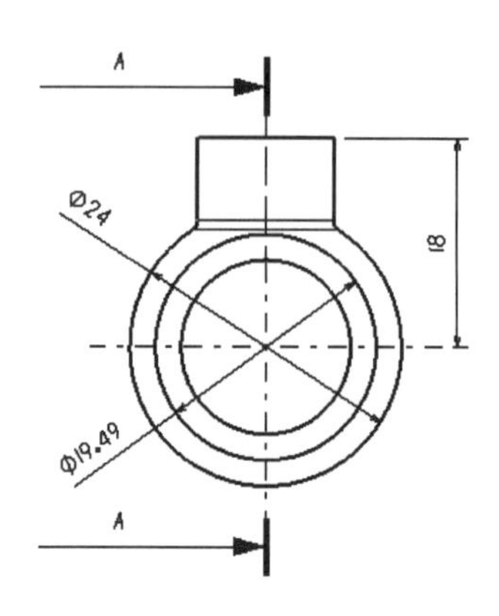

图 8-142　主视图标注

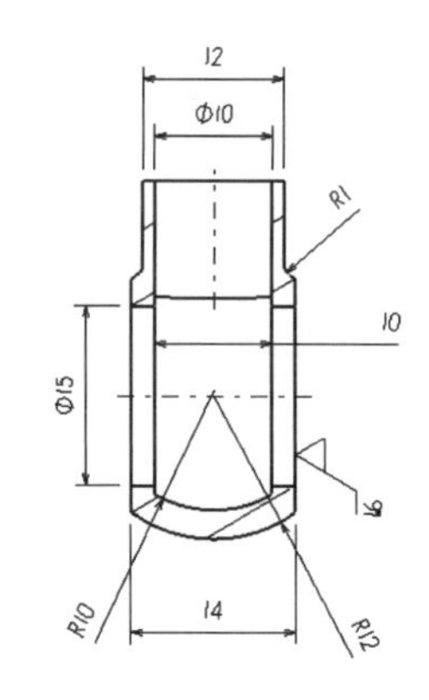

图 8-143　剖视图标注

8.8　习题▪巩固——轴承座工程图

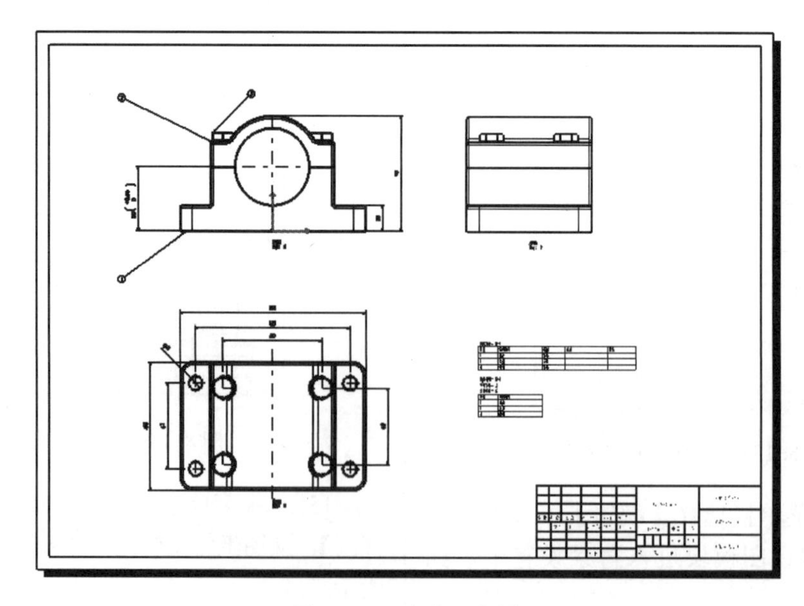

图 8-144　底座工程图

【光盘文件】

结果文件——参见附带光盘中的“**END\Ch8\8-8\8-8. CATDrawing**”文件。

动画演示——参见附带光盘中的“**AVI\Ch8\8-8\8-8.avi**”文件。

第 9 章　典型工程案例

在实际的机械工程应用中，通常是先设计零部件并出具工程图，然后将零部件之间按照特定的先后顺序和尺寸配合关系进行装配，从而得到可以实现特定功能的机构。本章主要介绍从零部件从设计开始到最终装配的一般流程。

本讲内容

- 案例 1—— 齿轮轴
- 案例 2—— 滚子轴承
- 案例 3—— 齿轴装配

9.1　案例 1——齿轮轴

【思路分析】

齿轮轴零件由齿轮和轴组成，如图 9-1 所示。绘制此零件的方法是：先绘制齿轮，然后绘制轴和孔，再生成工程图。步骤如图 9-2、图 9-3 和图 9-4 所示。

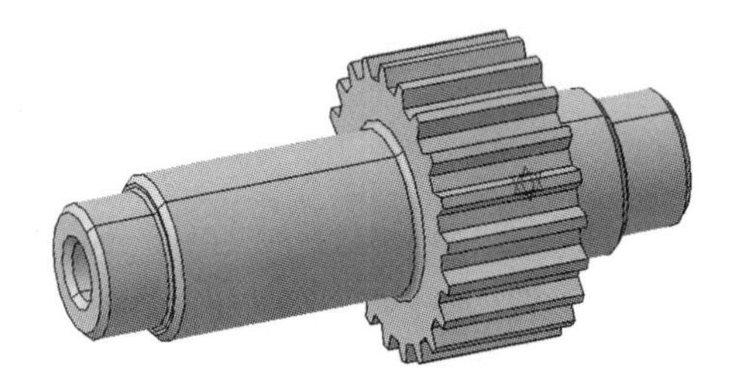

图 9-1　齿轮轴零件图

图 9-2　绘制齿轮

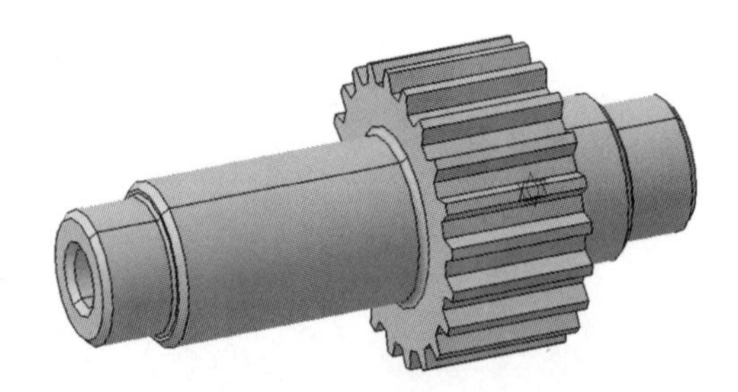

图 9-3　绘制轴孔

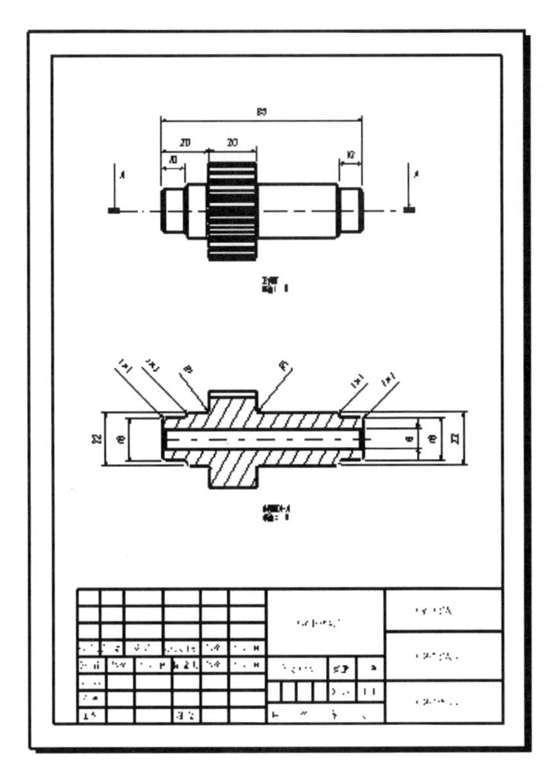

图 9-4　生成工程图

【光盘文件】

结果文件——参见附带光盘中的“END\Ch9\9-1\9-1. CATPart”文件。

动画演示——参见附带光盘中的“AVI\Ch9\9-1\9-1.avi”文件。

【操作步骤】

[1]. 进入零件设计模块并新建零件图，将零件命名为【9-1】，如图 9-5 所示。

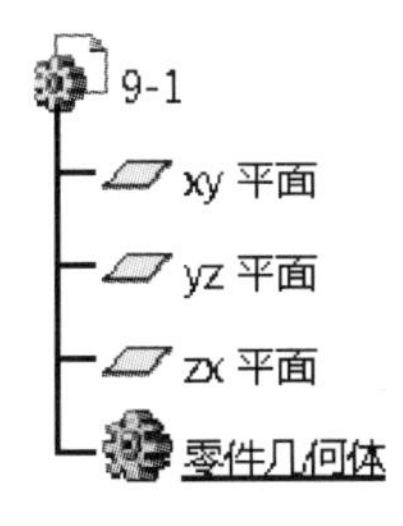

图 9-5　新建零件

[2]. 单击【草图】按钮并选择【yz 平面】进入草图设计环境，然后绘制如图 9-6 所示的草图。完成后退出草图设计环境。

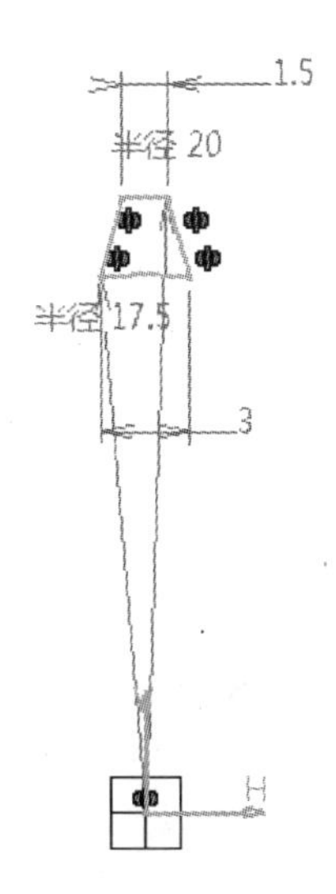

图 9-6　绘制草图

[3]．单击【凸台】按钮，以【草图.1】为轮廓做出如图 9-7 所示的拉伸实体操作。

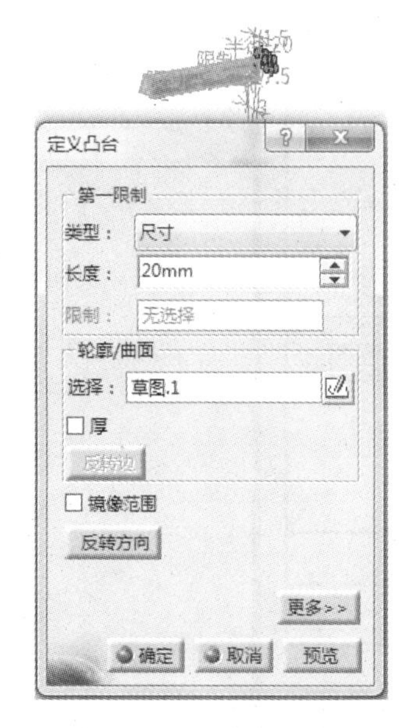

图 9-7　拉伸实体

[4]．单击【圆形阵列】按钮，对【凸台.1】进行如图 9-8 所示的阵列。

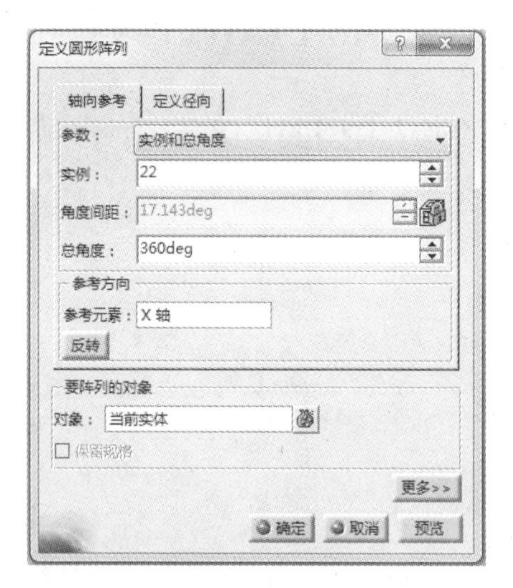

图 9-8　圆形阵列

[5]．单击【草图】按钮并选择【yz 平面】进入草图设计环境，然后绘制如图 9-9 所示的草图。完成后退出草图设计环境。

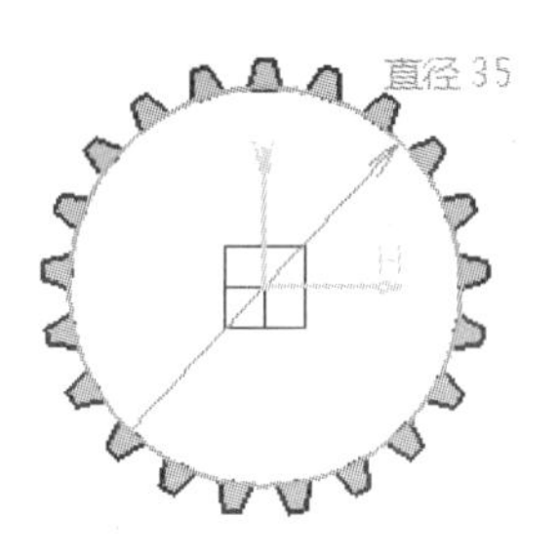

图 9-9　绘制草图

[6]．单击【凸台】按钮，以【草图.2】为轮廓做出如图 9-10 所示的拉伸实体操作。

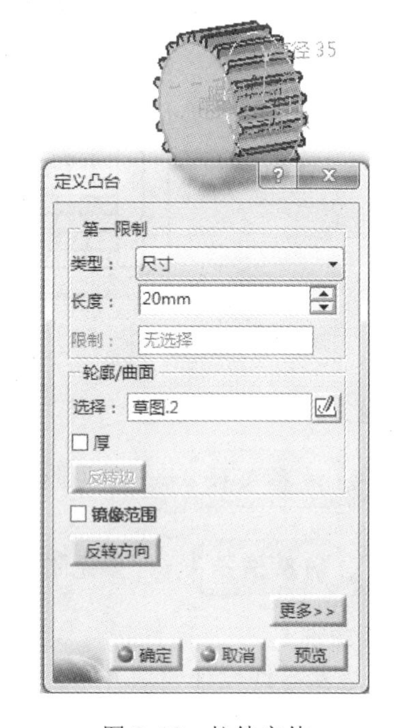

图 9-10　拉伸实体

[7]．单击【草图】按钮并选择【圆形阵列.1】的平面进入草图设计环境，如图 9-11 所示。然后绘制如图 9-12 所示的草图，完成后退出草图设计环境。

图 9-11　选择参考平面

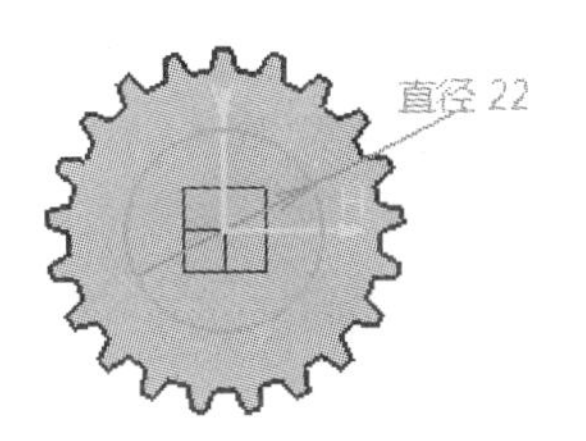

图 9-12　绘制草图

[8]．单击【凸台】按钮，以【草图.3】为轮廓做出如图 9-13 所示的拉伸实体操作。

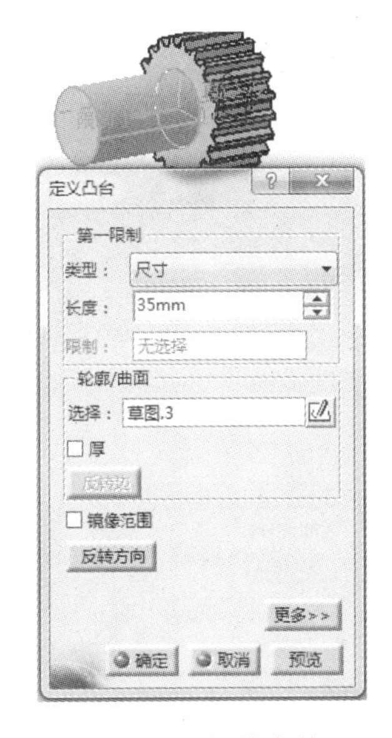

图 9-13　拉伸实体

[9]．单击【草图】按钮并选择【凸台.3】的平面进入草图设计环境，如图 9-14 所示。然后绘制如图 9-15 所示的草图，完成后退出草图设计环境。

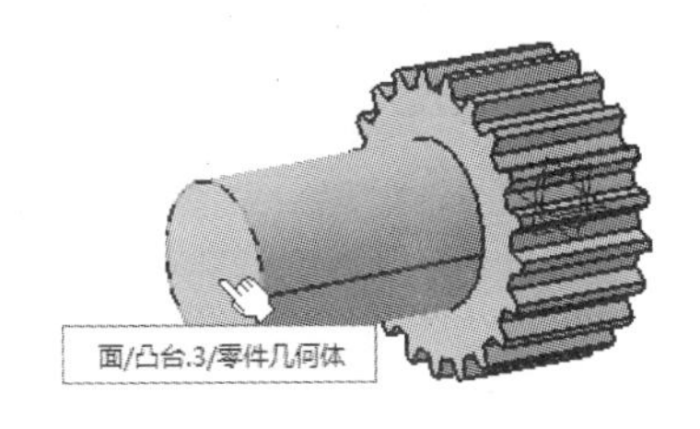

图 9-14　选择参考平面

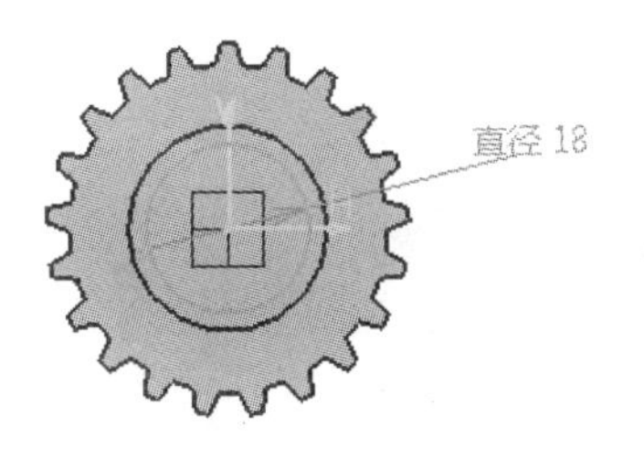

图 9-15　绘制草图

[10]．单击【凸台】按钮，以【草图.4】为轮廓做出如图 9-16 所示的拉伸实体操作。

图 9-16　拉伸实体

[11]．单击【草图】按钮并选择【圆形阵列.1】的平面进入草图设计环境，如图 9-17 所示。然后绘制如图 9-18 所示的草图，完成后退出草图设计环境。

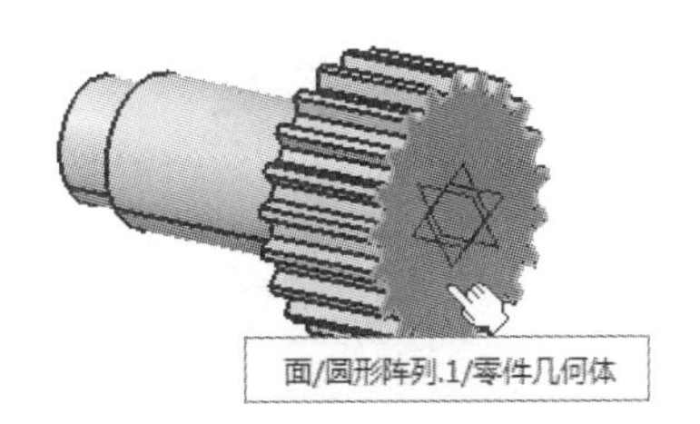

图 9-17　选择参考平面

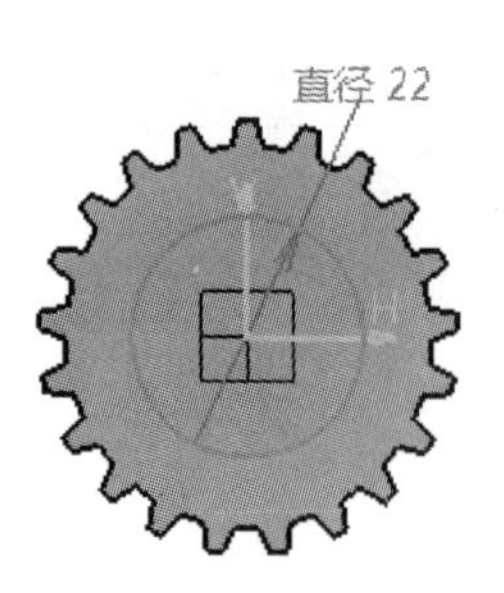

图 9-18　绘制草图

[12]. 单击【凸台】按钮，以【草图.5】为轮廓做出如图 9-19 所示的拉伸实体操作。

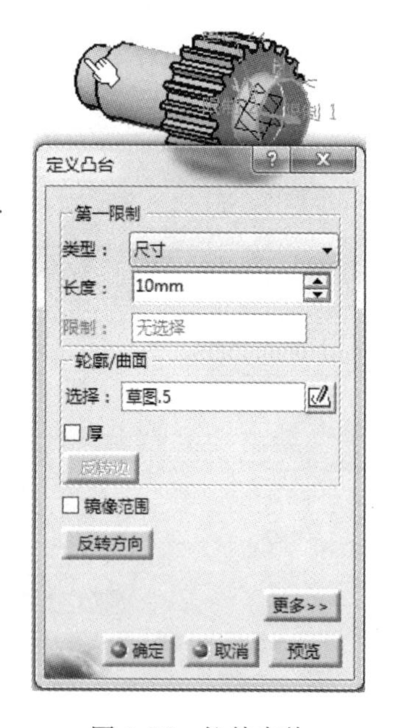

图 9-19　拉伸实体

[13]. 单击【草图】按钮并选择【凸台.5】的平面进入草图设计环境，如图 9-20 所示。然后绘制如图 9-21 所示的草图，完成后退出草图设计环境。

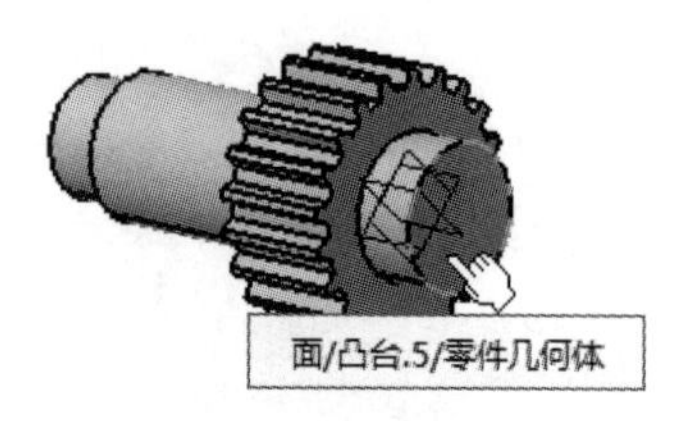

图 9-20　选择参考平面

图 9-21　绘制草图

[14]. 单击【凸台】按钮，以【草图.6】为轮廓做出如图 9-22 所示的拉伸实体操作。

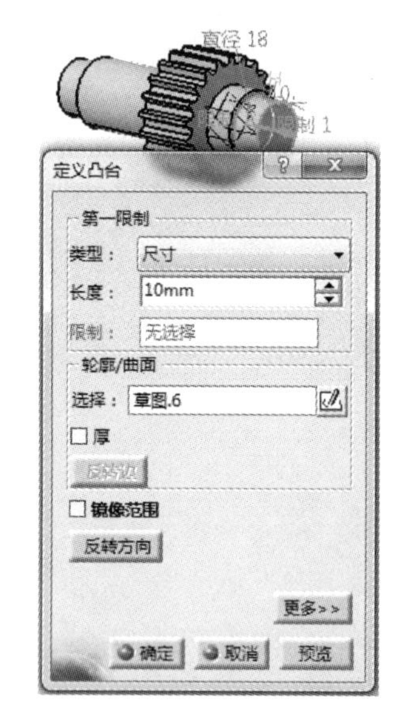

图 9-22　拉伸实体

[15]. 单击【倒圆角】按钮，对齿轮与轴交接的棱边进行倒圆角，圆角半径为 1mm，如图 9-23 所示。

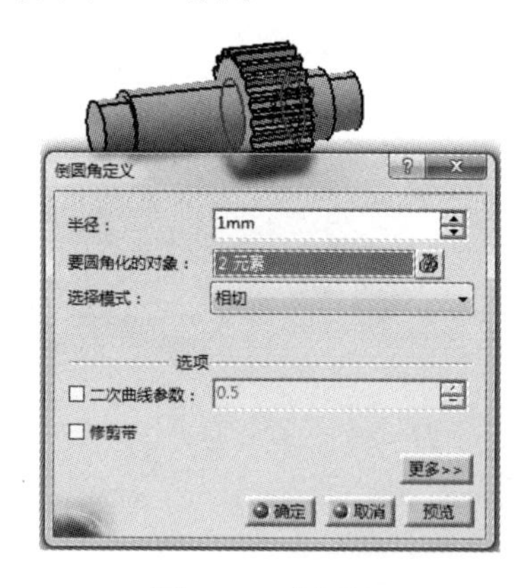

图 9-23　倒圆角

[16]. 单击【倒圆角】按钮，对轴的阶梯形成的棱边进行倒圆角，圆角半径为 0.5mm，如图 9-24 所示。

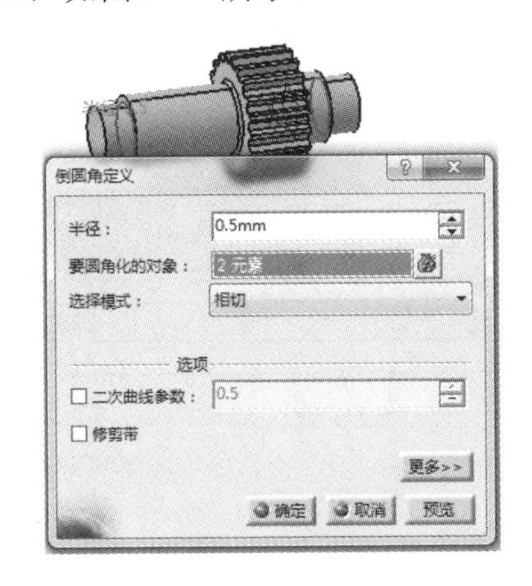

图 9-24　倒圆角

[17]. 单击【倒角】按钮，对轴两端进行倒角，倒角尺寸为 1mm，如图 9-25 所示。

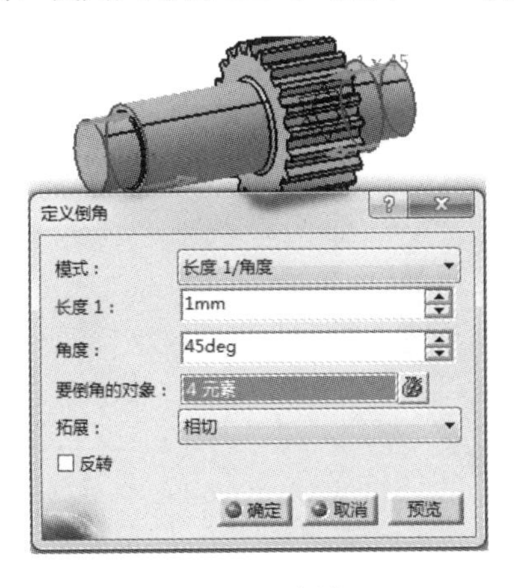

图 9-25　倒角

[18]. 单击【草图】按钮并选择【凸台.4】的平面进入草图设计环境，如图 9-26 所示。然后绘制如图 9-27 所示的草图，完成后退出草图设计环境。

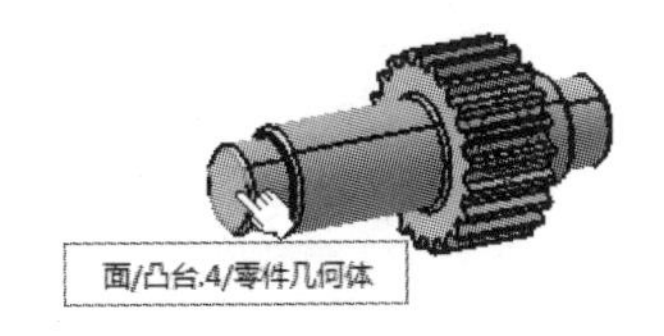

图 9-26　选择参考平面

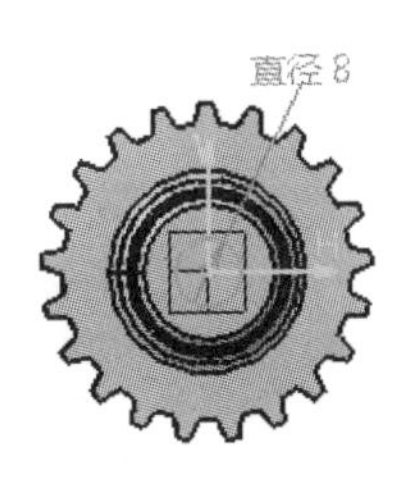

图 9-27　绘制草图

[19]. 单击【凹槽】按钮，以【草图.7】为轮廓做出如图 9-28 所示的凹槽。

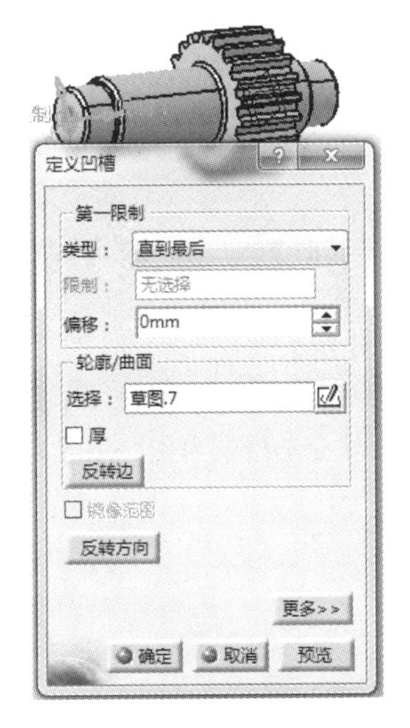

图 9-28　凹槽

[20]. 单击【倒角】按钮，对轴两端进行倒角，倒角尺寸为 1mm，如图 9-29 所示。

图 9-29　倒角

[21]．此时，完成零件齿轮轴的绘制，如图 9-30 所示。

图 9-30　齿轮轴

[22]．新建工程图并添加图框。然后将三维齿轮轴零件生成工程图，并标注尺寸如图 9-31 所示。

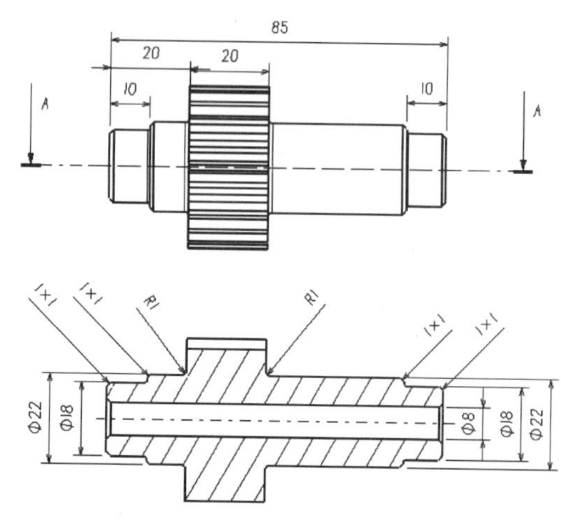

图 9-31　齿轮轴工程图

9.2　案例 2——滚子轴承

【思路分析】

滚子轴承零件图由外圈、内圈、保持架和滚子组成，如图 9-32 所示。绘制此图的方法是：由内到外分别绘制内圈、滚子、保持架和外圈。步骤如图 9-33、图 9-34 和图 9-35 所示。

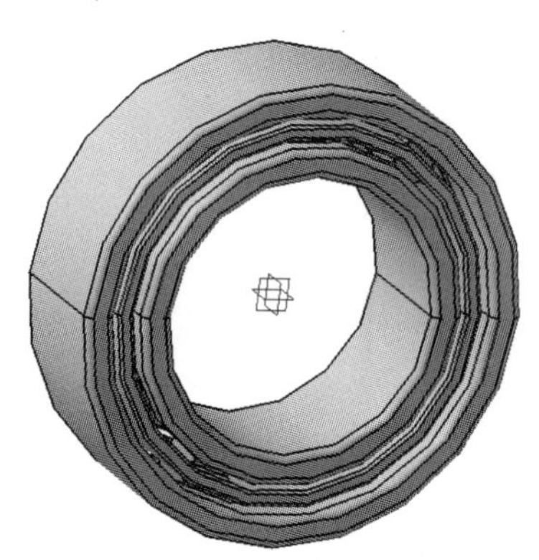

图 9-32　滚子轴承

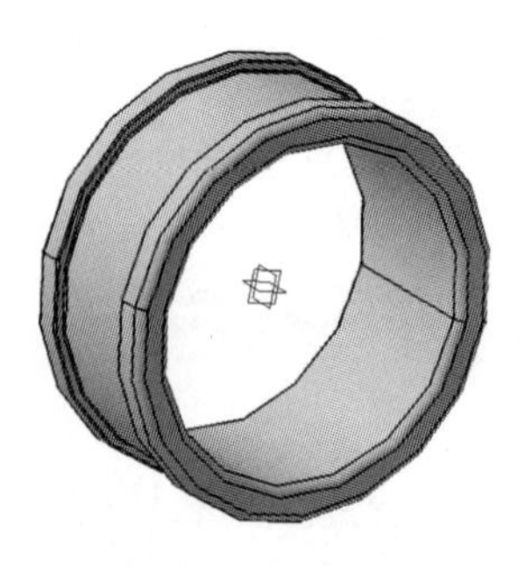

图 9-33　轴承内圈

图 9-34　滚子与保持架

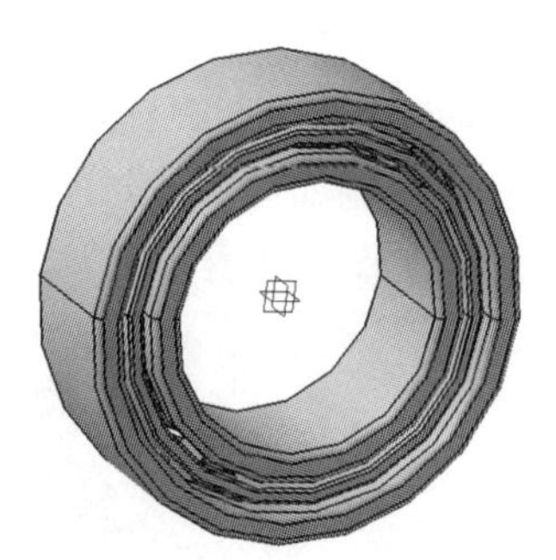

图 9-35　轴承外圈

【光盘文件】

——参见附带光盘中的“END\Ch9\9-2\9-2. CATPart”文件。

——参见附带光盘中的“AVI\Ch9\9-2\9-2.avi”文件。

【操作步骤】

[1]. 进入零件设计模块并新建零件图，将零件命名为【9-2】，如图 9-36 所示。

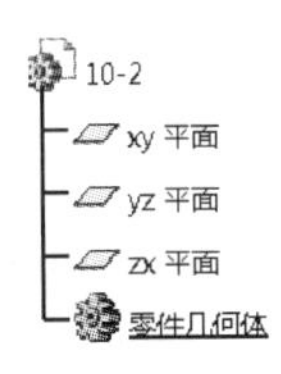

图 9-36　新建零件

[2]. 单击【草图】按钮并选择【yz 平面】进入草图设计环境，然后绘制如图 9-37 所示的草图，完成后退出草图设计环境。

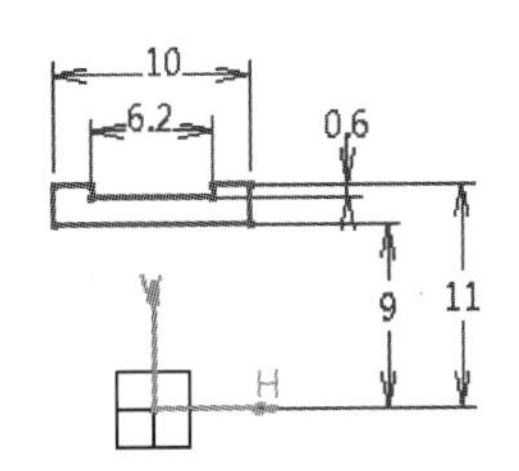

图 9-37　绘制草图

[3]. 单击【旋转体】按钮，以【草图.1】为轮廓，Y 轴为轴线做出如图 9-38 所示的旋转体操作。

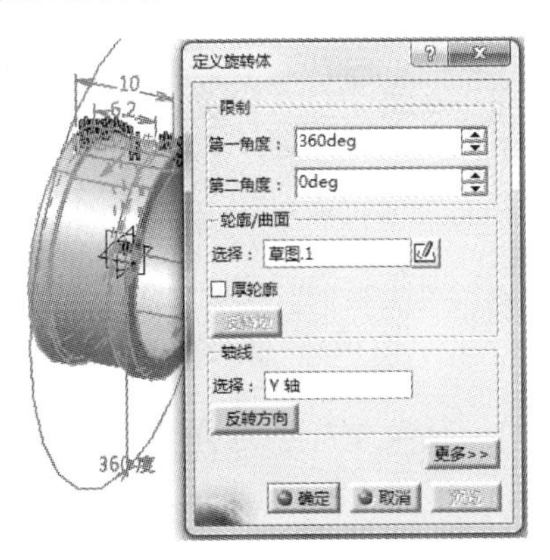

图 9-38　旋转体

[4]. 单击【倒圆角】按钮，对旋转体外部的四条棱边进行倒圆角，圆角半径为 0.5mm，如图 9-39 所示。

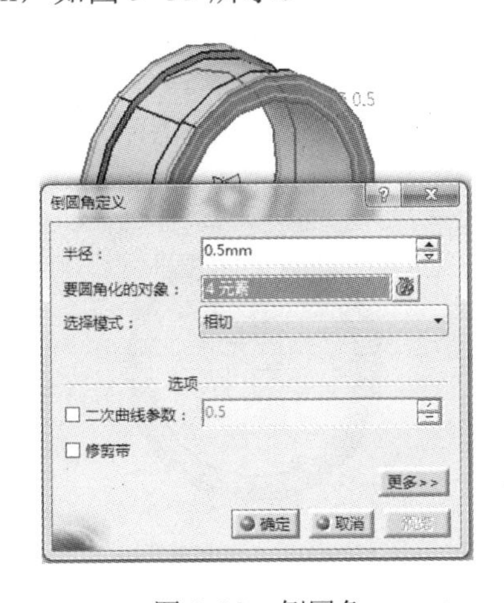

图 9-39　倒圆角

[5]. 单击【倒圆角】按钮，对旋转体内部的四条棱边进行倒圆角，圆角半径为 0.1mm，如图 9-40 所示。

图 9-40　倒圆角

[6]．从菜单栏中选择【插入】→【几何体】，在零件【9-2】下插入新的几何体，如图 9-41 所示。

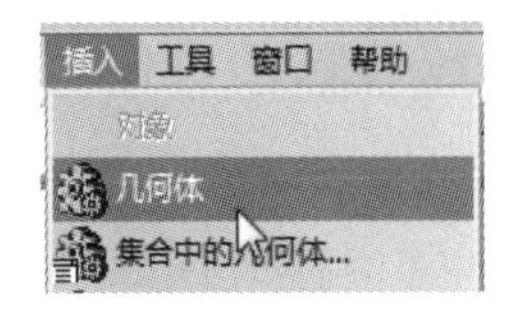

图 9-41　插入几何体

[7]．单击【草图】按钮并选择【zx 平面】进入草图设计环境，然后绘制如图 9-42 所示的草图，完成后退出草图设计环境。

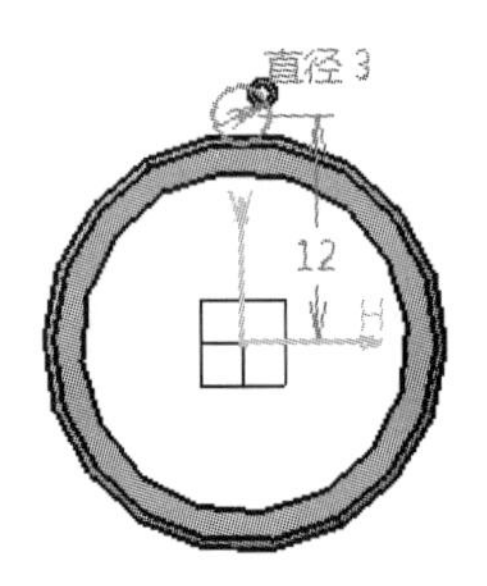

图 9-42　绘制草图

[8]．单击【凸台】按钮，以【草图.2】为轮廓做出如图 9-43 所示的拉伸实体操作。

图 9-43　拉伸实体

[9]．单击【倒圆角】按钮，对圆柱体的两条棱边进行倒圆角，圆角半径为 0.1mm，如图 9-44 所示。

图 9-44　倒圆角

[10]．单击【圆形阵列】按钮，对圆柱体进行如图 9-45 所示的阵列操作。

图 9-45　圆形阵列

[11]．从菜单栏中选择【插入】→【几何体】，在零件【9-2】下插入新的几何体，如图 9-46 所示。

图 9-46　插入几何体

[12]. 单击【草图】按钮并选择【zx 平面】进入草图设计环境，然后绘制如图 9-47 所示的草图，完成后退出草图设计环境。

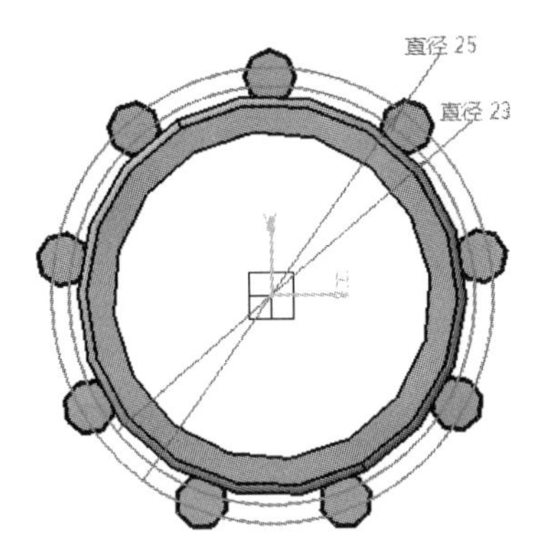

图 9-47　绘制草图

[13]. 单击【凸台】按钮，以【草图.3】为轮廓做出如图 9-48 所示的拉伸实体操作。

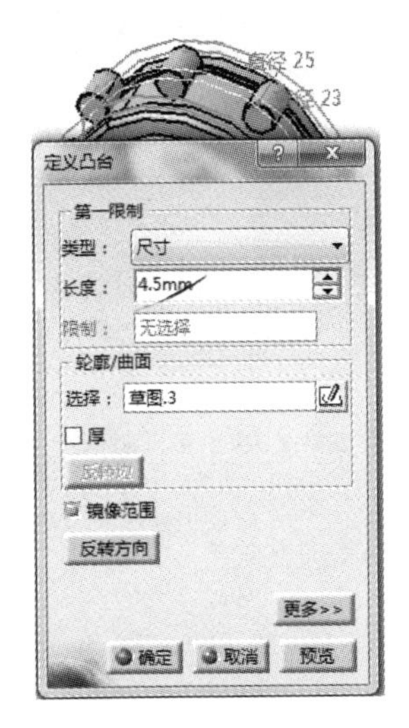

图 9-48　拉伸实体

[14]. 单击【草图】按并选择【zx 平面】进入草图设计环境，然后绘制如图 9-49 所示的草图，完成后退出草图设计环境。

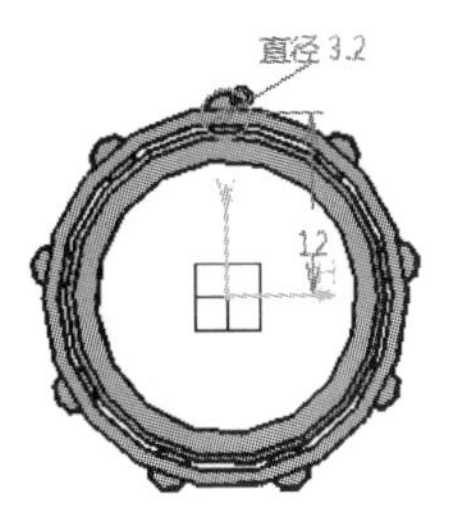

图 9-49　绘制草图

[15]. 单击【凹槽】按钮，以【草图.4】为轮廓做出如图 9-50 所示的凹槽操作。

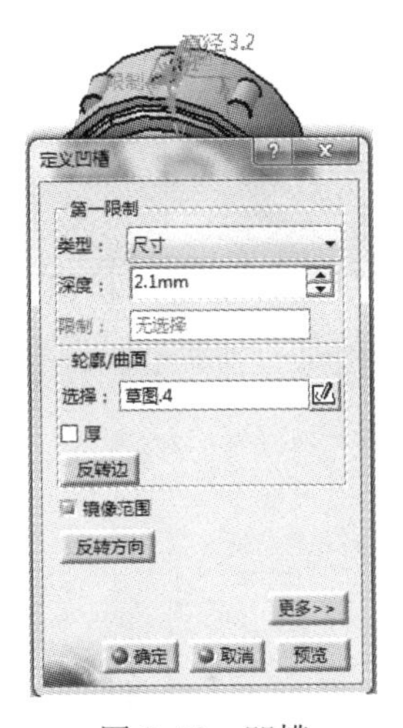

图 9-50　凹槽

[16]. 单击【圆形阵列】按钮，对【凹槽.1】进行如图 9-51 所示的阵列操作。

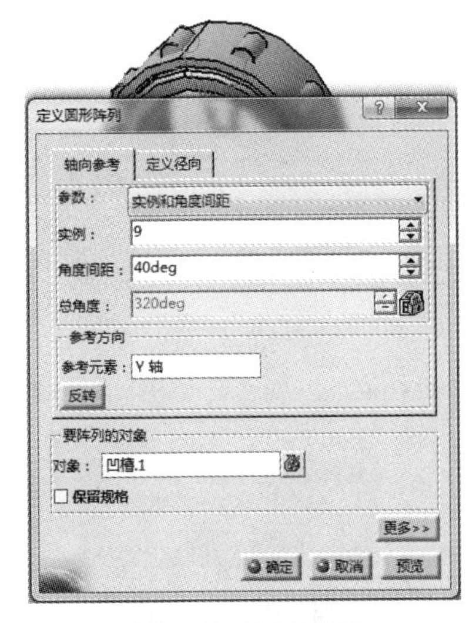

图 9-51　圆形阵列

[17]. 从菜单栏中选择【插入】→【几何体】，在【9-2】零件下插入新的几何体，如图 9-52 所示。

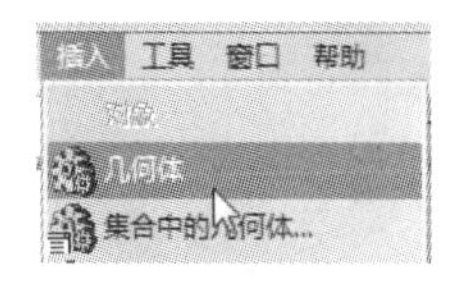

图 9-52　插入几何体

[18]. 单击【草图】按钮并选择【yz 平面】进入草图设计环境，然后绘制如图 9-53 所示的草图，完成后退出草图设计环境。

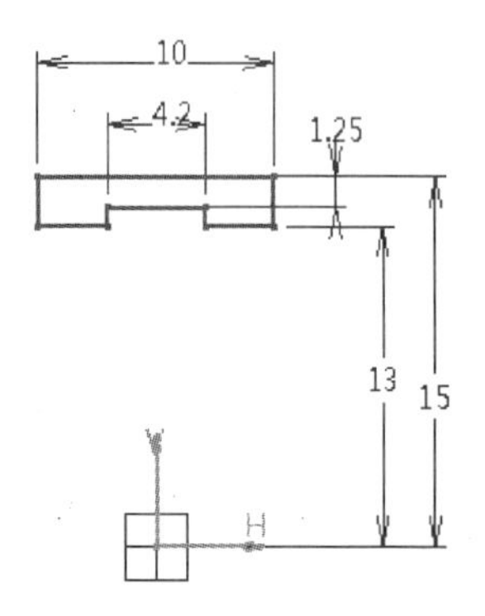

图 9-53　绘制草图

[19]. 单击【旋转体】按钮，以【草图.5】为轮廓，Y 轴为轴线做出如图 9-54 所示的旋转体操作。

图 9-54　旋转体

[20]. 单击【倒圆角】按钮，对旋转体外部的四条棱边进行倒圆角，圆角半径 0.5mm，如图 9-55 所示。

图 9-55　倒圆角

[21]. 此时，完成零件滚子轴承的绘制，如图 9-56 所示。

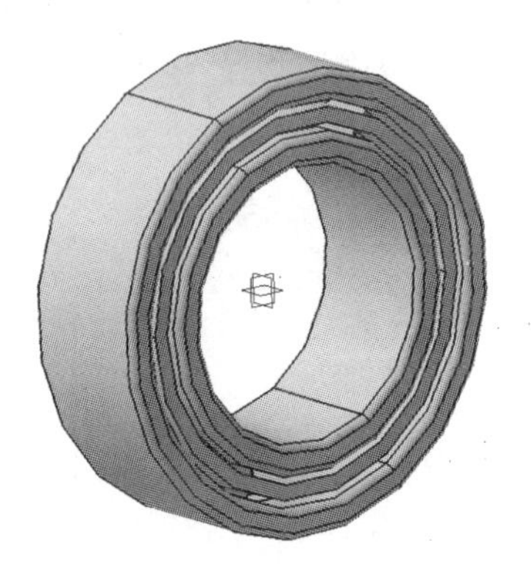

图 9-56　滚子轴承

9.3 案例 3——齿轴装配

【思路分析】

齿轴装配零件图由齿轮轴和两个轴承组成，如图 9-57 所示。绘制此图的方法是：先后插入现有部件，然后添加相应的约束即可。步骤如图 9-58、图 9-59 和图 9-60 所示。

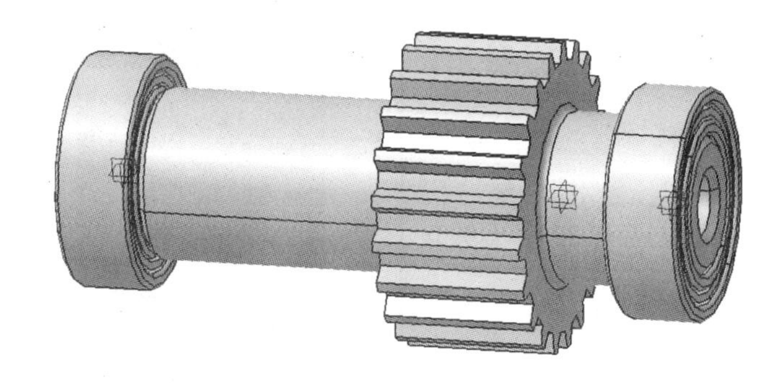

图 9-57 齿轴装配

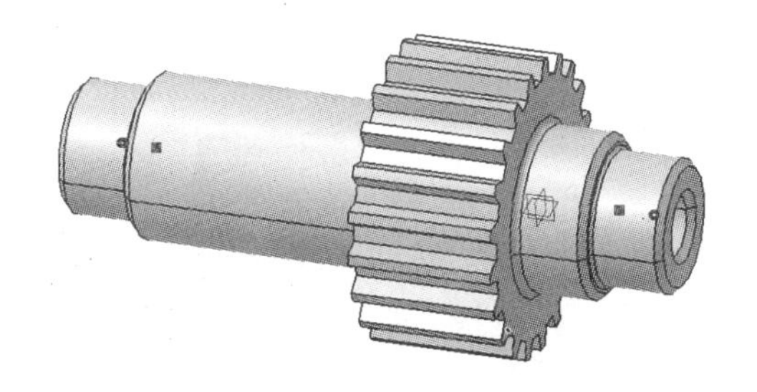

图 9-58 插入齿轮轴

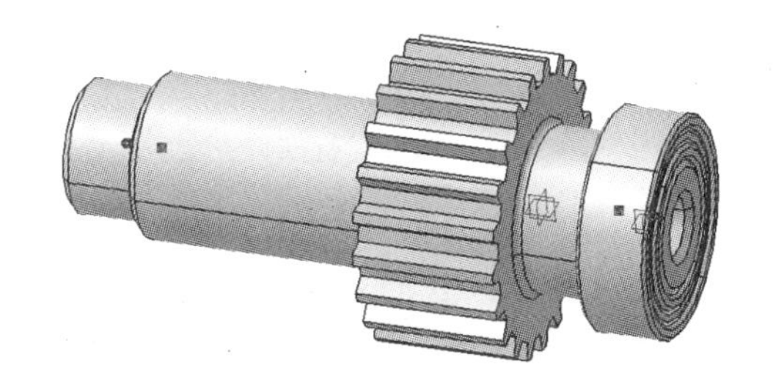

图 9-59 插入并约束部件

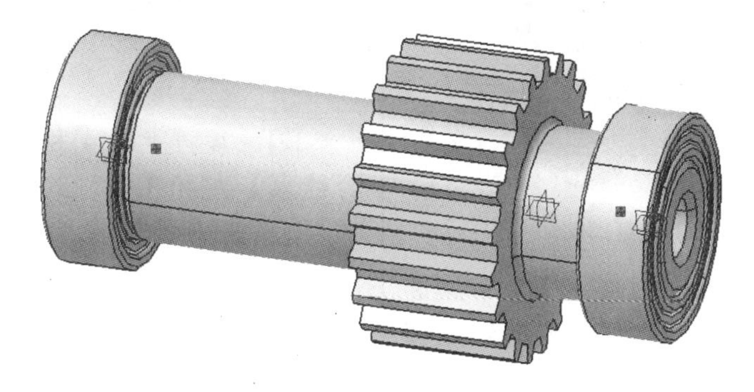

图 9-60 插入并约束部件

【光盘文件】

结果文件——参见附带光盘中的“**END\Ch9\9-3\9-3. CATProduct**”文件。

动画演示——参见附带光盘中的“**AVI\Ch9\9-3\9-3.avi**”文件。

【操作步骤】

[1]. 进入装配设计模块并新建装配文件，将装配文件命名为【9-3】，如图 9-61 所示。

图 9-61 新建装配文件

[2]. 单击【现有部件】按钮，然后在模型树的【9-3】中插入现有部件【9-1.CATPart】，如图 9-62 所示。

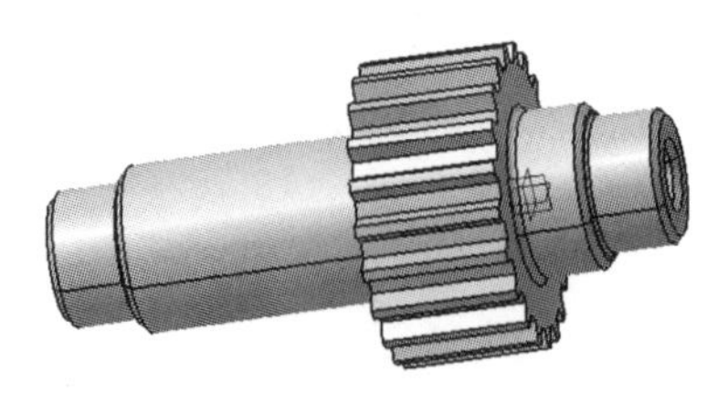

图 9-62 插入现有部件

[3]. 单击【现有部件】按钮，然后在模型树的【9-3】中插入现有部件【9-2.CATPart】，如图 9-63 所示。

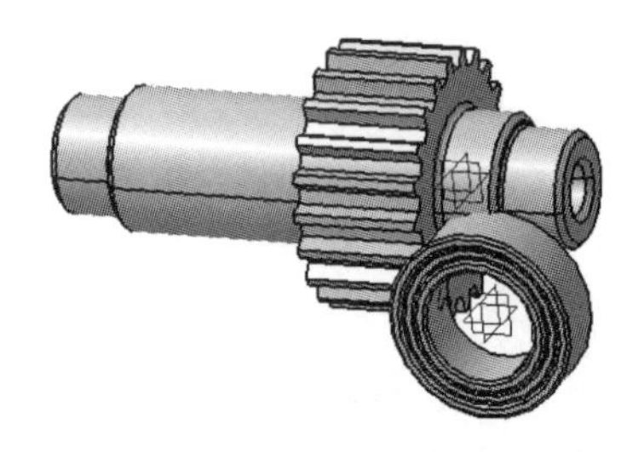

图 9-63 插入现有部件

[4]. 单击【相合约束】按钮，分别选择轴承和齿轮轴的轴线，使它们的轴线相合，如图 9-64 所示。然后更新装配关系。

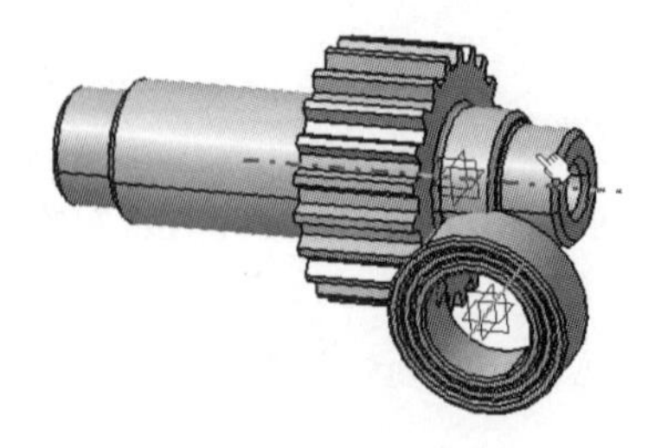

图 9-64 确定剖切线

[5]. 单击【接触约束】按钮，依次选择轴承和齿轮轴装配面，在两个零件之间添加接触约束，如图 9-65 所示。然后更新装配关系。

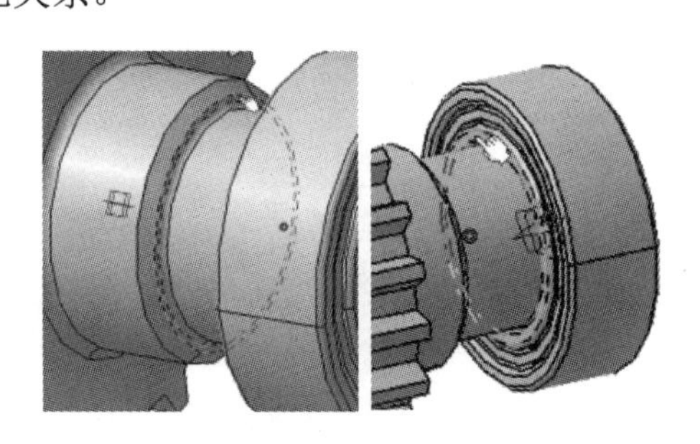

图 9-65 添加接触约束

[6]. 单击【现有部件】按钮，然后在模型树的【9-3】中再次插入现有部件【9-2.CATPart】，如图 9-66 所示。

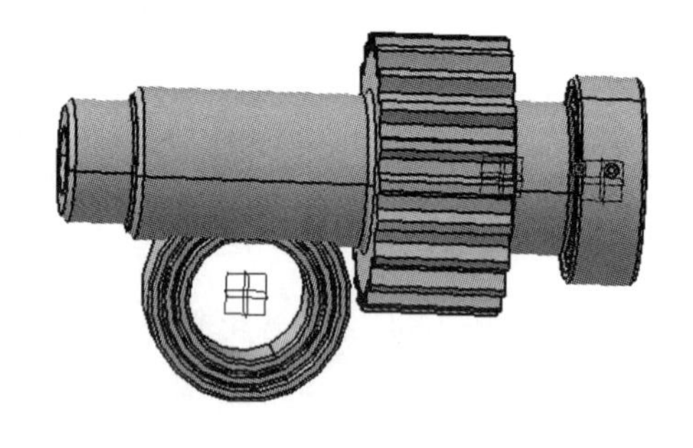

图 9-66 插入现有部件

[7]. 参考步骤[4]和步骤[5]，利用【相合约束】和【接触约束】命令，对新插入的轴承和齿轮轴之间添加约束。此时，完成齿轮轴和轴承之间的装配，如图 9-67 所示。

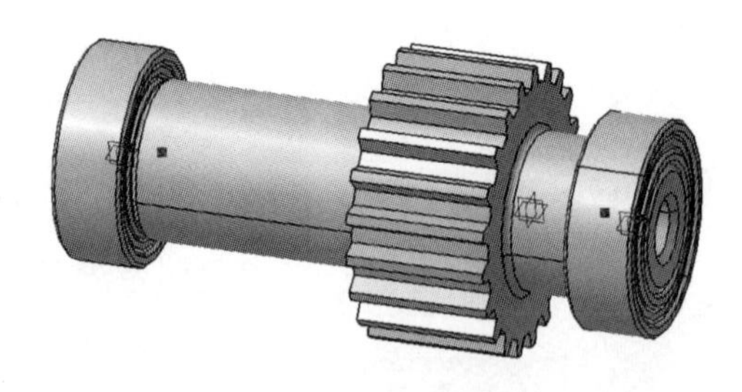

图 9-67 齿轴装配

参 考 文 献

[1] CATIA V5R20 快速入门教程 作者:詹熙达
[2] CATIA V5 基本操作与实例进阶 作者：雷源艳
[3] CATIA 实用教程 作者：李学志,李若松,方戈亮
[4] CATIA V5 基础入门教程 作者：盛选禹
[5] CATIA V5 机械设计从入门到精通 作者:朱新涛 等
[6] CATIA V5 机械设计案例教程 作者：侯洪生，刘广武
[7] CATIA V5R20 产品设计实例精解 作者：詹友刚
[8] CATIA 应用基础 作者：曾令慧，陈丽华
[9] CATIA 机械结构设计 作者：张萌
[10] CATIA V5 从入门到精通 作者：李成，韩海玲，李方方